电力工程设计手册

01 火力发电厂总图运输设计
02 火力发电厂热机通用部分设计
03 火力发电厂锅炉及辅助系统设计
04 火力发电厂汽轮机及辅助系统设计
05 火力发电厂烟气治理设计
06 燃气-蒸汽联合循环机组及附属系统设计
07 循环流化床锅炉附属系统设计
08 火力发电厂电气一次设计
09 火力发电厂电气二次设计
10 火力发电厂仪表与控制设计
11 火力发电厂结构设计
12 火力发电厂建筑设计
13 火力发电厂水工设计
14 火力发电厂运煤设计
15 火力发电厂除灰设计
16 火力发电厂化学设计
17 火力发电厂供暖通风与空气调节设计
18 火力发电厂消防设计
19 火力发电厂节能设计

20 架空输电线路设计
21 电缆输电线路设计
22 换流站设计
23 变电站设计

24 电力系统规划设计
25 岩土工程勘察设计
26 工程测绘
27 工程水文气象
28 集中供热设计
29 技术经济
30 环境保护与水土保持
31 职业安全与职业卫生

电力工程设计手册

集中供热设计

中国电力工程顾问集团有限公司　编著

Power Engineering Design Manual

中国电力出版社

内 容 提 要

本书是《电力工程设计手册》系列手册中的一个分册，分基础篇、热源篇、热力网篇三篇共十五章，以热电联产的集中供热系统为主，涉及的范围包括热电厂、一级热力网、热力站、二级热力网和用户入口的设计。本书论述了各个系统的设计原则、设计要点、设计计算、系统确定、设备选型及其布置、设计内外接口等内容。同时，在有关章节中对位于热电厂外的调峰热源、其他热源进行了介绍。

本书以实用性为主，按照现行的相关规范、标准和政策的内容规定，结合热电联产集中供热项目的特点，以工艺系统或建筑物为基本单元进行设计指导。书中增加了近些年集中供热技术发展过程中的新技术、新设备、新工艺，列入了大量成熟可靠的设计基础资料、技术数据和技术指标，内容充实、简明实用。

本书可作为从事集中供热设计、热电联产规划、制造、施工、运行和管理人员的工具书，同时可供相关专业师生参考。

图书在版编目（CIP）数据

电力工程设计手册．集中供热设计／中国电力工程顾问集团有限公司编著．
—北京：中国电力出版社，2017.5（2018.4 重印）
ISBN 978-7-5198-0303-2

Ⅰ．①电…　Ⅱ．①中…　Ⅲ．①集中供热－设计－技术手册　Ⅳ．①TM7-62②TU995-62

中国版本图书馆 CIP 数据核字（2017）第 010777 号

出版发行：中国电力出版社
地　　址：北京市东城区北京站西街 19 号（邮政编码 100005）
网　　址：http://www.cepp.sgcc.com.cn
印　　刷：北京盛通印刷股份有限公司
版　　次：2017 年 5 月第一版
印　　次：2018 年 4 月北京第二次印刷
开　　本：787 毫米×1092 毫米　16 开本
印　　张：37
字　　数：1315 千字
印　　数：1501—3000 册
定　　价：195.00 元

《电力工程设计手册》
编辑委员会

《电力工程设计手册》
秘 书 组

《集中供热设计》
编 写 组

主　　编　郭晓克
副 主 编　康　慧
参编人员　（按姓氏笔画排序）

于凤新　王志良　王国兴　叶东平　白锋军　冯爱华
任　伟　刘璐楠　孙圣斌　孙　英　杨　光　李东耀
张启林　张　晨　陈玉虹　佴　耀　郑冠捷　赵连东
袁雄俊　徐　坤　葛建中　曾学梅　裴育峰

《集中供热设计》
编辑出版人员

编审人员　徐　超　杨　帆　郑艳蓉　刘广峰　华　峰
出版人员　王建华　李东梅　邹树群　黄　蓓　朱丽芳　陈丽梅
马素芳　王红柳　赵姗姗

序言

改革开放以来，我国电力建设开启了新篇章，经过30多年的快速发展，电网规模、发电装机容量和发电量均居世界首位，电力工业技术水平跻身世界先进行列，新技术、新方法、新工艺和新材料的应用取得明显进步，信息化水平得到显著提升。广大电力工程技术人员在30多年的工程实践中，解决了许多关键性的技术难题，积累了大量成功的经验，电力工程设计能力有了质的飞跃。

党的十八大以来，中央提出了“创新、协调、绿色、开放、共享”的发展理念。习近平总书记提出了关于保障国家能源安全，推动能源生产和消费革命的重要论述。电力勘察设计领域的广大工程技术人员必须增强创新意识，大力推进科技创新，推动能源供给革命。

电力工程设计是电力工程建设的龙头，为响应国家号召，传播节能、环保和可持续发展的电力工程设计理念，推广电力工程领域技术创新成果，推动电力行业结构优化和转型升级，中国电力工程顾问集团有限公司编撰了《电力工程设计手册》系列手册。这是一项光荣的事业，也是一项重大的文化工程，对于培养优秀电力勘察设计人才，规范指导电力工程设计，进一步提高电力工程建设水平，助力电力工业又好又快发展，具有重要意义。

中国电力工程顾问集团有限公司作为中国电力工程服务行业的“排头兵”和“国家队”，在电力勘察设计技术上处于国际先进和国内领先地位。在百万千瓦级超超临界燃煤机组、核电常规岛、洁净煤发电、空冷机组、特高压交直流输变电、新能源发电等领域的勘察设计方面具有技术领先优势。中国电力工程顾问集团有限公司还在中国电力勘察设计行业的科研、标准化工作中发挥着主导作用，承担着电力新技术的研究、推广和国外先进技术的引进、消化和创新等工作。

这套设计手册获得了国家出版基金资助，是一套全面反映我国电力工程设计领域自有知识产权和重大创新成果的出版物，代表了我国电力勘察设计行业的水平和发展方向，希望这套设计手册能为我国电力工业的发展作出贡献，成为电力行业从业人员的良师益友。

汪建平

2017年3月18日

总前言

电力工业是国民经济和社会发展的基础产业和公用事业。电力工程勘察设计是带动电力工业发展的龙头，是电力工程项目建设不可或缺的重要环节，是科学技术转化为生产力的纽带。新中国成立以来，尤其是改革开放以来，我国电力工业发展迅速，电网规模、发电装机容量和发电量已跃居世界首位，电力工程勘察设计能力和水平跻身世界先进行列。

随着科学技术的发展，电力工程勘察设计的理念、技术和手段有了全面的变化和进步，信息化和现代化水平显著提升，极大地提高了工程设计中处理复杂问题的效率和能力，特别是在特高压交直流输变电工程设计、超超临界机组设计、洁净煤发电设计等领域取得了一系列创新成果。“创新、协调、绿色、开放、共享”的发展理念和实现全面建设小康社会奋斗目标，对电力工程勘察设计工作提出了新要求。作为电力建设的龙头，电力工程勘察设计应积极践行创新和可持续发展思路，更加关注生态和环境保护问题，更加注重电力工程全寿命周期的综合效益。

作为电力工程服务行业的“排头兵”和“国家队”，中国电力工程顾问集团有限公司是我国特高压输变电工程勘察设计的主要承担者，包括世界第一个商业运行的 1000kV 特高压交流输变电工程、世界第一个 ±800kV 特高压直流输电工程等；是我国百万千瓦级超超临界燃煤机组工程建设的主力军，完成了我国 70%以上的百万千瓦级超超临界燃煤机组的勘察设计工作，创造了多项“国内第一”，包括第一台百万千瓦级超超临界燃煤机组、第一台百万千瓦级超超临界空冷燃煤机组、第一台百万千瓦级超超临界二次再热燃煤机组等。

在电力工业发展过程中，电力工程勘察设计工作者攻克了许多关键技术难题，积累了大量的先进设计理念和成熟设计经验。编撰《电力工程设计手册》系列手册可以将这些成果以文字的形式传承下来，进行全面总结、充实和完善，引导电力工程勘察设计工作规范、健康发展，推动电力工程勘察设计行业技术水平提升，助力勘察设计从业人员提高业务水平和设计能力，以适应新时期我国电力工业发展的需要。

2014 年 12 月，中国电力工程顾问集团有限公司正式启动了《电力工程设计手册》系列手册的编撰工作。《电力工程设计手册》的编撰是一项光荣的事业，也是一项艰巨和富有挑战性的任务。为此，中国电力工程顾问集团有限公司和中国电力出版社抽调专人成立了编辑委员会和秘书组，投入专项资金，为系列手册编撰工作的顺利开展提供强有力的保障。在手册编辑委员会的统一组织和领导下，700 多位电力勘察设计行业的专家学者和技术骨干，以高度的责任心和历史使命感，坚持充分讨论、深入研究、博采众长、集思广益、达成共识的原则，以内容完整实用、资料翔实准确、体例规范合理、表达简明扼要、使用方便快捷、经得起实践检验为目标，参阅大量的国内外资料，归纳和总结了勘察设计经验，经过几年的反复斟酌和锤炼，终于编撰完成《电力工程设计手册》。

《电力工程设计手册》依托大型电力工程设计实践，以国家和行业设计标准、规程规范为准绳，反映了我国在特高压交直流输变电、百万千瓦级超超临界燃煤机组、洁净煤发电、空冷机组等领域的最新设计技术和科研成果。手册分为火力发电工程、输变电工程和通用三类，共 31 个分册，3000 多万字。其中，火力发电工程类包括 19 个分册，内容分别涉及火力发电厂总图运输、热机通用部分、锅炉及辅助系统、汽轮机及辅助系统、燃气-蒸汽联合循环机组及附属系统、循环流化床锅炉附属系统、电气一次、电气二次、仪表与控制、结构、建筑、运煤、除灰、水工、化学、供暖通风与空气调节、消防、节能、烟气治理等领域；输变电工程类包括 4 个分册，内容分别涉及变电站、架空输电线路、换流站、电缆输电线路等领域；通用类包括 8 个分册，内容分别涉及电力系统规划、岩土工程勘察、工程测绘、工程水文气象、集中供热、技术经济、环境保护与水土保持和职业安全与职业卫生等领域。目前新能源发电蓬勃发展，中国电力工程顾问集团有限公司将适时总结相关勘察设计经验，编撰新能源等系列设计手册。

《电力工程设计手册》全面总结了现代电力工程设计的理论和实践成果，系统介绍了近年来电力工程设计的新理念、新技术、新材料、新方法，充分反映了当前国内外电力工程设计领域的重要科研成果，汇集了相关的基础理论、专业知识、常用算法和设计方法。全套书注重科学性、体现时代性、增强针对性、突出实用性，可供从事电力工程投资、建设、设计、制造、施工、监理、调试、运行、科研等工作者使用，也可供相关教学及管理工作者参考。

《电力工程设计手册》的编撰和出版，是电力工程设计工作者集体智慧的结晶，展现了当今我国电力勘察设计行业的先进设计理念和深厚技术底蕴。《电力工程设计手册》是我国第一部全面反映电力工程勘察设计的系列手册，难免存在疏漏与不足之处，诚恳希望广大读者和专家批评指正，如有问题请向编写人员反馈，以期再版时修订完善。

在此，向所有关心、支持、参与编撰的领导、专家、学者、编辑出版人员表示衷心的感谢！

《电力工程设计手册》编辑委员会

2017年3月10日

前言

《集中供热设计》是《电力工程设计手册》系列手册之一。

目前，我国城市和工业园区的集中供热已基本形成“以燃煤热电联产和大型锅炉房集中供热为主、分散燃煤锅炉和其他清洁（或可再生）能源供热为辅”的供热格局。随着城市和工业园区经济发展，热力需求不断增加，热电联产集中供热稳步发展，总装机容量不断增长，截至2014年底热电联产机组容量在火电装机容量中的比例达30%左右，装机容量及增速均已处于世界领先水平。

热电联产是指热电厂同时生产电能和可利用热能的联合生产方式。集中供热是指从一个或几个集中热源通过热力网向多个热用户供热。

热电联产是符合国家产业政策的最主要集中供热方式，热电联产集中供热具有能源综合利用效率高、节能环保等优势，是解决城市和工业园区集中供热主要热源和供热方式之一，是解决我国城市和工业园区存在供热热源结构不合理、热电供需矛盾突出、供热热源能效低污染重等问题的主要途径之一。

热电联产集中供热项目由热源、热力网和热用户构成，涉及多个部门单位、多个专业领域、多个工作阶段（前期、中期、后期）、多个工作环节，体现了集中供热行业的多元性和复杂性。

本书所涉及的范围是以热电联产的集中供热系统为主，包括热电厂、一级热力网、热力站、二级热力网和用户入口的设计。同时，也在有关章节中对位于热电厂外的调峰热源、其他热源进行了介绍。

本书共分三篇十五章，内容包括热电联产集中供热项目的构成、特点、前期工作流程，热负荷的分析和估算，投资估算及经济评价，供热式汽轮机特性，纯凝式汽轮机供热改造，调峰和备用热源设计，供热方案设计，汽轮机排汽余热的利用，热力网首站设计，热力网系统，供热管网设计，热力站、用户入口及中继泵站设计，热力网设计技术应用，多热源联合供热系统，热力网调节运行管理等，并有相应设计的成熟先进的案例，对提高热电联产集中供热设计质量，提升设计水平，实现热电联产集中供热设计的标准化、规范化将起到指导作用。

本书以实用性为主，按照现行的相关规范、标准和政策的内容规定，结合热电联产集中供热项目的特点，以工艺系统或建筑物为基本单元，分别论述了各个系统的设计原则、设计要点、设计计算、系统确定、设备选型及其布置、设计内外接口等内容。

本书主编单位为中国电力工程顾问集团东北电力设计院有限公司，参加编写的单位有中国电力工程顾问集团西北电力设计院有限公司、中国电力工程顾问集团华北电力设计院有限公司等。本书由郭晓克担任主编，负责全书总体策划和校核，并编写前言；康慧担任副主编；陈玉虹负责手册的技术审核。本书由康慧编写第一章，郭晓克参与编写第一章；杨光编写第二章，于凤新、冯爱华参与编写第二章；孙英编写第三章，郭晓克参与编写第三章；叶东平编写第四章、第五章，任伟参与编写第四章，赵连东、袁雄俊、白锋军参与编写第四章、第五章，张启林、张晨参与编写第五章；康慧、赵连东编写第六章、第七章，裴育峰、杨光参与编写第六章，于凤新、李东耀参与编写第六章、第七章；袁雄俊编写第八章，于凤新、曾学梅参与编写第八章；白锋军编写第九章，郑冠捷参与编写第九章；王国兴编写第十章，裴育峰、葛建中、佴耀参与编写第十章；王国兴、王志良、刘璐楠、佴耀编写第十一章，裴育峰参与编写第十一章；冯爱华编写第十二章，杨光参与编写第十二章；杨光、王志良、冯爱华、葛建中、康慧编写第十三章，王国兴、佴耀参与编写第十三章；徐坤编写第十四章、第十五章，冯爱华参与编写第十四章、第十五章，孙圣斌参与编写第十五章；杨光负责全书统稿工作。

本书是从事集中供热项目的相关专业设计人员的工具书，可以满足热电联产集中供热项目各设计阶段的深度要求。本书也可作为大专院校集中供热相关专业师生和供热企业技术人员的技术参考书。

在本书的编写过程中，参考了《集中供热设计手册》（1996 年中国电力出版社出版）的部分资料，在此，向《集中供热设计手册》的编写人李善化、李静海、米振发、孙向军、杨涤尘表示由衷的感谢。

《集中供热设计》编写组

2017 年 2 月

目　录

第二篇 热 源 篇

第三篇 热 力 网 篇

第一篇

基础篇

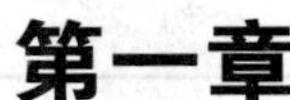

第一章　综　述

本章将简单介绍集中供热项目的总体情况，包括：集中供热系统构成、集中供热项目特点、集中供热项目前期设计工作流程。同时介绍四个重要的设计文件（供热规划、热电联产规划、热电联产项目可行性研究、热力网可行性研究）的编制要点和设计接口与管理问题。

第一节　集中供热系统构成

集中供热系统是由热源、热力网和用户三方面构成的。热源、热力网和用户三者密切关联，成为一个有机整体，互不可缺。本书所涉及的范围是以热电厂为主要热源的集中供热系统，包括：热电厂、一级热力网、热力站、二级热力网和用户入口的设计。

本手册涉及的集中供热项目有两类：热水供暖系统与工业供汽系统，其构成分别见图 1-1 和图 1-2。

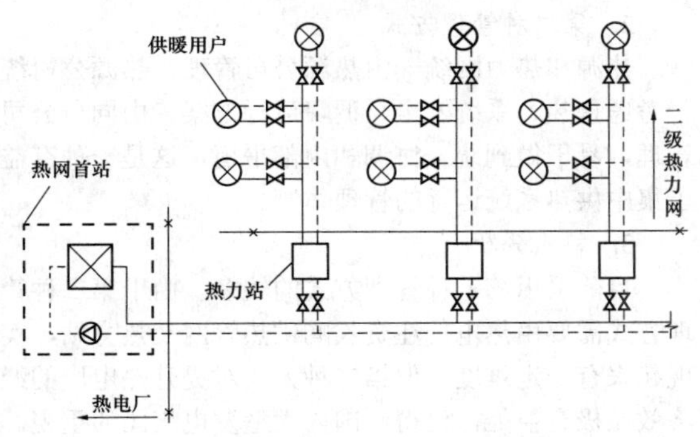

图 1-1　热电厂热水供暖系统构成

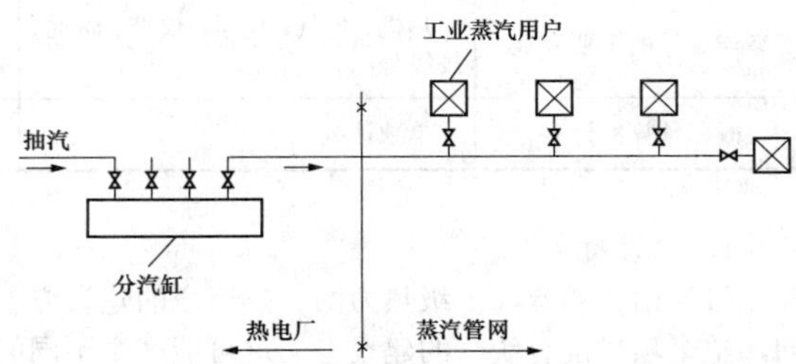

图 1-2　热电厂工业供汽系统构成

在本手册中，通用部分在基础篇（含第一至三章）中介绍，热电厂部分在热源篇（含第四至九章）中介绍，热力网部分在热力网篇（含第十至十五章）中介绍。

同时，在第六章中对位于热电厂外的调峰热源和备用热源进行介绍，在第十章中对位于热电厂外的其他供热热源进行介绍，在第十四章中对多热源供热系统进行介绍。

第二节　集中供热项目特点

集中供热涉及多个部门单位、多个专业领域、多个工作阶段（前期、中期、后期）、多个工作环节，这体现了集中供热行业的多元性和复杂性，以下将介绍集中供热项目的几个主要特点。

一、设计工作的特点

集中供热项目是一个完整的系统，由热源、热力网、热用户三部分组成，其技术参数应相互衔接，规模容量应相互匹配。集中供热项目的设计特点如表 1-1 所示。

表 1-1　集中供热项目的设计特点

	热　源	一级热力网、热力站	二级热力网、热用户
建设方（投资方）	发电集团公司、当地的热力公司	发电集团公司、热电厂、当地的热力公司、市政部门	房地产开发商
设计单位	电力设计院	当地的市政设计院、当地的热力燃气咨询公司	建筑设计院

续表

	热　源	一级热力网、热力站	二级热力网、热用户
采用的 综合性设计标准	（1）GB 50660《大中型火力发电厂设计规范》； （2）GB 50049《小型火力发电厂设计规范》； （3）《火力发电厂供热首站设计规范》（编制中）； （4）CJJ 34《城镇供热管网设计规范》； （5）JB 112—2008《城镇供热厂工程项目建设标准》	（1）CJJ 34《城镇供热管网设计规范》； （2）CJJ/T 81《城镇直埋供热管道工程技术规程》； （3）CJJ 104《城镇供热直埋蒸汽管道技术规程》	（1）CJJ 34《城镇供热管网设计规范》； （2）CJJ/T 81《城镇直埋供热管道工程技术规程》； （3）CJJ 104《城镇供热直埋蒸汽管道技术规程》； （4）GB 50736《民用建筑供暖通风与空气调节设计规范》
参与设计的主要专业	热机、电气、化学、仪控、暖通、技经等	暖通、土建、电气、给排水、仪控、技经等	暖通
概、预算的计列	单独计列	单独计列	与小区建筑合并计列

1. 设计特点

（1）由于热源、一级热力网、热用户的建设方不同，整个项目没有统一的建设方，这可能产生不同的利益纠纷。

（2）由于运行管理方不同，根据谁投资谁管理的原则，热电厂由电力企业管理，热力网由供热企业管理，热用户由物业公司（或单位自行）管理，不同的运行管理部门之间易出现责任不清的问题。

（3）由于设计合同关系，建设方仅对与自己有合同关系的设计单位具有影响力。

（4）热源由电力系统的设计单位承担，热力网、热用户由市政建设部门的设计单位承担，两个行业的设计单位可能对有关标准的理解或解释存在差异。

（5）热机专业与暖通专业使用的图、表、公式、手册有区别，计算结果可能有差异。

（6）热网首站由电力设计院热机专业设计和布置，但水压图、定压点、防水击和运行调节的技术方案却属于一级热力网设计单位暖通专业考虑的范围；应进行设计接口联系，使有关技术方案完整落实在热网首站的设计和布置中。

（7）投资渠道不同，热源、一级热力网均按单项工程量分别单独计列概预算，热用户（包括换热站、二级热力网、供暖用户）与小区建筑合并计列。

2. 可能存在的问题

目前，国内有关设计标准未对集中供热项目的设计接口管理进行明确的规定，各建设方多凭经验和感觉进行管理，由于对设计接口管理不规范，将可能出现以下问题：

（1）热源与热力网的建设工期不吻合。

（2）热负荷提供不准确。

（3）热力网建设规模与电厂规模不符合。

（4）调峰热源的建设难以落实。

（5）热网循环水泵和定压设备选择不合理。

（6）运行调节方案难实现、无防水击措施。

（7）未考虑与高层建筑连接方案等。

以上问题将影响集中供热项目的综合设计质量。本章第六节将介绍热电联产项目设计接口的内容和要点，并提出建设单位对设计接口的管理措施。

二、管理体制

目前，热电联产集中供热项目的管理有两种方式：

1. 第一种管理方式

热源由投资方管理，热力网由热力公司管理，热源管理方向热力公司趸售热（按热计量收费），热力公司再向热用户售热（按供热面积收费）。

2. 第二种管理方式

热源和热力网统一由热源公司管理，热源公司统一考虑售热、系统安全、调峰运行方案。由同一公司管理，易于做到统一协调和内部平衡，这是一种有益于集中供热系统运行的管理体制。

3. 特点分析

目前采用第一种管理方式的较多。由于第二种管理方式需要由热电厂注资收购供热管网及热力站，实现起来有一定难度。但第二种方式对提升热电厂的经济效益极有益处，已得到国内大型发电集团的重视。另外，将城市供热行业交由大型发电集团管理能够保证集中供热系统运行安全，会得到当地政府的支持。

组建城市热源管理公司，并由其统一管理热源和热力网，运行亏损可以从内部予以平衡，这是解决调峰热源投资、管理和集中供热系统经济运行的关键措施。目前，国内已有发电集团公司向下游延伸业务，投资并管理热力网，并将逐步成为新的发展趋势。

4. 理想的管理方式

理想的管理方式有以下三种：

（1）由城市热源管理公司统一管理热源（热电厂或供热厂）及一级热力网。

（2）由城市热源管理公司负责调峰热源和备用热源的运行。

（3）由小型能源公司采用能源合同管理制的方式管理二级热力网和热用户。

三、热力网系统的标识

随着我国集中供热行业的发展，热电企业和供热企业的运行设备已涵盖热电厂、热源厂、热力站、供热管网。随着机组容量增加、设备数量扩充、设备自动化程度提高，供热企业的管理工作已呈现出精细化、复杂化的趋势。

要对大量的设备信息进行统计和规范，进行有效、科学地管理，实现节能降耗以及提升企业的核心竞争力，就需要对集中供热系统中各类设备采用统一的编码来标识，形成一个能够贯穿集中供热系统生命周期全过程的编码体系，使设备从设计开始到运行维护直至退役的每一过程，都能采用现代信息技术手段进行监控。

电厂标识系统是国际上普遍使用的编码体系，也是我国发电企业使用最多的编码体系，如果应用于供热企业，可实现对供热设施在建设、运行、维修过程中的有效监控，使供热设备处于良好的工作和备用状态，并可保证供热系统的安全、稳定运行。

目前，我国的火电厂、水电厂、核电站、新能源电厂均采用现行国家标准 GB/T 50549—2010《电厂标识系统编码标准》进行编码，热电厂内的供热系统已采用该标准编码进行标识，但厂外热力网系统还没有进行标识，该标准正在修订中，拟增加厂外热力网部分的编码内容。本手册第十三章第六节将根据对该标准修订中所增加的厂外热力网标识的内容，并参考《电厂标识系统编码应用手册》，介绍热电联产集中供热项目的热力网系统标识。

第三节　集中供热项目前期设计

集中供热项目建设分为项目决策阶段、项目准备阶段和项目实施阶段。其中项目决策阶段指从投资方向研究开始到项目核准结束，通常称为前期工作阶段，这是我国集中供热行业特有的工作流程，包含了行政管理、建设方管理、设计技术等方面的内容。本节将从设计技术角度进行介绍。

一、集中供热项目的前期工作

集中供热的前期工作是指项目核准（含）前的工作，包含：城市（或工业区）总体规划、电源规划、供热规划、热电联产规划、热电联产项目可行性研究、热力网可行性研究等，直到项目核准的环节。集中供热项目前期工作流程图如图 1-3 所示。

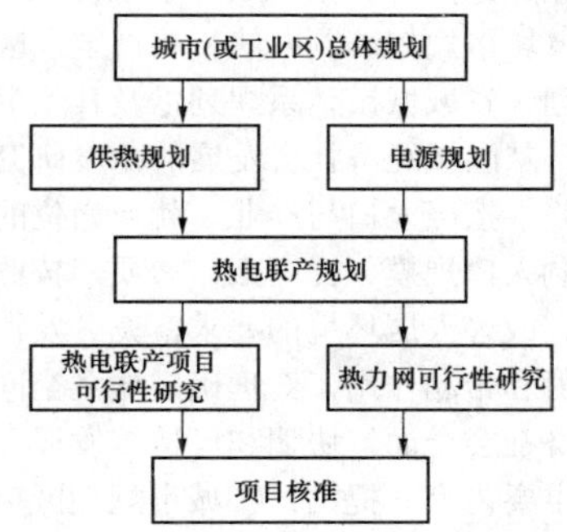

图 1-3　集中供热项目前期工作流程图

（1）对于以非热电联产为热源的城市供暖，属于城市公益事业，由地方政府负责，主要立项依据是由建设部系统城市建设主管部门审定的城市供热规划，对于工业区则为审定的工业区供热规划。

（2）集中供热项目需要有电力市场，其装机容量均应纳入总的装机规模，其规划应由国家发展改革委系统的各级主管部门负责编制与审批。

（3）集中供热项目从城市（工业区）总体规划角度来讲是热源项目，它是供热专项规划的组成部分，故规划与供热规划平行，互为因果。

（4）集中供热项目从电源规划角度来讲是电源项目，热电联产规划与电源规划是面与点的关系，也互为因果。

（5）发展改革部门负责热电联产的规划、项目申报与核准，以及相关的监督工作。

（6）热电联产规划是项目核准的基本依据。

二、规划文件编制

在图 1-3 中，供热规划、热电联产规划、热电联产项目可行性研究、热力网可行性研究四个环节的规划设计文件比较重要，其编制要点将在本章的第四节、第五节单独介绍。

以下将简单介绍城市（或工业区）总体规划、电源规划。

1. 城市（或工业区）总体规划

（1）性质。是政府调控城市空间资源、指导城乡发展与建设、维护社会公平、保障公共安全和公众利益的重要公共政策之一，包括省（自治区、直辖市）、地区（省辖市、自治州盟）、县（县级市、旗）的规划，是当地国民经济和社会发展规划，属于地方规划。它不应是各部门、各地区规划和各项指标的简单汇总，而要真正体现保持经济总量平衡、促进总体结构优化、提高国民经济整体素质和效益的要求，能够发挥对全社会经济活动的总体指导和对各个宏观调控政策手段综合协调的作用。

（2）编制要求。应符合2005年10月28日原建设部颁布的《城市规划编制办法》的规定；应以全国城镇体系规划、省域城镇体系规划以及其他上层法定规划为依据，从区域经济社会发展的角度研究城市定位和发展战略，按照人口与产业、就业岗位的协调发展要求，控制人口规模、提高人口素质，按照有效配置公共资源、改善人居环境的要求，充分发挥中心城市的区域辐射和带动作用，合理确定城乡空间布局，促进区域经济社会全面、协调和可持续发展。

（3）主要内容。提出：①城市规划区范围，分析城市职能；②城市性质和发展目标；③禁建区、限建区、适建区范围，预测城市人口规模，研究中心城区空间增长边界；④建设用地规模和建设用地范围；⑤交通发展战略及主要对外交通设施布局原则；⑥重大基础设施和公共服务设施的发展目标；⑦建立综合防灾体系的原则和建设方针。

（4）编制组织。城市人民政府负责组织编制城市（或工业区）总体规划，具体工作由城市人民政府建设主管部门（城乡规划主管部门）承担。承担城市（或工业区）规划编制的单位，应当取得城市规划编制资质证书，并在资质等级许可的范围内从事城市（或工业区）规划编制工作。

（5）与供热规划、电源规划的关系。供热规划和电源规划是城市（或工业区）总体规划的组成部分，是对其中供热、电源规划的深化，是城市集中供热和热电联产项目可行性研究的重要依据。

2. 电源规划

（1）按行政（供电）区域分类：全国电力发展规划；大区电力发展规划，现分为华北、东北、华东、华中、西北和南方电网区域；省级电力发展规划；省级以下地区电力发展规划。

（2）按时段分类：一般分为五年发展规划（简称五年规划）、中期规划（简称中期规划，时间为5～15年）和长期规划（简称长期规划，时间为15年以上）。

（3）主要包括以下内容：概况、电力需求预测、节能分析、能源与资源、电力供需平衡、电源规划、电网规划、环境及社会影响分析、投融资规划、电价预测分析、综合评价、问题及建议。

（4）编制组织及主要分工如下：电力主管部门负责组织全国电力发展规划的编制工作；各省级电力主管部门应在电力主管部门和同级政府的领导下，负责组织所在地区的电力发展规划编制工作；各电网公司、各电力集团公司和规划设计单位受各级电力主管部门委托，负责提出电力发展规划的推荐方案。

三、设计工作环节及关键控制点

根据我国基建程序，热电联产集中供热项目分为项目决策分析阶段、项目建设准备阶段和项目实施阶段。从项目实施的各个阶段看，决策分析阶段对项目的效益影响最大。

1. 项目决策分析阶段

项目决策分析与评价一般采取分阶段由粗到细，由浅到深进行。

（1）投资机会研究阶段。机会研究是拟投资建设项目前的准备性调查研究，是把项目的设想变为概略的投资建议，是进行下一步深入研究的基础。机会研究的重点是分析投资环境、鉴别投资方向和选定建设项目。

（2）编制项目建议书阶段（也称初步可行性研究阶段）。项目建议书是对拟建项目进行总体轮廓设想，并根据国民经济和社会发展长期规划、行业规划和地区规划，以及国家产业政策，经过调查研究、市场预测及技术分析，着重分析项目建设的必要性，并初步分析项目建设的可能性。

（3）可行性研究阶段。在可行性研究中，对拟建项目的市场需求状况、建设条件、生产条件、协作条件、工艺技术、设备、投资、经济效益、环境和社会影响以及风险等问题，进行深入调查研究，充分进行技术经济论证，做出项目是否可行的结论，选择并推荐优化的建设方案，为项目决策单位或业主提供决策依据。以上可见，项目建议书是围绕项目的必要性进行分析研究；可行性研究是围绕项目的可行性进行分析研究，必要时还需对项目的必要性进一步论证。

（4）项目评估阶段。在项目可行性研究报告提出后，由具有一定资质的咨询评估单位对拟建项目可行性研究报告进行技术上、经济上的评价论证。这种评价论证是站在客观角度，对项目进行分析评价，决定项目可行性研究报告提出的方案是否可行，科学、客观、公正地提出对项目可行性研究报告的评价意见，为决策部门、单位或业主进行项目审批提供依据。

（5）项目决策审批阶段。项目主管单位或业主，根据咨询评估单位对项目可行性研究报告的评价结论，结合国家宏观经济条件，对项目是否建设、何时建设进行审定。

项目各阶段之间不能截然分开，而是具有内在逻辑联系，在一定意义上，是一种科学的程序化。为此，凡是由国家投资的项目，均规定了必须遵循的基本建设程序。

2. 信息数据采集的要求

信息是决策分析与评价的基础和必要条件，全面准确地了解和掌握有关资料数据是决策分析与评价的最基本要求。

集中供热项目决策分析阶段信息数据采集的内容主要有：

（1）国民经济长期规划、行业规划和专项规划。

（2）国家颁布的有关项目评价的基本参数和指标。

（3）有关技术、经济、工程方面的规范、标准、定额等指标，以及国家颁布的技术法规和技术标准。

（4）可靠的自然、地理、气象、水文、地质、社会、经济等基础数据资料、交通运输和环境保护资料。

（5）有关项目本身的热力市场、电力市场、原材料、资金来源等各项数据资料。

由于决策分析与评价是一个动态过程，在实施中需注意新情况的出现，及时、全面、准确地获取新的信息，必要时做出追踪决策分析。

3. 关键控制点

不同工作阶段实际上也是不同工作环节，研究各个工作环节上的接口关系，其目的是：确定工作环节中的关键控制点，并为这些关键控制点设置控制指标（例如：规划、规程、设计标准、重要数据等），当某热电联产集中供热项目背离设定指标时，可及时判定其是否违规或是否需中止该项目。

对于热电联产集中供热项目而言，第一个关键控制点是项目建议书（初步可行性研究）阶段，控制指标是该地区的供热规划、热电联产规划。如果对地区热负荷或电负荷有异议，建议投资方委托中介机构做出供热市场（或供电市场）分析预测报告。第二个关键控制点是可行性研究阶段，控制指标是热价、电价的制定是否合理并有相关协议，重要的外部条件是否满足。

对于热电联产集中供热项目的另外两个阶段，项目建设准备阶段（含初步设计、施工图、竣工图）和项目实施阶段，属于项目中后期，已有足够的控制点和控制指标，可参考的规程规范及设计手册比较齐全。

4. 关键环节的控制

（1）应加大项目前期的工作份量和投入精力，加强规范前期工作的力度。

（2）对于违规的热电联产集中供热项目，尽量在萌芽状态就将其否定，否则会增大投资方损失。

（3）规范热电联产规划的编制工作。

（4）细化热电联产可行性研究报告和热力网可行性研究报告的审查，包括对审查机构资质、业绩、技术实力的要求，对审查程序和审查重点的要求。

第四节　集中供热项目的规划

一、供热规划

1. 供热规划的作用

供热规划是城市（或工业区）总体规划的组成部分，是对其中供热专业规划的深化和细化，是城市集中供热和热电结合项目可行性研究的重要依据。制定科学的城市（或工业区）供热规划并按规划组织实施是避免盲目建设、重复建设、充分发挥城市集中供热整体效益的有效手段。

热电联产集中供热做得好的城市，往往是供热规划较为完善的城市。热电工程布局不合理，经济效益不能充分发挥，大多是由于供热规划不合理、不执行，甚至未制定供热规划。

供热规划范围包括集中热源向城市市区供应生产和生活用蒸汽、热水、冷水的所有供热方式。

2. 供热规划的编制

（1）应在城市（或工业区）总体规划的指导下，按照现行国家标准 GB/T 51074—2015《城市供热规划规范》进行编制。

（2）供热规划的编制同时应符合《热电联产管理办法》的有关规定。该办法依据国家相关法律法规和产业政策制定，适用于全国范围内热电联产项目（含企业自备热电联产项目）的规划建设及相关监督管理，是目前最新的与热电联产集中供热有关的政策文件。

（3）编制工作由城市建设行政主管部门主持，计划、电力、环保等有关部门参加。编制工作必须委托具有相应资质的城市规划供热专业设计单位进行，经过相应级别的从事供热专业工作的专家论证后，由相应级别的建设行政主管部门批准实施。

（4）供热规划中如果含热电联产的内容，有关热电联产的内容应按热电联产规划编制规定的要求编制和审查。

二、热电联产规划

1. 热电联产规划的作用

按照规定程序编制和批准的热电联产规划是投资决策的重要依据。实行建设项目核准制以后，合乎要求的热电联产规划是核准制必备的基础性文件之一。如果热电工程布局不合理，经济效益将不能充分发挥。所以，热电联产规划至关重要。

热电联产规划依据城市供热规划和电力发展规划编制，目的在于保证热电联产机组建设做到统一规划、统一部署、分步实施，符合节约能源、改善环境和提高供热质量的要求，避免盲目建设、重复建设。热电联产规划应包括对城市供热现状和热电联产现状的具体描述，以及对热电联产机组建设进行规划的具体内容等，并且要阐述清楚热电联产在城市供热、改善环境及电力系统中发挥的作用等。

2. 热电联产规划的编制应注意的问题

热电联规划的编制，应注意以下几个问题：

（1）热电联产规划工作及规划范围内热电厂的初步可行性研究工作均应由地方政府投资主管部门负责。

（2）应由当地发改委牵头，委托给有资质的中介咨询部门编制，市政部门和电力部门参与。工作中特别注意市政部门和电力部门的协调，两个部门的文件应进行整合。

（3）热电联产规划由政府投资主管部门组织审查并批准，报国家发展和改革委员会备案。

（4）热电联产规划的编制依据是本地区的《城市供热规划》《环境治理规划》和《电力发展规划》。

（5）热电联产规划工作与规划范围内的热电厂的初步可行性研究工作均应依据中长期电力发展规划进行编制，两者相互依存、密不可分，应同步安排、紧密配合。

（6）热电联产规划范围和设计水平应与城市总体发展规划一致，并应进行滚动调整。

（7）应注意对其中几个关键性工作，如冷热负荷的预测、供热方案、电源布局、热源布局、调峰热源的设置做出深度要求。

（8）热电联产规划需解决以下主要问题：

1）是否需要建热电厂（或建集中供热锅炉房）；

2）在什么地方建热电厂（新建、扩建或改造已建的电厂）；

3）建什么样的热电厂（单机容量、分几期、最终容量、机组选型）；

4）什么时候建热电厂（各期热电厂投运的时间安排）；

5）调峰热源、备用热源的选择。

3. 热电联产规划编制要求

（1）推荐的热电联产规划编制应符合《城市热电联产规划编制要求》（见附录 A）和《城市热电联产规划编制要求条文说明》（见附录 B）的要求。

（2）热电联产规划编制应符合发改能源〔2016〕617 号《热电联产管理办法》的有关规定。

（3）热电联产规划应由地、市级发展改革委委托，由有资质的电力设计部门和工程咨询机构为主负责编制（城市规划和设计部门参加或提供相关资料），由省级发展改革委审查。

第五节　集中供热项目的可行性研究

一、热电联产项目可行性研究

1. 热电联产项目可行性研究的特点

（1）落实热负荷，防止虚假或过大的热负荷导致热电厂运行效益差。

（2）落实建厂的重要外部条件，包括燃料运输、废物排放、供水、综合利用、接入电网、接入热力网等内容。任何一个重要的外部条件不落实，都将影响项目的建设。

（3）需要取得经批准的热电联产规划。

2. 热电联产项目初步可行性研究报告的编制

热电联产项目初步可行性研究报告编制的内容深度应符合现行的电力行业标准 DL/T 5374—2008《火力发电厂初步可行性研究报告内容深度规定》的有关规定。

热电联产项目初步可行性研究报告应委托有资质的电力设计部门负责编制。

3. 热电联产项目可行性研究报告的编制

热电联产项目可行性研究报告编制的内容深度应符合现行的电力行业标准 DL/T 5375—2008《火力发电厂可行性研究报告内容深度规定》的有关规定。

热电联产项目可行性研究报告编制具体的技术问题，可参阅《火电工程可行性研究指南》。

热电联产项目可行性研究报告应委托有资质的电力设计部门负责编制。

4. 编制热电联产项目可行性研究报告的参考文件

《关于发展热电联产的规定》《热电联产项目可行性研究深度规定》（见附录 C）和《热电联产项目可行性研究技术规定》（见附录 D）三个文件是在总结我国多年热电联产经验教训的基础上编制的，对于从事热电联产的专业技术人员、政府部门的管理人员具有重要的参考价值。

（1）《关于发展热电联产的规定》这份文件内容详细，规定具体，含有重要的技术性内容和政策性内容。

（2）《热电联产项目可行性研究深度规定》是为了规范热电联产项目可行性研究工作，由中国节能投资公司和中国电机工程学会热电专业委员编制的。

（3）《热电联产项目可行性研究技术规定》是为了规范热电联产项目可行性研究工作，由国家有关部门联合发布。此规定对热电联产项目中的各专业的技术原则作了较为详尽、完整的要求，其中涉及一些重大的技术原则，如：热电厂的供热范围、热负荷调查的分工原则、对热冷负荷的核实及采用原则、机炉选择及供热方案等内容。

需要注意，上述文件已发布实施十多年，只可作为编制参考，在执行中有一些规定和数据需根据工程实际情况进行调整，以上文件内容如与最新文件有差异，应以最新文件为准。

二、热力网可行性研究

1. 热力网可行性研究的作用

集中供热项目可行性研究阶段应特别注意：

（1）按惯例的设计分工：热源由电力设计院负责设计，热力网和用户（含热力站）由市政设计院负责设计。

（2）热力网是集中供热系统的重要组成部分，应注意与热电联产规划相协调。

在集中供热项目的可行性研究设计阶段，需要有与热力网有关的正式文件对上述内容进行描述和规划，这个正式文件就是热力网可行性研究。

2. 热力网可行性研究的编制

应委托有资质的城市规划设计单位进行编制。

热力网可行性研究报告推荐按《热力网可行性研究报告文件编制深度》[1]的要求编制。

第六节 设计接口与管理

集中供热项目涉及多个单位、多个专业领域、多个工作环节。经验表明：对于一个关系复杂、重叠交织的体系来讲，问题往往会出现在单位与单位之间、专业与专业之间的接口上。因此，分析研究这些接口关系，进而找出规范管理接口关系的方法，是提高集中供热项目综合设计质量的重要措施之一。本节将介绍建设单位对多个平行设计单位之间设计接口的管理。

一、工程项目设计接口的概念

设计接口是以各系统及设备的技术参数为基础，确保集中供热项目建成后按额定参数运行。要求各设计单位及设备供货单位按协调的技术参数进行设计，首先要在相互接口处提出对方所需要的设计资料，这些设计资料可以是各种软、硬件的输入输出信息，如：各种技术参数值、流程图、布置图、工艺要求、控制信号等。

参与工程项目建设的各设计单位之间的设计接口主要分为内部设计接口和外部设计接口两类。

1. 内部设计接口

内部设计接口是设计单位内部各工种专业之间的信息交换，按照各自惯用的模式自行管理，不需要建设方管理。

2. 外部设计接口

外部设计接口是各不同设计单位之间的信息交换，由于各不同设计单位是平行的，按照各自惯用的模式工作，各设计单位之间将存在较多的外部设计接口，需要建设方进行管理。

二、集中供热项目设计接口及管理措施

集中供热项目有三个设计接口：

（1）热源与一级热力网之间的设计接口（热水供暖）。

（2）一级热力网与热力站之间的设计接口（热水供暖）。

（3）热力站与热用户（含工业供汽用户）之间的设计接口。

以下分别介绍上述三个设计接口的内容、要点和管理措施。

1. 热源与一级热力网之间的设计接口

（1）设计接口内容、要点。涉及热源（热电厂）与一级热力网的物理接口和参数接口。这类接口是热源设计单位与一级热力网设计单位之间的一对一的设计接口，是外部设计接口。设计接口内容及要点见表 1-2。

表 1-2 热源与一级热力网之间的设计接口内容及要点

接口编码	接口内容	接口要点
A1	一级供热管道的接点（热电厂围墙外 1m）	管道坐标、高度、管径、敷设方式、受力计算的终点和起点
A2	水压图、系统定压压力	保证热源和一级管网系统最高点不汽化，最低点不被压力破坏，补水泵的运行方式
A3	质调节方案（或量调节方案）	双方交换信息
A4	主循环水泵运行方案	一级热力网的本期运行流量、一级热力网的最终运行流量
A5	防水击，防超压措施	双方交换信息
A6	热源的建设规模（分几期），一级热力网的建设规模	双方交换信息

[1] 2004 年 1 月 29 日，建设部以建质〔2004〕16 号文颁布了《市政公用工程设计文件编制深度规定》，其中包括《热力网可行性研究报告文件编制深度》，该规定由北京市市政工程设计研究总院主编。

（2）设计接口管理措施。由于是一对一的设计接口，建议采用设计接口联络会的方式进行管理，由建设方召集两次设计接口联络会，按表 1-2 的内容依次讨论解决接口问题。第一次会议时间宜定在可行性研究前，重点是两个设计单位之间的技术沟通。第二次会议时间宜定在初步设计审查后，重点是对初步设计审查意见的答复。两次设计接口联络会均应形成接口联络会纪要。

2. 一级热力网与热力站之间的设计接口

（1）设计接口内容、要点。涉及热力站一次侧和热力站内部布置。是一级热力网设计单位的内部设计接口（一般情况下，一级热力网设计单位同时负责一级热力网和热力站的设计），设计接口内容及要点见表 1-3。

表 1-3 一级热力网与热力站之间的设计接口内容及要点

接口编码	接口内容	接口要点
B1	主要设计参数	一级热力网温度、压力
B2	热力站系统	用系统图的方式做出规定
B3	对换热站电源、水源的原则要求	
B4	对运行调节的要求	
B5	对热计量的要求	在热力站一级热力网侧设置热量计的位置

（2）设计接口管理措施。由于接口是一级热力网设计单位的内部设计接口，不需要建设方管理。

3. 热力站与热用户（含工业供汽用户）之间的设计接口

（1）设计接口内容、要点。涉及热力站二次侧、二级热力网、热用户入口。是一级热力网设计单位与各房地产商所委托的多个设计单位的一对多的设计接口，属于外部设计接口。设计接口内容及要点见表 1-4。

表 1-4 热力站与热用户（含工业供汽用户）之间的设计接口内容及要点

接口编码	接口内容	接口要点
C1	主要设计参数	二级热力网温度、压力
C2	对连接方式的要求	间接连接或直接连接
C3	对与供热区域内各建筑物连接的要求	主要是对高层建筑连接方案的考虑
C4	对热计量的要求（含工业供汽用户）	在热用户处设置热量计的位置、型号、管理方式

（2）设计接口管理措施。热电联产集中供热项目的热力站数量可能达数百个，由于是一对多的设计接口，而且房地产商委托的设计单位较多，技术水平和理解能力参差不齐，一级热力网设计单位不可能与房地产商委托的所有设计单位一一召开接口联络会。建议采用正式接口文件的方式进行管理，由一级热力网设计单位按表 1-4 的内容进行细化后制作成正式的接口文件，由建设方用正规的程序统一发给各个房地产商并转给二级热力网和热用户的各设计院。

三、外部设计接口管理的要点

对热电联产集中供热项目外部设计接口的管理，实质上是设计工作程序的规范，是一种简单有效、可操作性强的管理方式，值得建设方和设计单位注意。外部设计接口管理的要点归纳如下：

（1）应由建设方负责管理的集中供热项目外部设计接口共有两种：第一种是热源与一级热力网的设计接口，可采用召开两次设计接口联络会的方式进行管理；第二种是热力站与热用户的接口，可采用编制正式接口文件的方式进行管理。

（2）如有可能，建议对热电联产集中供热项目进行“三同”式的设计审查，即在同一时间、同一地点、由同一审查单位对热电联产集中供热项目的热源部分和热力网部分进行审查。这将有益于提高集中供热项目的综合设计质量。

（3）建议采用接口编码进行管理。

第二章　热负荷分析与估算

热负荷是指为维持一定室内热湿环境所需在单位时间向热用户提供的热量。集中供热热负荷是单位时间内集中供热系统中热用户所需热量及管网损失热量的总和，是制定城市供热规划和设计供热系统的重要依据，也是对供热系统设计进行技术经济分析的重要原始数据，常用吉焦/时（GJ/h）、吉焦/年（GJ/a）或兆瓦（MW）来表示。

热负荷分析与估算的目的是通过对热负荷发展规模的预测，使得热源的投产能力与热负荷的发展规模基本匹配，保证热源的选型不至过大，热源投产后有足够的基础热负荷作为项目经济运行的保证，同时又能适当满足未来规划期内热负荷发展的需求。

对热电厂而言，热和电是热电厂进行生产经营活动并最终推向市场的两种产品，项目前期只有对用热市场和用电市场的负荷需求规模进行较为准确的调研与核实，才能保证热电厂投运后的经济指标更接近真实情况。

对整个供热系统而言，热负荷分析与估算的结果对确定热源类型及规模、供热系统管径大小、运行方案合理性以及经济效益、社会效益和环保效益都有很大影响。未作调查与核实的热负荷结果，将导致机组选型不可靠，影响热电厂投产后的经济运行。当然，任何预测都不可能完全准确。但最低要求应避免出现热负荷状况与实际情况相差过于悬殊的情况，避免出现严重的供求结构比例失调现象。

热负荷的发展规律往往是先建设区域热源或分散热源，当热负荷发展到一定规模时，再新建大型集中热源逐步替换原有的区域热源及分散热源。

第一节　热负荷的划分原则

热负荷按服务对象、用热时间的规律、规划期限、供热可靠性和稳定性要求、集中程度和输送热负荷的介质的不同主要分为六种方式，见图2-1。热密度大、持续时间长、变化幅度小、具备一定规模的热负荷属于优质热负荷资源。

一、热负荷的分类

（一）按服务对象分类

可分为民用热负荷和工业用热负荷。民用热负荷主要是指供暖、通风、空调、生活热水等的用热。工业热负荷包括工艺热负荷和动力热负荷。工艺热负荷是指企业在生产过程中用于加热、烘干、蒸煮、清洗、熔化等工艺流程的用热负荷，其中也包括企业生产厂房的供暖、通风及空调热负荷。动力热负荷专指用于驱动机械设备如蒸汽锤、蒸汽泵等的用热负荷。

（二）按用热时间的规律分类

可分为季节性热负荷和全年性热负荷。季节性热负荷与室外温度、湿度、风向、风速和太阳辐射、地理位置等室外气象参数密切相关，其中起决定作用的是室外温度，因而在全年中有很大的变化。季节性热负荷中最重要的热负荷是供暖热负荷和夏季制冷（空调）热负荷。夏季制冷热负荷是指采用蒸汽型或热水型溴化锂冷水机组作为冷源时所消耗热负荷。为增加热电厂的经济性，提高供热机组供热设备的利用率，应考虑发展反向季节性热负荷，例如已经有供暖热负荷的地区，可以考虑发展溴化锂制冷用热负荷。

全年性热负荷与气候条件关系不大，而与用热状况密切相关，在全日中变化较大。生活用热和某些生产工艺用热即属于全年性热负荷。

（三）按规划期限分类

热电联产规划时，热负荷以城市（或工业区）总体规划和供热规划为基础，按时段分为现状、近期和远期三档，必要时也可增加中期一档。现状热负荷一般是通过调研方式获得，是以热电联产编制年或前一年为现状热负荷统计的截止年限。近期热负荷则是以投产年为近期热负荷规划的截止年限，近期热负荷是热电厂本期建设规模和机组选型的依据。中远期热负荷一般取5～10年或者更长，中远期热负荷是热电厂规划容量和分期建设的依据。

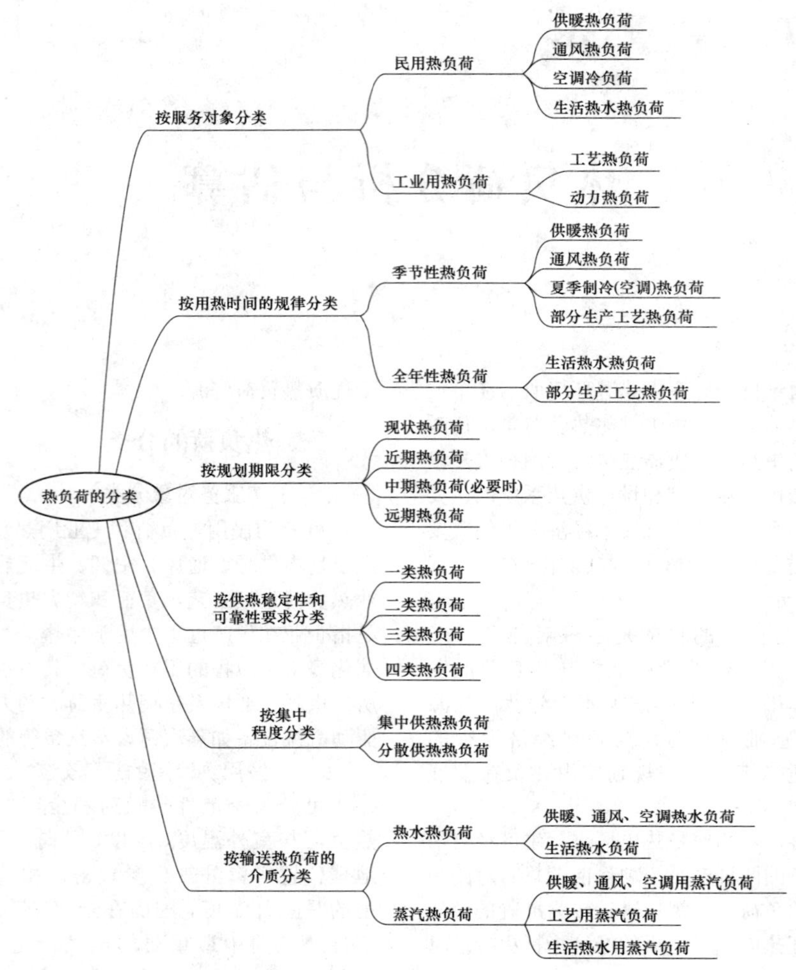

图 2-1 热负荷的分类方法

近期和远期热负荷还分为最大热负荷、平均热负荷和最小热负荷三类。最大热负荷是指供暖室外计算温度下对应的热负荷，平均热负荷是指供暖期室外平均温度下对应的热负荷，最小热负荷是指供暖期室外温度为 5℃时对应的热负荷。

（四）按供热稳定性和可靠性要求分类

可分为四类，一类热负荷是指停汽后会引发人身或设备事故的热负荷，或特殊条件下重要用户（如人民大会堂、国宾馆等重要政治、外事活动场所等）的热负荷，这类热负荷是必须保证的，不允许断热。二类热负荷是指停汽后影响生产的热负荷，例如钢铁厂、石化厂等热用户对蒸汽供应的稳定性和可靠性要求很高，尤其是生产旺季时，蒸汽一旦停止供应，将会导致企业停产、在线产品报废、订单无法如期完成等，使企业的信誉和经济利益蒙受重大损失。这样的热负荷也是需要重点保证的。三类热负荷是指允许短时间停汽的热负荷，例如某些高档小区，提供 24h 生活热水供应，蒸汽断供后短时间内对生活不会造成太大的影响。再例如小区集中供热停止后，短时间不会对用户造成太大的影响。当然停止供热超过一定时限，尤其是最冷月时，将会产生较大的社会影响。四类热负荷是指不能改为用热水供暖的汽负荷。

（五）按集中程度分类

可分为集中型热负荷和分散型热负荷。一个供热分区内可能有一部分集中供热的区域，一部分由于地理位置分散、管网敷设未到位等原因仍旧采用分散供热的区域。前者的热负荷叫做集中供热热负荷，后者叫做分散供热热负荷（包括区域供热）。例如某几户民用建筑、中小型公共建筑和一些小型企业采用自备热源供暖，这些分散的热负荷往往占地面积大，热负荷密度却很小。某些大型公共建筑和企业，这部分区域的热负荷密度往往较大，但未纳入城市集中供热热力网中，也认为属于分散热负荷。较多的分散型热负荷可能会导致项目的投资回收期过长。

（六）按输送热负荷的介质分类

可分为热水热负荷和蒸汽热负荷。采用热水输送是利用了水的显热输送热量，采用蒸汽输送是利用了水的潜热输送热量。热水热负荷又可分为供暖、通风、空调热负荷，蒸汽热负荷可分供暖、通风、空调、生活热水及工艺热负荷。

以上是一些常见的热负荷分类方法，通过这些分类方法可以将热负荷的服务对象、用热时间的规律、可靠性等特性涵盖到热负荷预测中去，使得热负荷的预测更接近实际用热情况。在对热负荷进行分类归纳整理时，主要考虑几点：

1）是供蒸汽还是供热水。

2）是属于冬季、夏季两季的，还是属于一年四季的。

3）蒸汽负荷的使用压力是否在同一级抽汽。

热负荷预测的结果最终将作为机组选型的依据，热负荷的预测还应与热机专业共同协商。

二、供热分区划分

供热分区是指一个或多个热源所服务的范围。热负荷分析开始前，首先应明确项目规划的供热分区是否与供热规划和热电联产规划中的供热分区范围一致。供热分区是根据城市（或工业区）总体规划、相关产业规划以及现状热负荷和热源点分布情况合理划分得到的。当城市规模较大时，往往要将城市分成几个独立的集中供热区域。供热分区地理范围和界限的划分在不同规划阶段详细程度有所不同：城市（或工业区）总体规划阶段，供热分区是根据供热方式和热负荷分布来划分；在供热规划阶段则是根据热源的规模、供热方案，对集中供热分区或分散供热分区进行细化，进而明确每种热源的供热范围。

《城市总体规划》《城市供热规划》和《城市热电联产规划》三种规划按不同深度对集中供热系统进行的描述(《城市热力网规划》一般包含在上述三个规划中)。《城市总体规划》的内容之一是综合协调并确定城市供水、排水、防洪、供电、通信、燃气、供热、消防、环卫等城市基础设施的发展目标和总体布局；《城市供热规划》是对《城市总体规划》中供热部分内容的细化；《城市热电联产规划》是对《城市供热规划》中采用热电联产方式进行供热的内容的进一步细化。按照行政区域划分的不同，《城市热电联产规划》还可分为《××省热电联产规划》《××市热电联产规划》和《××区热电联产规划》等。

随着节能新技术、新方法的应用，供热方式呈现出多样性，一个供热分区内可能有一种或多种形式的热源（见图 2-2)，这些热源中一般有一个或几个主热源。不同热源所辖的供热面积一般不能重叠，采用集中供热系统时，应明确分区内的集中供热面积和分散供热面积。

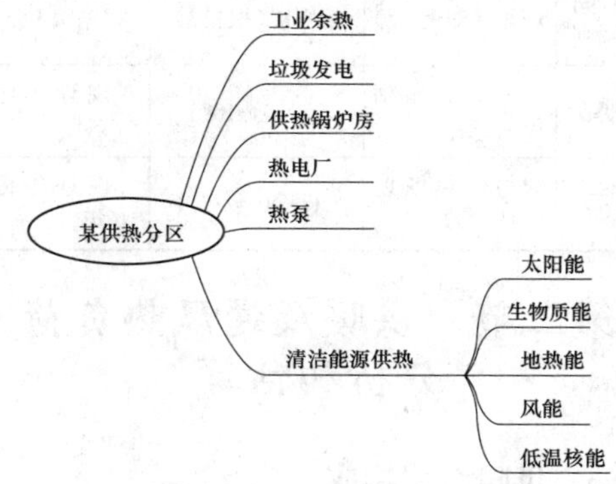

图 2-2　供热分区内可能包含的热源

对于已有供热规划的城市，供热分区的具体边界可在政府主管部门已审批的《××市供热规划》中查到，并应在制定《××市热电联产规划》阶段时确保规划区域名称及范围与供热规划尽量保持一致，如必须突破原有分区的划分范围，应予以说明。对于无供热规划的城市，应结合城市实际供热现状及管理情况，科学划分供热分区，给出供热分区划分的理由和依据，并填写“××市规划范围供热分区表”（见表 2-1)。

表 2-1　　××市规划范围供热分区表

供热区域	各供热分区范围（以公路、河流、铁路分界）				覆盖的主要行政辖区
	东界	西界	南界	北界	
××供热分区					
××供热分区					

注　上表中应填写公路、河流、铁路等名称，以便描述供分区的边界。

三、规划年限划分

热负荷发展的规模一般按现状、近期、远期三个时间段来进行统计和预测，中期阶段的分类方式使用较少，如无特殊情况不再单独列出，可根据需要增加。

热电联产规划时现状、近期、远期这三个时间阶段的划分原则目前未形成统一规定，在确定热电联产规划年限取值时可参考表 2-2，根据需要选用。

表 2-2　　热电联产规划年限取值表

热电联产规划时间划分原则	城市热电联产规划（试行版）	热电联产规划编制规定（报批稿）	某省热电联产规划编制大纲
现状	截至规划编制年的前一年年底	规划编制年或前一年	以规划编制年的上一年为基准年

续表

热电联产规划时间划分原则	城市热电联产规划（试行版）	热电联产规划编制规定（报批稿）	某省热电联产规划编制大纲
近期	按规划编制年后三年	未来5～10年	规划年限为5年
远期	与供热规划保持一致	未来10～15年	规划年限为10年

第二节 供暖及通风热负荷分析和估算

一、供暖面积构成

一个供热分区内的供暖面积大致可以分为三类，住宅供暖面积、公共建筑供暖面积、工业建筑供暖面积，这些供暖面积数值可从政府主管部门审批的《××城市发展总体规划》及《××城市供热规划》中得到，按供热分区规划阶段分别统计住宅、公共建筑及工业建筑的面积，填写“××市规划范围各供热分区供暖建筑面积构成表”（见表2-3）。

需要注意的是随着国家建筑节能计划的不断深入，很多城市对既有居住建筑进行了节能改造，因此统计时应注意未采取节能措施的面积是否有所减少。

表2-3中现状阶段的数据一般可以直接得到，近期和远期数据如无法得到时，可通过人口数量法、容积率法和供热面积增长法等方法求出。需要注意的是在确定供热区域时，如果是单一热源，则该热源有一个合理的供热半径，一般热电厂的供热半径如表2-4所示。当敷设半径超过表中数值时，应进行技术经济分析。

表2-3　××市规划范围各供热分区供暖建筑面积构成表

期限	供热区域	分类集中供暖建筑面积			分区内总集中供暖建筑面积（$\times10^4m^2$）	总供暖建筑面积（$\times10^4m^2$）	集中供热普及率（%）
		类别	采取节能措施面积（$\times10^4m^2$）	未采取节能措施面积（$\times10^4m^2$）			
现状	××供热分区	住宅					
		公共建筑					
		工业建筑					
	××供热分区	住宅					
		公共建筑					
		工业建筑					
近期	××供热分区	住宅					
		公共建筑					
		工业建筑					
	××供热分区	住宅					
		公共建筑					
		工业建筑					
远期	××供热分区	住宅					
		公共建筑					
		工业建筑					
	××供热分区	住宅					
		公共建筑					
		工业建筑					

表2-4　热电厂的供热半径　(km)

	一级热水管网	蒸汽管网
推荐敷设半径	≤20	≤10

注　表中数据来自《热电联产管理办法》（发改能源〔2016〕617号）。

二、供暖热指标

供暖热指标分体积热指标和面积热指标两种，供暖热负荷估算中比较常用的是面积热指标。下文中如无特殊说明，供暖热指标均指面积热指标。

供暖热指标可细分为一般供暖热指标和综合供

暖热指标。一般供暖热指标是指考虑了同类建筑不同节能状况的单位建筑面积热指标。综合供暖热指标则是综合各类建筑以及节能状况的单位建筑面积热指标。

供暖热指标与室外温度、室外平均风速、建筑维护结构、保温材料及窗体传热系数、建筑物体型系数、新风量大小等因素有关系，这使得同类建筑的热指标有所差异，各地的热负荷指标更有所差异。

1. 行业规范使用的建筑供暖热指标

行业规范使用的建筑供暖热指标是按建筑类别和是否采取节能措施，将建筑供暖热指标限定了一个取值范围，该供暖热指标是针对三北地区而言。表 2-5 给出了 CJJ 34—2010《城镇供热管网设计规范》中的供暖热指标推荐值。

表 2-5　供暖热指标推荐值　(W/m^2)

建筑物类型	住宅	居住区综合	学校、办公	医院、托幼	旅馆	商店	食堂、餐厅	影剧院、展览馆	大礼堂、体育馆
未采取节能措施	58～64	60～67	60～80	65～80	60～70	65～80	115～140	95～115	115～165
采取节能措施	40～45	45～55	50～70	55～70	50～60	55～70	100～130	80～105	100～150

注　1. 表中数值适用于我国东北、华北、西北地区；
　　2. 供暖热指标中已包括约 5%的管网热损失。

2. 部分城市建筑设计使用的供暖热指标

随着我国对建筑节能要求的不断提高，各地区根据当地的情况制订了相应的供暖热指标。表 2-6 和表 2-7 分别给出了北京和沈阳的单体建筑设计时用的建筑供暖热指标，供选用时参考。

表 2-6　北京采用的建筑供暖热指标　(W/m^2)

建筑物类型	住宅	单层住宅	办公楼	医院、幼儿园	旅馆	图书馆	商店	食堂、餐厅	影剧院	大礼堂、体育馆
热指标	45～70	80～105	60～80	65～80	60～70	45～75	65～75	115～140	90～115	115～160

注　外围护结构热工性能好、窗墙面积比小、总建筑面积大、体型系数小的建筑取下限值，反之取上限值。

表 2-7　沈阳采用的建筑供暖热指标　(W/m^2)

建筑物类型	住宅建筑			公共建筑					
	多层	小高层	高层	商场	办公	学校	旅馆	医院、幼儿园、托儿所	体育馆
未采取节能措施	60	60	58	90	80	80	90	90	115
采取节能措施	35	33	32	65	60	60	65	70	85

注　表 2-6、表 2-7 数据源自 GB/T 51074—2015《城市供热规划规范》。

3. 居住建筑供暖热指标的推算

建筑物耗热量指标是国家标准中给出的允许建筑物耗热的最大值，建筑物耗热量指标与供暖设计热指标的关系，由 GB/T 51074—2015《城市供热规划规范》给出，见式（2-1）。

建筑物耗热量指标与供暖设计热指标（不含管网及失调热损失）的关系式如下

$$q_{\mathrm{d}} = q_{\mathrm{h}} \frac{t_{\mathrm{in,d}} - t_{\mathrm{out}}}{t_{\mathrm{in,a}} - t_{\mathrm{out,a}} - t_{\mathrm{d}}} \tag{2-1}$$

式中　q_{d} ——供暖设计热指标，W/m^2；
q_{h} ——建筑物耗热量指标，W/m^2；
$t_{\mathrm{in,d}}$ ——供暖期室内设计温度，取 18℃；
t_{out} ——供暖期室外计算温度，℃；
$t_{\mathrm{in,a}}$ ——供暖期室内平均温度，取 16℃；
$t_{\mathrm{out,a}}$ ——供暖期室外平均温度，℃；
t_{d} ——太阳辐射及室内自由热引起的室内空气自然温升，℃，一般为 3～5℃，居住建筑取 3.8℃。

该规范同时对国内部分城市的建筑居住供暖热指标进行推算，见表 2-8。

表 2-8 中的最后两列数据“供暖能耗降低 50%建筑供暖热指标”和“供暖能耗降低 65%建筑供暖热指标”分别对应的是中华人民共和国住房和城乡建设部（原建设部，以下简称住建部）提出的居住建筑供暖能耗分别降低 50%和 65%的节能目标。其中“供暖能耗降低 50%建筑供暖热指标”一列数据是根据 JGJ 26—1995《民用建筑节能设计标准（供暖居住建筑部分）》中各城市的建筑物允许的最大耗热量按式（2-1）推算得到。

表 2-8 全国部分城市居住建筑供暖热指标

城市	供暖期室外计算温度（℃）	供暖期室外日平均温度（℃）	供暖天数（d）	建筑物耗热量指标（W/m^2）	未采取节能措施建筑供暖热指标（W/m^2）	供暖能耗降低50%建筑供暖热指标（W/m^2）	供暖能耗降低65%建筑供暖热指标（W/m^2）
北京	–9	–1.6	125	20.6	61.8	40.3	28.7
天津	–9	–1.2	119	20.5	63.4	41.3	29.4
石家庄	–8	–0.6	112	20.3	63.3	41.2	29.3
承德	–14	–4.5	144	21.0	61.7	40.2	28.6
唐山	–11	–2.9	127	20.8	61.3	39.9	28.4
保定	–9	–1.2	119	20.5	63.4	41.3	29.4
大连	–12	–1.6	131	20.6	68.7	44.8	31.8
丹东	–15	–3.5	144	20.9	67.4	43.9	31.2
锦州	–15	–4.1	144	21.0	65.2	42.5	30.2
沈阳	–20	–5.7	152	21.2	69.0	45.0	32.0
本溪	–20	–5.7	151	21.2	69.0	45.0	32.0
赤峰	–18	–6.0	160	21.3	64.6	42.1	30.0
长春	–23	–8.3	170	21.7	66.6	43.4	30.9
通化	–24	–7.7	168	21.6	69.9	45.6	32.4
四平	–23	–7.4	163	21.5	69.0	45.0	32.0
延吉	–20	–7.1	170	21.5	64.9	42.3	30.1
牡丹江	–24	–9.4	178	21.8	65.0	42.4	30.1
齐齐哈尔	–25	–10.2	182	21.9	64.5	42.0	29.9
哈尔滨	–26	–10.0	176	21.9	66.6	43.4	30.9
嫩江	–33	–13.5	197	22.5	68.5	44.6	31.8
海拉尔	–35	–14.3	209	22.6	69.3	45.2	32.1
呼和浩特	–20	–6.2	166	21.3	67.5	44.0	31.3
银川	–15	–3.8	145	21.0	66.4	43.3	30.8
西宁	–13	–3.3	162	20.9	64.1	41.8	29.7
酒泉	–17	–4.4	155	21.0	67.9	44.3	31.5
兰州	–11	–2.8	132	20.8	61.7	40.2	28.6
乌鲁木齐	–23	–8.5	162	21.8	66.2	43.2	30.7
太原	–12	–2.7	135	20.8	64.2	41.9	29.8
榆林	–16	–4.4	148	21.0	66.0	43.0	30.6
延安	–12	–2.6	130	20.7	64.4	42.0	29.8
西安	–5	0.9	100	20.2	63.1	41.1	29.2
济南	–7	0.6	101	20.2	66.8	43.5	31.0
青岛	–7	0.9	110	20.2	68.6	44.7	31.8
徐州	–6	1.4	94	20.0	68.2	44.4	31.6
郑州	–5	1.4	98	20.0	65.3	42.6	30.3
甘孜	–9	–0.9	165	20.5	64.8	42.3	30.0

续表

城市	供暖期室外计算温度（℃）	供暖期室外日平均温度（℃）	供暖天数（d）	建筑物耗热量指标（W/m²）	未采取节能措施建筑供暖热指标（W/m²）	供暖能耗降低50%建筑供暖热指标（W/m²）	供暖能耗降低65%建筑供暖热指标（W/m²）
拉萨	−6	0.5	142	20.2	63.6	41.4	29.5
日喀则	−8	−0.5	158	20.4	64.1	41.8	29.7

近几年来，我国的建筑节能标准体系从设计、建造、运行和评价四个方面出发，对建筑节能标准进行了逐步细化和完善。为了提高建筑能源使用的利用效率，改善居住热舒适条件，促进城乡建设、国民经济和生态环境的协调发展，住建部提出了“三步走”的居民建筑节能战略基本目标，节能“三步走”阶段及执行标准见表 2-9。

表 2-9　　节能“三步走”阶段及执行标准

阶段划分	一步走 1986～1995 年	二步走 1996～2004 年	三步走 2005～2020 年
节能目标	基准年的基础上节能 30%	基准年的基础上节能 50%	基准年的基础上节能 65%
执行标准	JGJ 26—1986 《民用建筑节能设计标准（采暖居住建筑部分）》	JGJ 26—1995 《民用建筑节能设计标准（采暖居住建筑部分）》	JGJ 26—2010 《严寒和寒冷地区居住建筑节能设计标准》 JGJ 134—2010 《夏热冬冷地区居住建筑节能设计标准》

目前，我国又出台了一系列的节能标准，如 DB 13（J）T177—2015《被动式低能耗居住建筑节能设计标准》、GB/T 50378—2014《绿色建筑评价标准》等，这些标准的出台和落实将进一步降低供热系统尤其是用户侧的能耗水平，在不改变热源容量的情况下，热源可服务的供热面积将有所扩大。各地现行的建筑节能标准可参见附录 E。

4. 供暖综合热指标的确定

供暖热指标一般根据政府主管部门审批的《××城市供热规划》确定，说明规划范围内近期和远期各类建筑物供暖设计热指标（W/m²）的确定原则，并填写“××市各类建筑物供暖设计热指标汇总表”（见表 2-10）。

表 2-10　　××市各类建筑物供暖设计热指标汇总表　　（W/m²）

期限	供暖设计热指标				备注
	住宅	公共建筑	工业建筑	综合	
现状					
近期					
远期					

如规划中未给定具体综合热指标的参考数值，则可参照表 2-5，参考表 2-6 及表 2-7，按前述三种方法确定供暖设计热指标。

同类建筑的节能和非节能面积均已知时，则可根据下式估算综合热指标

$$q_z = \sum_{i=1}^{n} [q_i' \gamma_i' + q_i (1 - \gamma_i')] \gamma_i \tag{2-2}$$

式中　q_z ——供暖综合热指标，W/m²；

q_i' ——采取节能措施建筑供暖热指标，W/m²；

γ_i' ——采取节能措施的建筑面积占同类建筑总面积的比例，%；

q_i ——未采取节能措施建筑供暖热指标，W/m²；

γ_i ——某一类型的建筑面积占规划期内各类建筑总面积的比例，%；

i——不同的建筑类型，i=1，2…n，一般取 n=3，指住宅、公共建筑、工业建筑这三类建筑。

如规划中未给定同一类建筑的节能和非节能面积时，则可对式（2-2）进行简化，根据同一类建筑的平均热指标及所占比例估算综合热指标

$$q_z = \sum_{i=1}^{n} q_{i,av} \gamma_i \tag{2-3}$$

式中　$q_{i,av}$ ——同类建筑供暖平均热指标，W/m²。

三、供暖热负荷

供暖面积包括分散供暖面积和集中供暖面积，供暖面积与集中供热普及率之积等于集中供暖面积。根据《××城市发展总体规划》及《××城市供热规划》，按现状、近期、远期填写表 2-11。

表 2-11　　　　××城市各供热分区集中供热热负荷汇总表

期限	供热区域	分区内总供暖建筑面积（$\times10^4m^2$）	分类供暖建筑面积		分类供暖热指标（W/m^2）	分类热负荷（MW）	热负荷合计（MW）	集中供热普及率（%）	集中供热热负荷（MW）
			类别	分类面积（$\times10^4m^2$）					
现状	××供热分区		住宅						
			公共建筑						
			工业建筑						
	××供热分区		住宅						
			公共建筑						
			工业建筑						
近期	××供热分区		住宅						
			公共建筑						
			工业建筑						
	××供热分区		住宅						
			公共建筑						
			工业建筑						
远期	××供热分区		住宅						
			公共建筑						
			工业建筑						
	××供热分区		住宅						
			公共建筑						
			工业建筑						

注　集中供热普及率是指城市市区集中供热设备供热总容量占市区供暖设备总容量的百分比。

供暖热负荷的计算公式如下

$$Q = q_d A \times 10^{-6} \quad (2\text{-}4)$$

式中　Q——供暖热负荷，MW；

A——建筑供暖面积，m^2。

四、供暖热负荷核实

关于供暖热负荷核实的方法目前没有形成统一的结论，可用的核实方法有下列几种。

1. 人口数量法

由于供暖热负荷有满足人们热舒适性要求的特点，因此供暖面积与人口数量有着一定的关系，按城市总体规划的人口数量发展规模和人均建筑面积估算未来的供暖面积规模有一定的合理性。尤其是城市总体规划前期，建筑类型和用地性质尚未具体落实时，可用人口数量法估算供热分区内的供暖热负荷。

首先按城市总体规划对近期、远期的人口数量进行核实，根据住建部《全面建设小康社会居住目标》中颁布的定量指标，2010 年城镇居民人均住房建筑面积 $30m^2$，2020 年城镇居民人均建筑面积为 $35m^2$。若人均公共建筑面积按人均住房建筑面积的 35%考虑，则 2010～2020 年间人均建筑总面积为 40.5～$47.3m^2$。集中供热规划近期、远期人均建筑总面积应与 40.5～$47.3m^2$ 相差不大。根据城市不同，近期、远期人均建筑总面积在 0.95～1.3 倍之间时一般认为是合理的，大型城市取较小值，小城市取较大值。若计算结果差别较大，则应重新校核建筑面积。

根据核实的近期、远期人口数量，采用下列公式计算近期、远期供暖热负荷

$$Q = N A_a q_z \times 10^{-2} \quad (2\text{-}5)$$

式中　N——规划期内的人口数量，万人；

A_a——人均建筑总面积，m^2/人。

2. 容积率法

若城市总体规划阶段各地块的用地性质和容积率均已确定，则可推算出供热分区内各居住建筑面积和公共建筑面积及各自的比例，同时核实供热区域内节能建筑和非节能建筑的比例。按式（2-2）求出近期和远期阶段的综合热指标，并填写“供暖综合热指标计算表”，见表 2-12。

表 2-12　　供暖综合热指标计算表

建筑类型	居住建筑		公共建筑	
节能建筑	非节能建筑	节能建筑	非节能建筑	节能建筑
建筑面积（$\times10^4$m^2）				
占比（%）				
分类建筑热指标（W/m^2）				
分类建筑占比（%）				
建筑综合热指标（W/m^2）				

3. 供热面积增长法

以现状集中供暖面积为基础，按集中供暖面积年增长率5%左右测算出近期、远期热负荷。

近期、远期热负荷可按下式求得

$$Q_n = A_0\,(1+5\%)^n q_z \times 10^{-2} \tag{2-6}$$

式中　Q_n——截止至第 n 年时的供暖热负荷，MW；

n——计算供暖热负荷的截止年，n 取大于等于 1 的整数；

A_0——现状年集中供暖面积，万 m^2。

五、通风热负荷

人们为改善室内空气品质而将冬季室外低温新鲜空气引入室内前对其进行加热而消耗的热量，称为通风热负荷。例如娱乐场所、办公室等人员密集的公共场所，冬季有排风需求的工业厂房等。一般住宅只有排气通风，不采用有组织的进气通风，它的通风热量已包括在供暖热指标中，无需再另行计算。

通风热负荷一般并不详细计算，通常按照占建筑供暖设计热负荷的比例进行估算，见式（2-7）。

$$Q_v = K_v\,Q_h \tag{2-7}$$

式中　Q_v——通风设计热负荷，kW；

Q_h——供暖设计热负荷，kW；

K_v——建筑物通风热负荷系数，可取 0.3～0.5。

第三节　空调冷热负荷分析和估算

一、冬季空调设计热负荷

冬季空调设计热负荷按下式计算

$$Q_{w,ac} = q_{w,ac}\,A_c \times 10^{-3} \tag{2-8}$$

式中　$Q_{w,ac}$——冬季空调设计热负荷，kW；

$q_{w,ac}$——冬季空调设计热指标，W/m^2，可按表 2-13 取用；

A_c——空调建筑物的建筑面积，m^2。

二、夏季空调设计冷负荷

当向外供蒸汽或热水时，夏季空调设计冷负荷按下式计算

$$Q_{s,ac} = \frac{q_{s,ac}\,A_c \times 10^{-3}}{COP} \tag{2-9}$$

当向外直接供空调冷水时，夏季空调设计冷负荷按下式计算

$$Q_{s,ac} = q_{s,ac}\,A_c \times 10^{-3} \tag{2-10}$$

式中　$Q_{s,ac}$——夏季空调设计冷负荷，kW；

$q_{s,ac}$——夏季空调设计冷指标，W/m^2，可按表 2-13 取用；

COP——吸收式制冷机的制冷系数，双效机取 1.0～1.2，单效机取 0.7～0.8。

表 2-13　　空调热指标、冷指标推荐值　　（W/m^2）

建筑物类型	热指标	冷指标
办公	80～100	80～110
医院	90～120	70～100
旅馆、宾馆	90～120	80～110
商店、展览馆	100～120	125～180
影剧院	115～140	150～200
体育馆	130～190	140～200

注　1. 表中数值适用于我国东北、华北、西北地区。

2. 寒冷地区热指标取较小值，冷指标取较大值；严寒地区热指标取较大值，冷指标取较小值。

3. 南方地区应根据当地气象条件及相同类型建筑物的热（冷）指标资料确定。

不同类型建筑物中空调建筑面积占总建筑面积的比率见表 2-14，在估算空调冷负荷时，一定要注意空调用户的性质，不采用集中空调系统的用户的冷负荷不应计入按集中制冷估算的冷负荷中。由于最大冷负荷很难同时出现，因此空调冷负荷计算时还应考虑一定的同时使用系数。同时使用系数反映了制冷系统所担负的各空调系统的同时使用率，该数值主要受建筑物使用性质、功能、规模、等级及经营管理等因素的影响，一般取 0.6～1.0。

表 2-14　　空调建筑面积占总建筑面积的比率　　(%)

建筑类型	旅馆、饭店	办公楼、展览中心	剧院、电影院、俱乐部	医院	百货商店
空调建筑面积占总建筑面积的比率	70～80	66～80	75～85	15～35	50～65

第四节　生活用热负荷分析和估算

生活用热主要指生活热水供应用热，是指人们在日常生活中洗衣服、洗澡等消耗的热量。热水供应系统的特点是热水用量具有昼夜的周期性。每天的热水用量变化不大，但小时热水用量变化较大。

一、生活热水平均热负荷

生活热水平均热负荷的估算公式为

$$Q_w = q_w A_s \times 10^{-3} \tag{2-11}$$

式中　Q_w——生活热水平均热负荷，kW；

q_w——生活热水热指标，W/m^2，应根据建筑物类型采用实际统计资料，居住区生活热水日平均热指标可按表 2-15 取用；

A_s——总建筑面积，m^2。

表 2-15　　居住区供暖期生活热水日平均热指标推荐值　　(W/m^2)

用水设备情况	热指标 q_w
住宅无生活热水设备，只对公共建筑供热水时	2～3
全部住宅有沐浴设备，并供给生活热水时	5～15

注　1. 本表摘自 CJJ 34—2010《城镇供热管网设计规范》；
2. 冷水温度较高时采用较小值，冷水温度较低时采用较大值；
3. 热指标中已包括约 10%的管网热损失。

二、生活热水最大热负荷

建筑物或居住区的生活热水最大热负荷与生活热水平均热负荷有一定的比值关系，衡量这种比值关系的数值称作小时变化系数。生活热水最大热负荷与生活热水平均热负荷关系式为

$$Q_{w,max} = K_h Q_w \tag{2-12}$$

式中　$Q_{w,max}$——生活热水最大热负荷，kW；

K_h——小时变化系数，见表 2-16～表 2-18。详细的住宅、集体宿舍、旅馆和公共建筑的生活用水定额及小时变化系数可根据用水单位数，按现行国家标准 GB 50015—2003《建筑给水排水设计规范》规定取用。

表 2-16　　住宅、别墅的热水小时变化系数 K_h 值

居住人数	≤100	150	200	250	300
小时变化系数 K_h	5.12	4.49	4.13	3.88	3.70
居住人数	500	1000	3000	≥6000	
小时变化系数 K_h	3.28	2.86	2.48	2.34	

表 2-17　旅馆的热水小时变化系数 K_h 值

床位数	≤150	300	450	600	900	≥1200
小时变化系数 K_h	6.84	5.61	4.97	4.58	4.19	3.90

表 2-18　医院的热水小时变化系数 K_h 值

床位数	≤50	75	100	200	300	500	≥1000
小时变化系数 K_h	4.55	3.78	3.54	2.93	2.60	2.23	1.95

第五节　工业热负荷分析和估算

工业热负荷主要是指蒸汽热负荷，使用蒸汽的行业有食品、木材、粮食、煤矿、造纸、印染、纺织、合成纤维、化工、医药、橡胶、汽车、油脂、饲料、建材、电子半导体、宾馆、酒店、医院、烟草等。

按照工艺要求热媒温度的不同，生产工艺热负荷的用热参数大致可分为三类，见表 2-19。

表 2-19　　生产工艺热负荷的用热参数分类表

低温供热	供热温度在 130～150℃以下，压力 0.4～0.6MPa 的饱和蒸汽
中温供热	供热温度在 130～150℃以上，250℃以下，压力中小型锅炉或热电厂汽轮机的 0.8～1.3MPa（或 4.0MPa）的调整抽汽
高温供热	供热温度高于 250℃，热源往往是大型锅炉房或热电厂经过减温减压后的蒸汽

一、工艺热负荷的估算

由于生产工艺的性质、用热设备的形式以及生产企业的工作制度都有所不同，因此工业热负荷的大小、用汽参数也有所不同。工业热负荷的负荷特性很难用

一个统一的公式描述出来，一般根据用汽单位提供的数据来综合确定，并填在表 2-20 中，并由用汽单位根据自身企业的发展规划和订单规模给出近、中、远期的用汽要求，并填在表 2-21 中。表 2-22 给出了某热电厂蒸汽热负荷统计的案例。

表 2-20　现状工业热负荷统计表

序号	用户名称	现状热源（锅炉容量）	供热期用汽量（t/h）			非供热期用汽量（t/h）			用汽参数		供汽管线距离（km）
			最大	平均	最小	最大	平均	最小	压力（MPa）	温度（℃）	
1											
2											
3											

表 2-21　工业热负荷汇总表

规划期限类型	供热期用汽量（t/h）			非供热期用汽量（t/h）			用汽参数		供汽管线距离（km）
	最大	平均	最小	最大	平均	最小	压力（MPa）	温度（℃）	
现状									
近期									
中期									
远期									

注　供热管线距离指用汽单位与所选供热电厂厂址之间的距离。

表 2-22　工业蒸汽热负荷汇总表（1.3MPa/280℃）

序号	用户名称	供热期用汽量（t/h）			非供热期用汽量（t/h）			用汽参数		折合成出口参数用汽量（压力 1.3MPa，温度 280℃）	
		最大	平均	最小	最大	平均	最小	压力（MPa）	温度（℃）	折算系数	最大用量
1	服装有限公司 A	10	5	3	10	5	3	0.8	180	0.9304	9.3
2	服装有限公司 B	10	8	6	8	6	4	0.8	180	0.9304	9.3
3	某锅炉有限公司	4	4	4				0.5	180	0.9371	3.75
4	果业公司	36	30	25	36	20	15	0.8	200	0.9462	34.06
5	服装有限公司 C	1	1	1	1	1	1	0.4～0.6	150～180	0.9350	0.94
6	麦芽有限公司	115	80	60	115	80	60	0.8	200	0.9462	108.81
7	化工有限公司	2	2	2	2	2	2	0.6	180	0.9350	1.87
8	生物科技公司	8	6	4	6	4	3	0.6	180	0.9350	7.48
9	服装有限公司 D	2	2	2	2	2	2	0.4～0.6	150～180	0.9350	1.87
10	制药有限公司	2	2	2	2	2	2	0.5	100	0.9163	1.83
11	印染有限公司	6	5	3	6	5	3	0.6	180	0.9350	5.61
12	服装有限公司 E	4	4	4	4	3	2	0.4～0.6	150～180	0.9350	3.74
13	服装有限公司 F	20	15	10	20	8	5	0.4～0.6	150～180	0.9350	18.7
	合计	220	164	126	212	138	102			0.9416	207.26

工业热负荷在调研时还应注意以下几点：

（1）工业热用户在非供热期平均蒸汽量大于 1t/h 的，应逐个进行调查和核实，在对工业用户调查的基础上进行复核计算、分析研究，以确保现状热负荷数据可靠。

（2）近期热负荷指热电厂建成投产后能正常供热时各工业热用户的热负荷，即现有热负荷加近期增加的热负荷。增加的热负荷是否统计到近期热负荷的原则见表 2-23。

表 2-23 增加热负荷的统计分类表

可作为近期增加的热负荷	不能作为近期增加的热负荷
（1）企业正在扩建，其产品在市场上有销路的。 （2）新建企业已经立项，可行性研究报告已得到上级有关主管部门批复或经企业董事会批准，且资金落实的	企业拟扩建或新建，但仅在项目建议书阶段或设想阶段，只能作为规划热负荷，不能作为本期工程热负荷增加的依据

二、工艺热负荷整理

（1）用汽量折算。供热机组确定后，各用户汽量无论是直接或间接用汽量，可折算到热电厂出口供热蒸汽量，折算的意义是把管网沿程输配的热量损失考虑到电厂出口处的供热蒸汽量中，计算公式为

$$D=\frac{D_a(h_u-h'_{in})}{(h_{out}-h'_{in})\eta_h} \tag{2-13}$$

式中 D ——热电厂出口供热蒸汽量，t/h；

D_a ——生产平均用汽量，t/h；

h'_{in} ——热电厂入口回水焓值，kJ/kg；

h_u ——热用户蒸汽焓，kJ/kg；

h_{out} ——热电厂出口供热蒸汽焓值，kJ/kg；

η_h ——热力网管道输送效率，%。

（2）将各用户的用汽量换算成耗热量，计算公式为

$$Q_u=D_u\ (h_{out}-h'_{in})\times10^{-3} \tag{2-14}$$

式中 Q_u ——热用户耗热量，GJ/h；

D_u ——热用户用汽量，t/h。

（3）各供暖用户的需热量按下式计算

$$Q_h=Q_{h,d}\frac{18-t_{out,h}}{18-t_{out}} \tag{2-15}$$

式中 Q_h ——某一时刻供暖热负荷，MW；

$Q_{h,d}$ ——供暖设计热负荷，MW；

$t_{out,h}$ ——供暖期某一时刻室外温度，℃；

t_{out} ——供暖室外计算温度。

（4）各供暖用户的用汽量按下式计算

$$D_h=\frac{Q_{h,d}\times10^3}{(h_{out}-h'_{in})\ \eta_h} \tag{2-16}$$

式中 D_h ——供暖用户用汽量，t/h。

（5）工艺热负荷统计中应注意以下几个问题：

1）应核实热用户的生产原料是否落实，产品是否适销对路，有无转产、停产的可能，及转产、停产后的热负荷情况。

2）应核实有无一级、二级热负荷用户，并注意用户的生产班次和同时使用系数。在有较多生产工艺用热设备或热用户的场合，最大热负荷往往不会同时出现。在考虑集中供热系统生产工艺总的设计热负荷或管线承担的热负荷时，应考虑各种设备或各用户的同时使用系数。同时使用系数是用热设备运行的实际最大热负荷与全部用热设备的最大热负荷之和的比值。利用同时使用系数使总热负荷适当降低，有利于提高供热的经济效果。在考虑同时使用系数的情况下，每小时平均蒸汽的热负荷可以表示如下

$$D_a=K_aD_{max} \tag{2-17}$$

式中 K_a ——同时使用系数，推荐取值范围为0.75～0.9；

D_{max} ——工艺设备的最大耗汽量，t/h。

3）应根据热用户对连续供热的要求，考虑中断供热时产生的影响。

4）对新增热用户的热负荷，应通过有关主管领导机关批准的建设规模进行核实。

第六节 热负荷图绘制

热负荷图描述了热源或热用户的热负荷随时间或温度变化的关系，能够反映热负荷的最大值、最小值等特征，是合理选择热电厂供热机组供热能力、经济技术分析的重要手段。热负荷图分类见图 2-3。

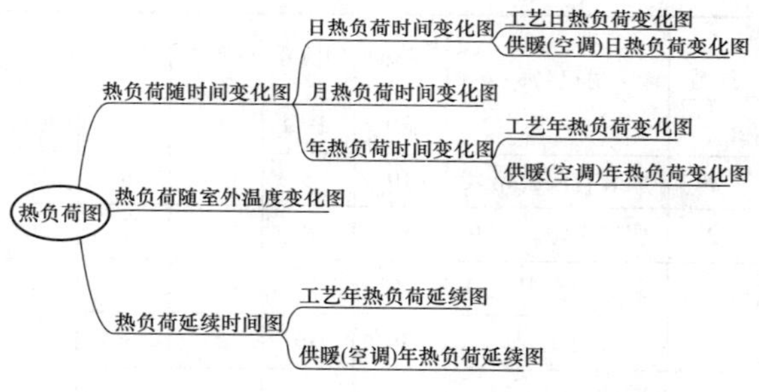

图 2-3 热负荷图分类

以下将分别介绍工艺热负荷和供暖（空调）热负荷变化图的绘制

一、工艺热负荷变化图

生产热负荷曲线的纵坐标如果是为满足热用户用汽量要求，则单位按用汽量 t/h 考虑；如果是为确定热源总耗热量，则单位为 kJ/h。生产工艺热负荷属于全年性热负荷，在以天为单位区间内小时热负荷变化较大。因此首先需要确定典型生产日热负荷曲线。

1. 工艺日热负荷变化图

日热负荷变化图描述了一天内以小时为单位的热负荷随时间的变化过程。

生产工艺用热量直接取决于经营状况、生产班制、生产工艺、大型设备运行方式等因素影响。生产热负

荷资料一般是以企业为单位，对企业内各车间的用热单位进行分析，确定各季度（月份）“典型生产日”的小时热负荷，然后绘制出各车间的各季度或月份的典型日生产热负荷曲线，见图 2-4。

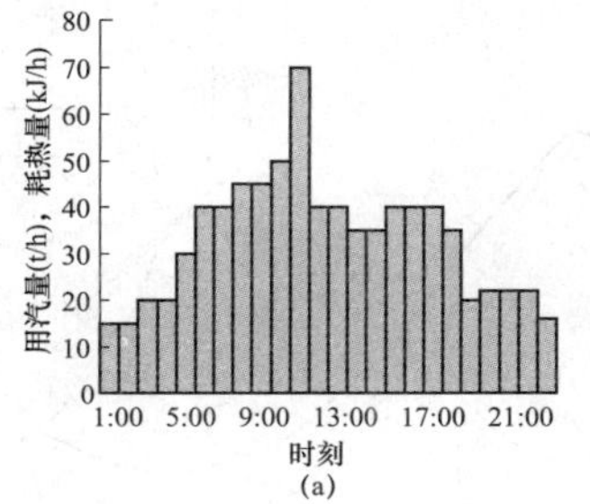

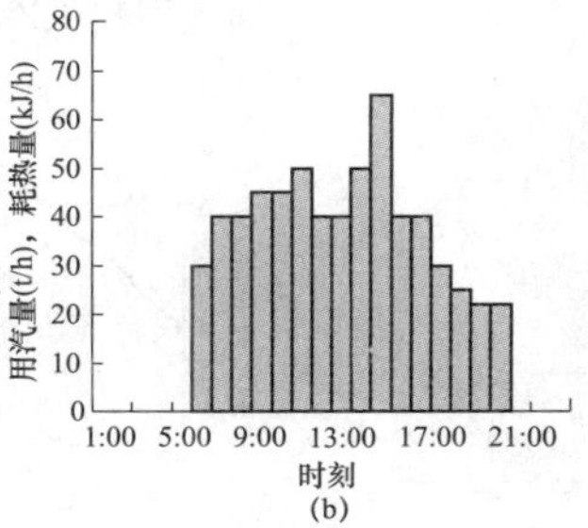

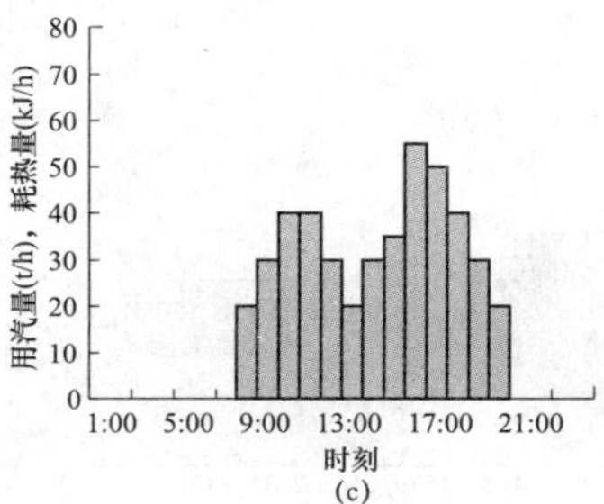

图 2-4　典型日生产热负荷曲线图

（a）三班制典型日热负荷图；（b）两班制典型日热负荷图；（c）一班制典型日热负荷图

2. 月热负荷曲线图

月热负荷曲线是将逐日热负荷曲线按时间顺序绘制出来的，但收集所有热用户的逐日小时热负荷资料是困难的，因此实际中利用典型日热负荷曲线来代替热用户的逐日小时热负荷，并把热负荷值相同的时间汇总到一起并按典型日热负荷曲线中日热负荷大小顺序排列。此时月热负荷曲线的形状与典型日热负荷曲线形状是完全相同的，只是日热负荷曲线的横坐标被放大了天数的整数倍。

3. 工艺年热负荷变化图

工艺年生产热负荷曲线一般可由逐月的平均热负荷绘制出，而逐月的平均热负荷则是根据典型日热负荷来绘制的。需要注意的是典型日热负荷曲线是针对工作日而言的，不是针对节假日而言的，因此绘制逐月的平均热负荷曲线时，应将生产周期内的非生产时间去掉，因此典型日负荷曲线横坐标的放大倍数应该是工作日天数的整数倍。

例如，企业在年初的 1～4 月为生产旺季，采用三班制生产方式，绘制这段时间内的热负荷变化曲线时，横坐标轴的放大倍数为 90［31d+29d+31d+30d−4（月数）×4d（休息日）−15d（假期）］，因此，典型日热负荷曲线的总持续时间为 90×24h，即 2160h。采用两班制生产方式的也有 4 个月，持续时间为 97［31d+30d+31d+31d−4（月数）×4d（休息日）−10d（假期）］即 97 倍，因此 5～8 月热负荷的总持续时间为 97×24h，即 2328h。同理，一班制为 9～11 月这 3 个月，热负荷的放大倍数为 76 倍，即总持续时间为 76×24h，即 1824h。12 月大修期，热负荷需求为零。年生产热负荷曲线见图 2-5。

4. 工艺年热负荷延续图

根据月热负荷曲线的数据，将图 2-5 中每个时段的生产热负荷值按照从大到小的顺序排列，即可绘制图 2-6 所示的工艺年热负荷延续曲线。工艺年热负荷延续曲线与工业类别、生产方式、工艺要求等因素有关。

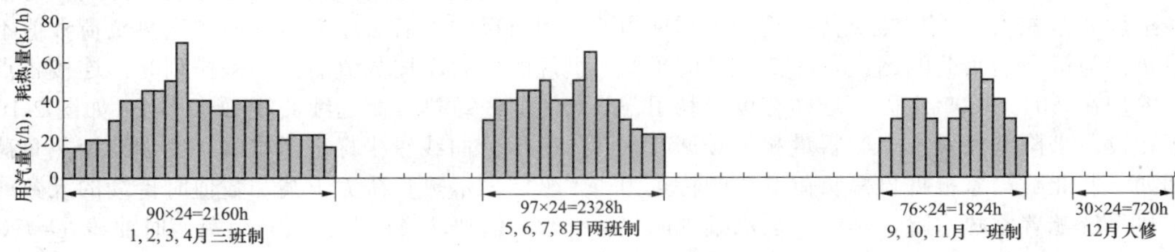

图 2-5　年生产热负荷曲线

二、供暖（空调）热负荷变化图

1. 供暖（空调）日热负荷变化图

日热负荷逐时图是以时刻为横坐标、该时刻热负荷为纵坐标绘制而成，它表明了一天内热负荷需求的变化关系。

日热负荷特性取决于热用户的用热特点，绘制日热负荷曲线时应按业主提出的使用要求和各类区域的功能、环境参数要求等，参考相同功能的建筑或区域的冷热电负荷变化，将各类型日热负荷需求合并绘制在一张图中（见图 2-7），其中黑粗实线为三种类型日热负荷合并后的曲线。从图中可以看出居民热负荷在早晨和晚上有两次峰值，办公楼热负荷在早晨和下午有两次峰值，医院的热负荷峰值集中在早上。三种建筑类型的负荷叠加后可以看出，日负荷需求的峰值在早上 8 点左右和下午 3 点左右出现。

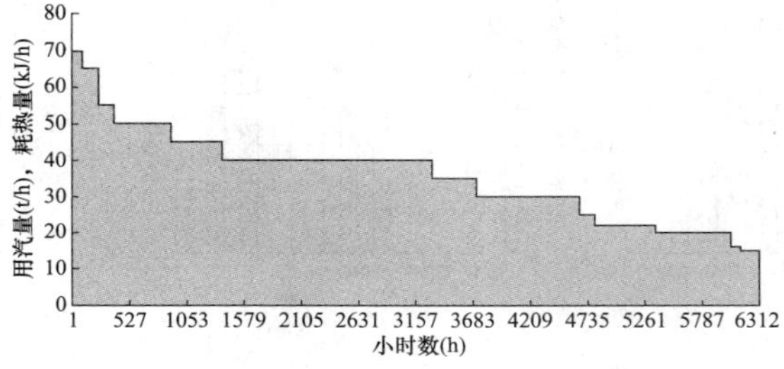

图 2-6 工艺年生产热负荷延续曲线

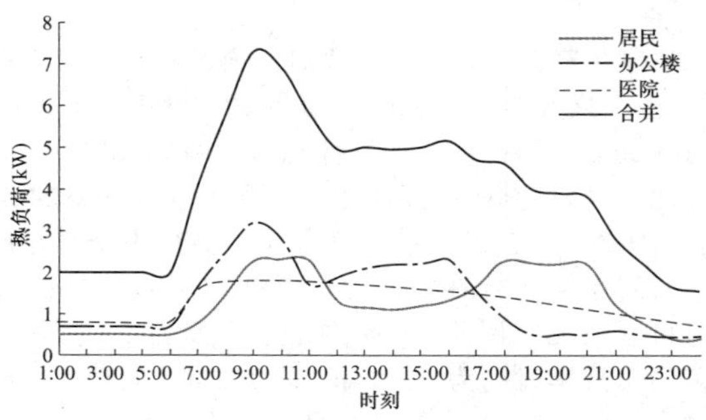

图 2-7 各类型日热负荷需求

当热负荷类型单一，仅仅是满足冬季供暖或夏季制冷需求时，供暖（空调）热负荷随着室外温度的变化而变化，一日之内每小时的热负荷都在变化，日气温温差（一天中气温最高值与最低值之差）越大，说明温度波动得越剧烈，日负荷也随之波动得越剧烈，其日负荷变化如图 2-8 所示。可以看出供暖热负荷峰值在早晨 6 点前后，谷值在下午 5 点左右。而空调负荷则相反，峰值负荷在下午 2 点前后，谷值在早晨 4 点左右。平均热负荷率是一个周期内平均热负荷与最大热负荷的比值。图 2-8 中的平均热负荷率均在 50%～60%之间，这样有可能利用蓄热或蓄冷设备来降低供暖主机的容量和供暖调节次数。例如一些北欧国家根据日热负荷变化的特点为集中供热系统配置蓄热水罐，利用蓄热水罐中的热水响应日负荷的变化，而供暖主机的负荷尽可能保持不变，同时蓄热水罐也为热和电两种产品总收益的最大化提供了可能。

2. 供暖（空调）年负荷变化图

东北某城市供暖（空调）年热负荷变化如图 2-9 所示。供暖负荷一般集中在当年 10 月到第二年的 5 月份，高峰期在 1～2 月份；而空调负荷集中在当年 7 至 10 月份之间，高峰在 8 月中旬。

由于供暖热负荷仅在冬季出现，降低了热电厂设备年利用小时数，因此应在可能的情况下尽可能开发空调冷负荷资源，利用高温水溴化锂吸收式制冷机组向热用户供冷。

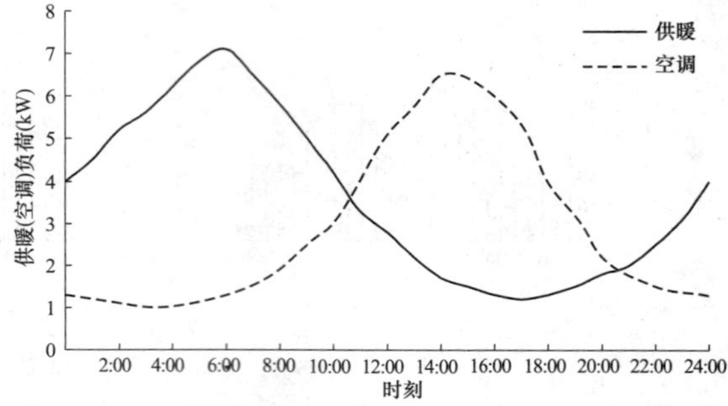

图 2-8 供暖（空调）日负荷变化图

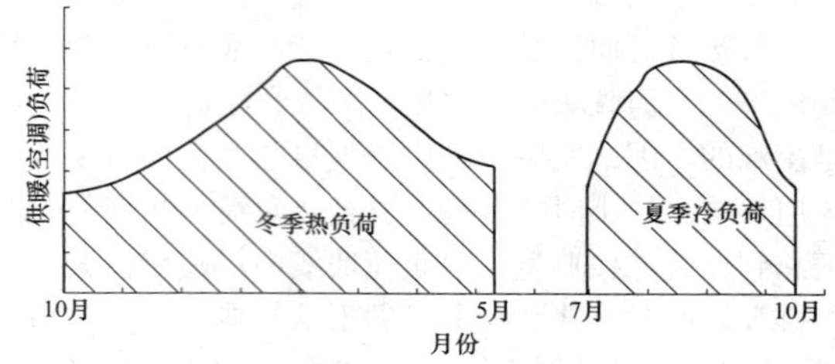

图 2-9 供暖（空调）年热负荷变化（东北某城市）

三、供暖（空调）年热负荷延续图

供暖（空调）年热负荷延续图描述了热负荷、持续时间和室外温度三者之间的关系，可用于确定热电厂机组及调峰热源的选型、热媒的最佳参数和多热源供热系统的热源运行方式等。

如图 2-10（a）是供暖（空调）热负荷逐时曲线，它描绘了某一段时间内热负荷 Q 随时间 t 推移而变化的曲线，即 $Q=f(t)$。此时热负荷数值是按照时间出现的先后顺序来排列的。当热负荷数值不按出现的先后而按数值的大小来排列时，连接各点形成的曲线即热负荷延续曲线 $Q=f(n)$，如图 2-10（b）所示。曲线纵坐标表示供暖（空调）年热负荷，横坐标表示热负荷大于某一数值时持续的天数或小时数。需要注意的是供暖热负荷逐时曲线 $Q=f(t)$ 下方所包围的面积与热负荷延续曲线 $Q=f(n)$ 下方所包围的面积相等。

年供暖（空调）热负荷延续图是供暖热负荷随室外温度变化曲线与年供暖热负荷延续曲线综合而成。热负荷 Q 是室外空气温度 t_{out} 的线性函数，供暖起始室外温度定为+5℃，供暖室外计算温度采用历年平均不保证 5 天的日平均温度，室内供暖计算温度一般采用 18℃。供暖热负荷随室外温度变化曲线的纵坐标为热负荷，左方横坐标为室外空气温度，见图 2-11

左侧。

由于热负荷 Q 是室外空气温度 t_{out} 的函数，即 $Q=f(t_{out})$，而每一室外空气温度 t_{out} 有给定的延续小时数 n_1，故热负荷 Q 亦是延续小时数 n_1 的函数，即 $Q=f(n_1)$，见图 2-11 右侧。因此将热负荷关于室外空气温度的曲线 $Q=f(t_{out})$ 与热负荷关于延续小时数的曲线 $Q=f(n_1)$ 绘制在一张图上即年供暖热负荷延续图。

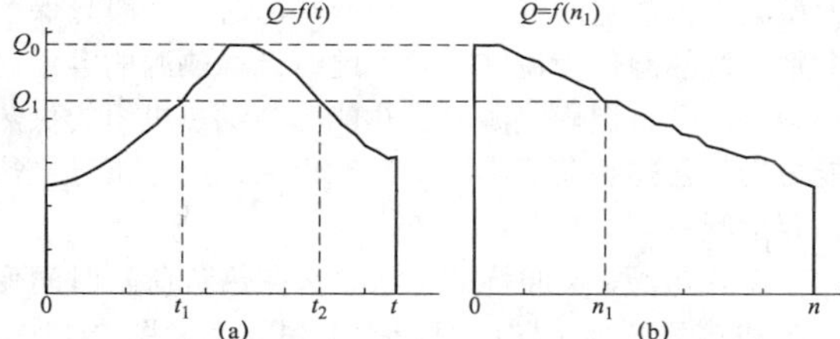

图 2-10　供暖热负荷逐时曲线与延续小时曲线对应关系图

（a）供热热负荷逐时曲线；（b）供热热负荷延续曲线

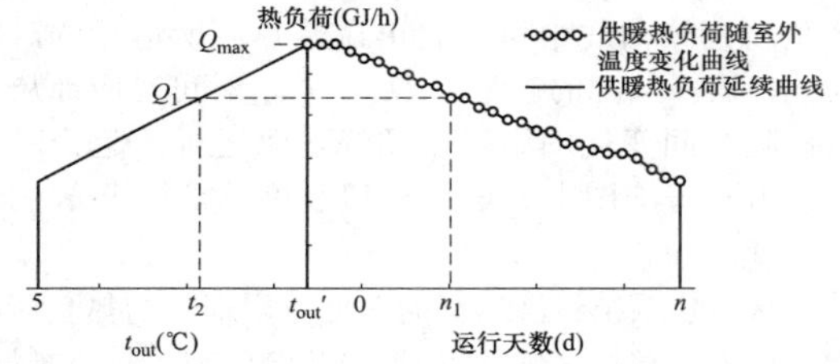

图 2-11　年供暖（空调）热负荷延续图

在供暖热负荷延续图中，横坐标左方为室外温度 t_{out} 轴，横轴右侧为小时数，如横坐标 n_1 代表供暖期中任意时刻室外温度 t_{out} 小于等于 t_2 时出现的总小时数。即室外温度 t_2 越向供暖室外计算温度靠近，小于室外温度 t_2 的温度对应的延续时间越短。当室外温度 t_2 等于供暖室外计算温度 t'_{out} 时，则该室外温度 t_2 时对应的延续时间为我国规范中定义的供暖室外计算温度为历年平均不保证 5 天的温度。

图 2-11 中供暖热负荷延续曲线下方的面积代表了规划区域内热用户所需的年总供热量和供暖期内热源至少应供给的总热量。热源端生产出的热负荷无法随室外温度实时变化，因此受调节的不连续性影响，热源端生产的热负荷延续曲线是一个台阶形的曲线。而用户端所需的热负荷延续曲线理论上应为一根平滑的曲线。

随着国家节能改造的逐步推进和地区经济的发展，越来越多的热用户会逐步接入到集中供热系统中，热源所带的供热面积会逐年增加，热负荷延续图的形状也随之发生变化。

四、年供暖（空调）热负荷延续图绘制方法

1. 曲线拟合法

曲线拟合法是根据当地大量的气象数据采用曲线拟合的办法求出的。首先收集某个供暖期内由气象站提供的室外日气温平均值，任意时刻室外温度对应的供暖热负荷数值可由式（2-15）求得。

逐日求出供暖期内供暖热负荷，并将这些数据按由大到小的顺序排列，即可绘制出该集中供热区域内某一供暖期热负荷延续图，将多个供暖期的热负荷延续曲线叠加到一起，最后采用曲线拟合的办法求出的数学表达式，继而绘制预测期内的年热负荷延续图。该方法绘图精度较高，但气象资料不容易收集齐全，且计算相对繁琐。

图 2-12 是根据东北某城市的一个供暖期实测数据绘制的年热负荷延续图。

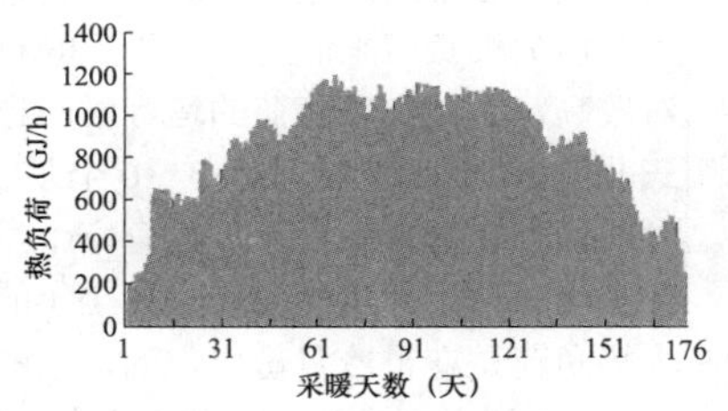

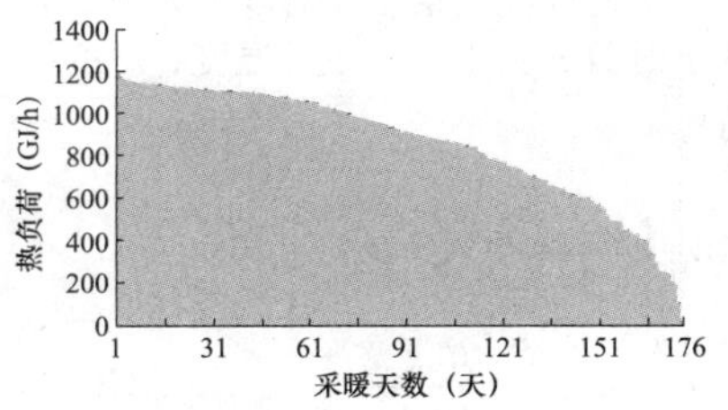

图 2-12　根据实测数据绘制的年热负荷逐时图和年热负荷延续图

2. 无因次综合公式法

无因次综合公式法计算简便，计算精度能够满足工程使用，因此工程上应用较广，下面着重介绍无因此综合公式法及其应用。

无因次综合公式法是由几个分段函数组成的数学模型，该模型定量地描述热负荷、室外计算温度、延续时间、耗热量之间的对应关系，使用时只需知道供暖室外计算温度 t'_{out}、供暖期室外日平均温度 $t_{out,a}$、供暖期天数 N_{zh}、供暖设计热负荷 Q'_n，则可根据该方法绘制年供暖热负荷延续曲线。该方法的适用条件为开始进行供暖的室外温度为+5℃，平均每年不保证时间为 5d。计算公式如下

$$
\left.
\begin{aligned}
&Q_n=\begin{cases} Q'_n \\ (1-\beta_0 R_n^b)Q'_n \end{cases} \text{或 } \overline{Q}=\begin{cases} 1 & N\leqslant 5 \\ (1-\beta_0 R_n^b) & 5<N\leqslant N_{zh} \end{cases}\\
&\overline{Q}=\frac{Q_n}{Q'_n}=\frac{t_{out,a}-t_{out,h}}{t_{out,a}-t_{out}}\\
&t_{out,h}=\begin{cases} t_{out} & N\leqslant 5 \\ t_{out}+(5-t_{out})R_n^b & 5<N\leqslant N_{zh} \end{cases}\\
&R_n=\frac{N-5}{N_t-5}=\frac{n-120}{n_{zh}-120}\\
&b=\frac{5-\mu t_{out,a}}{\mu t_{out,a}-t_{out}}\\
&\mu=\frac{N_t}{N_t-5}=\frac{n_{zh}}{n_{zh}-120}\\
&\beta_0=\frac{5-t_{out}}{t_{out,a}-t_{out}}\\
&t_{out}\leqslant t_{out,h}\leqslant 5℃
\end{aligned}
\right\} \tag{2-18}
$$

式中 Q_n ——某一室外温度下的供暖热负荷，MW；

Q'_n ——供暖设计热负荷，MW；

β_0 ——温度修正系数；

R_n ——无因次延续天数；

b —— R_n 的指数值；

$\overline{Q}$ ——供暖相对热负荷比；

$t_{out,a}$ ——供暖期室外平均温度，℃；

$t_{out,h}$ ——供暖期某一时刻室外温度，℃；

t_{out} ——供暖期室外计算温度，℃；

N ——延续天数，d；

N_t ——供暖期总天数，d；

n ——延续小时数，h；

n_{zh} ——供暖小时数，h；

μ ——延续天数或延续小时数的修正系数。

为方便供热热负荷延续图绘制，对以上无因次公式推导，得延续小时数 n 关于某一室外温度 $t_{out,h}$ 的函数表达式（2-20）。

$$
\begin{aligned}
&n=120+\left(\frac{t_{out,h}-t_{out}}{5-t_{out}}\right)^{\frac{1}{b}}\cdot(n_{zh}-120)\\
&b=\frac{5-\mu t_{out,a}}{\mu t_{out,a}-t_{out}}\\
&\mu=\frac{n_{zh}}{n_{zh}-120}
\end{aligned}
\tag{2-19}
$$

当给定一系列室外温度值（$t_{out,1}$、$t_{out,2}$…$t_{out,n}$）时，根据式（2-18）和式（2-20）即可确定坐标点[Q_n（$t_{out,1}$），n（$t_{out,1}$）]、[Q_n（$t_{out,2}$），n（$t_{out,2}$）] … [Q_n（$t_{out,n}$），n（$t_{out,n}$）]，并绘制出供热热负荷延续图右侧的曲线图形。同时根据[Q_n（$t_{out,1}$），$t_{out,1}$]、[Q_n（$t_{out,2}$），$t_{out,2}$] … [Q_n（$t_{out,n}$），$t_{out,n}$]，即可绘制出热负荷延续图的左侧图形。

五、供暖（空调）热负荷延续时间图应用

1. 分析调峰热源容量配置

城市供热规划阶段，根据城市用地布局、功能分区、热负荷分布及地形地貌条件，有时需要将城市分成几个独立的集中供热区域，因此每个集中供热区域都应绘制热负荷延续图，用于指导调峰热源容量配置。大型集中供热热源替换原有分散热源时，一般只保留个别分散热源作为调峰热源，此时调峰热源的容量已经确定，既有调峰热源的供热能力与供热机组的供热能力均可在热负荷延续图中绘制出来，用于指导主热源容量配置。

调峰热源，又叫峰荷热源，它在热负荷随时间变化图和热负荷延续图中对应的关系如下。图 2-13 中曲线下方阴影部分表示基本负荷热源生产的供热量，该热量一般是由规划区域内较大的集中供热热源提供。曲线下方白色部分为调峰热源生产的供热量，从热负荷延续曲线中可以看出调峰热源所运行的时间为 n_1，调峰热源的容量为 Q_{peak}–Q_{base}，可对应地从热负荷随时间变化图中看出调峰热源运行的起止时间分别为 t_1，t_2，图中 t_2–t_1 的线段长度总是等于 n_1 的线段长度。

从供热系统经济运行的角度看，理想的热负荷延续曲线应该是越平坦越好，调峰热源的容量越小越好，这样的主热源的设备利用小时数更长，调峰热源运行的时间也就更短。

热负荷延续图中曲线下方的面积描述了热用户总的用热需求，所有热源生产出的热能要能覆盖到整个曲线所包围的面积。热负荷延续图中供热负荷一般分为基本负荷和尖峰负荷两部分，有时还有腰部负荷。基本负荷通常由热电厂来满足，基本热源供热能力不足时由尖峰负荷来满足，由于尖峰负荷的供热成本相对较高，因此尖峰负荷的运行时间也尽量缩短。我国三北地区，供暖期大致在 3～6 个月左右，其中大部分时间运行在基本负荷下，只有一个月左右的时间运行在尖峰负荷下。虽然尖峰负荷全年的运行时间少，但尖峰负荷是在最冷月份出现的，它的小时热负荷值很大，一般要占到设计热负荷（即最大热负荷）的 20%～50%左右。

2. 分析各热源分摊负荷

集中供热系统在发展初期时的建设规模不大，普遍采用枝状管网布置，热源单独运行。随着供热规模的不断扩大，用户的增多，供热系统经常出现热源故障、管网故障，影响了供热质量，因此逐步出现了可靠性、经济性和可控性更好的多热源联网供热方式。

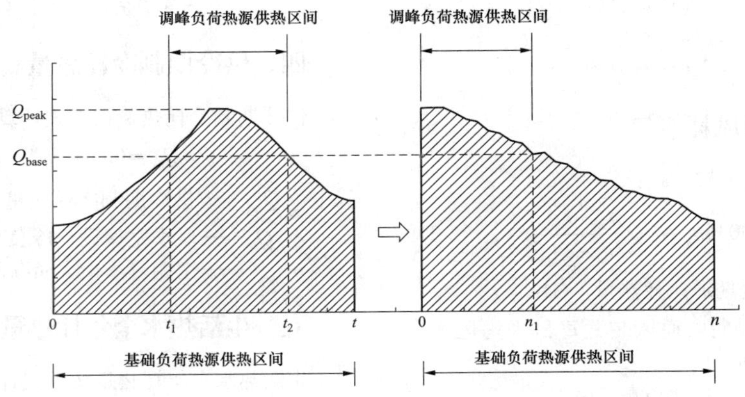

图 2-13　调峰负荷与基本负荷关系图

如果一个集中供热系统中有多种热源并存，那么热源之间就会出现竞价供热的现象。热能生产成本低廉、环保效益较好的热源往往是基本热负荷的首选，一般由垃圾热电厂、沼气热电厂以及其他利用余热、余汽的热电厂来承担基本热负荷。相反热能生产成本昂贵、环保效益较差、调节性能好的热源应尽量缩短其运行时间，因此往往用作调峰热源，一般是由燃油、燃气热电厂来承担尖峰热负荷。燃煤热电厂带基本或中间热负荷，利用热负荷延续图能方便地划分各热源类型所承担的供热负荷。

当多个热源供热或一个热电厂内有多台机供热时，各个热源随室外温度的启动时间也可以从热负荷延续图中读出。

例如，图 2-14 是某供热分区的年热负荷延续图，从图中可以看出，供热负荷中的基本负荷即图中的阴影面积 A_1，由负担环保效益的垃圾发电来承担；供热负荷中的腰部负荷即图中斜线部分面积 A_2，由燃煤热电联产机组和生物质热电联产机组承担；而尖峰负荷则由生产成本较高但调节性能好的燃油热电联产机组承担，即图中的 A_3 面积。通过热负荷延续图还能清楚地知道各热源大致的投运时间以及各热源的年总供热量等信息。

目前，我国供热热源承担负荷的实际情况是热电联产机组承担基本负荷，燃煤或燃气热水炉承担尖峰负荷。

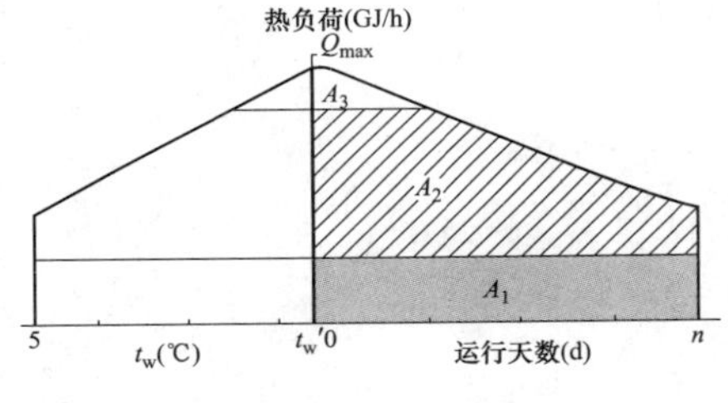

图 2-14　年热负荷延续图

六、生活热水供应热负荷曲线

热水供热系统的用热量与生活水平、生活习惯以及居民成分等有关。热水供应热负荷在一年中相对稳定，冬季热负荷稍大些。生活热水供应负荷也属于全年性热负荷，在以天为单位区间内小时负荷变化较大。生活热水供应典型日负荷变化如图 2-15 所示。从图中可见，热水负荷高峰在下午 18～22 时之间，早晨 7～8 时用水量稍大，其他时间用水量都不大。由于热水的需求高峰经常与供热、空调用热高峰相重叠，所以有时也采用蓄热罐调峰，即白天制备热水供晚上高峰时使用。

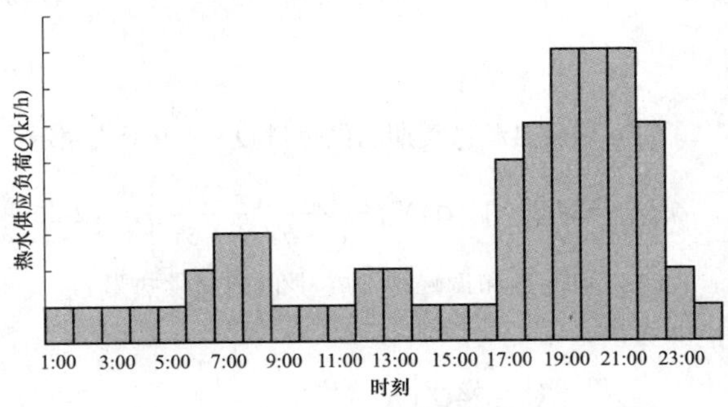

图 2-15　生活热水供应典型日负荷变化

第七节　民用建筑全年耗热量计算

一、供暖全年耗热量

供暖全年耗热量按下式计算

$$Q_{ha} = 0.0864 N_t\ Q_d \frac{t_{in} - t_{out,a}}{t_{in} - t_{out}} \tag{2-20}$$

式中　Q_{ha}——供暖全年耗热量，GJ；

N_t——供暖期总天数，d；

Q_d——供暖设计热负荷，MW；

t_{in}——供暖期室内计算温度，℃；

$t_{out,a}$——供暖期室外日平均温度，℃；

t_{out}——供暖期室外计算温度，℃。

二、供暖期通风耗热量

供暖期通风耗热量按下式计算

$$Q_{h,v}=0.0036n_v\ N_t\ Q_v\frac{t_{in}-t_{out,a}}{t_{in}-t_{out,v}} \tag{2-21}$$

式中 $Q_{h,v}$——供暖期通风耗热量，GJ；

n_v——供暖期内通风装置每日平均运行小时数，h；

Q_v——通风设计热负荷，kW；

$t_{out,v}$——冬季通风室外计算温度，℃。

三、空调供暖耗热量

空调供暖耗热量按下式计算

$$Q_{h,ac}=0.0036n_{ac}\ N_t\ Q_{ac}\frac{t_{in}-t_{out,a}}{t_{in}-t_{out,ac}} \tag{2-22}$$

式中 $Q_{h,ac}$——空调供暖耗热量，GJ；

n_{ac}——供暖期内空调装置每日平均运行小时数，h；

Q_{ac}——空调冬季设计热负荷，kW；

$t_{out,ac}$——冬季空调室外计算温度，℃。

四、供冷期制冷耗热量

供冷期制冷耗热量按下式计算

$$Q_{ca}=0.0036n_{c,max}\ Q_c \tag{2-23}$$

式中 Q_{ca}——供冷期制冷耗热量 GJ；

Q_c——夏季空调设计冷负荷，kW；

$n_{c,max}$——空调夏季最大负荷利用小时数，h。

五、生活热水全年耗热量

生活热水全年耗热量按下式计算

$$Q_{wa}=30.24\ Q_w \tag{2-24}$$

式中 Q_{wa}——生活热水全年耗热量，GJ；

Q_w——生活热水平均热负荷，kW。

六、调峰负荷与基本负荷热源耗热量

若热化系数为已知，利用无因次综合公式，对某一时刻室外温度 t_{out} 和相应的热负荷 Q_n 值进行积分，则可以得到基本负荷热源的耗热量计算公式、调峰负荷的耗热量计算公式和调峰负荷的运行时间。现将积分后的最终结果列出。

（1）主热源供暖期总供热量 Q_{na} 可由下式表示

$$Q_{na}=24Q_n'\left\{N_t-(1-\alpha)N_{ad}-\frac{\beta_0}{(1+b)(N_t-5)^b}\left[(N_t-5)^{1+b}-(N_{ad}-5)^{1+b}\right]\right\} \tag{2-25}$$

$$\alpha=\frac{Q_j}{Q_n}$$

（2）调峰热源供暖期总供热量 Q_{nb} 可由下式表示

$$Q_{nb}=24Q_n'\left\{(1-\alpha)N_{ad}-\frac{\beta_0(N_{ad}-5)^{1+b}}{(1+b)(N_t-5)^b}\right\} \tag{2-26}$$

（3）主热源和调峰热源在供暖期总供热量 Q_{nn} 可由下式表示

$$Q_{nn}=24Q_n'\left[N_t-\frac{\beta_0(N_t-5)}{(1+b)}\right] \tag{2-27}$$

（4）调峰热源在供暖期的运行持续时间 N_{ad} 可由下式表示

$$N_{ad}=5+(N_t-5)\left(\frac{1-\alpha}{\beta_0}\right)^{\frac{1}{b}} \tag{2-28}$$

式中 Q_{na}——主热源在供暖期的总供热量，GJ；

Q_{nb}——调峰热源在供暖期的总供热量，GJ；

Q_{nn}——主热源和调峰热源在供暖期的总供热量，GJ；

Q_j——热电厂所装的供热式机组的最大供热量，GJ/h 或 MW；

Q_n——供暖设计热负荷，GJ/h 或 MW；

N_t——供暖期总天数，d；

N_{ad}——调峰热源运行的天数，d；

β_0——温度修正系数；

b——R_n 的指数值；

α——热化系数。

第三章

投资估算及经济评价

投资估算及经济评价是设计文件的一部分，集中供热设计按设计阶段不同的需要应分别编制初步可行性研究匡算、可行性研究估算、初步设计概算及施工图预算等，在初步可行性研究和可行性研究阶段，需进行经济评价的计算。本章重点针对可行性研究阶段介绍投资估算和经济评价编制方法，并根据集中供热项目的特点和要求，分别对独立热源工程、独立热力网工程以及热源和热力网相结合工程的投资估算和经济评价进行介绍，此外也简单介绍了供热改造项目投资估算和经济评价的编制方法。

第一节　投资估算和经济评价的概念及内容

一、投资估算

1. 投资估算的定义

工程项目投资估算，是在投资决策阶段，以方案设计或可行性研究文件为基础，按照规定的程序、方法和现行的计价依据，对拟建项目所需项目总投资及其构成进行的预测和估计，是在研究并确定项目的建设规模、厂址方案、技术方案、工程建设方案以及项目进度计划等的基础上，估算项目从筹建、施工直至建成投产所需全部建设资金总额，并测算建设期各年资金使用计划的过程。

2. 投资估算包含的内容

集中供热项目的投资估算内容包括从前期工作开始，至工程建设投产的全部基建投资。一般包括以下项目：

（1）热电厂工程（包括厂区内热网首站设备和热网管道）。

（2）热力网工程（指厂区围墙外的热力网工程）。

（3）配套送变电工程（多数热电项目不考虑此项工程，不参与经济评价测算，本章不作为讨论内容）。

热力网工程厂内和厂外投资估算编制范围的分界限是在电厂厂区围墙外1m处，1m以内属热电厂热网系统，1m以外属厂外热力网工程。

集中供热项目的热电厂工程主要是汽轮机容量为12MW～600MW级的火力发电机组供热工程，也有燃气-蒸汽联合循环电厂供热机组项目。

3. 投资估算的计价依据

投资估算应依据项目特征、设计文件及相应的工程投资计价依据，对项目总投资及其构成进行估算，并对主要技术经济指标进行分析。项目投资估算编制依据是指编制投资估算时进行工程量计量以及价格确定。与工程计价有关参数、率值确定的基础资料，主要有以下几个方面：

（1）国家、行业和地方政府的有关规定。

（2）拟建项目建设方案确定的各项工程建设内容。

（3）工程勘察与设计文件或相关专业提供的主要工程量和设备清单。

（4）行业部门、项目所在地造价管理机构或行业协会等编制的投资估算办法、投资估算指标、概算定额（指标）、工程建设其他费用定额（规定）、综合单价、价格指数和有关造价文件等。

（5）类似工程的各项技术经济指标和参数。

（6）工程所在地的同期的人工、材料、设备的市场价格，建筑、工艺及附属设备的市场价格和有关费用。

（7）政府有关部门、金融机构发布的价格指数、利率、汇率、税率等有关参数。

（8）与建设项目相关的工程地质资料、设计文件、图纸等。

4. 投资估算的成品要求

投资估算应达到以下要求：

（1）投资估算必须符合火力发电厂可行性研究报告内容深度规定，热力网项目应符合市政行业可行性研究报告的深度要求，费用计算合理，能够满足方案比选及控制初步设计概算的要求。

（2）应满足工程项目推荐方案和工程设想的主要

工艺系统、主要技术方案要求。

（3）工程内容和费用构成齐全，计算合理，不重复计算，不提高或降低估算标准，不漏算不少算。

（4）选用指标（定额）与具体工程之间存在标准或者条件差异时，应进行必要的换算或者调整。

（5）投资估算应满足建设预算成品内容要求，必要时，正式成品中还应包含不同方案的投资对比表。

（6）必要时应提供工程所用外汇额度、汇率、用途及其使用范围。

二、经济评价

1. 经济评价的定义

集中供热项目经济评价是根据国民经济与社会发展以及电力行业、地区发展规划的要求，在项目可行性研究方案的基础上，采用科学的分析方法，对拟建项目的财务可行性和经济合理性进行分析论证。

经济评价是项目可行性研究的组成部分，为建设项目的科学决策提供依据。

经济评价包括财务评价和国民经济评价。集中供热项目经济评价通常只做财务评价，不做国民经济评价。

2. 经济评价的计算依据

（1）热电厂项目的经济评价应依据国家发展改革委、原建设部文件发改投资〔2006〕1325 号《关于印发建设项目经济评价方法与参数（第三版）的通知》。

（2）国家能源局 2009 年发布的《火力发电工程经济评价导则》。

（3）热力网项目的经济评价应依据中华人民共和国住房和城乡建设部建标〔2008〕162 号《关于批准发布〈市政公用设施建设项目经济评价方法与参数〉的通知》。

3. 经济评价计算原则

集中供热项目的财务评价应在保证客观、科学、公正的基础上，遵循“有无对比”原则，效益与费用口径对应一致，权衡风险与收益；坚持定量分析与定性分析相结合以定量分析为主和动态分析与静态分析相结合、动态分析为主的原则。

财务分析应采用以市场价格体系为基础的预测价格。在建设期内，一般应考虑投入的相对价格变动及价格总水平变动。在运营期内，若能合理判断未来的市场价格变动趋势，投入和产出可采用相对变动价格；若难以确定投入与产出的价格变动，一般可采用项目运营期初的价格。有要求时，也可考虑价格总水平的变动。

集中供热项目的财务评价计算可根据项目的要求，采用热电厂工程项目和热力网工程项目分别进行评价和结合在一起进行评价的方法。

第二节 热电厂项目投资估算

一、现行主要计价依据

1. 费用性质划分与计算方法

执行《火力发电工程建设预算编制与计算规定》（2013 年版）（以下简称《预规》）。

2. 指标和定额

执行国家能源局 2013 年发布的电力建设工程概算定额（以下简称《概算定额》）《第一册 建筑工程》；《第二册 热力设备安装工程》；《第三册 电气设备安装工程》；《第四册 调试工程》；《第五册 通信工程》；不足部分可参考国家能源局 2013 年发布的电力建设工程预算定额（以下简称《预算定额》）《第一册 建筑工程（上册、下册）》；《第二册 热力设备安装工程》；《第三册 电气设备安装工程》；《第四册 输电线路工程》；《第五册 调试工程》；《第六册 通信工程》；《第七册 加工配制品》以及国家经贸委 2001 年发布的《电力工程建设投资估算指标——火电工程》。

3. 设备价格

（1）300MW 级及以上项目的主要设备和主要辅机可参照《火电工程限额设计参考造价指标》（2015 年水平）上的设备价格计价，参数不同时应进行调整。

（2）200MW 级及以下机组主要设备可按照厂家询价或编制期同类工程的合同价计列。

（3）其他设备按市场信息价格。

4. 材料价格

（1）安装装置性材料价格执行国家能源局 2013 年发布的《电力建设工程装置性材料综合预算价格》，不足部分参考《电力建设工程装置性材料预算价格》。

（2）安装消耗性材料执行《电力建设工程概算定额 机务、电气设备安装工程》（2013 年版）。

（3）建筑材料价格执行《电力建设工程概算定额 第一册 建筑工程（2013 年版）》。

5. 其他造价管理规定

（1）电力工程造价与定额管理总站在 2013 年《预规》与《预算定额》《概算定额》颁布以来所发布的价格水平调整文件与上述定额配套执行。

（2）电力工程造价与定额管理总站文件〔2016〕9 号《关于发布电力工程计价依据适应营业税改增值税调整过渡实施方案的通知》。

（3）建设期贷款利息计算执行估算编制期的人民币长期贷款利率。

二、投资估算各项费用组成

热电厂项目投资估算的费用构成按电力工程项目建设过程中各类费用支出或消费的性质、途径来确定，是通过费用划分和汇集所形成的工程造价。在热电工程造价的基本结构中，包括用于购买工程项目所含各种设备的费用，为了建筑物建设和对设备安装施工所需的费用，用于委托工程勘察设计所需的费用，为了获得土地使用权所支付的费用，还包括用于建设单位自身进行项目筹建和项目管理所花的费用等。

热电厂项目的投资估算费用按照《预规》的规定构成。费用项目内容可根据工程造价管理实际情况作适当部分修改调整，但修改调整的内容必须依据规定进行。

项目计划总资金由项目建设总费用和铺底流动资金构成。项目建设总费用由静态投资和动态投资构成，其中静态投资由建筑、安装工程费，设备购置费，其他费用和基本预备费构成。热电厂建设项目计划总资金构成如图 3-1 所示。

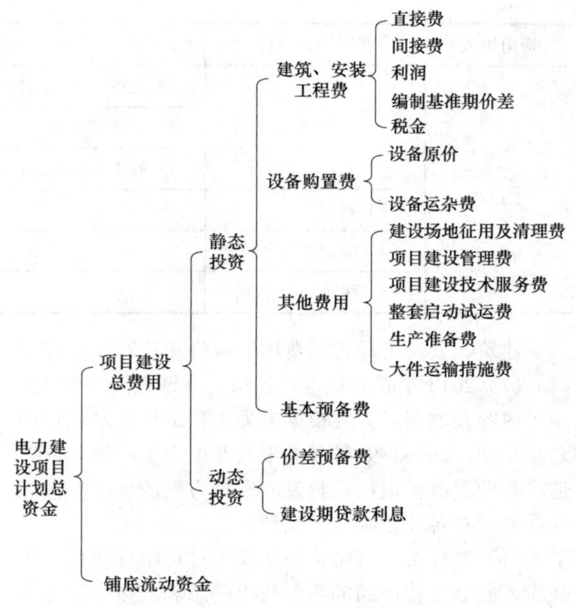

图 3-1 项目计划总资金构成图

1. 建筑、安装工程费用

建筑、安装工程费包括建筑工程费和安装工程费。建筑工程费是指对构成建设项目的各类建筑物、构筑物等设施工程进行施工，使之达到设计要求及功能所需要的费用。安装工程费是指对建设项目中构成生产工艺系统的各类设备、管道、电缆及其辅助装置进行组合、装配和调试，使之达到设计要求的功能指标所需要的费用。

建筑、安装工程费由直接费、间接费、利润、编制基准期价差和税金组成。费用构成见表 3-1。

表 3-1 建筑安装工程费用构成

费用构成	费用构成名称	类型		
建筑、安装工程费	（1）直接费	1）直接工程费	a）人工费	
			b）材料费	消耗性材料
				装置性材料
			c）施工机械使用费	
		2）措施费	a）冬雨季施工增加费	
			b）夜间施工增加费	
			c）施工工具用具使用费	
			d）特殊工程技术培训费	
			e）大型施工机械与轨道铺拆费	
			f）特殊地区施工增加费	
			g）临时设施费	
			h）施工机构迁移费	
			i）安全文明施工费	
	（2）间接费	1）规费	a）社会保险费	
			b）住房公积金	

续表

费用构成	费用构成名称	类型	
建筑、安装工程费	（2）间接费	1）规费	c）危险作业意外伤害保险费
		2）企业管理费	
		3）施工企业配合调试费	
	（3）利润		
	（4）编制基准期价差		
	（5）税金		

建筑、安装工程各项费用的解释和计算执行目前《预规》（2013 年版）规定，各项费率请查阅《预规》相关内容及数据。并应根据电力工程造价与定额管理总站文件〔2016〕9 号《关于发布电力工程计价依据适应营业税改增值税调整过渡实施方案的通知》，按照文件要求对各项费率进行调整。

（1）直接费。直接费是指施工过程中直接耗用于建筑、安装工程产品的各项费用的总和。按以下方法计算：

直接费=直接工程费+措施费。

1）直接工程费。直接工程费是指按照正常的施工条件，在施工过程中耗费的构成工程实体的各项费用。按以下方法计算：

直接工程费=人工费+材料费+施工机械使用费。

其中人工费、材料费中的消耗性材料费和施工机械使用费包括在定额基价中，材料费中的装置性材料费单独计列。

a）人工费。人工费是指支付给直接从事建筑安装工程施工作业的生产人员的各项费用。内容包括：基本工资、工资性补贴、辅助工资、职工福利费、生产人员劳动保护费。

b）材料费。材料费是指施工过程中耗费的主要材料、辅助材料、构配件、半成品、零星材料，以及施工过程中一次性消耗材料及摊销材料的费用。材料分为装置性材料和消耗性材料两大类，其价格均为预算价格。

装置性材料是指建设工程中构成工艺系统实体的工艺性材料，也称主要材料。装置性材料在概算或预算定额中未计价，也称未计价材料。装置性材料预算价格按照电力行业定额（造价）管理部门公布的装置性材料预算价格或综合预算价格计算。各地区、各年度装置性材料的调整按市场价格原则确定。

消耗性材料是指施工建设过程中所消耗的，在建设成品中不体现其原有形态的材料，以及因施工工艺及措施要求需要进行摊销的施工工艺材料，也称辅助材料。消耗性材料在建设预算定额中已计价，也称计价材料。消耗性材料的计算方法执行电力行业定额中的规定。各地区、各年度消耗性材料的调整按照电力行业定额（造价）管理部门的规定执行。

c）施工机械使用费。施工机械使用费是指施工机械作业所发生的机械使用费以及机械的现场安拆和场外移动包括折旧费、大修理费、经常修理费、安装及拆卸费、场外运费、操作人员人工费、燃料动力费、车船及运检税费等。按以下方法计算：

施工机械使用费=Σ（施工机械台班消耗量×台班费用单价）。

施工机械使用费的计算方法执行电力行业定额中的规定。各地区、各年度消耗性材料的调整按照电力行业定额（造价）管理部门的规定执行。

2）措施费。措施费是指为完成工程项目施工而进行施工准备、克服自然条件的不利影响和辅助施工所发生的不构成工程实体的各项费用。包括冬雨季施工增加费、夜间施工增加费、施工工具用具使用费、特殊工程技术培训费、大型施工机械安拆与轨道铺拆费、特殊地区施工增加费、临时设施费、施工机构迁移费、安全文明施工费。其中特殊工程技术培训费和大型机械安拆与轨道铺拆费是火力发电项目特有的内容。

a）冬雨季施工增加费。冬雨季施工增加费是指按照合理工期要求，建筑、安装工程必须在冬季、雨季期间连续施工而需要增加的费用，其内容包括：在冬季施工期间，为确保工程质量而采取的养护、供暖措施所发生的费用；雨季施工期间，采取防雨、防潮措施所增加的费用；以及因冬季、雨季施工增加施工工序、降低工效而发生的补偿费用。按以下方法计算：

建筑工程冬雨季施工增加费=直接工程费×费率。

安装工程冬雨季施工增加费=人工费×费率。

b）夜间施工增加费。夜间施工增加费是指按照规程要求，工程必须在夜间连续施工的单项工程所发生的夜班补助、夜间施工降效、夜间施工照明设备摊销及照明用电等费用。按以下方法计算：

建筑工程夜间施工增加费=直接工程费×费率。

安装工程夜间施工增加费=人工费×费率。

c）施工工具用具使用费。施工工具用具使用费是指施工企业生产、检验、试验部门使用的不属于固定资产的工具用具的购置、摊销和维护费用。按以下方法计算：

建筑工程施工工具用具使用费=直接工程费×费率。

安装工程施工工具用具使用费=人工费×费率。

d）特殊工程技术培训费。特殊工程技术培训费是指发电安装工程中为进行高温、高压容器及管道焊接，需要对焊工进行技术培训和年度考核所发生的费用。按以下方法计算：

特殊工程技术培训费=热力系统人工费×费率。

特殊工程技术培训费只在安装工程热力系统各单位工程计列。分系统调试、整套启动调试、特殊调试工程不计取本项费用。

e）大型施工机械安拆与轨道铺拆费。大型施工机械安拆与轨道铺拆费是指发电工程大型施工机械在施工现场进行安装、拆卸以及轨道铺设、拆除发生的人工、材料、机械费等。按以下方法计算：

建筑工程大型施工机械安拆与轨道铺拆费=直接工程费×费率。

安装工程大型施工机械安拆与轨道铺拆费=人工费×费率。

大型施工机械安拆与轨道铺拆费只在建筑和安装工程的热力系统各单位工程中计列。分系统调试、整套启动调试、特殊调试工程不计取本项费用。

f）特殊地区施工增加费。特殊地区施工增加费是指在高海拔、酷热、严寒等地区施工，因特殊自然条件影响而需额外增加的施工费用。按以下方法计算：

建筑工程特殊地区施工增加费=直接工程费×费率。

安装工程特殊地区施工增加费=人工费×费率。

g）临时设施费是指施工企业为满足现场正常生产、生活需要，在现场必须搭设的生活、生产用临时建筑物、构筑物和其他临时设施所发生的费用，其内容包括：临时设施的搭设、维修、拆除、折旧及摊销费，或临时设施的租赁费等。按以下方法计算：

建筑（安装）工程临时设施费=直接工程费×费率。

h）施工机构迁移费。施工机构迁移费是指施工企业派遣施工队伍到所承建工程现场所发生的搬迁费用，其内容包括：职工调遣差旅费和调遣期间的工资，以及办公设备、工具、家具、材料、用品以及施工机械等的搬运费等。按以下方法计算：

建筑工程施工机构转移费=直接工程费×费率。

安装工程施工机构转移费=人工费×费率。

i）安全文明施工费。安全文明施工费包含安全生产费、文明施工费和环境保护费。按以下方法计算：

建筑（安装）工程安全文明施工费=直接工程费×费率。

（2）间接费。间接费是指建筑安装产品的生产过程中，为全工程项目服务而不直接消耗在特定产品对象上的费用，由规费、企业管理费和施工企业配合调试费组成。

1）规费是指按照国家行政主管部门或省级政府和省级有关权利部门规定必须缴纳并计入建筑安装工程造价的费用。规费包括社会保险费、住房公积金和危险作业意外伤害保险费。

a）社会保险费包括养老保险费、失业保险费、医疗保险费、生育保险费和工伤保险费。按以下方法计算：

建筑工程社会保险费=直接工程费×0.18×缴费费率。

安装工程社会保险费=人工费×1.6×缴费费率。

缴费费率是指工程所在省、自治区、直辖市社会保障机构颁布的以工资总额为基数计取的基本养老保险、失业保险、医疗保险、生育保险和工伤保险费费率之和。

b）住房公积金是指企业按照规定标准为职工缴纳的住房公积金。按以下方法计算：

建筑工程住房公积金=直接工程费×0.18×缴费费率。

安装工程住房公积金=人工费×1.6×缴费费率。

缴费费率按照工程所在地政府部门公布的费率执行。

c）危险作业意外伤害保险费是指企业按照建筑法规定，施工企业为从事危险作业的建筑安装施工人员缴纳的意外伤害保险费。按以下方法计算：

建筑工程危险作业意外伤害保险费=直接工程费×费率。

安装工程危险作业意外伤害保险费=人工费×费率。

2）企业管理费是指建筑安装施工企业为组织施工生产和经营管理所发生的费用，其费用内容包括：管理人员工资、办公经费、差旅交通费、固定资产使用费、工具用具使用费、劳动补贴费、工会经费、职工教育经费、财产保险费、财务费、税金和其他。

按照电力工程造价与定额管理总站文件〔2016〕9号《关于发布电力工程计价依据适应营业税改增调整过渡实施方案的通知》，企业管理费除以上内容外，增加城市维护建设税、教育费附加、地方教育费附加，以及营改增后增加的管理费。企业管理费按以下方法计算：

建筑工程企业管理费=直接工程费×费率。

安装工程企业管理费=人工费×费率。

3）施工企业配合调试费是指在工程整套启动试运阶段，施工企业安装专业配合调试所发生的费用。按以下方法计算：

施工企业配合调试费=安装工程直接费×费率。

（3）利润是指施工企业完成所承包工程获得的盈利。按以下方法计算：

利润=（直接费+间接费）×利润率。

（4）编制基准期价差。编制基准期价差根据电力行业定额（造价）管理部门规定计算。

其中人工费及定额水平调整执行电力工程造价与定额管理总站关于定额水平调整的文件。

安装材料按照《火电工程限额设计参考造价指标（编制期水平）》中材料价格计列安装材料价差。

建筑材料按项目所在地最新材料造价信息价格计列建筑材料价差。

（5）税金。税金是指按照国家税法规定应计入建筑、安装工程造价内的增值税销项税额。按以下方法计算：

税金=税前造价（不含进项税）×增值税税率（11%）。

税前造价（不含进项税）=直接费+间接费+利润+编制基准期价差。

（6）综合费率。热电厂工程的钢结构主厂房（包括柱、梁、支撑）和灰坝工程的取费（含措施费、间接费、利润）实行综合费率。大于1万m^3的独立土石方工程按照灰坝工程的取费标准执行。按以下方法计算：

综合取费费用额=直接工程费×费率。

2. 设备购置费

设备购置费是指为项目建设而购置或自制的各种设备，并将设备运至施工现场指定位置所支出的费用。包括设备费和设备运杂费。

设备费是指按照设备供货价格购买设备所支出的费用（包括设备的包装费），自制设备按照以供货价格购买此设备计算。设备费的计算根据市场供货情况及供货价格计算。300MW级及以上机组的主要设备和主要辅机可参照《火电工程限额设计参考造价指标（编制期水平）》上的设备价格计价。

设备运杂费是指设备自供货地点（生产厂家、交货货栈或供货商的储货仓库）运至施工现场指定位置所发生的费用。包括设备的上站费、下站费、运输费、运输保险费以及仓储保管费。按以下方法计算：

设备运杂费=设备费×设备运杂费率。

设备运杂费率=铁路、水路设备运杂费率+公路运杂费率。

（1）铁路、水路运杂费率。

1）主设备（锅炉、汽轮机、发电机、主变压器）铁路、水路运杂费率：运距100km以内费率为1.5%；运距超过100km时，每增加50km，费率增加0.08%；运距不足50km时按50km计取。

2）其他设备铁路、水路运杂费率见《预规》相关内容。

（2）公路运杂费率。运距在50km以内费率为1.06%；运距超过50km时，每增加50km，费率增加0.35%；运距不足50km时按50km计取。

若铁路专用线、专用码头可直接将设备运达现场，主设备不计公路运杂费，其他设备的公路段运杂费率按0.5%计算。

（3）其他说明。供货商直接供货到现场的，只计取卸车费及保管费，主设备按设备费的0.5%计算，其他设备按设备费的0.7%计算。

3. 其他费用

其他费用是指为完成工程项目建设所必需的，但不属于建筑工程费、安装工程费、设备购置费的其他相关费用。包括：建设场地征用及清理费、项目建设管理费、项目建设技术服务费、整套启动试运费、生产准备费、大件运输措施费。其他费用主要内容见表3-2。

表3-2 其 他 费 用

费用构成	项目名称	用途		
		建设用地	工程建设	未来生产经营
（1）建设场地征用及清理费	1）土地征用费	√		
	2）施工场地租用费	√		
	3）迁移补偿费	√		
	4）余物清理费	√		
（2）项目建设管理费	1）项目法人管理费		√	
	2）招标费		√	
	3）工程监理费		√	
	4）设备（材料）监造费		√	
	5）工程结算审核费		√	
	6）工程保险费		√	
（3）项目建设技术服务费	1）项目前期工作费		√	
	2）知识产权转让与研究试验费		√	
	3）设备成套技术服务费		√	
	4）勘察设计费		√	
	5）设计文件评审费		√	
	6）项目后评价费		√	
	7）工程建设检测费		√	
	8）电力工程技术经济标准编制管理费		√	

续表

费用构成	项目名称	用途		
		建设用地	工程建设	未来生产经营
(4)整套启动试运费	1）燃煤热电工程		√	
	2）脱硫装置		√	
	3）脱硝装置		√	
	4）燃气-蒸汽联合循环电站		√	
(5)生产准备费	1）管理车辆购置费			√
	2）工器具及办公家具购置费			√
	3）生产职工培训及提前进厂费			√
(6）大件运输措施费			√	

（1）建设场地征用及清理费。

建设场地征用及清理费是指建设项目为获得工程建设所必需的场地，并使之达到施工所需的正常条件和环境而发生的有关费用。按以下方法计算：

建设场地征用及清理=土地征用费+施工场地租用费+迁移补偿费+余物清理费。

1）土地征用费。土地征用费是指按照《中华人民共和国土地法》的规定，建设项目法人单位为取得工程建设用地使用权而支付的费用。包括土地补偿费、安置补助费、耕地开垦费、勘测定界费、征地管理费、证书费、手续费以及各种基金和税金等。土地征用费根据有关法律、法规、国家行政主管部门以及省（自治区、直辖市）人民政府规定计算。

2）施工场地租用费。施工场地租用费是指为保证工程建设期间的正常施工，需临时租用场地所发生的费用，包括场地的租金、清理和复垦费等。施工场地租用费根据有关法律、法规、国家行政主管部门和工程所在地人民政府规定计算。

3）迁移补偿费。迁移补偿费是指为满足工程建设需要，对所征用土地范围内的机关、企业、住户及有关建筑物、构筑物、电力线、通信线、铁路、公路、沟渠、管道、坟墓、林木等进行迁移所发生的补偿费用。迁移补偿费按照工程所在地人民政府规定计算。

4）余物清理费。余物清理费是指为满足工程建设需要，对所征用土地范围内原有的建筑物、构筑物等有碍工程建设的设施进行拆除、清理所发生的各种费用。按以下方法计算：

余物清理费=拆除工程直接工程费×费率。

（2）项目建设管理费。项目建设管理费是指建设项目经行政主管部门核准后，自项目法人筹建至竣工验收合格并移交生产的合理建设期内对工程进行组织、管理、协调、监督等工作所发生的费用。按以下方法计算：

项目建设管理费=项目法人管理费+招标费+工程监理费+设备材料监造费+工程结算审核数+工程保险费。

1）项目法人管理费。项目法人管理费是指项目法人在项目管理工作中发生的机构开办费及经常性费用，费用内容包括：项目管理机构开办费、项目管理工作经费。按以下方法计算：

项目法人管理费=（建筑工程费+安装工程费）×费率。

2）招标费。招标费是指按招标法及有关规定开展招标工作，自行组织或委托具有资格的机构编制审查技术规范书、最高投标限价，标底、工程量清单等招标文件的前置文件以及委托招标代理机构进行招标所需要的费用。按以下方法计算：

招标费=（建筑工程费+安装工程费+设备购置费）×费率。

3）工程监理费。工程监理费是指依据国家有关规定和规程规范要求，项目法人委托工程监理机构对建设项目全过程实施监理所支付的费用。按以下方法计算：

工程监理费=（建筑工程费+安装工程费）×费率。

4）设备材料监造费。设备材料监造费是为保证工程建设设备材料的质量，按照国家行政主管部门颁布的设备材料监造（监制）的质量管理办法的要求，项目法人或委托具有相关资质的机构在主要设备材料的制造、生产期间对原材料质量以及生产、检验环节进行必要的见证、监督所发生的费用。按以下方法计算：

设备材料监造费=（设备购置费+装置性材料费）×费率。

本项费用的计算基数是指全厂的（设备购置费+装置性材料费）。

5）工程结算审核费。工程结算审核费是根据工程合同和电力行业工程结算规定，为保证工程价款的及时拨付，项目法人单位组织工程造价专业人员或委托具有相关资质的工程造价咨询机构，依据工程建设资料，进行工程量计算、核定，编制工程结算文件，并组织各方对工程结算文件进行审核、确认所发生的费用。按以下方法计算：

工程结算审核费=（建筑工程费+安装工程费）×费率。

6）工程保险费。工程保险费是指项目法人对项目建设过程中可能造成工程财产、安全等的直接或间接损失进行保险所支付的费用。工程保险费根据工程实际情况，按照保险范围和保险费率计算。

（3）项目建设技术服务费。项目建设技术服务费是指为工程建设提供技术服务和技术支持所发生的费用。包括：项目前期工作费、知识产权转让与研究试验费、设备成套技术服务费、勘察设计费、设计文件评审费、项目后评价费、工程建设检测费及电力工程技术经济标准编制管理费。

1）项目前期工作费，按以下方法计算：

项目前期工作费=（建筑工程费+安装工程费）×费率。

2）知识产权转让与研究试验费。根据项目法人提出的项目和费用计列。

3）设备成套技术服务费。设备成套技术服务费按设备购置费的 0.3%计列。

4）勘察设计费。

勘察费及设计费依据国家行政主管部门颁发的工程勘察设计收费标准计算，按以下方法计算：

勘察设计费=勘察费+设计费。

5）设计文件评审费。

设计文件评审费=可行性研究设计文件评审费+初步设计文件评审费+施工图文件审查费。

可行性研究设计文件评审费和初步设计文件评审费按《预规》的费用规定计列。初步可行性研究评审取费按照可行性研究取费标准的 60%计算。

施工图文件审查费按以下方法计算：

施工图文件审查费=（建筑工程费+安装工程费）×1.5%。

6）项目后评价费。项目后评价费应根据项目法人提出的要求确定是否计列，按以下方法计算：

项目后评价费=（建筑工程费+安装工程费）×费率。

费率标准：300MW 级及以下机组费率为 0.15%；600MW 级及以上机组费率为 0.11%。

7）工程建设检测费，按以下方法计算：

工程建设检测费=电力工程质量检测费+特种设备安全检测费+环境监测验收费+水土保持项目验收及补偿费+桩基检测费。

a）电力工程质量检测费=（建筑工程费+安装工程费）×费率。

b）特种设备安全检测费=机组额定发电容量×费用规定。

c）环境监测验收费：根据工程所在省、自治区、直辖市行政主管部门规定的标准计算。

d）水土保持项目验收及补偿费：根据工程所在省、自治区、直辖市行政主管部门规定的标准计算。

e）桩基检测费：由项目法人根据工程实际情况审核确定。

8）电力工程技术经济标准编制管理费。

电力工程技术经济标准编制管理费是指根据国家行政主管部门授权编制、管理电力工程计价依据、标准和规范所需要的费用，按以下方法计算：

电力工程技术经济标准编制管理费=（建筑工程费+安装工程费）×0.1%。

（4）整套启动试运费。整套启动试运费是指发电工程项目按照电力行业启动验收规程规定，在投产前进行机组整套启动、调试和试运行所发生的燃料、辅料、水、电等费用，扣除售出电费和售出蒸汽费的净值。

1）燃煤热电工程，按以下方法计算：

机组整套启动试运费=燃煤费+燃油费+其他材料费+厂用电费−售出电费−售出蒸汽费。

a）燃煤费，按以下方法计算：

燃煤费=发电机容量（kW）×台数×整套启动试运小时数（h）×标准煤耗［kg/（kW·h）］×标准煤价（元/kg）×K。

循环流化床锅炉需掺烧石灰石时，需另计石灰石材料费。

b）燃油费，按以下方法计算：

燃油费=机组整套启动试运燃油平均消耗量×燃油价格。

机组整套启动试运燃油平均消耗量及 K 值见《预规》相关内容。

c）其他材料费，按以下方法计算：

其他材料费=装机容量（MW）×3000 元/MW。

d）厂用电费，按以下方法计算：

厂用电费计算=发电机容量×厂用电率×试运购电小时数×试运购电价格。

厂用电率应包括烟气脱硫、脱硝装置的厂用电率。

e）售出电费，按以下方法计算：

售出电费=发电机容量×额定容量系数 0.75×带负荷试运小时数×试运售电价。

f）售出蒸汽费，按以下方法计算：

售出蒸汽费=售出蒸汽吨数×试运售热单价。

由于试运期间产出的蒸汽售出的可能性不大，目前通常的做法是不考虑售出蒸汽的费用，燃煤费中的标准煤耗按纯凝工况考虑。

2）脱硫装置整套启动试运费，按以下方法计算：

脱硫装置整套启动试运费=石灰石材料费+其他材料费。

a）石灰石材料费=每小时石灰石额定耗量×脱硫装置整套启动试运小时数×石灰石单价。

b）其他材料费=装机容量（MW）×400 元/MW。

3）脱硝装置整套启动试运费，按以下方法

计算：

a）脱硝装置整套启动试运费=脱硝剂材料费+其他材料费。

脱硝剂材料费=每小时脱硝剂消耗量×脱硝装置整套启动试运小时数×脱硝剂单价。

其中，催化剂的材料费应计算在内。

b）其他材料费=装机容量（MW）×200元/MW。

4）燃气–蒸汽联合循环电站整套启动试运费，按以下方法计算：

燃气–蒸汽联合循环电站整套启动试运费=燃料费+其他材料费+厂用电费+调试费–售出电费–售出蒸汽费。

a）燃料费=发电机额定出力（kW）×台数×整套启动试运小时数（h）×规定燃料消耗量［m^3/（kW·h）］×燃气价格（元/m^3）×1.05。

b）其他材料费=装机容量（MW）×750元/MW。

c）厂用电费=发电机容量×台数×厂用电率×试运购电小时数×试运购电价格。

d）售出电费=发电机容量×台数×额定容量系数0.75×带负荷试运小时数×试运售电价。

e）售出蒸汽费=售出蒸汽吨数×试运售热单价。

发电工程整套启动试运小时数、试运购电小时数及带负荷试运小时数见《预规》相关内容。

（5）生产准备费。生产准备费是指为保证工程竣工验收合格后，能够正常投产运行提供技术保证和资源配备所发生的费用。

生产准备费包括：管理车辆购置费、工器具及办公家具购置费、生产职工培训及提前进厂费。

1）管理车辆购置费=设备购置费×费率。

2）工器具及办公家具购置费=（建筑工程费+安装工程费）×费率。

3）生产职工培训及提前进厂费=（建筑工程费+安装工程费）×费率。

（6）大件运输措施费。大件运输措施费是指超限的大型电力设备在运输过程中发生的路、桥加固改造，以及障碍物迁移等措施费用。大件运输措施费按照实际运输条件及运输方案计算。

4. 基本预备费

基本预备费是指为因设计变更（含施工过程中工程量增减、设备改型、材料代用）增加的费用，一般自然灾害可能造成的损失和预防自然灾害所采取的临时措施费用，以及其他不确定因素可能造成的损失而预留的工程建设资金。按以下方法计算：

基本预备费=［建筑工程费+安装工程费+设备购置费+其他费用（不包括基本预备费）］×费率（5%）。

5. 动态投资

动态投资费用是指对构成工程造价的各要素在建设预算编制基准期至竣工验收期间，因时间和市场价格变化所引起价格增长和资金成本增加所发生的费用，主要包括价差预备费和建设期贷款利息。

（1）价差预备费。价差预备费是指建设工程项目在建设期间内由于价格等变化引起工程造价变化的预测预留费用。

$$C=\sum_{i=1}^{n_2}F_i[(1+e)^{n_1+i-1}-1] \tag{3-1}$$

式中　C——价差预备费，元；

i——从开工年开始的第i年；

n_2——工程建设周期，年；

F_i——第i年投入的工程建设资金，元；

e——年度造价上涨指数；

n_1——建设预算编制水平年至工程开工年时间间隔，年。

其中，年度造价上涨指数依据国家行政主管部门及电力行业主管部门颁布的有关规定执行。目前，年度造价上涨指数按零考虑。

（2）建设期贷款利息。建设期贷款利息是指筹措债务资金时在建设期内发生并按照规定允许在投产后计入固定资产原值的利息。

6. 铺底流动资金

铺底生产流动资金是指建设项目投产初期所需，为保证项目建成后进行试运转和初期正常生产运行所必需的流动资金。主要用于购买燃料、生产消耗材料、生产用备品备件和支付工资所需的周转性自有资金。铺底生产流动资金应按照生产流动资金的30%计算。

三、投资估算的编制方法

为了保证编制精度，可行性研究阶段项目投资估算原则上应采用指标估算法。指标估算法是指依据投资估算指标，对单位工程或单项工程费用进行估算，进而估算项目总投资的方法。其编制内容一般包含工程静态投资部分、动态投资部分与铺底流动资金三部分。

投资估算的主要编制步骤：第一步是分别估算各单项工程或单位工程的建筑工程费、设备购置费、安装工程费，在汇总各单项工程的基础上，估算工程建设其他费用和基本预备费，完成工程项目静态投资部分的估算；第二步是在编制完成静态投资的基础上，估算价差预备费和建设期利息，完成工程项目动态投资部分的估算；第三步是估算铺底流动资金，汇总成建设项目计划总资金。

1. 建筑工程费用估算

建筑工程费用是指为建造永久性建筑物和构筑物所需要的费用。总的看来，建筑工程费的估算方法有单位工程指标投资估算法、估算指标投资估算法和概算定额投资估算法。

（1）单位工程指标投资估算法。单位工程指标估算法，适合有以往类似工程造价资料时使用，是以单位建筑工程费用乘以建筑工程总量来估算建筑工程费的方法。根据所选建筑单位的不同，这种方法可以进一步分为单位长度价格法、单位面积价格法、单位体积价格法和单位功能价格法等。

1）单位长度价格法。此方法是利用每单位长度的成本价格进行计算，首先要用已知的项目建筑工程费用除以该项目的长度，得到单位长度建筑工程费指标，然后将结果应用到未来的项目中，以估算拟建项目的建筑工程费。如：公路、铁路以单位长度（km）建筑工程费指标，输煤地道和栈桥以单位长度（m）建筑工程费指标，然后乘以相应的建筑工程量计算建筑工程费。具体计算方法如下：

建筑工程费=单位长度建筑工程费指标×建筑工程长度。

2）单位面积价格法。此方法首先要用已知的项目建筑工程费用除以该项目的房屋总建筑面积，得到单位面积建筑工程费指标，然后将结果应用到未来的项目中，以估算拟建项目的建筑工程费。工业与民用建筑物的一般土建（含装修）、给排水、供暖、通风、照明工程，以建筑面积为单位，套用规模相当、结构形式和建筑标准相适应的投资估算指标或类似的工程造价资料进行估算。具体计算方法如下：

建筑工程费=单位面积建筑工程费指标×建筑工程建筑面积。

3）单位体积价格法。此方法首先要用已知的项目建筑工程费用除以建筑容积，即可得到单位体积建筑工程费指标，然后将结果应用到未来的项目中，以估算拟建项目的建筑工程费。在一些项目中，楼层高度是影响成本的重要因素。工业与民用建筑的一般土建（含装修）、给排水、供暖、通风、照明工程，以建筑体积为单位，套用规模相当、结构形式和建筑标准相适应的投资估算指标或类似的工程造价资料进行估算。如：主厂房、泵房等的高度根据工程需要会有很大的变化，显然这时已不再适应单位建筑面积建筑工程费指标，而单位体积价格则成为确定投资估算的方法。具体计算方法如下：

建筑工程费=单位体积建筑工程费指标×建筑工程体积。

4）单位功能价格法。此方法是利用每功能单位的成本进行估算，选出所有此类项目中共有的单位，并计算每个项目中该单位的数量。如：全厂绿化、各种井池等以项或座为功能单位。具体计算方法如下：

建筑工程费=功能单位建筑工程费指标×建筑工程功能单位。

（2）估算指标投资估算法。设计深度及条件具备时，可采用估算指标编制投资估算，以设计专业提供的工程量资料为基础，套用相应的估算指标子目单价计算工程造价。

（3）概算定额投资估算法。设计深度允许时，可采用套用概算定额进行估算，这种方法需要较为详细的工程设计资料，投入的时间和工作量较大。实际工作中可根据具体条件和要求选用。

2. 设备购置费估算

设备购置费包括设备费和设备运杂费，具体计算方法如下：

设备购置费=设备费+设备运杂费。

（1）设备费的计算是根据设计各专业提供的设计资料，设计资料应包含设备品种、规格和型号及数量，主要设备及主要辅机设备价格按照编制期限额设计参考造价指标上的价格、市场询价及编制期同类工程的设备合同价格进行编制，其他设备按照当前市场价格。

（2）设备运杂费按照《预规》中的运杂费率进行计算。

3. 安装工程费估算

安装工程费包含安装费和装置性材料费。

（1）安装费。安装费的计算方法有估算指标估算法和概算定额估算法两种。

1）估算指标估算法。估算指标估算法是指采用估算指标编制投资估算，以设计专业提供的工程量资料为基础，套用相应的估算指标子目单价计算工程造价。

2）概算定额估算法。安装工程采用概算定额计算，其中工程量由设计专业提资确定，按专业估算表深度要求进行安装工程费的编制。

安装费包括：

1）工艺设备安装费。以单项工程为单元，根据单项工程的专业特点和各种具体的概算定额进行计算。具体计算方法如下：

工艺设备安装费=设备数量（项目）×设备（项目）安装费定额。

2）其他安装费，包括工艺金属结构、工艺管道、设备（管道）的保温及管道的防腐。以单项工程为单元，根据设计选用的材质、规格，以 t、m^3、m^2 或 m 为单位，套用技术标准、材质和规格、施工方法相适应的概算定额进行估算。具体计算方法如下：

其他安装费=质量（或体积、面积、长度）×单位质量（或单位 m^3、m^2、m）安装费定额。

（2）装置性材料费。按照设计专业提供的工程量资料，套用当期《电力建设工程装置性材料综合预算价格》的综合价进行计算。具体计算方法如下：

装置性材料费=装置性材料用量×装置性材料综合预算价格。

4. 其他费用及基本预备费估算

电力工程项目的其他费用及基本预备费，按《预规》规定的项目及计取办法计算。

5. 工程静态投资

工程静态投资=建筑工程费+设备购置费+安装工程费+其他费用及基本预备费。

建筑工程费、设备购置费、安装工程费、其他费用及基本预备费按照以上编制方法及《预规》的项目划分规定，即完成工程静态投资的编制。

6. 项目建设总费用（动态投资）

项目建设总费用（动态投资）=工程静态投资+动态费用。

动态费用由价差预备费和建设期贷款利息构成。价差预备费预备费目前暂不计取，动态费用仅计取建设期贷款利息。建设期贷款利息金额按照经济评价计算值计列。

7. 生产期增值税抵扣

项目建设总费用（动态投资）之后，应计列生产期可抵扣的增值税。增值税抵扣的原则执行中电联文件《关于发布电力工程计价依据适应营业税改征增值税调整过渡实施方案的通知》（定额〔2016〕9号）及配套文件。按照建筑工程费、设备购置费、安装工程费、其他费用分别计列。其中设备购置费及主要材料（含建筑设备）按照17%进行抵扣，建筑安装工程费按11%进行抵扣，其他费用中项目建设管理费和项目建设技术服务费可按咨询费6%进行抵扣，整套启动试运中的煤、油、脱硫剂、脱硝剂、电价可按17%进行抵扣，天然气按13%进行抵扣，生产准备费的管理车辆购置费、工器具及办公家具购置费按17%进行抵扣，生产职工培训及提前进厂费按咨询费的6%进行抵扣，大件运输措施费参考运输11%进行抵扣。

8. 项目计划总资金

项目计划总资金=项目建设总费用（动态投资）+铺底流动资金。

铺底生产流动资金金额按照经济评价计算值计列。

四、投资估算编制内容和表现形式

为统一估算编制内容、编制口径，积累技术经济指标，投资估算编制内容和表现形式应按《预规》标准执行。

项目一般划分为三级，投资估算编制深度按《预规》的要求，编制到第二级单位工程。

投资估算内容一般包括：

（1）编制说明。应包括工程概况、编制原则及依据、投资估算概况、工程造价水平分析及工程造价控制情况分析。

1）工程概况应包括设计依据、本期建设规模、规划容量、资金来源、计划投产日期，外委设计项目名称及设计分工界限，项目地址特点，主要工艺系统特征及主要设备情况。在技经成品不单独成册的情况下，工程概况可以简化。

2）编制原则及依据应包含编制范围、工程量计量依据、定额（指标）和预规选定、设备价格获取方式、建筑与安装材料价格取定依据、编制基准期确定、编制基准期价差调整依据等。

3）投资估算概况应包含静态投资及单位投资、动态投资及单位投资、工程计划总资金。

4）工程造价水平分析的内容主要是与当期电力行业参考造价指标和近期同类机组项目的比较分析。

5）工程造价控制情况分析包括，工程预算总投资应控制在批准的初步设计概算投资范围内，初步设计概算投资应控制在已批准的可行性研究投资估算范围内，如果后一阶段总投资超出前一阶段已批准的总投资的，编制单位应修改设计或重新申报前一阶段成品，或视情况具体分析叙述原因并报批。

（2）总估算表（见表3-3）。

（3）专业汇总估算表，包含安装工程专业汇总估算表和建筑工程专业汇总估算表（见表3-4和表3-5）。

（4）单位工程估算表，可行性研究阶段可不出版。

（5）其他费用估算表（见表3-6）。

表3-3　　总估算表

机组容量：　　（万元）

序号	工程或费用名称	建筑工程费	设备购置费	安装工程费	其他费用	合计	各项占静态投资（%）	单位投资（元/kW）
一	主辅生产工程							
（一）	热力系统							

续表

序号	工程或费用名称	建筑工程费	设备购置费	安装工程费	其他费用	合计	各项占静态投资（%）	单位投资（元/kW）
（二）	燃料供应系统							
（三）	除灰系统							
（四）	水处理系统							
（五）	供水系统							
（六）	电气系统							
（七）	热工控制系统							
（八）	脱硫工程							
（九）	脱硝工程							
（十）	附属生产工程							
二	与厂址有关的单项工程							
（一）	交通运输工程							
（二）	储灰场、防浪堤、填海、护岸工程							
（三）	水质净化工程							
（四）	补给水工程							
（五）	地基处理工程							
（六）	厂区、施工区土石方工程							
（七）	临时工程							
三	编制基准期价差							
四	其他费用							
（一）	建设场地征用及清理费							
（二）	项目建设管理费							
（三）	项目建设技术服务费							
（四）	整套启动试运费							
（五）	生产准备费							
（六）	大件运输措施费							
五	基本预备费							
六	特殊项目费用							
	工程静态投资							

注 如编制基准期价差已经在各单位工程中计算，则本表中“编制基准期价差”可汇总计列，但不得重复计算。

表 3-4 安装工程专业汇总估算表

（元）

序号	工程项目名称	设备购置费	安装工程费				合计	技术经济指标		
			装置性材料	安装费	其中人工费	小 计		单位	数量	指标

注 技术经济指标按项目划分表中的技术经济指标单位填写。

表 3-5 建筑工程专业汇总估算表 （元）

序号	工程项目名称	设备费	建筑费		建筑工程费合计	技术经济指标		
			金额	其中人工费		单位	数量	指标

注 1. 建筑工程中给排水、暖气、通风、空调、照明、消防等项目按建筑费、设备费汇总计入此表，再以建筑工程费（建筑费+设备费）合计数汇入总估算表。

2. 技术经济指标按项目划分表中的技术经济指标单位填写。

表 3-6 其他费用估算表 （元）

序号	工程或费用项目名称	编制依据及计算说明	合 价

注 编制依据及计算说明必须详细填写，并注明数据来源及计算过程。

五、投资估算案例

1. 投资估算说明

（1）工程概况如下：

1）厂址情况：名称为××厂址，厂址位于××市区的东南侧，××工业园区以东，西部距××市区约1.4km，厂址区域为规划工业用地。

2）工程建设规模：本期建设2×350MW超临界燃煤机组，规划建设4台300MW级机组。

3）建设计划：本工程2015年1月1日开始施工准备，2015年3月1日开工（主厂房基础浇注第一罐混凝土），两台机组分别于2017年10月31日和2017年12月31日投产。

（2）主要工艺系统特征如下：

1）燃烧系统：制粉系统采用中速磨煤机、直吹式制粉系统，每台锅炉配6台中速磨煤机，其中5台运行，1台备用。

2）热力系统：主蒸汽和再热蒸汽管道均采用单元制。给水系统配置2×50%容量汽动给水泵。

3）烟囱：两炉设一座高度为210m的双管玻璃钢内筒烟囱，混凝土筒出口内径7.5m。

4）主厂房：主厂房按汽机房、煤仓间、锅炉房的顺序排列。煤仓间为前煤仓，主厂房采用钢筋混凝土结构，锅炉构架采用钢结构。地震基本烈度为7度。

5）燃料运输系统：电厂本期工程燃煤采用内蒙古自治区××煤矿煤。燃煤采用铁路运输，本期卸煤装置设置2台翻车机、1台斗轮堆取料机和1台斗轮取料机，厂内采用皮带运输。

6）除灰渣系统：本工程1台炉配2台保证除尘效率为99.88%的五电场静电除尘器。本期工程在厂内采用灰渣分除的干式除灰渣系统，炉底渣采用干渣机械输送至渣仓储存，以汽车外运；飞灰采用干灰气力输送至灰库储存，由汽车送至综合利用用户。

7）灰场：本贮灰场按封闭灰场设计。

8）水处理系统：再生水深度处理在厂内设置，采用石灰处理。锅炉补给水处理系统采用“浸没式超滤+两级反渗透+离子交换”，凝结水精处理采用带前置过滤器体外再生高速混床系统。

9）供水系统：本期工程以××市第一污水处理厂再生水作为主水源，选择××输水工程作为备用水源。电厂拟采用带自然通风冷却塔的循环供水系统。以城市自来水作为电厂的生活、消防水源。

10）电气系统：本期工程每台机组采用发电机—变压器组单元接线接入厂内新建220kV配电装置。本期新建220kV屋外敞开式配电装置，出线2回。

11）热工控制系统：采用DCS系统实现对机组的监视和控制，电厂配置MIS厂级管理信息系统。

12）脱硫系统：按石灰石-石膏湿法脱硫考虑，脱硫效率可达93%以上。不设置烟气换热器（GGH），脱硫后的净烟气经烟囱排放。

13）脱硝系统：同步建设SCR脱硝装置。

（3）估算编制原则及依据：执行国能电力〔2013〕289号文《国家能源局关于颁布2013版电力建设工程定额和费用计算规定的通知》和电力规划设计总院颁发的

《火电工程限额设计参考造价指标》(2014年水平)。

1）设备价格取定：三大主机按照工程合同价，主要辅机根据《火电工程限额设计参考造价指标》(2014年水平）计列。其余设备按现行价格计列。设备均为到现场价，只计取设备下站及保管费，主机运杂费费率为0.5%，其他设备运杂费费率为0.7%。

2）定额选用：执行国能电力〔2013〕289号文《国家能源局关于颁布2013版电力建设工程定额和费用计算规定的通知》。

3）材料价格取定：安装材料价格执行中国电力企业联合会中电联定额〔2013〕470号文《关于颁布〈电力建设工程装置性材料综合预算价格〉(2013年版）的通知》。综合预算价与电力规划设计总院《火电工程限额设计参考造价指标》(2014年水平）中材料价格的差列入编制年价差。建筑材料价格执行《电力建设工程概算定额 第一册 建筑工程》(2013年版)，其主要建筑材料价格与当地最新材料造价信息中材料价格的差列入编制年价差。

4）定额水平调整：执行电力工程造价与定额管理总站文件定额〔2014〕48号文《关于发布2013版电力建设工程概预算定额2014年度价格水平调整的通知》、劳社部发〔2003〕7号《关于调整原行业统筹企业基本养老保险缴费及失业保险比例的通知》，建设期贷款利率执行中国人民银行2015年10月24日发布的人民币贷款基准利率，按4.9%计列。

5）工程量：根据现阶段本工程设计文件进行编制。

6）本工程可行性研究审查意见。

(4）投资概况。本工程静态投资基准日期为2015年10月；工程静态投资273405万元，单位造价3906元/kW；工程动态投资为284890万元，单位造价4070元/ kW，其中：建设期贷款利息11485万元；项目计划总资金287438万元。

2. 投资估算表

总估算表见表3-7，安装工程机务专业汇总估算表见表3-8，安装工程电气专业汇总估算表见表3-9，建筑工程专业汇总估算表见表3-10，其他费用计算表见表3-11。

由于表3-7～表3-11中数值由程序算出，表中数值均为保留相应有效位数后的最终结果，在计算过程中由四舍五入引起的误差均在合理范围内。

表3-7 总 估 算 表

建设规模：2×350MW （万元）

序号	工程或费用名称	建筑工程费	设备购置费	安装工程费	其他费用	合 计	各项占静态投资比例(%)	单位投资(元/kW)
一	**主辅生产工程**	**48047**	**122021**	**46501**		**216569**	**79.21**	**3094**
(一)	热力系统	14508	72515	22942		109965	40.22	1571
(二)	燃料供应系统	9081	4592	544		14217	5.20	203
(三)	除灰系统	1106	1747	263		3116	1.14	45
(四)	水处理系统	1694	3591	1499		6784	2.48	97
(五)	供水系统	9756	11588	2839		24183	8.85	345
(六)	电气系统	595	11675	8504		20774	7.60	297
(七)	热工控制系统		5002	4621		9623	3.52	137
(八)	脱硫工程	1398	3533	3407		8338	3.05	119
(九)	脱硝工程	245	5340	1299		6884	2.52	98
(十)	附属生产工程	9664	2438	583		12685	4.64	181
二	**与厂址有关的单项工程**	**19382**	**28**	**2413**		**21823**	**7.98**	**312**
(一)	交通运输工程	14799				14799	5.41	211
(二)	储灰场工程							
(三)	水质净化工程							
(四)	补给水工程	534	28	2413		2975	1.09	43

续表

序号	工程或费用名称	建筑工程费	设备购置费	安装工程费	其他费用	合　计	各项占静态投资比例（%）	单位投资（元/kW）
（五）	地基处理工程	1857				1857	0.68	27
（六）	厂区、施工区土石方工程	1574				1574	0.58	22
（七）	临时工程	618				618	0.23	9
三	**编制年基准期价差**	**–472**		**–193**		**–665**	**–0.24**	**–10**
四	**其他费用**				**23362**	**23362**	**8.54**	**334**
（一）	建设场地征用及清理费				4236	4236	1.55	61
（二）	项目建设管理费				6174	6174	2.26	88
（三）	项目建设技术服务费				9325	9325	3.41	133
（四）	整套启动试运费				668	668	0.24	10
（五）	生产准备费				2759	2759	1.01	39
（六）	大件运输措施费				200	200	0.07	3
五	**基本预备费**				**12316**	**12316**	**4.50**	**176**
六	**特殊项目费**							
	工程静态投资	66957	122049	48721	35678	273405	100.00	3906
	各项占静态投资（%）	24.5	44.6	17.8	13.0	100		
	各项占静态单位投资（元/kW）	957	1744	696	510	3906		
七	**动态费用**				**11485**	**11485**		**164**
（一）	价差预备费							
（二）	建设期贷款利息				11485	11485		164
	项目建设总费用（动态投资）	66957	122049	48721	47163	284890		4070
	其中：生产期可抵扣的增值税	258	17734	934		18926		270
	各项占动态投资（%）	23.5	42.8	17.1	16.6	100		
	各项占动态单位投资（元/kW）	957	1744	696	674	4070		
八	**铺底流动资金**				**2548**	**2548**		**36**
	项目计划总资金	66957	122049	48721	49711	287438		4106

注　1．工程静态投资为一～六项费用之和；

2．项目建设总费用（动态投资）为一～七项费用之和；

3．项目计划总资金为一～八项费用之和。

表 3-8　　安装工程机务专业汇总估算表　　（元）

序号	工程项目名称	设备购置费	安装工程费				合　计	技术经济指标		
			装置性材料费	安装费	其中：人工费	小计		单位	数量	指标
一	主辅生产工程	1037212034	148668741	171819045	24144764	320487785	1357699819	kW	700000	1940
（一）	热力系统	725149936	108686349	120735014	15840266	229421363	954571299	kW	700000	1364
1	锅炉机组	385706439	14163229	67710901	9118272	81874130	467580569	kW	700000	668

续表

序号	工程项目名称	设备购置费	安装工程费				合 计	技术经济指标		
			装置性材料费	安装费	其中：人工费	小计		单位	数量	指标
1.1	锅炉本体	279189000	3653349	50785458	6243945	54438807	333627807	台（炉）	2	166813904
1.2	风机	14500800		1287983	277453	1287983	15788783	台（炉）	2	7894392
1.3	除尘装置	39273000		8714252	1605888	8714252	47987252	台（炉）	2	23993626
1.4	制粉系统	36755500		1683751	375480	1683751	38439251			
1.5	烟风煤管道		10397020	4624654	476038	15021674	15021674	t	1204	12476
1.6	锅炉其他辅机	15988139	112860	614803	139468	727663	16715802	（炉）	2	8357901
2	汽轮发电机组	319649905		9712934	1877704	9712934	329362839	kW	700000	471
2.1	汽轮机本体	220446750		6707666	1304472	6707666	227154416	台（机）	2	113577208
2.2	汽轮机辅助设备	56016429		2079366	399118	2079366	58095795	台（机）	2	29047898
2.3	旁路系统	6042000		116736	10234	116736	6158736	kW	700000	9
2.4	除氧给水装置	32400225		670151	135484	670151	33070376	kW	700000	47
2.5	汽轮机其他辅机	4744501		139015	28396	139015	4883516			
3	汽水管道		83492301	23200067	1098151	106692368	106692368	t	1530	69734
3.1	高压管道		63739589	15674569	401125	79414158	79414158	t	722	109992
3.2	旁路管道		552712	135082	3178	687794	687794	t	8	85974
3.3	中低压管道		19200000	7390416	693848	26590416	26590416	t	800	33238
4	热力网系统	19793592	2785924	1273156	138802	4059080	23852672	kW	700000	34
5	热力系统砌筑保温及油漆		8244895	11507188	1814287	19752083	19752083	m^3	9100	2171
5.1	锅炉炉墙砌筑		3098400	2543789	397128	5642189	5642189	m^3	2400	2351
5.2	保温油漆		5146495	8963399	1417159	14109894	14109894	m^3	6700	2106
6	调试工程			7330768	1793050	7330768	7330768	kW	700000	10
6.1	分系统调试			2144984	588319	2144984	2144984			
6.2	整套启动调试			2329404	592694	2329404	2329404			
6.3	特殊调试和机组性能试验			2856380	612037	2856380	2856380			
（二）	燃料供应系统	45916280	2125402	3310067	638025	5435469	51351749	kW	700000	73
1	输煤系统	45358100	1494382	2964061	592585	4458443	49816543	kW	700000	71
1.1	卸煤设备	17974950		558457	137359	558457	18533407			
1.2	煤场设备	10523150		581543	106817	581543	11104693			
1.3	输送设备	13464396	633450	1161469	229987	1794919	15259315			
1.4	筛碎设备	2779320		157545	33747	157545	2936865			
1.5	输煤水力冲洗	616284	860932	505047	84675	1365979	1982263			

续表

序号	工程项目名称	设备购置费	安装工程费				合　计	技术经济指标		
			装置性材料费	安装费	其中：人工费	小计		单位	数量	指标
2	燃油系统	558180	631020	346006	45440	977026	1535206	kW	700000	2
（三）	除灰系统	17470947	1054948	1579842	306385	2634790	20105737	kW	700000	29
1	除渣系统	10633920	107725	634425	137730	742150	11376070	kW	700000	16
1.1	锅炉房除渣及石子煤	10633920	107725	634425	137730	742150	11376070			
2	气力除灰系统	6837027	887740	864062	153227	1751802	8588829	kW	600000	14
2.1	除尘器下部除灰系统	6837027	887740	864062	153227	1751802	8588829			
3	保温油漆		59483	81355	15428	140838	140838			
（四）	水处理系统	35910631	8058372	6933789	1134721	14992161	50902792	kW	700000	73
1	锅炉补充水处理系统	15961961	2771900	1915984	275877	4687884	20649845	kW	700000	29
2	凝结水精处理系统	11983300	1732740	1109165	152475	2841905	14825205	kW	700000	21
3	给水炉水校正处理	2527570	950200	1335408	220452	2285608	4813178	kW	700000	7
4	厂区管道		1597820	764233	87804	2362053	2362053	kW	700000	3
5	保温油漆		95836	124016	24692	219852	219852	kW	700000	0
6	中水深度处理	5437800	909876	692332	107469	1602208	7040008	kW	700000	10
7	调试工程			992651	265952	992651	992651	kW	700000	1
7.1	分系统调试			454442	117702	454442	454442			
7.2	整套启动调试			538209	148250	538209	538209			
（五）	供水系统	115875249	11762820	16627336	2241143	28390156	144265405	kW	700000	206
1	主机间接空冷系统	99577598	9806040	12331498	1569719	22137538	121715136	kW	700000	174
1.1	主机间接空冷设备及管道	91551808	80808	7202163	1036023	7282971	98834779			
1.2	间接空冷循环水泵房	8025790	9725232	5129335	533696	14854567	22880357			
2	辅机冷却水系统	16071076	1415926	3948576	617329	5364502	21435578	kW	700000	31
3	厂区工业水系统	226575	540854	347262	54095	888116	1114691	kW	700000	2
（八）	脱硫装置系统	24002852	11526298	12386622	2097781	23912920	47915772	kW	700000	68
1	工艺系统	24002852	11526298	10986798	1745393	22513096	46515948	kW	700000	66
1.1	吸收剂制备供应系统	1305072	836660	763411	129894	1600071	2905143			
1.2	吸收塔	12720424	3334500	5841371	1003477	9175871	21896295			
1.3	烟气系统		3077750	1311020	123599	4388770	4388770			
1.4	浆液疏排系统	1243645	405830	210276	27175	616106	1859751			

续表

序号	工程项目名称	设备购置费	安装工程费				合 计	技术经济指标		
			装置性材料费	安装费	其中：人工费	小计		单位	数量	指标
1.5	石膏脱水系统	6988580	661940	475413	75970	1137353	8125933			
1.6	脱硫废水处理	1270834	146050	117799	20343	263849	1534683			
1.7	公用系统	357485	507751	228816	28780	736567	1094052			
1.8	检修起吊系统	116812		14278	3330	14278	131090			
1.9	保温、防腐		2555817	2024414	332825	4580231	4580231			
2	调试工程			1399824	352388	1399824	1399824	kW	700000	2
2.1	分系统调试			1140267	299685	1140267	1140267			
2.2	整套启动调试			259557	52703	259557	259557			
（九）	脱硝装置系统	50505078	1986852	7885433	1540291	9872285	60377363	kW	700000	86
1	工艺系统	50505078	1986852	6340071	1143315	8326923	58832001	kW	700000	84
1.1	SCR 反应器及氨喷射系统	21050328	1596852	5720439	1029807	7317291	28367619			
1.2	催化剂	26155818		219562	45588	219562	26375380			
1.3	氨制备供应系统	3298932	390000	400070	67919	790070	4089002			
2	脱硝调试工程			1545363	396976	1545363	1545363	kW	700000	2
2.1	脱硝分系统调试			1307015	346137	1307015	1307015			
2.2	脱硝整套启动调试			238348	50839	238348	238348			
（十）	附属生产工程	22381061	3467700	2360941	346152	5828641	28209702	kW	700000	40
1	辅助生产工程	14773194	741136	1128737	193847	1869873	16643067	kW	700000	24
1.1	空压机系统	3746544	537540	409085	68162	946625	4693169			
1.2	制氢站	2718900	203596	145384	20254	348980	3067880			
1.3	油处理系统	251750		6738	1500	6738	258488			
1.4	机、炉检修设备	604200		63001	16847	63001	667201			
1.5	启动锅炉房	7451800		504529	87084	504529	7956329			
2	附属生产安装工程	2500000					2500000	kW	700000	4
2.1	实验室	2500000					2500000			
3	环保保护与监测装置	2391988	623701	444027	67813	1067728	3459716	kW	700000	5
3.1	含油废水处理	232980	21696	24444	4287	46140	279120			
3.2	工业废水处理站	896230	507989	312227	44998	820216	1716446			
3.3	含煤废水处理	759278	72320	72305	12364	144625	903903			

续表

序号	工程项目名称	设备购置费	安装工程费				合 计	技术经济指标		
			装置性材料费	安装费	其中：人工费	小计		单位	数量	指标
3.4	生活废水处理	503500	21696	35051	6164	56747	560247			
4	消防水泵房	1459143	250943	127538	18294	378481	1837624	kW	700000	3
4.1	消防水泵房设备及管道	552843	250943	127538	18294	378481	931324			
4.2	消防车	906300					906300			
5	雨水泵房和排水泵房	1105686	1804170	638737	63196	2442907	3548593			
6	生活给水	151050	47750	21902	3002	69652	220702			
二	与厂址有关的单项工程	275918	17212500	6915627	800874	24128127	24404045	kW	700000	35
（四）	补给水工程	275918	17212500	6915627	800874	24128127	24404045	kW	700000	35
1	厂外补给水系统	137959	13770000	5536508	641671	19306508	19444467			
2	备用水源补给水系统	137959	3442500	1379119	159203	4821619	4959578			
	合计	1037487952	165881241	178734672	24945638	344615912	1382103864	kW	700000	1974

表 3-9 安装工程电气专业汇总估算表 （元）

序号	工程项目名称	设备购置费	安装工程费				合 计	技术经济指标		
			装置性材料费	安装费	其中：人工费	小计		单位	数量	指标
一	主辅生产工程	182996063	76649635	67874506	12729093	144524141	327520204	kW	700000	468
（六）	电气系统	116754077	51289057	33747665	5267881	85036722	201790799	kW	700000	288
1	发电机电气与引出线	747194	3159356	1469628	148519	4628984	5376178	kW	700000	8
1.1	发电机电气与出线间	747194	157760	326675	53145	484435	1231629			
1.2	发电机引出线		3001596	1142953	95374	4144549	4144549			
2	主变压器系统	33789966		486739	62915	486739	34276705	kW	700000	49
2.1	主变压器	22617301		328540	39425	328540	22945841			
2.2	厂用高压变压器	11172665		158199	23490	158199	11330864			
3	配电装置	11973230	1235246	581251	56133	1816497	13789727	kW	700000	20
3.1	220kV 屋外配电装置	11973230	1235246	581251	56133	1816497	13789727			
4	控制及直流系统	20141409		1241256	277685	1241256	21382665	kW	700000	31
4.1	集控楼（室）设备	4385485		606526	134281	606526	4992011			
4.2	继电器楼设备	9831542		192492	42405	192492	10024034			
4.2.1	网络监控系统	2722122		92075	19802	92075	2814197			
4.2.2	系统继电保护	3625200		73721	16869	73721	3698921			
4.2.3	系统调度自动化	3484220		26696	5734	26696	3510916			
4.3	输煤集中控制室	3121700		235982	57750	235982	3357682			

续表

序号	工程项目名称	设备购置费	安装工程费				合　计	技术经济指标		
			装置性材料费	安装费	其中：人工费	小计		单位	数量	指标
4.4	直流系统	2802682		206256	43249	206256	3008938			
5	厂用电系统	47167779	4671179	6905208	1224133	11576387	58744166	kW	700000	84
5.1	主厂房用电系统	30455305	2111200	3870648	702632	5981848	36437153			
5.1.1	高压厂用母线		2111200	734360	58891	2845560	2845560			
5.1.2	高压配电装置	12285400		510939	95122	510939	12796339	台	117	109370
5.1.3	低压配电装置	14036170		892552	187569	892552	14928722	台	262	56980
5.1.4	低压厂用变压器	2780327		227774	46075	227774	3008101			
5.1.5	电气除尘器电源装置			1480096	308720	1480096	1480096			
5.1.6	高压变频装置	1353408		24927	6255	24927	1378335			
5.2	主厂房外车间厂用电	13230268		1204860	252003	1204860	14435128			
5.3	事故保安电源	2416800		60524	15661	60524	2477324			
5.4	不停电电源装置	805600		9079	1942	9079	814679			
5.5	全厂行车滑线		180400	327522	67782	507922	507922			
5.6	设备及构筑物照明	259806	2379579	1432575	184113	3812154	4071960			
5.6.1	本体照明	211470	630000	611513	105842	1241513	1452983			
5.6.2	构筑物照明	24168	498862	118757	3107	617619	641787			
5.6.3	厂区道路广场照明	24168	1250717	702305	75164	1953022	1977190			
6	电缆及接地		41864430	19623437	2677505	61487867	61487867	kW	700000	88
6.1	电缆		34807322	14141525	1559934	48948847	48948847	km	705.1	69421
6.1.1	电力电缆		28082522	9509376	766989	37591898	37591898	km	255.1	147361
6.1.2	控制电缆		6724800	4632149	792945	11356949	11356949	km	450	25238
6.2	桥架、支架		3201540	2482491	483038	5684031	5684031	t	330	17224
6.3	电缆保护管		1219410	251659		1471069	1471069	t	220	6687
6.4	电缆防火		1985768	1256526	248645	3242294	3242294			
6.5	全厂接地		650390	1491236	385888	2141626	2141626			
7	通信系统	2934499	358846	263298	50167	622144	3556643	kW	700000	5
7.1	行政与调度通信系统	1927499	216035	179637	36058	395672	2323171			
7.2	系统通信	1007000	142811	83661	14109	226472	1233472			
8	调试工程			3176848	770824	3176848	3176848	kW	700000	5
8.1	分系统调试			1753103	475073	1753103	1753103			
8.2	整套系统调试			1077168	260006	1077168	1077168			
8.3	特殊调试			346577	35745	346577	346577			
（七）	热工控制系统	50018671	18141262	28071220	6340827	46212482	96231153	kW	700000	137
1	主厂房控制系统及仪表	20655256		4310228	1094768	4310228	24965484	kW	700000	36
1.1	分散控制系统	9735348		3682533	925996	3682533	13417881	I/O 点数	16200	828

续表

序号	工程项目名称	设备购置费	安装工程费				合　计	技术经济指标		
			装置性材料费	安装费	其中：人工费	小计		单位	数量	指标
1.2	管理信息系统	9063000					9063000			
1.3	全厂闭路电视	1051308		457852	116604	457852	1509160			
1.4	全厂门禁系统	805600		169843	52168	169843	975443			
2	机组控制	23532885		764878	178152	764878	24297763	kW	700000	35
2.1	机组成套控制装置	7866986		575811	137893	575811	8442797			
2.2	现场仪表及执行机构	14940859					14940859			
2.3	电动阀控制保护屏柜	725040		189067	40259	189067	914107			
3	辅助车间控制系统及仪表	5830530		2000303	496362	2000303	7830833	kW	700000	11
4	电缆及辅助设施		18141262	13909562	2523204	32050824	32050824	kW	700000	46
4.1	电缆		8377551	6402646	1141643	14780197	14780197	km	601.7	24564
4.2	桥架、支架		2791846	3167405	647994	5959251	5959251	t	279	21359
4.3	电缆保护管		835130	172351		1007481	1007481	t	105	9614
4.4	电缆防火		497212	347240	73820	844452	844452			
4.5	其他材料		5639523	3819920	659747	9459443	9459443			
5	调试工程			7086249	2048341	7086249	7086249	kW	700000	10
5.1	分系统调试			2451323	682301	2451323	2451323			
5.2	整套系统调试			1007099	281885	1007099	1007099			
5.3	特殊调试			3627827	1084155	3627827	3627827			
（八）	脱硫装置系统	11329499	5436475	4718058	882105	10154533	21484032			
2	脱硫电气系统	4101461	2495800	1321092	188789	3816892	7918353			
2.1	控制及直流系统设备	201400		3493	747	3493	204893			
2.2	厂用电系统设备	3857767	8200	246057	50027	254257	4112024			
2.3	脱硫及本体区域照明	42294	96943	56850	7903	153793	196087			
2.4	电缆		2041772	697523	61602	2739295	2739295			
2.5	接地及其他		348885	317169	68510	666054	666054			
3	脱硫热工控制系统	7228038	2940675	3396966	693316	6337641	13565679	kW	700000	19
3.1	FGD 热工控制	7226548		1641666	408305	1641666	8868214			
3.2	电缆		2027658	1354402	227960	3382060	3382060			
3.3	其他	1490	913017	400898	57051	1313915	1315405			
（九）	脱硝装置系统	2893816	1782841	1337563	238280	3120404	6014220			
2	脱硝电气系统	509089	292657	175520	25302	468177	977266	kW	700000	1
2.1	厂用电系统	509089	57469	89108	16588	146577	655666			
2.2	电缆		145810	57906	5917	203716	203716			
2.3	接地及其他		89378	28506	2797	117884	117884			
3	脱硝热工控制系统	2384727	1490184	1162043	212978	2652227	5036954	kW	700000	7

续表

序号	工程项目名称	设备购置费	安装工程费				合　计	技术经济指标		
			装置性材料费	安装费	其中：人工费	小计		单位	数量	指标
3.1	脱硝热工控制	2384727		79562	20006	79562	2464289			
3.2	热控电缆		863710	700582	127664	1564292	1564292			
3.3	其他		626474	381899	65308	1008373	1008373			
（十）	附属生产工程	2000000					2000000			
1	热工实验室	1000000					1000000	kW	700000	1
2	电气实验室	1000000					1000000	kW	700000	1
	合计	182996063	76649635	67874506	12729093	144524141	327520204	kW	700000	468

表 3-10　建筑工程专业汇总估算表　（元）

序号	工程项目名称	设备费	建筑费		合计	技术经济指标		
			金额	其中：人工费		单位	数量	指标
一	主辅生产工程	17698535	462765153	71287874	480463688	kW	700000	686
（一）	热力系统	9697440	135383217	18561174	145080657	kW	700000	207
1	主厂房本体及设备基础	9697440	95607221	14602416	105304661	kW	700000	150
1.1	主厂房本体	9402240	62361000	11224980	71763240	m^3	239850	299
1.2	集中控制楼	295200	3410500	613890	3705700	m^3	8975	413
1.3	锅炉紧身封闭		9028727	1002363	9028727	m^2	25010	361
1.4	锅炉基础		7532780	749484	7532780	座	2	3766390
1.5	汽轮发电机基础		9520751	763512	9520751	座	2	4760376
1.6	主厂房附属设备基础		3753463	248187	3753463	套	2	1876732
2	除尘排烟系统		39775996	3958758	39775996	kW	700000	57
2.1	除尘器封闭		5702966	668763	5702966	座	2	2851483
2.3	引风机室		6411550	1154079	6411550	m^3	19850	323
2.4	烟囱		27066676	2037531	27066676	座	1	27066676
2.5	烟道支架		594804	98385	594804	座	2	297402
（二）	燃料供应系统	1237292	89571785	16122921	90809077	kW	700000	130
1	燃煤系统	1237292	89032137	16025784	90269429	kW	700000	129
1.1	汽车衡控制室	15800	69650	12537	85450	m^3	175	488
1.2	翻车机室	84588	11777500	2119950	11862088	m^3	33650	353
1.3	汽车卸煤沟		4625000	832500	4625000	m	37	125000
1.4	斗轮堆取料机		4228980	761216	4228980	m	210	20138
1.5	条形煤场		34610400	6229872	34610400	m^2	22800	1518
1.6	露天条形煤场		3280500	590490	3280500	m^2	13500	243
1.7	T-1 半地下转运站	47329	1122653	202078	1169982	m^3	2579.625	454

续表

序号	工程项目名称	设备费	建筑费		合计	技术经济指标		
			金额	其中：人工费		单位	数量	指标
1.8	T-2 半地下转运站	283974	3436646	618596	3720620	m^3	8136	457
1.9	T-3 地上转运站	141987	1105920	199066	1247907	m^3	2400	520
1.10	T-4 高架转运站	141988	3024000	544320	3165988	m^3	6750	469
1.11	C-1 地道（4.5m×3m）		1069912	192584	1069912	m	68	15734
1.12	C-2AB 地道（8m×3m）		1363251	245385	1363251	m	40	34081
1.13	C-2AB 栈桥（8m×3.8m）		509208	91657	509208	m	11.5	44279
1.14	C-3AB 输煤地道（7.4m×3m）		1307532	235356	1307532	m	30	43584
1.15	C-3AB 输煤栈桥（8m×3.8m）		1372649	247077	1372649	m	31	44279
1.16	C-4AB 地道（6.1m×3m）		367396	66131	367396	m	15	24493
1.17	C-4AB 输煤栈桥（6.1m×3m）		1589209	286058	1589209	m	49	32433
1.18	C-5AB 输煤栈桥（6.1m×3.8m）		3451538	621277	3451538	m	101	34174
1.19	C-6AB 输煤栈桥（6.1m×3.8m）		3899213	701858	3899213	m	114.1	34174
1.20	碎煤机室	463220	2887500	519750	3350720	m^3	7500	447
1.21	煤场拉紧小间		228480	41126	228480	m^3	510	448
1.22	除尘间		864640	155635	864640	m^3	1930	448
1.23	除铁间		300160	54029	300160	m^3	670	448
1.24	采光间		470400	84672	470400	m^3	1050	448
1.25	输煤综合楼	49343	1326400	238752	1375743	m^2	800	1720
1.26	推煤机库	9063	743400	133812	752463	m^3	2100	358
2	燃油系统		539648	97137	539648	kW	700000	1
2.1	燃油泵房		539648	97137	539648	m^3	1700	317
（三）	除灰系统	72504	10988983	1922631	11061487	kW	700000	16
1	气力除灰系统	72504	10988983	1922631	11061487	kW	700000	16
1.1	灰库	72504	10255766	1846038	10328270	座	3	3442757
1.2	渣仓基础及封闭		733217	76593	733217	座	2	366609
（四）	水处理系统	344083	16596360	2944866	16940443	kW	700000	24
1	锅炉补给水处理系统	175822	10049260	1766388	10225082	kW	700000	15
1.1	化验楼	63743	2675880	481658	2739623	m^3	7433	369
1.2	除盐间	79855	2964000	533520	3043855	m^3	7600	401
1.3	除盐间偏屋		1423500	256230	1423500	m^3	3650	390
1.4	加药间	16112	2103286	378591	2119398	m^3	5393.04	393
1.5	室外构筑物		582713	62410	582713	项	1	582713

续表

序号	工程项目名称	设备费	建筑费		合计	技术经济指标		
			金额	其中：人工费		单位	数量	指标
1.6	储罐间	16112	299881	53979	315993	m^3	710	445
2	凝结水精处理系统	168261	6547100	1178478	6715361	kW	700000	10
2.1	精处理再生间	63441	497500	89550	560941	m^3	1250	449
2.2	过滤间及加药间	104820	6049600	1088928	6154420	m^3	15200	405
（五）	供水系统		97555503	13107819	97555503	kW	700000	139
1	循环冷却水系统		97555503	13107819	97555503	kW	700000	139
1.1	主机循环水泵房		951402	126075	951402	项	1	951402
1.2	自然通风干冷却塔		90329709	12473435	90329709	座	1	90329709
1.3	机械通风冷却塔		4495280	203330	1348584	段	10	449528
1.4	塔内阀门井		475974	85675	3910986	座	4	651831
1.5	循环水管路建筑		1303138	219304	1303138	m	1945	670
（六）	电气系统	100488	5846103	807318	5946591	kW	700000	8
1	变配电系统建筑		5175403	686592	5175403	kW	700000	7
1.1	A 排外构筑物		3374823	362488	3374823	项	1	3374823
1.2	220kV 户外 GIS 配电装置		1800580	324104	1800580	项	1	1800580
2	控制系统建筑	100488	670700	120726	771188	kW	700000	1
2.1	网络继电器室	100488	396000	71280	496488	m^3	1200	414
2.2	网络配电间及蓄电池室		274700	49446	274700	m^3	670	410
（八）	脱硫系统	77435	13898743	2444684	13976178	kW	700000	20
1	吸收剂制备供应系统	77435	7964160	1433549	8041595	kW	700000	11
1.1	工艺楼	77435	7964160	1433549	8041595	m^3	18300	439
2	吸收塔系统		4836160	870509	4836160	kW	700000	7
2.1	吸收塔封闭间		3250000	585000	3250000	m^3	10000	325
2.2	脱硫管架		1586160	285509	1586160	m	360	4406
3	烟气系统		736981	77920	736981	kW	700000	1
3.1	烟道支架		736981	77920	736981	项	1	736981
4	废水处理系统建筑		361442	62706	361442	kW	700000	1
4.1	脱硫废水贮存池		361442	62706	361442	座	1	361442
（九）	脱硝系统	77435	2371840	426931	2449275	kW	700000	3
1	工艺系统	77435	2371840	426931	2449275	kW	700000	3
1.1	脱硝车间	77435	2371840	426931	2449275	m^3	5450	449
（十）	附属生产工程	6091858	90552619	14949530	96644477	kW	700000	138
1	辅助生产工程	110654	9688964	1718705	9799618	kW	700000	14
1.1	空汽压缩机房	77435	2419712	435548	2497147	m^3	5560	449
1.2	启动锅炉房	4834	3960000	712800	3964834	m^3	11000	360

续表

序号	工程项目名称	设备费	建筑费		合计	技术经济指标		
			金额	其中：人工费		单位	数量	指标
1.3	柴油发电机室	3210	256000	46080	259210	m^3	800	324
1.4	制氢站	25175	751652	109989	776827	m^3	1670	465
1.5	检修间		2301600	414288	2301600	m^2	1200	1918
2	附属生产工程	211067	18587721	3344366	18798788	kW	700000	27
2.1	生产行政办公楼	211067	14333500	2580030	14544567	m^2	5450	2669
2.2	警卫传达室		199570	35923	199570	m^2	70	2851
2.3	材料库		3836000	690480	3836000	m^2	2000	1918
2.4	汽轮机事故油坑		218651	37933	218651	座	1	218651
3	环境保护设施	66388	17929510	2950308	17995898	kW	700000	26
3.1	废水处理站	12588	4003840	720691	4016428	m^3	9200	437
3.2	含煤废水处理站	53800	1262080	227174	1315880	m^3	2900	454
3.3	锅炉酸洗水池		3339902	371026	3339902	座	1	3339902
3.4	污泥浓缩池		7489792	1348163	7489792	m^3	17210	435
3.5	输煤冲洗水泵房		207360	37325	207360	m^3	450	461
3.6	输煤冲洗水池		826536	85929	826536	座	1	826536
3.7	厂区绿化		800000	160000	800000	项	1	800000
4	消防系统	5687033	8150766	1194961	13837799	kW	700000	20
4.1	生活、消防水泵房	12588	2137920	384826	2150508	m^3	4912.5	438
4.2	泡沫消防设备间		195840	35251	195840	m^3	450	435
4.2	生活消防水池		868693	84014	868693	座	1	868693
4.3	厂区消防管道		1432524	262109	1432524	m	5200	275
4.4	特殊消防系统	5674445	3515789	428761	9190234	kW	700000	13
5	厂区性建筑	16716	23254215	4390405	23270931	kW	700000	33
5.1	厂区道路		5488704	733080	5488704	m^2	33000	166
5.2	厂区围墙及大门		1764057	322286	1764057	m	3010	586
5.3	厂区沟道		698730	110216	698730	m	300	2329
5.4	厂区综合管道支架（钢柱）		3525089	344757	3525089	m	800	4406
5.5	排水泵房	16716	2781200	500616	2797916	m^3	6390.625	438
5.6	室外上下水道		7822509	2264935	7822509	m^2	190000	41
5.7	厂区供暖管道		1173926	114515	1173926	项	1	1173926
6	措施费		4346443	–196315	4346443	kW	700000	6
6.1	混凝土泵罐车施工增加费		1507135	–520000	1507135	项	1	1507135
6.2	地下基础防腐		2839308	323685	2839308	项	1	2839308
7	厂前公共福利工程		8595000	1547100	8595000	kW	700000	12

续表

序号	工程项目名称	设备费	建筑费		合计	技术经济指标		
			金额	其中：人工费		单位	数量	指标
7.1	招待所、夜班及检修宿舍		7047000	1268460	7047000	m^2	2900	2430
7.2	食堂		1548000	278640	1548000	m^2	600	2580
二	与厂址有关的单项工程	27390	193784791	5305024	193812181	kW	700000	277
（一）	交通运输工程		147988613	41175	147988613	kW	700000	211
1	铁路		147700000		147700000	kW	700000	211
1.1	铁路		147700000		147700000	项	1	147700000
2	厂外公路		288613	41175	288613	kW	700000	
2.1	进厂道路		98020	13984	98020	m^2	540	182
2.2	运灰道路		190593	27191	190593	m^2	1050	182
（三）	补给水系统	27390	5313443	1083802	5340833	kW	700000	8
1	地表水系统	27390	5313443	1083802	5340833	kW	700000	8
1.1	补给水管路建筑		2665917	613000	2665917	m	25000	107
1.2	排气阀门井		883526	153282	883526	座	20	44176
1.3	补给水升压泵房（2 座）	27390	1764000	317520	1791390	m^3	3528	508
（四）	地基处理		18571076	3093473	18571076	kW	700000	27
（五）	厂区、施工区土石方工程		15736648	525300	15736648	m^3	765000	21
（六）	临时工程		6175011	561274	6175011	项	1	6175011
	合计	17725925	656549944	76592898	674275869	kW	700000	963

表 3-11　　其他费用计算表　　（元）

序号	工程或费用名称	编制依据及计算说明	合 价
四	其他费用		233612393
（一）	建设场地征用及清理费		42361400
1	土地征用费		37286400
		厂区永久征地：190000m^2×192 元/m^2	36480000
		厂外道路永久征地：4200m^2×192 元/m^2	806400
2	施工场地租用费		5075000
		施工租地：150000m^2×7 元/m^2×3 年	3150000
		厂主给水源+备用水源租地：275000m^2×7 元/m^2×1 年	1925000
（二）	项目建设管理费		61738761
1	项目法人管理费	（建筑工程费+安装工程费）×2.62%	26437896
2	招标费	（建筑工程费+安装工程费+设备购置费）×0.46%	10256022
3	工程监理费	（建筑工程费+安装工程费）×1.73%	17457084
4	设备材料监造费	（设备购置费+装置性材料费）×0.36%	5266875
5	工程结算审核费	（建筑工程费+安装工程费）×0.23%	2320884

续表

序号	工程或费用名称	编制依据及计算说明	合　价
6	工程保险费		
（三）	项目建设技术服务费		93248060
1	项目前期工作费	（建筑工程费+安装工程费）×2.1%	21190680
2	知识产权转让与研究试验费（试桩费）		1500000
3	设备成套技术服务费	设备购置费×0.3%	3661470
4	勘察设计费		57256200
4.1	勘察费		7000000
4.2	设计费		50256200
4.2.1	基本设计费		42590000
4.2.2	施工图预算编制费	基本设计费×10%	4259000
4.2.3	竣工图设计费	基本设计费×8%	3407200
5	设计文件评审费		2278850
5.1	初步可行性研究设计文件评审费		240000
5.2	可行性研究设计文件评审费		400000
5.3	初步设计文件评审费		1000000
5.4	施工图文件审查费	基本设计费×1.5%	638850
6	项目后评价费		1513620
6.1	发电工程项目后评价费	（建筑工程费+安装工程费）×0.15%	1513620
6.2	烟气脱硫项目后评价费		
7	工程建设检测费		4838160
7.1	电力工程质量检测费	（建筑工程费+安装工程费）×0.2%	2018160
7.2	特种设备安全监测费	2×350000kW×2.6 元/kW	1820000
7.3	环境监测验收费		300000
7.4	水土保持项目验收及补偿费		700000
8	电力工程技术经济标准编制管理费	（建筑工程费+安装工程费）×0.1%	1009080
（四）	整套启动试运费		6677912
1	发电工程整套启动试运费		2769104
1.1	燃煤费	2 台×350000kW×408h×0.267kg/（kW·h）×0.301 元/kg×0.97	25248097
1.2	燃油费（微油点火）	2 台×424t×8807 元/t	7468336
1.3	其他材料费	2 台×350000kW×3 元/kW	2100000
1.4	厂用电费	2 台×350000kW×240h×5.19%×0.4011 元/（kW·h）	3497271
1.5	售出电费	2 台×350000kW×0.75×312h×0.217 元/（kW·h）	−35544600
1.6	售出蒸汽费	t×元/t	
2	脱硫工程整套启动试运费		3200056
	石灰石材料费	2×8.42t/h×408h×425 元/t	2920056
	其他材料费	2×350000kW×0.4 元/kW	280000
3	脱硝工程整套启动试运费		708752

续表

序号	工程或费用名称	编制依据及计算说明	合 价
	尿素材料费	2×0.41t/h×408h×1700 元/t	568752
	其他材料费	2×350000kW×0.2 元/kW	140000
（五）	生产准备费		27586260
1	管理车辆购置费	设备购置费×0.4%	4881960
2	工器具及办公家具购置费	（建筑工程费+安装工程费）×0.3%	3027240
3	生产职工培训及提前进厂费	（建筑工程费+安装工程费）×1.95%	19677060
（六）	大件运输措施费		2000000
五	基本预备费	（建筑工程费+安装工程费+设备购置费+其他费用）×5.00%	123159120

第三节 热力网项目投资估算

一、现行主要计价依据

（1）费用性质划分与计算方法计价依据：建设部建标〔2007〕164 号文发布的《市政工程投资估算编制办法》（2007 年版）。

（2）指标和定额选用：建设部 2007 年 163 号《市政工程投资估算指标》，不足部分参考项目所在地相关建设工程定额。

（3）设备价格：按照厂家询价或编制期同类工程的合同价以及市场信息价格。

（4）材料价格：投资估算编制期的当地材料价格。

（5）其他造价管理规定：《建设工程投资估算手册》以及与上述指标和定额配套的相关调整文件。

（6）建设期贷款利息计算执行估算编制期的人民币长期贷款利率。

二、投资估算各项费用组成

热力网项目的建设项目总投资，是指拟建项目从筹建到竣工验收以及试车投产的全部费用，应包括建设投资、固定资产投资方向调节税、建设期利息和铺底流动资金。建设投资由工程费用、工程建设其他费用及预备费用三部分组成。建设项目总投资的构成见图 3-2。

建设项目总投资按其费用性质分为静态投资、动态投资和铺底流动资金三部分。静态投资是指建设项目的建筑安装工程费用、设备购置费用（含工器具）、工程建设其他费用和基本预备费以及固定资产投资方向调节税；动态投资是指建设项目从估算编制期到工程竣工期间由于物价、汇率、税费率、劳动工资、贷款利率等发生变化所需增加的投资额，主要包括建设期利息、汇率变化及价差预备费。

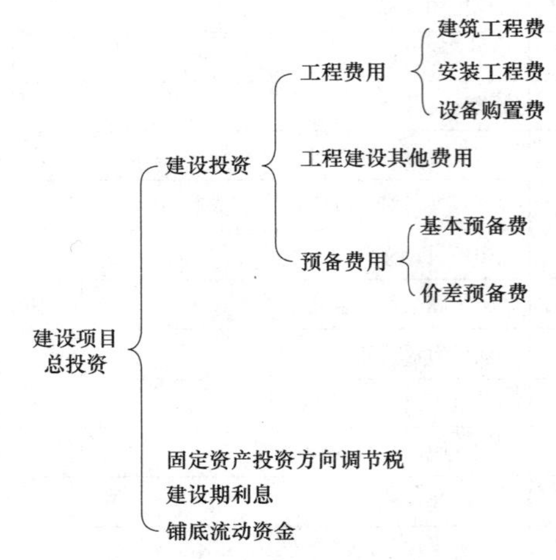

图 3-2 建设项目总投资构成图

1. 工程费用

工程费用是指直接构成固定资产的工程项目，按各个枢纽工程的单位工程进行编制，由建筑工程费、安装工程费和设备购置费三部分组成。

（1）建筑、安装工程费用。建筑工程费包括各种房屋和构筑物的建筑工程，各种室外管道铺设工程，总图竖向布置、大型土石方工程；安装工程费包括各种机电设备、专用设备、仪器仪表等设备的安装及配线，工艺、供热、供水等各种管道、配件及闸门以及供电外线安装工程。

建筑、安装工程费由直接费、间接费、利润和税金组成。

1）直接费由直接工程费和措施费组成。其中直接工程费是指施工过程中耗费的构成工程实体的各项费用，包括人工费、材料费和施工机械使用费；措施费是指为完成工程项目施工，发生于该工程施工前和施工过程中非工程实体的费用（如环境保护费、文明施工费、安全施工费、临时设施费、夜间施工费、二次搬运费、大型机械设备进出场及安拆费、混凝土和钢筋混凝土模板及支架费、脚手架费、已完工程及设备保护费、施工排水及降水费等)。

可行性研究阶段，措施费已摊入《市政工程投资估算指标》的人工费、材料费和机械费。集中供热的热力网工程措施费费率为 4%。分摊比例：其中人工费 8%，材料费 87%，机械费 5%。

2）间接费由规费和企业管理费组成。其中规费由工程排污费、工程定额测定费、社会保障费（养老保险费、失业保险费、医疗保险费、生育保险费和工伤保险费)、住房公积金、危险作业意外伤害保险等组成；企业管理费由管理人员工资、办公费、差旅交通费、固定资产使用费、工具用具使用费、劳动保险费、工会经费、职工教育经费、财产保险费、财务费、税金和其他组成。

3）利润是指施工企业完成所承包项目获得的盈利。

4）税金是指按照国家税法规定应计入建筑、安装工程造价内的增值税销项税额。

间接费、利润和税金共同由综合费率计算得出，计费基数为估算指标直接费，集中供热热力网工程（营改增前）综合费率为 21.3%，体现在《市政工程投资估算指标》中的综合费用中，由于目前已执行财税〔2016〕9 号《关于全面推开营业税改征增值税试点的通知》，应对该费率进行调整。

（2）设备购置费由原价和设备运杂费两部分组成。根据有关规定，需经设备成套部门成套供货时还应计取设备成套服务费。

2. 工程建设其他费用

工程建设其他费用系指工程费用以外的、在建设项目的建设投资中必须支出的固定资产其他费用、无形资产费用和其他资产费用（递延资产）。

《市政工程投资估算编制办法》中列明的工程建设其他费用项目，是项目建设投资中通常会发生的费用项目，并非每个项目都会发生下述费用项目。实际工作中应结合工程项目情况确定，不发生时不计取。

工程建设其他费用一般包括：建设用地费、建设管理费、建设项目前期工作咨询费、研究试验费、勘察设计费、环境影响咨询服务费、劳动安全卫生评审费、场地准备及临时设施费、工程保险费、特种设备安全检测费、生产准备及开办费、联合试运转费、专利及专有技术使用费、招标代理服务费、施工图审查费、市政公用设施费、引进技术和进口设备项目的其他费用。

一般建设项目很少发生或具有明显行业或地区特征的工程建设其他费用项目，如工程咨询费、移民安置费、水资源费、水土保持评价费、地震安全评价费、地质灾害危险性评价费、河道占用补偿费、超限设备运输特殊措施费、航道维护费、植被恢复费等，可在具体项目发生时依据有关政策规定计取。

（1）建设用地费。指按照《中华人民共和国土地管理法》等规定，建设项目征用土地或租用土地支付的费用和管线搬迁及补偿费，包括土地征用及迁移补偿费、租地费用、管线搬迁及补偿费。

（2）建设管理费。指建设单位从项目筹建开始直至办理竣工决算为止发生的项目建设管理费用，包括建设单位管理费、工程质量监督费、建设工程监理费。

（3）建设项目前期工作咨询费。指建设项目前期工作的咨询收费，包括建设项目专题研究、编制和评估项目建议书、编制和评估可行性研究报告，以及其他与建设项目前期工作有关的咨询服务收费。

（4）研究试验费。指为本建设项目提供或验证设计数据、资料进行必要的研究试验、按照设计规定在建设过程中必须进行试验所需的费用，以及支付科技成果、先进技术的一次性技术转让费。

（5）勘察设计费。指建设单位委托勘察设计单位为建设项目进行勘察、设计所需要的费用，由工程勘察费和设计费两部分组成。

（6）环境影响咨询服务费。指按照《中华人民共和国环境保护法》和《中华人民共和国环境影响评价法》对建设项目对环境影响进行全面评价所需的费用。

（7）劳动安全卫生评审费。指按劳动部有关文件的规定，为预测和分析建设项目存在的职业危险、危害因素的种类和程度，并提出先进、科学、合理可行的劳动安全卫生技术和管理对策所需的费用。

（8）场地准备及临时设施费。场地准备费是指建设项目为达到工程开工条件所发生的场地平整和对建设场地余留的有碍于施工建设的设施进行拆除清理的费用；临时设施费是指为满足施工建设需要而供到场地界区的、未列入工程费用的临时水、电、路、讯、气等其他工程费用和建设单位的现场临时建（构）筑物的搭设、维修、拆除、摊销或建设期间租赁费用，以及施工期间专用公路养护费、维修费。

（9）工程保险费。指建设项目在建设期间根据需要对建筑、安装工程及机器设备和人身安全进行投保而发生的保险费用。

（10）特种设备安全检测费。指在施工现场组装锅炉及压力容器、压力管道、消防设备等特殊设备和设施，由安全监察部门按照有关要求进行安全检验的费用，应由建设单位向安全监察部门缴纳的费用。

（11）生产准备及开办费。指建设项目为保证正常生产而发生的人员培训费、提前进厂费以及投产初期必备的生产办公生活家具用具及工器具等的购置费用，包括：生产准备费、办公及生活家具购置费、工器具及生产家具购置费。

（12）联合试运转费。指新建项目或新增生产能力的工程在竣工验收前，按照设计文件所规定工程质量标准和技术要求，进行整个装置的负荷联合试运转所发生的净支出费用。

（13）专利及专有技术使用费。指建设项目使用国内外专利和专有技术支付的费用。

（14）招标代理服务费。指招标代理机构接受招标人委托，从事招标业务所需费用。

（15）施工图审查费。指施工图审查机构受建设单位委托，根据国家法律、法规、技术标准和规范，对施工图进行审查所需的费用。

（16）市政公用设施费。指使用市政公用设施的建设项目，按照项目所在地省一级人民政府有关规定建设或缴纳市政公用设施建设配套费用，可能发生的公用供水、供气、供热设施建设的贴补费用、供电多回路高可靠性供电费用以及绿化工程补偿费用。

（17）引进技术和进口设备项目的其他费用。

工程建设其他费用率按建筑安装工程费和设备购置费之和的 10%～15%确定。

具体计算见《市政工程投资估算编制办法》相关内容。

3. 预备费用

预备费包括基本预备费和价差预备费两部分。

基本预备费指在可行性研究投资估算中难以预料的工程和费用，其中包括实行按施工图预算加系数包干的预算包干费用，基本预备费费率按 8%确定，计算基数=建筑安装工程费+设备购置费+工程建设其他费用。价差预备费指项目建设期间由于价格可能发生上涨而预留的费用，价差预备费依据国家计委计投资〔1999〕1340 号文件规定不计取。

4. 固定资产调节税

目前，此税种已暂停征收。

5. 建设期利息

建设期贷款利息是指筹措债务资金时，在建设期内发生的，并按规定允许在投产后计入固定资产原值的利息，即资本化利息。建设期利息包括银行借款和其他债务资金的利息及其他融资费用。各年应计利息=［年初借款本息累计+（本年贷款/2）×实际年利率］。

6. 铺底流动资金

流动资金指为维持生产所占用的全部资金。铺底流动资金即是自有流动资金，按流动资金总额的 30%作为铺底流动资金列入建设项目总投资。

三、投资估算的编制方法

可行性研究阶段项目投资估算应对单位工程或单项工程费用进行估算，进而估算项目总投资。主要编制步骤参考本章第二节。

1. 建筑工程费估算编制方法

（1）主要构筑物和管道铺设的工程费用估算应按照可行性研究报告所确定的设计规模、工艺流程、建设标准、设备选型和主要工程套用相应的估算指标、概算定额或类似工程的实际投资资料进行编制。无论采用何种指标或资料，都必须将其价格和费用水平调整到工程所在地估算编制年度的实际价格和费用水平，并结合工程建设条件和特点，按照指标使用说明对实物工程量进行调整。

建设部发布的《市政工程投资估算指标》是编制市政工程建设项目可行性研究投资估算的主要依据之一。

（2）辅助构筑物的建筑工程费用可参照估算指标或类似工程单位建筑体积或有效容积的造价指标进行编制。

（3）辅助生产项目和生活设施的房屋建筑工程，可根据工程所在地相应的面积或体积指标进行编制。

2. 安装工程费估算编制方法

（1）按照单项工程设计内容和主要实物工程量，分别采用相应的估算指标、概算定额和费用指标进行编制。

（2）主要工艺设备、机械设备按每吨设备、每台设备或占设备原价的百分比估算；管道安装工程按不同材质、不同规格（包括管件）分别以长度或质量估算；供电外线按每 km 造价指标估算；自控仪表、变配电设备、动力配线按主要设备和主要材料费用的百分比估算。

（3）参照类似工程的实际投资资料或技术经济指标进行估算。

3. 设备购置费估算编制方法

（1）设备原价。主要设备按设备表，采用制造厂现行出厂价格逐项计算；非标准设备按国家或主管部门颁发的非标准设备指标计价或按制造厂的报价计算；次要设备可参照主管部门颁发的综合定额、扩大指标或类似工程造价资料中次要设备占主要设备价格比例计算。

（2）成套设备服务费指设备成套公司根据发包单位按设计委托的成套设备供应清单进行承包供应所收取的费用，费率一般收取设备总价的 1%。

（3）设备运杂费指设备从制造厂交货地点或调拨地点到达施工工地仓库所发生的一切费用，包括运输费、包装费、装卸费、仓库保管费等。根据工程所在地区规定的运杂费率，按设备价格的百分比计算，列入设备运杂费内。运杂费率见《市政工程投资估算编制办法》相关内容。

（4）备品备件购置费可暂按设备价格的 1%估算。

4. 工程建设其他费用

工程建设其他费用的编制方法见《市政工程投资

估算编制办法》相关内容。

四、投资估算编制内容和表现形式

投资估算编制深度和表现形式应依据《市政工程投资估算编制办法》。

1. 投资估算编制内容

市政工程建设项目投资估算文件内容一般包括：

（1）估算编制说明。应包含以下主要内容：

1）工程简要概况。应包括建设规模及建设范围，并明确建设项目总投资估算中所包括的和不包括的工程项目和费用。如有几个单位共同编制时，则应说明分工编制的情况。

2）估算编制依据。应包括国家和主管部门发布的有关法律、法规、规章、规程等；部门或地区发布的投资估算指标及建筑、安装工程定额或指标；工程所在地区建设行政主管部门发布的人工、设备、材料价格、造价指数等；国外初步询价资料及所采用的汇率；工程建设其他费用内容及费率标准。

3）征地拆迁、供电供水、考察咨询等费用的计算。

4）其他有关说明，如估算编制中存在的问题及需要说明的问题。

（2）建设项目总投资估算表及外汇使用额度。

（3）主要技术经济指标及投资估算分析。

（4）钢材、水泥（或商品混凝土）、木料总需要量。

（5）主要引进设备的内容、数量和费用。

（6）资金筹措、资金总额的组成及年度用款安排。

2. 投资估算表现形式

投资估算以表格形式展现，其中可行性研究报告总估算表见表3-12，可行性研究报告工程建设其他费用计算表见表3-13。

表3-12　可行性研究报告总估算表

建设项目名称

序号	工程或费用名称	估算金额（万元）					技术经济指标			备注
		建筑工程	设备及工器具购置	安装工程	其他费用	合计	单位	数量	单位价值（元）	

编制：　　　　校核：　　　　审核：

表3-13　可行性研究报告工程建设其他费用计算表

序号	费用名称	说明及计算式	金额（元）	备　注

五、投资估算案例

1. 编制说明

（1）编制范围。本投资估算编制范围为本可行性研究报告设计范围内所有的供热管网及换热站项目。项目新建热水管网全长72.78km，设计管径为DN200～DN1220。管网采用沿道路直埋敷设。

（2）编制依据。

1）建标〔2007〕163号建设部《关于印发〈市政工程投资估算指标〉的通知》。

2）中华人民共和国建设部《市政工程投资估算指标　第八册　集中供热热力网工程》。

3）中华人民共和国建设部《市政工程投资估算编制办法》。

4）主要材料、设备价格按照××省当期信息价及厂家询价计算。

5）本项目的工程量依据本单位各专业提供的设计条件。

6）勘察设计费按《工程勘察设计收费标准》（2002年修订本）计算。

7）基本预备费按8%计列。

8）不足部分参考近期类似工程有关资料进行编制。

2. 投资估算

本项目静态总投资35626万元，其中工程费30224万元，其他费用及基本预备费5402万元；建设项目总费用（动态投资）37215万元。

建设项目投资估算总表见表3-14，工程建设其他费用计算表见表 3-15。

由于表 3-14 和表 3-15 中数值由程序算出，表中数值均为保留相应有效位数后的最终结果，在计算过程中由四舍五入引起的误差均在合理范围内。

表 3-14　　建设项目投资估算总表

建设项目名称：××供热工程

编号	工程或费用名称	估算金额（万元）					技术经济指标			备注
		建筑工程	设备购置	安装工程	其他费用	合计	单位	数量	单位价值（元）	
一	**固定资产投资**	**18843.20**	**8754.78**	**2626.43**	**6990.05**	**37214.46**				
（一）	**第一部分工程费用**	**18843.20**	**8754.78**	**2626.43**		**30224.41**				
1	供热管线	14823.20				14823.20	m	72784		
1.1	预制直埋保温管 ϕ1220×12	5502.89				5502.89	m	8746	6292	
1.2	预制直埋保温管 ϕ1020×12	215.40				215.40	m	462	4662	
1.3	预制直埋保温管 ϕ920×10	1539.16				1539.16	m	3946	3901	
1.4	预制直埋保温管 ϕ820×9	642.83				642.83	m	1820	3532	
1.5	预制直埋保温管 ϕ720×9	601.16				601.16	m	2102	2860	
1.6	预制直埋保温管 ϕ630×8	1000.03				1000.03	m	4288	2332	
1.7	预制直埋保温管 ϕ529×8	756.18				756.18	m	3912	1933	
1.8	预制直埋保温管 ϕ478×7	301.68				301.68	m	1742	1732	
1.9	预制直埋保温管 ϕ426×7	788.30				788.30	m	5310	1485	
1.10	预制直埋保温管 ϕ377×7	507.03				507.03	m	3922	1293	
1.11	预制直埋保温管 ϕ325×7	881.86				881.86	m	8550	1031	
1.12	预制直埋保温管 ϕ273×7	1311.10				1311.10	m	16294	805	
1.13	预制直埋保温管 ϕ219×6	775.59				775.59	m	11690	663	
2	换热站	4020.00	8754.78	2626.43		15401.21				
2.1	换热站 35 万 m^2	125.00	339.91	101.97		566.88	座	2	2834389	
2.2	换热站 30 万 m^2	55.00	145.67	43.70		244.38	座	1	2443762	
2.3	换热站 25 万 m^2	200.00	485.58	145.67		831.25	座	4	2078135	
2.4	换热站 20 万 m^2	1150.00	2457.03	737.11		4344.15	座	23	1888759	
2.5	换热站 15 万 m^2	1350.00	2918.37	875.51		5143.88	座	30	1714627	
2.6	换热站 10 万 m^2	840.00	1846.30	553.89		3240.19	座	21	1542947	
2.7	换热站 5 万 m^2	300.00	561.91	168.57		1030.49	座	8	1288107	
（二）	**工程其他费用**				**2762.22**	**2762.22**				
1	建设用地费				500.00	500.00				
2	工程建设管理费				233.00	233.00				
3	工程建设监理费				314.11	314.11				
4	建设项目前期工作咨询费				112.00	112.00				
5	工程勘察费				241.80	241.80				
6	工程设计费				666.41	666.41				
7	施工图预算费				66.64	66.64				
8	竣工图编制费				53.31	53.31				

续表

编号	工程或费用名称	估算金额（万元）					技术经济指标			备注
		建筑工程	设备购置	安装工程	其他费用	合计	单位	数量	单位价值（元）	
9	环境影响咨询服务费				32.10	32.10				
10	劳动安全卫生评审费				44.47	44.47				
11	场地准备费及临时设施费				181.35	181.35				
12	工程保险费				75.56	75.56				
13	生产准备费及开办费				20.00	20.00				
14	联合试运转费				170.72	170.72				
15	招标代理服务费				32.96	32.96				
16	施工图审查费				17.79	17.79				
	第（一）、（二）部分费用小计	18843.20	8754.78	2626.43	2762.22	32986.62				
（三）	**工程预备费用**				**2638.93**	**2638.93**				
1	基本预备费（8%）				2638.93	2638.93				
2	涨价预备费									
	建设投资	18843.20	8754.78	2626.43	5401.15	35625.55				
（四）	**贷款利息**				**1588.90**	**1588.90**				
	建设期贷款利息				1588.90	1588.90				
（五）	**固定资产投资方向调节税**									
	合计	18843.20	8754.78	2626.43	6990.05	37214.46				
（六）	**流动资金**									
	建设项目总投资	18843.20	8754.78	2626.43	6990.05	37214.46				
	占总投资比例	50.63%	23.53%	7.06%	18.78%	100.00%				

注　1．建设投资为（一）～（三）项费用之和；

2．合计为（一）～（五）项费用之和；

3．建设项目总投资为（一）～（六）项费用之和。

表 3-15　　工程建设其他费用计算表

项目名称：××供热工程

序号	费用名称	计算依据及费率	计算公式	金额（万元）	备注
一	**固定资产其他费用**			**2762.22**	
1	建设用地费			500.00	
1.1	土地征用		25 万元/亩×20 亩（1 亩≈666.67m²）	500.00	
2	工程建设管理费	财政部财建〔2002〕394 号	工程费×工程建设管理费费率	233.00	
3	工程建设监理费	国家发改委、建设部发改价格〔2007〕670 号		314.11	
4	建设项目前期工作咨询费	国家计委计价格〔1999〕1283 号		112.00	
5	工程勘察费	0.80%	工程费×工程勘察费费率	241.80	
6	工程设计费			666.41	
7	施工图预算费			66.64	

续表

序号	费用名称	计算依据及费率	计算公式	金额（万元）	备注
8	竣工图编制费			53.31	
9	环境影响咨询服务费	国家计委、国家环保局计价格〔2002〕125 号		32.10	
10	劳动安全卫生评审费	0.30%	工程费×费率	44.47	
11	场地准备费及临时设施费	0.60%	工程费×临时设施费率	181.35	
12	工程保险费	0.25%	工程费×工程保险费费率	75.56	
13	生产准备费及开办费		50 人×4000 元/人	20.00	
14	联合试运转费	1.50%	（安装工程费+设备购置费）×联合试运转费率	170.72	
15	招标代理服务费			32.96	
16	施工图审查费	0.12%		17.79	
二	**预备费**			**2638.93**	
1	基本预备费	8%	（工程费+固定资产其他费用）×基本预备费费率	2638.93	
2	工程调整预备费			0	

第四节 经济评价方法与参数

建设项目经济评价包括财务评价和国民经济评价，集中供热项目经济评价通常只做财务评价。财务评价是在国家现行财税制度和市场价格体系下，分析预测热电项目的财务效益与费用，计算财务评价指标，考察拟建项目的盈利能力、偿债能力，财务生存能力，据以判断项目的财务可行性。

一、财务评价的方法与参数

（一）财务评价的基本原则及规定

1. 财务评价应遵循的基本原则

（1）效益与费用计算口径对应一致的原则。

（2）收益与风险权衡的原则。

（3）定量分析与定性分析相结合以定量分析为主的原则。

（4）动态分析与静态分析相结合以动态分析为主的原则。

2. 热电项目财务评价的有关规定

（1）财务评价的方法必须符合国家的有关规定和现行的财税制度。

（2）计算使用的成本数据应准确可靠。

（3）计算采用的折旧年限、计算期、还款期、所得税率、增值税率、融资成本、供热价格等必须符合有关规定或协议。

（4）项目财务评价测算的售电（售热）价格应按照“合理补偿成本，合理确定收益，依法计入税金”的原则确定。

（5）财务评价应明确表达原始数据表、所有基本财务报表、所有辅助财务报表、财务评价指标一览表及敏感性分析表。

（6）财务评价的说明应包含采用国家和行业的各项财务指标来衡量结果是否合理及项目是否可行，分析测算电价（热价）的水平及市场对电价（热价）承受能力；通过敏感性分析得出项目的经济评价结论等内容。

（7）财务评价成果文件应包含项目投资现金流量表、项目资本金现金流量表、投资各方现金流量表、利润与利润分配表、投资使用计划与资金筹措表、财务评价指标一览表、敏感性分析表。

（二）财务评价的主要内容和步骤

财务评价是在确定的建设方案、投资估算和融资方案基础上进行财务可行性研究。财务评价的主要内容与步骤如下：

（1）选取财务评价基础数据与参数，包括燃料价格、其他投入物价格、标杆电价、税率、利率、汇率、机组年利用小时数、机组年供热量、供热价格、工程建设期、项目生产期、固定资产折旧率、无形资产和其他资产摊销年限、基准收益率、目标收益率等基础数据和参数。

（2）计算销售（营业）收入，估算成本费用。

（3）编制财务评价报表，主要有现金流量表、利润与利润分配表、财务计划现金流量表、资产负债表。

（4）计算财务评价指标，进行盈利能力分析和偿债能力分析。

（5）进行不确定性分析，包括敏感性分析和盈亏平衡分析。

（6）编写财务评价报告。

（三）财务评价参数

集中供热工程财务评价的基础参数可分为投资类、成本类、损益类参数。投资类基础数据采用项目投资估算中的相应数据，其中工程投资采用静态投资，生产期可抵扣增值税按照总估算表计算出的数额。成本类和损益类参数按照数据取得来源可以由项目建设单位提供、设计专业提供或采用国家及行业相关规定。

1．建设单位提供的数据

（1）资金来源。分为资本金和融资两部分。

1）资本金：建设单位应明确提供各股东方注册资本金比例。可行性研究送审时建设单位应取得并提供投资方的《投资意向书》或各股东方签订的《合资协议书》。

热电项目的注册资本金不低于项目总资金的20%，资本金不计利息，资本金最低额度计算式为：资本金最低额度=动态总投资×最低资本金比例。

2）融资：建设单位应明确提供融资利率及结息周期、宽限期、还款方式及协议还款期。可行性研究送审时应取得并提供省级以上分行的银行贷款承诺函。

资本金以外的项目按融资考虑，国内项目一般使用5年以上长期贷款，国内银行目前是按季结息，贷款名义年利率应折算为实际贷款年率。国外银行融资时按融资合同规定的利率及结息周期计算。融资额度=动态总投资×（1–最低资本金比例）。

（2）标准煤价。建设单位提供不含税的标准煤到厂价（元/t）；燃气-蒸汽联合循环项目为燃气价（元/m^3）或燃油价（元/t）。

（3）人员工资及福利费。人员工资是指包含工资、奖金、津贴、补贴、补充养老保险的全厂人员平均年工资；建设单位提供当地规定的基本养老保险（%）、医疗保险（%）、失业保险（%）、工伤保险（%）、生育保险（%）、住房公积金（%），计入福利费系数中。

（4）水费。在工程不外购水而自行取用补充水时，水费为水资源费，建设单位提供当地的水资源费标准[元/t或元/（MW·h）]；外购水则提供外购价［元/t或元/（MW·h）］，不含税。

（5）脱硫、脱硝用材料费。按工程所在地石灰石矿或石灰石粉厂价格，用于计算工程脱硫成本；按工程所在地的液氨或尿素（根据设计方案）价格，用于计算工程脱硝成本。

（6）材料费。生产中所消耗材料、化学药品、备品备件和低值易耗品等。建设单位应按同地区、同类电厂实际值提供，不含税，单位元/（MW·h）。如建设单位无法提供，可参考编制期《火电工程限额设计参考造价指标》上的数值计列。

（7）其他费用。不属于修理费、折旧费及上述几项费用而需计入成本的其他费用。建设单位应按同地区、同类电厂实际值提供，不含税，单位元/（MW·h）。如建设单位无法提供，可参考编制期《火电工程限额设计参考造价指标》上的数值计列。

（8）热价。建设单位应提供与当地物价部门、热力公司商谈的供热意向价（元/GJ或元/t）及计价点（出厂、用户），当地实际供热价（元/GJ或元/t）及计价点（出厂、用户）。

（9）机组年利用小时数。建设单位提供机组年利用小时数，原则上按电厂接入系统审定的数据。

（10）工期。建设单位提供各机组的开工日期和投产日期。

2．设计专业提供的有关数据

（1）发电量指热电项目的年发电量，单位为（MW·h）或（GW·h）。发电量=机组容量×设备利用小时数。

（2）供热量指年供热量，单位为GJ。

（3）发电标准煤耗率指每发出1（kW·h）电量所消耗的标准煤质量，单位为kg/（MW·h）。

（4）供热标准煤耗率指每供出1GJ热量所消耗的标准煤质量，单位为kg/GJ。

（5）电、热成本分摊比。按以下方法计算：

发电成本分摊比=发电用标准煤量/（发电用标准煤量+供热用标准煤量）。

供热成本分摊比=供热用标准煤量/（发电用标准煤量＋供热用标准煤量）。

（6）发电、供热厂用电率。

发电厂用电率指发电耗用的厂用电量与发电量之比（厂用电量应包含脱硫、脱硝项目的用电量），单位为（%）；供热厂用电率指供热耗用的厂用电量与供热量之比，单位为（kW·h）/GJ。

（7）脱硫、脱硝材料用量。分别指脱硫剂用量，单位为t/h；脱硝剂用量，单位为t/h。

（8）水量指发电和供热耗用的水量，单位为t/h。

（9）排污量指电厂项目排放SO_2、NO_x和烟尘的量，单位为t/年。

3．其他基础数据

（1）标杆上网电价。可采用政府主管部门发布的当地标杆电价。

（2）售热价。可查阅建设单位与当地政府主管部门签订的供热协议。

（3）增值税。增值税是在中华人民共和国境内销售货物或者提供加工、修理修配劳务以及进口货物的单位和个人，即纳税义务人，为其商品生产和流通环节缴纳的税务，属流转税税种之一。增值税额应为销项税与进项税之差。其中销项税的计税基数=含税销售收入/（1+销项税率）。

销项税=计税基数×销项税率。

发电销项税率 17%，供热销项税率 13%。

（4）城市维护建设税。扩大和稳定城市维护建设资金的来源征收的一种税。以纳税人实际缴纳的产品税、增值税、营业税税额为计税基数。

城市维护建设税税率如下：纳税人所在地在市区的，税率为 7%；纳税人所在地在县城、镇的，税率为 5%；纳税人所在地不在市区、县城、镇的，税率为 1%。

（5）教育附加费。教育附加是为扩大教育资金的来源对缴纳增值税、消费税、营业税的单位征收的一种附加费。教育附加费率为 3%。

按照地方教育附加使用管理规定，在各省、直辖市的行政区域内，凡缴纳增值税、消费税、营业税的单位和个人，都应按规定缴纳地方教育附加。地方教育附加费率为 2%。

教育附加与地方教育附加属于不同的专项基金。均为以纳税人实际缴纳的产品税、增值税、营业税税额为计税基数。

（6）企业所得税。企业所得税是在中国境内从事生产、经营和其他经济活动的企业就其生产、经营和其他所得征收的一种税，计税基数为应纳税所得（利润）额。热电项目的企业所得税执行 25%的税率。

（7）法定盈余公积金。法定盈余公积金是指在所得税后利润中提取的项目，按相关协议要求计取。目前电力项目按 10%计取。

（8）还贷年限。还贷年限原则上按借贷双方协议，如协议未签，则应符合国家有关规定：①2×300MW 机组还贷年限为 15～17 年；②4×300MW 机组（或 2×600MW）还贷年限为 16～18 年。

（9）经营期年限。经营期年限一般取 20 年。

（10）折旧年限。折旧年限一般取 15～18 年。

（11）大修理费。大修理费=工程静态投资（扣除可抵扣的增值税）×大修理费率。燃煤机组大修理费率取 2%，燃气-蒸汽联合循环机组大修理费率取 3.5%。

（12）保险费。保险费=固定资产净值×保险费率。保险费率取 0.25%。

（13）财务基准收益率。财务基准收益率是项目财务内部收益率指标的基准和判据，是项目财务是否可行的最低要求，也用作计算财务净现值的折现率。热电项目一般采用行业发布的基准收益率，目前基准收益率取 6%～8%。

（四）财务评价计算

1. 项目总投资及资金安排

（1）项目总投资。项目总投资指集中供热项目自前期工作开始到机组投产运营所需要的投入的资金总额，包括热电工程和热力网工程的投资。项目总工程投资包括工程动态投资（含工程静态投资、价差预备费、建设期利息）和生产流动资金两部分。项目总投资分别形成固定资产投资、无形资产投资和其他资产投资。

固定资产投资=工程费用+其他费用中按规定形成固定资产的部分。指项目投产时直接形成固定资产的建设投资，固定资产投资的数据依据工程投资估算。

无形资产投资=专利权、非专利技术、商标权、土地使用权等。

其他资产投资=项目总投资–固定资产投资–无形资产投资。

建设项目资金分为资本金和债务资金。资本金是指在项目总投资中，由投资者认缴的出资额，项目资本金占建设项目资金的比例应符合国家法定的资本金制度；债务资金指项目总投资中以负债方式从金融机构、证券市场等资本市场取得的资金。

（2）建设期利息。建设期利息指筹措债务时在建设期内发生并规定允许资本化部分的利息。项目为多台机组时，建设期利息按以下方法进行计算：

1）开工年度=［本年贷款/2×有效年利率］×［（12–投入资金月份+1）/12］；

2）建设年度=（单台机组年初贷款本息累计+本年贷款/2）×有效年利率；

3）投产年度=［（单台机组年初贷款本息累计本年贷款/2）×有效年利率］×投产月份/12；

4）有效年利率为编制期贷款实际利率。

$$\text{实际利率}=\left(1+\frac{r}{m}\right)^{m}-1 \tag{3-2}$$

式中 r——名义年利率；

m——每年计息次数。

计算贷款金额时，应从投资额中扣除资本金。

（3）生产流动资金。生产流动资金是指为使机组投产运行用于购买燃料、材料、备品备件和支付工资等所需要的周转性资金。生产流动资金在机组投产前安排投入，计算时应将进项税额包括在相应的年费用中。生产流动资金的来源包括自有流动资金和流动资金借款两部分。其中自有流动资金（铺底流动资金）按照生产流动资金的 30%计算，计入投资估算的项目计划总资金。

生产流动资金=流动资产–流动负债，流动资金本年增加额=本年流动资金–上年流动资金。

1）流动资产=应收账款+存货+现金：

应收账款=年经营成本/周转次数；

存货=（年燃料费+年其他材料费）/周转次数；

现金=（年工资及福利+年其他费用+保险）/周转次数。

2）流动负债=应付账款：

应付账款=（年燃料费+年其他材料+年水费）/周转次数。

周转次数=360d/最低周转天数。

其中最低周转天数按实际情况并考虑保险系数分项确定，目前一般按 30d；其他材料是生产运行、维护修理和事故处理所耗用的各种原料、材料、备品备件和低值易耗品等费用和脱硫剂、脱硝剂费用。

（4）资金使用计划。资金使用计划按照施工组织专业提出的项目建设工期和实施进度方案进行安排。各年度投资比例可参考当期《火电工程限额设计参考造价指标》中参考电价计算的燃煤、燃气机组的各年度投资比例。

2. 生产能力计算

（1）热电厂项目。热电厂项目选用的是供热机组，其产出物是电和热，热电联产运行方式是以热定电。

1）电量计算。包括发电量和供电量（售电量），发电量按以下方法计算：

发电量=机组容量×年利用小时数。

由于供热机组是热电联产、以热定电的运行方式。因此，发电量不是简单计算，应由设计人员根据机组选型和年热负荷曲线等计算出发电量，提供给技经专业人员。

供电量=发电量×（1–综合厂用电率）。综合厂用电率包括发电厂用电率（%）和供热厂用电率［%，由（kW·h）/GJ 换算］。其数值由电气专业设计人员提供。目前经济评价计算范围是到电厂出口，即只计算上网电价，供电量即为售电量。

2）热量计算。包括供热量和售热量。同发电量一样，供热量由设计人员提供。热电项目的经济评价计算只计算到热电厂围墙出口，供热量即为售热量。

（2）热力网项目。热力网项目的产品主要是售热量，按以下方法计算：售热量=电厂端供热量×（1–线损率）。

投产年度、发电量、供热量均应按投产时间进行折算。

3. 成本计算

（1）热电厂项目的成本计算。总成本费用指热电项目在生产经营过程中发生的物质消耗、劳动报酬及各项费用。总成本费用由生产成本和财务费用组成。生产成本包括：燃料费、用水费、材料费、工资及福利费、折旧费、摊销费、修理费、保险费、脱硫剂费用、脱硝剂费用、排污费和其他费用；财务费用是指企业为筹集债务资金而发生的费用。

经营成本是项目财务分析中所使用的特定概念，包括燃料费、用水费、材料费、工资及福利费、修理费、脱硫剂费用、脱硝剂费用、排污费、其他费用及保险费，按以下方法计算：

经营成本=总成本费用–折旧费–摊销费–财务费用。

根据成本费用与产量的关系，可以将总成本费用可分解为固定成本和可变成本两种。其中固定成本是指在一定范围内与电、热的产量无关，其费用总量固定的成本，一般包括折旧费、摊销费、工资及福利费、修理费、财务费用、其他费用及保险费；可变成本与电、热产量有关，包含燃料费、用水费、材料费、脱硫剂费用、脱硝剂费用及排污费。

1）电、热成本分摊计算。热电项目的电力和热力生产是同时进行的，所发生成本和费用应按以下原则分配，凡只为电力或热力一种产品服务而发生的成本和费用，应由该产品负担；凡为两种产品共同服务而发生的成本和费用，应按电热分摊比加以分配。电热分摊比包括成本分摊比和投资分摊比两种。

a）成本分摊比用于分摊燃料费、用水费、材料费、脱硫剂费用、脱硝剂费用等可变成本和工资及福利费、其他费用等固定成本，按以下方法计算：

发电成本分摊比（%）=发电用标准煤量/（发电用标准煤量+供热用标准煤量）。

供热成本分摊比（%）=100%–发电成本分摊比。

b）投资分摊比用于折旧费、摊销费、修理费、保险费及财务费用，按以下方法计算：

发电投资分摊比（%）=发电固定资产/（发电固定资产+供热固定资产）。

供热投资分摊比（%）=100%–发电投资分摊比。

2）生产成本计算。

a）燃料费。燃料费是指热电项目生产所耗用的燃料费用，对于煤炭，一般折算成标准煤计算，发电标准煤耗按设计值，并考虑全年平均运行工况，按以下方法计算：

年发电燃料费=年发电量×发电标准煤耗×标准煤单价。

年供热燃料费=年供热量×供热标准煤耗×标准煤单价（考虑供热用电因素）。

b）用水费。用水费指电力生产所耗用的购水费用，按消耗水量和购水价格计算，按以下方法计算：

年发电水费=年发电用水量×水价。

年供热水费=年供热用水量×水价。

c）材料费。材料费指生产运行、维护修理和事故处理所耗用的各种原料、材料、备品备件和低值易耗品等费用，按以下方法计算：

材料费=发电量×热电项目单位发电量综合材

料费。

d）折旧及摊销费，按以下方法计算：

折旧费=固定资产投资×固定资产投资形成率×折旧率。

摊销费=无形资产投资及其他资产投资/摊销年限。

e）工资及福利费。工资及福利费指电厂生产和管理人员的工资和福利费，包括职工工资、奖金、津贴和补贴，职工福利费以及由职工个人缴付的医疗保险费、养老保险费、失业保险费、工伤保险费、生育保险费等社会保障费和住房公积金。

f）修理费。修理费指为保持固定资产的正常运转和使用，对其进行必要修理所发生的费用，修理费按预提的方法计算。修理费计算中的固定资产原值应扣除所含的建设期利息和生产期可抵扣的设备增值税，按以下方法计算：

年发电修理费=固定资产原值（扣除所含的建设期利息）×发电投资分摊比×修理预提率。

年供热修理费=固定资产原值（扣除所含的建设期利息）×供热投资分摊比×修理预提率。

g）其他费用。指不属于以上各项而计入生产成本的其他成本，主要包括公司经费、工会经费、职工教育经费、劳动保险费、待业保险费、董事会费、咨询费、聘请中介机构费，诉讼费、业务招待费、房产税、车船使用税、土地使用税、印花税、研究与开发费等，按以下方法计算：

年发电其他费用=发电量×热电项目单位发电量综合其他费×发电成本分摊比。

年供热其他费用=发电量×热电项目单位发电量综合其他费×供热成本分摊比。

h）脱硫剂费用。脱硫剂费用指机组脱硫所耗用的脱硫原料的费用，按以下方法计算：

年发电脱硫剂费用=年脱硫剂耗量×脱硫剂单价×发电成本分摊比。

年供热脱硫剂费用=年脱硫剂耗量×脱硫剂单价×供热成本分摊比。

i）脱硝剂费用。脱硝剂费用指机组脱硝所耗用的脱硝原料的费用，按以下方法计算：

年发电脱硝剂费用=年脱硝剂耗量×脱硝剂单价×发电成本分摊比。

年供热脱硝剂费用=年脱硝剂耗量×脱硝剂单价×供热成本分摊比。

j）排污费用。排污费用指机组在运行期间对外界排放二氧化硫、氮氧化物及烟尘等按照国家有关排污费征收标准规定所征收的费用，按以下方法计算：

将环保专业提供的 SO_2、NO_x 和烟尘的年排放量折算成当量值，计算出项目的全厂排污费，按以下方法计算：

全厂排污费=排放 SO_2 费用+排放 NO_x 费用+排放烟尘费用。

其中：排放 SO_2 费用=SO_2 产生量/0.95×单价。

排放 NO_x 费用=NO_x 产生量/0.95×单价。

排放烟尘费用=烟尘产生量/2.18×单价。

k）保险费。可以按保险费率进行计算，即以固定资产净值的一定比例计算，按以下方法计算：

年全厂保险费=固定资产净值×0.25%。

年发电保险费用=全厂保险费×发电投资分摊比。

年供热保险费用=全厂保险费×供热投资分摊比。

投产年度，燃料费、水费、材料费、其他费用、脱硫及脱硝剂费、修理费、折旧费和摊销费以及排污费均应按该年燃料耗量占达产年燃料耗量比例进行折减。

3）财务费用。财务费用是指企业为筹集债务资金而发生的费用，主要包括长期借款利息、流动资金借款利息和短期借款利息等。对热电联产项目，应按投资分摊比进行分摊。

a）长期借款利息，可以按等额还本付息、等额还本利息照付以及约定还款方式计算。

b）流动资金借款利息，按期末偿还、期初再借的方式处理，并按一年期利率计息。年流动资金借款利息=年初流动资金借款余额×流动资金借款年利率。

c）短期借款利息的偿还按照随借随还的原则处理，即当年借款尽可能于下年偿还，借款利息的计算同流动资金借款利息。

（2）热力网项目的成本计算。热力网项目的总成本费用按生产成本加期间费用估算，按以下方法计算：

总成本费用=生产成本+管理费用+财务费用+营业费用。

经营成本=总成本费用−折旧费−摊销费−利息支出。

1）生产成本。

a）外购燃料费或外购热能费。外购燃料费是指“热源项目”从外单位购进的各类固体、液体和气体燃料的总费用，按以下方法计算：

外购燃料费=外购燃料量×燃料价。

外购热能费是指“无热源项目”从热源单位购进热产品的费用。

外购热能费=外购热量×购热价。

b）水费。水费是指供热企业经营耗用的水费（不含污水处理费），按以下方法计算：

水费=用水量×水价；

用水量=供热系统循环补充水量+公共用水量。

c）动力费。动力费是指供热企业从电力部门购进电能的费用。

d）外购材料费。外购材料费是指热产品生产过程所耗用的材料（含各种化学药品）费用，按以下方法计算：

外购材料费=Σ（各类材料用量×材料单价）。

e）运输费。运输费是指运送燃料和材料的费用，按以下方法计算：

运输费=Σ（燃料、材料用量×运输单价）。

f）生产人员职工薪酬是指供热企业计入生产成本的职工薪酬。职工薪酬指企业为获得职工提供的服务而给予各种形式的报酬及其他相关支出。职工薪酬包括：工资、奖金、津贴、职工福利费、各类社会保险费用、住房公积金、工会经费、职工教育经费、未参加社会统筹的退休人员退休金和医疗费用以及辞退福利、带薪休假等其他与薪酬相关的支出。

g）折旧费。折旧费是指固定资产使用过程中，磨损价值的补偿费。供热项目固定资产折旧采用平均年限法，按以下方法计算：

年折旧率=（1–净残值率）/折旧年限。

年折旧费用=固定资产原值×折旧率。

净残值率为3%～5%。

折旧费的计算也可以采用分项明细法，区分固定资产类别，分别计算折旧费。

h）修理费。修理费是指用于固定资产的大修理费用及日常维护费用，按以下方法计算：修理费=固定资产原值×修理费率。

修理费率一般为1.2%～2.4%，可参考项目采用的设备材料情况和所在地供热企业实际运行情况确定。一般“无热源项目”修理费费率取下限，“热源项目”修理费率取上限。

计算修理费率可根据资产运行维护的情况，在运营期内分区段考虑修理费用的递增，反应随时间推移，设备磨损程度增加与修理费用逐渐增加的关系。简单处理可分时间区段考虑修理费率采用一组（不超过5个数据）递增数列，但时间区段的划分应匀称。

i）其他制造费用。其他制造费用是指不属于以上各项制造费用而计入的费用，包括租赁费、低值易耗品费、取暖费、办公费、差旅费、保险费、设计制图费、试验检验费、劳动保护费、季节性及修理期间的停工损失等），按以下方法计算：

其他制造费用=a）～h）项生产成本费用之和×其他制造费用率。其他制造费用率是按其他制造费用在项目单位往年制造成本所占比例确定，无参考依据时可按0.5%～1.5%计取。

项目租赁大宗设备和土地、公共设施等资产的大宗租赁费用，不应纳入其他制造费用率计算，而应在其他制造费用中以租赁费单独计算并体现。

2）管理费用。

a）公司经费包括企业行政管理部门人员职工薪酬、差旅费、办公费、折旧费、修理费、物料消耗、低值易耗品摊销等属于公司经费的费用，按以下方法计算：

公司经费=管理人员职工薪酬+企业行政管理人员总数×人均年公司费用指标+折旧费+修理费。

当企业管理所占用的固定资产额较少。且较难在项目总投资中划分时，管理用固定资产的折旧费和修理费可在制造成本中计算。

b）摊销费是指无形资产及其他资产在成本中按规定年限摊入的费用。无形资产按规定年限平均摊销，摊销年限根据项目情况按5～10年计；其他资产按规定年限平均摊销，摊销年限根据项目情况按5～10年计，筹建期间的费用在开始生产经营年一次性计入当年损益。

c）土地使用税是指对城市、县城、建制镇和工矿区使用土地的单位和个人，按其实际占用的土地缴纳的一种税，按以下方法计算：

土地使用税=实际占用的土地面积×每平方米年税额。

d）排污费是指根据项目所在地规定，企业对外超标污染物（废水、粉尘和二氧化硫等）需缴纳的排污费用，按以下方法计算：

排污费=Σ（各类污染物排放量×相应超标收费单价）。

e）其他管理费用是指不属于以上管理费用的费用，包括董事会费、聘请中介机构费、咨询费、诉讼费、业务招待费、房产税、车船使用税、印花税、技术转让费、矿产资源补偿费、研究与开发费、存货盘亏或盘盈、计提的坏账准备等，按以下方法计算：

其他管理费用=年销售额×其他管理费用费率。

其他管理费用率为2%～8%，可参考项目所在地供热企业实际运营状况和热用户的缴费情况确定。考虑项目的坏账准备，对于热费收缴率较高的项目，其他管理费取下限；热费收缴率低于70%的项目，其他管理费率取上限。

3）财务费用。财务费用包括应当作为期间费用的利息净支出（建设投资在运营期应归还的贷款利息、经营性贷款利息和流动资金贷款利息）、汇兑净损失以及相关的手续费和用户提前缴费的现金折扣等。具体计算方法同热电项目此项内容。

供热企业为提前收取热费而对用户给出的优惠，属于现金折扣，计入财务费用；提前收取的销售额可依据项目所在地历年热费提前收取比例确定；综合优惠费率可参考项目所在地供热企业为提前收取热费而给出的优惠率，综合一定的比例确定。

4）营业费用。营业费用是指供热项目在供热销售过程中所发生的各项费用，包括供热收费人员的工资及福利费、收费网点费用、其他费用等。

4. 收入、税金及利润计算

（1）热电厂项目的收入计算。热电联产项目的收入主要是售电和售热的收入，个别项目有其他产品收入，比如灰渣、石膏等，计算方法为：销售收入=售电收入+供热收入+其他产品收入。

1）售电收入=机组容量×机组年利用小时数×（1–厂用电率）×售电价。

2）供热收入=年供热量×热价。

3）其他产品收入=年产量×单价。

（2）热力网项目的收入计算。热力网项目的营业收入包括供暖费收入和蒸汽、生活热水以及集中式空调系统用热等热产品的销售收入。计算营业收入时，应区分热用户的性质和收费标准，准确计算营业收入总额。

根据目前国内热费收取方式和供热计量收费的发展方向，供热项目的营业收入可分为两类。

1）按供暖面积和容量热价计算营业收入时，计算方法为：

供热营业收入=Σ 供暖面积×容量热价。

2）按供热量和容量热价计算营业收入时，计算方法为：

供热营业收入=Σ 销售热量×计量热价。

销售热量=供热量×（1–网损率）。

投产年度，发电收入和供热收入均应按投产时间进行折算。

（3）税金和利润计算。

1）税金。财务分析涉及的税费主要包括增值税、城市维护建设税、教育费附加和企业所得税。

a）财务分析应按税法规定计算增值税，计算方法为：

增值税=销项税额–进项税额。

b）城市维护建设税和教育费附加是地方性的附加税和专项费用，计税依据是增值税，计算方法为：

城市维护建设税和教育费附加=增值税×税率。

c）企业所得税是针对企业应纳所得税额征收的税种，财务分析时应根据税法规定，并注意正确使用有关的优惠政策，计算方法为：

企业所得税=（销售收入–总成本费用–城市维护建设税–教育费附加）×税率。

2）利润。热电项目的利润分为利润总额和净利润，计算方法为：

a）利润总额=销售收入–总成本费用–城市维护建设税–教育费附加；

销售收入=售电收入+供热收入；

总成本费用=发电生产成本+供热生产成本+财务费用。

b）净利润=利润总额–企业所得税。

5. 贷款偿还计算

贷款偿还计算包含偿还方式的选择和还贷资金的计算。

贷款偿还方式主要有等额还本付息、等额还本利息照付以及约定还款三种方式。热电项目还款目前主要采用前两种方式。

（1）等额还本付息方式

$$A = I_c \frac{i(1+i)^n}{(1+i)^n - 1} = I_c (A/P, i, n) \tag{3-3}$$

式中 A——每年还本付息额（等额年金）；

I_c——还款起始年年初的借款余额；

i——有效年利率；

n——预定的还款期；

$(A/P，i，n)$——资金回收系数。

其中：每年支付利息=年初借款余额×年利率；每年偿还本金=M–每年支付利息；年初借款余额=I_c–本年以前各年偿还的借款累计。

（2）等额还本利息照付方式

$$A_t = \frac{I_c}{n} + I_c i\left(1 - \frac{t-1}{n}\right) \tag{3-4}$$

式中 A_t——第 t 年的还本付息额。

其中：每年支付利息=年初借款余额×有效年利率，年初借款余额=I_c–本年以前各年偿还的借款累计，即：第 t 年支付利息=$I_c i\left(1-\frac{t-1}{n}\right)$。每年偿还本金$=\frac{I_c}{n}$。

（3）约定还款方式。指除了上述两种还款方式之外的项目法人与银行签订的还款协议约定的方式。

投产的前几年，可用抵扣的增值税来偿还借款，然后再使用折旧和摊销费偿还借款。在折旧和摊销资金不足时，可使用未分配利润来偿还借款。

6. 财务评价报表及主要指标计算

通过编制财务分析基本报表，计算财务指标，分析项目的盈利能力、偿债能力和财务的生存能力，判断项目的可接受性，明确项目对项目法人及投资方的价值贡献，为项目决策提供依据。

（1）财务分析基本报表。财务分析基本报表包括现金流量表、利润与利润分配表、财务计划现金流量表和资产负债表。

1）现金流量表是反映项目在建设和运营整个计算期内各年的现金流入和流出，进行资金的时间因素折现计算的报表。它包括项目投资现金流量表、项目资本金现金流量表和投资各方现金流量表。

a）项目投资现金流量表用来进行融资前分析，即在不考虑债务筹措的条件下进行盈利能力分析，分别计算所得税前与税后的项目投资财务内部收益率，项目投资财务净现值和项目投资回收期。项目投资现金流量表中的所得税为调整所得税，调整所得税是以息税前利润为基数计算的所得税，区别于“利润与利润分配表”“项目资本金现金流量表”和“财务计划现金流量表”中的所得税：调整所得税=息税前利润×企业所得税率。

b）项目资本金现金流量表是在拟定的融资方案下，从项目资本金出资者整体的角度，考察项目的盈利能力，计算息税后资本金财务内部收益率。

c）投资各方现金流量表是从投资方实际获利和支出的角度，反映投资各方的收益水平，计算息税后投资各方财务内部收益率。

2）利润与利润分配表反映项目计算期内各年销售收入、总成本费用、利润总额等情况，以及所得税后利润的分配，用于计算总投资收益率、项目资本金净利润率等指标。火力发电项目的利润分为利润总额和净利润。

利润总额=销售收入（发电+供热）−总成本费用−城市维护建设税和教育费−附加+补贴收入。

年度利润总额实现后的用途依次为：弥补以前年度的亏损、交纳所得税、提取法定盈余公积金和任意公积金，偿还短期借款本金，各投资方利润分配。

3)财务计划现金流量表反映项目计算期内各年的投资、筹资及经营活动的现金流入和流出，用于计算累计盈余资金，分析项目的财务生存能力。

4）资产负债表反映项目计算期内各年年末资产、负债及所有者权益的增减变化及对应关系，计算资产负债率、流动比率和速动比率。

（2）财务评价主要指标。包括盈利能力分析指标和偿债能力分析指标。

1）盈利能力分析的主要指标包括财务内部收益率（*FIRR*）、财务净现值（*FNPV*）、项目投资回收期、总投资收益率（*ROI*）、项目资本金净利润率（*ROE*）。

a）财务内部收益率（*FIRR*）指项目在计算期内各年净现金流量现值累计等于零时的折现率，是考察项目盈利能力的主要动态指标。

$$\sum_{t=1}^{n}(CI-CO)_t(1+FIRR)^{-t}=0 \qquad (3\text{-}5)$$

式中 CI——现金流入量；

CO——现金流出量；

$(CI-CO)_t$——第 t 期的净现金流量；

n——项目计算期。

求出的 *FIRR* 应与行业的基准收益率（i_c）比较。当 $FIRR \geqslant i_c$ 时，应认为项目在财务上是可行的。

b）财务净现值（*FNPV*）是指按行业基准收益率（i_c），将项目计算期内各年的净现金流量折现到建设期初的现值之和，是反映项目在计算期内盈利能力的动态评价指标。

$$FNPV=\sum_{t=1}^{n}(CI-CO)_t(1+i_c)^{-t}=0 \qquad (3\text{-}6)$$

财务净现值不小于零的项目是可行的。

c）投资回收期指项目的净收益回收项目投资所需要的时间，是考察项目财务上投资回收能力的重要静态评价指标。投资回收期（P_t，年）宜从建设期开始算起。

$$\sum_{t=1}^{P_t}(CI-CO)_t=0 \qquad (3\text{-}7)$$

投资回收期可用项目投资现金流量表中累计净现金流量计算求得。

$$P_t=T-1+\frac{\left|\sum_{i=1}^{T-1}(CI-CO)_i\right|}{(CI-CO)_T} \qquad (3\text{-}8)$$

式中 T——各年累计净现金流量首次为正值或零的年数。

投资回收期短，表明项目投资回收快，抗风险能力强。

d）总投资收益率（*ROI*）指项目达到生产能力后正常年份的年息税前利润或运营期利润或运营期内平均息税前利润（*EBIT*）与项目总投资（*TI*）的比率，表示总投资的盈利水平。

$$ROI=\frac{EBIT}{TI}\times100\% \qquad (3\text{-}9)$$

式中 $EBIT$——项目正常年份的年息税前利润或运营期内年平均息税前利润；

TI——项目总投资。

总投资收益率高于同行业的参考值，表明用总投资收益率表示的盈利能力满足要求。

e）项目资本金净利润率（*ROE*）指项目达到设计能力后正常年份净利润或运营期内平均净利润（*NP*）与项目资本金的比率，表示项目资本金的盈利水平。

$$ROE=\frac{NP}{EC}\times100\% \qquad (3\text{-}10)$$

式中 NP——项目正常年份的年净利润或运营期内年平均净利润；

EC——项目资本金。

项目资本金净利润率高于同行业的净利润率参考值，表明用项目资本金净利润率表示的盈利能力满足要求。

2）偿债能力分析的主要指标包括利息备付率（*ICR*）、偿债备付率（*DSCR*）、资产负债率（*LOAR*）、流动比率和速动比率。

a）利息备付率（*ICR*）指在借款偿还期内的息税前利润（*EBIT*）与应付利息（*PI*）的比值，表示利息偿付的保障程度指标。

$$ICR=\frac{EBIT}{PI} \tag{3-11}$$

式中 $EBIT$——息税前利润；

PI——计入成本费用的应付利息。

利息备付率应分年计算。利息备付率高，表明利息偿付的保障程度高。

b）偿债备付率（$DSCR$）指在借款偿还期内，用于计算还本付息的资金（$EBITDA-T_{AX}$）与应还本付息金额（PD）的比值，表示可用于还本付息的资金偿还借款本息的保障程度指标。

$$DSCR=\frac{EBITDA-T_{AX}}{PD} \tag{3-12}$$

式中 $EBITDA$——息税前利润加折旧和摊销；

T_{AX}——企业所得税；

PD——应还本付息额，包括还本金额和计入总成本费用的全部利息。融资租赁费用可视同借款偿还。运营期内短期借款本息也应纳入计算。

偿债备付率应分年计算。偿债备付率高，表明可用于还本付息的资金保障程度高。

c）资产负债率（$LODR$）指各期末负债总额（TL）与资产总额（TA）的比率，是反映项目各年所面临的财务风险程度及综合偿债能力的指标。

$$LOAR=\frac{TL}{TA}\times 100\% \tag{3-13}$$

式中 TL——期末负债总额；

TA——期末资产总额。

d）流动比率是指流动资产与流动负债之比，反映项目法人偿还流动负债的能力。

$$流动比率=\frac{流动资产}{流动负债} \tag{3-14}$$

e）速动比率是指速动资产与流动负债之比，反映项目法人在短时间内偿还流动负债的能力。

$$速动比率=\frac{速动资产}{流动负债} \tag{3-15}$$

（3）财务评价结果主要判据。财务评价结果应满足以下条件：

1）内部收益率：达到投资方及项目建设单位要求。

2）财务净现值：大于0。

3）利息备付率：一般为1.5～2，并结合债权人的要求确定。

4）偿债备付率：一般应大于1.3，并结合债权人的要求确定。

5）资产负债率：一般为40%～80%。

6）流动比率：一般为1.0～2.0。

7）速动比率：一般为0.6～1.2。

（五）不确定性分析

（1）不确定性分析的必要性。项目经济评价所采用的数据大部分来自预测和估算，具有一定程度的不确定性，为分析不确定性因素变化对评价指标的影响，估计项目所承担的风险，应进行不确定性分析。

（2）不确定性分析包括的内容。不确定性分析主要包括盈亏平衡分析和敏感性分析。

1）盈亏平衡分析。盈亏平衡分析是指通过计算项目达产年的盈亏平衡点（BEP），分析项目成本与收入的平衡关系，判断项目对产出品的数量变化的适应能力和抗分险能力。盈亏平衡点越低，表明项目适应产出变化的能力越大，抗风险能力越强。

盈亏平衡点通过正常年份的产量或销售量、可变成本、固定成本、产品价格和销售税金及附加等数据计算。可变成本主要包括燃料、原材料、动力消耗、脱硫剂、脱硝剂费用及排污费。固定成本主要包括折旧、摊销、工资及福利、修理、财务、其他费用及保险费。

盈亏平衡分析一般用公式计算，也可利用盈亏平衡图求取。项目评价中通常采用以产量和生产能力利用率表示的盈亏平衡点，其计算公式为

a）以生产能力利用率表示的盈亏平衡点：

$$BEP_1=\frac{年固定成本}{年销售收入-年可变成本-年税金及附加}\times 100\% \tag{3-16}$$

b）以产量表示的盈亏平衡点：

$$BEP_2=\frac{年固定成本}{单位产品价格-单位产品可变成本-单位产品税金及附加} \tag{3-17}$$

两者之间的换算关系为$BEP_2=BEP_1\times$设计生产能力。

2）敏感性分析。敏感性分析是指通过分析不确定因素发生增减变化时，对财务或经济评价指标的影响，计算敏感度系数和临界点，找出敏感因素。

a）单因素分析与多因素分析。敏感性分析包括单因素分析和多因素分析，为找出关键的敏感性因素，通常只进行单因素敏感性分析。

b）不确定因素的选取。敏感性分析通常对那些重要的且可能对项目效益影响较大的不确定因素进行分析，热电项目通常对固定资产投资、年发电量、年供热量、燃料价格及售电（热）价格作为不确定因素进行分析。

c）不确定因素变化程度的确定。敏感性分析一般是选择不确定因素变化的百分率为±5%、±10%、±15%、±20%等。

d）敏感性分析中项目评价指标的选取。项目经济评价有一整套指标体系，敏感性分析可选取其中一个或几个主要指标进行分析，最基本的分析指标是内部

收益率，根据项目的实际情况，也可选择净现值或投资回收期评价指标。当热电项目经济评价计算方法为给定内部收益率，反算售电价或售热价时，则将售电价（售热价）作为评价指标。

e）敏感度系数（S_{AF}）。敏感度系数（S_{AF}）是指项目评价指标的百分率与不确定因素变化的百分率之比，其计算公式为

$$S_{AF}=\frac{\Delta A/A}{\Delta F/F} \tag{3-18}$$

式中　S_{AF}——评价指标 A 对于不确定因素 F 的敏感系数；

$\Delta F/F$——不确定因素 F 的变化率；

$\Delta A/A$——不确定因素 F 发生 ΔF 变化时，评价指标 A 的相应的变化率。

f）临界点（转换值）。临界点（转换值）是指不确定因素的变化使项目由可行变为不可行的临界数值，一般采用不确定因素相对基本方案的变化率或其对应的具体数值表示。

g）敏感性分析结果的表示。敏感性分析的计算结果应采用敏感性表或敏感性分析图表示。

（六）财务评价电算程序

热电厂项目目前使用中国电力工程顾问集团电力规划设计总院编制的《火电经济评价软件》（版本号V3.0.17）。

1. 软件特点

（1）快速性。该软件计算电价、编制报表速度快。

（2）灵活性。该软件的输入界面可最大程度地满足用户工作的各种需求，有多种选项，可对不同因素进行不同的组合。

（3）可靠性。原始数据与基本及辅助报表之间数据保持动态平衡，实现文件相关性，保持逻辑上的一致。

（4）多层次性。根据评价人员的专业熟练程度，设置用户等级，利用口令控制各等级用户。

（5）可维护性。程序内采用模块化结构、面向对象的程序设计，模块与模块之间保持高度的独立性，可方便地增加或裁减模块，便于程序运行调试，有利于程序今后升级、扩展。

（6）方便性。常用的菜单选择项目同时设立快捷按钮及快捷菜单，具有完备的在线帮助，实现操作过程中的对应项目动态指导，使用户使用软件更简便。

（7）直观性。评价结果输出过程中，不仅以基本及辅助报表形式输出，对于敏感性分析等计算结果可由用户选择辅以各种图表，如线形图、直方图等方式，使各敏感参数的敏感程度关系反映得更直观。

2. 软件功能简介

该软件的主要功能包括工程管理、原始数据输入、财务报表编制和主要评价指标计算、财务报表管理，软件考察热电项目的盈利能力、清偿能力等财务状况，并进行敏感性分析，为项目决策提供经济效益依据。

（1）用户管理。添加、修改、检索、删除、浏览用户记录，查询用户使用次数，设置用户级别，修改用户口令。

（2）工程管理。对工程进行打开、新建、复制、修改、删除、导入、导出等操作，并可操作工程的基本概况数据，如工程名称、机组台数、装机容量、投产年、投产月等。

（3）原始数据管理。主要分为：投资类原始数据、成本类原始数据、损益类原始数据、敏感性分析类原始数据。

（4）报表计算。在原始数据输入完整的基础上计算并编制财务报表。

（5）报表管理。打印、预览各项财务报表。

二、热电厂项目财务评价案例

本案例采用的有关投资数据与本章第二节“五、投资估算案例”一致。

财务评价编制说明为：根据项目的建设情况及有关规定，本项目的经济评价重点进行项目的财务评价。本评价为××电厂新建 2×350MW 国产超临界直接空冷机组工程项目的财务评价。

（1）编制原则和依据。本评价原则及标准执行国家有关法律、法规的规定，执行电力行业及相关行业现行的有关规定与标准。包括：

1）国家发展改革委、建设部发改投资〔2006〕1325号《关于印发建设项目经济评价方法与参数的通知》。

2）国务院文件国发〔1996〕35 号关于《关于固定资产投资项目试行资本金制度的通知》。

3）贷款利率执行中国人民银行 2015 年 10 月 24日发布的现行银行贷款利率。

4）建设单位提供的有关计算数据。

5）经济评价计算按增值税转型的新政策，考虑设备购置费（含四大管道）所含进项税的抵扣影响。

（2）资金来源。××工程项目计划总资金 287438万元。其中工程静态投资 273405 万元，建设期贷款利息 11485 万元，铺底流动资金 2548 万元。

项目的资本金比例为工程建设投资的 20%，其额度为 56978 万元，由××集团公司全额出资。

项目的融资为工程投资的 80%，其额度为 227912万元，拟采用项目融资的形式向商业银行申请贷款。贷款偿还期为 15 年，其中宽限期 2 年，还款方式为等额还本付息方式还款，季度结息，贷款利率按年名义利率 4.9%计算。

（3）主要原始数据见表 3-16。

表 3-16　　财务评价基础数据表

序号	参数名称	单位	数值
1	总装机容量	MW	2×350
2	建设期（含施工准备）	月	28
3	项目生产经营	年	20
4	静态投资	万元	273405
5	资本金比例	%	20
6	长期贷款年利率	%	4.9
7	流动资金及短期贷款年利率	%	4.35
8	贷款偿还期（含宽限期）	年	15
9	折旧年限	年	15
10	固定资产残值	%	5
11	固定资产形成率	%	95
12	年发电量	GW·h	3850
13	年供热量	万 GJ	950
14	发电标准煤耗（考虑运行工况调整）	kg/（MW·h）	266.6
15	供热标准煤耗	kg/GJ	39.5
16	发电厂用电率	%	4.3
17	供热厂用电率	（kW·h）/GJ	5.52
18	大修理费提存	%	2
19	电厂定员	人	234
20	年人均工资	元/（人·年）	60000
21	福利费比例	%	60
22	标准煤价（含税）	元/t	550
23	水价（含税）	元/t	4.4
24	材料费	元/（MW·h）	6
25	其他费用	元/（MW·h）	12
26	石灰石单价（含税）	元/t	425
27	尿素单价（含税）	元/t	1700
28	发电增值税	%	17
29	供热增值税	%	13
30	城市建设维护税	%	7
31	教育费附加	%	5
32	所得税	%	25
33	法定公积金提取率	%	10
34	基准收益率	%	7

（4）财务评价计算。财务评价计算以给定电厂出口热价和实现投资各方内部收益率 10%，反推上网电价及各项经济指标进行财务评价计算。

经过计算，反算出上网电价为 289.77 元/（MW·h）。财务评价各项经济指标见表 3-17。

表 3-17　　财务评价指标一览表

序号	项目名称	单位	数值
1	机组容量	MW	2×350
2	工程静态投资	万元	273405
3	单位投资	元/kW	3906
4	工程动态投资	万元	284890
5	单位投资	元/kW	4070
6	流动资金	万元	8492
7	铺底流动资金	万元	2548
8	不含税热价	元/GJ	24.3
9	含税热价	元/GJ	27.5
10	不含税电价	元/（MW·h）	247.89
11	含税电价	元/（MW·h）	289.77
12	总投资收益率	%	5.74
13	资本金净利润率	%	14.83
14	基准收益率	%	7
15	项目投资所得税前内部收益率	%	8.91
	投资回收期	年	11.22
	财务净现值	万元	39272
16	项目投资所得税后内部收益率	%	7.16
	投资回收期	年	12.51
	财务净现值	万元	3116
17	资本金内部收益率	%	14.17
18	投资方内部收益率	%	10

（5）不确定性分析。

1）盈亏平衡分析。当满足投资方内部收益率为 10%时，生产能力利用率为 69.71%，即年利用小时达到 3834h，项目的费用与效益平衡，高于 3834 h 盈利，反之则亏损。

2）敏感性分析。火力发电工程项目成本中，可变成本主要是燃料费，影响燃料费变化最大的因素是煤价和煤耗；固定成本主要是折旧费，影响折旧费变化最大的因素是固定资产投资和折旧年限。影响火力发电工程项目收益的因素很多，其主要的因素是销售收入，销售收入主要取决于设备利用小时和上网电价。

以固定资产投资、发电量、供热量、煤价、热价作为项目财务评价的敏感性分析因素，分析测算出投资方内部收益率为10%时的上网电价。以增减10%为变化步距，其计算结果详见表3-18和图3-3。

表3-18　　敏感性分析表

不确定因素	变化率（%）	电价［元/（MW·h）］	电价变化率（%）	敏感度系数
基本方案	0.00	289.77	0.00	0.00
总投资	−10.00	277.76	−4.14	0.41
	10.00	302.94	4.54	0.45
发电量	−10.00	302.52	4.40	−0.44
	10.00	279.37	−3.59	−0.36
供热量	−10.00	291.05	0.44	−0.04
	10.00	288.49	−0.44	−0.04
燃料价格	−10.00	268.34	−7.39	0.74
	10.00	311.20	7.39	0.74
热价	−10.00	297.23	2.58	−0.26
	10.00	282.30	−2.58	−0.26

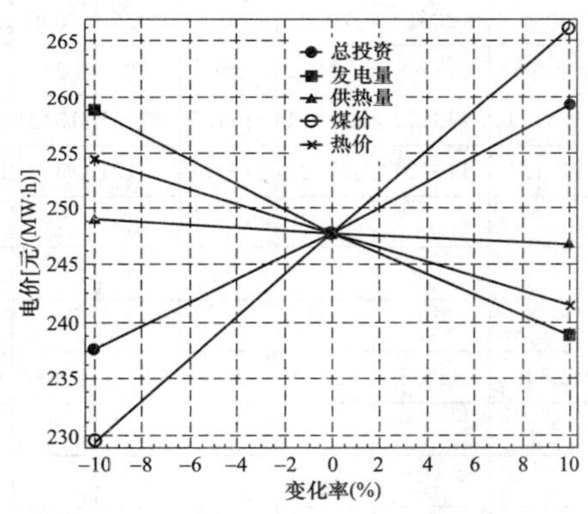

图3-3　敏感性分析图

从敏感性分析表和图可以看出，投资、发电量、供热量、煤价及热价分别调整正负10%时，对电价的影响均低于××当地标杆电价。因此本项目具有一定的抗风险能力。

（6）财务评价结论。

1）盈利能力。本工程经营期预计20年。通过项目财务评价，测算出锁定投资方内部收益率10%时的上网电价为289.77元/（MW·h）（含税），融资前投资和融资后财务内部收益率均满足电力行业现行的财务内部收益率要求，且财务净现值均大于零。评价结果表明，本工程项目投产后的盈利能力是可行的。

2）清偿能力。本工程项目计算期内，按照贷款条件要求进行还贷。还贷资金由还贷折旧和还贷利润组成。项目拟利用银行贷款，还贷期较长（15年），减轻了项目的还贷压力。按投资方内部收益率为10%时的上网电价进行测算，能够满足贷款偿还的要求。

从资产负债计算表可以看出，该项目在电网的合理调度下，财务上流动资金占用率相对稳定，又无存货，所以流动比率和速动比率较高，说明项目具有较强的清偿能力。

综上所述，本工程项目财务评价的各项指标均能满足电力行业基本要求。对于区域经济用电负荷增长本工程的建设投产将起到很好的作用，同时该项目也具有一定的市场竞争能力。

（7）财务评价主要报表。项目投资现金流量表见表3-19；项目资本金现金流量表见表3-20；各投资方现金流量表见表3-21；利润与利润分配表见表3-22；财务计划现金流量表见表3-23；资产负债表见表3-24；总成本费用估算表见表3-25。

由于表3-19～表3-25中数值由程序算出，表中数值均为保留相应有效位数后的最终结果，在计算过程中由四舍五入引起的误差均在合理范围内。

表3-19　　项目投资现金流量表

工程名称：××工程　　建设规模：2×350MW机组　　（万元）

序号	项目名称	合计/平均	2016	2017	2018	2019	2020	2021	2022	2023	2024	2025	2026
			1	2	3	4	5	6	7	8	9	10	11
1	现金流入	2226979			56560	113121	113121	113121	113121	113121	113121	113121	113121
1.1	产品销售收入	2205853			56560	113121	113121	113121	113121	113121	113121	113121	113121
1.2	补贴收入												
1.3	回收固定资产净值	12633											
1.4	回收流动资金	8492											
2	现金流出	1878882	82022	117828	121648	76692	76659	78272	83106	83073	83039	83006	82973
2.1	建设投资	273405	82022	109362	82022								

续表

序号	项目名称	合计/平均	2016	2017	2018	2019	2020	2021	2022	2023	2024	2025	2026
			1	2	3	4	5	6	7	8	9	10	11
2.2	流动资金	8492		8466	27								
2.3	经营成本	1604770			42514	82521	82487	82454	82421	82387	82354	82321	82287
2.4	城市维护建设税及教育附加	11140						173	685	685	685	685	685
2.5	建设期可抵扣的增值税	−18926			−2914	−5828	−5828	−4355					
3	所得税前净现金流量（1与2两项之差）	348097	−82022	−117828	−65087	36428	36462	34849	30015	30048	30081	30115	30148
4	所得税前累计净现金流量		−82022	−199849	−264937	−228508	−192046	−157198	−127183	−97135	−67054	−36939	−6791
5	调整所得税	84153			1512	3651	3660	3625	3505	3846	4187	4195	4203
6	所得税前净现金流量（3与5两项之差）	263944	−82022	−117828	−66600	32777	32802	31224	26510	26202	25895	25920	25945
7	所得税前累计净现金流量		−82022	−199849	−266449	−233672	−200870	−169646	−143136	−116934	−91039	−65119	−39174
			所得税前		所得税后								
	计算指标：财务内部收益率		8.91%		7.16%		（基准收益率为7.00%）						
	财务净现值		39271.99万元		3115.94万元								
	投资回收期		11.22年		12.51年								

序号	项目名称	合计/平均	2027	2028	2029	2030	2031	2032	2033	2034	2035	2036	2037
			12	13	14	15	16	17	18	19	20	21	22
1	现金流入	2226979	113121	113121	113121	113121	113121	113121	113121	113121	113121	113121	134246
1.1	产品销售收入	2205853	113121	113121	113121	113121	113121	113121	113121	113121	113121	113121	113121
1.2	补贴收入												
1.3	回收固定资产净值	12633											12633
1.4	回收流动资金	8492											8492
2	现金流出	1878882	82939	82906	82873	82839	82806	82773	82739	82706	82673	82656	82656
2.1	建设投资	273405											
2.2	流动资金	8492											
2.3	经营成本	1604770	82254	82221	82187	82154	82121	82087	82054	82021	81987	81970	81970
2.4	城市维护建设税及教育附加	11140	685	685	685	685	685	685	685	685	685	685	685
2.5	建设期可抵扣的增值税	−18926											
3	所得税前净现金流量（1与2两项之差）	348097	30181	30215	30248	30281	30315	30348	30381	30415	30448	30465	51591
4	所得税前累计净现金流量		23391	53605	83853	114135	144450	174798	205179	235594	266042	296507	348097
5	调整所得税	84153	4212	4220	4228	4237	4245	4253	4262	4270	4278	5949	7616
6	所得税前净现金流量（3与5两项之差）	263944	25970	25995	26020	26045	26070	26095	26120	26145	26170	24515	43974
7	所得税前累计净现金流量		−13204	12790	38810	64855	90925	117020	143140	169285	195454	219970	263944
			所得税前		所得税后								
	计算指标：财务内部收益率		8.91%		7.16%		（基准收益率为7.00%）						
	财务净现值		39271.99万元		3115.94万元								
	投资回收期		11.22年		12.51年								

表 3-20 **项目资本金现金流量表**

工程名称：××工程 建设规模：2×350MW 机组 （万元）

序号	项目名称	合计/平均	2016	2017	2018	2019	2020	2021	2022	2023	2024	2025	2026
			1	2	3	4	5	6	7	8	9	10	11
1	现金流入	2226979			56560	113121	113121	113121	113121	113121	113121	113121	113121
1.1	产品销售收入	2205853			56560	113121	113121	113121	113121	113121	113121	113121	113121
1.2	补贴收入												
1.3	回收固定资产净值	12633											
1.4	回收流动资金	8492											
2	现金流出	2050409	17093	25331	67143	100205	100321	102048	106918	107390	107869	108025	108189
2.1	建设投资资本金	56978	17093	22791	17093								
2.2	自有流动资金	2548		2540	8								
2.3	经营成本	1604770			42514	82521	82487	82454	82421	82387	82354	82321	82287
2.4	长期借款本金偿还	227912			5653	11348	11914	12509	13133	13788	14477	15199	15958
2.5	流动资金借款本金偿还	5945											
2.6	长期借款利息支付	96015			4111	11092	10526	9931	9307	8652	7964	7241	6483
2.7	流动资金借款利息支付	5171			258	259	259	259	259	259	259	259	259
2.8	短期借款利息支付												
2.9	城市维护建设税及教育附加	11140						173	685	685	685	685	685
2.10	所得税	58857			420	814	964	1077	1114	1618	2131	2320	2518
2.11	建设期可抵扣的增值税	−18926			−2914	−5828	−5828	−4355					
3	净现金流量	176570	−17093	−25331	−10582	12916	12799	11073	6202	5731	5252	5096	4931
	计算指标：财务内部收益率	14.17% （基准收益率为 7.00%）											
	财务净现值	40320.66 万元											
	投资回收期	8.82 年											

序号	项目名称	合计/平均	2027	2028	2029	2030	2031	2032	2033	2034	2035	2036	2037
			12	13	14	15	16	17	18	19	20	21	22
1	现金流入	2226979	113121	113121	113121	113121	113121	113121	113121	113121	113121	113121	134246
1.1	产品销售收入	2205853	113121	113121	113121	113121	113121	113121	113121	113121	113121	113121	113121
1.2	补贴收入												
1.3	回收固定资产净值	12633											12633
1.4	回收流动资金	8492											8492
2	现金流出	2050409	108363	108548	108742	108947	109164	109393	87195	87170	87145	88799	96411
2.1	建设投资资本金	56978											
2.2	自有流动资金	2548											
2.3	经营成本	1604770	82254	82221	82187	82154	82121	82087	82054	82021	81987	81970	81970
2.4	长期借款本金偿还	227912	16754	17590	18468	19390	20358	21374					
2.5	流动资金借款本金偿还	5945											5945
2.6	长期借款利息支付	96015	5686	4850	3972	3050	2083	1067					
2.7	流动资金借款利息支付	5171	259	259	259	259	259	259	259	259	259	259	259

续表

序号	项目名称	合计/平均	2027	2028	2029	2030	2031	2032	2033	2034	2035	2036	2037
			12	13	14	15	16	17	18	19	20	21	22
2.8	短期借款利息支付												
2.9	城市维护建设税及教育附加	11140	685	685	685	685	685	685	685	685	685	685	685
2.10	所得税	58857	2725	2943	3171	3409	3660	3922	4197	4205	4214	5885	7552
2.11	建设期可抵扣的增值税	−18926											
3	净现金流量	176570	4757	4573	4379	4173	3956	3727	25926	25951	25976	24322	37836
	计算指标：财务内部收益率	14.17%（基准收益率为 7.00%）											
	财务净现值	40320.66 万元											
	投资回收期	8.82 年											

表 3-21　　各投资方现金流量表

工程名称：××工程　　建设规模：2×350MW 机组　　（万元）

序号	项目名称	合计/平均	2016	2017	2018	2019	2020	2021	2022	2023	2024	2025	2026
			1	2	3	4	5	6	7	8	9	10	11
1	现金流入	236095			1135	2197	2601	2908	3007	4369	5754	6264	6798
1.1	注资方 1 利润分配	156584			1135	2197	2601	2908	3007	4369	5754	6264	6798
1.2	资产处置收益分配	79511											
1.2.1	回收固定资产和无形资产余值	12633											
1.2.2	回收还借款后余留折旧和摊销	46673											
1.2.3	回收自有流动资金	2548											
1.2.4	回收法定盈余公积金和任意盈余公积金	17657											
2	现金流出	59526	17093	25331	17101								
2.1	建设投资资本金	56978	17093	22791	17093								
2.2	自有流动资金	2548		2540	8								
3	净现金流量	176570	−17093	−25331	−15967	2197	2601	2908	3007	4369	5754	6264	6798
	计算指标：财务内部收益率	10.00%（基准收益率为 7.00%）											
	财务净现值	23294.75 万元											
	投资回收期	14.07 年											

序号	项目名称	合计/平均	2027	2028	2029	2030	2031	2032	2033	2034	2035	2036	2037
			12	13	14	15	16	17	18	19	20	21	22
1	现金流入	236095	7359	7945	8561	9205	9881	8261	11332	11354	11377	15889	99900
1.1	注资方 1 利润分配	156584	7359	7945	8561	9205	9881	8261	11332	11354	11377	15889	20389
1.2	资产处置收益分配	79511											79511
1.2.1	回收固定资产和无形资产余值	12633											12633
1.2.2	回收还借款后余留折旧和摊销	46673											46673

续表

序号	项目名称	合计/平均	2027	2028	2029	2030	2031	2032	2033	2034	2035	2036	2037
			12	13	14	15	16	17	18	19	20	21	22
1.2.3	回收自有流动资金	2548											2548
1.2.4	回收法定盈余公积金和任意盈余公积金	17657											17657
2	现金流出	59526											
2.1	建设投资资本金	56978											
2.2	自有流动资金	2548											
3	净现金流量	176570	7359	7945	8561	9205	9881	8261	11332	11354	11377	15889	99900
	计算指标：财务内部收益率	10.00%（基准收益率为 7.00%）											
	财务净现值	23294.75 万元											
	投资回收期	14.07 年											

表 3-22 利润与利润分配表

工程名称：××工程　　建设规模：2×350MW 机组　　（万元）

序号	项目名称	合计/平均	2016	2017	2018	2019	2020	2021	2022	2023	2024	2025	2026
			1	2	3	4	5	6	7	8	9	10	11
1	产品销售收入	2205853			56560	113121	113121	113121	113121	113121	113121	113121	113121
1.1	售电收入	1755696			45018	90036	90036	90036	90036	90036	90036	90036	90036
1.1.1	售电量（GW·h）	70824			1816	3632	3632	3632	3632	3632	3632	3632	3632
1.1.2	售电价格［元/（MW·h），不含税］	248			248	248	248	248	248	248	248	248	248
1.1.3	售电价格［元/（MW·h），含税］	290			290	290	290	290	290	290	290	290	290
1.2	供热收入	450158			11543	23085	23085	23085	23085	23085	23085	23085	23085
1.2.1	供热量（万 GJ）	18525			475	950	950	950	950	950	950	950	950
1.2.2	供热价格（元/GJ，不含税）	24			24	24	24	24	24	24	24	24	24
1.2.3	供热价格（元/GJ，含税）	27			27	27	27	27	27	27	27	27	27
2	销售税金及附加	103973						1617	6397	6397	6397	6397	6397
2.1	售电销售税金及附加	103973						1617	6397	6397	6397	6397	6397
2.1.1	增值税	92833						1444	5712	5712	5712	5712	5712
2.1.2	城市维护建设税及教育附加	11140						173	685	685	685	685	685
2.2	供热销售税金及附加												
2.2.1	增值税												
2.2.2	城市维护建设税及教育附加												
3	总成本费用	1959287			54879	109866	109267	108639	107981	105963	103911	103155	102364
4	补贴收入												
5	利润总额	235426			1681	3254	3854	4309	4454	6473	8524	9280	10072
6	弥补以前年度亏损												
7	应纳税所得额	235426			1681	3254	3854	4309	4454	6473	8524	9280	10072

续表

序号	项目名称	合计/平均	2016	2017	2018	2019	2020	2021	2022	2023	2024	2025	2026
			1	2	3	4	5	6	7	8	9	10	11
8	所得税	58857			420	814	964	1077	1114	1618	2131	2320	2518
9	净利润	176570			1261	2441	2890	3232	3341	4855	6393	6960	7554
9.1	法定盈余公积金	17657			126	244	289	323	334	485	639	696	755
9.2	任意盈余公积金												
9.3	各投资方利润分配	156584			1135	2197	2601	2908	3007	4369	5754	6264	6798
	注资方 1	156584			1135	2197	2601	2908	3007	4369	5754	6264	6798
9.4	未分配利润	2328											
10	息税前利润（利润总额+财务费用）	336612			6049	14605	14639	14499	14020	15383	16746	16780	16813
11	息税折旧摊销前利润（利润总额+财务费用+折旧摊销）	589943			14047	30600	30633	30494	30015	30048	30081	30115	30148

序号	项目名称	合计/平均	2027	2028	2029	2030	2031	2032	2033	2034	2035	2036	2037
			12	13	14	15	16	17	18	19	20	21	22
1	产品销售收入	2205853	113121	113121	113121	113121	113121	113121	113121	113121	113121	113121	113121
1.1	售电收入	1755696	90036	90036	90036	90036	90036	90036	90036	90036	90036	90036	90036
1.1.1	售电量（GW·h）	70824	3632	3632	3632	3632	3632	3632	3632	3632	3632	3632	3632
1.1.2	售电价格［元/（MW·h），不含税］	248	248	248	248	248	248	248	248	248	248	248	248
1.1.3	售电价格［元/（MW·h），含税］	290	290	290	290	290	290	290	290	290	290	290	290
1.2	供热收入	450158	23085	23085	23085	23085	23085	23085	23085	23085	23085	23085	23085
1.2.1	供热量（万 GJ）	18525	950	950	950	950	950	950	950	950	950	950	950
1.2.2	供热价格（元/GJ，不含税）	24	24	24	24	24	24	24	24	24	24	24	24
1.2.3	供热价格（元/GJ，含税）	27	27	27	27	27	27	27	27	27	27	27	27
2	销售税金及附加	103973	6397	6397	6397	6397	6397	6397	6397	6397	6397	6397	6397
2.1	售电销售税金及附加	103973	6397	6397	6397	6397	6397	6397	6397	6397	6397	6397	6397
2.1.1	增值税	92833	5712	5712	5712	5712	5712	5712	5712	5712	5712	5712	5712
2.1.2	城市维护建设税及教育附加	11140	685	685	685	685	685	685	685	685	685	685	685
2.2	供热销售税金及附加												
2.2.1	增值税												
2.2.2	城市维护建设税及教育附加												
3	总成本费用	1959287	101534	100664	99753	98798	97797	96748	95648	95614	95581	88897	82229
4	补贴收入												
5	利润总额	235426	10902	11771	12682	13637	14638	15688	16788	16821	16854	23539	30206
6	弥补以前年度亏损												
7	应纳税所得额	235426	10902	11771	12682	13637	14638	15688	16788	16821	16854	23539	30206
8	所得税	58857	2725	2943	3171	3409	3660	3922	4197	4205	4214	5885	7552

续表

序号	项目名称	合计/平均	2027	2028	2029	2030	2031	2032	2033	2034	2035	2036	2037
			12	13	14	15	16	17	18	19	20	21	22
9	净利润	176570	8176	8828	9512	10228	10979	11766	12591	12616	12641	17654	22655
9.1	法定盈余公积金	17657	818	883	951	1023	1098	1177	1259	1262	1264	1765	2265
9.2	任意盈余公积金												
9.3	各投资方利润分配	156584	7359	7945	8561	9205	9881	8261	11332	11354	11377	15889	20389
	注资方1	156584	7359	7945	8561	9205	9881	8261	11332	11354	11377	15889	20389
9.4	未分配利润	2328						2328					
10	息税前利润（利润总额+财务费用）	336612	16846	16880	16913	16946	16980	17013	17046	17080	17113	23797	30465
11	息税折旧摊销前利润（利润总额+财务费用+折旧摊销）	589943	30181	30215	30248	30281	30315	30348	30381	30415	30448	30465	30465

表 3-23　　财务计划现金流量表

工程名称：××工程　　建设规模：2×350MW 机组　　（万元）

序号	项目名称	合计/平均	2016	2017	2018	2019	2020	2021	2022	2023	2024	2025	2026
			1	2	3	4	5	6	7	8	9	10	11
1	经营活动净现金流量（1.1与1.2两项之差）	539579			13627	29787	29670	29416	28901	28430	27950	27795	27630
1.1	现金流入	2214346			56560	113121	113121	113121	113121	113121	113121	113121	113121
1.1.1	销售收入	2205853			56560	113121	113121	113121	113121	113121	113121	113121	113121
1.1.2	补贴收入												
1.1.3	回收流动资金	8492											
1.2	现金流出	1674767			42934	83334	83451	83704	84220	84691	85170	85326	85491
1.2.1	经营成本	1604770			42514	82521	82487	82454	82421	82387	82354	82321	82287
1.2.2	城市维护建设税及教育附加	11140						173	685	685	685	685	685
1.2.3	所得税	58857			420	814	964	1077	1114	1618	2131	2320	2518
1.2.4	其他流出												
2	投资、筹资活动净现金流（2.1与2.2两项之差）	−460068			−8242	−19067	−19472	−21252	−25705	−27068	−28453	−28963	−29497
2.1	现金流入	306016	82697	123262	87424								
2.1.1	项目资本金投入	59526	17093	25331	17101								
2.1.2	建设投资借款	227912	65603	92005	70304								
2.1.3	流动资金借款	5945		5926	19								
2.1.4	短期借款												
2.1.5	回收固定资产余值	12633											
2.2	现金流入	766084	82697	123262	95666	19067	19472	21252	25705	27068	28453	28963	29497
2.2.1	建设投资	273405	82022	109362	82022								
2.2.2	流动资金	8492		8466	27								
2.2.3	借款本金偿还	233857			5653	11348	11914	12509	13133	13788	14477	15199	15958

续表

序号	项目名称	合计/平均	2016	2017	2018	2019	2020	2021	2022	2023	2024	2025	2026
			1	2	3	4	5	6	7	8	9	10	11
2.2.4	各种利息支付	112671	675	5434	9744	11351	10785	10190	9566	8910	8222	7500	6741
2.2.5	各投资方利润分配	156584			1135	2197	2601	2908	3007	4369	5754	6264	6798
2.2.6	其他流出（建设期可抵扣的增值税）	–18926			–2914	–5828	–5828	–4355					
3	净现金流量（1与2两项之和）	79511			5384	10719	10198	8164	3196	1362	–502	–1168	–1867
4	累计盈余资金				5384	16104	26302	34466	37662	39024	38522	37354	35487

序号	项目名称	合计/平均	2027	2028	2029	2030	2031	2032	2033	2034	2035	2036	2037
			12	13	14	15	16	17	18	19	20	21	22
1	经营活动净现金流量（1.1与1.2两项之差）	539579	27456	27272	27078	26872	26655	26426	26185	26210	26235	24580	31406
1.1	现金流入	2214346	113121	113121	113121	113121	113121	113121	113121	113121	113121	113121	121613
1.1.1	销售收入	2205853	113121	113121	113121	113121	113121	113121	113121	113121	113121	113121	113121
1.1.2	补贴收入												
1.1.3	回收流动资金	8492											8492
1.2	现金流出	1674767	85665	85849	86043	86249	86466	86695	86936	86911	86886	88541	90207
1.2.1	经营成本	1604770	82254	82221	82187	82154	82121	82087	82054	82021	81987	81970	81970
1.2.2	城市维护建设税及教育附加	11140	685	685	685	685	685	685	685	685	685	685	685
1.2.3	所得税	58857	2725	2943	3171	3409	3660	3922	4197	4205	4214	5885	7552
1.2.4	其他流出												
2	投资、筹资活动净现金流（2.1与2.2两项之差）	–460068	–30057	–30644	–31259	–31904	–32580	–30960	–11590	–11613	–11635	–16147	–13959
2.1	现金流入	306016											12633
2.1.1	项目资本金投入	59526											
2.1.2	建设投资借款	227912											
2.1.3	流动资金借款	5945											
2.1.4	短期借款												
2.1.5	回收固定资产余值	12633											12633
2.2	现金流入	766084	30057	30644	31259	31904	32580	30960	11590	11613	11635	16147	26592
2.2.1	建设投资	273405											
2.2.2	流动资金	8492											
2.2.3	借款本金偿还	233857	16754	17590	18468	19390	20358	21374					5945
2.2.4	各种利息支付	112671	5945	5109	4231	3309	2341	1325	259	259	259	259	259
2.2.5	各投资方利润分配	156584	7359	7945	8561	9205	9881	8261	11332	11354	11377	15889	20389
2.2.6	其他流出（建设期可抵扣的增值税）	–18926											
3	净现金流量（1与2两项之和）	79511	–2601	–3372	–4182	–5032	–5925	–4534	14594	14597	14599	8433	17446
4	累计盈余资金		32885	29513	25331	20299	14375	9841	24436	39032	53632	62064	79511

表 3-24　　资 产 负 债 表

工程名称：××工程　　建设规模：2×350MW 机组　　（万元）

序号	项目名称	合计/平均	2016	2017	2018	2019	2020	2021	2022	2023	2024	2025	2026
			1	2	3	4	5	6	7	8	9	10	11
1	资产		82697	212794	294690	283586	271961	259776	246977	233674	219836	205333	190131
1.1	流动资产总额			15301	20712	31431	41629	49793	52989	54351	53849	52681	50814
1.1.1	应收账款			7903	7916	7916	7916	7916	7916	7916	7916	7916	7916
1.1.2	存货			6790	6790	6790	6790	6790	6790	6790	6790	6790	6790
1.1.3	现金			607	621	621	621	621	621	621	621	621	621
1.1.4	累计盈余资金				5384	16104	26302	34466	37662	39024	38522	37354	35487
1.2	在建工程		82697	197493	87397								
1.3	固定资产净值				168365	232663	219328	205993	192658	179322	165987	152652	139317
1.4	无形资产及其他资产净值				7882	9309	6649	3989	1330				
1.5	建设期未抵扣的增值税				10334	10184	4355						
2	负债及所有者权益		82697	212794	294690	283586	271961	259776	246977	233674	219836	205333	190131
2.1	流动负债总额			12761	12780	12780	12780	12780	12780	12780	12780	12780	12780
2.1.1	应付账款			6835	6835	6835	6835	6835	6835	6835	6835	6835	6835
2.1.2	流动资金借款			5926	5945	5945	5945	5945	5945	5945	5945	5945	5945
2.1.3	其他短期借款												
2.2	建设投资借款		65603	157608	222259	210911	198997	186488	173355	159567	145090	129891	113933
	负债合计		65603	170369	235038	223690	211776	199268	186135	172346	157870	142670	126713
2.3	所有者权益		17093	42424	59652	59896	60185	60508	60842	61328	61967	62663	63418
2.3.1	资本金		17093	42424	59526	59526	59526	59526	59526	59526	59526	59526	59526
2.3.2	资本公积金												
2.3.3	累计盈余公积金				126	370	659	982	1316	1802	2441	3137	3893
2.3.4	累计未分配利润												
	计算指标：												
	资产负债率（%）		79.33	80.06	79.76	78.88	77.87	76.71	75.37	73.76	71.81	69.48	66.64
	流动比率			1.20	1.62	2.46	3.26	3.90	4.15	4.25	4.21	4.12	3.98
	速动比率			0.67	1.09	1.93	2.73	3.36	3.62	3.72	3.68	3.59	3.44

序号	项目名称	合计/平均	2027	2028	2029	2030	2031	2032	2033	2034	2035	2036	2037
			12	13	14	15	16	17	18	19	20	21	22
1	资产		174195	157487	139970	121603	102344	84475	85734	86996	88260	90025	79511
1.1	流动资产总额		48213	44840	40659	35627	29702	25169	39763	54360	68959	77392	66878
1.1.1	应收账款		7916	7916	7916	7916	7916	7916	7916	7916	7916	7916	
1.1.2	存货		6790	6790	6790	6790	6790	6790	6790	6790	6790	6790	
1.1.3	现金		621	621	621	621	621	621	621	621	621	621	
1.1.4	累计盈余资金		32885	29513	25331	20299	14375	9841	24436	39032	53632	62064	66878
1.2	在建工程												
1.3	固定资产净值		125982	112647	99312	85977	72641	59306	45971	32636	19301	12633	12633

续表

序号	项目名称	合计/平均	2027	2028	2029	2030	2031	2032	2033	2034	2035	2036	2037
			12	13	14	15	16	17	18	19	20	21	22
1.4	无形资产及其他资产净值												
1.5	建设期未抵扣的增值税												
2	负债及所有者权益		174195	157487	139970	121603	102344	84475	85734	86996	88260	90025	79511
2.1	流动负债总额		12780	12780	12780	12780	12780	12780	12780	12780	12780	12780	
2.1.1	应付账款		6835	6835	6835	6835	6835	6835	6835	6835	6835	6835	
2.1.2	流动资金借款		5945	5945	5945	5945	5945	5945	5945	5945	5945	5945	
2.1.3	其他短期借款												
2.2	建设投资借款		97179	79589	61121	41731	21374						
	负债合计		109959	92369	73900	54511	34153	12780	12780	12780	12780	12780	
2.3	所有者权益		64236	65119	66070	67093	68191	71695	72954	74216	75480	77246	79511
2.3.1	资本金		59526	59526	59526	59526	59526	59526	59526	59526	59526	59526	59526
2.3.2	资本公积金												
2.3.3	累计盈余公积金		4710	5593	6544	7567	8665	9841	11100	12362	13626	15392	17657
2.3.4	累计未分配利润							2328	2328	2328	2328	2328	2328
	计算指标：												
	资产负债率（%）		63.12	58.65	52.80	44.83	33.37	15.13	14.91	14.69	14.48	14.20	
	流动比率		3.77	3.51	3.18	2.79	2.32	1.97	3.11	4.25	5.40	6.06	
	速动比率		3.24	2.98	2.65	2.26	1.79	1.44	2.58	3.72	4.86	5.52	

注 负债合计为 2.1 流动负债总额与 2.2 建设投资借款之和。

表 3-25 总成本费用估算表

工程名称：××工程 建设规模：2×350MW 机组 （万元）

序号	项目名称	合计/平均	2016	2017	2018	2019	2020	2021	2022	2023	2024	2025	2026
			1	2	3	4	5	6	7	8	9	10	11
1	年发电量（GW·h）	75075			1925	3850	3850	3850	3850	3850	3850	3850	3850
2	厂用电量（GW·h）	4251			109	218	218	218	218	218	218	218	218
3	售电量（GW·h）	70824			1816	3632	3632	3632	3632	3632	3632	3632	3632
4	供热量（万 GJ）	18525			475	950	950	950	950	950	950	950	950
5	生产成本	1858101			50511	98515	98482	98449	98415	97052	95689	95656	95622
	发电生产成本	1327631			36049	70343	70320	70297	70273	69319	68365	68342	68318
	供热生产成本	530470			14462	28172	28162	28152	28142	27733	27324	27314	27304
5.1	燃料费	1287233			33006	66012	66012	66012	66012	66012	66012	66012	66012
5.2	水费	9238			237	474	474	474	474	474	474	474	474
5.3	材料费	45045			1155	2310	2310	2310	2310	2310	2310	2310	2310
5.4	工资及福利费	44928			2246	2246	2246	2246	2246	2246	2246	2246	2246
5.5	折旧费	240032			6668	13335	13335	13335	13335	13335	13335	13335	13335
5.6	摊销费	13298			1330	2660	2660	2660	2660	1330			
5.7	修理费	94284			2418	4835	4835	4835	4835	4835	4835	4835	4835

续表

序号	项目名称	合计/平均	2016	2017	2018	2019	2020	2021	2022	2023	2024	2025	2026
			1	2	3	4	5	6	7	8	9	10	11
5.8	脱硫剂费用	15573			399	799	799	799	799	799	799	799	799
5.9	脱硝剂费用	10200			262	523	523	523	523	523	523	523	523
5.10	排污费用	2340			60	120	120	120	120	120	120	120	120
5.11	其他费用	90090			2310	4620	4620	4620	4620	4620	4620	4620	4620
5.12	保险费	5838			421	582	548	515	482	448	415	382	348
5.13	其他												
6	单位成本												
6.1	发电单位成本［元/(MW·h)］	187			199	194	194	194	193	191	188	188	188
6.2	供热单位成本（元/GJ）	29			30	30	30	30	30	29	29	29	29
7	财务费用	101186			4368	11351	10785	10190	9566	8910	8222	7500	6741
7.1	长期借款利息	96015			4111	11092	10526	9931	9307	8652	7964	7241	6483
7.2	流动资金利息	5171			258	259	259	259	259	259	259	259	259
7.3	短期借款利息												
7.4	其他												
8	总成本费用	1959287			54879	109866	109267	108639	107981	105963	103911	103155	102364
8.1	固定成本	589657			19761	39629	39029	38401	37744	35725	33674	32918	32126
8.2	可变成本	1369629			35119	70237	70237	70237	70237	70237	70237	70237	70237
9	经营成本	1604770			42514	82521	82487	82454	82421	82387	82354	82321	82287

序号	项目名称	合计/平均	2027	2028	2029	2030	2031	2032	2033	2034	2035	2036	2037
			12	13	14	15	16	17	18	19	20	21	22
1	年发电量（GW·h）	75075	3850	3850	3850	3850	3850	3850	3850	3850	3850	3850	3850
2	厂用电量（GW·h）	4251	218	218	218	218	218	218	218	218	218	218	218
3	售电量（GW·h）	70824	3632	3632	3632	3632	3632	3632	3632	3632	3632	3632	3632
4	供热量（万 GJ）	18525	950	950	950	950	950	950	950	950	950	950	950
5	生产成本	1858101	95589	95556	95522	95489	95456	95422	95389	95356	95322	88638	81970
	发电生产成本	1327631	68295	68272	68248	68225	68202	68178	68155	68132	68108	63429	58762
	供热生产成本	530470	27294	27284	27274	27264	27254	27244	27234	27224	27214	25209	23209
5.1	燃料费	1287233	66012	66012	66012	66012	66012	66012	66012	66012	66012	66012	66012
5.2	水费	9238	474	474	474	474	474	474	474	474	474	474	474
5.3	材料费	45045	2310	2310	2310	2310	2310	2310	2310	2310	2310	2310	2310
5.4	工资及福利费	44928	2246	2246	2246	2246	2246	2246	2246	2246	2246	2246	2246
5.5	折旧费	240032	13335	13335	13335	13335	13335	13335	13335	13335	13335	6668	
5.6	摊销费	13298											
5.7	修理费	94284	4835	4835	4835	4835	4835	4835	4835	4835	4835	4835	4835
5.8	脱硫剂费用	15573	799	799	799	799	799	799	799	799	799	799	799
5.9	脱硝剂费用	10200	523	523	523	523	523	523	523	523	523	523	523

续表

序号	项目名称	合计/平均	2027	2028	2029	2030	2031	2032	2033	2034	2035	2036	2037
			12	13	14	15	16	17	18	19	20	21	22
5.10	排污费用	2340	120	120	120	120	120	120	120	120	120	120	120
5.11	其他费用	90090	4620	4620	4620	4620	4620	4620	4620	4620	4620	4620	4620
5.12	保险费	5838	315	282	248	215	182	148	115	82	48	32	32
5.13	其他												
6	单位成本												
6.1	发电单位成本［元/(MW·h)］	187	188	188	188	188	188	188	188	188	188	175	162
6.2	供热单位成本（元/GJ）	29	29	29	29	29	29	29	29	29	29	27	24
7	财务费用	101186	5945	5109	4231	3309	2341	1325	259	259	259	259	259
7.1	长期借款利息	96015	5686	4850	3972	3050	2083	1067					
7.2	流动资金利息	5171	259	259	259	259	259	259	259	259	259	259	259
7.3	短期借款利息												
7.4	其他												
8	总成本费用	1959287	101534	100664	99753	98798	97797	96748	95648	95614	95581	88897	82229
8.1	固定成本	589657	31296	30427	29516	28561	27560	26510	25410	25377	25343	18659	11992
8.2	可变成本	1369629	70237	70237	70237	70237	70237	70237	70237	70237	70237	70237	70237
9	经营成本	1604770	82254	82221	82187	82154	82121	82087	82054	82021	81987	81970	81970

三、热力网项目财务评价案例

本案例采用的新建热力网部分投资数据与本章第三节“五、投资估算案例”一致。

财务分析编制说明如下：

（1）编制依据。本可行性研究针对××项目配套热力网工程的热负荷进行经济评价。本评价原则及标准严格执行了国家有关法律、法规的规定，执行现行的有关规定与标准，包括但不限于以下规定与标准：

1）中华人民共和国住房和城乡建设部建标〔2008〕162号《住房和城乡建设部关于批准发布〈市政公用设施建设项目经济评价方法与参数〉的通知》；

2）《投资项目可行性研究指南》（2002版）；

3）《中国××集团公司投资项目经济评价办法》；

4）业主单位提供的有关本工程的资料。

（2）资金筹措。本项目新建管网及热力站静态总投资约35626万元，其中20%由××公司自行筹措，其余80%由商业银行融资。融资部分贷款利息执行中国人民银行近期发布的关于调整金融存、贷款利率的规定，贷款利率按5年期以上的4.9%计算。贷款偿还款方式为等额还本利息照付，贷款偿还期取15年（宽限期2年）。财务评价测算考虑原有热力网投资3.7亿元。

（3）财务评价基础数据及参数选取。

1）财务价格见表3-26。

表3-26 主要产品、原材料、燃料动力价格

序号	物料名称	单位	单价（不含税）	单价（含税）
1	购热费	元/GJ	24.3	27.5
2	水费	元/t	2.4	2.8
3	电费	元/（kW·h）	0.637	0.745

2）成本消耗量见表3-27。

表3-27 原材料、燃料动力消耗量

序号	物料名称	单位	单位耗量	年耗量
1	原材料			
1.1	水	t	0.381	362万
2	燃料			
2.1	热	GJ	1	950万
3	动力			
3.1	电	kW·h	3.571	3392万

3）计算期。项目计算期为22年，其中建设期为2年，计算期第3年开始运行投产。

4）生产负荷见表 3-28。

表 3-28　　生　产　负　荷　　（万 GJ）

计算期	3	4	5	6	7	8～21	22
蒸汽负荷	461	922	922	922	922	922	922

5）财务基准收益率设定。设定项目基准收益率为 7%。

6）其他计算参数。

a）增值税、城市维护建设税及教育费附加。产品增值税率按 13%计取，城市维护建设税及教育费附加以增值税额为计取基数，税率分别为 7%、5%。

b）所得税、公积金。所得税按应纳所得税额 25%计取，公积金按税后利润的 10%计取。

7）销售收入估算。预计本项目达到平均负荷后，售热量达到 922 万 GJ/年，则每年营业收入（不含税）为 922 万 GJ/年×43 元/GJ=39646 万元。

8）成本费用估算。本项目综合考虑管道 3%的蒸汽质量损失。

a）工资及福利费。项目考虑定员 150 人，人均工资约 3.5 万元/年，福利费为工资的 60%。

b）制造费用。制造费用包括折旧费、修理费和其他制造费用。折旧费按直线折旧法计算，综合折旧年限按 18 年计，残值率为 5%。修理费按固定资产原值的 3%计取。

c）管理费用。管理费包括摊销费及其他管理费用，其中其他管理费用按工资总额的 120%计取。

d）营业费用。营业费用按销售收入的 0.5%计取。

（4）财务评价主要技术经济指标见表 3-29。

表 3-29　　财务评价主要技术经济指标表

序号	项 目 名 称	单位	主要指标
1	项目总投资（含全部流动资金）	万元	77429
2	项目规模总投资（含铺底流动资金）	万元	75447
1.1	项目静态投资	万元	72626
1.2	建设期利息	万元	1972
1.3	流动资金	万元	849
3	购热价（不含税）	元/GJ	24
4	购热价（含税）	元/GJ	27.5
5	项目投资（所得税后）内部收益率	%	9.77
6	财务净现值	万元	15802
7	投资回收期	年	10.16
8	资本金内部收益率	%	12.55
9	财务净现值	万元	20962
10	投资回收期	年	8.73
11	投资方内部收益率	%	8.76
12	财务净现值	万元	8500
13	投资回收期	年	14.03
14	总投资收益率	%	8.56
15	资本金净利润率	%	9.96

（5）不确定性分析。

1）项目盈亏平衡分析。盈亏平衡点时生产能力利用率约 53.31%。即当生产能力达到 53.31%时，企业可以保本。

2）敏感性分析。本项目对建设投资、产品价格、产品产量的变化，进行敏感性分析。结果见表 3-30。

表 3-30　　敏 感 性 分 析 表

序号	不确定因素	变　动　率									备注
		–20%	–15%	–10%	–5%	基本方案	5%	10%	15%	20%	
1	建设投资	12.97	12.06	11.23	10.47	9.77	9.12	8.52	7.95	7.42	项目投资内部收益率（所得税后）
2	产品价格	0.00	0.00	0.00	0.00	9.77	11.84	13.78	15.6	17.34	
3	产品产量	5.89	6.93	7.92	8.87	9.77	10.64	11.48	12.3	13.09	

经测算可知，在各因素单独变化范围内，以产品价格对项目的收益影响最大，其次是产品产量和建设投资。

（6）财务评价附表。财务评价表仅附与热电项目相差较大的总成本费用估算表，见表 3-31，其他评价表形式与内容参考热电厂项目（见表 3-19～表 3-24）。

由于表 3-31 中数值由程序算出，表中数值均为保留相应有效位数后的最终结果，在计算过程中由四舍五入引起的误差均在合理范围内。

表 3-31 总成本费用估算表 （万元）

项目名称	第1年	第2年	第3年	第4年	第5年	第6年	第7年	第8年	第9年	第10年	第11年
生产负荷（%）			50	100	100	100	100	100	100	100	100
1 生产成本			15973.75	31947.5	31947.5	31947.5	31947.5	31947.5	31947.5	31947.5	31947.5
1.1 购热费			11542.5	23085	23085	23085	23085	23085	23085	23085	23085
1.2 动力费			1080.35	2160.7	2160.7	2160.7	2160.7	2160.7	2160.7	2160.7	2160.7
1.3 水费			434.4	868.8	868.8	868.8	868.8	868.8	868.8	868.8	868.8
1.3 直接工资及福利费			420	840	840	840	840	840	840	840	840
1.4 制造费用			2496.5	4993	4993	4993	4993	4993	4993	4993	4993
1.4.1 折旧费			1819.5	3639	3639	3639	3639	3639	3639	3639	3639
1.4.2 修理费			677	1354	1354	1354	1354	1354	1354	1354	1354
2 管理费用			1099	1888	1879	1870	1861	1489	1117	1117	1098
2.1 无形资产摊销			145.2	290.4	290.4	290.4	290.4	145.2			
2.2 递延资产摊销			217.8	435.6	435.6	435.6	435.6	217.8			
2.3 其他管理费用			736	1162	1153	1144	1135	1126	1117	1108	1098
3 财务费用			663	1491	1411	1328	1241	1149	1052	951	845
3.1 利息支出			663	1491	1411	1328	1241	1149	1052	951	845
3.1.1 长期借款利息			577	1405	1325	1242	1155	1063	966	865	759
3.1.2 流动资金借款利息			86	86	86	86	86	86	86	86	86
3.1.3 短期借款利息											
4 营业费用			198.2	198.2	198.2	198.2	198.2	198.2	198.2	198.2	198.2
5 总成本费用合计			17934	35525	35436	35344	35248	34784	34315	34214	34089
单位成本（元/GJ）			37.8	37.4	37.3	37.2	37.1	36.6	36.1	36.0	35.9
5.1 其中：可变成本			13057.3	26114.5	26114.5	26114.5	26114.5	26114.5	26114.5	26114.5	26114.5
5.2 固定成本			4876.7	9410.2	9321.2	9229.2	9133.2	8669.2	8200.2	8099.2	7974.2
经营成本			15089	29669	29660	29651	29642	29633	29624	29624	29605
单位经营成本（元/GJ）			31.8	31.2	31.2	31.2	31.2	31.2	31.2	31.2	31.2

项目名称	第12年	第13年	第14年	第15年	第16年	第17年	第18年	第19年	第20年	第21年	第22年
生产负荷（%）	100	100	100	100	100	100	100	100	100	100	100
1 生产成本	31947.5	31947.5	31947.5	31947.5	31947.5	31947.5	31947.5	31947.5	31947.5	28308.5	28308.5
1.1 购热费	23085	23085	23085	23085	23085	23085	23085	23085	23085	23085	23085
1.2 动力费	2160.7	2160.7	2160.7	2160.7	2160.7	2160.7	2160.7	2160.7	2160.7	2160.7	2160.7
1.3 水费	868.8	868.8	868.8	868.8	868.8	868.8	868.8	868.8	868.8	868.8	868.8
1.3 直接工资及福利费	840	840	840	840	840	840	840	840	840	840	840
1.4 制造费用	4993	4993	4993	4993	4993	4993	4993	4993	4993	1354	1354
1.4.1 折旧费	3639	3639	3639	3639	3639	3639	3639	3639	3639		
1.4.2 修理费	1354	1354	1354	1354	1354	1354	1354	1354	1354	1354	1354
2 管理费用	1089	1089	1089	1089	1089	1089	1089	1089	1089	1089	1089

续表

项目名称	第12年	第13年	第14年	第15年	第16年	第17年	第18年	第19年	第20年	第21年	第22年
2.1　无形资产摊销											
2.2　递延资产摊销											
2.3　其他管理费用	1089	1089	1089	1089	1089	1089	1089	1089	1089	1089	1089
3　财务费用	733	616	494	334	228	86	86	86	86	86	86
3.1　利息支出	733	616	494	334	228	86	86	86	86	86	86
3.1.1　长期借款利息	647	530	408	248	142						
3.1.2　流动资金借款利息	86	86	86	86	86	86	86	86	86	86	86
3.1.3　短期借款利息											
4 营业费用	198.2	198.2	198.2	198.2	198.2	198.2	198.2	198.2	198.2	198.2	198.2
5　总成本费用合计	33968	33851	33729	33569	33463	33321	33321	33321	33321	29682	29682
单位成本（元/GJ）	35.8	35.6	35.5	35.3	35.2	35.1	35.1	35.1	35.1	31.2	31.2
5.1　其中：可变成本	26114.5	26114.5	26114.5	26114.5	26114.5	26114.5	26114.5	26114.5	26114.5	26114.5	26114.5
5.2　固定成本	7853.2	7736.2	7614.2	7454.2	7348.2	7206.2	7206.2	7206.2	7206.2	3567.2	3567.2
经营成本	29596	29596	29596	29596	29596	29596	29596	29596	29596	29596	29596
单位经营成本（元/GJ）	31.2	31.2	31.2	31.2	31.2	31.2	31.2	31.2	31.2	31.2	31.2

注　1．总成本费用合计为1～4项之和。

2．经营成本为5与1.4.1、2.1、2.2、3.1项之差。

四、综合项目财务分析案例

将上面热电厂项目和热力网项目合在一起，按照热电厂项目算出的上网电价和热力网项目的到用户热价，正算财务评价各项指标。

（1）财务评价编制原则及依据（略）。

（2）财务评价主要原始数据（主要列出与热电厂项目不同部分）。与电厂及热力网项目相关基础数据主要有以下几项：

1）静态投资。热电厂项目静态投资为273405万元，热力网项目72626万元（含原有热力网37000万元）。经测算，资本金比例（静态）为29.2%。

2）售热量。售热量为扣除管道损失后的热量，即922万GJ。

3）人员数及年平均工资。热电厂项目定员为234人，工资为6.0万元/人；热力网项目人员数150人，工资为3.5万元/人。平均工资为5.02万元/（年·人）。

（3）财务评价主要指标见表3-32。

表3-32　　财务评价主要指标一览表

序号	项目名称	单位	指标
1	机组容量	MW	2×350
2	工程静态投资	万元	346031
3	单位投资	元/kW	4943
4	工程动态投资	万元	361121
5	单位投资	元/kW	5159
6	流动资金	万元	9005
7	铺底流动资金	万元	2701
8	不含税热价	元/GJ	43
9	含税热价	元/GJ	48.6
10	不含税电价	元/（MW·h）	247.89
11	含税电价	元/（MW·h）	289.77
12	总投资收益率	%	6.35
13	资本金净利润率	%	12.38
14	基准收益率	%	7
15	项目投资所得税前内部收益率	%	9.56
	投资回收期	年	10.75
	财务净现值	万元	68235
16	项目投资所得税后内部收益率	%	7.69
	投资回收期	年	12.02
	财务净现值	万元	17564

续表

序号	项 目 名 称	单位	指标
17	资本金内部收益率	%	12.73
18	投资方内部收益率	%	9.06

第五节 供热改造工程的经济评价

供热改造工程是指凝汽机组改为供热机组的改造项目，是现行热电联产政策提倡的技术改造工程。国家大力提倡城市（或工业区）周边的大中型凝汽机组，在供热半径允许的条件下，争取向邻近地区供热。为此，也要进行供热改造工程的可行性研究工作，进行经济评价。

一、供热改造工程的经济评价方法

1. 供热改造工程的经济评价原则

（1）上网电价采用标杆电价。这是电力工业体制改革后，电价改革三步走的要求，也是国家发展和改革委多次强调的前提条件。

（2）机组发电利用小时不变。尽管在供暖期内，纯凝机组改供热后，其可调出力将随抽汽量增加而减少，其最低出力将随抽汽量增加而增加，即调峰幅度将随抽汽量增加而大幅度减少。为了支持热电联产事业，国家发展和改革委要求机组发电利用小时在供暖期不低于同期建设的纯凝机组，在非供暖期等于同容量的纯凝机组的利用小时。

（3）由于增加了供热厂用电量，机组的年供电量将略有减少，即相应减少了发电收入。

（4）供热的热价与地方建设的集中锅炉房相当。由于电厂与集中锅炉房供热距离不同，按照至用户等价的原则，可以计入供热成本的差异，并由地方主管部门给出承诺。

（5）供热改造工程建议采用正算法，即输入电价与热价，根据总成本等支出，求出资本金内部收益率。根据《建设项目经济评价方法与参数》（第三版）的规定，收益率大于10%为合理；也可以采用半反算法，即输入电价与资本金内部收益率，求出热价，考虑热力网成本差异后，低于地方主管部门的承诺为合理。

（6）经济评价时宜用增量资产与供热收入等因素进行评价。当无法满足要求时，为了电厂能够延长使用寿命，也可动用纯量资产，即将发电与供热收入一起评价，此时，需要得到电厂项目法人极其投资方的支持。

（7）电厂技改之后，由于发电量不变，供热用煤增加，因此锅炉设备的年利用小时将大于汽轮发电机组，需要通过专门的计算求出。

（8）发电与供热的各项技术经济指标，沿用以热量法为基础的指标体系，重点应考虑能源利用效率与全厂供电煤耗等控制性指标是否满足要求。

供热改造项目的经济评价由于与热电联产项目是相通的，故大部分的原则与本章第四节内容一致。

2. 供热改造工程的经济评价的主要内容

（1）投资估算说明及投资估算表格（参考本章第二节）。

（2）资金来源及资金使用计划。

（3）工程效益、热价、贷款条件及其他有关数据的分析和确定。

（4）财务评价。包括新增成本预测；新增收入税金、利润预测；现金流量分析、敏感性分析；评价各项指标及主要财务报表（包括财务现金流量表、损益表、财务计划现金流量表和资产负债表）。

3. 供热改造工程的费用及税金计算

项目费用主要包括新增总投资、新增总成本费用和新增税金。

（1）新增总投资。新增总投资包括新增固定资产投资和新增流动资金，计算方法为：

新增总投资=新增固定资产投资+建设期利息+新增流动资金。

新增固定资产投资包括从前期工作开始到项目竣工投产的全部投资，包括建筑工程费、设备购置费、安装工程费、工程建设其他费用、预备费；新增流动资金是指项目竣工投产时，用于购买燃料、材料、备品备件和支付工资等所新增的周转性资金。

（2）新增总成本费用。新增总成本费用包括新增经营成本、新增折旧费、摊销费和利息支出。新增经营成本包括新增的燃料费、水费、材料费、修理费、职工工资及福利和其他费用。

1）新增燃料费。对于在改造后发电煤耗有明显变化的项目，计算方法为：

新增燃料费=［（改造后的发电标准煤耗-改造前的发电标准煤耗）×发电量+改造后的供热标准煤耗×供热量］×标准煤价。

改造后的参数取设计值，改造前的参数取热电厂上年度的统计值。

对于在改造后发电煤耗无明显变化的项目，计算方法为：

新增燃料费=改造后的供热标准煤耗×供热量×标准煤价。

也可以用设计专业计算出的改造后增加的总的标煤量乘以标煤单价进行计算。

2）新增水费，计算方法为：

新增水费=新增水量×水价。

3）新增材料费，计算方法为：

新增材料费=新增供热软化水量×制水费×［1+（10%～20%）］。

新增供热软化水量由设计专业提供，制水费（元/t）一般可取电厂上年统计值或近三年的统计资料平均值计算。新增材料费也可参考国内同类改造项目实际值考虑，按（元/GJ×供热量）进行计算。

4）新增折旧费及摊销费用，计算方法为：

新增折旧费=新增计提折旧的分类固定资产原值×分类折旧率。

分类固定资产的折旧率按《工业企业财务制度》中的固定资产分类折旧年限表加权平均计算。新增摊销费是指新增无形资产的分期摊销，没有规定年限的暂按5～10年摊销。

5）新增修理费。新增修理费应根据电厂上年统计值或近3年的统计资料平均值计算，也可按固定资产价值的1.5%～2%计算。

6）新增职工工资及福利费，计算方法为：

新增工资=新增职工人数×人年平均工资额；

新增工资福利费=新增工资×福利费系数。

新增职工人数应根据企业的实际情况确定，如利用企业现有的冗余人员，则不应算作新增人员，也不计算此项费用。

人年平均工资及福利费系数均采用电厂上年度的统计值或近3年统计值的平均值。

7）新增其他费用。只不属于上述成本而应计入成本的新增费用。如需计算，可按原电厂或类似项目的平均费率进行计算。

8）新增财务费用。新增财务费用主要是固定资产投资借款、流动资金借款和短期借款在生产期发生的计入成本费用的借款利息。

（3）新增税金。新增税金包括新增应纳增值税、销售税金附加和所得税，其中增值税为价外税。

1）新增应纳增值税，计算方法为：

新增应纳增值税额=新增销项税额–新增进项税额；

新增销项税额=新增销售收入×增值税率。

新增进项税额为新增购进货物或接受应税劳务所支付或者负担的增值税额。供热增值税率为13%。

2）新增销售税金附加。新增销售税金附加包括新增城市维护建设税和教育费附加。城市维护建设税和教育费附加按供热环节所纳增值税额为基数计征。城市维护建设税率根据纳税人所在地区进行计算，市区为7%，县城和镇为5%，农村为1%。教育费附加为3%。计算方法为：

新增城市维护建设税=新增应纳增值税×城市维护建设税率；

新增教育费附加=新增应纳增值税×教育费附加率。

3）新增所得税，计算方法为：

新增所得税=新增应纳税所得额×所得税率。目前，电力行业的所得税率为25%。

4. 供热改造工程的收入和利润计算

供热改造项目的企业效益主要体现在收入和利润的增加上，一般是以电厂围墙为界，只计算供热收入，计算方法为：

新增售热收入=新增厂供热量×供热单价。

供热价一般取上级批准的新增供热价，也可按预计能达到的新增供热价确定，计算方法为：

新增销售利润=新增收入–新增总成本费用–新增销售税金附加。

5. 供热改造工程的经济指标计算

（1）清偿能力分析。供热改造工程的清偿能力分析主要是考察计算期内各年的财务状况和偿债能力。

1）新增还贷资金。新增还贷资金由新增还贷利润、新增还贷折旧和新增还贷摊销构成，新增还贷利润的计算方法为：

新增还贷利润=项目新增利润–项目新增利润应计提的公积金。

在还贷期间，改造项目新增的折旧和摊销费用于还贷的比例原则上不低于80%。

2）资产负债率。资产负债率是反映项目各年所面临的财务风险程度及偿债能力的指标，计算方法为：

资产负债率=（负债合计/资产合计）×100%

（2）盈利能力分析。供热改造项目财务盈利能力分析主要是考察投资的盈利水平。主要计算指标为：财务内部收益率、投资回收期、财务净现值、新增投资收益率、新增资本金利润率。

以上各项财务指标的计算同本章第三节。

（3）敏感性分析。财务评价的数据多为预测或估计值，具有不同程度的不确定性。因此，有必要分析其变化对评价指标的影响，以预测项目承担风险的程度。敏感性分析，是在财务现金流量分析的基础上，分析项目投资、主要成本中分项成本、热价、供热量等主要因素的变化对财务内部收益率等评价指标的影响。

6. 财务评价结论及财务评价报表

（1）财务评价结论。

1）分析项目的盈利能力和清偿能力。

2）对一些政策性因素进行分析研究，提出建议。

（2）财务评价报表。供热改造项目财务评价的主要报表包括：固定资产投资估算表、投资计划与资金筹措表、成本计算表、损益表（利润与利润分配表）、借款还本付息计算表、资金来源与运用表、项目投资现金流量表、资本金现金流量表、资产负债表等。

二、供热改造项目评价案例

本工程为 1 台 600MW 凝汽机组改为供热机组项目。

1. 投资估算

（1）编制原则及依据。

1）编制原则及依据：执行国能电力〔2013〕289 号文《国家能源局关于颁布 2013 版电力建设工程定额和费用计算规定的通知》。

2）定额选用：执行国能电力〔2013〕289 号文《国家能源局关于颁布 2013 版电力建设工程定额和费用计算规定的通知》。

3）定额水平调整：执行电力工程造价与定额管理总站文件定额〔2014〕48 号文《关于发布 2013 版电力建设工程概预算定额 2014 年度价格水平调整的通知》。

4）设备、材料价格均为目前市场价格。其中汽轮机改造费用参考汽轮机厂家报价。

5）建设期贷款利率执行中国人民银行 2015 年 10 月 24 日发布的人民币长期贷款利率，按 4.9%计列。

（2）投资概况。

1）本工程静态投资基准日期为 2015 年 10 月。

2）本项目静态投资为 3658 万元，建设期利息 40 万元，动态投资 3698 万元。

（3）投资估算附表。供热改造项目总估算表见表 3-33；安装工程专业汇总估算表见表 3-34；建筑工程专业汇总表见表 3-35；其他费用计算表见表 3-36。

由于表 3-33～表 3-36 中数值由程序算出，表中数值均为保留相应有效位数后的最终结果，在计算过程中由四舍五入引起的误差均在合理范围内。

表 3-33　　供热改造项目总估算表　　（万元）

序号	工程或费用名称	建筑工程费	设备购置费	安装工程费	其他费用	合计	各项占总计（%）	单位投资（元/kW）
一	主辅生产工程	528	1725	933		3186	87.00	53.1
（一）	热力系统	528	1317	527		2372	64.80	39.5
（二）	电气系统		256	298		554	15.10	9.2
（三）	热工控制系统		152	108		260	7.10	4.3
二	编制年价差	22		20		42	1.10	0.7
三	其他费用				258	258	7.10	4.3
（一）	余物拆除及清理费				3	3	0.10	0.1
（二）	项目建设管理费				90	90	2.50	1.5
（三）	项目建设技术服务费				134	134	3.70	2.2
（四）	整套启动试运费				20	20	0.50	0.3
（五）	生产职工培训费				11	11	0.30	0.2
四	基本预备费				172	172	4.70	2.9
	工程静态投资	550	1725	953	430	3658	100.00	61.0
	各类费用占静态投资的%	15.00	47.20	26.10	11.80	100.00		
五	动态费用				40	40		
（一）	建设期贷款利息				40	40		
	项目建设总费用（动态投资）	550	1725	953	470	3698		
	其中：生产期可抵扣的增值税		251			251		
	各项占动态投资%	14.90	46.60	25.80	12.70	100.00		

表 3-34　　安装工程专业汇总估算表　　（元）

序号	工程项目名称	设备购置费	安装工程费				合计	技术经济指标		
			装置性材料	安装	其中：人工费	小计		单位	数量	指标
一	主辅生产工程	17242540	5780379	3558190	394583	9338569	26581109			
（一）	热力系统	13167532	3304576	1970332	210032	5274908	18442440			
1	汽轮机改造	8056000		252280	36000	252280	8308280			
2	热网设备	5111532		160072	22842	160072	5271604			
3	热网管道		3018576	1062008	94838	4080584	4080584	t	280	14574
4	保温及油漆		286000	345972	56352	631972	631972	m^3	400	1580
5	调试费			150000		150000	150000			
（二）	电气系统	2556780	2011734	971650	97259	2983384	5540164			
1	厂用电系统	2555987	1596420	660241	42306	2256661	4812648			
2	电缆、接地及通信	793	415314	311409	54953	726723	727516			
（三）	热工控制系统	1518228	464069	616208	87292	1080277	2598505			
1	控制系统及仪表	1518228		128480	24313	128480	1646708			
2	电缆及辅助设施		464069	487728	62979	951797	951797			
	合计	17242540	5780379	3558190	394583	9338569	26581109			

表 3-35　　建筑工程专业汇总估算表　　（元）

序号	工程项目名称	设备费	建筑费		合计	技术经济指标		
			金额	其中：人工费		单位	数量	指标
一	主辅生产工程	65455	5217906	584857	5283361	项	1	5283361
（一）	热力系统	65455	5217906	584857	5283361	项	1	5283361
1	热网首站	65455	4177383	374950	4242838	m^3	15100	281
2	扩建端山墙基础加固		229851	29398	229851	项	1	229851
3	厂区热网管道支架		739015	168301	739015	m	500	1478
4	厂区道路		71657	12208	71657	m^2	520	138
	合计	65455	5217906	584857	5283361	项	1	5283361

表 3-36　　其他费用计算表　　（元）

序号	工程或费用名称	编制依据及计算说明	合价
三	其他费用		2576398
（一）	余物清理及拆除费		25000
（二）	项目建设管理费		899144
1	建设项目法人管理费	（建筑工程费+安装工程费）×2.62%	383095
2	招标费	（建筑工程费+安装工程费+设备购置费）×0.46%	146577
3	工程监理费	（建筑工程费+安装工程费）×1.73%	252959
4	设备材料监造费	（设备购置费+装置性材料费）×0.36%	82883

续表

序号	工程或费用名称	编制依据及计算说明	合价
5	工程结算审核费	（建筑工程费+安装工程费）×0.23%	33630
（三）	项目建设技术服务费		1343905
1	项目前期工作费	（建筑工程费+安装工程费）×2.1%	307061
2	设备成套技术服务费	设备购置费×0.3%	51728
3	勘察设计费		850000
4	设计文件评审费		91250
4.1	可行性研究、初步设计文件评审费		80000
4.2	施工图文件审查费	基本设计费×1.5%	11250
5	电力工程质量检测费	（建筑工程费+安装工程费）×0.2%	29244
6	电力工程技术经济标准编制管理费	（建筑工程费+安装工程费）×0.1%	14622
（四）	整套启动试运费		200000
（五）	生产职工培训费	（建筑工程费+安装工程费）×2.47%×0.3	108349
四	基本预备费	（建筑工程费+设备购置费+安装工程费+其他费用）×5%	1722043

2. 财务评价

（1）编制原则及依据。本评价原则及标准执行国家有关法律、法规的规定，执行电力行业及相关行业现行的有关规定与标准。

1）国家计委、建设部文件发改投资〔2006〕1325号《关于印发〈建设项目经济评价方法与参数〉（第三版）的通知》。

2）建设期贷款利率执行中国人民银行2015年10月24日发布的人民币贷款基准利率，按4.9%计列。

3）电厂提供的有关本工程的资料。

（2）资金来源。本项目资金暂按银行贷款考虑，贷款利率执行中国人民银行发布的现行贷款利率，其中建设投资贷款年利率为4.9%，流动资金贷款年利率为4.35%。贷款偿还期为10年，其中宽限期1年，还款方式为等额还本付息还款。

（3）评价主要原始数据取定见表3-37。

表3-37　　主要原始数据取定表

序号	名　　称	单位	数值
1	改造项目静态投资	万元	3658
2	达产年供热量	万GJ	218
3	供热新增耗煤量（加5%修正值）	t	47250
4	标煤单价（含税）	元/t	550
5	供热新增厂用电量	万kW·h	1090
6	定员	人	15
7	工资	元/（人·年）	68750
8	折旧年限	年	15
9	修理费	%	2
10	水量	万t	59
11	水费	元/t	2.5
12	材料费	元/GJ	0.635
13	其他费用	元/GJ	0.825
14	福利费系数	%	60
15	增值税率	%	17
16	所得税率	%	25
17	城市维护建设税	%	5
18	教育税附加	%	5
19	热价（不含税）	元/GJ	19

（4）财务评价。财务评价按照给定不含税热价19元/GJ测算各项财务评价指标。财务评价各项指标汇总见表3-38。

表3-38　　财务评价各项指标汇总表

序号	名　　称	单位	数值
1	工程动态投资	万元	3698
2	含税热价	元/GJ	22.2
3	不含税热价	元/GJ	19
4	供热单位成本（平均）	元/GJ	17
5	项目投资（所得税后）内部收益率	%	13.71
6	投资回收期	年	7.88

续表

序号	名　称	单位	数值
7	财务净现值	万元	2060
8	项目资本金内部收益率	%	28.66
9	投资回收期	年	5.16
10	财务净现值	万元	2468
11	投资方内部收益率	%	24
12	总投资收益率	%	12.73
13	资本金净利润率	%	41.55

（5）敏感性分析。对投资、供热量增加和减少10%时及热价增加10%时的情况，测算对资本金收益率的影响。敏感性分析见表3-39。

表3-39　　敏感性分析表

不确定因素	变化率（%）	资本金收益率（%）	收益率变化率（%）	敏感度系数
基本方案	0.00	28.66	0.00	0.00
总投资	−10.00	35.44	23.63	−2.36
	10.00	22.92	−20.04	−2
供热量	−10.00	15.35	−46.44	4.64
	10.00	45.1	101.24	5.74
热价	10.00	67.5	135.49	13.55

从上面敏感性分析表可以看出，总投资、供热量变化增减10%及热价增加10%时，本项目资本金收益率均高于10%。其中热价变化最为敏感，其次是供热量和总投资。

（6）经济评价结论。机组供热改造工程经营期预计20年。通过项目财务评价，××地区给定热价19元/GJ时，财务各项指标良好，满足电力行业目前各项要求。评价结果表明，工程项目投产后的盈利能力和偿还能力是可行的。

本项目供热改造工程可行性研究经济评价说明项目建设是可行的。

第六节　工程风险分析

工程风险分析是不确定性分析的补充和延伸，是指由于不确定性的存在导致项目实施后偏离预期财务和经济效益目标的可能性。工程风险分析通过识别项目潜在的风险因素，采用定性与定量相结合的方法估计各风险因素发生变化的可能性，以及这些变化对项目的影响程度，揭示影响项目的关键风险因素、提出项目风险的预警、预报和相应的对策。通过风险分析的信息反馈、改进或优化设计方案，降低项目风险。

影响项目实现预期经济目标的风险因素来源于法律法规及政策、市场供应、资源开发与利用、技术的可靠性、工程方案、融资方案、组织管理、环境与社会、外部配套条件等一个或几个方面。

一、影响实现预期经济目标的风险因素

1．市场风险

市场风险一般来自三个方面：一是市场供需实际情况与预测值发生偏离；二是项目产品市场竞争力或竞争对手情况发生重大变化；三是项目产品和主要原材料的实际价格和预测价格发生较大偏离。

对于供热项目，产品为电力和热力，副产品为灰渣和石膏，均需面向市场销售；主要原材料为煤炭和石灰石，需要从市场购入，它们是市场风险分析可供选择的对象。

2．资源风险

资源风险主要指资源开发项目，如金属矿、非金属矿、石油、天然气等矿产资源的储量、品位、可采储量、工程量等与预测发生较大偏离，导致项目开采成本增加、产量降低或经济寿命缩短，造成巨大的经济损失。

热电项目不属于资源开发项目，但往往要求配套建设的煤矿和石灰石矿同步建设，在煤源和石灰石供应调查中，也要注意这方面的风险。

3．技术风险

技术风险包括项目采用技术（包括引进技术）的先进性、可靠性、适用性和经济性与原方案发生重大变化，导致项目不能按期进入正常生产状态；或生产能力利用率降低，达不到设计要求；或生产成本增加，产量质量达不到预期要求等。

热电项目为了满足节能、环境保护和资源综合利用等的要求，特别是为了在“评优”中占得先机，采用了或准备采用某些国际上尚无先例、国内仍需攻关的新工艺。例如：

（1）燃用无烟煤，采用W炉型的机组或超超临界机组；

（2）600MW级的循环流化床锅炉；

（3）燃用高硫煤的超超临界机组。

从发展角度看，这些新工艺符合节能、环境保护和资源综合利用要求。但为规避风险，从全局出发仍应先试点，取得经验再推广，不宜一哄而上、相互攀比，到处“交学费”。

4．工程风险

工程风险主要指工程地质条件、水文地质条件与预测发生重大变化，导致工程量增加、投资增加、工期延长。

对热电项目而言，只要按规定做好每一阶段的勘

察工作，做好地质灾害与地震灾害评价，风险并不大。与此同时，从工程前期角度而言，投资主体最关心是可批性与能否通过“评优”的风险。征地拆迁等如果处置不当，工程也可能难以顺利进行。

5. 资金风险

资金风险一般指两种情况：一是项目资金来源的可靠性、充足性和及时性不能保证，导致项目工期拖期甚至被迫终止；二是利率或汇率变化导致融资成本升高而造成损失。

热电项目主要注意：

（1）投资主体是否有足够的符合要求的资本金来源。这对于地方或私营投资项目尤为重要；对于外资，也要查清来由，慎防上当受骗。

（2）融资银行是否承诺贷款。目前火电项目大多数的投资主体信誉良好，仅少数投资主体因实力不足或缺乏诚信被拒门外。

（3）在融资合同中，特别是向外资银行贷款时，采取规避风险、特别是汇率风险的措施。

（4）不要急于开工，在满足全部开工条件的要求下，能够保证工程不间断建设、资金不间断供应、工期合理的条件下，再正式开工，以减少利息支出，早日获得回报。

6. 外部协作条件风险

主要是交通运输、供水、供电等主要外部协作配套条件发生重大变化，给项目建设和运营带来困难。

热电项目主要是外部运输与供水，在可行性研究阶段，在交通运输与水源两个章节中均应认真分析和判断。

7. 社会风险

社会风险及对策分析是社会影响分析的组成部分，应在确认项目有负面社会影响的情况下，提出协调项目与当地的社会关系，避免项目建设或运营管理过程中可能存在的冲突和各种潜在社会风险，解决相关社会问题，减轻负面社会影响。

8. 政策风险

指由于政府政策调整、法律法规变更，如税收、金融、环保、产业政策等的调整变化使项目原定目标难以实现所造成的损失。税率、利率、汇率、通货膨胀的变化都会对项目经济效益带来影响。

政策风险如按技术、经济、法律评估来划分，属于法律评估范畴。当需引入外资或对外投资时，由于对项目建设地的政策缺乏了解，往往需要请有资质的法律咨询单位进行法律评估，以规避政策风险。

对于国内热电工程，应该注意：

（1）熟悉、理解现行政策并认真遵守。

（2）要对政策有前瞻性。

（3）因此决策者应该从全局和长远出发，不能只看见自身的眼前利益，以避免造成巨大损失。

对于涉外工程，政策风险更为重要。要充分了解所在国的国情与政策，认真研究，努力避免政策风险。

9. 经济效益综合风险分析

投资主体开发热电项目，最根本的还是以经济效益为中心，在不确定分析的指引下，通过对市场预测，从技术方案、工程方案、融资方案和社会影响论证等方面进行的初步风险分析，最终要进一步从经济效益角度进行综合风险分析，识别主要因素，揭示风险来源，判别风险程度，提出规避风险对策。

火电项目，风险评估定量分析较困难，目前多采用定性分析。并按照一般风险、较大风险、严重风险和灾难性风险进行归类。

通过以上几个方面的风险来源分析，找出影响项目收益的经济风险因素，归纳为以下几类：

（1）项目收益风险：产出品的数量（服务量）与预测（财务与经济）价格；

（2）建设风险：建筑安装工程量、设备选型与数量、土地征用与拆迁安置费、人工、材料价格、机械使用费及取费标准等；

（3）融资风险：资金来源、供应量与供应时间等；

（4）建设工期风险：工期；

（5）运营成本费用风险：投入的各种原料、材料、燃料、动力的需求量与预测价格、劳动力工资、各种管理费取费标准等；

（6）政策风险：税率、利率、汇率及通货膨胀等。

二、项目风险分析过程

项目风险分析过程一般包括风险识别、风险估计、风险评价和风险应对。

（1）风险识别。风险识别应采用系统论的观点对项目进行全面考察和综合分析，找出潜在的各种风险因素，并对各种风险进行比较、分类，确定各因素间的相关性和独立性，判断其发生的可能性及对项目的影响程度，按其重要性进行排队或赋予权重。风险识别应根据项目的特点选用适当的方法。常用的方法有问卷调查、专家调查和情景分析等。

（2）风险估计。风险估计是在风险识别之后，通过定量分析方法测定风险发生的可能性及对项目的影响。通常采用主观概率和客观概率的统计方法，确定风险因素的概率分布，运用数理统计分析方法，计算项目评价指标相应的概率分布或累计概率、期望值、标准差。确定风险事件的概率分布常用的方法有概率树、蒙特卡罗模拟及CIM模型等分析方法。

（3）风险评价。风险评价应根据风险识别和风险估计的结果，依据项目风险判别标准，找出影响项目成败的关键风险因素。项目风险大小的评价标准应根据风险因素发生的可能性及其造成的损失来确定，一般采用评价指标的概率分布或累计概率值、期望值、标准差作为判别标准，也可采用综合风险等级作为判别标准。

（4）风险应对。风险应对是根据风险评价的结果，研究规避、控制与防范风险的措施，为项目全过程风险管理提供依据。具体应关注以下方面。

1）风险应对的原则：应具有针对性、可行性、经济性，并贯穿于项目评价的全过程。

2）决策阶段风险应对的主要措施：强调多方案比选，对潜在风险因素提出必要的研究与试验课题，对投资估算与财务（经济）分析应留有充分的余地，对建设期或运营期的潜在风险可采取回避、转移分担和自担措施。

3）结合综合风险因素等级的分析结果，提出相对应的应对方案。

三、项目风险分析的一般要求

根据项目特点及评价要求，风险分析可依项目实际按下列情况进行：

（1）重大的建设项目已按上面的项目风险分析过程逐步进行风险分析。

（2）如投资方有要求，一般项目可直接在敏感性分析的基础上，采用概率树分布和蒙特卡罗模拟分析法，确定各变量（如收益、投资、工期、产量等）的变化区间及概率分布，计算项目内部收益率、净现值等评价指标的概率分布、期望值及标准差，并根据计算结果进行风险评价。

（3）在定量分析有困难时，也可对风险采用定性分析。

第 二 篇

热 源 篇

第四章

供热汽轮机特性

第一节　供热汽轮机简述

供热汽轮机，是电站汽轮机中的一个重要分支，是热电联产项目的主要设备之一，在热电联产项目中，其三大主机中仅汽轮机与常规凝汽式汽轮机不同。

对于常规抽汽凝汽式汽轮机，进入的蒸汽除回热抽汽外，剩余部分经膨胀做功后全部排入冷凝器；而供热汽轮机与常规凝汽机组的主要区别是进入的蒸汽除回热抽汽外，还另有一部分蒸汽在汽轮机内膨胀做功，到某一级段后抽出供热。供热汽轮机减少了冷源损失，因此其热电效率要高于常规纯凝机组。

供热汽轮机由于抽汽功能，需增设抽汽机构，因此其结构也比常规纯凝汽机组复杂，造价也相应高一些。

供热机组是伴随着常规纯凝机组共同发展的，近年来新建项目中，一大部分机组均为供热机组。

一、供热汽轮机特点

供热机组在机组发电的同时，还可提供一定参数的蒸汽去对外供热。抽汽是从汽轮机的某中间级抽出，或者从排汽排出送往热用户。蒸汽在热用户放热后，其凝结水又被部分或全部回收至电厂的回热系统中，再由水泵重新送往锅炉循环使用。如果在运行中热负荷增大，汽轮机则根据热负荷的需要增大进汽量，满足外界热负荷增加的需要。当外界热负荷变动时，可以同时调节汽轮机的抽汽量和进汽量，以使发电量保持不变。

对于汽轮机而言，同类型机组，初参数越高，机组效率越高。如，超高压再热机组比高压机组效率高4%～7%；亚临界机组又比超高压机组热效率高3%～5%；超临界机组又比亚临界机组热效率高2%～4%。为提高热电效率，热电厂供热机组容量和等级也在不断提高，由最初的6MW中温中压机组到50～100MW高压机组，125～150MW超高压机组、200MW超高压机组、300MW亚临界机组和350～1000MW超临界机组，目前我国正在大规模建设的主力供热机型是350MW超临界热电联产抽凝式机组。

热电联产集中供热是公认的节能环保措施之一，在解决供热、节能和环保等方面具有突出优势。对于热电联产供热汽轮机，主要有下列几种类型（汽轮机分类方法很多，本方法是其中一种）：

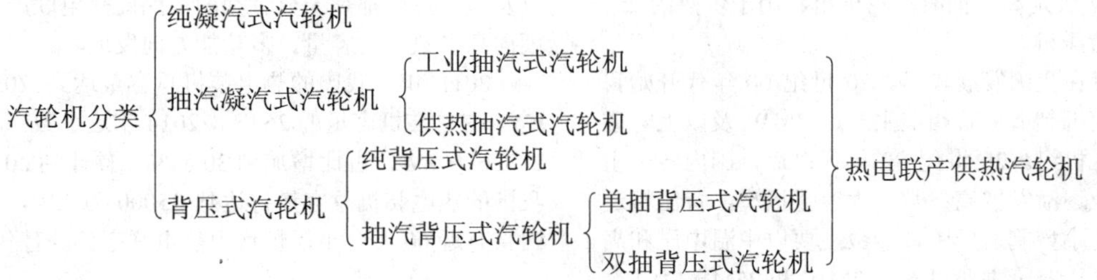

（1）背压汽轮机。排汽压力高于大气压力的汽轮机叫背压式汽轮机。排汽压力为0.118～0.60MPa的机组主要供给供热抽汽，排汽压力0.60MPa以上的机组主要供给工业抽汽。由于几乎没有冷端损失，背压机组的热耗率较低、热效率较高（一般在90%以上），且背压越低、容量越大则热耗率越低，因此背压机一直是国家鼓励优先选择的机型。但因背压机组在非供汽工况时无法运行，特别是北方带供热负荷的背压机，全年运行小时数较少，容量也相对较小，因而经济性受到制约。

（2）供热抽汽凝汽机组（抽汽压力0.118～0.60MPa）。供热抽凝机组每年有30%～50%时间运行在供暖工况、50%～70%时间运行在纯凝工况，因此其综合热电效率要高于纯凝机组。如，150MW超高压抽汽凝汽式机组在纯凝时热电效率为40%左右，而抽汽时热电效率则能达到70%以上，年平均热电效率为50%以上；300MW亚临界抽凝式机组在纯凝时热电效率为41%，抽汽时热电效率达到75%以上，年平均热电效率为55%以上。抽凝机组的热电效率虽然不如背压机，但是在非供热期也能够正常发电运行，因此电厂的经济效益基本不受影响。

（3）工业抽凝机组（典型抽汽压力0.784～1.27MPa、3.82～4.22MPa等，主要用于工业生产抽汽）每年大部分时间运行在抽汽工况，其纯凝时热电效率与供热抽汽机组相当，抽汽工况时略低于供热抽汽机组。由于全年都能供热，电厂的经济效益一般来说比较稳定。

（4）双抽机组（同时提供供热抽汽与工业抽汽负荷），每年大部分时间都有工业抽汽负荷，有近半年时间有供热负荷，总体来说电厂经济效益较好，受供热负荷影响相对小一些，但是纯凝运行时热电效率稍低一些。如果以双抽热电联产名义投运双抽机组，而真正运行时又没有供热负荷，则双抽机组的优势没有得到发挥，运行效率和经济性会受到影响。因此双抽机组在可行性研究阶段需要事先统筹规划好。

二、供热汽轮机在国内装机情况

国内从20世纪50年代初期，自从有火电厂开始，就开始发展热电厂。最初时期的热电机组功率都比较小，普遍在6～25MW，其中供热的机组（抽汽压力为0.118～0.294MPa）主要集中在北方地区的大中型城市，工业抽汽的供热机组（抽汽压力为0.784～1.27MPa以及3.82～4.22MPa）主要集中在工业中心城市。20世纪70～80年代后，随着汽轮机技术的发展和中国社会城市化的发展，开始出现用于城市工业的50、100MW级别高压抽凝汽轮机组和用于供热的25、50MW的背压机。

背压机在我国发展较早，20世纪60年代开始我国的各汽轮机制造厂就相继生产过3MW及以上容量的各型背压机组。20世纪80年代以后，国内各个主机制造企业逐渐发展高参数、大容量机型，背压机逐步集中在中小型制造厂中，参数主要以中温中压和高温高压为主，容量主要以6、12MW和25MW为主。1996年后出现了50MW供工业用汽的背压机，2005年后出现了80MW供供热用汽的背压机，今后还有可能有更大容量的背压机出现。

抽凝机的参数和容量是紧跟纯凝机组发展起来的。我国早在20世纪50年代就投产了国产化的高温高压的25MW工业供热双抽机组，20世纪60年代投产了国产化的50MW工业供热双抽机型和100MW的供热抽汽机组。2000年后，出现了超高压参数200MW三缸两排汽的抽凝式机组，随后又由三缸两排汽改进成为两缸两排汽，同时135MW等级的单抽、双抽机组也相继投产。当时200MW机组的工业抽汽（抽汽压力0.981MPa）能力最大达到了350t/h，供热抽汽（抽汽压力0.245MPa）能力也达到了最大420t/h。

2003年，国内主机厂在原引进型亚临界300MW机组基础上成功开发300MW亚临界供热抽汽冷凝式机组，单台机组最大供热抽汽量达到550t/h，随后一直到2010年前后，伴随着国内经济的高速增长和这一段时间城市住房面积的急剧增加，亚临界300MW供热抽汽冷凝式机组在以集中供热为主的大中型城市大量地投运。接着一大批带有工业抽汽负荷的亚临界300MW供热单抽机组、工业和供热双抽机组在国内各大城市或工业中心相继投产，我国发电行业的供热机型成功实现了参数的提升和容量的增加。

2006年后，超临界600MW机组成为我国大容量电站汽轮机的新增长点，并在此机型基础上，各大制造厂陆续成功开发350MW超临界纯凝和供热机组。2012年，超临界350MW供热机组投产。目前我国火电机组中，纯凝机组以600MW超临界为主力机型，抽凝机组正在逐渐以300MW亚临界和350MW超临界为主力机型。600MW机组这几年也出现了单抽和双抽机型，但由于机组容量过大，抽汽时的变工况性能不如350MW机型灵活。2012年之后一直到目前，国内火电市场供热机组的招投标项目的主要机型就是350MW供热机组。

热电联产供热机组具有很高的热效率，因此不同型式的、不同功率的机组均能长期正常地投运，不会提前退役。随着机组容量的增大，单位千瓦的造价会相应降低，同时机组进汽参数的提高，又进一步提高其热经济性。这对于电站现场管理、减少运行人员，以及节省投资都是十分有利的。因此热电联产机组正朝向高参数、大容量、多功能方向发展。

2011年，我国的热电装机总容量达到20378万kW，占总装机容量的26.7%，2014年这个数字增加到28326万kW，占比增加到30.84%。预计到2020年，我国的热电装机总容量将达到35000万kW，届时全国将有近60万台小锅炉将由热电联产部分替代。

第二节 抽汽凝汽式供热机组

抽汽凝汽式机组机型种类多、用途多、调节类型多，按照不同方法有不同的分类方式。

一、抽汽凝汽式机组主要分类

（1）按热力特性（抽汽量等）和结构的不同，抽汽凝汽式汽轮机可分为可调整抽汽凝汽式和非可调整抽汽凝汽式两大类。

（2）按供热可调整次数可分为一次、二次抽汽式汽轮机。

（3）按供热蒸汽的用途不同可分为工业用汽和供热用汽的供热汽轮机。

目前已经投入使用的抽汽凝汽式汽轮机有以下几种型式：

（1）具有一次调整供热抽汽的抽汽式汽轮机；

（2）具有一次调整工业抽汽的抽汽式汽轮机；

（3）具有二次调整抽汽的抽汽式汽轮机，可以同时向外界供应不同压力等级的蒸汽，例如供工业用汽和供热用汽。

上述机型在行业内一般简称单抽或双抽机组，若是单抽机组，通常还会简称是工业单抽或者供热单抽机组等。

在以下的叙述中，我们主要是按照调整抽汽和非调整抽汽两类来加以说明。

不同类型的抽汽凝汽机适应不同类型的热电厂。抽汽凝汽汽轮机的选型应该由电厂的类型、供热的参数和容量、发电负荷的需求等因素来确定。

（1）如果电厂的机组主要以发电为主，供热量较小，可以考虑选择非调整抽汽类型的机组。非调整抽汽可以是单抽、双抽甚至三抽或更多段抽汽。

（2）如果电厂面临着为周围较大热用户提供较多的供热蒸汽量，则可以考虑选取调整抽汽类型的机组。调整抽汽可以是单抽或双抽型式。

（3）如果有两种或两种以上的抽汽需求，若抽汽量有大有小、有多有少，也可以考虑在一台机组上同时实现既有调整抽汽，也有非调整抽汽的供热方式。

二、调整抽汽凝汽式汽轮机

1. 调整抽汽凝汽式汽轮机设计原则

调整抽汽凝汽式汽轮机可向外界供应一种或两种参数的抽汽，抽汽压力由调压系统控制，这种汽轮机能在较大的范围内同时满足外界热负荷和电负荷的不同要求，比背压式汽轮机灵活，适应范围更广，因而获得了更为广泛的应用。

抽凝式汽轮机早期的容量都比较小，且设计思想与当代大容量机组不同。

（1）早期 50MW 及以下的抽凝机组，机组的高压段的通流面积是按照抽汽状态确定的，低压段的通流面积是按照纯凝状态确定的。这样的机组无论是在抽汽状态，还是在纯凝状态，都可以发出额定功率。这种机型的优点是无论抽汽量多少，甚至不抽汽的情况下，机组的发电功率都可以不受影响；缺点是无论什么状态下，总有一部分通流处于部分负荷状态，机组效率受到一些影响。这种机型出现在早期的热和电都比较缺乏的时期，一般是母管制运行，即多机配多炉。

（2）到了后来出现了 100MW 以上的抽凝机型，这种机型大都是由纯凝机型派生而来，整机的通流面积均按照纯凝状态来设计，只有在纯凝工况时发出额定功率。当对外抽汽供热时，发电功率自然减小，通常是单机配单炉的单元制运行。

（3）后来的 135MW 以上的机型基本上都是该设计理念。这种机组的优点是纯凝运行或者抽汽量较少的时候，机组热电效率不会下降太多，缺点是抽汽供热的时候发电负荷会减少。

一次调整抽汽式汽轮机的通流部分以抽汽点为界，分成高、低压两个部分；二次调整抽汽机组则以两个抽汽点为界，分成高、中、低压三个部分。来自锅炉的蒸汽经高压配汽系统（高压主汽阀、高压调节汽阀）进入高压通流部分做功以后，一部分蒸汽抽出汽轮机供给热用户，余下的蒸汽经低压系统进入中低压部分，继续做功后进入凝汽器。

调整抽汽式汽轮机的两个配汽系统分别由调速系统和调压系统共同操纵，采用牵连调节系统来达到热电自治[1]的运行方式，即同时满足外界不同电负荷和热负荷的需要。机组设计成能在热负荷为零（抽汽量为零）到额定抽汽量的工况下发出额定功率。当热负荷为零时，对应抽汽机组的凝汽运行工况；热负荷为最大值时，低压部分仅通过最小冷却蒸汽流量运行。因此调整抽汽式汽轮机和相同功率等级的凝汽式汽轮机一样，应尽可能采用高进汽参数、低背压和多级回热抽汽加热给水以及大功率机组采用中间再热循环等方式运行，以提高整个机组的热经济性。

大型供热抽凝式汽轮机是典型的大容量抽凝机组。大型供热抽凝式汽轮机的任务是在冬季供热季节向用户集中供热，而在非供热旺季则以纯凝汽工况运行、高效发电。一般在供暖季节较短的地区，为提高电站的运行经济性，就以纯凝汽工况作为这类机组的设计工况，同时为了大抽汽量的需要，通常在结构上设计成多缸结构，并将抽汽点设在中低压缸的分缸处，中低压缸之间由联通管连接，上面安装蝶阀以调节抽汽压力。

2. 抽汽系统和回热系统特点

（1）供热汽轮机一方面要保证供给热用户所需要的热量，同时又要发电，所以配有完善的抽汽系统和给水回热系统。对于工业抽汽，汽轮机本身供出的只是蒸汽工质，并配有适当的抽汽系统（阀门组和管道

[1] 热电自治：汽轮机在发电的同时对外供热，且发电功率和对外供热量之间互不影响。

等）。对于供热抽汽，除了要配阀门组和管道之外，还要配有热网加热系统。供热抽汽，一般是用抽汽的热量将热网的水加热，然后以热水供应热用户，这样比较适合远距离、大容量、低损耗的输送。一般情况下，小容量供热热网系统采用一级热网加热器，中等和大容量热网系统可以采用一级热网加热器，也可以采用二级热网加热器。在供热量相同时，二级加热比一级加热可增加2%～4%的电功率，但投资也会相应增加。

（2）对于抽汽式汽轮机，调整抽汽量越大，低压缸流量越小，在回热系统中抽汽压力较低的加热器的抽汽量和通过的加热给水量都会减小，因此对带工业抽汽负荷的中小型机组可适当减少给水加热器的级数。但对于大功率供热抽汽机组，由于要保证非供热期间有较高的发电效率，常采用与凝汽式机组同样的给水回热系统。

（3）对于供给化工、造纸、纺织、皮革等工业用汽的供热机组，由于工业用抽汽不能回收，需要大量的常温补给水，为满足锅炉对给水品质的要求，要增加补给水的化学水处理。早期的中小型供热机组，有的还带有低压除氧器，补入的化学处理后的常温水可以先进入大气式低压除氧器除氧后，再进入相应的低压加热器或高压除氧器。现在的机组由于在冷凝器热井中增设了真空除氧设备，已经很少再采用低压除氧器，但是低压除氧器在背压机上仍广泛采用。

（4）对于超临界机组，供热抽汽的疏水回到汽轮机的回热系统的时候需要做特殊考虑。供热抽汽的疏水通常温度都比较高（若热网加热器设计成顺流形式，疏水温度等于热网加热器工作压力下的饱和温度），因此按照温度相近补水原则，疏水应该进入温度相近的低压加热器或高压除氧器。但是由于超临界锅炉对于给水水质要求苛刻，汽轮机回热系统上带有精处理设备，而精处理设备对疏水的温度要求是不超过70℃。因此对于超临界供暖抽汽机组的疏水和回热系统设计，现行的做法是注意两点：一是热网加热器设计成逆流形式，增设疏水冷却段，使得疏水温度与热网加热器的入口水温只存在一个不大的端差，可大大降低疏水温度；二是在回热系统的凝结水泵后增设热网疏水换热器，用凝结水进一步降低疏水温度，疏水从热网疏水换热器出来之后再进入冷凝器热井，并重新被打回回热系统，这样一来，疏水温度高的问题可以得到解决，精处理器也能正常工作。这样做虽然会引起汽水系统复杂，也会产生一些热量的损失，但是这给系统的安全稳定运行带来很大好处。超临界机组特有的原则性疏水冷却系统见图4-1。

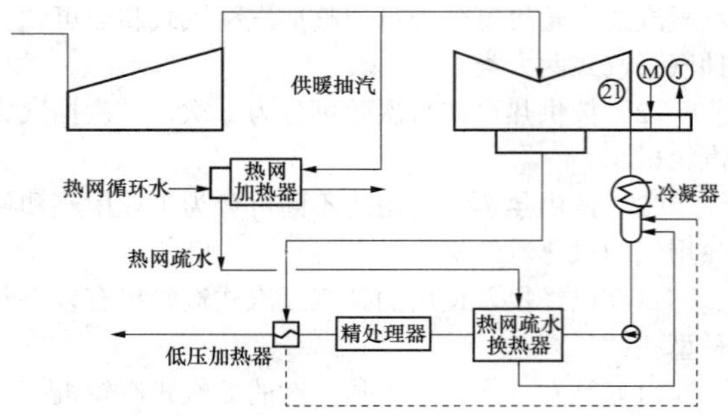

图4-1 超临界机组特有的原则性疏水冷却系统图

3. 通流部分设计原则和特点

调整抽汽式汽轮机不能像纯发电机组仅仅按电功率的大小来区别各种机型和工况。随着抽汽量（一次或二次）及电功率的变化，高、低或高、中、低压缸通流部分的流量各不相同，不能用同一个进汽量、有时甚至不能用同一个工况来作为整个机组通流部分的设计流量。因此，设计时除必须充分了解该机组的主要或经常运行的工况及其变化范围外，还要考虑最大一次抽汽量、最大二次抽汽量、汽轮机各缸的最大通流量等的影响。然后合理地分别确定高、中、低压缸通流部分的设计流量（设计点），通过各自确定的设计流量来确定各段的通流面积，保证机组在常用工况下能有较高的经济性。目前，抽汽凝汽式供热机组在通流面积设计上，通常遵循如下设计原则：

（1）对于那些季节性较强的大功率供热抽汽机组（冬天抽汽供热，夏天纯凝汽运行发电）或者是带有间歇性工业负荷的抽汽机组，通常纯凝汽状态的运行时间相对较长。为了使得纯凝汽工况下有较高的效率，可将其设计为在纯凝汽工况运行时，机组发出额定功率，即将纯凝汽工况作为设计工况或额定工况。随着热负荷（即抽汽量）的增加，低压缸流量减少，电功率相应下降。当抽汽量为最大时，机组电功率达到最小值，两者约为纯凝汽工况时的70%～85%。

这种设计原则的特点是在长期非供热季节里，机组处于纯凝汽工况运行时的热耗率较低、热效率较高。与同等功率的凝汽式机组相比，效率降低较少、电厂的设备利用率较高。因为在较短的供热季节里，仅低压缸、低压加热器和发电机在低于设计能力的工况下运行，而全年较多的时间则在纯凝汽工况下运行，电站的所有设备均得到充分的利用，发挥最大的效益。这一类机组的设计特点是：

1）这一类抽凝机组与同容量、同型式的凝汽式汽轮机组在结构上有很大的通用性，有利于组织生产和管理，可缩短设计、制建和建设周期，降低造价，且主、辅机配套也可通用，成熟可靠。

2）可采用高参数中间再热循环和一机对一炉的

单元制布置。整个机组按以热定电方式运行，多供热则少发电。由于机组的热负荷是靠改变其低压缸发出的功率来调节的，只需一个调节手段，即以改变置于中低压联通管上的蝶阀开度来调节低压缸的出力（电负荷）并满足热负荷的要求，调节系统和滑压系统可采用独立调节方式而不必采用牵联调节。

（2）对于工业抽汽量较大且稳定的中小型供热机组（例如 50MW 及以下的抽凝机组），由于工业生产的工艺流程中需要的抽汽一般是常年稳定而没有季节性之分的，因此可将它设计为在额定抽汽量时发出额定电功率。当抽汽量最大（大于额定抽汽量）时，电功率将下降并小于额定功率；当抽汽量比额定抽汽量减小时，新汽量也相应减少，电功率也随新汽量的减少而减小。低压缸的通流部分是以发出额定电功率时，在额定抽汽压力和抽气量下低压通流部分也能运行在设计点下、保持高效率状态时作为其设计工况，因此，其低压缸的通流能力比同容量凝汽式机组的更小，从而不仅可降低机组的造价，还可满足低压缸长期在小流量下运行的经济性。高压缸的通流部分则按额定电负荷加额定抽气量时的进汽量来设计。这种设计原则的特点为：

1）机组在保证供应额定抽汽量的情况下，能发出额定电功率。

2）机组高压缸的通流能力比同容量的凝汽式机组更大，而低压缸的通流能力则更小。供热抽汽量的调节是靠同时增大（减小）进汽量和减小（增大）排汽量来达到的。

3）按热电自治方式运行，采用牵联调节系统，能在一定范围内完成热、电负荷的平衡。

4）锅炉容量按额定电负荷加额定热负荷时的抽汽量配置，一般采用母管制、非中间再热式。锅炉的台数多于汽轮机的台数，在不供热或少供热时可停运部分锅炉。

（3）对于供热抽汽量较大，抽汽量变化也较大，而且在任何热负荷下均要发出额定电功率的供热抽汽机组，可设计为在额定抽汽量时能发出额定电功率，并在纯凝汽工况时也能发出额定电功率。这一类机组通常也是中小容量的抽凝机组，早期的 50MW 及以下的供热机组多为这一类机组。为保证在机组抽汽量变化时不影响到发电功率，一般将纯凝汽发出额定电功率工况时低压缸流量的 80%～90%作为低压缸通流部分的设计流量，而高压部分则按照抽汽工况时对应的蒸汽流量来确定通流面积，这样在抽汽量增减时，汽轮机可通过改变进汽量，继续保持发电功率维持恒定不受影响。这种机组的特点是：

1）在供热量最大时，电功率也达到最大值，选配的锅炉蒸发量要比该机组同容量的纯凝机组的要大一些。

2）对于带有回热系统的双调整抽汽式汽轮机的热力设计，当机组的电功率和两段抽汽量都达额定值时，其总进汽量可作为通流部分高压段的设计流量，特别是在确定调节级的进汽度和绝对热焓降时，最大进汽量一般取为设计流量的 120%～140%。

3）若是双抽机组，当机组的电功率为额定值、一次抽汽量为零且二次抽汽量为最大值时，则进入通流部分中压段的流量为中压缸的最大流量，中压段第一级前的压力自然上升到一次抽汽压力的最大值。而中压段的设计流量一般取此最大值的 70%～90%，此时中压段前的压力应等于或接近于一次抽汽压力的设计值。

4）当汽轮机只带纯凝的额定功率时。此工况下低压段的进汽量为低压缸的最大进汽量，对应的压力为二次抽汽压力的最大值。而低压段的设计流量一般取为最大值的 80%～90%。在设计流量下低压段前的压力应等于或接近于二次抽汽压力的设计值。

5）这种机组的特点是机组负荷适应性好，运行调度比较灵活。之所以会有这种性能，其实质是将设备的实际能力设计得比铭牌值大得多。主蒸汽管道一般采用母管制，锅炉台数多于汽轮机，调节系统采用牵联调节。其缺点是由于机组要承担两种性质的负荷，其中只要有一项变动，就会引起机组的变工况。如抽汽量很大时，会使汽轮机低压部分处于低负荷状态；在无抽汽量（纯凝汽工况）时，即使电负荷达到额定值而汽轮机的高压部分也只到半负荷状态，中压部分约达到 70%的设计流量。因此机组的缸效率比较低，这种双抽汽凝汽式汽轮机在纯凝汽工况运行时，要比同容量的凝汽式机组热耗值高 5%～8%。另外，设计制造工作量大，成本较高，建设投资大，周期也较长。这种机组的设计思想来自早期的苏联，在 20 世纪 90 年代以前国内普遍缺热缺电的年代，这类机组曾大量出现过，容量一般在 12、25、50MW，也曾出现过 100MW 的机组。

4. 抽汽压力调节机构

抽凝式汽轮机的抽汽压力的调节要靠抽汽压力调节机构，也叫抽汽压力调节阀。这些阀门的工作原理主要是通过改变通流面积、实现对蒸汽流道的部分节流来实现压力调节。根据通过阀门的蒸汽容积流量的大小、蒸汽参数的高低以及阀门在汽缸上安装位置等情况的不同而使用不同的压力调节机构。比较常用的有：坐缸式调节阀、双座式调节阀、再热调节阀、旋转隔板、蝶阀等。所有这些调节阀都是按调节系统的控制逻辑，通过液压执行机构（油动机）或电动执行机构（电动机）进行操作和控制。

下面一一说明各个抽汽压力调节机构的简要结构

和适用情况。

（1）坐缸式调节阀。是指阀门坐落在汽缸上，由带型线的阀蝶和阀座组成的调节阀，也叫内置阀，一般会由多个相同的阀并排组成阀门组。阀门组通常位于汽缸的上方，由阀壳、阀杆和阀蝶等组成，由单个或多个油动机带动阀门组，通过开关油动机来调节阀蝶的开度、改变蒸汽流道的面积、从而控制阀前压力。阀门组的每一个阀门可以同时开启，也可以单独开启。该阀门的优点是调节性能较好，结构和选材不受蒸汽温度和压力的限制；缺点是受阀门和汽缸结构设计的限制，阀门的容积流量不可能设计得很大，适用于较高抽汽压力的抽凝机组（抽汽压力在2.0MPa以上），不适用于大流量的中、低压抽汽。阀门在汽缸上所占的安装位置比较大，在一定程度上影响了通流部分级组的布置，且由于引起通流部分内部蒸汽流道产生较大折转，节流损失较大，阀门提升力也很大（造成油动机体积较大），同时也造成汽缸的结构较复杂。坐缸阀结构示意图见图4-2。

（2）双座式调节阀。双座式调节阀也安放在汽缸上，通常会由2～4个阀门组成阀门组，分散在汽缸的上部和侧部，由阀壳、阀杆和阀蝶等组成，每个双座阀由一个油动机带动阀蝶的开度。其工作原理与坐缸阀接近，也是通过阀蝶开关改变蒸汽流道的面积，从而控制阀前压力。每个双座阀都有两个阀座、两个阀蝶（置于同一个阀杆上），蒸汽进入阀门时有两个通道，因两个阀蝶的受力方向相反，因此互相抵消，阀杆提升力很小。阀门组的每一个双座阀可以同时开启，也可以单独开启。该阀门的优点是调节性能较好，阀门提升力较小（油动机体积可以很小），同时与之相连接的汽缸的结构也比较简单，其结构和选材不受蒸汽温度和压力的限制；缺点是受阀门和

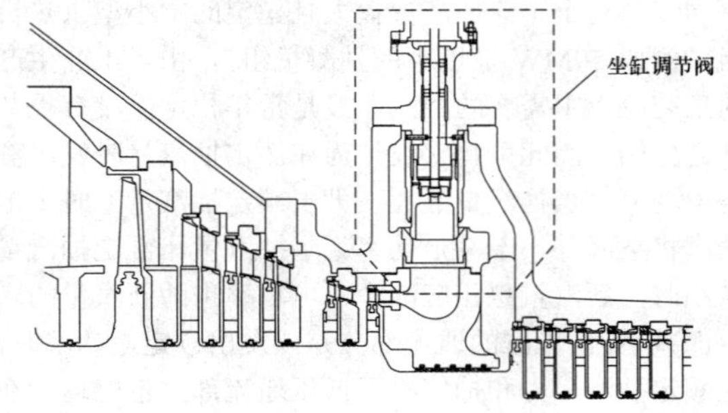

图4-2 坐缸阀结构示意图

汽缸结构设计的限制，阀门的容积流量不可能设计得很大，适用于较高抽汽压力（抽汽压力在2.0MPa以上）、中小容量的抽凝机组（容量在200MW以下），不适用于大流量的中、低压抽汽机组。它在汽缸上所占的安装位置也比较大，在一定程度上影响了通流部分级组的布置，且由于引起通流部分内部蒸汽流道产生较大的折转，节流损失较大。双座调节阀结构示意图见图4-3。

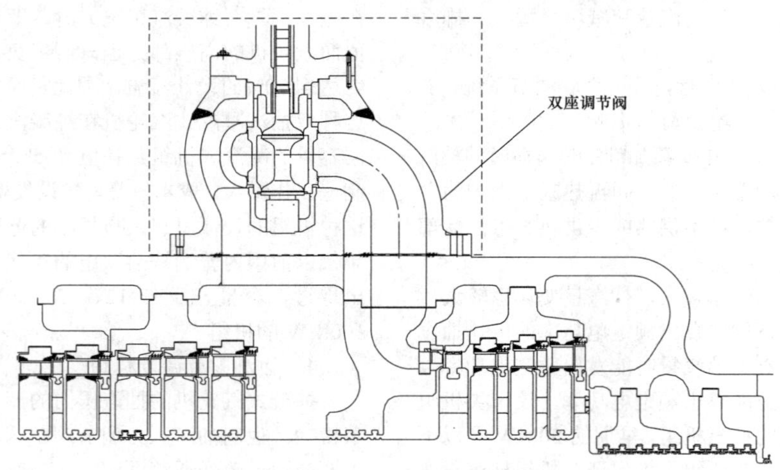

图4-3 双座调节阀结构示意图

（3）旋转隔板。旋转隔板是由带有通流窗口的转动盖板（也叫转动环）和固定的隔板本体所组成的抽汽压力调节机构，由转动盖板、固定隔板、平衡室等部件组成，旋转隔板是这些部件组合的总称。转动盖板（也叫转动环）由执行机构（油动机）操纵，转动盖板相对于固定隔板转动时，由于转动位置不同，盖板上的通流窗口通过开大或关小，来改变固定隔板上的静叶流道面积的大小。根据转动盖板上人为分成的开度不同的窗口组数，即可以设计成多组喷嘴调节，也可以设计成单阀节流调节，以控制流入中压缸或低压缸的蒸汽流量，达到调节抽汽压力和流量的目的。

由于旋转隔板两侧存在着蒸汽压差，在转动盖板与固定隔板之间的接触面上会产生一压紧力，使转动

时存在一个由摩擦阻力产生的阻力转动力矩。对压差较大的旋转隔板，结构上应设置平衡室（卸载结构）来减小压紧力，从而减小油动机的驱动力矩。一般工业抽汽的旋转隔板都设有平衡室，这在一定程度上增加了旋转隔板的结构复杂性。旋转隔板的结构示意图见图4-4。

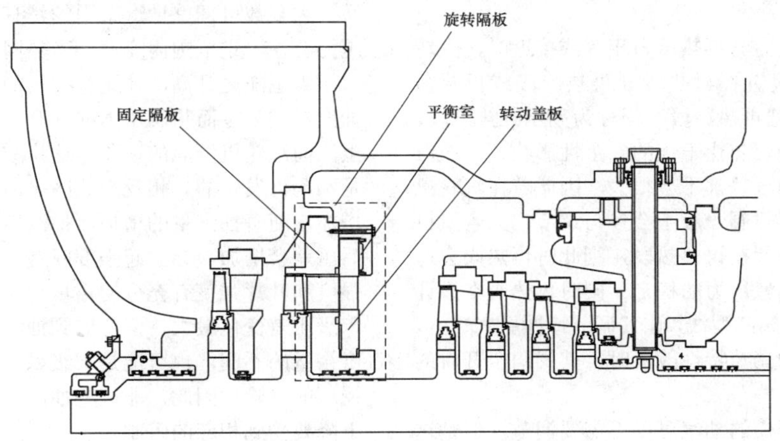

图4-4　旋转隔板结构示意图

另外还有一种径流式旋转隔板。径流式旋转隔板是由带有径向流通窗口的转动盖板、带有径向流通窗口的环形蒸汽室（或固定盖板）和固定隔板本体三者所组成。开在转动盖板圆柱面上的流通窗口对称布置，以平衡蒸汽的径向压差。转动盖板相对于蒸汽室转动时，两者的径向窗口位置互相遮断、错位半开和全开（窗口重合）而改变蒸汽室的进汽面积，从而控制通过隔板喷嘴而进入中压缸或低压缸的流量，达到调节抽汽压力和流量的目的。相对于轴流旋转隔板，径流式旋转隔板的优点是没有了转动盖板与固定隔板之间的接触面上产生的压紧力，因而转动更加灵活，缺点是占用了较大轴向空间，对机组的布置带来一些影响。径流式旋转隔板的使用在国内未有先例。

旋转隔板适用于一切容量的中、低压抽凝机组的抽汽压力的调节。优点是调节精度高，在汽缸中所占据的位置小，易于布置，蒸汽流过时不需要折转，因而流动损失较小；缺点是抽汽压力不能太高，适用于中低抽汽压力（抽汽压力在 2.0MPa 以下）的机组。

（4）蝶阀。蝶阀通常安装在连通管上，适用于抽汽点位于汽轮机高低压缸的分缸处、对抽汽压力精确度要求不高的抽汽机组。蝶阀由阀壳、阀蝶、转轴等组成，广泛地用于中型以上容量的供热抽汽机组上，因供热抽汽是从中压缸排汽抽出，大口径抽汽调节蝶阀可以装在中低压联通臂上，结构紧凑。当非供热季节机组投入纯凝汽工况运行时，蝶阀全开，节流损失最小，对机组效率的影响很小。蝶阀作为抽汽调节阀，适用于抽汽压力低（1.0MPa 以下）并且带有连通管的抽凝机组。因其口径很大，作用在阀蝶前后的压差会在阀蝶的转轴上产生很大的推力，因此无论在开启或关闭阀门时，执行机构的驱动力矩都会很大，一般需要采用双侧进油的油动机。又由于油动机的尺寸较大，油动机往往只能固定在基础上而不是挂在汽缸上（如挂在汽缸上，将导致巨大的推动力矩要由汽缸的支反力矩来平衡），这就使汽缸受到一个翻转力矩，因此在汽轮机的总体设计时应充分注意到这点。若对蝶阀没有快速关断的要求，其执行机构也可采用电机驱动，可以使结构和系统得到简化。蝶阀的主要优点是结构简单，操作方便；缺点是只能安装在分缸结构的机组的连通管上，压力调节的精度较低。连通管的结构示意图见图4-5。

图4-5　连通管的结构示意图

（5）再热调节阀。再热汽轮机都会配有再热调节阀，它虽然叫做调节阀，但平时正常运行时却一直处于全开状态，只有在机组启动和停机过程中才起到一定的调节作用。严格意义上来说，再热调节阀本身并非是汽轮机的压力调节机构，但是当该机组的抽汽点正好位于再热冷段或者再热热段的时候，若有需要，再热调节阀就可以参与抽汽压力的调节。因此对于抽汽点处于再热段、且再热调节阀参与抽汽压力调节时，再热调节阀就可以被看成是一个抽汽压力调节机构。

只有当抽汽压力与再热压力相等或接近时，汽轮机的抽汽点才会设置在再热段（再热冷段或再热热段），有时人们也把再热冷段习惯称为高压缸排汽段。受到锅炉再热器需要防止干烧的安全性影响，一般汽轮机再热冷段的抽汽量都不会很大，因此若在汽轮机再热冷段抽汽，再热阀一般不会参与调节。大容量机组的抽汽一般会设置在再热热段，则此时再热阀会适当关小，以维持抽汽压力的稳定。同时再热阀在设计时，会适当修改其阀门型线，让其调节特性更好一些。但是通常调节阀的调节特性改善时，其阀门全开时的压损就会稍微大一些。

再热冷段小规模的抽汽可以不需要调节，但是这要考虑高压缸排汽处的叶片强度，需要将该处的叶片设计得宽一些，大容量的抽汽一般会选择在再热热段，同时让再热阀参与压力调节，这同时也维护了高压缸排汽末级叶片的安全性。

三、非调整抽汽凝汽式汽轮机

非调整抽汽是指汽轮机的抽汽仅仅是简单地从本体内某个部位抽出，汽轮机内不设置抽汽压力调节机构的抽汽方式。非调整抽汽的汽轮机，其通流部分并不分割成若干部分，新蒸汽由进汽调节阀进入汽轮机后，通流部分的面积不可调整，抽汽压力也不受控制。抽汽口的抽汽压力和抽汽量一方面受到进汽调节阀开度（即进汽量）的影响，当进汽调节阀开大时，进汽量增大，各级流量增大、级前压力升高，相应的抽汽口压力就升高，反之亦然。另一方面还受到热网压力波动的影响，当进汽调节阀开度不变时，如热网压力上升（下降），则抽汽口压力会跟随变化，而抽汽量也会被动地下降（上升）。所以非调整抽汽的特点是抽汽压力随着机组负荷的变化而变化，抽汽量随着热网压力的变化而变化，汽轮机不能根据热网的需求而灵活地改变抽汽量及抽汽压力，调节能力相对较差，抽汽量也不能太大。但其优点是结构简单，对汽轮机通流没有节流作用。

非调整抽汽由于抽汽压力不能调整，因此在设计时通常要将抽汽压力选定得比用户要求的高一些，原因有两个：一是当抽汽量有变化时，抽汽压力也会跟着变化，为满足抽汽品质要求，需要抽汽压力留一些裕量；二是当机组进汽量（或电负荷）发生变化时，抽汽压力也会跟着变化，也需要一定的抽汽压力裕度。因此，非调整抽汽的抽汽压力会比供汽压力适当高一些，这是非调整抽汽机组的另一个特点。

非调整抽汽式汽轮机适用于抽汽量较小、抽汽压力变化要求不大的热用户。

1. 非调整抽汽对汽轮机本体和热网的影响

大多数可调整抽汽采用的是有差调节，所以热网压力会在一定范围内变动。当热网压力升高时，抽汽口压力也随之升高，非调整抽汽的抽汽量会减少。当抽汽量减为零而热网压力继续升高时，则会发生热网蒸汽向汽轮机倒灌的现象，这将威胁汽轮机的安全，是不允许发生的。相反当热网压力下降时，抽汽量会增加，随着抽汽量的增加，抽汽口前的隔板和叶片前后压差会增加，会引起强度问题，因此要考虑到隔板强度和叶片强度有充分的裕量。一般来说，抽汽口前末级压差变化最大，但考虑到抽汽口前各级隔板原强度裕量的不同，也可能是末级以外的隔板或动叶片有损坏的危险。因此，非调整抽汽口的压力随电负荷的下降要受到相应的限制。

非调整抽汽量不能太大，否则抽汽就会对机组通流部分产生影响。若抽汽量过大，蒸汽的抽出会引起抽汽口位置较大的流动扰动，在抽汽口上游各级的隔板和动叶片上产生较大压差，对机组的安全性带来影响，因此当抽汽量过大时就不能按照非调整方式来设计。一般来说，只有当抽汽量小于通流部分主流区流量的30%以下时，才可以考虑采用非调整抽汽。

2. 抽汽位置的选择和各抽汽位置的特点

非调整抽汽机组的抽汽位置，通常会选择与某一个回热抽汽口共用，根据流量和实际需要，由机组的回热抽汽口位置选取合适的压力值，并考虑机组负荷等因素，同时也要结合电厂机组的负荷特性、用汽量大小、供热压力等级等多方面因素。若无合适回热抽汽口，也可以考虑单独设计一个抽汽口。

由于机组的设计特点和结构特性一般都是为发电和供热设计的，非调整抽汽设计时需要根据已有机组的成型结构，在不影响机组安全和基本功能的前提下，选择在适当的位置上增加抽汽口结构。不同抽汽口位置有着不同的结构和性能特点。

（1）再热冷段抽汽（高压缸排汽抽汽）。大容量、有再热、多缸机组，最常见的非调整抽汽位置是位于高压缸或者中压缸排汽口位置。对于供热流量较小，同时供热压力较高的机组，一般采用高压缸排汽供热，此时供热管道引自高压缸排汽止回阀后，通过三通阀连接至减温减压系统，通过节流阀门节流减压、通过喷水系统喷减温水后，达到用户要求的参数进入供热管网。设计优点是大机组高压缸排汽压力较高，即使机组负荷降低至50%，也可以满足很多热用户压力需求，对机组中低压缸运行影响较小；缺点是高压缸排汽与供热蒸汽压差较大，高负荷时减温减压系统中节流损失巨大。

机组设计时，不仅要考虑对汽轮机再热冷段抽汽特性进行计算分析，还须考虑再热冷段抽汽对锅炉影响，须进一步咨询锅炉厂家。一般来说，锅炉再热器和过热器受热面积的比例是固定的，如果运行过程中由于抽汽变化，改变了主蒸汽和再热蒸汽的流量比例，会使再热温度升高。因此，若从再热冷段抽汽会给锅炉带来影响，所以应由锅炉厂家来核算确保安全性，最终综合考虑二者以确定再热冷段最大抽汽量。因此，有较大量再热冷段抽汽的机组在选配锅炉时，需要进行合理地论证再热器的面积是按照抽汽工况设计，还是按照纯凝工况设计，或是兼顾二者，需要汽轮机厂家和锅炉厂家配合来完成。

相同进汽量下，若再热冷段进行非调整抽汽，抽汽压力会降低，抽汽量越大，抽汽口压力越低，这样会使得抽汽口处前几级通流叶片强度增加甚至超过许用值，从而影响机组的安全性。因此需核算抽汽后通流叶片强度尤其是高压末几级叶片强度，从而确定最大抽汽量。

（2）再热热段抽汽。若机组再热冷段抽汽无法满足抽汽量需要时，可以考虑再热热段抽汽。再热热段可以允许抽汽量适当大一些，而抽汽压力与再热冷段相当（一般会比再热冷段低 10%左右），可以有效克服再热冷段由于受到锅炉再热器面积影响而不能抽出较多蒸汽量的限制。但是由于机组属于非调整抽汽，即使在再热热段，抽汽量也只能是有限增加，增加多少还要取决于抽汽量对再热冷段末级叶片的强度影响，也需要通流强度计算后才能确定。

再热热段抽汽还有另外一个缺点就是抽汽温度很高，被热用户利用时需要进行喷水减温，会引起系统能量的损失和做功能力的降低，需要进行技术经济核算。同时喷水减温装置的价格也比较昂贵。

（3）与回热抽汽口共用的非调整抽汽。大型机组的非调整抽汽位置通常选在回热抽汽口上，与回热抽汽口共用，抽出的蒸汽一部分去回热加热器，另一部分去热网。抽汽方式主要有三段、四段非调整抽汽、连通管非调整抽汽和五段非调整抽汽等。这些抽汽方式的原理、系统配置以及控制模式类似，仅对应不同类型的机组和不同的回热抽汽位置，其相应抽汽量大小不同，也就是说其抽汽量大小要根据具体机型、具体位置而定。对于中小型非调整供热机组来说情况也是一样。这些部位的抽汽口都是与回热抽汽共用，在设计时要充分考虑回热抽汽的影响、考虑隔板间距的影响、考虑汽缸上开口结构对主机本体的影响等，还要考虑抽汽口上游通流部分（隔板和动叶片）强度的限制，以及对转子推力带来的影响等。

对于大型机组在连通管上打孔抽汽的方式，除抽汽点设置选在连通管上这一不同外，其他抽汽特性核算与在回热抽气管上共用方式并无太大区别。设计时也要充分考虑抽汽方式的特殊性，如不仅要核算抽汽管道流速，还需要核算连通管总管道流速。总管道流量一般包括除氧器用汽和给水泵汽轮机用汽，同时再考虑对外供热用汽。而连通管上打孔抽汽一般由于连通管直径较大，流量也较大，对抽少量蒸汽的情况而言，可按照流速核算抽汽管道流速，优点是易于抽汽口的选取和布置，不足之处在于从连通管上引出管道所能承受的外部管道推力和力矩更小。

对于压力较低的抽汽，需要在压力较低的抽汽口（如大型机组，可能会在五段抽汽或者低压缸上的抽汽口）引出。由于抽汽压力低、比体积大，所以对外非调整抽汽量大小受限较大。而大型机组六段抽汽及以后各段抽汽压力更低，而且受到本体空间结构限制，抽汽量会更少，所以国内电厂大容量汽轮机六段抽汽及以后低参数抽汽管道一般都不对外供热抽汽，中小型机组个别有在压力较低的回热抽汽管道上引出少量蒸汽供给电厂厂区供热。

3. 非调整抽汽的局限性

非调整抽汽对于汽轮机本体来说，是设计时需要考虑的辅助设计点。机组设计完成后，非调整抽汽的最大抽汽量和抽汽压力范围就已经确定，后期若想修改，需要采取很多改造措施。因此，机组设计初期就应做好规划，并预留适当裕量以满足机组后续要求。

4. 典型大容量抽汽机组举例

我国热电装机种类中，100MW 以下的机组台数居多，从数量上来说约占 70%以上。但是近 10 年来，高参数大容量的供热机组呈快速增长的趋势，目前典型的大容量抽汽机组主要是超高压 135MW 等级和超临界 350MW 等级供热汽轮机。

（1）典型 135MW 超高压抽汽机组。135MW 供热汽轮机是 2000 年前后快速发展起来的再热式超高压供热机型，目前有单抽型机组和双抽型机组，其中分别以一次抽汽压力 0.981MPa 左右和二次抽汽压力 0.245MPa 左右的机组最为典型（也有分别以这两个压力相对应的单抽机型）。这类机组的典型结构为双缸（高中压合缸）、中间再热、单轴、双分流、抽凝式结构。一般一次抽汽设置在中压缸的级间，采用旋转隔板调节压力；二次抽汽设置在中压缸排汽，采用联通管上安装蝶阀来调节压力。这类机组大都配额定蒸发量 440t/h 或者 480t/h 的超高压锅炉，一次抽汽量最大值在 150t/h 以上，二次抽汽量最大值在 220t/h 以上（与一次最大抽汽量不同时出现），机组的各级通流面积按照纯凝额定功率 135MW 来设计，抽汽量大时功率自然减小。表 4-1

就是一台典型135MW双抽供热汽轮机的热力参数，供参考。

表 4-1 典型135MW双抽供热汽轮机热力参数

型式	超高压、中间再热、双缸、双排汽、双抽、凝汽式	
型号	CC135-13.24/0.98/0.25	
旋转方向	顺时针（从机头方向看）	
额定功率（抽汽工况/冷凝工况）	MW	108/135
额定转速	r/min	3000
额定进汽量（抽汽工况/冷凝工况）	t/h	432/410
最大进汽量	t/h	440
最大电功率	MW	143
新汽压力（绝对压力）	MPa	13.24
新汽温度	℃	535
再热蒸汽量（抽汽工况/冷凝工况）	t/h	378/358
再热蒸汽压力（抽汽工况/冷凝工况）（绝对压力）	MPa	3.561/3.353
再热蒸汽温度	℃	535
额定一次抽汽量	t/h	100
最大一次抽汽量	t/h	150
额定一次抽汽压力（绝对压力）	MPa	0.981
额定二次抽汽量	t/h	120
最大二次抽汽量	t/h	180
额定二次抽汽压力（绝对压力）	MPa	0.25
排汽压力（抽汽工况/冷凝工况）	kPa	3.6/5.4
额定给水温度（抽汽工况/冷凝工况）	℃	248/242
冷却水温度（额定值/最高值）	℃	22/33
加热器数		2高压加热器+1除氧器+4低压加热器

（2）典型350MW超临界抽凝机组。350MW超临界供热汽轮机是继国产化的超临界机组之后出现的新型大容量供热机组，目前装机台数快速增长，正成为我国当前的主力供热机型。350MW超临界抽凝机组也有单抽型和双抽型，其中分别以一次抽汽压力1.50MPa左右和二次抽汽压力0.40MPa左右的机组最为典型（也有分别以这两个压力为抽汽压力的单抽机型）。这类机型的典型结构为双缸或三缸（高中压合缸或分缸）、中间再热、单轴、双分流、抽凝式。一般一次抽汽设置在中压缸的级间，采用旋转隔板或者坐缸阀调节压力，二次抽汽设置在中压缸排汽，采用连通管上安装蝶阀来调节压力。这类机组大都配额定蒸发量1100～1170t/h的超临界锅炉，一次抽汽量最大在300t/h以上，二次抽汽量最大在550t/h以上（与一次最大抽汽量不同时出现），机组的各级通流面积按照纯凝350MW来设计，抽汽量大时功率自然减小。表4-2就是一台典型350MW双抽供热汽轮机的热力参数，供参考。

表 4-2 典型350MW双抽供热汽轮机热力参数

型式	超高压、中间再热、双缸、双排汽、双抽、凝汽式	
型号	CC350-24.2/1.60/0.40	
旋转方向	从机头方向看顺时针	
额定功率（抽汽工况/冷凝工况）	MW	245/350
额定转速	r/min	3000
额定进汽量（抽汽工况/冷凝工况）	t/h	1094/1080
最大进汽量	t/h	1150
最大电功率	MW	378
新汽压力（绝对压力）	MPa	24.2
新汽温度	℃	566
再热蒸汽量（抽汽工况/冷凝工况）	t/h	890/883
再热蒸汽压力（抽汽工况/冷凝工况）	MPa	4.47/4.15
再热蒸汽温度	℃	566
额定一次抽汽量	t/h	200
最大一次抽汽量	t/h	320
额定一次抽汽压力（绝对压力）	MPa	1.60
额定二次抽汽量	t/h	282
最大二次抽汽量	t/h	550
额定二次抽汽压力（绝对压力）	MPa	0.40
排汽压力（抽汽工况/冷凝工况）	kPa	3.8/4.9
额定给水温度（抽汽工况/冷凝工况）	℃	284/282
冷却水温度（额定值/最高值）	℃	20/33
加热器数		3高压加热器+1除氧器+4低压加热器

四、抽汽机组工况图

1. 调整抽汽机组工况图

工况图也叫负荷曲线，是表示汽轮机进汽量、抽汽量、电功率等主要参数之间关系的曲线或曲线组。通过工况图，可以不需要专业的热力计算就能够快速方便地查阅上述几个量之间的关系，或者根据已知其中某几个量，查出未知量来。例如对于一台单抽机组，假设已知机组抽汽量和电功率，可以通过工况图快速查到进汽量；对于一台双抽机组，若已知机组进汽量、一次抽汽量、二次抽汽量、电功率四个量中任意三个量，就可以通过工况图查出剩下的未知量。另外，通过工况图，还可以知道这台机组的各个边界的限制量，例如可以从工况图上读出最大进汽量、最大电功率、最大一次抽汽量、最大二次抽汽量等限制，有的工况图甚至还能反映出最小排汽量等参数。

纯凝机组和单抽供热机组工况图一般以功率为横坐标，以进汽量为纵坐标（各个制造厂家的习惯不一样，有的则刚好相反）。其中纯凝机组的工况图的图样基本上就是一条近似直线的曲线，而单抽供热机组则是再根据不同的抽汽量来进一步分化成一组曲线组。图 4-6 就是一台单抽 200MW 供热机组的工况图。从图上可见，若进汽量为 400t/h（*A* 点）、抽汽量为 120t/h（*B* 点，对应工业抽汽量为 120t/h），即可查得电功率为 101.36MW（*C* 点）。

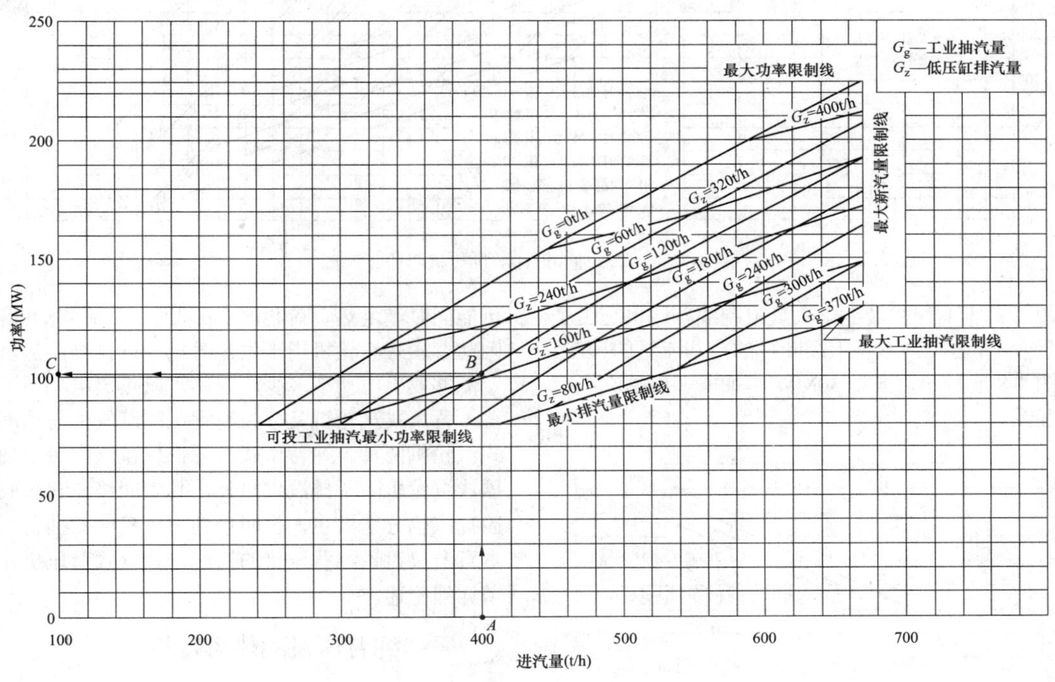

图 4-6 一台单抽 200MW 供热机组的工况图

双抽供热机组工况图则要复杂一些，各个制造厂家的设计习惯不同，会有多种画法，这里仅介绍一种。这种工况图通常会分为两个区，一般以功率为横坐标，上半区以进汽量为纵坐标，下半区以二次抽汽量为纵坐标。上半区其实就是这台机组当二次抽汽量为零时的一次单抽状态下的工况图，加上下半区增加二次抽汽量的影响，就构成了完整的双抽机组的工况图。上半区的结构与使用方法单抽机组工况图相同，下半区则是一组倾斜的平行线。通过这组平行线，可以读出不同的二次抽汽量影响下的机组电功率。图 4-7 就是一台双抽 300MW 供热机组的工况图。从图上可见，若已知进汽量为 960t/h（*A* 点）、高压抽汽量为 60t/h（*B* 点，对应工业抽汽量为 60t/h），低压抽汽量为 500t/h（由 *B* 点向下引垂线至 *C* 点对应下半区纵坐标二次抽汽量为 500t/h），再沿着斜置的功率平行线向左上方引一条直线与横坐标相交，查得交点 *D* 所对应的电功率为 215.9MW。

2. 非调整抽汽机组工况图

与调整抽汽相比，非调整抽汽的工况图一般比较简单，其曲线组的形状、变化趋势等都与调整抽汽机组的非常相似。非调整抽汽的工况图有如下特点：

（1）曲线组比较密。这是由于非调整抽汽量比较小，抽汽量的变化率与进汽量和电功率的变化率对比起来比较小。

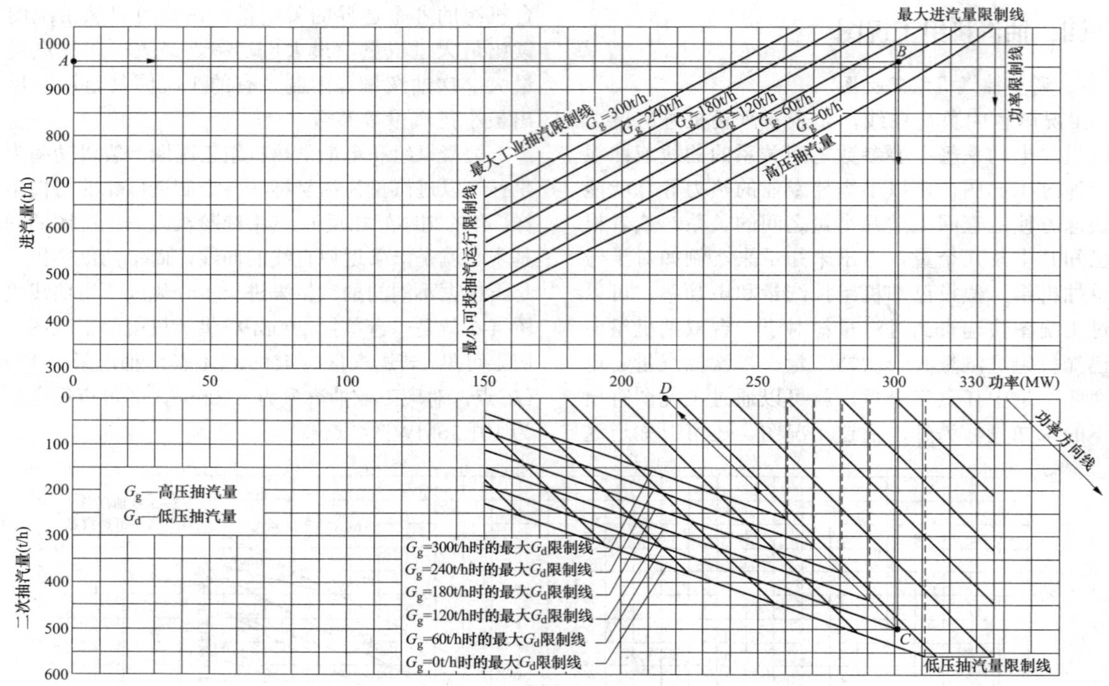

图 4-7 一台双抽 300MW 供热机组的工况图

（2）一般不存在最小排汽量限制线。这也是由于抽汽量较小，达不到影响末级叶片的冷却流量的程度。

图 4-8 就是一台典型 30MW 单抽非调整抽汽机组的工况图。

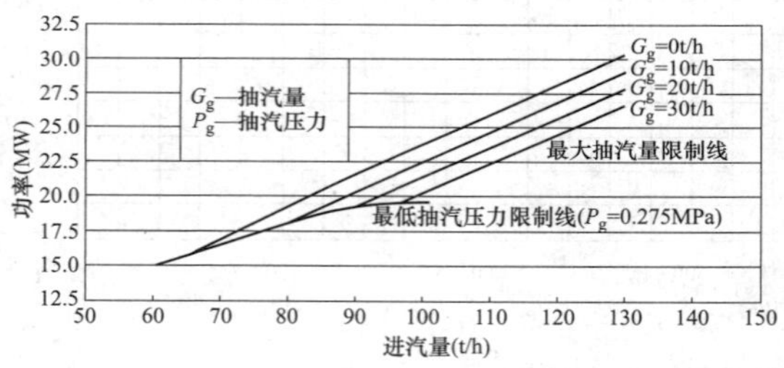

图 4-8 一台典型 30MW 单抽非调整抽汽机组的工况图

第三节 纯背压式供热汽轮机特性

背压式汽轮机是排汽压力高于一个大气压、且利用做过功的排汽向热用户直接供热、或采用热交换器的方式向热用户间接供热的汽轮机。背压式汽轮机排汽压力高，机组总焓降小，因此通流部分的级数相对较少，结构简单，造价较低，同时也不需要庞大的凝汽设备和冷却水系统，系统也简单。当它的排汽用于供热时，几乎没有冷端损失，能量可得到充分利用，但这时背压机的功率与供热所需蒸汽量相关，因此不可能同时满足热负荷和电（或动力）负荷变动的需要。因此背压式汽轮机用于供热时只能以排汽的热量来决定能够发出电功率多少，通称“以热定电”。

背压式汽轮机又分为纯背压式汽轮机与抽汽背压式汽轮机两种。纯背压式汽轮机仅排汽供热；抽汽背压式汽轮机除了排汽供热外，其中间级还有一股或两股抽汽也分别供热，也叫单抽背压机或双抽背压机。本章节仅讨论纯背压机的情况，抽汽式背压机在第四节详细论述。

一、纯背压机的热力特性

纯背压式汽轮机由于排汽不需要在系统内凝结，因而没有凝结水系统。有的纯背压式汽轮机本身不带回热抽汽，而是将给水加热任务交给邻机或其他机组。但大多数纯背压式汽轮机还是根据需要自带回热抽汽系统，但大都比较简单，其低压加热器的数量要少于同容量的抽凝机组，有的甚至只带高压加热器和除氧器，也有个别的机组只带高压加热器。

纯背压式汽轮机的排汽用来供热，排汽放出的热量不再是一项能量损失，在计算机组热耗率时，排汽的总热量要被扣除，因此其热耗率很低，相应的热电效率就很高，甚至达到 90%以上。无论什么参数的纯背压式汽轮机，机组的热耗率（或热电效率）与参数、容量和机组的相对内效率基本无关，而只取决于机械效率和发电机效率。蒸汽在汽轮机内的焓降取决于蒸汽的初参数和终参数，汽轮机的排汽量和排汽焓值决定了供出的供热品质和总供热量，而机组的总供热量、回水参数和主蒸汽参数确定后，其进汽量和发电功率也就基本确定了。

同时机组在选型时还要充分考虑主蒸汽参数的选取。进汽参数越高，其绝热焓降越大、循环效率就略大一些，但是锅炉、汽轮机的造价就会相应高一些，但是随着参数的提高，热电效率提高的幅度并不大。因此纯背压式汽轮机参数的选取要有适当取舍，不一定是越高越好，要充分考虑机组容量、锅炉的效率和排放等因素，要在对热电厂进行全面分析之后才能选择最佳进汽参数，国产纯背压式汽轮机组 3～12MW 的进汽参数一般为 3.43～4.9MPa，温度为 435℃，其背压因机组不同而异。纯背压式汽轮机组在运行中不得使排汽压力低于额定背压过多，以防止末级叶片超负荷运行，致使设备损坏。运行中，纯背压式汽轮机是按照“以热定电”的方式运行的，电能和热能不能分开单独调节，没有热负荷时，纯背压式汽轮机就无法单独运行。当用户要求增加热负荷时，必须增加汽轮机新汽量，这样发电量也要相应增加。

纯背压式汽轮机还有一个特点，就是机组级数较少，其缸效率对进汽量（或负荷）变化较为敏感，在部分负荷运行时，其进汽量减少，缸效率会下降较快，导致汽耗率和排汽温度快速升高。因此在纯背压式汽轮机选型时，要注意对于下游供热参数要求较为苛刻的热用户，要充分考虑到纯背压式汽轮机在部分负荷时的影响。

有的纯背压式汽轮机本身不带回热抽汽系统，其给水加热的任务由邻机或辅助蒸汽来完成，这样的纯背压式汽轮机的系统就比较简单，其轴封漏汽需要去往邻机或其他可回收工质的设备。

目前，纯背压式汽轮机的参数有提高的趋势，提高参数可以提高循环效率，也可以提高锅炉效率，优化排放指标。

二、纯背压式汽轮机的结构特点

与抽凝机相比，纯背压式汽轮机的进汽部分、机头部分与常规抽凝机组类似，而在排汽部分的结构上却有较大的不同。在本体结构方面，没有了低压部分的长叶片、体积庞大的低压缸和冷凝器；在系统方面，取消了凝结水系统，回热系统通常也较为简单，也不再有循环水和冷却塔等冷端系统。具体来说，纯背压式汽轮机有以下结构特点：

（1）相同主蒸汽参数下，纯背压式汽轮机的理想热降小，约是相同参数下凝汽机组的 1/2～1/8。因此，纯背压汽轮机的级数较少，甚至有只有一个单列或一个双列速度级构成的纯背压式汽轮，级的平均直径也都不大。机组的尺寸、质量均较小，结构也较简单。

当前，凝汽机组增大功率、提高初参数（包括采用再热）的发展趋势在背压汽轮机中也得到体现，因而功率较大的纯背压汽轮机级数也增多。

（2）纯背压式汽轮机无低压级组，通流部分大多工作在过热蒸汽区，蒸汽的容积流量变化幅度没有抽凝机组大，因而除调节级外，各压力级均可设计成具有相同叶型的等根径通道，通流部分的尺寸变化比较平缓。

（3）由于理想热降小，同等功率下纯背压式汽轮机的进汽量约是凝汽式汽轮机的 2～8 倍，加上各级直径又不大，即使功率不大的纯背压式汽轮机，也尽可能设计成全周进汽。同时机组级数要比抽凝机组少一些，转子不是很长，临界转速很容易避开工作转速，因此为提高效率、降低机组汽耗率，通流部分级数尽可能设计得多一些。

（4）常规纯背压式汽轮机一般采用喷嘴调节，对于参数较高、容量较小、热负荷变化大的机组甚至可采用双列复速级。而一般对于余压余热回收式机组，或者功率虽大，但参数较低、热负荷较稳定的机组，为进一步简化其结构、降低成本，可采用节流调节。

（5）与相同容量下的抽凝机相比，纯背压式汽轮机进汽量更大，因此主汽阀和调节阀的结构尺寸更大，阀门的有害容积就更大。而纯背压式汽轮机级数少、转子轻，这样一来，若运行中的机组在跳机时就更容易发生飞车事故。特别是高背压机组主蒸汽量更大，阀门有害容积更大，因此高背压机组的单机容量不宜过大。

三、纯背压式汽轮机的种类和适应性

纯背压式汽轮机有多种分类，按照容量来分，粗略地可以分为中小容量纯背压式汽轮机、大容量纯背压式汽轮机、余热余压回收型纯背压式汽轮机等三类。

1. 中小容量纯背压式汽轮机

这一类背压机即通常所说标准参数和容量的纯背压式汽轮机，如容量一般为 12、25MW 等级，进汽参数一般为中温中压或高温高压，排汽参数一般为化工用汽常见的 3.821～4.22MPa、工业用汽常见的 0.981～1.27MPa，或者供热用汽常见的 0.118～0.294MPa 等背压机。机组通常配备标准容量的锅炉和发电机，也有的与其他机组组成多机配多炉的形式。这一类纯背压式汽轮机出现的时间较早，基本上与抽凝机同时代出现，且容量范围广泛，从 3MW 一直到 50MW 甚至更大。这一类纯背压式汽轮机配置灵活，与抽凝机组搭配使用，是一般电厂机型的首选。为确保背压机组的供热可靠性，根据负荷及参数，可采用背压机组和适当抽凝机组并列运行的方案。各个汽轮机制造厂均有多种标准机型可供选择，有的机组做一些小的改进，就能派生出新的机型。

2. 大容量的纯背压式汽轮机

大容量纯背压式汽轮机是相对于上述中小容量背压机而言容量比较大。这一类机型主要是指高参数、大容量多缸机组中的高压缸或者高中压缸部分。高参数、大容量机组一般是多缸的，高低压缸之间一般都有连通管，连通管后面通常叫低压部分，大容量机组去掉了低压部分之后，高中压转子直接驱动发电机，排汽直接去供热，其本体本身就是一台很好的纯背压式汽轮机。如，早期的100MW纯凝机组就有高、低压两个缸，去掉低压缸之后的高压部分，就是一台80MW供热型纯背压式汽轮机；135MW机组去掉低压缸之后就是一台100MW供热供汽型纯背压式汽轮机；200MW机组去掉低压缸之后就是一台150MW供热供汽型纯背压式汽轮机。

这一类纯背压式汽轮机所配的发电机，通常不是标准容量的发电机，但是锅炉、辅机，包括汽轮机本身的本体和部套等都是标准机型或设备。因此在选型时，不要局限于发电机的非标准容量限制，要看到锅炉、汽轮机、配套辅机等设备的标准性。发电机即使不是标准产品，在设计上改进还是相对容易一些，要尽可能按照锅炉的标准容量来确定纯背压式汽轮机的容量。

这一类纯背压式汽轮机的显著特点是机组容量大，排汽大都属于供热用汽，广泛应用于北方大中城市的集中供热。若有稳定的热负荷，机组经济效益和社会效益很好。

3. 余压回收型背压机

这一类机组是近年来出现的新生事物。近几年300MW以上的纯凝汽机组为了提高电厂效益，很多通过改造在中低压连通管上打孔抽汽，变成了冬季供热机组。而早期亚临界300MW机组，其中低压分缸压力（即连通管抽汽压力）通常在0.80MPa左右，作为供热抽汽，蒸汽压力和蒸汽品质都稍高。如果这一股蒸汽在去供热之前，可以先通过一台余压回收型背压机，回收一定的电能之后再去热网，可以提高电厂的经济性，回收的电能可以用作电厂的厂用电。

大容量机组供出的总热量是一定的，增加了余压回收型背压机之后，只是将其中的一小部分能量转换成了高品质的电能，其转换的是蒸汽的部分显热，绝大部分蒸汽的能量还是去热用户供热，供向热用户的主要还是蒸汽的潜热。大容量机组对外提供的总能量并没有增加，而向热用户提供的热量却因余压回收背压机回收了电能而有所减少。图4-9是大容量机组与余压回收背压机组成的供热系统示意图。

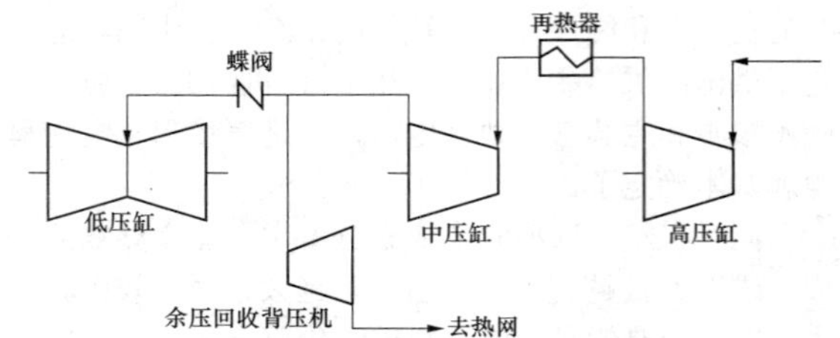

图4-9 大容量机组与余压回收背压机组成的供热系统示意图

余压回收背压机主要用在上游供汽方压力较高、而下游的用户方所需蒸汽压力较低、且对供汽温度要求不是很高（如供暖热用户）的情况。其进汽压力就是大容量机组对应的抽汽压力，排汽压力一般可以设计成适合供热压力，如0.118～0.294MPa。这一类机组结构简单，可以不带调节级，本体的体积质量也不大，级数也不是很多，功率根据蒸汽量的不同，一般会有几千千瓦到上万千瓦不等。由于这类机组的进汽参数和排汽参数都较低，进汽和排汽管道的尺寸都较大，而机组本体又很紧凑，特别是排汽缸的尺寸会影响排汽管道的布置，因此这类机组容量不宜设计得太大。

四、纯背压式汽轮机的工况图

纯背压式汽轮机的工况图比较简单，若用横坐标表示电功率、纵坐标表示进汽量的话，基本是近似一条不经过原点的直线。如图4-10典型50MW供热纯背压式汽轮机工况图所示，当机组负荷为零时，其曲线的延长线对应的进汽量并不为零，该值就对应纯背压式汽轮机的空载流量，是指为克服汽轮发电机转子以3000r/min全速空负荷运行时的摩擦鼓风损失和机械损失所消耗的蒸汽量。

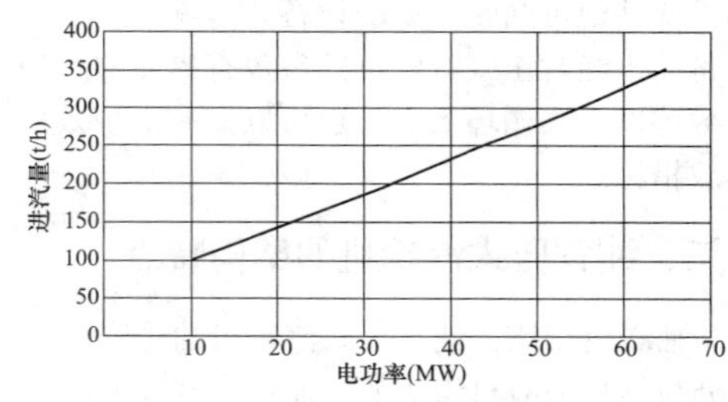

图4-10 典型50MW供热纯背压式汽轮机工况图

第四节 抽汽式背压供热汽轮机特性

背压机和抽凝机一样，若不同压力、不同品质的供热蒸汽需要由一台机组供给时，可将这台机组设计成带有一股抽汽甚至两股抽汽的背压机，这样的背压机通常叫做单抽背压机和双抽背压机。除了其排汽能够去往热用户之外，其中间级还能够抽出更高压力的蒸汽提供给更高蒸汽品质需求的热用户。

抽汽背压式汽轮机是从汽轮机的中间级抽取部分蒸汽，供需要较高压力等级的热用户；同时保持一定背压的排汽，供需要较低压力等级的热用户使用的汽轮机。这种机组保持了纯背压机的良好的热电效率和经济性，同时还由于能够提供更多样的蒸汽去供热，满足了更多用户的需求，因而其电厂效益会更好一些。抽汽式背压机特点是在设计工况下的经济性较好，但对负荷变化的适应性稍差。

一、抽汽背压机的热力特性

抽汽背压机具备纯背压机的主要热力特性，但是还有其自身特有的特性。

抽汽式背压机，在其抽汽级别的前后级段，蒸汽的通流能力不同，考虑蒸汽抽出后剩余流量的减少，越往后级段的通流能力越小。因此抽汽式背压机的通流部分面积是按照流量来分段设计得出。以双抽背压机组为例，前缸级段（包括主汽阀、调节阀）的通流面积要按照机组额定一次抽汽量、额定二次抽汽量、额定排汽量设计，并校核最大进汽量，有时要在额定进汽量和最大进汽量之间还要适当取舍；中缸级段要按照额定二次抽汽量和额定排汽量设计，并要校核最大二次抽汽量；后缸级段要按照额定纯背压工况来设计，并校核最大纯背压工况的流量。

抽汽式背压机可以设计成调整抽汽，也可以设计成非调整抽汽。一般来说，当抽汽流量小于通流部分内部主流区的 25%、且对抽汽压力要求不高时，机组选型时可以考虑用非调整抽汽方案；若机组抽汽流量较大、且温度压力要求较高，则需要选用调整抽汽方案。

非调整抽汽的优点是机组通流部分上无压力调节机构，不会对主流区蒸汽流道的流动产生扰动，同时能够节省转子的轴向空间，以布置更多的机组级数，可以提高通流效率；缺点是抽汽压力会随着机组功率（或进汽量）的变化而变化，也随着抽汽量的变化而变化，有不稳定的因素存在。因此，只有抽汽量不太大的电厂项目，才考虑选择非调整抽汽。

调整抽汽的优点是抽汽量较大，同时抽汽压力不随着抽汽量的变化而变化，机组电负荷（或进汽量）的变化对抽汽量的影响也相对较小。调整抽汽的抽汽式背压机用途更加广泛，在全国的热电厂中装机容量和数量也较多。

二、抽汽式背压机的结构特点

抽汽式背压机也有调整抽汽和非调整抽汽机组之分，这一点与抽凝机相似。抽汽式背压机与纯背压机大体上较为相似，所不同的是：若是调整抽汽机组，则在结构上还要增设抽汽压力调节机构，如旋转隔板、内置阀、双座阀等。这些抽汽压力调节机构增加了机组结构的复杂性，也使通流部分变得不光滑和不连续，使机组内效率有所下降。但是这并不影响其良好的经济性和较大的供热能力。

抽汽式背压机的抽汽压力调节机构与抽凝机组的相类似，在此不再叙述，请见本章第二节相关内容。

由于背压机不再带有类似抽凝机的低压部分，因此转子跨距在长度上受到临界转速限制的可能性大大降低，机组在结构上布置抽汽压力调节机构也就基本不受轴向空间的限制，设计起来相对较为容易。

三、抽汽式背压机的工况图

抽汽式背压机的工况图在画法上与抽凝机的类似，也有单抽机组工况图和双抽机组工况图之分。单抽机组的工况图集中在一个区里面，双抽机组工况图则会有两个区。

图 4-11 是典型 B30-9.12/3.82/1.10 型单抽背压机工况图。如图所示，在边界条件额定（新汽压力 9.12MPa、新汽温度 535℃、排汽压力 1.10MPa、抽汽压力 3.82MPa）情况下，本工况图适用。在满足计算条件情况下，已知新汽量、抽汽量、功率中任意两个参数，都可由本工况图求出另一个参数。如已知新汽量 381t/h（*A* 点），抽汽量 180t/h（*B* 点），根据本图可查得功率为 31.6MW（*C* 点）。

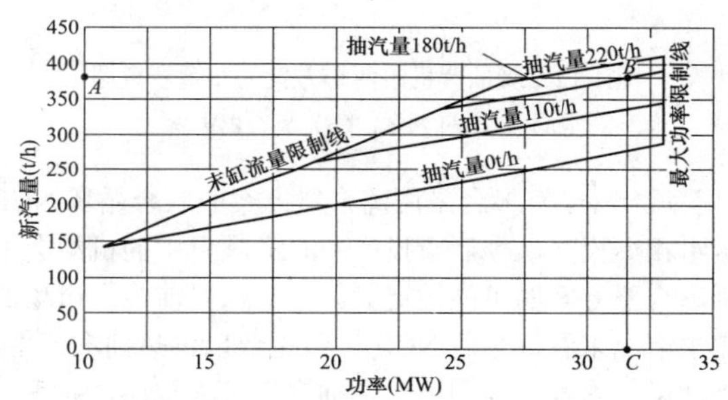

图 4-11　典型 B30-9.12/3.82/1.10 型单抽背压机工况图

第五节　凝抽背式供热汽轮机特性

凝抽背（NCB）供热机组是近年来出现在供热市场的新型供热机型，具备凝汽式、抽汽式、背压式三种运行功能。该机组至少有高压、低压两个分开的缸，抽汽点位于分缸处。在供热负荷达到抽凝模式的极限时，可切除低压机组，高中压机组按背压方式单独运行；在不需要提供热负荷情况下，机组以凝汽式运行，仅承担电负荷；当热负荷较小时，机组以抽汽-凝汽方式运行，同时承担电负荷和热负荷。

一、凝抽背（NCB）供热汽轮机简介

NCB机组的高压、低压缸在布置上有双电机方案和离合器方案。双电机方案是汽轮机高压缸带一个发电机，低压缸带另一个发电机，两台机组仅有连通管相连接，并通过关断连通管上的蝶阀来切除低压缸、机组实现背压运行的方案。离合器方案是将自动同步离合器（Synchro-Self-Shifting Clutch，简称SSS离合器）用于高压缸和低压缸之间，发电机只有一台并放置在汽轮机高压侧，依靠SSS联轴器自身的功能，并结合关断连通管上的蝶阀，自动将低压转子脱开，机组实现背压运行；当需要从背压状态转为抽凝状态或纯凝状态，同样依靠SSS联轴器自身的功能，自动实现低压缸投入的方案。两个方案的布置示意图见图4-12。

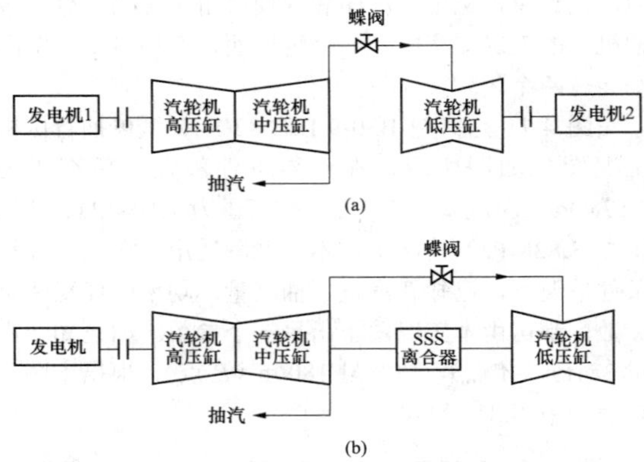

图4-12　凝抽背机组两个方案的布置示意图
（a）双电机方案；（b）离合器方案

近年来，有多台采用离合器方案的联合循环NCB机组相继投产，今后新投产NCB项目中的机组会采用离合器方案的可能性更大。同时从目前电力市场的需求情况来看，今后NCB机组主要以供热抽汽为主，因此以下内容主要围绕供热抽汽机组来叙述，并重点讨论离合器方案的汽轮机设计。

1. NCB机组的主要优势

（1）供热能力大。以350MW超临界供热机组为例，最大供热背压工况供热抽汽量可达730t/h，比同容量抽凝机组最大抽汽量高出25%～30%，可以在一定程度上缓解热电负荷的矛盾。

（2）热负荷高期间，低压缸退出运行，增加供热抽汽的同时，整机发电负荷降低，可以有效缓解电热矛盾。以350MW超临界机组为例，最大背压工况电负荷255MW（背压排汽量730t/h），最小背压稳定工况电负荷90MW（背压排汽量240t/h）。

（3）经济性好。背压运行期间，机侧除低压缸及凝汽器热备用状态需要消耗少量蒸汽外，几乎没有余热损失。

（4）运行方式灵活。可以在不停机的情况下实现凝汽、抽凝和背压工况间的切换。

2. NCB机组的主要劣势

（1）轴系增加SSS离合器和短轴，轴系加长，汽轮机成本增加。

（2）发电机及母线、蒸汽管道布置、厂房尺寸、机组基座及基础、高压转子轴颈和轴瓦发生变化，相应增加辅机系统、油系统、控制及保护系统、中低压连通管等相关设备。

（3）工况切换时运行操作比较繁琐，运行维护成本增加。

（4）背压工况与纯凝、抽凝工况运行相比，系统特性不同，非供热季与供热季运行差别较大，对运行人员要求较高。

（5）背压工况时，冷凝器需要继续维持真空，循环水也需要继续投入，增加了背压工况的运行成本。

（6）纯凝工况运行时，由于轴系上增加了SSS离合器，轴系的摩擦功耗增加，另外离合器转动部件也需要消耗润滑油和耗功，因此NCB机组相应的热耗率也略高于同容量的常规抽凝机组。

二、凝抽背（NCB）供热汽轮机与常规抽凝机组的主要不同之处

1. NCB机组的转子推力轴承和滑销系统

因SSS离合器不传递轴向推力，机组通常在高中压缸侧和低压缸侧分别设置推力轴承。高中压转子推力轴承和低压转子推力轴承各有两个布置位置，低压推力轴承位于SSS离合器和低压缸之间，或位于低压缸远离SSS离合器的一侧；而高中压转子轴向推力位于SSS离合器与高压缸之间，或位于高中压缸和发电机之间。当高中压转子推力轴承和低压缸转子不同时紧挨SSS离合器两侧布置时，SSS离合器还能起到吸收转子膨胀量的作用。

NCB机组低压缸虽然采用分流布置，但是一般还会有意在转子上设计一定的轴向推力并单设推力轴承，以便低压转子的轴向定位。高中压转子的轴向推力也由高中压转子上的推力轴承来承担。无论是高中压转子还是低压转子，纯凝及抽凝工况下，高中压转子轴向推力与常规机组差别不大，但背压工况下可能在某个部分负荷工况下出现最大轴向推力，运行中应予以注意。一些极端工况下转子的轴向推力变化情况也需要引起重视，并由主机生产厂家给出应对措施，避免出现窜轴故障。

大容量的SSS离合器在脱开或啮合的不同状态时，离合器会发生两端的联轴器中心不一致。为防止这种情况，同时也为防止高中压转子的扬度影响SSS

离合器对中，通常在高中压转子和 SSS 离合器之间设置中间轴，中间轴的一端与 SSS 离合器刚性连接，另一端需要增加一径向支撑轴承。但这样的设计也会增加轴系长度，增加中轴承箱的长度，从而增加了机组的成本和转子功耗。

汽轮机本体滑销系统，定中心梁、纵销、立销与常规机组没有本质差别。横销决定汽轮机汽缸的绝对死点，通常 NCB 机组低压缸横销位于低压缸进汽中心线所在垂直截面。高中压缸也在某轴承座处单独设置横销，形成自身的绝对死点。

2. 主蒸汽系统

考虑到冬季背压运行时，低压缸解列处于备用状态，无法承受汽轮机旁路排汽热负荷，所以低压缸旁路阀在汽轮机背压运行时不连锁开启。因此锅炉的过热器和再热器的安全阀容量需按照 100%BMCR 考虑，以满足机组背压运行期间特殊工况下超压排放的要求。

低压缸启动蒸汽系统，在正常启动或背压工况切换至抽凝工况时，利用高中压的排汽对低压缸进行暖机、冲转，即中压缸的排汽也是低压缸的启动蒸汽，一般不再单独设置辅助蒸汽系统。因此中低压连通管上的蝶阀一般需要特殊考虑。

3. 回热抽汽系统

汽轮机纯凝和抽凝运行工况，抽汽回热系统配置和运行方式与常规机组相同。汽轮机背压运行工况下，低压缸解列，相应的低压加热器也同时解列，回热系统发生变化，系统配置上应有所保障。

4. 凝结水系统

纯凝、抽凝工况与常规机组凝结水系统完全相同。背压工况下凝结水量很少，凝结水泵选配和配置需要综合考虑，以避免再循环量过大增加电耗或者凝结水泵在小流量下发生汽蚀。若为降低精处理入口水温而将热网疏水冷却至较低温度后导入凝汽器，则凝结水泵可参照常规机组设置，但是还要需注意对凝结水泵工作温度的要求。

背压工况下，凝结水温度高，用于密封及冷却的凝结水，需要邻机凝结水替代，因此在系统上做好连接准备。若存在两台机同时背压工况运行时，则需要另设换热设备，将所需凝结水用循环水冷却至必需的温度。

背压工况下，凝结水（即热网疏水）未经过低压缸的低压加热器预热，中压缸所带的低压加热器的抽汽量可能需要加大，抽汽管径比常规机组的要大，同时其换热面积也需要特殊考虑。

5. 凝汽器和轴封供汽系统

背压运行期间，理论上低压缸和凝汽器可以完全退出运行。但实际上，SSS 离合器润滑油还处于投入状态，并会连带着低压转子以 100～300r/min 的转速转动，叶片会有摩擦鼓风，因此需要低压缸与凝汽器维持真空运行。此时低压缸的润滑油系统、轴封供汽系统均要正常投入。同时，由于凝汽器要接收前面低压加热器的疏水、高压加热器和除氧器的事故放水、轴封蒸汽疏水、管道的经常疏水等，所以凝汽器要处于工作状态，但仅需较少流量的循环冷却水。具体系统设计上，可以采用邻机循环水，也可以单独设立容量较小的循环水泵和真空泵供水。

6. 循环水系统

NCB 机组因为夏季仍要在纯凝工况运行，故循环水系统主要部分仍与常规机组相同。但需要考虑供热季节尤其是背压运行期间，凝汽器处于备用状态，仅需要很少循环水，建议在循环水泵配置及系统结构上配备一台容量较小的循环水泵（具体要综合考虑给水泵电驱动、给水泵汽轮机驱动等因素）。另外，开式水系统、两机之间循环水系统联络形式需要结合具体情况加以确定。

7. 轴封加热器

考虑到背压运行期间凝结水量很小或者凝结水温度较高，应该设置备用轴封加热器，由邻机凝结水或由热网循环水冷却并回收轴封漏汽热量和工质；或者轴封加热器面积适当增加。

8. 供热系统

NCB 机组的供热能力比常规抽凝机组增加 25%左右，抽汽口和抽汽管径需相应增大。热网首站设备和管道容量等都需要同步增大。

考虑供热安全问题，在供热抽汽系统结构上，可以考虑一、二级旁路与供热抽汽管道接驳，作为汽轮机故障停机时的供热备用。在运行方式上，可以考虑除运用一、二级旁路蒸汽外，也可短时间切除高压加热器，以进一步增大供热抽汽。

热网疏水系统的变化：若为保证凝结水精处理系统正常投运而将疏水冷却至较低温度后倒入凝汽器，则疏水泵容量可以按抽凝工况选取，同时疏水管道需通过加装旁路直接进入凝汽器。

9. 凝结水精处理

机组背压运行期间，热网疏水温度较高，无法直接进入精处理装置，需要进行系统改进。建议将热网疏水用热网水进行深度冷却至 85℃以下，然后导入凝汽器与系统补水混合，并适当经处于热备用的凝汽器冷却至精处理允许的最高温，进行除铁、除盐。

10. 供油系统

取消前箱、主油泵（包括机械超速保护装置），在油系统油箱顶部布置 2 台 100%容量交流电机驱动的离心式主油泵（一用一备），二者并联。备用油泵由相应的测量轴承润滑油压的压力开关和试验用压力开关控制，以便需要时自动启动。

供油系统除向轴承、盘车装置供油外，还兼顾向SSS离合器提供润滑油，但同时减少了常规机组机械超速保护装置操作用的保安油系统。

NCB机组的高、低压转子分别设有各自独立的顶轴油系统。发电机转子和汽轮机高中压转子共用一套顶轴油系统，低压转子单独再设一套顶轴油系统。（因背压工况时低压转子仍有100～300r/min的转速转动，此时轴承的油膜尚未建立，出于安全方面的考虑，低压转子可再另增加一套，交替使用。）根据实际运行工况确定2套系统同时投入或单独投入，每套顶轴模块都设有2台顶轴油泵（一用一备）。

11. 给水泵

NCB机组给水泵仍然有电动和汽动两种驱动方式。采用汽动给水泵方式除了有减少厂用电的优点外，也适当增加了进入冷凝器的蒸汽量，对凝汽器维持真空进行热备用有好处，当然循环水泵容量配置及循环水系统设计同时需要考虑该机组在纯凝汽和抽汽凝汽状态下的运行情况。

12. 盘车系统

NCB汽轮机通常设置一套盘车装置，且一定要设置在低压侧。在整机盘车期间，盘车装置带动低压转子转动，致使SSS离合器啮合，进而同步保持整机转子处于盘车状态。在背压工况运行时，由于低压转子被SSS离合器内的润滑油连带旋转，因此盘车不必投入。

13. 汽轮机控制保护策略

以具体案例对NCB机组保护策略加以说明，但下列保护策略未考虑抽凝至背压、背压至抽凝工况时双机之间热、电负荷协调问题，工程实际中需要考虑以下设计要点：

（1）TSI（汽轮机监视仪表系统）测点布置。由于发电机前置，取消了机械保安装置，同时，低压转子通过SSS联轴器与高中压转子连接并存在退出运行情况。因此需设计TSI测点，尤其是轴位移和超速保护。

高中压轴系和低压轴系要分别设置多个电超速保护，高中压转子和低压转子至少各自设计两套独立的电子测速装置，其电信号通过TSI和DEH（数字式电液调节系统）形成超速保护信号进入ETS（紧急跳闸系统）。

分别设置高中压热膨胀和相对膨胀、低压热膨胀和相对膨胀测点，设置位置根据机组推力轴承和滑销系统的具体情况确定；偏心值和键相值也应分别测量；振动测量按常规设置；SSS离合器保护测量按其要求设置。

总之，TSI中大部分信号分别设置并独立进行测量和保护。TSI设备相对独立，集中布置。

（2）液压系统。由于机组特性和SSS离合器特性以及低压再并列的要求，在液压系统中，增设低压主汽阀LSV，以保证背压运行时的严密性，也可同时应对SSS离合器失效，避免低压超速的风险。

有的制造厂除了增设低压主汽阀LSV和低压调节阀LCV之外，还另设有口径较小的低压启动主汽阀LSV2和低压启动调节阀LCV2用于低压转子再并列。

（3）DEH系统。在DEH中设计有两个独立的转速控制回路，分别控制高中压启动和低压启动。

考虑到机组抽凝转背压以及背压转抽凝工况时热电负荷的匹配问题，应确定是否有必要增加双机间热、电负荷协调控制。

（4）启动控制。分为背压模式启动和抽凝模式启动两种。

1）背压模式启动：SSS离合器脱开，低压转子为自由状态，高中压转子带着发电机按照背压机方式启动。即冲转之初先对空排汽并暖机，然后在某一个转速下将排汽并入热网，再进行汽轮机升速、定速、并网、升负荷阶段。

2）抽凝模式启动：SSS离合器带有自锁功能，先将SSS离合器锁死，这样高、低压转子就成为一根转子，按照常规抽凝机组的启动方式冲转暖机、升速、定速、并网、升负荷。当需要转入背压模式运行时再打开SSS离合器的自锁。

（5）甩热负荷。机组抽凝工况运行时，抽汽管道止回阀和快关阀快速关闭，同时连通管上的各个阀门立刻打开，机组转入纯凝工况运行。机组背压运行时，由于蒸汽循环切断，只能打闸停机。

（6）甩电负荷。若机组处于抽凝工况运行，机组甩电负荷后无法对外供热，即同时甩热负荷。为抑制转速飞升，各调节阀迅速关闭，机组转速在容积蒸汽作用下上升，达到最大值后开始惰走。在这一过程中，SSS联轴器可能脱开，也可能脱开后重新闭合。因此在抽凝运行模式下尽可能将SSS离合器锁死，只有在机组准备转入背压模式下运行之前才能将SSS离合器解锁。解锁和自锁过程可以通过远程控制完成。

如果机组处于背压运行工况，由于无法及时建立蒸汽通道，低压转子也无法迅速接受大量的蒸汽冲击，难以维持机组空载运行转子，只能打闸停机。

（7）打闸停机。

1）背压模式运行时，若高中压转子打闸，低压失去汽源，无法运行，故低压转子同时打闸。

2）纯凝模式运行时，低压转子打闸，蒸汽通道切断，则高中压转子也同时打闸。

3）抽凝模式运行时，低压转子打闸，高中压转子可以背压运行，但须解决相应扰动。考虑到机组安全及联合循环特点，建议高中压转子同时打闸。

三、典型运行模式切换过程

（1）冬季供热正常运行情况下，抽凝工况向背压工况在线切换。机组由抽汽转至纯背压状态运行时，切换顺序是：连通管上的蝶阀渐渐关小（在抽汽工况时蝶阀开度已经很小）→同时抽汽管道上的抽汽调节阀同步开大，直至让中压缸排出的蒸汽全部进入热力网→低压缸负荷减小→低压转子零负荷→低压转子转速下降→离合器自动脱开→低压转子减速到自然状态（100～300r/min 左右），轴封供汽正常投入，冷凝器继续维持真空。切换过程中要根据排汽缸温度适时投入喷水装置，保证排汽缸不超温。

由于低压缸最小流量的存在，切换时两机热电负荷协调控制需注意与调度协调沟通。

（2）冬季供暖正常运行情况下，背压工况向抽凝工况在线切换。此时中低压连通管上的各个阀门处于全关状态，切换顺序是：检查低压缸状态，确定轴封供汽正常→启动凝汽器主循环水泵→确定凝汽器工作压力满足低压缸启动条件→开启低压缸连通管启动小旁路管上主汽阀和调节阀→低压转子启动、升速、同步、并网→低压转子升负荷到10%左右（无法测量负荷，用阀门开度控制，连通管启动小旁路管上的小调节阀的全开度即对应低压转子 10%左右负荷）→开启连通管上的大蝶阀，继续升负荷→达到满负荷或要求的负荷。

背压工况向抽凝工况切换是抽凝工况向背压工况切换的逆过程，同样需要考虑两机的热、电负荷协调问题。

（3）冬季背压运行、热网发生事故或切除时，低压缸的运行方式。冬季背压运行时，如果热网发生事故甩热负荷，建议此时直接停机。甩热负荷时，抽汽止回阀迅速关闭，汽轮机主汽阀、调节阀、再热主阀和调节阀也迅速关闭，此时中压缸排汽压力若升高，则安全阀打开泄压。

如不考虑直接停机的方案，可以设置中压缸排汽旁路，低压缸的启动和升负荷是一个缓慢过程，此时即使立即启动低压缸也不能及时消化中压排汽量，因此应考虑在启动低压缸时对空排出一部分蒸汽。

（4）冬季供暖正常运行情况下，机组背压运行的启动方式和此时低压缸的运行方式。机组背压运行的启动方式相对较简单，只要机组具备启动条件，热网压力又正常时，就可以冲转和启动。此时联通管上的蝶阀不开启，低压缸不启动，但是冷凝器需事先启动并用小循环水泵维持真空，接收机组启动时的疏水。低压缸的轴封供汽也要事先投入，维持低压缸的真空。

四、SSS 离合器简要说明

NCB 机组为了灵活地并列和解除低压缸，在汽轮机高中压转子和低压转子之间装配了一套 SSS 离合器。SSS 离合器是一种机械式单向超越离合器，它的接合、脱开只依赖于输入、输出端的转速变化自动进行切换。

1. SSS 离合器的工作原理

SSS 离合器是一种通过棘轮、棘爪定位，通过齿轮传递功率的离合器，它由三大部分组成：输入法兰、输出法兰和滑移组件。输入法兰与汽轮机低压转子相连；输出法兰与高中压转子相连；滑移组件是离合器内部的滑动部分，它能够轴向双向滑移，从而实现了离合器的接合或脱开，通过离合器的接合或脱开来实现低压汽轮机工作的投入及脱离。SSS 离合器的结构示意图见图 4-13。

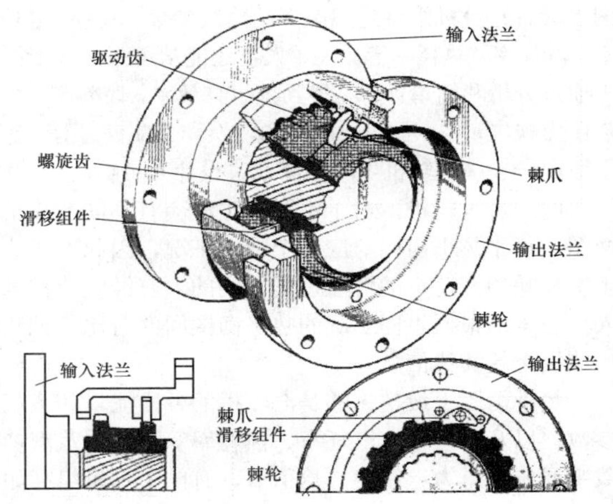

图 4-13 SSS 离合器结构示意图

2. SSS 离合器的啮合过程和脱开过程

（1）当高压汽轮机工作、低压汽轮机不工作时，自动同步离合器处在脱开位置，中继棘爪同样处于非激活状态。

（2）当需要低压汽轮机工作时，打开低压汽轮机的进汽阀门，低压汽轮机的转速升高，当低压汽轮机的转速升到与高压汽轮机的转速同步并预超越时，继动离合器马上处于工作状态，离合器接合。此时，主啮合齿轮仍然处于非工作状态，但主啮合齿轮已经转动到正确啮合的位置。

接着，中继器组件上的棘爪驱动滑动啮合块沿着螺纹齿缓慢移动，直到主啮合齿轮完全啮合。在移动过程中，中继器组件上的棘爪逐步卸载，输入、输出轴传递的扭矩载荷逐渐由主啮合齿轮承担。

主啮合齿轮从开始移动到完全啮合过程中，润滑油充满整个工作空间，起到了良好的减震和降噪作用。

此时，离合器完全啮合，并开始向输出端传递低压缸转子的转矩。实现高、低压汽轮机共同带动发电机进行发电。

（3）当需要低压汽轮机退出工作时，关闭低压汽轮机的进汽阀门，使得低压汽轮机的转速降低。当低压汽轮机的转速小于高压汽轮机的转速时，离合器进行上述啮合过程的逆过程，即脱开过程，使得低压汽轮机与高压机组断开并惰走，实现只有高压汽轮机带动发电机运行。

离合器的螺纹齿受反方向的扭矩作用驱动主滑动组件脱离工作状态。中继器组件同样处在脱离状态。

第六节 典型供热汽轮机热平衡图

热平衡图是反应汽轮机综合性能的图表，热平衡图上标有这台机组特定工况下的蒸汽参数、流量、电功率、汽耗率、热耗率等。专业人员还能从这张热平衡图上通过分析和简单计算，得到机组缸效率、段效率、再热压力损失、排汽湿度、能量的转换和分配信息等。热平衡图一般由汽轮机生产厂家或者设计人员给出。

同一台汽轮机，对于不同的工况会有不同的热平衡图，每张热平衡图对应一个特定工况，因此不同的工况反映的汽轮机的性能也是不同的。有经验的技术人员还可以根据不同工况的热平衡图间的对比，推测出该机组的其他信息。

热平衡图上最常见的是汽轮机的各段流量和蒸汽参数，以及电功率、汽耗率、热耗率等。其中蒸汽参数主要包括压力、温度、焓值等，有的个别机组（如核电汽轮机、饱和汽轮机等）或者个别部位（如排汽口处）还标有蒸汽的干度值等。

热平衡图上还能看到该汽轮机所配的回热系统的基本配置，以及各段回热抽汽的参数和流量。如果热平衡图上反应的蒸汽、给水和补水系统是完整的，就可以计算出该工况下的热耗率。但是也有些机组，其热平衡中由于所配的给水和补水系统不是完整的，就无法反映其热耗率值。例如有的背压机组，特别是排汽压力较高的背压机组，其本身不带回热系统或者回热系统与别的机组共用，这样一来这台机组的质量和能量系统就不是独立和完整的，就无法计算出热耗率来，这也属于正常现象。

本节给出了各种典型背压机组和抽凝机组的热平衡图，供广大技术人员在机组选型时参考。需要说明的是，由于很多机组的设计制造年代较早，其技术经济指标与现在相比显得不是很先进。表4-3给出了各种典型背压机组和抽凝机组的热平衡图的汇总，图 4-14～图4-59给出了各种典型背压机组和抽凝机组的热平衡图。

本书也统计了国内各个汽轮机制造厂家的各种型号的供热汽轮机的参数和简要技术数据，供广大技术人员进行机组选型时参考，见附录F。

表 4-3　各种典型背压机组和抽凝机组的热平衡图汇总表

图号	机 组 名 称
图 4-14	B2-1.3/0.20 型背压机热平衡图
图 4-15	B6-3.43/0.677 型背压机热平衡图
图 4-16	B6-5.88/1.27 型背压机热平衡图
图 4-17	B12-8.83/3.04 型背压机热平衡图
图 4-18	B12-8.83/4.0 型背压机热平衡图
图 4-19	B15-4.90/0.294 型背压机热平衡图
图 4-20	B25-8.83/4.21 型背压机热平衡图
图 4-21	B30-8.83/1.47 型背压机热平衡图
图 4-22	B50-8.83/4.0 型背压机热平衡图
图 4-23	B50-8.83/0.294 型背压机热平衡图
图 4-24	B50-8.83/0.49 型背压机热平衡图
图 4-25	BS0-8.83/0.294 型背压机热平衡图（原高压100MW 抽凝机组的高压缸）
图 4-26	B100-13.24/0.25 型背压机热平衡图（原超高压135MW 抽凝机组的高中压缸）
图 4-27	B150-13.24/0.25 型背压机热平衡图（原超高压200MW 抽凝机组的高中压缸）
图 4-28	B250-24.2/0.40 型背压机热平衡图（原超临界350MW 抽凝机组的高中压缸）
图 4-29	CB20-8.83/4.50/2.50 型单抽背压机热平衡图
图 4-30	CB20-8.83/3.43/0.981 型单抽背压机热平衡图
图 4-31	CB25-8.83/1.27/0.69 型单抽背压机热平衡图
图 4-32	CB30-9.12/3.82/1.10 型单抽背压机热平衡图
图 4-33	CB30-13.24/3.50/0.981 型单抽背压机热平衡图
图 4-34	CB41-9.50/4.0/1.27 型单抽背压机热平衡图
图 4-35	CB50-8.83/4.05/1.20 型单抽背压机热平衡图
图 4-36	CB50-9.10/4.50/1.30 型单抽背压机热平衡图
图 4-37	CB50-13.24/4.60/0.70 型单抽背压机热平衡图
图 4-38	C3-3.43/1.47 型单抽汽轮机热平衡图
图 4-39	CC25-3.43/0.981/0.196 型双抽汽轮机热平衡图
图 4-40	CC25-8.83/1.27/0.118 型双抽汽轮机热平衡图
图 4-41	C30-8.83/0.981 型单抽汽轮机热平衡图
图 4-42	CC50-8.83/4.21/1.27 型双抽汽轮机热平衡图
图 4-43	C60-8.83/1.27 型单抽汽轮机热平衡图
图 4-44	CC50-8.83/4.21/1.27 型双抽汽轮机热平衡图
图 4-45	CC60-8.83/0.981/0.245 型双抽汽轮机热平衡图
图 4-46	CC60-8.83/1.28/0.245 型双抽汽轮机热平衡图
图 4-47	C90/N100-8.83/0.196 型单抽汽轮机热平衡图

续表

图号	机 组 名 称
图 4-48	CC100-8.83/4.02/1.27 型双抽汽轮机热平衡图
图 4-49	CC100-8.83/0.981/0.245 型双抽汽轮机热平衡图
图 4-50	CC125-8.83/1.27/0.245 型双抽汽轮机热平衡图
图 4-51	CC110-13.24/4.30/2.50 型双抽汽轮机热平衡图
图 4-52	CC100/N135-13.24/0.981/0.245 型双抽汽轮机热平衡图
图 4-53	C170/N210-13.24/0.245 型单抽汽轮机热平衡图
图 4-54	CC160/N210-13.24/0.981/0.245 型双抽汽轮机热平衡图
图 4-55	C250/N300-16.7/0.981/0.294 型单抽汽轮机热平衡图
图 4-56	C270/N330-16.7/1.50 型单抽汽轮机热平衡图
图 4-57	C290/N350-24.2/1.60 型单抽汽轮机热平衡图
图 4-58	CC265/N350-24.2/1.30/0.40 型双抽汽轮机热平衡图
图 4-59	C295/N350-24.2/0.40 型单抽汽轮机热平衡图

图中 D 表示蒸汽流量、G 表示水流量，单位为 t/h；p 表示压力，单位为 MPa；h 表示焓值，单位为 kJ/kg；t 表示温度，单位为℃。

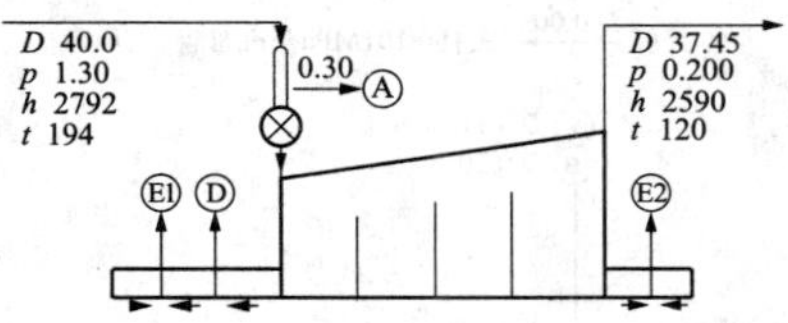

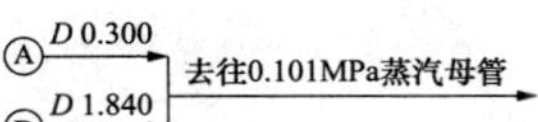

电功率=2.0MW

汽耗率=20.0kg/(kW·h)

图 4-14 B2-1.3/0.20 型背压机热平衡图

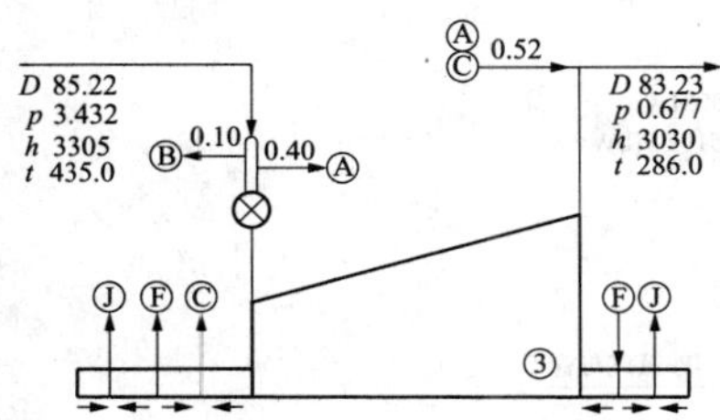

图 4-15 B6-3.43/0.677 型背压机热平衡图

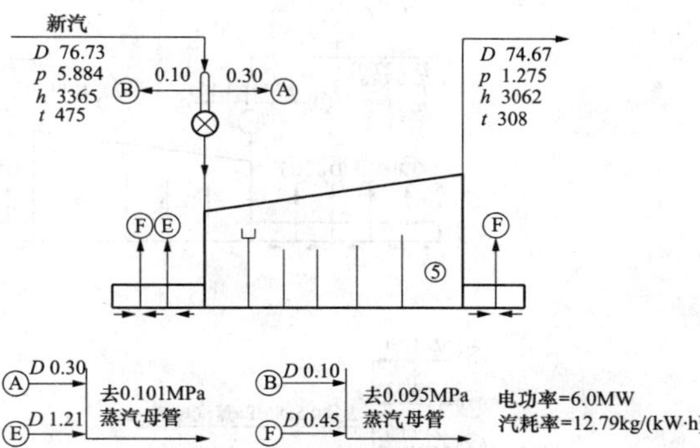

图 4-16 B6--5.88/1.27 型背压机热平衡图

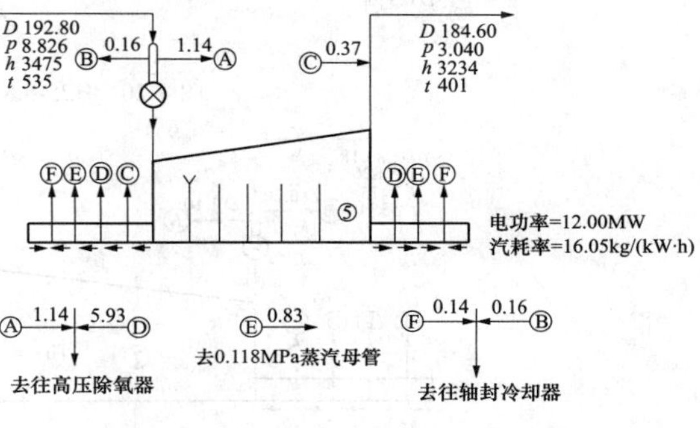

图 4-17 B12-8.83/3.04 型背压机热平衡图

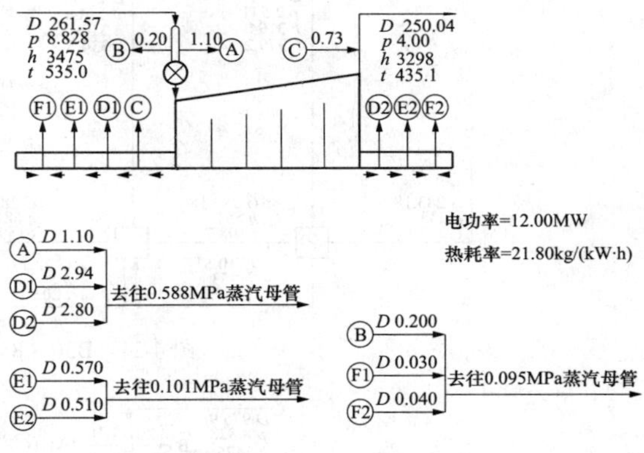

图 4-18 B12-8.83/4.0 型背压机热平衡图

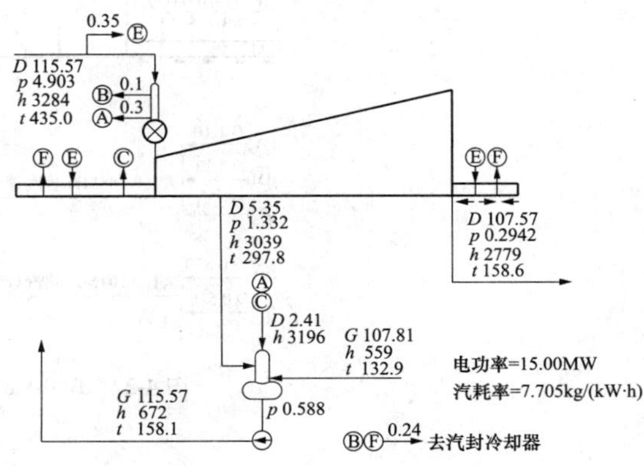

图 4-19 B15-4.90/0.294 型背压机热平衡图

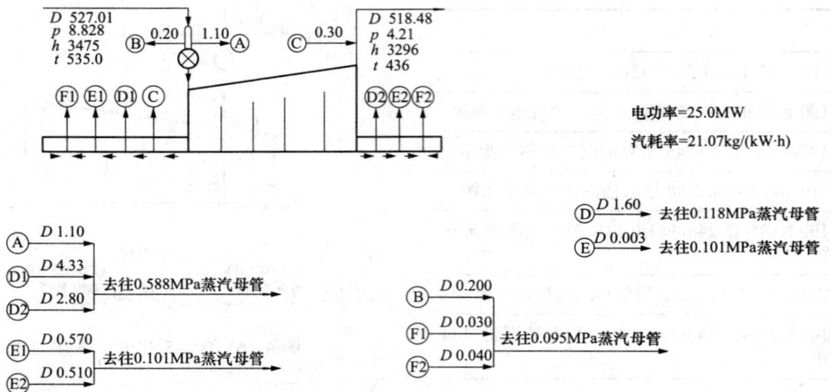

图 4-20 B25-8.83/4.21 型背压机热平衡图

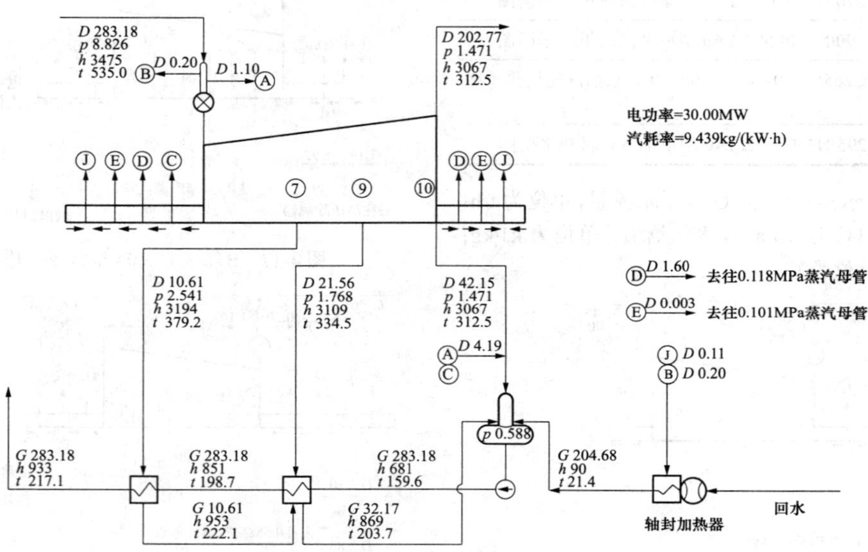

图 4-21 B30-8.83/1.47 型背压机热平衡图

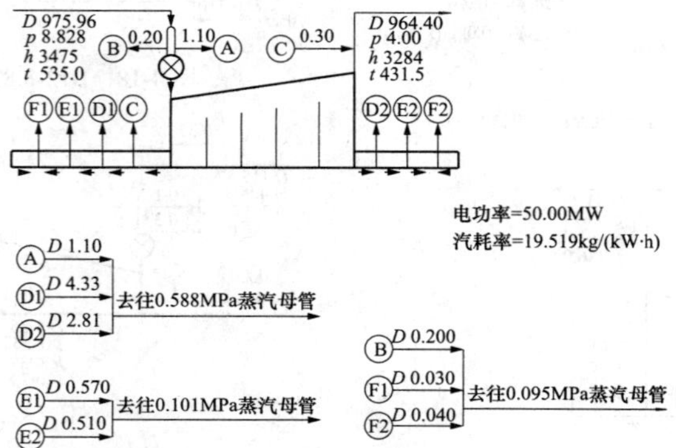

图 4-22 B50-8.83/4.0 型背压机热平衡图

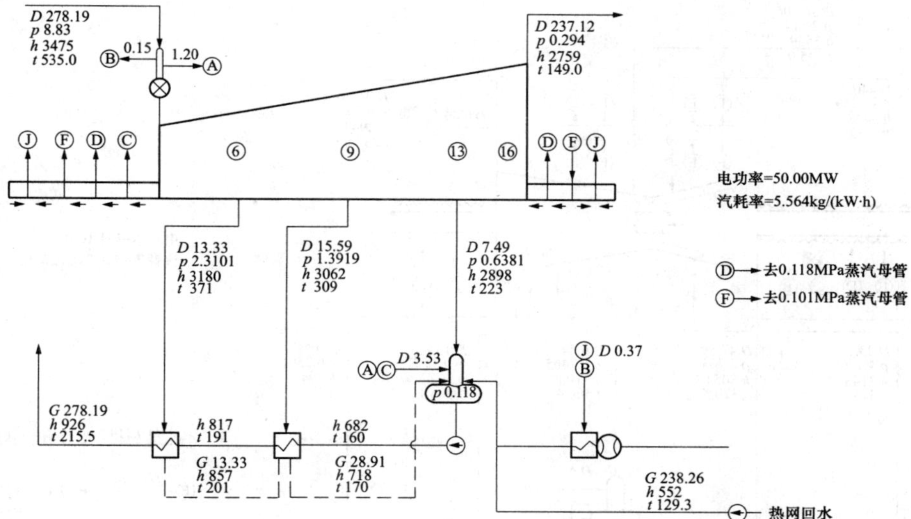

图 4-23 B50-8.83/0.294 型背压机热平衡图

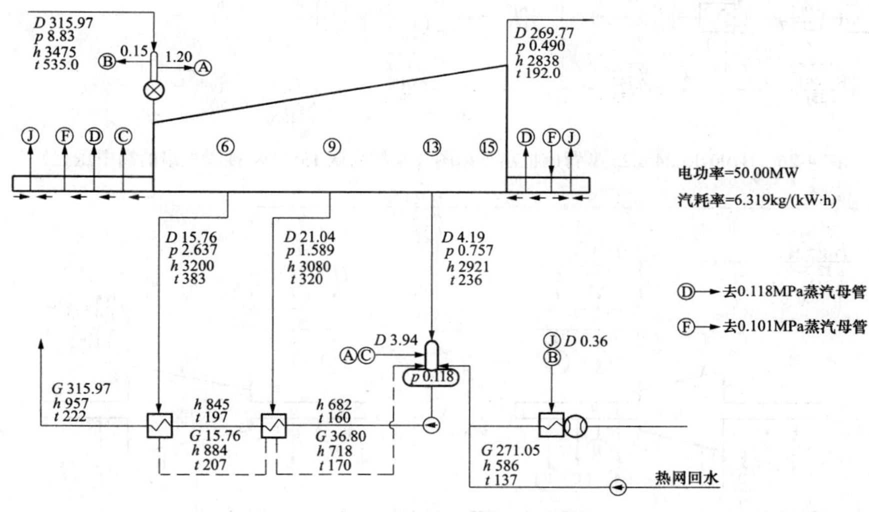

图 4-24 B50-8.83/0.49 型背压机热平衡图

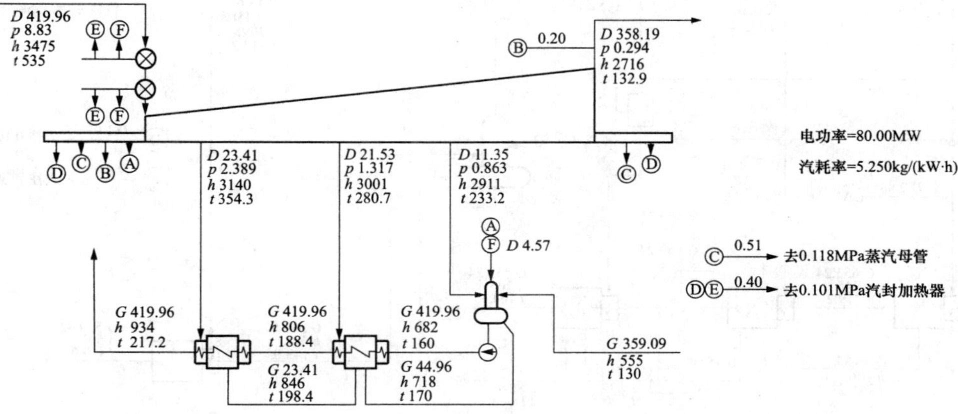

图 4-25 B80-8.83/0.294 型背压机热平衡图（原高压 100MW 抽凝机组的高压缸）

D 363.06
p 2.514
h 3539
t 535.0
D 440.00
p 13.239
h 3428
t 535.0
D 342.67
p 0.2501
h 2944
t 237.6
D 0.49
6.60
电功率=101.10MW
汽耗率=4.352kg/(kW·h)
D 23.52
p 4.176
h 3148
t 373.1
D 47.59
p 2.763
h 3053
t 320.5
D 6.44
p 0.7465
h 3198
t 366.4
D 13.85
p 0.4517
h 3074
t 304.1
D 0.38
p 0.2501
h 2944
t 237.6
D 0.314 去往0.118MPa蒸汽母管
D 0.663 去往汽封加热器
D 4.57
G 440.00
h 1091
t 251.1
G 440.00
h 981
t 227.7
G 440.00
h 713
t 167.0
G 357.88
h 612
t 145.2
G 343.65
h 516
t 122.8
G 343.65
h 504
t 120.1
G 23.52
h 1091
t 251.1
G 71.11
h 742
t 175.0
G 13.85
h 616
t 146.2
G 14.23
h 528
t 125.8

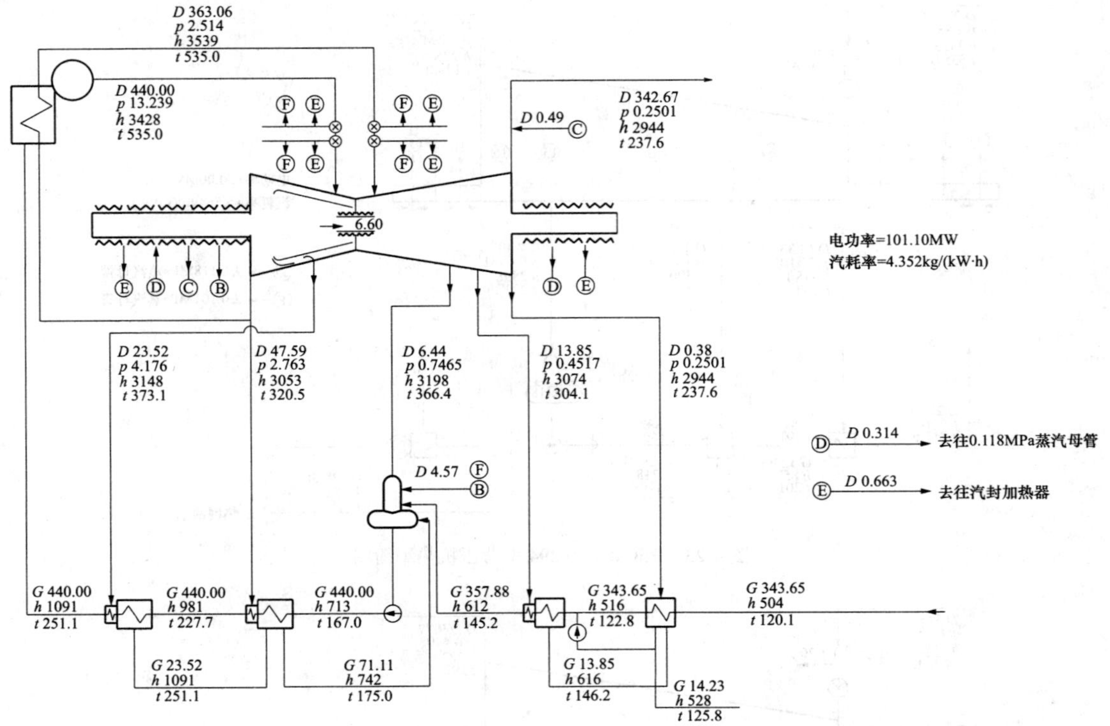

图 4-26 B100-13.24/0.25 型背压机热平衡图（原超高压 135MW 抽凝机组的高中压缸）

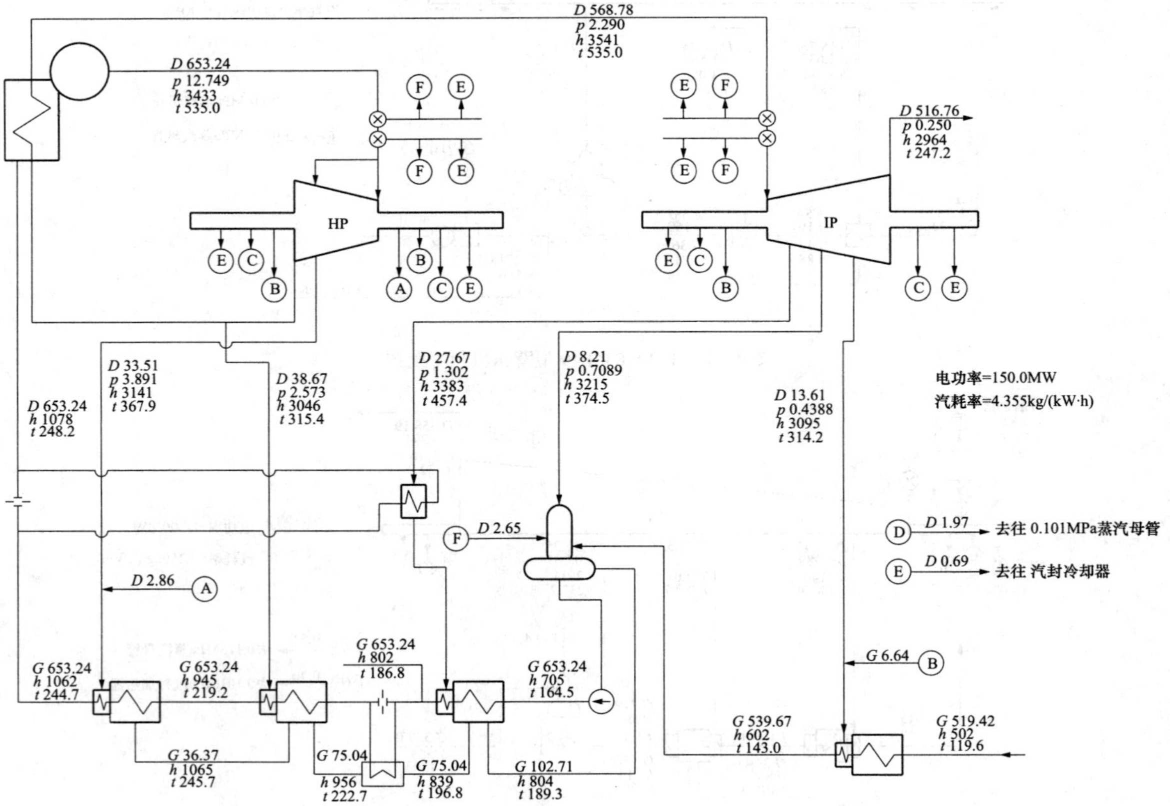

D 568.78
p 2.290
h 3541
t 535.0
D 653.24
p 12.749
h 3433
t 535.0
D 516.76
p 0.250
h 2964
t 247.2
HP
IP
D 33.51
p 3.891
h 3141
t 367.9
D 38.67
p 2.573
h 3046
t 315.4
D 27.67
p 1.302
h 3383
t 457.4
D 8.21
p 0.7089
h 3215
t 374.5
D 653.24
h 1078
t 248.2
D 13.61
p 0.4388
h 3095
t 314.2
电功率=150.0MW
汽耗率=4.355kg/(kW·h)
D 2.65
D 1.97 去往 0.101MPa蒸汽母管
D 0.69 去往 汽封冷却器
D 2.86
G 6.64
G 653.24
h 802
t 186.8
G 653.24
h 1062
t 244.7
G 653.24
h 945
t 219.2
G 653.24
h 705
t 164.5
G 539.67
h 602
t 143.0
G 519.42
h 502
t 119.6
G 36.37
h 1065
t 245.7
G 75.04
h 956
t 222.7
G 75.04
h 839
t 196.8
G 102.71
h 804
t 189.3

图 4-27 B150-13.24/0.25 型背压机热平衡图（原超高压 200MW 抽凝机组的高中压缸）

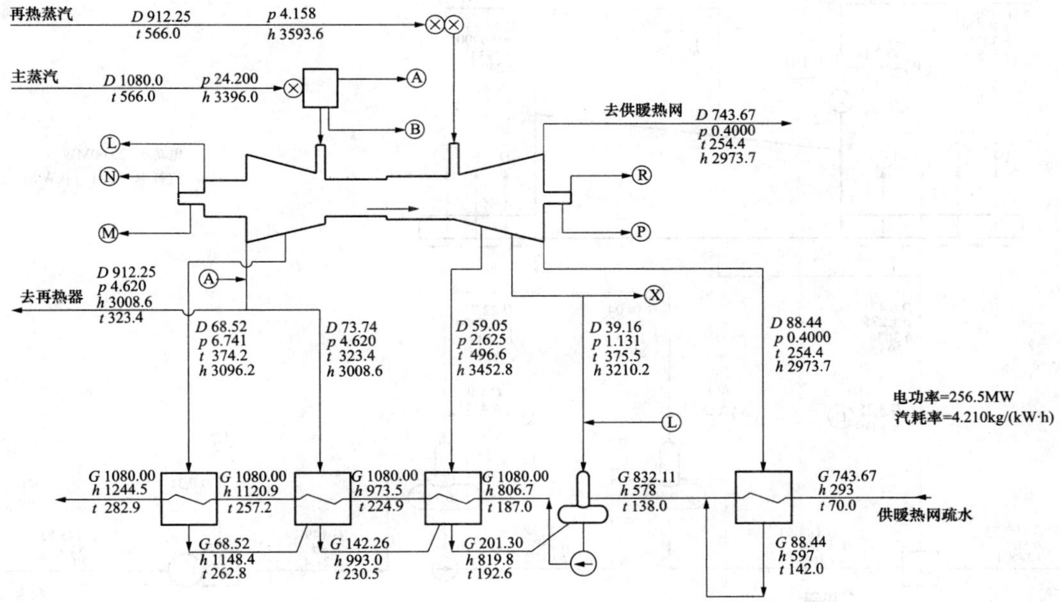

图 4-28 B250-24.2/0.40 型背压机热平衡图（原超临界 350MW 抽凝机组的高中压缸）

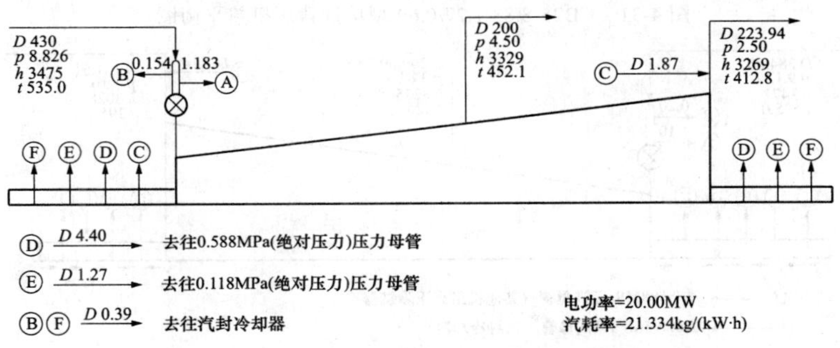

图 4-29 CB20-8.83/4.50/2.50 型单抽背压机热平衡图

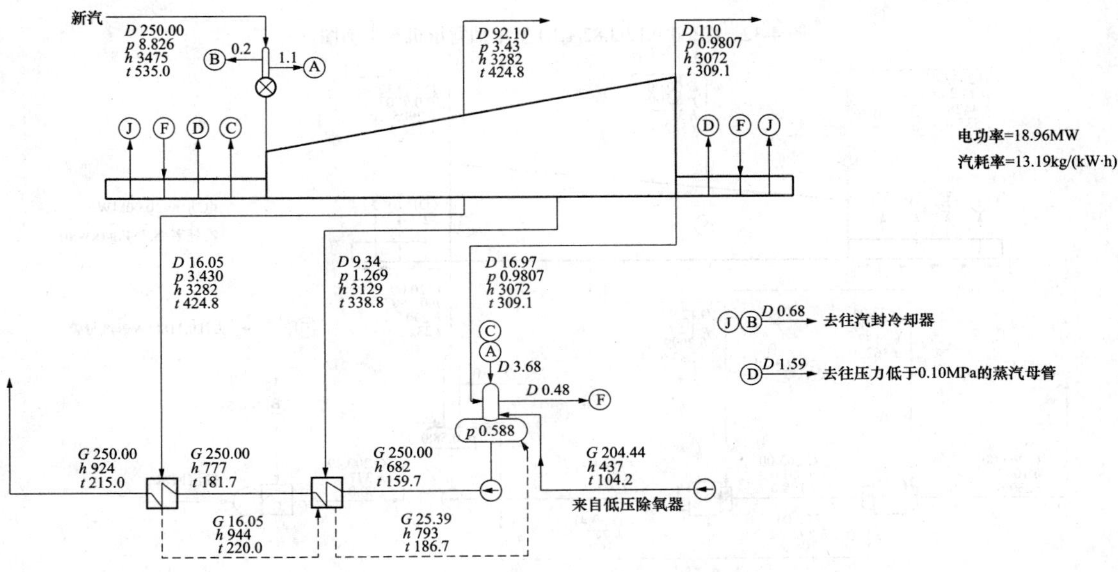

图 4-30 CB20-8.83/3.43/0.981 型单抽背压机热平衡图

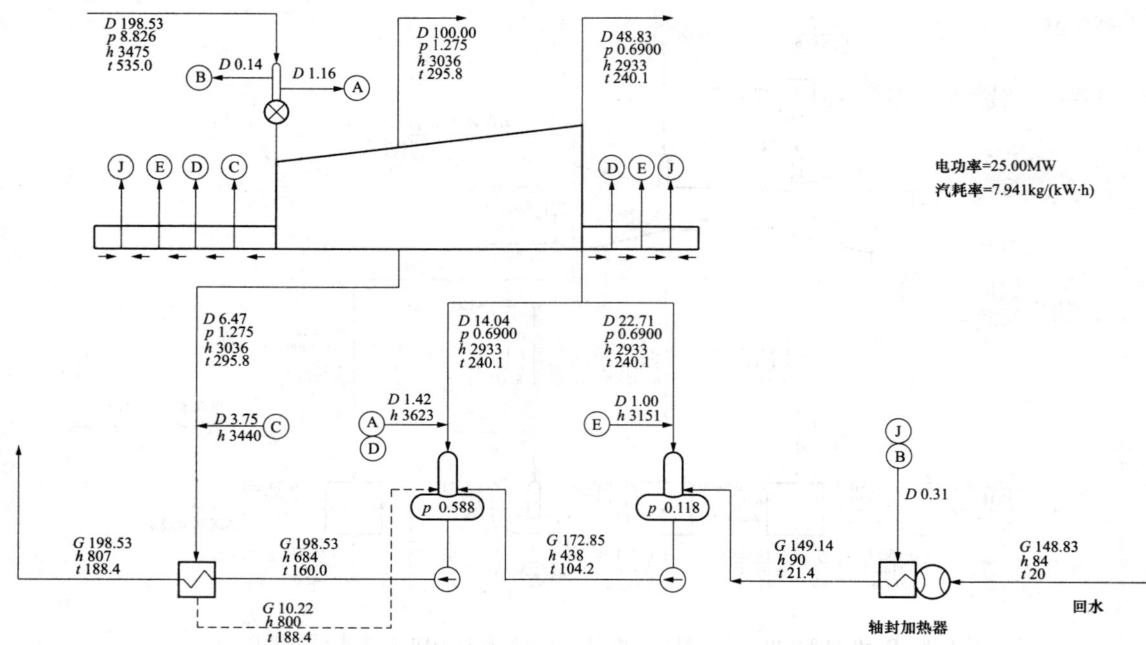

图 4-31 CB25-8.83/1.27/0.69 型单抽背压机热平衡图

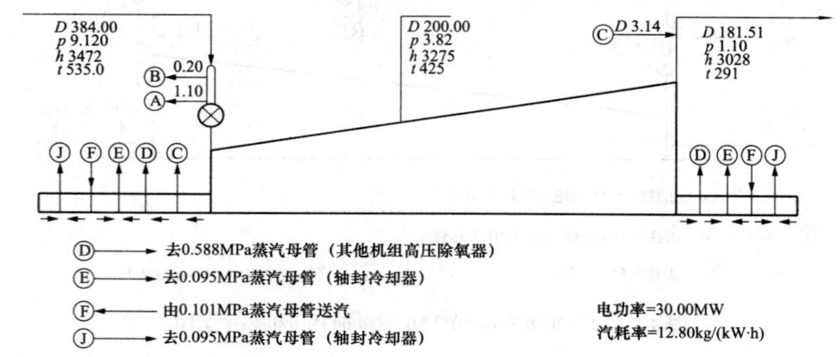

图 4-32 CB30-9.12/3.82/1.10 型单抽背压机热平衡图

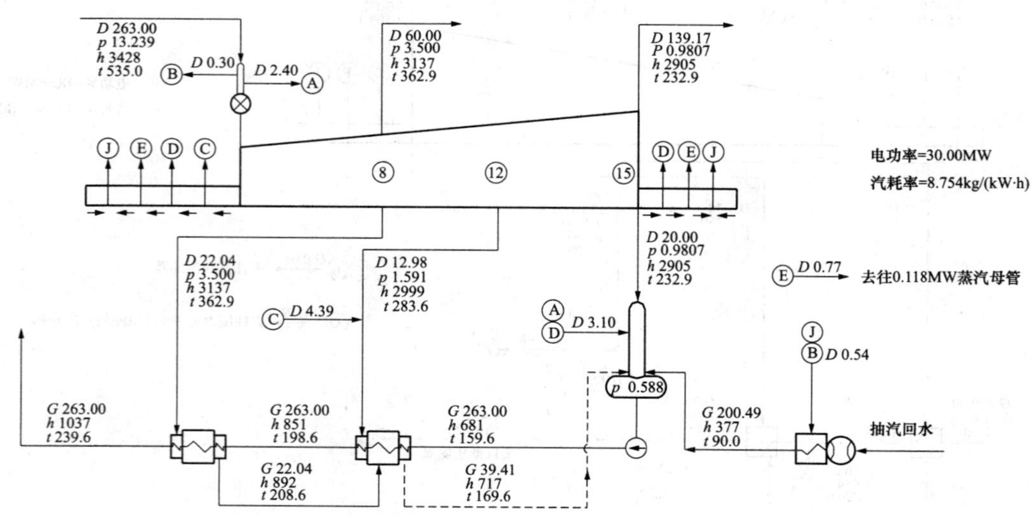

图 4-33 CB30-13.24/3.50/0.981 型单抽背压机热平衡图

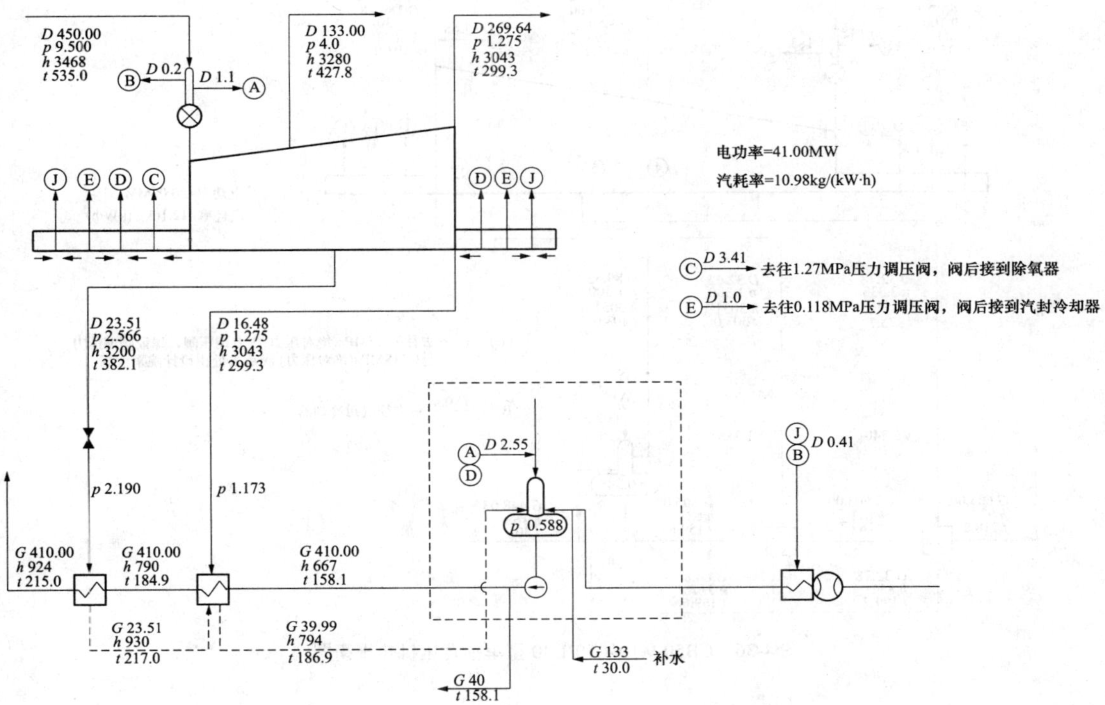

图 4-34　CB41-9.50/4.0/1.27 型单抽背压机热平衡图

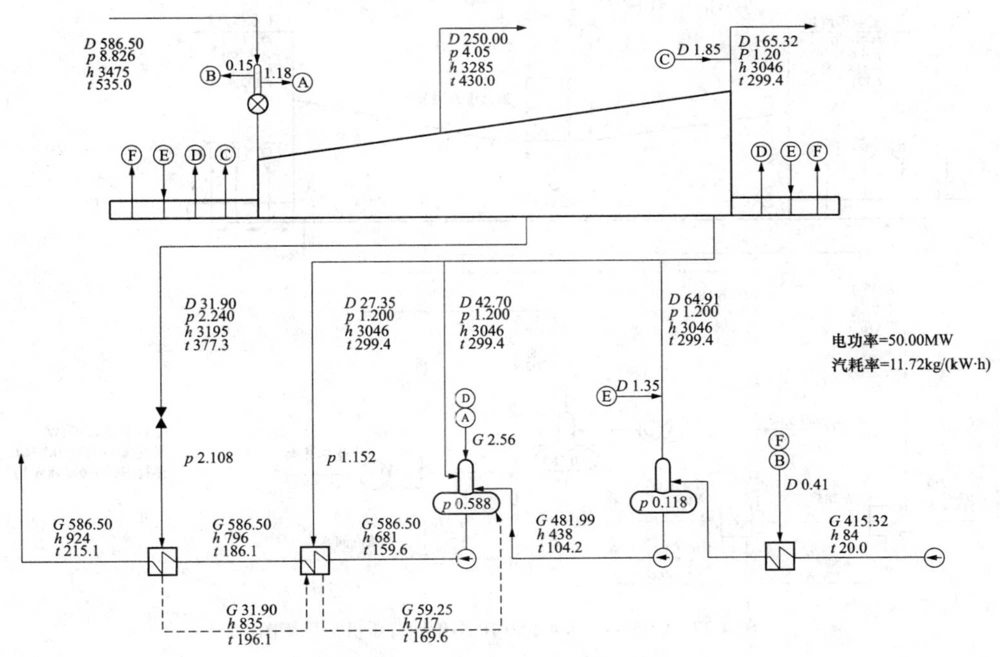

图 4-35　CB50-8.83/4.05/1.20 型单抽背压机热平衡图

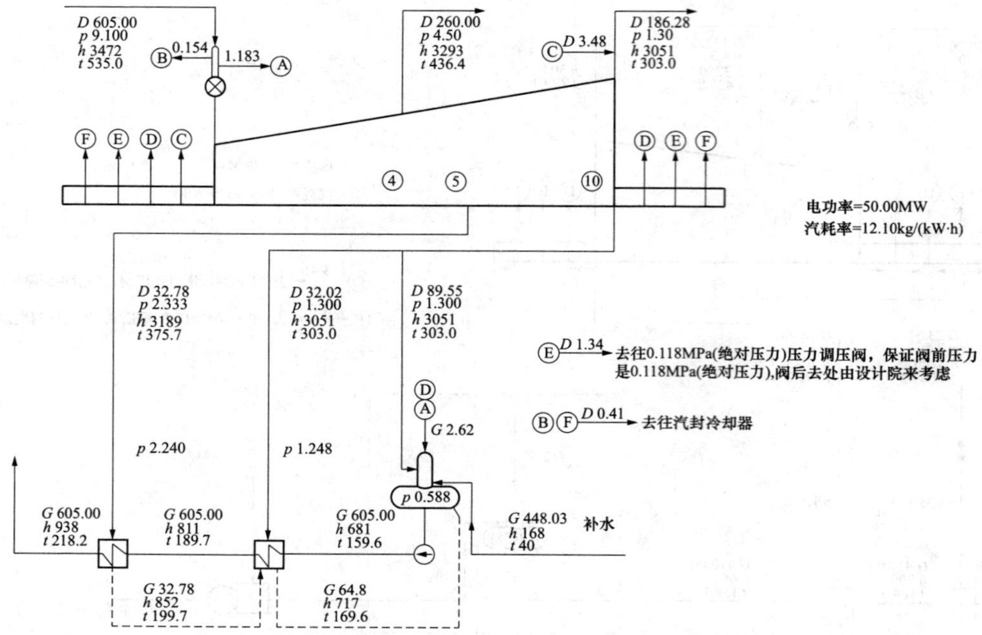

图 4-36 CB50-9.10/4.50/1.30 型单抽背压机热平衡图

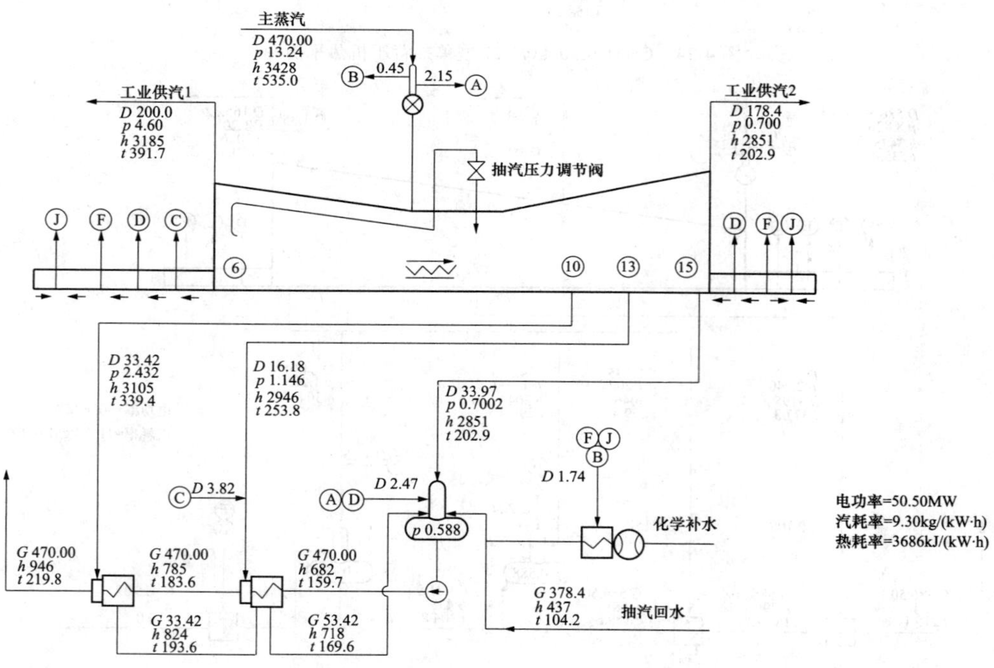

图 4-37 CB50-13.24/4.60/0.70 型单抽背压机热平衡图

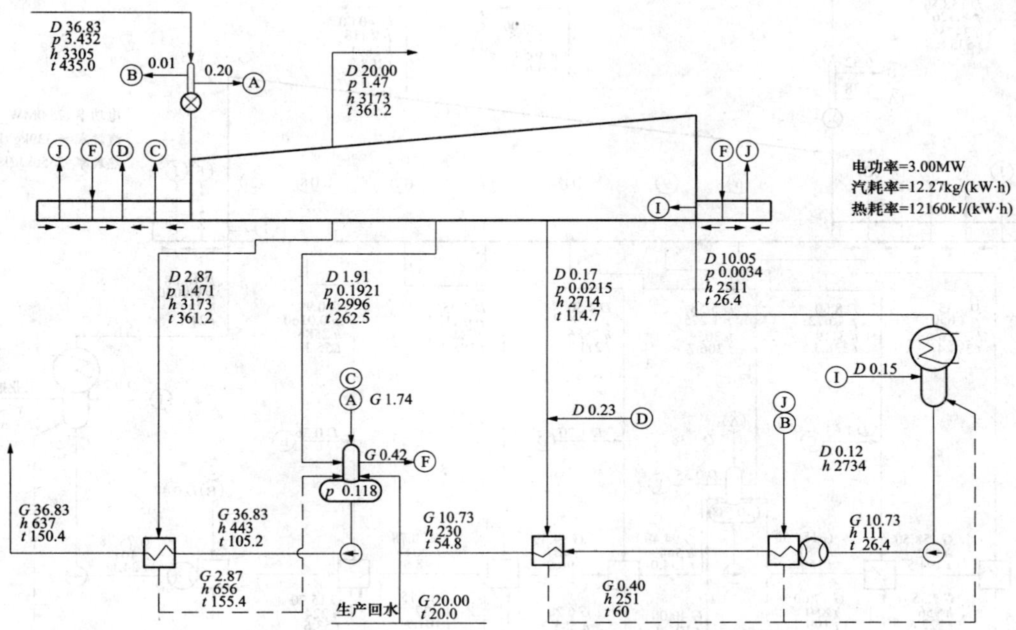

图 4-38　C3-3.43/1.47 型单抽汽轮机热平衡图

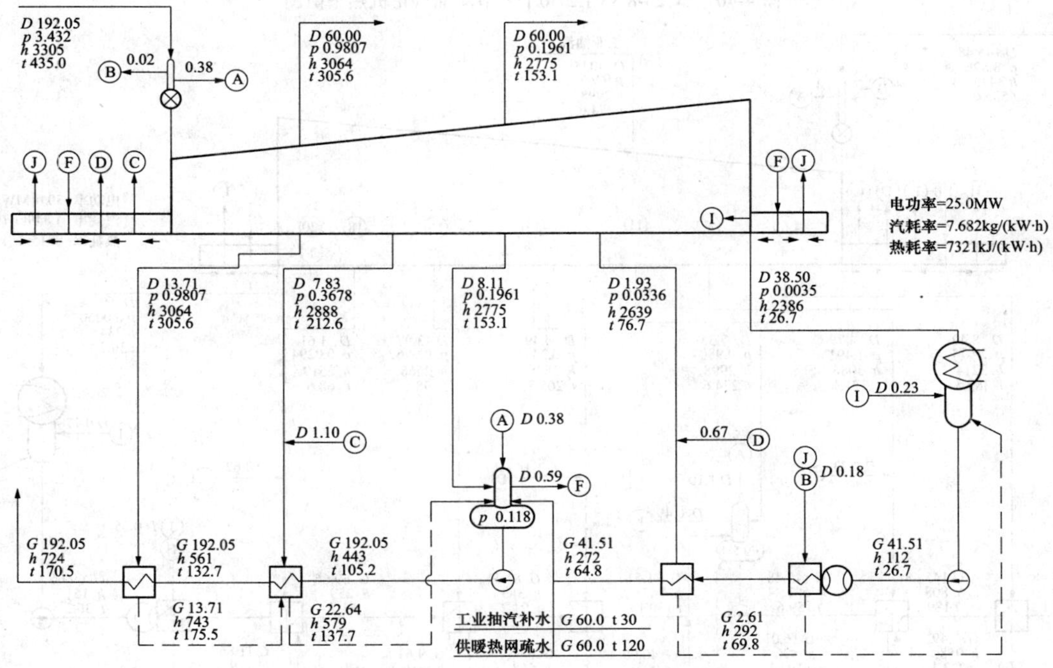

图 4-39　CC25-3.43/0.981/0.196 型双抽汽轮机热平衡图

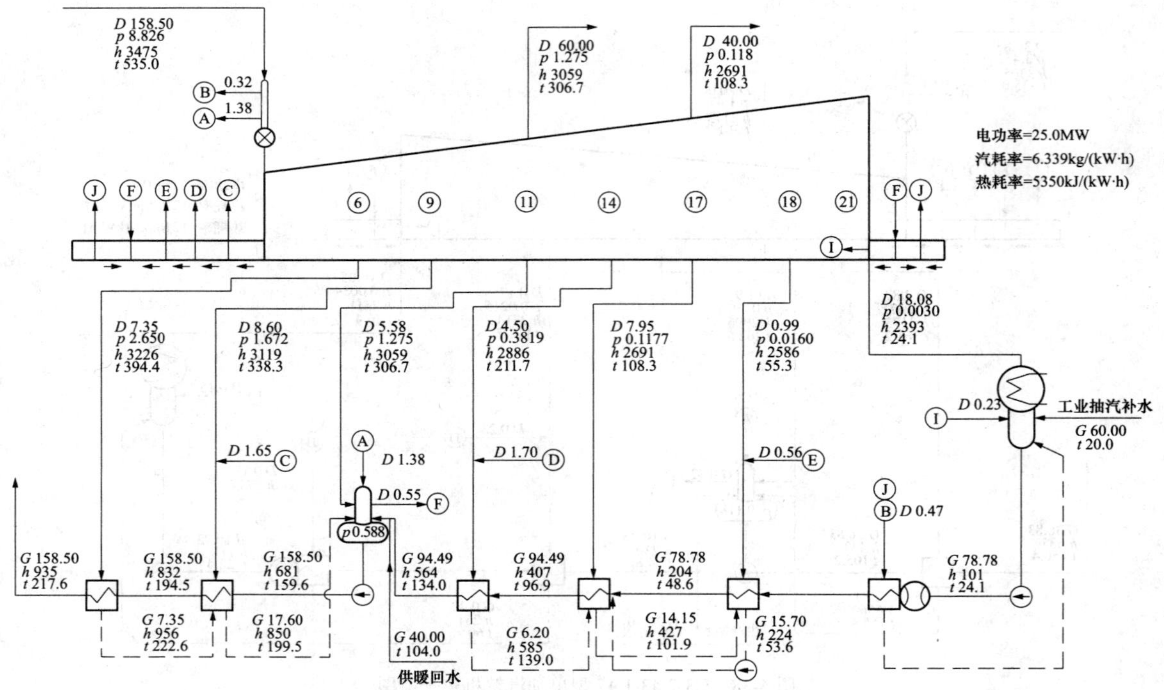

图 4-40 CC25-8.83/1.27/0.118 型双抽汽轮机热平衡图

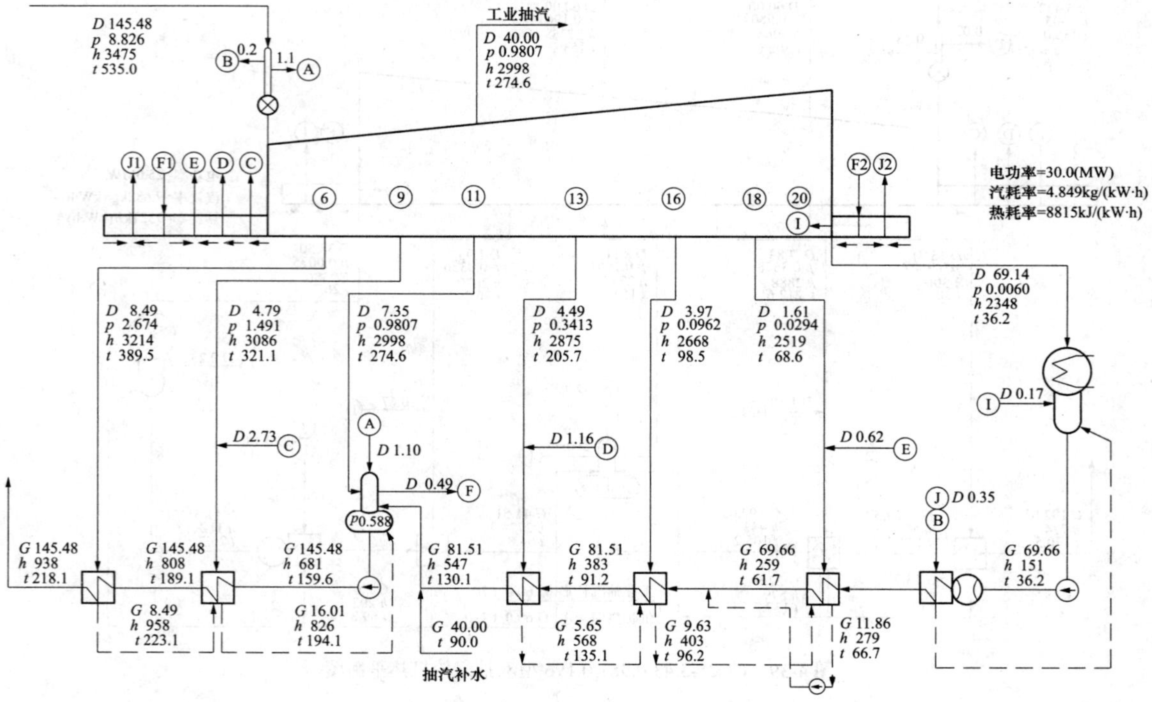

图 4-41 C30-8.83/0.981 型单抽汽轮机热平衡图

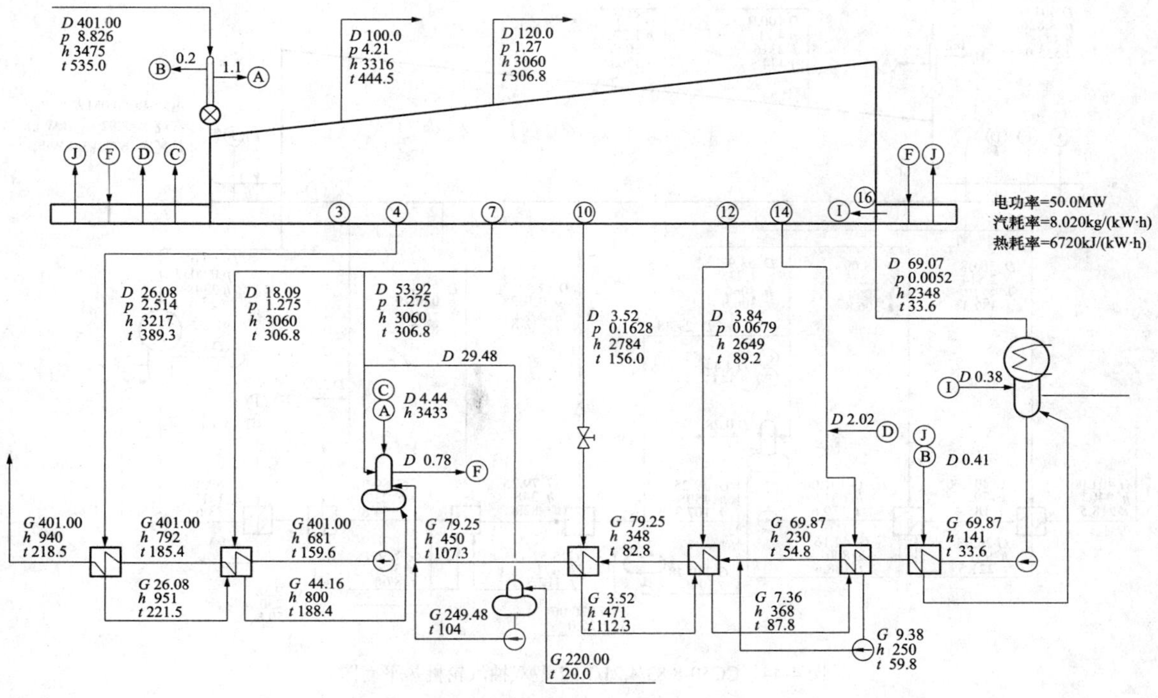

图 4-42 CC50-8.83/4.21/1.27 型双抽汽轮机热平衡图

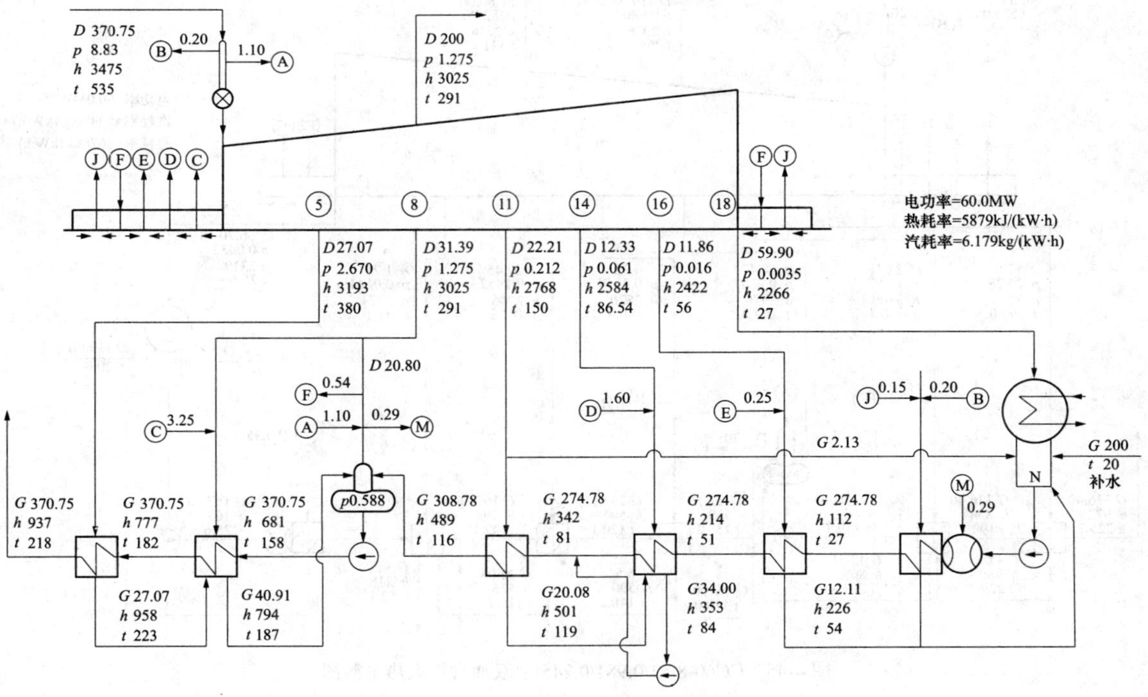

图 4-43 C60-8.83/1.27 型单抽汽轮机热平衡图

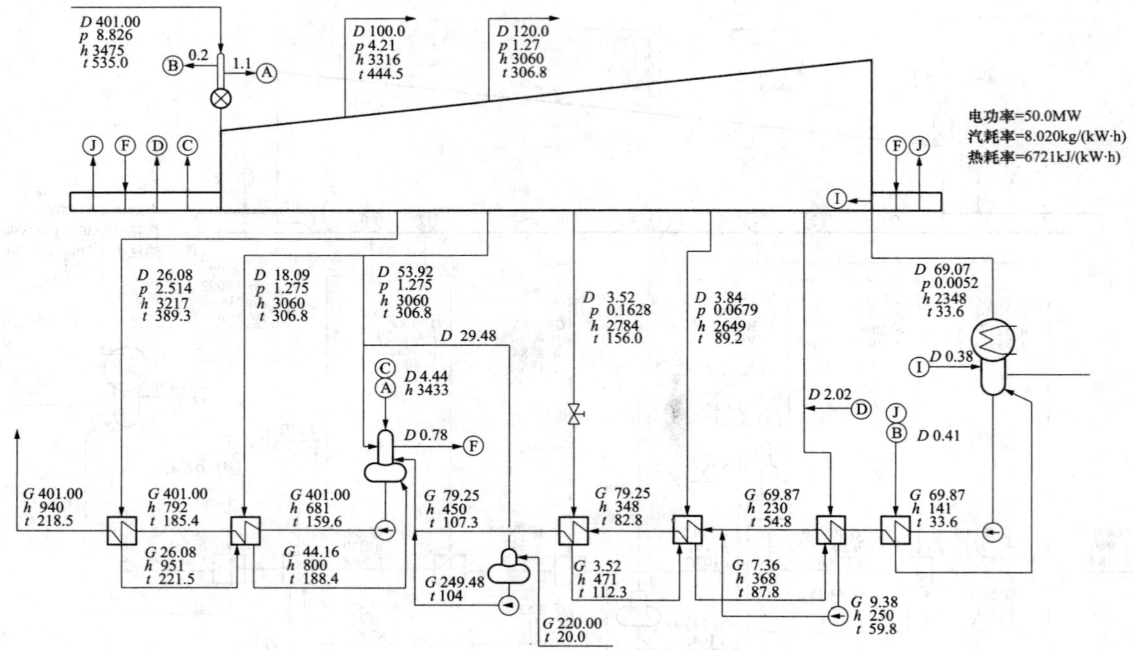

图 4-44 CC50-8.83/4.21/1.27 型双抽汽轮机热平衡图

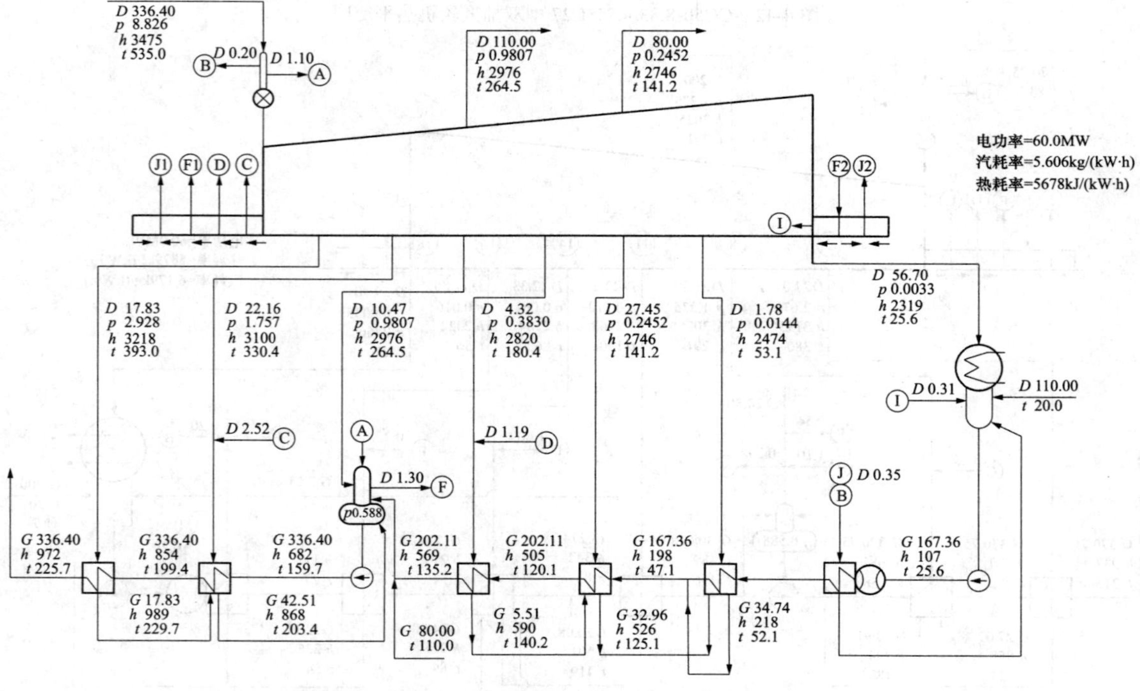

图 4-45 CC60-8.83/0.981/0.245 型双抽汽轮机热平衡图

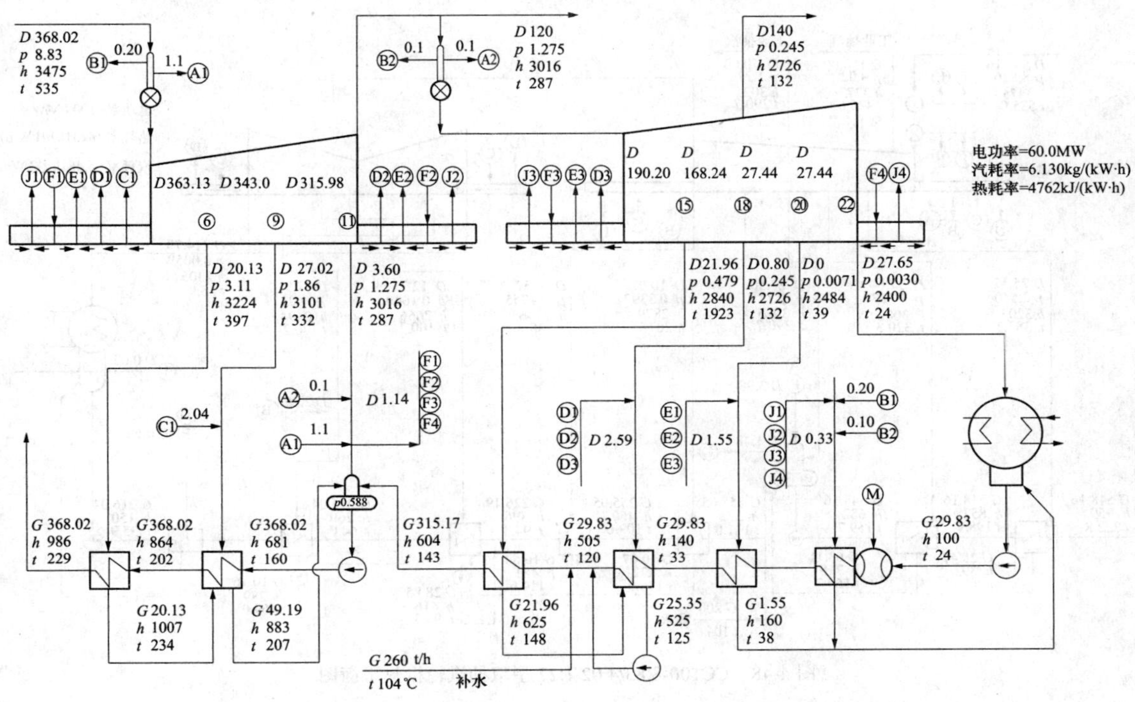

图 4-46 CC60-8.83/1.28/0.245 型双抽汽轮机热平衡图

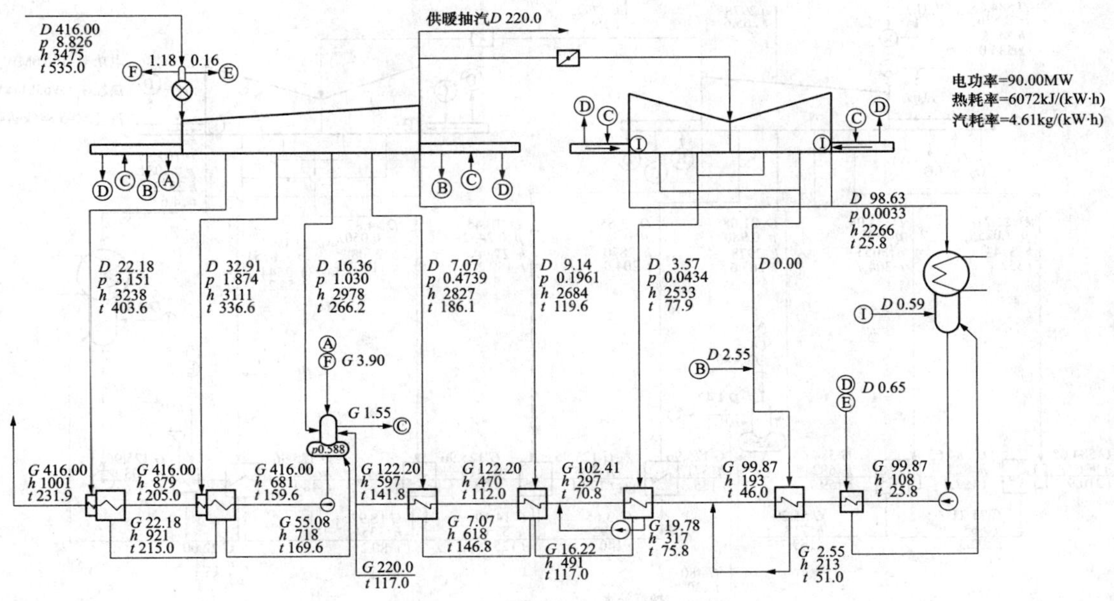

图 4-47 C90/N100-8.83/0.196 型单抽汽轮机热平衡图

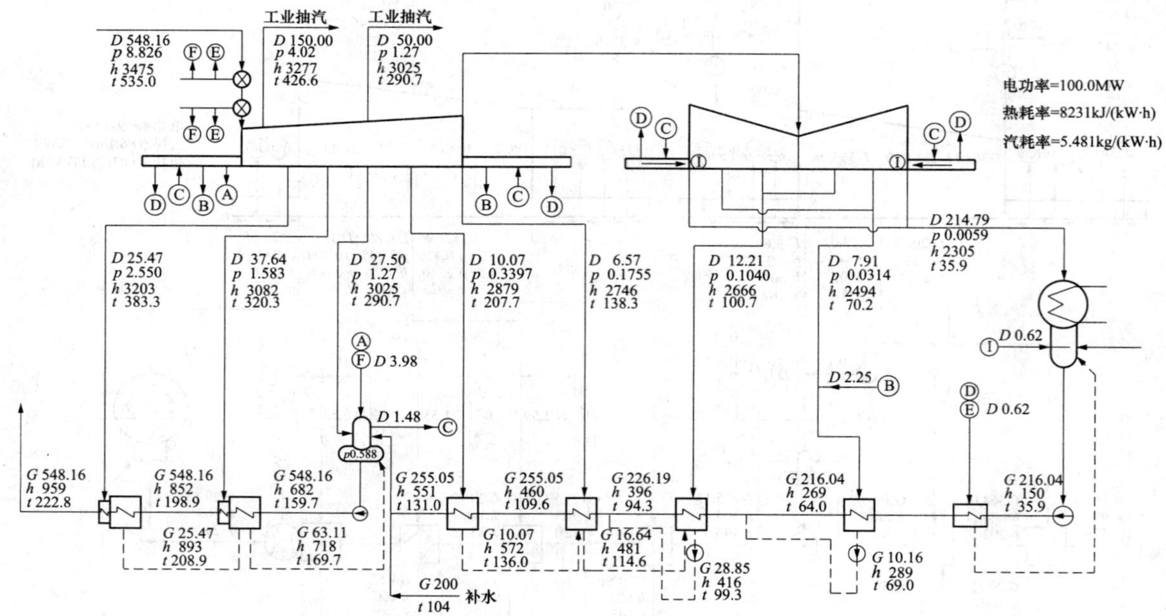

图 4-48 CC100-8.83/4.02/1.27 型双抽汽轮机热平衡图

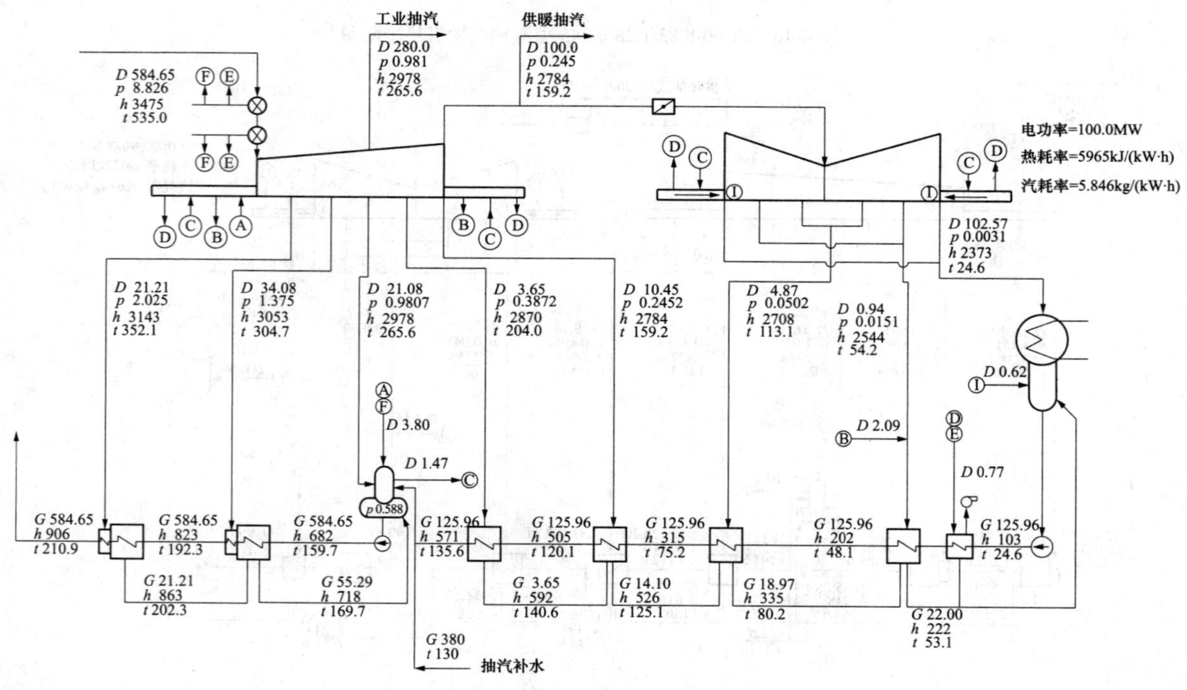

图 4-49 CC100-8.83/0.981/0.245 型双抽汽轮机热平衡图

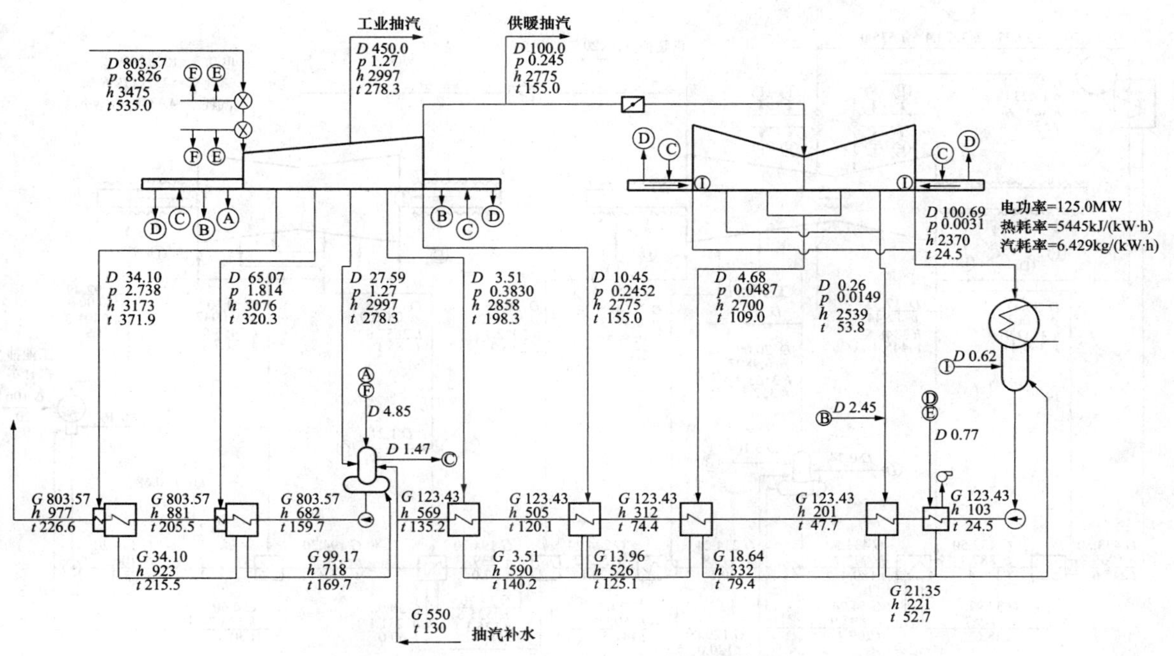

图 4-50 CC125-8.83/1.27/0.245 型双抽汽轮机热平衡图

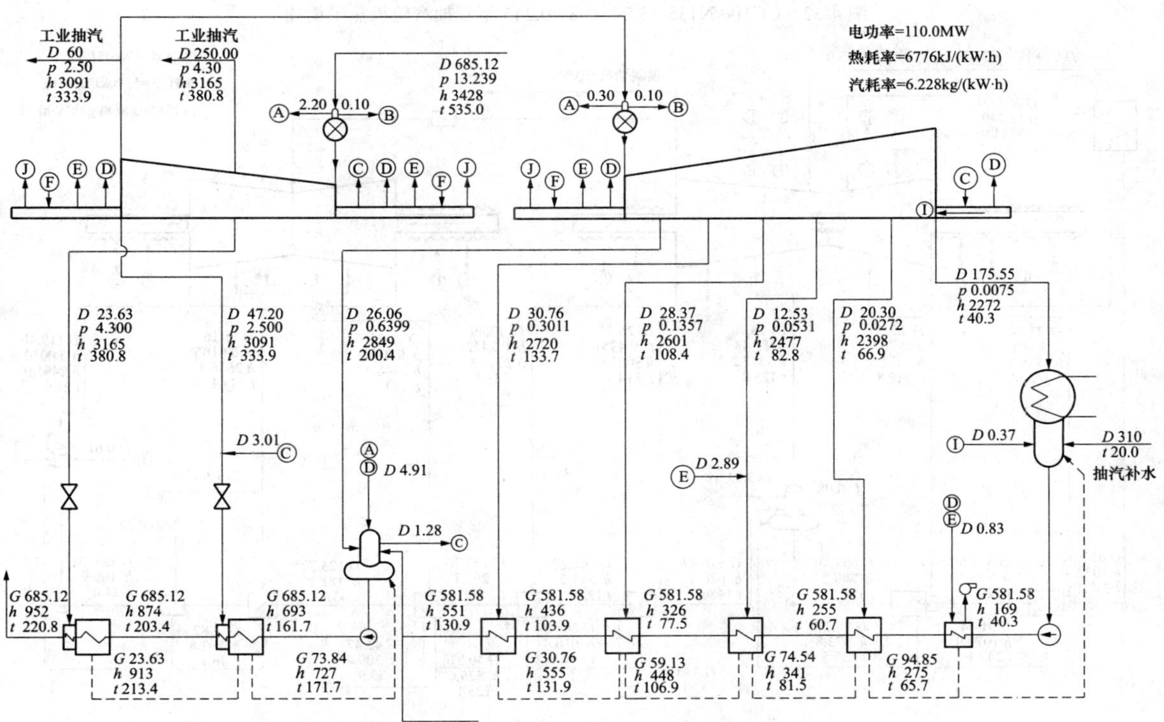

图 4-51 CC110-13.24/4.30/2.50 型双抽汽轮机热平衡图

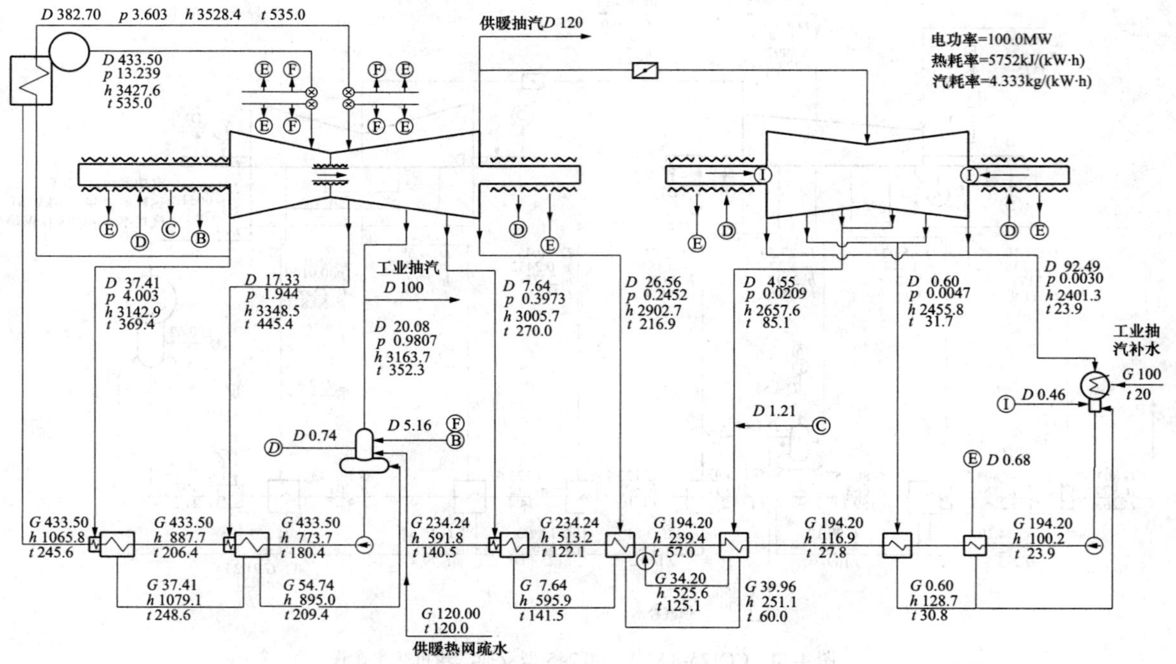

图 4-52 CC100/N135-13.24/0.981/0.245 型双抽汽轮机热平衡图

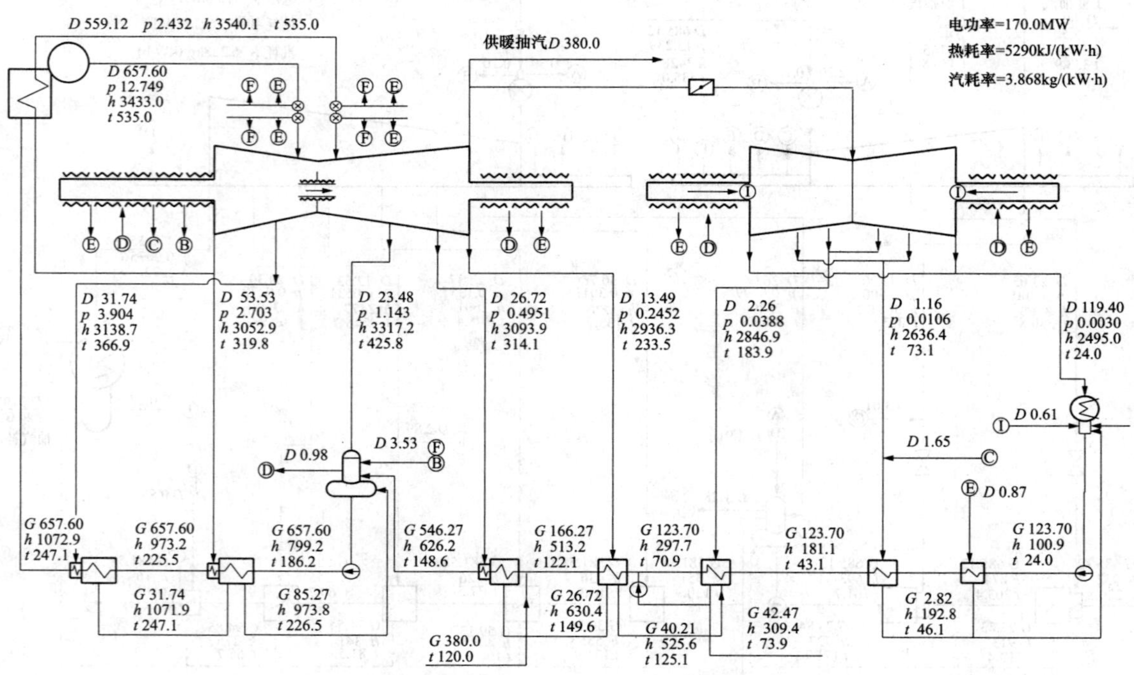

图 4-53 C170/N210-13.24/0.245 型单抽汽轮机热平衡图

D 542.84 p 2.388 h 3540.5 t 535.0
D 661.00
p12.749
h 3433.0
t 535.0
供暖抽汽 D 160
电功率=160.0MW
热耗率=6365kJ/(kW·h)
汽耗率=4.131kg/(kW·h)
工业抽汽
D 120
D 44.42 p 4.414 h 3171.6 t 384.6
D 60.11 p 2.653 h 3053.9 t 319.7
D 19.12 p 0.9807 h 3285.1 t 409.6
D 18.82 p 0.4153 h 3115.8 t 323.9
D 23.56 p 0.2452 h 2994.2 t 262.2
D 13.58 p 0.0655 h 2896.8 t 210.1
D 8.68 p 0.0173 h 2676.0 t 94.4
D 186.43 p 0.0049 h 2532.4 t 32.5
工业抽汽补水
D 0.59
G 120 t 20.0
D 1.40
D 0.80
D 4.19
D 0.84
p 0.9316
G 661.00 h 1107.4 t 254.4
G 661.00 h 968.7 t 224.5
G 661.00 h 769.8 t 179.5
G 533.99 h 598.6 t 142.1
G 373.99 h 513.2 t 122.1
G 317.90 h 352.0 t 83.9
G 317.90 h 222.2 t 52.9
G 317.90 h 136.2 t 32.5
G 44.42 h 1107.5 t 254.4
G 104.53 h 969.2 t 225.5
G 18.82 h 602.7 t 143.1
G 42.39 h 525.6 t 125.1
G 55.97 h 363.7 t 86.9
G 10.08 h 234.0 t 55.9
G 160.0 t 120.0
供暖热网疏水

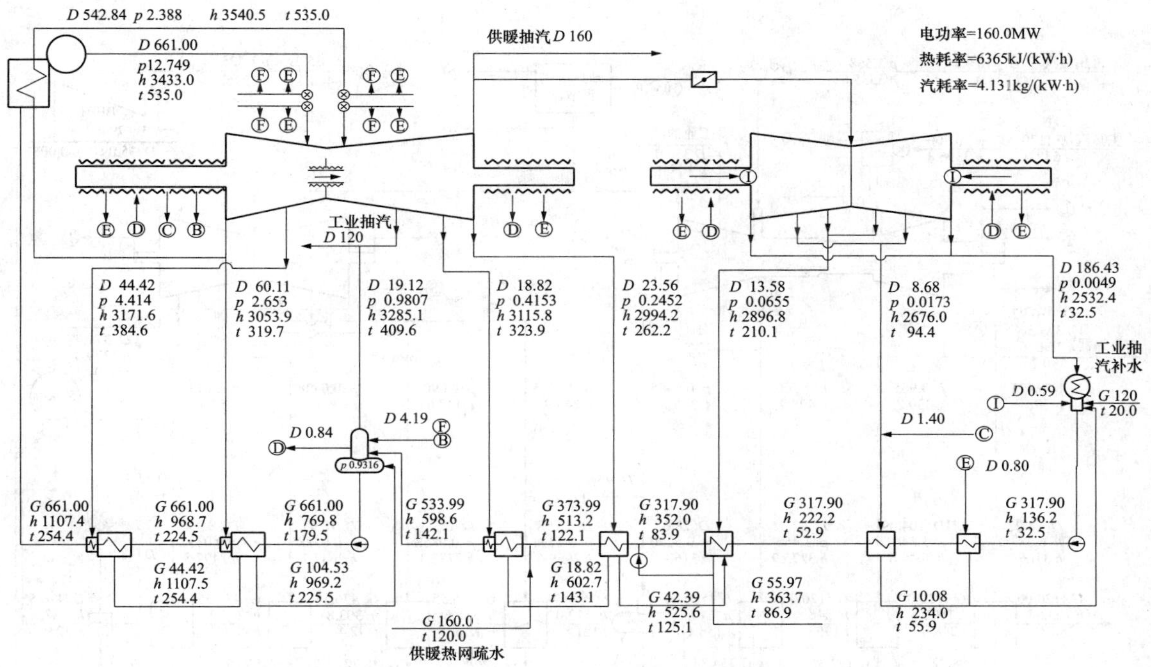

图 4-54 CC160/N210-13.24/0.981/0.245 型双抽汽轮机热平衡图

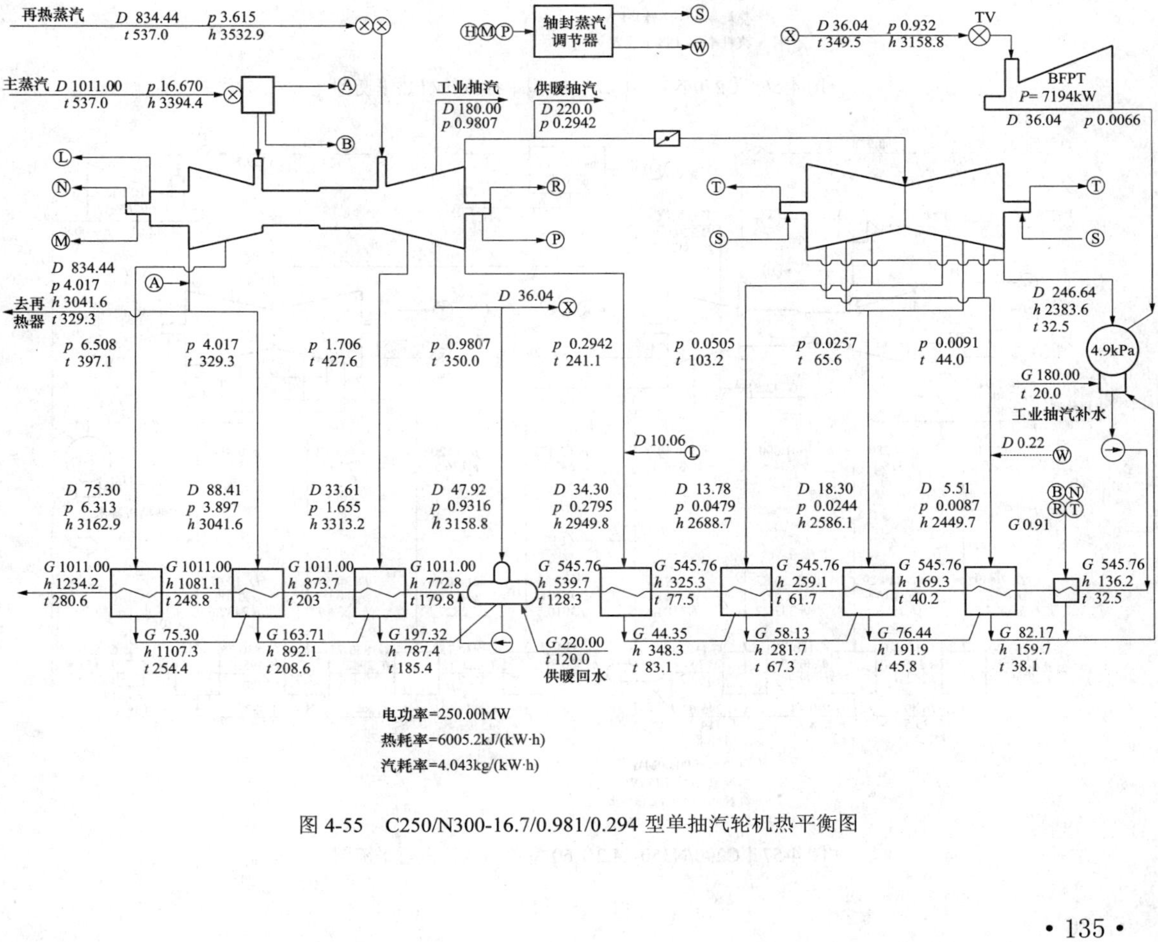

再热蒸汽 D 834.44 p 3.615 t 537.0 h 3532.9
主蒸汽 D 1011.00 p 16.670 t 537.0 h 3394.4
轴封蒸汽调节器
D 36.04 p 0.932 t 349.5 h 3158.8
TV
BFPT
P= 7194kW
D 36.04 p 0.0066
工业抽汽 D 180.00 p 0.9807
供暖抽汽 D 220.0 p 0.2942
D 834.44 p 4.017 h 3041.6 t 329.3
去再热器
D 36.04
D 246.64 h 2383.6 t 32.5
4.9kPa
G 180.00 t 20.0
工业抽汽补水
p 6.508 t 397.1
p 4.017 t 329.3
p 1.706 t 427.6
p 0.9807 t 350.0
p 0.2942 t 241.1
p 0.0505 t 103.2
p 0.0257 t 65.6
p 0.0091 t 44.0
D 10.06
D 0.22
D 75.30 p 6.313 h 3162.9
D 88.41 p 3.897 h 3041.6
D 33.61 p 1.655 h 3313.2
D 47.92 p 0.9316 h 3158.8
D 34.30 p 0.2795 h 2949.8
D 13.78 p 0.0479 h 2688.7
D 18.30 p 0.0244 h 2586.1
D 5.51 p 0.0087 h 2449.7
G 0.91
G 1011.00 h 1234.2 t 280.6
G 1011.00 h 1081.1 t 248.8
G 1011.00 h 873.7 t 203
G 1011.00 h 772.8 t 179.8
G 545.76 h 539.7 t 128.3
G 545.76 h 325.3 t 77.5
G 545.76 h 259.1 t 61.7
G 545.76 h 169.3 t 40.2
G 545.76 h 136.2 t 32.5
G 75.30 h 1107.3 t 254.4
G 163.71 h 892.1 t 208.6
G 197.32 h 787.4 t 185.4
G 220.00 t 120.0
供暖回水
G 44.35 h 348.3 t 83.1
G 58.13 h 281.7 t 67.3
G 76.44 h 191.9 t 45.8
G 82.17 h 159.7 t 38.1
电功率=250.00MW
热耗率=6005.2kJ/(kW·h)
汽耗率=4.043kg/(kW·h)

图 4-55 C250/N300-16.7/0.981/0.294 型单抽汽轮机热平衡图

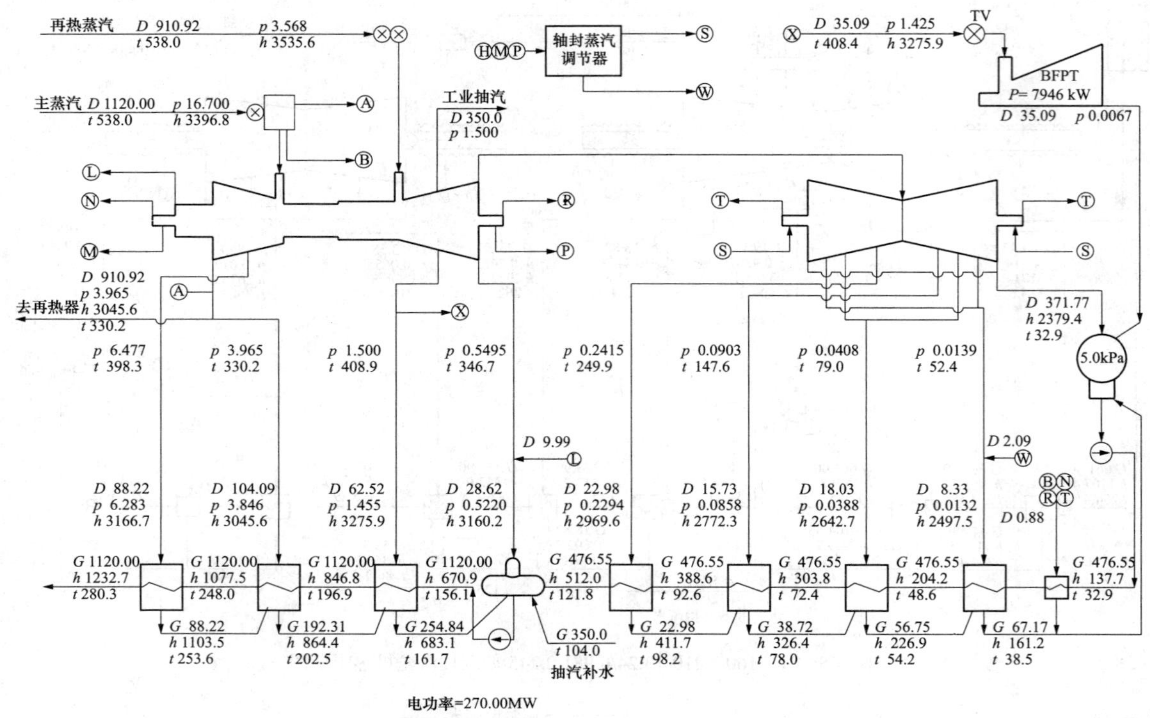

图 4-56 C270/N330-16.7/1.50 型单抽汽轮机热平衡图

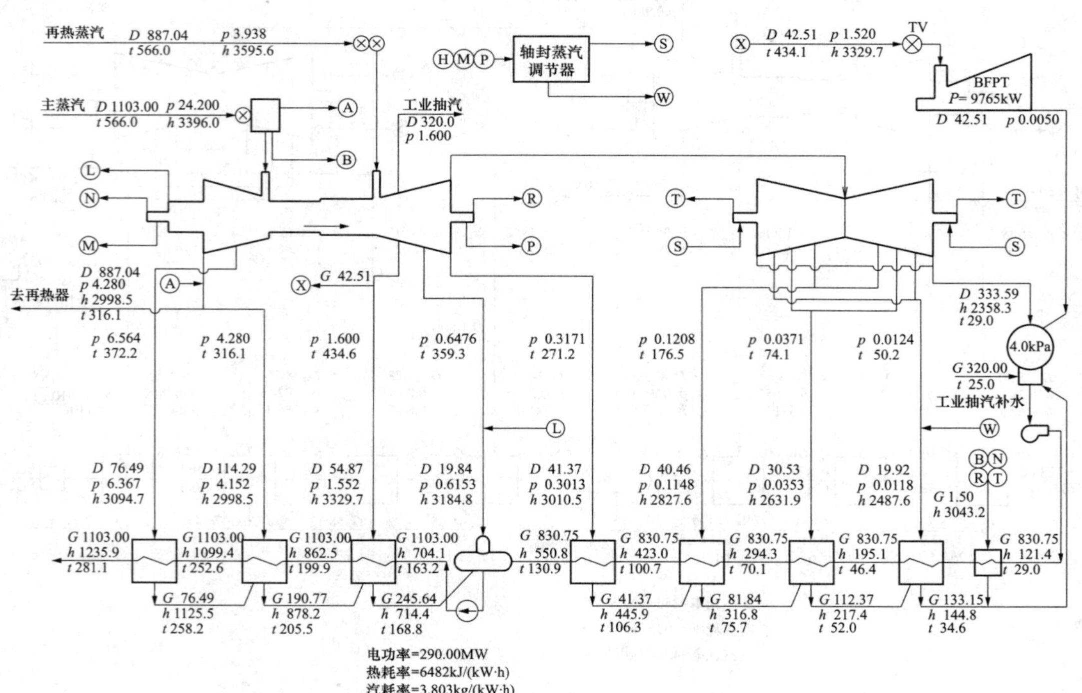

图 4-57 C290/N350-24.2/1.60 型单抽汽轮机热平衡图

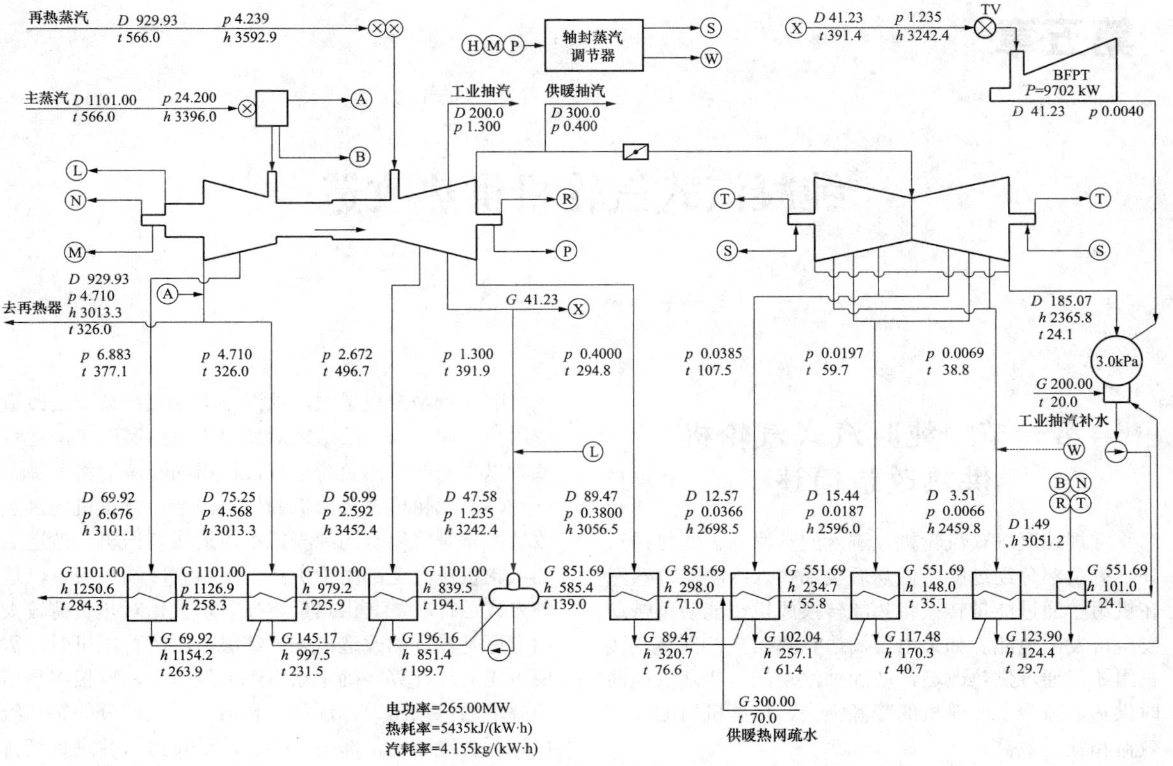

再热蒸汽 D 929.93 p 4.239
t 566.0 h 3592.9
轴封蒸汽调节器
H M P S W
X D 41.23 p 1.235
t 391.4 h 3242.4
TV
BFPT
P=9702 kW
D 41.23 p 0.0040
主蒸汽 D 1101.00 p 24.200
t 566.0 h 3396.0
A B
工业抽汽 D 200.0 p 1.300
供暖抽汽 D 300.0 p 0.400
L N M R P T S
D 929.93
p 4.710
去再热器 h 3013.3
t 326.0
G 41.23 X
D 185.07
h 2365.8
t 24.1
3.0kPa
G 200.00
t 20.0
工业抽汽补水
p 6.883 t 377.1
p 4.710 t 326.0
p 2.672 t 496.7
p 1.300 t 391.9
p 0.4000 t 294.8
p 0.0385 t 107.5
p 0.0197 t 59.7
p 0.0069 t 38.8
D 69.92 p 6.676 h 3101.1
D 75.25 p 4.568 h 3013.3
D 50.99 p 2.592 h 3452.4
D 47.58 p 1.235 h 3242.4
D 89.47 p 0.3800 h 3056.5
D 12.57 p 0.0366 h 2698.5
D 15.44 p 0.0187 h 2596.0
D 3.51 p 0.0066 h 2459.8
B N R T
D 1.49
h 3051.2
G 1101.00 h 1250.6 t 284.3
G 1101.00 p 1126.9 t 258.3
G 1101.00 h 979.2 t 225.9
G 1101.00 h 839.5 t 194.1
G 851.69 h 585.4 t 139.0
G 851.69 h 298.0 t 71.0
G 551.69 h 234.7 t 55.8
G 551.69 h 148.0 t 35.1
G 551.69 h 101.0 t 24.1
G 69.92 h 1154.2 t 263.9
G 145.17 h 997.5 t 231.5
G 196.16 h 851.4 t 199.7
G 89.47 h 320.7 t 76.6
G 102.04 h 257.1 t 61.4
G 117.48 h 170.3 t 40.7
G 123.90 h 124.4 t 29.7
G 300.00
t 70.0
供暖热网疏水
电功率=265.00MW
热耗率=5435kJ/(kW·h)
汽耗率=4.155kg/(kW·h)

图 4-58　CC265/N350-24.2/1.30/0.40 型双抽汽轮机热平衡图

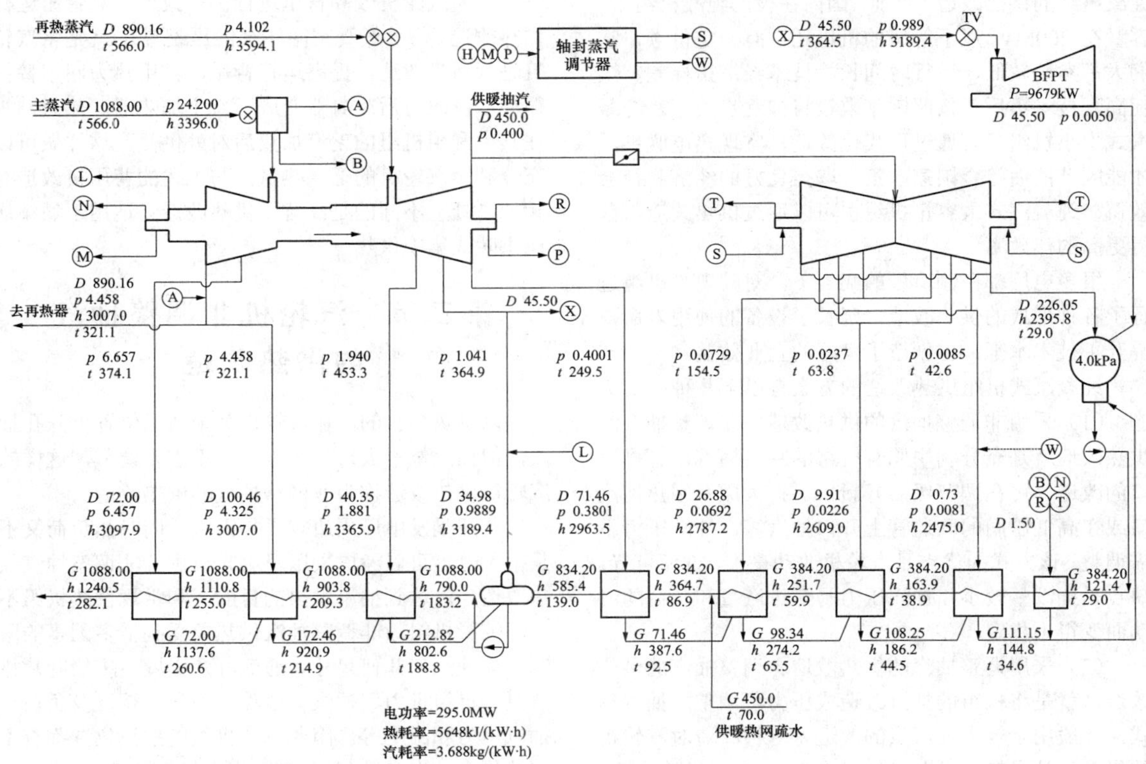

图 4-59　C295/N350-24.2/0.40 型单抽汽轮机热平衡图

第五章

纯凝汽式汽轮机供热改造

第一节　纯凝汽式汽轮机供热改造简述

常规纯凝汽式汽轮机，进入的蒸汽除去回热抽汽外，剩余部分经过膨胀做功后全部排入冷凝器，蒸汽在机组中通过能量转换将热能转换成机械能后再带动发电机发出电能。如果电厂周边有热用户，纯凝汽式机组还能通过供热改造，增加抽汽功能，实现供电同时供热，减少了汽轮机的冷源损失，提高机组的经济效益和社会效益。

随着社会对环保的重视，各级政府正在积极推动纯凝机组的供热改造。目前，国内在役的纯凝机组中，容量在 200MW 以下等级的机组还占有一定份额，它们大都参数较低、运行时间长、技术经济指标差、煤耗高、技术落后，按照国家政策将被逐步关停。纯凝汽式中小机组只有通过现代化改造，实现热电联供，才能因节能而符合国家政策，取得良好的经济和社会效益。纯凝汽式大容量机组也可以通过供热改造，获得更高的热效率。

很多电厂都在制造厂的配合下，对其现役机组进行了各种形式的供热改造，延长了设备的使用寿命，提升了技术水平，也创造了良好的企业效益。

纯凝汽式机组供热改造的方案有以下几种：

（1）采用非调整抽汽的供热改造。非调整抽汽的供热改造就是充分利用原有机组的回热抽汽口、排汽口的改造，可在调节级后开新口、扩大原有回热抽汽口或在高低压间的联通管上开口抽汽等，抽汽压力不需调整。该方式的优点是汽轮机改动量小，方便可行；缺点是抽汽量较小，抽汽压力易随进汽量和负荷的波动而变得不稳定。

（2）采用调整抽汽的供热改造。调整抽汽的供热改造，就是将机组的抽汽改造成压力可调整的抽汽形式，一般用于较大抽汽量的改造。这种改造对汽轮机的修改设计量较大，若必须要求在汽缸上抽汽，有可能需更换汽缸和转子，增加抽汽压力调节机构。这种改造的优点是抽汽量大，抽汽压力稳定；缺点是改造费用高，周期长，改造之后如果再以纯凝汽工况运行或者以很小的供热负荷运行，机组的经济性将下降。

（3）汽轮机改背压机的供热改造。背压机的供热改造，就是将原有的纯凝机组改造成背压机，改造后的汽轮机排汽全部用于供热，不再有冷端损失，以这种方式运行时，其供热量将显著增大，对热负荷较大的电厂是较好的改造措施。纯凝机组改背压机时，需要事先通过计算，确定原机组各级压力，再根据热用户要求的供汽压力，选择在合适的通流部分的某一级后进行拆级改造，即去除多余的低压级，并进行新排汽缸的改造和设计。

（4）汽轮机改高背压运行供热改造。高背压运行供热改造（俗称低真空循环水供热改造），就是将汽轮机进行适当改造，提高运行背压，并用热力网水替代循环水，改造后冷凝器变成了一个加热器，热力网水在其中利用机组的乏汽加热后对外供热。这样做可以充分利用汽轮机的乏汽热量，与上述的背压机改造有相似之处，不同的是高背压供热改造只适用于城镇居民供暖式集中供热。

第二节　汽轮机非调整抽汽的供热改造

以供热为目的，在汽轮机某个适当位置上开孔抽汽，但抽汽量不大，抽汽压力也不需要调节，这样的汽轮机供热改造称为非调整抽汽的供热改造。

若纯凝发电厂周边有供热需求，同时热负荷又不是很大时，可以考虑采用对汽轮机进行非调整抽汽供热改造，以达到抽汽供热的目的。和常规供热机组不同，纯凝机组改非调整抽汽供热要受到很多因素的限制，如抽汽口几何尺寸、通流叶片强度、末级叶片排汽量、机组推力、抽汽管道作用力和力矩以及负荷、抽汽压力和温度等。因此每个机组的抽汽位置都有不同的最大抽汽参数，具体需要根据机型特性进行核算。因此非调整抽汽供热改造一般应用于抽汽量不大、抽汽压力要求不严格的改造场合。

从经济性角度考虑，这种供热改造方式的优势主要集中在两方面，第一方面体现为汽轮机供热后冷源损失减少。机组进行非调整抽汽供热改造，不管抽汽位置如何，由于减小了冷源损失，降低了热耗值，最终会在一定程度上提高机组的经济性；而且，如果供热抽出的蒸汽在汽轮机中做功越多则减少冷源损失的收益越大，也可以说供热抽汽点压力越低则供热的经济性越好。第二方面体现为售热。电厂会从等值煤耗量所体现的热价和电价的差价上实现利润最大化。此外，纯凝机组改造成非调整抽汽，因其改造工作量较小、实施起来较为简单等优点，正在获得日益广泛的应用。

一、非调整抽汽供热改造的注意事项

非调整抽汽供热改造就是在汽轮机缸外的再热管道（再热冷段、再热热段）、联通管、缸上的回热系统的抽汽管道以及缸上特定部位（某一非回热抽汽口位置）上进行打孔抽汽，并在引出的抽汽管道上依次加装止回阀、快关调节阀、电动截止阀等，最终实现对外非调整抽汽供热。非调整抽汽的抽汽压力会随着负荷的变化而变化，抽汽压力不能整定，且压力和负荷基本呈线性关系。另外，改造后供热抽汽投入运行时，该抽汽压力一般不会超过改造前相同进汽量对应的压力值，因此抽汽管道上无须增加安全阀保护汽轮机。但是如改造方案中抽汽口后面的通流级别中采用堵喷嘴方式提高抽汽压力，抽汽管道上仍需安装安全阀。

非调整抽汽供热改造在设计中应充分考虑以下内容：

（1）需根据汽轮机本体结构特点及系统抽汽管道布置，选取合适的抽汽口位置和管径；

（2）需增加抽汽系统和抽汽控制逻辑，并外接抽汽管道、止回阀、快关调节阀、截止阀等，抽汽管上需设置波纹节以吸收热位移并避免损坏抽汽管道；

（3）需核算抽汽口位置处管道流速是否超速；

（4）需考虑引出的抽汽口对内缸、外缸强度、刚度的影响；

（5）如抽汽口与给水泵汽轮机用汽点重合，需考虑抽汽压力降低对给水泵功率的影响；

（6）需充分考虑机组推力的影响。

二、非调整抽汽供热改造的强度核算和改造项目

纯凝机组实施非调整抽汽改造，电厂往往希望抽汽量越大越好，但是其抽汽量实际上要受到诸多因素的影响，特别是汽轮机通流部分安全性方面的影响。因此下面着重对非调整抽汽供热改造中几个主要需要进行强度核算的安全因素进行简要说明。

1. 抽汽口上游通流叶片强度核算

在进汽量不变情况下，若在某处进行非调整抽汽，则抽汽点对应的抽汽压力会降低，抽汽量越大，抽汽口压力降得越低，这样会使得抽汽口处前几级隔板和动叶片的压差增加，接近甚至超过许用值，从而影响机组的安全性。因此需核算抽汽口上游的几级隔板和动叶片的强度指标，从而确定该处的最大抽汽量。

2. 抽汽口流速核算

若改造后的抽汽与原来回热抽汽共用抽汽口，则需要核算蒸汽在抽汽管道内的流速。由于抽汽口管道管径是一定的，抽汽量增加必然引起管道流速的增加，一般汽轮机行业内规定普通蒸汽管道流速不高于76m/s，否则会产生噪声和振动。因此管道流速也是限制抽汽量大小的一个重要因素，若结构上允许，可考虑将原有回热抽汽口进一步扩大一些。

若机组是双层缸结构，对于与回热抽汽共用抽汽口的非调整抽汽改造来说，其抽汽往往是从对应外缸内部的两个隔板套之间的间隙处抽出的，因此除了要核算回热抽汽管道流速之外，还要核算这两个隔板套之间间隙的蒸汽流速，若流速过高，需要对内部的隔板套进行补充加工或者更新设计，也可减少抽汽量要求。

3. 抽汽管道接口最大推力合力、合力矩及热位移的核算

机组改造后增加了抽汽管道，抽汽管道会对原来主机本体产生附加推力、热膨胀力和热位移，因此设计时需要给出汽轮机所能够承受的最大管道推力和力矩，并设计附加抽汽管道的死点位置、核算附加抽汽管道的热膨胀量、推力和力矩值。设计时也应考虑在适当位置增加补偿节，避免抽汽管道受力过大，特别是过大的附加力作用到汽缸上有可能引起的机组振动或损坏，将影响机组安全运行。

4. 机组转子推力核算

蒸汽在汽轮机通流部分流道内膨胀做功时，由于有压差的存在，会在转子上产生轴向推力。每个转子上的推力一般分为两部分，一是通流部分的推力值，这部分的推力值基本上与流过各级的蒸汽流量成正比；二是前后轴封部分的推力值。每个转子上的总推力是这两个部分推力的代数和。由于每个汽缸内蒸汽的流动方向不同，因此每个转子上的推力大小和方向也一样，整个轴系的总推力就是每个转子上推力的代数和。因此一旦某个转子上发生了流量的变化，就会引起推力值的改变。所以当汽轮机进行抽汽改造时，

需要核算转子上推力值的变化量，并要核算每一个极端工况下的推力值变化量，保证各个工况下转子推力值的变化都在可接受的范围内，且不会对机组安全性产生影响。虽然非调整抽汽的抽汽量相对较小，对转子推力产生的影响也较小，但在进行全面核算时也应考虑。

汽轮机转子上会设置推力盘（整个轴系通常只有一个推力盘），推力盘与推力轴承双面接触，并通过推力轴承将轴系的推力传递给汽缸，再由汽缸传递到汽轮机基础上消纳。推力轴承也是双面的，在正负两个方向上都能够承受一定的转子推力。

5. 对汽缸强度和刚度的核算

若改造方案中与回热抽汽共用的抽汽口需要扩孔，则需要核算扩孔后汽缸的刚度和强度。

若原有汽缸位置本身并无开孔，而是在改造时单独开孔，则改造设计过程中更加需要对汽缸相应部位进行强度和刚度的核算。同时对于单独开孔的情况，汽缸原来位置并无抽汽管，而是在改造时新焊接了抽汽管，还需要对焊接部位进行热处理，以防止今后汽缸变形。

6. 凝汽器的改造

若汽轮机改造后的抽汽是满足工业热用户需求，则通常供出的工质不能回收。为保证热力系统的汽水平衡，要补充相同流量的化学除盐水至凝汽器。为了保证给水含氧量较低，应对补水进行除氧，需在冷凝器内部适当位置安装除氧设备。一般来说，抽汽运行工况时，如果能满足凝结水和补充水内含氧量不大于30μg/L 的要求，系统就可以维持正常运行。

三、非调整抽汽供热改造的形式

针对国内外纯凝式汽轮机而言，增加非调整抽汽供热改造主要有缸外非调整抽汽供热改造、回热抽汽口上增加抽汽的供热改造和缸上单独打孔抽汽的供热改造三种形式，下面就这些改造形式逐一进行介绍。

1. 缸外非调整抽汽供热改造

汽轮机缸外抽汽改造主要是在汽轮机某个汽缸的前后的蒸汽管道上打孔抽汽改造，例如高压缸排汽处（再热冷段）、中压缸进汽处（再热热段）、中压缸排汽处（连通管处）等的改造。该方式主要通过在原有蒸汽管道上打孔，引出一管道，依次加装止回阀、快关调节阀、电动截止阀等，实现对外非调整供汽。打孔位置不放在汽缸上，对汽轮机本体无需开孔。下面介绍几种典型的缸外抽汽方式。

（1）再热冷段非调整抽汽。再热冷段非调整抽汽是通过在汽轮机再热冷段管道上打孔抽汽来满足供热需求的。针对不同机型，要对不同汽轮机再热冷段抽汽特性进行计算分析，以确定再热冷段的最大抽汽量。具体抽汽方式是通过在再热冷段管道上打孔，安装三通，引出抽汽管道，依次加装止回阀、快关调节阀、电动截止阀等，实现对外工业供汽。

汽轮机要实现再热冷段非调整抽汽，需要考虑两个问题：一是在设计中要考虑改造对汽轮机再热冷段处通流部分强度的影响；二是考虑改造对锅炉的影响。对于第一个问题，再热冷段抽汽改造使得再热冷段压力降低，高压通流部分末几级的动叶片和隔板的压差增大，因此需要进行强度核算，必要时需更换强度等级更高的隔板和动叶片。

对于第二个问题，考虑到锅炉再热器和过热器受热面的比例是固定的，因此流过过热器和流过再热器的蒸汽流量（即汽轮机主蒸汽流量和再热蒸汽流量）的比例基本不变。如果改造过程中增加了再热冷段抽汽，改变了流量比例，则进入再热器的蒸汽流量就会减少，有可能会使锅炉再热器超温。因此，若从汽轮机再热冷段抽汽会给锅炉带来影响，所以应请锅炉厂家核算再热器的安全性，最终需二者综合考虑以确定再热冷段最大抽汽量。

通常，在锅炉原有再热器面积不变的情况下，蒸汽抽出后再热器会通过适当喷水减温来阻止再热器超温，但是喷水减温的调节能力有限，若不考虑汽轮机再热冷段强度的影响，锅炉再热器能允许汽轮机抽汽的最大量为再热器总流量的 5%～8%左右。若想再加大抽汽量，就必须改造锅炉，减少再热器受热面积，但是一旦再热器受热面积减小，当汽轮机以纯凝汽工况运行时，其功率就会降低。

下面以国内某电厂亚临界 330MW 等级纯凝机组再热冷段非调整抽汽供热改造为例进行说明。该机组为亚临界、一次中间再热、单轴、两缸两排汽、冲动凝汽式汽轮机，汽轮机采用高中压合缸，低压缸为一个对称双分流结构。该机组改造前主要参数如下：

a）汽轮机型号：N330-16.67/538/538 型；

b）额定功率：330MW；

c）额定主蒸汽压力：16.7MPa；

d）额定主蒸汽温度：538℃；

e）额定再热蒸汽压力：3.26MPa；

f）额定再热蒸汽温度：538℃；

g）冷凝器排汽压力：4.9kPa；

h）额定进汽量：1011t/h；

i）最大进汽量：1080t/h。

电厂对汽轮机组进行了再热冷段非调整抽汽改造：经汽轮机厂家核算，改造后抽汽量在 85t/h 以下时对主机本体和通流部分不会产生安全性影响；经锅炉厂家对再热器核算，此处能够允许最大抽汽量为 50t/h。因此，最后实施抽汽量为 50t/h 的改造方案。该机组抽汽改造后的系统简图见图 5-1。

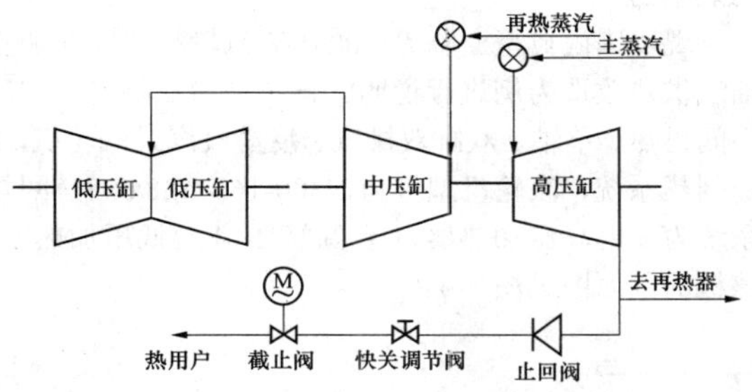

图 5-1　大型汽轮机高压缸排汽非调整供热抽汽改造后系统简图

（2）再热热段非调整抽汽。如果热用户需要的蒸汽压力较高、蒸汽量超出锅炉再热器不超温所允许的最大流量时，可以考虑在再热热段抽汽。蒸汽经过了再热器后再抽出，对锅炉再热器就没有影响，只需要核算汽轮机高压缸排汽末几级通流部分的隔板和动叶片强度以及转子轴系推力变化的影响，因此在再热热段抽汽通常抽汽量就可以大一些。

另外，由于抽汽压力，即再热热段的运行压力一般要比冷段低一些，而抽汽温度则为再热蒸汽温度，所以此处抽汽蒸汽品质比较高，一般需进行适当喷水减温后再供出。所以若要在再热热段进行抽汽需要考虑抽汽参数和供汽参数要求的匹配性，以免造成一定的㶲损。大型汽轮机再热热段非调整抽汽供热改造系统见图 5-2。

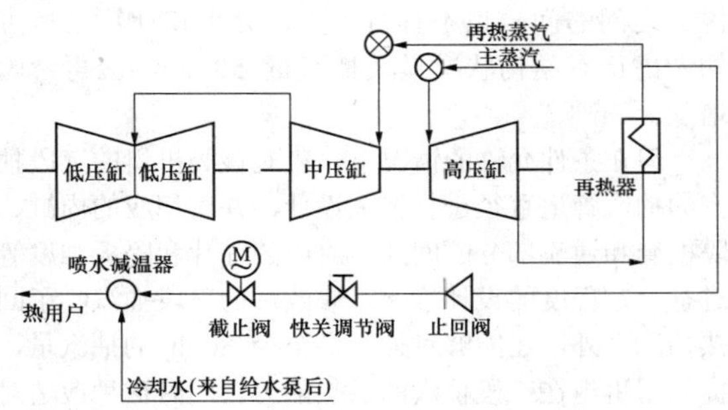

图 5-2　大型汽轮机再热热段非调整抽汽供热改造系统简图

（3）连通管上非调整抽汽。如果热用户需要的蒸汽参数不是很高，且流量不是太大，可以考虑在机组的连通管上打孔抽汽。国内大型机组中压缸排汽压力（连通管压力）通常在 0.3～1.0MPa 之间，是一个很好的抽汽取汽点。连通管上打孔抽汽的显著优点有两个，一是抽汽后对机组转子推力几乎无影响；二是可以直接在原机组的连通管上打孔并引出抽汽管，与热力网管道连接起来即可，对汽轮机汽缸不产生影响。当然必要的管道推力核算、管道死点的设置、膨胀节的安装等步骤仍必不可少，另外抽汽对中压缸末几级叶片和隔板强度的影响也需要核算，若强度核算不合格，应请制造厂家重新制定改造方案。

一些大型机组的除氧器用汽和给水泵汽轮机用汽也来自中压缸排汽，若同时再考虑对外供热供汽，则有可能造成中压缸排汽压力过低，甚至影响到给水泵汽轮机的功率，需要认真核算抽汽压力降低对给水泵汽轮机功率的影响。此外，在连通管上引出管道的改造方式具有空间布置的局限性，也会影响电厂审美效果。大型汽轮机连通管非调整抽汽供热改造系统简图见图 5-3。

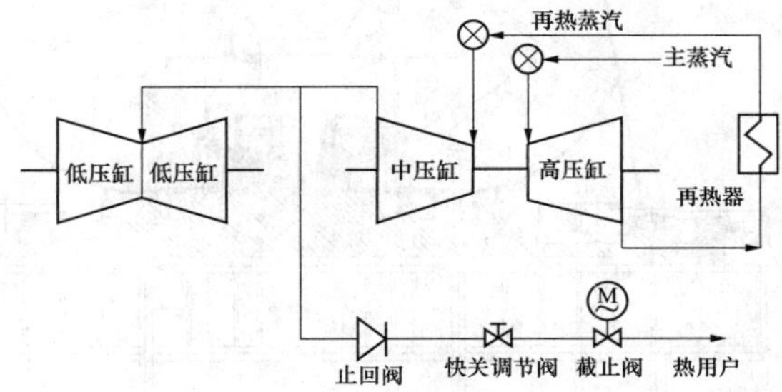

图 5-3　大型汽轮机连通管非调整供热改造抽汽系统简图

2. 回热抽汽口上增加抽汽的供热改造

燃煤机组一般设置多个回热抽汽口，对于高参数大容量的再热机组，一般高压缸有 1～2 个回热抽汽口，中压缸有 2～4 个回热口，低压缸有 1～4 个回热抽汽口。非再热的单缸中小机组，回热抽汽口虽然相对较少，但布置更加密集。汽轮机设置回热抽汽口是为给水加热器提供蒸汽，但有的回热抽汽口的直径设计得较大，除满足回热抽汽所需之外，还能额外抽取一些蒸汽对外供热，若在相应的抽汽口上做一些改造，也能够实现抽汽供热的功能。不过，这类改造后的抽汽量一般都比较小。下面讨论再热机组除汽缸排汽口（高压缸排气口或中压缸排气口，这些位置都会设回热抽汽口）之外的回热抽汽口的打孔抽汽改造，非再热机组的回热抽汽口打孔抽汽改造与之类似。

（1）三段非调整抽汽。再热机组的三段抽汽通常是指中压缸上的第一个回热抽汽口（一些大型机组高压缸的排汽之前没有抽汽口，因此中压缸上的第一个回热抽汽口就称为二段抽汽，情况类似）。三段非调整抽汽改造是通过在汽轮机三段抽汽管道上打孔抽汽来满足供热需求。三段抽汽的蒸汽工作压力通常为 1.0～2.0MPa，是目前国内用途非常广泛的工业蒸汽参数，且供热市场的蒸汽价格也很好。若在此打孔抽汽改造，要针对不同机型对三段抽汽特性进行计算分析，以确定三段抽汽管道上除供回热用汽之外的最大抽汽量。

具体改造方式是通过在三抽管道上打孔并安装

三通，引出一根抽汽管道，依次加装止回阀、快关调节阀、电动截止阀等，实现对外供热抽汽。还须说明的是，该非调整抽汽的抽汽压力会随着进汽量或电负荷的变化而变化，二者呈线性关系。由于抽汽口的管道直径有限，该处的抽汽量一般只能达到每小时几十吨，同时进行抽汽改造前，仍需要制造厂家核算该处上游的叶片和隔板强度、对转子推力的影响等。

现以国内典型亚临界300MW汽轮机三段非调整抽汽供热改造为例进行说明。该机型为亚临界、一次中间再热、单轴、双缸双排汽、反动凝汽式汽轮机，8级回热系统，汽轮机型号为N300-16.7/538/538，回热系统为3台高压加热器、1台除氧器、4台低压加热器，该机的剖面图见图5-4。

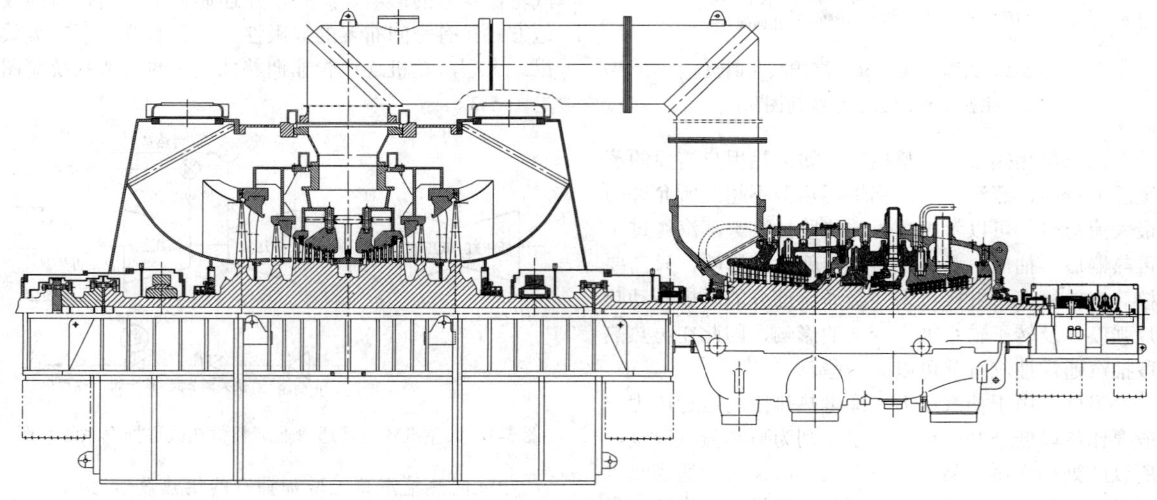

图5-4 典型亚临界300MW汽轮机剖面图

机组改造前主要热力参数如下：

a）额定功率：300MW；

b）最大功率：330 MW；

c）主蒸汽压力：16.7MPa；

d）主蒸汽温度：538℃；

e）再热蒸汽温度：538℃；

f）额定进汽量：908t/h；

g）最大进汽量：1025t/h；

h）排汽压力：5.39kPa。

在额定纯凝工况下该机组的三段抽汽压力为1.60MPa，为一号高压加热器供汽。制造厂家核算了该机组三段抽汽上进行非调整抽汽的情况，除回热用汽外能够实现的最大抽汽量达到50t/h。厂家同时核算了通流叶片和隔板强度、抽汽管道流速、机组转子推力、抽汽管道力和力矩等因素的影响。由于三段抽汽管径较小，在满足三段抽汽抽汽量50t/h工况下，经计算，只有在机组进汽量为TMCR进汽量时，三段抽汽抽汽量才能达到50t/h。同时根据计算，在进汽量不变时，抽汽后，机组功率减少了约10MW，三段抽汽压力也降低了约0.10MPa。

若考虑增加抽汽量，可采取将原三段抽汽抽汽口进行扩孔处理。但经过认真分析发现，该机组中压汽缸上三段抽汽管道靠近再热蒸汽管、四抽抽汽管，扩孔后的抽汽管与原汽缸位置的接配性也较差，同时三段抽汽对应的通流部分轴向距离较小，两个内缸之间的间隙也不宜再扩大，分析和计算之后可知考虑已有结构状况最大抽汽量50t/h不应再考虑增加。

但在条件允许的情况下，应对该类机组的三段抽汽的抽汽管道直径进行扩大设计，并对相应的内缸、隔板套和通流部分的间隙、对应的叶片和隔板强度等进行一定程度的设计修改，修改后的三段抽汽除了回热抽汽之外，还能够对外提供至少80t/h的抽汽量，提高了机组在三段抽汽的供热能力。同时这种改造对机组纯凝工况的效率和经济性几乎没有影响。

（2）其他段非调整抽汽。其他段非调整抽汽主要有四段非调整抽汽、五段非调整抽汽等（仅限这两段抽汽不属于中压缸排汽的情况，若属于中压缸排汽则参照连通管上非调整抽汽改造相关内容）。其他段非调整抽汽方式的原理、系统配置以及控制模式与三段抽汽方式类似，对不同类型的机组和不同的回热抽汽位置，其相应抽汽量大小不同，对其抽汽原理和方式等不再详述。

一些机组的五段抽汽由低压缸引出，由于该段抽汽压力低、比体积大，且低压缸缸体上布置抽汽口的空间较小，所以五抽对外非调整抽汽的抽汽量受限较大。而六段抽汽及以后各段抽汽压力更低、比体积更大，而且受到本体空间结构限制，抽汽量会更少，所以国内电厂汽轮机六段抽汽及更低参数的抽汽管道一般不考虑进行对外供热抽汽改造。

汽轮机的各段回热抽汽中，第一段回热抽汽压力最高，若电厂周边的热用户需要更高压力的抽汽，甚至需要在汽轮机的第一段回热抽汽管道上进行非调整抽汽改造。若机组属于非再热型的中小容量机组，则改造与上述四段或五段抽汽改造相类似。但再热型机组若在一段抽汽上进行非调整抽汽，就需要引起注意，因为它抽汽后也会引起再热冷段排汽量减少，继而引起再热蒸汽量的减少，有可能引起锅炉再热器超温，这个情况与前面提高的再热冷段抽汽改造类似，需要锅炉厂家校核再热器是否超温。

3. 缸上单独打孔抽汽的供热改造

非调整抽汽供热改造还有一种抽汽改造方式为缸上单独打孔抽汽改造。这种改造方式的原理是通过在汽缸某一合适位置打孔引出抽汽管道，以获得相应的抽汽量和抽汽参数。“某一合适位置”通常指的是该处并没有回热抽汽，或者即使有回热抽汽，也不必利用原有回热抽汽管，而是在其旁边部位单独开孔抽汽。这种抽汽方式主要应用在两种情况下：一是机组上任何一个抽汽口对应的抽汽参数都不适合所需抽出的蒸汽；二是即使有合适的回热抽汽口，而该回热抽汽口直径过小，在结构上又不能实现扩孔，只能在其旁边再单独开孔的情况。这种改造方式实际应用案例并不多，主要原因是：如果在汽缸上打孔抽汽，开孔处焊接管道热处理不当会使得汽缸开孔位置密封不严或局部应力过于集中，长时间运行容易引起汽缸变形从而对机组安全性带来影响；对反动式汽轮机而言，由于通流内部各级间布置比较紧密，几何空间狭小，没有合适的位置引出抽汽管道对外供汽。因此这种抽汽改造方式在中小型机组改造上应用较多一些。

缸上单独打孔抽汽改造通常会通过协商，由汽轮机制造厂给出一个合适的改造方案，经过热力计算、强度计算、推力核算等确定抽汽位置、抽汽量大小、是否需要更换局部的零部件、是否有需要补充加工的零部件等一系列技术性工作，确定最终方案。改造一般会在电厂现场实施，改造后打孔的汽缸还需要进行现场热处理，以消除热应力、改善机械性能。改造一般注意以下几点：

（1）抽汽量需求。首先进行热力计算，找到合适的打孔抽汽位置，既考虑当抽汽量较大时抽汽压力下降较多，也要考虑当机组负荷降低时抽汽量下降两种情况。因此为满足热用户蒸汽参数的需要，要在抽汽压力和抽汽位置的选择上留有充分裕量。

（2）机组结构。确定抽汽位置时除了要考虑用户的需求外，也要结合机组自身的结构情况。对于单层缸的小机组，汽缸上开孔会直接连到抽汽管，改造相对简单一些。而对于双层缸的机组来说，打孔抽汽位置通常要选在两个隔板套之间，这样才能保证蒸汽能从两个隔板套之间的环缝间被抽出去，若两个隔板套之间的位置不合适，有可能需要更换隔板套，使抽汽口可以前移或者后移。

（3）改变通流面积有时出于机组结构上的特殊性和供热需求上的特殊考虑。当抽汽量较大、抽汽压力下降过多、有可能不能满足压力参数要求的时候，还可将抽汽口后面一些压力级通过适当堵喷嘴、减少通流面积的形式，来保持抽汽压力不至于下降过多。当然，后面的压力级通流面积改小后，通流能力受限，在抽汽量减少或者以纯凝工况发电时，机组的负荷会受到一些影响，因此改造前需要充分论证。同时改造后，一旦机组甩热负荷，原本供热的蒸汽会流向下一级通流，而下一级的喷嘴面积已经减少了，因而有可能造成抽汽口处的压力瞬时升高，为避免下一级叶片超压损坏，这样的带部分进汽度喷嘴的改造必须在抽汽管道上加装安全阀。

（4）强度核算。单独打孔抽汽改造一般改造抽汽量比抽汽口共用时的大一些，因此需要核算抽汽口上游几级叶片和隔板的强度，必要时更换零部件。同时抽汽量增加之后会引起转子原来推力设计值的变化，改造前也需认真核算，若超出原有推力盘承受能力，应请制造厂采取必要措施进行推力调整。

（5）开口位置选择。为设计和施工简单，可开一个面积稍大一些的口。但若开口面积过大并对外缸的强度和刚度造成影响，可选择在外缸下部的相应位置开两个口（左右对称各一个），减小这种影响。抽汽口的面积计算要考虑蒸汽流速大小，设计时还要通过有限元进行强度分析，确保不对外缸的强度和刚度造成影响。

开口形状尽可能是正圆形，只有当开口处的轴向尺寸无法满足正圆形要求时，才可以考虑采用腰圆形孔口。开口之后焊接抽汽管道，并在现场对汽缸焊接部位进行必要的热处理，以防止和减少热应力。

下面以国内某 60MW 机组缸上打孔抽汽改造为案例进行说明。该机原为 60MW 联合循环汽轮机，整个联合循环配置由一台美国 GE 公司生产的 PG9171E 型燃气轮机发电机组，匹配一台锅炉、一台汽轮机、一台发电机组，共同组成燃气-蒸汽联合循环发电机组。该机组原是纯凝机组，共 18 级，二次进汽位于机组 11 级后，无给水回热系统，机组剖面图见图 5-5。其主要参数如下：

（1）产品型号：N60-5.6/0.56/528/255 型汽轮机；

（2）产品形式：双压，单缸，冲动凝汽式；
（3）额定功率：60MW；
（4）最大功率： 63MW；
（5）一次新汽压力：5.75MPa；
（6）一次新汽温度：528℃；
（7）一次新汽流量：188.0t/h；
（8）二次新汽压力：0.56MPa；
（9）二次新汽温度：255℃；
（10）二次新汽流量：33.0t/h；
（11）额定排汽压力：8.1kPa。

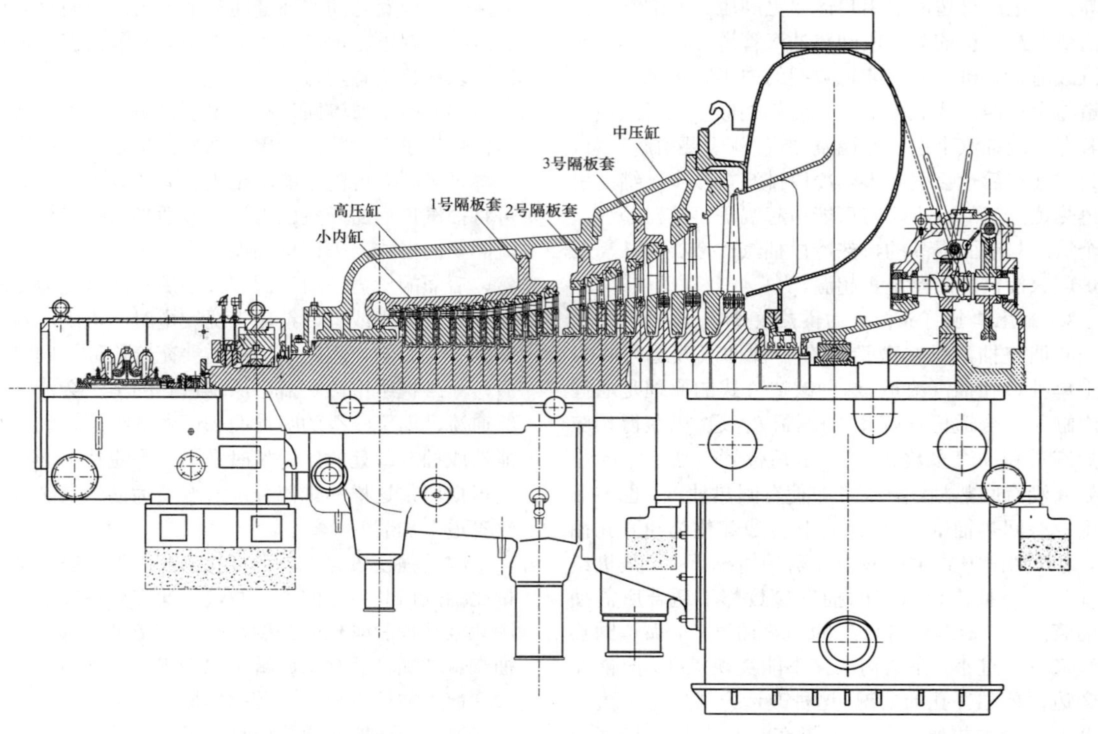

图 5-5 60MW 双压汽轮机剖面图

机组投产后电厂周边出现了工业热用户，热用户要求的工业蒸汽参数是 50t/h、1.10MPa。为了实现电厂热电联产的需求，决定对该汽轮机进行打孔抽汽供热改造。

（1）抽汽口位置选择。在改造之前要先分析机组的结构和热力特性。结构上，该机组为双层缸结构，补汽口前共 11 级，其中高压段外缸里面有一个小内缸，包含了 6 个压力，接着是 1 号隔板套，包含了 5 个压力级。根据计算，在额定参数和进汽量下，第 6～11 级后的蒸汽压力分别是 1.95、1.59、1.27、0.99、0.76、0.54MPa，若供出 50t/h 蒸汽之后，第 6～11 级后的蒸汽压力分别会下降至 1.41、1.15、0.93、0.74、0.57、0.43MPa。抽汽口工作压力若想要满足供汽压力 1.10MPa 的要求，应将抽汽口选在第 7 级后，抽汽压力最合适也最接近用户需求。但是考虑一旦机组带部分负荷运行时，压力就会下降，抽汽参数将无法满足供汽要求；而且若在 7 级后抽汽，需要将 1 号隔板套分割开，变成两个隔板套，而一旦变成两个隔板套，若要实现在外缸上固定，只能将 1 号隔板套摒弃，而将前面的小内缸和后面的 2 号隔板套进行更换，让小内缸带 7 级隔板、让原来第 8～11 级隔板由 2 号隔板套带上，但是这样的设计变更工作量太大，且受到原有结构空间的限制，甚至会引起整个通流部分的大调整，工作量过大。

为减少机组的改造工作量，宜将抽汽口位置选在第 6 级后。第 6 级和第 7 级之间有小内缸和 1 号隔板套的间隙（环缝），蒸汽可从该间隙（环缝）抽出，虽然抽汽后的压力比要求值高了一些，但是这可以看做是抽汽压力裕量，即使机组负荷下降一些，抽汽压力仍然能满足要求。因此抽汽口位置最后确定选在第 6 级后，即小内缸后。

（2）外缸上打孔改造。考虑开口面积对外缸的强度和刚度造成影响，可选择在外缸下部开两个正圆形抽汽口的改造方案。开孔之后现场焊接抽汽短管并现场对汽缸焊接部位做热处理。短管焊接完成之后再在短管上焊接供汽母管，并加装膨胀节、各个阀门等。外缸改造焊接抽汽短管示意图见图 5-6，开孔示意图见图 5-7。

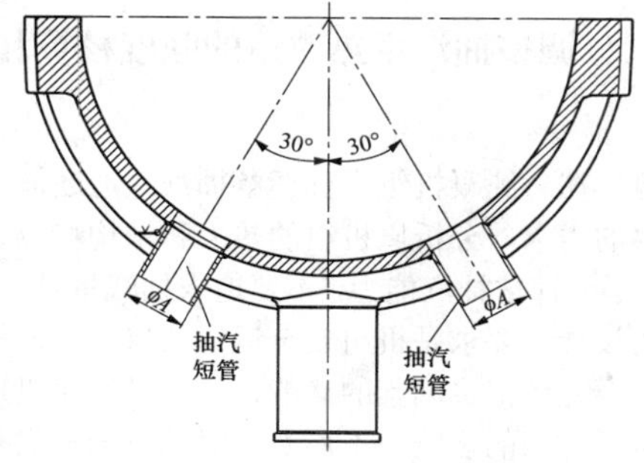

图 5-6　外缸改造焊接抽汽短管示意图（正视剖面图）

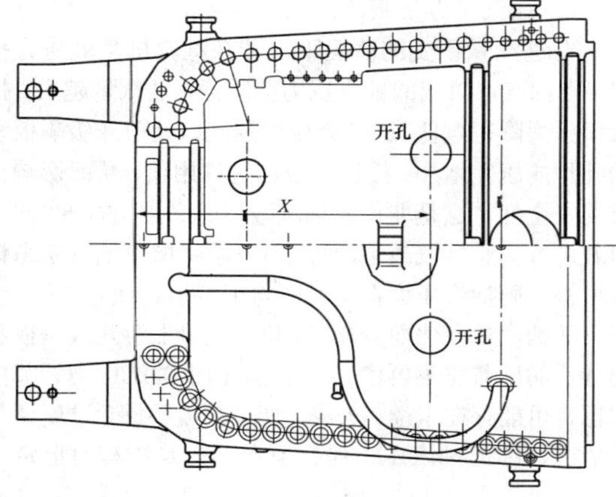

图 5-7　外缸改造开孔示意图（俯视剖面图）

（3）强度核算和通流部分的改造。强度核算分汽缸强度核算和通流部分有关的强度核算。汽缸强度核算可以采用有限元法进行，分别核算强度和刚度，若计算后的指标不合格，可通过局部堆焊加厚、焊接筋板等措施做补强处理。

通流部分根据强度核算，是指第 6 级后有抽汽要求，必须核算第 6 级前的各级隔板强度、叶片强度等指标。本例中根据核算结果，机组的第 5 级、第 6 级的隔板强度和动叶片强度均不合格，需要进行改造，基本改造方案更换叶片和隔板，提高强度等级，而原通流面积保持不变。

改造后蒸汽要从小内缸和 1 号隔板套之间的环缝抽出，通过对蒸汽流速的计算，环缝宽度（即小内缸和 1 号隔板套之间的间隙）过小，同时第 6 级动叶叶顶与第 7 级隔板之间的间隙也过小。通过分析，采取如下两项措施：一是将小内缸和 1 号隔板套分别进行补充加工，适当增大环缝间隙；二是将第 7 级隔板做更新设计，适当拉开与第 6 级动叶叶顶的距离，保证其间隙对抽汽的节流效应影响最小。

（4）抽汽改造后对性能影响的核算。

1）机组改造后，纯凝工况下功率基本不受到影响，抽汽工况下功率会有所下降，在抽汽量为 50t/h 时，功率将下降 10.5MW。

2）若抽汽量维持在 50t/h 保持不变，当进汽量下降时，抽汽压力也会随之降低，当进汽量降至 159t/h 时，抽汽压力将低至 1.10MPa 以下，无法满足用户要求。若此时能适当减少抽汽量，抽汽压力能适当恢复。

经热力计算，若汽轮机不抽汽，通过机组的出力与第 6 级后的压力之间的关系来看，为保证抽汽压力达到 1.10MPa 以上，机组的进汽量应不小于 110t/h；在额定进汽量时，通过功率与抽汽量的关系来看，机组在最大抽汽量 60t/h 时，抽汽压力将降低到 1.10MPa，抽汽量如果再增加，抽汽压力将不能满足要求。

（5）改造中注意事项。

1）现场施工时要对改造后的进行热处理管道，以彻底消除导致汽缸变形的残余应力，保证改造后的汽缸不发生变形，其强度能够承受长期运行中的压力及热应力负荷。

2）汽缸外接管道应设置补偿节，合理设置支吊架和死点，避免管道推力、热位移等作用到汽缸上，若汽缸承受了超过其允许值的额外附加推力和力矩，会改变机组对基础的负荷分配，引起机组震动。

3）改造后的抽汽管道上应安装止回阀、快关调节阀、截止阀等，同时止回阀应尽量靠近汽轮机本体，以减少抽汽口到止回阀之间的有害蒸汽容积。

第三节　汽轮机调整抽汽的供热改造

以供热为目的，在汽轮机某个适当位置上开孔抽汽，但是抽汽量较大，抽汽压力也需要调节，需要安装压力调节机构，汽轮机这样的供热改造称为调整抽汽的供热改造。

若纯凝发电厂周边有供热需求，同时热负荷又较大时，可以考虑采用对汽轮机进行调整抽汽供热改造。纯凝机组调整抽汽供热改造所受到的限制比非调整抽汽改造更大，也更困难，除抽汽口几何尺寸、通流叶片强度、末级叶片排汽量、机组推力、抽汽管道作用力和力矩以及负荷、抽汽压力和温度等之外，还要受到加装压力调节机构、控制逻辑的全面改造等限制。而且，每种机型都有不同之处，每种机型的改造难度也不同。通常，单缸机组比多缸机组改造难度大，合缸机组比分缸机组改造难度大。

调整抽汽改造一般应用于抽汽量较大、抽汽压力不随着抽汽量和电负荷的变化而变化的场合。如一些工业或供暖用汽，其中大多数改造案例集中在北方地区以供暖抽汽为主的供热改造。

与非调整抽汽供热改造相比，调整抽汽改造的供热量更大、热耗率更低，若电厂周边有较大的热用户，则这种改造会使企业获得显著的效益。从经济性角度考虑，这种改造的优势主要体现在两方面：一是汽轮机供热后冷源损失减少，热耗值降低，提高了能源利用率，提升了社会效益；二是除了发电收益之外，还有大量的收益来自于售热，也提高了企业的经济效益。

一、调整抽汽供热改造的注意事项

纯凝机组能够进行调整抽汽供热改造的部位一般有以下几处：汽轮机的再热冷段（高压缸排汽）、再热热段、中低压连通管上等，一些机组也可在汽缸某一位置开孔引出管道向外供热。同时为实现可调整抽汽，还需要对通流进行相应级的改造并增加抽汽压力调节机构（如回转隔板、内置阀等）。改造后在引出的抽汽管道上依次加装安全阀、止回阀、快关调节阀、电动截止阀等，最终实现对外可调整供汽。对于抽汽系统来说，调整抽汽改造与非调整抽汽改造的最大区别是前者的抽汽管道上安装了安全阀。

调整抽汽特点是可通过蝶阀、旋转隔板、双座阀或内置阀等装置调节抽汽压力，且在运行中进汽量（或电负荷）改变或抽汽量改变时，都可以通过抽汽压力调节机构动作，且实现抽汽压力保持不变或基本不变，这是调整抽汽的一大优点。调整抽汽改造的缺点是改造使机组结构变得复杂，同时抽汽压力调节机构的存在，会在通流部分产生节流损失，在抽汽量为零时，这些节流装置即便是全开状态也会有一定的压损存在，影响了一定的缸效率。因此，纯凝机组进行调整抽汽改造之后，在纯凝工况运行时，相对于改造前，其缸效率会下降，热耗值会升高，但影响并不大，且这种影响与抽汽工况运行供热所减少大量冷源损失而提高的热效率相比是微不足道的。

调整抽汽供热改造在设计中要充分考虑如下要点：

（1）需根据汽轮机本体结构特点及系统抽汽管道布置选取合适的抽汽口位置和直径。

（2）需增加抽汽系统和抽汽控制逻辑，需外接抽汽管道、安全阀、止回阀、快关调节阀、截止阀等，抽汽管上需设置波纹节以吸收热位移，以免损坏抽汽管道。

（3）若是在汽缸的某一位置上进行调整抽汽改造，有可能需更换转子、汽缸等较大零部件。

（4）若是在再热冷段、再热热段抽汽，需要再热阀门参与压力调节；若是在连通管抽汽，需要安装蝶阀进行压力调节。

（5）需充分考虑机组推力的影响。

二、调整抽汽供热改造的强度核算和改造项目

电厂在对纯凝机组进行调整抽汽改造之前，需结合供热的需求，分析原机组的热力和结构特点、确定抽汽位置、评估抽汽能力，不要追求抽汽量越大越好。合理的设计和要求是机组安全运行的保证，而抽汽量实际上要受到诸多因素的影响，特别是汽轮机通流部分安全性方面的影响。下面着重对调整抽汽供热改造中几个主要的需要进行强度方面核算的安全因素进行简要说明。

1．抽汽压力下限值的核算和确定

在进汽量不变的情况下，若在汽轮机某处进行抽汽，则抽汽点对应的抽汽压力会降低，抽汽量越大，抽汽口压力降得越低，这样会使得抽汽口处前几级隔板和动叶片的压差增加，接近甚至超过许用值，从而影响机组的安全性。这是非调整抽汽改造时必须重视的情况，但若进行调整抽汽改造，抽汽口下游将增设抽汽压力调节机构，则抽汽压力在运行时将保持恒定或基本恒定，不再随抽汽量变化而变化，因此抽汽口上游几级隔板和动叶片的压差将不再增大。但是，由于抽汽压力调节机构也有可能存在卡涩、失灵、调节精度不够、过度调节等情况，因此抽汽压力保持恒定不变是指相对恒定不变，在一个范围波动。波动范围由制造厂来确定，并需要通过核算抽汽口上游的几级隔板和动叶片的强度指标，得到最大压差的允许值，来确定抽汽压力波动范围的下限值，并要求增设的抽汽压力调节机构在运行中保持抽汽压力不得低于该下限值。

2．抽汽口大小的制约因素

若在再热冷段、再热热段或中低压连通管上进行调整抽汽改造，则抽汽管道会设在原来的蒸汽管道上，抽汽口的流速不会有问题。但是若在缸上（级间）进行调整抽汽改造，需要在缸上开孔甚至更换外缸。由于调整抽汽的抽汽量都较大，要增设较大的抽汽口，抽汽口的布置形式和直径大小需要认真考虑。为了减小占用汽缸的轴向尺寸，缸上的调整抽汽一般都分设两个抽汽口，宜布置在汽缸下部，左右各一，抽汽口的直径也制约了抽汽量的大小。一般汽轮机行业内规定普通蒸汽管道流速不可高于 76m/s，否则会产生噪声和振动，因此开口之后的管道流速将是限制抽汽量大小的重要因素之一。

3．抽汽管道接口最大推力合力、合力矩及热位移的核算

与非调整抽汽供热改造内容相同，详见本章第二节相关内容。

4．机组转子轴向推力核算

与非调整抽汽供热改造内容相同，详见本章第二

节相关内容。

5. 汽缸强度和刚度的核算

汽缸上调整抽汽改造，要在汽缸上开较大的抽汽口，因此需核算开口后的汽缸的刚度和强度，同时尽可能开两个小口替代开一个大口。

若原有汽缸位置本身并无开孔，而是为了改造特意单独开孔，则改造设计过程中更加需要对汽缸相应部位进行强度和刚度的核算，同时由于汽缸原位置并无抽汽管，而是在改造时新焊接了抽汽管，还需要对焊接部位进行去热应力的热处理，以防止汽缸变形。

6. 末级叶片安全性论证

机组投入调整抽汽供热运行时，要考虑低压末级叶片最小冷却流量的影响。

抽汽机组投入抽汽运行时，抽汽口后的通流各级相当于部分负荷工况运行，抽汽压力调节机构后各级的流量减少，效率降低。如果低压部分的流量太小，有可能低于末级叶片的最小冷却流量，引起排汽温度升高，影响机组安全。同时由于末级容积流量减少，蒸汽不能完全充满汽道，会在叶根部产生回流和涡流，引起叶片的颤振，末级动叶的动应力会升高，而过高的动应力会影响低压末级动叶的安全。末级叶片的容积流量除了与蒸汽质量流量有关外，还与排汽压力有关，排汽压力越高，蒸汽比体积越小，动应力也越大。一般来说，当容积流量为额定容积流量的 5%～20% 时，动应力会出现峰值；当容积流量超过额定容积流量的 30%，动应力基本下降到正常值。因此，为保证汽轮机连续安全运行，低压缸的质量流量至少应大于额定值的 20%，且排汽压力应越低越好。

7. 抽汽系统上增加安全阀

安全阀装在最靠近汽轮机本体位置的抽汽管道上的支管上，支管通向汽轮机厂房外。当供热机组在运行中突然甩热负荷时，抽汽突然中断，蒸汽涌向汽轮机通流部分的下游，而此时若下游的抽汽压力调节机构未能及时打开，会造成抽汽点的压力和温度快速升高。为避免对汽轮机本体构成危害，此时抽汽管道上的安全阀会瞬时开启，向外界排汽，泄掉一部分汽缸内的蒸汽，将本已升高的抽汽压力恢复到安全状态。而一旦抽汽压力恢复到正常值，安全阀再及时关闭，保证机组继续运行。

安全阀的打开和关闭对应的压力值（俗称起跳压力值和复位压力值）应事先设定好，一般起跳压力值应比抽汽压力的最高值高一些，而复位压力值应比抽汽压力的最高值低一些。

8. 凝汽器的改造

与非调整抽汽供热改造内容相同，详见本章第二节相关内容。

9. 控制逻辑的修改

机组由纯凝改为供热模式后，需要修改原有的控制和运行逻辑、需要一些保护定值，以满足供热运行的需要。

三、调整抽汽供热改造方式

针对纯凝式汽轮机，调整抽汽供热改造主要有缸外抽汽改造和缸上抽汽改造两种方法：缸外抽汽改造一般有再热冷段（高压缸排汽）抽汽、再热热段抽汽、中低压连通管抽汽等，这类改造一般适用于多缸的大机组和再热型机组；缸上抽汽改造一般是指在汽缸的级间实现抽汽改造，这类改造对大小机组来说均适用。下面就这些改造方法逐一进行说明。

1. 再热冷段（高压缸排汽）调整抽汽改造

再热冷段（高压缸排汽）调整抽汽是通过在汽轮机高压缸排汽管道上打孔抽汽来满足供热需求。针对不同机型，要对不同汽轮机高压缸排汽抽汽特性进行计算分析，以确定高压缸排汽的最大抽汽量。具体抽汽方式是通过在高压缸排汽管道上打孔，安装三通，引出抽汽管道，依次加装安全阀、止回阀、快关调节阀、电动截止阀等（见图 5-8），实现对外工业供汽。与非调整抽汽改造不同，调整抽汽改造时，因需要保持抽汽压力的稳定，当抽汽运行时，机组再热调节阀需要适当关小，作为抽汽压力调节机构。

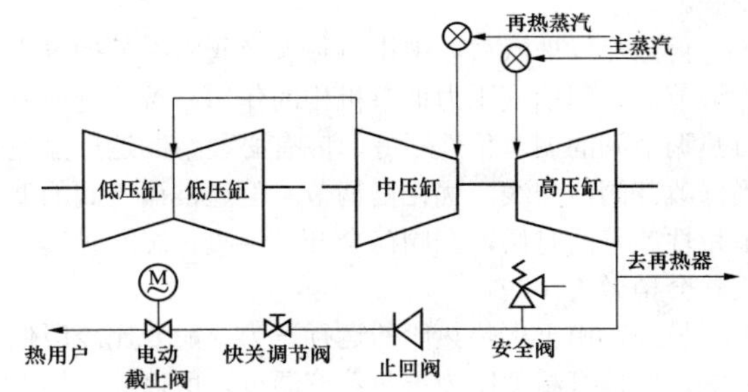

图 5-8 大型汽轮机高压缸排汽调整供热改造抽汽系统图

汽轮机要实现高压缸排汽调整抽汽，需要考虑两个问题：一是在设计中要考虑改造对汽轮机高压缸排汽处通流部分强度的影响，二是考虑改造对锅炉的影响。对于第一个问题，高压缸排汽抽汽之后，由于再热调节阀参与压力调节，高压缸排汽压力可基本保持不变，高压通流部分末几级的动叶片和隔板的压差并不增加，但是也需要考虑在压力波动范围内进行强度核算，必要时需更换强度等级更高的隔板和动叶片。

对于第二个问题，其改造应注意的问题与非调整排汽改造相同，详见本章第二节相关内容。而汽轮机调整抽汽改造通常抽汽量都较大，应要求锅炉再热器同时进行改造。

汽轮机高压缸排汽抽汽之后，中压缸的蒸汽流量减少、中压转子轴向推力下降、引起整个轴系的轴向推力发生变化，因此设计时需要校核转子推力，必要时采取措施如调整抽汽量，以免轴系推力超出允许值。

再热冷段的调整抽汽改造，其优点是抽出的蒸汽温度较低、品质较低，对机组经济性有好处。但缺点是需对锅炉再热器改造，花费较大，也由此带来汽轮机纯凝工况下的功率下降、运行受限。因此这种改造只有在电厂相应的热负荷非常稳定、抽汽量基本不变化的情况下才具有实施的可能性，所以改造的案例也较少。

2. 再热热段调整抽汽

再热热段调整抽汽改造，是在由锅炉再热器至汽轮机再热主汽阀之间的管道上开口，引出抽汽管抽汽，并由再热调节阀对抽汽压力进行调节的汽轮机供热改造方式。

与再热冷段调整抽汽改造相比，再热热段调整抽汽改造因蒸汽经过了再热器后再抽出，可以不考虑锅炉再热器超温的限制，能够允许抽出更多的蒸汽流量，而不需改造锅炉再热器，只需要核算汽轮机高压缸排汽末几级通流部分的隔板和动叶片强度能否承受再热压力可调节范围内的波动以及转子轴系的推力变化的影响，因此在再热热段抽汽通常抽汽量可以设计得大一些。

再热热段抽汽后，中压再热调节阀将参与抽汽压力调节，起到抽汽压力调节机构的作用。若改造前原再热调节阀的调节特性不好，应有必要请制造厂家适当修改其阀门型线，优化其调节。但通常调节阀的调节特性改善的时候，在阀门全开（纯凝工况）时其压损就会稍微大一些。

另外，由于再热热段的运行压力一般要比冷段低一些，而抽汽温度则为再热蒸汽温度，所以此处抽汽的蒸汽品质比较高，一般需进行适当喷水减温后再供出，所以在再热热段进行抽汽改造需要考虑抽汽参数和供汽参数要求的匹配性，以免造成㶲损。

机组再热热段的管道上增设了抽汽管道后，需要安装安全阀、止回阀、快关调节阀、电动截止阀、喷水减温器等。大型汽轮机再热热段调整供热改造抽汽系统图见图 5-9。

3. 连通管上调整抽汽

连通管上调整抽汽是指通过在连通管上开孔，引出一抽汽管道，依次加装安全阀、止回阀、快关调节阀、电动截止阀等，实现对外供汽。同时，需要在连通管上抽汽口后面加装蝶阀，实现抽汽压力的调节功能。一般来说，改造需要通过更换连通管来实现。

如果热用户需要的蒸汽品质不是很高，且流量较大，可以考虑在机组的连通管上打孔抽汽。国内大型机组中压缸排汽压力(连通管压力)通常在 0.3～1.0MPa 之间，是一个很好的抽汽取汽点。连通管上调整抽汽的显著优点有两个：一是抽汽后对机组转子推力几乎无影响；二是抽汽口可以开在连通管上，对汽轮机汽缸不产生影响，可以直接在原机组的连通管上打孔并引出抽汽管，与热力网管道连接起来即可。当然必要的管道推力核算、管道死点的设置、膨胀节的安装等步骤仍必不可少。另外，虽然蝶阀可以对抽汽压力起到控制作用，能够保持抽汽压力的恒定不变，但是蝶阀调整后的抽汽压力还是会有波动，需要考虑在抽汽压力有波动的情况下，核算中压缸末几级叶片和隔板强度，若强度核算不合格，应请制造厂家给出相应对策。

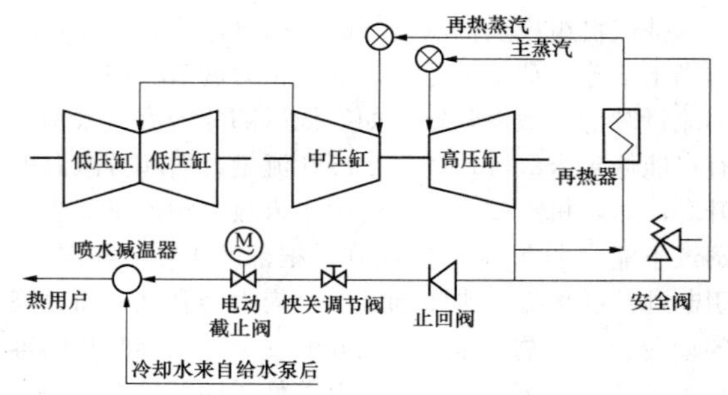

图 5-9 大型汽轮机再热热段调整供热改造抽汽系统图

对于高参数大容量纯凝机组，中低压缸之间的分缸压力通常都较高，一般在 0.60MPa 以上。若在额定负荷下抽汽参数不能符合供暖供热需求，也可在改造中采取增加小型余压回收背压机的方案，即汽轮机连通管的抽汽先进入一台小型背压机做功发电（发出的电可带厂用电负荷)之后，其排汽压力降低到 0.20MPa 左右，再去热力网进行供暖供热。该方案有效地利用了高品位热能、提高了电厂的经济性，但系统更为复杂，该方案在前面第四章第三节有详细说明。

除余压回收背压机方案之外，也可采用在蝶阀控制下的滑压运行方式控制抽汽压力：即当进汽量为额定进汽量时，其抽汽压力也调整为额定值；而当机组部分负荷时，其抽汽压力在蝶阀的控制下也适当降低。该方法可将抽汽压力与机组调节级压力之间建立对应关系，当进汽量大（调节级压力高）时，抽汽压力高，当进汽量减少（调节级压力降低、机组负荷也降低）时，抽汽压力也降低。制造厂给出抽汽压力随主蒸汽进汽量（或调节级压力）变化的关系曲线，并将此对应关系做在汽轮机 DEH 的控制逻辑里面。这样做可以达到两个目的：一是可以避免部分负荷时中压缸排汽温度过高给低压转子带来安全问题，二是可以为在当前形势下供热机组参与深度调峰带来一些帮助。

以国内某电厂 300MW 级汽轮机纯凝机组连通管上调整抽汽供热改造为例，详述改造方案。该机组为亚临界、一次中间再热、单轴、两缸两排汽、凝汽式汽轮机，高中压为合缸结构，低压缸为双分流结构，中压缸上部排汽口与低压缸之间有一根ϕ1219 连通管，该连通管为热压弯头带平衡室的结构。

原纯凝机组主要参数如下：

（1）汽轮机型号：N300-16.7/537/537 型；

（2）额定功率：300MW；

（3）最大功率：330MW；

（4）额定主蒸汽压力：16.7MPa；

（5）额定主蒸汽温度：538℃；

（6）额定再热蒸汽压力：3.25MPa；

（7）额定再热蒸汽温度：538℃；

（8）最大进汽量：1025t/h；

（9）中压缸额定排汽压力：0.80MPa；

（10）低压缸额定排汽压力：4.90kPa。

该机组的中压缸排汽同时也对应回热抽汽的四段抽汽的位置，改造方案为：在原机组上进行供暖供热改造，采用在连通管上引出抽汽、连通管上加装蝶阀、并通过控制蝶阀的开度来实现可调整的抽汽压力。要求改造后，最大抽汽量要达到 300t/h 以上（建议该类机组抽汽改造的最大抽汽量不超过 400t/h），改造后的抽汽系统图见图 5-10。

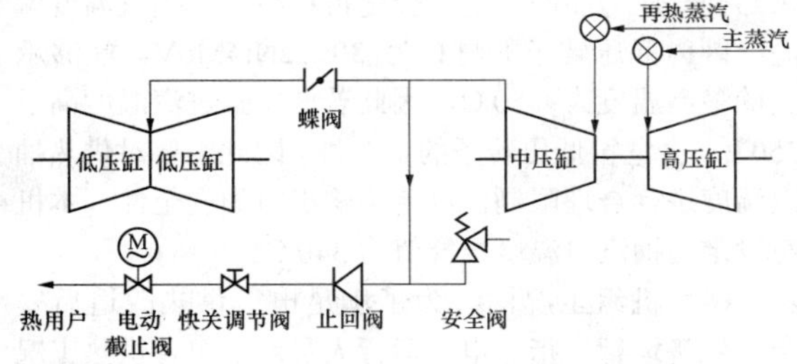

图 5-10　300MW 纯凝机组连通管上调整抽汽改造抽汽系统图

机组调整抽汽改造相关的强度和安全性方面的分析和核算内容如下：

（1）通流叶片强度核算。连通管蝶阀可调整方式可通过调整蝶阀开度来调整抽汽压力，但仍需核算通流叶片强度尤其是中压末几级叶片强度。因改造前中压缸排汽的额定压力值为 0.80MPa，改造后该处的抽汽也应该取相同值，但考虑抽汽压力的波动范围（一般情况下 0.80MPa 压力下的蝶阀的压力波动范围在±0.20MPa 左右），制造厂按照最低压力 0.60MPa 来核算中压末几级叶片和隔板强度。通过核算可知，当最大进汽量为 1025t/h、抽汽量为 300t/h、抽汽压力为 0.60MPa 时，对应的中压后几级通流强度得知，动、静叶片及隔板强度均满足要求。因此，选取的抽汽压力额定值为 0.80MPa，最小值为 0.60MPa。只有当进汽量减少时，其最低抽汽压力才允许适当降低。制造厂给出其最低抽汽压力随主蒸汽进汽量变化近似正比例关系。

（2）供暖抽汽压力保护定值的确定。机组在冷凝工况运行时，中压缸排汽压力与中压缸排汽流量有关，在设计工况下可以保证安全运行。抽汽机组以抽汽工况运行时，中压缸排汽压力，即抽汽压力，由抽汽蝶阀控制，压力按照抽汽需要进行调整，不再遵循纯凝工况中压缸排汽压力与中压缸排汽流量的关系。

若机组抽汽运行时突然甩热负荷，快关阀和止回阀均关闭，假如抽汽蝶阀不能快速打开，中压缸调节阀又不能快速关小开度，此时中压缸排汽压力和温度会快速升高并导致安全阀动作。此时如果发生安全阀拒动的情况，则中压缸排汽压力和温度会急剧升高，中压缸产生严重的闷缸现象，会对中压缸排汽中分面螺栓、连通管、蝶阀等造成破坏。

如果抽汽量过大，同时蝶阀开度失去控制、抽汽压力整定过低，致使中压缸排汽压力过低，会使得中压缸末级或末几级的级前后压差过大，级焓降过大。如超过设计允许值，会使得中压缸末级或末几级叶片或隔板产生安全问题。

因此，要给定合适的最低和最高抽汽压力值。最低的抽汽压力值需要通过中压缸末几级叶片和隔板的强度计算确定，而最高的抽汽压力值需要核算中压缸叶片的鼓风情况、螺栓强度、连通管强度等情况后给出。因此为了机组的安全，需要设置抽汽压力过高和压力过低的报警值和停机值。

根据计算，确定本机组额定抽汽压力为 0.80MPa，抽汽压力范围为 0.60～1.0MPa，抽汽压力高报警值取 1.05MPa，抽汽压力高停机值取 1.30MPa，抽汽压力低报警值取三段抽汽和中压缸排汽的压差 1.0MPa，抽汽压力低停机值取三段抽汽和中压缸排汽的压差 1.1MPa，抽汽温度高报警值为 340℃。

同时，为保护汽轮机，安全阀要装在抽汽止回阀前，保证能排出中压缸内足够的流量，并设定安全阀的起跳压力为 1.20MPa。

（3）连通管抽汽管道接口最大推力合力、合力矩及热位移的核算。改造过程中连通管需重新设计。中压缸排汽管道上加装三通，水平段一端接供热汽源接口，上升段一端布置蝶阀，抽汽管上设置膨胀节以吸收热位移。整个连通管采用热压弯头的压力平衡室结构，可最大程度吸收汽流在水平方向的冲击力。改造后的连通管见图 5-11。机组改造时要详细计算抽汽管道接口处的各方向最大所能承受的合力和合力距，计算时要留有足够裕量，避免抽汽管道受力过大引起损坏，保证机组安全运行。

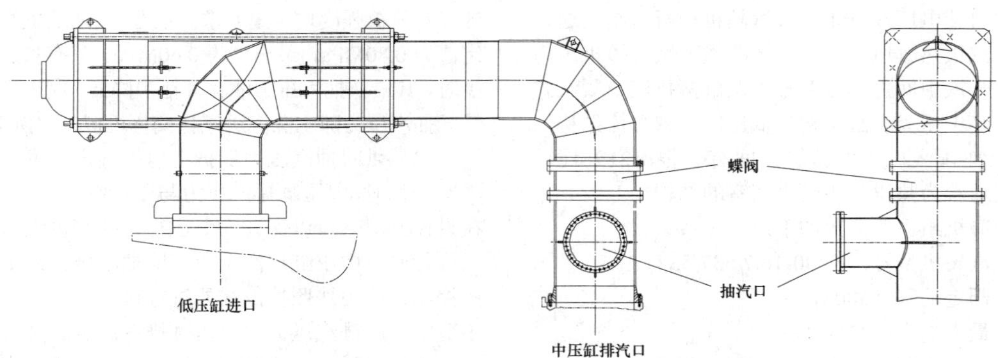

图 5-11 改造后的连通管

根据计算，本例中连通管抽汽管道接口处所能承受的最大推力合力应不大于 10kN，最大合力矩不大于 30kN·m。

（4）抽汽口流速核算。最大抽汽工况下，当机组进汽量为 1025t/h 时，中压缸排汽抽汽量 300t/h、抽汽压力 0.8MPa，抽汽温度 322.8℃、抽汽比体积为 0.33625m^3/kg。若满足抽汽口流速不高于 60m/s（额定值），此时抽汽口管道内径要求不低于 771mm，管道标准选型需按此数据进行。

进入热力网加热器的管道在截止阀后的压力即为热力网加热器压力，需要注意，一般热力网加热器的压力要低于抽汽压力，热力网加热器管道流速以不高于 76m/s 为宜，否则会产生噪声和振动。

（5）末级叶片的安全性核算。机组投入抽汽运行时，低压缸相当于以部分负荷工况运行，进入低压缸流量减少、效率降低，排汽温度会升高。如果低压缸流量小于末级叶片的最小冷却流量，则会引起排汽温度升高，影响机组安全。因此抽汽工况时，低压缸排汽流量必须大于冷却流量。

本机组末级叶片的最小冷却流量为 100t/h（在低背压时），因此只要抽汽运行时低压排汽量大于 100t/h，机组就可以安全运行。当主蒸汽进汽量为最大值 1025t/h 时，若抽汽量也为最大值 300t/h，排汽量将达到 322t/h，远大于末级叶片的最小冷却流量。但是，在进汽量较小的情况下，若抽汽量较大，就有可能使得排汽量接近末级叶片最小冷却流量。因此，最大抽汽量 300t/h 不适用于所有工况，具体工况下的最大抽汽量要根据不同的主汽量、抽汽后低压缸的剩余流量来确定。

在运行时，是无法测量低压缸流量的，可以用低压缸进口压力或用五段抽汽压力来间接监测低压缸剩余流量。本机组即采用低压缸五段抽汽压力来监视低压缸的进汽量，根据机组的流量与压力的对应关系，五段抽汽压力应不低于 0.162MPa。机组改造时，低压缸进口处尽可能安装一块压力表以实时监测低压缸进汽量。

（6）回水方案评估。根据热力网加热器和加热系统的设计，热力网疏水温度为 120℃，因除氧器凝结水入口温度额定值为 115℃，因此热力网疏水对应汽轮机回热系统的最佳回水位置为除氧器，该温度完全能够保证除氧器的除氧效果和工作负荷。

（7）机组推力核算。经计算，汽轮机改供热后，机组总推力变化不大，总推力仍在±100kN 之间，完全在推力盘可以承受的设计推力范围之内。

（8）抽汽温度的影响。机组在额定供热抽汽工况下，抽汽温度为 337℃，最大供热抽汽工况下，抽汽温度为 335.6℃。根据大量抽汽工况热平衡数据来看，在正常抽汽工况下，机组的抽汽温度一般均不会高于 350℃。

在一些其他特殊抽汽工况，如小进汽量、低负荷、供热抽汽压力高的工况，会使得机组供热抽汽温度偏高。因为低压转子的材料为 30Cr2Ni4MoV，能够承受的最高温度为 350℃，因此若低压缸进汽温度高于 350℃，会危害低压转子的安全性。因此需要对供热抽汽温度进行合理限制，以免影响机组的安全性。本机组设定的抽汽口温度报警值为 340℃。

（9）机组工况图。为了满足电厂供热改造后安全、经济运行，指导电厂运行人员对机组各供热工况下进汽量、抽汽量和功率三者关系的数据把控，特绘制机组抽汽运行工况图，供电厂参考。机组改造后的工况图见图 5-12。

工况图的计算条件是：主蒸汽压力 16.7MPa，主蒸汽温度为 538℃，再热温度为 538℃，额定抽汽压力为 0.90MPa，排汽压力为 0.0049MPa。

在工况图上，已知主蒸汽流量、供热抽汽量和发电功率三个参数中的任意两个量，可以查得第三个量。如，主蒸汽流量为 980t/h，供热抽汽量为 100t/h，由工况图（对应图中 *A* 点）可以查得功率为 300MW。

（10）蝶阀选型参数校核。从经济性角度考虑，相比冷凝工况，由于抽汽时加装了蝶阀，使得连通管总压损增加约 2%。经计算，冷凝额定负荷时当蝶阀全开时该压损会增加机组热耗 12kJ/（kW·h）。但由于整个供热工况极大降低了冷源损失、提高了经济性，此部分增加热耗的影响很小。

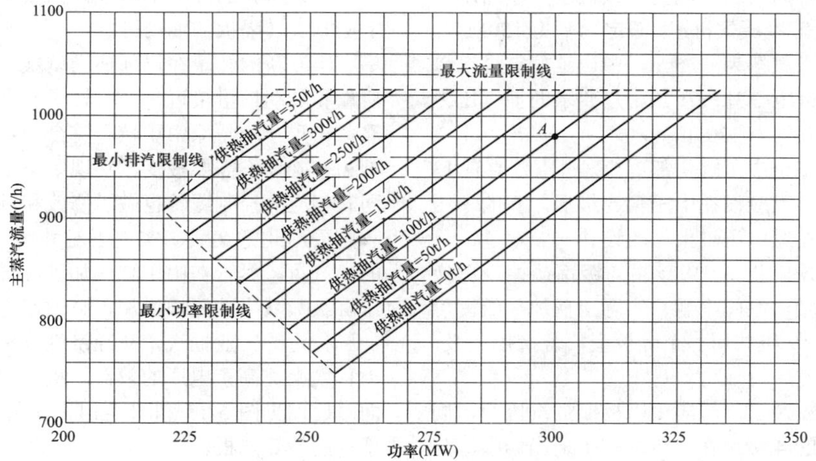

图 5-12 300MW 机组连通管调整抽汽改造后的工况图

根据经验，蝶阀应安装在连通管的上升段，尽可能不安装在水平段，这样能有效避免振动。同时，蝶阀即使在全关时仍留有一定间隙，保证为低压缸留有最小冷却流量，即使事故情况下蝶阀全关不能打开，也能保证机组低压末级叶片的安全性。

(11) 机组调峰能力分析。机组在非供热状态下，调峰能力与改造前相同。在供热抽汽状态下，可将供热起投负荷点定为 50%额定负荷甚至更低。实际上，供热工况下机组调峰会因机组进汽量和供热抽汽量的变化而变化，而供热工况抽汽量又会受到最小排汽量和抽汽口流速的限制。因此，供热时调峰既要满足图 5-12 运行区域的要求，还要考虑低负荷滑参数压力供热抽汽对抽汽口流速的要求。因此，纯凝机组供热改造之后，调峰能力将受到较大限制。

4. 缸上调整抽汽改造

缸上调整抽汽改造一般是指在汽轮机汽缸的级间实现抽汽改造。改造除外部增加一套抽汽管道、各种抽汽阀门等抽汽系统之外，一般还需对汽轮机本体（外缸、内缸、通流部分等）进行改造。外部新增的抽汽系统与前面所述三种情况相同，这里不再论述，以下主要说明机组本体通过改造实现调整抽汽的方法。

通流部分的改造通常是要在转子上减掉一些级，以便让出轴向空间增加抽汽压力调节机构。如果是中温中压的小机组，其整个转子各级均为套装结构，可以直接去掉中间的一些级，将新设计抽汽压力调节机构（如旋转隔板等）重新套上去，再将其前后的级要做一些相应的更换，以便更好地匹配。若是高温高压等级以上的机组，转子一般是整段结构，为了安装抽汽压力调节机构，只能更换整根转子。若是再热型多缸机组，则只需更换需要改造的汽缸对应的转子。一般对于大型机组来说，中压缸改造后的抽汽参数用途最广泛，因此缸上的调整抽汽改造多发生在中压缸，即更换中压转子改造的可能性较大。但是若机组是高中压合缸结构，则只能更换整根高中压转子。

除转子之外，汽缸也需要做配合安装抽汽压力调节机构而进行结构上的改造。对于单缸小型机组来说，由于汽缸是两段或三段拼接（通过法兰和螺栓连接）而成的，因此改造时只需更换相应的某一段汽缸；对于大型机组而言，当要在中压缸上改造时，若是高中压分缸结构，只需更换中压缸的缸体；若是高中压合缸结构，则只能整个汽缸更换。上述汽缸改造原则对外缸和内缸均适用。

从上述情况来看，对于缸上调整抽汽的改造，多缸机组比单缸机组容易实现，分缸机组比合缸机组容易实现，冲动式机组比反动式机组容易实现。

缸上调整抽汽改造的方式一般为在外缸上某一位置打孔抽汽，同时重新设计内缸、隔板套及通流面积，并在抽汽口后增加回转隔板等调节装置。目前此种改造方式在国内应用较少，主要是因为改造难度大，需换汽缸、换转子、增加抽汽压力调节机构、增加油动机及调节系统等等，投资大、工期长；对于反动式机组来说，机组级数较多、各级排列较密、改造困难，同时由于缸上（级间）抽汽，会使得转子推力变化较大，一般无法实现，若改造只能重新设计整个缸。当然，如果仅从供热角度考虑，如果电厂周围有较大而稳定的热负荷，采用此改造方案是一种好的方式。

现以国内某电厂 150MW 等级联合循环汽轮机纯凝机组进行中压缸改造案例，简要说明改造方法。该机组采用为中压缸加装旋转隔板、缸上打孔实现调整抽汽的方案，如下简要进行说明。该机组为超高压、再热、三缸两排汽、冷凝式机组，额定功率为 150MW；机组额定主蒸汽进汽量为 335t/h，中压缸额定进汽量为 360t/h，设计背压 5.3kPa；热用户要求的抽汽压力为 1.50MPa，抽汽量为 220t/h。

该方案是将整个中压缸全部更换。中压缸原有 13 级，经计算，抽汽点应设在中压第 5 级后，新的中压缸及内部通流将在原中压缸上修改设计：

（1）将原中压缸内 6～9 级共 4 级都摘掉，更换成旋转隔板。从轴向空间来看，实际上摘掉 3 级就可以，但是刚好 6～9 级共用一个隔板套，若摘掉 3 级，剩下 1 级不好固定。

（2）改造新安装了旋转隔板以控制抽汽压力，同时旋转隔板后面的 4 级也在通流面积上适当修改，与前面实现良好匹配。

（3）将新的外缸下部设计抽汽口，外缸的侧面挂上控制旋转隔板的油动机。

（4）新的转子在局部适当调整直径，与原转子的质量和转动惯量接近，同时转子长度、电端和调端的靠背轮尺寸均与原中压转子完全一致，这样一来，轴承和基础均不需要改变，实现了整个中压缸的互换，同时相应的控制逻辑也做了修改和调整。

采用此方案后，实现了对外供 1.20MPa、220t/h 的抽汽量。尽管在中压缸内加了旋转隔板，导致了中压缸级数减少、压损增加、缸效率有所下降，但是增加了稳定的工业抽汽，从经济性分析上看，还是在很大程度上提高了电厂的效益。机组中压缸改造前后剖面对比图见图 5-13 和图 5-14。在图 5-14 上标示了新增加的旋转隔板。

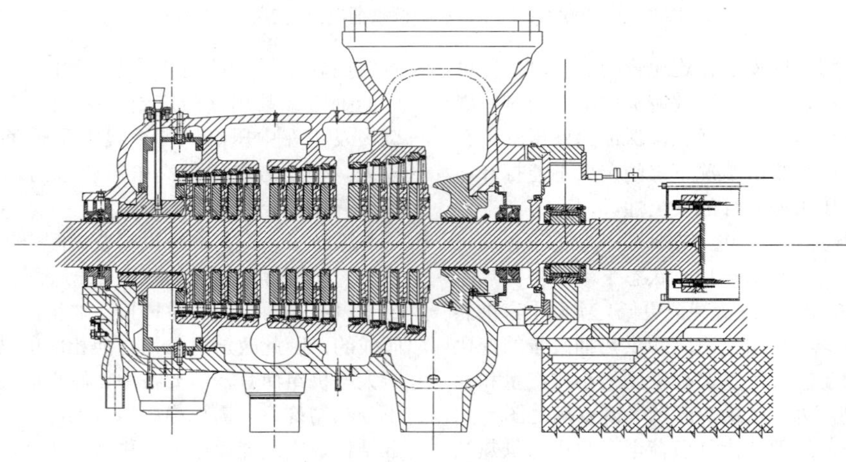

图 5-13　中压缸改造前的剖面图

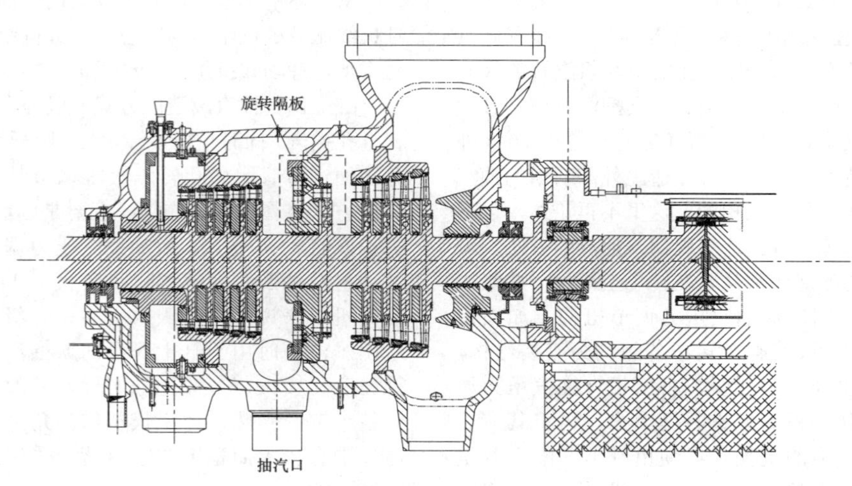

图 5-14　中压缸改造后的剖面图

第四节　汽轮机高背压运行的供热改造

高背压循环水供热机组是近年为适应北方供热而出现的改造型机组，大都是由纯凝或抽凝式机组经改造而成。该供热方式于20世纪70年代最早出现在我国东北地区，而后逐步发展到华北地区。从20世纪80年代起，东北地区如沈阳、长春等地的热电厂就开始进行高背压循环水供热技术的尝试，机组容量等级涵盖6～25MW，机型涉及纯凝、抽凝式。经过高背压供热改造后机组已运行多年，运行情况稳定。迄今为止，国内在高背压供热改造方面包括汽轮机本体、凝汽器和系统的改造设计及工程实施方面都积累了比较丰富的经验。

20世纪90年代出现了50MW汽轮机进行高背压循环水供热改造的应用实例，2009年出现了在135MW再热机组上进行高背压循环水供热改造的应用实例，2013年出现了在300MW再热机组上进行高背压循环水供热改造的应用实例，至今都运行良好，取得了成功的经验，后又有多台类似机组、项目投产。

高背压循环水供热技术，是将凝汽器中乏汽的压力提高、降低凝汽器的真空度、提高冷却水温，将凝汽器改为供热系统的热力网加热器，而冷却水直接用作热力网的循环水，充分利用凝汽式机组排汽的汽化潜热加热循环水，将冷源损失降低为零，从而提高机组的循环热效率。采用该方法供热是在不增加机组发电容量的前提下，减小了供热抽汽量、增大了供热面积、回收了节约了大量能量，经济效益显著。

图5-15是常规汽轮机热力循环的温-熵图。从图上看，蒸汽循环的循环效率为面积1-2-3-4-5-6-1与面积1-*b*-*a*-4-5-6-1之间的比，而面积2-*b*-*a*-3-2为冷端损失，它在整个循环中占有很大比例，一般会超过50%。若能将这部分冷端损失充分加以利用，就能极大地提高循环效率。汽轮机高背压供热就是通过改造利用上这部分热量。

高背压供热改造原则性系统图见图5-16。

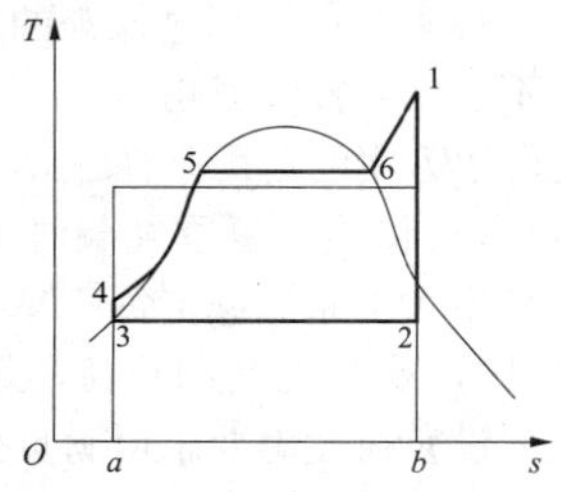

图5-15　常规汽轮机热力循环温熵图

高背压循环水供热一般采用串联式两级加热系统，热力网循环水回水首先经过凝汽器进行第一次加

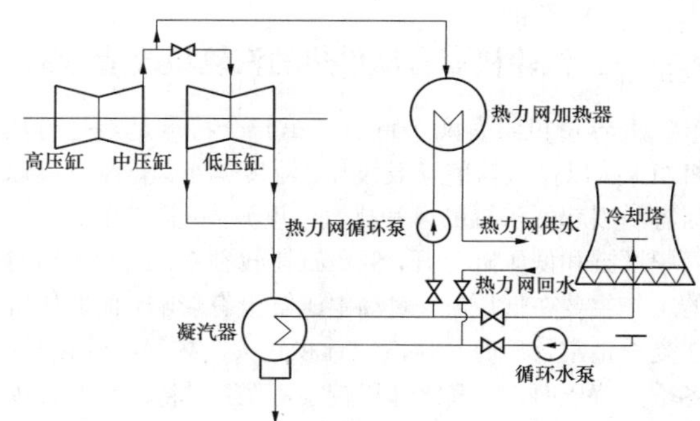

图5-16　高背压供热改造原则性系统图

热，吸收低压缸排汽余热，然后经过热力网首站的热力网加热器完成第二次加热，生成高温热水，送至热水管网通过二级换热站与二级热力网循环水进行换热，高温热水冷却后再回到机组凝汽器，构成一个完整的循环水路，热力网首站加热蒸汽来源为机组供热抽汽。

机组在纯凝工况运行时，退出热力网循环泵及热力网加热器运行，恢复原循环水泵及冷却塔运行后，凝汽器背压恢复至5～8kPa。

从目前国内采用低真空循环水供热技术的系统参数来看，由于汽轮机长期稳定运行时排汽温度不高于80℃的限制，考虑凝汽器端差，低真空供热的循环水出水温度一般不高于75℃，供水温度范围一般为60～75℃、回水温度范围一般为40～55℃，对应运行背压为25～45kPa。

高背压循环水供热的特点是改造工作量较小、供热量大、供热品质较低、要求负荷稳定性好。

高背压循环水供热的适用地域：东北、华北、西北、黄河流域等地区中型以上城市的供热人口密集区，改造更适合有两台以上的机组且其中至少一台是抽汽供热机组的电厂。

汽轮机高背压循环水供热改造过去几十年里主要应用于25MW以下的小容量机组，由于小机组一般只有一个缸和一根转子，汽轮机大都不经过改造而直接提高背压运行，只是在冷凝器上适当做一些补强类改造。由于机组容量小，后汽缸几何尺寸小，末级叶片短，提高背压之后对末级叶片鼓风现象不明显，后汽缸对排汽温度升高也不敏感，因此汽轮机上也未出现大的问题。但从设计角度来看，汽轮机背压升高，超过了机组正常规定的限制值，还是有安全方面的风险。因此即使是小机组改造，也要和近几年的大容量机组的改造一样，在设计上和施工上，充分遵循汽轮机设计的安全准则。

由于近几年的和今后可预见的一段时期内，汽轮机高背压改造将主要是针对135MW以上的大容量机组，因此在以下主要介绍针对这类机组的改造。

一、汽轮机高背压供热的汽轮机改造方案

大容量机组有两个特点，第一个特点是都是再热机组，所以排汽焓值一般较高、湿度偏小，背压升高以后容易引起低压缸鼓风和排汽温度升高；第二个特点是高中压缸和低压缸分开，低压缸比较独立。因此改造时的工作主要在低压缸，对高中压缸没有影响。而低压缸在夏季正常背压时，排汽比体积较大，末级叶片较长；冬季高背压时，排汽比体积较小，改造时将末级叶片缩短，低压缸的总焓降变小，级数也会减少1～2级。

图5-17是一台135MW汽轮机高背压改造前后低压通流部分的对比图，它显示了低压转子在改造后级数减少、末级叶片变短的情况。

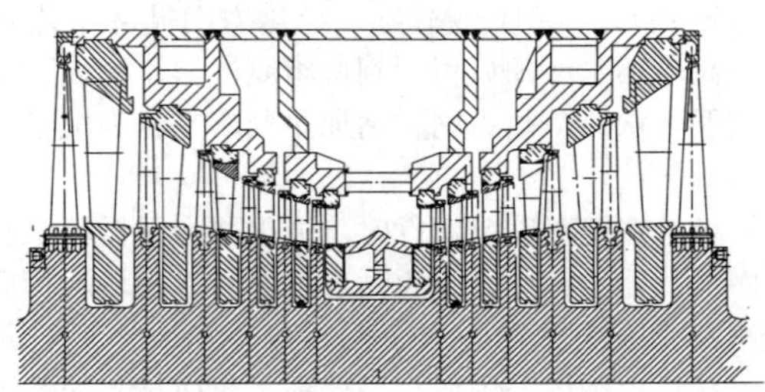

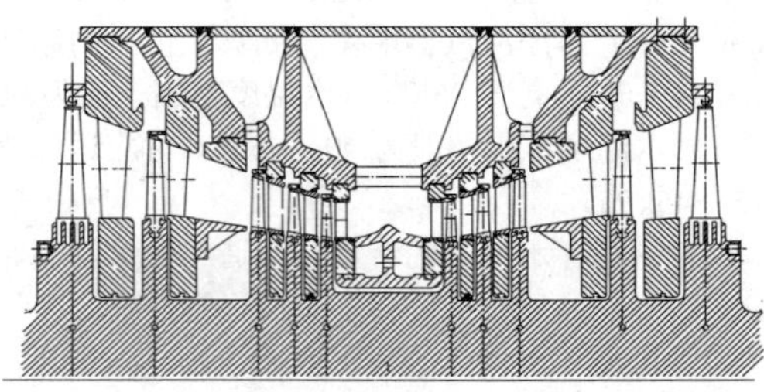

图5-17　135MW汽轮机高背压改造前（上）和改造后（下）低压通流部分的对比图

可能的改造方案有几个：对于湿冷机组，可采取互换转子方案和改造转子方案；对于空冷机组，汽轮机基本上可不改；而如果汽轮机外部热负荷较小，还存在着低压通流上的特殊考虑的地方。

1. 互换转子方案

汽轮机高压部分配两根转子，一根是冬季高背压时采用的，另一根是夏季正常背压采用的。冬季高背压转子的末级叶片短、级数少；夏季正常转子末级叶片和级数正常。冬季时，机组停机，揭开低压缸，换上高背压转子运行；夏季时再停机揭缸换上正常转子运行。

（1）互换转子方案的适用条件。

1）冬季高背压供热，夏季纯凝时满负荷或接近满负荷运行；

2）华北、西北、黄河流域地区这类夏季炎热、空调负荷较大地区，这类地区的电厂往往都有迎峰度夏任务。

（2）互换转子方案的优缺点。

1）优点是冬、夏两季均能满负荷运行。冬季高背压时排汽比体积较小，末级叶片短；而到了夏季，较短的末级叶片无法发出正常的满负荷，这时将常规转子更换回来，保证了夏季的正常出力和经济性。

2）缺点是每年更换转子时需要两次停机、揭开低压缸、倒换转子及相应隔板等附件，每次停机换转子的时间大约7～10d，增加了电厂的维护和检修工作，影响了发电任务的完成，在一定程度上也影响电厂的经济性。同时，由于一台机组配两根低压转子，拆卸下来的转子还需要很好地保管，增加了电厂的设备成本和维护成本。

（3）互换转子方案注意事项。更换转子时由于每次都要将高压和低压转子间的靠背轮螺栓以及低压和发电机之间的转子对轮的螺栓拆下和再装上一次。若相应的螺孔位置不是正好完全吻合，还需要现场再铰孔一次。但是靠背轮螺栓铰孔次数又不能过多，因此要求互换的两根转子靠背轮螺栓孔位置和大小要尽可能一样，加工尺寸精度要求很高，以尽量避免现场再铰孔的情况。

每年两次拆装靠背轮螺栓，使得该螺栓拆装的频率较高，施工人员若不小心，会让螺栓碰坏螺孔，引起安装质量下降。因此，靠背轮处的螺栓宜采用液压螺栓，保证安装质量，降低安全隐患。

2. 改造转子方案

将原有正常转子改造成低真空转子，改造后即使在夏季非供热期，也使用该转子运行。

将电厂原有低压转子拆除末2～3级，并以新设计的一级末级叶片和相应导叶替换，新末级叶片的叶根应与原叶轮相配，叶高适当减短。相应的新末级隔板和导叶也新设计。原来末级隔板更换成导流环。该转子改造后比正常转子少1～2级，前面各级与旧转子相同，满足冬季高背压运行。

转子改造后就不再变动。冬季低真空运行时，新转子能很好满足高背压要求；夏季纯凝运行时，较短的末级叶片将会影响机组的最大出力，但是如果机组夏季负荷较小（最大负荷不超过原来的80%），对电厂的经济性将不会产生较大影响。

（1）改造转子方案的适用条件。

1）冬季高背压供热，夏季纯凝时不需要满负荷运行（最大负荷不大于原机额定负荷）；

2）东北地区，夏季无空调负荷，且机组负荷率较低，虽然具备满负荷发电要求但满负荷发电累计时间很短。

（2）改造转子方案的优缺点。

1）优点：改造简单，花费少，不需要每年两次倒换转子。且机组不需要两根低压转子，也不需要每

年停机两次，节省了额外储备一根转子的费用和检修维护费用。

2）缺点：由于末级叶片变短，且级数减少，若夏季有较长时间的大负荷运行，机组的低压缸效率显著下降、热耗升高，对机组经济性会产生较大影响。

3. 空冷机组的主机改造方案

空冷机组由于末级叶片较短，能够承受较高的背压运行。国内大容量的空冷机组通常最高运行背压在50kPa左右，且低压转子轴承普遍采用落地结构（即轴承座直接坐落在汽轮机基础上），排汽温度升高后对转子标高的影响很小。因此若是空冷机组进行高背压改造时，一般主机是不改造的，只是在辅机上加以考虑。

4. 外界热负荷不足时的改造方案

汽轮机改造成高背压运行，意味着机组将完全按照以热定电的方式运行。在一定电负荷下，机组乏汽排出的热量必须被循环水带走；反之，若外界的热负荷一定，则汽轮机的排出的热量是固定值。若外界热负荷不足，则要求汽轮机的排汽量要小一些。但是，汽轮机高背压运行时，低压缸的变工况性能较差，当排汽量与额定值相比变化较大时，低压缸效率会下降较快，容易引起末级或末几级叶片鼓风，使排汽温度升高并超过报警值，影响机组安全性。

因此，若外界热负荷过小，在高背压改造时，汽轮机的低压缸除了末1～2级需要更换以外，前面各级也需要同时更换，即有可能所有各级均要更换，重新设计每一级，让新设计的各级的通流面积同时都小一些，即整个低压缸按照较小的流量来设计，或按照部分负荷来设计，只有这样，才能满足外界热负荷过小时安全运行的要求。这样一来，当冬季高背压供热运行时，汽轮机的进汽量应适当减小（或者有抽汽的情况下，汽轮机的抽汽量适当增加，但是多抽汽供出的热量也必须有热用户消纳），相应排汽量也减小，既保证排出的热量能满足外界热负荷的要求，也使低压缸运行在接近设计值的流量下，令缸效率能够得到保证，叶片不会鼓风升温，机组可安全运行。但改造的弊端是，当外界热负荷增大时，排汽的供热量不足，表现为循环水温度达不到用户要求了。

当外界热负荷过小时，汽轮机的高背压循环水供热改造要考虑更多的问题，需要特别引起注意。因此，设计院或热力规划院在项目可行性研究阶段，要事先充分了解改造的边界条件，并与电厂和汽轮机制造厂家充分沟通，在低压缸改造的方案设计上取得一致意见。

二、高背压供热改造需要注意的几个问题

汽轮机高背压改造之后，循环效率和经济性会显著提高，但是改造过程中的限制条件也很多，带来的问题也较多，需要一一加以分析解决，否则机组改造后的优势无法得到很好体现。以下是几个需要改造中加以重视和注意的典型问题，在此加以说明。

1. 改造后机组性能的变化

这个问题主要是针对改造转子方案来说的。汽轮机高背压改造之后，若高背压转子在非供热季节运行，其性能会发生很大变化。首先，一台汽轮机的末级叶片长度决定了该机组的最大发电容量，由于末级叶片变短，机组的最大出力会降低很多。因此，电厂业主在改造前应充分与制造厂沟通，确定改造后的机组的最大容量。

在非供热期，循环水温度恢复正常，汽轮机的背压降低到正常值。由于低压缸级数变少、缸效率下降、末级叶片变短、余速损失增加，即使机组能够通过增大进汽量发出较大电功率，但是机组热耗率也会显著升高。只有在中小负荷时，汽轮机的经济性才能与改造前接近或相似，这也是对于夏季电负荷不大、没有满发任务的电厂，可以考虑不必要采用双转子改造方案的主要原因。图5-18是某台350MW机组改造前后，低压通流面积不相同，在非供热季纯凝发电运行时，热耗率随着功率变化的关系曲线，从曲线上能够看出，在负荷率较低时，改造前后的热耗率就比较接近。

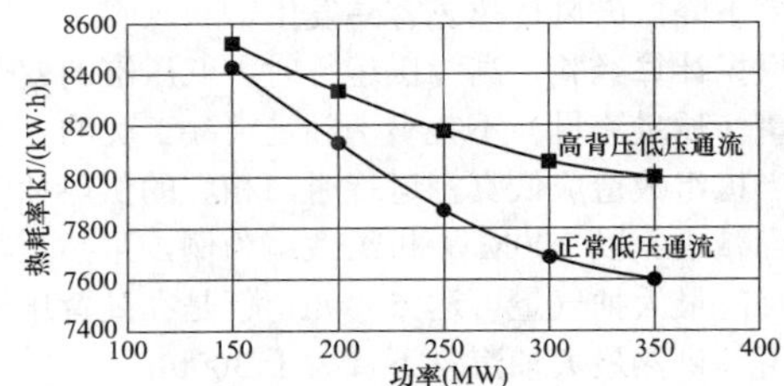

图5-18　不同低压通流时，汽轮机机组功率与热耗率关系曲线

2. 合理选择背压

图5-19是汽轮机低压排汽侧参数标示图。机组低真空循环水供热时，冷凝器充当换热器使用。排汽压

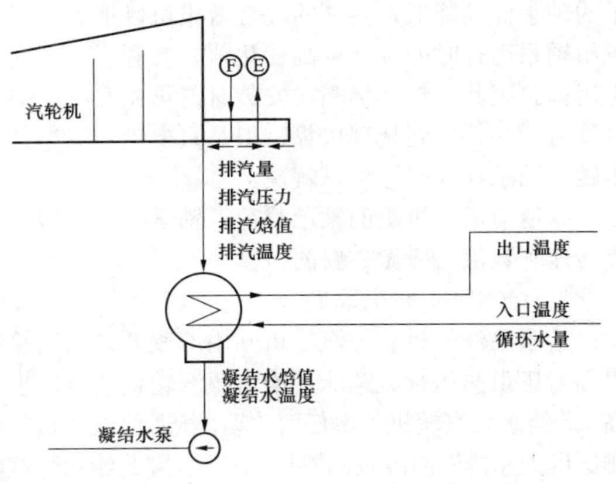

图5-19　汽轮机低压排汽侧参数标示图

力决定了排汽温度，也就决定了循环水供水温度。排汽压力越高，对应的排汽温度越高，扣除传热端差，就是热力网循环水供水温度。反之亦然，热力网水的供水温度，也决定了汽轮机背压的选取。

背压选取要合适，背压越高，热力网循环水供水温度越高，越有利于供热；背压越高，排汽温度也越高，但是受到低压缸排汽温度高限的限制，排汽温度不能超过机组运行的排汽温度高限值–80℃，排汽温度过高，会引起低压缸热膨胀过大，继而引起低压转子轴承标高发生变化，造成机组振动。

综合以上因素，排汽压力设计值以不超过 50kPa 为宜，相应的供水温度不超过 80℃。

超临界机组再热温度较高，当背压升高时，排汽更容易鼓风，因此排汽压力设计值更应该加以 限制。

3. 高背压运行时抽汽量确定

高背压运行时，低压缸虽然末级叶片缩短了很多（高背压时的末级叶片长度是正常背压时的 1/3～1/2），但是与其相应的容积流量（高背压时的末级叶片容积流量是正常背压时的 1/8～1/4）比起来，还是显得过长，存在着容易引起排汽鼓风过热的情况，特别是当机组有供热抽汽时，低压缸的容积流量更小，缸效率下降，鼓风过热更容易发生。

根据计算经验，高背压运行时，低压缸的安全的排汽量（质量流量）不宜小于额定纯凝工况的 60%；因此当机组改造成低真空运行时，相应的供热抽汽量应适当减小。以 300MW 机组改造为例，虽然正常背压运行时最大抽气量可达 550t/h，但是在高背压运行条件下，供热最大抽汽量不宜大于 300t/h。

4. 低压轴承安装标高调整

当机组低压转子的轴承为坐缸结构时，高背压运行后，排汽温度较高，会使得轴承标高上升，而夏季运行时标高又会回落。为避免轴承上抬，在机组改造后安装时，轴承的标高本来要适当预降低一些，但是，考虑机组真空力对标高的影响，真空载荷会使低压转子的轴承标高降低，两者的综合效果可以抵消一部分机组轴系运行时的轴承标高变化值，有利于轴系的稳定运行。因此，轴承标高在安装时是预先升高一些还是降低一些，需要认真核算，但是只要措施得当，低压转子轴承标高问题可以解决。

改造前后，机组的轴承载荷、轴承比压、转子临界转速等数值还应做必要的核算。

5. 给水泵汽轮机改造

给水泵汽轮机若与汽轮机共用冷凝器，当汽轮机提高背压供热运行就意味着给水泵汽轮机的背压也升高。若给水泵汽轮机不做任何改动，给水泵汽轮机就有排汽压力和排汽温度过高跳机的危险。因此给水泵汽轮机也必须做相应改造。最好的改造方式是给水泵汽轮机重新设置单独的冷凝器，或者改用电动给水泵运行。

给水泵汽轮机不能像汽轮机一样配置两个转子进行互换，只能进行部分改造，通行的做法有两个：一是给水泵汽轮机末级叶片变成可拆卸和可更换的，每年随着汽轮机更换转子，给水泵汽轮机也同时更换末级叶片；二是给水泵汽轮机末级叶片适当改短一些和宽一些，将设计背压值确定在介于正常背压和高背压之间，兼顾冬季和夏季运行，但是这样一来，实际上给水泵汽轮机的末级叶片既不完全满足正常背压运行，也不完全满足高背压运行，对改造后的经济性会产生一些影响。

6. 经济性评价中注意的问题

汽轮机高背压供热改造的节能效果是巨大的，主要原因是汽轮机的冷端损失很大，占汽轮机总能系统的一半以上，而高背压供热即是将这股热量得到很好地利用。根据简单计算，改造后汽轮机的热电效率将由 40%左右提高到 90%以上，发电煤耗至少要下降 100g/（kW·h）。

汽轮机高背压供热改造之后，如果运行条件充分满足，即热负荷充足且稳定，那么改造后的性能指标、经济效益将优于热泵技术，并在运行维护、设备投资上占有很大优势。

一般情况下，热电厂有两台汽轮机，且改造一般只改其中一台，且机组改造之后，对于改造转子方案来说，夏季非供热期的经济性肯定会变差。同时，一般电厂的供热量是一定的，若其中一台机组供热量增加，另一台供热量势必要相应减少，那么另一台机组的经济效益会打折扣。因此，在评价电厂的改造效果时，一定要有全厂和全年的观念，综合平均机组全年的综合运行情况，综合考虑全厂两台机的平均收益，不能仅评价单台机组的改造效果。

三、高背压供热改造中辅机的改造

在高背压供热技术中，凝汽器既有冷凝设备作用，又有加热设备的作用。伴随着主机的改造，凝汽器一般都需要进行改造，使改造后的凝汽器适应常规抽凝和高背压工况的运行要求。本节主要论述这一类凝汽器的改造相关要点。

1. 热力方案的确定

（1）基本原则。确定凝汽器热力方案的边界条件包括：进入凝汽器的排汽量、循环水量、循环水入口温度、凝汽器的设计背压等。然而凝汽器高背压工况和纯凝工况的热力边界有很大的差异，以湿冷 300MW 机组为例，其纯凝工况与高背压工况的热力边界主要参数见表 5-1。这就使同一结构特点的凝汽器要满足两种特定工况变得十分困难。鉴于此，凝汽器的热力方案改造确定要以用户要求确定。通常情况下，以纯凝工况作为凝汽器热力设计的基准，高背压工况仅作为校核工况。

表 5-1 湿冷 300MW 机组纯凝工况与高背压工况的热力边界主要参数

序号	项目	纯凝工况	高背压工况
1	背压	4～6kPa	25～55kPa
2	循环水入口温度	20～22℃	40～60℃
3	循环水温升	8～10℃	15～30℃
4	循环水量	28000～32000 t/h	相当于纯凝工况 1/6～1/2

注 该表中数据仅用来说明特定凝汽器纯凝工况和高背压运行工况热力边界差异，并不用作凝汽器设计边界的推荐。

（2）水速和流程的选取。对于冷凝器管材来说，不同的管材对管内水速的要求是不一样的，表 5-2 给出了不同管材内水速的设计推荐值和管内允许流速的上下限。

表 5-2 冷凝管内水度的设计推荐值和允许流速上下限 (m/s)

冷凝器材料	水速设计推荐值	允许流速上限	允许流速下限
HSn70-1、HAl77-2	1.7～2.1	2.1	0.9
BFe30-1-1、BFe10-1-1	1.8～2.3	3.0	0.9
TA	2.1～2.5	不限	0.9
0Cr18Ni9、0Cr18Ni10Ti、1Cr19Ni9、1Cr18Ni12Mo3Ti	1.9～2.3	3.0	0.9

需要说明的是纯凝运行工况和高背压运行工况循环水流量相差了 2～6 倍。对确定结构的凝汽器来说，大多数情况下无法使两种工况的管内水速都落在水速上、下限范围内，因此在改造凝汽器中，凝汽器水速和流程的确定首先要以已有的纯凝工况作为热力设计的基准。在高背压下热力计算校核时，优先采用变换流程的方式（如将纯凝工况双流程设计在高背压工况时改为四流程，并进行热力方案校核）提高管内水速，使凝汽器在高背压运行时仍具有不低于 0.9m/s 的设计流速。变换流程后，如高背压工况仍不能获得大于 0.9m/s 的水速，则可以考虑适当提高纯凝工况流速，进而调整热力方案。这里有两点需要注意：第一，纯凝工况水速的调整一般不超过推荐值的上限；第二，纯凝工况流速调整后，需要准确核算凝汽器循环水阻力，考核水阻力增加产生的影响。

（3）多背压凝汽器背压校核。多壳体凝汽器中往往出现多背压设计的方案。针对这样的凝汽器进行高背压改造，在高背压工况凝汽器仍呈现多背压运行状态。高背压工况下各壳体压差比纯凝工况有所扩大，凝汽器高背压工况核算出的背压需要提供给汽轮机制造厂，核实背压变化对汽轮机的影响。

2. 凝汽器改造时需要考虑的几个问题

新建凝汽器的外形尺寸主要受到热力方案、系统规划的制约，而改造凝汽器的外形尺寸则主要受现场空间制约。对改造凝汽器而言，热力方案要满足凝汽器外形尺寸的要求，一般会维持凝汽器外形尺寸不变或少量变化。此外，凝汽器结构方案还要适应改造后的热力方案。凝汽器结构方案的确定与热力方案确定往往是交互的过程。

凝汽器改造，应考虑以下几个问题：

（1）凝汽器与汽轮机及基础的连接方式不同，核算和改造的内容不一样。凝汽器与汽轮机及基础之间有不同的连接形式，主要是为了解决凝汽器在安装、检验、变工况运行、异常工况运行时对汽轮机产生不同拉、压载荷问题。

1）柔性连接。凝汽器与汽轮机的柔性连接是指凝汽器进汽口与汽轮机排汽口之间采用橡胶或金属波形膨胀节（也称为补偿节）的连接形式；凝汽器与基础的柔性连接是指凝汽器下部与基础之间采用弹簧支承，凝汽器自重和部分水重由压缩弹簧支承并传递到凝汽器的基础上，凝汽器及汽轮机的热膨胀量由弹簧补偿。

2）刚性连接。凝汽器与汽轮机的刚性连接是指凝汽器进汽口与汽轮机排汽口之间采用法兰连接或焊接的连接形式；凝汽器与基础的刚性连接是指凝汽器与基础间采用固定支承，凝汽器直接支承在基础上。

3）连接方式匹配。连接形式的选择首先要考虑汽轮机本体结构特点，其次是凝汽器和汽轮机基础平台的支承特点，再次则要考虑凝汽器变工况运行的载荷分配特点。连接形式有上柔下刚和上刚下柔两种。表 5-3 给出了凝汽器与汽轮机和基础常见的连接方式。

表 5-3 凝汽器与汽轮机及基础常见的连接方式

连接形式	与汽轮机连接方式	与基础连接方式
上柔下刚	橡胶补偿节、不锈钢补偿节	固定支承、滑动支承
上刚下柔	法兰连接、焊接	弹簧连接

a）凝汽器与汽轮机柔性补偿节（橡胶、不锈钢）连接，凝汽器与基础刚性支承（固定支承、滑动支承）连接，简称上柔下刚连接形式。这种连接形式下，凝汽器的所有载荷全部作用在基础上。凝汽器喉部与汽轮机连接的补偿节吸收凝汽器和汽轮机膨胀引起的热位移，凝汽器与汽轮机之间虽存在相互作用力，但工程上近似为零。汽轮机的载荷则通过汽轮机的支承传

递到基础上。在凝汽器安装、检验、变工况运行时，汽轮机组不承受凝汽器传递的载荷，凝汽器基础载荷随凝汽器自重和背压而变化。图 5-20 显示了凝汽器与汽轮机及基础上柔下刚连接时的受力情况（G 表示低压缸重力，F 表示凝汽器的支承力）。

b）凝汽器与汽轮机刚性连接（法兰或焊接连接），凝汽器与基础柔性弹簧连接，简称上刚下柔连接形式。这种连接形式下，凝汽器的载荷部分作用在基础上，部分作用在汽轮机上。凝汽器底部弹簧吸收凝汽器和汽轮机膨胀引起的热位移。在凝汽器安装、检验、变工况运行时，凝汽器与汽轮机之间的相互作用力随时发生变化，汽轮机本体支承和凝汽器支承的载荷也随时变化。图 5-21 显示了凝汽器与汽轮机及基础上刚下柔连接时的受力情况（G 表示低压缸重力，F 表示凝汽器的支承力）。

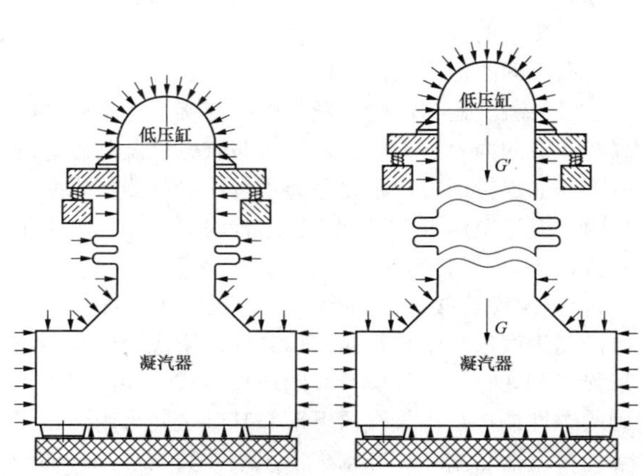

图 5-20 凝汽器与汽轮机及基础上柔下刚连接时的受力情况

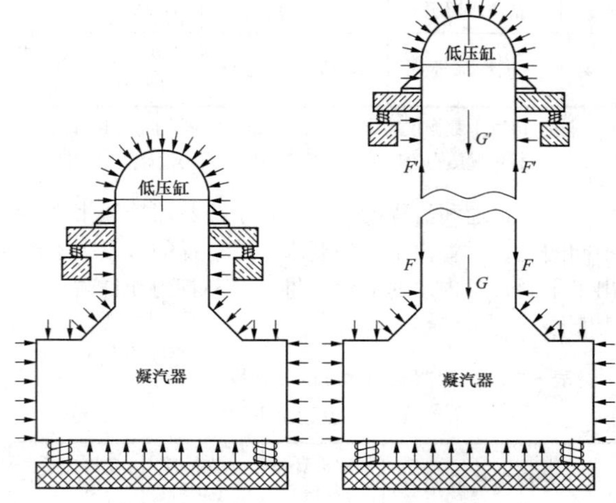

图 5-21 凝汽器与汽轮机及基础上刚下柔连接时的受力情况

c）连接方式选择。对于有高背压供热的凝汽器，若是新设计凝汽器，则在选择与汽轮机本体和基础的连接方式时，要充分考虑凝汽器运行的不同工况所产生的热膨胀对汽轮机的影响。

对于改造机组，若原凝汽器与汽轮机的连接是上柔下刚结构，则需要进行喉部补偿节补偿量核算，以及凝汽器真空状态大气浮力核算。对于这种连接结构，补偿节已将凝汽器与汽轮机进行了隔离，由热膨胀带来竖直方向的作用力不会传递到汽轮机上，因此仅需考核汽轮机本体水平热膨胀和凝汽器水平热膨胀量相匹配。

若原凝汽器与汽轮机的连接是上刚下柔结构，则改造时的核算工作更复杂，需要系统地进行汽轮机本体基础、凝汽器基础载荷分配核算，汽轮机本体推力核算，弹簧补偿量核算。需要注意的是，凝汽器纯凝工况和高背压工况的运行温度相差 30℃以上，这就导致凝汽器和汽轮机的热膨胀也会有较大的变化。在选取凝汽器与汽轮机及基础连接方式时尤其要引起注意。

对于上刚下柔的结构，热膨胀量由凝汽器与基础之间的弹簧吸收，热膨胀产生的同时，弹簧产生向上的支反力，支反力无法被吸，并通过凝汽器传递到汽轮机组低压缸上，因此需要分析低压缸对该力的承受程度。一般来说需要对弹簧进行改造，或通过核算汽轮机组支反力允许范围重新选择弹簧，或通过改造将凝汽器与汽轮机及基础的连接方式改为上柔下刚结构。

（2）凝汽器管束膨胀。常规凝汽器设计时，由于循环水温、凝汽器汽侧空间温度与安装温度接近，循环水温升 10℃左右。凝汽器管束热膨胀可由端部挠性板吸收，部分凝汽器管束不设置补偿节。高背压运行工况凝汽器，循环水温、凝汽器汽侧空间温度以及循环水温升都比较高，因此需要核算端部挠性板的补偿量是否满足要求。在挠性板不满足要求时，可以在凝汽器后水室侧加装补偿节解决管束热膨胀问题。

（3）凝汽器水室结构调整。凝汽器改造后水室结构是否调整取决于两个方面，一是要考虑凝汽器水侧压力的变化，二是要考虑凝汽器在纯凝和高背压两种工况运行时是否要改变流程数。

（4）热力网水与循环水切换过程。凝汽器水侧流程规划图见图 5-22。在非供热季向供热季过渡时，为实现汽轮机不停机切换，可按如下流程操作：

1）初始状态为两侧循环水运行；

2）切除左半侧循环水，并排空左半侧管束和水室中循环水（如有必要，可以吹管或用除盐水清洗），此时右半侧凝汽器仍正常运行；

3）左半侧投运热力网水，直至达到热力网水的规定流量；

4）切除右半侧循环水，并排空右半侧管束和水室中循环水（如有必要，可以吹管或用除盐水清洗）；

5）右半侧投运热力网水，调节左右两侧热力网水流量相等。（如热力网水半侧运行，则无此步骤。）

根据电厂运行模式不同，凝汽器运行模式也不同。如果凝汽器需要变负荷定背压运行，在低压缸排汽量大于乏汽回收量时，需要逐步投入循环水，维持凝汽器背压。投运过程按如下流程操作：

1）初始状态为两侧热力网水运行。

2）切除右半侧热力网水，并将右半侧热力网水并入左半侧运行。排空右半侧管束和水室中热力网水，如有必要，可以吹管或用除盐水清洗。此时左半侧凝汽器仍正常运行。

3）右半侧投运循环水，根据凝汽器背压调节循环水量。

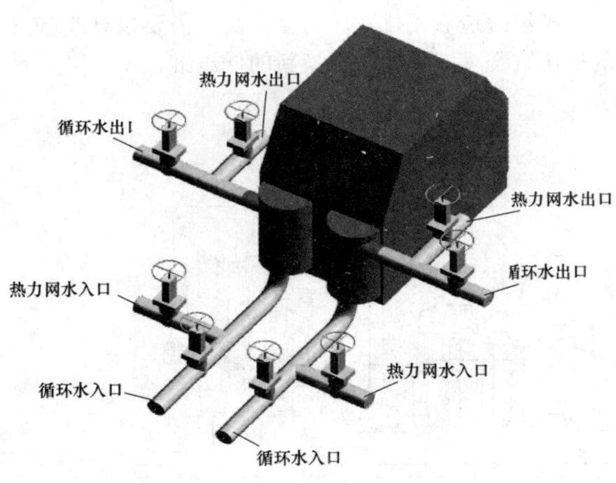

图 5-22　凝汽器水侧流程规划图

3. 抽真空系统

抽真空系统是保证凝汽器正常运行的重要系统。凝汽器进入高背压工况后汽侧空间温度升高，致使抽真空系统抽取汽气混合物增多，而且抽吸温度升高，需要在凝汽器改造时一并调整抽汽系统的抽汽量以及核实抽汽系统的抽汽温度等参数。

4. 凝汽器的水位

凝汽器进行高背压改造后仍要按原水位控制标高运行。特殊情况下，如双壳体凝汽器仅一侧进入高背压运行状态，此时凝汽器两壳体间压差变大，甚至超过 20kPa，引起凝汽器管板变形。对于此种情况，需在两凝汽器壳体间采取水位平衡措施，保证两凝汽器壳体水位控制标高与改造前一致。

第五节　凝汽式汽轮机改背压机的供热改造

近年来全社会的供热需求增多，供热量和供热参数都出现了多样性增长，一些中小型汽轮机开始尝试改造成背压机对外供热。纯凝机改背压机的改造 20 世纪 80 年代就曾经出现过，但是一直没有形成系列和规模，主要原因有两个：一是改造的前提是电厂周围有较大容量的供热负荷出现，同时还存在可改造的机组，前提难以满足；二是改造会显著降低机组的发电量，若增加的供热量所带来的经济收益无法抵消发电量的减少产生的损失，改造就失去了意义。因此纯凝机改背压机只有一些个别案例。

纯凝机改背压机后，机组的进汽系统、主汽阀、调节阀一般不变，因此功率会下降一些。背压机的改造主要是将汽轮机的低压通流部分取消，蒸汽膨胀到某一压力级后不再继续膨胀进入冷凝器，而是进入热力网去供热。

纯凝改背压之后，汽轮机的运行模式将发生很大变化，调节和保护系统也需要随着改变。机组将按照以热定电方式运行。

改造在方案制定时，应对大型机组和小型机组有所区别，以下详细介绍。

一、单排汽小型机组的改造

小型机组一般是单缸、单轴、单排汽结构，改造前要通过热力计算，确定去掉低压部分的哪几级，再在结构上、系统上加以特殊考虑。

1. 转子的改造

改造后，转子低压部分的末几级叶片需要被拆下，有的连叶轮也要一起拆下，再进行转子临界转速的核算。若机组拆下的级数较少，改造后的转子的质量、重心位置和转动惯量应与改造前的各值相对比，若没有太大的偏差，转子上就不需要做进一步改造。若拆除的级数较多，改造后的转子在质量、重心位置和转动惯量上与改造前相比偏差较多，则转子必须做配重设计，一般是在拆下叶片和叶轮的部位套上配重套筒。配重套筒因要与转子形成一体、共同高速旋转，结构要力求简单，与蒸汽之间产生的摩擦鼓风损失力求最小。图 5-23 和图 5-24 是一台纯凝汽式或抽凝机组改造成背压机组的转子改造前后的示意图，该机组原来共 20 级，改造后，只保留前面 11 级，后 9 级动静叶均摘除、去掉叶轮，并安装了配重套筒。通过对比两张图，能够看到后几级通流被更换成配重套筒的情况。

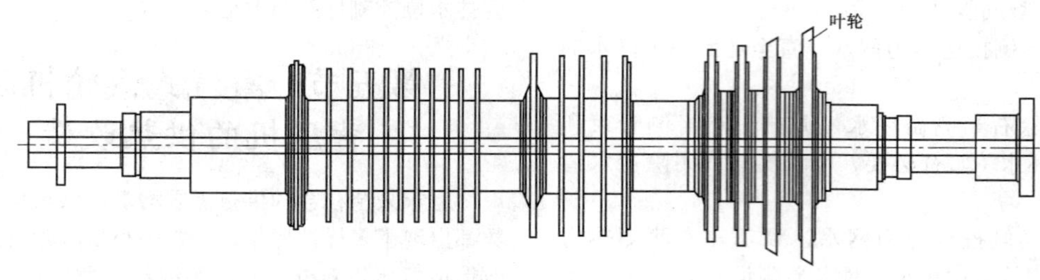

图 5-23 改造前凝汽机组的转子示意图

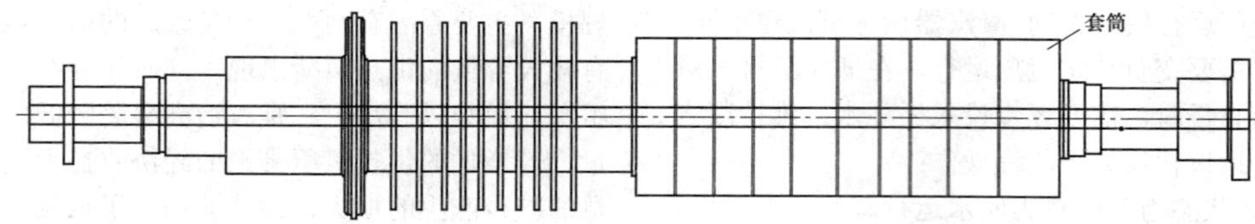

图 5-24 改造后背压机组的转子（增加了配重套筒）示意图

2. 低压缸和轴封的改造

机组改造后，排汽压力会升高，原来的后轴封已经不能再满足要求，需要增加排汽的密封。轴封改造需要增加汽封体、新设计汽封，并利用原有的汽缸上的隔板套槽来新设计的汽封。改造同时需要通过热力计算将增加的漏汽引向合适的位置，如引进压力和温度相匹配的高压加热器或低压加热器等。图 5-25 和图 5-26 是一台抽凝机组改造成背压机组改造前后的低压部分通流视图，低压部分增加了新轴封、改造后的低压缸上有些低压加热器就不再使用，这些低压加热器的抽汽口用盲板封起来。

机组改造后，排汽压力会升高，需要核算改造前的低压缸强度，必要时更换新的低压缸。

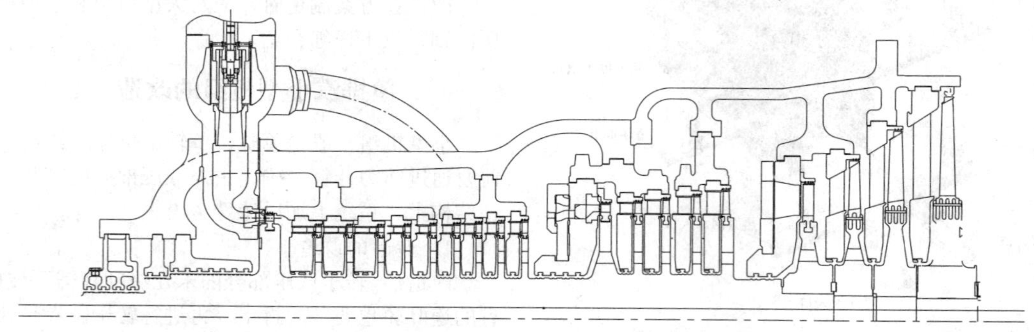

图 5-25 抽凝机组改造前低压部分通流视图

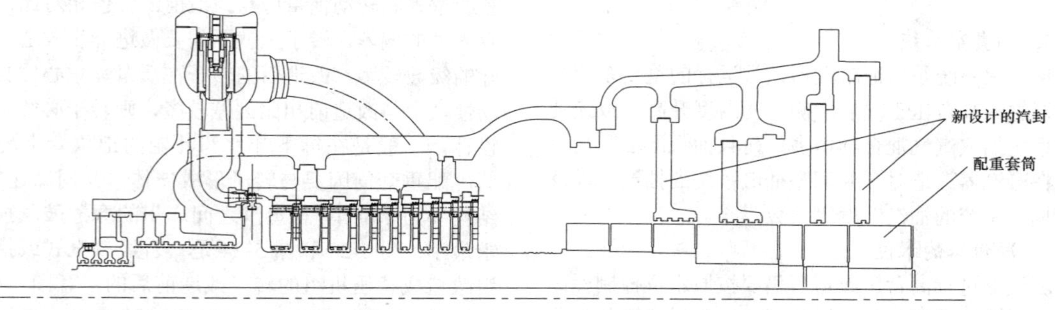

图 5-26 抽凝机组改造后低压部分通流视图

3. 辅机的改造

改造后冷凝器一般不再工作，处于解列状态，解列后的冷凝器可拆除或采取一定的防腐措施加以保护。改造后的汽缸上有些低压加热器就不再使用，这些低压加热器也可拆除或采取一定的防腐措施加以保护。

机组改成背压机后，原有的低压轴封由送汽状态变成了漏汽状态，总的漏汽量增加，轴封加热器的负荷也会增大，因此需要核算轴封加热器的面积裕量。若面积不够则可更换轴封加热器或者再并联上另一只轴封加热器，以便轴封系统正常工作。

二、大容量机组的改造

大容量机组一般是高低压缸分开、低压缸双分流的结构形式。近几年有的电厂为了增加供热抽汽而将这样的机组的低压缸转子去掉，换成光轴，机组改造成背压机。光轴不再做功，只起到传递扭矩的作用。这样的改造俗称“光轴改造”。因低压缸是相对独立的，所以改造基本上就围绕着低压缸来进行。同时机组的连通管也要进行拆除。

这样改造之后，中压缸的排汽不再进入低压缸，而是进入热力网供热，因此机组的运行模式也发生改变。

1. 低压转子和通流的改造

低压转子一端连接高中压转子，一端连接发电机转子，因此改造后的转子与原有转子在两端的接口尺寸上要一致。改造后的转子的质量、重心位置和转动惯量应与改造前相似或相近，保证整个轴系动力学特性不会有太大变化。

机组低压转子更换成光轴之后，在运行过程中由于低压转子的表面积较大，为避免光轴会使低压缸内的蒸汽（或空气）产生摩擦鼓风发热，光轴结构设计尽可能简单、不出现台阶，使轴的表面积尽可能小，与蒸汽的摩擦鼓风损失也尽可能小。同时还要对其进行冷却，冷却方案结合冷凝器的运行方式，从中压缸排汽或者其他位置引一股蒸汽对光轴进行冷却（若采用中压缸排汽的蒸汽，还需要增加一套减温减压装置），冷却蒸汽从原来低压缸上连通管接口位置引入。

转子更换时，低压缸的隔板、导叶也需要一并拆除。改造后转子上的轴封要与原转子相同。图 5-27 是一台机组转子改造成光轴之后低压缸的纵剖面视图。

2. 连通管的改造

连通管改造是将原有的连通管废弃，中压缸排汽的蒸汽接到热力网抽汽管上，中压缸排汽不再进入低压缸而直接去供热。抽汽管上应布置止回阀、抽汽调节阀和截止阀，低压缸上原来的连通管接口将改为与冷却转子的蒸汽管道相连。

3. 辅机的改造

汽轮机转子改为光轴以后，转子表面应进行冷却，低压缸要维持真空，低压轴封供汽需投入，因此循环水仍要投入运行，且冷凝器要正常工作并维持真空。

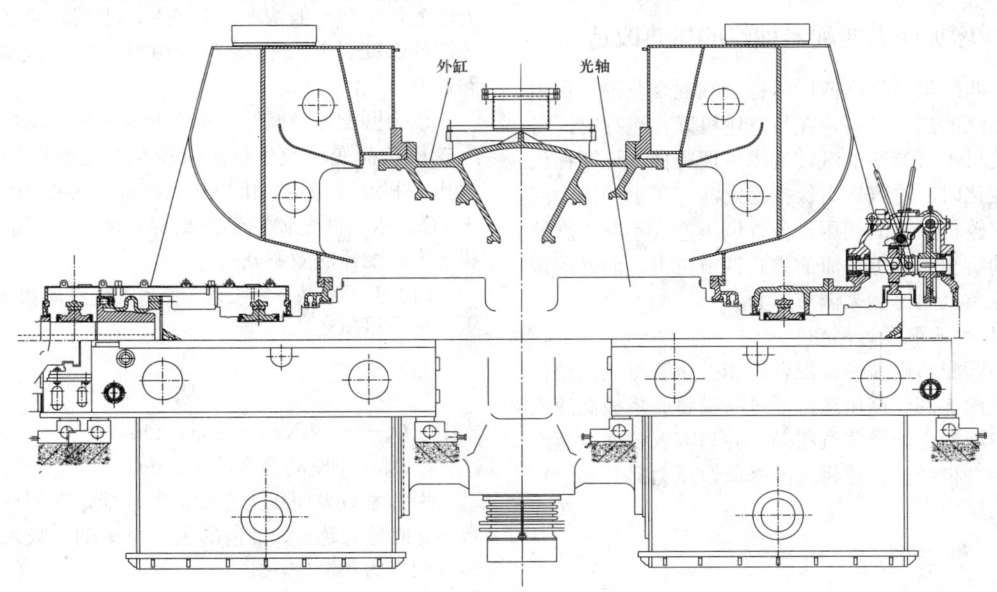

图 5-27　一台机组转子改造成光轴之后低压缸的纵剖面视图

第六节　其他形式的供热改造

前面各节叙述了汽轮机本体通过改造，实现机组从纯凝机组变成供热机组，或者在供热机组的基础上继续增加供热能力的各种方式。汽轮机除本体改造之外，还可以通过在蒸汽系统上改造、本体外部增加其他设备的方式，由纯凝改变成供热机组，供热机组也能通过这样的改造提高供热量。

上述改造方式有主蒸汽抽汽的供热改造、增加压力匹配器抽汽的供热改造、增加吸收式热泵的供热改造和增加蓄热器的供热改造等。

一、主蒸汽管抽汽的供热改造

这种改造主要是针对抽汽压力较高、又难以在汽轮机本体汽缸上开抽汽孔的情况。例如，某电厂300MW亚临界汽轮机，周边热用户需要10MPa的蒸汽供应，但汽轮机高压缸任何一个高压加热器的抽汽压力都不足10MPa，而高压缸通常通流部分又比较紧凑，在高压缸的前几级处通过改造开孔抽汽，在本体上又很难实现，调节级后通常也不会有抽汽空间，这种情况就可以酌情考虑采用主蒸汽管抽汽供热改造。

主蒸汽管上抽汽改造，就是在锅炉到汽轮机之间的主蒸汽管道上安装三通，连接抽汽管实现对外供汽。如果抽汽压力过高的话，汽轮机的高压调节阀可以对抽汽压力进行调节。

主蒸汽管道抽汽，在安全性上对汽轮机的运行基本不会产生不利影响，但对锅炉安全性可能会产生一些影响。主蒸汽抽汽后会使汽轮机的高压缸排汽流量减少，即进入锅炉再热器的蒸汽流量减少，有可能引起再热器干烧过热。因此这样的改造应该事先征得锅炉厂的同意和认可。

二、增加压力匹配器抽汽的供热改造

压力匹配器是将高低压两种蒸汽混合获得一种中间压力蒸汽的热力设备，在与汽轮机联合运行时，可以将汽轮机不可调整抽汽转变成可调整抽汽，即在供汽流量变化时，供汽压力保持稳定。广义上的压力匹配器是汽轮机供汽的调压设备，调压方式不同于汽轮机传统的旋转隔板等节流的方式调节压力，而是用调节高低压蒸汽的比例来调节压力。

1. 压力匹配器的原理

压力匹配器由喷嘴、混合管和扩压管组成，结构原理图见图5-28。高压蒸汽通过喷嘴膨胀形成高速汽流，压力降到与低压蒸汽相同，并与吸入的低压蒸汽两者混合，再经扩压管将速度降低，压力提升到用户所需要的压力。

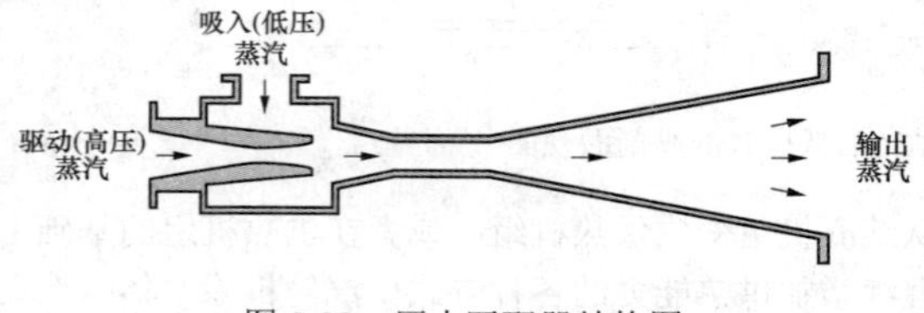

图5-28 压力匹配器结构图

压力匹配器和汽轮机联合运行的热力系统图见图5-29。

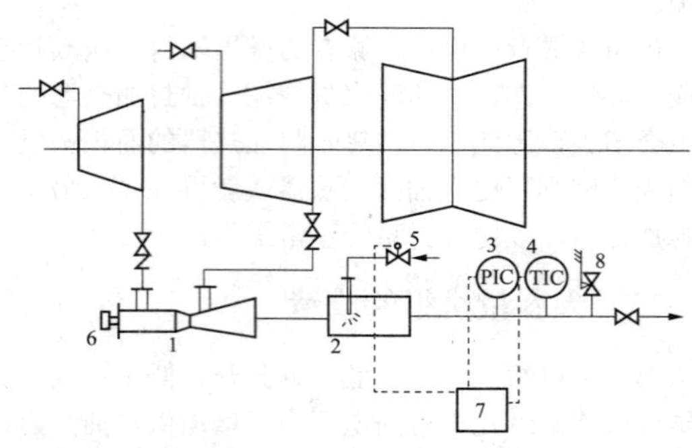

图5-29 压力匹配器和汽轮机联合运行的热力系统图

1—压力匹配器；2—减温器；3—压力变送器；4—温度变送器；5—减温水调节阀；6—驱动（高压）蒸汽调节阀；7—DCS；8—安全阀

压力匹配器和汽轮机联合运行，最典型的连接方式是从高压缸排汽抽汽作为驱动蒸汽，以汽轮机中压缸排汽作为低压蒸汽。汽轮机抽汽口应配备相应的保护装置。

压力匹配器配有驱动蒸汽调节阀，根据流量大小调节驱动蒸汽进汽量，以保持输出压力稳定。压力匹配器出口参数是根据动量平衡按出口压力计算的，温度一般情况下高于用户要求，需要喷水减温。因此压力匹配器出口一般情况下要安装减温器，满足用户对蒸汽的温度要求。减温水流量由图5-29中减温水调节阀控制。

压力匹配器及减温器整套装置全部自动控制，在汽轮机负荷变化及外供蒸汽流量变化时保持外供蒸汽压力和温度稳定。出口压力波动±0.02MPa，温度±5℃。压力匹配器的性能指标有两个，引射系数υ和压力匹配器的效率η_M。

（1）引射系数υ为吸入（低压）蒸汽量和驱动（高压）蒸汽流量之比：

$$\upsilon=\frac{D_h}{D_p}$$

式中 D_h——吸入蒸汽流量，t/h；

D_p——驱动蒸汽流量，t/h。

引射系数表明压力匹配器的性能，在同样蒸汽参数下υ值越大越好。υ值的大小由驱动、吸入、输出蒸汽的压力和温度决定。

（2）压力匹配器装置的效率η_M是从热力学第二定律的观点评价压力匹配器的热力学性能，是吸入蒸汽增加的可用能（㶲）与驱动蒸汽供给的可用能（㶲）的比值：

$$\eta_M=\frac{\Delta h_c \cdot \upsilon}{\Delta h_p-\Delta h_c}$$

式中　Δh_c——吸入蒸汽从吸入压力到输出压力的等熵焓升，kJ/kg；

Δh_p——驱动蒸汽从驱动压力到吸入压力的等熵焓降，kJ/kg。

需要说明的是，υ值也是Δh_c、Δh_p的函数，υ值大不表明效率η_M大，对应最大的η_M有一个最佳的υ值。因此为使η_M最大，在选择驱动蒸汽、吸入蒸汽参数时应进行比较。

2. 压力匹配器的种类和应用范围

压力匹配器从结构上可分为单喷嘴和多喷嘴两类。单喷嘴结构是指一台压力匹配器配置一个喷嘴，在流量较小（小于25t/h），输出流量变化范围小于80%的场合可以使用。图5-30为单喷嘴压力匹配器外形图。多喷嘴是指一台压力匹配器配置两个及以上的喷嘴，一般为三个喷嘴。图5-31为多喷嘴压力匹配器外形图。

图5-30　单喷嘴压力匹配器外形图

图5-31　多喷嘴压力匹配器外形图

在流量大且输出蒸汽流量变化较大的情况应使用多喷嘴压力匹配器。多喷嘴压力匹配器和汽轮机的喷嘴配汽机构相似，可以减少工况变化时的节流损失。为提高压力匹配器及整个汽轮机组的效率，压力匹配器还配备工况调节器和吸入蒸汽冷却装置。工况调节器是在汽轮机负荷变化、抽汽参数变化时，保持压力匹配器最佳工况的调节装置，可以使喷嘴和混合管面积保持在最佳值；吸入蒸汽冷却装置和汽轮机回热系统中的外置蒸汽冷却器相似，用回热系统中的给水冷却吸入蒸汽，将吸入蒸汽的过热度降低，增加压力匹配器的吸入蒸汽量，同时减少了高压加热器的抽汽量、减少了整个发电机组的煤耗。

压力匹配器可以与任意参数的汽轮机机组联合运行。已在行业内应用的压力匹配器工作参数为：

（1）驱动蒸汽参数：压力1.3～24.2MPa、温度200～600℃；

（2）吸入蒸汽参数：压力0.1～6.0MPa、温度150～600℃；

（3）输出蒸汽参数：压力0.3～9.8MPa、温度180～550℃。

压力匹配器可用于供给蒸汽压力为0.3～0.8MPa的供热蒸汽和0.8～8.0MPa的工业加热用蒸汽。

压力匹配器对驱动、吸入、输出蒸汽的压力温度有一定要求，需$\Delta h_p/\Delta h_c \geqslant 1.6$。如果该比值小于1.6，则不能实现抽汽。

3. 压力匹配器的优缺点

（1）优点：结构简单，无转动部件，投资少，维护费用少。和汽轮机联合供热，汽轮机本体不需改变。供热调节和汽轮机负荷调解分开，有利于机组安全运行。

（2）缺点：噪声大，需装隔音设备。

三、增加吸收式热泵的供热方式

吸收式热泵又称为溴化锂吸收式热泵，可以分为第一类溴化锂吸收式热泵和第二类溴化锂吸收式热泵。它是在高温热源（蒸汽、热水、燃气、燃油、高温烟气等）作为驱动的条件下，提取低温热源（地热水、冷却循环水、城市废水等）的热能，进而输出中温热媒的一种技术工艺。常用的方式是将热泵设置在循环水侧，从汽轮机侧引一股蒸汽做驱动蒸汽，提取循环水里的热量，进而将该热量作为供热之用。

吸收式热泵的能效比（*COP*）是通过工艺获得热量或供热用热媒热量与为维持机组运行而需加入的高温驱动热源热量的比值。按不同工况条件这一比值范围为1.7～2.4。而常规直接加热方式的热效率一般在90%左右，即*COP*为0.9。采用吸收式热泵后，虽然汽轮机需要消耗一些驱动用蒸汽，但是能够从循环水中提取更多的热量加以利用，节能效果显著。

1. 吸收式热泵的原理

吸收式热泵是以高温蒸汽为驱动热源、溴化锂浓溶液为吸收剂、水为蒸发剂，利用水在真空状态下沸点降低进而发生沸腾蒸发的特性，提取低温热源的热量，通过溴化锂吸收剂浓溶液的稀释放热和加热蒸发的特性，回收热量并转换制取工艺或供热用的热媒。蒸汽型溴化锂吸收式热泵的运行原理流程如图5-32所示。

溴化锂吸收式热泵由蒸发器、吸收器、冷凝器、发生器、冷剂泵和其他附件等组成，也包括蒸汽调节系统以及先进的自动控制系统。它以汽轮机抽汽为驱动热源，在发生器内释放热量，加热溴化锂稀溶液并产生冷剂蒸汽。冷剂蒸汽进入冷凝器，释放冷凝热加

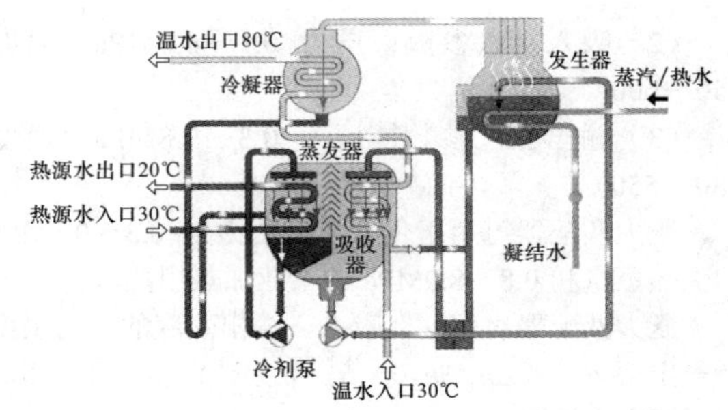

图 5-32 蒸汽型溴化锂吸收式热泵的运行原理流程图

热流经冷凝器传热管内的热水，自身冷凝成液体后节流进入蒸发器。冷剂水经冷剂泵喷淋到蒸发器传热管表面，吸收流经传热管内低温热源水（即汽轮机的循环水）的热量，使热源水温度降低后流出机组，冷剂水吸收热量后汽化成冷剂蒸汽，进入吸收器。被发生器浓缩后的溴化锂溶液返回吸收器后喷淋，吸收从蒸发器过来的冷剂蒸汽，并放出吸收热，加热流经吸收器传热管的热水。热水流经吸收器、冷凝器升温后，输送给供热用户。

吸收式热泵的供热量等于从低温余热吸收的热量（即从循环水中吸取的热量）和驱动热源的补偿热量（即从汽轮机内抽汽的热量）之和，即供热量始终大于消耗的高品位热源的热量（*COP*＞1），故也称为增热型热泵。

2. 吸收式热泵的适用范围

吸收式热泵提供的供热热水温度一般不超过98℃，热水升温幅度越大，则 *COP* 值越小。从汽轮机抽出的作为驱动热源的蒸汽压力应是 0.2～0.8MPa。

循环水的温度只要≥15℃即可利用，一般情况下，循环水的温度越高，热泵能提供的热水温度也越高。典型吸收式热泵原则性系统图见图 5-33。一台汽轮机可以配置很多台热泵，根据供热量选择开启热泵的台数，增加了供热变负荷的灵活性。

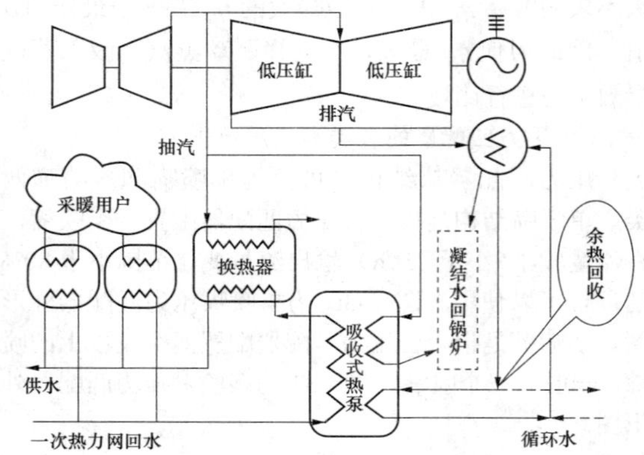

图 5-33 典型吸收式热泵原则性系统图

四、增加蓄热水罐的供热方式

蓄热水罐本身并不能增加供热量，但是能够起到削峰填谷的作用，在供热期间当供热负荷变化较大时，起到稳定负荷、减小负荷波动、调节峰谷差的作用。在热电联产的设备中将能够得到推广应用。

蓄热水罐的改造详见本手册第六章第五节相关内容。

第六章

调峰和备用热源设计

第一节　调峰热源和备用热源作用及型式

一、调峰热源

多热源供热系统是在同一个供热管网中的不同位置上，同时存在多个热源，其中最大的一个热源称为主热源，较小的热源称为调峰热源，也叫峰荷热源，一般为区域供热锅炉房。

1. 定义及作用

调峰热源仅在当地气温低于供暖期室外平均温度后，基本热源不满足供热需求时补充运行，其余供暖时间不投入运行。带有调峰热源的热力网系统，其基本热源在供暖期可实现最大化对外供热，供热面积是无调峰热源的1.4～1.5倍。虽然调峰热源与热电联产基本热源相比，有能耗及排放指标高等不利因素。但调峰热源具有投入时间短、增加的供热面积大、可以减少热电装机容量、提高热电机组循环热效率、实现能源利用效率最大化等有利因素，所以要大力推广调峰热源与热电联产基本热源联网运行的高效运行模式。

城市集中供热系统往往采用热电厂与一个乃至多个外置区域锅炉房联合供热方案，形成多热源联合供热系统。区域锅炉房可提前建设，也可与热电厂同期建设，而热电厂投运后，区域锅炉房转为调峰锅炉房（也含有备用热源作用）。

2. 热化系数定义

为了提高热电厂供热机组的设备利用率及经济性，首先要根据热负荷的大小及特性合理地选择供热机组的容量和类型，还应有一定容量的调峰热源配合供热，构成以热电联产为基础、热电联产与热电分产相结合的能量供应系统。在高峰热负荷时，热量大部分来自供热汽轮机的抽汽或背压排汽，不足部分由调峰热源直接供给，前者为热化供热能力（或称联产供热能力），后者为分产供热能力。热化供热能力在总供热能力中所占的比例是否合理，将影响热电联产供热系统的综合经济性。表示热化程度的比值称为热化系数，以城市供热为主时，热化系数宜在0.6～0.75的范围内。这就说明建立热电厂之后仍有25%～40%的最大供热负荷不依靠热电厂，直接由调峰锅炉供给。

3. 带调峰热源运行曲线

如图6-1所示，从供暖期开始至供暖期结束，热电厂以基荷（图中 *aefbcd* 所围的阴影区）运行，当室外气温下降，负荷提高到 t_1～t_2 所对应的范围时，调峰热源投运（图中曲线 *ef* 与直线 *ef* 所围白区），且在 t_1～t_2 区域内变负荷运行。采用图6-1所示的运行方案，从理论上讲是最为节能的。热电厂从供暖开始至结束，基本上以基荷运行，调峰热源只在供暖期中段投入运行，这可保证热电厂获取最大热效益。

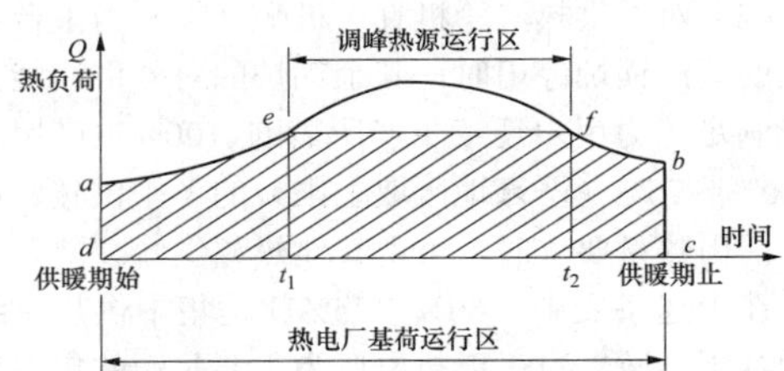

图6-1　热电厂与调峰热源运行分布图

图6-1是研究供热系统调峰热源的理论基础，具有以下特点：

（1）图6-1的形状与不同地区（纬度）有关，其横轴长度与当地供暖期有关。

（2）图6-1上部的曲线形状与当地的热化系数有关。

（3）图6-1上部曲线顶端有一处水平段，代表每年有5d不保证天数对应的热负荷。

（4）图6-1运行方案的热化系数约0.66，即调峰运行的热负荷容量约占总热负荷容量的1/3，但如图所示，实际运行消耗的热量（即曲线 *ef* 与直线 *ef* 所围的白区面积）约占供暖期总热量的1/8。由于调峰热源运行时间少，热量少，可以不必过多考虑运行的经济性。

（5）调峰热源每个供暖季理论上投入运行时间是

横轴 $t_1 \sim t_2$ 的长度，这对于不同地区是变化的，例如北京地区，这一时间约为 1 个月。

显然，调峰热源的作用之一是保证集中供热系统安全可靠运行，二是根据室外温度变化调峰运行以保证集中供热系统的经济运行。

二、备用热源

备用热源即是作为城市集中供热系统中的备用手段，在热电联产机组运行出现影响供热的故障时，能够保证供热区域内供热可靠性的供热热源。

（一）集中供热系统热源备用系数

集中供热系统热源备用系数（又称热源安全可靠性系数、最低供热量保证率）是指在集中供热系统中，当一个容量最大的热源故障时，其余热源所提供热量占总热量的比值。热源备用系数影响热电厂所担负供热面积的一个重要参数，并与热电厂的能源利用效率有较大关系。

1. 国家设计标准的规定

GB 50660—2011《大中型火力发电厂设计规范》5.3.1：

锅炉的台数及容量与汽轮机的台数及容量的匹配应符合下列规定：

（1）对于纯凝式汽轮机应一机配一炉。锅炉的最大连续蒸发量宜与汽轮机调节阀全开时的进汽量相匹配。

（2）对于供热汽轮机宜一机配一炉。当 1 台容量最大的蒸汽锅炉停用时，其余锅炉的对外供汽能力若不能满足热力用户连续生产所需的 100%生产用汽量和 60%～75%（严寒地区取上限）的冬季供暖、通风及生活用热量要求时，可由其他热源供给。

在上述条文中，60%～75%就是集中供热系统热源的备用系数。对于以热电厂为主要热源的集中供热系统，在集中供热工程的前期设计中，应根据 GB 50660—2011《大中型火力发电厂设计规范》中 5.3.1 的规定进行集中供热系统热源安全备用容量（主要是锅炉容量）的校核，在对可行性研究、初步设计文件审查时，热源安全备用容量是审查的重点内容。

设计单位在执行 GB 50660—2011《大中型火力发电厂设计规范》中 5.3.1（以下简称 531 条款）的规定时，会遇到以下两个问题：

第一，我国集中供暖区从北纬 50°到北纬 35°，不分地区统一规定热源备用系数取 60%～75%（严寒地区取上限），缺少细化规定，选择范围大，不好执行。

第二，前期设计需根据 531 条款校核，热源备用系数过大，增加备用热源的投资，尤其对于以 2×300MW 级热电厂为主要供热热源的集中供热系统。如，长春地区某热电厂理论供热能力 1000t/h（蒸吨），按 531 条款规定：当 1 台容量最大的锅炉停用时，选择 70%的热源备用系数，其余锅炉的对外供汽能力应达到 700t/h（蒸吨），如果为了维持理论供热能力 1000t/h（蒸吨），需建设 200t/h（蒸吨）的备用热源；按每 1 蒸吨燃煤锅炉房投资估算约 54 万元计算，需花费约 10800 万元建设备用热源。在实际供热工程中，由于多种原因，建设方很难在热电厂外建设调峰和备用热源，为了满足 531 条款的规定，只能少带供热面积，此例只能按 714t/h（蒸吨）的供热能力带供热面积，比理论供热能力约降低 28%。

2. 建设行业设计标准的规定

CJJ 34—2010《城镇供热管网设计规范》中 5.0.8、5.0.9、5.0.11：

（1）供热建筑面积大于 $1000\times10^4m^2$ 的供热系统应采用多热源供热，且各热源热力干线应连通。在技术经济合理时，热力网干线宜连接成环状管网。

（2）对供热可靠性有特殊要求的用户，有条件时应由两个热源供热，或者设置自备热源。

（3）供热系统的主环线或多热源供热系统中热源间的连通干线设计时，各种事故工况下的最低供热量保证率应符合表 6-1 的规定，并应考虑不同事故工况下的切换手段。

表 6-1　事故工况下的最低供热量保证率

供暖室外计算温度（℃）	最低供热量保证率（%）
$t>-10$	40
$20\leqslant t\leqslant-10$	55
$t<-20$	65

3. 热源备用系数选择

在选择集中供热系统的热源备用系数时，本手册建议参考 CJJ 34—2010《城镇供热管网设计规范》中 5.0.9 的两个原则：

（1）可根据各城市冬季室外供暖计算温度划分热源备用系数的取值范围。

（2）对于北纬 40°及以南的地区，尽量选择较低的热源备用系数，使北京及以南地区的热源备用系数不高于 55%。

据此，提出我国集中供暖区主要城市的集中供热系统热源备用系数的推荐方案供设计人员参考，见表 6-2。

表 6-2　我国集中供暖区主要城市热源备用系数的推荐方案

城市分区及代表性城市名称	分区内各城市冬季室外供暖计算温度 t 的范围（℃）	热源备用系数
A 区：呼伦贝尔、哈尔滨、牡丹江、长春	$t<-20$	65%～60%

续表

城市分区及代表性城市名称	分区内各城市冬季室外供暖计算温度 t 的范围（℃）	热源备用系数
B 区：沈阳、呼和浩特、太原、西宁、银川、乌鲁木齐	$-20 \leqslant t \leqslant -10$	60%～55%
C 区：北京、天津、石家庄、西安、兰州、郑州、济南、大连	$t > -10$	55%～50%

（二）集中供热系统热源安全备用容量校核

在集中供热工程的前期设计中，在对可行性研究、初步设计文件审查时，热源安全备用容量是审查的重点内容。因此，应对集中供热系统热源安全备用容量（主要是锅炉容量）进行校核。

在项目各级报告中，热源安全备用容量通常可描述为“供热可靠性”，其校核方法是：当热电联产项目中最大一台锅炉发生故障，其余热源能满足表 6-2 中所推荐的比例，即视为供热可靠性得到了满足。

根据表 6-2 的数据，对五个集中供热系统的供热可靠性进行校核，见表 6-3。

表 6-3　　供热可靠性校核表

序号	已有热源情况	供热能力（MW）	担负的供热面积（万 m^2）	当一个最大热源故障时的供热能力（热源安全备用容量）（MW）	热源备用系数（%）	供热可靠性评价
1	长春，2×300MW 热电厂调峰锅炉 2×28MW	720	1442	388.5	60%	可靠性为 53.9%不满足可靠性要求
2	天津，2×300MW 热电厂	665	1330	332.5	50%	可靠性为 50%满足可靠性要求
3	海拉尔，3×50MW 热电厂	670	1340	447	65%	可靠性为 66%满足可靠性要求
4	沈阳，2×200MW 热电厂	532	1064	266	55%	可靠性为 50%不满足可靠性要求
5	西安，2×300MW 热电厂调峰锅炉 2×28MW	720	1442	388.5	50%	可靠性为 53.9%满足可靠性要求

以下以一个案例介绍热源安全系数对供热面积的影响。

北方某地区（$t=-6.2$℃），一个 2×300MW 级的热电厂，热源备用系数分别取 60%、50%，不考虑在热电厂外建设调峰和备用热源。计算该热电厂理论上可承担的供热面积，见表 6-4。

表 6-4　　按不同热源备用系数计算的理论供热面积

机组类型	供热能力（MW）	按 60%备用计算的理论可供热面积（万 m^2）	按 50%备用计算的理论可供热面积（万 m^2）
2×300MW	631.7	1316	1580

从表 6-4 中可知，按不同热源备用系数计算，该地区理论上的可供热面积相差 264 万 m^2，约占总供热面积的 20%。

三、调峰及备用热源的类型

（一）根据调峰及备用热源所在位置分类

1. 热电厂内调峰及备用热源

（1）调峰热水锅炉。作为常规的供热调峰方案，将区域调峰锅炉房建在热电厂内。在热负荷超出热电机组最大供热能力之上的严寒期，启动调峰热水锅炉，将加热后的热力网循环水补充到供水母管中以满足区域热负荷的要求。

如图 6-2 所示，热力网水经过基本热网加热器加热后送入热力网，热电厂带基荷运行。如室外温度继续降低达到高峰热负荷时，把热力网水通过旁路送入调峰热水锅炉加热至设计温度，再送回热力网系统；当室外气温回升时，调峰热水锅炉停运。

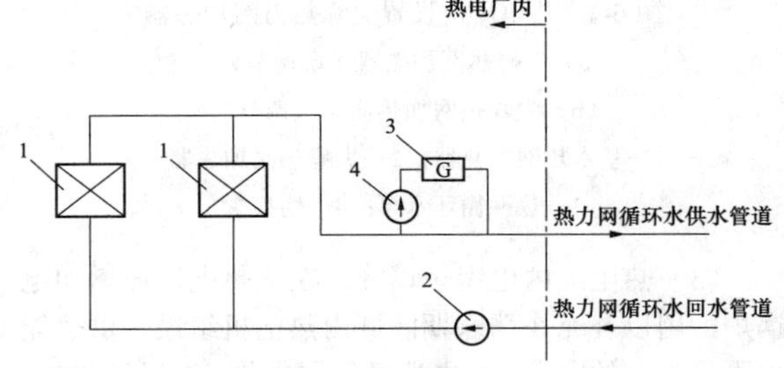

图 6-2　热电厂内设置调峰热水锅炉

1—基本热网加热器；2—热网循环水泵；
3—调峰热水锅炉；4—调峰旁路循环水泵

显然，这种类型的调峰热源加热的是供热系统主管网系统的水。调峰锅炉可以设单台或多台锅炉，可以燃煤或燃气。这种类型的调峰热源具有独立的热源，可以起到备用和调峰双重作用。

（2）尖峰热网加热器。采用热电机组除供暖抽汽外的蒸汽（例如高压加热器抽汽等）加热尖峰热网加热器来满足常规热电厂最大供热负荷与区域最大热负荷之间负荷的要求，通过牺牲部分时间段内热电机组的热效率来满足供热需求，而不额外增加大量的初投资。

如图 6-3 所示，热力网水经过基本热网加热器经旁通管进入城市供热主管网。如室外温度降低，机组供暖抽汽量不能满足外界热负荷需要的时候，通过启闭切换阀，使热力网水流经尖峰热网加热器加热至设计温度，再送入主热力网。当室外气温回升，尖峰热网加热器停运。尖峰热网加热器可以是单台或多台，其加热热源来自汽轮机蒸汽，不设独立的热源，只有调峰功能，不具有备用的功能。

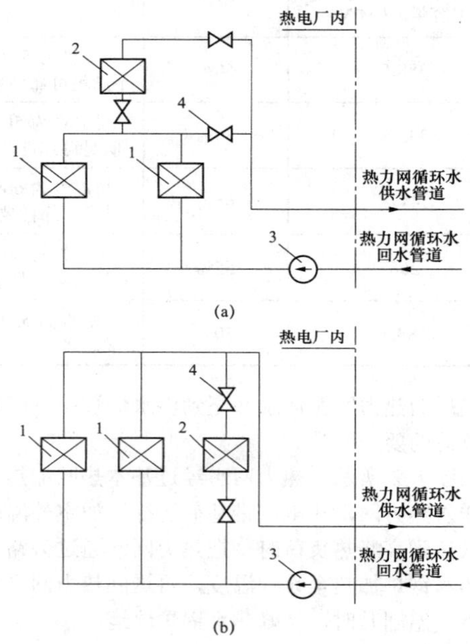

图 6-3　热电厂内设置尖峰热力网加热器

（a）尖峰热网加热器（质调节）；

（b）尖峰热网加热器（量调节）

1—基本热网加热器；2—尖峰热网加热器；

3—热网循环水泵；4—切换阀

（3）热电厂内电锅炉调峰。在原热电厂内增加电锅炉，用以补充在严寒期区域内热电机组最大供热能力不足部分的热负荷，电费是厂用电价，有经济优势。

如图 6-4 所示，在有些窝电（即不缺电）的地区，冬季热电厂运行时，发电量不容易消纳，可采用电锅炉进行调峰，或可采用蒸汽、电热分级调峰的方案。对应的运行示意图如图 6-5 所示。

2. 热电厂外调峰及备用热源

按照调峰热源在供热系统中的位置分类，热电厂外的调峰热源类型可以分为三类，如图 6-6 所示。

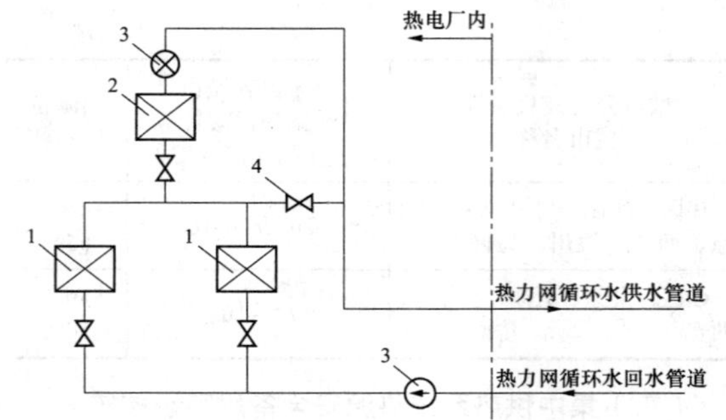

图 6-4　热电厂内采用电锅炉调峰

1—基本热网加热器；2—蒸汽尖峰热网加热器；

3—电调峰锅炉；4—热网循环水泵

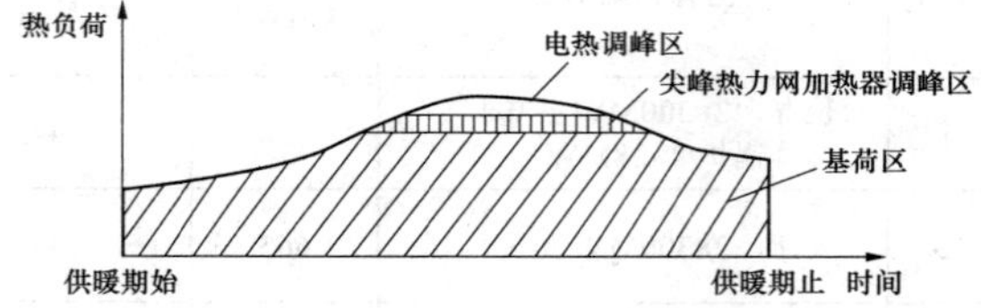

图 6-5　热电厂内采用电锅炉调峰运行区示意图

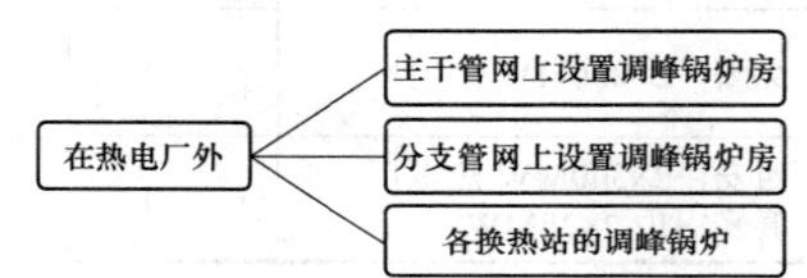

图 6-6　热电厂外调峰热源种类

（1）主干管网上设置调峰锅炉房。如图 6-7 所示，热力网水经过基本热网加热器从热电厂送出，进入城市供热主管网。当室外气温降低，达到需高峰热负荷时，关闭阀门使热力网水流经调峰锅炉加热至设计温度，送入城市供热主管网。当室外气温回升，调峰锅炉停运。这种类型调峰热源的投资方和运营方均是热力公司。显然，该调峰热源加热的是主干管线上的水，调峰锅炉可以是单台或多台，在供热系统上，类似的调峰锅炉房可以设置多处，可以燃煤或燃气，并兼有备用和调峰的双重作用。

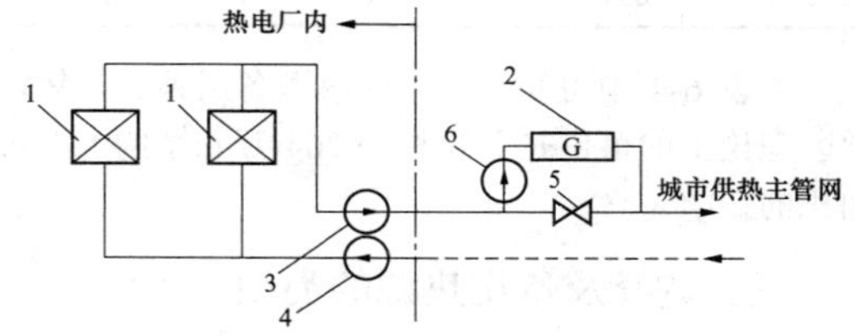

图 6-7　热电厂外主干管网上设置调峰锅炉房

1—基本热网加热器；2—调峰锅炉；3、4—热网循环水泵；

5—阀门；6—旁路调峰循环水泵

（2）分支管网上设置调峰锅炉房。如图 6-8 所示，热力网水经过基本热网加热器从热电厂送出进入城市供热管网。城市供热管网分几个分支管网区域，每个分支管网上设置一个调峰锅炉房，当室外气温降到需高峰热负荷时，分别开启分支管网上设置的调峰锅炉，把热水加热至设计温度送入各分支管网。当室外气温回升，调峰锅炉停运。这种类型调峰热源的投资和运营方均是热力公司。调峰热源加热的是流向某一区域的分支管网上的水。调峰锅炉可以新建，也可以利用原有小区的供暖锅炉。调峰锅炉可以与主热力网联网运行也可以在必要时与主热源切断，单独脱网运行。此类型调峰热源可燃煤或燃气，并有备用和调峰的双重作用。

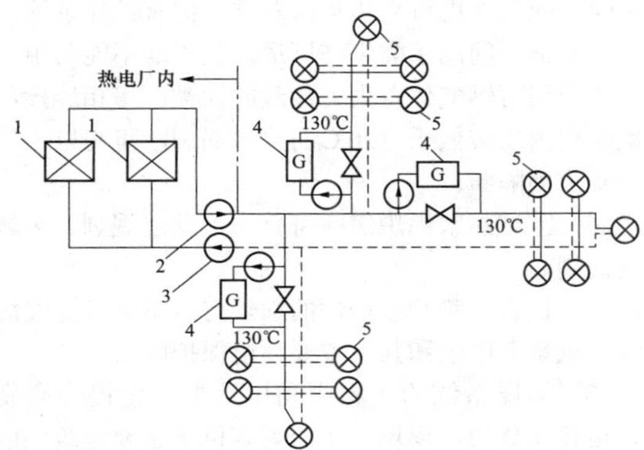

图 6-8 热电厂外分支管网上设置调峰锅炉房
1—基本热网加热器；2、3—热网循环水泵；
4—调峰锅炉；5—换热站

（3）各换热站的调峰锅炉。设置在各个换热站的调峰锅炉位置与图 6-8 类似，可以燃煤或燃气，但是，调峰热源加热的是二级管网的水。可以新建也可以采用原有的锅炉房。

（二）根据调峰及备用热源的类型分类

根据调峰及备用热源类型可分为热水锅炉、蓄热水罐、尖峰热网加热器。其中热水锅炉可以是燃煤热水锅炉、燃油热水锅炉、燃气热水锅炉、电锅炉；蓄热水罐可以分为常压蓄热水罐和有压蓄热水罐；尖峰热网加热器的型式可以是板式热网加热器或管式热网加热器。

影响在主热源内部或外部设置调峰热源的因素主要有以下几点：

（1）新建电厂周围是否有已经建成的可供调峰用的热源。在热电厂建成以前，一些城市为满足区域供热需要已建成一定数量和容量的锅炉房，建设热电厂时，应适当考虑保留一些容量较大、锅炉效率高、布局合理的锅炉房（交通运输方便，风向合理，局部地区如医院、国家机关对供热可靠性要求较高）作为供热系统的调峰锅炉。此时调峰热源的布局受到原有热源情况的影响。

（2）新建电厂周围没有可供调峰用的热源时，主要是从调峰热源与主热源综合经济效益和环境效益的角度考虑。对于经济效益占主要因素的城市，调峰热源的设置主要考虑如何使得总费用最低，可采用在一次网侧设置燃煤调峰热源的方案；在经济性与安全性相等的基础上，考虑环保效益时，在一次网侧设置燃气调峰热源的方案最佳。

第二节 热水锅炉设计

一、热水锅炉相关系统拟定原则

拟定热水锅炉系统时，必须满足下面几方面的要求：

（1）应能有效地燃烧所采用的燃料。

（2）应有较高的热效率，并使锅炉的功率、台数和其他性能适应热负荷变化的需要。

（3）应使基建投资和运行管理费用较低。

（4）燃油、燃气和煤粉锅炉后的烟道上，均应装设防爆门。防爆门的位置应有利于泄压，当爆炸气体有可能危及操作人员的安全时，防爆门上应装设泄压导向管，设置必要的安全阀、水封器及止回阀等保护装置，来保证运行的安全性和调解的可能性。

（5）锅炉房的水处理装置、除氧器和给水泵等辅助设备应按锅炉房工艺设计要求选用；对锅炉配套的送风机、引风机等辅机和仪表，均应符合工艺设计要求。

（6）保证供热的可靠性、系统调解的灵活性及设备检修的可靠性。主要设备要互用，次要设备要设置旁通管路，辅助设备因故障检修时不能影响主要设备的运行。设备前后都应有阀门，以便隔离进行检修。

（7）合理选用设备，其建造费用和维护费用要低，经济性高；系统管路尽量简化，满足工艺要求，设备控制尽量自动化。

锅炉房的水处理装置、除氧器和给水泵等辅助设备应按锅炉房工艺设计要求选用；与锅炉配套的送风机、引风机等辅机和仪表，均应符合工艺设计要求。

（8）对采用省煤器的热水锅炉应有直接向锅炉供水的旁路，循环水泵应装设再循环管等。

二、热水锅炉设备选型原则

供暖热负荷是热水锅炉选型时主要考虑的因素。计算热负荷应考虑所需供热区域的供暖用热负荷、室外管网热损失及锅炉房自用热量。

热水锅炉的形式有链条炉、循环流化床锅炉

(CFB)、煤粉炉三种。为了降低初投资，供暖用热水锅炉宜采用链条炉或循环流化床锅炉。热水锅炉供热系统示意图见图 6-9。

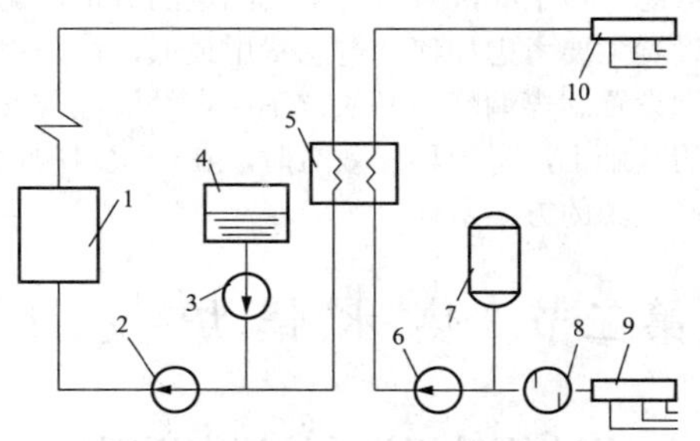

图 6-9 热水锅炉供热系统示意图

1—锅炉；2—给水泵；3—补给水泵；4—补给水箱；5—换热器；6—热网水泵；7—定压装置；8—除污器；9—集水器；10—分水器

链条炉最大单台容量为 70MW，循环流化床锅炉最大单台容量为 116MW。不同容量热水锅炉推荐选型方案见表 6-5。

表 6-5 不同容量热水锅炉推荐选型方案

锅炉容量（MW）	7～14	29～70	70～116
锅炉型式	轻型平底小鳞片链条炉排	横梁式炉排	循环流化床锅炉

选用层式（包括抛煤机链条式）燃烧设备时，宜采用链条炉排，结焦性强的煤种及碎焦屑，其燃烧设备不应采用链条炉排。

对容量大于 14MW 的热水锅炉应加装空气预热器。

设计时应考虑热水锅炉有可靠的清灰措施。符合国家环保、消防、劳动部门有关要求，有利于环境保护。

选择热水锅炉的容量与配置时应遵循以下原则：

（1）宜选用容量和燃烧设备相同的锅炉，当选用不同容量和不同类型的锅炉时，其容量和类型不宜超过两种。

（2）对于采用两台锅炉配置时，单台锅炉的容量应按照峰值热负荷的 70%确定。

（3）综合考虑采用锅炉不同配置时，锅炉、辅助系统及锅炉房的综合造价，以及运行和维护费用，以总费用最低为确定原则。

三、热水锅炉布置方案设计

热水锅炉房的布置首先应满足 GB 50041—2008《锅炉房设计规范》和 TSG G0001—2012《锅炉安全技术监察规程》的要求。

1. 热水锅炉房位置的选择

（1）靠近供热中心地区或靠近供热量最大的区域。应使热力管道的引出和室外管网的布置在技术经济上合理。

（2）交通方便，便于人与煤、灰车流分开；有较好的朝向，有利自然通风和采光。

（3）符合环保、卫生、防火要求和有关规定。减少烟尘和有害气体、噪声和灰渣对居住地区和主要环境保护区的影响。常年运行的热水锅炉房宜位于居住区和主要环境保护区的全年最小频率风向的上风侧，季节性锅炉房宜位于该季节盛行风向的下风侧。

（4）应该考虑将来热负荷发展，留有扩建余地。

（5）锅炉间属丁类生产厂房。锅炉房不能与甲、乙类和使用可燃气体有火灾危险的丙类厂房相连接，如锅炉房内安装低于 120℃的热水锅炉，可与以上厂房用防火墙隔断。

（6）区域热水锅炉房应符合城市发展规划、区域供热规划。

（7）设有沸腾炉或粉炉的锅炉房，不应设置在居住区、风景名胜区和其他主要环境保护区内。

（8）运煤系统的布置应利用地形，使提升高度小、运输距离短。煤场、灰渣场宜位于主要建筑物的全年最小频率风向的上风侧。

（9）热水锅炉额定功率大于等于 29MW 热水锅炉房及煤场周围宜设环形道路。

2. 锅炉房的布置

（1）锅炉房总体布置原则。

1）热水炉厂房一般由以下部分组成：

主厂房：包括锅炉间、煤仓间、风机除尘间、仪表控制间。

辅助间：包括水处理间、水泵水箱间、除氧间、化验间、检修间、材料库、日用油箱间、燃气调压间等。

生活间：包括办公室、值班室、更衣室、浴室、厕所、倒班宿舍等。

以上各间应根据锅炉房容量、建设地点、用热性质及管理部门的要求，按需要设置，尽量依托社会，避免小而全，节约占地面积，减少投资。

2）锅炉房辅助间、生活间一般可紧邻锅炉间一侧布置作为固定端，另一侧为扩建端。其地面标高应与锅炉间一致。

3）输煤系统的布置应利于地形，减少提升高度。在厂房一段布置应不影响将来扩建需要。贮油罐、油泵房及燃气调压站的设置应按现行国家标准 GB 50016《建筑防火规范》和 GB 50028《城镇燃气设计规范》要求，并应设在运输方便、与外管供气方便的位置。

4）锅炉房的柱距、跨度，应按建筑统一模数设计。

（2）锅炉房内的设备布置。锅炉间的主要设备是锅炉，一般最少两台，并列布置，根据气象条件可作露天、半露天和室内布置。当室内布置内煤仓时，锅炉前面对煤仓间布置；布置外煤仓时，锅炉可作炉前对煤仓间布置，也可作炉后对煤仓间布置，要经过方案比较确定。

露天布置的锅炉，要与生产厂家配合，应采取锅炉钢架承载和防风等措施，并在炉顶设小室，以便维护和检修。其缺点是冬季巡回检查不便，仪表要考虑防冻措施。

锅炉中心对正柱距中心，便于煤斗和给煤设备布置，同一锅炉间同期工程锅炉布置应完全一致和对称，如炉前距厂房柱子距离、每台炉间距等，以便管道布置的整齐和附属设备布置的统一，如送风机一般按顺序布置在锅炉一侧等。

锅炉间跨度要根据锅炉容量和形式确定，同时还应考虑以下因素：

1）炉前、炉后设备的布置要求留有运行和检修必要通道和场地。

2）炉后烟道引出的方便。

3）炉前、炉后 0m 设备，土建柱基础及沟道布置。

4）扩建后的炉型与本期炉型的统一性。

5）锅炉房跨度可参考表 6-6。

表 6-6　　锅 炉 房 跨 度

锅炉容量（MW）	7～14	29～58	116
跨度（m）	18	21	24

6）炉前、炉后、炉两侧的净距，不应小于现行国家标准 GB 50041《锅炉房设计规范》中有关规定。

7）化验室应布置在采光较好、噪声和振动影响较小处，并使取样操作方便。

8）单层布置锅炉房的出入口不应少于 2 个，当炉前走道总长度不大于 12m，且面积不大于 $200m^2$ 时，其出入口可只设 1 个。多层布置锅炉房各层的出入口不应少于 2 个。楼层上的出入口，应有通向地面的安全通道。

9）锅炉通向室外的门应向外开启，锅炉房内的工作间或生活间直通锅炉间的门应向锅炉间内开启。

10）工艺布置应保证设备安装、运行、检修安全和方便，使风、烟流程短，锅炉房面积和体积紧凑。

11）锅炉操作地点和通道的净空高度不应小于 2m，并应满足起吊设备操作高度的要求。在汽包、省煤器及其他发热部位的上方，当不需要操作和通行时，其净空高度可为 0.7m。

12）锅炉与建筑物之间的净距，应满足操作、检修和布置辅助设施的需要，并应符合表 6-7 中的规定。

表 6-7　　锅炉与建筑物之间净距要求

锅炉容量（MW）	7～14	29～58	116
炉前净距（m）	＞4.0	＞5.0	＞5.0
炉侧炉后通道净距（m）	＞1.5	＞1.8	＞2.0

13）对于燃气热水锅炉的天然气管道布置要遵循 DL/T 5204《火力发电厂油气管道设计规程》中关于天然气管道布置的要求，宜采用架空布置或管道直埋，不应采用地沟敷设。天然气系统应设置置换气体的接口，以供系统启停及检修时使用。

14）厂内调压站宜半露天布置，各支路挂电脑平行布置，管道间净距 0.7～1m，管道外壁距离地面应大于 0.6m，可采用地面支墩支撑管道和阀门。

15）输气管道跨越道路、铁路的净空高度应符合表 6-8 的规定。

16）天然气管道布置应设置坡度。顺气流方向时，管道坡度应不小于 0.003，逆气流方向时，管道坡度应不小于 0.005。

17）直埋天然气管道应进行防腐处理，并设置检漏措施。

18）天然气管道排气放散管、安全阀释放管应接至放散竖管排入大气，不得就地排放。

19）天然气调压站放散竖管或放散塔应设在围墙外，距离围墙应不小于 10m，其出口高度应比附近建筑物屋面高出 2m 以上，且总高度不低于 10m。

表 6-8　　输气管道跨越道路、铁路的净空高度（m）

道路类型	净空高度
人行道路	2.2
公路	5.5
铁路	6.0
电气化铁路	11.0

（3）锅炉房内各层布置要求。

1）一般根据锅炉生产厂家的炉型和容量，提出推荐标高，有条件时应优先按厂家提供标高选用。如因某些条件改变厂家推荐的标高，应及时与生产厂家取得联系。

2）当锅炉房内设置两种以上炉型和容量的锅炉时，锅炉房会出现两个不同高度的运转层，此时应设坡度较小的运输坡道和联络梯。

3）锅炉间运转层设备的布置：运转层炉前布置有锅炉给煤装置；炉侧应留有省煤器检修抽管子的空间；给水操作台无论布置在炉前、炉侧、炉后均应留有一定的操作空间；汽、水取样冷却装置布置在炉侧或炉后，应保证取样的方便；炉顶应该设电动葫芦，供检修时吊装保温材料和阀片等用。

4）两炉之间应设置1～2层联络通道，可选择在汽包水位计、压缩空气吹灰层等来往较多的适当高度连接方便处。另外，锅炉本体与传送带层以两台锅炉设置一个通道为宜。

5）检修场地和起吊孔。锅炉房一般在固定端运转层平台有一个柱距以上的空地，可作为检修时放材料之用或设为备用，并在此处靠近炉后或对应锅炉房起吊设施下方设置起吊孔，较多为2m×2m，其周围可设栏杆，或铺设钢盖板，当吊装设备和材料时可临时掀开。

6）锅炉房屋架下弦标高的去顶要满足运行、检修和安装的需要。锅炉在室内安装时，屋架下弦标高首先要按汽包起吊所需高度计算。

安装采用“Γ”型起重机或扒杆时均应进行详细计算。采用“Γ”型起重机时，除应考虑起重机本身横臂高、拖拉绳距横梁高度以及吊钩中心至下梁及绑绳高度外，还应在屋架下方及吊装物处各留大于200mm的裕量。采用扒杆吊装时，其屋架下弦高度应考虑扒杆工作旋转高度、滑轮高度、吊钩至滑轮以及绑绳至吊装物高度，同样应留有裕量。

7）锅炉房底层布置有一次风机、送风机和电缆沟、管沟及灰（渣）沟等。炉前底层应有足够的检修运输通道，炉后应有通向除尘器和引风机室的通行门。各沟道应统一布局，合理安排，避免相交处碰撞和相互干扰。风机布置应考虑风道连接的方便，以及自身维护的方便，必要时应设检修、维护平台。

（4）锅炉房外侧布置。锅炉房外侧有除尘器、引风机室和烟囱，要与锅炉房内布置统一考虑，统筹安排。

除尘器要与每台锅炉对应布置，考虑烟道连接的方便和阻力最小；根据地区的不同，引风机可选择在室内或室外布置；数台锅炉共用一座烟囱时，烟囱布置在数台炉中部。

由锅炉引出的烟道可以地下或地上布置，除尘器出口至引风机入口的烟道均采用地上布置。

四、工程实例

（一）实例一

以某热电联产项目安装1台116MW循环流化床热水锅炉作为调峰热源为例，对锅炉燃烧系统、热力系统、运煤系统、除渣系统等工艺系统的拟定进行说明并附以布置图作为参考。

1. 主机技术规范

主机技术规范见表6-9。

表6-9 主机技术规范

序号	名 称	单位	数值	备 注
1	锅炉额定热功率	MW	116	
2	额定出水压力	MPa	1.6	表压
3	额定出水温度	℃	130	
4	额定进水温度	℃	70	
5	额定循环水量	t/h	1680	
6	锅炉保证热效率	%	≥90	按低位发热值
7	脱硫效率	%	≥90	按钙、硫摩尔比为2考虑
8	分离器效率	%	99.5	
9	排烟温度	℃	≤140	
10	炉膛出口NO_x排放浓度	mg/m^3	＜200	标准状态
11	空气预热器进风温度	℃	20	

2. 主要工艺系统流程

（1）燃烧系统。原则性燃烧系统图如图6-10所示。

根据煤质资料，要求燃料粒径不大于10mm，此粒度通过厂内输煤一级破碎来实现。

每台炉设置3个有效容积140m^{3}的煤仓，任意2个煤仓所储煤量能够保证锅炉在额定负荷下运行8h。

每台炉设有3台给煤机，每台对应一个煤仓，每个原煤仓的出口分别对应1台皮带称重给煤机，给煤机为电子称重式皮带给煤机。本系统采用炉前给煤，正常情况下每台给煤机可带50%负荷运行。任意2台给煤机的给煤量均可满足锅炉满负荷运行。

每台炉设1台送风机和1台一次风机，每台炉还设有2台引风机，2台用于返料装置的高压流化风机和1台石灰石输送风机。一次风压力较高，经一次风机升压后通过空气预热器升温后在炉膛下部的布风板进入炉膛。它既要保证床上的燃料充分的悬浮流化，又要保证一定的燃烧用空气量。二次风来自送风机，经空气预热器加热后在布风板上方进入炉膛。额定负荷时，一次风率约为55%，锅炉采用低温燃烧，以降低空气中氮向NO_x转化的生成量，并采用分股送风，以控制燃料中氮向NO_x转化的生成量。

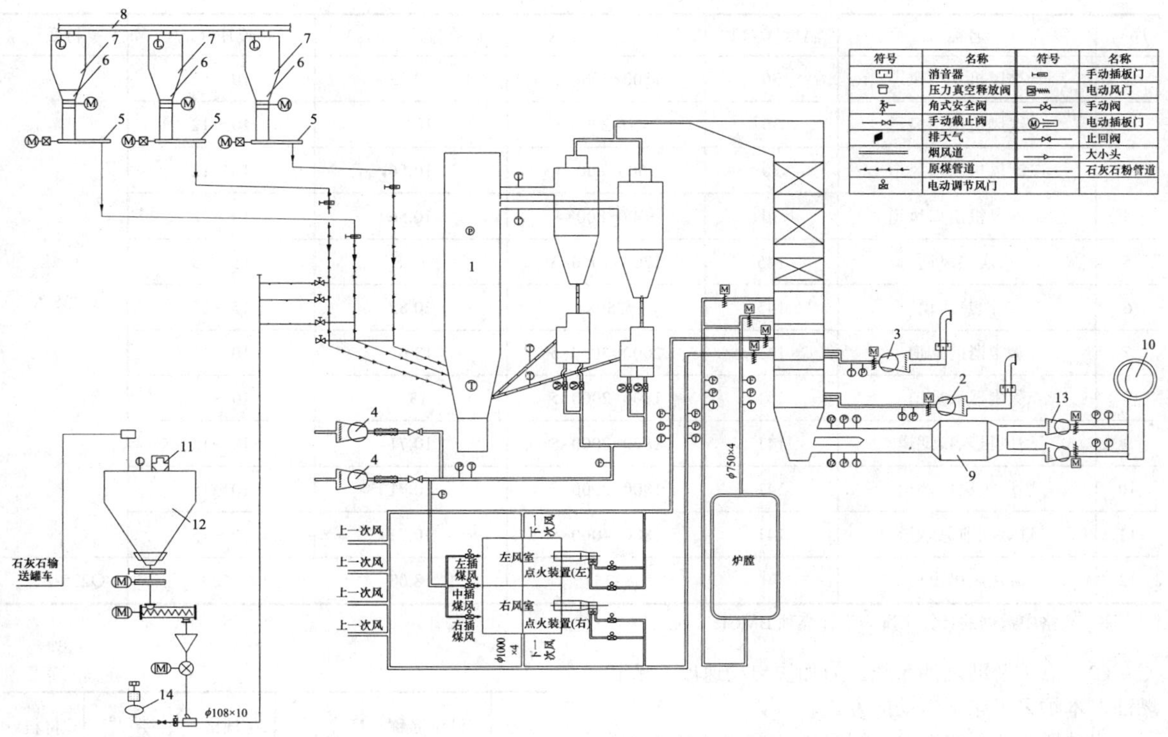

图 6-10　原则性燃烧系统图

1—循环流化床热水锅炉；2—一次风机；3—二次风机；4—高压风机；5—称重式皮带给煤机；6—煤斗导流疏通装置；7—原煤斗；8—皮带式输煤机；9—除尘器；10—烟囱；11—脉冲布袋除尘器；12—石灰石储料仓；13—引风机；14—石灰石粉输送机

脱硫剂采用石灰石，以气力输送方式直接进入锅炉。每台炉设有 1 个有效容积为 100m^3 石灰石料仓，每个料仓内石灰石粉量可以满足锅炉满负荷运行 72h。

石灰石料仓出料口下设有 1 台石灰石螺旋给料机，一个气密式旋转给料阀，与石灰石输送风机一起组成一套石灰石给料系统。一套系统的输送能力能满足锅炉满负荷运行所需的石灰石耗量。

外购成品石灰石粉由气力输送罐车运至厂内，并打入石灰石料仓。石灰石粉的粒径要求小于 1mm，在石灰石送粉管道接一路压缩空气管道保证输送通畅。

由于送风机、一次风机均无备用，因此要求采购性能好、运行稳定可靠、检修周期长的优质产品。

每台炉配一台布袋除尘器，设置一座高 100m、出口直径 3.5m 的烟囱。

1）燃烧系统计算结果见表 6-10。

2）燃烧系统管径见表 6-11。

表 6-10　燃烧系统计算结果

序号	名称	单位	设计煤质	校核媒质
1	锅炉水循环量	t/h	1680	1680
2	锅炉实际燃煤量	t/h	28.12	27.74
3	空气预热器入口风温	℃	30	30
4	空气预热器出口风温	℃	140	140
5	空气预热器出口烟温	℃	145	145
6	理论空气量	m^3/kg	4.41	4.55
7	过量空气系数		1.2	1.2
8	实际烟气量（除尘器出口）	m^3/s	158635	171405
9	除尘器出口排烟温度	℃	138	138
10	一次风总量	kg/s	27.5	28.5
11	二次冷风总量	kg/s	24.3	25.1
12	石灰石实际耗量	t/h	1.1	1.0

注　理论空气量和实际烟气量（除尘器出口）均为标准状态下数值。

表 6-11　　燃 烧 系 统 管 径

序号	名称	温度（℃）	管道规格（mm）	计算流速（m/s）	推荐流速（m/s）	材质
1	一次风机入口风道	30	1500×2000×3	10.33	10～12	Q235-A
2	一次风机出口风道	30	1500×2000×4	10.33	10～12	
3	二次风机入口风道	30	1600×800×3	10.56	10～12	
4	二次风机出口风道	30	1600×800×4	10.56	10～12	
5	一次热风道	145	1200×1000×3	17.8	15～25	
6	二次热风道	145	ϕ750×4	20.82	15～25	
7	除尘器前烟道	145	2000×3000×5	13.67	10～15	
8	除尘器后烟道	141	1800×2000×5	13.2	10～15	
9	引风机入口烟道	141	1800×2000×5	10.71	10～15	
10	引风机出口烟道	141	1800×2000×5	10.71	10～15	
11	进烟囱前总烟道	141	1800×4000×5	10.71	10～15	
12	流化风机出口	70	ϕ325×5	18.08	＜20	Q235-A.F

注　表格中数据的计算工况为设计煤种 BMCR 工况。

（2）点火及助燃油系统。为加快启动速度、节省燃油，本炉采用床下启动的方式。

启动燃烧器采用简单机械雾化。锅炉采用轻油雾化及点火方式，点火方式为高能电弧点燃轻油的二级点火。点火及助燃油可由老厂储油罐的供油系统提供。

（3）脱硝系统。循环流化床锅炉是一种具有低氮燃烧效果的锅炉，可以有效控制 NO_x 的排放，循环流化床锅炉在不投入脱硝系统的烟气 NO_x 排放量小于 200mg/m^3（标准状态下）。根据 GB 13271—2014《锅炉大气污染物排放标准》要求，NO_x 排放量指标为 300mg/m^3（标准状态下），热水炉出口氮氧化物浓度满足环保要求。

（4）热力系统。

1）热力网水系统流程。热力网循环水量约 2835t/h，共安装 2 台热网水泵（2 台运行，0 台备用），每台热网水泵出力约 1600t/h。

热网循环水泵的作用就是将供暖区的回水（55℃）送到热网加热器中加热至 90℃的热水，再将热水送往热用户。通过热网加热器将锅炉供出 130℃的热水减至 70℃，利用锅炉循环水泵将 70℃的水送回锅炉内。热力网水系统流程见图 6-11。

2）热力系统管道规格见表 6-12。

表 6-12　　热 力 系 统 管 道 规 格

序号	管道名称	流量（t/h）	规格	流速（m/s）	材料
1	锅炉供水	1653.5	ϕ530×11	2.3	20 号钢
2	锅炉回水	1653.5	ϕ530×11	2.3	20 号钢
3	供暖供水	2835	ϕ630×9	2.66	Q235-A
4	供暖回水	2835	ϕ920×13	1.24	Q235-A

（5）运煤系统见图 6-12。由于该系统作为现有供热机组的备用系统，因此不考虑新建卸煤系统，采用厂内汽车或推煤机倒运的方式卸煤。1 台 116MW 循环流化床锅炉日耗煤量约为 618.64t，自卸汽车载重质量按 20t 计算，日平均倒运次数为 31 车次。厂内储煤利用热电厂现有储煤场，用煤通过汽车直接从现有储煤场倒运到本工程上煤地下煤斗入口处，本工程上煤设置有 2 座地下煤斗，每个受煤斗出口给煤设备采用 1 台出力为 0～120t/h 的振动给煤机。

（6）除灰渣系统。

1）除渣系统。本工程厂内除渣系统推荐采用滚筒冷渣器加刮板输送机及斗链提升机至渣仓方案（见图 6-13）。1 台循环流化床锅炉配 2 台滚筒冷渣器，通过老厂除盐水管网来水将底渣冷却到 150℃。每台冷渣器下设有两个落渣口，分别通过两套刮板输送机和斗式提升机将底渣输送至渣库。斗式提升机和渣库紧靠锅炉房布置。

底渣输送系统的设计出力按燃用设计煤质在锅炉 BMCR 工况下渣量的 250%考虑，同时满足校核煤质 200%的设计出力。每台刮板输送机出力暂定 16t/h，共设 2 台。

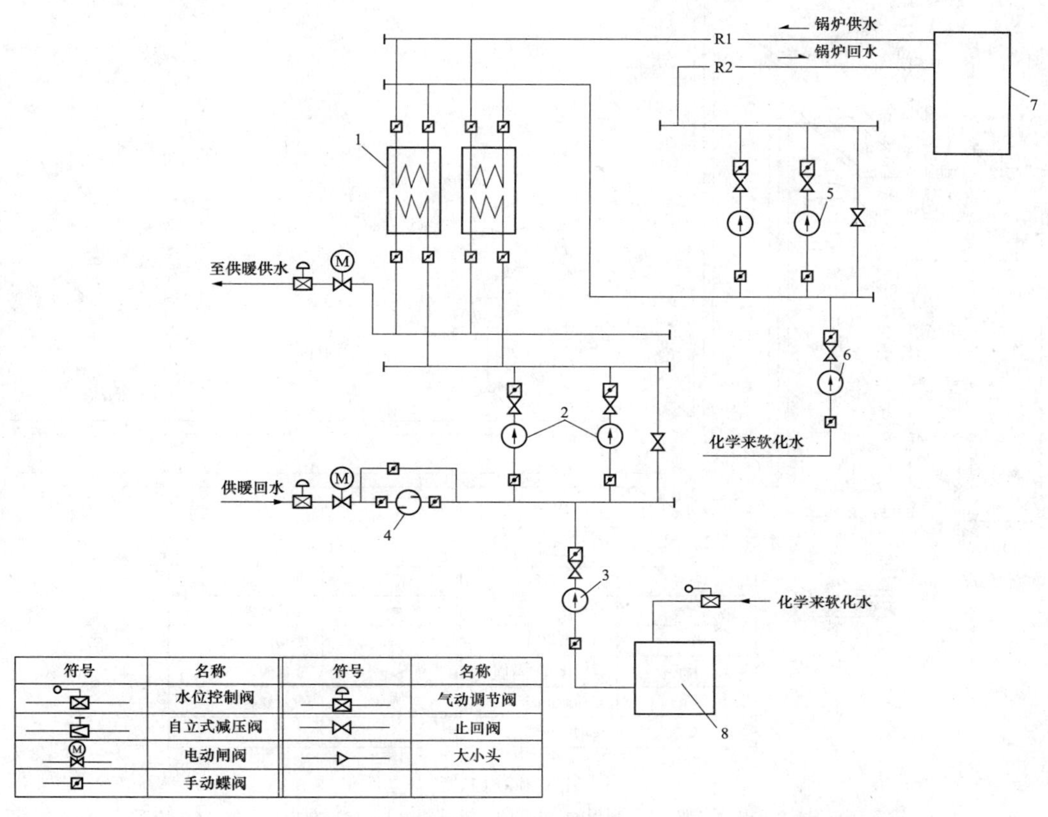

图 6-11　热力网水系统流程

1—波节管换热器；2—热力网循环水泵；3—热力网补水泵；4—滤网；5—锅炉循环水泵；6—锅炉补水泵；7—热水锅炉；8—热力网补水箱

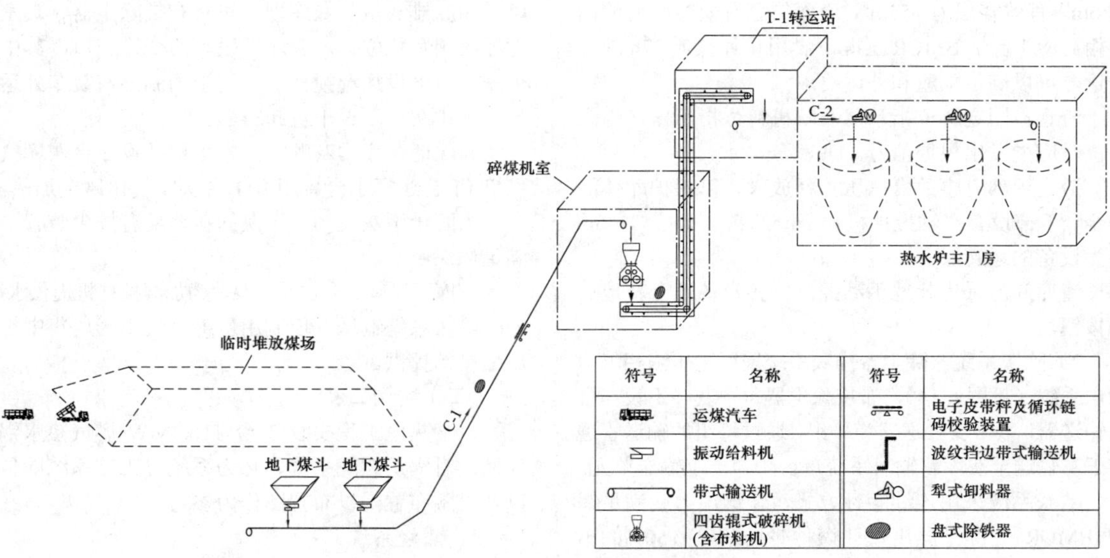

图 6-12　运煤系统

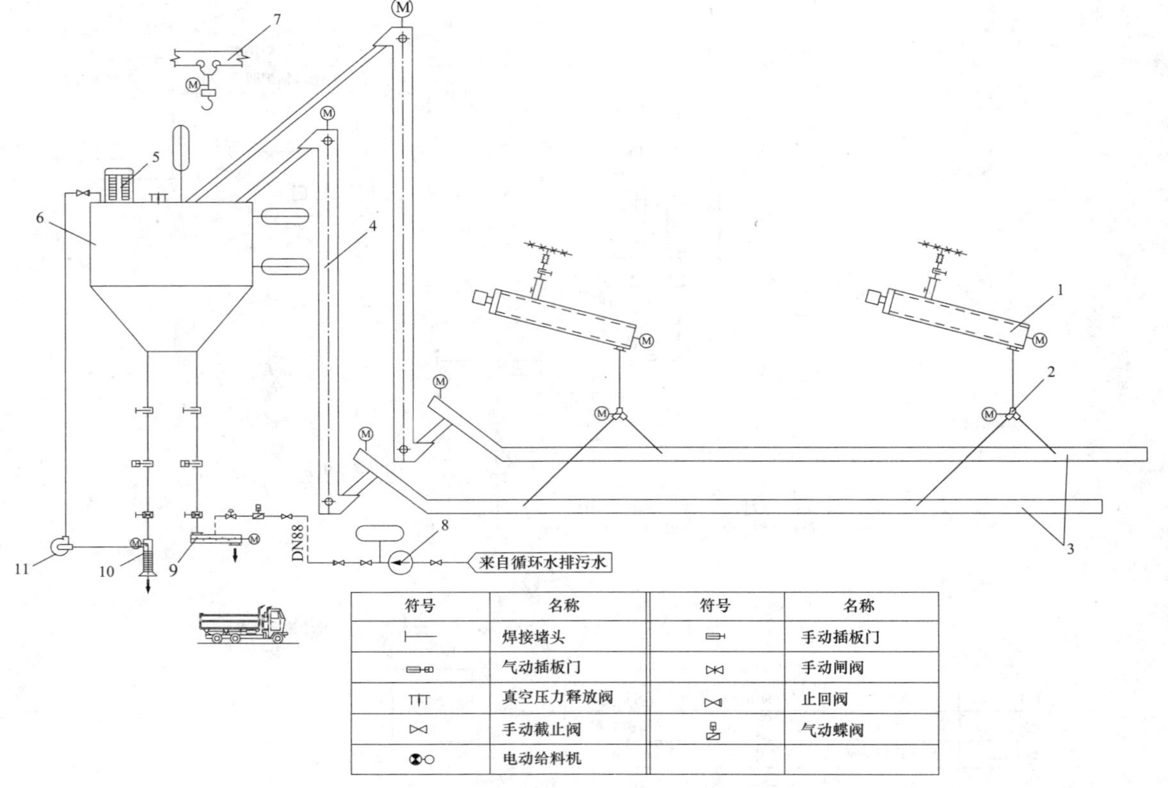

图 6-13 除渣系统

1—滚筒冷渣器；2—电动三通；3—刮板输送机；4—斗式提升机；5—布袋除尘器；6—渣库；7—电动葫芦；8—供水泵；9—加湿搅拌机；10—干灰散装机；11—排尘风机

1 台循环流化床锅炉设置 1 座渣库，每座渣库直径 6m，有效容积为 155m^3。渣库的总有效容积能够储存相对应 1 台炉 BMCR 工况下燃用设计煤质 27h 的排渣量，可以满足除渣和外运要求。

渣仓设固定料位指示器及随机料位指示器，当高料位时应能发出报警信号。

渣仓顶部有事故真空压力释放阀，以保护库体的安全。下部设有双轴搅拌机和干渣卸料 2 个接口，5m 层为设备的运转层。

渣库卸渣采用就地手动控制，各设备设有就地启停按钮。

2）除灰系统。除尘器排灰系统采用正压浓相气力输送系统（见图 6-14），布袋除尘器每个灰斗下设一台灰输送器，多个灰输送器为一组，通过每组的输送管道将干灰输送至灰库。输灰系统每台炉为一个输送单元。

除灰系统采用连续运行方式，输送出力应满足锅炉 BMCR 工况下燃用设计煤种时排灰量 150%的出力，同时应满足燃用校核煤种时的输送要求，并留有 120%的出力，所以每台炉输送出力应不小于 15t/h。

1 台循环流化床锅炉共设 1 座灰库，灰库直径 8m，有效库容 320m^3，灰库容可满足 BMCR 工况燃用设计煤质 36h 排灰量。灰库顶部设有布袋除尘器、真空压力释放阀及料位计。灰库下设有两个排灰口，其中一个排灰口下设加湿搅拌机，用于调制湿灰装车外运，另一个排灰口下设干灰卸料器。

为保证灰库排灰顺畅，本工程共设 2 台灰库气化风机（1 台运行 1 台备用），1 台灰库气化风电加热器。

为防止干灰飞扬，干灰卸料器配有排尘装置，以满足环保要求。

灰库下设有 2 台加湿水泵，为加湿搅拌机提供水源。

除灰系统输送、控制用压缩空气由老厂集中空气压缩机站提供。

（二）实例二

以某热电工程安装 3 台 116.3MW 燃气热水锅炉为例，对锅炉燃烧系统、热力系统等工艺系统的拟定以及设备布置附以布置图作为参考。

1. 燃烧系统

燃烧系统如图 6-15 所示。

（1）图 6-15 所示为一台炉的燃烧系统；

（2）设计界限以及虚线内不在本设计范围。

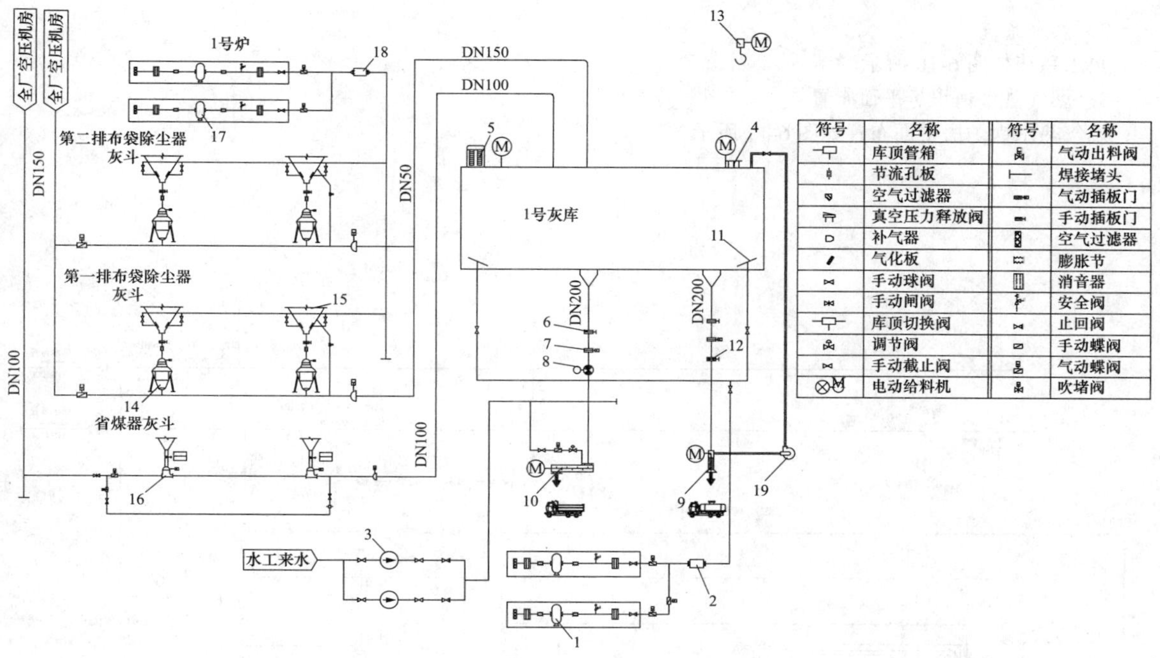

图 6-14　除灰系统

1—灰库气化风机；2—灰库气化风加热器；3—加湿水泵；4—真空压力释放阀；5—灰库布袋除尘器；6—手动插板门；7—气动插板门；8—电动给料机；9—干灰散装机；10—加湿搅拌器；11—气化板；12—手动流量调节阀；13—电动葫芦；14—布袋除尘器灰斗输送器；15—布袋除尘器灰斗；16—省煤气灰斗输送器；17—灰斗气化风机；18—灰斗气化风机加热器；19—排尘风机

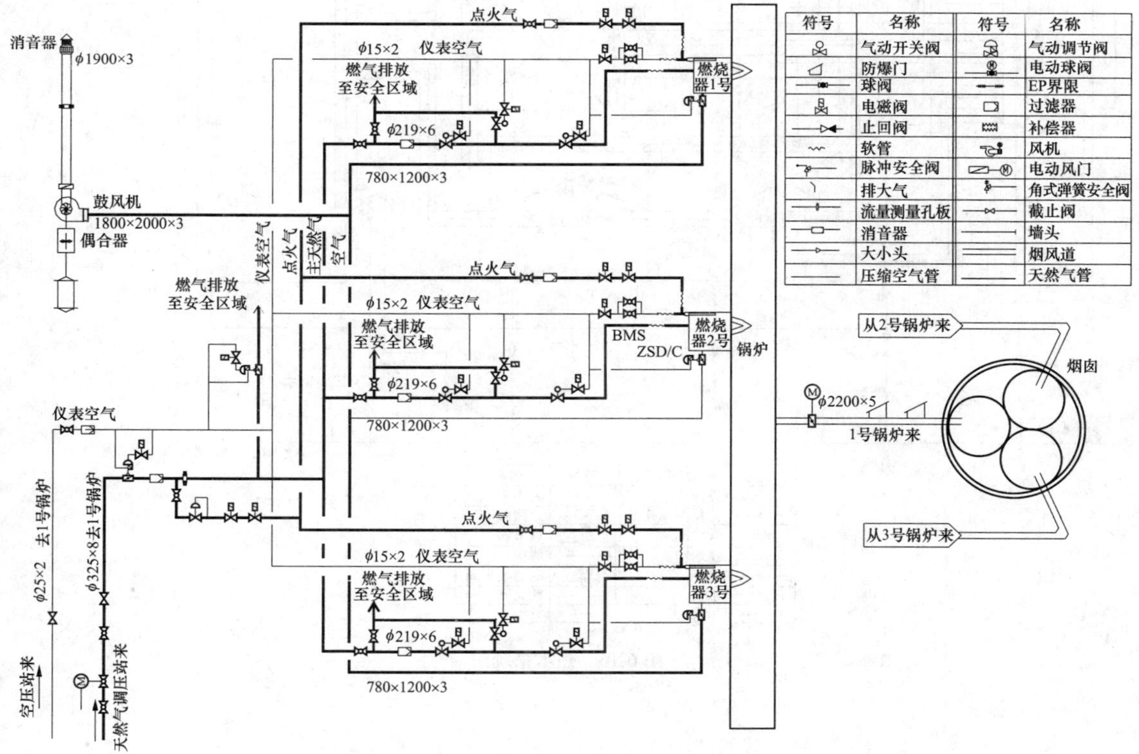

图 6-15　燃烧系统图

2. 热水系统

热水系统如图 6-16 所示。

3. 燃气热水锅炉房平面布置

燃气热水锅炉房平面布置如图 6-17 所示。

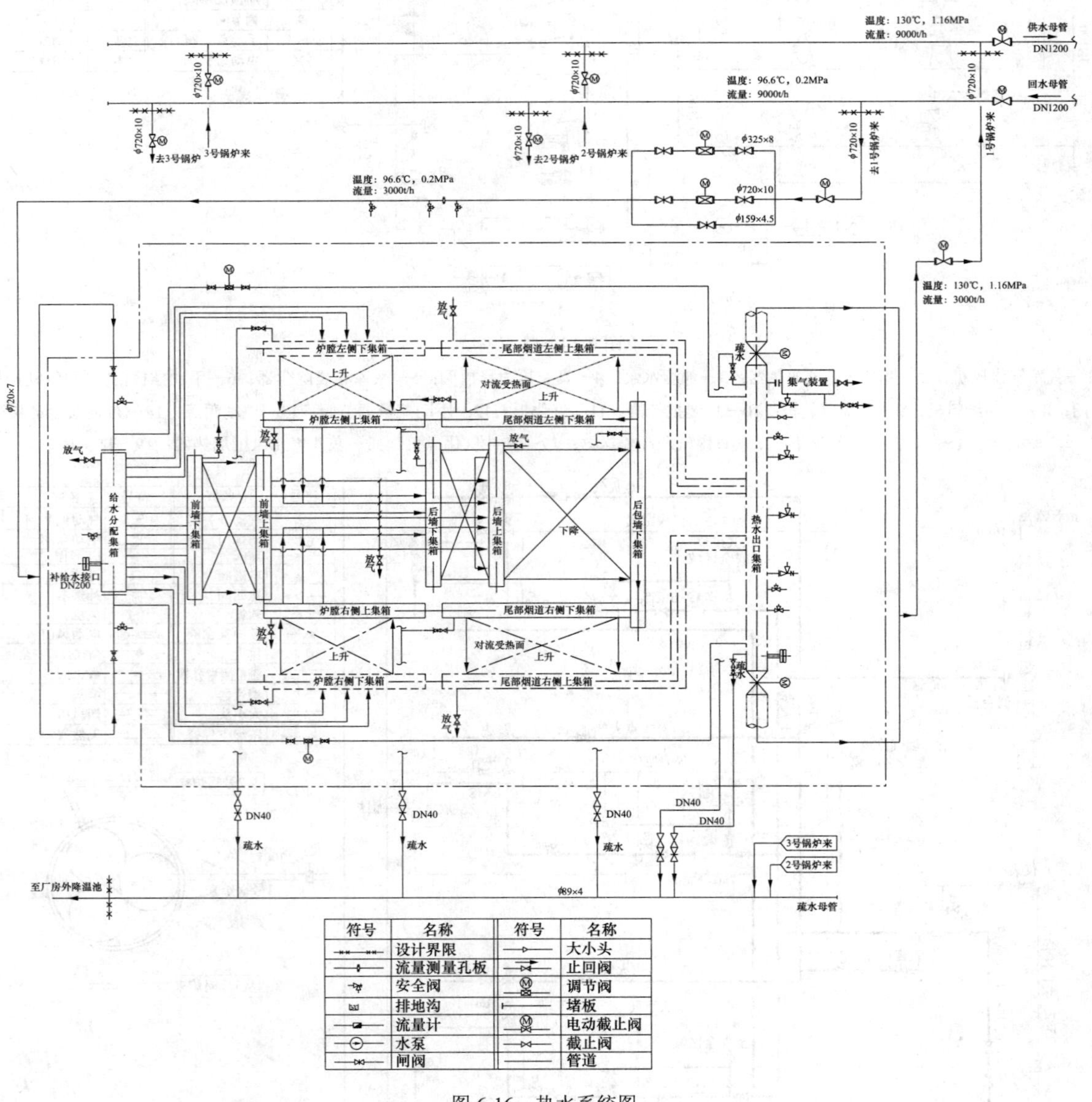

符号	名称	符号	名称
	设计界限		大小头
	流量测量孔板		止回阀
	安全阀		调节阀
	排地沟		堵板
	流量计		电动截止阀
	水泵		截止阀
	闸阀		管道

图 6-16　热水系统图

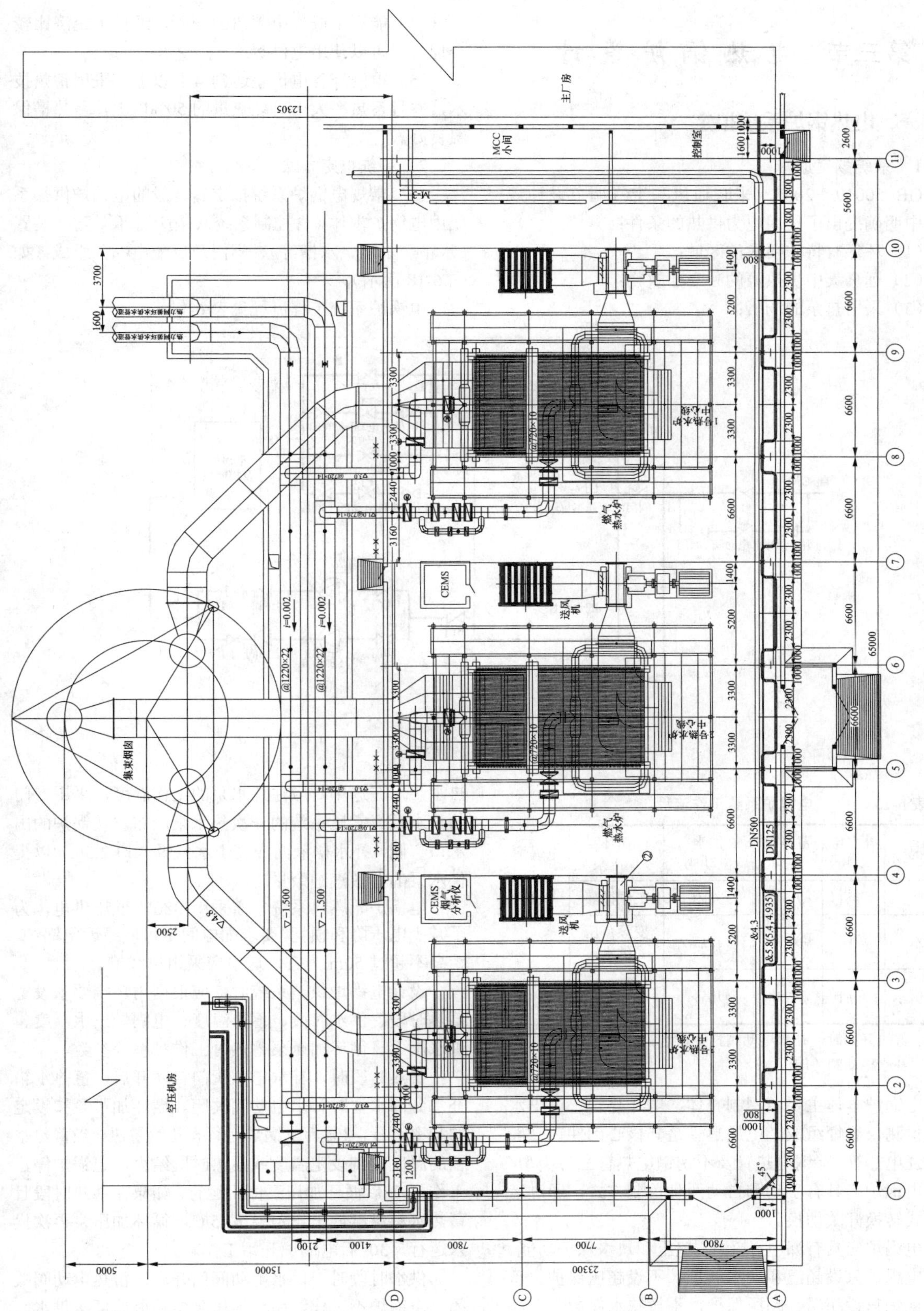

图 6-17　燃气热水锅炉房平面布置图

第三节 电热锅炉设计

一、电热锅炉系统拟定

1. 系统拟定原则

GB 50019—2003《采暖通风和空气调节设计规范》中明确提出了使用电力供热的条件：

（1）环保有特殊要求的区域；

（2）远离集中供热源的独立建筑物；

（3）采用热泵的场所；

（4）能利用低谷电蓄热的场所，经技术经济比较合理时，可以使用电供暖；

（5）电网峰谷电价差达到 4:1 以上，采用蓄热技术，并且蓄热率大于日耗热量的 50%以上，蓄热槽保温良好。

2. 系统拟定方法

（1）常规电锅炉系统拟定。一般的电锅炉供热系统由电锅炉本体（含控制系统）、循环水泵、蓄热装置（水箱、水池、水槽等）、阀门及供配电部分组成（如图 6-18 所示）。

电锅炉系统工程流程见表 6-13。

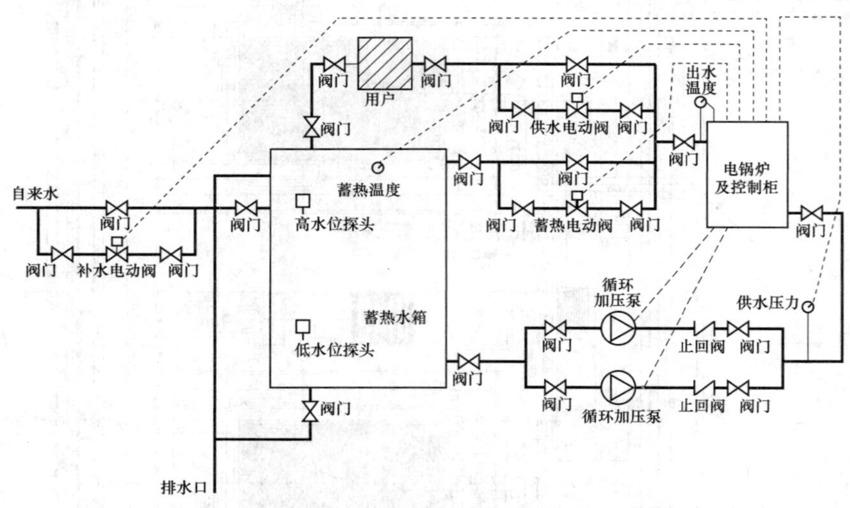

图 6-18 常规电锅炉系统

表 6-13 电锅炉系统工作流程

工况	补水电动阀	蓄热电动阀	供水电动阀	循环加压泵	电锅炉
蓄热	开启	开启	关闭	工频循环	运行
供水	关闭	关闭	开启	变频恒压供水	停止
直接供水	开启	关闭	开启	变频恒压供水	运行

注 蓄热开始时，补水电动阀打开，水箱补水至高水位时，补水电动阀关闭。

电锅炉本体主要由钢制壳体、电加热管、进出水管及检测仪表灯组成。电加热管是其核心部件，一般有陶瓷电热管、碳钢电热管及不锈钢电热管三种类型。

电锅炉应具有手动和自动两种控制方式，通过运行方式转换开关切换。

电锅炉应具有漏电、超温、超压和缺水保护功能。常压电锅炉只设超温和缺水保护，不设超压保护。承压电锅炉只设超温、超压保护，不设缺水保护。

电锅炉供热系统的循环水泵分一次热水泵和二次热水泵，在选用时应注意水泵的工作温度，采用专门的热水泵。常压系统的一次热水泵应布置在锅炉的出水口一侧，补水槽液面应高于水泵吸入口 2.5m，以提供水泵的有效汽蚀余量。

电锅炉无燃料系统，需采用 380V 低压供电，为了减少电压降和损耗，要求配电间尽可能靠近电锅炉，距离不超过 50m 为宜，送电应采用母线槽。

设计电锅炉供暖系统时，应根据用户端要求设定蓄热时段、供水时段、蓄热温度、电锅炉出水温度、供水压力、循环加压泵蓄热时工作频率等参数。

蓄热时段时，补水电动阀门自动开启，蓄热水箱补水到高水位时补水电动阀关闭。循环加压泵按设定的频率运行，30s 后电锅炉运行，开始蓄热。当蓄热水箱的温度达到设定温度或蓄热时段结束，电锅炉停止工作，60s 后循环加压泵停止运行。如果在蓄热时段且蓄热水箱温度低于设定温度 5℃，循环加压泵再次投入运行，30s 后电锅炉开始工作。

供水时段时，供水电动阀门开启，蓄热电动阀关闭，电锅炉不工作，循环加压泵变频调速恒压供水。供水时段补水电动阀应保持关闭，不进行补水操作，以免向用户供应冷水。

通常情况下为了提高蓄热水槽的利用率、降低造价，蓄热水槽宜采用圆形。圆形筒体直径和高度比宜为 0.35～0.6。

蓄热水槽的容量按式（6-1）计算

$$V = Q_{ar} K_a / (\Delta t_2 \eta_s \times 1.163) \tag{6-1}$$

式中　Q_{ar} ——日总热负荷平均值，kW·h；

K_a ——热损失附加率（1.1～1.2）；

Δt_2 ——二次热水侧设计温差，℃；

η_s ——蓄热效率（与水槽结构有关）。

蓄热水槽要做好保温，尽量减少热量的损失。蓄热水槽的工作温度宜设为 40～95℃，表面热损失不应大于 47W/m^2，宜采用聚氨酯发泡成形硬保护层，在室内情况下保温厚度宜不小于 50mm，在室外情况下保温厚度宜不小于 70mm。保温层外要做保护层，可采用铝板或不锈钢板做保护层。

（2）固体蓄热式电锅炉系统拟定。目前电锅炉一般采用供暖蓄热的设计方案，在电网低谷的廉价电费时段进行蓄热作业，在供暖负荷高峰时将所蓄热量进行释放。

固体蓄式电锅炉是利用夜间（22 时至次日 5 时）电网低谷时段的低价电能，在 6～8h 内完成蓄热，将电能转换成热能并贮存，并以热水为介质均匀地将热量释放到全天 24h。太阳能集热机组可以利用白天太阳能的热辐射能量给系统进行能量补充。而风能作为分散性能源可通过风机机组全天性地给系统进行热补充。

目前市场上的固体蓄热式电锅炉系统有传统和新型两种（见图 6-19）。

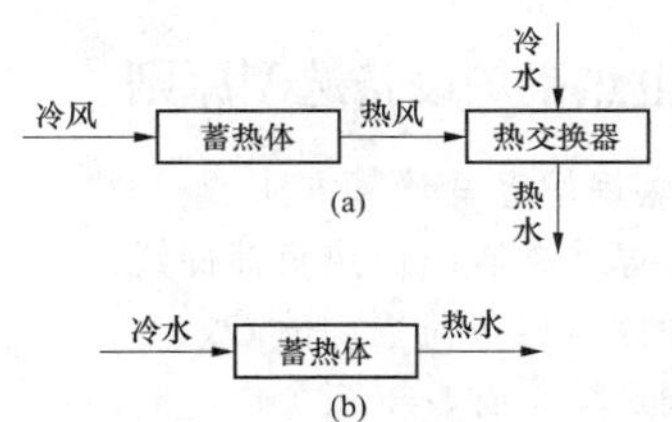

图 6-19　固体蓄热式电锅炉工作原理

（a）传统固体蓄热电锅炉；（b）新型固体蓄热电锅炉

传统固体蓄热式电锅炉使用风与蓄热体换热，由风机驱动循环风与蓄热体换热后，将热量传递给供热系统中的水。

新型固体蓄热式电锅炉使用水直接与蓄热体换热，减少了热量的转换，从而提高热效率 5%～10%，减少了运行费用。同时由于减少了风机、风道等大型设备，也使成本有效降低。

新型固体蓄热式电锅炉的供热系统工作流程如图 6-20 所示。

（1）在谷电运行时段启动运行电蓄热装置，当蓄热体内部温度达到设定上限温度时加热元件停止加热，当低于设计下限温度重新启动加热元件。

（2）当供暖用户需 24h 运行时，一次循环泵和二次循环泵应同时 24h 运行，当供暖用户仅白天需要供热时，一次循环泵和二次循环泵可在下班后停止运行，为保证供暖用户上班（上课）时的室内温度，应比正常上班（上课）时间提前 2～3h 供热，使室内温度达到设置温度。

（3）一次循环泵和二次循环泵联动，当一次循环运行时，二次循环泵需同时运行。

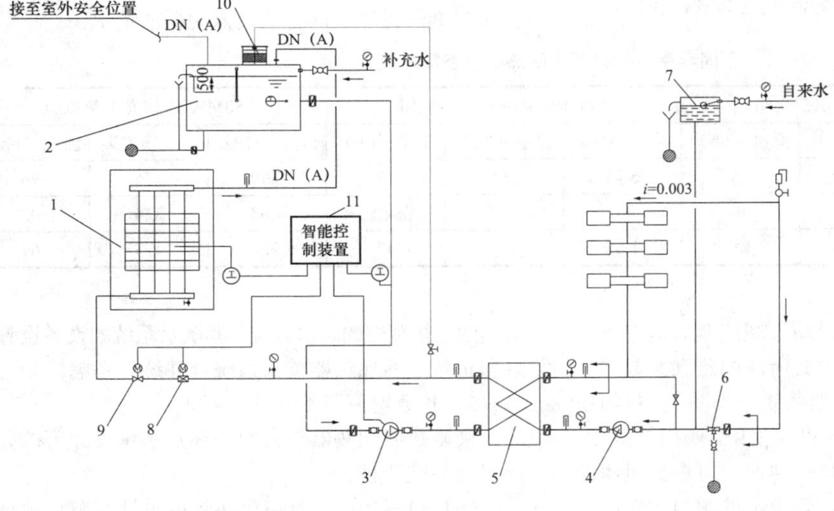

图例	名称
	球阀(螺纹连接)
	球阀
	衬胶对夹式蝶阀
	止回阀
	手动调节阀
	电动截止阀
	电动调节阀
	减震喉
	流向
	浮球阀
	温度控制
	软管连接
	压力表
	温度表
	排水漏斗
	排下水
	工程界限范围
	放气阀

图 6-20　新型固体蓄热式电锅炉供热系统工作流程图

1—谷电蓄热装置；2—蓄热恒压水箱（闭式）；3— 一次循环泵；4—二次循环泵；5—板式换热器；6—除污器；7—高位膨胀水箱；8—流量调节阀；9—电动球阀；10—蒸汽回收器；11—智能控制装置

二、电热锅炉设备选型原则

1. 电热锅炉容量计算方法

（1）计算并绘制出日热负荷曲线；

（2）计算日热负荷平均值 Q_{av}；

（3）确定峰、谷、平三个供电时段；

（4）按式（6-2）计算电锅炉容量 Q_e

$$Q_e = 1.1Q_{av}(1-K_s)/n_p \tag{6-2}$$

式中 Q_e——蓄热后补充加热需要的锅炉容量，kW；

Q_{av}——日热负荷平均值，kW；

K_s——蓄热率，一般取 0.6；

n_p——蓄热后锅炉工作时间（电网平价电时段），h。

2. 算例

某办公楼经计算，峰值热负荷 800kW，日热负荷平均值 Q_{av}=4800kW，蓄热率取 0.6，采取蓄热措施后，平价电时段锅炉工作时间 n_p=3.2h，电锅炉容量计算如下

$$Q_e = 1.1Q_{av}(1-K_s)/n_p = 1.1\times4800\times(1-0.6)/3.2 = 660\text{kW}$$

电锅炉容量取 660kW 可满足蓄热和白天补充供热，可较按热负荷峰值设计的锅炉容量降低 140kW。

三、电热锅炉布置设计方案

电热锅炉房的布置首先应满足《锅炉房设计规范》和《锅炉房安全检查规程》的要求，应设在独立锅炉房内，不能设在邻近人员密集的场所。由于电热锅炉不需设置炉前检修空间，可安装在地下室、屋面。

第四节 尖峰热网加热器设计

一、尖峰热网加热器的系统拟定

尖峰热网加热器系统包括加热蒸汽系统、加热器疏水系统、热力网循环水系统。

尖峰热网加热器加热系统设计方案的拟定取决于机组的容量、回热系统的配置、加热器安装位置、供热热化系数的取值等因素。

1. 加热蒸汽系统

尖峰热网加热器的加热蒸汽汽源可以选择汽轮机回热抽汽。

供热汽轮发电机组最大抽汽能力是考虑低压缸最小冷却流量以及抽汽口的尺寸以确保缸体的强度，低压缸最小冷却流量是确保低压缸得到充分的冷却，低压缸内的转子不会产生压缩空气的效应而导致设备零部件发热，是保证机组运行的强制性条件。因此在机组最大抽汽供热工况下，再热热段和再热冷段不能作为调峰加热器汽源，但可以与其他低参数蒸汽通过压力匹配器调整到合适参数作为工业热负荷的备用热源。不同容量汽轮机高压回热抽汽参数及流量见表 6-14。

汽轮机回热系统的低压抽汽不能作为尖峰热网加热器的加热热源，是因为抽汽压力过低，不能达到需要的供热温度。汽轮机回热系统的高压抽汽可以作为尖峰热网加热器的加热热源，且既不会出现给水温度过低而导致的省煤器低温腐蚀，也不会出现由于省煤器出口烟气温度低而无法投入脱硝的情况。

表 6-14　不同容量汽轮机高压回热抽汽参数及流量

	200MW 超高压供热机组			300MW 亚临界供热机组			350MW 超临界供热机组		
	压力（MPa）	温度（℃）	流量（t/h）	压力（MPa）	温度（℃）	流量（t/h）	压力（MPa）	温度（℃）	流量（t/h）
一抽	4.0	373	35	6.53	395	87	6.99	376	76
二抽	2.63	320	40	4.0	327	84.5	4.68	324	92
三抽	1.33	457	28	1.85	430	47	2.3	473	67

注　压力为绝对压力数值。

各级高压加热器的抽汽经减温减压器后调整到根据不同尖峰热网加热器连接方式所需的蒸汽参数。

图 6-21 为尖峰热网加热器系统原理图。在机组正常对外供热时，机组回热系统投入使用，阀门 2 关闭，阀门 1 开启；当需要采用调峰供热时，可根据机组的特性将相应的高压加热器抽汽管道上的阀门 1 关闭，开启阀门 2，将回热系统中的给水加热汽源用于加热热力网循环水。

2. 加热器疏水系统

尖峰热网加热器的加热蒸汽疏水系统可以参考正常热网加热蒸汽的疏水系统，其疏水系统的设备设置可以和正常热网加热器疏水系统合并统一考虑。

3. 热力网循环水系统

尖峰热网加热器热力网循环水系统设计可以分为串联和并联两种。

CJJ 34—2010《城镇供热管网设计规范》中规定“以热电厂或大型区域锅炉房为热源时，设计供水温度可取 110℃～150℃，回水温度不应高于 70℃。热电厂采用一级加热时，供水温度取较小值；采用二级加热（包括串联调峰锅炉）时，供热温度取较大值。”

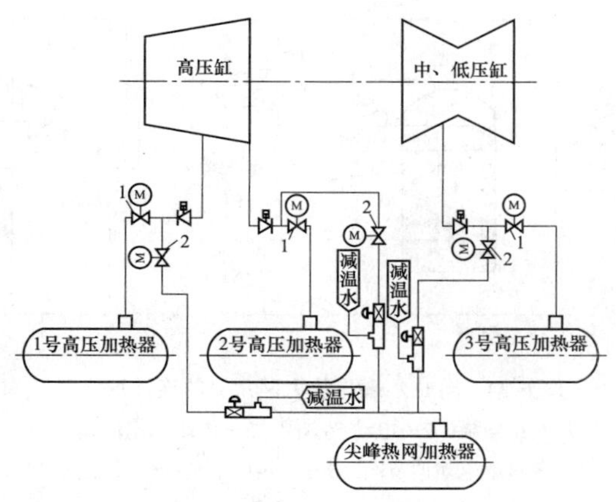

图 6-21　尖峰热网加热器的系统原理图

当热力网循环水供水温度取较大值时，尖峰热网加热器可以采用串联连接方式，见图 6-22。

当热力网循环水供水温度取较小值时，尖峰热网加热器可以采用并联连接方式，见图 6-23。

二、尖峰热网加热系统设备选型原则

1．尖峰热网加热器

尖峰热网加热器通常为表面式加热器。表面式热网加热器结构上采用了多种传热形式的组合，包括过热蒸汽冷却段（简称过冷段）、加热器本体部分（简称凝结段）、疏水冷却段（简称疏冷段）。由于过冷段换热系数小，应通过论证确定是否采用。表面式热网加热器按其布置方式可分为立式和卧式两种。一般来讲，卧式热网加热器由于凝结放热形成的水膜较立式的薄些，在凝结工况相同时，其放热系数比立式的高1.7 倍。

表面式热网加热器的管束有直管、U 形管、螺旋管、蛇形管等不同形式。近年来出现的双螺纹管形式的表面式热网加热器具有如下特点：传热系数高；适合过热蒸汽场合，承压能力高，过载能力强；不易结垢，不易泄漏，维修量小；维护费用低、占地面积小。

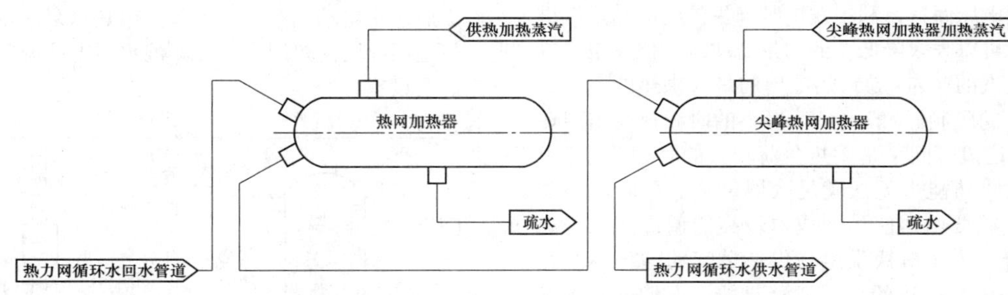

图 6-22　尖峰热网加热器热力网循环水串联方式

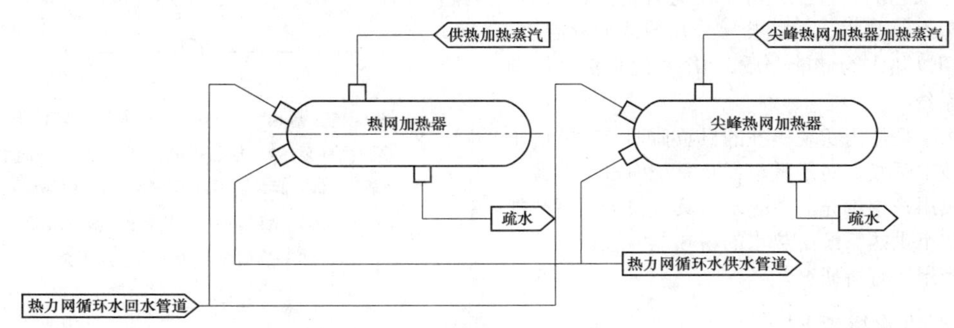

图 6-23　尖峰热网加热器热力网循环水并联方式

随着板式换热器的应用范围日益广泛，低温供热换热站中也开始采用板式换热器，但由于热网首站供水压力比较高，蒸汽压力、蒸汽温度也比较高，对板式换热器的密封性能要求较高，同时板式换热器对水质的要求较高，因此在采用板式换热器时应进行综合考虑。

热网加热器选型应考虑以下原则：

（1）选择的热网加热器应能满足热水网系统的工作压力、加热蒸汽压力及温度的要求，以保证供热系统安全运行。

（2）热网加热器选择必须考虑安装、检修、起吊、疏水等方面的问题。

（3）在选择热网加热器时必须考虑水质情况，根据不同的水质采用不同材料的管束。

2．减温减压装置

减温减压装置是将高温高压蒸汽降低到所需要的

蒸汽温度、压力的装置。减温减压装置系统包括减压系统、减温水系统、安全保护系统、热力仪表。蒸汽靠减压阀、节流孔板减压，减压级数由高压蒸汽压力与减压后的蒸汽压力之差来决定；减温水系统主要采用各种形式的喷嘴喷水减温器；安全保护系统直接采用全启式安全阀、冲量安全阀和主安全阀组成的冲量式安全装置，当二次蒸汽压力超过规定允许值时，将蒸汽排出，从而使管道内蒸汽压力保持允许值，确保装置的安全运行。

减温减压装置选型应考虑以下原则：

（1）对采用汽轮机高压回热系统抽汽作为调峰加热器汽源的系统，应根据各自抽汽或参数，按每种参数分别选择一套减温减压装置，其容量等于汽轮机最大抽汽工况下各级高压抽汽的抽汽量。

（2）经常运行的减温减压装置应考虑设一套备用。

第五节 调峰蓄热水罐设计

对热电厂而言，利用发电时产生的副产品乏汽进行供热，可以大大降低企业的生产成本。但发电量直接影响乏汽的产量，导致热电厂的最大供热能力受到电力生产的限制。一般电负荷最小的时候往往出现在夜间，而这段时间又是供热负荷较大的时刻。当热电厂的最大供热能力无法满足区域供热负荷时，缺少的供热量就要由热能生产成本较高的调峰热源来满足。因此，为了解决供电与供热之间的这种不匹配特性，采用更经济的方式进行供热，人们开始逐步尝试在发电工艺的某些工艺环节上进行蓄能，例如可将热能以蒸汽、热水、熔融盐等介质形式储存起来。本节将介绍以热水为储能介质、利用水温自然分层的蓄热水罐系统。

蓄热水罐是作为实现单独的日负荷调节功能而采用的一种技术手段，对于整个供热系统而言，热源、热力网、热用户中都充满着热水、具有很大的蓄热能力。利用整个供热系统中热水的蓄热能力进行供热负荷调节的应用还有待研究。

一、蓄热水罐系统

1. 蓄热水罐与热力网的连接

图 6-24 与图 6-25 分别给出了蓄热水罐与热力网常见的两种连接形式。

图 6-24 中，当热电厂生产的热多于用户端负荷需求时，可以开启 4 蓄热用电动调节阀、2 电动调节阀，关闭 5 放热用水泵，此时蓄热水罐开始蓄热。当热电厂供热负荷不足时，则关闭 4 蓄热用电动调节阀，开启 2 电动调节阀，则蓄热水罐与热电厂一同向热用户供热。混水用电动调节阀 3 可根据需要设置。

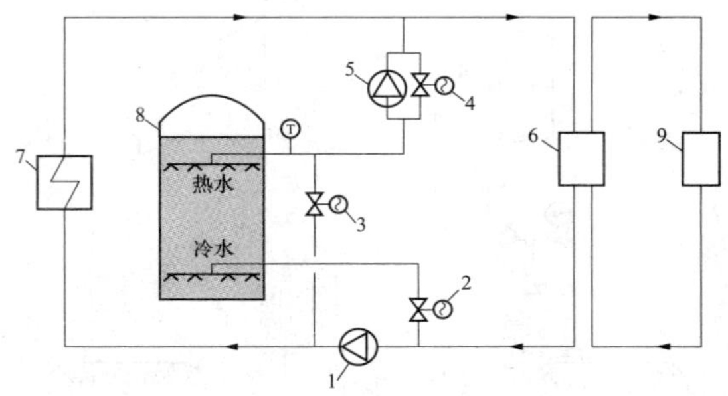

图 6-24 蓄热水罐与热力网常见的连接形式一

1—热网循环泵；2—电动调节阀；3—混水用电动调节阀；4—蓄热用电动调节阀；5—放热用水泵；6—换热站；7—热电厂；8—蓄热水罐；9—热用户

图 6-25 中，当热电厂生产的热量多于用户端负荷需求时，可以开启 4 蓄热用电动调节阀、10 蓄热用水泵，此时放热用水泵 5 及放热用电动调节阀 2 处于关闭状态，蓄热水罐开始蓄热。当热电厂供热负荷不足时，则关闭 4 蓄热用电动调节阀及 10 蓄热用水泵，开启 2 放热用电动调节阀及 5 放热用热水泵，蓄热水罐与热电厂一同向热用户供热。混水用电动调节阀 3 根据需要设置。

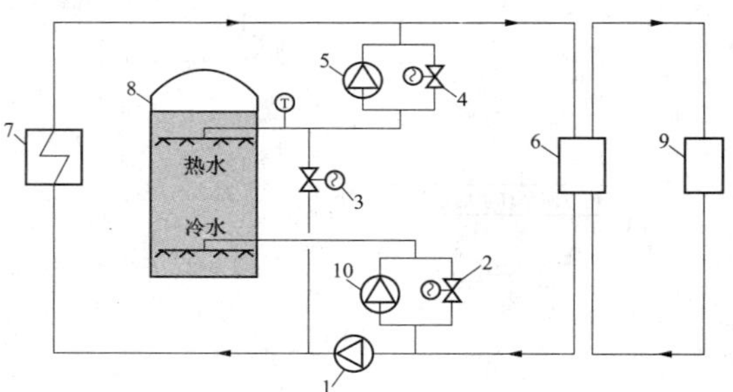

图 6-25 蓄热水罐与热力网常见的连接形式二

1—热网循环泵；2—放热用电动调节阀；3—混水用电动调节阀；4—蓄热用电动调节阀；5—放热用水泵；6—换热站；7—热电厂；8—蓄热水罐；9—热用户；10—蓄热用水泵

2. 蓄热水罐的主要功能

采用蓄热水罐主要实现以下几个功能：

（1）使机组的运行负荷尽可能接近额定负荷，使发电煤耗率保持在更经济的区间。减少或停止发电后短时间内不影响供热，增加热电厂和供热公司供热调节手段，优化安排发电和供热之间的调度，降低发电生产与供热生产之间的关联性，即实现一段时间内的热电解耦。

（2）短时间内可作为调峰热源，减少燃气、燃煤或燃油锅炉房等生产成本较高的调峰热源运行时间，从而实现热源与供热系统的优化与经济运行。

（3）当机组需停机检修或故障时，可作为备用热源。

（4）当供热管网出现破裂失水时，可作为紧急事故补水设施。

（5）系统定压。

对热电厂而言，用户侧热负荷波动越大，蓄热水罐的作用越明显。在低负荷时能将多余的热能吸收储存，等热负荷上升时再放出使用。蓄热阶段时，蓄热水罐相当于一个热用户，使得用户热负荷需求曲线变得更加平滑，有利于机组保持在较高的效率下运行，提高经济性。

在一些电力市场完全放开的国家中会有这样的现象，周末的上网电价相对工作日上网电价要低，此时大容量的蓄热水罐可使机组在电价较低的周末完全停机。对于抽凝机组来说，夜间上网电价较低，热量的生产成本较低，可以抽取更多的蒸汽去供热。等到电价进入高价区间时，可以停止抽汽供热，而进入纯凝模式，最大限度地发电，少供的热量由蓄热水罐来补充。电厂会对逐时、逐日、逐星期的生产进行规划安排，以使生产电和热这两种产品的成本最低、收益最大。当热电厂与热力公司为不同投资方时，双方将协商投资和收益的分配原则，协商蓄热水罐在何种条件下采用何种运行方式等。

3. 蓄热水罐的基本构造

常压式地上型蓄热水罐的外形类似于储油罐的保温罐体，因此又称为蓄热水罐。罐体材质一般采用钢制或混凝土，其基本结构如图 6-26 所示。

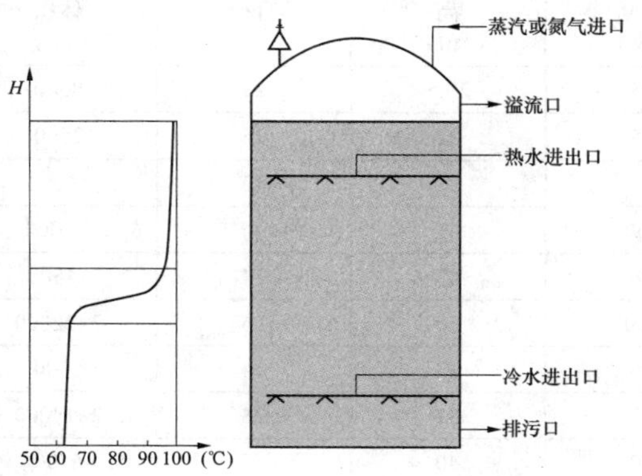

图 6-26　蓄热水罐原理示意图

蓄热水罐内部储存热水，水温不同，水的密度也不同。在一个足够大的容器中，由于重力原因，密度不同的冷热水形成了热水在上、冷水在下的分层现象。即使水在流动状态下，只要保证对雷诺数 Re 的控制，尽可能减少流动中冷热水的掺混，就有可能在冷热水交界面处形成一个具有一定厚度的温度过渡层，即斜温层。当热源产热量大于用户用热量时，蓄热水罐进入蓄热状态。蓄热时，热水从上部水罐进入，冷水从下部水管排出，过渡层向下移动；当热源产热量小于用户用热量时，蓄热水罐进入放热状态，放热时，热水从上部水管排出，冷水从下部水管进入，过渡层向上移动。罐体中水的质量是保持恒定不变的，而存储的热量是变化的。

为避免蓄热水罐内的水溶解氧并将这些水带入热力网，降低热力网水质，蓄热水罐内的液面上通常充入蒸汽或氮气，使蓄热水罐内的水与空气隔离。

二、蓄热水罐设备选型原则

蓄热水罐有多种类型，按有无压力的情况可分为常压式蓄热水罐和承压式蓄热水罐；按安装形式可分为立式蓄热水罐和卧式蓄热水罐；按敷设形式还可分为露天、地下、半地下蓄热水罐等。

由于区域供热系统的特点，区域供热系统中使用的蓄热水罐通常为常压式或有压式蓄热水罐。一般管网温度低于 98℃时设置常压式蓄热水罐，高于 98℃时设置有压式蓄热水罐。建造有压式蓄热水罐的成本要比建造常压式蓄热水罐的成本高，蓄热水罐体积较大，通常露天布置在地上。

地上布置的蓄热水罐外形多为圆柱体，体积一般在 5～73000m^3 左右，体积较小的罐体一般是给小型热电联产机组使用的，如为某一栋建筑配套的热电联产机组。

蓄热水罐的最大蓄热时间一般在几个小时到几天（1～3d）比较多见，以月为存储周期的蓄热水罐或以季节为存储周期的蓄热水罐情况较少。但以季节为存储周期的蓄热水罐可以使得热电机组把夏季生产的热量用于满足冬季的热负荷需求，此时蓄热水量较大，多采用地下岩洞作为存储容器。蓄热水罐存储的热量一般来自蒸汽发电余热、风电电锅炉、太阳能等低碳热能或廉价热能。

常见的蓄热水罐主要用于满足和平衡日热负荷的波动，当用户处热负荷需求变小时，将多余的热能存储起来，待用户热负荷增加时再释放出这部分热量。由于蓄热水罐生产热量的成本低于由调峰锅炉生产相同热量的成本，因此尽可能延长蓄热水罐的使用时间、减少调峰锅炉的运行时间是有利于降低投资的。

1. 蓄热水罐容积计算

蓄热水罐容积主要受到规划蓄热量及进出水温差两个主要因素的影响，同时也应考虑热损失，过渡层、布水器占用空间，膨胀体积和排污空间等因素影响。公式为

$$V = 3.6\times10^{6}\frac{Q_{\mathrm{d}}f}{\rho_{\mathrm{w}}c_{\mathrm{w}}\eta_{\mathrm{v}}\Delta t_{\mathrm{i,o}}} \qquad (6\text{-}3)$$

在不考虑盐度对水密度影响的情况下，有：

$$\rho_w = 1000 \times \left[1 - \frac{t_w + 288.9414}{508929.2 \times (t_w + 68.12963)} \times (t_w - 3.9863)^2\right]$$

式中 V——蓄热水罐容积，m^3；

Q_d——典型日蓄热量，MW·h；

f——热损失因数，与蓄热槽结构、保温效果及冷热水混合程度等有关，一般取 1.05～1.2；

ρ_w——水的密度，kg/m^3；

t_w——水的温度，℃；

c_w——水的比热容，kJ/（kg·℃），1～5 个大气压内，150℃以下，水的比热容基本保持在 4.2kJ/（kg·℃）左右，故取 c_w=4.2kJ/（kg·℃）作为计算数值；

η_v——容积率，与蓄热槽结构、形式等因素有关，一般取 0.8～0.9；

$\Delta t_{i,o}$——蓄热槽进出水温差，℃。

2. 典型日蓄热量

当蓄热水罐单纯用于解决用热负荷峰谷差较大或缩短调峰热源运行时间时，蓄热量主要受 24h 内室外气温波动引起的热负荷影响。

当具备供暖期日逐时气温的条件下，原则上应将一个或几个供暖季每一天的日供暖负荷曲线绘制在同一张图上，并根据图形中出现频率较高、面积较大的波峰或波谷来作为最小蓄热量或放热量的选型依据，其他较小的峰谷均由多次蓄放热过程实现。

事实上，由于经常无法收集到详细的日逐时温度变化曲线。因此可通过确定供暖负荷典型天的方法来确定最小蓄热量或放热量。

日供暖负荷典型天是指整个供暖期中最能代表多数天热负荷情况的某一天或几天，不是极端天，可以通过气温日较差频率统计或其他统计方法来确定。当确定了典型天时，以当天 24h 的温度数据，由下式即可求出蓄热水罐的典型日蓄热量

$$Q_d = \frac{1}{2}\sum_{h=1}^{24}\left|Q_h - Q_{d,av}\right| \tag{6-4}$$

式中 Q_h——小时热负荷，（MW·h）/h；

$Q_{d,av}$——当日平均小时热负荷，（MW·h）/h。

当蓄热水罐用于满足热电厂电力调峰需求时，如夜间电网低谷电力平衡困难，需要热电厂在满足供热需求的同时降低发电出力，此时要求蓄热水罐在热电解耦期间相当于供热系统中热源，与系统中的其他热源如热网加热器、热泵等同时向供热系统放热。蓄热量的计算至少要考虑以下两个因素：热电解耦时间及热电解耦期间蓄热水罐所需承担的最大放热负荷。

3. 蓄热水罐参数

表 6-15 列举了一些工程中已经投运的蓄热水罐基本参数，这些项目应用多在国外，目前我国仅北京左家庄投运了一座蓄热水罐。

表 6-15 蓄热水罐参数及投运时间表

项目类型	投运时间	类型	温度（℃）	高（m）	直径（m）	体积（m^3）
北京左家庄	2005 年	常压	95	23.5	23	8000
Slagelse CHP	1990 年	常压	95	22	15	3600
Hillerød CHP	1991 年	常压	85	25	22	16000
Esbjerg CHP	1992 年	常压	100	47	40	55.000
Helsingør CHP	1993 年	常压	98	43	24	14500
Avedøre CHP	1993 年	承压	120	50	26	2×22000
Madsnedø CHP	1995 年	常压	95	33	14	5000
Silkeborg CHP	1995 年	常压	85	31	28	2×14000
Østkraft	1995 年	常压	90	40	15	6700
Studstrup CHP	1998 年	承压	125	55	29	33000
Skærbæk CHP	1998 年	承压	120	48	28.5	28000
Nordjylland CHP	1998 年	常压	85	30	40	25000
DTU CHP	1998 年	常压	98	28	18	8000
Maribo CHP	2000 年	常压	85	25	18.5	6000
Asnæs CHP	2002 年	常压	100	65	20	20000
Amager CHP	2003 年	承压	120	49	26	24000
Fyn CHP	2003 年	常压	92	40	50	73000

图 6-27 为国外某热电厂各热源冬季日负荷变化图，图中日负荷是以冬季一月份中某一天为例，序号 1、2、3 区域分别代表三台供热机组在 24h 内对外供热量的变化，序号 4 区域表示调峰锅炉运行的时间和供热量，图中填充为黑色区域的序号 5 表示蓄热水罐放热的时间，由两部分构成，分别在早上 5 点到上午 10 点之间和下午 4 点到晚上 8 点之间。图中时间轴以下，填充为灰色部分的序号 6 区域有 3 段，均为蓄热水罐蓄热阶段。可以看出由于蓄热水罐承担了调峰锅炉的部分负荷，这样可使调峰锅炉的设计容量和运行时间都有所减少。

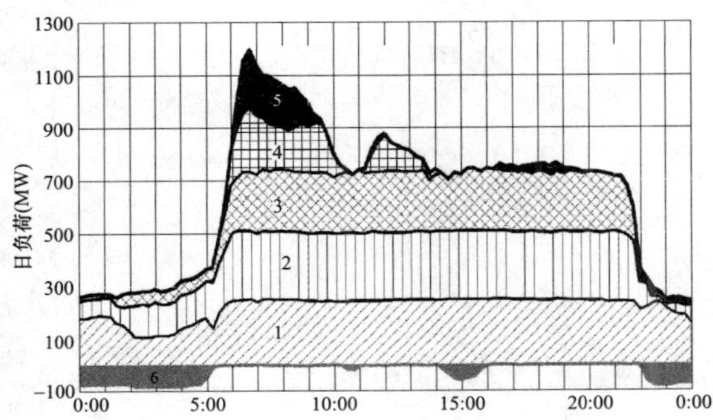

图 6-27 国外某热电厂各热源冬季日负荷变化图

三、蓄热水罐布置方案

蓄热水罐的布置方案比较灵活，可以设置在热源处，也可以设置在供热管网或热用户处。

设置位置不同，运行维护的主体也不同，从运行维护方便安全的角度来看，一般设置在热电厂中最为常见。

蓄热水罐布置应注意以下几个因素。

1. 形状选择

为最大限度地减少表面热损失，蓄热水罐的理想形状应是球型的，但是从生产及运行的角度看，圆柱体更加实用。对圆柱形蓄热水罐而言，表面积最小的情况应是长宽比（高度和直径之比 H/D）应为 1:1，但从操作、占地等方面考虑，长宽比应大于 1.5。当长宽达到 2～2.5 时，与长宽比为 1 时的情况相比，蓄热水罐表面积会增加 5%～10%。

计算罐体容积时还应考虑斜温层（过渡层）、上下稳流器（布水器）占用空间，膨胀体积和排污空间等因素的影响。

2. 温差控制

开式蓄热水罐温差一般控制在 30～40℃，有压型蓄热水罐温差可控制在 50～55℃。

3. 耐腐蚀性

蓄热水罐在使用中应注意防腐，即使是蓄水水质较好时蓄热水罐表面也应经过防腐工艺处理。蓄热水罐顶部经常会充入氮气或蒸汽以避免空气进入。

4. 防雨及保温

蓄热水罐应考虑防雨措施，可以采用铝制品或其他建筑防雨措施。中间的保温可采用岩棉、玻璃棉、聚氨酯等保温材料。保温不当会降低蓄热水罐的蓄热性能甚至导致蓄热水罐内无法实现温度分层。罐底的保温材料应选用传热系数小、耐压强度好的保温材料。具体保温材料的选择和厚度计算应根据 GB 50264《工业设备及管道绝热工程设计规范》计算。

5. 布水器选择

布水器是决定蓄热水罐冷热水实现稳定分层的关键。布水器的主要功能是将热力网回水和热力网供水均匀地分布到蓄热水罐的底部和顶部，并最大程度地不引起冷热水之间的混合。

布水器布水口的型式多样，有缝隙型、渐扩型等。由于上水与放水时布水器进出水流速的大小对按温度分层的水体有很大扰动，为保证热水和冷水更好的隔离，因此布水器的设计应使得进出水的速度尽可能低，布水盘上进出口水速度一般在 0.02～0.2m/s 之间变化，方向尽可能的轴对称分布，见图 6-28，以便尽量减小斜温层厚度，增加蓄热水罐蓄热能力。蓄放热水管可从蓄热水罐的底部、中部或顶部进入。当管道进入蓄热水罐内部时，必要时管道外壁应采取保温措施，避免罐内的热水对温度层产生扰动。

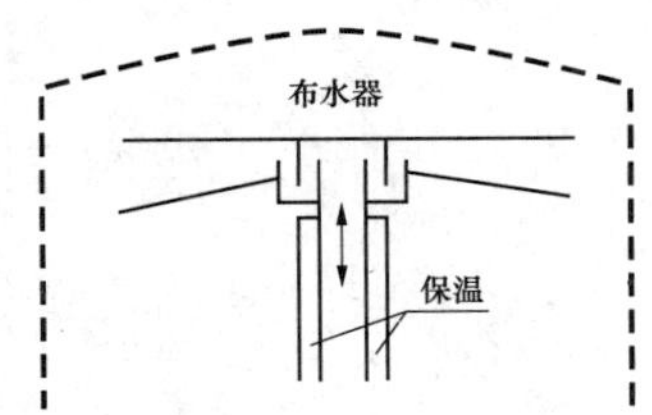

图 6-28 热水蓄热水罐布水器原理图

布水器多采用 S316L 级不锈钢材质，布置在蓄热水罐的顶部和底部。上布水器可挂于罐顶下，也可采用支架的方式，将荷载传递给罐底。当上布水器挂在罐顶下时，应将质量均匀地分布在罐顶，以免罐顶出现局部失稳变形，进而影响整体的稳定性。

6. 水力平衡

蓄热水罐在充热时相当于热用户，热电厂除了向管网中送热水外还向蓄热水罐送热水，此时如果是开式蓄热水罐，则蓄热水罐罐顶应采用微正压，以免顶部的水发生汽化。如果是承压型蓄热水罐，则系统中一般配有气压罐，以便对罐内的气压实施有效控制。

蓄热水罐在我国应用较少，布置和设计时需考虑的因素还有很多，比如泵房内设备的布置、溢流管接口和上下布水盘高度的确定、自动控制系统、充放热时机、对管网系统压力分布的影响、安全阀的设计、热源调度管理、操作规程等。

7. 设计标准依据

常压式蓄热水罐（开式，与大气联通）的设计目前没有具体的标准可以参照，可参照油罐或蓄水罐设计标准。有压式蓄热水罐设计应参照压力容器设计标准设计。

第七章

供热方案设计

供热方案设计是热电联产项目设计中的重要环节，与环保、节能减排等法律法规息息相关，直接关系到热电联产项目的可行性。

供热方案要根据热负荷性质、热负荷容量、热负荷参数、热电联产机组在区域热力网中的所承担负荷的比例（热化系数）等因素进行设计。供热方案设计包括热电机组的锅炉、汽轮机型式选择，供热抽汽参数选择，热化系数的选择，原则性热力系统的拟定，经过热经济指标计算结果比较，在多个供热方案中选出最佳的供热方案。

在供热方案设计过程中要结合目前热电联产集中供热典型技术方案，秉承“统一规划、科学合理、优化改造、分步实施”的原则。

（1）在规划城市热源时要充分考虑当地现有资源、能源交通、工业发展、住宅建设、环境保护、气象水文等方面的实际情况，经过比较，优化选择合理的城市供热方式。

（2）在经济合理的条件下热电厂的建设应遵循“以热定电”的原则，合理选取热化系数，合理选择集中供热普及率，以最小装机规模满足供热需求。

（3）合理确定热电联产机组建设时序。

（4）确保热电联产机组与大型集中供热锅炉房联网运行、网源一体。

（5）在供热方案设计时要充分发挥现有热电厂的作用，通过增加尖峰热网加热器，配置调峰热水锅炉，降低热化系数，扩大供热能力。

第一节　机、炉选型

一、锅炉选型原则

锅炉的选择应遵循以下原则：

（1）热电厂的锅炉，根据当地环保排放要求并综合考虑技术经济指标选择采用循环流化床锅炉或煤粉炉。

（2）同一热电厂的锅炉，应尽量选择同一型式、同一容量、同一参数的锅炉，以便于运行、管理和检修。

（3）热电厂的机、炉容量应匹配，并适应不同热负荷工况的要求。应核算在最小热负荷工况下，汽轮机的进汽量不低于锅炉不投油时的最小稳定燃烧负荷，以保证锅炉的安全稳定经济运行。抽凝机的进汽量还应保证在最小凝汽工况下安全稳定运行。

（4）热电厂应尽量避免单炉长期运行，以确保供热的可靠性。

（5）在确定热电厂内安装的锅炉容量和台数时，应考虑当一台容量最大的锅炉停用时，其余锅炉（含热用户中已确定作为调峰和备用的锅炉）应承担工业热用户连续生产所需的用汽量及冬季供暖、通风和生活用热水用热量的50%～65%（严寒地区取上限）。

（6）在现有的热电厂内扩建供热机组时，应连同原有的机、炉一并考虑。

（7）对单元式机组，机、炉应合理匹配，并应符合标准化和成熟可靠的原则。

二、汽轮机选型原则

供热汽轮机的容量和台数应根据近期热负荷和规划热负荷的大小、特性合理选择。条件允许时，优先选择高参数、高效率的汽轮机。

具有常年持续稳定热负荷的热电厂，应按全年基本热负荷优先选用背压式汽轮机。

具有部分持续稳定热负荷和部分变化波动热负荷的热电厂，应选用背压式汽轮机或抽汽背压式汽轮机承担基本稳定的热负荷，再设置抽凝式汽轮机承担其余变化波动的热负荷。

供热机组的最佳匹配方案应在调查核实热负荷基础上，根据城市规模、热源现状和落实的供暖、工业、制冷以及生活热水等负荷，通过节能、环境保护和经济效益评价后择优确定装机方案。

根据第一章第七节《热电联产管理办法》要求，机组选型一般原则是：

（1）以工业热负荷为主的工业园区，应尽可能集中规划建设用热工业项目，通过规划建设公用热电联产项目实现集中供热。

（2）对于城区常住人口 50 万以下的城市，供暖型热电联产项目原则上采用单机 50MW 及以下背压热电联产机组。

（3）对于城区常住人口 50 万及以上的城市，供暖型热电联产项目优先采用 50MW 及以下背压热电联产机组。

（4）规划新建 2 台 300MW 级抽凝热电联产机组的，须满足以下条件：

1）机组预期投产年，所在省（区、市）存在 500MW 及以上电力负荷缺口。

2）2 台机组与调峰锅炉联合承担的供热面积达到 1800 万 m^2。

3）供暖期热电比应不低于 80%。

4）项目参与电力电量平衡，并纳入国家电力建设规划。

5）工业热电联产项目优先采用高压及以上参数背压热电联产机组。

三、机、炉匹配原则

机、炉匹配原则按机组容量不同、热负荷性质而有所区别。

对于超高压以上参数、单机容量 125MW 级以上大中型再热式机组，宜采用一机配一炉的单元式配置方案。

对于高温高压及以下参数、单机容量小于 125MW 的非再热式机组，主蒸汽管道宜采用切换母管制连接，锅炉台数可根据热负荷特点、供热可靠性要求综合考虑后确定。

第二节 热化系数选择

热化系数α是指供热汽轮机最大供热量与热力网最大热负荷之比。

$$\alpha=\frac{\text{供热汽轮机最大供热量（扣除自用汽）}}{\text{热力网最大热负荷}}$$

在工程实践中，“供热汽轮机最大供热量”，即在汽轮机最大连续进汽量下（TMCR 工况）的最大供热能力，加上用于供热的烟气余热回收装置、热泵等机组内部热源之后的总的对外供热能力。

热化系数是能够直接反映热电联产程度的指标，其值越高，表示热电联产程度越高，分产程度越低，越能起到代替效率低下、污染严重的分散供热小锅炉的作用。对于承担工业热负荷的机组，其正常运行时工业供汽应是百分之百满足用户需求的，热化系数的概念对于该类型机组意义不大，因此，本节所述的热化系数主要针对供热机组。

热负荷持续曲线的形状、供热机组的热力特性、热电厂的单位投资、调峰热源的单位投资、地区的人工成本、燃料成本都影响热化系数的选择。对于由于上述资料不全的而无法进行技术经济比较的情况，可以用平均热负荷系数代替热化系数。

一、大型供热机组热化系数选择

对于大型的供热、发电两用机组，由于其具有良好的热、电负荷调节能力，在拟定装机方案时，可适当选取较高的热化系数，通常可在 0.6～0.75 之间，但也应考虑到一台容量最大的锅炉故障停运时的供热可靠性。

二、小型供热机组热化系数选择

对于小型的供热机组，目前国家产业政策是鼓励建设发电容量小、供热能力高的背压机组。由于背压式供热汽轮机完全按照“以热定电”的模式运行，其对热负荷的依赖性较强，调节性较弱，因此推荐按基本热负荷进行机组选型，热化系数不宜过大，以保证机组能在较长的运行时间内具有较高的负荷率和热效率。

根据不同供暖区域的最小热负荷系数，小型背压式供暖机组的热化系数一般适当高于最小热负荷系数 0.1～0.2，可在 0.4～0.6 范围内选择。

国内部分典型供暖城市的最小热负荷系数见表 7-1。

三、供暖地区推荐热化系数及其他数据

部分供暖地区与热化系数有关的数据如表 7-2 所示。其中气候区域是根据纬度人为划分的。

表 7-1 典型供暖城市的最小热负荷系数

典型城市	哈尔滨	佳木斯	牡丹江	长春	乌鲁木齐	沈阳	通辽
供暖室外计算温度（℃）	−26	−26	−24	−23	−22	−19	−20
供暖期终末温度（℃）	5	5	5	5	5	5	5
最小热负荷系数	0.30	0.30	0.31	0.32	0.33	0.35	0.34
典型城市	呼和浩特	银川	丹东	西宁	太原	大连	兰州
供暖室外计算温度（℃）	−19	−15	−14	−13	−12	−11	−11

续表

典型城市	呼和浩特	银川	丹东	西宁	太原	大连	兰州
供暖期终末温度（℃）	5	5	5	5	5	5	5
最小热负荷系数	0.35	0.39	0.41	0.42	0.43	0.45	0.45
典型城市	北京	天津	石家庄	济南	西安	郑州	
供暖室外计算温度（℃）	−9	−9	−8	−7	−5	−5	
供暖期终末温度（℃）	5	5	5	5	5	5	
最小热负荷系数	0.48	0.48	0.50	0.52	0.57	0.57	

表 7-2　供暖地区与热化系数有关的数据

气候区域	城市名称	纬度	平均热负荷系数	推荐的热化系数范围	冬季室外供暖计算温度（℃）	供暖天数（d）	调峰热源投运时间（d）	调峰热源投运时间调峰期起止日（月-日～月-日）
严寒地区Ⅰ（A）区	海拉尔	49.22	0.62	0.53～0.71	−31.6	208	107	11-20～03-07
	齐齐哈尔	47.38	0.66	0.56～0.76	−23.8	181	95	11-27～03-02
严寒地区Ⅰ（A）区	哈尔滨	45.75	0.65	0.55～0.75	−24.2	176	92	11-28～02-28
	克拉玛依	45.62	0.66	0.56～0.76	−22.2	147	78	12-04～02-20
	牡丹江	44.57	0.66	0.56～0.76	−22.4	177	93	11-28～03-01
严寒地区Ⅰ（B），Ⅰ（C）区	长春	43.90	0.65	0.56～0.75	−21.1	169	86	11-30～02-24
	乌鲁木齐	43.78	0.67	0.57～0.77	−19.7	147	83	12-02～02-23
	沈阳	41.73	0.66	0.56～0.76	−16.9	152	78	12-06～02-22
	通化	41.68	0.63	0.54～0.73	−21.0	170	86	12-01～02-25
	呼和浩特	40.82	0.67	0.57～0.77	−17.0	167	85	11-30～02-23
寒冷地区Ⅱ（A）区	丹东	40.05	0.67	0.57～0.77	−12.9	145	74	12-12～02-24
	银川	38.48	0.68	0.58～0.78	−13.1	145	74	12-08～02-20
	北京	39.80	0.73	0.62～0.84	−7.6	123	62	12-12～02-12
	唐山	39.67	0.72	0.61～0.83	−9.2	130	66	12-12～02-16
	天津	39.08	0.74	0.63～0.86	−7.0	121	63	12-12～02-13
	大连	38.90	0.67	0.57～0.77	−9.8	132	64	12-20～02-22
	石家庄	38.03	0.74	0.63～0.85	−6.2	111	55	12-13～02-06
	太原	37.78	0.69	0.59～0.79	−10.1	141	70	12-11～02-19
	兰州	36.05	0.74	0.63～0.85	−9.0	130	68	12-06～02-12
寒冷地区Ⅱ（B）区	济南	36.68	0.71	0.61～0.82	−5.3	102	47	12-19～02-04
	青岛	36.07	0.73	0.62～0.84	−5.0	108	51	12-26～02-15
	郑州	34.72	0.75	0.64～0.86	−3.8	97	45	12-22～02-05
	洛阳	34.63	0.76	0.64～0.87	−3.0	92	42	12-26～02-06
	西安	34.30	0.77	0.66～0.89	−3.4	100	48	12-19～02-05
	拉萨	29.67	0.75	0.64～0.86	−5.2	132	65	12-04～02-07

第三节 调峰及备用热源型式选择

一、调峰热源与备用热源的选型原则

（1）对于工业热负荷，特别是化工行业等具有要求不可间断性质的热负荷，工业用汽必须保证 100%可靠。因此对于工业热负荷应根据其负荷性质，用汽参数等条件选择适合的备用蒸汽，通过减温减压到所需参数。

（2）对于燃机热电联产机组以及具备天然气气源的热电联产项目可以采用燃气锅炉作为调峰及备用热源。

（3）对于风资源丰富的地区，可以采用风电驱动热水锅炉对外供热。

（4）对于“富电缺热”地区，在供暖期夜间电力负荷较低，可以采用蓄热水罐进行供热调峰和备用。

（5）热水锅炉为最常见的调峰及备用热源，根据目前的环保要求，燃煤热水锅炉需要同步上脱硫脱硝装置，因此投资较大，在不具备上述条件的情况下，燃煤热水锅炉可以作为供热调峰及备用的热源。

二、调峰热源与备用热源的容量选择

（1）燃煤热水锅炉、电锅炉、燃气锅炉容量选择应根据热电联产项目的热化系数确定。在热电联产项目中当 1 台容量最大的蒸汽锅炉停用时，其余锅炉和调峰备用热源总对外供汽能力要满足热力用户连续生产所需的 100%生产用汽量和 50%～65%(严寒地区取上限）的冬季供暖、通风及生活用热量。

(2)对于蓄热水罐的容量要根据当地电网的情况，结合热化系数进行选择。

第四节 装机方案的选择与比较

一、装机方案的选择

（一）热电联产机组的分类

按热力特性（抽汽参数等）和结构的不同，可分为可调整抽汽凝汽式和非可调整抽汽凝汽式、背压式、抽汽背压式等。

按供热可调整次数可分为一次、二次抽汽式汽轮机。

按供热蒸汽的用途不同可分为工业用汽和供暖用汽热电联供汽轮机。

目前已经投入使用的热电联产汽轮机有以下几种型式：

（1）具有一次调整供暖抽汽的抽汽式汽轮机；

（2）具有一次调整工业抽汽的抽汽式汽轮机；

（3）具有二次调整抽汽的抽汽式汽轮机，可以同时向外界供应不同压力等级的蒸汽，例如供工业用汽和供暖用汽；

（4）单背压式汽轮机，它的背压可以调整，排汽直接供用户使用；

（5）具有一次调整抽汽（工业用汽）的背压式汽轮机。

1. 抽凝式机组机型的分类

（1）调整抽汽凝汽式汽轮机。调整抽汽凝汽式汽轮机可向外界供应一种或两种参数的抽汽，抽汽压力由调压系统控制，这种汽轮机能在较大的范围内同时满足外界热负荷和电负荷的不同要求，比背压式汽轮机灵活，适应范围更广，因而获得了更为广泛的应用。其调整方式有坐缸式调节阀或双座式调阀调节、旋转隔板调节和连通管蝶阀调节。

（2）非调整抽汽凝汽式汽轮机。非调整抽汽是指汽轮机内不设置抽汽调节阀或回转隔板，不把汽轮机的通流部分分割成若干部分。新蒸汽由进汽调节阀进入汽轮机后，通流部分的面积是不可调整的。抽汽口的抽汽压力和抽汽量一方面受到进汽调节阀开度的影响，当进汽调节阀开大（关小）时，抽汽口压力升高（降低）；另一方面还受到热网压力波动的影响，当进汽调节阀开度不变时，如热网压力上升（下降），则抽汽口压力会跟随变化，而抽汽量会被动地形成下降(上升）。所以非调整抽汽的特点是：汽轮机不能根据热网的需求主动控制和改变抽汽量及抽汽压力，调节能力相对较差。其优点是结构简单，对汽轮机通流没有节流作用。

2. 背压机组机型的分类

（1）背压机。背压式汽轮机是将汽轮机的排汽供热用户使用的汽轮机。其排汽压力（背压）高于大气压力。背压式汽轮机排汽压力高，通流部分的级数少，结构简单，同时不需要庞大的凝汽器和冷却水系统，机组轻小，造价低。

（2）抽汽背压机。抽汽背压式汽轮机是从汽轮机的中间级抽取部分蒸汽，供需要较高压力等级的热用户，同时保持一定背压的排汽，供需要较低压力等级的热用户使用的汽轮机。

3. 联合循环型供热机组

燃气-蒸汽联合循环机组在热电联产电站中应用广泛，根据用户热负荷需求的不同，可以提供供暖负荷、工业负荷及制冷负荷。随着燃机等级的不同，相应配置的蒸汽轮机供热能力差别也很大。应根据业主提供的热负荷资料，合理计算抽汽量，根据抽汽量匹配蒸汽轮机及燃气轮机。

京津冀、长三角、珠三角等区域，规划工业热电联产项目优先采用燃气机组，应以热电联产规划为依据，坚持以热定电，统筹考虑电网调峰要求、其他热源点的关停和规划建设等情况。供暖型联合循环项目供热期热电比不低于60%，供工业用汽型联合循环项目全年热电比不低于40%。

机组选型遵循以下原则：

（1）供暖型联合循环项目优先采用“凝抽背”式汽轮发电机组，工业联合循环项目可按“一抽一背”配置汽轮发电机组或采用背压式汽轮发电机组。

（2）大型联合循环项目优先选用E级或F级及以上等级燃气轮机组。

（3）选用E级燃气轮机组的，单套联合循环机组承担的热负荷应不低于100t/h。

鼓励规划建设天然气分布式能源项目，采用热电冷三联供技术实现能源梯级利用，能源综合利用效率不低于70%。

参考目前工程情况，各种常用燃机及配套的蒸汽轮机供热能力如下：

（1）GE公司PG9171E机组“1+1+1”模式。

汽轮机进汽参数：高压进汽流量190t/h，高压进汽温度514℃，低压进汽流量35t/h，低压进汽温度254℃。

汽轮机抽汽参数：供暖抽汽压力0.4MPa，温度202℃，抽汽量125t/h，最大抽汽量可达140t/h。

（2）西门子SGT5-2000E机组“1+1+1”模式。

汽轮机进汽参数：高压进汽流量217.5t/h，高压进汽温度521℃，低压进汽流量36t/h，低压进汽温度319℃。

汽轮机抽汽参数：供暖抽汽压力0.4MPa，温度185℃，抽汽量160t/h。

（3）GE公司PG6111FA机组“1+1+1”模式。

汽轮机进汽参数：高压进汽流量113.5t/h，高压进汽温度538℃，低压进汽流量10t/h，低压进汽温度258℃。

汽轮机抽汽参数：供暖抽汽压力0.4MPa，温度200℃，抽汽量75t/h。

（4）GE公司PG6581B机组“1+1+1”模式。

汽轮机进汽参数：高压进汽流量63.5t/h，高压进汽温度517℃，低压进汽流量10t/h，低压进汽温度217℃。

汽轮机抽汽参数：供暖抽汽压力0.4MPa，温度200℃，抽汽量40～50t/h。

（5）F级燃机1+1+1配置方案，额定供暖抽汽量约为200～260t/h，最大供暖抽汽量260～300t/h。

（6）H级燃机1+1+1配置方案，额定供暖抽汽量约为200～260t/h，最大供暖抽汽量约420t/h。

（二）决定装机方案的条件

（1）热负荷的大小及类型。

1）对于工业热负荷抽汽流量大于100t/h的热电联产机组，宜选择采用调整抽汽凝汽式汽轮机。调整抽汽方式见表7-3。

表7-3　调整抽汽方式

抽汽调整方式	单座或双座调节阀	旋转隔板	连通管蝶阀
热负荷特点	参数高、流量小	参数较高、流量大	参数低、流量大

2）对于工业热负荷抽汽流量小于100t/h的热电联产机组，选择采用非调整抽汽凝汽式汽轮机。机组设计完成后，非调整抽汽的最大抽汽量和抽汽压力范围就已经确定，后期调整需要很大的改造措施，因此，机组设计初期就应做好规划，并预留适当裕量以满足机组后续要求。

a）对于供热流量较小，或者供热压力较高的机组，可以采用高压缸排汽供热，其特点是即使机组负荷降低至50%，也可以满足热用户压力需求，对机组中低压缸运行影响较小。其缺点是高压缸排汽与供热蒸汽压差较大，高负荷时减温减压系统中节流损失巨大。同时还须考虑锅炉的影响，咨询锅炉厂家是否会使再热器超温甚至干烧。

b）较低参数的对外供汽，可根据流量和实际需要，由机组的回热抽汽口位置选取合适的压力值，并相应考虑机组负荷等因素。

（2）厂址条件。有建大厂的条件而建小厂，未能地尽其用。

（3）燃料性质的好坏与供应的可靠性。

（4）符合环保要求。

（5）建设资金落实情况。

（三）不同规模城市集中供热方案选择方法

1. 不同人口规模城市供暖热负荷预测

根据2008年国家能源局《关于三北地区城市热电联产应用情况调研报告》，我国三北地区城市人均供暖建筑面积为35m²/人，综合供暖热指标按50W/m²，不同人口规模城市，供暖热负荷预测见表7-4。

表7-4　不同人口规模城市供暖热负荷预测表

序号	人口数量（万人）	人均供暖建筑面积（m^2/人）	总供暖建筑面积（$\times10^4m^2$）	综合供暖热指标（W/m^2）	热负荷（MW）
1	10	35	350	50	175
2	15	35	525	50	262.5
3	20	35	700	50	350
4	30	35	1050	50	525

续表

序号	人口数量（万人）	人均供暖建筑面积（m^2/人）	总供暖建筑面积（$\times10^4m^2$）	综合供暖热指标（W/m^2）	热负荷（MW）
5	40	35	1400	50	700
6	50	35	1750	50	875
7	100	35	3500	50	1750
8	200	35	7000	50	3500
9	300	35	10500	50	5250

2. 城市人口规模在 50 万及以下的装机方案

对于 50 万及以下人口的城市，受人口规模及集中供热热负荷的限制，一般不具备采用 2×350MW 大型抽凝供热机组的条件。原则上采用单机 50MW 及以下背压热电联产机组方案。

同时供暖的基本热负荷属于较为稳定、可靠的热负荷，适合背压机的运行方式。因此，这类中小城市热源建设可以考虑采用装机容量小，但煤耗低、能源利用率高的背压式热电联产机组供基本热负荷，辅以调峰锅炉热源。50 万人口及以下中小城市推荐的热电联产装机方案如下：

（1）10 万人口以下的小城镇，如果具备集中供热的条件，可考虑采用大型集中供热锅炉。优先采用 58MW、116MW 的大型循环流化床热水锅炉，提高燃煤的利用效率、保证污染物的排放指标满足环保要求。

（2）15 万人口及以下城市，装机参考方案：2×B12–4.9/0.294 背压机组＋调峰锅炉；1×B12– 4.9/0.294+1×B25–8.83/0.294+调峰锅炉方案。

（3）20 万～30 万人口城市，装机参考方案：2×B25–8.83/0.294 背压机组＋调峰锅炉。

（4）20 万～50 万人口城市，装机参考方案：2×B50–8.83/0.294 背压机组＋调峰锅炉。

对于严寒地区天气寒冷、供暖期长（有的在 6 个月以上）且又有电负荷需求的少数民族地区的个别县级城市，可以考虑 2×200MW 等级的超高压供热机组。参考装机方案如表 7-5 所示。

3. 城市人口规模在 50 万及以上的装机方案

50 万及以上人口的城市，热负荷规模较大，如果用电负荷缺口较大或位于电网末端，兼顾热电综合平衡考虑，坚持“以热定电”的原则，在保证供热的条件下，尽可能降低装机容量，减少城市内的燃煤量和污染物排放量，具备条件的可新建 300MW 等级的超临界参数大型抽凝或抽凝背供热机组。同时，结合“大型抽凝发电供热机组与背压机组相结合，区域内配置调峰锅炉”的装机原则，已建有大型抽凝两用供热机组的城市，再扩建供热机组时应优先建设背压式机组，并且按照合理的热化系数建设或保留相应容量的调峰锅炉。由背压机承担供热区域内的基本热负荷，大型抽凝发电供热机组承担腰荷，调峰锅炉承担峰荷。

人口规模在 50 万及以上城市，参考装机方案如表 7-6 所示。

表 7-5　50 万人口及以下中小城市推荐的热电联产装机方案

城市规模分类			最大供暖热负荷（MW）	集中供热普及率（%）	集中供热设计热负荷（MW）	推荐的装机方案	热电机组承担的热负荷（MW）	集中供热锅炉所需承担供热量（MW）	配置集中供热锅炉容量	热化系数
15	万人口	严寒	289	70	202	1×B12+1×B25	138	65	2×29MW 热水炉	0.68
		寒冷	263	70	184	2×B12	108	75	3×29MW 热水炉	0.59
20	万人口	严寒	385	70	270	2×B25	167	103	2×58MW 热水炉	0.62
		寒冷	350	70	245	2×B25	167	78	3×29MW 热水炉	0.68
30	万人口	严寒	578	70	404	2×B50	314	90	3×29MW 热水炉	0.78
		寒冷	525	70	368	1×B25+1×B50	241	127	2×58MW 热水炉	0.65
40	万人口	严寒	770	70	539	2×B50	314	225	2×116MW 热水炉	0.58
		寒冷	700	70	490	2×B50	314	176	3×58MW 热水炉	0.64

表 7-6　50 万人口规模以上城市推荐的热电联产装机方案

城市规模分类			最大供暖热负荷（MW）	集中供热普及率（%）	集中供热设计热负荷（MW）	推荐的装机方案	热电机组承担的热负荷（MW）	集中供热锅炉所需承担供热量（MW）	配置集中供热锅炉容量	热化系数
50	万人	严寒	963	70	674	2×CN350	683	–9	保留原有热水炉，作为备用及调峰	1.01

续表

城市规模分类			最大供暖热负荷（MW）	集中供热普及率（%）	集中供热设计热负荷（MW）	推荐的装机方案	热电机组承担的热负荷（MW）	集中供热锅炉所需承担供热量（MW）	配置集中供热锅炉容量	热化系数
50	万人	寒冷	875	70	613	2×CN350	683	–70	保留原有热水炉，作为备用及调峰	1.11
60	万人	严寒	1155	70	809	2×CN350	683	126	1×116MW 热水炉	0.84
		寒冷	1050	70	735	2×CN350	683	52	1×58MW 热水炉	0.93
70	万人	严寒	1348	70	943	2×CN350	683	261	2×116MW 热水炉	0.72
		寒冷	1225	70	858	2×CN350	683	175	2×116MW 热水炉	0.80
80	万人	严寒	1540	70	1078	3×CN350	1024	54	保留原有热水炉，作为备用及调峰	0.95
		寒冷	1400	70	980	3×CN350	1024	–44	保留原有热水炉，作为备用及调峰	1.04
90	万人	严寒	1733	70	1213	3×CN350	1024	189	2×116MW 热水炉	0.84
		寒冷	1575	70	1103	3×CN350	1024	79	3×29MW 热水炉	0.93
100	万人	严寒	1925	70	1348	3×CN350	1024	324	3×116MW 热水炉	0.76
		寒冷	1750	70	1225	3×CN350	1024	201	2×116MW 热水炉	0.84
150	万人	严寒	2888	70	2021	5×CN350	1706	315	3×116MW 热水炉	0.84
		寒冷	2625	70	1838	4×CN350	1365	472	4×116MW 热水炉	0.74
200	万人	严寒	3850	70	2695	6×CN350	2048	647	6×116MW 热水炉	0.76
		寒冷	3500	70	2450	6×CN350	2048	402	4×116MW 热水炉	0.84
300	万人	严寒	5775	70	4043	10×CN350	3413	630	6×116MW 热水炉	0.84
		寒冷	5250	70	3675	10×CN350	3413	262	2×116MW 热水炉	0.93

二、装机方案比较方法

“以热定电”原则贯穿于热电厂的整个生命周期，是保证热电厂高效运行的基础。此原则简单地说就是按照机组的热负荷来确定机组的电负荷。即热电机组运行中，热负荷是首先要保证的。

热电联产项目的产品为热和电两种，根本目的在于充分发挥规模经济效益，提高能源利用效率，而不是发电，所以热电联产机组的选型必须依据实际热负荷。

如何选择合适的热电机组，在第一章第七节《热电联产管理办法》已有明确的规定。文中第十八条要求

规划新建 2 台 300MW 级抽凝热电联产机组的，须满足以下条件:

（一）机组预期投产年，所在省（区、市）存在 500MW 及以上电力负荷缺口。

（二）2 台机组与调峰锅炉联合承担的供热面积达到 1800 万 m^2。

（三）供暖期热电比应不低于 80%。

文中第二十条要求：

供暖型联合循环项目供热期热电比不低于 60%，供工业用汽型联合循环项目全面热电比不低于 40%。

……

采用热电冷三联供技术实现能源梯级利用，能源综合利用效率不低于 70%。

通过对供热机型与建厂条件的了解，可以进行装机方案的拟定，步骤为：

首先要贯彻综合权衡、因地制宜的方针，确定热电厂的最终规模是大容量（200MW 及以上）、中容量（200MW 以下），还是小容量（50MW 以下），以此决定选择机组的主蒸汽参数是超临界、亚临界、超高压、次高压或中压参数。这样，装机方案的拟定就可以限定在一个较小的范围内。

对拟定的装机方案应进行综合分析以排除方案，已有定论的方案不需再进行比较。如高压、次高压参数不同但容量相同的机型组成方案，高压参数必好于次高压参数的机型。另外，如选择单机容量大的方案，虽然经济性较好，但供热不可靠，又无可行的补救措施，此类方案也不可取。通过综合比较分析，可以筛选出两个方案进行技术经济比较决定。综合比较分析应包括表 7-7 所示内容。

表 7-7 方案综合比较分析表

序号	项目	单位	第一方案			第二方案		
			供暖期	制冷期	非供暖非制冷期	供暖期	制冷期	非供暖非制冷期
1	热负荷	GJ/h						
2	汽轮机进汽量	t/h						
3	抽汽量	t/h						
4	发电功率	kW						
5	对外供热量	t/h						
6	发电年均标煤耗	g/（kW·h）						
7	综合厂用电率	%						
8	供热厂用电率	（kW·h）/GJ						
9	发电厂用电率	%						
10	供电年均标煤耗	g/（kW·h）						
11	供热年均标煤耗	kg/ GJ						
12	汽轮机年供热量	GJ/a						
13	年发电量	（kW·h）/a						
14	年供电量	（kW·h）/a						
15	年供热量	GJ/a						
16	全年耗标煤量	t/a						
17	热化系数	%						
18	年均全厂热效率	%						
19	年均热电比	%						
20	全年节约标煤量	t/a						

第五节 原则性热力系统的拟定

一、燃煤供热机组热力系统拟定

1. 背压式供热机组

背压式供热机组按热负荷类型，分为工业背压机组和供暖背压机组，一般为无再热的汽轮发电机组。

如果同一电厂内安装多台相同参数的机组，则主蒸汽系统宜采用切换母管制，给水系统低压侧（即给水泵的吸入侧）宜采用分段单母管制；给水泵出口压力母管，当给水泵的出力与锅炉容量不匹配时，宜采用分段单母管制系统，当给水泵的出力与锅炉容量匹配时，宜采用切换单母管制系统。

对于工业背压机组，蒸汽初参数一般不高于高温高压参数，即汽轮机入口参数 8.83MPa/535℃；排汽参数视工业蒸汽用户需求及管道输送距离而定，一般在 0.6MPa 以上；回热系统级数要视排汽压力及锅炉初参数而定；为保证供热可靠性，需设置一台 100%容量的减压减温器，以在汽轮机故障停运时能将锅炉新蒸汽直接减压减温至用户需求参数而对外供出。

以高温高压参数锅炉、排汽压力为 0.981MPa 的机组为例，一般设置两级高压加热器和一级高压除氧器，如果补给水量较大且一级除氧有困难，可再设一级大气式除氧器或表面式补水加热器。回热抽汽系统共有两级抽汽，分别供给两台高压加热器。高压除氧器加热蒸汽来自汽轮机排汽，要经过调节阀减压至所需压力。加热器疏水采用逐级自流方式。高压加热器逐级自流到高压除氧器，事故状态导入锅炉定期排污扩容器。工业背压机组原则性热力系统图如图 7-1 所示。

对于供暖背压机组，蒸汽初参数也一般不高于高温高压参数，即汽轮机入口参数 8.83MPa/ 535℃；排汽压力按满足热网供水设计温度而定，一般在 0.245～0.4MPa 左右；经济的热网加热蒸汽压力由供水温度决定。一般管式换热器按 5～10℃温差考虑，不同抽汽压力对应的供水温度如表 7-8 所示。

回热系统级数要视排汽压力及锅炉初参数而定；为保证供热可靠性，需设置一台 100%容量的减压减温器，以在汽轮机故障停运时能将锅炉新蒸汽直接减压减温至热网加热蒸汽参数。

以高温高压参数锅炉、排汽压力为 0.4MPa 的机组为例，一般设置两级高压加热器和一级高压除氧器，热网疏水由疏水泵打回高压除氧器。供暖背压机组原则性热力系统图如图7-2所示。

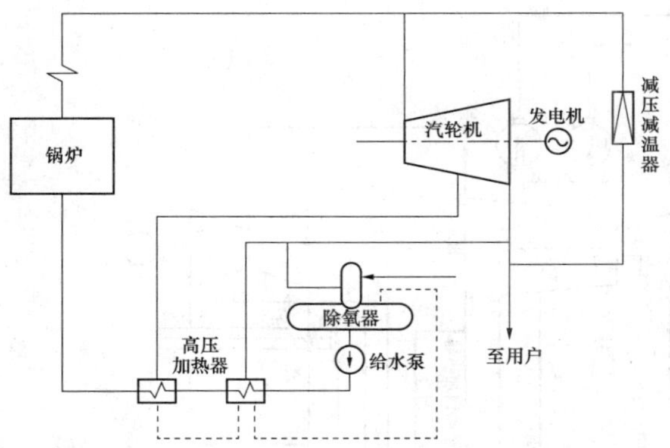

图7-1 工业背压机组原则性热力系统图

表7-8 不同抽汽压力对应的供水温度

抽汽压力	MPa	0.1176～0.245	0.245	0.294	0.392	0.491
加热器压力	MPa	0.11～0.233	0.233	0.280	0.373	0.466
饱和温度	℃	102～126.8	126.8	132.9	142.9	151.1
供水温度	℃	90～120	120	125	130	140

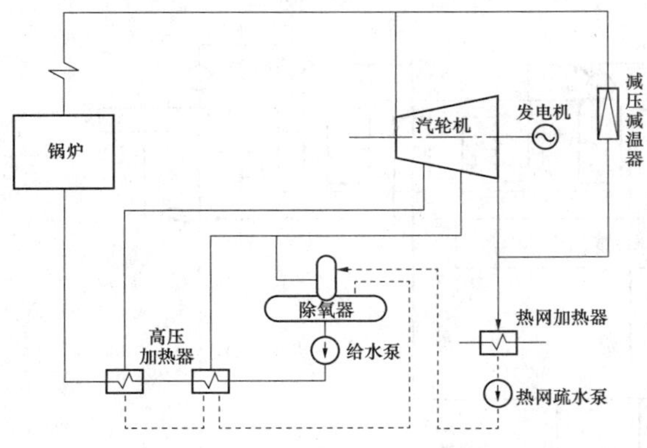

图7-2 供暖背压机组原则性热力系统图

2. 抽汽凝汽式供热机组

现代大型抽汽凝汽式供热发电两用机组，具有较大的灵活性，适合于满足较大范围的供暖负荷的要求。供暖期运行时，机组供热抽汽会牺牲一部分发电量，如果没有工业负荷，则机组在非供暖期纯凝运行。以350MW等级湿冷机组为例，主蒸汽管道及冷、热再热蒸汽管道、主给水系统等均为单元单管制系统，回热系统常规设计为8级抽汽，分别供给低压加热器、除氧器及高压加热器用汽。四段抽汽还作为给水泵汽轮机及辅助蒸汽联箱的正常工作汽源。五段抽汽作为供暖蒸汽母管及锅炉暖风器、生水加热器、热网补水除氧器等的汽源。热网加热蒸汽从中压缸排汽口抽出。抽凝式供热机组原则性热力系统图如图7-3所示。

二、燃机供热机组热力系统拟定

常见的燃机供热一般是对外供应工业用蒸汽，热力系统根据主机型式确定。以常见的单元制9E型联合循环机组为例，热力系统流程：余热锅炉利用燃机高温排气加热水产生的蒸汽供给蒸汽轮机，经膨胀做功后排入凝汽器，凝结水由凝结水泵经轴封加热器送入除氧器进行加热并脱氧，然后由给水泵送入余热锅炉低压汽包。汽水系统主要由余热锅炉汽水循环系统、汽轮机、凝汽器、凝结水泵、除氧器、高低压给水泵、高压强制再循环泵、低压强制再循环泵等设备及管道和阀件组成。全厂汽水系统均采用单元制。

1. 主蒸汽系统

主蒸汽系统采用单元制，从余热锅炉高压过热器出口联箱引出，通过汽轮机的联合主汽阀（主汽阀、调节汽阀），再经导汽管接入汽轮机。主蒸汽管道上接有供至汽机轴封系统的管路。

2. 低压补汽

低压补汽系统采用单元制，从余热锅炉低压过热器出口联箱引出，通过汽轮机低压补汽联合汽阀，再经导汽管接入汽轮机。低压补气系统同时还向除氧器提供加热汽源。

3. 抽汽供热系统

来自汽轮机抽汽管道的蒸汽，通过抽汽接口引出之后，与来自另外一台机组的供热蒸汽管道合成一根母管对外供热。供热管道与外部管网的接口在厂区围墙外1m处。

4. 旁路系统

为改善机组启动性能，协调机、炉间的汽量平衡，减少机组循环的汽水损失，利于系统灵活运行，设置了一套高、低压旁路装置，均能通过余热锅炉100%的最大连续蒸发量。高、低压旁路管道分别从主蒸汽管道和低压补气管道上接出，经过旁路减温减压装置接至凝汽器，凝汽器喉部设有专门接受旁路系统来汽的减压减温装置。旁路阀的减温水来自凝结水泵出口的凝结水。

5. 凝结水系统

每台机组设置两台100%容量的凝结水泵，其中一台运行，一台备用。凝结水由凝汽器热井经一根总管引出，然后分成两路至两台凝结水泵入口，经凝结水泵后合并成一路，再经过一台轴封冷却器、余热锅炉的凝结水加热器，然后进入除氧器。为保证在汽轮机启动和低负荷工况下，轴封冷却器能够安全稳定的运行，在轴封冷却器出口设置有凝结水再循环管道。

燃机供热机组原则性热力系统图如图 7-4 所示。

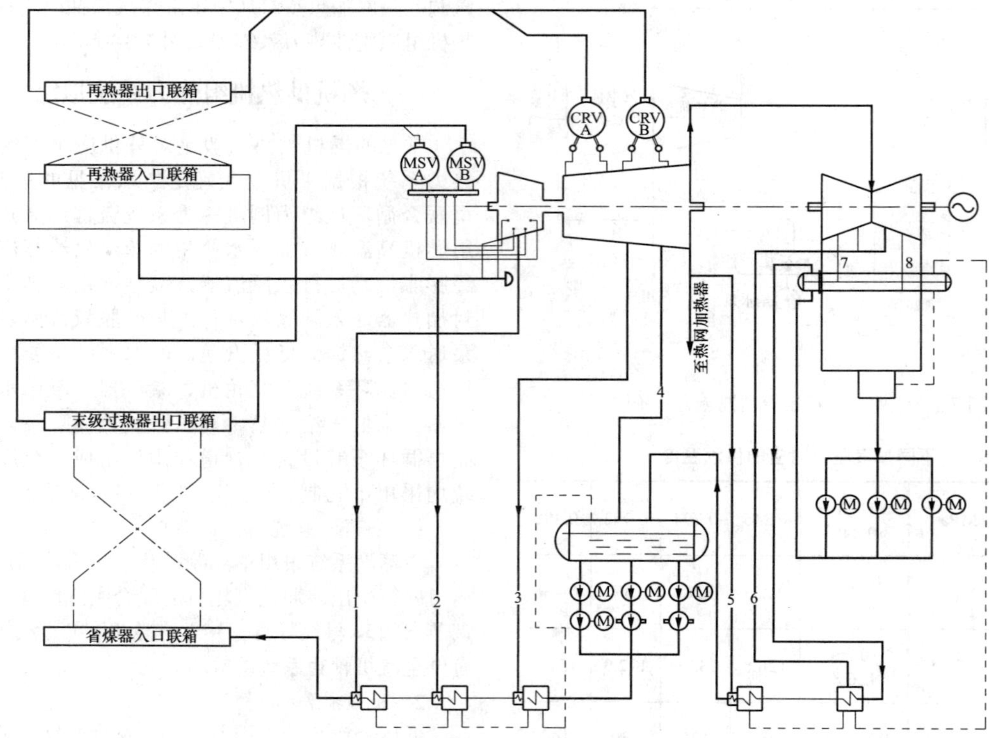

图 7-3 抽凝式供热机组原则性热力系统图

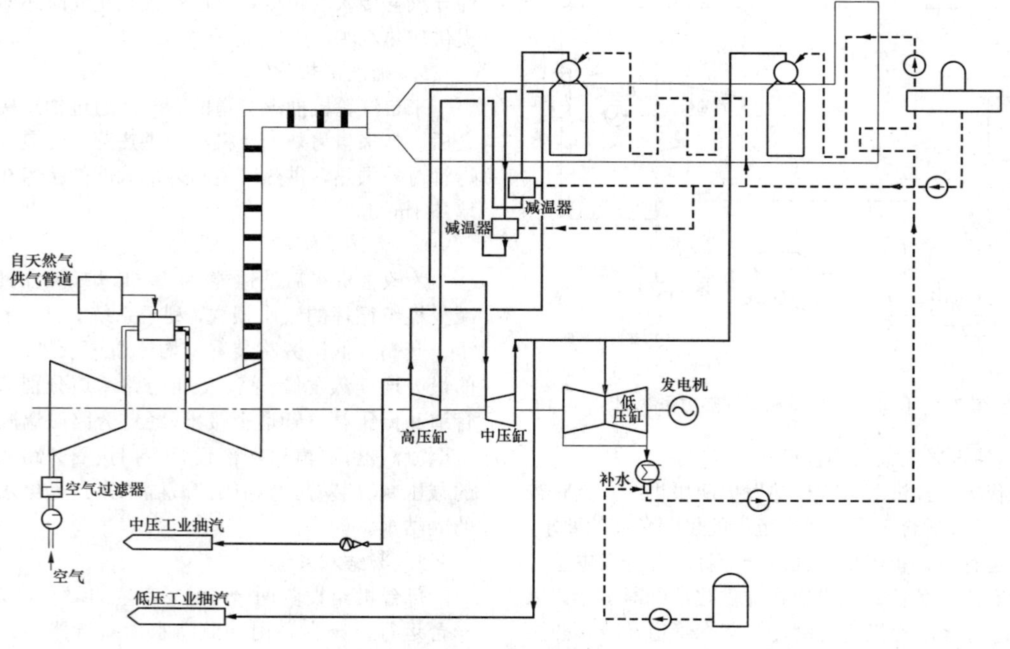

图 7-4 燃机供热机组原则性热力系统图

第六节 热 平 衡 计 算

一、热平衡计算目的和要求

汽轮机组原则性热力系统的热平衡计算，是发电厂原则性热力系统计算的基础和核心。其计算目的是：确定汽轮机组在某一工况下的热经济指标和各部分汽水流量；根据以上计算结果选择有关的辅助设备和汽水管道；确定某些工况下汽轮机的功率或新汽耗量；新机组本体热力系统定型设计；为财务分析提供数据，如产品单耗、年产量、厂用电量等。

对发电厂热力设备不同设置或系统的连接方式进行热经济分析或技术经济比较时，都要用到热经济指标，尤其是设计工况下的指标最具有代表性，该工况下的热力系统计算也最普遍，对汽轮机或发电厂的设计、运行有着非常重要的作用。另外，对新设计的汽轮机回热系统、电力设计院或运行电厂进行了部分修改的回热系统、大修前后的运行机组都应进行热平衡计算，以确定其热经济指标，作为对机组的完善程度、回热系统修改的可行性、机组大修的效果进行评价的依据。

在选择辅助设备和汽水管道时，除了要用到设计工况下的计算数据外，还应有最大工况下的原则性热力系统计算的数据来核对，以确保在各种工况下满足运行安全和设计规程要求的范围。

对于随热负荷变化较大的热电厂，应选择全年中几个有代表性的工况（如冬季和夏季平均工况）来计算，以确定热电厂全年运行的热经济指标。为选择与供热机组匹配的锅炉容量和台数，还需计算最大热电负荷和其他某些工况（如夏季最小热负荷）所对应的汽轮机新汽耗量。

二、热平衡的计算方法与公式

原则性热力系统计算有定功率计算和定流量计算两种。对热负荷和电负荷已给定情况下的计算，称为定功率计算，其结果为给定功率下汽轮机新汽耗量、各抽汽量及热经济指标，这种方法在电力设计院、电厂运行部门应用得较多。在给定汽轮机进汽量的情况下进行的热力系统计算，称为定流量计算，其结果是求得给定流量下汽轮发电机组的功率及其热经济指标，一般为汽轮机制造厂采用。

无论是定功率计算还是定流量计算，都应满足能量消耗或能量供应相等的原则。若计算正确，两种计算得出的热经济指标应相同。

1. 基本公式

要对原则性热力系统进行计算，必须已知计算工况下机组的类型、容量、初终参数、回热参数及供热抽汽参数、回热系统的连接方式等。

具体计算时用得最多的三个基本公式是加热器热平衡式、汽轮机物质平衡式和汽轮机功率方程式。

（1）加热器热平衡式见式（7-1）。

吸热量–放热量×η_n或流入热量=流出热量 (7-1)

通过加热器热平衡式可求出抽汽量D_j（a_j）。

（2）汽轮机物质平衡式见式（7-2）。

$$D_c = D_0 - \sum_{e=1}^{z} D_e \text{ 或 } a_c = 1 - \sum_{e=1}^{z} a_e \tag{7-2}$$

式中 D_c——凝汽量，t/h；

D_0——汽轮机的进汽流量，t/h；

z——总抽汽段数；

D_e——第e段抽汽的抽汽量，t/h；

a_c——凝汽份额；

a_e——第e段抽汽的份额。

通过物质平衡式可求出凝汽流量D_c（a_c）。

（3）汽轮机功率方程式见式（7-3）～式（7-5）。

$$3600P_e = P_i\eta_m\eta_g = D_0P_i'\eta_m\eta_g \tag{7-3}$$

其中

$$P_i = D_0h_0 + D_{rh}(h_{hrh} - h_{crh}) - \sum_{e=1}^{z} D_eh_e - D_ch_c \tag{7-4}$$

$$P_i' = h_0 + a_{rh}(h_{hrh} - h_{crh}) - \sum_{e=1}^{z} a_eh_e - a_ch_c \tag{7-5}$$

式中 P_e——汽轮机发电机组的功率，kW；

P_i——汽轮机实际做功的功率，kW；

η_m——机械效率，%；

η_g——发电机效率，%；

P_i'——单位进汽流量下汽轮机实际做功的功率，kW/t；

h_0——汽轮机进汽的焓值，kJ/kg；

D_{rh}——汽轮机再热蒸汽流量，t/h；

h_{hrh}——再热热段蒸汽焓值，kJ/kg；

h_{crh}——再热冷段蒸汽焓值，kJ/kg；

h_e——汽轮机抽汽焓值，kJ/kg；

h_c——疏水焓值，kJ/kg；

a_{rh}——再热蒸汽份额。

通过功率方程式可求出汽轮发电机组的功率P_e（定流量计算）或汽轮机的进汽流量D_0（定功率计算）。在此基础上可进一步计算出机组的热经济指标。

2. 热平衡工况定义

（1）湿冷机组的工况定义：

1）额定工况（TRL：turbine rated load case）是指在额定的主蒸汽及再热蒸汽参数、背压 11.8kPa（绝对压力）、亚临界及以下参数机组取补水率 3%（亚临界以上参数补水率取 1.5%）以及回热系统正常投入条件下，扣除非同轴励磁、润滑及密封油泵等所耗功率后，汽轮机厂能保证在寿命期内任何时间都能安全连续的在额定功率因数、额定氢压（氢冷发电机）下发电机输出的功率。此时调节阀应仍有一定裕度，以保证满足一定调频等需要。在所述额定功率定义条件下的进汽量称为额定进汽量，汽轮机的通流面积按此设计。

2）汽轮机最大连续运行工况（TMCR：turbine maximum continue running case）是指在额定的主蒸汽及再热蒸汽参数下，主蒸汽流量与额定功率的进汽量相同，考虑年平均水温等因素确定的背压（设计背压），补水率为0%及回热系统正常投入，扣除非同轴励磁、润滑及密封油泵等的功能，在额定功率因数、额定氢压（氢冷发电机）下发电机端输出的功率。该功率为汽轮机制造厂的最大连续出力，并能在保证的寿命期内安全连续的运行。

3）汽轮机热耗保证工况（THA：turbine heat rate assurance case）是指在额定的主蒸汽及再热蒸汽参数下，考虑年平均水温等因素确定的背压（设计背压），补水率为0%及回热系统正常投入，扣除非同轴励磁、润滑及密封油泵等的功耗，在额定功率因数、额定氢压（氢冷发电机）下发电机输出的功率。其值与额定功率相同，并且汽轮机制造厂能保证在寿命期内安全连续的运行，该功率作为汽轮机热耗保证功率。

4）汽轮机阀门全开工况（VWO：valve wide open case）是指在调节阀全开的进汽量条件下发电机端输出的功率，或称最大计算容量功率。在此定义下的进汽量为汽轮机最大进汽量，该进汽量一般作为锅炉最大连续蒸发量（BMCR）。

5）供热机组最大供热能力工况。供热机组最大供热能力工况是指机组在额定的主蒸汽及再热蒸汽参数下，主蒸汽流量与最大连续运行工况（TMCR 工况）的进汽量相同，考虑年平均水温等因素确定的背压（设计背压，有时也可以采用供暖期平均背压），补水率为0%及回热系统正常投入，汽轮机工业用抽汽量最大，或者供暖抽汽量最大的工况。该工况主要用来衡量机组的供热能力，用于装机方案的选择。

6）供热机组供暖期额定供热工况。供热机组额定供热工况是指在额定的主蒸汽及再热蒸汽参数下，主蒸汽流量与最大连续运行工况（TMCR 工况）的进汽量相同、考虑年平均水温等因素确定背压（设计背压）、补水率为0%、回热系统正常投入、汽轮机工业用抽汽量为平均值、供暖抽汽量为供暖期平均值的工况。该工况主要用于供暖期热经济指标计算，是衡量热电联产机组在供暖期性能指标的基础工况。

或者在给定电负荷的情况下，考虑年平均水温等因素确定背压（设计背压）、补水率为0%、回热系统正常投入、汽轮机工业用抽汽量为平均值、供暖抽汽量为供暖期平均值的工况。

7）供热机组非供暖期额定供热工况。是指在额定的主蒸汽及再热蒸汽参数下，考虑年平均水温等因素确定的背压（设计背压），补水率为0%及回热系统正常投入，汽轮机工业用抽汽量为平均值，此时的发电功率为机组非供暖期的平均发电功率。其计算方法为全年发电量扣除供暖期的发电功率后除以非供暖期运行时间。该工况主要用于非供暖期热经济指标计算，是衡量热电联产机组在非供暖期性能指标的基础工况。

（2）空冷机组的功率定义。

1）空冷机组的额定功率：在额定的主蒸汽和再热蒸汽参数及规定的背压和补水率条件下（亚临界及以下参数机组宜取补水率 3%，亚临界以上参数补水率取 1.5%），主蒸汽流量为额定进汽量，扣除非同轴励磁、润滑剂密封油泵等的功耗，在发电机额定功率因数、额定氢压、额定冷却水温条件下，在寿命期内保证的发电机端输出的连续功率。

2）空冷机组的最大功率：在额定的主蒸汽和再热蒸汽参数及规定的背压和补水率条件下（规定的背压应采用额定背压，规定的补水率应取0），主蒸汽流量为调节阀全开时的进汽量，扣除非同轴励磁、润滑剂密封油泵等的功耗，在发电机额定功率因数、额定氢压、额定冷却水温条件下发电机端的输出功率。

3. 计算方法和步骤

机组原则性热力系统计算方法有多种，有传统的常规计算法、等效热降法、循环函数法以及矩阵法等。常规计算法是最基本的一种方法，掌握该方法有助于更好地理解和掌握其他方法，所以本书只介绍该方法，其他方法可参阅有关专著。

若回热系统是由 z 级回热抽汽所组成，对与每一级回热抽汽相连的加热器分别列出热平衡式，再加上一个求凝汽流量的物质平衡式或功率方程式组成 $z+1$ 个线性方程组，最终可求出 z 个抽汽量和一个新汽量（或凝汽量）。这 $z+1$ 个线性方程组既可以用绝对量（D_e、D_0 或 D_c）来计算，也可用相对量（a_e、a_c）来计算，然后根据有关公式求得相应的热经济指标。

实际进行计算时又有串联法和并联法两种。所谓串联法就是对凝汽式机组采用“由高至低”的计算次序，即从抽汽压力最高的加热器开始算起，依次逐个算至抽汽压力最低的加热器。这样计算的好处是每个方程式中只出现一个未知数，对手工计算非常适宜，避免求解联立方程组。而并联法则适用于计算机计算，对 $z+1$ 个线性方程组联立求解，一次即可求得全部 $z+1$ 个未知数，方便快捷。对供热机组，若已知进入凝汽器的流量，也可从低压加热器开始计算。

4. 热平衡计算软件

在计算机快速发展的今天，实际热平衡通常采用热平衡分析计算软件，商业化热平衡计算软件有 GT PRO、GT MASTER、Thermoflex、GateCycle、Cycle Tempo、SOLVO、Ebsilon、Aspen Plus，非商业化热平衡计算软件有 SPENCE、Tursim。所有软件采用图形化界面，但是大部分软件是不开放的，用户不能添加自己的模块和控制，Aspen Plus 和 Ebsilon 是半开放的软件，用户可以加入自己的程序块和动态链接库，SPENCE 是全开放的，用户可以加入自己的代码、模块和控制。这些计算软件都可搭建机组系统模型开展热力计算，但是一些部件的效率无法准确给出，因此在使用时会有计算结果有偏差的情况。

三、汽轮机热平衡的计算原则

1. 汽轮机热平衡计算的边界条件

在使用计算机软件进行汽轮机热平衡分析计算时，除回热系统中蒸汽的质量、热量平衡以及汽轮机各缸体的效率外，还需要一些边界条件的输入，包括主蒸汽流量、机组背压、机组出力，抽汽供热机组还要有抽汽参数和抽汽量。在已知上述边界条件中的机组背压与抽汽供热参数和流量后，通过输入主蒸汽流量可计算机组出力或通过机组出力计算主蒸汽流量。

2. 热平衡计算中背压选择

热平衡中背压的确定与以下几个因素有关：湿冷或间接空冷机组的凝汽器循环冷却水温度、循环水在凝汽器中的温升、凝汽器的端差。以下介绍冷却水温度的选取。

（1）当采用直流供水系统时，冷却水的最高计算温度应按多年水温最高时期频率为 10%的日平均水温确定，其中“多年水温最高时期”可取夏季 3 个月时期，应将温排水对取水水温的影响计算在内。

（2）当采用循环供水系统时，确定冷却水的最高计算温度应符合下列规定：

1）宜采用按湿球温度频率统计方法计算的频率为 10%的日平均气象条件。

2）气象资料应采用近期连续不少于 5 年、每年最热时期的日平均值，每年最热时期可采用夏季 3 个月。

直接空冷系统机组的额定背压应为设计气温与经优化计算确定的初始温差之和对应的饱和蒸汽压力。

3. 供热机组热平衡计算原则

（1）汽轮机最大抽汽工况。汽轮机进汽量为最大连续运行（TMCR）工况进汽量，背压为供暖期平均背压，工业热负荷抽汽或供暖热负荷抽汽为机组的最大抽汽能力所对应的数值，即考虑满足低压缸在所定背压下的最小通流后能够抽出的蒸汽量，此工况为机组的最大抽汽工况，又称机组供热能力工况。

（2）汽轮机额定抽汽工况。汽轮机进汽量为额定进汽量，背压为供暖期平均背压，工业热负荷抽汽或供暖热负荷为机组年平均抽汽量所对应的数值，此工况为机组的额定抽汽工况，又称机组平均抽汽工况。根据此工况计算出的热经济指标可以代表热电厂在整个供暖期的平均情况，因此汽轮机额定抽汽工况是反映热电厂供暖期热经济指标的计算工况。

（3）汽轮机非供暖期工况。汽轮机进汽量为变量，背压为非供暖期平均背压，工业热负荷抽汽为机组非供暖期平均抽汽量所对应的数值。发电功率为已知值，其算法为：发电设备利用小时数与机组铭牌功率的乘积为机组年发电量，机组年发电量扣除供暖期的发电功率后除以非供暖期时间即为发电功率。

将热电厂供暖期额定抽汽工况的热经济指标与热电厂非供暖期热经济指标综合后的热经济指标即为热电厂年热经济指标，例如年平均发电标煤耗、年平均供热标煤耗、年平均供电标煤耗等。

4. 供热机组热平衡计算的步骤

在装机方案初步选定后，要通过热经济指标计算进行方案的对比。计算热经济指标，应遵循以下步骤（见图 7-5）：

（1）根据最大抽汽热平衡确定机组的最大供热能力工况；

（2）根据区域热负荷曲线，计算出机组平均供热抽汽量；

（3）计算出供暖期额定供热工况热平衡，并得到供暖期热经济指标；

（4）计算出供暖期发电量；

（5）根据发电设备利用小时数，计算出全年发电量，并根据供暖期发电量计算出非供暖期发电量；

（6）计算出非供暖期额定供热工况热平衡，并得到非供暖期热经济指标；

（7）根据并得到供暖期热经济指标和非供暖期热经济指标合算出全年平均的各项热经济指标。

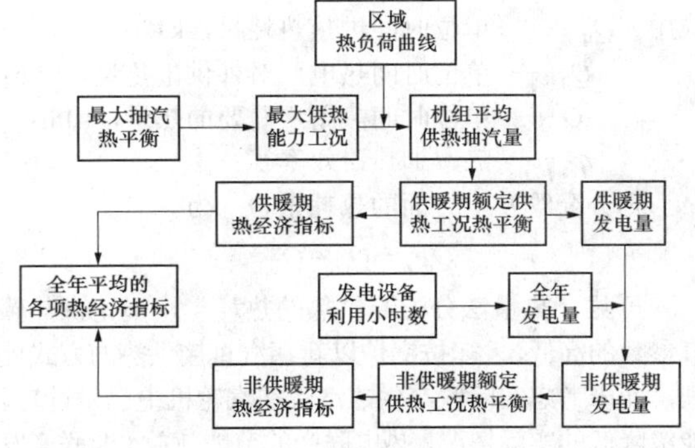

图 7-5 供热机组热平衡计算步骤示意图

第七节 供热机组的热经济指标和计算

一、供热机组的热经济指标计算方法

在热电厂中，工质所吸收的热量不但生产电能，而且要生产满足热用户所需要的热能。因此表征热电厂的热经济指标，除按照生产电能的指标外，还必须考虑生产热能的指标，可见热电联产热经济指标的确定比分产要复杂和困难得多。为了确定其电能和热能的生产成本及分项的热经济指标，必须将热电厂总热耗量合理地分配给两种产品。

目前国内外对热电联产总热耗量分配方法有热量法、实际焓降法、做功能力法等。以下分别介绍三种方法。

1. 热量法

热量法的核心是只考虑能量的数量，不考虑能量的品质的差别。将热电厂的总热耗量按生产两种产品的数量比例进行分配。

热电厂总热耗量 Q_{tp} 按式（7-6）计算

$$Q_{tp}=B_{tp}Q_{net}=\frac{Q_b}{\eta_b}=\frac{Q_0}{\eta_b\eta_p} \tag{7-6}$$

式中 Q_{tp}——单位时间总热耗量，kJ/h；

B_{tp}——单位时间总燃料消耗量，kg/h；

Q_{net}——燃料低位发热量，kJ/kg；

Q_b——单位时间锅炉总发热量，kJ/h；

η_b——锅炉效率；

Q_0——单位时间汽轮机入口总热量，kJ/h；

η_p——管道效率。

热电厂分配给供热方面的热耗量是以热用户实际消耗的热量为依据的，即分配给供热方面的热耗量 $Q_{tp,h}$ 为

$$Q_{tp,h}=\frac{Q_h}{\eta_b\eta_p}=\frac{Q}{\eta_b\eta_p\eta_{hs}} \tag{7-7}$$

式中 $Q_{tp,h}$——单位时间供热热耗量，kJ/h；

Q_h——单位时间热电厂对外供出热量，kJ/h；

Q——单位时间热用户需要的热量，kJ/h；

η_{hs}——热网加热器效率。

则分配给发电方面的热耗量 $Q_{tp,e}$ 为

$$Q_{tp,e}=Q_{tp}-Q_{tp,h} \tag{7-8}$$

可见，热量法分配给供热的热耗量，不论供热蒸汽参数的高低，一律按锅炉以新蒸汽直接供热的方式处理，而未考虑实际联产供热汽流在汽轮机中已做过功、能级降低的实际情况。热电联产的节能效益（即联产发电部分无冷源损失）全部由发电部分独占，热用户仅获得了热电厂高效率大锅炉取代低效率小锅炉的好处，但以热力网效率 η_{hs} 表示的集中供热管网的散热损失，使之打了折扣，因此不利于鼓励用户降低用热参数，从而使热电联产总的热经济性降低。热量法被称为热电联产“效益归电法”或“好处归电法”。

2. 实际焓降法

实际焓降法是按供热抽汽在汽轮机少做的功占新蒸汽实际做功的比例来分配供热的总热耗量。

分配给供热的热耗量 $Q'_{tp,h}$ 为

$$Q'_{tp,h}=Q_{tp}\frac{D_e(h_e-h_c)}{D_0(h_0-h_c)} \tag{7-9}$$

式中 D_e——第 e 段抽汽的抽汽量，t/h；

D_0——汽轮机的进汽流量，t/h；

h_e——汽轮机抽汽焓值，kJ/kg；

h_c——疏水焓值，kJ/kg；

h_0——汽轮机进汽的焓值，kJ/kg。

若电厂还有新蒸汽直接减温减压后对外供热，则应将其供热量直接加在分配给供热的方面。减温减压器的供热量 $Q_{tp,b}$ 为

$$Q_{tp,b}=\frac{D_{h,b}(h_{h,b}-h_{h,c})}{\eta_b\eta_p} \tag{7-10}$$

式中 $D_{h,b}$——减温减压供热蒸汽量，t/h；

$h_{h,b}$——减温减压器供汽焓值，kJ/kg；

$h_{h,c}$——热网回水焓值，kJ/kg。

则供热总的热耗量 $Q_{tp,h}$ 为

$$Q_{tp,h}=Q'_{tp,h}+Q_{tp,b} \tag{7-11}$$

分配给发电的热耗量仍按式（7-8）计算。

实际焓降法把热电联产的冷源损失全部由发电方面承担，热用户未分摊任何冷源损失，热电联产的节能效果全部归于供热方面，故又称“好处归热法”。该分配法考虑了供热抽汽品质方面的差别，热用户要求的供热参数越高，供热方面分摊的热耗量越大，反之则越少，所以可以鼓励热用户降低用热参数，提高热电联产的效益。但是，对发电方面而言，联产汽流却因供热引起实际焓降不足导致发电减少，且抽汽式供热汽轮机的供热调节装置不可避免地会增大汽流阻力，从而使机组的凝汽发电部分的内效率降低，热耗增大。

3. 做功能力法

做功能力法是把联产汽流的热耗量按蒸汽的最大做功能力在电、热两种产品间分配。

分配给联产汽流供热的热耗量按联产汽流的最大做功能力占新蒸汽的最大做功能力的比值来分摊。即分配给供热方面的热耗量 $Q_{tp,h}$ 为

$$Q_{tp,h}=Q_{tp}\frac{D_e e_e}{D_0 e_0}=Q_{tp}\frac{D_e(h_e-T_{en}s_e)}{D_0(h_0-T_{en}s_0)} \tag{7-12}$$

式中 e_0——新蒸汽的比㶲，kJ/kg；

e_e——第 e 段抽汽的比㶲，kJ/kg；

s_0——新蒸汽的比熵，kJ/（kg·K）；

s_e——供热抽汽的比熵，kJ/（kg·K）；

T_{en}——环境温度，K。

做功能力法以热力学第一定律和第二定律为依据，同时考虑了热能的数量和质量差别，使热电联产的好处较合理地分配给热、电两种产品，理论上也较有说服力。但是由于供热汽轮机的供热抽汽或背压排汽温度与环境温度较为接近，此种方法与实际焓降法的分配结果相差不大。

综上所述，可见上述三种分配方法均有局限性。热量法是按热电厂生产两种能量的数量关系来分配，没有反映两种能量在质量上的差别，将不同参数蒸汽的供热量按等价处理，但使用上较为方便，得到广泛运用。而实际焓降法和做功能力法却不同程度地考虑了能量质量上的差别：供热蒸汽压力越低时，供热方面分配的热耗量越少，可鼓励热用户尽可能降低用汽压力，从而降低热价。但实际焓降法对热电联产得到的热效益全归于供热，因而会挫伤热电厂积极性。而做功能力法具有较为完善的热力学理论基础，但使用上不方便，因而后两种方法未得到广泛的应用。

总之，热电联产总热耗量的分配应充分考虑热电厂节约能源、保护环境的社会效益，在兼顾用户承受能力的前提下，本着热、电共享的原则合理分摊。因此，从理论上探讨热电厂总热耗量的合理分配，仍是发展热化事业中迫切需要解决的问题。

一直以来，人们在不断地寻找一种既能在质量上又能在数量上来衡量两种能量转换过程的完善程度，同时又能用于供热机组间、各热电厂间或者在凝汽式电厂和热电厂间比较的简明计算方法，遗憾的是迄今尚无单一的热经济指标满足这些要求。目前采用的是既有总指标又有分项指标的综合指标来评价热电联产的经济效益。

二、供暖热负荷的计算方法

1. 区域最大供暖热负荷的计算

供暖热负荷可以根据建筑物的建筑面积乘以各类建筑物的供暖耗热指标求出，见式（2-4）。

2. 区域最小供暖热负荷的计算

$$Q_{n,min}=Q_{n,max}\frac{t_B-5}{t_B-t_{out}} \tag{7-13}$$

式中 $Q_{n,min}$——区域内最小供暖热负荷，GJ/h；

$Q_{n,max}$——区域内最大供暖热负荷，GJ/h；

t_B——供暖室内计算温度，℃；

t_{out}——供暖期室外计算温度，℃。

3. 区域平均供暖热负荷的计算

（1）曲线拟合法。

$$Q_{n,a}=Q_{n,max}\frac{t_B-t_{out,a}}{t_B-t_{out}} \tag{7-14}$$

式中 $Q_{n,a}$——供暖期平均热负荷，GJ/h；

$t_{out,a}$——供暖期室外平均温度，℃。

（2）无因次综合公式法。该方法见第二章第六节相关介绍。

按式（2-18）并根据新的《供暖通风与空气调节设计规范》有关资料，计算我国北方地区 20 个城市的 β_0 及 b 值见表 7-9。

表 7-9 系数 β_0 及 b 值表（供暖期天数为供暖室外平均温暖不大于 5℃天数）

城市	供暖室外计算温度（℃）	供暖期天数（d）	供暖室外平均温度（℃）	系数 β_0	供暖修正系数 b
哈尔滨	−26	179	−9.5	0.705	0.910
佳木斯	−26	183	−10.2	0.705	0.998
牡丹江	−24	180	−9.1	0.690	0.981
长春	−23	174	−8.0	0.683	0.897
乌鲁木齐	−22	157	−8.5	0.675	1.042
沈阳	−19	152	−5.7	0.649	0.831
通辽	−20	167	−7.3	0.658	1.004
呼和浩特	−19	171	−6.9	0.649	0.857
银川	−15	149	−3.4	0.606	0.742
丹东	−14	151	−3.0	0.594	0.744
西宁	−13	165	−3.2	0.581	0.856
太原	−12	144	−2.1	0.567	0.730
大连	−11	132	−1.5	0.552	0.695
兰州	−11	135	−2.5	0.552	0.904
北京	−9	129	−1.6	0.519	0.909
天津	−9	122	−0.9	0.519	0.737
石家庄	−8	117	−0.2	0.500	0.669
济南	−7	106	0.9	0.480	0.510
西安	−5	101	1.0	0.435	0.652
郑州	−5	102	1.6	0.435	0.496

根据上述公式计算，可以绘制出区域年持续热负荷曲线图，如图 7-6 所示，其中 $Q_{n,max}$ 与时间轴所围成的面积为区域的总热量（Q_a），$Q_{t,max}$ 与时间轴所围成的面积为热电厂供出总热量（$Q_{t,a}$），即图中所示汽轮机供热部分，其余部分热量由区域的调峰锅炉提供。

热电联产机组最大抽汽供热量计算公式如下

$$Q_{t,max}=D_{t,max}(h_e-h_c)\times10^{-3} \tag{7-15}$$

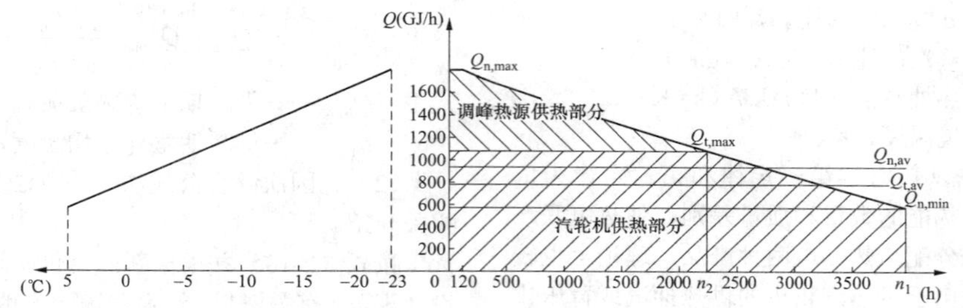

图 7-6 年持续热负荷曲线图

式中 $Q_{t,max}$——汽轮机最大抽汽供热量，GJ/h；

$D_{t,max}$——汽轮机最大供热抽汽量，t/h；

h_e——汽轮机抽汽焓值，kJ/kg；

h_c——疏水焓值，kJ/kg。

汽轮机组供热量计算公式如下

$$Q_{t,a}=\frac{Q_t}{n_1} \tag{7-16}$$

式中 $Q_{t,a}$——汽轮机组平均供热量，GJ/h；

Q_t——汽轮机组供热量，GJ/h；

n_1——供暖小时数，h。

汽轮机组平均供热工况抽汽量计算公式如下

$$D_t=\frac{Q_{t,a}}{(h_e-h_c)\times\eta_{hs}}\times10^3 \tag{7-17}$$

式中 D_t——汽轮机额定供热量，GJ/h；

η_{hs}——热网加热器效率，%。

由于目前的设计工作都是在计算机上进行，可以将无因次综合公式法输入计算机，将供暖室外温度和区域最大热负荷作为输入条件，将供热期按照室外温度划分较短的时间间隔，计算每个时间间隔内的供热量，最后汇总求和即为较准确的供暖供热量，时间间隔划分得越细，计算结果越准确。将表 7-10 中的“热负荷与时间的乘积”一列的数值累加起来就是区域供暖期供热量 Q_a，在“热负荷”中找到与热电厂最大供热能力 $Q_{t,max}$ 相对应的数值，并将对应的“热负荷与时间的乘积”以下数值累加起来就是热电联产机组年供暖期供热量 $Q_{t,a}$。

表 7-10　　无因次综合公式法计算表格示例

供暖延续天数（d）	供暖延续小时数（h）	无因次天数 R_n（d）	室外温度（℃）	无因次热负荷	热负荷（GJ/h）	热负荷与时间乘积（GJ）
0.25	6	0	−23	1	3600	21600
0.5	12	0	−23	1	3600	21600
0.75	18	0	−23	1	3600	21600
1	24	0	−23	1	3600	21600
1.25	30	0	−23	1	3600	21600
1.5	36	0	−23	1	3600	21600
1.75	42	0	−23	1	3600	21600
2	48	0	−23	1	3600	21600
2.25	54	0	−23	1	3600	21600
2.5	60	0	−23	1	3600	21600
2.75	66	0	−23	1	3600	21600
3	72	0	−23	1	3600	21600
3.25	78	0	−23	1	3600	21600
3.5	84	0	−23	1	3600	21600
3.75	90	0	−23	1	3600	21600

续表

供暖延续天数（d）	供暖延续小时数（h）	无因次天数 R_n（d）	室外温度（℃）	无因次热负荷	热负荷（GJ/h）	热负荷与时间乘积（GJ）
4	96	0	−23	1	3600	21600
4.25	102	0	−23	1	3600	21600
4.5	108	0	−23	1	3600	21600
4.75	114	0	−23	1	3600	21600
5	120	0	−23	1	3600	21600
5.25	126	0.00147929	−22.9586	0.998018184	3592.865	21578.5964
5.5	132	0.00295858	−22.9172	0.996310524	3586.718	21538.7501
5.75	138	0.00443787	−22.8757	0.994693027	3580.895	21502.8383
6	144	0.00591716	−22.8343	0.993131433	3575.273	21468.5042
6.25	150	0.00739645	−22.7929	0.991610135	3569.796	21435.2089
6.5	156	0.00887574	−22.7515	0.990120195	3564.433	21402.6876
6.75	162	0.01035503	−22.7101	0.988655839	3559.161	21370.7812
7	168	0.01183432	−22.6686	0.987213032	3553.967	21339.3838
7.25	174	0.013313609	−22.6272	0.985788806	3548.84	21308.4198
7.5	180	0.014792899	−22.5858	0.984380885	3543.771	21277.8327
7.75	186	0.016272189	−22.5444	0.982987473	3538.755	21247.5783
8	192	0.017751479	−22.5030	0.981607117	3533.786	21217.6216
8.25	198	0.019230769	−22.4615	0.980238620	3528.859	21187.9340
8.5	204	0.020710059	−22.4201	0.978880976	3523.972	21158.4916
⋮	⋮	⋮	⋮	⋮	⋮	⋮
170.75	4098	0.980769231	4.461538	0.328860107	1183.896	7113.18118
171	4104	0.982248521	4.502959	0.327952577	1180.629	7093.57699
171.25	4110	0.983727811	4.544379	0.327045188	1177.363	7073.97587
171.5	4116	0.985207101	4.585799	0.32613794	1174.097	7054.37779
171.75	4122	0.986686391	4.627219	0.325230833	1170.831	7034.78276
172	4128	0.98816568	4.668639	0.324323867	1167.566	7015.19076
172.25	4134	0.98964497	4.710059	0.323417041	1164.301	6995.60181
172.5	4140	0.99112426	4.751479	0.322510355	1161.037	6976.01588
172.75	4146	0.99260355	4.792899	0.321603809	1157.774	6956.43298
173	4152	0.99408284	4.83432	0.320697403	1154.511	6936.85309
173.25	4158	0.99556213	4.87574	0.319791136	1151.248	6917.27623
173.5	4164	0.99704142	4.91716	0.318885009	1147.986	6897.70237
173.75	4170	0.99852071	4.95858	0.31797902	1144.724	6878.13152
174	4176	1	5	0.317073171	1141.463	6858.56366

三、供热机组的热经济指标

1. 专用设计指标

原国家发展计划委员会、国家经贸委、建设部和国家环保总局联合发布的《热电联产项目可行性研究技术规定》主要适用于以煤为燃料的区域性热电厂和企业的自备热电站以及凝汽式发电机组改造为供热机组的工程项目，是用于热电联产企业的现行规定。燃气热电厂以及利用余热、余汽、城市垃圾等综合利用热电厂可参照执行，热电企业主要热经济指标见表7-11。

表 7-11 热电企业主要热经济指标

序号	项 目	单位
1	汽轮机进汽量	t/h
2	汽轮机对外供热量	t/h
3	发电功率	MW
4	对外供热量	GJ/h
5	锅炉蒸发量	t/h
6	发电年均标准煤耗	g/（kW·h）
7	综合厂用电率	%
8	供热厂用电率	%
9	发电厂用电率	%
10	供电年均标准煤耗	g/（kW·h）
11	供热年均标准煤耗	kg/GJ
12	年发电量	（kW·h）/a
13	年供电量	（kW·h）/a
14	发电设备年利用小时数	h
15	年供热量	GJ/a
16	全年耗标煤量	万 t/a
17	热化系数	%
18	年平均全厂热效率	%
19	年平均热电比	
20	全年节约标准煤量	万 t/a

（1）热电联产的年平均热效率 η_a，又称能源利用效率，即表 7-13 中年平均全厂热效率。

$$\eta_a = \frac{0.0036W_a(1-\xi)+Q_{t,a}}{29.307B_a}\times 100\% \qquad (7\text{-}18)$$

式中 η_a——年平均全厂热效率，%；

W_a——汽轮发电机组年发电量，（kW·h）/a；

ξ——综合厂用电率，%；

$Q_{t,a}$——汽轮发电机组年平均供热量，GJ/a；

B_a——年耗标煤量，t/a，标准煤发热量为 29.307 kJ/t。

（2）热电联产年平均热电比 $\beta_{a,av}$。

1）两台 300MW 级抽凝热电联产机组供暖期热电比应不低于 80%。

2）供暖型联合循环项目供热期热电比不低于 60%，供工业用汽型联合循环项目全年热电比不低于 40%。

$$\beta_{a,av} = \frac{Q_{t,a}}{0.0036W_a(1-\xi)}\times 100\% \qquad (7\text{-}19)$$

（3）热电成本分摊比 β_r 是采用热量法来分摊热、电成本时，供热所占的百分比，即为热电厂供出的热量占锅炉有效热量的百分数。

$$\beta_r = \frac{Q_h \times 10^3}{D_0(h_0-h_f)+D_{rh}(h_{hrh}-h_{crh})}\times 100\% \qquad (7\text{-}20)$$

式中 β_r——热电成本分摊比，%；

Q_h——单位时间热电厂对外供出热量，kJ/h；

D_0——汽轮机的进汽流量，t/h；

h_0——汽轮机进汽的焓值，kJ/kg；

h_f——给水焓值，kJ/kg；

D_{rh}——汽轮机再热蒸汽流量，t/h；

h_{hrh}——再热热段蒸汽焓值，kJ/kg；

h_{crh}——再热冷段蒸汽焓值，kJ/kg。

（4）热化发电率 ω 又称电热比，是供热汽轮发电机的热化发电量与供热量之比。

$$\omega = W_{r,a}/Q_{t,a} \qquad (7\text{-}21)$$

式中 ω——热化发电率，%；

$W_{r,a}$——汽轮发电机组热化发电量，（kW·h）/a；

$Q_{t,a}$——汽轮发电机组年平均供热量，GJ/a。

热化发电率是供热机组的性能指标，ω 值高说明供同样的热，在该机组中转化成电功的能量较多，经济效益好。

热化发电率也等于 1kg 汽轮机抽汽或排汽的循环功所转化的电功与该 1kg 蒸汽供出的热量之比。

$$\left.\begin{aligned} \omega &= \frac{W_c\eta_m\eta_g\eta_1\times 10^6}{3600(h_e-h_c)} \\ W_c &= a_c q_0 - (h_e-h_c) \end{aligned}\right\} \qquad (7\text{-}22)$$

$$a_c = 1+\sum_{i=1}^{n} a_i \qquad (7\text{-}23)$$

对于非再热机组：$q_0 = h_0 - h_f + \Delta h_f$ (7-24)

对于再热机组：

$$q_0 = h_0 + a_{rh}(h_{hrh}-h_{crh}) - h_f + \Delta h_f \qquad (7\text{-}25)$$

对于非再热机组：

$$W_c=(h_0-h_f)+\sum_{i=1}^{n}a_i(h_0-h_i) \quad (7\text{-}26)$$

对于再热机组：

$$W_c=(h_0-h_f)+\sum_{i=1}^{n}a_i(h_0-h_i)+q_{rh} \quad (7\text{-}27)$$

式中 W_c——1kg 汽轮机抽汽或排汽所做的循环功，（kW·h）/kg；

η_m——机械效率，%；

η_g——发电机效率，%；

η_l——汽轮机漏汽效率，%；

h_e——汽轮机抽汽焓值，kJ/kg；

h_c——疏水焓值，kJ/kg；

$\sum_{i=1}^{n}a_i$——为加热 1kg 回水或补给水的相关各级的回热抽汽量之和，kJ；

q_0——1kg 锅炉给水变成新蒸汽在锅炉内的吸热量和在回热系统中吸收的废热之和，kJ；

Δh_f——给水在给水泵中的焓升，kJ/kg；

h_e——汽轮机抽汽焓值，kJ/kg。

对于背压式供热机组所发出的电量全部是热化发电量，ω 值采用式（7-22）计算也很方便。

对于抽汽凝汽式供热机组，其发电功率是混合在一起的，但可以把它看作背压式供热机组和凝汽式机组的叠加来计算热化发电率。

2. 运行指标

（1）锅炉热效率 η_g 采用热损失法（反平衡）时，按式（7-28）计算（基准温度采用送风机入口空气温度），即

$$\begin{aligned}\eta_g&=[1-(Q_2+Q_3+Q_4+Q_5+Q_6)/Q_r]\times100\\&=100-(q_2+q_3+q_4+q_5+q_6)\end{aligned} \quad (7\text{-}28)$$

式中 Q_2——每千克燃料的排烟损失热量，kJ/kg；

Q_3——每千克燃料的可燃气体未完全燃烧损失热量，kJ/kg；

Q_4——每千克燃料的固体未完全燃烧损失热量，kJ/kg；

Q_5——每千克燃料的锅炉散热损失热量，kJ/kg；

Q_6——每千克燃料的灰渣物理显热热损失热量，kJ/kg；

Q_r——每千克燃料的低位发热量，kJ/kg；

q_2——排烟热损失，%；

q_3——可燃气体未完全燃烧热损失，%；

q_4——固体未完全燃烧热损失，%；

q_5——锅炉散热损失，%；

q_6——灰渣物理显热热损失，%。

锅炉效率通常由锅炉厂根据设计煤质进行分析后提供，如项目初期没有锅炉厂配合，可以参考同容量近似煤质项目锅炉效率。

（2）年发电量 W_a 计算按下式进行

$$W_a=P_H\cdot n_3 \quad (7\text{-}29)$$

式中 W_a——汽轮发电机组年发电量，（kW·h）/a；

P_H——汽轮发电机组铭牌发电功率，kW；

n_3——发电设备年利用小时数，h。

（3）年发电设备利用小时数 n_3。由热电厂与电网签订的协议决定，或者由项目单位根据近几年实际运行情况，并预测未来的电力发展情况后提供，作为热经济指标计算的输入条件。

（4）全年供热量 Q_a 是由年持续热负荷曲线和坐标轴之间所包围的面积决定，可见图 7-6。

计算公式为

$$Q_a=Q_{n,av}\cdot n_1 \quad (7\text{-}30)$$

式中 Q_a——供热区域全年供热量，GJ；

$Q_{n,av}$——供热区域平均热负荷，GJ/h。

（5）汽轮机年供热量 $Q_{t,a}$。由年持续热负荷曲线，根据机组热负荷分配，机组最大供热能力 $Q_{t,max}$ 以下与坐标轴之间所包围的面积。也可以由机组额定（平均工况）供热量 $Q_{t,av}$ 乘以年供热时间 n_1 得出。

$$Q_{t,a}=Q_{t,av}\cdot n_1 \quad (7\text{-}31)$$

（6）汽轮发电机组的热耗率 q_H 按下式计算

$$q_H=\frac{D_0(1+\xi_1)[h_0-h_f+a_R(h_{hrh}-h_{crh})]-D_e[h_e-h_c-\psi(h_c-h_{rw})]\times10^3}{P_e} \quad (7\text{-}32)$$

式中 q_H——汽轮发电机组热耗率，kJ/（kW·h）；

D_0——汽轮机的进汽流量，t/h；

ξ_1——汽水损失率，%；

h_f——给水焓值，kJ/kg；

a_R——再热蒸汽份额，%；

D_e——抽汽量或背压排汽量（背压机组），t/h；

ψ——热网凝结水回水率，%；

h_{rw}——生水焓值，kJ/kg；

P_e——汽轮机发电机组的功率，kW。

汽轮发电机组供暖期平均工况热耗率按下式计算

$$q_{h,av}=\frac{D_0(1+\xi_1)[h_0-h_f+a_R(h_{hrh}-h_{crh})]-D_{h,av}[h_e-h_c-\psi(h_c-h_{rw})]\times10^3}{P_{h,av}} \quad (7\text{-}33)$$

式中 $q_{h,av}$——汽轮发电机组供暖期平均工况热耗率，kJ/（kW·h）；

$D_{h,av}$——供暖期汽轮机平均工况抽汽量或平均背压排汽量（背压机组），t/h；

$P_{h,av}$——汽轮机发电机组供暖期平均工况的发电功率，kW。

（7）汽轮发电机组的供暖期平均发电标煤耗 $b_{h,av}$ 按下式计算

$$b_{h,av}=\frac{q_{h,av}}{29307\eta_b\eta_p} \tag{7-34}$$

式中 29307——表示 1kg 标准煤发热量，kJ/kg。

（8）汽轮发电机组的非供暖期平均发电热耗率 $q_{c,av}$ 按下式计算

$$q_{c,av}=\frac{D_{0,c}(1+\xi_l)(h_0-h_f+a_R q_{rh})\times10^3}{P_{c,av}} \tag{7-35}$$

式中 $q_{c,av}$——汽轮发电机组非供暖期平均热耗率，kJ/kg；

$D_{0,c}$——汽轮发电机组非供暖期平均工况主蒸汽量，t/h；

$P_{c,av}$——汽轮发电机组非供暖期平均工况主蒸汽量的发电功率，kW。

（9）汽轮发电机组的非供暖期平均发电标煤耗，$b_{c,av}$ 按下式计算

$$b_{c,av}=\frac{q_{c,av}}{29307\eta_b\eta_p} \tag{7-36}$$

（10）汽轮发电机组年平均发电标煤耗 b_{av} 按下式计算

$$b_{av}=\frac{b_{h,av}W_h+b_{c,av}W_c}{W_a} \tag{7-37}$$

式中 W_h——汽轮发电机组供暖期发电量，kW·h；

W_c——汽轮发电机组非供暖期发电量，kW·h；

W_a——汽轮发电机组全年发电量，kW·h。

（11）综合厂用电率 ξ 可参考现有同类电厂取值，或者由电气专业根据各工艺专业所提供的用电负荷计算得出。

（12）供热厂用电率 ξ_r 对于燃煤电厂，可参考集中锅炉房的厂用电率。燃煤链条炉供每 GJ 热的用电量 $\varepsilon_r=5.73\text{kW}\cdot\text{h/GJ}$，对于容量为 75t/h 及以下的循环流化床锅炉和煤粉炉，根据下式对 ε_r 和 ξ_r 进行修正。

$$\left.\begin{aligned}\varepsilon_r&=5.73[1+2(\eta_b-0.8)]\\ \xi_r&=\varepsilon_r\cdot Q_{t,a}/W_a\end{aligned}\right\} \tag{7-38}$$

对于容量为 75t/h 以上的锅炉，可直接取 $\varepsilon_r=5.73$（kW·h）/GJ，也可以由电气专业根据工艺专业提供的与供热相关的电动机如热网循环水泵、热网疏水泵、热网补水泵等的负荷计算得出。

在无电气专业配合的情况下，建议 300MW 供热机组供热厂用电率取值范围为 6.0～7.0（kW·h）/GJ；发电厂用电率取值范围为 4.5%～6.3%；综合厂用电率取值范围为 5.5%～7.5%。

（13）发电厂用电率 ξ_e 按下式计算

$$\xi_e=\xi-\xi_r \tag{7-39}$$

式中 ξ——综合厂用电率，%。

对燃油或天然气的热电厂，可根据同类规模燃用同样优质燃料的凝汽式电厂的厂用电率，设定一个比该厂用电率略低的值为所设计的发电厂用电率 ξ_e，再求 ε_r 值，$\varepsilon_r\leqslant5.73$（kW·h）/GJ 才合理。

（14）供暖期平均供热标准煤耗率 $b_{hh,av}$ 按下式计算

$$b_{hh,av}=\frac{34.12}{\eta_b\eta_p}+\varepsilon_r b_{h,av} \tag{7-40}$$

式中 $b_{hh,av}$——汽轮发电机组供暖期平均供热煤耗，kg/GJ；

$b_{h,av}$——汽轮发电机组的供暖期平均发电标煤耗，kg/（kW·h）。

（15）非供暖期平均供热标准煤耗率，$b_{ch,av}$ 按下式计算

$$b_{ch,av}=\frac{34.12}{\eta_b\eta_p}+\varepsilon_r b_{c,av} \tag{7-41}$$

式中 $b_{ch,av}$——汽轮发电机组非供暖期平均供热煤耗，kg/GJ；

$b_{c,av}$——汽轮发电机组非供暖期平均发电煤耗，kg（kW·h）。

（16）年平均供热标准煤耗率 $b_{hs,av}$ 按下式计算

$$b_{hs,av}=\frac{b_{hh,av}Q_{t,h}+b_{ch,av}Q_{t,c}}{Q_{t,a}} \tag{7-42}$$

式中 $b_{hs,av}$——汽轮发电机组年平均供热标煤耗率，kg/GJ；

$Q_{t,h}$——汽轮发电机组供暖期供热量，GJ；

$Q_{t,c}$——汽轮发电机组非供暖期供热量，GJ。

（17）年耗标准煤量，B_a 按下式计算

$$B_a=[b_{c,av}(W_a-\varepsilon_r Q_{t,a})+b_{hs,av}Q_{t,a}]\times10^{-3} \tag{7-43}$$

式中 $Q_{t,a}$——汽轮机年供热量，GJ/a。

（18）年平均供电标准煤耗率，$b_{es,av}$ 按下式计算

$$b_{es,av}=b_{hs,av}/(1-\xi_e) \tag{7-44}$$

（19）年节约标准煤量 B_s 等于年供热节约标准煤量加上年发电节约的标准煤量。

$$B_s=B_{se}+B_{sh} \tag{7-45}$$

式中 B_{se}——年发电节约标煤量，t/a；

B_{sh}——年供热节约标煤量，t/a。

对热电联产机组的煤耗，应比较相同供电区域内同期建设的大容量、高参数凝汽机组全年发同样电量下的耗煤量和采用集中锅炉房（单台锅炉按 10t/h、7MW、效率 80%考虑）全年供同样热量的耗煤量之和，与热电联产机组全年所消耗的煤量进行分析比较，说明热电联产机组年节煤量。

（20）年发电节约标准煤量，B_{s1} 按下式计算

$$B_{s1}=(b'_{e}-b_{hs,av})\cdot W_{a}\times 10^{-3} \quad (7\text{-}46)$$

式中 b'_{e}——比较基准机组的年平均发电标准煤耗，kg/（kW·h）。

相同供电区域内同期建设的大容量、高参数凝汽机组平均耗煤量，应按以下原则选用：

对于供热湿冷机组，不论其装机容量大小，均应与当地供电区域内同期建设的600MW超临界湿冷凝汽机组发电煤耗 $b'_{e}=0.286$kg/（kW·h）进行比较。

对于供热空冷机组，不论其装机容量大小，均应与当地供电区域内同期建设的600MW亚临界空冷凝汽机组发电煤耗 $b'_{e}=0.305$kg/（kW·h）进行比较。

（21）年供热节约标准煤量 B_{s2} 按下式计算

$$B_{s2}=\left(\frac{34.12}{\eta'_{b}\eta_{p}}+b'_{e}\cdot\varepsilon_{r}-b_{h,av}\right)Q_{a} \quad (7\text{-}47)$$

式中 η'_{b}——比较基准机组的锅炉效率，%。

根据《热电联产项目可行性研究技术规定》中的数据，链条炉每吉焦热量所耗电量为5.73（kW·h）/GJ。在《热能工程设计手册》（建设部中国市政工程华北设计研究院）中，对该数值进行了调查，其值在3.8～4.2（kW·h）/GJ之间，远小于《热电联产项目可行性研究技术规定》中的数据。但《热能工程设计手册》中的数据由于取得时间较早，没有考虑烟气脱硫因素。据了解，目前环保方面对大中型集中供热锅炉房，要求烟气达到GB 13271—2014《锅炉大气污染物排放标准》才能排放，一般是需要上脱硫除尘一体化设施，因此供热电耗有可能会维持在较高的数值，因此建议此值仍按5.73（kW·h）/GJ考虑，集中锅炉房，单台锅炉按10t/h、7MW考虑，锅炉平均效率取80%，即 $\eta'_{b}=0.8$。

（22）热化系数 α 按下式计算

$$\alpha=\frac{Q_{t,max}}{Q_{n,max}} \quad (7\text{-}48)$$

四、燃机供热机组热经济指标计算

计算燃机联合循环供热机组（见图7-7）的热经济指标时，采用的也是热量法，将联合循环机组的总热耗量按照生产热、电两种能量产品的数量比例来分配。

用于供热的热量 Q_{gr} 按下式计算

$$Q_{gr}=\frac{q_{gr}}{\eta_{b,y}\times\eta_{P}} \quad (7\text{-}49)$$

用于发电的热量 Q_{fd} 按下式计算

$$Q_{fd}=Q-Q_{gr} \quad (7\text{-}50)$$

式中 q_{gr}——抽汽供热量，GJ；

$\eta_{b,y}$——余热锅炉效率，%；

Q——机组总耗热量供热量，GJ。

其他指标的计算方法与常规火电机组相同。

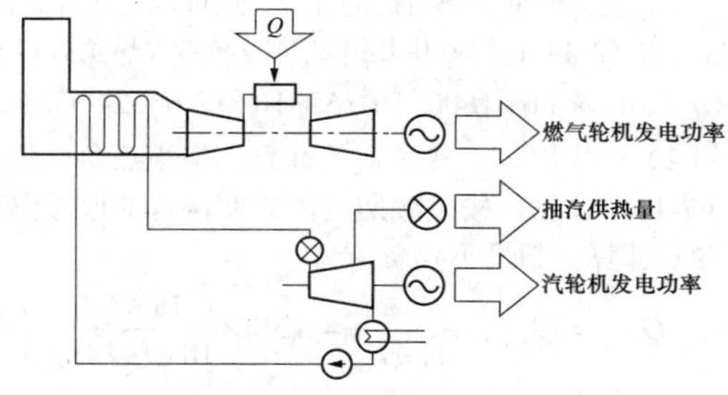

图7-7 燃机联合循环供热机组原理示意图

五、工程实例一

以某地区工程为例，对2台常规350MW超临界抽凝式湿冷供热机组，3台50MW背压机组，1台为高背压供热、另1台为常规350MW超临界抽凝式湿冷供热机组的三个方案分别进行热经济指标计算分析。

（一）边界条件设定

1. 综合边界条件

（1）该地区供暖期179d，室外供暖计算温度为−22℃，供暖期室外平均温度−7℃；

（2）无工业热负荷，只有供暖热负荷；

（3）当地综合供热指标：50W/m^2；

（4）总供暖面积为1800万m^2。

2. 2×350MW超临界抽凝式湿冷供热机组边界条件

（1）供暖期平均背压为4.0kPa；

（2）发电设备年利用小时数为5000h；

（3）机组年运行时间取用7600h（不同容量机组可根据DL/T 838—2003《发电企业设备检修导则》中的有关规定选取）；

（4）锅炉给水泵采用给水泵汽轮机驱动；

（5）非供暖期机组背压为11.8kPa。

3. 3×50MW背压机组边界条件

（1）背压供汽压力为0.4MPa；

（2）背压机组年运行时间为4296h；

（3）非供暖期背压机组停运。

4. 2×350MW（1台为高背压）供热超临界供热机组边界条件

（1）高背压350MW供热机组供暖期背压为40kPa；

（2）常规350MW超临界供热机组供暖期背压为4.0kPa；

（3）2台机组发电设备年利用小时数为5000h；

（4）2 台机组年运行时间均取 7600h。

（5）锅炉给水泵采用给水泵汽轮机驱动。

（6）非供暖期机组背压为 11.8kPa。

（二）热经济指标计算

（1）热力网最大热负荷的计算。通过以上边界条件，可通过式（2-4）计算本供热区域热力网最大热负荷 $Q=A\times q_d\times10^{-6}\times3.6=1800\times10^4\times50\times10^{-6}\times3.6=3240$GJ/h。

（2）热力网最小热负荷的计算。最小热负荷根据式（7-13）计算，按供暖期室内需要保持的取暖温度为 18℃计算，则最小热负荷为

$$Q_{n,min}=Q_{n,max}\times\frac{t_B-5}{t_B-t_{out}}=3240\times\frac{18-5}{18-(-22)}$$
$$=1053\text{（GJ/h）}$$

（3）热力网平均热负荷的计算。需注意的是平均热负荷需要根据供暖热负荷持续曲线求得，不宜采用简化公式。绘制供热曲线需要以下边界条件：

（1）热力网最大热负荷；

（2）热力网最小热负荷；

（3）供暖期室外平均温度；

（4）供暖季室外计算温度；

（5）供暖期天数；

（6）供暖系数及供暖修正系数（不同地区可由 GB 50019—2013《采暖通风与空气调节设计规范》中查找）；本项目供暖系数 β_0 取 0.683，供暖修正系数 b 取 0.897。

由以上边界条件可作出整个热力网的供暖负荷持续曲线，如图 7-8 所示。

由供暖负荷持续曲线，可计算出整个热力网的平均热负荷为 2074.78GJ/h。

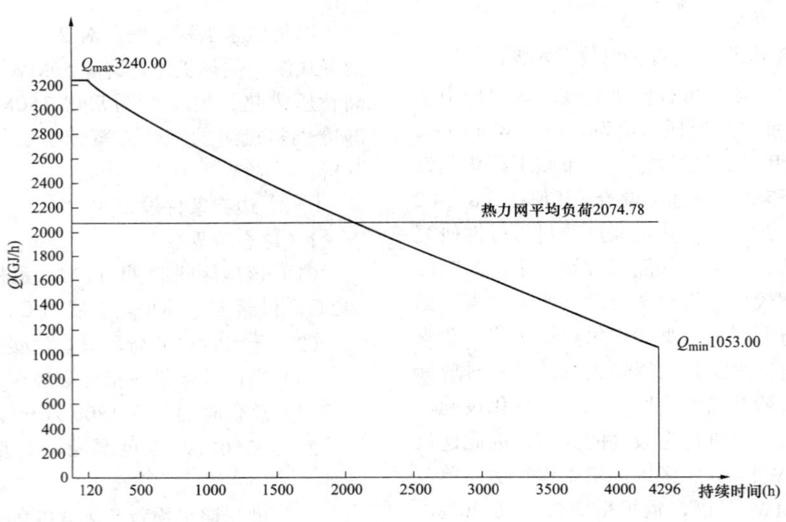

图 7-8 整个热力网供暖负荷持续曲线

1. 方案一：2×350MW 超临界抽凝式湿冷供热机组热经济指标计算

（1）供热机组平均热负荷的计算。根据常规 350MW 超临界供热机组的最大抽汽工况热平衡图，该机型中压缸排汽最大为550t/h，考虑50t/h厂用汽量，机组最大供暖蒸汽量为 500t/h，本例按每台 350MW 机组最大供暖蒸汽量为 500t/h 考虑，热平衡如图 7-9 所示。

根据此热平衡图，可由式（7-15）计算出单台常规 350MW 超临界抽凝式供热机组的最大供热能力。

根据热平衡图，h_e 为 3036kJ/kg，供暖蒸汽疏水按 120℃考虑，则供暖蒸汽疏水焓值 h_c 为 503.72kJ/kg，供暖蒸汽流量 $D_{t,max}$ 为 500t/h，单台机组最大供热能力 $Q_{t,max}$=（3036−503.72）×500/1000×0.98=1240.8GJ/h。

则全厂 2 台机组的最大供热能力为 1240.8×2=2481.6GJ/h。

根据 2 台机组最大供热能力，可绘制出带有供热机组的整个热力网供暖持续曲线图，如图 7-10 所示。

由供暖持续曲线可得：

1）整个供暖期的 4296h 中，机组在最大供热能力下运行时间为 1277h，其余时间机组不能以最大供热能力运行；

2）2 台 350MW 机组的平均热负荷 $Q_{t,av}$ 为 1961.21 GJ/h，则单台机组的平均热负荷为 980.605GJ/h；

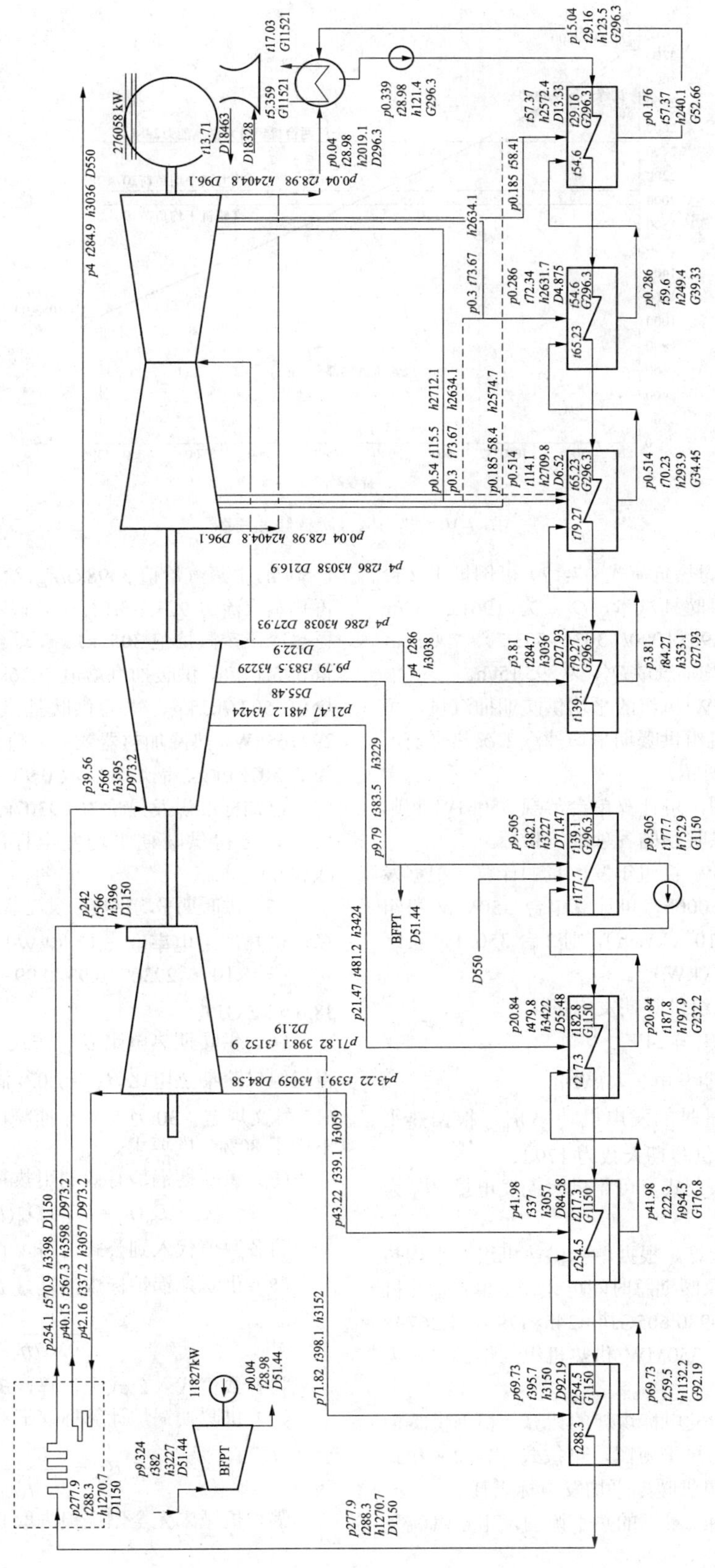

图 7-9 350MW 机组最大抽汽工况热平衡图

注：p 表示压力，单位为 10^5Pa；t 表示温度，单位为℃；h 表示焓值，单位为 kJ/kg；D、G 分别表示蒸汽和水的质量流量，单位为 t/h。

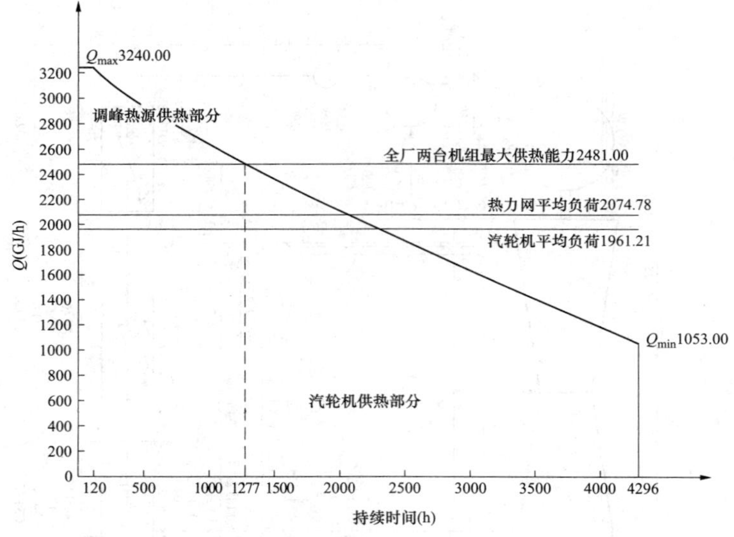

图 7-10 热力网供暖持续曲线图

3）由汽轮机平均热负荷式（7-17）可倒推出 2 台机组供暖季的平均供暖抽汽量，$Q_{t,av}$ 为 1961.21GJ/h，则有 $D_{t,av}$=1961.21/0.98×1000/（3036−503.7）= 790.3t/h，即单台机组供暖期平均抽汽量 $D'_{t,av}$ 为 395.15t/h。

根据单台 350MW 机组的平均供暖期抽汽量，可计算单台 350MW 机组供暖期平均抽汽工况热平衡，热平衡图如图 7-11 所示。

根据此热平衡图，可计算单台常规 350MW 超临界抽凝式供热机组供暖季的各项经济指标。

（2）单台 350MW 机组年发电量的计算。根据发电设备利用小时数 5000h，可计算单台 350MW 机组的年发电量为 1.75×10^9（kW·h），则 2 台 350MW 机组年发电量为 3.5×10^9（kW·h）。

单台 350MW 机组供暖期发电量计算

$$W_h = 24W_{h,av}N$$

式中 W_h——供暖期发电量，kW·h。

平均供暖抽汽量时的发电机功率 $W_{h,av}$ 根据热平衡可得 292763kW；供暖期天数为 179d。

将以上各数代入公式，可得供暖期发电量 W_h 为 1257709848（kW·h）。

（3）年供热量计算。根据单台供热机组的平均热负荷 980.605GJ/h 与供暖期总时间可计算出单台供热机组的年供热量 $Q_{t,a}$=980.605GJ/h×24h×179=421.2679×10^4GJ，则 2 台常规 350MW 供热机组的年供热量为 842.5358×10^4GJ。

（4）供暖期平均发电标煤耗的计算。根据供暖期平均供暖抽汽工况的热平衡图，可按式（7-32）和式（7-33）计算单台机组供暖期平均发电标煤耗。

根据平均供暖抽汽量下的热平衡图，主蒸汽流量 1150t/h，主蒸汽焓值 3398kJ/kg，给水焓值 1270.7kJ/kg，再热蒸汽流量 973.2t/h，再热热段蒸汽焓值 3598kJ/kg，再热冷段蒸汽焓值 3057kJ/kg，单台机组平均供暖抽汽量 395.15t/h，供暖抽汽焓值 3036kJ/kg，供暖抽汽疏水焓值 503.7kJ/kg，平均供暖抽汽量时的发电机功率 292763kW，热网加热器效率取值 0.98，标准煤发热量为 29307kJ/kg，锅炉效率取 0.93，管道效率取 0.99。

已知标准煤发热量为 29307kJ/kg，并将以上各数代入，可得供暖期平均发电标准煤耗率为 252.2g/（kW·h）。

（5）供暖期平均供热标煤耗率 $b_{hhs,av}$ 按式（7-40）计算，供热厂用电率取 6.13（kW·h）/GJ。由此可得：$b_{hhs,av}=1\times10^6/\ \ 29307/0.93/0.99+252.2\times6.13/1000=$ 38.6（kg/GJ）。

（6）供暖期热电比 $\beta_{a,av}$ 按式（7-19）计算，计算得机组供暖期热电比 $\beta_{h,av}$=1.02。满足发改能源〔2016〕617 号文规定“30 万 kW 级抽凝机组供暖期热电比应不低于 80%”的要求。

（7）供暖期锅炉有效利用热量 Q_{hb} 计算公式为

$$Q_{hb}=D_0(h_0-h_f)+D_{rh}(h_{hrh}-h_{crh})$$

将各数值代入到公式可得，Q_{hb}=2972896MJ/h。

（8）供暖期锅炉标煤消耗量 B 计算公式为

$$B=\frac{Q_{hb}}{29307\eta_b}$$

将各数值代入公式经计算，B=109.07t/h。

（9）供暖期锅炉计算标煤消耗量 B_{cal} 计算公式为

$$B_{cal}=\frac{B}{1-q_4}$$

锅炉机械未完全燃烧损失取 0.01。

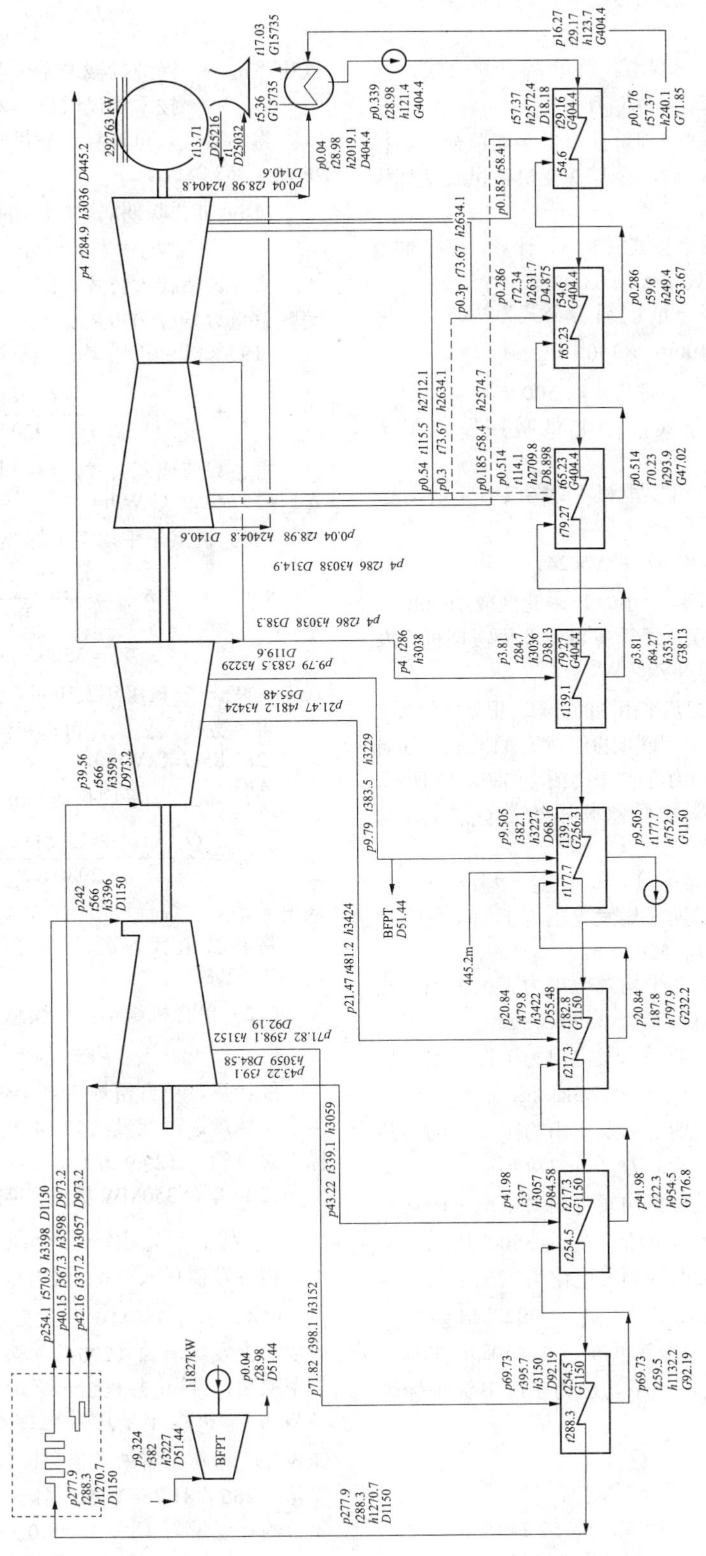

图 7-11　350MW 机组供暖期平均抽汽工况热平衡

注：p 表示压力，单位为 10^5Pa；t 表示温度，单位为℃；h 表示焓值，单位为 kJ/kg；D、G 分别表示蒸汽和水的质量流量，单位为 t/h。

将各数代入，可计算供暖期锅炉计算标煤消耗量 B_{cal} =110.17t/h。

（10）供暖期锅炉标煤消耗总量 B_h 计算公式为

$$B_h = 24B_{cal}N$$

将各数值代入公式，则可计算供暖期单台锅炉标煤消耗总量 B_h=473303.47t，全厂 2 台机组供暖期标煤总消耗量约为 95 万 t。

（11）供暖期热效率按式（7-18）计算，将各数值代入可得，供暖期热效率 η_a=0.63。

（12）非供暖期发电量 W_c 计算公式为

$$W_c = 1000n_3 \times 350 - W_h$$

n_3 为发电设备利用小时数，取 5000h。

将各数值代入公式，则非供暖期发电量为 492290152（kW·h）。

（13）非供暖期机组发电机平均功率 $P_{c,av}$ 计算公式为

$$P_{c,av} = W_c /(n_4 - N \times 24)$$

式中 n_4——机组全年运行小时数，此例取 7600h。

将各数值代入公式，经计算可得非供暖期机组发电机平均出力 $P_{c,av}$ 为 148998kW。

（14）非供暖期机组热平衡图的计算。根据非供暖期机组发电机平均出力，非供暖期机组背压 11.8kPa，可计算 350MW 非供暖期时机组的热平衡图，如图 7-12 所示。

（15）非供暖期锅炉有效利用热量 Q_{avf} 计算公式为

$$Q_{avf} = D_{0f}(h''_{SHf} - h_{fwf}) + D_{rhf}(h_{hrhf} - h_{crhf})$$

式中 D_{0f} ——非供暖期平均发电出力下的主蒸汽流量，D_{0f}=520.3t/h；

h''_{SHf} ——非供暖期平均发电出力工况下的主蒸汽焓值，h''_{SHf} =3398kJ/kg；

h_{fwf} ——非供暖期平均发电出力工况下的给水焓值，h_{fwf} =1059.3kJ/kg；

D_{rhf} ——非供暖期平均发电出力工况下的再热蒸汽流量，D_{rhf} =467.9t/h；

h_{hrhf} ——非供暖期平均发电出力工况下的再热热段蒸汽焓值，h_{hrhf} =3500kJ/kg；

h_{crhf} ——非供暖期平均发电出力工况下的再热冷段蒸汽焓值，h_{crhf} =3028kJ/kg。

将以上各数值代入到公式可得，Q_{avf} =1437674MJ/h。

（16）非供暖期发电机平均出力工况下锅炉标煤消耗量 B_f 计算公式为

$$B_f = \frac{Q_{av}}{29307\eta_b}$$

将各数值代入公式经计算，B_f=52.74 t/h。

（17）非供暖期锅炉计算标煤消耗量 B_{calf} 计算公式为

$$B_{calf} = \frac{B_f}{1 - q_4}$$

式中 q_4——锅炉机械未完全燃烧损失，可根据锅炉技术协议取值，本例中取 q_4=0.01。

将各数代入可计算，非供暖期锅炉计算标煤消耗量 B_{calf} =53.28t/h。

（18）非供暖期锅炉标煤消耗总量 B_{cf} 计算公式为

$$B_{cf} = B_{calf} \times (n_4 - N \times 24)$$

将各数值代入公式，则可计算非供暖期锅炉标煤消耗总量 B_{cf}=176039.83t。

（19）非供暖期平均发电标煤耗率 $b_{c,av}$ 计算公式为

$$b_{c,av} = \frac{Q_{av} \times 10^6}{P_{c,av} 29307 \times \eta_b \eta_p}$$

将各数值代入公式，可得非供暖期发电标煤耗率 $b_{c,av}$ =357.6kg/（kW·h）。

（20）机组年平均发电标煤耗率 $b_{a,av}$ 计算公式为

$$b_{a,av} = \frac{b_{h,av}W_h + b_{c,av}W_c}{W_a}$$

$$W_a = 350 \times n_3 \times 10^3$$

式中 W_a ——机组年发电量，$W_a = 1.75 \times 10^9$（kW·h）。

将各数代入公式，可得机组年平均发电标煤耗率 $b_{a,av}$ =281.85g/（kW·h）。

（21）机组年平均热效率 η_{ra} 计算公式为

$$\eta_{ra} = \frac{Q_{t,a} \times 10^3 + (1-\xi) \times 3.6 \times 350 \cdot n_3 \times 10^3}{29307(B_{cf} + B_h)}$$

式中 ξ ——综合厂用电率，此例取 7.5%。

将各数值代入公式，可得机组年平均热效率 η_{ra} =30.62%。

（22）单台机组年耗标煤总量 B_a 计算公式为

$$B_a = B_{cf} + B_h$$

经计算，单台常规 350MW 超临界抽凝式供热机组全年标煤总消耗量约为 64.9 万 t。全年 2 台机组耗标煤总量约为 129.9 万 t。

（23）单台 350MW 机组全年热电比 $\beta_{a,av}$ 计算公式为

$$\beta_{a,av} = Q_{t,a} /[(1-\xi) \times n_3 \times 350 \times 10^3]/3.6$$

将各数值代入可得，机组全年热电比 $\beta_{a,av}$ =0.723。

（24）单台 350MW 机组发电节约标准煤量计算。可以根据发改能源〔2004〕864 号文规定的发电标煤耗率取用，湿冷供热机组年平均发电标煤耗率取 286g/（kW·h）。机组年平均发电标煤耗率 $b_{a,av}$ =281.85g/（kW·h）。根据二者的差值可以计算出年发电节约标准煤量。286−281.85=4.15g/（kW·h）。则单台机组发电年节约标煤量为 4.15×5000×0.35=7262.5t。

（25）单台 350MW 机组年供热节约标准煤量计算。如果缺少供热区域内集中锅炉房的有关数据，

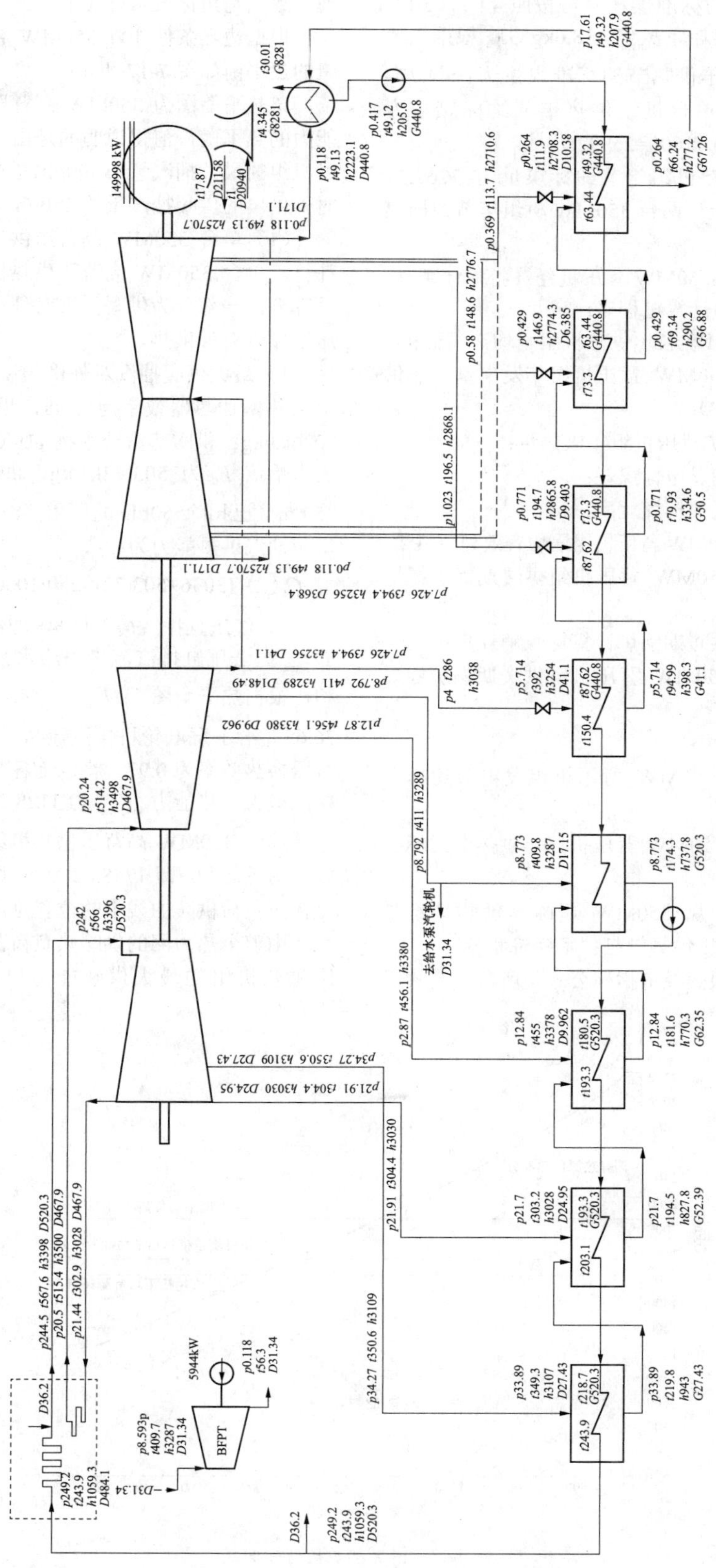

图 7-12 350MW 机组非供暖期平均工况热平衡图

注：p 表示压力，单位为 10^5Pa；t 表示温度，单位为℃；h 表示焓值，单位为 kJ/kg；D、G 分别表示蒸汽和水的质量流量，单位为 t/h。

集中供热锅炉生产的标准煤耗率可按照44.77kg/GJ考虑。机组供热标煤耗为 $b_{hhs,av}$ =38.6kg/GJ。根据二者的差值可以计算出年供热节约标准煤量为：44.77−38.6=6.17kg/GJ。则单台机组供热年节约标煤量为（6.17×421.2679×10^4）/1000=25992t。

则单台350MW机组年节约标煤量为7262.5+25992=33254.5t。则全厂两台350MW机组年节约标煤总量约为6.65万t。

2. 方案二：3台50MW背压机经济指标计算

计算步骤如下，计算过程略：

（1）计算3×50MW背压供热机组平均热负荷；

（2）计算单台50MW背压机组年发电量（非供暖期背压机组不工作）；

（3）计算50MW背压机组年供热量；

（4）计算年平均发电标煤耗；

（5）计算年均供热标煤耗率；

（6）计算单台50MW背压机组锅炉有效利用热量；

（7）计算单台50MW背压机组供暖期锅炉标煤消耗量；

（8）计算单台供暖期锅炉计算标煤消耗量；

（9）计算单台50MW背压机组供暖期锅炉标煤消耗总量；

（10）计算热效率；

（11）计算单台50MW背压机组发电节约标准煤量；

（12）计算单台50MW背压机组年供热节约标准煤量。

3. 方案三：常规350MW超临界供热机组与350MW超临界高背压供热机组技术经济指标

高背压机组各项热经济指标公式与所参考公式原理一致只是角标表示方式不同。

根据边界条件计算350MW超临界高背压供热机组的热平衡如图7-17所示。

该热平衡图为350MW高背压供热机组最大供热能力的热平衡，值得说明的是由于背压为40kPa，此时机组的最大抽汽量为300t/h，去除50t/h的厂用汽后，对外供出的供暖抽汽量约250t/h。

（1）单台350MW高背压供热机组最大供热能力计算。单台350MW高背压供热机组的供热能力分为两部分，一部分为供暖抽汽对外供热，另一部分为低压缸排汽对外供热。

1）最大供暖抽汽对外供热量按式（7-15）计算，另取热网加热器效率为0.98，根据热平衡图，h_e 为3036kJ/kg；供暖蒸汽疏水按120℃考虑，则供暖蒸汽疏水焓值 h_c 为503.72kJ/kg，供暖蒸汽流量 $D_{t,max}$ 为250t/h（已扣除50t/h的厂用蒸汽量），单台机组最大供暖抽汽供热能力为：

$$Q_{t.max}=(3036-503.72)\times250/1000\times0.98=620.4\text{GJ/h}$$

2）低压缸排汽最大供热能力按式（7-15）计算，$D_{t,max}$ 为低压缸排汽流量与给水泵汽轮机排汽流量之和，根据热平衡图，$D_{t,max}$ =418.4（低压缸排汽量）+76.65（给水泵汽轮机排汽流量）=495.05t/h。另取凝汽器换热效率为0.97。将以上各数代入可得，低压缸排汽最大供热能力 $Q_{t,max}$ 为1128.22GJ/h。

单台350MW高背压供热机组的最大供热能力为以上两者之和，即1748.62GJ/h。则单台高背压供热机组在热负荷供暖曲线中的位置见图7-13。

由整个热力网的供暖热负荷曲线可以看出，高背压供热机组的最大供热能力已经超过整个热力网

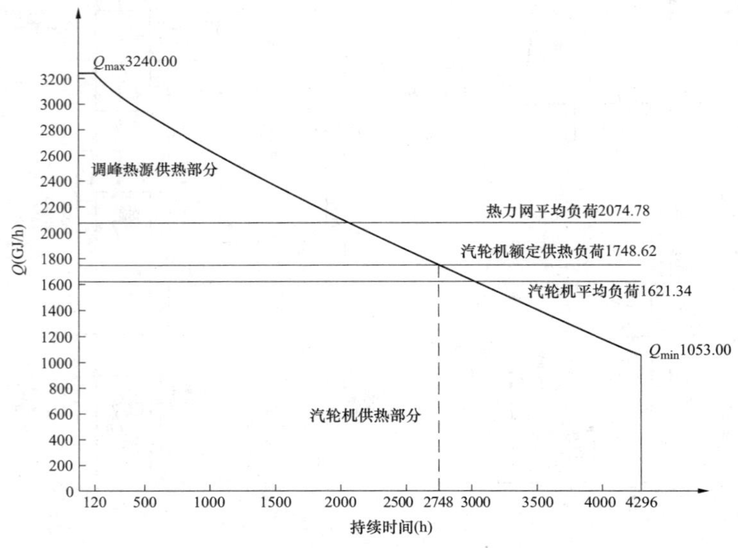

图7-13 区域热负荷持续曲线

1053GJ/h 的最小热负荷，所以整个供暖期高背压供热机组仅有部分时间能以最大供热能力运行，由热负荷曲线可知，高背压供热机组可在最大供热能力下运行 2748h。

因此在计算单台 350MW 高背压机组的经济指标时应该分成两部分，一部分为以最大供热能力为计算条件，另一部分为以剩余热量的平均热负荷为计算条件。

3）剩余热量的平均热负荷按下式计算

$$Q_s = (Q_{t,av} \times n_1 - Q_{t,max} \times n_2)/(n_1 - n_2)$$

根据供暖热负荷曲线，$Q_{t,av}$=1621.34 GJ/h。将以上数值代入公式可得，单台 350MW 超临界供热机组剩余热量的平均热负荷 Q_s=1395.39GJ/h。

在满足高背压供热机组低压缸排汽流量的情况下，调整供暖抽汽量 $D_{hp,av}$ 使机组的热负荷达到 Q_s。$D_{hp,av}$ 按式(7-17)计算。供暖抽汽焓值 h_e 为 3036kJ/kg，供暖抽汽疏水焓值 h_c 为 503.72kJ/kg。将以上各数代入公式，可计算得 $D_{hp,av}$=107.65t/h。

以 $D_{hp,av}$ 为一个边界条件（加 50t/h 厂用汽后为 157.65t/h），再以进入凝汽器蒸汽量 495.05t/h 为另一个边界条件，通过调整发电机出力，可得热平衡图如图 7-14 所示。

（2）单台 350MW 机组年发电量的计算。根据发电设备利用小时数 5000h，可计算单台 350MW 机组的年发电量为 1.75×10^9（kW·h），则 2 台 350MW 机组年发电量为 3.5×10^9（kW·h）。

（3）单台 350MW 高背压机组供暖期最大供热能力工况下发电量按下式计算

$$W_{h,max} = P_{hp,max} \times n_2$$

根据热平衡 $P_{hp,max}$=282745kW，单台 350MW 高背压供热机组能以最大供热能力运行的小时数 n_2=2748h。将以上数值代入公式，可得供暖期最大能力下发电量 $W_{h,max}$ 为 7.77×10^8（kW·h）。

（4）单台 350MW 高背压机组剩余热量平均抽汽量工况下发电量按下式计算

$$W_{sh,av} = P_{h,av} \times (n_1 - n_2)$$

根据热平衡高背压机组对应剩余热量平均抽汽量下的发电机出力 $P_{h,av}$=243733kW，机组供暖小时数 n_1 取 4296h，将其代入公式，可得剩余热量下供暖期发电量 $W_{sh,av}$ 为 3.77×10^8（kW·h）。

（5）单台 350MW 高背压供热机组供暖期发电量为以上两数之和，则高背压供热机组供暖期发电量为 1.15×10^9（kW·h）。

（6）单台 350MW 高背压供热机组年供热量计算。根据单台供热机组的平均热负荷 1621.34GJ/h 与供暖期总时间可计算出单台供热机组的年供热量 Q_a = 1621.34 GJ/h×24h×179d=696.5276×10^4（GJ）。

（7）单台 350MW 高背压供热机组供暖期平均发电标煤耗按式（7-34）计算。根据平均供暖抽汽量下的热平衡图，最大供暖抽汽量取 250 t/h，发电机功率取 282745 kW，其余数值与之前取值相同。

将以上各数代入，350MW 高背压供热机组最大供热能力工况下发电标煤耗率为 160.5g/（kW·h）。

（8）单台 350MW 高背压供热机组对应剩余热量平均抽汽量下发电标煤耗按式（7-34）计算。根据平均供暖抽汽量下的热平衡图，平均供暖抽汽工况下供暖抽汽量取 107.6t/h，平均供暖抽汽工况下发电机功率取 243733 kW，低压缸排汽流量与给水泵汽轮机排汽流量之和为 495.05t/h，其余数值与之前取值相同。

将以上各数代入，350MW 高背压供热机组对应剩余热量平均抽汽量工况下发电标煤耗率为 163.5g/（kW·h）。

（9）350MW 高背压供热机组供暖期平均发电标煤耗按式（7-42）计算。将各数代入可计算得单台 350MW 高背压供热机组供暖期平均发电标煤耗率为 161.5g/（kW·h）。

（10）350MW 高背压供热机组供暖期供热标煤耗率按式（7-40）计算。供热厂用电率本例中取 6.13（kW·h）/GJ。可算得供热标准煤耗为 1×10^6/29307/0.93/0.99+ 161.5×6.13/1000=38.05kg/GJ。

（11）350MW 高背压供热机组供暖期热电比按式（7-19）计算，将各数代入公式，则单台 350MW 高背压供热机组供暖期热电比为 1.82。

（12）350MW 高背压供热机组供暖期最大供热能力工况锅炉有效利用热量按下式计算

$$Q_{av} = D_0 \times (h_0 - h_f) + D_{rh} \times (h_{hrh} - h_{crh})$$

将各数值代入到公式可得，Q_{av}=2972896MJ/h。

（13）单台 350MW 高背压供热机组最大供热能力工况下供暖期锅炉标煤消耗量按下式计算

$$B = Q_{av} / 29307 / \eta_b$$

单台 350MW 高背压供热机组最大供热能力工况下供暖期锅炉有效利用热量 Q_{av} = 2972896MJ/h，将数值代入公式经计算，B=109.07 t/h。

（14）单台 350MW 高背压供热机组供暖期最大供热能力工况下锅炉计算标煤消耗量按下式计算

$$B_{cal} = B/(1-q_4)$$

锅炉机械未完全燃烧损失取 0.01，将各数代入可计算 B_{cal}=110.17t/h。

（15）单台 350MW 高背压供热机组供暖期最大供热能力工况下锅炉有效利用热量按下式计算

$$B_{h,max} = B_{cal} \times n_2$$

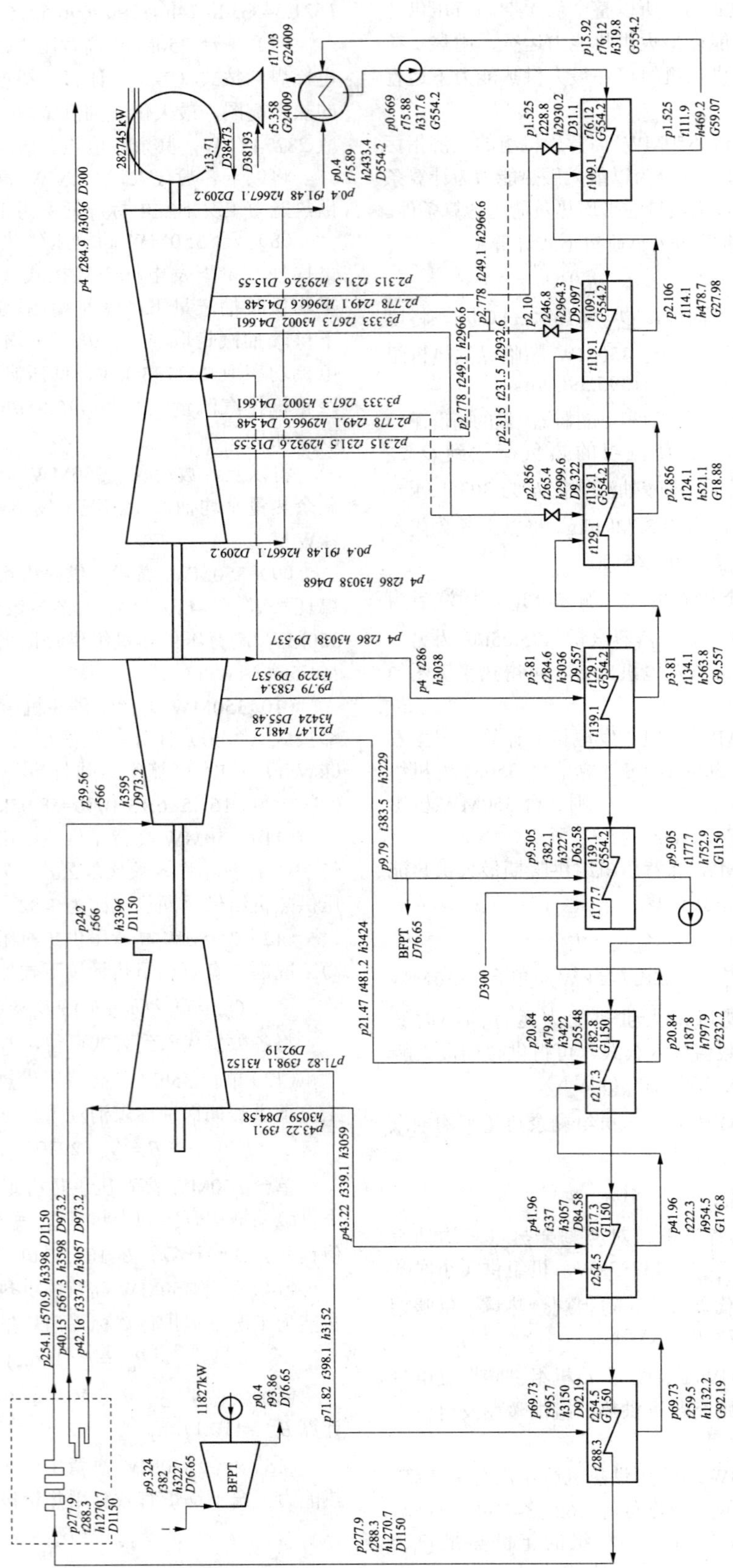

图 7-14 350MW 高背压供热机组最大供热能力热平衡

注：p 表示压力，单位为 10^5Pa；t 表示温度，单位为℃；h 表示焓值，单位为 kJ/kg；D、G 分别表示蒸汽和水的质量流量，单位为 t/h。

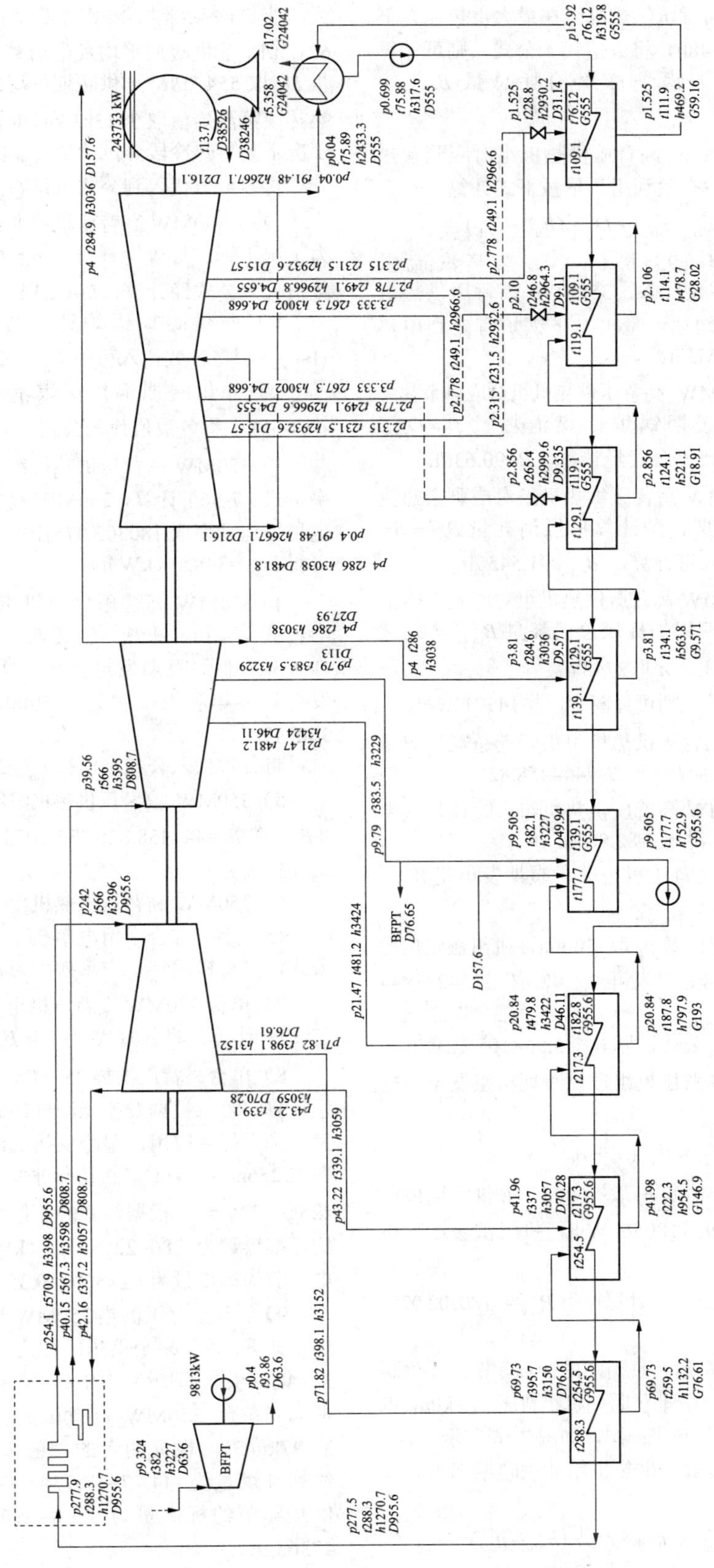

图 7-15 350MW 超临界供热机组剩余热量平均抽汽工况热平衡图

注：*p* 表示压力，单位为 10^5Pa；*t* 表示温度，单位为℃；*h* 表示焓值，单位为 kJ/kg；*D*、*G* 分别表示蒸汽和水的质量流量，单位为 t/h.

单台 350MW 高背压供热机组在最大供热能力下的运行小时数 n_2=2748h，将数值代入公式，则可计算供暖期最大能力下锅炉标煤消耗总量 $B_{h,max}$ = 302747.16t。

（16）单台 350MW 高背压供热机组对应剩余热量平均抽汽量下锅炉有效利用热量按下式计算

$$Q_{av}=D_0\times(h''_{SH}-h_{fw})+D_{rh}\times(h_{hrh}-h_{crh})$$

主蒸汽流量取 955.6 t/h，再热蒸汽流量 D_{rh}=808.7t/h。将各数代入，350MW 高背压供热机组对应剩余热量平均抽汽量工况下锅炉有效利用热量 Q_{av} = 2470354.58MJ/h。

（17）单台 350MW 高背压供热机组对应剩余热量平均抽汽量下供暖期锅炉标煤消耗量 $B=Q_{av}/29307/\eta_b$，将数值代入公式经计算，B=90.63t/h。

（18）单台 350MW 高背压供热机组对应剩余热量平均抽汽量下供暖期锅炉计算标煤消耗量 $B_{cal}=B/(1-q_4)$，将各数代入可计算，B_{cal} =91.545t/h。

（19）单台 350MW 高背压供热机组对应剩余热量平均抽汽量下供暖期锅炉标煤总消耗量 $B_{sh,av}=B_{cal}\times(n_1-n_2)$。$n_1$取4296 h，$n_2$取2748 h。

将数值代入公式，则可计算 $B_{sh,av}$ =141711.66t。

（20）350MW 高背压供热机组供暖期总耗标煤量 $B_h=B_{h,max}+B_{h,av}$，计算得到 B_h=444458.82t。

（21）单台 350MW 高背压供热机组供暖期热效率按式（7-18）计算可得 η_{rh} =82.98%。

（22）350MW 高背压机组非供暖期发电量 $W_c=P_H\times n_3\times1000-W_h$。

发电设备利用小时数 n_3 取 5000h，机组额定出力 P_h 取 350MW，供暖期发电量 W_h 取 1154281944（kW·h）。

将以上数值代入公式，则 W_c =5.96×10^8（kW·h）。

（23）350MW 高背压机组非供暖期机组发电机平均功率按下式计算

$$P_{c,av}=W_c/(n_4-n_1)$$

机组全年运行小时数 n_4 取 7600h，非供暖期单台机组发电量 W_c 取 595718056kW·h，机组供暖运行小时数 n_1 取 4296h。

将各数值代入公式，经计算可得 $P_{c,av}$= 180302.0751 kW。

（24）非供暖期机组热平衡图的计算。根据非供暖期机组发电机平均出力，非供暖期机组背压 11.8kPa，可计算非供暖期时机组的热平衡图，如图 7-16 所示。

（25）350MW 高背压供热机组非供暖期锅炉有效利用热量按下式计算

$$Q_{av}=D_0\times(h''_{SH}-h_{fw})+D_{rh}\times(h_{hrh}-h_{crh})$$

非供暖期平均发电功率下的主蒸汽流量 D_0 取 621.5t/h，非供暖期平均发电功率工况下的再热蒸汽流量 D_{rh} 取 554.7t/h，非供暖期平均发电功率工况下的再热热段蒸汽焓值取 3513kJ/kg，非供暖期平均发电出力工况下的再热冷段蒸汽焓值 h_{crh} 取 3029kJ/kg。

将各数值代入到公式可得 Q_{av} =1693387.85MJ/h。

（26）350MW 高背压机组非供暖期发电机平均出力工况下锅炉标煤消耗量，$B=Q_{av}/29307/\eta_b$，将各数值代入公式经计算，B=62.127 t/h。

1）非供暖期锅炉计算标煤消耗量 $B_{cal}=B/(1-q_4)$，将各数代入可得 B_{cal} =62.75t/h。

2）非供暖期锅炉标煤消耗总量，$B_c=B_{cal}\times(n_4-n_1)$，将各数值代入公式，则可得 B_c=20.7 万 t。

3）350MW 高背压供热机组非供暖期发电标煤耗率按式（7-36）计算，350MW 高背压机组非供暖期发电机平均功率取 180302.0751kW。将各数值代入公式，可得 $b_{c,av}$ =348g/（kW·h）。

4）350MW 高背压供热机组年平均发电标煤耗率按式（7-37）计算，供暖期发电量为 1154281944（kW·h）非供暖期发电量为 595718056（kW·h），发电设备年利用小时数为 5000h，机组额定功率为 350MW。

将各数代入公式，可得 b_{av} =225g/（kW·h）。

5）350MW 高背压供热机组年耗标煤总量 $B_a=B_h+B_c$，取 B_h=444458.82t，B_c=207344.32t，则可计算得，B_a=65.18 万 t。

6）350MW 高背压供热机组年平均热效率，按式（7-18）计算，综合厂用电率ξ取 7.5%，将各数值代入公式，可得机组年平均热效率为 η_{ra} =66.97%。

7）单台 350MW 高背压机组全年平均热电比按式（7-19）计算，将各数代入可得 $\beta_{a,av}$ =1.195。

8）单台高背压供热 350MW 机组发电节约标准煤量计算。可以根据发改能源〔2004〕864 号文规定的发电标煤耗率取用，湿冷供热机组年平均发电标煤耗率取 286g/（kW·h）。机组年平均发电标煤耗率 b_{av} 为 225g/（kW·h）。根据两者的差值可以计算出年发电节约标准煤量为 286–225=61g/（kW·h）。则单台机组发电年节约标煤量为 61×5000×0.35=106750t。

9）单台高背压供热 350MW 机组年供热节约标准煤量计算。如果缺少供热区域内集中锅炉房的有关数据，集中供热锅炉生产的标准煤耗率按照 44.77kg/GJ 考虑。单台 350MW 高背压供热机组供热标煤耗为 37.97kg/GJ。根据两者的差值可以计算出年供热节约标准煤量为 44.77–37.97=6.8kg/GJ。则单台机组供热年节约标煤量为（6.8×696.5276×10^4）/1000=47363.9t。

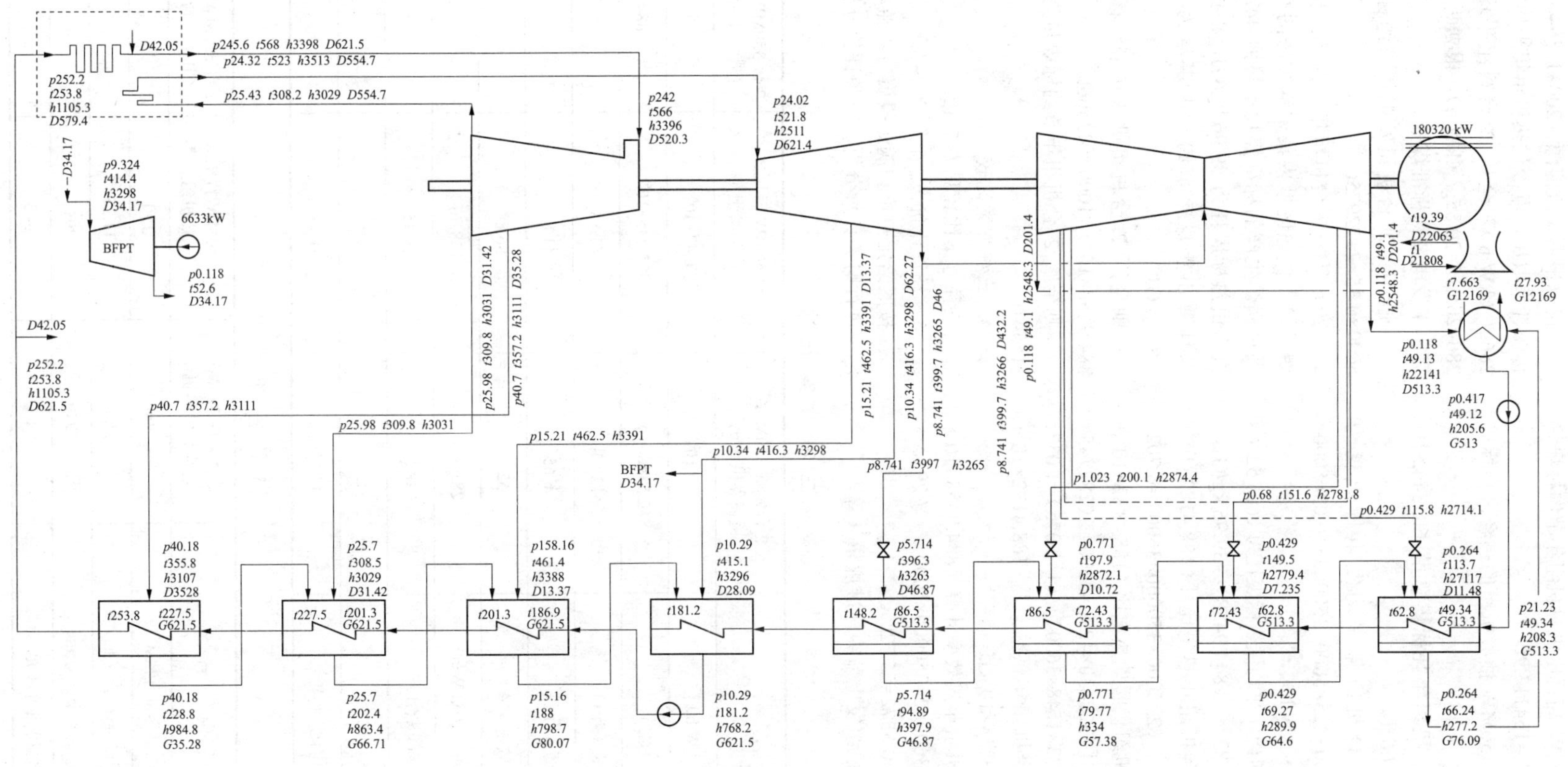

图 7-16　350MW 超临界高背压供热机组非供暖期平均工况热平衡图

注：p 表示压力，单位为 10^5Pa；t 表示温度，单位为℃；h 表示焓值，单位为 kJ/kg；D、G 分别表示蒸汽和水的质量流量，单位为 t/h。

10）单台 350MW 高背压供热机组年节约标煤量为 106750t+47363.9t=154113.9t。

11）单台常规 350MW 抽凝机组的热经济指标同方案一。

12）全厂 2 台机组年耗标煤总量 603844.51t+651803.14t=1255647.65t。

13）全厂 2 台机组年平均发电标煤耗为（305.3×5000×350000+225×5000×350000）/（2×5000×350000）=265.15g/（kW·h）。

14）全厂 2 台机组年平均供热标煤耗为（696.5276×37.97+188.4182×38.82）/（844.9458）=39.96 kg/GJ。

15）全厂 2 台机组年热电比［（188.4182×10^4+696.5276×10^4）×10^6］/（2×5000×350000×3600）=0.702。

16）全厂 2 台机组供暖期热电比（188.4182×10^4+696.5276×10^4）×10^6/［（327630×4296×3600）+（282745×2748×3600）+（243733×1548×3600）］/（1−0.075）=1.037。

17）全厂 2 台机组年供热总量 188.4182×10^4+696.5276×10^4=884.9458×10^4 GJ。

18）全厂 2 台机组年热效率计算（884.9458×10^4×10^6+（1−0.075）×3600×2×350000×5000）/（29307×1255647.65×10^3）= 0.5572=55.72%。

19）全厂 2 台机组发电节约标准煤量计算。

可以根据发改能源〔2004〕864 号文规定的发电标煤耗率取用，湿冷供热机组年平均发电标煤耗率取 286g/（kW·h）。全厂 2 台机组平均发电标煤耗率 286−265.15=20.85g/（kW·h）。根据两者的差值可以计算出年发电节约标准煤量。

则全厂 2 台机组发电年节约标煤量为 20.85×5000×0.35×2=72975t。

20）全厂 2 台机组年供热节约标准煤量计算。如果缺少供热区域内集中锅炉房的有关数据，集中供热锅炉生产的标准煤耗率按照 44.77kg/GJ 考虑。机组供热标煤耗为 39.96 kg/GJ，根据二者的差值可以计算出年供热节约标准煤量为 44.77−39.96 = 4.81kg/GJ。

则全厂 2 台机组供热年节约标煤量为（4.81×884.9458×10^4）/1000 = 42566t。

则全厂 2 台机组年节约标煤量为 72975+42566=115541t。

4. 三种方案比较

三种方案比较见表 7-12。

5. 经济评价

按照给定热价和满足投资方收益率 10%，反算售电价进行财务评价分析。财务评价分析见表 7-13。

表 7-12 三种方案比较

项　　目	2 台常规 350MW 超临界供热机组	3 台 50MW 背压式供热机组	2 台 350MW 超临界供热机组（其中 1 台为高背压供热）
年发电量（kW·h）	$3.5×10^9$	$6.42×10^8$	$3.5×10^9$
年供热量（GJ）	842.5358×10^4	855.935×10^4	884.9458×10^4
年耗标煤总量（万 t）	129.5	41.88	125.56
节约标煤总量（万 t）	6.65	11.87	11.55
全厂年平均热效率（%）	52.9	86.88	55.72
年平均发电标煤耗率［g/（kW·h）］	281.85	158.76	265.15
供热标煤耗率（kg/GJ）	38.6	39.15	39.96
供暖期热电比	1.02	4.06	1.037
年均热电比	0.723	4.06	0.702

表 7-13 财务评价分析

序号	项　　目	2 台常规 350MW 超临界供热机组	3 台 50MW 背压式供热机组	2 台 350MW 超临界供热机组（其中 1 台为高背压供热）
1	机组容量（MW）	700	150	700
2	工程静态投资（亿元）	27.34	11.25	27.54
3	流动资金（万元）	7940	2917	7828
4	不含税热价（元/GJ）	24.3	24.3	24.3

续表

序号	项目	2台常规350MW超临界供热机组	3台50MW背压式供热机组	2台350MW超临界供热机组（其中1台为高背压供热）
5	含税热价（元/GJ）	27.5	27.5	27.5
6	不含税电价［元/（MW·h）］	264.13	352.36	258.37
7	含税电价［元/（MW·h）］	308.74	411.76	302
8	项目投资内部收益率所得税后（%）	7.16	7.18	7.16
9	投资回收期（年）	12.5	12.31	12.5
10	净现值（万元）	3169	1440	3214
11	项目资本金内部收益率（%）	14.16	14.01	14.16
12	投资方内部收益率（%）	10	10	10
13	总投资收益率（%）	5.74	5.8	5.73
14	资本金净利润率（%）	14.85	14.99	14.85

从表7-13可以看出，在满足投资方收益率10%的情况下，其中一台为高背压机组的2台350MW供热机组的售电价最低，其次是2台常规350MW超临界供热机组，3台50MW背压式供热机组的售电价最高，如采用背压式供热机组，则应按照发改能源〔2016〕617号文附件《热电联产管理办法》中第三十六条规定“背压机热电联产机组暂不参与市场竞争，所发电量全额优先上网并按政府定价结算”的规定进行经济比较。

六、工程实例二

1. 计算过程

在进行供热计算时，一般分供暖期和非供暖期两个时段进行。即分别根据机组在供暖期承担的热、电生产任务，来计算所需的蒸汽量、燃料消耗量及供出的电量和热量，进而计算出该时段内的发电和供热相关能耗指标。最终再将两个时段的总供热量、发电量、燃料消耗量进行汇总计算，得出全年总的能耗指标。参考下列步骤。

（1）收集电厂所在供热区的热负荷资料和气象数据，并以近期热负荷作为设计热负荷，分别计算最大、平均、最小热负荷。这里所述的热负荷是指供热区所需的单位时间供热量。

（2）对于背压式供热机组，发电量多少由热负荷确定；对于抽凝式机组，建设单位应根据电网允许的上网电量，确定合理的发电设备利用小时数。

（3）收集煤质资料，并根据拟定的装机方案和锅炉效率，计算锅炉BMCR工况单位时间的燃煤量，用于最终折算锅炉设备年利用小时数。

（4）确定机组的最大供热能力。一般依据从热平衡图上查得的最大抽汽量扣除适量自用汽后，计算得出最大供热能力。

（5）对于供暖热负荷，依据前节所述无因次综合公式，通过计算机程序逐时段计算供热区耗热量和机组供热量，并累积供暖期总热量和平均热负荷。

（6）对于工业热负荷，应进行热负荷的分类整理，得出供暖期和非供暖期的最大、平均及最小热负荷。后续步骤以供暖热负荷为例，工业热负荷计算方法类似。

（7）根据第（5）步计算得出的机组平均热负荷，计算对应的供暖抽汽量。此时机组的进汽量一般按TMCR工况进汽量进行计算，特殊情况下（如供暖期所需发电量较少），可按满足平均供暖抽汽量条件下的汽轮机实际进汽量进行。根据汽轮机进汽条件和抽汽参数，编制热平衡并用作后续计算输入条件。

（8）计算供暖期的汽轮机耗热量、供热量、发电量及标煤耗量，进而计算热效率、热电比、热耗率、发电标准煤耗率等。

（9）从年总发电量里减去第（8）步得出的供暖期发电量，得到非供暖期发电量，用其除以非供暖期运行小时数，得到非供暖期平均发电功率，并据此计算机组的非供暖期平均工况热平衡，得到机组进汽参数，用作非供暖期计算的输入条件。

（10）非供暖期指标的计算方法同供暖期。

（11）对供暖期和非供暖期的计算结果进行累加、汇总处理，得到机组全年的热经济指标。

2. 基础条件

以某厂拟安装2台660MW超超临界供热机组、

对外供应供暖热负荷为例，计算机组在设计热负荷下的全年热经济指标。

根据工程所在地气象条件，整理出供热计算所需参数，见表 7-14。

表 7-14 供热计算所需参数

项　目	符号	单位	数据
供暖期天数	N	d	152
供暖室外计算温度	t_{out}	℃	−15
供暖室外平均温度	$t_{out,a}$	℃	−3.9

3. 热负荷

该电厂所在供热区近期规划供暖面积为 2225 万 m^2，综合供暖热指标 46.35W/m^2，计算设计热负荷 1031.2MW，折合 3712.3GJ/h。

采用前文所述无因次综合公式法，可计算出供热区平均热负荷和最大、最小热负荷，见表 7-15 并绘制出年供暖热负荷持续曲线，见图 7-17。

表 7-15 供热区平均热负荷和最大、最小热负荷

热负荷	单位	最大	平均	最小
按 GJ 计	GJ/h	3712.3	2519.1	1462.4
按 MW 计	MW	1031.2	699.8	406.2

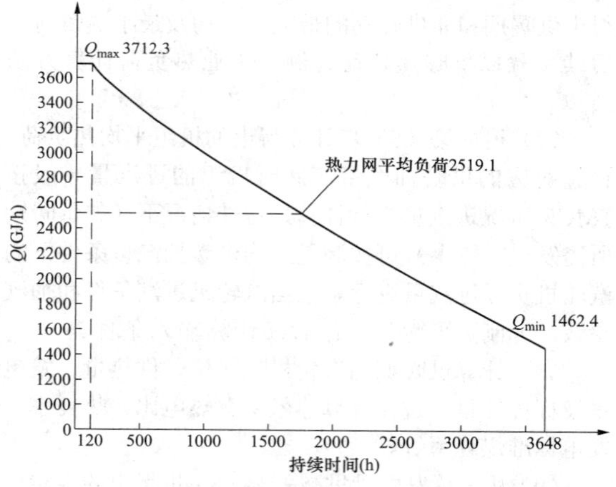

图 7-17 区域热负荷持续曲线图

4. 装机方案

该示例项目拟装机 2 台发电容量为 660MW 等级的超超临界湿冷供热机组，锅炉效率约 93.5%，BMCR 工况下燃煤量约 405.67t/h。

机组供热能力参考国内典型 660MW 超超临界汽轮机热平衡，该机型单台机组最大供暖抽汽量为 800t/h，额定供暖抽汽压力为 0.4MPa、250.7℃。

5. 运行方式

从 DL/T 838《发电企业设备检修导则》可查得 500～750MW 机组平均年检修时间为 1133h，该容量等级机组的可用率为 0.98。用全年自然小时数减去检修时间后乘以可用率，即可得出该机组年可用时间为 7475h，计算结果如表 7-16 所示。

表 7-16 计 算 结 果

序号	项　目	单位	数据
1	年自然小时数	h	8760
2	年检修小时数	h	1133
3	机组可用率		0.98
4	设备年可用小时数	h	7475
5	供暖期发电设备运行小时数	h	3648
6	非供暖期发电设备运行小时数	h	3827

对于抽凝机组，另需建设单位提供发电设备利用小时数，以分配供暖期和非供暖期的发电量。本例取 5000h。

6. 汽轮机热负荷和抽汽量计算

采用前文所述无因次综合公式法，可计算出机组在给定供热区热负荷条件下的各种热负荷及其对应的抽汽量。工程示例计算结果如表 7-17 所示（2 台机组）。

表 7-17 工程示例计算结果（一）

序号	项　目	符号	单位	数据
1	汽轮机最大供暖供热负荷	$Q_{t,max}$	GJ/h	3653.6
			MW	1014.9
2	汽轮机平均供暖供热负荷	$Q_{t,a}$	GJ/h	2516.9
			MW	699.1
3	机组最大外供供暖抽汽量	$D_{t,max}$	kg/h	1.56×10^6
4	汽轮机平均供暖抽汽量	$D_{t,av}$	kg/h	1.11×10^6

7. 供暖期机组热经济指标计算

见表 7-18。

8. 非供暖期机组经济指标计算

见表 7-19。

9. 年热经济指标计算汇总

见表 7-20。

表 7-18　　工程示例计算结果（二）

序号	项　　目	符号	单位	数据
1	基础数据计算			
1.1	供暖期发电设备运行小时数	n_1	h	3648
1.2	汽轮机耗热量	Q_{tp}	kJ/h	9.75×10^9
2	供暖期工业抽汽供热量（等级 1）	Q_{d1}	GJ	0
3	供暖期工业抽汽供热量（等级 2）	Q_{d2}	GJ	0
4	供暖期工业抽汽供热量（合计）	Q_d	GJ	0
5	供暖期供暖抽汽供热量	$Q_{t,a}$	GJ	9.18×10^6
6	供暖期总供热量	Q_t	GJ	9.18×10^6
7	供暖期全厂耗热量	Q_{dc}	GJ	3.84×10^7
8	供暖期机组标煤耗量	B_h	t	1313081
9	供暖期平均工况汽轮机发电功率	$P_{h,av}$	kW	1182000
10	供暖期全厂发电量	W_h	kW·h	4.31×10^9
11	供暖期全厂热效率	η_{ra}	%	63.2
12	供暖期热电联产热电比	β_h	%	59.15
13	发电热耗率（供暖期）	HR_h	kJ/（kW·h）	6078.1
14	供暖期机组发电热效率	η_{ha}	%	54.8
15	供暖期平均发电标准煤耗率	$b_{h,av}$	g/（kW·h）	224.3
16	供热电率	ε_r	（kW·h）/GJ	3.28
17	供暖期平均供热标准煤耗率	$b_{hhs,av}$	kg/GJ	38.393
18	发电设备利用小时数	n_3	h	3266.62

表 7-19　　工程示例计算结果（三）

序号	项　　目	符号	单位	数据
1	基础数据计算			
1.1	非供暖期发电设备运行小时数		h	3827
1.2	非供暖期汽机耗热量	$Q_{sr.x}$	kJ/h	4311678319
2	非供暖期高压抽汽供热量（等级 1）	Q_{d1}	GJ	0
3	非供暖期高压抽汽供热量（等级 2）	Q_{d2}	GJ	0
4	非供暖期总供热量	Q_d	GJ	0
5	非供暖期全厂耗热量	Q_{xc}	GJ	1.782×10^7
6	非供暖期机组标煤耗量	B_{x0}	t	608950
7	非供暖期汽机发电功率	$P_{c,av}$	kW	597927.80
8	非供暖期全厂发电量	W_c	kW·h	2.288×10^9
9	非供暖期全厂热效率	η_{ca}	%	46.21

续表

序号	项　　目	符号	单位	数据
10	非供暖期热电联产热电比	β_c	%	0.00
11	非供暖期热电成本分摊比	β_r	%	0.000
12	发电热耗率（非供暖期）	HR_c	kJ/（kW·h）	7211.04
13	非供暖期平均发电标准煤耗率	$b_{c,av}$	g/（kW·h）	266.1
14	供热厂用电率	ε_r	（kW·h）/GJ	3.28
15	非供暖期平均供热标准煤耗率	$b_{chs,av}$	kg/GJ	37.777
16	发电设备利用小时数	n_3	h	1733.38

表 7-20　　工程示例计算结果（四）

序号	项　　目	符号	单位	数据
1	年发电量	W_a	kW·h	6.60×10^9
2	年外供热量	Q_a	GJ	9.182×10^6
2.1	其中：供暖供热量	Q_a	GJ	9.182×10^6
2.2	工业供热量	Q_d	GJ	0
3	厂用电率汇总			
3.1	供热厂用电率	ξ_h	%	0.46
3.2	发电厂用电率	ξ_e	%	2.18
3.3	综合厂用电率	ξ	%	2.64
4	年供电量	W_a'	kW·h	6.426×10^9
5	年平均发电标准煤耗率	b_{av}	g/（kW·h）	238.8
6	年平均供电标准煤耗率	$b_{es,av}$	g/（kW·h）	244.1
7	年平均供热标准煤耗率	$b_{hs,av}$	kg/GJ	38.393
8	年耗标准煤量	B_a	t	1921433
9	年平均全厂热效率	η_{ra}	%	58.57
10	年平均热电比	β_a	%	39.7
11	热化系数	α		0.98
12	年节约标准煤计算			
12.1	发电节约标准煤量	B_{s1}	t/a	311483
12.2	供热节约标准煤量	B_{s2}	t/a	58556
12.3	年节约标准煤	B_s	t/a	370039
13	锅炉设备利用小时数计算			
13.1	机组年耗热量	Q_{uc}	GJ	5.626×10^7
13.2	锅炉小时额定耗热量	Q_{rc}	GJ/h	1.093×10^4
13.3	锅炉设备利用小时数	n_5	h	5148

第八节 供热介质和热力网形式选择

一、供热介质的选择

供热介质是集中供热系统中用以传送热量的媒介，简称为热媒。我国传统的供热系统主要以蒸汽和热水为供热介质，将热量经过输配系统送至热用户。

供热介质的选择以满足热用户需求为主，同时兼顾供热系统经济运行。当热用户的用热种类和用热参数有较大差别时，可遵循以下原则对供热介质进行选取。

（1）当热源承担的负荷类型只有民用建筑供暖、通风、空调及生活热水热负荷时，应采用热水作为供热介质。

（2）当热源承担的负荷类型是以工业热负荷为主要负荷，且必须采用蒸汽供热时，应采用蒸汽作为供热介质。

（3）当热源承担的负荷类型是以工业热负荷为主要负荷，且以热水为供热介质能够满足生产工艺需要（包括在用户处转换为蒸汽），同时技术经济合理时，应采用热水做供热介质。

（4）当热源承担的负荷类型既有民用建筑供暖、通风、空调及生活热水热负荷，又有工业热负荷，且工业热负荷又必须采用蒸汽供热，经技术经济比较认为合理时，可采用热水和蒸汽两种供热介质。

二、供热介质的比较

（1）热水介质具有如下优点：

1）热能效率高。从能源角度分析，以热水为供热介质时，由于热水是用低压抽汽加热而得到的，所以能提高热电联产发电量。

2）调节方便。热水温度可以根据室外空气温度进行调节，以达到节能和保证室内供暖温度的目的。

3）热水蓄热能力强，热稳定性好，室内舒适性好。

4）输送距离长。一般可达5～10km，甚至到15～20km。

5）热损失小。

其缺点是：热水系统循环的动力由循环水泵提供，循环水泵的电耗较大，增加了投资成本和运行费用。

（2）蒸汽介质具有如下优点：

1）可以满足多种热用户的需要。

2）输送靠自身压力，不用循环泵，不耗电。

3）使用和输送过程中不用考虑静压。

4）使用蒸汽介质，换热设备面积及热用户散热设备面积可减小。

缺点是：

1）能源效率低。输送蒸汽需要的压力高，所以降低了热电联产的发电量。

2）蒸汽使用后凝结水回收困难，不仅除盐水（或软化水）损失大，而且热损失也大。

3）蒸汽在使用和输送过程中损失大。存在冷凝水泄漏、蒸汽泄漏的问题，热能利用率比热水低。

4）输送距离比热水介质短，一般可输送到3～5km，最大可输送到5～7km。近年来受国内环保、节能减排等因素的影响，热电厂的设置距离城市较远，通过提高起点压力、减少输送压力损失、优化保温等措施，蒸汽的输送距离可达10～20km。

5）蒸汽供暖系统舒适性差，室内空气干燥，室内空气温度随供暖间歇波动较大。容易伤人。

三、供热介质参数选择

热电厂一级热力网设计供回水温度是热电厂集中供热项目的重要设计基准参数，关系到热力网输送能力、管网水力计算、管网定压、管网保温、热电厂供热能力、热网首站设备选择、余热利用等技术问题，并极大的影响热电厂经济运行和热力网投资，本节将介绍热电厂一级热力网设计供回水温度选择。

（一）现行设计标准的规定

与热电厂一级热力网设计供回水温度选择有关的是建筑行业设计标准CJJ 34—2010《城镇供热管网设计规范》中的4.2.1条和4.2.2条。

4.2.1　热水供热管网最佳设计供回水温度，应结合具体工程条件，考虑热源、供热管线、热用户系统等方面的因素，进行技术经济比较确定。

本条是热水供热管网最佳供热介质温度的确定原则。

当热水热力网以热电厂为热源时，热量由汽轮机组抽（排）汽供给，因而最佳供、回水温度的确定，涉及热电联产的经济性问题。提高供水温度，就要相应提高汽轮机抽汽压力，蒸汽在汽轮发电机内变为电能的焓降就要减少，使供热发电量降低，对节约燃料不利，但提高供水温度，却减小了热力网设计流量和相应的管径，降低了热力网的投资、电耗以及用户设备费用。因此，存在一个最佳供、回水温度的选择问题。

4.2.2　当不具备条件进行最佳供、回水温度的技术经济比较时，热水热力网供、回水温度可按下列原则确定：

（1）以热电厂或大型区域锅炉房为热源时，设计供水温度可取110～150℃，回水温度不应高于70℃。热电厂采用一级加热时，供水温度取较小值；采用二级加热（包括串联调峰锅炉）时，供水温度取较大值。

当不具备确定最佳供、回水温度的技术经济比较条件时，本条推荐的热水热力网供、回水温度的依据是以热电厂（不包括凝汽式汽轮机组低真空运行）为热源时，热力网供、回水温度推荐值，主要依据是清华大学热能工程系1987年完成的《城市热电厂热水供热系统最佳供回水温度的研究》。该研究报告认为：

采用单级抽汽汽轮机组供热时，热化系数0.9以上(即基本上不设串联尖峰锅炉的条件下)、供热系统供水温度110~120℃，回水温度60~70℃较合理；随着热化系数的降低(即随着串联调峰锅炉二级加热量的增加)合理的供水温度相应增加，当热化系数由0.9降低至0.5时，最佳供水温度由120℃增加至150℃；采用高、低压抽汽机组对热网水两级加热时，在没有尖峰锅炉的条件下，热力网供水温度150℃最佳。

而串联调峰锅炉也是两级加热，因而统一规定：一级加热取较小值；两级加热取较大值。

(二)在执行中存在的问题

1. 4.2.1条在执行中存在的问题

本条讲述的是供回水温度的选择原则，虽十分正确，但在实际工程中却难以落实。因为供热系统设计分工如下：热源由电力设计单位负责，热力网和热用户由市政设计院负责，由于分工限制，每个设计单位无法单独做出合理的技术经济比较，显然，如果需要正确的执行4.2.1条，应解决两个问题：

(1)提供一套规范的技术经济比较方法并给出几个标准方案及适用条件。

(2)明确由哪个设计单位做技术经济比较，哪个设计单位配合并提供资料。

2. 4.2.2条第一款在执行中存在的问题

4.2.2条第一款限制了设计供水温度在110～150℃范围内，由于在设计中一般采用惯用的40～60℃温差方法选择供回水温度，回水温度高于或等于70℃，如表7-21所示。

表7-21 目前习惯采用的设计供回水温度

设计供回水温度(℃)	供回水温度差(℃)	备注
110/70	40	一级加热
120/70	50	一级加热
130/70	60	二级加热
140/80	60	二级加热
150/90	60	二级加热

由此导致以下两个问题：

(1)当设计供水温度高于120℃时，需提高热电厂加热蒸汽压力，不经济。

(2)当设计回水温度高于60℃时，难以利用热电厂余热。

(三)热电厂一级管网供回水温度实际运行数据

通过2012～2013年对北方集中供暖区的8个大型热电厂的一次热力网供回水温度实际运行数据进行调研，得到表7-22、图7-18、图7-19是北方A、B、C三个热电厂的供暖系统供回水温度实际运行数据。

表7-22 热电厂供暖系统供回水温度的实际运行数据

热电厂	2011～2012年的供回水温度(℃)	备注
A热电厂	60～105/35～55	6×200MW供热机组
B热电厂	70～93/42～52	2×200MW+2×300MW 燃煤抽汽供热机组
C热电厂	40～98/30～63	4×300MW燃煤抽汽供热机组

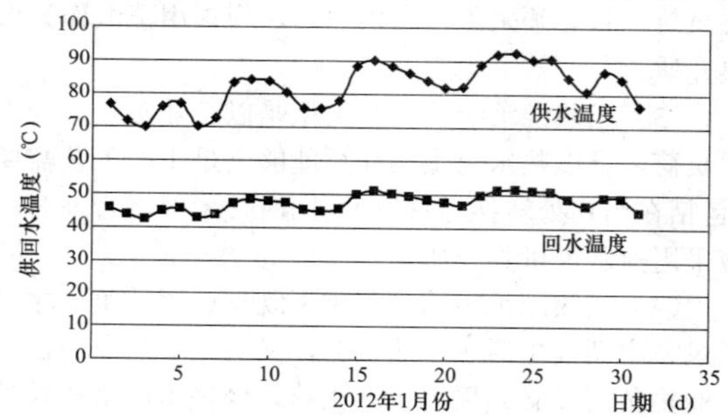

图7-18 B电厂2012年1月份供回水温度曲线

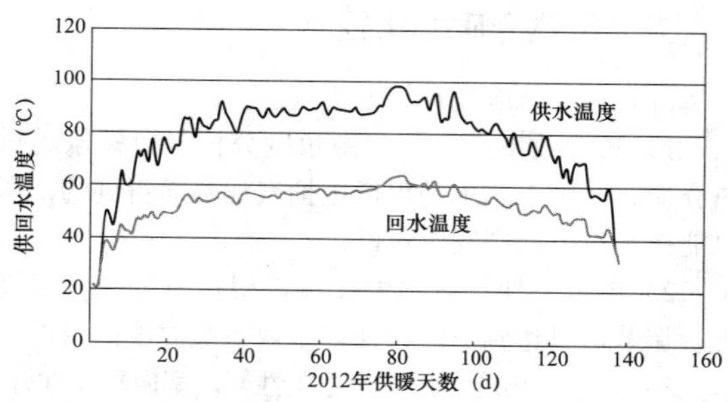

图7-19 2011～2012年C热电厂一次网供回水温度曲线图

以上的实际运行数据基本上可代表我国集中供暖区大多数热电厂的运行情况。

从表7-22可知，热电厂一次热力网供回水温度的实际运行数据与设计值有差距，供水温度一般不高于100℃，回水温度一般不高于55℃。

在一个供暖季中，可以有5d的不保证期，但真正能达到设计供暖负荷的天数不多，达到设计供回水温度的时间也不多，因此不需要采用较高的设计供回水温度。

（四）相关因素

1. 边界条件

CJJ 34—2010《城市供热管网设计规范》4.2.2 条第一款的主要依据是清华大学的论文《城市热电厂热水供热系统最佳供回水温度的研究》(《区域供热》1987年，第四期)。但应注意到，论文发表至今已有 29 年，论文当时所用的边界条件已经有所变化：

（1）论文当时讨论的热电厂是 50～200MW 级机组，而现在的供热主力机组是 300～350MW 级的亚临界或超临界级机组。机组的供热抽汽量、温度、压力等参数不同，热力系统计算不同。

（2）目前，热电厂的一些经济数据（如电价、煤价、主要设备材料的价格等）与当时不同。

（3）热电厂外换热站，现在采用高效板式水-水换热器，当时采用的是壳管式水-水换热器，传热能力不同。

（4）当时二级管网的供回水参数是 95/70℃或 80/60℃，现在的供回水参数是 75/50℃。目前，二级供热管网、热用户趋向于采用较低的供水温度，并在换热站和热用户采用多种降低回水温度的新设备、新技术。

（5）现在的室内散热器采用高效钢制，当时多采用铸铁。

2. 热电厂的余热利用

在利用吸收式热泵回收热电厂冷却水的余热时，热力网回水温度是一个重要的参数，回水温度与热泵的能效比和回收余热量有极大关系见表 7-23、表 7-24。

表 7-23 吸收式热泵的能效参数与回水温度的关系

回水温度（℃）	60	55	50
热泵的能效比 *COP*	1.725	1.75	1.765

表 7-24 某型号吸收式热泵的回收余热量与回水温度的关系

回水温度（℃）	60	58	56	54	52	50
回收余热量（MW）	90	110	121	128	140	150

由此可见：

（1）回水温度越低越好，且不能高于 60℃。

（2）按传统的供回水温度选择设计（回水温度 70℃）方法，供热系统难以利用冷却水的余热。

3. 供热管网的定压

热力网的定压点压力值与供热温度有关，水温与汽化压力关系见表 7-25。

表 7-25 水温与汽化压力关系

温度（℃）	95	110	120	130	140	150
汽化压力（kPa）	0	46	103	176	269	386

可见，供水温度越高，热力网定压点的定压值越大。

4. 二级管网的设计供回水温度

GB 50736—2012《民用建筑供暖通风与空气调节设计规范》规定了二级管网的设计供回水温度。

5.3.1 散热器供暖系统按 75/50℃连续供暖设计，且供水温度不宜大于 85℃，供回水温差不宜小于 20℃。

5.4.1 热水地面辐射供暖系统供水 35～45℃，不应大于 60℃，供回水温差不宜大于 10℃。

根据温度对口和梯级利用的能量利用原则，当采用板式换热器时，适宜的一级热力网供回水设计参数是 95/55℃，再高的参数也没有必要。由于二级管网的设计供回水温度已有降低的趋势，一级热力网供回水设计温度理应降低。

5. 管道保温材料温度限制

国内直埋管道保温材料温度限制一般不高于 120℃，高于此值只能按非标准材料定货，将导致初投资提高。

（五）热电厂一级热力网设计供回水温度选择建议

根据上述研究项目的中间成果，提出热电厂一级热力网设计供回水温度的选择建议，供技术人员在设计中参考：

（1）热电厂一级热力网最佳设计供回水温度，宜根据热电联产规划采用大温差设计的方式选取，考虑热电厂热力系统、热网首站布置、余热利用、供热管线、热力站设备选择、二级供热管网设计供回水温度、热用户等因素，进行技术经济比较后确定。技术经济比较宜由电力设计单位负责，市政设计单位配合并提供外网设计资料。

（2）当不具备条件进行最佳设计供、回水温度的技术经济比较时，热电厂一级热力网设计供回水温度应按下列原则选择：

1）热力网供水设计温度宜结合汽轮机结构，对应最低供暖抽汽设计压力选取，其最高温度不应超过 150℃。

2）热力网回水设计温度宜按采取降温措施后的最低温度选取，其最高温度不应超过 60℃。

四、热力网形式的选择

热力网的形式按是否从热力网系统中提取热媒，分为闭式系统和开式系统。所谓闭式系统是指供热系统中的热力网循环水仅作为热媒，传递热量给热用户，而不从热力网中取出使用。而在开式系统中，热力网的循环水部分地或全部地从热力网中取出，直接用于生产或生活热水供应。

热力网按供热管道数目配置的制式不同，可分为单管制、双管制和多管制。其应用的主要形式如表7-26所示。

表7-26 单管、双管和多管制的应用

单管制	蒸汽供热系统（凝结水不回收，只有蒸汽管）、热水供应（热水供热管通至热用户）
双管制	蒸汽系统（一根蒸汽管，一根凝结水管）、热水系统（一根供水管，一根回水管）
多管制	蒸汽管、热水管、凝结水管都有

对热水热力网而言，目前，我国多采用闭式热力网形式，以双管制为主。当热水热力网以热电厂为热源时，生产工艺热负荷与供暖热负荷所需供热介质参数相差较大，且技术经济合理时，可采用闭式多管制。

开式热水热力网在我国使用不多，这种热力网的特点是热力网除了供热还要供应生活热水，热力网的补水量大，水质要求高。需要热力网的补给水水资源丰富，水处理费用低廉，同时供热范围内有大量廉价低位能热源。当开式热水热力网中生活热水负荷占比足够大，且技术经济合理时，可不设回水管。

对蒸汽热力网而言，当各用户所需蒸汽参数相差不大，或季节性负荷占总负荷比例不大时，一般多采用一根蒸汽管道供汽，这种方式相对可靠、经济。当热用户间所需蒸汽参数相差较大，或季节性负荷较大时，可以采用双管或多管制。当用户进行分期建设，热负荷规模增速小，若按最终热负荷规模确定管网配置，将会对项目投资的回收期有较大影响，这种情况下，应采用双管或多管制分期建设。

蒸汽管网系统是否配置凝结水管网主要取决于从热用户处产生的凝结水质量和数量。当热用户处产生的凝结水水质较差或水量较小时，水处理及管网建设的投资费用也是较大的。这种情况下凝结水回收反而不经济，但为节约能源和水资源，应考虑在用户处对凝结水本身及其热量加以充分利用。

当供热系统的供热规模较大时，供热系统的可靠性对供热管网的形式有一定的影响。对于供热建筑面积大于1000万m^2的较大规模供热系统，发生事故时，影响面很大，因此对供热系统的可靠性要求较高。采用多热源环状管网供热，热源之间可互为备用，提高了供热的可靠性，也使得热源间的备用更加有效。同时热源之间还可进行经济调度，采用更低价格热产品进行供热，提高了系统运行的经济性。环状管网投资虽然较大，但各热源之间备用设备的投资减少了，故是否采用环状管网应根据经济技术比较确定。

第八章

供热机组余热利用

第一节　湿冷机组循环水余热利用

一、湿冷机组循环水余热利用原理

目前，湿冷机组循环水余热利用的常用方式有：①采用高背压技术；②采用热泵技术。

（一）高背压技术利用原理

高背压技术分为双转子高背压和单转子高背压。

1. 双转子高背压方案

双转子高背压技术核心原理包括①高背压，即实现湿冷机组供热期高背压运行，利用热力网循环水作为冷却介质，吸收低压缸排汽的乏汽余热，在实现消除凝汽器冷源损失的同时加热热力网循环水，达到节能的目的；②双转子，即双低压转子，在供热期间使用动静叶片级数相对减少的低压转子以满足凝汽器高背压运行，而在非供热期使用动静叶片级数相对较多满足低背压运行的低压转子。在供暖期和非供暖期存在双转子的切换。双转子高背压利用的原理图如图 8-1 所示。

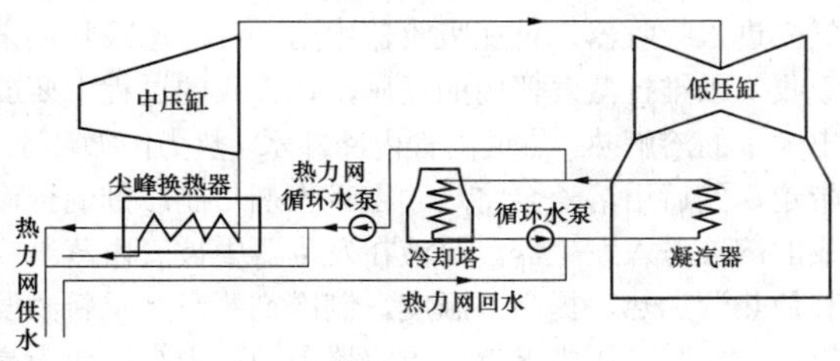

图 8-1　双转子高背压利用原理图

利用现有机组凝汽器及其循环冷却水管路，增设热力网循环水管道切换系统，供热期采用新型低压转子，机组高背压运行，热力网循环水首先进入凝汽器，由凝汽器加热作为基本加热手段，将热力网循环水加热到一定的温度，再由本机或邻机的供暖抽汽继续加热，将热力网循环水温提高到外网需要的温度后供出。

双转子高背压方案的最大优点是全年经济性较高。在供热期，机组为供热转子运行，其经济性较高；在非供热期，机组则更换为纯凝转子，恢复到原来纯凝运行的经济水平。因此，在负荷率较高的情况下，采取双转子高背压方案可实现全年发电、供热综合收益的最大化。

供热期提高机组背压，在增加对外供热的同时会减少低压缸的热效率从而减少发电量，因此该方案对目前国内缺热而不缺电地区，具有较好的推广价值。

为了实现双转子高背压技术余热利用，需要对汽轮机本体尤其是低压缸及转子进行特殊设计，也需对凝汽器、汽封冷却器、给水泵等附属设备选型进行特殊考虑，另外还需对凝结水系统、循环水系统、辅机冷却水系统、减温水系统等辅助系统进行特殊设计，只有上述每一项设计工作都妥善完成后方可保证双转子高背压技术利用方案的成功实施。

2. 单转子高背压方案

相对于双转子高背压余热利用方案，也有采用单转子高背压方案的实践。它的最大特点只有一根经过特殊设计的低压转子，它既能满足纯凝工况运行，又能满足供热期高背压运行。这种设计方案的优点：①低压缸投资较少；②运行简单，不需要停机更换低压转子。缺点：①机组纯凝工况运行的最大出力受限，可能达不到设计值；②机组在供热期间能够达到低真空供热的要求，机组的热经济性较高，但是非供热期运行效率下降较大，机组热耗增加明显；③高背压单转子方案的可行性需要汽轮机厂家对整个低压缸通流进行核实及优化，对改造机组而言，会出现不能利用现有转子进行改造，而需要将低压转子和低压通流部分整体更换的情况，改造投资费用大大增加。

受单转子高背压方案以上三个不利因素的影响，目前该方案实施案例较少。相比于双转子方案，除汽轮机本体低压缸和低压转子设计方案不同外，其他的辅助设备及辅助系统的设计都基本类似，可参照实施，因此本手册将重点介绍双转子高背压方案，而不再对单转子高背压方案另行介绍。

（二）热泵技术利用原理

1. 热泵的定义及分类

（1）热泵的定义。根据热力学第二定律，热量可以由高温物体向低温物体转移，但不能由低温物体向高温物体转移。热泵是以消耗一部分能量（机械能、电能或高温热能）为代价，使热能从低温热源向高温热源传递的装置。采用能效比（*COP*），即（高温热量+低温热量）与高温热量的比值，直观反映对外供热能力增加的效果。

（2）热泵的分类。

1）根据工作原理的不同，热泵可分为压缩式热泵、吸收式热泵、化学热泵等。

压缩式热泵是通过对氟利昂等气体工质进行压缩液化和膨胀蒸发，利用工质状态变化过程温度的改变达到热量温升转移的目的，以逆卡诺循环的方式，达到提升热量温度的目的。压缩式热泵机组能效比较高，一般都在 4.0 以上，供水温度一般在 50～60℃，常作为区域性民用建筑冬天供暖空调热源。现在也有设备厂家开发中高温型大容量的蒸汽压缩式热泵机组，供水温度有望提高到 70℃。

吸收式热泵是通过溴化锂等化学物质在不同水溶液浓度下的吸热和放热特性，通过加热浓缩和加水稀释溴化锂溶液，改变其温度以达到吸收低温热量和向高温热源放热的目的。吸收式热泵，根据所采用的载冷剂工质不同，大致分为溴化锂吸收式热泵和氨吸收式热泵，在民用和工业应用中，以溴化锂吸收式热泵为主。在国内电厂供热系统热泵应用中，基本上都采用溴化锂吸收式热泵，能效比按工况的不同可达 1.7～2.4。此外，吸收式热泵根据所产生热量的品质不同又可分为第一类吸收式热泵（Absorption Heat Pump，AHP，也称增热型热泵）和第二类吸收式热泵（Absorption Heat Transformer，AHT，也称升温型热泵）。

其中第一类吸收式热泵是以消耗部分高温热能为代价，通过向系统输入高温热能，进而从低温热源（地下水、地表水、海水、湖水、污/废水）中回收一部分热能，把低温热量提高温度，以中温形式供给用户的热泵装置，从而提高了热能的利用效率。第一类吸收式热泵的能效比大于 1，一般为 1.5～2.5，也就是说它可以利用少量的高温热能产生大量的中温有用热能。

第二类吸收式热泵是利用大量的中温热源产生少量的高温有用热能。即利用中低温热能（一般为废热）驱动，用大量中温热源和低温热源的热势差，制取热量少于但温度高于中温热源的热量，将部分中低热能转移到更高温位，从而提高了热源的利用品位。第二类吸收式热泵能效比总是小于 1，一般为 0.4～0.5。

目前，第一类吸收式热泵应用较多。

2）根据所回收的低温热源介质的不同，热泵又可分为空气源热泵、水源热泵、土壤源热泵等。

空气源热泵是以空气作为载热介质，吸取空气中储存的热量。空气比热值较小，能效比（*COP*）较小，目前常用于家用空调系统和小型的商业空调系统以及生活热水供应系统。同时冬季制热工况运行时，随着制冷剂蒸发温度的降低，蒸发器盘管表面会产生结露、结霜现象，需要采取必要的除霜措施，能效比（*COP*）大幅度衰减，应用区域受到一定的影响，在南方地区使用效果较好。

水源热泵是以水作为载热介质，吸取地下水、地表水（包括海水、湖水、工业污废水、工业冷却水等）中储存的热量。水源热泵是目前空调系统中能效比（*COP*）最高的制冷、制热方式，理论计算可达到 7，实际运行为 4～6。

土壤源热泵是利用地下常温土壤温度相对稳定的特性，通过深埋于建筑物周围的管路系统与建筑物内部完成热交换的装置。冬季从土壤中取热，向建筑物供暖；夏季向土壤排热，为建筑物制冷。它以土壤作为热源、冷源，通过高效热泵机组向建筑物供热或供冷，能效比一般能达到 4.0 以上。

2. 吸收式热泵原理流程

吸收式热泵是以蒸汽为驱动热源，溴化锂浓溶液为吸收剂，水为蒸发剂，利用水在低压真空状态下低沸点沸腾的特性，提取低位余热热源的热量，通过吸收剂回收热量并转换制取工艺性或供暖用的热水。

溴化锂吸收式热泵由发生器、冷凝器、蒸发器、吸收器和热交换器等主要部件及真空泵、溶液泵和冷剂泵等辅助部分组成。真空泵用于抽除热泵机组内的不凝性气体，并保持热泵机组内部处于高真空状态。

如图 8-2 所示，由蒸发器出来的低压制冷剂水蒸气先进入吸收器，再在吸收器中用一种液态吸收剂来吸收，以维持蒸发器内的低压，在吸收的过程中要放出大量的溶解热。热量由管内冷却水（热力网循环水）带走，然后用溶液泵将这一由吸收剂与制冷剂混合而成的溶液送入发生器。溶液在发生器中被管内蒸汽或其他热源加热，提高了温度，制冷剂蒸汽又重新蒸发析出。此时，压力显然比吸收器中的压力高，成为高压蒸汽进入冷凝器冷凝。高压蒸汽冷凝后发出大量汽化潜热被从吸收器出来的冷却水（热力网循环水）带走，凝汽器出来的冷却水一般在 90℃以下，已经满足供热初期供水温度的要求。冷凝器中的冷凝液经节流减压后进入蒸发器进行蒸发吸热，在蒸发器中，低温热源如电厂循环水在这里大量放热，温度降低，即热泵系统吸收了低温热源的热量。发生器中剩下的吸收剂又回到吸收器，继续循环。

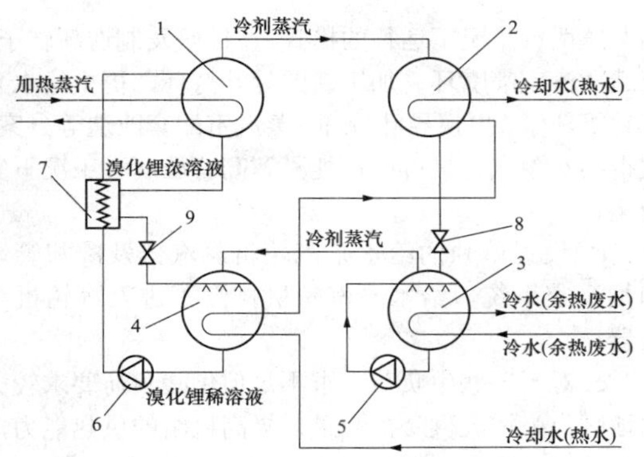

图 8-2 蒸汽型溴化锂吸收式热泵基本组成及工作原理

1—发生器；2—冷凝器；3—蒸发器；4—吸收器；5—冷剂泵；6—溶液泵；7—热交换器；8—节流阀；9—减压阀

3. 吸收式热泵利用湿冷机组循环水余热的原理

吸收式热泵利用湿冷机组循环水余热原理，是将汽轮发电机组低压抽汽作为热泵的驱动汽源，同时从汽轮机凝汽器循环水中提取热量，提高热力网循环水温度。

吸收式热泵在热电厂中用于回收凝汽器乏汽余热的原理与热泵的工作原理有关，共分三个循环：

（1）驱动蒸汽循环。汽轮机某段抽汽（一般取自机组供热抽汽管道）作为吸收式热泵的驱动汽源，经减温器后以微饱和蒸汽状态进入热泵发生器，放出热量凝结成水后回到汽轮机的回热系统中。

（2）低温热源循环。湿冷机组吸收式热泵的低温热源为凝汽器循环冷却水，凝汽器出口循环水作为热源水（亦称冷剂水）进入热泵蒸发器，放热后回到凝汽器入口循环水母管。在全部回收机组的低压缸乏汽余热的情况下，凝汽器循环冷却水在凝汽器与热泵之间形成闭式循环，此时不需要冷却水上冷却塔或到江河中排热。

（3）热力网循环水循环。热力网循环水回水在热泵中被提取凝汽器中的低压缸乏汽中的余热加热后，根据外界热负荷的需要再经过尖峰热网加热器加热后对外供热。热力网回水（亦称冷却水）在热泵吸收器和冷凝器中吸收热量升温后，进入热网加热器，继续加热到用户要求的温度后对外供热。

在热泵循环过程中，图 8-3 中进出蒸发器的冷水为工艺系统的废热水，如工艺循环冷却水，温度一般在 20～40℃，而进出吸收器和冷凝器中的冷却水则是热泵机组所提供的可用的中温水（热力网循环水），温度一般在 45～90℃。

余热回收技术是将汽轮发电机组低压抽汽作为热泵的驱动汽源，同时从汽轮机循环水中提取热量，提高热力网循环水温度，可为电厂带来显著效益：

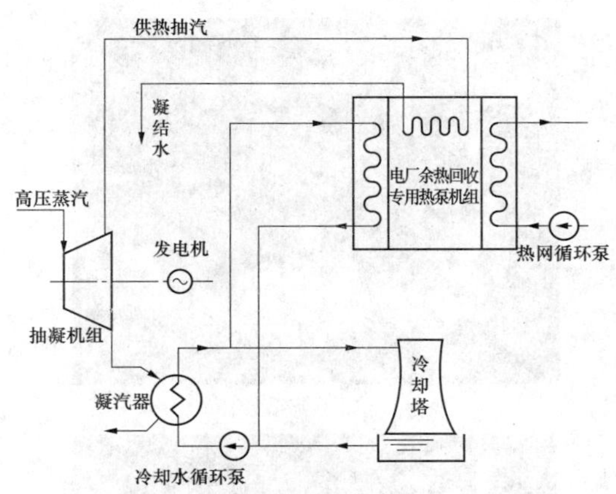

图 8-3 湿冷机组循环水余热利用系统原理图

（1）回收冷凝热用来供热，大大提高抽凝机组的热电联产系统热效率，实现节能收益。

（2）在不增加热源设备的情况下，增加电厂供热能力，增加供热面积。

（3）回收电厂冷凝热，可部分替代电厂冷却塔的冷却功能，降低冷却塔水耗。

（4）由于供热系统能耗降低，减少了 SO_2 等污染物排放。

二、湿冷机组循环水余热利用设计方案

（一）采用双转子高背压技术利用设计方案

1. 方案的边界条件

本方案最重要的边界条件是高背压运行工况的设计背压。湿冷机组高背压运行工况设计背压的选择，宜结合非供暖季运行背压、热力网供回水温度、回收余热和提高背压损失等，经技术经济比较确定；一般为 30～50kPa（绝对压力）。其中系统设计时取用的热力网供回水温度，宜依据供热规划、结合实际运行情况确定。

高背压运行机组，当排汽背压升高时，发电能力是降低的，但对外供的热量是增加的，需要的热力网循环水量是增加的（在凝汽器面积一定的情况下），但抽汽量是降低的（因为排汽压力升高，要求的冷却流量是增加的），从而使得对外供水的温度降低（因为总的抽汽量包括另外一台抽汽机是减少的，而循环水是增加的）。

2. 方案设计

（1）本体方案设计。

本体方案设计涉及低压转子和低压缸缸体等部件的改造设计，具体改造内容及注意事项可参见本手册第五章第四节的相应内容，此处不再详述。高背压双低压转子外形如图 8-4 所示。

（2）辅助系统及设备方案设计。

（a）

（b）

图 8-4 高背压双低压转子外形图

（a）原纯凝低压转子；（b）高背压供热的低压转子

1）凝汽器。凝汽器设备的材质和冷凝面积要兼顾供暖期和非供暖期机组运行的情况，供暖期运行时，凝汽器的冷却水源为热力网循环水回水，其水量要少于非供暖期的凝汽器冷却水量，凝汽器设备的设计应保证换热管的流速不低于凝汽器要求的最小流速。

对于改为双转子高背压的机组，除保留现凝汽器的喉部、外壳、基础外，需对凝汽器进行全面改造，如：更换凝汽器管束；更换水室管板、隔板、挡汽板；更换循环水管道膨胀节；安装凝汽器后水室膨胀节；水室改造为圆弧形，加强水室及耐高温衬胶；更换反冲洗蝶阀等。

2）汽封冷却器。汽封冷却器不仅在非供暖期低背压状态下运行，而且还要满足高背压下运行，此时凝结水温度较高，为兼顾两种运行工况，汽封冷却器应选取较大的换热面积，可按相应空冷机组的汽封冷却器进行设计。

3）给水泵。对于双转子高背压改造机组，由于给水泵汽轮机原设计一般背压为 4.5～12kPa，而供热期间凝汽器背压高达 30～54kPa，导致给水泵汽轮机排汽温度升高且出力不足，因此给水泵汽轮机需进行改造。可选的方式有以下三种：

a．重新设计给水泵汽轮机新转子及有关部套，扩大转子的变工况运行范围，实现同一转子可以在纯凝、高背压两种工况下运行的模式。通过研发制造新转子、改造蒸汽室喷嘴环、加工新的导叶持环，更换给水泵汽轮机转子；更换导叶持环；蒸汽室配套改造等方案，使得给水泵汽轮机可以在纯凝和高背压两种工况下安全运行。

b．设置单独的给水泵汽轮机凝汽器及冷却管道和抽真空系统，给水泵汽轮机排汽不进入汽轮机凝汽器。

c．对于一些电负荷需求不足但供暖负荷要求较大的地区，为增大供暖抽汽量，提高机组的供热能力，在高背压供热机组中也可改为电动给水泵。

以上三种方式都有各自的优缺点，在实际改造实践中应结合具体的工程情况，因地制宜采用合适的改造方式。

方式 a：改造工程量相对较小，只涉及给水泵汽轮机的相关改造，因而较易实施。但给水泵汽轮机全年的汽耗量较大，造成机组全年的效率降低。

方式 b：改造工程量较大，系统相对复杂，除给水泵汽轮机排汽管道需要改造外，还必须增设给水泵汽轮机凝汽器、抽真空系统、凝结水系统及循环冷却水系统；此外，本方式能否实现还取决于现场是否有设置给水泵汽轮机凝汽器的位置；另外给水泵汽轮机排汽的乏汽余热无法利用。其优点是给水泵汽轮机全年的汽耗量都较小，使得机组全年的效率较高。

方式 c：适合特定的区域，初投资较高，需要增设高压大功率电动机，配套的厂用电系统也需升级改造。此外，在汽机房还必须找到合适的布置位置。

对于双转子高背压新建湿冷机组，给水泵汽轮机宜设置单独的给水泵汽轮机凝汽器及冷却水系统和抽真空系统；对于一些电负荷需求不足而供暖负荷要求大的地区，也可使用电动给水泵方案。

4）凝结水及减温水系统。凝结水系统设有凝结水精处理装置，在非供暖期，凝结水系统正常运行，在供暖期更换低压转子后机组高背压运行，凝结水在热井出口的温度为 78℃左右，高于凝结水精处理的正常运行温度，为保证机组给水品质要求，需对凝结水系统进行重新设计，可供选择的方式有以下几种：

a．增设凝结水换热器，通过外部冷却水将本机较高温度的凝结水降低到合适的温度后再进入凝结水系统，本换热器应布置在凝结水精处理装置上游。外部冷却水源可选热力网补水、开式循环水以及两者的组合。

b．凝结水精处理装置改用耐高温的凝结水精处理装置。

以上两种方式，方式 a 中凝结水被冷却到的合适温度，取决于凝结水精处理装置对温度的要求，以及各个以凝结水为减温水用户对温度的要求。而方式 b 可以解决给水品质的要求，但对凝结水减温水系统而言，减温水温度仍过高，解决的方法是邻机提供水源或将此减温水单独设置换热器进行减温处理。

5）循环水系统。由于高背压供热机组在高背压工况下运行时，相当于背压机，需要将低压缸的所有乏汽热量由热力网循环水带走，受限于热力网循环水的回水温度，以及机组背压下考虑凝汽器端差后的热力网循环水温度，因此需要的热力网循环水量较大。如果有两台机组的情况下，只有一台机组能够进行高背压供热。所有循环的热力网循环水回水经过高背压机组的凝汽器进行加热，再利用本机组和另外一台机组的供暖抽汽对流经热网加热器的热力网循环水进行加热，将水温提高到设计值后对外供出。

高背压供热运行时，热力网循环水和凝汽器循环水系统的连接方式图如图 8-5 所示。为避免凝汽器水室的设计压力大幅提高而引起凝汽器内部结构的较大变化，应将热网循环水泵串联在凝汽器的后面，这需要调整一次热力网的水力平衡，使回水的压力能够克服管道的沿程和局部阻力，还有凝汽器水侧的运行水阻，并保证热网循环水泵入口不发生汽蚀。

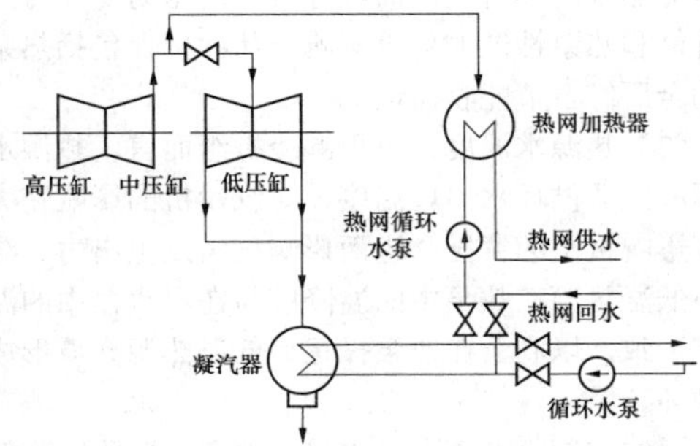

图 8-5　热力网循环水和凝汽器循环水系统的连接方式图

热力网循环水和凝汽器循环水系统的具体切换方式图如图 8-6 所示。在高背压供暖期，凝汽器循环水进出口管道上的隔离阀均关闭，热力网循环水侧的旁路隔离阀打开，热力网循环水回水先进入一侧的凝汽器，吸热升温后的热力网循环水在串联进入另一侧凝汽器继续加热，最后从凝汽器一侧的循环水回水管道隔离阀前旁路引出，再进入热网加热器进一步加热。在非供暖期，热力网循环水侧 3 个旁路隔离阀均处于关闭状态，循环水管道上各隔离处于正常的开启状态，通过循环水对凝汽器的乏汽进行冷却。

6）辅机冷却水系统。由于高背压供热机组在高背压工况下运行时，凝汽器冷却用的循环水系统停运，此时取自循环水系统的辅助冷却水也将失去水源，因此必须找到合适的解决方案，否则机组将无法正常运行。可供选择的解决方案有：从临机的辅助冷却水系统引一支路进行冷却；或者直接从临机的循环水系统单独引一辅助冷却水支路进行冷却，换热之后的冷却水回水返回临机；当给水泵汽轮机采用单独凝汽器方案时，辅助冷却水系统可与给水泵汽轮机的冷却水系统进行联合优化设计，此时循环水系统的循环水泵容量及台数也一并参与优化设计。

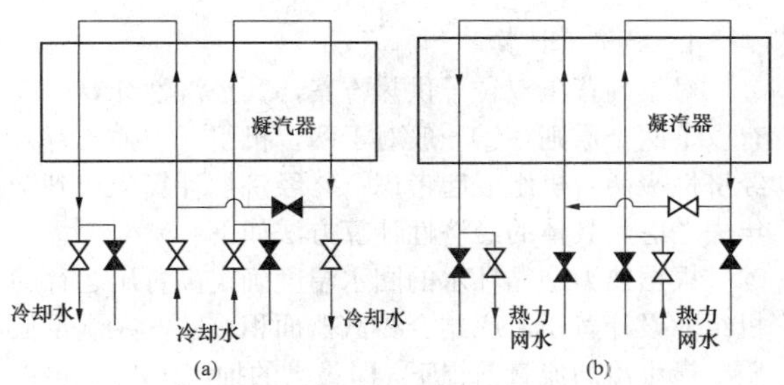

图 8-6　凝汽器循环水切换方式图

（a）非采暖期；（b）采暖期

3. 设计注意事项

（1）需考虑机组低压缸相关部套拆卸的可重复性、方便性及部套的存放和防护。如将互换的转子两端的半联轴器，无论在对中心或两半联轴器螺栓孔的精度等方面都要做到完全一致，达到不需要重铰联轴器螺栓孔的程度，利于低压双转子的互换。

（2）末级叶片的选择考虑到机组供暖季低真空运行时，汽轮机背压值的变化范围是很大的，必须在 20～50kPa 范围内均能有很好的变工况性能，不宜过短。

（3）湿冷机组利用高背压进行供热时热力网的设计供回水温度要有限制，如果热力网循环水回水温度过高，则所需的热力网循环水量将会变大，而机组的抽汽能力由于背压的升高而降低，从而造成大量的低温热水，无法满足供热要求。高背压机组在供暖期运行时，相当于背压机，要严格遵循“以热定电”的原则，此机组带热负荷的基荷，通过调整主蒸汽的流量来保证低压缸的最小冷却流量和对外的供热量。

（4）高背压运行机组类似于背压式供热机组，其通过的新汽量取决于用户热负荷的大小，所以发电功率受用户热负荷的制约，不能分开独立地进行调节，即其运行是“以热定电”，因此适用于用户热负荷比较稳定的供热系统。

（5）由于改造后的热网加热器入口循环水温度及水量均有变化，需要跟加热器设备厂家一起重新核对现有设备能否满足改造后新增供热量的需求，当无法满足时，则需要考虑新增设备。

4. 经济性计算

对于高背压双转子供热方案，其经济性计算一般有以下两个原则：①一般对于两台机组（一抽一背），经济性应两台机组一起考虑；②经济性计算应放到全年去考虑。具体的经济性计算方法如下：

根据热力网循环水的回水温度确定高背压运行的机组的设计背压，应结合凝汽器面积核实，在满足低压缸最小冷却流量前提下（即最大的抽汽工况），可以核算出一个最大的对外供热量，加上另一台正常的抽凝机组的对外供热量和允许的供水温度，可以计算出所需的热力网循环水量。在整个平衡计算中，其中的三个参数是可以调整的，即凝汽器的面积，热力网循环水的供水温度及热力网循环水的流量。凝汽器的面积对于新建机组而言是可调的，但对于改造机组则是确定的，根据换热计算公式，凝汽器允许的上端差根据 HEI 标准不小于 2.8℃，一般取 3～5℃，此数值由凝汽器厂家具体落实确定。调整计算之后的循环水供水温度必须在外网许可的范围内。

在实际的工程设计中，湿冷机组高背压运行的机组，设计背压可先选取满足条件的多个背压值，再根据热力网供回水温度、回收余热量和提高背压损失等因素，通过综合技术经济后确定最优化的设计背压值。

额定背压工况和抽凝机组的额定抽汽工况作为整个供暖机组的计算基准工况，再根据供暖期的供热量折算出供暖利用小时数，此后的计算与本手册的第七章算法完全相同，只是两台机组需要同时计算。

而在非供暖期时，根据高背压机组的系统拟定的不同（尤其的给水泵的配置方式不同），得到高背压机组的 THA 工况的热平衡图，以此为基准，结合给定的发电设备利用小时数，计算出非供暖期的经济指标。

最后综合供暖期和非供暖期的经济指标得到全年的经济指标，包括年发电量、年供热量、年均发电标煤耗、供热年均标准煤耗、年均全厂热效率。

（二）采用热泵技术利用设计方案

1. 方案的边界条件

本方案重要的边界条件包括热泵驱动蒸汽压力、热源水温度、热力网循环水温度、热力网循环水流量和热源水流量等五个参数。

（1）热泵驱动汽源压力。蒸汽型热泵驱动汽源压力为影响能效比（*COP*）的重要参数，根据热泵驱动蒸汽压力对 *COP* 影响曲线如图 8-7 所示可以看出，驱动蒸汽压力越高，热泵的 *COP* 越高，意味着在提取相同余热的情况下，耗用的蒸汽越少，热泵的效率也就越高。但抽汽压力的提供对汽轮机的影响也不容忽视，图 8-7、图 8-8 为某 300MW 供热汽轮机热泵驱动蒸汽压力对 *COP* 影响曲线和供热抽汽压力变化对电负荷的影响曲线。

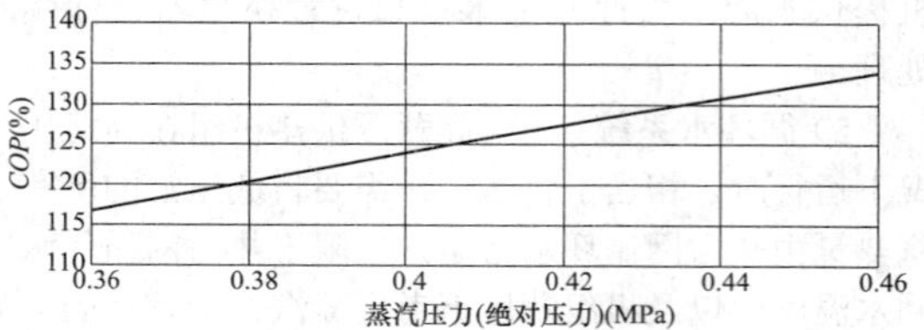

图 8-7 某 300MW 供热汽轮机热泵驱动蒸汽压力对 *COP* 影响曲线

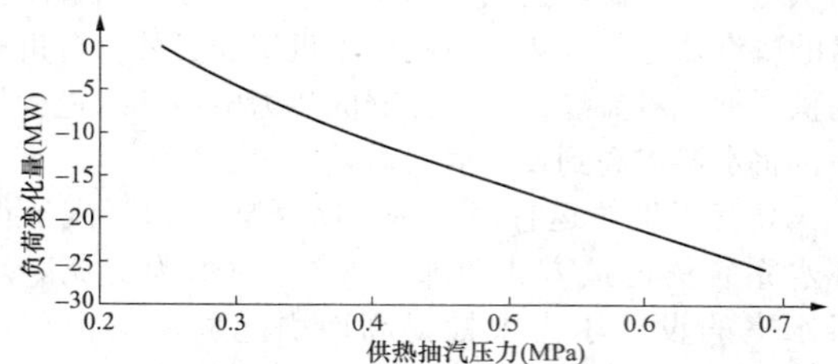

图 8-8 某 300MW 供热汽轮机供热抽汽压力变化对电负荷的影响曲线

因此，确定热泵驱动蒸汽压力，要尽可能避免单纯考虑热泵的经济性，而应综合考虑压力变化对汽轮机性能和热泵性能的双重影响，从而确保包括热泵在内的全厂综合节能收益最优。

（2）热源水温度。对于湿冷机组而言，热源水温度即凝汽器循环水出口温度，对汽轮机的影响较大，直接影响机组的背压，进而影响机组发电出力。湿冷机组低温热源在热泵中的温降应与在凝汽器中的温升设定一致，以利于在热泵投运后低温热源介质形成闭式循环。

通过控制冷却塔上塔水量调整阀、旁路防冻阀开度，调整机组电、热负荷和锅炉蒸发量等手段可以对热源水温进行调节。

热源水温度提高对热泵的 *COP* 是有益的，图 8-9 为热泵低温热源进口温度对 *COP* 影响曲线。但热源水温度的提高，也意味着汽轮机真空度的恶化，特别是真空度超过设计值后，对汽轮机热耗的影响直线上升，图 8-10 为汽轮机排汽压力和热耗变化率的关系曲线。

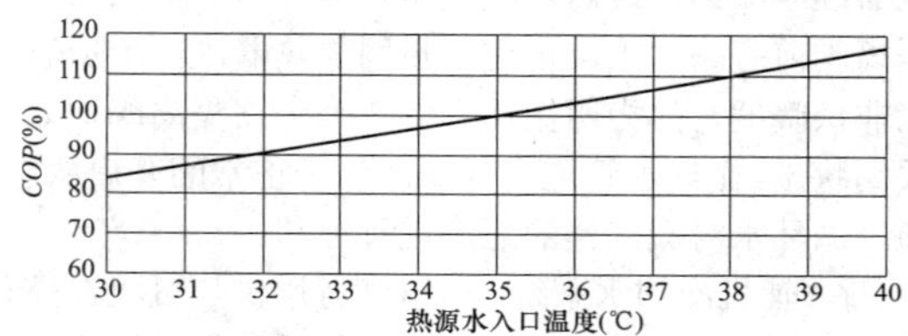

图 8-9 热泵低温热源进口温度对 *COP* 影响曲线

由图 8-9、图 8-10 可知，选择热源水温度时不宜超过设计值过多，一般热源水温度对应的汽轮机排汽压力不宜超过 6～7kPa，对应的低温热源的温度通常选择在 33～40℃，以免大幅度影响主机性能。虽然目前国内热电厂年发电量为机组铭牌与发电设备利用小时乘积，背压升高而导致的机组出力降低并不影响机组的年发电量和发电而产生的经济效益，但导致非供暖期发电量增加，而非供暖期机组的冷源损失没有回收，形成损失。

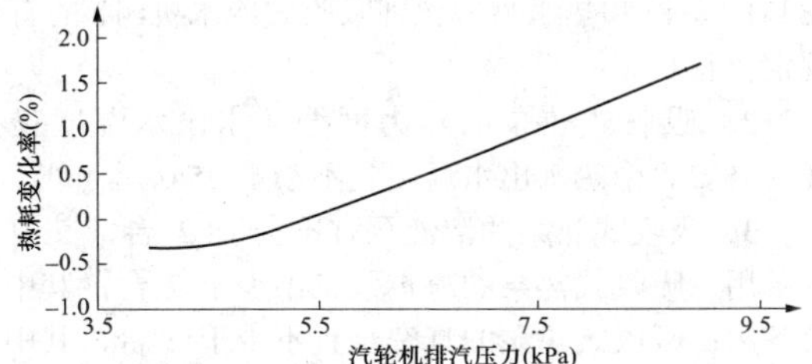

图 8-10　汽轮机排汽压力和热耗变化率的关系曲线

（3）热力网循环水温度。受限于吸收式热泵的吸收剂溴化锂的物理特性，被加热的热源即热力网循环水回水的温度应低于 60℃，随着回水温度的降低，热泵的 *COP* 增大。

热力网循环水在热泵出口的温度应根据选定的热泵以及相应的边界条件进行确定，避免为了追求出口温度而导致热泵所需蒸汽量增加，即 *COP* 降低。

热力网回水温度，除与城市供热管网运行控制水平有关外，与天气关系最为密切。一般而言，供暖初、末寒期，热力网回水温度低；严寒期，热力网回水温度高。热力网循环水温度选择过低，在投运后，由于热力网循环水温度高于设计值，对机组制冷量影响极大。图 8-11 为热泵热力网循环水入口温度对 *COP* 影响曲线，考虑到热力网循环水温度对制冷量的敏感性，尽管选择较高的热力网循环水温度会增加热泵初投资，但仍建议热力网循环水温度以严寒期平均热力网回水温度为基准选择。

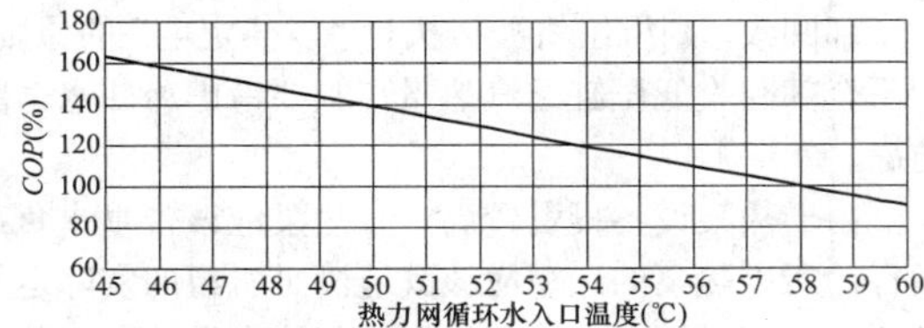

图 8-11　某热泵工程热泵热力网循环水入口温度对 *COP* 影响曲线

从热泵的吸收剂溴化锂的物理特性可知，热力网循环水回水温度应控制在 60℃以下。热力网循环水在热泵出口同样受制于溴化锂的物理特性，最高温度要小于 95℃，而热力网循环水在热泵出口的温度并不是越高越好，应根据驱动蒸汽压力、低压缸乏汽余热量、热力网循环水量进行合理选择。如果单纯追求热泵出口热力网循环水温度，将会造成热泵 *COP* 降低，这意味着热泵热力网循环水出口温度的提高是使用驱动蒸汽在热泵中进行加热，与热力网循环水在尖峰热网加热器中被加热是一样的，同时还造成设备费用的无谓增加。

热力网回水温度取值要客观且合理，按照通常设计，热力网回水温度设计值为 70℃，此值是严寒期时的设计回水温度，如按此值设计热泵，热泵机组的效率将急剧降低，因此需要与外网商议，合理调整热力网水平衡，将热力网循环水回水温度控制到 60℃以内。

如上所述，热力网回水温度的高低决定着热泵的效率甚至热泵方案能否成立。因此应与电厂核实上一供暖季的热力网平均回水温度，并将此温度作为热泵的热力网水的入口设计温度。

（4）热力网循环水流量。热力网循环水量的计算，应根据热电厂所在区域热负荷情况或者提取循环水余热的热量和热力网供回水温差共同确定，当选定设备后热力网循环水量变化对热泵出力的影响很大，热泵热力网循环水量对 *COP* 影响曲线如图 8-12 所示。

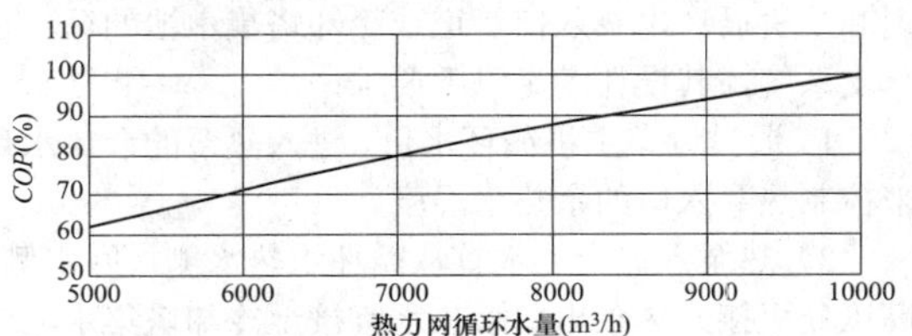

图 8-12　热泵热力网循环水量对 *COP* 影响曲线

（5）热源水流量。热源水流量，即进入热泵机组的凝汽器循环水流量，该流量的大小取决于热泵的规模，即是部分利用凝汽器循环水还是全部利用凝汽器循环水。很明显在其他条件不变的情况下，热源水流量降低时，热泵的乏汽回收热量也将降低。

2. 系统设计

湿冷机组循环水热泵技术余热利用方案，其系统设计主要包括以下子系统的设计。

（1）驱动蒸汽系统设计。

1）驱动蒸汽汽源宜采用汽轮机供暖供热抽汽，且在每台热泵入口的驱动蒸汽管道上设调节阀来调节循环水的出水温度。

当采用压缩式热泵时，驱动蒸汽采用过热蒸汽。当采用吸收式热泵时，驱动蒸汽系统需设置减温器，并在其下游设置疏水点；减温水宜接自驱动蒸汽疏水泵出口管道或主机凝结水泵出口管道。

2）驱动蒸汽疏水系统可按下列要求进行设置：

a. 驱动蒸汽疏水接至主机凝结水系统的位置，宜与热网首站疏水一致。

b．疏水接至凝汽器热井时，宜采用自流方式。

c．当设驱动蒸汽疏水泵时，需设缓冲用疏水罐，疏水罐的储水量宜不小于5min的疏水泵额定流量。

d．热泵驱动蒸汽疏水罐、驱动蒸汽疏水泵与热网加热器疏水宜独立设置。

e．驱动蒸汽疏水泵不少于两台，其中一台备用。

f. 驱动蒸汽疏水泵的流量不小于额定供热工况系统疏水量的110%。

g．驱动蒸汽疏水泵的扬程为下列各项之和：

（a）从热泵正常疏水出口至疏水与主机凝结水系统接入点处全部疏水管道介质流动阻力，按额定供热工况疏水量计算，另加20%裕量。

（b）疏水与主机凝结水系统接入点处（或热井正常水位）与驱动蒸汽疏水罐正常水位间的水柱静压差。

（c）疏水与主机凝结水系统接入点处最高工作压力。

（d）额定供热工况疏水罐疏水温度对应饱和压力（取负值）。

（2）余热水系统设计。余热水系统是包括从主机循环水回水母管引出部分循环水进热泵系统换热后再返回主机循环水泵入口管道或冷却塔集水池的循环水分支系统，其设计满足以下要求：

1）通过调整主机循环水量、进入热泵的余热水量来控制热泵入口的余热水温度。

2）热泵入口余热水宜从循环水热水侧（回水侧）高压处引接，热泵出口余热水宜接至冷却塔集水池或返回主机循环水泵入口管道。

3）余热水母管设流量测量装置。

4）余热水系统不宜设置余热水增压泵。当主机循环水系统压差无法满足热泵需求时，可设置变频调速的循环水增压泵，其流量应不小于额定供热工况余热水量的110%，扬程按下列各项之和计算：

a．余热水系统全部管道介质流动阻力，按额定供热工况余热水量计算，另加20%裕量。

b．取水点和回水点的压差（取负值）。

5）为充分回收余热，余热水系统需考虑保温。

（3）热力网循环水系统设计。

1）从热力网循环水侧流程上看，热泵机组跟机组配置的热网加热器是串联的关系，且热泵机组设置在前端即热网循环水泵入口侧。

2）热泵系统应设热力网循环水旁路管道。

3）热泵入口热力网循环水管道上宜设置自动反冲洗除污器。

4）采用热泵系统后，热网循环水泵的流量、扬程等应满足热网的运行要求。尤其是改造机组，首先应核对现热网循环水泵的出力能否满足流量要求，其次是热网循环水泵的扬程能否满足要求，需设置变频调速的循环水增压泵，其流量应不小于额定供热工况进热泵机组热力网循环水量的110%，扬程按下列各项之和计算：

a. 循环水进出热泵机组系统全部管道介质流动阻力，按额定供热工况余热水量计算，另加20%裕量。

b．取水点和回水点的压差（取负值）。

3．吸收式热泵设备选型设计

（1）热泵设备选型原则。吸收式热泵选型原则是：

1）吸收式热泵选型需参照现行国家标准GB/T 18431《蒸汽和热水型溴化锂吸收式冷水机组》的有关规定执行。

2）吸收式热泵的热力网循环水出水温度宜在70～85℃。余热水出水温度宜不小于25℃。

3）吸收式热泵的溶液泵宜不少于2台，其中1台备用；吸收式热泵的冷剂泵宜不少于2台，其中1台备用；吸收式热泵的真空泵宜不少于2台，其中1台备用。

4）当驱动蒸汽疏水接至凝汽器热井时，热泵上宜设置疏水冷却器。

5）吸收式热泵应按照现行国家标准GB/T 18431《蒸汽和热水型溴化锂吸收式冷水机组》的有关规定设置测量装置，还应设驱动蒸汽、驱动蒸汽疏水、乏汽、乏汽疏水、余热水、热力网循环水进出口压力和温度测量装置。

6）吸收式热泵的溶液泵、冷剂泵、真空泵应配套动力控制箱，各泵之间的动力、控制、联锁、保护都应在动力控制箱内实现，动力控制箱电源由厂用电系统供电。

（2）热泵设备选型工况。吸收式热泵的选型应根据机组实际运行的情况和应用热泵技术的目的来考虑。吸收式热泵的应用通常有两种目的：增加热电机组的供热能力或提高机组供暖期的热经济指标。

除热泵热力系统的边界条件对设备选型的影响外，热泵机组的回收热量与热泵的出力息息相关，如要求低压缸乏汽以及给水泵汽轮机（如有）排汽的热量全部回收，则机组将严格执行“以热定电”的原则，如不全部回收低压缸乏汽热量，则要考虑冷却水塔的防冻。

由于热泵设备投资较高，且热泵应该带基本负荷运行，所以热泵的选型应该既能满足机组的实际运行需要，又能以较小的设备投资达到原有设计热泵热力系统的目的。

1）按低压缸最小冷却流量工况。由于热泵设备造价较高，在以增加机组供热能力为目的的项目中，热泵提取余热量可以考虑选择低压缸最小通流条件下，其乏汽热量与给水泵汽轮机排汽（如有）热量之和作为低温热源在热泵中被提取热量，结合设备选型的边界条件确定热泵设备的出力，以此原则进行选择的热泵容量为最小容量，在供暖期的严寒期运行时，湿冷机组可以形成凝汽器循环冷却水的闭式循环，在供暖期的非严寒期则会出现发电功率减少或者部分余热为冷源损失排掉的情况。

2）按机组额定进汽量工况。热泵机组对于低压缸乏汽热量的回收利用并不是越多越好，如果这样会产生大量的低温热水，在供暖初寒期无法消纳，在供暖严寒期达不到需要的温度。

热泵的选型按照汽轮机组额定主蒸汽进汽量工况考虑时，首先需要确定供热机组所承担的热负荷，并根据热泵选型的边界条件中热力网循环水的供回水温度确定热力网循环水量，根据热泵的 *COP* 经过反复试算，确定汽轮机组的五段抽汽中用于驱动热泵的蒸汽量，以及用于尖峰热网加热器将热泵出口的热力网循环水加热到设定的热力网循环水供水温度所需的蒸汽量。当在机组最大抽汽能力下找到抽汽量与低压缸排汽量的平衡时，如果热力网循环水出口水温要求较高，可能需要外接汽源（从其他机组上引接）才能找到蒸汽与低压缸排汽的平衡点，此时低压缸乏汽余热与给水泵汽轮机排汽余热即为热泵需要提取的热量，再加上驱动汽源的热量，即为热泵的设备出力。按照此种方法选择的热泵容量较大，热泵在供暖期的严寒期能够满负荷工作，而在其他气候条件下，可能会出现有热泵停运的情况。

3）考虑汽轮机组在供暖期参与电调峰的工况。虽然常规热电联产机组应遵循“以热定电”的原则，但是在国内某些地区由于电力消纳问题，往往需要热电联产机组在对外供热的同时，还要限制机组的发电功率。对于此类型机组的热泵设备选型同样需要结合汽轮机组的发电功率，找到供暖抽汽与低压缸乏汽余热和给水泵汽轮机排汽热量之和的平衡点，确定热泵机组的出力，进行热泵选型。

此种设备选型热泵的出力介于低压缸最小冷却流量工况和机组额定进汽量工况之间，是较为贴近热电联产机组实际运行的情况。但是对于汽轮机的发电出力应该有所预判并留有裕量。

总之，热泵的选型应根据每个工程的实际需求制定边界条件和主汽轮机的运行情况进行设计，并使热泵带整个供暖区域的平均热负荷。

（3）热泵选型过程。热泵选型过程分为以下几个步骤：

1)确定热泵供暖工况下的主机背压，一般为 6～7kPa，最终应通过优化确定。确定背压下的饱和水温度和凝汽器端差计算出余热水（循环水）热泵入口温度。

2）由电厂方面确定供暖季发电机的平均出力。

3）由供暖面积、室外计算温度等计算整个供暖区域的平均热负荷。

4）由背压、发电机平均出力、区域平均热负荷下的抽汽量计算热平衡。

5）由热平衡计算出给水泵汽轮机（如有）与主汽轮机的排汽热量。

6）由主机排汽热量（包括给水泵汽轮机排汽热量）、余热水热泵入口温度、余热水在热泵出口处的温度，计算出能由热泵提取的热量。

7）由电厂处取得上一供暖季热力网平均供回水温度（对于新建机组同步采用热泵可取区域内平均供回水温度）。

8）由电厂处取得供暖季驱动蒸汽压力波动范围，并取平均值。将驱动蒸汽平均压力、温度，余热水量、余热水进出热泵温度，热力网回水温度（热泵入口热力网循环水温度）提交给热泵制造商，由热泵制造商计算热泵 *COP* 及热力网循环水在热泵的出口温度。

9）由以上可得热泵机组的总出力，再除以台数就是单台热泵的出力。但受到设备加工、维护、制造方面的制约，以及保障供热可靠性，单台热泵出力不宜过大。

4. 设计注意事项

（1）当发电厂供热能力大于用户供暖需求时，由于增设热泵系统的综合收益不佳，不宜采用。

（2）热泵系统设计应结合发电厂热网首站系统协同优化进行。

（3）当驱动蒸汽压力小于或等于 0.6MPa（绝对压力）时，宜采用吸收式热泵。当驱动蒸汽压力大于 0.6MPa（绝对压力）时，经技术经济比较后选用蒸汽驱动压缩式热泵或吸收式热泵。

（4）为防止热泵驱动蒸汽的疏水在热泵到疏水箱的过程中由于阻力导致压力降低而出现汽化，致使疏水管道发生振动，热泵设备需增设疏冷段。

5. 热泵机组运行和调节方式

热泵机组可根据热负荷的需求，通过 DCS 控制热泵的启/停台数。

此外，通过控制至热泵抽汽母管上的电动调节阀，控制热泵出口热力网循环水的温度。通过控制中压缸至低压缸联通管上的调节阀和一段供暖抽汽管道上的调节阀，来控制最终热力网循环水的水温。通过热网循环泵运行台数和热网循环泵变速装置的调节，来适应热力网循环水水量的变化。

机组的变工况主要是热负荷的变化，主要通过控制蒸汽调节阀的开度完成。当外界条件发生改变时，机组将根据热水出口温度自动调整蒸汽调节阀开度，调节运行工况。冷水进出口温度作为保护限制，防止出现超温或者结冰的危险。

6. 经济性计算

（1）计算原则。

1）采用热泵前后的供热量和发电量相同。

2）供暖期热经济指标首先根据带热泵后机组的热负荷，确定平均热负荷工况热平衡图，在计算机组供暖期热耗率时，将抽汽热量与低压缸乏汽热量以及给水泵汽轮机排汽的热量合计起来，作为机组和热泵整体的对外供热进行计算。

3）非供暖期的计算与常规抽凝机组的热经济指标计算一致。

（2）计算工况热平衡的确定。通常衡量常规抽凝供热机组热经济性的方法是，以机组整个供暖期的对外供热量平均分配到整个供暖期的每一个小时上所对应的抽汽热平衡为基础进行计算的。

对于带热泵的热力系统同样要找到一个平均工况下的热平衡，针对以提高机组热效率为目的的热泵项目，其过程与常规抽凝机组的方法一致，只是在计算机组热耗率时，将低压缸乏汽与给水泵汽轮机排汽的余热量考虑为对外供热量。

但对于以扩大机组供热能力为目的的项目，首先以原机组的最大供热能力为基准找到平均供热工况进行热经济指标计算，再考虑以扩大后的热负荷为基准找到平均供热工况的热负荷进行热经济指标计算。

抽凝供热机组的热平衡需要的条件为主汽进汽量、供暖抽汽量、机组背压和发电功率，确定上述四个条件中的任意三个就能够确定热平衡。

1）主汽进汽量。当供热机组在供暖期的发电功率不受限制时，可以采用 TMCR 工况的进汽量。此时计算出的发电功率较高。比较符合实际的做法是由电厂给出上一供暖季的平均发电出力，然后由背压、抽汽量计算出主蒸汽量。

2）供暖抽汽量。带热泵的抽凝供热机组的供暖抽汽量分为两部分，一部分是用来驱动热泵的蒸汽，另一部分是用来加热热泵出口热力网循环水到热力网所需温度的蒸汽量。供暖抽汽量的不同会影响低压缸乏汽热量的变化，乏汽热量的变化又会影响热泵驱动蒸汽量的变化，从而影响热泵出口热力网循环水的温度，最终影响供暖抽汽的蒸汽量。因此要通过试算找到低压缸乏汽量与供暖抽汽量的平衡点。供暖抽汽量的计算是整个热泵计算难点也是重点，是热泵容量选择的基础。

3）机组背压。供给热泵余热水的机组背压一般不高于夏季平均背压工况，可取 6～7kPa，最终应通过优化确定。

4）发电功率。某些抽凝供热机组在供暖期仍然要进行电力调峰，调度要限定机组的发电功率，在这种情况下，就要以发电功率来计算主汽进汽量，从而确定热平衡。

（3）热负荷计算。

发电厂设计热负荷应按下式计算：

$$Q = Q_{rb} + Q_{rj} \tag{8-1}$$

$$Q = 3.6Gc(t_3 - t_1) \tag{8-2}$$

热泵设计热负荷应按下式计算：

$$Q_{rb} = 3.6Gc(t_2 - t_1) \tag{8-3}$$

$$Q_{rb} = Q_{yrb} + \frac{D_{qrb}(h_q - h_{qs})}{3.6} \tag{8-4}$$

$$Q_{yrb} = 3.6G_y c(t_{y1} - t_{y2}) \tag{8-5}$$

$$COP = \frac{Q_{rb}}{3.6D_{qrb}(h_q - h_{qs})} \tag{8-6}$$

热网加热器设计热负荷应按下式计算：

$$Q_{rj} = 3.6Gc(t_3 - t_2) \tag{8-7}$$

$$Q_{rj} = \frac{D_{crj}(h_c - h_{cs})}{3.6} \tag{8-8}$$

式中　Q——发电厂设计热负荷，kW；
Q_{rb}——热泵设计热负荷，kW；
Q_{rj}——热网加热器设计热负荷，kW；
G——热力网循环水设计流量，t/h；
c——水的比热容（等于 4.1816），kJ/（kg·℃）；
t_2——热泵出口热力网出水温度，℃；
t_1——热泵入口热力网回水温度，℃；
Q_{yrb}——热泵中余热水热负荷，kW；
D_{qrb}——热泵驱动蒸汽流量，t/h；
h_q——驱动蒸汽焓，kJ/kg；
h_{qs}——驱动蒸汽疏水焓，kJ/kg；
G_y——余热水设计流量，t/h；
t_{y1}——热泵进口余热水温度，℃；
t_{y2}——热泵出口余热水温度，℃；
COP——能效比；
t_3——热网加热器出口热力网循环水温度，℃；
D_{crj}——热网加热器抽汽流量，t/h；
h_c——热网加热器抽汽焓，kJ/kg；
h_{cs}——热网加热器抽汽出水焓，kJ/kg。

（4）热泵系统的经济计算。采用热泵技术回收低压缸乏汽余热的方案的经济效益应该与原有机组的经济效益进行比较，主要体现在节煤量上。节煤量应该在带热泵的抽凝机组与不带热泵的抽凝机组，在相同的年供热量和相同的年发电量这同一标准上进行比较。

1）原机组最大供热能力范围内的经济计算。

如原机组的供热能力仍未达到极限，则设置热泵的目的是以减小冷源损失，提高机组热效率为目的，即当机组采用热泵技术后的供热面积依旧在原机组的最大供热面积以内的项目，即设热泵后全厂的实际供热出力在全厂最大供热能力之内，则按照平均热负荷所对应的热平衡进行热经济指标计算，以年耗标煤量做差，即为热泵带来的经济效益。

$$\Delta B = B_y - B_r \tag{8-9}$$

式中 ΔB——热泵节煤量（其经济效益按照年节标煤量和标煤价格的乘积进行计算），t；

B_y——计算无热泵时，全厂供暖季的平均供热工况下的热平衡，并根据热平衡计算燃煤量，t；

B_r——计算有热泵时，全厂供暖季的平均供热工况下的热平衡，并根据热平衡计算燃煤量，t。

以上两个热平衡计算时，发电出力要相同。所不同的是两个热平衡的背压和抽汽量不一样。有热泵时的热平衡的抽汽量要小于无热泵时的抽汽量，但计算热耗时对外供出的热量要和无热泵时一致。通过两个热平衡计算出的燃煤量的差就是节煤量。

2）扩大机组供热能力的经济计算。对于以扩大机组对外供热能力为目的的机组，其经济计算可选用以下两种方法。

a. 方法一。当机组采用热泵后的供热能力超出原机组的最大供热能力时，其经济效益包括节煤收益和多供热收益两部分。

（a）节煤收益是年节煤量与标煤价格的乘积。年节煤量包含两部分：第一部分是以原机组最大供热能力为基准的平均工况热平衡计算出年耗标煤量；第二部分是考虑除原机组最大供热能力以外部分热负荷，并假设这部分热负荷由热电厂所在区域锅炉房提供而消耗的年燃标煤量，其供热标准煤耗率取44.7kg/GJ。

有热泵时的热平衡的抽汽量要小于无热泵时的抽汽量，但计算热耗时对外供出的热量要和无热泵时一致。通过两个热平衡计算出的燃煤量的差作为B_1。多出的供热量乘以机组供热标煤耗与供热锅炉供热标煤耗的差作为B_2。B_1与B_2的和作为此条件下的节煤量，其节煤经济效益按照年节标煤量和标煤价格的乘积进行计算。

（b）超出原机组最大供热能力的多供热收益，其计算方法为

$$E = 3.6 A q_n P_H \sigma n_y \times 10^{-6} \tag{8-10}$$

式中 E——额外供热面积的经济收益，元；

A——额外供热面积，m^2；

q_n——综合供暖热指标，W/m^2；

P_H——热价，元/GJ；

σ——平均热负荷系数；

n_y——供暖利用小时数，h。

最终的收益应是节煤收益和额外供热面积的经济收益之和。

b. 方法二。年余热供热量应按下式计算：

$$Q_y^a = Q_{qz}^a + Q_{rb}^a \frac{COP-1}{COP} \tag{8-11}$$

发电厂年新增供热量应按下式计算：

$$Q_{xz}^a = 0.0864 N Q_{xz} \frac{t_{in} - t_{av}}{t_{in} - t_{out,h}} \tag{8-12}$$

$$Q_{xz} = q A_{xz} \times 10^{-3} \tag{8-13}$$

年余热代替抽汽供热量应按下式计算：

$$Q_{dt}^a = Q_y^a - Q_{xz}^a \tag{8-14}$$

年余热代替抽汽供热节煤量应按下式计算：

$$W_{dt}^a = 277.78 Q_{dt}^a \frac{h_c - h_f}{h_c - h_{cs}} \tag{8-15}$$

$$B_{dt}^a = W_{dt}^a b_{fn} \times 10^{-6} \tag{8-16}$$

年提高背压补偿应按下式计算：

$$W_{bc}^a = D_{dp} \frac{h_f - h_{f1}}{3.6} \tag{8-17}$$

$$B_{bc}^a = W_{bc}^a b_{fn} \times 10^{-6} \tag{8-18}$$

热泵系统年收益应按下式计算：

$$E^a = [Q_{xz} P_{Hr} + P_m (B_{dt}^a - B_{bc}^a) - E_{qt}^a] \times 10^{-4} \tag{8-19}$$

式中 Q_y^a——年余热年供热量，GJ；

Q_{qz}^a——前置凝汽器年供热量，GJ；

Q_{rb}^a——热泵年供热量，GJ；

Q_{xz}^a——新增年供热量，GJ；

N——供暖季天数，d；

t_{in}——供暖室内计算温度，℃；

t_{av}——供暖期平均室外温度，℃；

$t_{out,h}$——供暖室外计算温度，℃；

Q_{xz}——新增供热面积供暖设计热负荷，kJ；

q——供暖热指标，W/m^2；

A_{xz}——新增供暖建筑面积，m^2；

Q_{dt}^a——余热代替抽汽年供热量，GJ；

W_{dt}^a——余热代替抽汽供热可增加的机组年发电量，kW·h；

h_f——乏汽焓，kJ/kg；

B_{dt}^a——余热代替抽汽年节煤量，t；

b_{fn}——机组纯凝工况发电标准煤耗率，g/(kW·h)；

W_{bc}^a——提高背压减小的年发电量，kW·h；

D_{dp}——供暖季低压缸平均流量，t/h；

h_{f1}——提高背压前乏汽焓，kJ/kg；

B_{bc}^a——提高背压增加的年煤耗量，t；

E^a——热泵系统年收益（只考虑供热、节电收益和电耗、检修维护费用等，不考

虑投资分摊和财务费用），万元；

P_{Hr} ——不含税热价，元/GJ；

P_m ——标煤价，元/t；

E_{qt}^a ——热泵系统耗电、检修维护等其他年费用，元。

三、湿冷机组循环水余热利用设计案例

（一）采用双转子高背压技术利用设计案例

1. 简介

某改造项目 1 号机组原有 330MW 抽凝汽轮机，机组低压缸经过低压缸双转子高背压供热改造后，机组背压提高，排汽温度上升，机组原有的热力特性会发生变化，低压缸通流及其结构都应改造为满足机组高背压运行的形式，以保证改造后机组的安全运行。

2. 高背压方案设计

（1）方案拟定。

背压参数选取：根据当地供热现状、供热历史数据、DN1200 的热力网母管、选热力网回水温度为 50℃等分析，需要重新设计供热背压以满足供热需要。

国内改造成功的低压缸双转子高背压供热改造方案，供热运行背压分为 45kPa 和 50kPa 两种，通过两种背压的技术路线和达到的目标分析如下：

1）供热期设计背压为 50kPa 技术路线。在供暖期间高背压循环水供热工况运行时，将凝汽器的循环水系统切换至热网循环泵建立起来的热水管网循环水回路，形成新的“热-水”交换系统。循环水回路切换完成后，进入凝汽器的水流量降至 12371t/h，凝汽器背压由 4.9kPa 升至 50kPa，低压缸排汽温度由 32.5℃升至 81℃。经过凝汽器的第一次加热，热力网循环水温度由 50℃提升至 78℃，然后经热网循环泵升压后送入首站热网加热器，将热力网供水温度进一步加热后供向一次热力网。供热期结束后，热网循环泵及热网加热器退出运行，恢复纯凝工况运行，凝汽器背压恢复至 4.9kPa。

供热期背压为 50kPa 设计工况下预计达到的技术目标：

a. 在锅炉效率为 92%情况下，机组发电标煤耗降低到 140g/（kW·h），排汽冷源损失为零。

b. 机组额定主汽量 987.8t/h 的设计工况下，热力网回水取 50℃，经过汽轮机排汽在凝汽器中一次加热，热网凝汽器出水水温度为 78℃，此时需要热力网水量 12371t/h 带走汽轮机排汽余热，供热量达到 435MW，发电功率为 275MW。此时当 2 号机组额定抽汽量为 418t/h 时，热力网水出水温度可达到 101℃，供热量达 731MW，按供热负荷 50W/m^2 计算，两台机组额定供热能力为 731MW，在不考虑供热余量的前提下，供热面积可满足 1462 万 m^2 的供热需要。

c. 当 1 号机组在主汽量 987.8t/h 额定工况运行，2 号机组最大抽汽 550t/h 时，热力网出水温度可达到 107℃，两台机总供热量为 824MW。按供热负荷 50W/m^2 计算，两台机组额定供热能力为 824MW，在不考虑供热余量的前提下，供热面积可满足 1648 万 m^2 的供热需要。

d. 改造后循环水供热温度保证（两台机组共同供热）：

极冷天气：90～110℃；

一般冷天气：80～90℃；

暖和天气：70～80℃。

e. 改造后 1 号机在额定主汽量 987.8t/h，背压 50kPa。

2）供热期设计背压为 45kPa 技术路线。在供暖期间高背压循环水供热工况运行时，将凝汽器的循环水系统切换至热网循环泵建立起来的热水管网循环水回路，形成新的“热-水”交换系统。循环水回路切换完成后，进入凝汽器的水流量降至 14409t/h，凝汽器背压由 4.9kPa 升至 45kPa，低压缸排汽温度由 32.5℃升至 78.7℃。经过凝汽器的第一次加热，热力网循环水温度由 50℃提升至 75℃，然后经热网循环泵升压后送入首站热网加热器，将热力网供水温度进一步加热后供向一次热力网。供热期结束后，热网循环泵及热网加热器退出运行，恢复纯凝工况运行，凝汽器背压恢复至 4.9kPa。

供热期背压为 45kPa 设计工况下预计达到的技术目标：

a. 在锅炉效率为 92%情况下，机组发电标煤耗降低到 140g/kWh，排汽冷源损失为零。

b. 机组额定主汽量 987.8t/h 的设计工况下，热力网回水取 50℃，经过汽轮机排汽在凝汽器中一次加热，热网凝汽器出水温度为 75℃，此时需要热力网水量 14409t/h 带走汽轮机排汽余热，供热量达到 430MW，发电功率为 279MW。此时当 2 号机组额定抽汽量为 418t/h 时，热力网循环水出水温度可达到 93℃，供热量达 727MW，按供热负荷 50W/m^2 计算，两台机组额定供热能力为 727MW，在不考虑供热余量的前提下，供热面积可满足 1454 万 m^2 的供热需要。

c. 当 1 号机组在主汽量 987.8t/h 额定工况运行，2 号机组最大抽汽 550t/h 时，热力网出水温度可达到 99℃，两台机总供热量为 820MW。按供热负荷 50W/m^2 计算，两台机组额定供热能力为 820MW，在不考虑供热余量的前提下，供热面积可满足 1640 万 m^2 的供热需要。

d. 改造后循环水供热温度保证（两台机组共同

供热）：

极冷天气：90～100℃；

一般冷天气：80～90℃；

暖和天气：70～80℃。

e．改造后 1 号机在额定主汽量 987.8t/h，背压 45kPa。

综上所述，建议该电厂对 1 号机组供热改造采用低压缸高背压双转子互换方案，采取的运行方式是在供热期利用新设计的转子机组高背压运行，发挥其改造后的供热能力，纯凝期运行换回原来的转子，根据该热电及热力网需求供热期取 50kPa 为设计背压，充分利用汽轮机排汽余热，保证企业全年综合盈利能力的大幅提升。

（2）系统及设备改造。

1）汽轮机本体改造。汽轮机高中压部分不作改动，仅对低压缸部分进行改造。机组改造前低压通流部分由于抽汽口布置的需要，电机端和调阀端的前两级隔板一部分安装在低压持环中，另一部分安装在低压内缸中。

由于需要实现汽轮机供热工况和纯凝工况的反复切换运行，并且两种工况的通流结构形式差别较大，将供热工况的三级通流（共三级）和纯凝工况的前三级通流（共五级）分别设置在现场可与低压内缸装配的低压静叶持环中。将原来的低压双层内缸更换为新设计的整体内缸结构，首次安装时根据抽汽管位置需要校核对抽汽管道是否需要割除并重新焊接，今后无需对抽汽管道进行割除和焊接。在利用原有机组低压转子的同时，需要设计一根全新的 2×3 级供热工况低压转子，两根转子配合相应工况的隔板交替运行。按上述结构形式改造后，低压内缸仅需首次更换，即可实现汽轮机供热工况通流和纯凝工况通流的反复切换运行。

供热工况时，新设计的低压单层整体内缸代替原低压内缸，三级供热用隔板安装在现场可装配的低压持环中，在低压末两级隔板槽处安装带有隔板槽保护功能的导流板，同时换成新设计的高背压供热转子运行。

纯凝工况时，拆除导流板，安装低压末两级隔板及带有前三级纯凝工况隔板的低压持环，新设计的部件配合电厂原有低压转子运行。

隔板改造：更换隔板，为了适应两种转子及隔板的拆装，以适应新老转子的互换性，需要更换低压内缸。

喷水改造：低压缸改造后机组变工况时或负荷太低时会造成末级温度升高，需要增加减温水的喷水量，减温装置喷水采用本机的凝结水，临机减温水为备用。

增加导流板：高背压运行时，为了增加低压缸喷水的作用并且减少对叶片后沿的腐蚀，需在隔板槽保护用的导流板上增加一组喷水装置。

联轴器改进：低压供热转子采用无中心孔整锻结构，在各联轴器上均有顶开螺钉孔，供分开联轴器之用。

内缸改造：改造机组低压内缸一改原有双层结构，新设计的低压采用新型的单层内缸结构。此结构低压内缸由于取消了原有低压双层内缸的配合面，可以有效地减少内漏，提高效率。

持环改造：供热与纯凝两种工况的前三级通流形式存在一定的差异。所以为满足供热和纯凝两种工况切换运行，本次改造需要提供两套低压静叶持环，分别安装供热和纯凝两种工况下所对应的隔板。两套持环拥有与低压内缸相同的装配方式及尺寸。

汽封优化：供热工况配合新的通流尺寸，采用相同的结构形式对隔板汽封及径向汽封进行重新设计。考虑到机组供热工况运行时，机组低压内、外缸由于排汽温度的升高而上抬，为避免由于缸体上抬造成动静部件碰磨，需要对低压隔板汽封及径向汽封进行优化。

2）凝汽器改造。由于在高背压运行状态下，凝汽器的工作条件发生较大变化，考虑凝汽器的垂直方向和水平方向的热膨胀，及其与凝汽器相连接的设备管道的热膨胀变化，因此在凝汽器汽侧壳体和后端管板之间加装管束膨胀节，后水室加装滑动支撑支座；校核凝汽器喉部膨胀节的设计，检查膨胀节的运行和使用情况，确定是否更换或者检查消缺；需要更换新的循环水进、出水管道的膨胀节等。其他凝汽器相关改造措施有：

a．改造置于凝汽器内部的气-汽抽气系统，采用多点抽气-汽方式，保证凝汽器高效。保留现凝汽器喉部、外壳体、现场勘察校核，依据实际情况现场施工时对凝汽器喉部、壳体内外侧进行加固处理。

b．更换全新的端管板为加厚型不锈钢复合板，提高承压能力。

c．为保证蒸汽有充分的气流通道，沿前后水室方向凝汽器的壳体向前、后各延长 300mm，延长总长度不超过 600mm。

d．冷却管束端头和端管板的连接采用胀接与无填料氩弧焊相结合的连接方式。

e．更换凝汽器水室为全新的加强型蜗壳形状水室，前水室采用加强型法兰和螺栓与端管板连接，后水室和端管板直接焊接。

f．后水室加装滑动支撑支座。

g．保持凝汽器混凝土基础不动，现场对基础连接支撑件进行校核计算，核算喉部膨胀节的膨胀量和适应温度，确认更换或者检查消缺。

h. 改造更新为全新的不锈钢冷却水管，采用加强型管束提高其承拉能力及供暖期和非供暖期热变形不一致。

i. 更换全部中间支撑隔板（包括管束附件），设计冷却管束管孔直径适当放大（和常规设计相比），考虑供暖期和非供暖期设备热膨胀的不一致。

3）给水泵汽轮机改造。该热电 1 号机组原有给水泵汽轮机在机组低压缸双转子高背压供热改造后，机组凝汽器真空降低，原有给水泵汽轮机将不能适应机组高背压供热运行工况，为此，将给水泵汽轮机进行通流优化改造，能够满足 1 号机组纯凝及高背压供热运行工况的要求。

原设计给水泵汽轮机排汽接入汽轮机凝汽器，在高背压供热运行时，凝汽器背压达到 54kPa，考虑给水泵汽轮机排汽压损后，给水泵汽轮机实际运行背压已接近 60kPa，达到了给水泵汽轮机排汽压力报警值；对给水泵汽轮机高背压运行工况进行重新核算。从运行安全性考虑，原机组给水泵汽轮机已不适合在高背压供热工况下运行，需针对高背压运行工况、兼顾纯凝正常运行工况，采用给水泵汽轮机汽源切换等措施进行设计改造，同时满足供热期、非供热期运行工况的要求。改造技术方案如下：

a. 热力方案：给水泵汽轮机高、低背压工况采用相同通流，设计背压根据主机改造背压进行重新选择计算，保证给水泵汽轮机在两种背压工况下都能达到额定功率。

b. 本体结构：根据通流计算结果，调整本体结构设计，更换全套动、静叶片、喷嘴、隔板、转子、前汽缸、主汽阀、调节阀。

c. 汽源选择：以四段抽汽为主，减少采用高压汽源产生的节流损失。

4）精处理设备改造。1 号机组低压缸高背压双转子改造后，凝结水温度达到 80℃，超过了目前高混内壁防腐层和装填树脂的设计温度，故需要将高混内壁衬胶更换为耐温 80℃以上的衬胶防腐层，改进设备内部件，将树脂更换为耐高温树脂。

具体方案是给现有的凝结水精处理系统新增三台耐高温的高速混床、一套高塔分离体外再生系统以及 4 套耐高温中压树脂。将新增三台混床布置在原有 2 号机混床拆除位置，并采用“两用一备”的运行方式，新增高塔分离体外再生系统及原有的三台高速混床布置在的化水车间现有预留的空地位置。原有的三台高速混床作为纯凝工况树脂储罐。利用现有厂房、场地实施，不考虑新增厂房。

5）其他辅助系统的改造。该电厂原有 2 台机组的热力系统全部采用单元制系统，为了适应 1 号机组低压缸高背压双转子互换供热节能改造，在不改变原有主系统的前提下，需要对原有热力系统中的以下系统进行改造：

a. 循环水系统。该电厂 1 号机组实施低压缸双转子高背压供热节能改造后，没有新增用水量，相反由于主机循环水系统停运，整个用水量会减少，原有的供水系统和相应设施可以满足改造后的需要，不需要对原有水工系统进行改造。在供暖期内凝汽器内通过的循环水为热力网循环水，没有主机循环水上塔冷却，但是 1 号机组的冷油器和氢气冷却器所排放的冷却水还需要冷却，所对应的冷却塔仍然需要小流量运行。考虑到冬季水塔防冻的需要可将 1、2 号机组冷却塔之间的联络阀打开，保证 1 号机组冷却塔下面的水池蓄水运行，同时为了冬季运行时水流太慢容易结冻，可以将冷却塔的部分挡风板挂上。

1 号机组汽机房内的循环水管道在供暖期内兼做热力网循环水管道，在凝汽器进口管道电动门后与热力网循环水回水管道之间增设联络管道，并在联络管道上增设电动阀门，同时在凝汽器出口电动阀门前与热网循环泵入口间增设联络管道及电动阀门，可以实现纯凝工况下循环水去冷却塔与高背压供热工况热力网循环水进凝汽器的切换运行。

b. 开式冷却水系统。开式水来自本机循环水供水母管，经过冷油器和氢气冷却器等升温后的冷却水排入本机循环水回水母管。每台机组设有两台开式水泵一运一备。开式水系统的用户有汽轮发电机组的冷油器、氢气冷却器、闭式水系统冷却器以及给水泵汽轮机冷油器等。1 号机组经过低压缸双转子高背压供热改造后，对应的循环水泵停运，1 号机组对应的冷油器和氢气冷却器等没有冷却水水源。为了确保 1 号机组改造后正常运行，在 1 号机组循环水管道与冷却塔之间设置两台双向密封关断阀，冬季供热期间处于关闭状态，夏季纯凝工况下开启。为保证 1 号机组开式冷却水的供给，由 2 号机组循环水母管接出一路循环水，接至 1 号机组开式冷却水母管。同时，考虑到 2 号机组循环水事故工况，在 2 号机组冷却塔设置 2 台自吸水泵，敷设一路管道至 1 号机组开式冷却水母管，事故工况下进行切换。

c. 低压缸喷水系统。机组经过低压缸双转子高背压供热改造后，机组变工况时或负荷太低时会造成末级温度升高，需要增加减温水的喷水量，减温装置喷水采用本机的凝结水，并考虑增加低温除盐水作为紧急减温水。高背压运行时，为了增加低压缸喷水的作用并且减少对叶片后沿的腐蚀，需在隔板槽保护用的导流板上增加一组喷水装置。

从除盐水母管上引出一路水源作为 1 号机组低压缸喷水系统的备用水源，并设有电动调节阀。1 号机组改造后正常运行时，电磁阀处于关闭状态，在运行中出现低压缸超温，电磁阀开启可以实现快速喷水，低压缸排汽温度急剧升高时，开启除盐水至低压缸喷水电动调节阀，利用低温除盐水对低压缸进行减温，以保证机组运行的安全。

d. 汽轮机回热加热系统。原有的 1 号机组的回热系统，设有一台轴封加热器和四台低压加热器，其水侧的水源来自本机的主凝结水系统。1 号机组经过低压缸双转子高背压供热改造后，汽轮机排汽温度升高，相应的凝结水温度升高，原有的 7、8 号低压加热器的换热能力明显下降，8 号低压加热器基本不进汽。由于凝结水温度的升高，原有的轴封加热器的换热面积已经不能适应改造后的运行要求，引入一部分热力网循环水回水对此轴封加热器进行冷却，并对轴封加热器冷却面积重新进行校核。

e. 真空泵系统。原有 1 号机组的凝汽器抽真空系统采用真空泵抽真空系统，真空泵的冷却水来自厂内的开式冷却水系统，真空泵的分离器补水原设计采用本机的闭式水。1 号机组高背压运行时，由于凝汽器排汽压力提高，与真空泵之间的差压增大很多，造成大量的蒸汽抽到真空泵后被浪费掉。为了回收这部分能量需要增加一套供热期专用的抽真空热量回收装置。

f. 热力网系统。原厂内热力网管路设计为，热力网回水经热网循环泵加压到 1 号机热网加热器加热后，进入 2 号机热力网加热期，然后到热力网供水管道，1 号机进行双转子高背压供热改造后，由以前的热力网回水经热网加热器的一级加热，变成改造后经凝汽器和热网加热器的两级加热。所以要对热力网管道厂内进行二级加热改造，即热力网回水先经过 1 号机凝汽器进行一级加热，加热后的水分别进入 1、2 号热网加热器进行二级加热后送入热力网。

由于改造后的热网加热器入口循环水温度及水量均有变化，经与设备厂家一起重新核对，现有设备能满足改造后新增供热量的需求，无需新增设备。1、2 号机组热力网系统设备不需要进行改造，只需要新增设 1 号机组凝汽器至热网加热器的热力网循环水管道及阀门，能够实现对热力网循环水进行二次加热。

3. 高背压方案经济性计算

（1）基础数据汇总。

1）1 号机供热改造工程静态投资 9522 万元。

2）含税供热价格为 27.2 元/GJ。

3）含税综合标煤单价取 422.48 元/t。

4）含税上网电价为 0.4121 元/kWh。

5）该地区供热时间按 3624h 计算。

6）1、2 号机计算经济效益统筹考虑。

7）取 2013～2014 年供热季该热电供热面积为 700 万 m^2，2014～2015 年供热季该热电供热面积为 1100 万 m^2，改造后供热季该热电供热面积取高背压设计供热面积 1400 万 m^2。

8）锅炉效率取 92%。

9）计算以锅炉蒸发量 987.8t/h 为设计工况。

10）效益计算考虑去除新增面积效益。

（2）经济效益计算方法。该热电厂 1 号机组和 2 号机组都为热水网供水供热，为了正确合理的反映 1 号机组改造后的经济效益，改造后的效益应当与上一年的实际效益的总和进行对比，方法如下：

1）统计 2013～2014 年度供热期间的供热量、发电量、上网电量、耗煤量、供热面积等，结合国家规范推算 2014～2015 年度供热数据。

2）根据 2013～2014 年度供热期间的供热数据，推算 2014～2015 年度供热期间的总耗煤量支出资金，总发电量和供热量收入所得，收入减支出得到 2014～2015 年度供热期间的毛利润。

3）计算预计的改造后供热期间的总耗煤量支出资金，总发电量和供热量收入所得，收入减支出得到改造后供热期间的毛利润。

4）2014～2015 年度和改造后，两个年度供热季度的毛利润的差值即为毛效益值。

（3）改造后的数据分析。

1）2013～2014 年统计值与 2014～2015 年改造后供热期预计值：根据供热统计，2013～2014 年供热期供热面积为 700 万 m^2，总供热量为 310 万 GJ，平均热负荷为 34.02W/m^2；2014～2015 年实际供热期供热面积为 1100 万 m^2，推算总供热量为 488 万 GJ，平均供热负荷 34.02W/m^2。

2）改造后的参数计算值。预计改造后供热期供热面积为 1400 万 m^2，推算总供热量为 621.35 万 GJ，平均供热负荷 34.02W/m^2。

3）平均供热量的计算。根据计算可知：平均供热负荷达到 34.02W/m^2，供热量为 476.28MW。根据平衡图可知 2 号机组在锅炉蒸发量 987.8t/h 时，抽汽为零，低压缸排汽放热 435MW，发电量为 275MW，1 号机组需要抽汽补充热负荷为 41.28MW，抽汽量为 59.44t/h。1 号机组平均供汽量 59.44/h，发电量不变。2 号机组发电量以热定电，设计发电负荷为 275MW。

4）供热初末期供热量。供热初末期时，按供热负荷 26W/m^2 计算，需要热负荷 364MW，此时 1 号机组需降负荷运行，2 号机组需补充热量为零，2 号机组抽汽为零，此时的 1 号机组可带电负荷为 190MW，供热能力为 364MW。

5）供热极寒期供热量。供热极寒期时，负荷按

50W/m^2，尖峰负荷时最大供热量为 700MW。1 号机组满负荷运行，需要 2 号机组再增加供热量 265MW，增加抽汽量 374t/h。

（二）采用热泵技术利用设计案例

1. 简介

某热电厂 300MW 供热机组利用循环水余热项目的设计目的，是利用第一类吸收式溴化锂热泵技术将循环水中低品位的热量提取出来，对热力网循环水进行加热。此项目由于提取低品位的热量，减少了排放损失，提高了整机的热效率。

根据某热电厂的情况，以从汽轮发电机组五段供暖抽汽蒸汽作为热泵的驱动汽源，同时能够从循环水中提取的热量与凝汽器循环水出口的温度有直接的关系，因此，为满足将循环水中的热量全部提取出来的同时还要满足机组对外供热的条件，其抽汽量与低压缸排汽量还有循环水量之间存在着相匹配的关系。

原 300MW 供热机组热力网循环水供/回水设计温度为 120℃/70℃，但由于电厂供热的热力公司范围内的热力网管线比较老化，不能承受热力网循环水的设计温度，根据热电厂提供的电厂供热质调节曲线（如图 8-13 所示），热力网的供回水温度在室外气温为−26℃时分别为 95℃和 60℃。其他时间均低于此温度，考虑到本项目的热泵在基础热负荷下工作，因此将热力网循环水在热泵的进口和出口的温度设定为 60℃和 90℃，作为热泵工作的最大工况。当热泵出口温度低于 90℃即室外气温最低的一段时间，可以通过尖峰加热器调整热力网循环水供水温度达到 90℃。

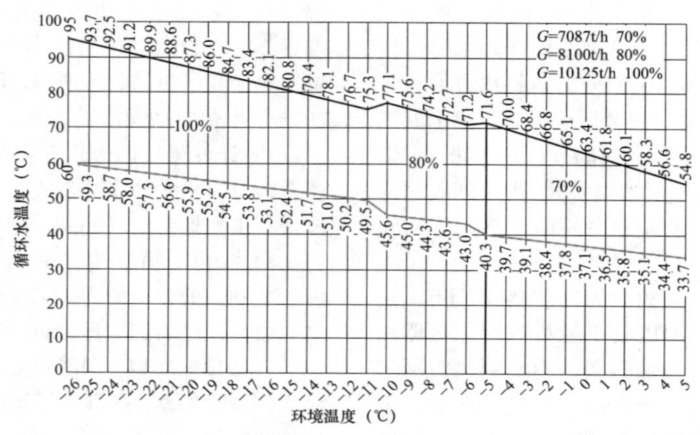

图 8-13 热电厂供暖质调节曲线

2. 方案设计

经过对某热电厂近期热负荷以及目前机组所连接热力网的分析，选取汽轮机组两种运行工况作为热泵选型分析的基础，选择两个方案比较。

（1）方案一。为考虑原机组额定抽汽工况即 340t/h 供暖抽汽与机组的最大抽汽量 520t/h 之间，在主汽进汽量为额定值时，找到一个平衡点，即在此点与汽轮机最大抽汽量之间运行时，机组的凝汽器循环水的余热可以全部回收利用，在其他工况可以通过调整主蒸汽的进汽量或循环水补水量等措施满足机组和热泵安全、平稳的运行，保证供热的需求。

（2）方案二。考虑满足低压缸最小进汽量并留有余量，即低压缸进汽量不变时，调整主蒸汽进汽量，同时循环水余热全部回收。

这两种方案中的供暖抽汽量为热泵驱动汽源与尖峰加热器的驱动汽源之和。

3. 凝汽器出口温度

热泵低温热源的温度对汽轮发电机组以及热泵的经济性有着决定性的作用，因此正确选取此温度可以使机组的发电与供热在最佳的效率点上运行，此时机组的经济性最好。方案一与方案二分别以某热电厂 300MW 机组在其他边界条件相同，循环水在凝汽器出口不同温度时的热平衡为依据，详细分析、比较汽轮机和热泵的经济指标，找到最佳的效益点，以此点温度作为汽轮发电机组与热泵供热的额定运行工况点。

4. 经济性计算

（1）方案一各工况经济性计算。表 8-1 所列数据为方案一各工况数据，通过分析可知工况 1 低压缸进汽量低于低压缸最小进汽量，可以排除工况 1，而工况 6 虽然不需要尖峰热网加热器运行就能够达到热力网循环水要求的供水温度 90℃，但是此时如果全部回收循环水中的余热，需要 11 台 38.04MW 的热泵，投资较高，同时此方案所需的循环水量最大，循环水泵消耗的电功率最大，而工况 6 仅比工况 4 和工况 5 多吸收 0.77MW 的热量，可谓得不偿失。工况 2 低压缸进汽量刚刚能够满足最低要求，此时机组的调节能力最差，如果想全部回收循环水余热，机组几乎只能在此工况下，运行灵活性较差。工况 4 与工况 5 在各方面都比较适合本项目，工况 5 相比较工况 4，机组调节的灵活能力较大，虽然热泵出口的温度更接近热力网循环水供水管道在最寒期的温度，但是回收循环水余热相同情况下，工程造价由于热泵容量的增加而增加。因此，工况 4 在表 8-1 中所列各工况中为最佳工况。

表 8-1　　方案一：300MW 机组在主蒸汽流量为额定值时各工况数据

项目	原 300MW 机组	工况 1	工况 2	工况 3	工况 4	工况 5	工况 6
凝汽器循环水进水温度（℃）	～0	15	21	23	25	27	31
凝汽器循环水出水温度（℃）	～10	25	31	33	35	37	41
抽汽量（t/h）	340	546.67	491.38	454.15	436.33	394.90	364
机组背压（绝对压力）（MPa）	0.00320	0.0042	0.0059	0.0066	0.0074	0.0082	0.0100
进入凝汽器的蒸汽量（t/h）	308.68	97.29	156.00	194.41	213.49	256.07	289.1
低压缸进汽量（t/h）	275.88	66.06	123.59	161.55	180.15	222.27	254.39
热泵驱动汽源压力（绝对压力）（MPa）	—	0.47	0.47	0.47	0.47	0.47	0.47
热力网水回水温度（℃）	—	60	60	60	60	60	60
热力网水热泵出口温度（℃）	—	70	76	80	82	86.5	90
热力网水供水温度（℃）	90	90	90	90	90	90	90
热力网循环水量（t/h）	8041	12055	12028	11997	12001	11971	11993
热网循环水泵轴功率（kW）	3576	5361	5349	5336	5325	5324	5334
热泵吸收热量（MW）	—	59.63	95.19	118.67	130.59	156.91	178.07
热泵驱动汽源汽量（t/h）	—	122.02	194.80	242.86	267.24	321.11	364
热泵供热量（MW）	—	140.20	223.82	279.04	307.06	368.95	418.44
热网加热器蒸汽用量（t/h）	340	424.64	296.58	211.29	169.09	73.79	0
热网加热器供热量（MW）	224.5	280.41	195.84	139.52	111.09	48.73	0
热泵台数	—	4	6	8	8	10	11
热泵单机功率（MW）	—	35.04	37.30	34.88	38.38	36.89	38.04
热泵 *COP*（%）	—	1.74	1.74	1.74	1.74	1.74	1.74
总供热量（MW）	224.5	420.61	419.66	418.56	418.71	417.67	418.44
原 300MW 机组相应抽汽量供热量（MW）	224.5	360.98	324.47	299.89	288.12	260.77	240.36
采用热泵后增加供热面积（万 m^2）	—	102.81	164.12	204.60	225.16	270.53	306.96
全厂热耗［kJ/（kW·h）］	7317.58	4766.81	4563.23	4451.25	4399.89	4289.95	4216.55
机组发电功率（kW）	252570	215583	225944.7	232645	235287	242183	245755
供暖期发电标准煤耗［g/（kW·h）］	250	162.65	155.7	151.88	150.11	146.38	143.87
供暖期节约标煤量（t）	—	32170	51354	64021	70452	84652	96067
供暖期全厂热效率（%）	62.53	85.08	86.33	87.08	87.45	88.20	88.82
扣除热网循环水泵和凝汽器循环水泵后的电功率（kW）	248444	209917	219895.7	226634	229137	235904	239311

续表

项目	原300MW机组	工况1	工况2	工况3	工况4	工况5	工况6
热泵供热收益（万元）	—	2546	4064	5066	5575	6699	7602
无热泵机组冬季运行工况循环水量（m^3/h）	13800						
无热泵机组冬季运行工况循环水系统轴功率（kW）	550						
热泵运行工况循环水量（m^3/h）	—	5126.98	8184.62	10203.96	11228.48	13491.64	15311.65
热泵运行工况循环水系统轴功率（kW）	—	305	500	675	825	955	1110
热泵总价格（万元）	—	4180	6600	8200	7920	10800	12260

注 1．供暖期节约标煤数按在相应工况下，热泵在整个供暖期4392h满负荷运行时节约标煤量。

2．供热面积的计算，供暖综合供热指标按58W/m^2计算。

3．热泵供热收益按实际电厂售出热价27元/GJ计算，供暖运行时间按4392h计算。

4．本表格的计算依据为在汽轮机厂提供的热平衡基础上通过按比例调整所得出的热平衡，与实际的运行必然存在差异，但是本表格的数据说明了方案之间的趋势。

（2）方案二各工况经济性计算。表8-2所列的数据为方案二各项工况数据，低压缸最小进汽条件并考虑20%裕度，即低压缸进汽150t/h时，凝汽器循环水余热全部利用，循环水在凝汽器进出口处不同温度下的热泵选型情况。从各工况的数据中可以看出，工况7和工况8由于凝汽器循环水的水温较低，全部吸收余热使得热力网循环水量很大，达到热力网循环水供水温度90℃时所需的抽汽量巨大，一台机组的最大抽汽量已经不能满足其所需热量，需要从另一台机组的抽汽对热网加热器进行加热，满足不了提高热泵的利用率，两台机组的五段抽汽互为备用的前提条件，因此工况7和工况8基本可以排除。工况9到工况12均可以满足某热电厂利用循环水余热项目的要求，但是由于在保证低压缸进汽150t/h时，凝汽器循环水余热全部利用所需要的抽汽量随着凝汽器出口循环水温度的提高而减少，因此主蒸汽进汽量必然相应减少，机组发电功率也相应减少，机组热耗升高，热效率降低。因此工况9在表8-2中所列各工况中为最佳工况。

表8-2　300MW机组在低压缸进汽流量为额定值时各工况数据

项　目	原300MW机组	工况7	工况8	工况9	工况10	工况11	工况12
凝汽器循环水进水温度（℃）	～0	15	21	23	25	27	31
凝汽器循环水出水温度（℃）	～10	25	31	33	35	37	41
抽汽量（t/h）	520	1010.47	573.68	427.9	329.72	284.08	233.41
机组背压（绝对压力）（MPa）	0.00320	0.0042	0.0059	0.0066	0.0074	0.0082	0.0100
主蒸汽进汽量（t/h）	—	924.47	924.47	886.13	787.71	741.38	689.48
进入凝汽器的蒸汽量（t/h）	162.05	181.23	182.41	182.86	183.34	183.80	184.70
低压缸进汽量（t/h）	129.24	150	150	150	150	150	150
热泵驱动汽源压力（绝对压力）（MPa）	—	0.47	0.47	0.47	0.47	0.47	0.47
热力网水回水温度（℃）	—	60	60	60	60	60	60
热力网水热泵出口温度（℃）	—	70	76	80	84	86.5	90
热力网水供水温度（℃）	90	90	90	90	90	90	90
热力网循环水量（t/h）	12301	22283	14043	11290	9458	8612	7687
热网循环水泵轴功率（kW）	5504	9063	5712	5051	4841	3853	3439
热泵吸收热量（MW）	—	110.21	111.13	111.68	112.28	112.88	114.06

续表

项　　目	原 300MW 机组	工况 7	工况 8	工况 9	工况 10	工况 11	工况 12
热泵驱动汽源汽量（t/h）	—	225.55	227.43	228.55	229.77	231.00	233.41
热泵总供热量（MW）	—	259.15	261.31	262.60	264.00	265.41	268.19
热网加热器蒸汽用量（t/h）	520	784.92	346.26	198.84	99.95	53.09	0
热网加热器供热量（MW）	343.37	518.30	228.65	131.30	66.00	35.06	0
热泵台数	—	7	7	7	7	7	7
热泵单机功率（MW）	—	37.02	37.33	37.51	37.71	37.92	38.31
热泵 *COP*（%）	—	1.74	1.74	1.74	1.74	1.74	1.74
总供热量（MW）	343.37	777.45	489.96	393.9	330.00	318.50	268.19
原 300MW 机组相应抽汽量供热量（MW）	343.37	667.25	378.82	282.22	217.73	187.59	154.13
采用热泵后增加供热面积（万 m^2）	基准	190	191.6	192.5	193.6	194.6	196.6
全厂热耗［kJ/（kW·h）］	5405.65	—	—	4727.08	6281.75	7719.26	9498.51
机组发电功率（kW）	219419	—	—	240352	222280.3	186951.5	173495.2
供暖期发电标准煤耗［g/（kW·h）］	208.67	—	—	161.30	214.34	263.39	324.10
供暖期节约标煤量（t）	—	59457	59953	60250	60574	60898	61534
供暖期全厂热效率（%）	75.02	—	—	84.73	73.58	67.31	58.69
扣除热网循环水泵和凝汽器循环水泵后的电功率（kW）	213365	—	—	234686	216819	182469	169416
热泵供热收益（万元）	0	4705	4744	4768	4793	4819	4869
无热泵机组冬季运行工况循环水量（m^3/h）	13800						
无热泵机组冬季运行工况循环水系统轴功率（kW）	550						
热泵运行工况循环水量（m^3/h）	9476.20	9555.02	9602.13	9653.48	9704.92	9807.06	
热泵运行工况循环水系统轴功率（kW）	605	615	615	620	630	640	
热泵总价格（万元）	7720	7780	7820	7860	7900	7980	

注　1．供暖期节约标煤数按在相应工况下，热泵在整个供暖期 4392h 满负荷运行时节约标煤量。

2．供热面积的计算，供暖综合供热指标按 58W/m^2 计算。

3．热泵供热收益按实际电厂售出热价 27 元/GJ 计算，供暖运行时间按 4392h 计算。

4．本表格的计算依据为在汽轮机厂提供的热平衡基础上通过按比例调整所得出的热平衡，与实际的运行必然存在差异，但是本表格的数据说明了方案之间的趋势。

（3）运行效益最佳的工况确定。工况 4 与工况 9 分别为方案一和方案二中运行效益最佳的工况，通过比较这两个工况的运行数据和热泵选型可以判断汽轮机组和热泵在供暖期时应该在方案一还是方案二下运行，并确定热泵的选型。下面详细比较方案一中的工况 4 与方案二中的工况 9 在机组运行和热泵运行各方面的特点，见表 8-3，通过比较可知在投资方面，工况 4 较工况 9 多 100 万元，发电量方面，在供暖期工况 4 比工况 9 少 877 万元，一个供暖期热泵的供热收益工况 4 比工况 9 多 807 万元，但是一个供暖期工况 4 比工况 9 少节约标准煤 10202t，约 700 万元，因此虽然工况 4 的初投资较高，但同时回报也较高。

表 8-3　　工况 4 与工况 9 分析比较

项　　目	工况 4	工况 9
凝汽器循环水进水温度（℃）	25	23
凝汽器循环水出水温度（℃）	35	33
抽汽量（t/h）	436.33	427.9
机组背压（绝对压力）（MPa）	0.0074	0.0066
主蒸汽流量（t/h）	924.47	886.13
进入凝汽器的蒸汽量（t/h）	213.49	182.86

续表

项　　目	工况 4	工况 9
低压缸进汽量（t/h）	180.15	150
热泵驱动汽源压力（绝对压力）（MPa）	0.47	0.47
热力网水回水温度（℃）	60	60
热力网水热泵出口温度（℃）	82	80
热力网水供水温度（℃）	90	90
热力网循环水量（t/h）	12001	11290
热网循环水泵轴功率（kW）	5325	5051
热泵吸收热量（MW）	130.59	111.68
热泵驱动汽源汽量（t/h）	267.24	228.55
热泵供热量（MW）	307.06	262.60
热网加热器蒸汽用量（t/h）	169.09	198.84
热网加热器供热量（MW）	111.09	131.30
热泵台数	8	7
热泵单机功率（MW）	38.38	37.51
热泵 *COP*（%）	1.74	1.74
总供热量（MW）	418.71	393.9
原 300MW 机组相应抽汽量供热量（MW）	288.12	282.22
采用热泵后增加供热面积（万 m^2）	225.16	192.5
全厂热耗［kJ/（kW·h）］	4399.89	4727.08
机组发电功率（kW）	235287	240352
供暖期发电标准煤耗［g/（kW·h）］	150.11	161.30
供暖期节约标煤量（t）	70452	60250
供暖期全厂热效率（%）	87.45	84.73
扣除热网循环水泵和凝汽器循环水泵后的电功率（kW）	229137	234686
热泵供热收益（万元）	5575	4768
发电功率比较（kW）	基准	1440
发电收益比较（万元）	基准	231.5
热泵运行工况循环水量（m^3/h）	11228.48	9602.13
热泵运行工况循环水系统轴功率（kW）	825	615
热泵总价格（万元）	7920	7820

注　1．供暖期节约标煤数按在相应工况下，热泵在整个供暖期 4392h 满负荷运行时节约标煤量。

2．供热面积的计算，供暖综合供热指标按 58W/m^2 计算。

3．热泵供热收益按实际电厂售出热价 27 元/GJ 计算，供暖运行时间按 4392h 计算。

4．本表格的计算依据为在汽轮机厂提供的热平衡基础上通过按比例调整所得出的热平衡，与实际的运行必然存在差异，但是本表格的数据说明了方案之间的趋势。

综上所述，该热电厂 300MW 供热机组利用循环水余热供热技术研究项目推荐采用工况 4，即 8 台 38.38MW 的热泵方案。

通过某热电厂利用循环水余热供热项目热泵选型分析，可知热泵的选型应考虑热力网水管道供、回水温度，热泵驱动汽源参数，热负荷情况，机组供暖期运行情况，循环水进出凝汽器水温度的选择，供热热价，标煤价格等因素。

第二节　间接空冷机组循环水余热利用

一、间接空冷机组循环水余热利用设计原理

目前，常用的间接空冷（简称间冷）机组循环水余热利用的方式有：①采用高背压技术；②采用热泵技术。其中采用热泵技术回收间冷机组循环水余热与湿冷机组的热泵循环水余热利用，无论是利用原理、系统设计及计算方法都基本相似，可以参照设计，故不再单叙述。

采用高背压技术利用设计原理跟第一节的湿冷机组高背压技术利用设计原理基本相同，都是利用热力网循环水作为冷却介质，吸收低压缸排汽的乏汽余热，在实现消除凝汽器的冷源损失的同时加热热力网循环水，达到节能的目的。但该利用方案跟湿冷机组也有所不同，即不需要设置双转子，在供暖期和非供暖期使用同样的低压转子。其利用的原理图如图 8-14 所示。

利用现有机组凝汽器及其循环冷却水管路，增设热力网循环水管道切换系统，供热期采用新型低压转子、机组高背压运行，热力网循环水首先进入 1 号机凝汽器，由凝汽器作为基本加热手段，将热力网循环水加热到一定的温度，再由本机或邻机的供暖抽汽继续加热，将热力网循环水温提高外网需要的温度后对外供出。

供暖期提高机组背压，在增加对外供热的同时会减少低压缸的发电量，因此该方案对目前国内不少缺热而不缺电不少地区，具有较好的推广价值。

二、间冷机组循环水余热利用设计方案

高背压技术利用设计方案介绍如下。

1．系统方案的边界条件

本方案最重要的边界条件是设计背压的选取。间冷机组供暖期主机设计背压的选择，宜结合非供暖季运行背压、热力网供回水温度、回收余热和提高背压损失等，经技术经济比较确定，一般为 30～50kPa（绝对压力）。

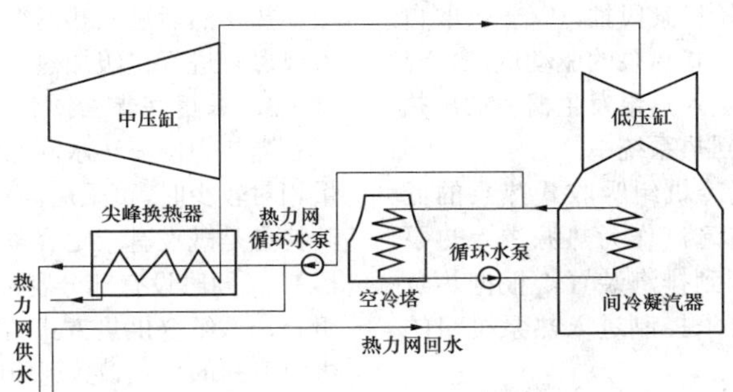

图 8-14 间冷机组高背压利用原理图

2. 方案设计

（1）本体方案设计。本体不需要修改。

（2）辅助系统及设备方案设计。

1）循环水系统。由于高背压供热机组在高背压工况下运行时，相当于背压机需要将低压缸的所有乏汽热量由热力网循环水带走，受限于热力网循环水的回水温度以及机组背压下考虑凝汽器端差后的热力网循环水温度，因此需要的热力网循环水量较大。如果核准两台机组的情况下，只有一台机组能够进行高背压供热。所有循环的热力网循环水回水经过高背压机组的凝汽器进行加热，在机组 45kPa 的背压下，通常热力网循环水出口水温能达到 73℃左右，再利用本机和另外一台机组的供暖抽汽对流经热网加热器的热力网循环水进行加热，将水温提高到设计值后对外供出。

高背压供热运行时，热力网循环水和凝汽器循环水系统的连接方式和切换方式与湿冷机组的类似，具体可参见图 8-5 和图 8-6。

2）辅机冷却水系统。本系统设计同湿冷机组高背压余热类似，可以借鉴。

3. 设计注意事项

（1）间冷机组利用高背压进行供热时热力网的设计供回水温度要有限制，如果热力网循环水回水温度过高，则所需的热力网循环水量将会太大，而机组的抽汽能力随背压的升高而降低，从而造成大量的低温热水，无法满足供热要求。其次，高背压机组在供暖期运行时，相当于背压机，要严格遵循“以热定电”的原则，此机组带热负荷的基荷，通过调整主蒸汽的流量来保证低压缸的最小冷却流量和对外的供热量。

（2）高背压运行机组类似于背压式供热机组，其通过的新汽量决定于用户热负荷的大小，所以发电功率受用户热负荷的制约，不能分开独立地进行调节，即其运行是“以热定电”，因此适用于用户热负荷比较稳定的供热系统。

4. 经济性计算

间接空冷机组循环水高背压余热利用经济性计算方法类同于湿冷机组高背压余热利用经济性计算，在此不再单独叙述。

三、间冷机组循环水余热利用设计案例

间冷机组循环水高背压余热利用相对湿冷机组循环水高背压余热利用而言，简单不少。其主机及辅机系统均不需要改动，唯一变化的热力网循环水系统和辅机循环水系统设计可参考湿冷机组循环水高背压余热利用案例进行类似设计，不再单列案例进行分析。

第三节 直接空冷机组乏汽余热利用

一、直接空冷机组乏汽余热利用设计原理

目前，常用的直接空冷（简称直冷）机组乏汽余利用的方式有：①采用热泵技术；②采用高背压余热利用技术；③方式①和方式②组合技术。

1. 采用热泵技术利用设计原理

直接空冷机组乏汽余热利用采用热泵技术利用设计原理，核心也是利用汽轮发电机组抽汽作为热泵的驱动汽源，同时从汽轮机乏汽中提取的热量，提高热力网循环水温度。直接空冷机组乏汽余热利用当采用热泵技术时，通常为吸收式热泵技术。

吸收式热泵用于回收直接空冷机组乏汽余热的原理如图 8-15 所示，共分为三个循环。

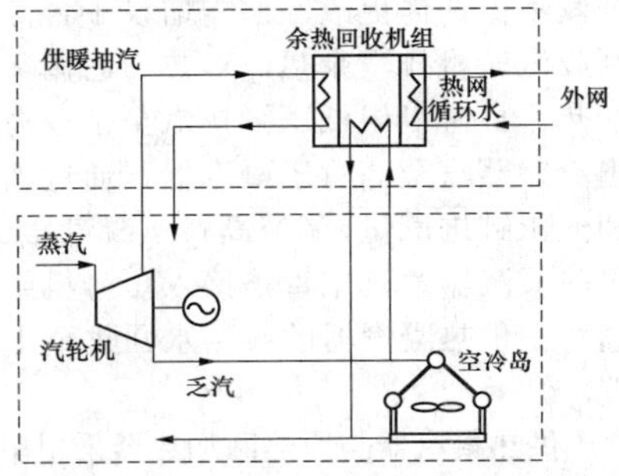

图 8-15 直冷机组乏汽热泵余热利用系统原理图

（1）驱动蒸汽循环。汽轮机某段抽汽（一般取自机组供热抽汽管道）作为吸收式热泵的驱动汽源，经减温器后以微饱和蒸汽状态进入热泵发生器，放出热量凝结成水后回到汽轮机的回热系统中。

（2）低温热源循环。直冷机组吸收式热泵的低温热源为低压缸排汽乏汽，乏汽作为热源进入热泵蒸发器，放热后凝结成水回到排汽装置。根据热负荷需求以及空冷岛的防冻要求控制进入热泵机组的乏汽量。

（3）热力网循环水循环。热力网循环水回水在热泵中被低压缸乏汽中的余热加热后，根据外界热负荷的需要再经过尖峰热网加热器加热后对外供热。

2. 采用高背压技术利用设计原理

该利用方案设计原理核心就是高背压，即实现冬季供暖工况机组高背压运行，利用热力网循环水作为冷却介质，吸收低压缸排汽的乏汽余热，在消除空冷岛的冷源损失的同时加热热力网循环水，达到节能的目的。直冷机组乏汽高背压余热利用系统原理图如图8-16所示。

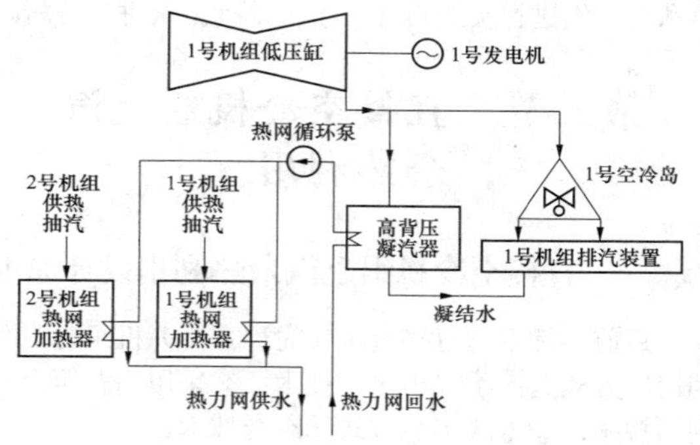

图 8-16 直冷机组乏汽高背压余热利用系统原理图

成熟的空冷机组设计背压一般为11～18kPa，夏季背压为30～35kPa，机组跳闸背压为65kPa，夏季实际运行背压一般约为 40kPa。在高背压技术利用方案中，冬季供暖工况机组运行背压将达到夏季背压水平。

高背压供热改造不改变机组空冷岛现状，汽轮机及原抽汽不做任何更改，但需增设1台高背压凝汽器，回收汽轮机排汽余热，对热力网循环回水进行初级加热。1号机组低压缸排汽至空冷岛进汽总管中引出一路蒸汽至高背压凝汽器，通过调整空冷岛背压和低压缸进汽量，调节高背压凝汽器进汽量。高背压供热凝汽器抽真空管路接入1号机组抽真空管路，高背压供热凝汽器的凝结水回收至1号机组排汽装置。

高背压供热凝汽器与原热网加热器采用串联布置方式。热力网循环回水首先进入高背压凝汽器进行初级加热，然后进入热网循环泵升压，送至热网加热器入口母管进行二级加热。

3. 采用高背压技术与热泵相结合方案

当热力网循环水回水温度较低或是热力网循环水量相对较少时，可采用高背压技术与热泵相结合方案，其特点是既设有一定容量的高背压凝汽器（前置凝汽器），又同时设有部分容量的热泵系统，是两种方案的组合，该组合供热方式结合了高背压供热方式与热泵供热方式的优点，其利用的原理图如图8-17所示。相比于纯热泵项目，机组冬季供暖工况的设计背压要高些，该方案的热经济性及初投资都介于背压技术和热泵技术两者之间。

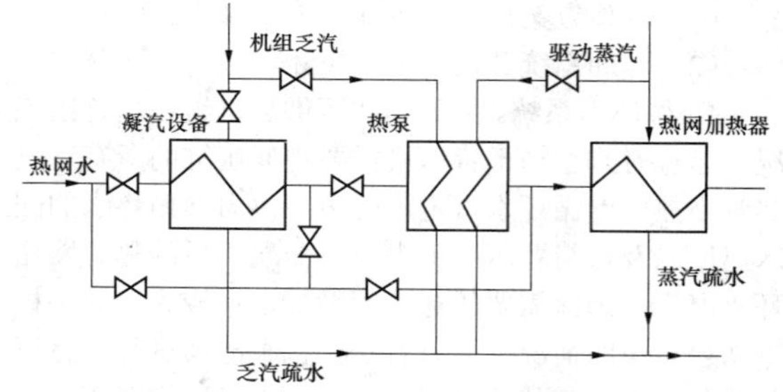

图 8-17 直冷机组乏汽热泵及高背压组合余热利用系统原理图

通过前置凝汽器将一部分乏汽余热传递给热力网循环水，可以减少单位热负荷初投资较高的热泵系统的规模，进而降低整个乏汽余热利用的初投资。通常前置凝汽器跟热泵机组是串联的关系，热力网循环水先经过前置凝汽器，而后再经过热泵机组。前置凝汽器和热泵机组的热负荷比例应根据循环水的回水温度、对外供热负荷的大小，结合不同的机组背压，通过综合经济性比较加以确定。

二、直接空冷机组乏汽余热利用设计方案

（一）采用高背压技术利用设计方案

1. 系统方案的边界条件

本方案的最重要的边界条件是设计背压的选取，跟间冷机组类似，一般为30～45kPa（绝对压力）。最终宜结合夏季运行背压、热力网供回水温度、回收余热和提高背压损失等，经技术经济比较确定。

2. 方案设计

（1）本体方案设计。跟常规的直接空冷机组相同，本体方案不做特殊设计。

（2）辅助系统及设备方案设计。

1）高背压供热凝汽器。高背压供热凝汽器（前置凝汽器）的设置符合下列要求：

a. 对于直接空冷机组，当热泵系统设计背压下主机排汽温度大于热力网回水温度时，有条件时可设置

前置凝汽器。

b．每台机组一般设置一台前置凝汽器。

c．为了提高乏汽利用率，一般以供暖期平均供热负荷对应的热力网回水温度选取最佳的前置凝汽器面积。

d．前置凝汽器的上端差，应不大于3℃。

e．前置凝汽器材质符合现行行业标准DL/T 712《发电厂凝汽器及辅机冷却器管选材导则》的有关规定。

f．前置凝汽器壳侧应设置抽真空管道，管道宜接至主机抽真空系统。

g．为减少散热损失，提高余热利用率，前置凝汽器需设置保温。

2）循环水系统。由于直接空冷机组在高背压工况下运行时，需要将低压缸的所有乏汽热量由热力网循环水带走，受限于热力网循环水的回水温度以及机组背压下考虑凝汽器端差后的热力网循环水温度，因此需要的热力网循环水量较大，如果核准两台机组的情况下，只有一台机组能够进行高背压供热。所有循环的热力网循环水回水经过高背压机组的凝汽器进行加热，再利用本机和另外一台机组的供暖抽汽对流经热网加热器的热力网循环水进行加热，将水温提高到设计值后对外供出。

3）乏汽及疏水系统。在空冷汽轮机主排汽管上增设一旁路排汽至高背压供热凝汽器，通过高背压供热凝汽器表面换热来加热热力网循环水回水，在高背压供热凝汽器入口蒸汽管道上装有大口径真空电动蝶阀。在空冷岛上方各列排汽支管处均设置大口径真空电动蝶阀，这样便于机组在供热期运行时利用这些阀门，实现对空冷凝汽器的调整和切除；高背压供热凝汽器的排汽凝结水接至原空冷凝结水回水母管至机组回热系统。乏汽疏水宜按自流进排汽装置热井方式设计。

乏汽管道设计满足以下要求：

a．直接空冷机组乏汽管道蒸汽流速在设计背压下不宜超过100m/s。

b．乏汽管道应设有加强环，壁厚应经强度计算确定。乏汽管道应与主机排汽管道进行联合应力分析。

c．乏汽管道上的金属波纹膨胀节可按曲管压力平衡式、铰链式、横向角向联合式选用。

d．乏汽管道最高设计压力宜采用0.049MPa（表压），最低设计压力宜采用–0.1MPa（表压）；最高设计温度宜不大于120℃，最低设计温度应取厂址处最冷月平均气温。

e．从电厂原系统引接的乏汽管道接口处应设置隔离阀。

f．为充分利用乏汽余热，高背压供热系统中的乏汽管道宜保温。

4）热力网循环水系统。热力网循环水系统跟湿冷机组的余热水热泵技术相同，技术要求见本章第一节的相关内容。

5）抽真空系统。前置凝汽器壳侧应需设置抽真空管道，管道宜接至主机抽真空系统。

3．经济性计算

直接空冷机组循环水高背压余热利用经济性计算方法类同于湿冷机组高背压余热利用经济性计算，在此不再单独叙述。

（二）采用热泵技术利用设计方案

1．系统方案的边界条件

本方案重要的边界条件包括热泵驱动蒸汽压力、乏汽温度、热力网水温度、热力网水流量和热源水流量等五个参数。以上五个参数对热泵系统的影响规律跟湿冷机组的热泵利用技术类似，可以参看本章第一节的相关内容，本节不再论述。

2．系统设计

直接空冷机组乏汽采用热泵技术方案，其系统设计主要包括驱动蒸汽系统、乏汽系统、热力网循环水系统和热泵本体系统的设计。

（1）驱动蒸汽系统设计。直接空冷机组乏汽余热利用采用热泵技术的驱动蒸汽系统设计，跟湿冷机组的余热水热泵技术相同，技术要求见本章第一节的相关内容。

（2）乏汽系统设计。此系统设计跟高背压技术利用设计方案技术要求相同，区别是此处的乏汽管道需分别接分支管进各组热泵换热机组，并设置相应的电动隔离蝶阀。而乏汽疏水设计符合下列要求：

1）乏汽疏水宜自流进排汽装置热井。

2）疏水无法实现自流时需设置乏汽疏水泵，其选型符合下列条件：

a．热泵与前置凝汽器（如有）宜共用乏汽疏水泵。

b．乏汽疏水泵应不少于两台，其中一台备用。

c．乏汽疏水泵出口母管上应设流量测量装置。

d．乏汽疏水泵的流量，应不小于额定供热工况系统疏水量的110%。

e．乏汽疏水泵的扬程，应按下列各项之和计算：

（a）从热泵乏汽疏水出口至热井接入点处全部疏水管道介质流动阻力，应按额定供热工况疏水量计算，另加20%裕量。

（b）热井正常水位与热泵蒸发器水位间的水柱静压差。

（3）热力网循环水系统。热力网循环水系统跟湿冷机组的余热水热泵技术相同，技术要求见本章第一节的相关内容。

（4）抽真空系统。直接空冷机组热泵蒸发器管侧需设置抽真空管道，管道宜接至主机抽真空系统。

3. 吸收式热泵设备选型设计

直接空冷机组的吸收式热泵设备选型设计跟湿冷机组的余热水热泵选型要求类似，可参考本章第一节的相关内容。

4. 设计注意事项

（1）当发电厂供热能力大于用户供暖需求时，由于增设热泵系统的综合收益不佳，不宜采用。

（2）热泵系统设计应结合发电厂热网首站系统协同优化进行。

（3）当驱动蒸汽压力小于或等于0.6MPa（绝对压力）时，宜采用吸收式热泵。当驱动蒸汽压力大于0.6MPa（绝对压力）时，经技术经济比较后选用蒸汽驱动压缩式热泵或吸收式热泵。

（4）为防止热泵驱动蒸汽的疏水在热泵到疏水箱的过程中，由于阻力导致压力降低而出现汽化，致使疏水管道发生振动，热泵设备需增设疏冷段。

5. 热泵机组运行和调节方式

热泵机组可根据热负荷的需求并结合主机冷端设施防冻的要求，通过DCS控制热泵的启/停台数。

此外，通过控制至热泵抽汽母管上的电动调节阀，可控制热泵出口热力网循环水的温度。通过控制中压缸至低压缸联通管上的调节阀和一段供暖抽汽管道上的调节阀，来控制最终热力网循环水的水温。通过热网循环泵的运行台数和热网循环泵的变速装置的调节，来适应热力网循环水水量的变化。

机组的变工况主要是热负荷的变化，主要通过控制蒸汽调节阀的开度完成。当外界条件发生改变时，机组将根据热水出口温度自动调整蒸汽调节阀开度，调节运行工况。

6. 经济性计算

直接空冷机组乏汽采用热泵技术进行余热利用的经济性计算方法，可参考湿冷机组循环水采用热泵技术进行余热利用的经济性计算方法，在此不再叙述。

三、直接空冷机组乏汽余热利用设计注意事项

1. 安全性分析

直接空冷机组进行高背压供热改造后，机组经济性明显提高，但高背压改造后对机组安全性造成一定影响。

（1）低压缸末级叶片的安全性。机组进行高背压供热改造后，供暖季需提高机组背压运行，为充分利用机组余热，需将机组背压提高至夏季额定背压，当机组背压高于夏季额定背压时，排汽温度高于夏季额定背压下的饱和温度，低压缸末级叶片会发生鼓风发热。当低压缸末级叶片长时间发生鼓风时，低压缸进入危险运行工况。

热力网系统发生泄漏或热网循环水泵跳闸使热力网水流量骤减时，热力网循环水量无法冷却低压缸排汽，会造成机组背压升高，而此时机组背压已在夏季额定背压或接近夏季额定背压下运行，对低压缸末级叶片安全性造成较大影响。

为了避免发生低压缸末级叶片鼓风或者减少其带来的危害，通常可采用以下方法：

1）通过低压缸末级叶片监视软件，在低压缸末级叶片鼓风摩擦时，及时发出报警信号，提醒操作人员注意，及时做出调整，缩短危险工况运行时间。

2）当热力网循环水量大幅减少时，立即开启空冷岛进汽隔离阀门，投运空冷岛风机，降低机组背压，使低压缸末级叶片脱离鼓风区域。

3）当低压缸末级叶片发生鼓风时，应增加低压缸进汽流量。

4）为了消除鼓风，在不影响供热和发电负荷情况下，最直接最快速的调整方法是通过喷再热器减温水降低再热汽温。

（2）机组水质的影响。高背压供热投运前，必须对高背压供热凝汽器进行汽侧冲洗，通过排污泵将不合格的冲洗水外排，待水质合格后，将凝结水回收至排汽装置。由于高背压凝汽器处于真空系统，高背压凝结水与机组排汽装置通过管路连接，冲洗水可能通过管路上关闭不严的阀门进入凝结水系统，对凝结水水质造成影响，使凝结水铁含量短时超标。

（3）空冷岛翅片防冻的影响。防冻问题是空冷机组最重要的问题，特别是在我国北方严寒地区，空冷凝汽器冻结是常见现象，严重影响机组的安全运行。

高背压供热期间，低压缸排汽进入高背压供热凝汽器，空冷岛停运列的进汽隔离阀关闭。如进汽隔离阀关闭不严，有少量蒸汽漏流，空冷岛管束增加了冻结风险。为了防止空冷岛翅片出现冻结问题，通常可采用以下的措施：

1）机组检修期间，对空冷岛各列进汽隔离阀门进行精细检修。

2）高背压供热投运时，空冷岛某列进汽阀门关闭后，可以用热成像仪或点温计比较阀门前、后温度是否接近，来判断阀门是否关闭严密。对于阀门严密的列，保持长期停运，减少进汽阀门操作，同时用篷布覆盖各空冷风机的进口格栅，减弱冷空气对空冷岛管束冲击。对于阀门不严的列，可采取回暖措施，每日中午对阀门不严列的空冷岛开启进汽阀门进行回暖。在出现极寒天气时，要加强对空冷岛管束翅片的变形检查，一旦某列出现较大的S形变形或小的Z形变形

时，应开启此列空冷岛进汽隔离阀门，保持该列在极寒天气时运行。

2. 运行方式优化

机组完成高背压供热改造后，在冬季与夏季应采取不同的运行方式，以提高机组的经济性。冬季供热期外界热负荷一定时，让改造后的空冷高背压供热机组运行，提高整个电厂经济性。

当机组投入高背压运行时，要采取以热定电的运行方式。热负荷变工况时有三种调整途径：①在供暖初期，热负荷需求量小时，回水温度降低，采用降低背压运行的方式，减少排汽量，降低供热量；②当回水温度达到某个设定值，比如60℃，供热量需求仍旧没有达到最大需求时，可以调整抽汽量，调整供水温度；③两种调整方式可以同时进行。夏季运行时，尽量让未改造机组多带负荷运行。改造后机组由于排汽面积减小，在接近最大需求时，可以调整抽汽量，调整供水温度。

四、直接空冷机组乏汽余热利用设计案例

（一）采用高背压余热利用技术设计案例

1. 简介

某电厂300MW机组汽轮机为亚临界、一次中间再热、单轴、双缸、双排汽、直接空冷凝汽式汽轮机。汽轮机设有七段不调整抽汽，高压缸设有二段抽汽，分别供1、2号高压加热器；中压缸设有二段抽汽，分别供3号高压加热器和除氧器；低压缸共有四级叶片，设有三段抽汽，分别供5、6号及7号低压加热器。空冷岛工程ACC系统共6列，每列配备6台风机。风机由变频电动机经减速机驱动，所有的风机和电动机在30%～110%的额定风机转速范围内运行，风机电动机最小转速为30%。每列2、4单元的风机应可以反转，其他风机不能反转。机组第一、二、五、六列装有蒸汽隔离阀、凝结水阀和抽真空阀。机组配备三台水环真空泵，正常情况下一用两备。

2. 改造方案及效果

（1）系统布置连接及供热方式。在空冷汽轮机主排汽管上增设一旁路排汽至面式供热凝汽器，通过面式供热凝汽器表面换热来加热热力网循环水回水，在表面式供热凝汽器入口蒸汽管道上装有大口径真空电动蝶阀。在空冷岛上方原6列排汽支管中有2列未装设阀门，改造时在此2列处增设大口径真空电动蝶阀，这样便于机组在供热期运行时利用这些阀门，实现对空冷凝汽器的调整和切除；表面式供热凝汽器的排汽凝结水接至原空冷凝结水回水母管至机组回热系统。原机组具有的中排抽汽供热系统保留，作为尖峰热负荷时调整采用。高背压供热系统图如图8-18所示。

不对汽轮机本体作任何改造，根据空冷汽轮机的高背压设计特点，机组可以在33kPa的高压下长期稳定运行，主要是末级叶片的设计适应较宽范围的背压变化。所以在改造后，供热期间机组的最高背压控制在33kPa。当热力网循环水供水温度要求低于67℃时，仅利用汽轮机排汽通过低位热源加热器加热循环水即可满足供热要求。当供水温度要求高于67℃时，除利用汽轮机排汽通过低位热源加热器加热循环水作为基本加热手段外，还需利用原五段抽汽供热系统，提供部分五段抽汽作为尖峰加热手段，继续加热循环水，从而达到外网要求的供水温度。

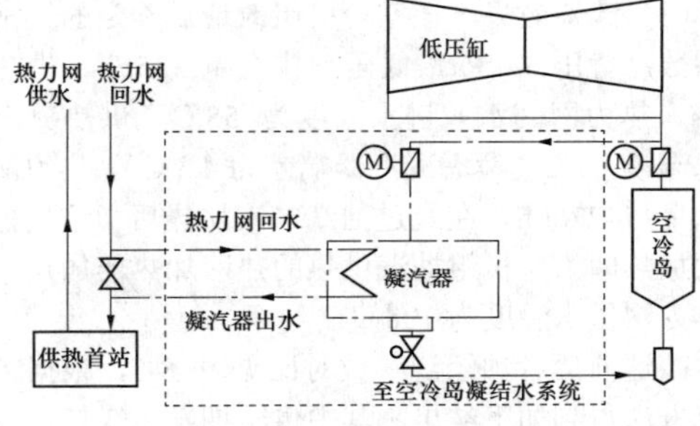

图8-18 高背压供热系统图

在供热初末期供热量较小，单台机组只需要维持在33kPa以下的背压下运行就可以满足供热的要求；同时原来的五段抽汽也不需要抽汽供热，邻机采用纯凝的运行方式。在供暖的高峰期供热量增大，仅一台机组采用高背压和中排联合供热的方式不能满足供热要求，这时邻机也要参与供热。

（2）改造设计过程。空冷机组高背压供热改造基本设计原理及设计步骤如下：热力网循环水进出凝汽器的温度选择，热力网循环水量的确定，热力网供水温度的确定，各主要设备选型，空冷岛的防冻计算，机务部分管道布置设计，热力系统校核，电气及热控系统设计，环境保护分析。

成熟的空冷300MW机组，其设计背压一般为11～18kPa，夏季背压为31～35kPa，机组跳闸背压为65kPa，夏季实际运行背压一般约为40kPa。对汽轮机低压部分来说，冬季高背压供热运行时与机组夏季运行时工况基本一致，汽轮机本体部分不做大的改动，增加新的喷水装置和增加新的运行监测和报警装置，增加大型排汽阀门和新的排汽通道，便于截断通往空冷塔的通道和通往供热凝汽器的通道，新增去供热凝汽器的热水管道和相关阀门，与原有的热网首站系统相连即可。高背压循环水供热改造项目见表8-4。

表 8-4 高背压循环水供热改造项目

项目	改造内容
汽轮机本体	不需要做改造
空冷岛	不改变空冷岛现状，只在各列排汽支管增设大口径真空电动蝶阀，并从汽轮机乏汽母管上接支管引流进入供热凝汽器，其上也增设大口径电动真空蝶阀
表面式凝汽器	增加 1 台相当于 200MW 机组配备的表面式供热凝汽器
外部热力网	需协调外部热力网，让电厂接受 55～60℃热力网回水，送出温度为 80～110℃、流量为 14000m^3/h 供热水
其他	热网首站加热器、热网循环水泵、厂内供热管线、阀门、控制等可能有适当改造

（3）改造效果。该空冷机组改造后确定的正常运行参数：背压 33kPa，低压缸排汽量 335t/h，供热凝汽器（热力网回水）进水温度为 55℃，供热凝汽器出水温度 67℃（考虑凝汽器端差为 4.3℃），热力网循环水量 14276t/h，在经过抽汽二次加热后（这里抽汽二次加热即为原机组抽汽供热的热网加热器加热），实现热力网供水温度为 108℃。

改造前后各项经济参数对比见表 8-5，根据上述计算方法得到如下结果，其中供暖期发电煤耗可降低 80 g /（kW·h），2.73 年收回 5980 万元投资。

机组改造后，运行时排汽压力不超过 33kPa，供热凝汽器的循环水出水温度不会大于 68℃，正常运行在 65℃左右。如果供热凝汽器运行压力超过 33kPa，低压缸末级叶片安全性会受到威胁。为此需考虑低压缸末级叶片的安全性。

表 8-5 改造前后各项经济参数对比表

指标名称	改造前	改造后
电负荷（MW）	264.084	270.783
电负荷增加量（MW）	基准	6.699
背压（kPa）	15	33
排汽量（t/h）	235	335
排汽温度（℃）	54	71.3
抽汽量（t）	550	448
热力网循环水量（t/h）	13200	14276
供/回水温度（℃）	119/70	108/55
供热能力（MW）	371	514
供热能力增加量（MW）	基准	143
年增加供热量（万 GJ）	基准	148
增加供热面积（万 m^2）	基准	286
理论热耗［kJ/（kW·h）］	5693.2	3600
运行时间（h）	2880	2880
发电煤耗［g/（kW·h）］	223.48	141.3
供暖季节标煤量（t）	基准	64088.5
静态投资（万元）	基准	5980
电价［元/（kW·h）］	0.438	0.438
热价（元/GJ）	32	32
标煤单价（元/t）	770	770
内部收益率（%）	基准	67.05
回收年限 n（a）	基准	2.73

（二）采用热泵技术利用设计案例方案

1. 简介

某热电厂一期工程采用两台超高压、中间再热、三缸双排汽、一级可调抽汽、空冷供热凝汽式汽轮机。单台机组额定抽汽工况下供暖抽汽量为 390t/h，抽汽压力 0.294MPa，排汽量 110t/h。二期工程采用两台 300MW 亚临界、一次中间再热、单轴双缸双排汽、直接空冷抽汽凝汽式汽轮机。单台机组额定抽汽工况下供暖抽汽量为 500t/h，抽汽压力 0.4MPa，排汽量 214t/h。热力网加热首站出厂的热力网主干管分别为 DN1000 和 DN1200。管网设计温度为 120/65℃，设计压力 1.6MPa。目前，本热电厂处于并网运行状态。经过对热力网运行情况的调研，一次网供水温度不宜超过 115℃，一期工程热力网循环水流量最大不超过 6000t/h，二期工程热力网循环水流量最大不超过 9000t/h。

某市 2011 年集中供热总面积为 3780 万 m^2，2012～2013 年供暖季总供热面积将发展至 4580 万 m^2，2015～2016 年供暖季总供热面积将发展至 6780 万 m^2。

2012～2013 年供暖季本电厂将增加供热面积 495 万 m^2，到 2015～2016 年供暖季新增供热面积将达到 889 万 m^2。由于各种原因影响，实际供热能力达不到设计值，近年实际供热能力与设计对比见表 8-6。

表 8-6 电厂供热能力与设计对比

供热能力	额定供热能力		实际供热能力	
供热项目	抽汽供热功率（MW）	供热面积（万 m^2）	抽汽供热功率（MW）	供热面积（万 m^2）
一期工程	384	711	305	567
二期工程	560	1137	484	896
合计	944	1748	789	1463

2. 改造方案与实施情况

（1）设计参数优化。初步确定的改造方案主要参数：抽汽供热 1009MW，乏汽供热 272MW，供水温度 120℃，回水温度 50℃，热力网循环水流量 15729t/h，电厂改造后乏汽余热利用系统流程图如图 8-19 所示。

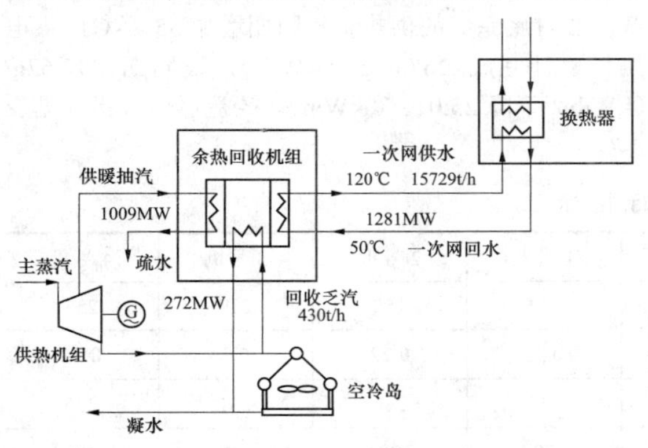

图 8-19 电厂改造后乏汽余热利用系统流程图

根据外网情况，厂内在实施阶段中对初步改造方案进行了再优化，最终厂内设计参数定为抽汽供热 789MW，乏汽供热 480MW，供水温度 115℃，回水温度 39℃，热力网循环水流量 14359t/h，电厂和热力站全部改造后系统流程图如图 8-20 所示。

（2）系统布置优化。本工程原可研设计厂内每台机组配套一套吸收式热泵机组，按热力网循环水系统一期两台热泵并列运行，二期两台热泵并列运行。安装前，考虑到实际运行热力网回水温度高，需机组高背压运行的时间长，为减少换热过程的不可逆损失，增加低温区域的直接换热，将热力网循环水系统改为低温换热段串联布置后再并联布置热泵。

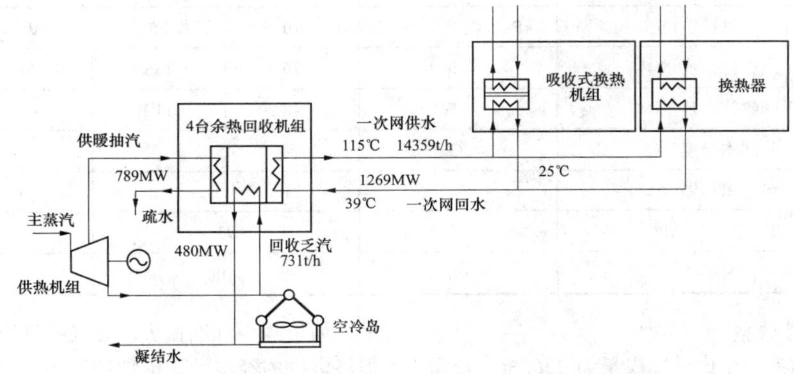

图 8-20 电厂和热力站全部改造后系统流程图

具体流程为：一次热力网循环回水首先进入 1 号机组热泵前置凝汽器进行换热，然后再进入 2 号机组热泵前置凝汽器进行换热，循环水经过低温区直接加热，有一半的循环水重新回至 1 号热泵进行换热，另一半热力网循环水仍在 2 号热泵中进行换热，1、2 号热泵分别将热力网循环水加热后重新汇合在一起，最终进入原热网首站继续加热。厂内原则性系统图如图 8-21 所示。

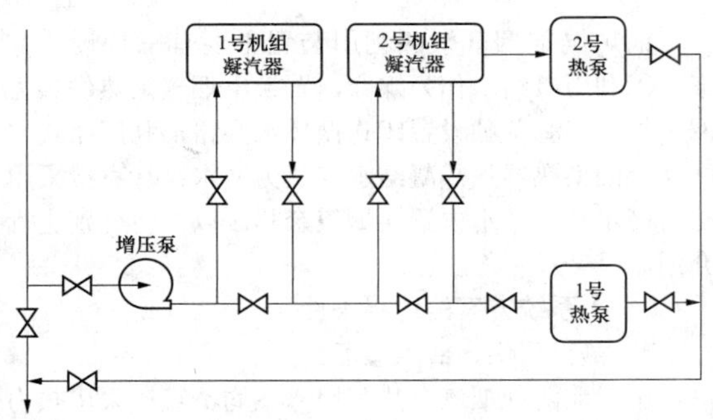

图 8-21 厂内原则性系统图

（3）出水温度优化。由于单级高效热泵的循环水温升一般在 15～30℃，常规的电厂改造热泵设计循环水出水温度为 90℃，这样可能超过循环泵入口的允许温度。乏汽利用量增加时，驱动汽源热量同步增加，在初末寒期，热泵的出水温度可能会超过热力网调度的要求，从而使热力网回水温度也相应升高，此时若限制热泵出水温度，相当于减少了乏汽的回收。因此将热泵温升设计减小，出水温度设计由 90℃降低为 70～75℃，实际投运后，当机组背压升高到 22kPa 以上时，300MW 机组热泵出水温度已经超过 80℃。

3. 项目投资情况

工程静态投资 23887 万元，建设期贷款利息 693 万元，工程动态投资 24580 万元。外部投资按设备价格结算。

实际结算情况：主设备购置费用 8950 万元，工程费用 6650 万元，其他费用约 3000 万元，外网部分安装 104 台吸收式换热机组，设备费 19028 万元，其中 2012～2013 年安装 78 台吸收式换热机组，设备费 14103 万元，2014～2015 年安装 26 台吸收式换热机组，设备费 5015 万元。

4. 设备运行情况

经过近三个多月的运行，设备运转情况良好，主要设计参数基本达到设计值。按初可研设计，乏汽回收能力在机组背压 15kPa，热力网回水温度 50℃时，回收热量272MW，热力网回水温度39℃时，回收热量480MW。改造后在热态调试过程和改造性能鉴定过程中，热力网回水温度基本维持在46～50℃，回收乏汽能力在260～330MW之间，统计的2月12～16日平均回收乏汽277MW，1、2月份实现供热394万GJ，其中乏汽供热147万GJ，占总供热量的37.3%，截至2月底完成的供热量较同期增加55万GJ，供电煤耗累计完成267.61g/（kW·h），较同期292.62g/（kW·h）下降25.01g/（kW·h）。改造后运行指标见表8-7。

表8-7 改造后运行指标

	项目	单位	1号机	2号机	3号机	4号机
	发电机功率	MW	151	150	259	255
供热抽汽	抽汽压力	MPa（绝对压力）	0.22	0.22	0.3	0.36
	抽汽温度	℃	234	236	231	235
	加热器抽汽流量	t/h	79	80	140	90
	驱动蒸汽流量	t/h	59	62	67	95
排汽	汽轮机排汽背压	kPa（绝对压力）	10	20	9.5	19.6
	回收排汽流量	t/h	76	186	58	254
	回收排汽热量	MW	48	117	35	153
热力网循环水	回水温度	℃	45		46	
	热泵出口温度	℃	71	78	71	75
	加热器出口温度	℃	93		90	
	流量	t/h	5200		8574	

5．项目经济性收益

2013年2月12～16日耗标煤量为37685t，较同期37743t，减少了58t；发电量完成98896MW·h，较同期98408MW·h，增加了488MW·h；供热量完成326797GJ，较同期290148GJ，增加了36649GJ。项目经济性收益见表8-8。

表8-8 项目经济性收益表

日期	耗标煤量对比（t）	发电量对比（MW·h）	供热量对比（GJ）
2013年2月12日	−401.9143	−915	7519.34
2013年2月13日	122.34419	−96.9	7238.11
2013年2月14日	−143.0476	−210.67	4172.16
2013年2月15日	78.137128	537.08	9100.38
2013年2月16日	286.30936	1173.45	8619.65
总计	−58.17113	487.96	36649.64

第四节 锅炉尾部烟气余热利用

一、锅炉尾部烟气余热利用设计原理

排烟损失是锅炉运行中最重要的一项热损失，我国火力发电厂的很多锅炉排烟温度都超过设计值较多，为了减少排烟损失，降低排烟温度，节约能源，提高电厂的经济性，锅炉烟气系统可以设置烟气余热利用装置。

供热机组烟气余热利用装置的基本工艺流程是在锅炉尾部烟道布置烟气冷却器，将锅炉的排烟温度由原较高的运行温度降低到适于除尘器或者脱硫塔运行的某一温度，换热器将这部分热量在非供暖季回收到凝结水中，供暖季回收到热力网水中，减少汽轮机抽汽量，从而降低机组煤耗。

二、锅炉尾部烟气余热利用设计方案

锅炉尾部烟气余热利用装置主要有三种设计方案：①利用凝结水作为媒介，置换出烟气余热供热力网水加热；②单独设置闭式循环水回路，利用闭式水回路上的换热器加热凝结水和热力网水；③直接采用热力网水和凝结水去置换烟气余热。以下将分别进行介绍。

（一）系统方案的边界条件

1．热力网供、回水温度

由于前两种烟气余热利用方案均不直接采用热力网循环水进入烟气余热利用装置，所以热力网回水温度不受限制，按照电厂常规的回水温度70℃或者70℃以下均可。第三种方案要求进入烟气余热利用装置的温度不低于70℃。

各种锅炉排烟温度不尽相同，一般烟煤设计值在125℃左右，褐煤在140℃左右，而在运行过程中，如果实际燃用煤种偏离设计煤种较多，排烟温度甚至可超过 170℃。考虑到烟气余热装置换热器的设计经济性，凝结水或者热媒水出口温度一般考虑与排烟温度之间有 20℃端差，所以出口水温可以在100～150℃。热力网与凝结水（或热媒水）利用热网水水换热器进行换热，此时，热力网出水温度可仅考虑换热器端差，可选择 80～130℃，具体可由换热器厂家根据相关条件综合考虑水温、水量与换热面积。

2. 热力网系统设置

目前，300MW 级亚临界或超临界机组是我国的主力供热机型，如果是新建项目，基本都会采用350MW 超临界机组，此机型最大供热量在 550t/h左右，折合供热量约为 380MW。而 350MW 机组的烟气余热利用装置换热量约为 20MW。所以相对于供热负荷而言，烟气余热占的份额很少，此时仅需从热力网水中引出一支路至热网水水换热器，换热后回到主路混合，再到后面的热网加热器（利用机组抽汽）进一步加热到热力网所需温度。此时，支路上需要设置升压泵以克服管路以及热网水水换热器的相关管阻。

3. 凝结水系统设置

由于制造厂、机型以及回热级数的不同，汽轮机的各级凝结水温也不相同，但是受烟气酸露点影响，烟气余热利用装置厂家一般推荐入口温度为 65～70℃，所以，系统上需要考虑选择合适水温的凝结水，并综合考虑在各个负荷下的调节灵活性，通常我们选择两段水源进行混温，同时，兼顾低负荷时有可能出现的水温过低的情况，设置了再循环管路。凝结水回水水温在非供暖期为 100～150℃（考虑烟温 125～170℃），在供暖期约为 75℃。

凝结水系统需根据各工程热平衡图选择合适出口及入口，凝结水系统的出口水温应考虑满足烟气余热利用装置的要求，凝结水系统的入口水温应不低于插入段正常的凝结水温度。

4. 烟气余热利用装置的设置

烟气余热利用装置可以根据煤质、除尘器选型的情况选择设置一级，布置在除尘器之前或者脱硫吸收塔之前；或者设置两级，分别布置在除尘器之前和脱硫塔之前。以下方案设计中仅选取设置两级烟气余热利用关系进行介绍，此系统根据具体工程情况进行设计。

（二）余热利用设计方案

方案一：采用凝结水加热热力网回水

此方案由常规烟气余热利用加热凝结水方案演变而来。在非供暖期，烟气余热直接加热凝结水，减少汽轮机抽汽量（一般为七、八段抽汽），降低机组热耗，此时热力网水水换热器关闭，凝结水走其旁路；在供暖期，利用凝结水置换出烟气余热后，通过热网水水换热器加热热力网回水，减少汽轮机供暖抽汽量（一般为五段抽汽）。采用凝结水加热热网回水系统图如图8-22 所示。烟气余热回收至热力网水相比回收凝结水系统而言，排挤了更高级别的五段抽汽，所以经济性较好。

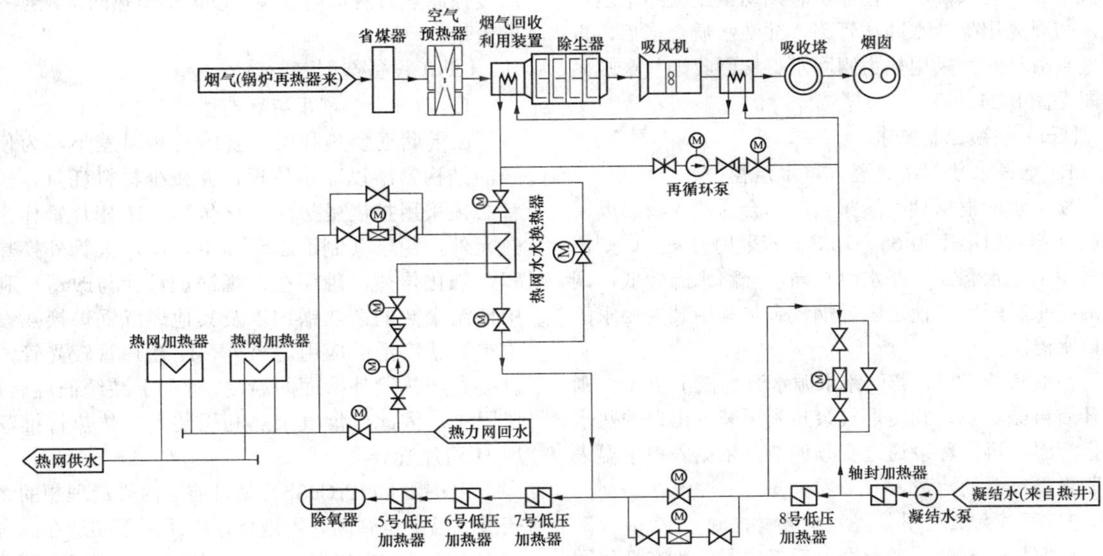

图 8-22 采用凝结水加热热力网回水系统图

方案二：采用热媒水加热热力网回水

由于在供暖期需要由热力网水回收烟气余热，非供暖期由凝结水回收，两种水源水质、水温均不相同，且烟气余热利用装置对水温还有要求，考虑到运行、调节的方便，设置闭式回路将烟气余热置换出来，然后在管路上分别设置热网水水换热器、凝结水水水换热器。在非供暖期，采用凝结水回收烟气余热，关闭热网水水换热器；供暖期，采用热网水水换热器回收烟气余热，关闭凝结水水水换热器。此方案多设置了一套热媒水闭式系统，循环泵必须长期运行，多消耗了部分厂用电，但是在供暖期，凝结水可无须从汽轮机侧引到锅炉侧，也减少了凝结水泵的能耗。采用热媒水加热热网回水系统图如图 8-23 所示。

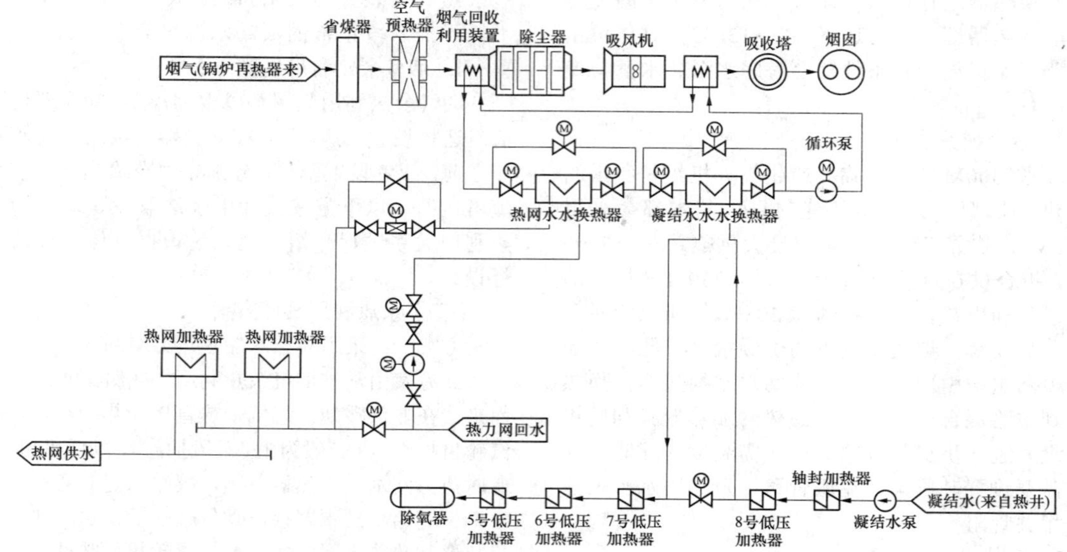

图 8-23 采用热媒水加热热力网回水系统图

方案三：采用热力网回水直接回收烟气余热

在供暖期直接由热力网水回收烟气余热，在非供暖期由凝结水回收烟气余热。由于热力网水水质达不到机组运行要求，所以在非供暖期切换到凝结水运行时，需要先用除盐水冲洗管路，冲洗水质合格后，再切换到凝结水。采用热力网回水直接回收烟气余热系统图见图 8-24。

（三）联锁控制要求

1. 烟气余热利用装置入口水温控制

凝结水应根据烟气酸露点选择合适的入口温度，一般推荐入口温度为 65～70℃。若采用方案一，则需要采用两路水源，一路水温较高，一路水温较低，调节两路水源配比，使之满足烟气余热利用装置要求的入口水温。

在低负荷工况，若两路水源水温均低于 70℃，则可开启再循环泵，利用烟气余热利用装置出口的热水进行混温。再循环泵通过变频调节，依据入口水温来控制再循环泵的流量。

2. 烟气余热利用装置入口流量控制

按照排烟温度，考虑端差后确定凝结水在烟气回收利用装置的出口温度。按此温度控制凝结水调节阀，以调整至烟气余热利用装置的流量。

3. 进入热网水水换热器的热力网水流量控制

按照热网水水换热器热水端进水温度，考虑端差后确定热力网水在热网水水换热器的出口温度。按此温度控制热力网水调节阀，以调整至热网水水换热器的流量。

（四）设备选型

1. 烟气余热利用装置选型

由于烟气余热利用装置的传热温差小，为使受热面结构紧凑以减小体积，并减少材料耗量，传热管必须采用扩展受热面强化传热。H 翅片管作为换热元件，由于其制造工艺简单，能增大管外换热面积，强化传热，因而在常规锅炉设计与改造、利用中低温余热的余热锅炉以及其他燃气锅炉换热设备中得到了广泛的应用。另外，H 翅片管较光管，可以提高传热管外壁面的温度，有利于减缓低温腐蚀，风阻小。因此，烟气余热利用装置的传热管推荐采用 H 翅片管。

ND 钢（09CrCuSb）是目前国内外最理想的“耐硫酸低温露点腐蚀”用钢材，广泛用于制造在高含硫烟气中服役的省煤器、空气预热器、热交换器和蒸发器等装置设备，用于抵御含硫烟气结露点腐蚀，它还具有耐氯离子腐蚀的能力。

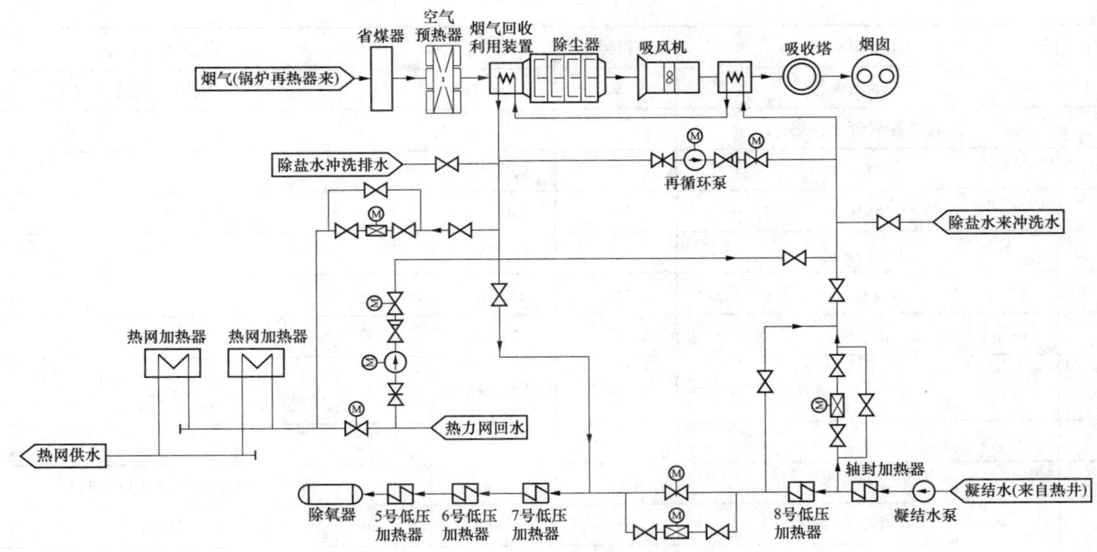

图 8-24 采用热力网回水直接回收烟气余热系统图

具体设备选型应将工程实际边界条件提交厂家后进行选型设计。

2. 热网水水换热器的选型

热网水水换热器可根据热力网水水质情况选择板式换热器或者管式换热器。板式换热器具有占地小、换热效率高、端差小的优点，但是如果热力网充水和大量补水时无法控制水质，易造成板片腐蚀，堵塞板片通道，此种情况下，建议采用管式换热器。

（五）经济性计算

1. 烟气回收热量计算

烟气回收热量主要与烟气成分（如：CO_2、SO_2、N_2、O_2、H_2O、ash 等）和烟温有关，热量的计算是按照烟气中各成分的比热容[kJ/(kg·℃)]、烟气温度(℃)以及烟气流量（kg/s）的乘积进行估算。

2. 凝结水（热媒水）量计算

根据锅炉排烟温度，考虑约 20℃的端差后确定凝结水（热媒水）出水温度，按照 70℃的进口温度以及烟气回收的热量（换热系数 0.99），可计算经过烟气余热利用装置的水量。

3. 凝结水各段水量计算

根据凝结水总量（混水后水温按 70℃）、冷水段水温以及热水段水温，计算分配出冷水与热水水量。

4. 通过热网水水换热器的热力网水量计算

凝结水（热媒水）通过热网水水换热器出口水温可考虑比热力网水进口水温高 5℃，考虑换热系数后，可计算在此换热器中的换热量。热力网水出口水温可按换热器经济设计的要求选择。热力网进出口水温确定后，即可计算热力网水量。

5. 经济性计算方法

方法一：考虑进汽量不变，回收烟气余热的热量用于排挤五段抽汽，发电量增加。

采用烟气余热利用装置加热热力网水后，汽轮机的热平衡图相应发生了变化。如果汽轮机厂能够按照相应的热力系统将其纳入热平衡图中，计算精度最高，数值最准确，但是在实际工程中，由于各种原因无法实现，我们也可以采取等效焓降法近似计算。

假定条件：相对于汽轮机厂的热平衡图，新蒸汽流量保持不变，局部参数变化时，汽轮机抽汽点参数按不变考虑。

按此方法计算，仅考虑采用烟气余热利用装置以后而引起的凝结水量以及抽汽量的变化，其他参数不变，考虑由于抽汽量变化而引起的发电量和热耗的变化。

方法二：考虑进汽量不变，回收烟气余热的热量用于增加供热量，发电量不变。具体计算方法同方法一。

6. 经济性计算

经济性计算（方法一）见表 8-9。

表 8-9 经济性计算（方法一）

序号	名　称	符号	单位	公式数据及其来源
一	计算烟气回收热量	Q	kW	该数据也可由烟气回收装置厂家提供
1	计算烟气入口热量			

续表

序号	名 称	符号	单位	公式数据及其来源
1.1	入口烟气温度	t_{in}	℃	根据锅炉厂数据
1.2	烟气各成分比热容			
	CO_2	c_1	kJ/（kg·℃）	
	SO_2	c_2	kJ/（kg·℃）	
	N_2	c_3	kJ/（kg·℃）	
	O_2	c_4	kJ/（kg·℃）	
	H_2O	c_5	kJ/（kg·℃）	
	ash	c_6	kJ/（kg·℃）	DL/T 5240—2010《火力发电厂燃料系统设计计算技术规程》燃规表 C.12
1.3	烟气各成分流速			
	CO_2	v_1	kg/s	锅炉专业根据燃烧计算书提供
	SO_2	v_2	kg/s	锅炉专业根据燃烧计算书提供
	N_2	v_3	kg/s	锅炉专业根据燃烧计算书提供
	O_2	v_4	kg/s	锅炉专业根据燃烧计算书提供
	H_2O	v_5	kg/s	锅炉专业根据燃烧计算书提供
	ash	v_6	kg/s	锅炉专业根据燃烧计算书提供
1.4	烟气入口热量	Q_{in}	kW	$\sum_{j=1}^{6} c_j v_j t_{in}$
2	计算烟气出口热量			
2.1	出口烟气温度	t_{out}	℃	根据除尘器或脱硫塔要求设置最低温度
2.2	烟气各成分比热容			
	CO_2	c_1'	kJ/（kg·℃）	
	SO_2	c_2'	kJ/（kg·℃）	
	N_2	c_3'	kJ/（kg·℃）	
	O_2	c_4'	kJ/（kg·℃）	
	H_2O	c_5'	kJ/（kg·℃）	
	ash	c_6'	kJ/（kg·℃）	DL/T 5240—2010《火力发电厂燃料系统设计计算技术规程》燃规表 C.12
2.3	烟气出口热量	Q_{out}	kW	$\sum_{j=1}^{6} c_j' v_j t_{out}$
3	烟气回收热量	Q	kW	$Q_{in}-Q_{out}$
注：以上为单个回收装置回收热量，若设置两级，则需分别计算后累加				
二	凝结水（热煤水）量计算			
1	凝结水（热煤水）进水温度	t_3	℃	一般取 70℃
2	凝结水（热煤水）进水焓值	h_3	kJ/kg	根据水压和水温计算
3	凝结水（热煤水）出水温度	t_4	℃	根据锅炉排烟温度 t_{in} 考虑端差后确定
4	凝结水（热煤水）出水焓值	h_4	kJ/kg	根据水压和水温计算
5	换热系数	k_3		根据换热器厂家资料确定

续表

序号	名 称	符号	单位	公式数据及其来源
6	凝结水（热煤水）量	G_3	t/h	$\frac{3.6Qk_3}{h_4-h_3}$
三	凝结水各段水量计算			
1	热水段水温	t_2	℃	根据热平衡图进行选择，应大于70℃
2	热水段出水焓值	h_2	kJ/kg	根据水压和水温计算
3	冷水段水温	t_1	℃	根据热平衡图进行选择水温应小于70℃
4	冷水段出水焓值	h_1	kJ/kg	根据水压和水温计算
5	热水段水量	G_2	t/h	$\frac{G_3(h_3-h_1)}{h_2-h_1}$
6	冷水段水量	G_1	t/h	G_3-G_1
四	热力网水量计算			
1	凝结水（热煤水）进水焓值	h_4	kJ/kg	根据水压和水温计算
2	热力网水进水温度	t_6	℃	根据热力网回水参数确定
3	凝结水（热煤水）出水温度	t_5	℃	根据热力网进水温度t_6考虑端差后确定
4	凝结水（热煤水）出水焓值	h_5	kJ/kg	根据水压和水温计算
5	凝结水（热煤水）再循环水量	G_8	t/h	按凝结水（热煤水）进水温度t_3要求调节（非正常工况）
	凝结水（热煤水）至热网换热器水量	G_4	t/h	无再循环运行时，等于G_3 有再循环运行时，等于G_3-G_8
6	换热系数	k_4		根据换热器厂家资料确定
7	热力网水进水焓值	h_6	kJ/kg	根据热力网回水参数确定
8	热力网水出水温度	t_7	℃	根据热网换热器经济设计要求确定
9	热力网水出水焓值	h_7	kJ/kg	根据热力网出水参数确定
10	热力网水量计算	G_6	t/h	$\frac{G_4k_4(h_4-h_5)}{h_7-h_6}$
五	热耗影响计算			
1	某一级凝结水量减少排挤抽汽后而引起的电量增加计算（冷水抽出段的后一级加热器）			
1.1	原热平衡图凝结水量	G_{11}	t/h	根据热平衡图
1.2	加热热力网水后凝结水量	G_{12}	t/h	$G_{11}-G_1$
1.3	原热平衡图加热器抽汽量	D_{c1}	t/h	根据热平衡图
1.4	加热热力网水后排挤该级抽汽量	D'_{c1}	t/h	$\frac{D_{c1}(G_{11}-G_{12})}{G_{11}}$
1.5	本级抽汽蒸汽焓	h_{c1}	kJ/kg	根据热平衡图
1.6	低压缸排汽焓	h_p	kJ/kg	根据热平衡图
1.7	排挤的抽汽增加的发电功率	P_{c1}	kW	$\frac{D_{c1}(h_{c1}-h_p)}{3.6}$
2	某一级凝结水温变化而引起的电量变化计算（凝结水并入的后一级加热器）			
2.1	剩余凝结水量	G_{14}	t/h	$G_{15}-G_3$

续表

序号	名 称	符号	单位	公式数据及其来源
2.2	原热平衡图进入加热器凝结水量	G_{15}	t/h	根据热平衡图
2.3	原热平衡图凝结水焓	h_{14}	kJ/kg	根据热平衡图
2.4	热网换热器出口凝结水量	G_5	t/h	G_3
2.5	热网换热器出口凝结水焓	h_5	kJ/kg	根据水压和水温计算
2.6	原热平衡图加热器抽汽量	D_{c2}	t/h	根据热平衡图
2.7	加热热力网水后排挤该级抽汽量	D'_{c2}	t/h	$\dfrac{D_{c2}(G_5h_5+G_{14}h_{14}-G_{15}h_{14})}{G_{15}h_{14}}$
2.8	排挤的抽汽增加的发电功率	P_{c2}	kW	$\dfrac{D'_{c2}(h_{c2}-h_p)}{3.6}$
3	热力网水量减少排挤抽汽后而引起的电量增加计算（一般是5号低压加热器）			
3.1	原热平衡图热网加热器抽汽量	D_{c3}	t/h	根据热平衡图
3.2	原热平衡图热网加热器抽汽焓	h_{c3}	kJ/kg	根据热平衡图
3.3	热网加热器疏水焓	h_{s3}	kJ/kg	根据热网加热器的疏水参数计算
3.4	利用烟气余热装置后回收的热量排挤该级抽汽量	D'_{c3}	t/h	$\dfrac{G_6(h_7-h_6)}{h_{c3}-h_{s3}}$
3.5	排挤的抽汽增加的发电功率	P_{c3}	kW	$\dfrac{D'_{c3}(h_{c3}-h_p)}{3.6}$
4	热耗变化量			
4.1	原汽机热耗	q_{jrr}	kJ/（kW·h）	根据热平衡图
4.2	原汽机发电功率	P	kW	根据热平衡图
4.3	热力网升压泵功率	P_r	kW	根据泵流量、扬程估算
4.4	利用烟气余热后汽轮机发电功率	P'	kW	$P+P_{c1}+P_{c2}+P_{c3}-P_r$
4.5	利用烟气余热后汽轮机热耗	q'_{jrr}	kJ/（kW·h）	$q_{jrr}P/P'$
4.6	热耗差值	Δq_{jrr}	kJ/（kW·h）	$q_{jrr}-q_{jrr}'$
4.7	标煤低位发热量	Q_{net}	kJ/kg	29271
4.8	锅炉效率	η_{gl}	%	根据锅炉厂资料
4.9	管道效率	η_{gd}	%	99
4.10	煤耗差值	Δb	g/（kW·h）	$\dfrac{100\Delta q_{jrr}}{29271\eta_{gl}\eta_{gd}}$

在非供暖期，热网水水换热器关闭，烟气余热利用装置热量全部回收至凝结水系统，抽出凝结水的加热器由于水量减少可排挤部分抽汽，回水温度较高进入下一级加热器后，也可排挤该级加热抽汽，由此可增加发电量，降低热耗。

经济性计算（方法二）见表8-10。

表8-10　　经济性计算（方法二）

序号	名 称	符号	单位	公式数据及其来源
一	计算烟气回收热量	Q	kW	该数据也可由烟气回收装置厂家提供
1	计算烟气入口热量			

续表

序号	名 称	符号	单位	公式数据及其来源
1.1	入口烟气温度	t_{in}	℃	根据锅炉厂数据
1.2	烟气各成分比热容			
	CO_2	c_1	kJ/（kg·℃）	
	SO_2	c_2	kJ/（kg·℃）	
	N_2	c_3	kJ/（kg·℃）	
	O_2	c_4	kJ/（kg·℃）	
	H_2O	c_5	kJ/（kg·℃）	
	ash	c_6	kJ/（kg·℃）	DL/T 5240—2010《火力发电厂燃料系统设计计算技术规程》表 C.12
1.3	烟气各成分流速			
	CO_2	v_1	kg/s	锅炉专业根据燃烧计算书提供
	SO_2	v_2	kg/s	锅炉专业根据燃烧计算书提供
	N_2	v_3	kg/s	锅炉专业根据燃烧计算书提供
	O_2	v_4	kg/s	锅炉专业根据燃烧计算书提供
	H_2O	v_5	kg/s	锅炉专业根据燃烧计算书提供
	ash	v_6	kg/s	锅炉专业根据燃烧计算书提供
1.4	烟气入口流量	Q_{in}	kW	$\sum_{j=1}^{6} c_j v_j t_{in}$
2	计算烟气出口热量			
2.1	出口烟气温度	t_{out}	℃	根据除尘器或脱硫塔要求设置最低温度
2.2	烟气各成分比热容			
	CO_2	c_1'	kJ/（kg·℃）	
	SO_2	c_2'	kJ/（kg·℃）	
	N_2	c_3'	kJ/（kg·℃）	
	O_2	c_4'	kJ/（kg·℃）	
	H_2O	c_5'	kJ/（kg·℃）	
	ash	c_6'	kJ/（kg·℃）	DL/T 5240—2010《火力发电厂燃料系统设计计算技术规范》
2.3	烟气出口热量	Q_{out}	kW	$\sum_{j=1}^{6} c_j' v_j t_{out}$
3	烟气回收热量	Q	kW	$Q_{in}-Q_{out}$
注：以上为单个回收装置回收热量，若设置两级，则需分别计算后累加				
二	热力网换热系数			
2.1	烟气余热利用装置换热系数	k_3		根据换热器厂家资料确定
2.2	热网水水换热器换热系数	k_4		根据换热器厂家资料确定
三	增加的供热量	ΔQ		$Q\times k_3\times k_4$

三、锅炉尾部烟气余热利用设计案例

本节以一台 350MW 供热机组利用烟气余热加热热力网水为案例介绍锅炉尾部烟气余热利用设计的过程及方法。

（一）系统边界条件确定

（1）本计算实例采用方案一，用凝结水加热热力网回水。经济性计算采用方法一，考虑利用烟气余热后，供热量不变，机组热耗以及发电量发生变化。

（2）排烟温度按 126℃，吸收塔进口温度按 85℃；凝结水经过烟气余热利用装置进水温度 70℃，出水温度 100℃；凝结水经过热网水水换热器进水温度 100℃，出水温度 78℃（与 5 号低压加热器进口凝结水温相同）。烟气回收的热量可根据表 8-9 的计算方法计算，也可由设备厂家计算提供。由于此处需要选取较多锅炉燃烧计算中的数据，所以不一一列出，暂按 20MW 进行相关计算。

（3）热力网对外供、回水温度按热电厂常规参数 130/70℃，热力网循环水量按 5000t/h。热力网至热网水水换热器进水温度为 70℃，出水温度按 90℃。

（二）基准热平衡图

如图 8-25 所示为 350MW 供热机组典型供热热平衡图，由汽轮机制造厂提供，是热电厂各项热力计算的基础。采用烟气余热利用装置后，可将各边界条件提供给汽轮机制造厂，请汽轮机厂计算并提供相应工况的热平衡图。

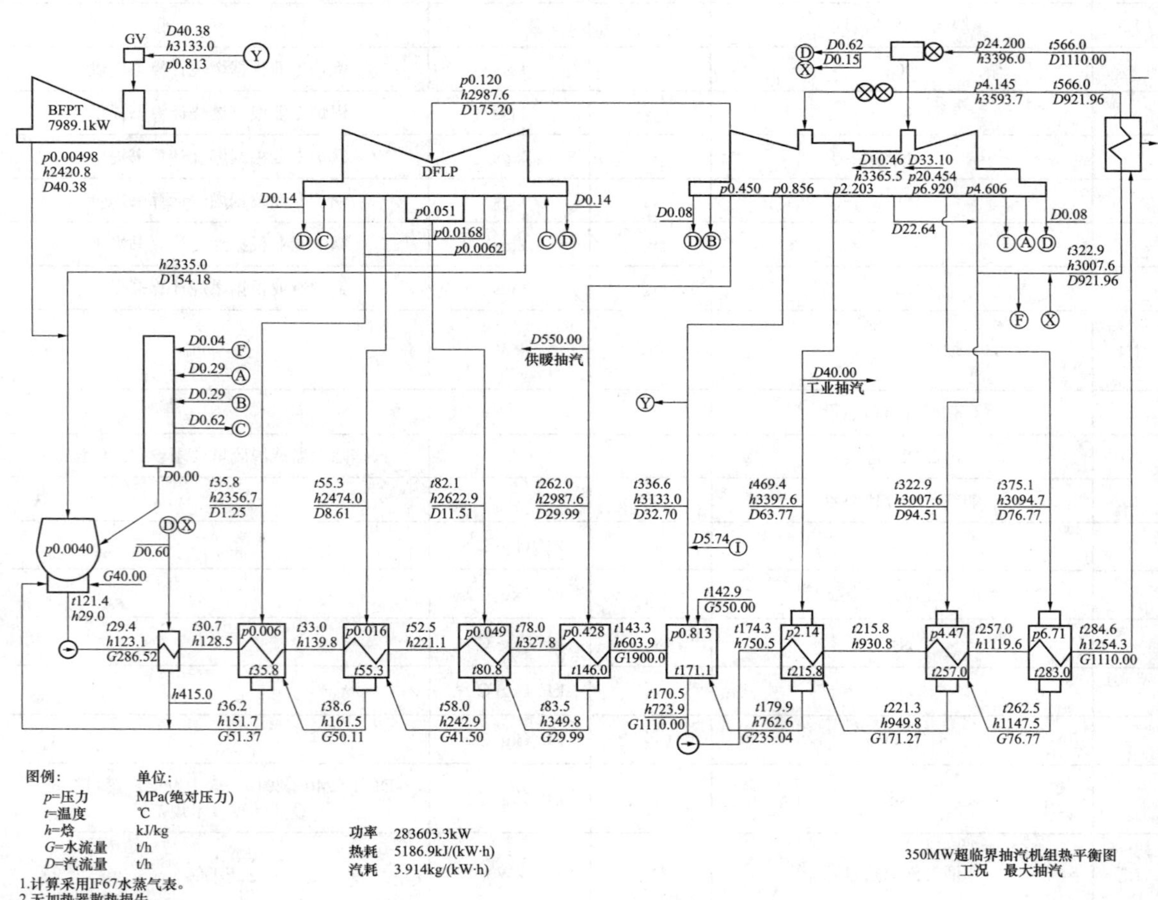

图 8-25 热平衡图

热平衡图中与计算相关的主要数据见表 8-11。

表 8-11 热平衡图相关数据

序号	工质来源	单位	数据
1	凝结水流量	t/h	836.52
2	6 号低压加热器入口水温	℃	52.5
3	6 号低压加热器入口焓值	kJ/kg	221.1

续表

序号	工质来源	单位	数据
4	6 号低压加热器抽汽温度	℃	82.1
5	6 号低压加热器抽汽焓值	kJ/kg	2622.9
6	6 号低压加热器抽汽量	t/h	11.51
7	5 号低压加热器入口水温	℃	78
8	5 号低压加热器入口焓值	kJ/kg	327.8
9	5 号低压加热器抽汽温度	℃	262
10	5 号低压加热器抽汽焓值	kJ/kg	2987.6
11	5 号低压加热器抽汽量	t/h	29.99
12	机组排汽焓	kJ/kg	2335
13	机组热耗	kJ/kg	5186.9
14	机组发电功率	kW	283603

注　按照超临界机组的相关要求，热力网疏水应经疏水冷却器后全部进入凝汽器，此热平衡图中未考虑此要求，所以数据表中凝结水量将热力网疏水量计入。

（三）系统拟定

根据本热平衡图的相关参数，至烟气回收装置的凝结水选取 6 号低压加热器进、出口凝结水进行混温，调节至 70℃；凝结水经过热网水水换热器后回至 6 号低压加热器出口。

以下计算是按照等效焓降法对其影响进行的估算。经济性计算的相关参数如图 8-25 所示，经济计算的结果见表 8-12。烟气余热利用系统图如图 8-26 所示。

表 8-12　　经济性计算示例

序号	项　　目	单位	数值
一	烟气回收热量	kW	20000
二	凝结水量计算		
1	凝结水进水温度	℃	70
2	凝结水进水焓值	kJ/kg	295.4
3	凝结水出水温度	℃	100
4	凝结水出水焓值	kJ/kg	421.3
5	换热系数		0.99
6	凝结水量	t/h	566.5
三	凝结水各段水量计算		
1	热水段水温	℃	78
2	热水段出水焓值	kJ/kg	327.8
3	冷水段水温	℃	52.5
4	冷水段出水焓值	kJ/kg	221.1
5	热水段水量	t/h	394.7
6	冷水段水量	t/h	171.8
四	热力网水量计算		
1	凝结水进水焓值	kJ/kg	421.3
2	凝结水出水温度	℃	78
3	凝结水出水焓值	kJ/kg	327.8
4	凝结水至热网换热器水量	t/h	566.5
5	换热系数		0.99
6	热力网水进水温度	℃	70
7	热力网水进水焓值	kJ/kg	294.3
8	热力网水出水温度	℃	90
9	热力网水出水焓值	kJ/kg	378.2
10	热力网水量计算	t/h	625.2
五	热耗影响计算		
1	6 号低压加热器凝结水量减少排挤抽汽后而引起的电量增加计算		
1.1	原热平衡图凝结水量	t/h	836.52
1.2	加热热力网水后凝结水量	t/h	270.05
1.3	原热平衡图加热器抽汽量	t/h	11.51
1.4	加热热力网水后排挤该级抽汽量	t/h	7.8
1.5	本级抽汽蒸汽焓	kJ/kg	2622.9
1.6	低压缸排汽焓	kJ/kg	2335
1.7	排挤的抽汽增加的发电量	kW	623.3
2	5 号低压加热器凝结水温和水量与原热平衡图相同，电量不变		
3	热力网水量减少排挤抽汽后而引起的电量增加计算		
3.1	原热平衡图热力网加热器抽汽量	t/h	550
3.2	原热平衡图热力网加热器抽汽焓	kJ/kg	2987.6
3.3	热网加热器疏水焓	kJ/kg	440.5
3.4	利用烟气余热装置后回收的热量排挤该级抽汽量	t/h	20.6
3.5	排挤的抽汽增加的发电量	kW	3730.9
4	热耗变化量		
4.1	原汽轮机热耗	kJ/（kW·h）	5186.9
4.2	原汽轮机发电功率	kW	283603
4.3	热力网升压泵功率	kW	100

续表

序号	项 目	单位	数值
4.4	利用烟气余热后汽轮机发电功率	kW	287857.2
4.5	利用烟气余热后汽轮机热耗	kJ/（kW·h）	5110.2
4.6	热耗差值	kJ/（kW·h）	76.7
4.7	标煤低位发热量	kJ/kg	29271
4.8	锅炉效率	%	93.5
4.9	管道效率	%	99
4.10	煤耗差值	g/（kW·h）	2.83

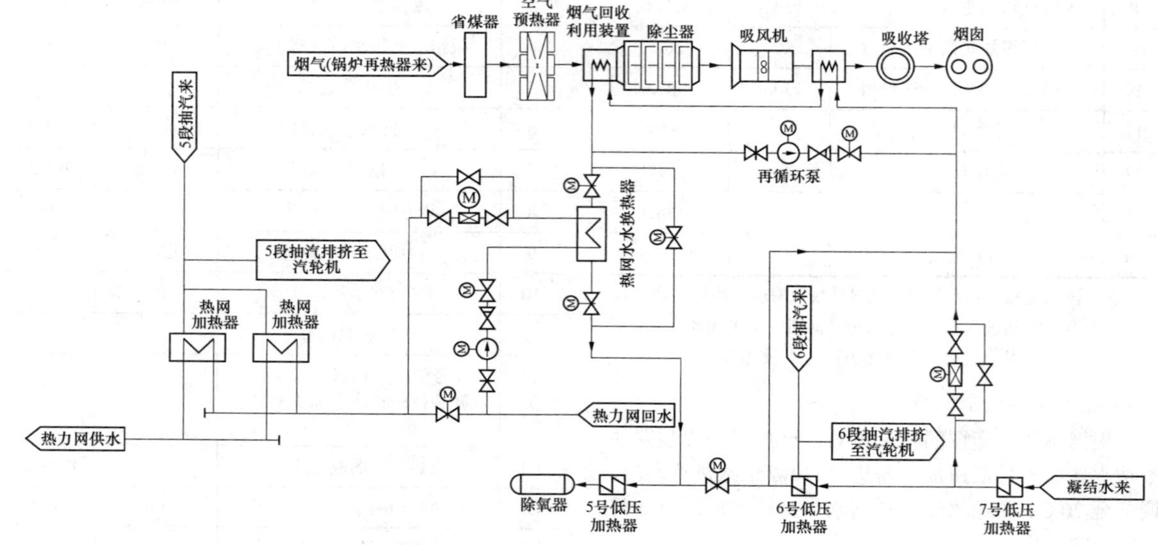

图 8-26 烟气余热利用系统图

（四）经济性分析

从以上经济计算可知，利用烟气余热加热热力网回水，节省汽轮机回热抽汽，降低发电煤耗。由于增设烟气余热利用装置，烟道系统的烟气阻力略有增加，但引风机的体积流量也有降低，引风机以及除尘器功率也会有变化。同时，增加烟气余热利用装置，需增加换热器、管道、阀门等的初投资。因此需综合评价此方案的经济性。

1. 经济性比较方法

在总调度电量一定的情况下，通过计算设置烟气余热利用装置后，因上网电量不同所产生的差额收入，以计及资金时间价值的动态理论，计算投资差额回收年限 n，公式如下：

$$A=P\frac{i(1+i)^n}{(1+i)^n-1} \tag{8-20}$$

也可记为

$$A=P(A/P，i，n) \tag{8-21}$$

式中 A——年值，在本案例中等于ΔC（年差额收益，售电利润差额产生减去增加的运行维护费用）；

P——现值，在本案例中等于ΔZ（设置烟气余热利用装置增加的投资额）；

i——基准收益率，按 7%计算；

n——差额回收年限；

$(A/P，i，n)$——等额分付资金回收系数。

2. 初投资增加 ΔZ

初投资比较（一台 350MW 机组）见表 8-13。

表 8-13 初投资比较（一台 350MW 机组）

项 目	单位	常规方案	设置烟气余热利用装置
烟气余热利用装置初投资	万元	基准	+800
烟道防腐	万元	基准	+50
除尘器初投资	万元	基准	–500
凝结水管道、阀门支吊架初投资	万元	基准	+25
土建桩基基础、结构投资	万元	基准	+15
热网水水换热器及升压泵初投资	万元	基准	+100
初投资增加 ΔZ	万元	基准	+490

注 1. 烟气余热利用装置初投资引自设备厂家估价，含安装费用。
2. 除尘器初投资引自设备厂家估价。采用烟气余热利用装置后，可优化为四电场静电除尘器。

3. 年差额收益 ΔC 计算

年差额收益由节约燃料费、运行电费、节水费用、检修和维护费用四个方面组成。年差额收益 ΔC 计算数据见表 8-14。

表 8-14 年差额收益 ΔC 计算数据

项 目	单位	常规方案	设置烟气余热利用装置
节约燃料量（按供暖期发电小时数 2500h）	t	基准	2476
节约燃料费（按 500 元/t 标准煤）	万元	基准	−124
检修和维护费用	万元	基准	+30
年节约费用	万元	基准	−94
年差额收益	万元	基准	94

注 以上收益仅考虑了供暖期烟气余热利用装置节约的燃煤量，在非供暖期余热回收至凝结水系统，也可以产生收益（比供暖期略小），此处计算未考虑。

4. 差额回收年限

差额回收年限计算见表 8-15。

表 8-15 差额回收年限计算（按增加发电量计算）

项目	单位	常规方案	设置烟气余热利用装置
年差额收益 ΔC	万元	基准	94
初投资增加 ΔZ	万元	基准	490
等额分付资金回收系数（A/P，i，n）		基准	0.19
基准收益率 i		基准	7%
差额回收年限 n	年	基准	7 年

第九章

供热首站设计

随着我国供暖城市集中供热规模的不断扩大，供热对系统的可靠性和经济性要求越来越高，供热系统与热力系统间相连紧密，供热对机组的安全运行及热经济性影响大，热源与热用户间换热大部分采用二级换热系统，在热电厂设供热首站，将机组供暖蒸汽的热量传递给热力网循环水，在热用户端设二级换热站，将热力网循环水热量传递给二级热网循环水，二级热网循环水再将热量传递给热用户，保持用户室内温度。

供热首站设计的主要内容：相关系统拟定、系统联锁与保护、设备选型、首站位置、设备及管道安装布置、首站系统对汽轮机防进水及防超速的影响等。

第一节　系统设计范围及功能

一、系统设计范围

1. 热网加热蒸汽系统

（1）从供热汽轮机供暖抽汽或背压机排汽口至热网加热器蒸汽接口的管道。

（2）汽轮机供暖抽汽或背压机排汽管道上安全阀压力保护管道。

（3）从供暖抽汽或背压机排汽管道至补水除氧器加热蒸汽管道。

（4）从供暖抽汽或背压机排汽管道或加热器本体至疏水箱蒸汽进口的汽平衡管道。

（5）热网循环水泵驱动汽轮机汽源及排汽管道。

（6）供暖抽汽降压发电有关蒸汽管道。

2. 热网加热器疏水放气系统

（1）从热网加热器正常疏水出口经热网疏水母管或热网疏水箱、热网疏水泵至除氧器进口主凝结水管道，或从热网加热器正常疏水出口经主凝结水系统轴封加热器出口热网疏水冷却器冷却后回收到凝汽器（排汽装置）的正常疏水管道。

（2）从热网加热器事故疏水出口至热网事故疏水扩容器管道。

（3）热网加热器管侧放水放气管道及安全阀排放管道。

（4）热网加热器壳侧放水放气管道及安全阀排汽管道。

（5）事故疏水扩容器排汽管道及排水管道。

3. 热网循环水系统

（1）从电厂厂区围墙外 1m 至供热首站热网循环水泵进口的回水管道。

（2）从供热首站内热网循环水泵出口经热网加热器至电厂厂区围墙外 1m 处的供水管道。

（3）从热网循环水泵进口到出口的旁路缓冲管道。

（4）从热网加热器进口到出口的旁路管道。

（5）热网循环水回水管道超压保护装置及附属管道。

（6）热网循环水泵进出口旁通管定压管道。

4. 热网循环水补水系统

（1）从软化水车间来的补水经供热首站内补水除氧器除氧，再经补水泵升压后补入热网循环水回水的补水管道。

（2）从供水专业来的事故补水管道。

5. 辅机冷却水系统

（1）从冷却水供水母管至供热首站各辅机冷却水进水接口的全部冷却水管道。

（2）从供热首站各辅机冷却水出水接口回至主厂房冷却水回水母管的全部管道。

二、系统功能

1. 热网加热蒸汽系统

（1）加热热力网循环水，满足供暖系统对热力网循环水温度的要求。

（2）防止中低压缸连通管调节蝶阀及供热抽汽管道上快关调节阀或气动止回阀误动作，造成汽轮机中排超压；在补水除氧器内通过加热除氧，除去热力网循环水补水中的氧气和其他不凝结气体。

（3）为热网循环水泵驱动用汽轮机设置汽源，如果驱动汽轮机为背压式，利用排汽加热热力网循环水，如果驱动汽轮机为凝汽式，配置凝汽方式。

（4）利用供暖抽汽多余压力发电，降低机组能耗。

2. 热网加热器疏水放气系统

（1）确保热网加热器及加热器疏水箱的正常运行水位，回收热网加热器疏水，防止热网加热器满水造成汽轮机进水的措施。

（2）从热网加热器及补水除氧器中排出不凝结的气体，提高换热效率。

（3）防止热网加热器超压措施。

3. 热网循环水系统

（1）向二级换热站提供压力、温度、流量满足热用户要求的热力网循环水。

（2）为防止热力网循环水汽化及高转速循环水泵汽蚀，维持热力网循环水系统内某一点水压在热网循环水泵运行或停运时恒定。

4. 热网循环水补水系统

向热力网循环水系统提供补充水，防止热力网循环水系统水压大幅波动。

5. 辅机冷却水系统

向供热首站内需要水冷的辅机轴承或油站提供并回收冷却水。

第二节 管道介质推荐流速、管道材料及规格

一、管道介质推荐流速

热网加热器循环水的最高出水温度等于其加热蒸汽压力对应的饱和温度减去热网加热器端差，加热蒸汽压力下降，供水最高温度对应下降，当热力网循环水供水温度确定后，要保证供水温度，进入热网加热器的最低蒸汽压力与供水温度必须对应，对于不同参数、类型及结构的汽轮机，其供暖抽汽口处蒸汽压力由汽轮机厂给定，设计单位不能随意降低。供暖蒸汽管道的最大允许压降等于汽轮机供暖抽汽口处汽轮机厂给定的蒸汽压力减去热网加热器保证供水温度时蒸汽最低允许进汽压力，对于相同内径、相同初参数的蒸汽管道，蒸汽流速越大，管道阻力越大，选择供暖抽汽管道流速时，在保证热网加热器蒸汽进口最低压力后，应最大化选择蒸汽流速，降低管道规格，节约投资，表 9-1 为供热首站热力系统介质推荐设计流速表。

热网循环水供回水支干线管道，其管径应按允许压力降来确定，其最大流速不超过表 9-1 允许值，对于高转速汽驱热网循环水泵，其泵入口侧汽蚀余量要求高，泵入口管道管径选择需同时满足泵不汽蚀要求。

表 9-1 供热首站热力系统介质推荐设计流速表

介质类型	管道名称	推荐流速设计范围（m/s）
供热介质为过热蒸汽	热网加热蒸汽系统管道	35～60
供热介质为饱和蒸汽	热网加热蒸汽系统管道	30～50
热网循环水	热网循环水供回支干线管道	≤3.5
热网加热器疏水	疏水泵入口侧管道	0.5～1.0
	疏水泵出口侧管道	1.5～3.0
热网循环水补水	补水泵入口侧管道	0.5～1.0
	补水泵出口侧管道	1.5～3.0

二、管道材料

300MW 级新建热电联产机组供暖抽汽温度一般在 250℃左右，300～660MW 现役纯凝机组供热改造工程供暖抽汽温度一般在 350℃左右，供暖抽汽温度以汽轮机厂提供的热平衡图中数据为准，管道选材主要依据管道设计温度来确定，供热首站热力系统管道选材应满足表 9-2 要求。

表 9-2 供热首站常用国产材料及其推荐使用温度

钢类	钢号	推荐使用温度（℃）	允许的上限温度（℃）	允许的上限压力（MPa）	备注
碳素钢	Q235-A	0～300	350	1.6	GB/T 3091—2008
	Q235-B				
优质碳素钢	20	−20～425	430	5.3	GB 3087
	20G	−20～430	450		GB 5310

三、管道规格

1. 管道类型

规格大于 DN600 的热网循环水及热网加热蒸汽管道选用螺旋缝电焊钢管或直缝电焊钢管，供热首站其他热力管道选用无缝钢管。

2. 管道执行标准

供热首站热力系统相关管道执行下列标准：

GB 3087《低中压锅炉用无缝钢管》

GB 5310《高压锅炉用无缝钢管》

GB/T 3091《低压流体输送用焊接钢管》

第三节 机组规划供热负荷及供热首站设计容量

一、机组规划供热负荷

热电联产规划中供热区域内近期总的采暖热负荷

及远期规划采暖热负荷分配给设计项目供热机组及对应调峰热源所承担的供热热负荷，按期分为近期机组规划供热负荷及远期机组规划供热负荷。

二、供热首站设计热负荷

（1）当汽轮机抽（排）汽最大供热能力及余热回收热负荷之和不大于近期机组规划供热负荷时，供热首站设计热负荷宜按汽轮机抽（排）汽最大供热能力设计。

（2）当汽轮机抽（排）汽最大供热能力与余热回收热负荷之和不小于近期机组规划供热负荷，且不大于远期机组规划供热负荷时，供热首站设计热负荷宜取汽轮机抽（排）汽最大供热能力设计，各热力母管及公用设备一次性建设，供热首站设计热负荷与近期机组规划供热负荷的增量值所需供热设备及其系统宜根据热负荷增量大小分期建设。

（3）当汽轮机抽（排）汽最大供热能力与余热回收热负荷之和不小于远期机组规划供热负荷时，供热首站设计热负荷宜按远期机组规划供热负荷扣除余热回收热负荷设计，各热力母管及公用设备可一次性建设，远期与近期机组规划供热负荷增量值所需供热设备及其系统宜根据热负荷增量大小分期建设。

三、供热首站设计热负荷计算

按供热汽轮机抽（排）汽最大供热能力工况供暖抽汽量计算供热首站设计热负荷：

$$Q_{sz}=\frac{D_{t,\max}\times(h_e-h_c)\times\eta_{rw}\times10^{-3}}{3.6} \tag{9-1}$$

式中 Q_{sz}——供热首站设计热负荷，MW；

$D_{t,\max}$——供热汽轮机抽（排）汽最大供暖抽汽量，t/h；

h_e——热网加热器蒸汽进口蒸汽焓值，kJ/kg；

h_c——热网加热器疏水出口疏水焓值（对热网加热器带内置式疏冷段：h_c取热网加热器疏水焓值；对热网加热器设外置式疏冷器，疏冷器冷却水为热网循环水时，h_c取外置式疏冷器疏水焓值），kJ/kg；

η_{rw}——统计期内热网加热器效率（推荐取值范围98%～99%）。

四、机组规划供热负荷计算

机组规划供热负荷由汽轮机抽（排）汽、机组余热回收及调峰热源联合承担，按供热首站、调峰锅炉热网循环水参数及机组余热回收热量计算机组规划供热负荷：

$$Q_{rlw}=\frac{[(G_ih_i-G_jh_j)+\sum(G_ch_c-G_eh_e)+Q_{yr}]\times10^{-3}}{3.6} \tag{9-2}$$

式中 Q_{rlw}——机组规划供热负荷，MW；

G_i——供热首站热网循环水供水设计流量，t/h；

h_i——供热首站热网循环水供水焓值，kJ/kg；

G_j——供热首站热网循环水回水设计流量，t/h；

h_j——供热首站热网循环水回水焓值，kJ/kg；

G_c——调峰锅炉热力网循环水供水设计流量，t/h；

h_c——调峰锅炉热力网循环水供水焓值，kJ/kg；

G_e——调峰锅炉热力网循环水回水设计流量，t/h；

h_e——调峰锅炉热力网循环水回水焓值，kJ/kg；

Q_{yr}——机组余热回收热量，MJ/h。

第四节 系统设计压力及设计温度

管道设计压力（表压）系指管道运行中内部介质最大工作压力；对于水管道设计压力应计入水柱静压；管道设计温度系指管道运行中内部介质的最高工作温度。

一、热网加热蒸汽系统

1. 热网加热蒸汽系统设计压力

（1）对于来自汽轮机非调整抽汽口的加热蒸汽管道，设计压力取用汽轮机 VWO 工况下该级抽汽压力的 1.1 倍，且不小于 0.1MPa（表压）。

（2）对于来自汽轮机调整抽汽口的加热蒸汽管道，快关调节阀后蒸汽管道取汽轮机在各工况下的最高工作压力；快关调节阀前蒸汽管道取汽轮机 VWO 工况下该级抽汽压力的 1.1 倍与调节抽汽运行时各工况下的最高工作压力中最大值，二者中最高值。

（3）对于来自背压汽轮机排汽的加热蒸汽管道，取背压汽轮机排汽的最高工作压力。

（4）对于加热蒸汽来自减压装置出口的加热蒸汽管道，取减压装置出口最高工作压力。

当上述压力低于安装在减压装置上的安全阀最低整定压力时，则取安全阀的最低整定压力。

2. 热网加热蒸汽系统设计温度

（1）对于来自汽轮机非调整抽汽口的加热蒸汽管

道，取用汽轮机最大计算出力工况下抽汽参数，等熵求取管道在设计压力下的相应温度。

(2)对于来自汽轮机调整抽汽口的加热蒸汽管道，取用抽汽的最高工作温度。

（3）对于来自背压汽轮机排汽的加热蒸汽管道，取排汽的最高工作温度。

（4）对于来自减温装置出口的加热蒸汽管道，取减温装置出口的最高工作温度。

二、热网加热器疏水放汽系统

1. 热网加热器疏水放汽系统设计压力

（1）热网加热器疏水出口至疏水箱入口之间的管道，取加热蒸汽管道设计压力与疏水静压之和，且不小于 0.1MPa（表压）。

（2）疏水箱出口至疏水泵入口之间的管道，取疏水箱内最高工作压力与疏水静压之和。

（3）疏水泵出口管道，当采用调速泵时，取疏水泵选型工况对应转速特性曲线最高点对应压力与泵进水侧压力之和；当采用定速泵时，取泵特性曲线最高点与进水压力之和。

（4）热网加热器疏水出口至疏水冷却器至凝汽器的疏水管道，取加热蒸汽管道设计压力与疏水静压之和，且不小于 0.1MPa（表压）。

（5）热网加热器放水放气系统管道，取加热蒸汽管道设计压力与疏水静压之和，且不小于 0.1MPa（表压）。

2. 热网加热器疏水放汽系统设计温度

热网加热器正常疏水设计温度取用该加热器正常疏水出口最高工作温度，事故疏水温度取用加热蒸汽管道设计压力对应的饱和温度。

三、热网循环水系统

1. 热网循环水系统设计压力

（1）当热网循环水系统全部采用定速循环水泵时，热网循环水管道的设计压力取用热网循环水泵中单个特性曲线最高点对应的压力与该泵进水侧压力之和中最大值。

（2）当热网循环水系统中热网循环水泵既有定速泵又有调速泵时，从循环水泵出口至第一道关断阀前的管道设计压力按照调速泵和定速泵特点分别选取：调速泵出口取用调速泵在选型工况对应转速特性曲线最高点对应的压力与进水侧压力之和；定速泵取泵特性曲线最高点与进水压力之和；第一道关断阀之后的热网循环水管道的设计压力取用定速泵和调速泵出口压力较大值，定速热网循环水泵出口压力按特性曲线最高点对应的压力与该泵进水侧压力之和；调速热网循环水泵出口压力按泵在选型工况对应转速及设计流量下泵提升压力的 1.1 倍与进水侧压力之和。

（3）当热网循环水系统中全部热网循环水泵均为调速泵时，从循环水泵出口至关断阀的管道设计压力取用泵在选型工况对应转速特性曲线最高点对应的压力与进水侧压力之和；关断阀之后的热网循环水管道的设计压力取用泵在选型工况对应转速及设计流量下泵提升压力的 1.1 倍与进水侧压力之和。

2. 热网循环水系统设计温度

（1）热网加热器入口管道，取热网回水最高工作温度与热网回水及补水混合后温度二者中的较高温度。

（2）热网加热器出口管道，取热网供水最高工作温度加 5℃的温度偏差。

四、热网循环水补水系统

1. 热网循环水补水系统设计压力

（1）从软化水车间至低压除氧器补水管道设计压力：取其最高工作压力。

（2）从补水除氧器至补水泵进口管道设计压力：取用补水除氧器额定压力与最高水位时水柱静压之和。

（3）从补水泵至热网循环水回水管道压力：取补水泵性能曲线最高点对应的压力与进水侧压力之和。

2. 热网循环水补水系统设计温度

（1）从软化水车间至低压除氧器补水管道设计温度：取其最高工作温度。

(2)低压除氧器至热网循环水回水管道设计温度：取低压除氧器额定压力下的饱和水温度。

第五节　热网加热蒸汽系统

热网加热蒸汽系统分为母管制热网加热蒸汽系统、单元制热网加热蒸汽系统、扩大单元制热网加热蒸汽系统、切换母管制热网加热蒸汽系统、串联热网加热器加热蒸汽系统、并联热网加热器加热蒸汽系统、串并联热网加热器加热蒸汽系统及热网循环水泵背压式驱动汽源及排汽系统。

热网加热器加热蒸汽设计总量、热网加热蒸汽系统设计流量与汽轮机在 TMCR 工况最大允许抽汽量三者是一致的，当一台热网加热器故障停运后，故障加热器的加热蒸汽量如果再分配给其余正常运行加热器，其余加热器蒸汽流量会超过其蒸汽侧设计流量，非单元制系统与单元制系统对比，只有在一台机组故障，一台机组正常运行，正常运行机组对应的热网加热器故障，需要切换到故障机组对应的热网加热器运行时，非单元制热网加热蒸汽系统具有此功能。

热网加热蒸汽系统设计优先采用单元制，单元制系统两台机组之间介质不汇合，供热不影响机组汽水平衡，当系统为非单元制时，应按机组汽水平衡原则设计疏水系统。

一、母管制热网加热蒸汽系统

1. 系统设计原则

母管制热网加热蒸汽系统要求将所有供热机组供暖抽汽汇集到一根供汽母管上，经母管将蒸汽输送到供热首站后经支管分配到各台热网加热器，其母管设计流量为各台供热机组供暖抽汽设计流量之和，为满足疏水等量回收，每台机组供暖抽汽上必须装设流量计量装置。

2. 系统设计

在中低压缸连通管道上设调节蝶阀，新建机组供热抽汽管道从中压缸排汽端两根引出，改造机组供热抽汽管道从中低压缸连通管道上引出，供热抽汽管道上依次装设安全阀、气动止回阀、快关调节阀和电动蝶阀，供热蒸汽母管上装设流量测量装置 G_1 和 G_2，每台热力网加热器供汽支管上装设电动可关断调节蝶阀，各台机组多根供暖抽汽支管汇接在一根热网加热蒸汽母管上。母管制热网加热蒸汽系统示意图如图 9-1 所示。

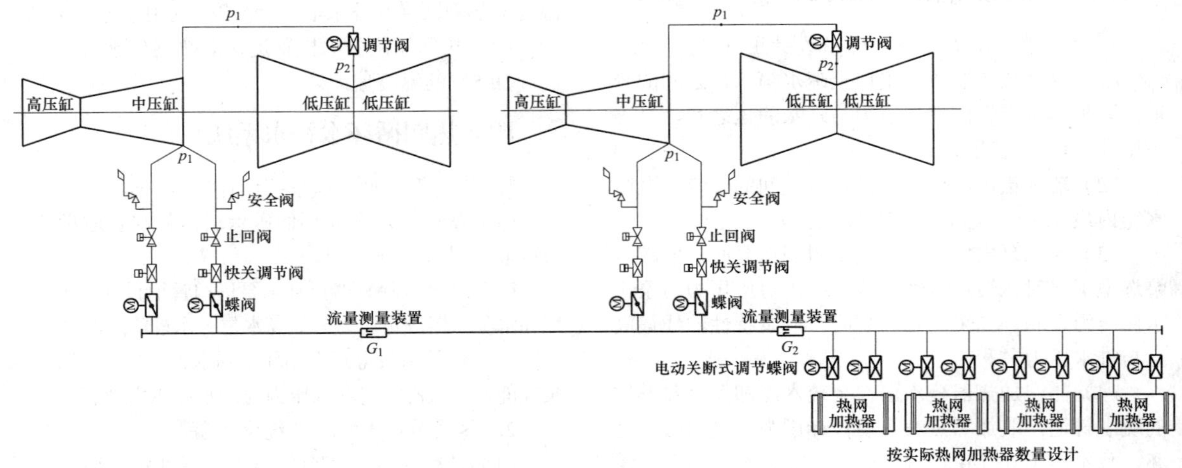

图 9-1 母管制热网加热蒸汽系统示意图

3. 阀门及流量测量装置功能

（1）中低压缸连通管道上调节蝶阀。调节供暖抽汽压力 p_1、低压缸进汽压力 p_2 及中排温度，使其维持在汽轮机厂设计值，该阀设有最小开度，保证低压缸最小冷却流量，运行中该阀严禁完全关闭。

（2）供热抽汽管道上安全阀。当中低压缸连通管道上调节蝶阀处于部分开度，供暖抽汽管道上阀门出现误关或快关调节阀开度与连通管道上调节蝶阀开度不协调时，中压缸排汽管会超压，当压力超过安全阀设定起跳压力后，安全阀动作，向空排汽保证中压缸排汽管不超压。

（3）供暖抽汽管道上快关调节阀。对应汽轮机不同主蒸汽进汽工况，汽轮机厂允许的最大供暖抽汽量不同，主蒸汽量越大，允许的最大供暖抽汽量越大，超过汽轮机厂最大允许供暖抽汽量，会造成低压缸冷却流量不足，影响汽轮机安全，通过此阀可以调节中压缸排汽压力，保证机组在各工况时，供暖抽汽量不超过汽轮机厂最大允许抽汽量；同时当机组甩负荷或热网加热器出现高Ⅲ水位后，为防止汽轮机超速及进水，该阀联锁快速关闭。

当连通管道上调节阀已调节到最小开度，p_2 低于汽轮机厂允许最低压力时，首先增加主蒸汽量，如果电网不允许增加负荷时，只能调节供暖抽汽管道上快关调节阀，保证 p_2 稳定在允许值范围内。

减小供暖抽汽管道上快关调节阀开度，可以减小热网加热器进汽量，调节循环水供水温度。

（4）供热抽汽管道上电动蝶阀。根据现场实际运行情况，快关调节阀及气动止回阀大部分存在泄漏，供暖抽汽只在供暖期投运，非供暖期停运，增加此阀有利于非供暖期热网加热器检修。

（5）流量测量装置 G_1 和 G_2。计量两台机组供暖抽汽量，为热网疏水等量回收提供信号。

（6）热网加热器进口电动关断调节蝶阀。用于切断热网加热器进汽汽源或调节进汽量及循环水温度。

4. 系统联锁保护

（1）机组汽水平衡联锁保护要求。母管制热网加热蒸汽系统将各台供热机组供暖抽汽汇集到一根供汽母管上，为保证各台机组汽水平衡，各台机组热网疏水回收流量必须与供暖抽汽量相同，热网疏水需按各台机组供暖抽汽量通过热工控制系统将汇合抽汽产生的凝结水按各台机组抽汽量的多少返回到各台机组热力系统中，使其水量平衡。

（2）中低压缸连通管道上调节蝶阀开度，控制汽轮机中压缸排汽压力和温度及低压缸进汽压力。

1）当调节蝶阀开度关闭到汽轮机厂设定的最小开度，中压缸排汽压力仍低于汽轮机厂设定值时，应优先开大主汽调节阀，增加主蒸汽流量，当主汽调节阀开度受电网负荷限制或主汽调节阀开度已达 95%时，应减小供暖抽汽管道上快关调节阀开度。

2）当中压缸排汽温度高于汽轮机厂设定值时，应优先开大主汽调节阀，增加主蒸汽流量，当主汽调节阀开度受电网负荷限制或主汽调节阀开度已达 95%时，应开大中低压缸连通管道上蝶阀开度。

3）当低压缸进汽压力低于汽轮机厂设定的允许范围值时，应优先开大主汽调节阀，增加主蒸汽流量，当主汽调节阀开度受电网负荷限制或主汽调节阀开度已达 95%时，应联锁开大中低压缸连通管道上调节蝶阀开度，同时联锁关小供暖抽汽管道上快关调节阀开度。

4）当机组甩电负荷时，供暖抽汽管道上快关调节阀及气动止回阀应联锁快速关闭，供暖抽汽管道上疏水阀应联锁快速打开；中低压缸连通管道上调节蝶阀应同时联锁关闭到最小开度，当机组转速降低到汽轮机厂设定值时，中低压缸连通管道上调节蝶阀应联锁全开。

5）当机组甩热负荷时，供暖抽汽管道上快关调节阀及气动止回阀应联锁快速关闭，中低压缸连通管道上调节蝶阀应同时联锁全开。

二、单元制热网加热蒸汽系统

1. 系统设计原则

单元制热网加热蒸汽系统以机组为单元，每台机组供暖抽汽只向本台机组所配热网加热器提供加热蒸汽，相邻两台机组供暖抽汽间不设任何联络管道。

2. 系统设计

在中低压缸连通管道上设调节蝶阀，新建机组供热抽汽管道从中压缸排汽端引出两根管道，改造机组供热抽汽管道从中低压缸连通管道上引出，供暖抽汽管道上依次装设安全阀、气动止回阀、快关调节阀和电动蝶阀，每台热网加热器供汽支管上装设电动关断调节蝶阀。系统示意图如图 9-2 所示。

3. 阀门功能

单元制系统中供暖抽汽管道上安全阀、气动止回阀、快关调节阀、蝶阀、连通管道上调节蝶阀及热网加热器进口电动关断调节蝶阀功能与母管制完全相同。

4. 系统联锁保护

中低压缸连通管道上调节蝶阀开度控制汽轮机中压缸排汽压力和温度及低压缸进汽压力。

（1）当调节蝶阀开度关闭到汽轮机厂设定的最小开度，中压缸排汽压力仍低于汽轮机厂设定值时，应优先开大主汽调节阀，增加主蒸汽流量，当主汽调节阀开度受电网负荷限制或主汽调节阀开度已达 95%时，应减小供暖抽汽管道上快关调节阀开度。

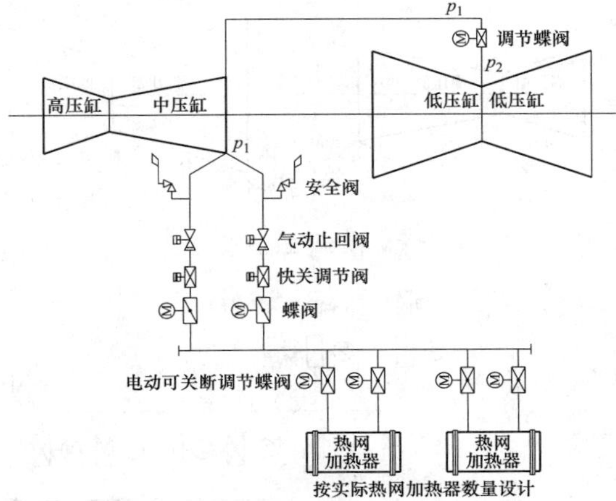

图 9-2 单元制热网加热蒸汽系统示意图

（2）当中压缸排汽温度高于汽轮机厂设定值时，应优先开大主汽调节阀，增加主蒸汽流量，当主汽调节阀开度受电网负荷限制或主汽调节阀开度已达 95%时，应开大中低压缸连通管道上蝶阀开度。

（3）当低压缸进汽压力低于汽轮机厂设定的允许范围值时，应优先开大主汽调节阀，增加主蒸汽流量，当主汽调节阀开度受电网负荷限制或主汽调节阀开度已达 95%时，应联锁开大中低压缸连通管道上调节蝶阀开度，同时联锁关小供暖抽汽管道上快关调节阀开度。

（4）当机组甩电负荷时，供暖抽汽管道上快关调节阀及气动止回阀应联锁快速关闭，供暖抽汽管道上疏水阀应联锁快速打开；中低压缸连通管道上调节蝶阀应同时联锁关闭到最小开度，当机组转速降低到汽轮机厂设定值时，中低压缸连通管道上调节蝶阀应联锁全开。

（5）当机组甩热负荷时，供暖抽汽管道上快关调节阀及气动止回阀应联锁快速关闭，中低压缸连通管道上调节蝶阀应同时联锁全开。

三、扩大单元制热网加热蒸汽系统

1. 系统设计原则

在两台单元制热网加热蒸汽系统供暖抽汽总管上增加联络母管，联络母管的设计流量按单个热网加热器设计加热蒸汽量考虑，扩大单元制系统与单元制系统对比，扩大单元制系统两机之间可以切换部分供暖抽汽量。

2. 系统设计

在中低压缸连通管道上设调节蝶阀，新建机组供热抽汽管道从中压缸排汽端引出两根管道，改造机组供热抽汽管道从中低压缸连通管道上引出，供热抽汽管道上依次装设安全阀、气动止回阀、快关调节阀和电动蝶阀，每台热力网加热器供汽支管上装设电动蝶阀，两台机供汽总管上设一根联络管。扩大单元制热网加热蒸汽系统示意图如图 9-3 所示。

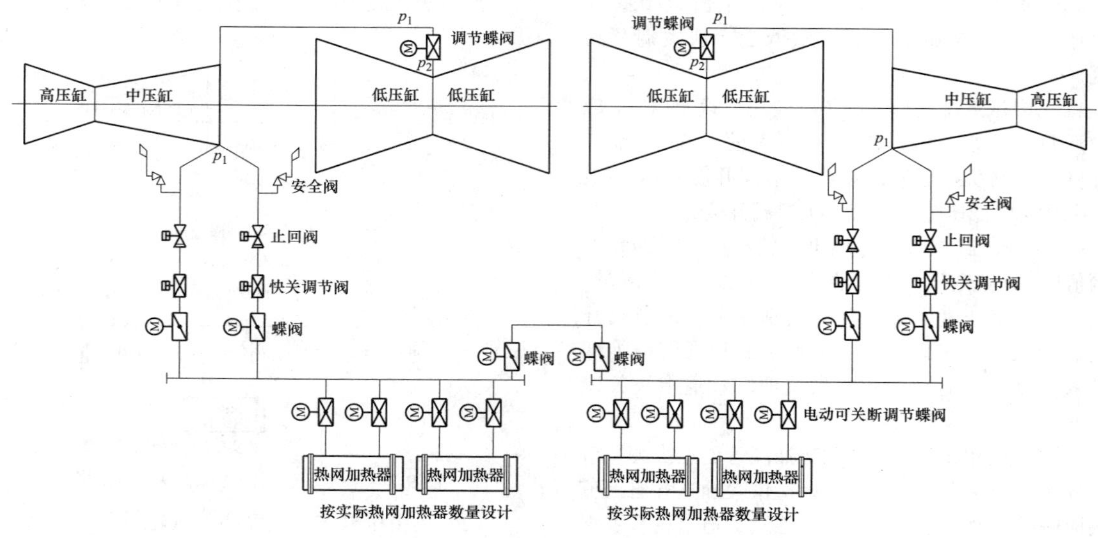

图 9-3 扩大单元制热网加热蒸汽系统示意图

3. 阀门功能

每台机供暖抽汽管道上安全阀、气动止回阀、快关调节阀、蝶阀，连通管道上调节蝶阀，热网加热器进口电动可关断调节蝶阀功能与母管制完全相同，两台机供汽总管联络管上蝶阀只有当一台机组运行，一台机组停机，运行机组某台热网加热器出现故障，打开此阀，通过联络管道将部分蒸汽切换到停运机组正常热网加热器上运行。

4. 系统联锁保护

扩大单元制热网加热蒸汽系统与单元制热网加热蒸汽系统联锁保护要求完全相同。

四、切换母管制热网加热蒸汽系统

1. 系统设计原则

在两台单元制热网加热蒸汽系统供暖抽汽总管上增加切换母管，切换母管的设计流量按单台机组设计热网加热蒸汽量计算，切换母管制系统与扩大单元制系统对比，切换母管制系统两机之间可以切换单台机组设计供暖抽汽量，而扩大单元制只能切换部分供暖抽汽量。

2. 系统设计

在中低压缸连通管道上设调节蝶阀，新建机组供暖抽汽管道从中压缸排汽端引出两根管道，改造机组供暖抽汽管道从中低压缸连通管道上引出，供暖抽汽管道上依次装设安全阀、快关调节阀、气动止回阀和电动蝶阀，每台热力网加热器供汽支管上装设电动可关断调节蝶阀，两台机供汽总管上设一根切换母管。系统示意图如图 9-4 所示。

3. 阀门功能

每台机供暖抽汽管道上安全阀、气动止回阀、快关调节阀、蝶阀，连通管道上调节蝶阀，热网加热器进口电动可关断调节蝶阀功能与母管制完全相同，两台机供汽总管切换管上蝶阀可以把运行机组供暖抽汽切换到停运机组供暖系统。

4. 系统联锁保护

切换母管制热网加热蒸汽系统与单元制热网加热蒸汽系统联锁保护要求完全相同。

五、串联热网加热器加热蒸汽系统

1. 系统设计原则

热网加热器宜采用并联系统，当热网加热蒸汽有两种不同压力的汽源，且低压蒸汽压力 p_1 对应的饱和温度减去热网加热器端差值小于热网循环水供水设计温度，热网加热系统不能满足循环水系统设计供水温度要求时，热网系统按二级串联加热系统设计，两台热网加热器串联在循环水系统中，按循环水流向，加热蒸汽压力低的加热器在前，加热蒸汽压力高的在后，蒸汽压力 $p_2>p_1$，串联后热网循环水分两级加热，蒸汽压力 p_2 对应的热网加热器保证热网循环水设计供水温度，p_2 对应的热网加热器也叫尖峰热网加热器。

2. 系统设计

串联热网加热器加热蒸汽系统如图 9-5 所示。

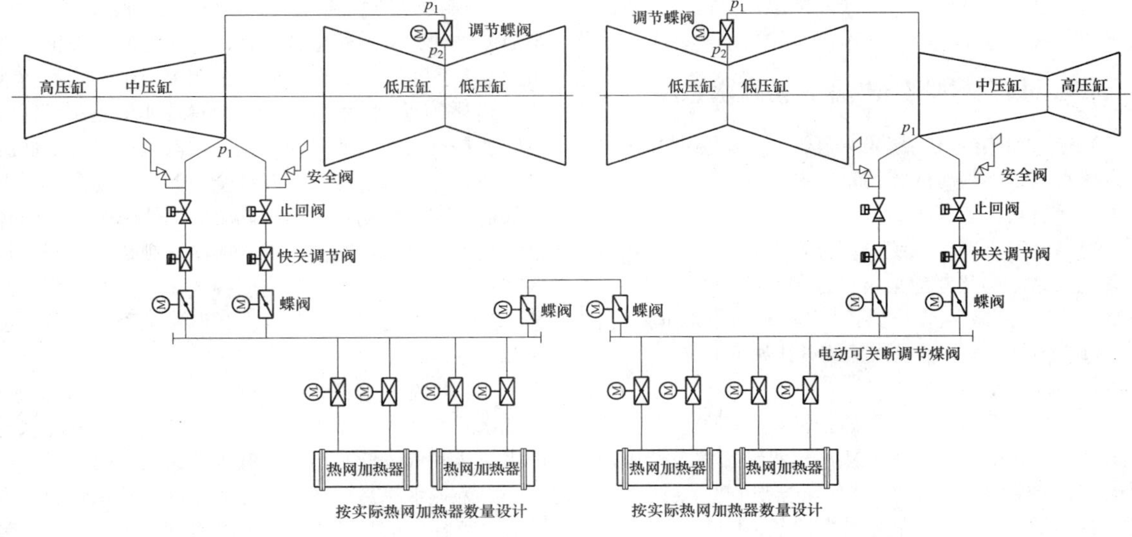

图 9-4 切换母管制热网加热蒸汽系统示意图

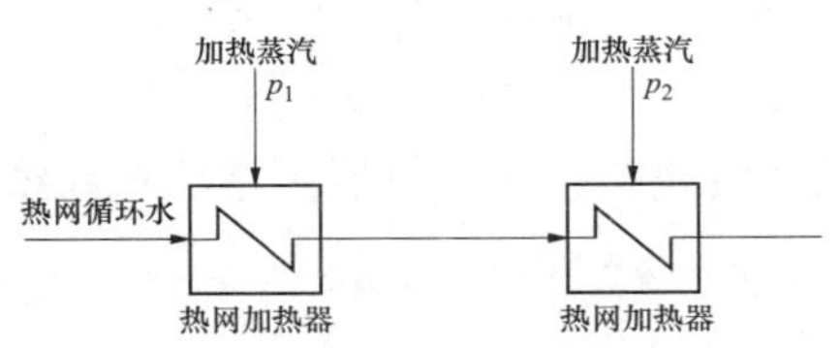

图 9-5 串联热网加热器加热蒸汽系统示意图

六、并联热网加热器加热蒸汽系统

当热网加热蒸汽只有一种汽源或有多种汽源，但每种汽源压力均能将循环水加热到设计供水温度时，热网加热器采用并联方式连接，母管制热网加热蒸汽系统、单元制热网加热蒸汽系统、扩大单元制热网加热蒸汽系统及切换母管制热网加热蒸汽系统均属于并联热网加热器加热蒸汽系统。

七、串并联热网加热器加热蒸汽系统

当热网加热器有两种汽源，这两种汽源压力均可调节，其压力根据热负荷不同可以调节成相等或不等。压力相等时，热网加热器并联运行；压力不等时，如果低压蒸汽压力对应的饱和温度减去热网加热器端差值小于热网循环水供水设计温度，热网加热器串联运行。热网加热器并联运行时，蒸汽系统可采用母管制热网加热蒸汽系统、单元制热网加热蒸汽系统、扩大单元制热网加热蒸汽系统及切换母管制热网加热蒸汽系统中的任何一种；当热网加热器串联时，由于蒸汽压力不同，热网蒸汽系统只能采用单元制系统。

八、热网循环水泵背压式驱动汽源及排汽系统

300～660MW 现役纯凝机组供热改造项目，中低压缸连通管道分缸压力为 0.8～1.0MPa，热网循环水泵驱动汽源可取自中低压缸连通管道，经背压机降压后，排汽直接进入热网加热器，热网循环水泵驱动汽量不大，对供暖总量影响很小，可节约厂用电；对新建的热电联产机组，如果汽轮机采用双抽机型，工业抽汽有余量，可利用工业抽汽驱动热网循环水泵汽轮机，由于驱动汽轮机效率低于主机，这种方式虽然节约厂用电，但机组供电煤耗增加，背压机排汽压力按热网循环水供水温度选取，排汽压力扣除管道阻力即为热网加热器进口蒸汽压力，进口蒸汽压力对应的饱和温度减去热网加热器端差值即为热网循环水供水设计温度。

第六节 热网加热器疏水放气系统

热网加热器疏水放气系统分为母管制热网加热器正常疏水系统、单元制热网加热器正常疏水系统、扩大单元制热网加热器正常疏水系统、串联热网加热器正常疏水系统、串并联热网加热器正常疏水系统、热网加热器事故疏水系统及热网加热器放气系统。

热网疏水回收应综合考虑回热抽汽各级抽汽量、低压缸效率、疏水端差、凝汽量及通过精处理装置的凝结水量对机组热耗及水质的影响后，确定回收位置。直流锅炉机组热网加热器正常疏水可经降温后至凝汽器或排汽装置；汽包锅炉机组热网加热器正常疏水可

经升压后进入凝结水系统，或经降温后至凝汽器或排汽装置，最终方案应经技术经济比较后确定。

一、母管制热网加热器正常疏水系统

当热网加热蒸汽系统采用母管制时，热网加热器正常疏水系统必须对应采用母管制系统，以保证每台机组热网疏水等量回收。

当热网加热蒸汽系统采用母管制时，热网加热器正常疏水系统必须对应采用母管制系统，以保证每台机组热网疏水等量回收。当热网正常疏水回收到除氧器时，母管制热网加热器疏水系统设计如下：

1. 系统设计原则

将每台机组热网加热器的正常疏水单独或合并后汇集到一台热网疏水箱内，热网疏水经疏水泵升压，经调节阀控制流量后回收到除氧器进口主凝结水系统，随主凝结水进入除氧器喷嘴除氧。

2. 系统设计

每台热网加热器正常疏水管道上依次装设电动闸阀及水位调节阀，正常疏水汇集到热网疏水箱，热网疏水经疏水泵升压后回收到除氧器进口主凝结水管道上，疏水泵进口设手动闸阀，出口设止回阀及电动闸阀，去凝结水管道上设流量调节阀及流量测量装置，系统示意图如图 9-6 所示。

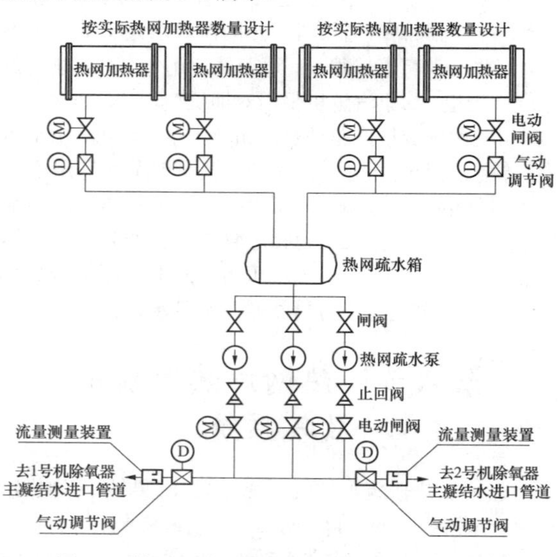

图 9-6 热网正常疏水回收到除氧器时，母管制热网加热器疏水系统示意图

3. 系统联锁保护

（1）热网加热器水位联锁控制。每台热网加热器设置正常疏水调节阀和事故疏水阀，正常疏水阀门运行中投自动，控制热网加热器水位。每台热网加热器上均设有五个水位值，高Ⅰ、高Ⅱ、高Ⅲ、正常和低水位，当水位升高到高Ⅰ水位时，正常疏水调节阀联锁全开，并在控制室报警；当水位升高到高Ⅱ水位时，事故放水动力关断阀全部打开，并在控制室报警；当水位回复到正常水位值，联锁关闭事故疏水阀；当水位继续升高到高Ⅲ水位时，单元制及非单元制运行的热网加热蒸汽系统所对应的全部供汽机组，其中低压缸连通管道上调节蝶阀应联锁全开，供暖抽汽管道上快关调节阀及气动止回阀应同时联锁快速关闭，供暖抽汽管道上气动止回阀后疏水阀应联锁快速全开，热网加热器循环水进出口阀门联锁关闭，并在控制室报警；当水位降到低水位时，在控制室报警，正常疏水调节阀联锁关闭。

（2）热网疏水箱水位联锁控制。热网疏水箱水位由疏水泵变频调节或水位调节阀调节，当热网疏水箱的水位达到低—低水位时，联锁停运热网疏水泵。

（3）疏水流量调节。去除氧器热网疏水管道上调节阀开度控制信号，来自供暖抽汽管道上流量测量装置 G_1 及 G_2，通过调节阀开度，控制疏水回收量，保证疏水回收管道上流量测量装置测量的流量与供暖抽汽量完全一致，保证疏水等量回收。

二、单元制热网加热器正常疏水系统

1. 热网正常疏水回收到凝汽器或排汽装置时，单元制热网加热器疏水系统

（1）系统设计原则。每个热网加热器水位单独控制，每台机设一台热网疏水冷却器，热网疏水冷却器设在轴封加热器出口主凝结水上，热网疏水经热网疏水冷却器冷却后回收到凝汽器或排汽装置。

（2）系统设计。每台热网加热器正常疏水依次装设电动闸阀及水位调节阀，热网疏水进入热网疏水冷却器，被凝结水冷却后回收到凝汽器或排汽装置，热网疏水冷却器疏水及凝结水进出口各设一个电动闸阀，热网疏水冷却器设旁路，旁路上装设一只电动闸阀，热网疏水冷却器端差按 5.6℃设计，系统示意图如图 9-7 所示。

（3）热网加热器水位联锁保护。每台热网加热器设置正常疏水调节阀和事故疏水阀，正常疏水阀门运行中投自动，控制热网加热器水位。每台热网加热器上均设有五个水位值，高Ⅰ、高Ⅱ、高Ⅲ、正常和低水位，当水位升高到高Ⅰ水位时，正常疏水调节阀联锁全开，并在控制室报警；当水位升高到高Ⅱ水位时，事故放水动力关断阀全部打开，并在控制室报警；当水位回复到正常水位值，联锁关闭事故疏水阀；当水位继续升高到高Ⅲ水位时，单元制及非单元制运行的热网加热蒸汽系统所对应的全部供汽机组，其中低压缸连通管道上调节蝶阀应联锁全开，供暖抽汽管道上气动止回阀及快关调节阀应同时联锁快速关闭，供暖抽汽管道上气动止回阀后疏水阀应联锁快速全开，热网加热器循环水进出口阀门联锁关闭，并在控制室报

警；当水位降到低水位时，在控制室报警，正常疏水调节阀联锁关闭。

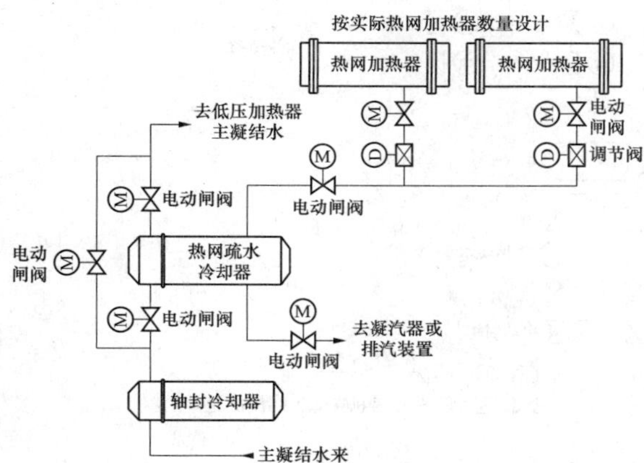

图 9-7 热网正常疏水回收到凝汽器或排汽装置时，单元制热网加热器疏水系统示意图

2. 热网疏水回收到除氧器时，单元制热网加热器正常疏水系统

（1）系统设计原则。每台机组热网疏水回收系统独立设置，不与另一台机组间设置联络管道。

（2）系统设计。每台机热网加热器正常疏水依次装设电动闸阀及水位控制阀，每台机组设一台热网疏水箱、两台热网疏水泵（一台运行，一台备用），热网疏水箱设水位运行，热网疏水泵进口设一只闸阀，出口设一个止回阀及电动闸阀，去除氧器主凝结水管道上设水位调节阀。热网疏水回收到除氧器时，单元制热网加热器正常疏水系统示意图如图 9-8 所示。

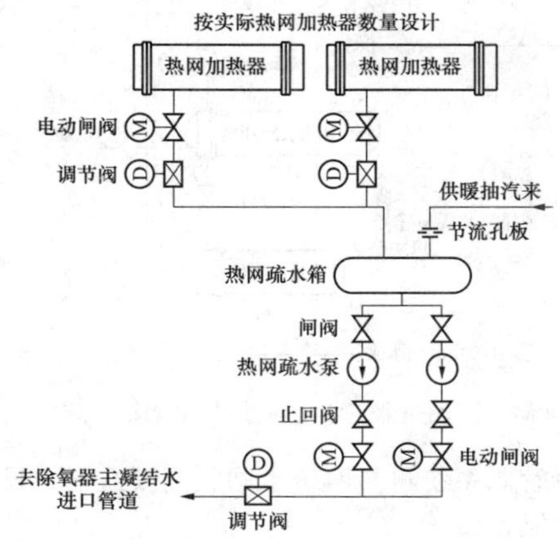

图 9-8 热力网疏水回收到除氧器时，单元制热网加热器正常疏水系统示意图

（3）系统联锁保护。

1）热网加热器水位联锁保护。每台热网加热器设置正常疏水调节阀和事故疏水阀，正常疏水阀门运行中投自动，控制热网加热器水位。每台热网加热器上均设有五个水位值，高Ⅰ、高Ⅱ、高Ⅲ、正常和低水位，当水位升高到高Ⅰ水位时，正常疏水调节阀联锁全开，并在控制室报警；当水位升高到高Ⅱ水位时，事故放水动力关断阀全部打开，并在控制室报警；当水位回复到正常水位值，联锁关闭事故疏水阀；当水位继续升高到高Ⅲ水位时，单元制及非单元制运行的热网加热蒸汽系统所对应的全部供汽机组，其中低压缸连通管道上调节蝶阀应联锁全开，供暖抽汽管道上快关调节阀及气动止回阀应同时联锁快速关闭，供暖抽汽管道上气动止回阀后疏水阀应联锁快速全开，热网加热器循环水进出口阀门联锁关闭，并在控制室报警；当水位降到低水位时报警，在控制室报警，正常疏水调节阀联锁关闭。

2）热网疏水箱水位调节。热网疏水箱水位由去除氧器热网疏水管道上水位调节阀或变频疏水泵控制。

三、扩大单元制热网加热器正常疏水系统

1. 热网疏水回收到除氧器时，扩大单元制热网加热器正常疏水系统

（1）系统设计原则。在两台机热网疏水泵出口母管间增加联络母管，联络母管通流量与蒸汽侧联络母管相同，热网疏水箱满水位运行。

（2）系统设计。在单元制热网疏水系统基础上取消热网疏水箱供暖抽汽来汽，热网疏水箱满水位运行，在热网疏水泵出口母管间增加联络母管，联络母管上设闸阀，系统示意图如图 9-9 所示。

（3）系统联锁保护。

1）每台热网加热器设置正常疏水调节阀和事故疏水阀，正常疏水阀门运行中投自动，控制热网加热器水位。每台热网加热器上均设有五个水位值，高Ⅰ、高Ⅱ、高Ⅲ、正常和低水位，当水位升高到高Ⅰ水位时，正常疏水调节阀联锁全开，并在控制室报警；当水位升高到高Ⅱ水位时，事故放水动力关断阀全部打开，并在控制室报警；当水位回复到正常水位值，联锁关闭事故疏水阀；当水位继续升高到高Ⅲ水位时，单元制及非单元制运行的热网加热蒸汽系统所对应的全部供汽机组，其中低压缸连通管道上调节蝶阀应联锁全开，供暖抽汽管道上快关调节阀及气动止回阀应同时联锁快速关闭，供暖抽汽管道上气动止回阀后疏水阀应联锁快速全开，热网加热器循环水进出口阀门联锁关闭，并在控制室报警；当水位降到低水位时报警，在控制室报警，正常疏水调节阀联锁关闭。

2）疏水流量调节。去除氧器热网疏水管道上调节阀开度控制信号，来自供暖抽汽管道上流量测量装置 G_1 及 G_2，通过调节阀开度，控制疏水回收量，保证疏水回收管道上流量测量装置测量流量与供暖抽汽量完全一致，保证疏水等量回收。

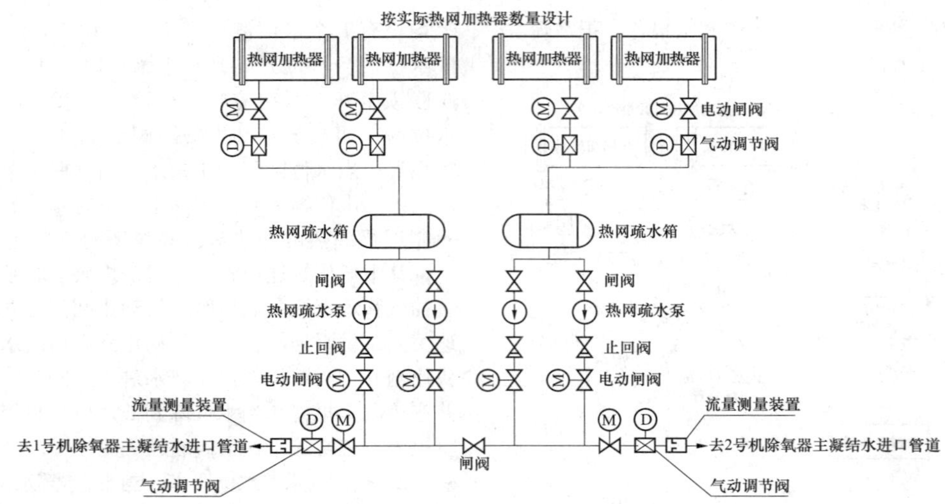

图 9-9 热网疏水回收到除氧器时，扩大单元制热网加热器正常疏水系统示意图

2. 热网疏水回收到凝汽器或排汽装置时，扩大单元制热网加热器正常疏水系统

（1）系统设计原则。每台机热网正常疏水系统按单元制设计，在两台机热网加热器正常疏水水位控制阀后设扩大单元母管，母管设计流量与蒸汽侧母管设计流量相同。

（2）系统设计。在扩大单元母管上增设闸阀，正常工况热网系统单元制运行，汽侧扩大单元时，疏水侧扩大单元运行，系统示意图如图 9-10 所示。

（3）系统联锁保护。与单元制要求相同。

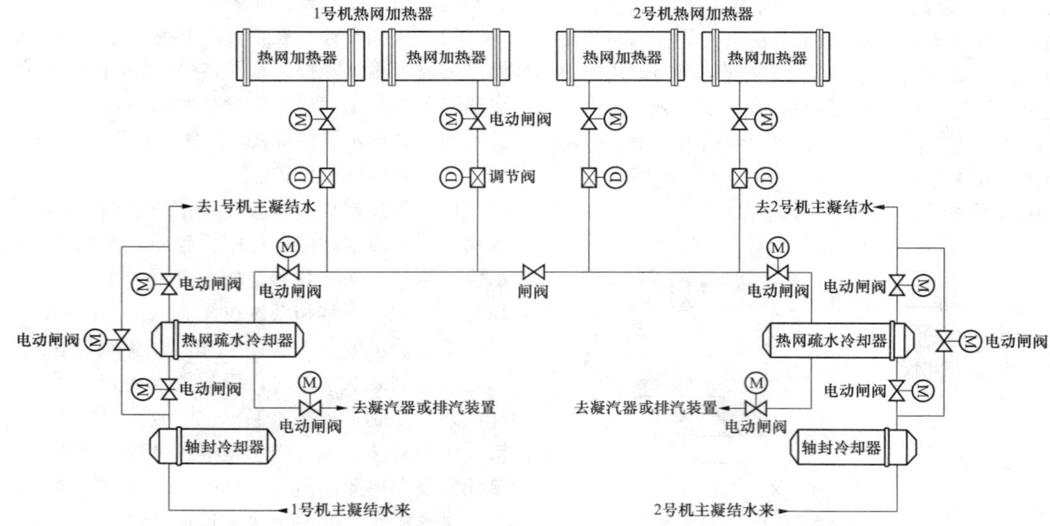

图 9-10 热网疏水回收到凝汽器或排汽装置时，扩大单元制热网加热器正常疏水系统示意图

四、串联热网加热器正常疏水系统

1. 逐级自流疏水系统

串联热网加热器壳侧间有一定压差，当压差能满足将高压热网加热器（尖峰热网加热器）疏水疏到低压热网加热器（基本热网加热器）时，疏水系统可采用逐级自流疏水系统，疏水汇集到基本热网加热器后，可采用单元制、母管制、扩大单元制及切换母管制系统将热网疏水回收到凝汽器、排汽装置或除氧器。

2. 并联疏水系统

并联疏水系统与单元制、母管制、扩大单元制及切换母管制系统完全相同，可将热网疏水回收到凝汽器、排汽装置或除氧器，其尖峰热网加热器疏水压力通过正常水位调节阀前后压差设置，调整到与基本热网加热器正常疏水调节阀后压力一致。

五、串并联热网加热器正常疏水系统

当热网加热器循环水侧既可以串联运行，又可以并联运行时，热网加热器正常疏水系统宜采用单元制、母管制、扩大单元制及切换母管制，并与热网加热蒸汽系统完全对应的并联疏水系统，不采用逐级自流疏水系统。

六、热网加热器事故疏水系统

每台热力网加热器均应设独立的事故疏水口，供热首站设一根事故疏水母管，每台热网加热器事故疏水汇接到供热首站事故疏水母管，每根事故疏水管道上设一只开关型电动闸阀，事故疏水母管的通流能力按单台最大加热器事故放水流量设计，事故放水排至热网事故疏水扩容器，事故放水流量取下列二者较大值。

（1）不小于最大负荷下管侧热力网循环水流量的10%。

（2）单台热网加热器正常疏水流量。

七、热网加热器放气系统

每台热网加热器壳侧均设有启动排气接口、连续排气接口、安全阀接口、停机放水接口及充氮接口，启动排气管道及安全阀排汽管道各自独立引至室外对空排放，连续排气经节流孔板后排至热力网补水除氧器或凝汽器（排汽装置），停机放水经有压放水母管排至供水专业回收。

每台热网加热器管侧均设有充水放气接口、停机放水接口、安全阀接口，充水放气管道经漏斗收集溢水后排至无压放水母管。停机放水及安全阀排水排至有压放水母管。

第七节　热网循环水系统拟定

一、热力网定压系统及定压值

1. 热力网旁通管定压系统

（1）旁通管定压系统拟定原则。对热力网循环水管道厂外布置存在较大地形高差，导致热网循环水泵入口压力升高，影响热力网循环水系统设计压力的管网宜采用旁通管道定压方式，旁通管道定压点设在热网循环水泵进出口母管旁通管两压力调节阀之间管道上。

（2）旁通管定压系统设计。在热网循环水泵出口供水母管与热网循环水泵进口回水母管之间设一路旁通管道，旁通管道上串联两只压力调节阀，两个调节阀中间点设为热力网系统定压点，靠近热网循环水泵出口供水母管压力调节阀将热网循环水泵出口压力降低到定压值，另一只压力调节阀将定压值降低为泵入口压力，当泵停运时，旁通管内无流量，压力恒定在定压值，保证系统不汽化。热网旁通管定压系统示意图如图9-11所示。

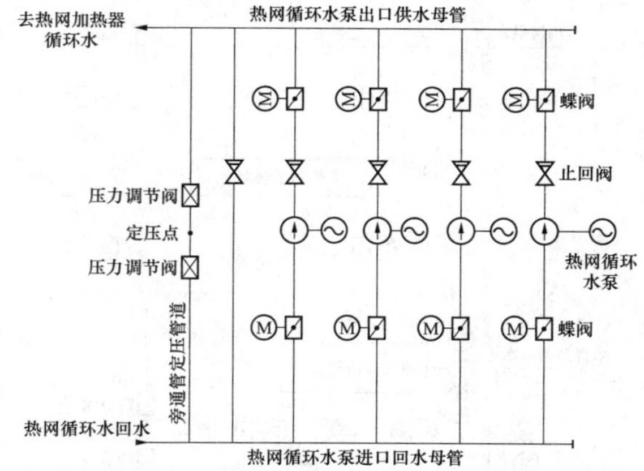

图9-11　热力网旁通管定压系统示意图

2. 热网循环水泵入口定压

（1）系统设计原则。当热网循环水厂外管道布置没有地形高差影响时，热力网循环水系统定压点可设在热网循环水泵入口处。

（2）系统设计。利用热网补水系统对热网循环水泵入口定压，当热网补水泵为变频泵时，由补水泵直接定压；当热网补水泵为定速泵时，利用补水管道上调节阀定压。

3. 定压值

热力网系统定压值应该满足：当热力网循环水泵停止运行时，管网静态压力不会导致热力网任何一点的水汽化，并有30～50kPa的富裕压力，回水任何点压力不低于50kPa，热力网系统充满水不超压，热力网循环水定压值可按照下式计算：

$$p=10\times H+p_s+(30\sim 50) \quad (9\text{-}3)$$

式中　p——定压点的压力值，kPa；

H——热力网最高点与定压点高度差，mH_2O；

p_s——热力网供水设计温度对应的汽化压力，kPa。

二、母管制热网循环水系统

1. 系统设计原则

热网循环水泵入口设一根回水母管，每台热网循环水泵均从回水母管上引水；热网循环水泵出口设一根压力冷母管，经热网循环水泵升压的循环水全部汇集在压力冷母管上，各台热网加热器均从压力冷母管上引水；所有热网加热器出口设一根热母管，将热网加热器出水汇集后外供。

2. 系统设计

热网循环水泵进口、热网循环水泵出口、热网加热器出口设三个母管，热网加热器进出口间及电动滤水器进出口各设一个旁路，热网循环水泵进出口母管间设一路缓冲管道及旁通管定压管道，热网循环水回水上设安全阀防止回水超压，回水管道上设一个电动滤水器。

母管制热网循环水系统示意图如图 9-12 所示。

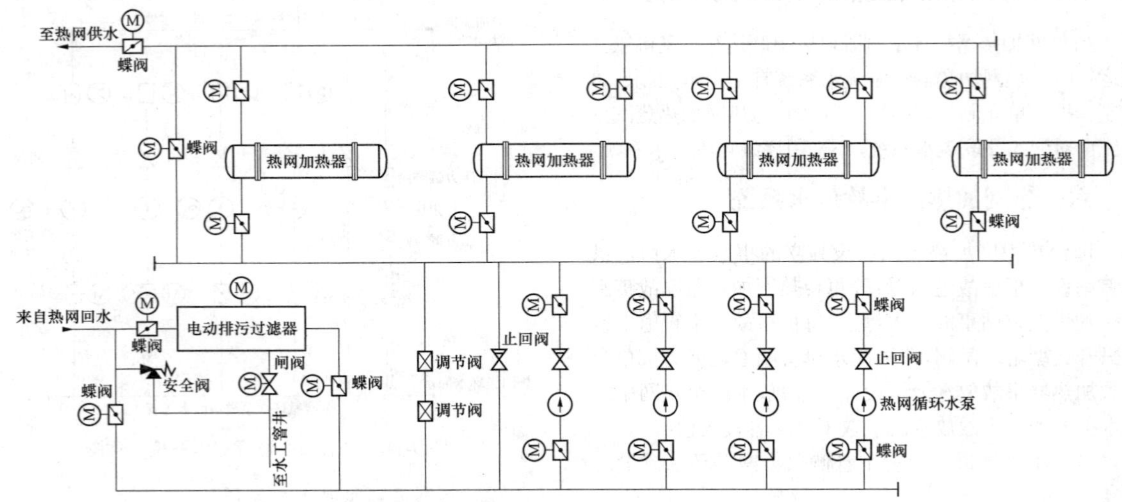

图 9-12 母管制热网循环水系统示意图

三、切换母管制两个供水及两个回水热网循环水系统

1. 系统设计原则

供热首站向两个不同方向供热，每个方向必须设置独立的供回水管网，每个管网系统阻力不同，定压值不同。

2. 系统设计

每路供回水系统上分别设热网循环水泵进口、热网循环水泵出口、热网加热器出口三个母管，热网加热器进出口间及电动滤水器进出口各设一个旁路，热网循环水泵进出口母管间设一路缓冲管道及旁通管定压管道，热网回水上设安全阀防止回水超压，回水管道上设一个电动滤水器，母管制热网循环水系统示意图如图 9-13 所示。

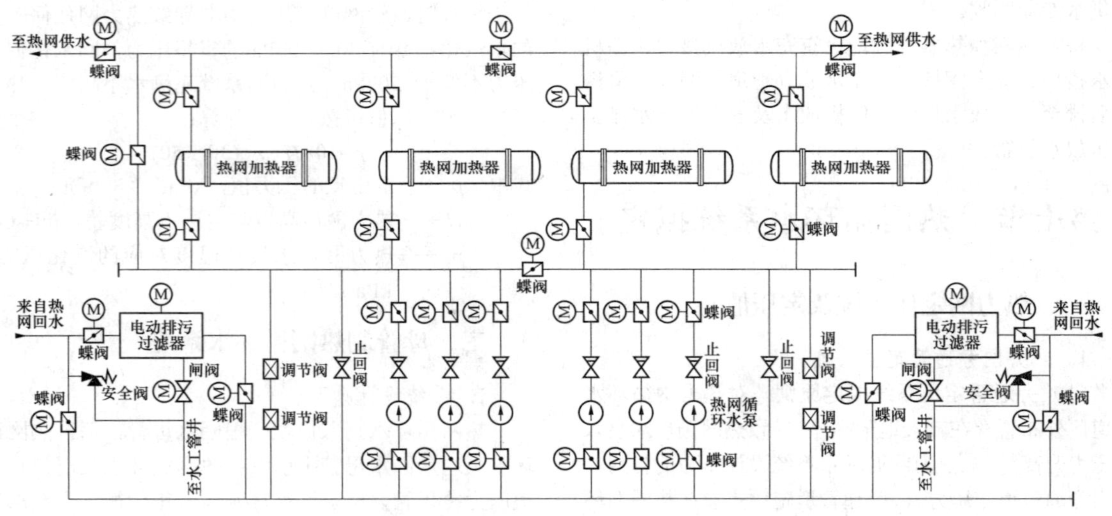

图 9-13 母管制热网循环水系统示意图

四、联锁控制要求

1. 电动热网循环水泵联锁要求

（1）热网循环水泵电机定子及轴承温度根据制造厂要求，在控制系统中设计报警及联锁功能。

（2）热网循环水泵液力耦合器进、出油温度及出油压力根据制造厂要求，在控制系统中设计报警及联锁功能。

（3）当热网循环水泵启动，联锁开启泵出口阀失败时，延时跳闸水泵电机；当热网循环水供水母管压力达到高Ⅰ值时，在控制室报警；达到高Ⅱ值时，按顺序（A-B-C-D 等）依次延时联锁热网循环水泵电机跳闸，直至压力恢复正常。

（4）当运行热网循环水泵出口电动阀关闭时，联锁对应泵电机延时跳闸。

2. 汽动热网循环水泵联锁要求

（1）汽动热网循环水泵投自动转速范围为转速Ⅰ到汽轮机额定转速。

（2）当汽动热网循环水泵出口母管压力达到高Ⅰ值时，在控制室报警；达到高Ⅱ值时，按顺序（电泵A-汽泵B-汽泵C-汽泵D等）依次延时联锁热网循环水泵跳闸，直至压力恢复正常。

（3）当汽动热网循环水泵转速升到高Ⅰ值时，在控制室报警；转速达到高Ⅱ值时，联锁汽轮机电超速跳闸，转速继续升到高Ⅲ值时，机械超速跳闸。

（4）当汽动热网循环水泵转速升到200r/min后，联锁开启热网循环水泵出口电动阀；当汽动热网循环水泵转速降到190r/min后，联锁关闭泵出口电动阀。

（5）当汽动热网循环水泵进、出口电动阀全关时，联锁关闭汽轮机进汽主汽阀，运行泵联锁跳闸。

(6)汽轮机轴承振动值及胀差值根据制造厂要求，在控制系统中设计报警及联锁保护功能。

（7）汽轮机背压值达到高Ⅰ或低Ⅰ值时，在控制室报警；当汽轮机背压值达到高Ⅱ或低Ⅱ值时，联锁背压汽轮机主汽阀关闭；当背压汽轮机转速超过额定值11%，且危急遮断器不动作时，应联锁背压汽轮机主汽阀关闭。

（8）当背压汽轮机汽源来自供热抽汽时，如果供热汽源切断，联锁对应汽源背压汽轮机主汽阀关闭。

3. 热网循环水泵出口电动阀联锁要求

（1）当热网循环水泵投入运行，泵转速升到200r/min后，联锁开启对应泵出口电动阀。

（2）当热网循环水泵停止运行时，联锁关闭停运泵出口电动阀。

4. 热网循环水泵入口电动阀联锁要求

（1）当热网循环水泵停止运行时，联锁关闭停运泵入口电动阀。

（2）当热网循环水泵投入运行时，联锁开启对应泵入口电动阀。

第八节 热力网补水、充水系统

一、热力网补水系统

1. 热力网补水系统拟定原则

热力网在运行中会损失一部分水量，发生管网破裂故障时还会增加额外的水量损失，对于这些损失的水量应及时补充。补充水系统的拟定原则应考虑热力网的形式、运行状况，保证热力网在正常及事故状态下安全运行压力及水质要求。

2. 热力网补水量

热力网补水系统的正常设计流量按热力网设计循环水量的2.0%取值；事故补水量不应小于供热系统循环流量的4%。

3. 热力网循环水水质要求

（1）浊度（FTU）≤5。

（2）硬度≤0.6mmol/L。

（3）溶解氧浓度≤0.10mg/L。

（4）油浓度≤2mg/L。

（5）pH值（25℃）：7～12。

4. 热力网补水泵台数

热力网补水泵不宜少于两台，其中1台备用。

5. 热力网补水系统

热力网补水系统示意图如图9-14所示。

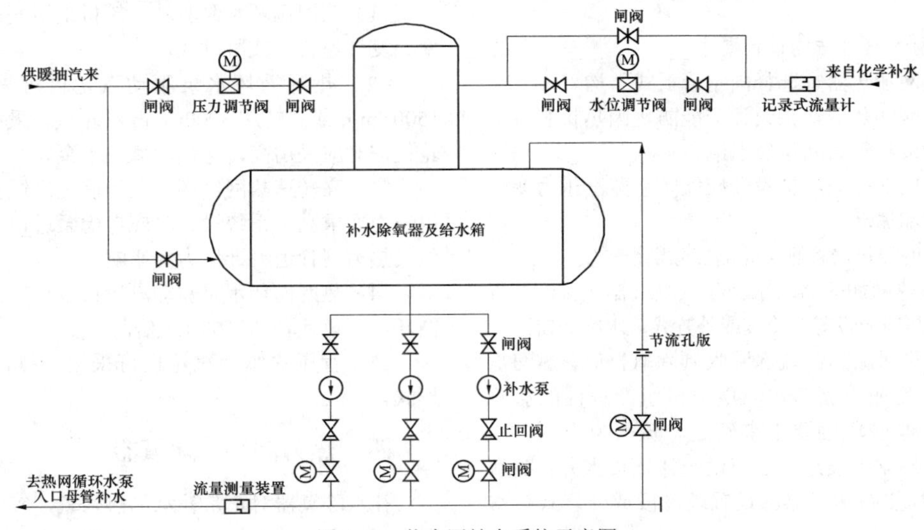

图9-14 热力网补水系统示意图

二、热力网充水系统

当热力网充水压力要求不高于补水压力时，充水系统可与补水系统合并设置；当热力网充水压力要求高于补水压力要求时，充水系统应单独设置。

第九节 供热首站设备选型

一、热网加热器

热网加热器结构有固定管板管式结构、全焊接板式结构及U形换热管管式结构，后两种结构对热力网循环水水质要求较高，全焊接板式结构泄漏较为严重，热网加热器结构最好选用固定管板管式结构。

1. 热网加热器台数要求

（1）每台供热机组对应的热网加热器台数宜选用2～4台，不设备用。

（2）当一台热网加热器故障停运后，其余热网加热器出力仍能保证60%～75%供热首站设计热负荷，严寒地区取上限。

（3）改造工程热网加热器台数应考虑供热首站空间尺寸及热网加热器台数、外形尺寸对供热首站布置的影响。

2. 热网加热器容量设计要求

（1）热网加热器总设计热负荷应不小于供热首站设计热负荷。

（2）热网加热器循环水设计总流量应不小于供热首站循环水设计总量。

（3）热网加热器设计应符合GB 150《压力容器》和GB 151《热交换器》的规定。

（4）热网加热器的设计换热面积应留有10%的面积裕量。

3. 热网加热器结构设计要求

（1）热网加热器宜选择固定管板式结构。

（2）热网加热器结构设计应能防止因热膨胀量不同，造成管板和管束间拉裂泄漏。

（3）热网加热器结构设计应能防止蒸汽压力变化造成的冲刷和振动。

（4）热网加热器管侧及壳侧应分别设置安全阀。

（5）当热网加热器疏水回收到凝汽器或排汽装置时，热网加热器应设置疏冷段或外置式疏水冷却器。

（6）当热网加热器疏水回收到除氧器时，热网加热器疏水温度应根据疏水温度对机组经济性的影响及满足疏水泵防汽蚀要求来确定。疏水为饱和温度时，热网加热器不设过冷段，设一体化疏水井；疏水温度过冷时，热网加热器应设置疏冷段或外置式疏水冷却器。

二、热网循环水泵

热网循环水泵型式宜采用卧式机械密封离心泵，其吸入侧的压力，不应低于吸入口压力可能达到的最高水温下的饱和蒸汽压力加上50kPa，且满足防汽蚀要求。高转速（3000r/min）热网循环水泵为满足防汽蚀要求泵进口设计压力高，热力网定压值、补水压力及管网设计压力应满足其要求。

1. 热网循环水泵台数

（1）热网循环水泵台数应结合供热首站热网循环水设计流量、供热首站循环水泵布置空间及停运一台泵后满足最小供热负荷要求等因素综合确定。

（2）热网循环水泵的总流量按照供热首站热网循环水设计流量的110%选取，单台泵循环水设计流量不宜大于4000m^3/h。

（3）并联热网循环水泵台数不宜太多，当热网系统配置3台或3台以下热网循环水泵并联运行时，应设备用泵；当4台或4台以上泵并联运行时，可不设备用泵。

（4）热网循环水泵台数宜与热网加热器台数一致。

2. 热网循环水泵的扬程按下列各项之和计算

（1）厂区围墙设计分界点处热网循环水供、回水压差。

（2）供热系统设备阻力。

（3）厂内热网循环水管道的阻力，并应计入20%的裕量。

三、热网循环水泵驱动汽轮机

当供暖抽汽压力满足驱动热网循环水泵背压机要求时，热网循环水泵可利用背压机驱动，背压机排汽加热热网循环水。

（1）热网循环水泵驱动汽轮机采用变参数、变功率、变转速背压或凝汽式。

（2）热网循环水泵驱动汽轮机可采用低转速1500r/min或高转速3000r/min汽轮机，采用高转速汽轮机需对应采用高转速热网循环水泵。

（3）高转速热网循环水泵为满足汽蚀要求，泵进口压力要求高，系统设计时应考虑泵进口压力对定压值及热力网管道设计压力的影响。

（4）热网循环水泵驱动汽轮机设计功率应为热网循环水泵设计轴功率的1.1倍。

（5）背压式驱动汽轮机可采用上排汽或侧排汽形式。

四、热力网补水除氧器

补水除氧器对正常补水加热除氧，应采用定压运行方式，宜采用大气式旋模除氧器，也可采用大气式内置喷嘴除氧器。

补水除氧器的总出力和台数：

（1）总出力为热力网正常补水量。

（2）全厂宜配一台补水除氧器。

除氧器给水箱有效容积能满足 15～20min 热力网循环水补水消耗量，除氧器给水箱有效容积是指给水箱正常水位至水箱出水管顶部水位之间的容积。

除氧器的加热汽源来自供暖抽汽。

五、热网疏水箱

当热网疏水回收到凝汽器或排汽装置时，热网疏水系统不设疏水箱；当热网疏水回收到凝结水系统，疏水系统设有疏水泵时，热网疏水系统宜配置疏水箱。

疏水箱有效容积宜按 3～5min 设计疏水流量确定。

六、热网疏水泵

热网疏水泵设计总流量（不包括备用泵）宜为供热首站设计热负荷对应的设计疏水流量的 110%。

热网疏水泵宜为调速泵，总台数应不少于两台，其中一台备用。

热力网疏水泵的扬程应为下列各项之和：

（1）按设计疏水流量计算的热网正常疏水系统管道阻力，并应另加 20%裕量。

（2）热网正常疏水管道在主凝结水系统的接入点与热网疏水箱最低水位间的水柱静压差。

（3）凝结水系统接入点最高工作压力。

（4）热网加热器（疏水箱）汽侧的工作压力，如压力大于当地大气压取负值。

（5）热网疏水系统设备（如有）阻力。

七、热网疏水冷却器

热网疏水冷却器宜选用管壳式换热器。

八、热网事故放水扩容器

供热首站宜设一台大气式热网事故放水扩容器。其容积应按设计热负荷最大的热网加热器事故放水流量进行计算。

第十节　供热首站布置设计

一、总体要求

供热系统设备宜采用集中布置方式。设备的布置需满足设备安装、运行和检修的要求。

供热首站设备应设置检修起吊设施，且应符合 GB 50660《大中型火力发电厂设计规范》的相关要求。布置时应紧凑合理，有效利用首站容积，使设备之间的管线连接短捷、整齐。

供热首站设备应根据工艺系统要求采用分层布置，宜采用三层布置，也可采用两层布置。

（1）当供热首站与汽机房相邻布置时，供热首站的顶层宜与汽机房运转层标高一致。

（2）在满足设备检修要求时，供热首站中间层宜与汽机房中间层标高一致。

二、首站位置

新建热电联产机组供热首站宜布置在汽机房固定端或 A 排外。如条件合适，通过技术经济比较，也可布置在汽机房扩建端或汽机房内。

改造机组供热首站位置应结合厂区总平面布置条件、供汽管道允许压降及热网循环水管道与热力网连接位置来综合确定。

三、设备布置

1. 热网加热器的布置要求

（1）热网加热器宜布置于首站的顶层。

（2）热网加热器布置应满足设备安装、运行、检修维护及管道布置所需空间的要求。

2. 热力网补水除氧器的布置要求

（1）热力网补水除氧器宜布置在供热首站顶层，也可布置在主厂房内。

（2）热力网补水除氧器的布置高度应满足热力网补水泵入口必须汽蚀余量或静压补水压力要求。

3. 热网疏水箱的布置要求

（1）热网疏水箱宜布置在供热首站中间层，且应满足热网疏水泵入口必须汽蚀余量的要求。

（2）当供热首站采用两层布置方式时，热网疏水箱宜布置在底层，且应满足热网疏水泵入口必须汽蚀余量的要求。

4. 热网循环水泵、热网疏水泵、热力网补水泵布置要求

（1）宜布置在供热首站底层，相同设备宜集中布置。热网疏水泵宜靠近热网疏水箱布置，热网补水泵宜靠近热力网补水除氧器布置。

（2）泵布置应满足安装、检修、运行维护及相关管道布置所需空间的要求。

5. 热网循环水滤水器、热网事故放水扩容器布置要求

热网循环水滤水器、热网事故放水扩容器宜布置在供热首站底层，热网循环水滤水器宜靠近热网循环水泵入口布置，热网事故放水扩容器宜靠近外墙布置。

6. 热网循环水泵布置要求

（1）驱动汽轮机与泵组宜布置在供热首站底层。

（2）驱动汽轮机的轴封及疏水装置、润滑油系统集装装置宜布置在供热首站底层，也可采用地下或半地下布置。

7. 集水坑布置要求

供热首站底层应设置集水坑，集水坑内设置排水泵。当供热首站与主厂房循环水管坑临近时，可与主厂房循环水管坑中的集水坑合用，不再单设。

四、管道及附件布置

热电厂范围内的热网系统管道宜采用地上架空布置，管道设计应满足 GB 50764《电厂动力管道设计规范》的要求。

管道及附件布置应满足 DL/T 5054《火力发电厂汽水管道设计技术规定》。

热网循环水管道也可采用地下敷设方式。管道设计应满足 CJJ 34《城镇供热管网设计规范》及 CJJ/T 81《城镇供热直埋热水管道技术规程》的相关要求。

热网管道宜利用管道本身柔性的自补偿来补偿管道的热膨胀，当自补偿不能满足要求时，可设置补偿器。

五、补偿器选择

补偿器的选择应遵循以下要求：

（1）热网管道补偿器应根据管道的设计参数、介质、压降、布置及不同类型的补偿器吸收热位移的允许方向与最大值选择。

（2）架空热网管道宜选择曲管压力平衡型、角向型、万向型、大拉杆横向型、直管压力平衡型及旋转型等约束型补偿器；当管道压降允许时，可选择旁通直管压力平衡器补偿器；当选择无约束型补偿器时，固定支架应能承受盲板力；直埋热水管道可选择直埋套筒补偿器。

（3）波纹管材质应根据材料的可焊性、延伸率、耐温性、腐蚀性等因素综合确定。当波纹管内、外部接触物不含腐蚀性介质时，波纹管材质宜选用 316L，其最高工作温度不大于 425℃；当波纹管内、外部接触物含有较高的氯离子、硫离子、碱等腐蚀性介质时，波纹管材质宜选用耐腐蚀性高的高镍合金材料。

（4）约束型补偿器结构设计应考虑盲板力的影响。

（5）设置补偿器时，应根据管道布置及补偿器型式合理设计固定支架、次固定支架及导向支架。

（6）对带内衬筒的补偿器，当介质流动方向单一时，补偿器内衬筒的方向应与介质流动方向一致；当介质存在双向流动时，补偿器结构设计应满足介质双向流要求。

（7）管系安装完毕后，应按设备厂家提供的安装指导书要求拆除补偿器上用作安装运输保护的辅助定位机构及紧固件。

（8）水管道上的补偿器，应与管系一同做水压试验，试验压力取管系水压试验压力；蒸汽管道上的补偿器，应考虑水压试验对补偿器及管道支架的影响。

第 三 篇

热 力 网 篇

第十章

热力网系统

热力网是供热系统的重要组成部分，是连接热源（供暖供热首站或热力站）与热用户的桥梁。热力网设计直接关系到供热的可靠性、安全性、经济性。

第一节　热力网范围和分类

一、热力网范围

热力网范围包括：

（1）供热首站至用户热力站、热控站的一次热水或蒸汽供热管网系统。

（2）由热源热力站向周边用户直接供热（暖）的供、回水管网系统。

（3）热力站至用户的供暖与生活热水管网系统。

（4）热力站至用户的蒸汽热力网系统。

（5）用户至热源凝结水回收站的凝结水管网系统。

二、热力网分类

热力网按介质、用途、形式、布置、热源可分为以下几类：

（1）按输送介质分，可分为蒸汽热力网、热水热力网、冷凝水热力网。

（2）按用途分，可分为工业热力网、供暖热水热力网、生活水热力网。

（3）按形式分，按热力网与用户连接形式可分为直接连接与间接连接。

（4）按管网布置形状分，可分为单管、双管、多管与环状管网。

（5）按热源数量分，可分为单一热源热力网、多热源热力网。

第二节　供暖供热、空调供冷系统

一、供暖供热、空调供冷管网系统

（一）供暖供回水管网

1. 供回水管网分类

供暖供热管网分为一次管网和二次管网，由热源供热首站至用户热力站为一级管网，热力站至供暖用户为二级管网，供暖供热系统一次、二次供热管网系统示意图如图10-1所示。

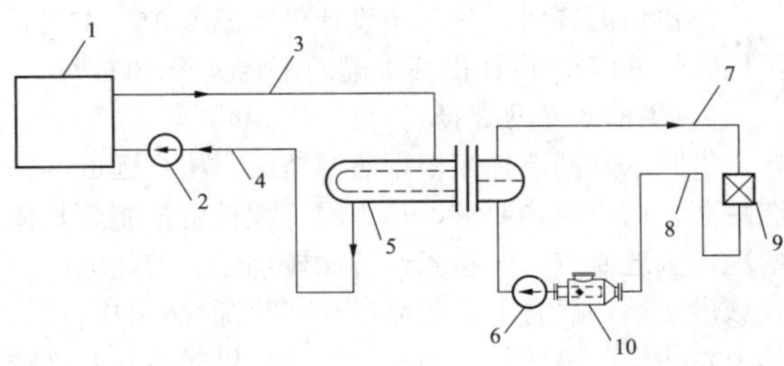

图10-1　供暖供热系统一次、二次供热管网系统示意图

1—热源（供热首站）；2—供热首站循环水泵；3—次网供水管；4—一次网回水管；5—用户热力站水水换热器；6—用户热力站循环水泵；7—二次网供水管；8—二次网回水管；9—供暖用户；10—除污器

2. 热电厂一级管网的设计供回水温度

（1）热电厂一级热力网最佳设计供回水温度，宜根据热电联产规划采用大温差设计的方式，考虑热电厂热力系统、热力网首站布置、余热利用、供热管线、热力站设备选择、二级供热管网设计供回水温度、热用户等因素，进行技术经济比较后确定。

（2）当不具备条件进行最佳设计供、回水温度的技术经济比较时，热电厂一级热力网设计供回水温度应按下列原则选择：

1）热力网供水设计温度宜结合汽轮机结构，对应最低供暖抽汽设计压力选取，其最高温度不应超过150℃。

2）热力网回水设计温度宜按采取余热利用措施后的最低温度选取，其最高温度不应超过60℃。

在一般情况下，热电厂一级管网设计供回水温差宜采用40～60℃。根据温度对口和梯级利用的能量利用原则，理想的一级管网设计供回水温度见表10-1。

表10-1 理想的一级管网设计供回水温度

设计供回水温度（℃）	设计供回水温度差（℃）	设计供回水温度（℃）	设计供回水温度差（℃）
95/55	40	85/45	40
105/55	50	95/45	50
115/55	60	105/45	60
90/50	40	80/40	40
100/50	50	90/40	50
110/50	60	100/40	60

3. 二级管网的设计供回水温度

散热器供暖系统按75/50℃连续供暖设计，且设计供水温度不宜大于85℃，设计供回水温差不宜小于20℃。

热水地面辐射供暖系统设计供水温度35～45℃，不应大于60℃，设计供回水温差不宜大于10℃[1]。

4. 供回水管网选择

供回水管网选择应根据热源情况、用户远近、输送距离、用户用热要求、热力网工程投资控制等具体情况，因地制宜，经技术经济比较确定。若热电厂、区域供热锅炉房有丰富的品质较高热源、热用户较远、热力网输送距离较长，要求用户进口供暖热水温度较高时，可优先选用较高供水温度的管网输送。由于此管网系统与用户供暖管网系统是间接式的换热，系统补给水量较小；若热用户靠近热电厂或区域锅炉房，根据供暖地区的冬季室外气温，可采用较低供水温度管网，由热源热力站直接向用户供热。循环水补水、稳压系统可设在热源热力站内。

5. 管道保温结构

对110℃以下的供暖管网可采用工厂预制的高密度聚乙烯外护管硬质聚氨酯泡沫塑料预制直埋保温管。

对超过110℃以上的供暖管网，考虑聚氨酯耐温性能（120℃以下），管道保温可采用玻璃棉或其他保温材料的保温结构。

（二）空调冷冻水供回水管网

1. 空调冷冻水温度

按空调舒适度一般可分为三种：

（1）舒适式：6～13℃。

（2）工艺性：5～10℃。

（3）精密性：4～10℃。

2. 空调冷冻水管网

与供暖热水管网相同，一般为双管输送、一供一回，同径、同程、同向布置。

3. 管道保温结构

空调冷冻水温度一般在4～13℃，管道保温结构与供暖管网相同，可采用工厂预制的高密度聚乙烯外护管硬质聚氨酯泡沫塑料预制直埋保温管。

（三）管网运行方式

供暖热水与空调冷冻水可共用一套管网，即冬季供暖期管网输送供暖热水、夏季空调期管网输送冷冻水。其他季节停用充水保养。管网输送能力，按二者中较大负荷确定管径。管道热补偿应按热水管网设计、计算。

（四）管网敷设方式

1. 直埋敷设方式

在住宅小区内，供暖、空调的热（冷）水管道保温结构一般为高密度聚乙烯外护管硬质聚氨酯泡沫塑料预制直埋保温管直埋敷设。

2. 架空敷设方式

在住宅小区外，一般采用管廊、管架、通行地沟或半通行地沟敷设方式。供暖、空调的热（冷）水管道一般采用玻璃棉等保温结构。

二、热水制备方式

除热电厂以外的热水制备方式有利用热水锅炉和利用换热设备。

1. 热水锅炉制备热水系统（采用补给水泵定压）

利用各种型号的热水锅炉制备热水系统，如图10-2所示。

此系统主要由热水锅炉、补给水系统、除污器等设备、管道、阀门、仪表、管件组成。

热水锅炉型号、规格、台数，根据供暖供热负荷确定。对供暖供热负荷较大的热力站，热水锅炉应考虑备用。

补水系统由补给水箱、补给水泵、补水点压力调节阀等设备、管道、阀门、管件、仪表组成。补水点压力通过自力式“阀前”压力调节阀，实施补水点压力自动调节。补水定压点一般设置在循环水泵进口管道上。补给水泵应设置两台，一用一备。根据补水点压力，补水泵间断运行。

[1] 引自GB 50736—2012《民用建筑供暖通风与空气调节设计规范》第5.3.1条和第5.4.1条。

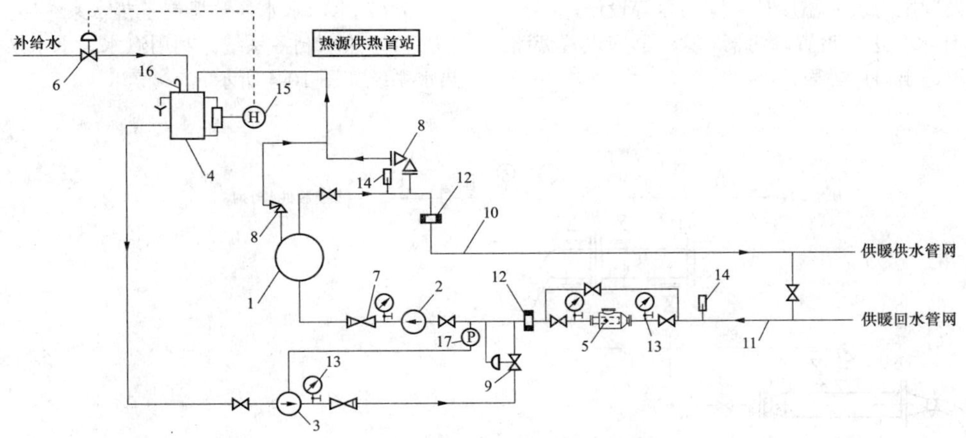

图 10-2 采用热水锅炉制备热水系统示意图

1—热水锅炉；2—供暖循环水泵；3—供热首站补水稳压泵；4—补给水箱；5—除污器；6—补给水箱水位调节阀；7—止回阀；8—安全阀；9—自力式“阀前”压力调节阀；10—供暖供水管网（一次网）；11—供暖回水管网（一次网）；12—流量表；13—压力表；14—温度计；15—水位变送器；16—空气管；17—压力变送器

除污器一般设置在循环水泵进口管道上，并设旁路管道，根据除污器进出口压力差，对除污器定期清洗。

补给水箱水位宜设置自动调节系统。根据补给水箱水位，设高低水位电触点，通过水位调节阀 6，对补给水箱水位实施自动调节。

在热水锅炉送出的供暖供水管道上设有安全阀，可防止热水锅炉升温，热水膨胀供回水管道超压。

在热水锅炉进出口的供暖供回水管道上，宜设置热水流量计，可监督供暖供热循环热水流损情况。

2. 热水锅炉制备热水（采用高位膨胀水箱补水定压）

（1）热水锅炉制备热水系统。热水锅炉制备热水系统如图 10-3 所示。此系统为热源或区域锅炉房通过供暖供回水管网直接向用户供暖。

（2）补水定压方式。膨胀水箱安装高度，应保证

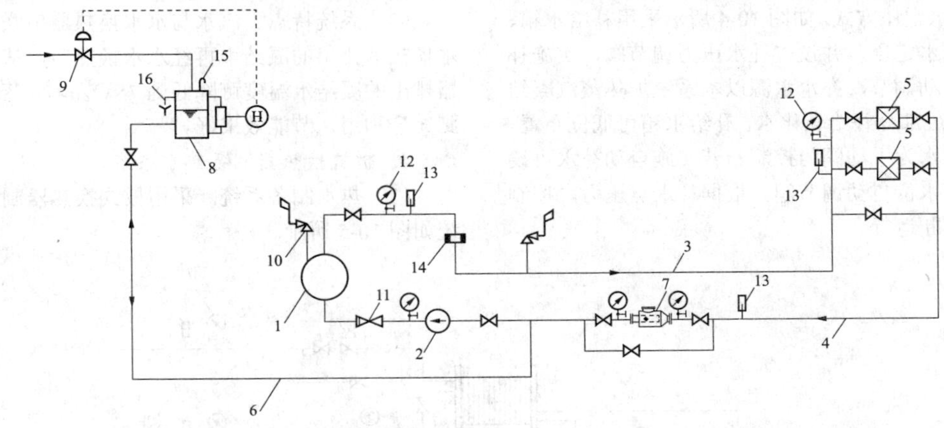

图 10-3 利用热水锅炉制备热水示意图（采用高位膨胀水箱补水定压）

1—热水锅炉；2—循环水泵；3—供暖供水管网；4—供暖回水管网；5—供暖用户；6—补水、定压管道；7—除污器；8—高位膨胀水箱；9—膨胀水箱水位调节阀；10—安全阀；11—止回阀；12—压力表；13—温度计；14—流量计；15—放空管；16—溢流管

整个热水管网系统的高温水不汽化。在循环水泵停止运行时，管网系统的静压线应高于与系统直接连接用户的最高充水高度 3～5m 水柱。膨胀水箱通过水位调节阀，实施水位自动控制。补给水泵应设置两台，一用一备。

（3）安全装置与附件的设置。

1）锅炉出口及热水管网设置安全阀。

2）锅炉出口设置流量计、压力表、温度计；供暖

用户进口设置压力表、温度计、除污器等设施。

3）循环水泵进口设置除污器。除污器应设置旁路管道阀门及进出口压力表。

3. 汽水、水水换热器制备热水系统

（1）热水制备系统。利用汽水、水水换热器制备热水系统如图 10-4 所示。

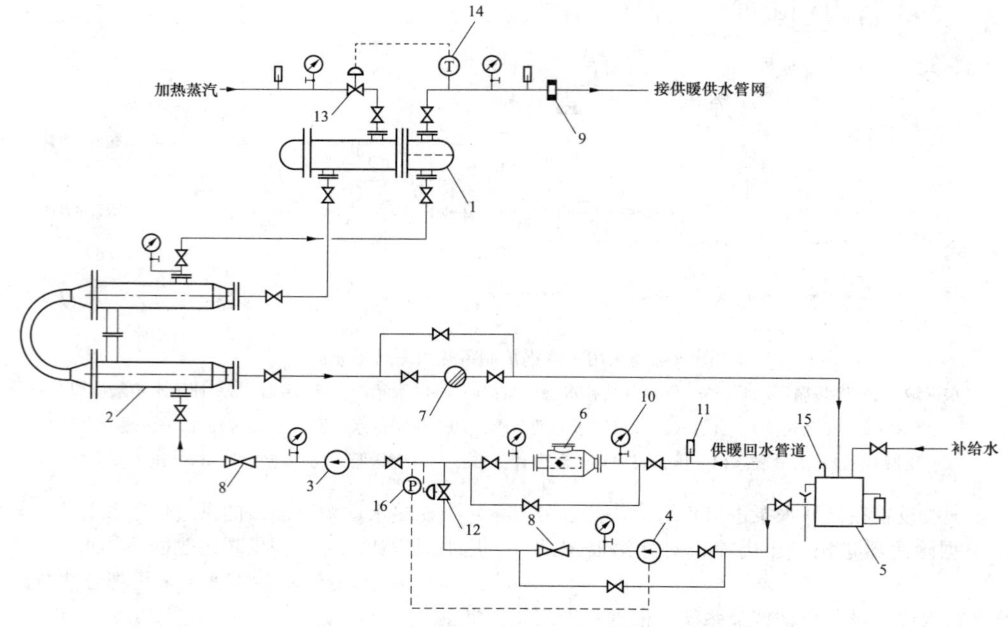

图 10-4 利用汽水、水水换热器制备热水系统示意图

1—汽水换热器；2—水水换热器；3—供暖循环水泵；4—补给水泵；5—补给水箱；6—除污器；7—疏水器；8—止回阀；9—流量计；10—压力表；11—温度计；12—“阀前”压力调节阀；13—供暖供水温度自动调节阀；14—温度变送器；15—空气管；16—压力变送器

（2）补水定压方式。如图 10-4 所示采用补给水箱、补给水泵补水定压，并设置补水压力调节阀，实施补水点压力自动调节，补水水源以本系统加热蒸汽凝结水为主，不足部分补给软化水。补给水箱可低位布置。本系统补给水为手动阀门控制。若实施自动补水可设置补给水箱水位自动调节阀。根据补水点压力，控制补给水泵间断运行。

（3）系统特点。汽水与水水换热器串联运行，汽水换热器排出的凝结水再经水水换热后，从水水换热器排出的凝结水温度可降低到 75℃左右，蒸汽热能得到充分利用，节能效果好。

4. 板式换热器制备热水系统

（1）热水制备系统。采用板式换热器制备热水系统如图 10-5 所示。

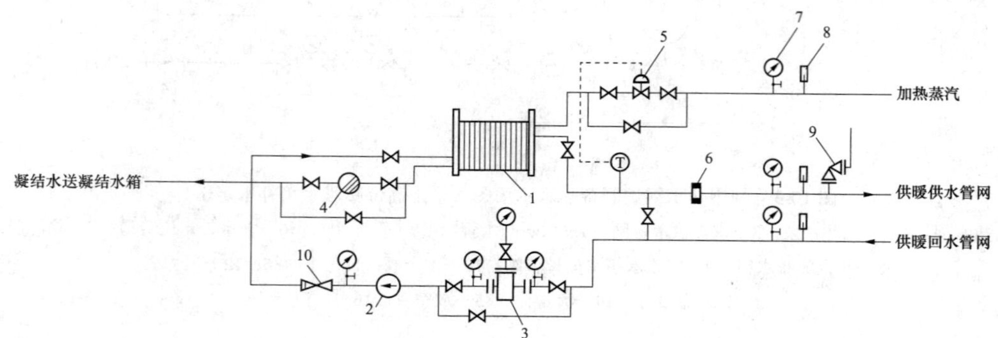

图 10-5 采用板式换热器制备热水系统示意图

1—板式换热器；2—供暖循环水泵；3—除污器；4—疏水器；5—供水温度调节阀；6—流量计；7—压力表；8—温度计；9—安全阀；10—止回阀

（2）热水制备系统特点。

1）板式换热器传热系数高、换热效果好、结构紧凑、适应性大、拆洗方便。

2）板式换热器板片间流通截面窄，水质不好形成水垢或污物沉积，容易堵塞，需定期拆洗。

5. 半容积式热交换器制备热水系统

（1）结构特点。半容积式换热器主要由贮水罐、管壳式换热器、热媒进出口、冷热水进出口及各种仪表和安全阀等组成。该设备换热器与储水箱结合在一起，省掉了热水箱（罐）结构紧凑，节省占地面积。供暖循环水在管壳式换热器内被加热蒸汽逆向加热后，排入热水箱内，从热水箱上部接出。半容积式热交换器克服了容积式热交换器加热速度慢，加热有盲区的缺点，同时具有管壳式加热器传热系数高，加热速度快、传热量大的特点。半容积式换热器，从布置上可分为立式与卧式二种，从热媒性质可分为汽水型和水水型。

（2）半容积式热交换器制备热水系统。半容积式热交换器制备热水系统如图 10-6 所示。

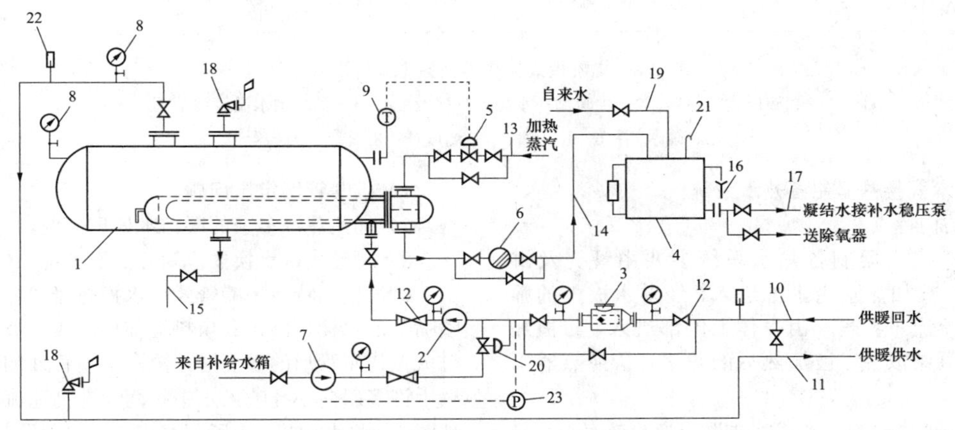

图 10-6 容积式热交换器制备热水系统示意图

1—容积式热交换器；2—供暖循环水泵；3—除污器；4—凝结水箱；5—供暖供水温度调节阀；6—疏水阀；7—补水稳压泵；8—压力表；9—供暖供水温度变送器；10—供暖回水管道；11—供暖供水管道；12—止回阀；13—加热蒸汽管道；14—凝结水管道；15—排污放水管道；16—溢流水管道；17—凝结水出水管道；18—安全阀；19—补水管；20—补水压力调节阀；21—空气管；22—温度计；23—压力变送器

6. 螺旋板式换热器制备热水系统

（1）结构特点。螺旋板式换热器是由两片平行金属板卷制成两个螺旋通道的表面式换热器，加热介质和被加热介质分别在螺旋板两侧流动。它结构紧凑，传热系数高于一般管壳式换热器。与板式换热器相比，螺旋板式换热器流动截面较宽，不宜堵塞，但不能拆卸清洗。

螺旋板式换热器有汽水式和水水式两种。螺旋板式汽水换热器构造如图 10-7 所示。

（2）螺旋板式换热器制备热水系统如图 10-8 所示。该系统补水稳压系统可参见图 10-2 所示。

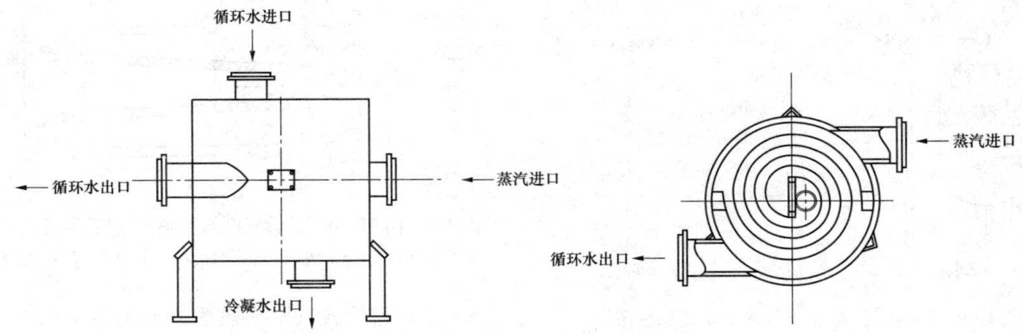

图 10-7 螺旋板式汽水换热器构造示意图

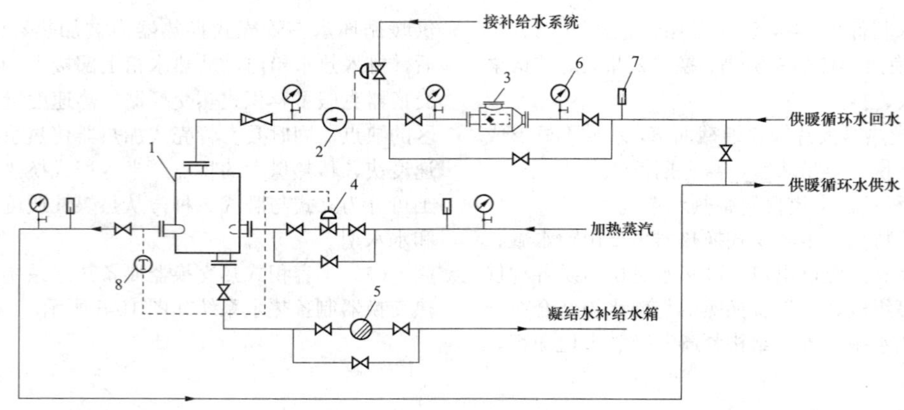

图 10-8 螺旋板式换热器制备热水系统示意图

1—螺旋板式换热器；2—供暖循环水泵；3—除污器；4—供暖供水温度调节阀；5—疏水阀；6—压力表；7—温度计；8—温度变送器

7. 淋水式换热器制备热水系统

（1）结构特点。

淋水式换热器制备热水系统主要由管壳及淋水板组成。被加热水由上部进入，经淋水板上的筛孔分成细流流下；蒸汽由壳体上侧部进入，与被加热水接触凝结放热，被加热后的热水，从换热器下部送出。

它是一种典型的混合式加热器，换热效率高，换热面积小，设备紧凑。由于接触换热，凝结水不能回收。用在集中供热系统上，要考虑热源增加水处理设备容量和如何利用系统多余的凝结水量。该换热器下部，可兼起储水箱的作用，同时还可以利用壳体内的蒸汽压力对系统进行定压。

（2）淋水式换热器制备热水系统如图 10-9 所示。若该系统用于对供暖回水加热应考虑下列问题：

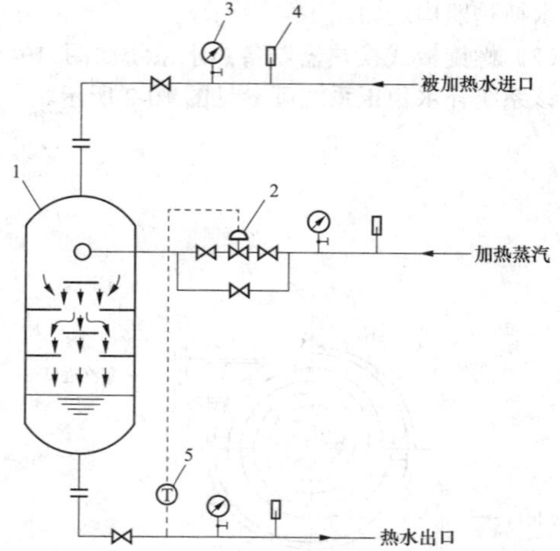

图 10-9 淋水式换热器制备热水系统示意图

1—淋水式换热器；2—热水温度调节阀；3—压力表；4—温度计；5—温度变送器

1）供暖管网定压问题。

2）加热蒸汽多余的凝结水处理问题。

8. 喷管式汽水换热器制备热水系统

（1）结构特点。喷管式汽水换热器主要由外壳、喷嘴、泄水栓、网盖和填料等部件组成。被加热水通过成拉伐尔管形的喷嘴时，蒸汽从喷管外侧，通过管壁上许多斜向小孔喷入水中，两者在高速流动中很好地混合，将水加热。为了蒸汽正常通过斜孔与水混合，使用的蒸汽压力至少应比换热器入口水压高出 0.1MPa 以上，它属于混合式汽水换热器。

喷管式汽水换热器具有体积小、制造简单、安装方便、调节灵敏、加热温差大以及运行平稳等特点；但换热量不大，一般只用于热水供应和小型热水供暖系统上。用于供暖系统时，喷管式汽水换热器多设置在循环水泵出口侧。喷管式汽水换热器构造如图 10-10 所示。

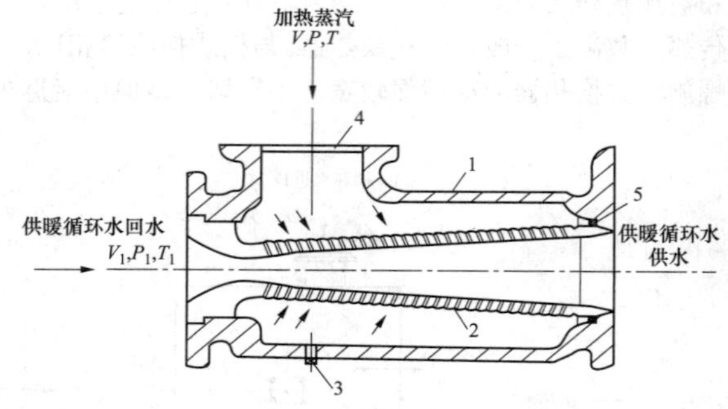

图 10-10 喷管式汽水换热器构造示意图

1—外壳；2—喷嘴；3—泄水栓；4—网盖；5—填料

（2）喷管式汽水换热器热水制备系统图，如图 10-11 所示。喷管式汽水换热器在用于供暖系统时，应考虑以下几个问题：

1）喷管式汽水换热器应设置在供暖循环水泵出口管道上。

2）该换热器为混合式、蒸汽凝结水不能回收、热源要增加水处理设备容量。

3）要考虑如何利用供暖系统多余的凝结水量。

4）要考虑对补给水定压。

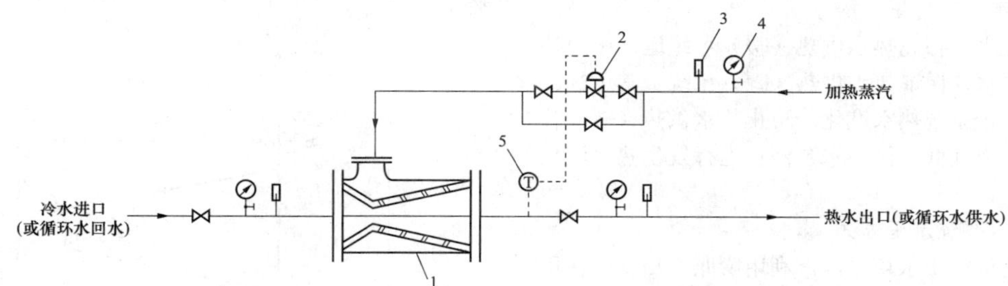

图 10-11 喷管式汽水换热器热水制备系统图

1—喷管式汽水换热器；2—热水出口温度调节阀；3—温度；4—压力表；5—温度变送器

9. 换热机组制备热水系统

（1）结构特点。该机组把汽水、水水换热器、循环水泵、补给水泵、除污器、疏水阀、供水温度调节阀组、电控仪表箱等有序地组装、连接在一起。设备紧凑，安装、操作、维护管理方便，占地面积小。现场安装只要把加热蒸汽管道、供暖供回水管道、补给水管道、电源与换热机组接上，机组就能投入运行，并可实现无人值守。

（2）整体式换热机组制备热水系统，详见图 10-12。换热机组补水采用加热蒸汽凝结水作为补给水。另有软化水作为供暖系统开车供暖系统上水。

供热系统设计应考虑供暖系统对多余的加热蒸汽凝结水利用问题。

整体式换热机组制备热水，一般适用于小型供热（暖）工程。安装、运行、维修、管理方便。

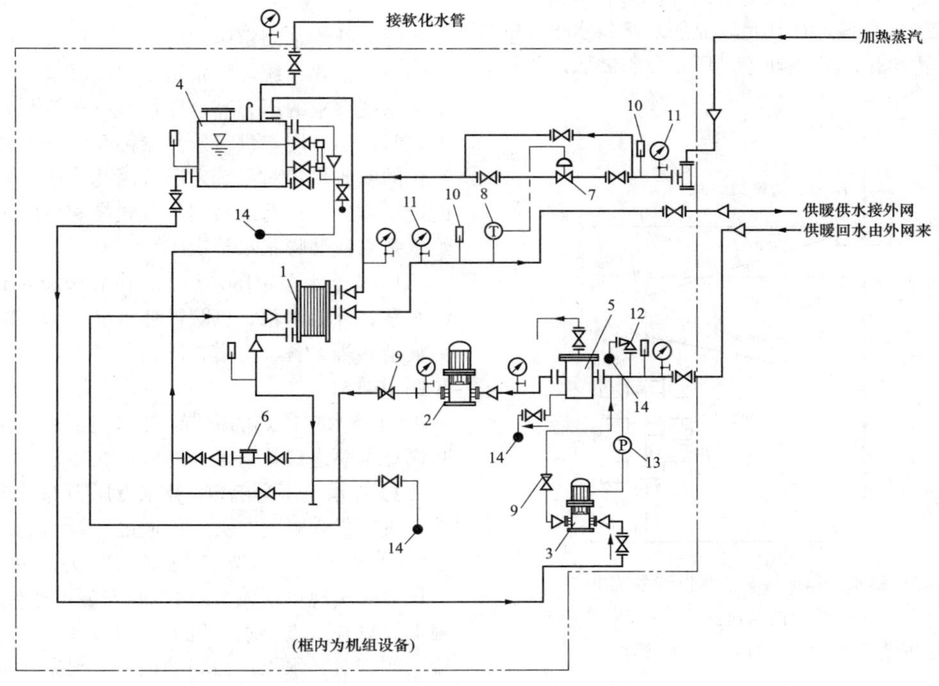

图 10-12 整体式换热机组制备热水系统图

1—板式汽水换热器；2—循环水泵；3—补给水泵；4—补给水箱；5—除污器；6—疏水阀；7—热水温度调节阀；8—温度变送器；9—止回阀；10—温度计；11—压力表；12—安全阀；13—压力变送器；14—排下水道

三、热水系统定压

这里的定压是在热源或热力站进行的。

1. 热水系统定压目的

（1）补水。补充热水供热（暖）系统运行中用掉或漏损的热水，保证热水供热（暖）系统正常运行。

（2）防止系统热水汽化。防止热水供热（暖）管网，由于压力降低、循环水泵停止运行发生热水汽化和倒空。

2. 热水系统定压方式

（1）高位膨胀水箱定压。利用膨胀水箱安装在用户系统的最高处来对系统定压方式，称为高位膨胀水箱定压方式。高位膨胀水箱不仅起着容纳系统膨胀水的作用，还起着对系统定压的作用，其设备简单、工作安全可靠，是低温水供暖系统最常用的定压方式。高位膨胀水箱定压点一般设在以下两个位置：

1）设在供暖循环水泵出水管道上，膨胀水箱连接在热水供暖系统供水干管上的水压图如图 10-13 所示。整个系统各点的压力较低，若供暖系统水平供水干管过长，阻力损失较大，则有可能在干管上出现负压，吸入空气发生热水汽化，一般不推荐采用。但对自然循环热水供暖系统，由于系统的循环作用压头小，水平供水干管的压力损失只占一部分，膨胀水箱与水平供水干管的标高差，往往足以克服水平供水干管的压力损失，不会出现负压现象，所以可将膨胀水箱连接在供水干管上。

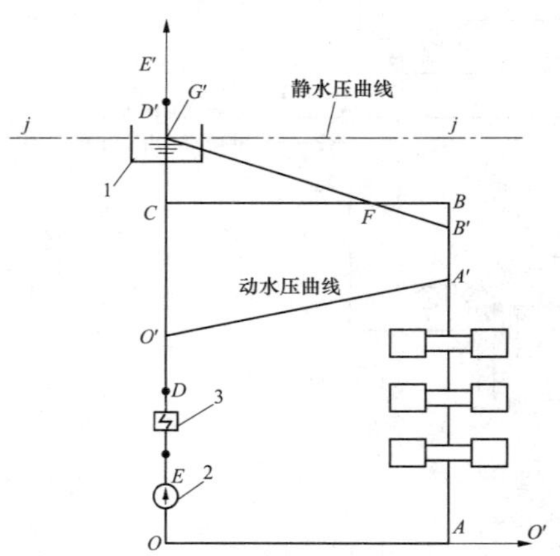

图 10-13 膨胀水箱连接在热水供暖系统供水干管上的水压图

1—膨胀水箱；2—循环水泵；3—锅炉

2）设在循环水泵进口管道上，室内热水供暖系统水压图如图 10-14 所示。该定压系统动水压曲线 *E'D'C'B'A'F'*，在静水压线 *j–j* 之上。管网各点压力较高，即便循环水泵停止运行，管网各点压力都在供水温度汽化压力之上，不会发生热水汽化或倒空，从安全角度出发，特别在机械循环高温热水系统中，推荐将膨胀水箱的膨胀管连接在循环水泵吸口侧的回水干管上。

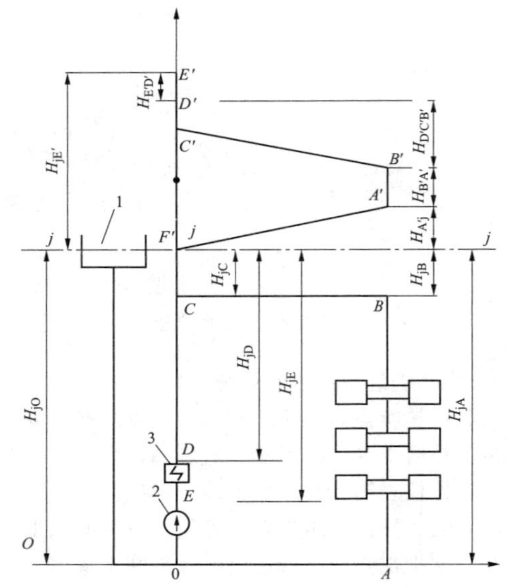

图 10-14 室内热水供暖系统水压图

1—膨胀水箱；2—循环水泵；3—锅炉

（2）补给水泵定压。对于热电厂或区域供热锅炉房的集中供热系统，特别是采用高温水的供热系统，由于系统要求的压力高，往往难以在热源或靠近热源处安装比所有用户供暖散热器都高，并保证高温水不汽化的膨胀水箱对系统定压。因此往往需要采用其他的定压方式，目前最常用的方式是利用压头较高的补给水泵来代替膨胀水箱定压。

1）补给水泵定压系统图。补给水泵定压系统由补给水泵、补给水箱、供暖循环水泵、除污器、阀前压力调节阀等设备、管道、阀门、管件、仪表组成，详见图 10-15。

2）补水定压点的位置。补水定压点一般设置在供暖循环水泵进口管道上。

3）补水点压力确定。补水点压力与所选建筑物标高、供暖供水温度有关，应通过计算确定。

4）补水点压力调节。补水点压力采用“阀前”压力调节阀实现自动调节。调节阀安装在补给水管道上，根据计算补水点要求的压力，调节调节阀的弹簧拉紧度，实施对补水点压力自动调节。根据补水点压力补水泵间断运行。

（3）其他定压方式。其他定压方式一般为氮气、空气和蒸汽定压。

1）氮气定压方式。

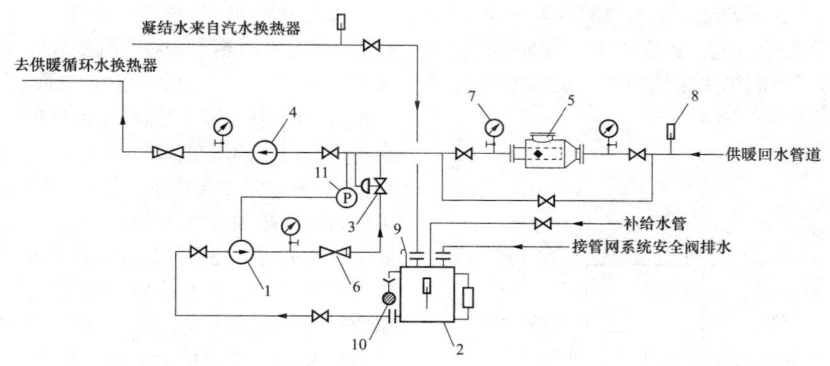

图 10-15　补给水泵定压系统

1—补给水泵；2—补给水箱；3—“阀前”压力调节阀；4—供暖循环水泵

5—除污器；6—止回阀；7—压力表；8—温度计；9—空气管；10—下水管网

a. 恒压式氮气定压系统。一般由恒压膨胀罐、氮气供给控制阀、低压氮气罐、压缩机、循环水泵等设备、设施组成，如图 10-16 所示。

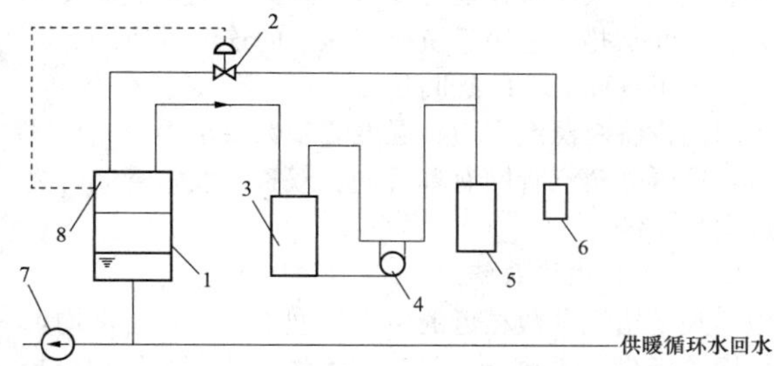

图 10-16　恒压式氮气定压系统

1—恒压膨胀罐；2—氮气供给控制阀；3—低压氮气罐；

4—压缩机；5—高压氮罐；6—氮气瓶；

7—循环水泵；8—最小气体空间

恒压式氮气定压系统，如图 10-16 所示，其工作原理：热水膨胀时，从恒压膨胀罐所排出的氮气进入低压氮气贮气罐中，再由压缩机压入高压氮气罐；热水收缩时，氮气供给控制阀开启，由高压氮气贮气罐向恒压膨胀罐送入氮气，氮气不足时由氮气瓶供给。这样可使恒压膨胀罐内的压力始终保持一致。

b. 变压式氮气定压系统。变压式氮气定压系统如图 10-17 所示。变压式氮气定压系统如图 10-17 所示，其原理如下：水受热膨胀时，罐内氮气被压缩，管路的压力增加；水收缩时，罐内压力降低，使氮气量保持一定而允许罐内压力变化。压力变动虽是允许的，但罐内压力始终不能低于高温水的饱和压力。为了控制膨胀罐内压力在一定范围变化，设有安全阀 5，超压排放；设有调节阀 2，当恒压膨胀罐内压力降低到一定压力时，进行补气。

氮气定压的热水系统运行安全可靠，能够较好地防止系统出现汽化及水击现象，但需消耗氮气，设备较复杂，设计计算工作量较大。因此，这种定压方式多用在供水温度较高的供热系统中。

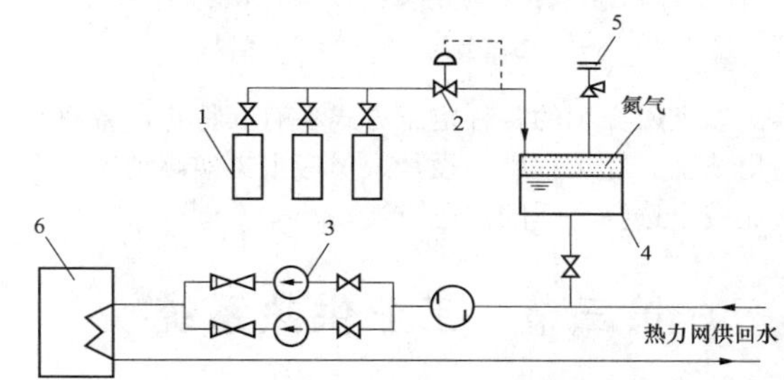

图 10-17　变压式氮气定压系统

1—氮气瓶；2—压力调节阀；3—循环水泵；

4—恒压膨胀罐；5—安全阀；6—热源

2）空气定压方式。空气定压系统如图 10-18 所示，这种定压方式与氮气定压方式相同，但采用空气时，若压力高，则会大量溶解空气中的氧气而使管道或定压罐的内壁受到腐蚀，所以空气定压方式不宜用在高温水系统上。如果在高温水系统中采用该定压方式，必须调节循环水的 pH 或尽可能减少空气供给量。

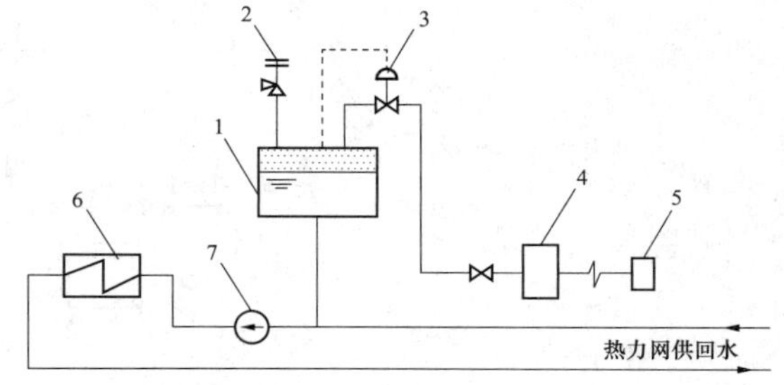

图 10-18　空气定压系统

1—定压膨胀罐；2—安全阀；3—压力调节阀；

4—空气压缩机；5—空气罐；6—热源；7—循环水泵

3）蒸汽定压方式。蒸汽定压系统如图 10-19 所示，定压膨胀罐上部设有蒸汽室，贮存由于回水加热而产生的饱和蒸汽。为了控制膨胀罐压力在一定范围变化，设有安全阀 2，压力调节阀 8。

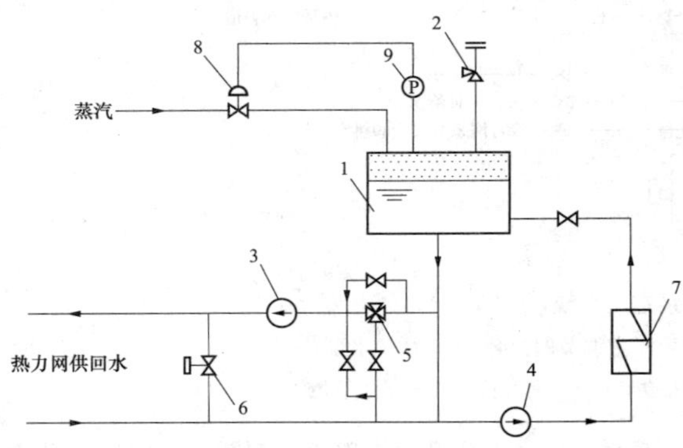

图 10-19 蒸汽定压系统

1—定压膨胀罐；2—安全阀；3—供水泵；4—回水泵；5—混合阀；6—旁通管；7—高温水锅炉；8—压力调节阀；9—压力变送器

以上所介绍的各种定压方式各有其特点，各有其适用范围。在工程中，设计人员应根据实际情况，多方比较，选择合适的定压方式。

第三节 工业供热系统

工业供热一般采用蒸汽作为供热热媒，它包括蒸汽系统与冷凝水系统。

一、蒸汽系统

蒸汽供热系统是由热源、室内外蒸汽管网、热用户三部分组成的。大型工厂、企业的蒸汽供热热源是工厂自备热电厂或集中供热锅炉房，也可以是远离工厂、企业的大型热电厂通过供热改造，采用高排、中排各段抽汽，经过电厂热力站对蒸汽参数处理后，送出的各种参数的高压、中压、低压蒸汽。蒸汽系统特点如下：

（1）使用范围广。蒸汽作为热媒，其适用面广，能满足各类用户的用热需求。它可作为动力用，推动发电机发电、拖动给水泵供水、拖动压缩机、鼓风机供气等；可作为加热热源，加热供暖回水、加热生活用热水、加热工艺物料等；还可通过溴化锂机组制冷等。

（2）放热系数大、加热效果好。蒸汽加热过程是相变过程，汽态变为液态，放出汽化潜热，放热热值大，0.1MPa（绝对应力）1kg 蒸汽放出的汽化潜热为 2256kJ，与热水相比，是热水放热量的 5.4 倍。

（3）连接方便。蒸汽密度小，在高层建筑物中或地形起伏不同的区域蒸汽系统中，不会产生像水那样大的静压力，因此用户连接方式简单。

（4）适用于连续供热。蒸汽系统与热水系统相比，蒸汽温度高、输送热损失大，启动暖管时间长，疏放水热量损失大，操作运行复杂。因此不适用负荷变化大或间断供热，适用于负荷变化小的连续供热。

由于各种工厂、企业的生产性质及工艺流程不同，各用热设备对蒸汽压力、温度等参数要求不一。厂区内、厂区外蒸汽管网有单管制、双管制及多管制等蒸汽供热系统。

1. 单管供汽系统

凡是用汽参数相近的中、小型工厂、企业，均可采用单管供汽系统。单管供汽系统示意图如图 10-20 所示，4 个蒸汽用户用汽参数相近，热用户 1 为工艺生产用汽，用汽连续，为间壁式换热方式、蒸汽凝结水无污染可回收；热用户 2 为蒸汽供暖用汽；热用户 3 为热水供暖用汽；热用户 4 为生活热水用汽，以上 4 个蒸汽用户的凝结水尽可能回收。可设置凝结水箱，采用凝结水泵加压送回锅炉房给水箱 2。

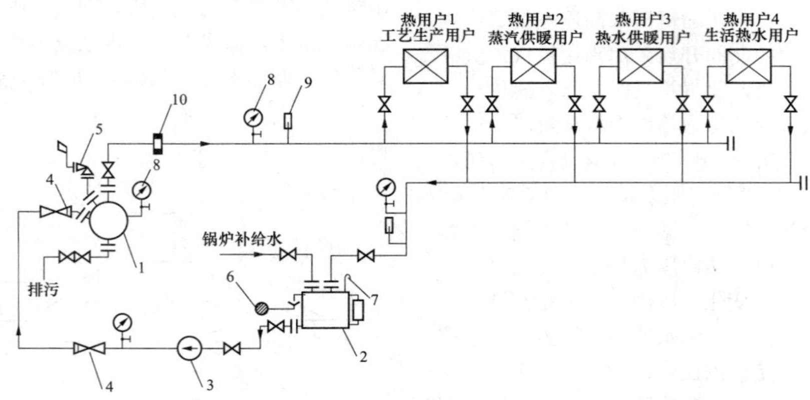

图 10-20 单管供汽系统示意图

1—蒸汽锅炉；2—锅炉给水箱；3—锅炉给水泵；4—止回阀；5—安全阀；6—下水管网；7—空气管；8—压力表；9—温度计；10—流量计

2. 双管供汽系统

用户用汽参数相差较大时，可采用双管供汽系统。例如，某机械工厂锻工车间锻锤需用 0.9MPa 蒸汽，则可从热源引出两根蒸汽管道，其中一根蒸汽管道单独供应锻锤用汽，另一根供给其他车间用汽。双管供汽系统示意图如图 10-21 所示。

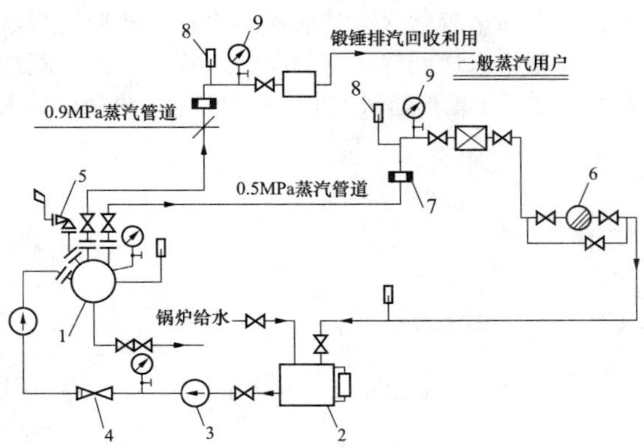

图 10-21 双管蒸汽系统示意图

1—锅炉；2—锅炉给水箱；3—锅炉给水泵；4—止回阀；5—安全阀；6—疏水阀；7—流量计；8—温度计；9—压力表

对锻锤间断排汽，若回收利用，应对排汽作除油、过滤处理；一般蒸汽用户的凝结水若无污染，应尽量回收。尽量利用疏水阀后的背压将凝结水送回锅炉房。若用户距离锅炉房较远，依靠疏水阀后背压不能送回，可在用户处热力站设置凝结水箱、凝结水泵，将凝结水加压送回锅炉房。

3. 多管供汽系统

热用户较多，各个用户要求的用汽参数相差又较大时，根据用户的要求，需要向各用户提供三种以上蒸汽参数的蒸汽管道输送，可采用多管蒸汽系统。多管蒸汽系统可参考双管蒸汽系统示意图（如图 10-21 所示）。

二、冷凝水系统

（一）冷凝水回收原则

（1）凡是符合锅炉给水水质要求的凝结水，都应尽可能回收，使回水率达到 80%以上。

（2）凡是加热油槽或有毒物质的蒸汽凝结水，当有生活用汽时，严禁回收；当无生活用汽时，也不宜回收。此类凝结水，也不能未经净化处理就直接排入室外排水管网，以免造成环境污染。

（3）高温凝结水宜回收或利用其热量。

（4）对可能被污染的凝结水，应装设水质检测仪器和净化装置，经处理后达到锅炉给水水质要求的才予以回收。

（5）冷凝水是否回收，应根据工程具体情况作技术经济分析后确定。

（二）冷凝水系统分类

1. 按照管道凝结水是否与大气相通分类

按照凝结水管道系统是否与大气相通，可分为开式系统与闭式系统。

（1）开式系统。凡是凝结水箱上面设有放气管并使系统与大气相通的都是开式系统。其特点是产生二次蒸汽损失和外部空气侵入，避免不了管道金属腐蚀。但此种系统结构简单、操作方便、初投资少，目前仍被广泛应用于热力网工程设计。

（2）闭式系统。凡是凝结水箱不设排气管直通大气，使系统呈封闭状态的即为闭式系统。其特点是从用户的用热设备到凝结水箱，以及由凝结水箱到热源，所有的管段都必须处于不小于 5kPa 压力，因此管路腐蚀较轻。但因此种系统结构复杂、不易维护管理、初投资较大、尚未能广泛使用。

2. 按凝结水流动的动力不同分类

按凝结水流动的动力可分为低压自流式凝结水系统、高压自流式凝结水系统、闭式满管凝结水系统、余压凝结水系统、加压凝结水系统。

（1）低压自流式凝结水系统。低压自流式凝结水系统示意图如图 10-22 所示。系统中凝结水箱为开式水箱，一般凝结水箱设置在厂区较低处的锅炉房或凝结水泵站内。室外凝结水管网要求从最远的一个用户一直坡向凝结水箱。

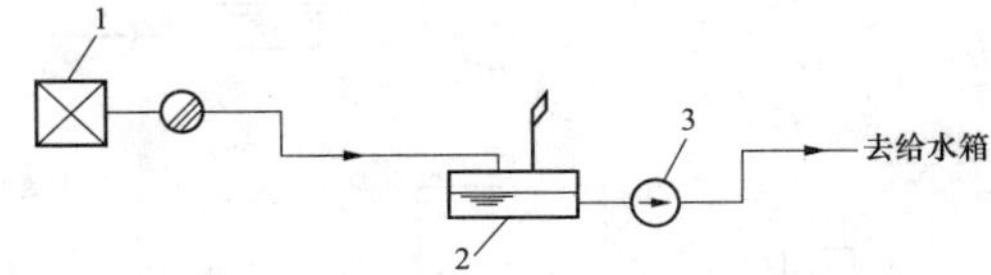

图 10-22 低压自流式凝结水系统示意图

1—用汽设备；2—凝结水箱；3—凝结水泵

（2）高压自流式凝结水系统。高压自流式凝结水系统示意图如图 10-23 所示。在用户入口处设置具有一定高度的二次蒸发箱。凝结水箱为开式水箱，并设置在厂区较低处的锅炉房或凝结水泵站内。高压蒸汽（$p_N \geq 0.2$MPa）的凝结水，首先进入二次蒸发箱内排除二次蒸汽后，凝结水依靠二次蒸发箱与凝结水箱之间的位能差，沿室外凝结水管网返回到凝结水箱。

（3）闭式满管凝结水系统。闭式满管凝结水系统示意图如图 10-24 所示。蒸汽凝结水进入离地面 2～3m 高的二次蒸发箱内，首先分离出二次蒸汽并将此部分蒸汽送入低压供暖系统加以利用，剩余的凝结水依靠位能差自流返回至凝结水箱。

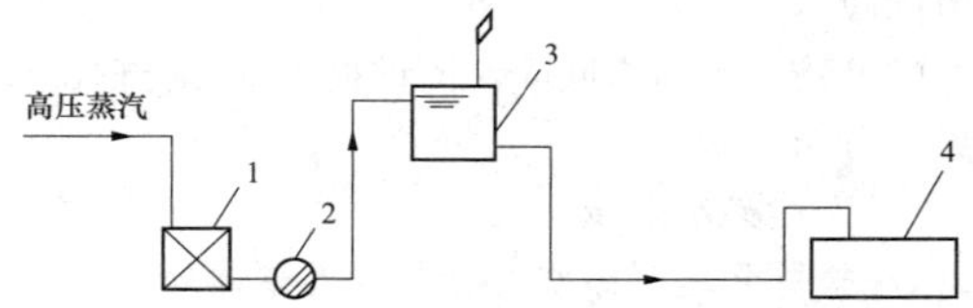

图 10-23　高压自流式凝结水系统示意图

1—用户；2—疏水阀；3—二次蒸发箱；4—凝结水箱

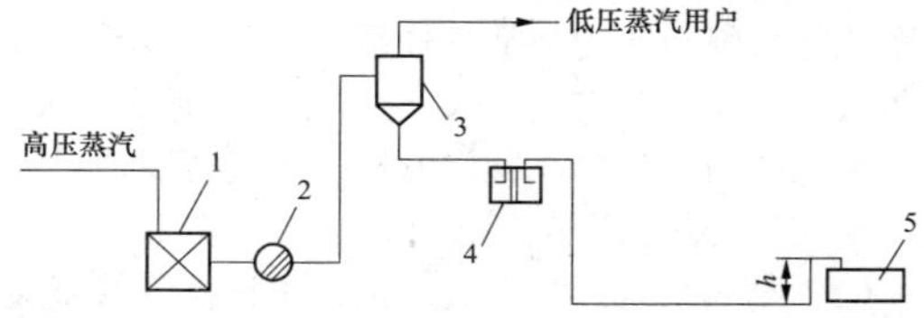

图 10-24　闭式满管凝结水系统示意图

1—用户；2—疏水阀；3—二次蒸发箱；

4—多级水封；5—凝结水箱

此种凝结水系统要求二次蒸发箱内保持 20kPa 的稳定压力。从二次蒸发箱 3 内流出的凝结水，首先经过多级水封 4 再流入室外凝结水管网，最后返回到凝结水箱 5 内。

（4）余压凝结水系统。余压凝结水系统是依靠疏水阀的背压，将凝结水送至凝结水箱，余压凝结水系统如图 10-25 所示。

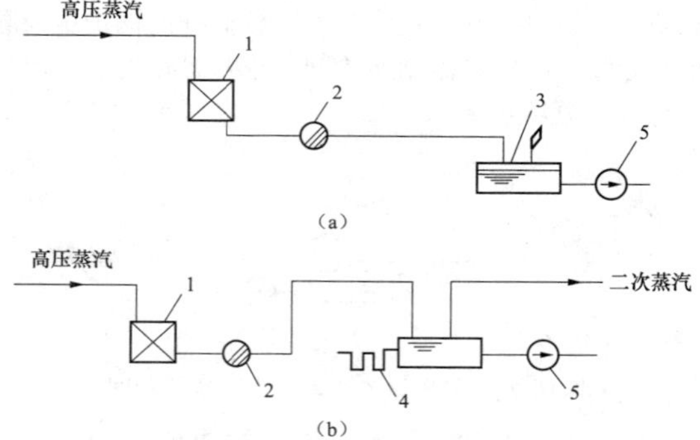

图 10-25　余压凝结水系统示意图

（a）开式余压凝结水系统；（b）闭式余压凝结水系统

1—用户；2—疏水阀；3—二次蒸发箱；

4—多级水封；5—凝结水泵

余压凝结水系统又分为开式余压凝结水系统［如图 10-25（a）所示］和闭式余压凝结水系统［如图 10-25（b）所示］两种。

开式余压凝结水系统为常用的凝结水系统。闭式余压凝结水系统中凝结水箱上需设置安全水封，在凝结水箱内需保持 20kPa 压力，二次蒸汽可送至低压供暖用户供热。

采用余压凝结水系统时，凝结水管的管径应按汽水混合状态进行计算。

（5）加压凝结水系统。加压凝结水系统示意图如图 10-26 所示。当室外地形起伏较大或锅炉房处于全厂地势较高处，完全依靠余压不能使凝结水返回到锅炉房的凝结水箱时，可在室外地形较低处设凝结水泵站，泵站内设有凝结水箱和凝结水泵等设施。各用户的凝结水依靠位能差或疏水阀后的背压，沿室外凝结水管网返回至凝结水泵站的凝结水箱，然后用凝结水泵将凝结水送回锅炉房的凝结水箱中。此种凝结水系统适用于地形起伏不平、用户分散、供热区域大的工厂。

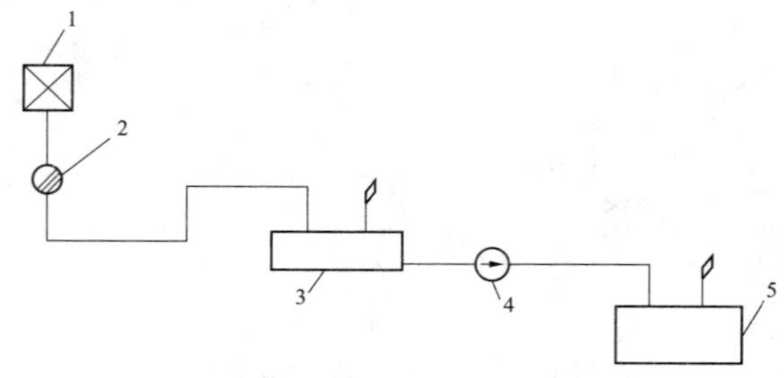

图 10-26　加压凝结水系统示意图

1—用热设备；2—疏水阀；3—中间凝结水箱；

4—凝结水泵；5—总凝结水箱

采用加压系统回收凝结水时，应符合下列要求：

1）凝结水泵站的位置应按全场用户分布情况确定。

2）当一个凝结水系统有几个凝结水泵站时，凝结水泵的选择应符合并联运行的要求。

3）凝结水泵站内的水泵宜设置两台，其中一台备用，每台凝结水泵的流量应满足每小时最大凝结水回收量，其扬程应按凝结水系统的压力损失、泵站至凝结水箱的提升高度和凝结水箱的压力进行计算。

4）凝结水泵应设置自动启动和停止运行的装置。

5）每个凝结水泵站中的凝结水箱宜设置 1 个，常年不间断运行的系统宜设置 2 个，凝结水有被污染的可能时应设置 2 个，其总有效容积宜为 15～20min 的最大凝结水回收量。

当采用疏水加压器（凝结水自动泵）作为加压泵时，在各用汽设备的凝结水管道上应装设疏水阀，当疏水加压器兼有疏水阀和加压泵两种作用时，其装设位置应接近用汽设备。

（三）冷凝水系统的设计、选择

1．低压自流式凝结水系统

低压自流式凝结水系统一般由用汽设备、疏水阀、凝结水箱、凝结水泵等设备、管道、阀门、管件组成，如图 10-27 所示。

凝结水箱为开式水箱，利用管道始末端位能差克服管网阻力。凝结水箱一般设置在厂区较低处的锅炉房或凝结水泵站内。此系统适用于地形平坦、管网不大长的凝结水回收系统，管网总压力损失要小于管道始末端位能差的水压头值。该系统简单、工程投资省，适用于低压（p=70kPa）的蒸汽系统的回水。由于系统为开式系统，管路腐蚀严重。

2. 高压自流式凝结水系统

高压自流式凝结水系统一般由热用户、疏水阀、二次蒸发箱、凝结水箱等设备、管道、阀门、管件组成，如图 10-28 所示。

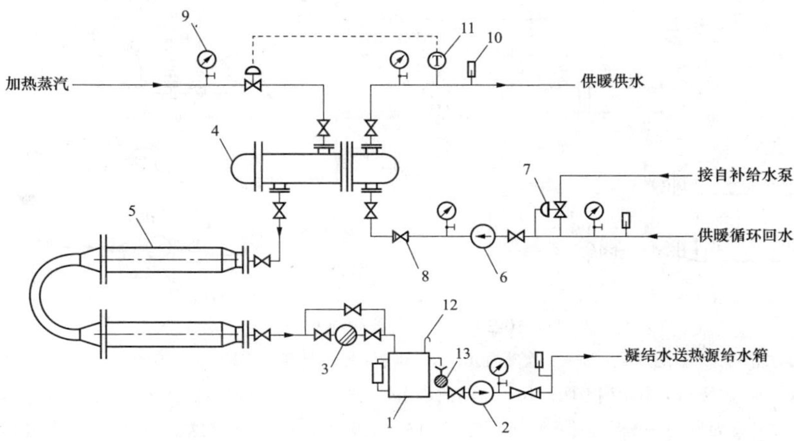

图 10-27 低压自流式凝结水系统图

1—凝结水箱；2—凝结水泵；3—疏水阀；4—汽水加热器；5—水水换热器；6—供暖循环水泵；7—“阀前”压力调节阀；8—止回阀；9—压力表；10—温度计；11—温度变送器；12—空气管；13—下水管网

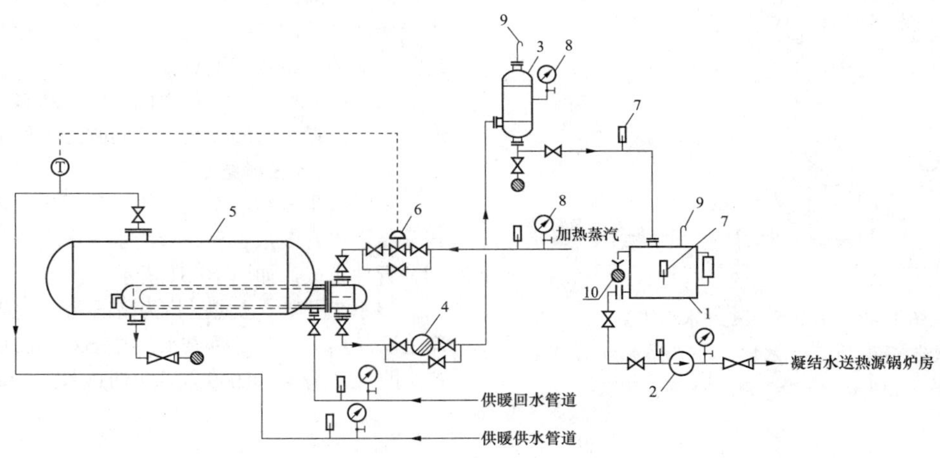

图 10-28 高压自流式凝结水系统图

1—凝结水箱；2—凝结水泵；3—二次蒸发箱；4—疏水阀；5—容积式换热器；6—温度调节阀；7—温度计；8—压力表；9—空气管；10—下水管网

该系统的凝结水箱为开式水箱，设置在厂区低处的锅炉或凝结水泵站。二次蒸发箱设置在用户入口处，应具有一定高度。

高压蒸汽压力 $p_N \geqslant 0.2$MPa，凝结水利用疏水阀后背压排至二次蒸发箱内。二次蒸发箱高位布置，凝结水具有一定位差水压头，克服凝结水管网阻力。二次蒸发箱安装高度应根据凝结水管道水力计算和管道总压力损失定。

此系统凝结水输送的距离比低压自流式凝结水系统长。由于是开式系统，管网腐蚀严重。二次蒸汽排大气，不但造成热量损失，同时也污染周围环境。

3. 闭式满管凝结水系统

闭式满管凝结水系统一般由热用户、疏水阀、二次蒸发箱、多级水封、凝结水箱、凝结水泵等设备、管道、阀门、管件等组成如图 10-29 所示。

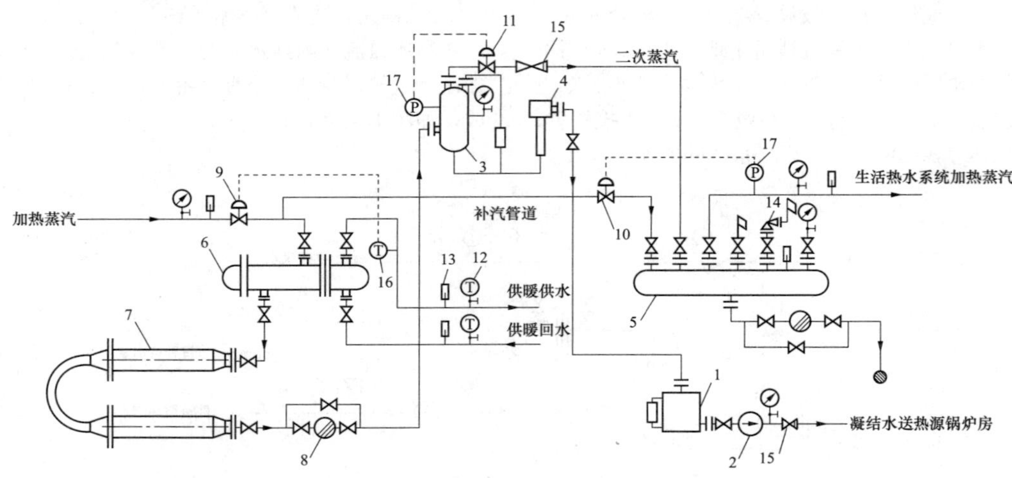

图 10-29 闭式满管凝结水系统图

1—闭式凝结水箱；2—凝结水泵；3—二次蒸发器；4—水封；5—蒸汽分汽缸；6—汽水加热器；7—水水换热器；8—疏水阀；9—供暖供水温度调节阀；10—生活热水系统加热蒸汽压力调节阀；11—二次蒸发器压力调节阀；12—压力表；13—温度计；14—安全阀；15—止回阀；16—温度变送器；17—压力变送器

4. 开式余压凝结水系统

开式余压凝结水系统一般由热用户、疏水阀、凝结水箱、凝结水泵等设备、管道、阀门、管件组成，如图 10-30 所示。

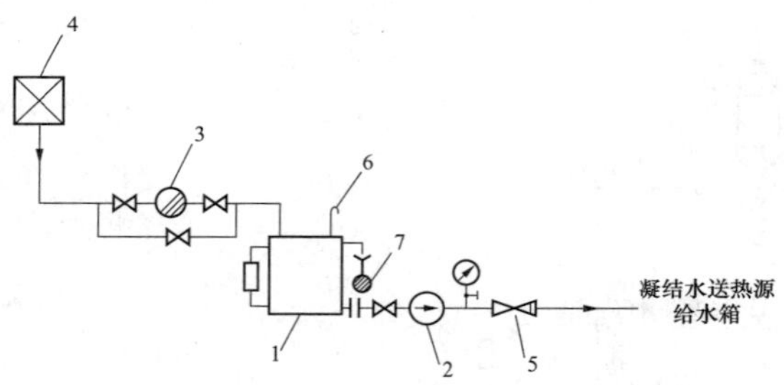

图 10-30 开式余压凝结水系统图

1—开式凝结水箱；2—凝结水泵；3—疏水阀；4—用户；5—止回阀；6—空气管；7—下水管网

本系统的开式凝结水箱，宜布置在厂区低处的锅炉房或凝结水泵站内。用户的加热蒸汽凝结水依靠疏水阀的背压，通过疏水管网排至凝结水箱。为保证凝结水能送入凝结水箱，应根据疏水阀后的背压、凝结水箱所在位置的高度，对凝结水管网进行水力计算，选择合适的凝结水管道直径。

该系统简单，工程费用低，但凝结水箱的二次蒸汽放空，热量未能回收利用，同时污染周围环境。

5. 闭式余压凝结水系统

闭式余压凝结水系统一般由热用户、疏水阀、闭式凝结水箱、多级水封、凝结水泵等设备、管道、阀门、管件组成，如图 10-31 所示。

该系统用户 6 加热蒸汽为高压蒸汽，在闭式凝结水箱上设有多级水封 2。凝结水箱内应保持 0.02MPa 压力，产生的二次蒸汽，可供供暖或生活热水供应系统热源。

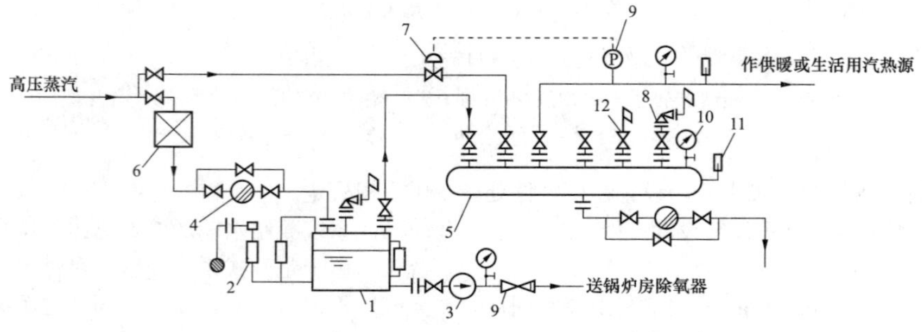

图 10-31 闭式余压凝结水系统

1—闭式余压凝结水箱；2—多级水封；3—疏水泵；4—疏水阀；5—蒸汽分汽缸；6—蒸汽用户；7—蒸汽压力调节阀；8—安全阀；9—压力变送器；10—压力表；11—温度计；12—放空管

该系统设有的蒸汽分汽缸 5，可对送出蒸汽、二次蒸汽、补充蒸汽进行控制。对蒸汽分汽缸送出的供暖或生活热水供应系统的加热蒸汽压力，通过压力调节阀 7，实施送出蒸汽压力自动调节。

该系统较复杂、工程费用较高，但回收了凝结水，利用了二次蒸汽，蒸汽热量利用合理，节能效果好。

为了确保各用户疏水阀后的凝结水能够送回凝结水箱，应对疏水阀至闭式凝结水箱的凝结水管道，根据疏水阀后的背压，凝结水管道长度、凝结水箱内压力，按汽水混合状态进行水力计算，确定合理的凝结水管道管径。

6. 加压凝结水系统

（1）系统组成。加压凝结水系统一般由热用户、疏水阀、中间凝结水箱、凝结水泵等设备、管道、阀门、管件组成，如图 10-32 所示。

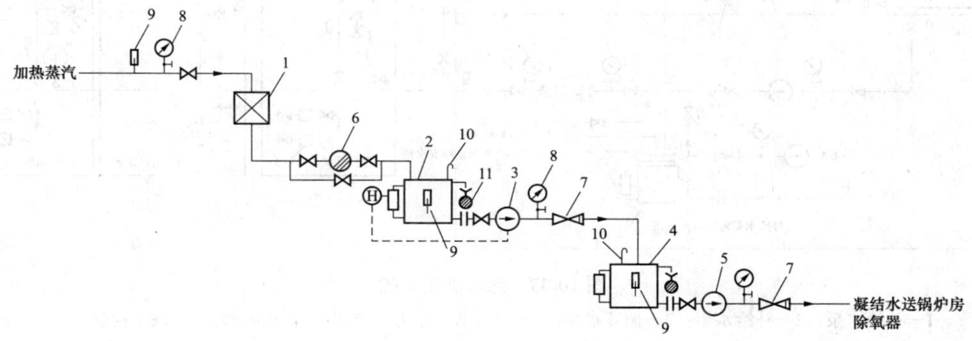

图 10-32　加压凝结水系统

1—用户；2—中间凝结水箱；3—中间凝结水泵；4—总凝结水箱；5—总凝结水泵；6—疏水阀；7—止回阀；8—压力表；9—温度计；10—空气管；11—下水管网

（2）系统选择。当凝结水系统所在地形起伏较大或锅炉房处于地势较高处，热用户分散以及供热区域大，完全依靠余压不能使凝结水返回到锅炉房凝结水箱时，需在地形较低处，设置凝结水泵站，采用凝结水泵将凝结水加压送至锅炉房凝结水箱。

（3）系统设计要求。

1）凝结水泵站位置。应根据用户分布情况确定，尽量布置在地形较低处，各用户的中心位置。

2）凝结水泵选择要求。当一个凝结水系统有几个凝结水泵站时，各泵站凝结水泵的扬程选择应符合并联运行的要求。

3）凝结水泵容量、台数。各泵站凝结水泵应设置两台，一用一备。每台凝结水泵的流量应满足每小时最大凝结水回收量。其扬程应根据凝结水的压力损失、泵站至凝结水箱的提升高度、凝结水箱内压力，通过水力计算确定。

4）中间凝结水箱液位自动调节。中间凝结水泵根据中间水箱液位，设置自动启动、自动停止运行的装置。

5）凝结水箱的台数和容量。凝结水箱一般设置 1 台。对常年不间断运行或凝结水有被污染的可能，应设置 2 台，其总有效容积宜为 10～20min 的最大凝结水回收量。

第四节　供热系统规划案例

一、热水供热系统

1. 系统组成

热水供热系统主要由供热首站、一次供热（暖）供回水管网、用户区热力站（或热控站）、用户区二次供热（暖）供回水管网、热用户等组成。热水供热系统如图 10-33 所示。

2. 供热首站系统

（1）首站位置。首站位置一般设置在热源附近，紧邻热源。

（2）首站系统。供热首站主要由换热系统、供暖循环水加压系统、补水定压系统等组成。

换热系统一般为各种类型的换热设备，本系统所示的是一般常用的汽水与水水换热器。

循环水加压泵为卧式或立式循环水泵。在循环水泵进口管道上应设置除污器。循环水泵应设事故备用水泵。本系统的补水定压采用的是补给水泵补水定压方式，主要由开式补给水箱、补给水泵、“阀前”压力调节阀等设备、管道、阀门、管件、仪表等组成。补给水泵应设置两台，一用一备。

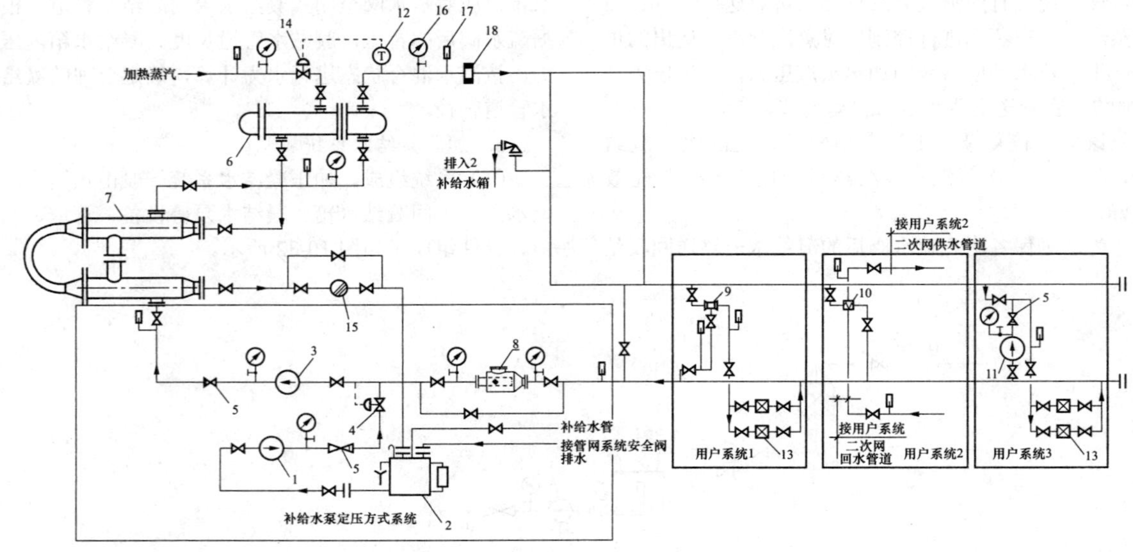

图 10-33 热水供热系统

1—补给水泵；2—补给水箱；3—循环水泵；4—“阀前”压力调节阀；5—止回阀；6—汽水换热器；7—水水换热器；8—除污器；9—水喷射器；10—用户区水水换热器；11—混合水泵；12—温度变送器；13—热用户；14—供水温度调节阀；15—疏水阀；16—压力表；17—温度计；18—流量计

3. 用户区热力站

本系统有 3 个用户热力站。

1 号热力站采用水喷射器，利用一次网供水抽吸一次网回水，采用一次网供水与回水的混合水，通过二次网向用户供热。一次网与热用户为直接连接形式，系统简单、设备少、投资省，没有水泵电能消耗。适用于管网压力不超过用户设备承压、供暖面积不大的小区。若供暖面积较大，二次网较长，水喷射器后供暖热水压力不够的话，可在水射器后设置供暖供水加压泵。

2 号热力站采用水水换热器，利用一次网热水加热二次网供暖回水。此系统一次网与用户采用间接连接方式，二次网的压力参数不受一次网限制，在供暖工程中应用较多。

3 号热力站采用混合水泵 11 抽吸加压一次网供暖回水与一次网供暖供水混合，通过二次网向用户供暖。该系统一次网与热用户为直接连接方式，一次网压力不能超过用户设备承压能力。

4. 一次热力网

一次热力网即由供热首站到各用户热力站系统的供回水管道。一次网供暖供回水管道，在供热首站设有热水流量、压力、温度、热量表等表计；设有安全阀、旁路等安全设施。

5. 二次热力网

二次热力网即为用户区热力站至各供暖用户的供暖供回水管道。在各用户区建筑物的进口，设有阀门井。井内设有除污器、阀门、温度、热量表等表计。可供热水除污、检修切断用。

二、单管蒸汽供热系统

凡是各用户用汽参数相近，均可采用单管蒸汽系统。

1. 系统组成

单管蒸汽供热系统一般由热源锅炉、各蒸汽用户、单管蒸汽供热管网、凝结水回收管网等组成，如图 10-34 所示。

2. 热源

本系统的热源为各种型号的蒸汽锅炉。

3. 热用户

本系统 4 个热用户用汽参数相近。热用户 1 是工艺生产用汽，凝结水可回收；热用户 2 是蒸汽供暖用户，凝结水也可回收；热用户 3 是热水供暖用户，需在用户区设置换热站。设置汽水、水水换热系统、设置供回水管网向小区用户供热；热用户 4 是生活热水用户，本系统设置半容积式换热器，对生活热水供应系统供热。热水供应系统采用热水供、回水循环连续运行方式。此系统热水供应温度稳定、方便用户使用、节水节能。

热用户 1、热用户 2 若距离热源（区域锅炉房）较远，疏水阀 15 后压力不足将凝结水送回热源锅炉给水箱 11，可参照热用户 4 设凝结水箱 12、凝结水泵 8，将凝结水加压后送回锅炉给水箱 11。

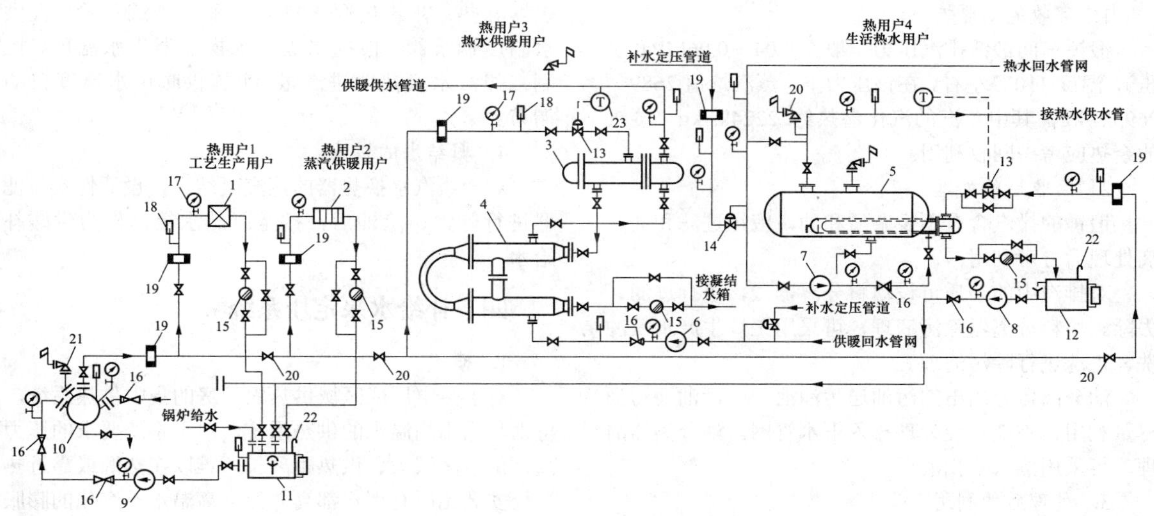

图 10-34　单管供汽系统

1—生产工艺用户；2—蒸汽供暖用户；3—汽水换热器；4—水水换热器；5—容积式汽水换热器；
6—供暖循环水泵；7—生活热水供应热水循环水泵；8—凝结水泵；9—锅炉给水泵；10—蒸汽锅炉；
11—锅炉给水箱；12—凝结水箱；13—热水温度调节阀；14—“阀前”压力调节阀；15—疏水阀；16—止回阀；
17—压力表；18—温度计；19—流量计；20—系统检修切断阀；21—安全阀；22—空气管；23—温度变送器

4. 管网规格确定

管网应根据各段管网蒸汽负荷、汽源参数、管网长度、各用户要求的蒸汽参数，通过计算确定各段管网规格。

5. 管网检修

该管网系统热用户较多，管网较长，考虑各用户管网、设施检修，尽量减少停汽范围，在供汽主干线管网上，分段设置了系统检修切断阀 20。

三、工业排汽余热回收、处理、利用系统

对工业车间的排汽，应回收利用，可参见锻锤车间排汽回收、处理、利用系统如图 10-35 所示。

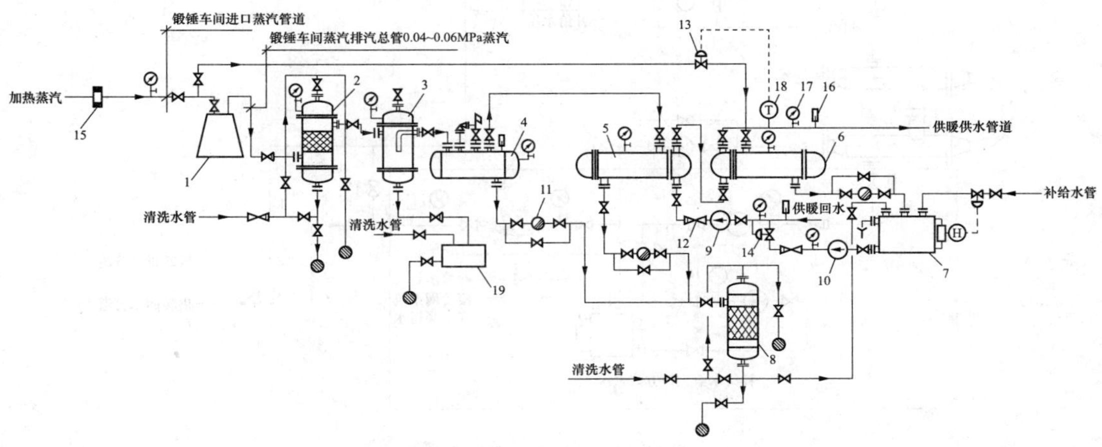

图 10-35　锻锤车间排汽回收、处理、利用系统

1—蒸汽锻锤；2—填料分离器；3—油分离器；4—蒸汽分汽缸；5—一级汽水换热器；
6—二级汽水换热器；7—凝结水箱；8—活性炭过滤器；9—供暖循环水泵；10—补给水泵；11—疏水阀；
12—止回阀；13—供暖供水温度调节阀；14—“阀前”压力调节阀；15—流量计；16—温度表；
17—压力表；18—温度变送器；19—污油池

1. 回收的必要性

锻锤车间锻锤排汽压力一般在0.04～0.06MPa（表压），温度110℃左右。在该压力下，蒸汽焓值2689～2695kJ/kg，其中蒸汽的汽化潜热约 2224kJ/kg。蒸汽的余热应考虑回收利用。

2. 回收后的处理

锻锤的排汽含有不少杂质和油，应经过滤和油分离处理后方可利用。

对排汽中的杂质可设填料分离器 2，进行过滤、去除。填料分离器除污清理，可采用工厂生产水反冲洗、正洗进行除污清理。

油分离器分离出的污油送污油池 19。污油池污油尽量利用，不能不经处理排入下水管网。油分离器清理，可采用蒸汽吹扫清理。

3. 处理后的利用

锻锤排汽经过滤、油分离处理后，可作为热水供暖和生活热水供应热源。如图 10-35 所示则作为热水供暖热源。

考虑到锻锤用汽的间断性，如图 10-35 所示系统设蒸汽分汽缸收集经过滤、分离后的蒸汽，以改善对向一级汽水换热器供汽的平稳性。

为了满足供暖供水温度的要求，设二级汽水换热器补热。补热热源接自锻锤车间进汽总管。设供水温度调节阀，根据二级汽水换热器出水温度，控制二级汽水换热器进汽量，实施供暖供水温度自动调节。

4. 凝结水的过滤

对一级汽水换热器的蒸汽凝结水，设活性炭过滤器进行除铁、除油后，排至凝结水箱，作为供暖补给水。

四、补给水泵定压系统

1. 概述

对于热电厂或区域供热锅炉房的集中供热系统，特别是采用高温水的供热系统，由于系统要求的压力高，供热区域大、供热距离长，难以在热源或靠近热源处安装比所有用户都高并保证高温水不汽化的膨胀水箱来对系统定压。因此往往需要采用其他的定压方式，目前最常用的方式是利用压头较高的补给水泵来代替膨胀水箱定压。

2. 系统组成

补给水泵定压系统主要由补给水泵 1、补给水箱 2、“阀前”压力调节阀 4 等设备、管道、管件、仪表等组成，如图 10-36 所示。

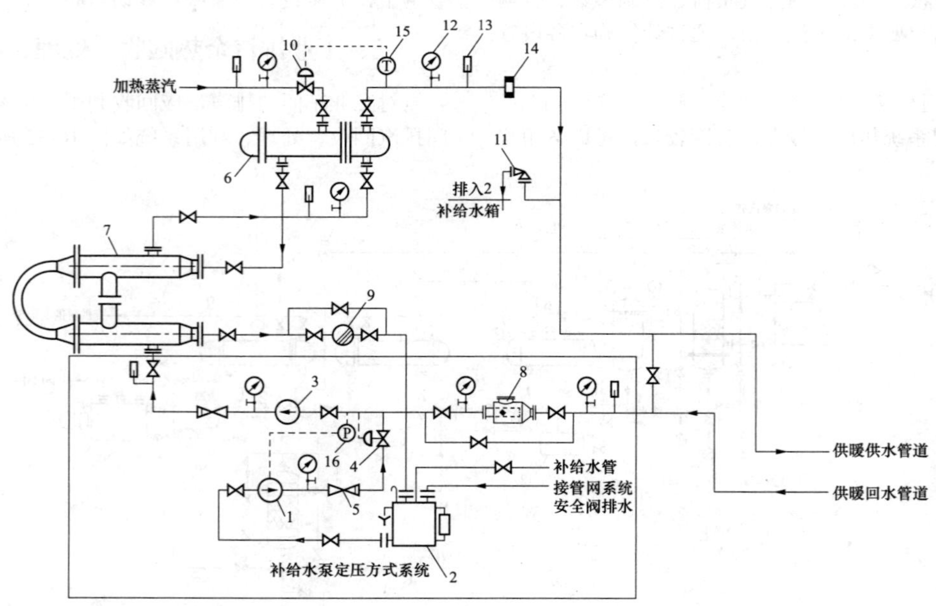

图 10-36 补给水泵定压系统

1—补给水泵；2—补给水箱；3—循环水泵；4—“阀前”压力调节阀；5—止回阀；6—汽水换热器；7—水水换热器；8—除污器；9—疏水阀；10—供暖供水温度调节阀；11—安全阀；12—压力表；13—温度计；14—流量计；15—温度变送器；16—压力变送器

3. 系统特点

补水泵扬程高，适用于大型高温水供热（暖）系统的补给水定压，替代了高位布置的膨胀水箱，是目前国内集中供热系统最常用的一种定压方式。该系统在补给水管道上设置了“阀前”压力调节阀，可根据要求的补水点压力，实现补水点压力自动调节。“阀前”压力调节阀为自力式，调压系统简单、投资省。根据补水点压力，补给水泵间断运行。

4. 补水点压力计算

补水定压点一般设置在供暖循环水泵进口的回水管道上。补水点压力也称为系统静水压力曲线。补水点压力与供暖建筑物标高、供暖供水温度、地形落差等有关。

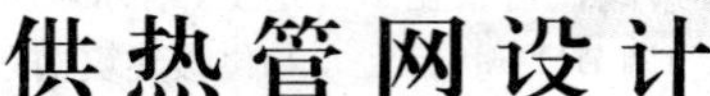

第十一章

供热管网设计

城市集中供热系统工程复杂，对于城市的规划、建设以及环境的美化等工作都有较大的影响。热力网的安全与稳定直接关系到供热管道的正常使用。在热力网布置时，要经过多方案的比选，根据用户情况、当地政府规划、现场周边环境等选择最优路径，做到经济运行，节省投资，并为今后的发展留有余地。

第一节　布置与敷设设计

由于供热热源的供热范围不断增大，热力网投资在整个供热工程总投资中所占的比例也增加。合理选择管网的布置形式、线路以及供热管道的敷设方式，有助于减少管网投资，提高管网建设速度，保证供热效果和管网安全可靠地运行、维护管理。

一、管道的布置及敷设原则

1. 管网布置要求

管网的布置应在城镇总体规划的指导下，根据热负荷分布及发展、热源位置、其他管线及构筑物、园林绿地、水文、地质条件等因素，经技术经济比较确定。

2. 管网布置原则

（1）管网布置要考虑热源位置，热负荷分布（现状、规划、发展），热负荷密度等。

（2）管网主干线力求短直，并且尽量靠近热负荷集中区，做到技术、经济上合理。

（3）尽量避免交叉布置，可考虑环形布置，多热源相互补充，增加管网运行灵活性、可靠性。

（4）依托已建设施或规划道路，尽量少拆迁，力求管网土地费用最低，方便施工和运行维护、管理。

（5）技术上可靠，管网敷设尽可能避开土质松软地区、地震断裂带、滑坡危险地带、高地下水位区、大江、大河、大企业装置区等不利地段，管网布置要认真分析当地水文、地形、地质等条件。

（6）管网布置要充分注意与地上、地下管道、构筑物、园林绿地的关系。

（7）必须符合城镇区域规划，管网布置线路必须经得规划、交通、水利、电力、电信、国土、园林、铁路、河道、环保等部门同意。

3. 管网布置形式

（1）枝状布置。枝状布置如图 11-1 所示。枝状布置方式是最常用的，管网形式简单，投资省，运行管理方便。其管径随着其与热源距离的增加和热用户的减少而逐步减少。缺点：当管路上某处发生故障，在损坏处以后的所有用户供热中断，甚至造成整个系统停止供热。为了弥补该管网的不足，对于长距离输送供热管网，在供热主管上每隔 2～4km 应设置检修切断阀，这样即便某段管网发生故障，切断阀之前的用户仍可正常供热。对有特殊要求，不允许停汽的企业用汽，可采用两根主管供热，每根管道供热能力可按总用汽量的 50%～75%设计。当各用户所需蒸汽参数相差较大或季节性热负荷占总热负荷比例较大时，宜采用双管或多管敷设。

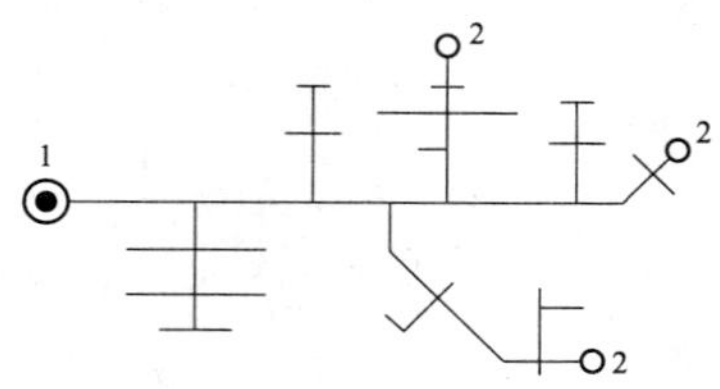

图 11-1　枝状布置
1—主热源；2—调峰热源

（2）环状布置。环状布置如图 11-2 所示。环状布置时，将其主干线连成环状管网。特别是在城市中多热源联合供热时，各热源连在环状主管网上。这种方式投资高，但运行可靠、安全。

（3）放射状布置。放射状布置如图 11-3 所示。放射状管网实际上跟枝状管网差不多，当主热源在供热区域中心地带时，可采用这种方式，从主热源往各方向敷设好几条主干线，以辐射状形式供给各用户。这种方式虽然减小了主管线管径，但又增加了主干线的长度。总体而言，投资增加不了多少，但给运行维护管理带来很大的方便。

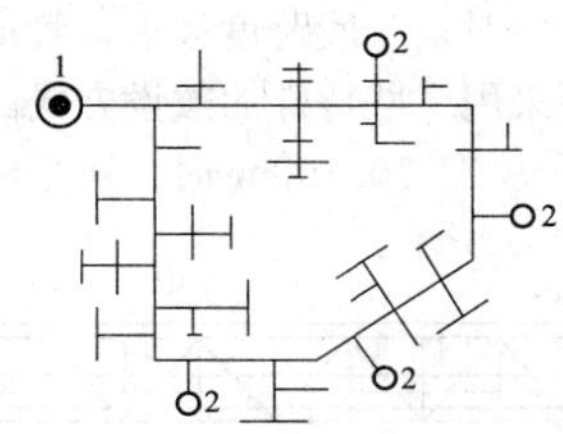

图 11-2　环状布置

1—主热源；2—调峰热源

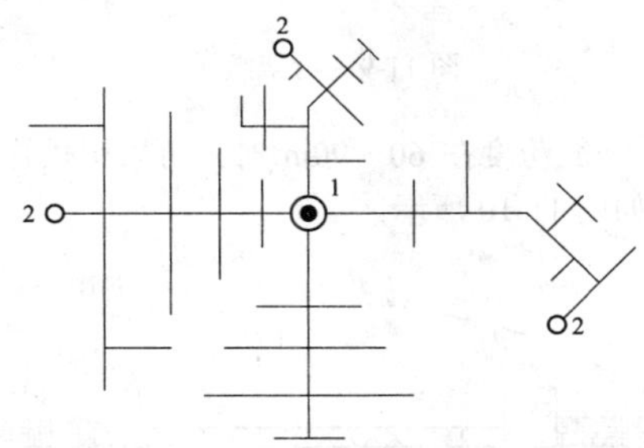

图 11-3　放射状布置

1—主热源；2—调峰热源

(4) 网格状布置。网格状布置如图 11-4 所示。这种布置方式由很多小型环状管网组成，并将各小环状网之间相互连接在一起。这种布置方式投资大，但运行管理方便、灵活、安全、可靠。

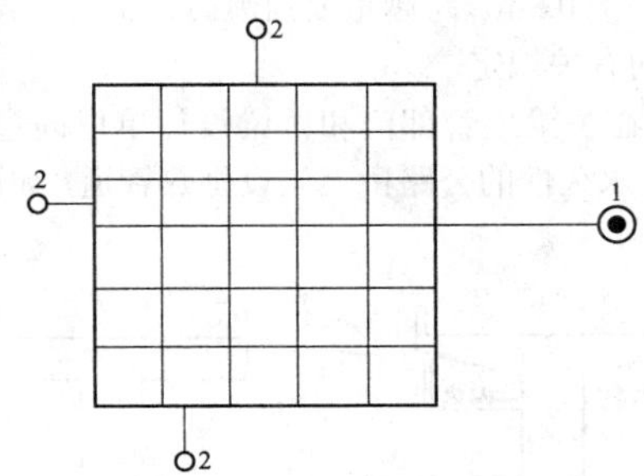

图 11-4　网格状布置

1—主热源；2—调峰热源

4. 管网敷设要求

管网敷设分为地上敷设和地下敷设。地上敷设也称为架空敷设，地下敷设分为埋地敷设和管沟敷设。应在城镇总体规划的指导下，注意不影响周边环境，在保证管网安全经济运行的前提下，因地制宜地选择合适的管网敷设方式。

5. 管网敷设原则

(1) 城镇街道上和居住区内的热力网管道宜采用地下敷设。当地下敷设困难时，可采用地上敷设，但设计时应注意美观。

(2) 工厂区的热力网管道，宜采用地上敷设。

二、架空敷设

架空敷设的管道虽然管道热损失相对较大，对城镇美观也有一定影响，但其不受地下水位和土质的影响，使用寿命长，土方量小，施工周期短，维护管理方便，是最经济的敷设方式。因此，在条件允许的情况下，应尽可能考虑架空敷设。

1. 架空敷设的一般要求

(1) 架空敷设的供热管道穿越行人过往频繁地区时，管道保温结构下表面距地面的净距不应小于 2.0m；在不影响交通的地区，应采用低支架，管道保温结构下表面距地面的净距不应小于 0.3m。

(2) 沿建筑物、构筑物敷设的供热管道，不应妨碍建筑物、构筑物相关设施的正常运行。

(3) 架空敷设的供热管道可与其他管道敷设在同一管架上，但应便于检修，且不得敷设在腐蚀性介质管道的下方。

(4) 两根平行布置的管道，任何突出部位至另一管道或突出部位或隔热层外壁的净距，不宜小于 25mm，在管道热（冷）位移后隔热层外壁不应相碰。

(5) 供热管道同河流、铁路、公路等交叉时应垂直相交。特殊情况下，管道与铁路交叉角度不得小于 60°；管道与河流或公路交叉角度不得小于 45°。

(6) 地上敷设的热力网管道在架空输电线下通过时，管道上方应安装防止导线断线触及管道的防护网。防护网的边缘应超出导线的最大风偏范围。

(7) 架空敷设的供热管道同架空输电线或电气化铁路交叉时，管道的金属部分（包括交叉点两侧 5m 范围内钢筋混凝土结构的钢筋）应接地。接地电阻不应大于 10Ω。

(8) 架空敷设的管道可不设坡度。

2. 架空敷设形式

架空敷设按照支架高度的不同，一般可以分为以下三种：低支架敷设、中支架敷设和高支架敷设。

(1) 低支架敷设。在不妨碍交通及行人的地段敷设，不影响城镇和厂区的美观，不影响工厂厂区扩建的地段可采用低支架敷设。低支架敷设大多沿工厂围墙或平行公路、铁路布置，管道保温结构底部距地面的净高不小于 0.3m，以防雨、雪的侵蚀。低支架高度 0.3～1m，一般采用毛石砌筑或混凝土浇筑，如图 11-5 所示。

(2) 中支架敷设。在人行频繁，非机动车辆通行的地方采用。中支架高度 2～4m，一般采用钢筋混凝土或钢结构，如图 11-6 所示。

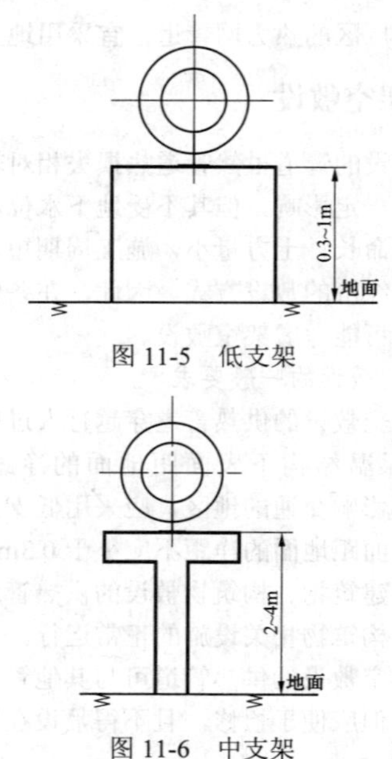

图 11-5 低支架

图 11-6 中支架

（3）高支架敷设。在管道跨越企业大门、公路、铁路等地段采用。高支架净高不低于 4m，一般采用钢筋混凝土或钢结构，如图 11-7 所示。

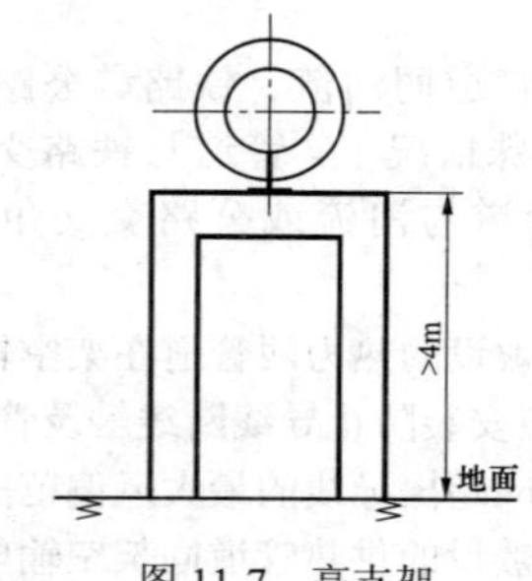

图 11-7 高支架

3. 支架形式

架空敷设的支架形式按外形可分为 T 形、Π 形、单层、双层、多层，如图 11-8 所示。

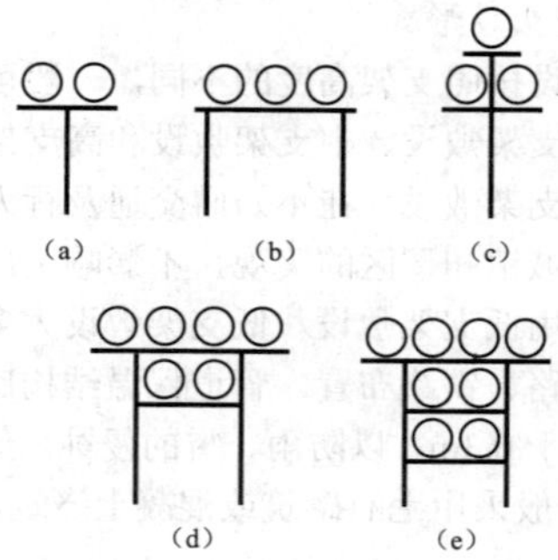

图 11-8 支架形式

（a）单层 T 形；（b）单层 Π 形；（c）双层干形；（d）双层 H 形；（e）多层 H 形

4. 关键节点的敷设方式

（1）过道路、铁路、企业大门。管道在跨越道路、铁路、企业大门时，一般跨度较大，管道无法直接跨越，这时就要采用一些特殊的敷设方式。

1）一般跨度在 30～60m 时，可采用桁架敷设的方式，如图 11-9 所示。

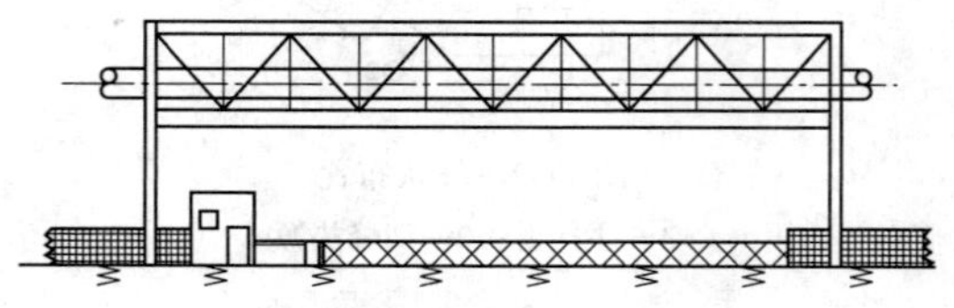

图 11-9 桁架敷设

2）一般跨度在 60～90m 时，可采用拱管敷设的方式，如图 11-10 所示。

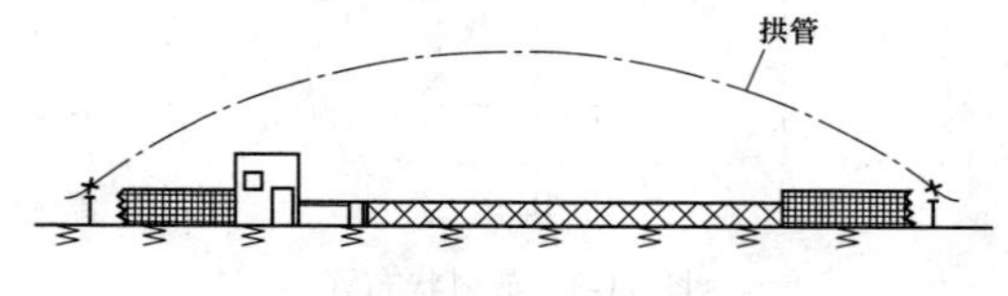

图 11-10 拱管敷设

（2）过河流。供热管道架空跨越通航河流时，航道的净宽与净高应符合现行国家标准 GB 50139《内河通航标准》的规定。供热管道架空跨越不通航河流时，管道保温结构表面与 50 年一遇的最高水位的垂直净距不应小于 0.5m。跨越重要河流时，还应符合河道管理部门的有关规定。

1）在桥梁主管部门和桥梁设计单位同意的条件下，可在永久性的公路桥上架设供热管道，如图 11-11 所示。

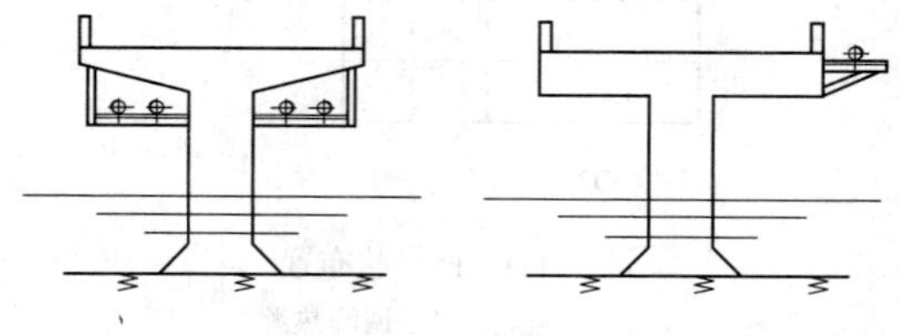

图 11-11 随桥敷设

2）一般跨度在 30～60m 时，可采用桁架敷设的方式，如图 11-12 所示。

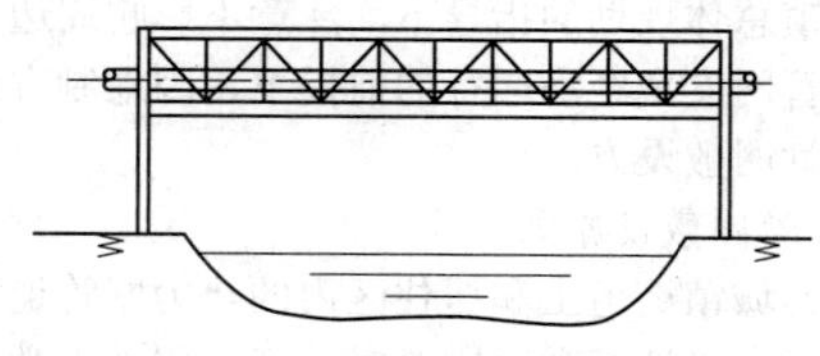

图 11-12 桁架敷设

3）一般跨度在 60～90m 时，可采用拱管敷设的方式，如图 11-13 所示。

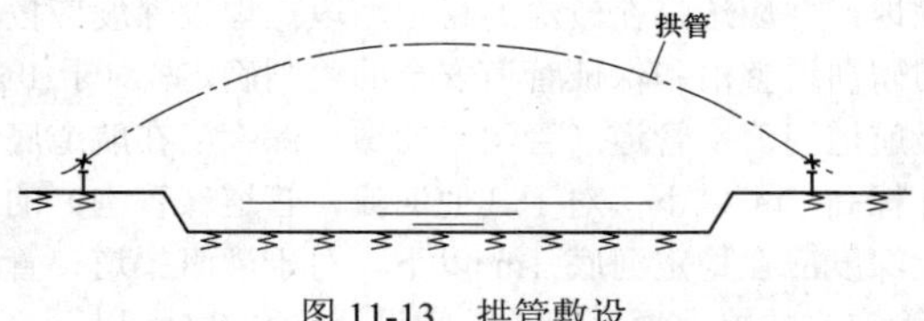

图 11-13 拱管敷设

4）一般跨度大于 90m 时，可采用悬索桥或斜拉桥敷设的方式，如图 11-14 所示。

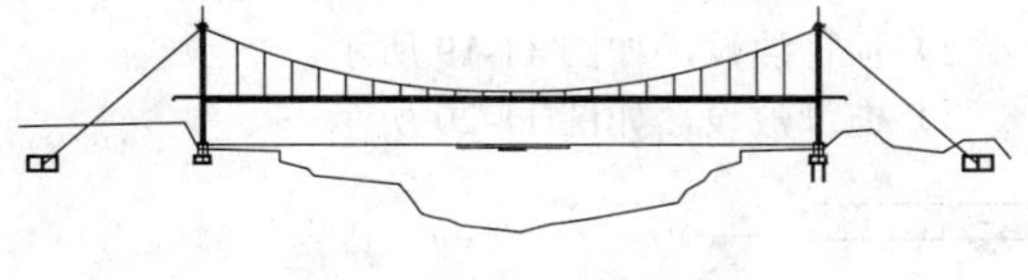

图 11-14 悬索桥敷设

5. 地上敷设热力网管道与建（构）筑物或其他管线的间距

地上敷设热力网管道的保温结构表面与建筑物、构筑物、道路、铁路、电缆、架空电线、其他管道等最小水平净距、垂直净距应符合表 11-1 的规定。

表 11-1 地上敷设热力网管道与建筑物、构筑物或其他管线的最小距离 （m）

建筑物、构筑物或管线名称		最小水平净距	最小垂直净距
铁路钢轨		轨道外侧 3.0	轨顶一般 5.5 电气铁路 6.55
电车钢轨		轨道外侧 2.0	—
公路边缘		1.5	—
公路路面		—	4.5
架空输电线（水平净距：导线最大风偏时；垂直净距：热力网管道在下面交叉通过导线最大垂度时）	1kV 以下	1.5	1.0
	1～10kV	2.0	2.0
	35～110kV	4.0	4.0
	220kV	5.0	5.0
	330kV	6.0	6.0
	550kV	6.5	6.5
树　冠		0.5（到树中不小于 2.0）	—

注 上表摘自 CJJ 34—2010《城镇供热管网设计规范》。

三、埋地敷设

1. 埋地敷设的条件

（1）热力网管道在寒冷地区且间断运行，有可能出现冻结或散热损失量大，难于保证介质参数要求时。

（2）管道通过的地段，在城镇总体规划中不允许热力网管线采用架空敷设或架空敷设在经济上不合适时。

2. 埋地敷设的一般要求

（1）埋地蒸汽管道敷设坡度不宜小于 0.2%。

（2）当埋地蒸汽管道与其他地下管线交叉时，埋地蒸汽管道的管路附件距交叉部位的水平净距应不小于 3m。

（3）埋地敷设时，当地基软硬不一致时，应对地基作过渡处理。

（4）埋地蒸汽管道的最小覆土深度应符合表 11-2 的规定。当不符合要求时，应采取相应的技术措施对管道进行保护。

表 11-2 埋地蒸汽管道的最小覆土深度

外护管公称直径 DN（mm）	最小覆土深度（m）	
	车行道	非车行道
≤500	1.0	0.8
600～900	1.1	0.9
1000～1200	1.3	1.0
1300～1600	1.5	1.2

注 上表摘自 CJJ/T 104—2014《城镇供热直埋蒸汽管道技术规程》。

（5）管道埋深应在冰冻线以下。当无法实现时，应有可靠的防冻保护措施。

（6）若埋地管道上方有绿化，其埋深应不影响绿化的正常生长。

（7）当管道由地下转至地上时，外护管应一同引出地面，外护管距地面的高度不应小于 0.5m，并应设防雨帽和采取隔热措施。

（8）当埋地蒸汽管道与管沟敷设管道或井室内管道相连接时，埋地蒸汽管道保温层应采取防渗水措施。

（9）在地下水位较高的地区，应进行浮力计算。当不能保证埋地蒸汽管道稳定时，应增加埋设深度或采取相应的技术措施。

（10）当蒸汽管道采用埋地敷设时，应采用保温性能良好、防水性能可靠、保护管耐腐蚀的预制保温管敷设，其设计寿命不应低于 25 年。

（11）热水热力网管道地下敷设时，应优先采用埋地敷设。

（12）埋地敷设热水管道应采用钢管、保温层、保护外壳结合成一体的预测保温管道。其性能应符合 GB/T 29047—2012《高密度聚乙烯外护管硬质聚氨酯泡沫塑料预制直埋保温管及管件》的规定。

3. 关键节点的敷设方式

(1) 过道路、铁路、企业大门。管道在跨越道路、铁路、企业大门时，如采用埋地敷设，主要有以下几种敷设方式：

1) 直接开挖直埋敷设。在征得相关部门同意后，可以采用直接开挖的方式进行直埋敷设，是埋地敷设中最经济的一种方式，如图 11-15 所示。

2) 顶管敷设。在路面无法开挖或地下管线较多的情况下，可采用顶管的敷设方式。顶管施工复杂，施工时间长，费用较高，适用于不能直埋敷设的大口径管道，如图 11-16 所示。

3) 拖管敷设。拖管适用于不能直埋敷设的小口径管道，相对于顶管而言，施工简单、施工时间短、费用较低，如图 11-17 所示。

(2) 过河流。河底敷设供热管道必须远离浅滩、锚地，并应选择在较深的稳定河段，埋设深度应按不妨碍河道整治和保证管道安全的原则确定。对于 1～5 级航道河流，管道（管沟）的覆土深度应在航道底设计标高 2m 以下；对于其他河流，管道（管沟）的覆土深度应在稳定河底 1m 以下。对于灌溉渠道，管道（管沟）的覆土深度应在渠底设计标高 0.5m 以下。

管道河底直埋敷设或管沟敷设时，应进行抗浮计算。

1) 沉管敷设，如图 11-18 所示。

2) 顶管敷设，如图 11-19 所示。

3) 拖管敷设，如图 11-20 所示。

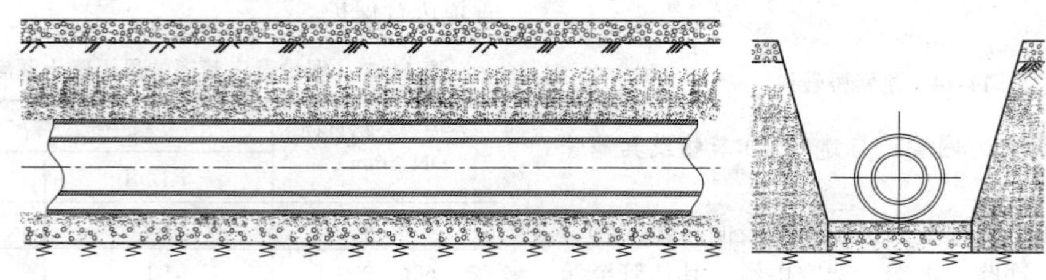

图 11-15 直埋敷设

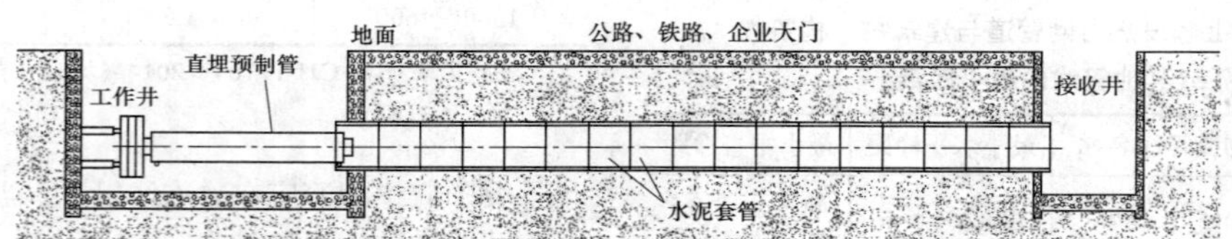

图 11-16 顶管敷设

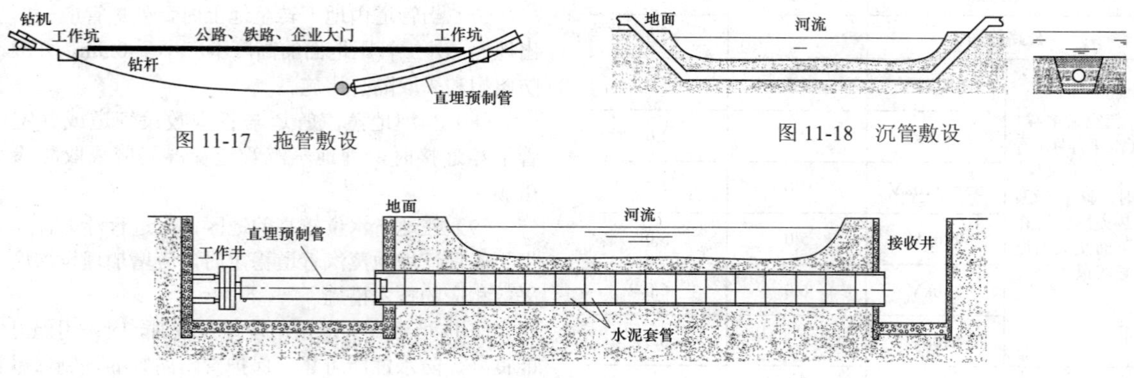

图 11-17 拖管敷设

图 11-18 沉管敷设

图 11-19 顶管敷设

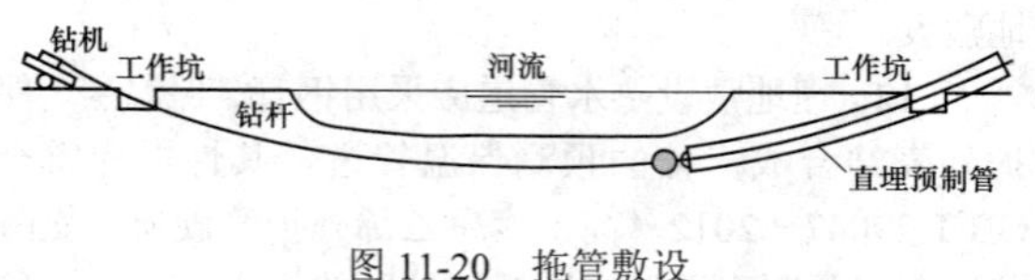

图 11-20 拖管敷设

4. 地下敷设热力网管道与建（构）筑物或其他管线的间距

(1) 地下敷设热力网管道的管沟外表面，直埋敷设热水管道与建筑物、构筑物、道路、铁路、电缆、架空电线、其他管道等最小水平净距、垂直净距应符合表 11-3 的规定。

表 11-3　地下敷设热力网管道与建筑物、构筑物或其他管线的最小距离　（m）

建筑物、构筑物和管线名称			最小水平净距	最小垂直净距
建筑物基础	管沟敷设热力网管道		0.5	—
	直埋闭式热水热力网管道	DN≤250	2.5	—
		DN≥300	3.0	—
	直埋开式热水热力网管道		5.0	—
建筑物、构筑物和管线名称			最小水平净距	最小垂直净距
铁路钢轨			钢轨外侧 3.0	轨底 1.2
电车钢轨			钢轨外侧 2.0	轨底 1.0
铁路、公路路基边坡底脚或边沟的边缘			1.0	—
通信、照明或 10kV 以下电力线路的电杆			1.0	—
桥墩（高架桥、栈桥）边缘			2.0	—
架空管道支架基础边缘			1.5	—
高压输电线铁塔基础边缘 35～220kV			3.0	—
通信电缆管块			1.0	0.15
直埋通信电缆（光缆）			1.0	0.15
电力电缆和控制电缆	35kV 以下		2.0	0.5
	35～110kV		2.0	1.0
燃气管道	管沟敷设热力网管道	燃气压力＜0.01MPa	1.0	0.15
		燃气压力≤0.4MPa	1.5	0.15
		燃气压力≤0.8MPa	2.0	0.15
		燃气压力＞0.8MPa	4.0	0.15
	直埋敷设热水热力网管道	燃气压力≤0.4MPa	1.0	0.15
		燃气压力≤0.8MPa	1.5	0.15
		燃气压力＞0.8MPa	2.0	0.15
给水管道			1.5	0.15
排水管道			1.5	0.15
地铁			5.0	0.8
电气铁路接触网电杆基础			3.0	—
乔木（中心）			1.5	—
灌木（中心）			1.5	—
车行道路面			—	0.7

注　上表摘自 CJJ 34—2010《城镇供热管网设计规范》。

1）表中不包括直埋敷设蒸汽管道与建筑物（构筑物）或其他管线的最小距离的规定。

2）当热力网管道的直埋深度大于建（构）筑物基础深度时，最小水平净距应按土壤内摩擦角计算确定。

3）热力网管道与电力电缆平行敷设时，电缆处的土壤温度与月平均土壤自然温度比较，全年任何时候对于电压 10kV 的电缆不高出 10℃，对于电压 35～110kV 的电缆不高出 5℃时，可减小表中所列距离。

4）在不同深度并列敷设各种管道时，各种管道间的水平净距不应小于其深度差。

5）热力网管道检查室、方形补偿器壁龛与燃气管道最小水平净距亦应符合表 11-3 中的规定。

6）在条件不允许时，可采用有效技术措施并经有关单位同意后，可以减小表 11-3 中规定的距离，或采用埋深较大的暗挖法、盾构法施工。

（2）直埋蒸汽管道与其他设施的最小净距应符合表 11-4 的规定，当不能满足表 11-4 中的净距或其他设施有特殊要求时，应采取有效的保护措施。

表 11-4　直埋蒸汽管道与其他设施的最小距离　（m）

设施名称		最小水平净距	最小垂直净距
给水、排水管道		1.5	0.15
直埋热水管道/凝结水管道		0.5	0.15
排水盲沟		1.5	0.5
燃气管道（钢管）	燃气压力≤0.4MPa	1.0	0.15
	燃气压力≤0.8MPa	1.5	
	燃气压力＞0.8MPa	2.0	
燃气管道（聚乙烯管）	燃气压力≤0.4MPa	1.0	燃气管在上 0.5 燃气管在下 1.0
	燃气压力≤0.8MPa	1.5	
	燃气压力＞0.8MPa	2.0	
压缩空气或 CO_2 管道		1.0	0.15
乙炔、氧气管道		1.5	0.25
铁路钢轨		钢轨外侧 3.0	轨底 1.2
电车钢轨		钢轨外侧 2.0	轨底 1.0
铁路、公路路基边坡底脚或边沟的边缘		1.0	—
通信、照明或 10kV 以下电力线路的电杆		1.0	—
高压输电线铁塔基础边缘 35～220kV		3.0	—
桥墩（高架桥、栈桥）边缘		2.0	—
设施名称		最小水平净距	最小垂直净距

续表

设施名称			最小水平净距	最小垂直净距
架空管道支架基础边缘			1.5	—
地铁隧道结构			5.0	0.8
电气铁路接触网电杆基础			3.0	—
乔木、灌木			2.0	—
建筑物基础	外护管≤400mm		2.5	—
	外护管＞400mm		3.0	—
电缆	通信电缆管块		1.0	0.15
	电力及控制电缆	≤35kV	2.0	0.5
		35～110kV	2.0	1.0

注　上表摘自 CJJ/T 104—2014《城镇供热直埋蒸汽管道技术规程》。

当直埋蒸汽管道与电缆平行敷设时，电缆处的土壤温度与月平均土壤自然温度比较，全年任何时候，对于 10kV 的电缆不高出 10℃；对于 35～110kV 的电缆不高出 5℃时，可减少表中所列净距。

四、管沟敷设

管沟敷设的一般要求：

（1）管沟敷设的相关尺寸应符合表 11-5 的规定。

表 11-5　管沟敷设相关尺寸　（m）

管沟类型	相关尺寸					
	管沟净高	人行通道宽	管道保温表面与沟墙净距	管道保温表面与沟顶净距	管道保温表面与沟底净距	管道保温表面间的净距
通行管沟	≥1.8	≥0.6[①]	≥0.2	≥0.2	≥0.2	≥0.2
半通行管沟	≥1.2	≥0.5	≥0.2	≥0.2	≥0.2	≥0.2
不通行管沟	—	—	≥0.1	≥0.05	≥0.15	≥0.2

注　上表摘自 CJJ 34—2010《城镇供热管网设计规范》。

①　指当必须在沟内更换钢管时，人行通道宽度还不应小于管道外径加 0.1m。

（2）热水或蒸气管道采用管沟敷设时，应首选不通行管沟敷设，穿越不允许开挖检修的地段时，应采用通行管沟敷设。当采用通行管沟困难时，可采用半通行管沟敷设。

（3）热力网管道可与自来水管道、电压 10kV 以下的电力电缆、通信线路、压缩空气管道、压力排水管道和重油管道一起敷设在综合管沟内。在综合管沟内，热力网管道应高于自来水管道和重油管道，并且自来水管道应做绝热层和防水层。

（4）当给水、排水管道或电缆交叉穿入热力网管沟时，必须加套管或采用厚度不小于 100mm 的混凝土防护层与管沟隔开，同时不得妨碍供热管道的检修和管沟的排水，套管伸出管沟外的长度不应小于 1m。

（5）热力网管沟内不得穿过燃气管道。

（6）当热力网管沟与燃气管道交叉的垂直净距小于 300mm 时，必须采取可靠措施防止燃气泄漏进管沟。

（7）管沟敷设的热力网管道进入建筑物或穿过构筑物时，管道穿墙处应封堵严密。

（8）管沟盖板或检查室盖板覆土深度不应小于 0.2m。

管沟敷设形式介绍如下：

1. 通行管沟敷设

（1）当供热管道沿不允许开挖的路面敷设，或供热管道教量较多、管径较大，管道垂直排列高度等于或大于 1.5m 时，宜采用通行地沟。

（2）通行管沟应设事故人孔，设有蒸汽管道的通行管沟，事故人孔间距不应大于 100m；热水管道的通行管沟，事故人孔间距不应大于 400m。

（3）整体混凝土结构的通行管沟，每隔 200m 宜设置一个安装孔。安装孔宽度不小于 0.6m 并应大于管沟内最大管道的外径加 0.1m，其长度至少应保证 6m 长的管道进入管沟。当需要考虑设备进出时，安装孔宽度应满足设备进出的需要。

（4）通行管沟沟底应有与管沟内主要管道坡向一致的坡度，并坡向集水坑。

（5）通行管沟内应设置永久性照明设备，电压不应大于 36V。

（6）在通行管沟和地下、半地下检查室内的照明灯具应具有防潮的密封型灯具。

（7）通行管沟内的空气温度不宜超过 45℃，一般可利用自然通风，但当自然通风不能满足要求时，可采用机械通风。自然通风塔应根据总体安排，可直接设在管沟或沿建筑物设置。排风塔和进风塔必须沿管沟长度方向交替设置，其横断面积应根据换气次数 2～3 次 / h 和风速不大于 2m/s 计算确定。

2. 半通行管沟敷设

（1）当供热管道根数较多，采用单排水平布置管沟宽度受限制，且需要考虑能进行一般的检修工作时，可采用半通行管沟。

（2）沟内管道应尽量采取沿沟壁一侧单排上下布置，沟最小断面应采用 0.7m（宽）×1.4m（高）。如采用横贯管沟断面设置支架时，其下面净高不成小于 1m，其通道宽宜采用 0.5～0.6m。

（3）半通行管沟长度超过 200m 时，应设置检查口，孔口直径一般不应小于 0.6m。

（4）为防止管道及保温层因潮湿受到损坏，应考虑有自然通风的措施。

通行管沟、半通行管沟断面形式如图 11-21、图 11-22 所示。

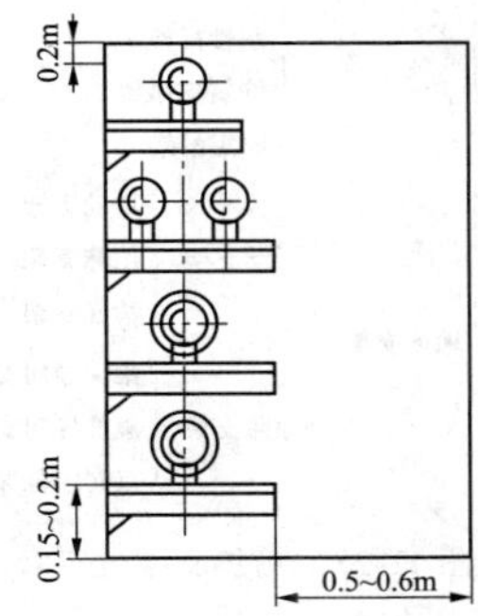

图 11-21 通行、半通行管沟单侧布置

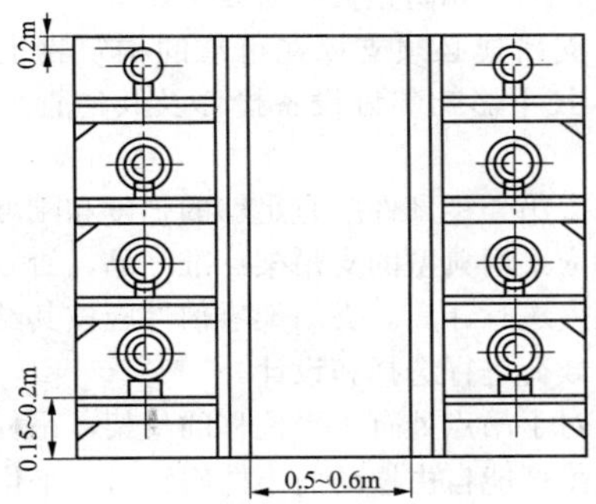

图 11-22 通行、半通行管沟双侧布置

3. 不通行管沟敷设

（1）当管道根数不多，且维修工作量不大时，宜采用不通行管沟。

（2）不通行沟宽不宜超过 1.5m，超过 1.5m 时宜采用双槽管沟，沟道内管道一般应为单排水平布置。

（3）管沟埋深不宜过大，一般在地下水位以上。

（4）管沟敷设的直线管段每隔 200m 在低处应设置检查井和集水坑。不通行管沟断面尺寸如图 11-23 所示和见表 11-6。

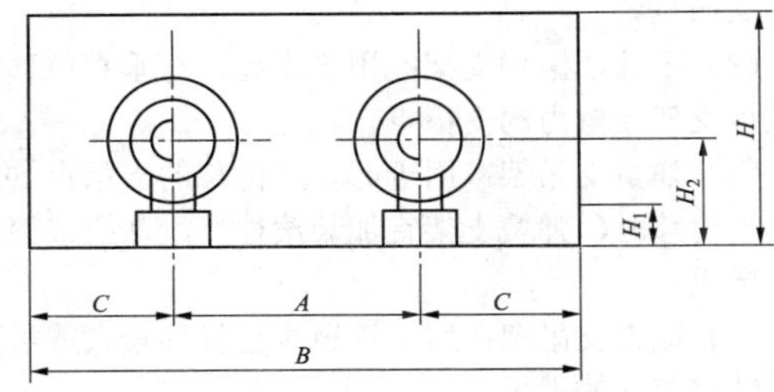

图 11-23 不通行管沟断面尺寸

表 11-6 不通行沟断面尺寸 （mm）

公称直径DN	宽度			高度		
	C	A	B	H_1	H_2	H
≤50	250	300	800	150	270	500
65	250	350	850	150	270	500
80	260	380	900	150	295	500
100	270	410	950	150	310	500
125	300	450	1050	150	330	600
150	340	470	1150	150	350	650
200	350	550	1250	150	370	700
250	375	600	1350	200	460	800
300	400	650	1450	200	490	850
350	425	750	1600	200	520	900

4. 城市综合管沟（廊）敷设

（1）随着城市快速发展，地下管线建设规模不足、管理水平不高等问题凸现。传统的城市地下管线各自为政地敷设在道路的浅层空间内，因管线增容扩容不但造成了拉链路现象，而且导致了管线事故频发，极大地影响了城市的安全运行秩序。城市综合管沟可以有效地解决上述问题，目前政府部门已开始大力推行城市综合管沟的建设，采用综合管沟的敷设方式也将成为今后的一种趋势。

（2）城市综合管沟也称为“城市综合管廊”，是在城市道路下面建造的一个市政公用隧道，属于通行管沟的一种。将电力、通信、供水、燃气、热力等多种市政管线集中在一体，实行“统一规划、统一建设、统一管理”，以做到地下空间的综合利用和资源共享。城市综合管廊工程的设计应符合 GB 50838—2015《城市综合管廊工程技术规范》的有关规定。城市综合管沟断面形式如图 11-24 所示。

（3）GB 50838—2015《城市综合管廊工程技术规范》规定：当遇到下列情况之一时，宜采用综合管廊。

1）交通运输繁忙或地下管线较多的城市主干道以及配合轨道交通、地下道路、城市地下综合体等建设工程地段。

2）城市核心区、中央商务区、地下空间高强度成片集中开发区、重要广场、主要道路的交叉口、道路与铁路或河流的交叉处、过江隧道等。

3）道路宽度难以满足直埋敷设多种管线的路段。

4）重要的公共空间。

5）不宜开挖路面的路段。

（4）采用综合管廊敷设时，热力网管道布置的一般要求：

1）热力管道不应与电力电缆同舱敷设，蒸汽热力管道应在独立舱室内敷设。

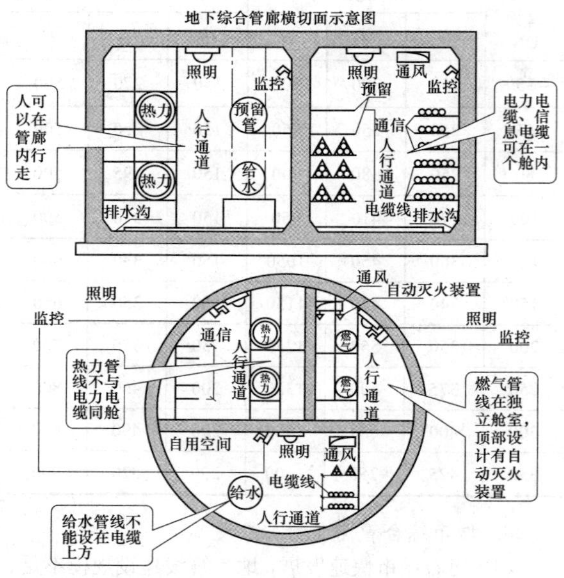

图 11-24 城市综合管沟断面形式

2）热力管道与给水管道同侧布置时，热力管道宜布置在给水管道的上方。

3）热力管道进出综合管廊时，应在综合管廊外部设置阀门。

第二节 管道支吊架设计

管道支吊架除支撑管道重量以外，还起到平衡管系作用力，限制管道位移和吸收管道振动等作用。因此，在管道系统设计时，合理布置和正确选择结构合适的支吊架，能改善管道的应力分布和对管架的作用力，确保管道系统安全运行，并延长其使用寿命。由于管道介质温度较高，选择合适的绝热支吊架可以有效地减少管道系统整体散热损失，节能、经济效益显著。

一、管道支吊架的分类

管道支吊架种类繁多，根据其有无保温性能可分为：普通支吊架、隔热支吊架、隔冷支吊架。热力网管道一般选用隔热支吊架，可简单分类如图 11-25 所示。

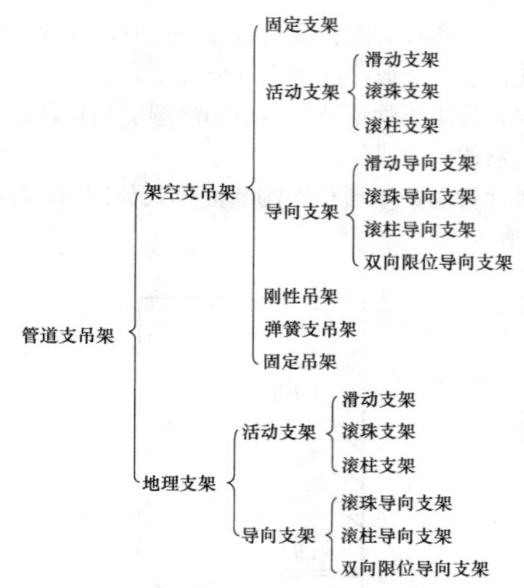

图 11-25 隔热支架分类

二、管道支吊架的选用及布置原则

1. 一般要求

（1）管道支吊架的设置和选型应根据管道系统设计对支吊架的功能要求和管道系统的总体布置综合分析确定。

（2）支吊架间距应使管道荷载合理分布，并满足管道强度、刚度和防止振动等要求。

（3）支吊架必须支撑在可靠的构筑物上，应便于施工，且不影响邻近设备检修及其他管道的安装和扩建。

（4）支吊架零部件应有足够的强度和刚度，结构简单，并应采用典型的支吊架标准产品，否则需对其强度和刚度进行计算。支吊架零部件应按其结构最不利的组合载荷进行选择和设计。

（5）对于吊点处有水平位移的吊架，吊杆配件的选择应使吊杆能自由摆动而不妨碍管道水平位移。

（6）室外管道吊架的拉杆，在穿过保温层处应采取防雨措施。

（7）不锈钢管道不应直接与碳钢管部焊接或接触，宜在不锈钢管道与管部之间设不锈钢垫板或非金属材料隔垫。

2. 支吊架的选用

对于热力网管道，应选用隔热支吊架，具体形式满足如下要求：

（1）固定支架：用于管道上不允许有任何方向的线性位移和角位移的支撑点。

（2）滑动支架或刚性吊架：用于不允许有垂直位移的支吊点。

（3）滚珠、滚柱支架：用于不允许有垂直位移且需减少支架摩擦力的支撑点。

（4）弹簧支吊架：用于有垂直位移的支吊点。当有水平位移时，弹簧支架宜加装滚柱、滚珠盘或聚四氟乙烯板。

（5）恒力支吊架：用于管道垂直位移较大或需要限制转移荷载的支吊点。

（6）导向装置：用于需引导管道某方向位移而限

制其他方向位移的地方。

（7）限位装置：用于管道上需要限制某个或几个方向位移的地方。

（8）减振装置：用于管道上需要防止振动的地方，允许其对管道热胀冷缩有一定的影响。

（9）阻尼装置：用于管道上需承受地震荷载、冲击荷载或控制管道高速位移的地方，但不影响管道的热胀冷缩。

3．支吊架的布置

（1）设备接口附近的支吊架间距和形式，除符合管道的强度、刚度和防震要求外，还应使设备接口所承受的管道最大推力和力矩在允许范围内，且不应限制设备接口位移。

（2）在靠近集中荷载（如阀门、三通等）处宜布置支吊架。

（3）装设波纹管补偿器或套筒补偿器的管道，应根据管道补偿需要和补偿器性能，设置固定支架和导向装置，将管道热位移正确地引导到补偿器处，并满足补偿器制造厂的要求。

（4）安全阀排气管道的自重和排汽反力应由支吊架承受；对于开式排放系统，当阀管上不设支吊架时，应对安全阀进出口接管和法兰进行强度核算。

（5）在Π形补偿器两侧适当位置宜设置导向装置。

（6）当设备接口承受过大的管道推力或力矩时，如装设限位装置，其位置及限位方向应通过计算确定。

三、管道支吊架荷载计算

1．设计荷载的组成

管道支吊架设计计算应考虑（但不限于）以下各项荷载：

（1）管道、阀门、管件等管道组成件及保温层及保护层的重力。

（2）支吊架的自重。

（3）管道所输送介质的重力。

（4）蒸汽管道水压试验或管路清洗时的介质重力。

（5）管道上柔性管件（如波纹管补偿器、金属软管等）由于内部压力所产生的作用力。

（6）支吊架约束管道位移（包括热胀、冷紧和端点附加位移）所承受的约束反力、力矩和弹簧支吊架转移荷载。

（7）管道位移时在活动支吊架上引起的摩擦力，不同摩擦形式的摩擦系数见表11-7。

表11-7　不同摩擦形式的摩擦系数

序号	摩擦形式	摩擦系数μ
1	钢与钢滑动摩擦	0.3
2	钢与聚四氟乙烯板	0.2
3	聚四氟乙烯之间	0.1
4	不锈钢（镜面）薄板之间	≤0.1
5	不锈钢（镜面）与聚四氟乙烯板之间	0.05～0.07
6	吊架	0.1
7	钢表面的滚动摩擦	0.1

（8）室外管道受到的风雪荷载。

（9）正常运行时，可能产生的管道振动力。

（10）管内流体动量突变（如水锤）引起的瞬态作用力。

（11）管内流体排放时产生的反作用力。

（12）管道装在有地震地区产生的地震力，但不考虑地震与风荷载同时出现的工况。

2．设计荷载的确定

设计荷载的确定应按照支吊架使用过程中的各种工况分别计算，并组合同时作用于支吊架上的所有荷载，取其中对支吊架结构最不利的一组，并加上支吊架或临近活动支吊架上摩擦力对本支吊架的作用作为结构荷载。

（1）支吊架结构荷载计算应根据情况考虑下述工况：

1）运行初期冷态工况。

2）运行热态工况。

3）管道应变自均衡后的冷态工况。

4）管道应变自均衡后的热态工况。

5）水压试验（或管路清洗）工况。

6）各种暂时工况，如阀门瞬间启闭工况、安全阀动工况等。

（2）计算1.（1）中规定的荷载时，应乘以荷载修正系数。荷载修正系数可取1.4。此时，修正后的荷载已包括支吊架零部件自重。

（3）动力荷载［包括1.（10）和1.（11）中规定的荷载］应根据荷载动力的动力特性，乘以相应的动载系数。安全阀排汽管道排汽反力的动载系数可取1.1～1.2，其他动载系数可取1.2。

（4）风雪荷载可按GB 50009—2012《建筑结构荷载规范》计算。

（5）减振装置和阻尼装置的结构荷载，应根据管道对防振或抗冲击的需要进行具体分析来确定。

（6）弹簧支吊架或恒力支吊架的管道、阀门、管件、保温结构和所输送介质的重力，在必要时，可考虑支吊架管部和连接件的重力。

（7）当管道为热态吊零时，工作荷载等于分配荷载；当管道为冷态吊零时，安装荷载等于分配荷载。

（8）排汽管道的排汽反力根据管道结构和水力计算结果，按下述有关公式计算，计算结果应乘以动载系数。

与管道轴线垂直的排气口或管段进出口断面处的反力可按式（11-1）计算

$$F_i = \frac{1}{3.6}G_i w_i + (p_i - p_a)A_i \tag{11-1}$$

式中 F_i——断面 i 处的反力，kN；

G_i——断面 i 处的介质流量，kg/h；

w_i——断面 i 处的介质流速，m/s；

p_i——断面 i 处的介质压力，kPa；

p_a——当地大气压，kPa；

A_i——断面 i 处的通流面积，m^2。

3. 支吊架荷载计算

（1）中间刚性支吊架（活动支架）。

垂直方向按式（11-2）计算

$$F_z=1.5F \tag{11-2}$$

水平方向按式（11-3）计算

$$F_{x(y)}=1.5\mu F \tag{11-3}$$

式中 F_z——垂直方向的结构荷重，N；

F——基本垂直荷载，N；

$F_{x(y)}$——水平 x（y）向的结构荷重，N；

μ——滑动支吊架的摩擦系数。

（2）弹簧支吊架邻近的刚性支吊架。

垂直方向按式（11-4）计算

$$F_z=1.5F + F_{z(e)} + \frac{c}{2}\sum F_{z(N)} \tag{11-4}$$

水平方向按式（11-5）计算

$$F_{x(y)}=\mu 1.5F + F_{z(e)} + \frac{c}{2}\sum F_{z(N)} \tag{11-5}$$

式中 F_z——垂直方向的结构荷重，N；

$F_{x(y)}$——水平 x（y）向的结构荷重，N；

$F_{z(e)}$——垂直方向的热胀或冷缩作用力，N；

$\sum F_{z(N)}$——该刚性支吊架与其两侧的下一个刚性支吊架间各个热位移向下的弹簧支吊架工作荷重的总和，N；

c——荷重转移系数，笔算时，取 0.3。

（3）弹簧支吊架的结构荷重。

1）热位移向下的按式（11-2）计算。

2）热位移向上的按式（11-2）和式（11-6）计算，取最大值，即

$$F_z=1.2F_m \tag{11-6}$$

式中 F_m——弹簧支吊架的安装荷重，N。

弹簧吊架水平方向的结构荷载一般不作计算。

（4）水平管道上导向支架的结构荷重。水平管道上导向支架的结构荷重，除应根据邻近支吊架的形式按式（11-2）～式（11-5）计算垂直荷重和管道轴线相同方向的水平荷载外，尚应计算沿管道侧面，即水平方向的热胀、冷缩作用力和力矩。

（5）固定支架的结构荷重。固定支架的结构荷重，除计算管道荷重和弹簧支吊架的转移荷重外，尚应计算管道的热胀冷缩作用力、力矩和作用于该固定支架的滑动支吊架的摩擦力。

计算时应根据与固定支架有关的各分支管段的分段安装和可能出现的各种工况，以及各管段的冷紧情况具体分析，按最大的组合作用力和力矩来计算。

4. 支吊架荷载近似计算

（1）水平管段。水平直管如图 11-26 所示，水平弯管如图 11-27 所示，按式（11-7）计算。

$$F_f=\frac{1}{2}q(L+L_1)+K_z(Q-lq) \tag{11-7}$$

式中 F_f——分配荷载，kN；

q——管道单位长度重力，kN/m；

L——支吊架间距，m；

L_1——两侧相邻支吊架间距，m；

K_z——附件荷载分配系数；

Q——附件重力，kN；

l——附件长度，m。

对于支吊架 A，附件荷载分配系数按式（11-8）、式（11-9）计算。

按图 11-26，附件荷载分配系数

$$K_z^A=\frac{b}{L} \tag{11-8}$$

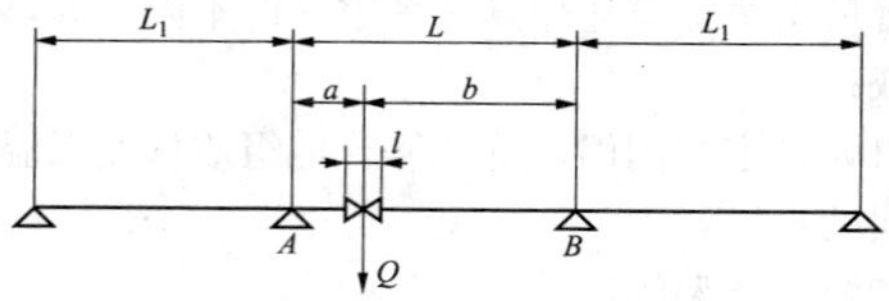

图 11-26 水平直管

按图 11-27，附件荷载分配系数

$$K_z^A=\frac{\sqrt{c^2+d^2}}{L} \tag{11-9}$$

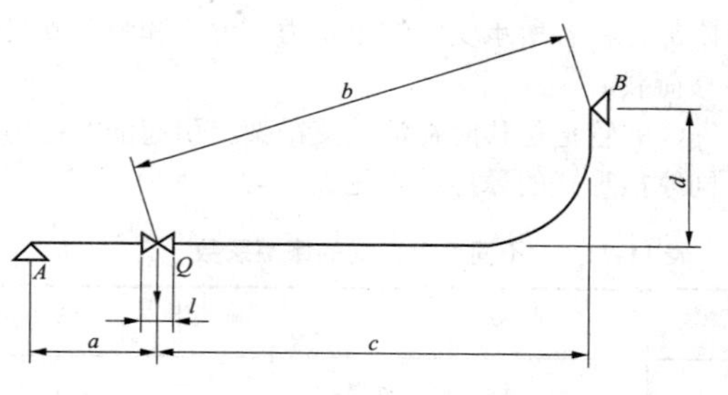

图 11-27 水平弯管

对于支吊架B，附件荷载分配系数按式（11-10）计算。

$$K_z^B = 1 - K_z^A \tag{11-10}$$

（2）带大小头的管段，按两侧支吊架各承受间距内管段总重力的一半分配。

（3）对于水平三通管段，支管的计算一般以三通处作为假想支点；主管的计算，可将支管假想支点的荷载作为集中荷载，按水平管段的原则分配。

（4）垂直90°弯管段，其水平管道重力的分配：当水平段较长时按50%，较短时按100%分配给水平段邻近的支吊架承受。

（5）按上述方法计算得到的分配荷载乘以1.4的荷载修正系数，作为结构荷载。

四、管道支吊架跨距计算

水平直管段上的支吊架跨距应满足强度条件和刚度条件。

1. 按强度条件

支吊架的最大允许跨距 L_{max} 按式（11-11）计算。

$$L_{max} = 2.24\sqrt{\frac{1}{q}W\varphi[\sigma]^t} \tag{11-11}$$

式中 L_{max}——支吊架的最大允许跨距，m；

q——管道单位重力（包括管道自量和保温结构及水重），N/m；

W——管道截面抗弯矩，cm^3，见表11-8；

φ——管道强度焊缝系数，见表11-9；

$[\sigma]^t$——钢材在设计温度下的许用应力，MPa。

2. 按刚度条件

支吊架的最大允许跨距 L_{max} 按式（11-12）计算。

$$L_{max} = 0.112\sqrt[3]{\frac{1}{q}E_t I} \tag{11-12}$$

式中 E_t——钢材在设计温度下的弹性模量，MPa，见表11-10；

I——管道断面惯性矩，cm^4，见表11-8。

表11-8 管道截面计算数据表

公称直径DN（mm）	管道外径 D_w（mm）	管道壁厚 δ（mm）	管壁截面积 A（cm^2）	截面抗弯矩 W（cm^3）	惯性矩 I（cm^4）
20	25	2	1.44	0.77	0.96
25	32	2.5	2.32	1.58	2.54
32	38	2.5	2.79	2.32	4.41
40	45	2.5	3.3	3.36	7.55
50	57	3	5.1	6.52	18.6
65	73	3	6.6	11.1	40.5

续表

公称直径DN（mm）	管道外径 D_w（mm）	管道壁厚 δ（mm）	管壁截面积 A（cm^2）	截面抗弯矩 W（cm^3）	惯性矩 I（cm^4）
80	89	3.5	9.4	19.3	86
100	108	4	13.1	32.8	177
125	133	4	16.2	50.8	337.5
150	159	4.5	21.8	82	652.3
200	219	5	33.6	175.8	1925
		6	40.1	208.1	2278
250	273	6	50.3	328.7	4487
		7	58.5	379.3	5177
300	325	5	50.2	396	6435
		6	60.1	471	7651
		7	69.9	544	8844
		8	79.7	616	10000
350	377	5	58.4	536	10109
		6	69.9	638	12035
		9	104	934	17600
400	426	5	66.1	688	14653
		6	79.1	820	17460
		8	106	1077	22953
450	478	6	88.9	1036	24780
		7	103.5	1202	28728
		9	133	1526	36473
500	529	5	82.2	1068	28253
		6	89.5	1274	33711
		7	115	1478	39106
		8	130.9	1680	44439
600	630	5	98	1521	47940
		7	137	2110	66478
		8	156	2400	75612
		9	176	2687	84658
700	720	7	157	2768	99648
		8	179	3150	113408
		10	223	3905	140579
800	820	7	178	3603	147728
900	920	7	201	4548	209216
1000	1020	7	222.7	5603	285764
		8	254	6384	325626

表 11-9　　管道强度焊缝系数

横向焊缝系数		纵向焊缝系数	
焊接情况	φ	焊接情况	φ
手工电弧焊	0.7	手工电弧焊	0.7
手工双面加强焊	0.95	直缝焊接钢管	0.8
自动双面焊	1.0	螺旋缝焊接钢管	0.6
自动单面焊	0.8		

表 11-10　　常用钢材的弹性模量和线膨胀系数

钢号		Q235B	10	20、20g	0Cr18Ni9	15CrMo、12Cr1Mo	Q235B	10	20、20g	0Cr18Ni9	15CrMo、12Cr1Mo
		弹性模量（$\times10^3$MPa）					线膨胀系数[$\times10^{-6}$m/(m·C)]				
计算温度（℃）	20	206	198	198	195	206	—	—	—	—	—
	100	200	191	183	191	203	12.2	11.90	11.16	16.84	11.53
	150	196	186	179	187	200	12.6	12.25	11.64	17.06	11.88
	200	192	181	175	184	198	13.0	12.60	12.12	17.25	12.25
	250	188	176	171	181	194	13.23	12.70	12.45	17.42	12.56
	300	184	172	167	177	190	13.45	12.80	12.78	17.61	12.90
	350	—	164	162	173	186	—	12.90	13.31	17.79	13.24
	400	—	157	158	169	180	—	13.00	13.83	17.99	13.58
	450	—	—	—	164	174	—	—	—	18.19	13.93
	475	—	—	—	162	170	—	—	—	18.27	14.08
	500	—	—	—	160	165	—	—	—	18.34	14.22
	550	—	—	—	155	153	—	—	—	18.58	14.42
	600	—	—	—	151	138	—	—	—	18.71	14.62

3. 管道活动支架跨距选择

（1）管道单位长度计算重量见表 11-11。

表 11-11　　管道单位长度计算重量

公称直径 DN（mm）	外径 $D_w\times$厚度δ（mm×mm）	管道重 q_1（N/m）	凝结水重 q_2（N/m）	充满水重 q_3（N/m）	不保温计算重量		保温管道计算重量		
					汽体管 q_4（N/m）	液体管 q_5（N/m）	200℃汽体管 q_6（N/m）	200℃液体管 q_7（N/m）	350℃汽体管 q_8（N/m）
25	32×2.5	17.6	1.1	5.7	22.4	26.8	22.4+1.2g	26.8+1.2g	17.6+1.2g
32	38×2.5	21.9	1.7	8.6	28.3	34.9	28.3+1.2g	34.9+1.2g	21.9+1.2g
40	45×2.5	26.2	2.5	12.6	34.4	44.0	34.4+1.2g	44.0+1.2g	26.2+1.2g
50	57×3.5	46.2	3.9	19.6	60.1	75.0	60.1+1.2g	75.0+1.2g	46.2+1.2g
65	73×3.5	60.0	6.8	34.2	80.2	106.2	80.2+1.2g	106.2+1.2g	60.0+1.2g
80	89×3.5	73.8	10.5	52.8	101.7	141.4	101.7+1.2g	141.4+1.2g	73.8+1.2g
100	108×4	102.6	11.8	78.5	137.3	201.6	137.3+1.2g	201.6+1.2g	102.6+1.2g
125	133×4	127.3	18.4	122.7	174.8	275.5	174.8+1.2g	275.5+1.2g	127.3+1.2g
150	159×4.5	171.5	26.5	176.7	237.6	382.5	237.6+1.2g	382.5+1.2g	171.5+1.2g
200	219×6	315.2	50.5	336.5	438.8	714.7	438.8+1.2g	714.7+1.2g	315.2+1.2g
250	273×7	459.2	79.0	527	645.8	1078.0	645.8+1.2g	1078.0+1.2g	459.2+1.2g
300	325×8	625.4	112.5	750	885.8	1499.4	885.5+1.2g	1499.4+1.2g	625.4+1.2g
350	377×9	816.8	152	1012	1162.6	1992.2	1162.6+1.2g	1992.2+1.2g	816.8+1.2g
400	426×9	925.5	196	1307	1346.4	2417.6	1346.4+1.2g	2417.6+1.2g	925.5+1.2g

注　表中 g 是单位长度保温结构重量，N/m，按不同的保温材料和不同的介质温度，查国家保温管道标准图。

（2）保温管道最大允许跨距（p=1.2MPa，t=200℃）见表 11-12。

表 11-12 各种保温管道最大允许跨距

序号	管道规格外径 D_w×壁厚 δ（mm×mm）	项目	管道单位长度计算重量的分类											
			1	2	3	4	5	6	7	8	9	10	11	12
1	32×2.5	管道计算重量（N/m）	70	100	130	160	190	220	250	280	310	340	370	400
		按强度计算跨距（m）	5.20	4.39	3.81	3.43	3.15	2.93	2.75	2.59	2.46	2.35	2.26	2.17
		按刚度计算跨距（m）	3.49	3.15	2.92	2.75	2.63	2.52	2.43	2.35	2.28	2.22	2.17	2.13
2	38×2.5	管道计算重量（N/m）	80	115	150	185	220	255	290	325	360	395	430	465
		按强度计算跨距（m）	5.89	4.91	4.30	3.87	3.55	3.30	3.09	2.92	2.77	2.66	2.54	2.44
		按刚度计算跨距（m）	4.07	3.67	3.40	3.21	3.05	2.93	2.82	2.74	2.66	2.59	2.53	2.48
3	45×2.5	管道计算重量（N/m）	90	125	160	195	230	265	300	335	370	405	440	475
		按强度计算跨距（m）	6.68	5.66	5.00	4.53	4.17	3.89	3.65	3.46	3.29	3.14	3.02	2.91
		按刚度计算跨距（m）	4.74	4.32	4.03	3.81	3.63	3.49	3.37	3.27	3.18	3.10	3.03	2.97
4	57×3.5	管道计算重量（N/m）	125	170	215	260	305	350	395	440	485	530	575	620
		按强度计算跨距（m）	8.41	7.21	6.41	5.83	5.38	5.02	4.73	4.48	4.26	4.08	3.92	3.78
		按刚度计算跨距（m）	5.98	5.48	5.12	4.86	4.64	4.47	4.32	4.19	4.08	3.98	3.89	3.81
5	73×3.5	管道计算重量（N/m）	150	200	250	300	350	400	450	500	550	600	650	700
		按强度计算跨距（m）	9.92	8.59	7.69	7.02	6.50	6.08	5.73	5.43	5.18	4.96	4.77	4.59
		按刚度计算跨距（m）	7.38	6.80	6.38	6.06	5.80	5.59	5.41	5.25	5.11	4.99	4.88	4.78
6	89×3.5	管道计算重量（N/m）	190	250	310	370	430	490	550	610	670	730	790	850

续表

序号	管道规格外径 D_w×壁厚 δ（mm×mm）	项目	管道单位长度计算重量的分类											
			1	2	3	4	5	6	7	8	9	10	11	12
6	89×3.5	按强度计算跨距（m）	10.98	9.56	8.59	7.86	7.30	6.83	6.45	6.13	5.85	5.59	5.38	5.18
		按刚度计算跨距（m）	8.48	7.85	7.38	7.03	6.74	6.49	6.29	6.11	5.95	5.81	5.69	5.57
7	108×4	管道计算重量（N/m）	245	320	395	470	545	620	695	770	845	920	995	1070
		按强度计算跨距（m）	12.60	11.02	9.92	9.09	8.45	7.92	7.48	7.10	6.78	6.50	6.25	6.03
		按刚度计算跨距（m）	10.01	9.29	8.75	8.34	8.00	7.72	7.47	7.26	7.08	6.92	6.77	6.63
8	133×4	管道计算重量（N/m）	300	390	480	570	660	750	840	930	1020	1110	1200	1290
		按强度计算跨距（m）	14.11	12.38	11.16	10.24	9.52	8.93	8.44	8.02	7.66	7.34	7.06	6.81
		按刚度计算跨距（m）	11.74	10.90	10.29	9.80	9.41	9.08	8.80	8.56	8.34	8.15	7.98	7.82
9	159×4.5	管道计算重量（N/m）	370	485	600	715	830	945	1060	1175	1290	1405	1520	1635
		按强度计算跨距（m）	16.13	14.09	12.66	11.60	10.77	10.09	9.53	9.05	8.64	8.28	7.96	7.67
		按刚度计算跨距（m）	13.71	12.70	11.97	11.40	10.94	10.55	10.22	9.93	9.68	9.46	9.26	9.07
10	219×6	管道计算重量（N/m）	620	770	920	1070	1220	1370	1520	1670	1820	1970	2120	2270
		按强度计算跨距（m）	19.69	17.66	16.16	14.99	14.04	13.24	12.57	11.99	11.49	11.04	10.65	10.29
		按刚度计算跨距（m）	17.63	16.59	15.79	15.14	14.60	14.14	13.74	13.38	13.07	12.79	12.53	12.30
11	273×7	管道计算重量（N/m）	880	1060	1240	1420	1600	1780	1960	2140	2320	2500	2680	2860
		按强度计算跨距（m）	22.23	20.25	18.72	17.50	16.49	15.63	14.89	14.26	13.69	13.19	12.74	12.33
		按刚度计算跨距（m）	20.85	19.79	18.94	18.24	17.65	17.14	16.69	16.29	15.93	15.61	15.31	15.04

续表

序号	管道规格外径 D_w×壁厚 δ（mm×mm）	项目	管道单位长度计算重量的分类											
			1	2	3	4	5	6	7	8	9	10	11	12
12	325×8	管道计算重量（N/m）	1150	1370	1590	1810	2030	2250	2470	2690	2910	3130	3350	3570
		按强度计算跨距（m）	24.75	22.67	21.04	19.73	18.63	17.69	16.88	16.18	15.56	15.00	14.50	14.05
		按刚度计算跨距（m）	23.95	22.82	21.89	21.12	20.46	19.89	19.38	18.93	18.53	18.16	17.83	17.52
13	377×9	管道计算重量（N/m）	1470	1740	2010	2280	2550	2820	3090	3360	3630	3900	4170	4440
		按强度计算跨距（m）	27.62	25.39	23.62	22.18	20.97	19.95	19.05	18.27	17.58	16.96	16.40	15.90
		按刚度计算跨距（m）	26.86	25.63	24.63	23.78	23.06	22.43	21.87	21.38	20.93	20.52	20.15	19.80
14	426×9	管道计算重量（N/m）	1690	2010	2330	2650	2970	3290	3610	3930	4250	4570	4890	5210
		按强度计算跨距（m）	28.27	25.92	24.08	22.58	21.33	20.26	19.34	18.54	17.83	17.19	16.62	16.10
		按刚度计算跨距（m）	29.15	27.78	26.67	25.74	24.95	24.26	23.65	23.11	22.62	22.17	21.77	21.39

（3）保温管道最大允许跨距（p=1.3MPa，t=250℃）见表 11-13。

表 11-13 **各种保温管道最大允许跨距**

序号	管道规格外径 D_w×壁厚 δ（mm×mm）	项 目	管道单位长度计算重量的分类											
			1	2	3	4	5	6	7	8	9	10	11	12
1	32×2.5	管道计算重量（N/m）	80	125	170	215	260	205	350	395	440	485	530	575
		按强度计算跨距（m）	3.96	3.17	2.71	2.41	2.20	2.03	1.89	1.78	1.69	1.60	1.5	1.48
		按刚度计算跨距（m）	3.26	2.87	2.63	2.46	2.33	2.23	2.14	2.07	2.01	1.96	1.91	1.87
2	38×2.5	管道计算重量（N/m）	100	155	210	265	320	375	430	485	540	595	650	705
		按强度计算跨距（m）	4.29	3.44	2.96	2.63	2.39	2.21	2.07	1.94	1.84	1.76	1.68	1.61
		按刚度计算跨距（m）	3.71	3.28	3.01	2.82	2.67	2.56	2.46	2.38	2.31	2.25	2.19	2.14
3	45×2.5	管道计算重量（N/m）	110	165	220	275	330	385	440	495	550	605	660	715
		按强度计算跨距（m）	4.91	4.01	3.48	3.10	2.83	2.63	2.45	2.32	2.20	2.10	2.01	1.93
		按刚度计算跨距（m）	4.35	3.88	3.58	3.36	3.19	3.06	2.95	2.85	2.77	2.70	2.63	2.58

续表

序号	管道规格外径 D_w×壁厚δ（mm×mm）	项 目	管道单位长度计算重量的分类											
			1	2	3	4	5	6	7	8	9	10	11	12
4	57×3.5	管道计算重量（N/m）	150	215	280	345	410	475	540	605	670	735	800	865
		按强度计算跨距（m）	6.25	5.22	4.58	4.12	3.78	3.51	3.29	3.11	2.96	2.8	2.71	2.60
		按刚度计算跨距（m）	5.52	4.98	4.62	4.36	4.15	3.98	3.84	3.73	3.62	3.53	3.45	3.37
5	73×3.5	管道计算重量（N/m）	190	270	350	430	510	590	670	750	830	910	990	1070
		按强度计算跨距（m）	7.16	6.01	5.28	4.76	4.37	4.06	3.81	3.60	3.42	3.27	3.13	3.02
		按刚度计算跨距（m）	6.70	6.07	5.64	5.33	5.08	4.88	4.71	4.56	4.44	5.32	4.22	4.14
6	89×3.5	管道计算重量（N/m）	220	315	410	505	600	695	790	885	980	1075	1170	1265
		按强度计算跨距（m）	8.27	6.91	6.05	5.45	5.01	4.65	4.36	4.12	3.91	3.74	3.58	3.44
		按刚度计算跨距（m）	7.91	7.15	6.64	6.26	5.97	5.73	5.53	5.36	5.21	5.08	4.96	4.86
7	108×4	管道计算重量（N/m）	270	380	490	600	710	820	930	1040	1150	1260	1370	1480
		按强度计算跨距（m）	9.71	8.18	7.21	6.51	5.99	5.57	5.23	4.94	4.70	4.49	4.31	4.15
		按刚度计算跨距（m）	9.47	8.60	8.01	7.57	7.23	6.94	6.71	6.50	6.32	6.17	6.03	5.90
8	133×4	管道计算重量（N/m）	350	485	620	755	890	1025	1160	1295	1430	1565	1700	1835
		按强度计算跨距（m）	10.53	8.95	7.91	7.17	6.60	6.15	5.78	5.47	5.21	4.98	4.78	4.60
		按刚度计算跨距（m）	10.92	9.97	9.31	8.82	8.43	8.10	7.83	7.60	7.39	7.21	7.05	6.91
9	159×4.5	管道计算重量（N/m）	420	575	730	885	1040	1195	1350	1505	1660	1815	1970	2125
		按强度计算跨距（m）	12.17	10.40	9.23	8.38	7.73	7.21	6.78	6.42	6.12	5.85	5.62	5.41
		按刚度计算跨距（m）	12.86	11.78	11.02	10.45	9.99	9.62	9.30	9.03	8.79	8.58	8.39	8.21
10	219×6	管道计算重量（N/m）	700	900	1100	1300	1500	1700	1900	2100	2300	2500	2700	2900
		按强度计算跨距（m）	14.73	12.99	11.75	10.81	10.06	9.45	8.94	8.50	8.12	7.80	7.50	7.24
		按刚度计算跨距（m）	16.57	15.45	14.61	13.95	13.41	12.95	12.56	12.22	11.92	11.65	11.41	11.19
11	273×7	管道计算重量（N/m）	940	1190	1440	1690	1940	2190	2440	2690	2940	3190	3440	3690
		按强度计算跨距（m）	17.03	15.13	13.75	12.70	11.85	11.15	10.57	10.06	9.62	9.24	8.90	8.60
		按刚度计算跨距（m）	19.90	18.63	17.67	16.91	16.28	15.74	15.28	14.88	14.55	14.20	13.91	13.65
12	325×8	管道计算重量（N/m）	1210	1480	1750	2020	2290	2560	2830	3100	3370	3640	3910	4180
		按强度计算跨距（m）	19.03	17.21	15.83	14.73	13.84	13.09	12.44	11.89	11.40	10.97	10.59	10.24
		按刚度计算跨距（m）	22.96	21.71	20.73	19.92	19.25	18.67	18.16	17.71	17.31	16.95	16.62	16.32
13	377×9	管道计算重量（N/m）	1580	1890	2200	2510	2820	3130	3440	3750	4060	4370	4680	4990
		按强度计算跨距（m）	20.44	18.68	17.31	16.21	15.30	14.52	13.84	13.26	12.74	12.74	11.87	11.50
		按刚度计算跨距（m）	25.60	24.36	23.36	22.53	21.82	21.20	20.66	20.18	19.74	19.74	18.99	18.66
14	426×9	管道计算重量（N/m）	1800	2140	2480	2820	3160	3500	3840	4180	4520	4520	5200	5540
		按强度计算跨距（m）	21.28	19.51	18.13	17.00	16.06	15.26	14.57	13.96	13.42	13.42	12.52	12.13
		按刚度计算跨距（m）	27.86	26.56	25.50	24.61	23.86	23.20	22.62	22.10	21.63	21.21	20.82	20.47

（4）水平弯管支吊架间距。水平 90°弯管两端支吊架间的管段展开长度，不宜大于水平直管段上支吊架最大允许跨距的 0.73 倍。

（5）垂直弯管支吊架间距。垂直抬高、降低的 90°弯管两端支吊架间的管段展开长度，不宜大于水平直管段上支吊架最大允许跨距的 0.5 倍。

（6）不通行管沟内管道支架最大允许跨距见表 11-14。

表 11-14　　不通行管沟内管道支架最大允许跨距

公称直径 DN（mm）	25	32	40	50	65	80	100	125	150	200	250	300	350	400
蒸汽、热水管跨距（m）	1.7	2.0	2.0	2.5	3.0	3.5	4.0	4.5	5.0	6.5	7.5	8.0	8.5	9.5
不保温凝结水管跨距（m）	3.0	4.0	4.5	5.0	6.0	6.0	7.0	7.5	8.0	9.5	10.5	11.5	11.5	13.0

4. 管道跨距加强

为了增加管架之间的跨距，可以在管道上采取焊接加强板的形式，增加断面系数，提升该管段的刚度。加强板分为上加强板和下加强板。上加强板的形式如图 11-28 所示，管道上焊接加强板安装尺寸见表 11-15。

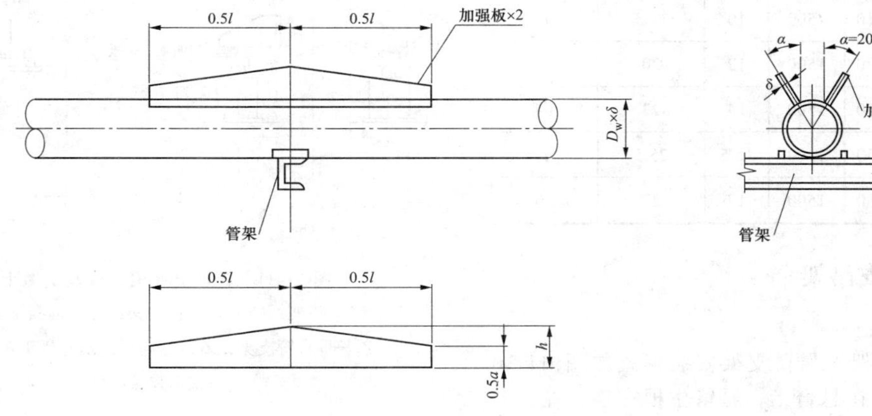

图 11-28　上加强板的形式

表 11-15　　管道上焊接加强板安装尺寸

管道外径 D_w×壁厚 δ（mm×mm）	加强板尺寸（mm）			管支架跨距（m）		跨距增量（%）
	高 h	厚度 δ	长度 l	不加强 L	加强后 L_S	
57×3.5	50	4	1400	5	6.5	30
73×4	60	6	1800	6	8.5	42
89×4	60	6	2000	6.5	10	54
108×4	100	8	2400	7.5	12	60
159×4.5	100	8	2800	10	13.5	35
219×6	150	12	3600	12	17	42
273×7	200	12	3800	14	19	36
325×8	200	12	4200	15.5	21	35
377×9	200	14	4600	17	22.5	32
426×9	250	14	5000	18.5	25	35

下加强板的形式如图 11-29 所示，管道下焊接加强板安装尺寸见表 11-16。

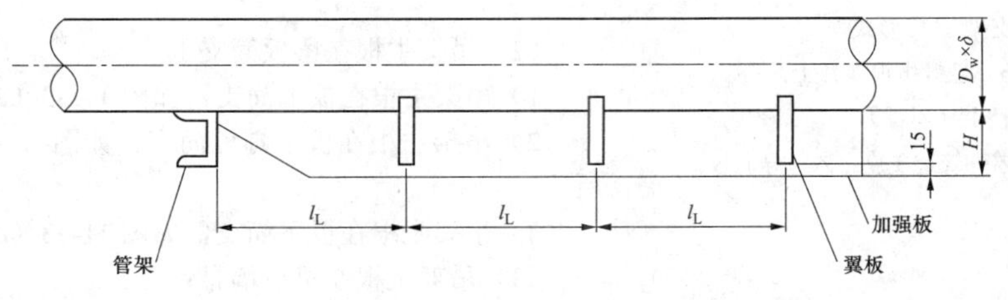

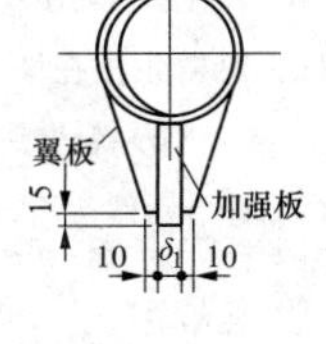

图 11-29　下加强板的形式

表 11-16　管道下焊接加强板安装尺寸

管道外径 D_w×壁厚δ (mm×mm)	加强板 H×δ（mm）	翼板间距 l_L(mm)	管支架跨距（m）		
			不加强 L	加强后 L_S	跨距增量（%）
57×3.5	80×5	1000	5	6	20
73×4	100×8	1000	6	10	67
89×4	100×8	1000	6.5	10	54
108×4	100×8	1000	7.5	10.5	40
159×4.5	150×10	1500	10	14.5	45
219×6	200×20	1500	12	20	67
273×7	200×30	1500	14	23	64
325×8	250×30	1500	15.5	25.5	65
377×9	300×30	1500	17	27	59

五、常用支吊架

1. 管道支架

（1）悬臂支架。悬臂支架安装形式如图 11-30 所示。管道支承在悬臂上，悬臂生根在墙、柱、沟壁上。

（2）管道支在梁、板及墩子上，如图 11-31 所示，管道直接支承在梁、板及混凝土墩子上。

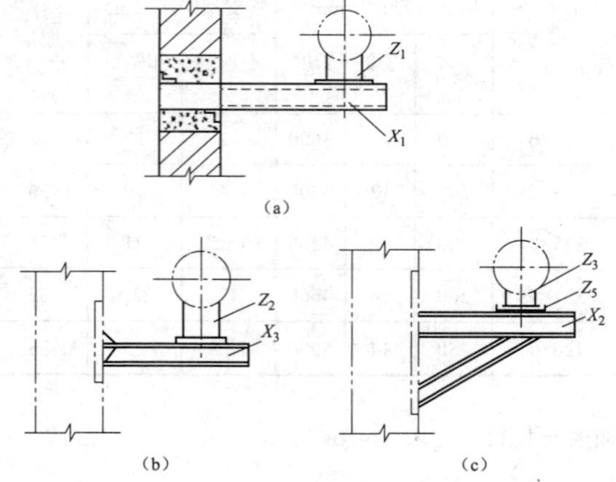

图 11-30　悬臂支架安装形式

(a) 悬臂生根在墙上；(b) 悬臂生根在柱上；(c) 悬臂生根在柱上（斜撑）

X_1、X_2、X_3—悬臂；Z_1、Z_2、Z_3—管道支座；Z_5—导向板

2. 管道吊架

（1）吊架生根在梁板上。

1）吊架生根在梁板埋件上，如图 11-32（a）所示。

2）吊架生根在板孔上，如图 11-32（b）所示。

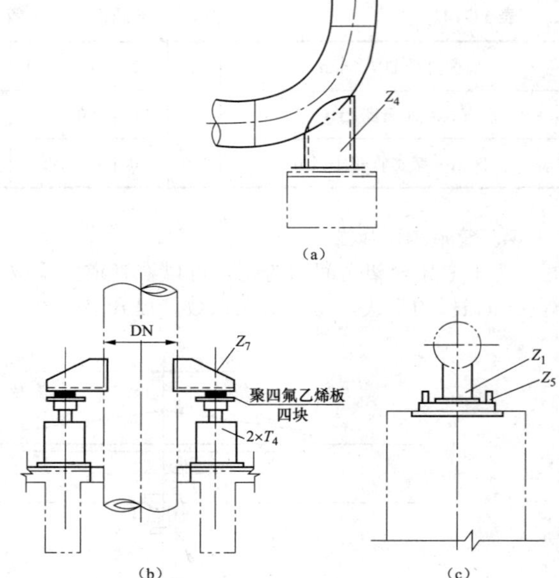

图 11-31　管道支在梁、板及支墩上

(a) 弯头托架；(b) 垂直管支架；(c) 混凝土支墩支架

Z_7—垂直管支架；Z_5—导向板；Z_4—弯头托架；T_4—整定弹簧组件

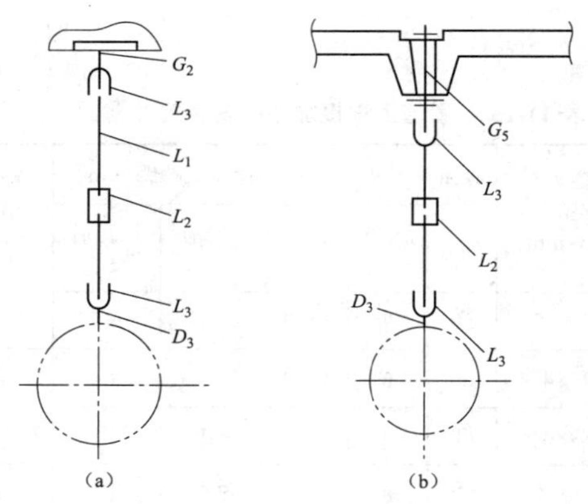

图 11-32　吊架生根在梁板上

(a) 吊架生根在梁板埋件上；(b) 吊架生根在板孔上

G_2—吊板；G_5—板缝吊板；L_3—螺栓耳子；L_1—拉杆；L_2—花篮螺丝；D_3—水平吊架

（2）吊架生根在梁板简支上。

1）吊架生根在板上简支，如图 11-33（a）所示。

2）吊架生根在板下螺栓简支，如图 11-33（b）所示。

3）吊架生根在板下简支，如图 11-33（c）所示。

（3）吊架生根在梁板墙悬臂上。

1）吊架生根在梁上悬臂，如图 11-34（a）所示。

2）吊架生根在板下悬臂，如图 11-34（b）所示。

3）吊架生根在墙上悬臂，如图 11-34（c）所示。

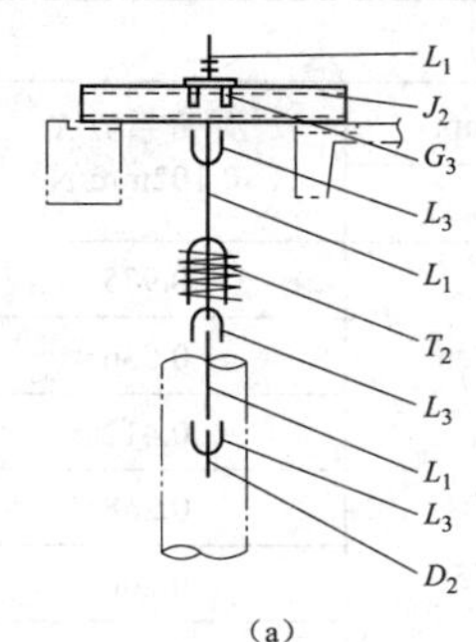

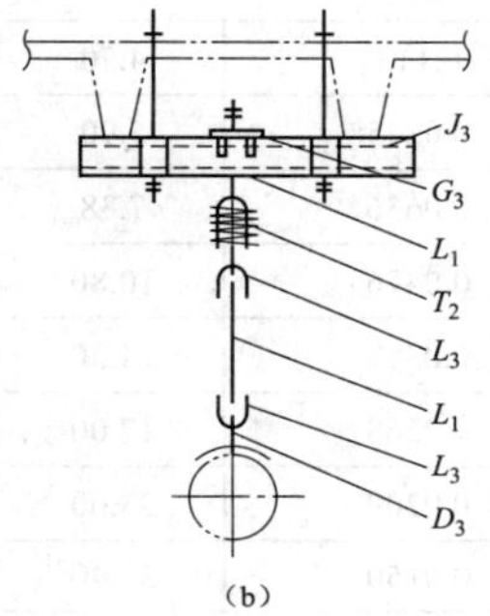

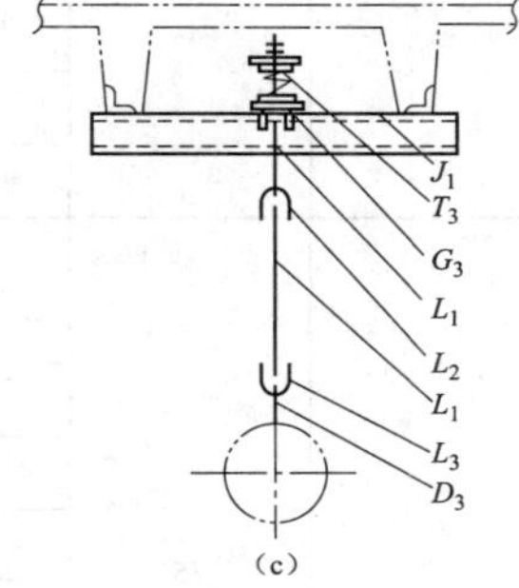

图 11-33 吊架生根在梁板简支上

（a）吊架生根在板上简支；（b）吊架生根在板下螺栓简支；

（c）吊架生根在板下简支

D_2—垂直管吊架；J_3、J_1—板下简支；J_2—板（梁）上简支；

G_3—支承板；T_2—双板整定弹簧；T_3—上下方整定弹簧；

L_1—拉杆；L_3—螺栓耳子；D_3—水平吊架

$$F_z \frac{\lambda_{max}}{\lambda_{max} - \dfrac{\Delta Y_1}{n'}} < F_{max} \tag{11-13}$$

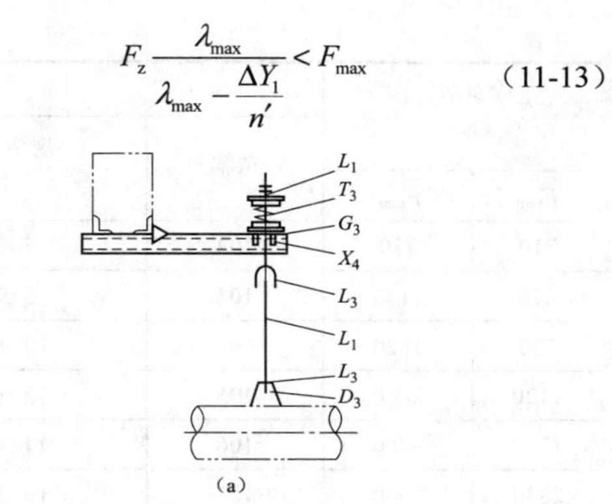

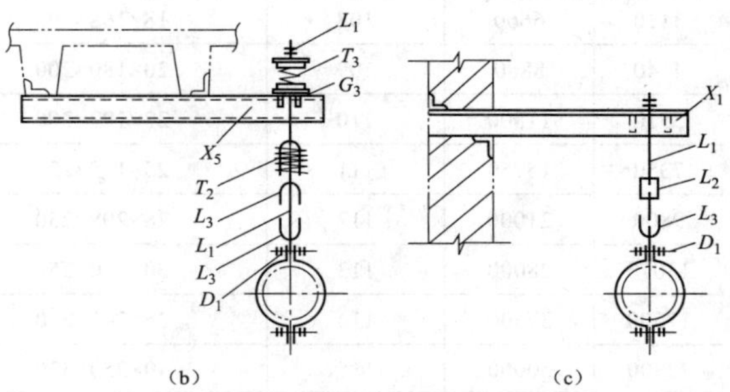

图 11-34 吊架生根在梁板墙悬臂上

（a）吊架生根在梁上悬臂；（b）吊架生根在板下悬臂；

（c）吊架生根在墙上悬臂

X_1—墙上悬壁；X_4—梁上悬臂；X_5—板下悬臂；

D_1—水平管抱箍吊架；D_3—水平吊架；G_3—支承板；

T_2—双板整定弹簧；T_3—上下方整定弹簧；L_1—拉杆；

L_2—花篮螺丝；L_3—螺栓耳子

六、弹簧支吊架

1. 弹簧选择注意要点

（1）荷重变化不应超过工作荷重的 35%。

（2）弹簧的安装荷重或工作荷重不应大于弹簧的最大允许荷重。

（3）弹簧串联安装时，应选用最大允许荷重相同的弹簧，此时热位移值应按弹簧的最大允许荷重下的变形量比例分配；并联安装时，应选用相同的型号，其荷重由两侧弹簧平均承担。

2. 弹簧选择的计算

弹簧应根据支吊点垂直方向位移和工作荷重选择。

（1）弹簧型号选择计算。

热位移向上时，按式（11-13）计算。

热位移向下时，按式（11-14）计算。

$$F_z \leqslant F_{max} \tag{11-14}$$

式中 F_z ——垂直方向的结构荷重，N；

λ_{max} ——弹簧最大允许变形量，mm；

ΔY_1 ——管道支吊架垂直热位移值，mm；

n' ——初选的弹簧数。

（2）弹簧数量计算。

弹簧数量可按式（11-15）计算。

$$n = \frac{\Delta Y_1}{C'KF_z} \tag{11-15}$$

式中 n ——弹簧数量，取整数；

C' ——初选的荷重变化系数；

K ——弹簧的弹性系数，mm/N，见表 11-17。

表 11-17 支吊架弹簧规格性能

工作负荷范围（N）		ZH1 型					
		弹簧编号	规格 $d \times D \times H_1$（mm）	工作下变形量（mm）		弹簧系数 K（×0.102mm/N）	质量（kg）
F_{min}	F_{max}			x_{min}	x_{max}		
200	500	101	5.5×75.5×140	30	75	1.500	0.25

续表

工作负荷范围（N）		ZH1 型					
		弹簧编号	规格 $d \times D \times H_1$（mm）	工作下变形量（mm）		弹簧系数 K（×0.102mm/N）	质量（kg）
F_{min}	F_{max}			x_{min}	x_{max}		
310	770	102	7×87×150	30	75	0.975	0.50
470	1180	103	8×93×160			0.636	0.66
730	1820	104	10×115×160			0.412	1.02
1120	2800	105	12×132×160			0.268	1.59
1750	3750	106	14×144×180			0.200	2.47
2330	5000	107	16×161×180			0.150	3.42
3110	6660	108	18×168×190			0.113	4.70
4140	8880	109	20×180×200			0.0845	5.90
5510	11800	110	22×192×200			0.0636	7.38
7350	15750	111	25×195×230	35	75	0.0476	10.80
9800	21000	112	28×208×250			0.0357	14.30
13070	28000	113	30×210×250			0.0268	17.00
17500	37500	114	35×245×260			0.0200	23.60
23300	50000	115	40×250×320			0.0150	37.40
31080	66600	116	45×275×330			0.0113	47.30
41440	88800	117	50×280×370			0.00845	64.00
55070	118000	118	55×285×430			0.00636	84.20
73500	157500	119	60×300×400			0.00476	100.30
98000	210000	120	70×350×460			0.00357	146.00
200	500	201	5.5×75.5×280	60	150	3.000	0.41
310	770	202	7×87×300			1.948	0.84
470	1180	203	8×93×300			1.271	1.11
730	1820	204	10×115×300			0.824	1.73
1120	2800	205	12×132×320			0.536	2.68
1750	3750	206	14×144×340			0.400	4.19
2330	5000	207	16×161×340			0.300	5.75
3110	6660	208	18×168×360			0.225	8.00
4140	8880	209	20×180×380			0.169	10.00
5510	11800	210	22×192×380			0.127	12.00
7350	15750	211	25×195×440	70	150	0.0952	18.50
9800	21000	212	28×208×470			0.0714	24.60
13070	28000	213	30×210×480			0.0536	28.20
17500	37500	214	35×245×480			0.0400	40.00
23300	50000	215	40×250×600			0.0300	65.00
31080	66600	216	45×275×600			0.0225	81.10
41440	88800	217	50×280×700			0.0169	111.30
55070	118000	218	55×285×800			0.0127	148.10
73500	157500	219	60×300×820			0.00952	175.50
98000	210000	220	70×350×850			0.00714	252.10

（3）校核荷重变化系数。弹簧型号和数量选定后，按式（11-16）和式（11-17）校核荷重变化系数 C，即

$$C=\frac{\Delta Y_1}{nKF_z}\leqslant 0.35 \tag{11-16}$$

$$C=\frac{|F_{mo}-F_z|}{F_z}\leqslant 0.35 \tag{11-17}$$

式中 F_{mo}——弹簧支吊架安装荷重，N；

C——实际的荷重变化系数。

3．弹簧的工作高度、安装高度和安装荷重计算

（1）工作高度可按式（11-18）计算。

$$H_{op}=H_{fr}-KF_z \tag{11-18}$$

式中 H_{op}——弹簧工作高度，mm；

H_{fr}——弹簧的自由高度，mm。

（2）安装高度可按式（11-19）计算。

$$H_{mo}=H_{op}\pm\Delta Y_1 \tag{11-19}$$

式中 H_{mo}——弹簧安装高度，mm。

（3）安装荷重可按式（11-20）计算。

$$F_{mo}=F_z\pm\frac{1}{K}\Delta Y_1 \tag{11-20}$$

4．弹簧选择

设计选用弹簧时，应根据支、吊架的工作荷重 F_z、位移量 ΔY_1 及位移方向按弹簧系列正确选择弹簧。

1）弹簧变形量包括绝对变形量和工作范围变形量两种变形量，二者是各以弹簧的自由高度和弹簧允许的最小变形量为零点表示的荷载与变形量之间的关系。选用时只需用工作的范围变形量这一数值即可。

2）根据选定的弹簧号及支、吊架组装要求的弹簧组件形式，最后选定正确弹簧组件的标号。

七、地埋支架

1．直埋蒸汽管道支架

直埋蒸汽管道因介质温度较高，与工作管连接的活动、导向支架的管托部位因采用隔热型，并支撑在外套管上，这种支架可以在地埋管厂家直接预制好，安装在地埋管各个管段内，如图 11-35～图 11-37 所示。固定支架宜采用内固定形式，承受推力大，可以在厂家预制，安装方便，如图 11-38 所示。

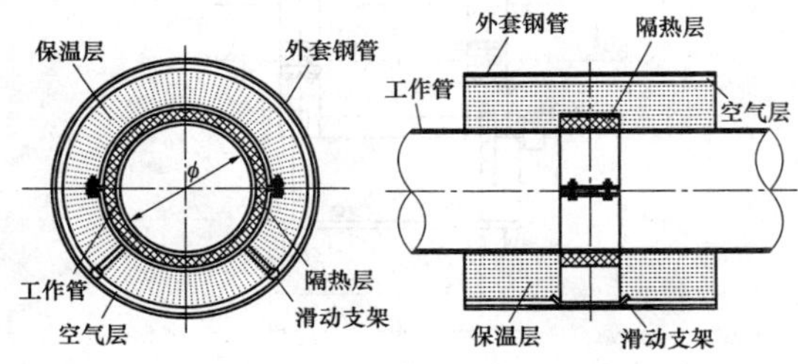

图 11-35 直埋蒸汽管道滑动支架

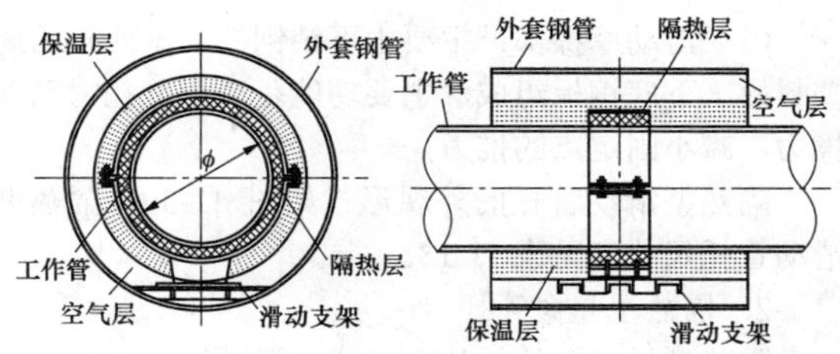

图 11-36 直埋蒸汽管道平面滑动支架

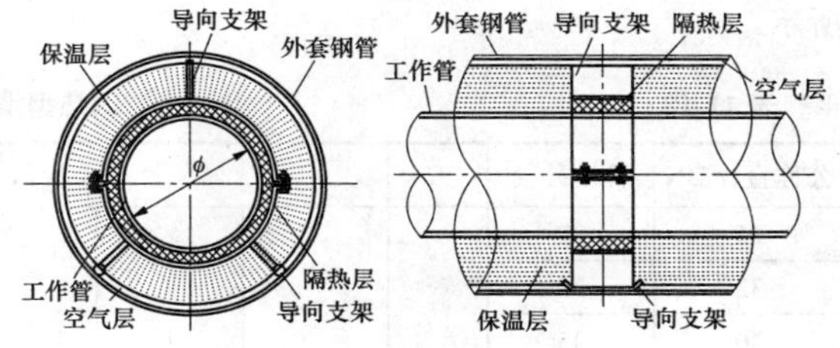

图 11-37 直埋蒸汽管道导向支架

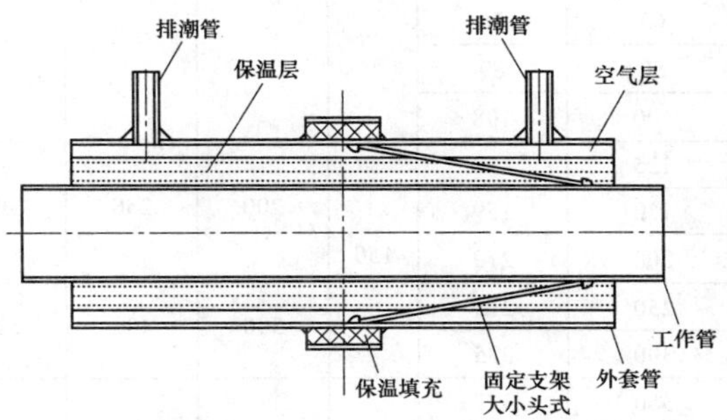

图 11-38 直埋蒸汽管道固定支架

2．直埋热水管道支架

直埋敷设热水管道应采用钢管、保温层、外护管紧密结合成一体的预制管，保温层一般采用聚氨酯硬质泡沫塑料，外护管采用高密度聚乙烯外护管。直埋敷设热水管道一般不设置支架，其硬质保温层密度不小于 $60kg/m^3$，抗压强度大于 0.3MPa，起到了支架的作用。

八、隔热型管托

热力网管道因介质温度高，尤其是蒸汽管道，与工作管连接的管托部位需采用隔热型，尽可能减少管道散热损失。

1．隔热型滑动管托

隔热型滑动管托主要由隔热部、支撑部、滑动摩擦部三部分组成。

（1）隔热部：主要由上下管箍、上下硬质隔热瓦块、上下软质隔热层、螺栓螺母等组成，主要功能是隔断热桥、降低管托热损，同时承受管道荷载。

（2）支撑部：主要由立板、肋板、底板组成，主要功能是承受管道荷载。

（3）滑动摩擦部：主要由不锈钢板、聚四氟乙烯塑料板、下底钢板组成，主要功能是减小管托滑动摩擦力，减小固定点的推力。

隔热型滑动管托的外观形式如图 11-39，隔热型滑动管托尺寸表见表 11-18。

2. 隔热型导向管托

隔热型导向管托的基本形式与滑动管托相同，只是在管托底板两侧增加了一对导向板，如图 11-40 所示。

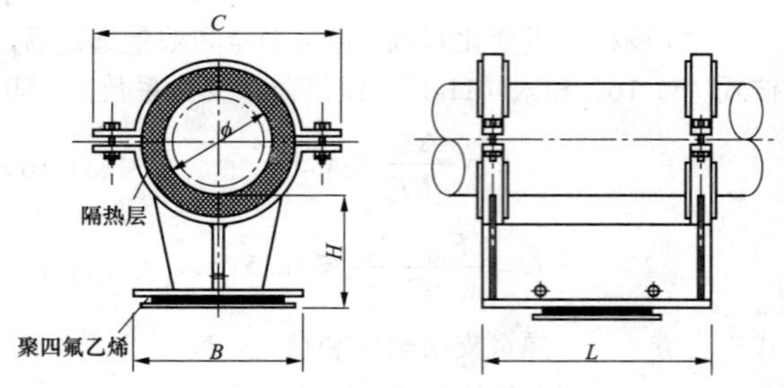

图 11-39 隔热型滑动管托

表 11-18 隔热型滑动管托尺寸表 （mm）

<table>
<tr><th>公称直径DN</th><th>管道外径</th><th>H</th><th colspan="7">L</th><th>B</th><th>C</th></tr>
<tr><td>25</td><td>32</td><td rowspan="7">100</td><td rowspan="7">200</td><td rowspan="7">250</td><td rowspan="7">300</td><td rowspan="7">400</td><td rowspan="7">500</td><td rowspan="7">—</td><td rowspan="7">—</td><td rowspan="5">100</td><td>174</td></tr>
<tr><td>32</td><td>38</td><td>180</td></tr>
<tr><td>40</td><td>45</td><td>187</td></tr>
<tr><td>50</td><td>57</td><td>200</td></tr>
<tr><td>65</td><td>76</td><td>218</td></tr>
<tr><td>80</td><td>89</td><td rowspan="2">150</td><td>231</td></tr>
<tr><td>100</td><td>108</td><td>250</td></tr>
<tr><td>125</td><td>133</td><td rowspan="5">150</td><td rowspan="3">200</td><td rowspan="3">250</td><td rowspan="3">300</td><td rowspan="3">400</td><td rowspan="3">500</td><td rowspan="3">600</td><td rowspan="3">—</td><td>150</td><td>289</td></tr>
<tr><td>150</td><td>159</td><td>160</td><td>315</td></tr>
<tr><td>200</td><td>219</td><td>200</td><td>379</td></tr>
<tr><td>250</td><td>273</td><td rowspan="2">300</td><td rowspan="2">400</td><td rowspan="2">500</td><td rowspan="2">600</td><td rowspan="2">700</td><td rowspan="2">800</td><td rowspan="2">—</td><td rowspan="2">200</td><td>433</td></tr>
<tr><td>300</td><td>325</td><td>485</td></tr>
<tr><td>350</td><td>377</td><td rowspan="5">200</td><td rowspan="3">400</td><td rowspan="3">500</td><td rowspan="3">600</td><td rowspan="3">700</td><td rowspan="3">800</td><td rowspan="3">—</td><td rowspan="3">—</td><td rowspan="2">250</td><td>547</td></tr>
<tr><td>400</td><td>426</td><td>596</td></tr>
<tr><td>450</td><td>480</td><td>300</td><td>650</td></tr>
<tr><td>500</td><td>530</td><td rowspan="2">400</td><td rowspan="2">500</td><td rowspan="2">600</td><td rowspan="2">700</td><td rowspan="2">800</td><td rowspan="2">900</td><td rowspan="2">1000</td><td rowspan="2">300</td><td>710</td></tr>
<tr><td>600</td><td>630</td><td>810</td></tr>
</table>

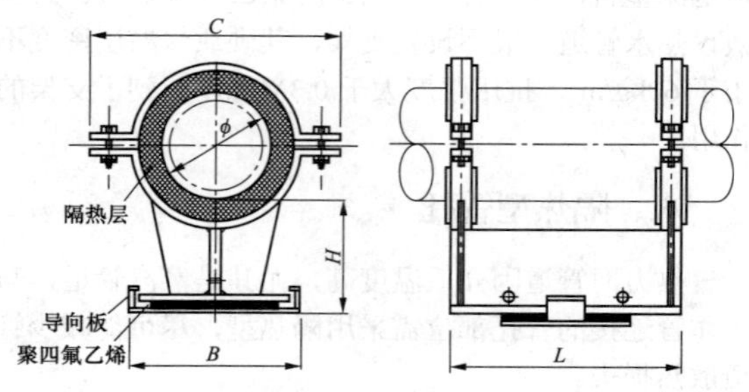

图 11-40 隔热型导向管托

3. 隔热型固定管托

隔热型固定管托与隔热型滑动管托相比较，取消了不锈钢板与聚四氟乙烯板的滑动摩擦部分，增加了上下挡块，上挡块焊在工作管上，下挡块焊在管托底板下侧，限制管道轴向位移，如图 11-41 所示。

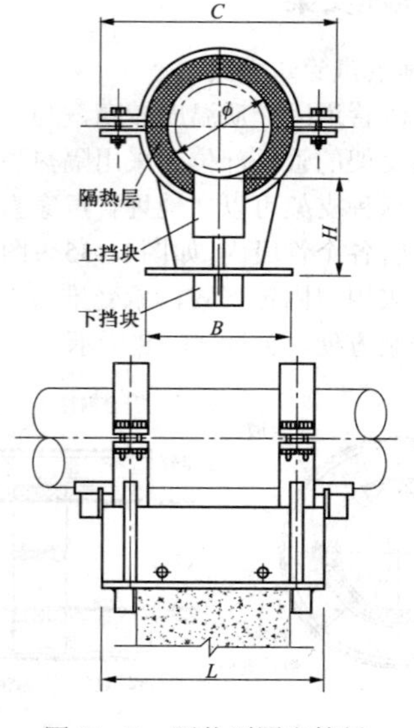

图 11-41 隔热型固定管托

第三节 管道材料及连接方式选择

一、常用管材

1. 一般要求

（1）热力网管道宜采用螺旋缝焊接钢管、无缝钢管。

（2）凝结水管道宜采用具有防腐内衬、内防腐涂层的钢管或非金属管道。非金属管道的承压能力和耐温性能应满足设计要求。

2. 常用管道材料

（1）热力网常用管道材料见表 11-19，非金属管道未包含在内。

表 11-19 热力网常用管道材料

介质种类	介质工作参数		管道材料	管道种类、标准
	压力（MPa）	温度（℃）		
热水、冷凝水	≤1.6	≤150	Q235B	螺旋缝焊接钢管；SY/T 5037—2012《普通流体输送管道用埋弧焊钢管》、GB/T 9711—2011《石油天然气工业 管线输送系统用钢管》
热水、冷凝水	≤4.0	≤150	20	无缝钢管；GB/T 8163—2008《输送流体用无缝钢管》、GB 3087—2008《低中压锅炉用无缝钢管》、GB 9948—2013《石油裂化用无缝钢管》
热水、冷凝水	>4.0	≤150	0Cr18Ni9	不锈钢无缝钢管；GB/T 14976—2012《流体输送用不锈钢无缝钢管》
饱和蒸汽	≤1.6	—	Q235B	螺旋缝焊接钢管；SY/T 5037—2012《普通流体输送管道用埋弧焊钢管》、GB/T 9711—2011《石油天然气工业 管线输送系统用钢管》
饱和蒸汽	≤4.0	—	20	无缝钢管；GB/T 8163—2008《输送流体用无缝钢管》、GB 3087—2008《低中压锅炉用无缝钢管》、GB 9948—2013《石油裂化用无缝钢管》
饱和蒸汽	>4.0	—	15CrMo	无缝钢管；GB 9948—2013《石油裂化用无缝钢管》、GB 5310—2008《高压锅炉用无缝钢管》
过热蒸汽	≤1.6	≤300	Q235B	螺旋缝焊接钢管；SY/T 5037—2012《普通流体输送管道用埋弧焊钢管》、GB/T 9711—2011《石油天然气工业 管线输送系统用钢管》
过热蒸汽	≤4.0	≤425	20	无缝钢管；GB/T 8163—2008《输送流体用无缝钢管》、GB 3087—2008《低中压锅炉用无缝钢管》、GB 9948—2013《石油裂化用无缝钢管》
过热蒸汽	>4.0	≤540	15CrMo	无缝钢管；GB 9948—2013《石油裂化用无缝钢管》、GB 5310—2008《高压锅炉用无缝钢管》
过热蒸汽	>4.0	≤580	12Cr1MoV	无缝钢管；GB 5310—2008《高压锅炉用无缝钢管》

（2）供热管网常用管材尺寸及其质量见表 11-20。

表 11-20 供热管网常用管材尺寸及其质量

公称直径 DN（mm）	无缝钢管 PN2.5		电焊管 PN1.6	
	外径 D_w×壁厚 δ（mm×mm）	质量（kg/m）	外径 D_w×壁厚 δ（mm×mm）	质量（kg/m）
32	38×2.5	2.19	—	—
40	45×2.5	2.62	—	—
50	57×3	4.00	—	—
65	76×3	5.40	—	—
80	89×3.5	7.38	—	—
100	108×4	10.26	—	—
125	133×4	12.73	—	—
150	159×4.5	17.15	—	—
200	219×6	31.52	219×5	26.39
250	273×7	45.92	273×6	39.51
300	325×8	62.54	325×6	47.20
350	377×9	81.68	377×6	54.90
400	426×9	92.55	426×7	72.33
450	480×9	104.52	478×7	81.31
500	530×9	115.62	529×7	90.11
600	630×11	167.91	630×8	122.62

续表

公称直径DN（mm）	无缝钢管 PN2.5		电焊管 PN1.6	
	外径 D_w×壁厚 δ（mm×mm）	质量（kg/m）	外径 D_w×壁厚 δ（mm×mm）	质量（kg/m）
700	—	—	720×9	151.81
800	—	—	820×9	178.45
900	—	—	920×10	224.42
1000	—	—	1020×11	273.32
1100	—	—	1020×12	327.90
1200	—	—	1220×13	387.16
1300	—	—	1320×14	450.93
1400	—	—	1420×14	485.32

（3）管道及其附件的公称压力、试验压力和允许工作压力。

1）Q235B 钢管及附件（阀门除外）的公称压力、试验压力和允许工作压力见表 11-21。

表 11-21 Q235B 钢管及附件的公称压力、试验压力和允许工作压力表

公称压力PN（MPa）	试验压力 p_T（MPa）	设计温度（℃）		
		≤200	250	300
		允许工作压力（MPa）		
		p_{20}	p_{25}	p_{30}
0.10	0.20	0.10	0.10	0.09
0.25	0.40	0.25	0.25	0.22
0.40	0.60	0.40	0.39	0.35
0.6	0.90	0.60	0.59	0.53
0.80	1.20	0.80	0.78	0.70
1.00	1.50	1.00	0.98	0.88
1.60	2.40	1.60	1.57	1.40
2.0	3.00	2.0	1.96	1.75
2.5	3.75	2.5	2.45	2.19
4.0	6.00	4.0	3.9	3.5
5.0	7.50	5.0	4.9	4.4
6.3	9.50	6.3	6.2	5.5
10.0	15.00	10.0	9.8	8.8
15.0	22.50	15.0	14.7	13.1
16.0	24.00	16.0	15.7	14.0
20.0	30.00	20.6	19.6	17.5
25.0	37.50	25.0	24.5	21.9
28.0	42.00	28.0	27.4	24.5
32.0	48.00	32.0	31.3	28.0
42.0	63.00	42.0	41	37
50.0	75.00	50.0	49	44

2）20 钢管及附件（阀门除外）的公称压力、试验压力和允许工作压力见表 11-22。

表 11-22 20 钢管及附件的公称压力、试验压力和允许工作压力表

公称压力PN（MPa）	试验压力 p_T（MPa）	设计温度（℃）						
		≤200	250	300	350	400	430	450
		允许工作压力（MPa）						
		p_{20}	p_{25}	p_{30}	p_{35}	p_{40}	p_{43}	p_{45}
0.10	0.20	0.10	0.10	0.09	0.08	0.07	0.05	0.04
0.25	0.40	0.25	0.25	0.22	0.20	0.17	0.14	0.11
0.40	0.60	0.40	0.40	0.36	0.32	0.77	0.23	0.17
0.6	0.90	0.60	0.59	0.54	0.48	0.41	0.34	0.26
0.80	1.20	0.80	0.79	0.72	0.63	0.55	0.46	0.35
1.00	1.50	1.00	0.99	0.90	0.79	0.69	0.57	0.44
1.60	2.40	1.60	1.58	1.43	1.27	1.10	0.91	0.70
2.0	3.00	2.0	1.98	1.79	1.58	1.38	1.14	0.87
2.5	3.75	2.5	2.47	2.24	1.98	1.72	1.43	1.09
4.0	6.00	4.0	4.0	3.6	3.2	2.8	2.3	1.7
5.0	7.50	5.0	5.0	4.5	4.0	3.5	2.9	2.2
6.3	9.50	6.3	6.2	5.6	5.0	4.3	3.6	2.7
10.0	15.00	10.0	9.9	8.9	7.9	6.9	5.7	4.4
15.0	22.50	15.0	14.8	13.4	11.9	10.3	8.6	6.5
16.0	24.00	16.0	15.8	14.3	12.7	11.0	9.1	7.0
20.0	30.00	20.0	19.8	17.9	15.8	13.8	11.4	8.7
25.0	37.50	25.0	24.7	22.4	19.8	17.2	14.3	10.9
28.0	42.00	28.0	27.7	25.1	22.2	19.3	16.0	12.2
32.0	48.00	32.0	31.7	28.6	25.3	22.0	18.2	13.9
42.0	63.00	42.0	42	38	33	29	24	18
50.0	75.00	50.0	50	45	40	34	29	22

二、管道连接方式

（一）连接方式分类

管道连接方式可分为螺纹连接、法兰连接和焊接连接三种方式。热力网管道通常采用法兰连接和焊接连接这两种方式。

1. 螺纹连接

（1）管道螺纹处强度较低，所以螺纹连接仅限于公称直径不大于 25mm 的放气阀上。

（2）连接管道的管螺纹有圆锥形管螺纹和圆柱形管螺纹。现场用绞板和套丝机加工的螺纹都是圆锥形管螺纹，某些管配件的螺纹如通牙的管接头和一般阀门的内螺纹则是圆柱形管螺纹。

（3）管螺纹的加工也称套丝，有手工套丝和机械套丝两种方法。手工套丝使用管道绞板套出螺纹，使用时，应选择与管道规格相应的板牙，在套丝过程中应向丝扣上加机油润滑，使丝扣和板牙保持润滑和冷却，保证螺纹表面粗糙度和防止烂牙。为了操作省力及防止板牙过度磨损，一般在加工 DN25 以下螺纹时分 1～2 次套成，DN32 以上应分 2～3 次套成；机械套丝一般是采用套丝机，有时也利用车床车制螺纹。使用套丝机时要注意套丝机的转速，宜在低速下工作，螺纹的切削液应分 2～3 次进行，切勿一次套成，以免损坏板牙或产生烂牙。

（4）管道螺纹连接应留 2～3 牙螺尾，螺纹连接填料选择见表 11-23。

表 11-23　　螺纹连接填料选择

管道名称	选用填料		
	铅油麻丝	铅油	聚四氟乙烯生料带
给水管道	√	√	√
排水管道	√	√	√
热水管道	√		√
蒸汽管道			√

2. 法兰连接

热力网管道上的法兰，除用于检修需要拆卸的地方外，只能用于连接带法兰的阀体、仪表和设备。法兰过多，将增加热力网系统泄漏的可能性和降低管道的弹性。

3. 焊接连接

（1）焊接连接是管道工程中最重要、应用最广泛的连接方式。其主要优点是：接口牢固耐久，不易渗漏，接头强度和严密性高，使用后不需要经常管理。

（2）焊接方式：钢管的焊接方式有很多，有气焊、手工电弧焊、手工氩弧焊、埋弧自动焊、埋弧半自动焊、接触焊和气焊。由于电焊焊缝强度比气焊高，并且比气焊经济，因此优先采用电焊焊接。气焊一般只用于公称直径小于 50mm，壁厚小于 3.5mm 的管道。因条件限制不能采用电焊焊接的地方也可采用气焊焊接公称通径大于 50mm 的管道。

（3）不锈钢管道焊接一般采用氩弧焊封底，手工电弧焊盖面，管内充氩保护，使管内侧焊缝不产生氧化。对于口径较小的不锈钢管，也可直接用氩弧焊封底和盖面。不锈钢管焊接后，应对焊缝表面进行酸洗、钝化处理。

（二）连接方式选择

（1）热力网管道的连接应采用焊接，管道与设备、阀门等连接宜采用焊接；当设备、阀门等需要拆卸时，应采用法兰连接；公称直径不大于 25mm 的放气阀，可采用螺纹连接，但连接放气阀的管道应采用厚壁管。

（2）直埋蒸汽管道的连接，除疏水器和特殊阀门外均应采用焊接连接，当采用法兰连接时，法兰的密封宜采用耐高温垫片。

第四节　管道附件与设施选择

一、管道附件

管道附件包括管件、法兰、垫片、紧固件、阀门以及补偿器等。

1. 管件

（1）弯管及弯头。

1）对于 PN≥6.3MPa 的管道，应采用中频加热弯管，根据布置情况也可采用符合国家标准（或行业标准）的弯头，PN＜1.0MPa、DN＜50 的管道可采用冷弯弯管；PN＜6.3MPa 的管道宜采用热成型的弯头。

2）纵向热成型弯头宜用在 PN≤2.5MPa 的管道上，其弯曲半径为 DN+50mm。

3）对于 PN＞2.5MPa 的大直径弯头，也可采用高质量纵缝热成型焊接弯头，但壁厚应经过计算确定。

4）按现行的国家标准制造、弯曲后的弯管，其外侧减薄处厚度不应小于直管的计算厚度加上腐蚀附加量之和。

5）管道不应使用带有折皱的弯管。

6）钢管弯曲后截面不圆度应符合下列规定：

a. 受内压时，任一横截面上最大外径与最小外径之差不应超过名义外径的 8%。

b. 受外压时，任一横截面上最大外径与最小外径之差不应超过名义外径的 3%。

7）采用斜接弯管应符合下列规定：

a. 进行耐压计算、制造、焊接的斜接弯管，可与制造弯管的直管一样用于相同的工作条件，但斜接弯管的设计压力不宜超过 2.5MPa。

b. 斜接弯管一条焊缝方向改变的角度 α＞45°仅用于设计压力小于或等于 1.6MPa，设计温度–20～186℃的供热管道上。

c. 供热管道斜接弯管时，其中一条焊缝方向改变的角度不应大于 22.5°。

8）热力网管道一般采用热压弯头，弯管采用煨弯。弯头材质、壁厚应与管材一致。热力网管道不得采用皱折弯头。

（2）大小头。公称压力 PN≤2.5MPa 的管道上，一般采用钢板焊制。公称压力 PN≥2.5MPa 的管道上，一般采用钢管模压。

（3）三通。公称压力 PN≤10.0MPa 的管道上，一般采用钢管焊制三通或挤压三通，如果采用单筋加强焊制三通，应保证焊接质量。

（4）封头和堵头。封头宜采用椭圆形封头和球形封头，公称压力 PN≤2.5MPa 的管道可采用平焊堵头、带加强筋焊接堵头或锥形堵头。

（5）堵板和孔板。加在两个法兰之间的堵板，应采用回转堵板或中间堵板。截流孔板可采用法兰或焊接连接。

2. 法兰、垫片、紧固件

工作温度 t≤300℃，公称压力 PN≤2.5MPa 的管道采用平焊法兰。

工作温度 t>300℃，公称压力 PN>2.5MPa 的管道采用对焊法兰。

选配法兰应遵照国家标准。当需要选配特殊法兰时，除应核对接口法兰的尺寸外，所选用的法兰厚度应不小于连接管道公称压力下国家标准法兰的厚度。法兰组件材料选用见表 11-24。

表 11-24　法兰组件材料选用表

零件名称	公称压力 PN（MPa）	介质为下列温度时采用的钢材						
		0～200℃	300℃	350℃	425℃	450℃	510℃	540～555℃
法兰、法兰盖	≤2.5	Q235-A.F、Q235-B.F	Q235	20 号钢、25 号钢			—	—
	2.5～20	20 号钢、25 号钢					12CrMo、15CrMoA	12Cr1MoV
螺栓、双头螺栓	≤2.5	Q275			25 号钢、35 号钢	30CrMoA	—	—
	2.5～10	35 号钢、40 号钢				30CrMoA、35CrMoA	25Cr2MoVA	—
	10～20	30CrMoA、35Cr			30CrMoA、35CrMoA		25Cr2MoVA	25Cr2MolV、20Cr1MoVTiB、20Cr1MoVNiB
螺母	≤2.5	Q235-A.F、Q235-B.F、Q275			20 号钢、30 号钢		35 号钢、40 号钢	—
	2.5～10	25 号钢、35 号钢				35 号钢、40 号钢	30CrMoA、35CrMoA	—
	10～20	35 号钢、45 号钢						25Cr2MolV、25Cr2MolV、20Cr1MolV、30Cr2MoV
垫圈	≤20	Q235-A.F、Q235-B.F、Q235、20 号钢、35 号钢					12CrMo、15CrMo、15CrMoA	
软垫片	≤10	金属石墨缠绕垫片（或石棉橡胶板）						
	10～20	金属石墨缠绕垫片						

3. 阀门

（1）阀门布置的一般要求。

1）热力网管道干线、支干线、支线的起点应安装关断阀门。

2）热水热力网干线应装设分段阀门。输送干线分段阀门的间距宜为 2000～3000m；输配干线分段阀门的间距宜为 1000～1500m。蒸汽热力网可不安装分段阀门。

3）热力网的关断阀门和分段阀门均应采用双向密封阀门。

4）工作压力不小于 1.6MPa，且公称直径不小于 500mm 的管道上的闸阀应安装旁通阀。旁通阀的直径可按阀门的 1/10 选用。

5）当供热系统补水能力有限，需控制管道补水流量或蒸汽管道启动暖管需控制汽量时，管道阀门应装设口径较小的旁通阀作为控制阀门。

6）当动态水力分析需延长输送干线分段阀门关闭时间以降低压力瞬变值时，宜采用主阀并联旁通阀的方法解决。旁通阀直径可取主阀直径的 1/4。主阀和旁通阀应连锁控制，旁通阀必须在开启状态，主阀方可进行关闭操作，主阀关闭后旁通阀才可关闭。

（2）阀门的选用。阀门应根据系统的参数、通径、泄漏等级、启闭时间进行选择，满足汽水系统关断、调节、保证安全运行的要求和布置设计的需要。阀门的形式、操作方式应根据阀门的结构、制造特点和安装、运行、检修的要求来选择。所选阀门公称压力宜比管道设计压力高一个等级。

1）闸阀。闸阀用作开断调节。双闸板闸阀宜安装于水平管道上，阀杆垂直向上。但在闸板闸阀可装于任何位置的管道上。闸阀阻力小，可以使用在要求阻力小、介质双方向流动的管道上。

2）截止阀。截止阀用作开断调节。当要求严格性较高时，宜选用截止阀，可装于任何位置上。

3）球阀。球阀用作开断调节，当要求迅速关断或开启时，选用球阀。可安装于任何位置。但带传动机构的球阀应使阀杆垂直向上。

4）调节（控制）阀。应根据使用目的、调节方式、调节范围及调节阀的流量特性（等百分比、线性、平方根、抛物线等）选用。调节（控制）阀不宜作关断使用。

5）止回阀。升降式垂直止回阀应安装在垂直管道上；水平止回阀应安装在水平管道上，旋启式止回阀应安装在水平管道上。底阀应安装在水泵的垂直吸入管段。

6）蝶阀。用于全开全关，不宜作调节之用。

7）安全阀。装在管道上的安全阀其规格和数量，应根据排放介质的流量和参数通过计算选择。在水管道上应采用微启式安全阀。布置安全阀时，必须使阀杆垂直向上。

8）电动阀。公称直径不小于 500mm 的阀门，宜采用电动驱动装置。由监控系统远程操作的阀门，其旁通阀亦应采用电动驱动装置。

9）在寒冷地区，露天敷设的热力网管道上不得采用铸铁阀门，应采用钢制阀门。

10）直埋蒸汽管道使用的阀门宜为无盘根的截止阀或闸阀；当选用蝶阀时，应选用偏心硬质密封蝶阀。

11）对需要以旁通阀进行辅助关断的管道上装设旁通阀时，旁通阀直径可参照表 11-25 选取。

表 11-25　　旁通阀直径选用表　　（mm）

阀门公称直径 DN	80～125	150～250	300～500	500～700	700～1000
旁通阀门公称直径 DN	10～15	20～25	40～50	50～80	80～150

12）阀门需根据不同用途、介质温度及工作压力等因素选择。

4. 补偿器

（1）方形补偿器。

1）方形补偿器是一种常用的补偿器，宜安装在相邻两固定支架的中心或接近中心的位置，此时补偿效果最好。垂直或水平布置的方形补偿器两侧外的直管段适当位置应设置导向支架，防止产生纵向弯曲。

2）方形补偿器由 4 个 90°弯头组成，一般用无缝钢管煨制，亦可用热压弯头拼装而成，使用时常用四种形式，如图 11-42 所示：$a=2b$；$a=$b；$a=0.5b$；$a=0$。

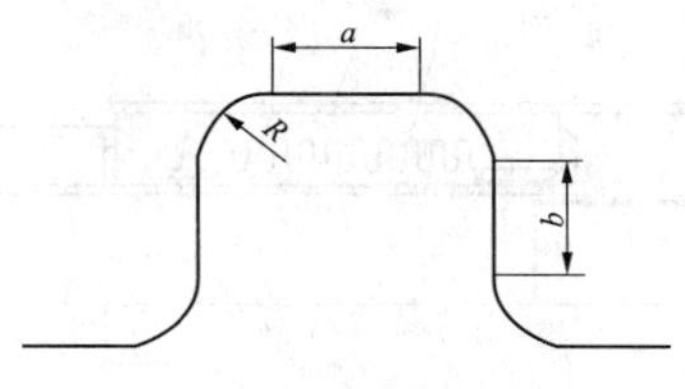

图 11-42　方形补偿器

3）方形补偿器安装时应进行预拉伸，预拉伸量一般为计算热伸长量的 50%。

4）方形补偿器的优点：加工方便，轴向推力小，不用担心泄漏，不需要经常维修；缺点：占地面积大，不易布置，补偿距离短、增加了整个管网的压降。

（2）套筒式补偿器。套筒式补偿器具有补偿能力大、结构简单、占地面积小、流体阻力小、安装方便等优点；但它具有易漏水、漏气，需要经常检修，更换填料等缺点，为解决这些缺点，出现了弹性、注入式套筒补偿器。现在因适用的工作压力不同，有 0.6、1.0、1.6、2.5MPa 型，温度不超过 300℃，适用热媒为蒸汽、热水，填料宜使用膨胀石墨、耐热聚氟乙烯等，而不能使用棉纱或麻垫。弹性套筒式补偿器如图 11-43 所示。

弹性套筒式补偿器有以下特点：

1）在弹簧的作用力下，密封填料式中处在被压缩的状态，从而使管中的介质无法泄漏。

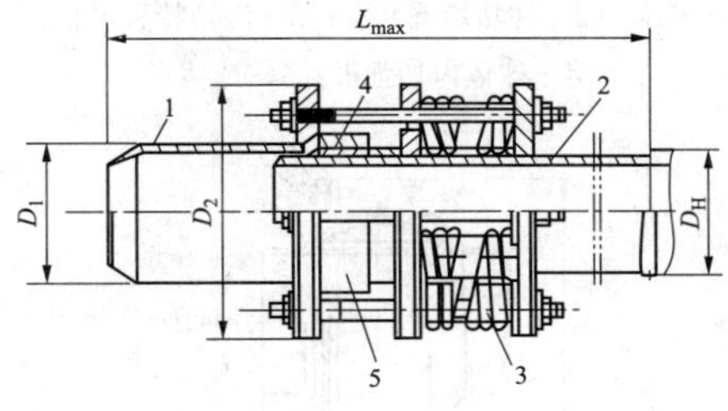

图 11-43　弹性套筒式补偿器

1—外壳；2—芯管；3—弹簧；4—填料；5—套筒

2）由于填料长度比原套筒式补偿器短，又采用不锈钢套管，加之填料经过特殊处理，使套管光滑经久不变，所以轴向力小。

3）安装方便。弹性套筒式补偿器适用范围为管径 DN25～DN1500；公称压力 PN≤4.0MPa；温度 t≤450℃。

（3）波纹管补偿器。

1）波纹管补偿器具有配管简单、安装容易、维修管理方便等优点。波纹管补偿器因公称压力不同有0.6、1.0、1.6、2.5MPa型，工作温度可在450℃以下，尺寸为DN50～DN2400。外压轴向型波纹管补偿器的结构如图11-44所示。

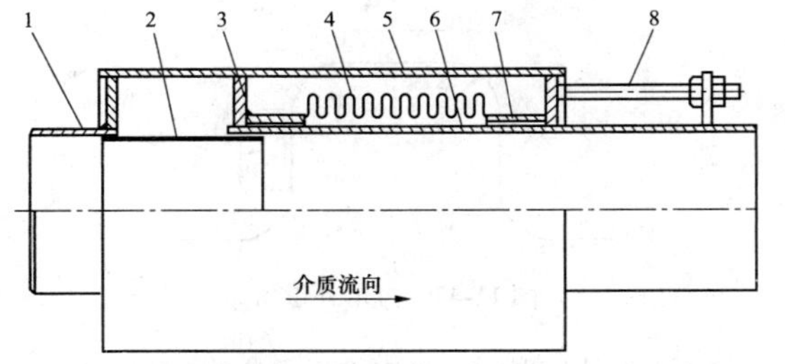

图11-44 外压轴向型波纹管补偿器

1—短管；2—导流管；3—导向环；4—波纹管；5—外管；6—长接管；7—内管；8—拉杆

2）波纹管补偿器的使用范围：

a．变形与变位量大而空间位置受到限制的管道。

b．变形与位移量大而工作压力低的大直径管道。

c．需要限制接管荷载的敏感设备入口管道。

d．要求吸收或隔离高频机械振动的管道。

e．考虑吸收地震或地基沉陷的管道。

3）波纹管补偿器布置时应注意支架的设置，这是补偿器正常运行的决定性因素。支架的设置如图11-45所示。

（4）球形补偿器。球形补偿器具有补偿能力大、占地空间小、流体阻力小、安装方便、投资省等优点。这种补偿器特别适合于三维位移的蒸汽和热水管道，亦称为万向补偿器。球形补偿器如图11-46和图11-47所示。

球形补偿器的特点：

1）设计安装简单方便，布置形式多样，有水平、垂直、倾斜等。

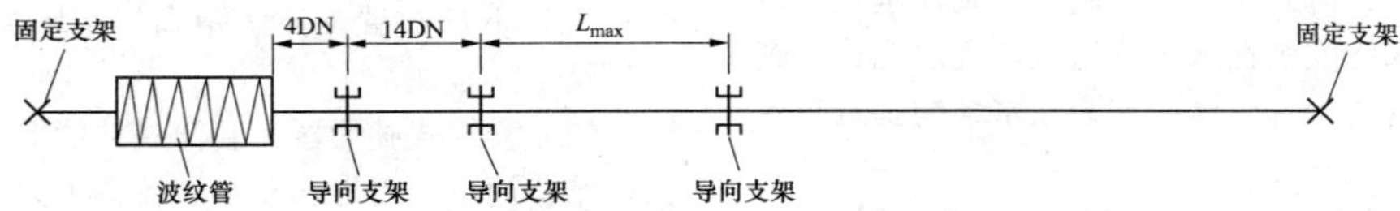

图11-45 波纹管补偿器支架设置

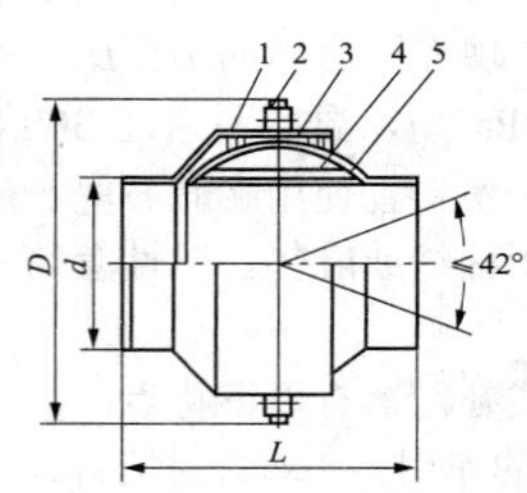

图11-46 注填式球形补偿器图

1—壳体；2—注填堵漏装置；3—注填特种填料；4—球体内加强板；5—球体

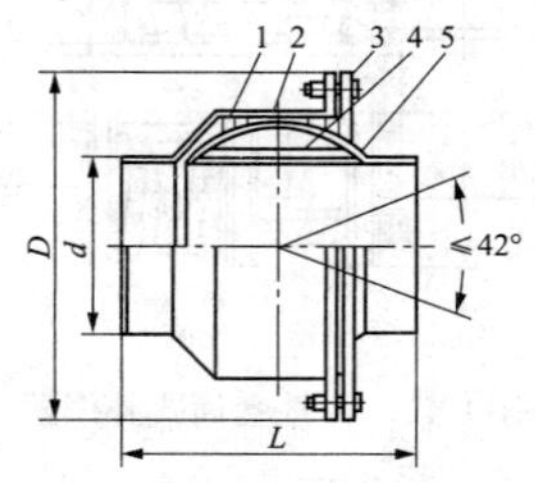

图11-47 压紧式球形补偿器

1—壳体；2—柔性石墨填料；3—填料压盖；4—球体内加强板；5—球体

2）补偿量大，占用空间小，一般距离400～500m安装一组，所需补偿器和固定支架数量少，投资费用低。

3）球体可绕球心任意旋转，同时还可向任何方向折屈，可进行多个方向补偿。

4）自身平衡内压推力或盲板力，对固定支架作用力小，管道不存在失稳、水锤现象。

5）安全性能高，密封性能好，且具有耐高温、耐高压、抗腐蚀、回弹率高、摩擦系数小、使用寿命长的特点。

6）整体焊接，球体采用高强度结构，产品强度大大提高。

7）球体表面采用耐磨高硬光滑保护涂层技术，提高抗磨损、耐腐蚀能力，大大降低了球体转动阻力。球形补偿器的工作原理如图11-48所示。

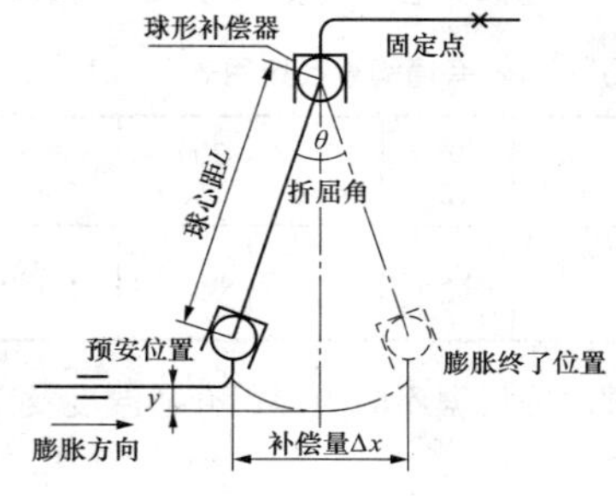

图11-48 球形补偿器工作原理图

（5）旋转补偿器。旋转补偿器是蒸汽热力网设计中比较适用的一种补偿器，针对热力网项目输送距离长、地形复杂、走向多变等特点，旋转补偿器补偿距离长、布置形式简单多变，可以适应各种各样的补偿管段，一般可以布置成Π型和Ω型。旋转补偿器不产生内压推力（或盲板推力），其两端的固定支架可以做得很小。其外形结构如图 11-49 所示。

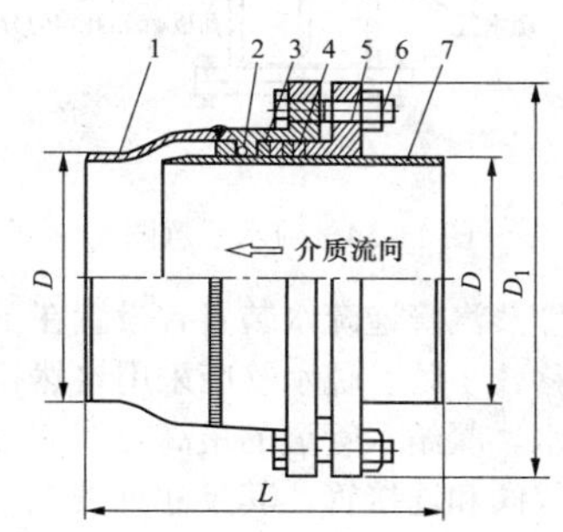

图 11-49 无推力旋转补偿器

1—端接管；2—钢球；3—密封座；4—密封填料

5—压盖；6—螺栓；7—旋转筒

1）旋转补偿器的补偿原理是通过成双旋转筒和 L 力臂形成力偶，使大小相等、方向相反的一对力由力臂回绕着 Z 轴中心旋转，以吸收力偶两边热管道产生的热膨胀量。因其转动的过程中有横向摆动，故两侧一定距离内不可设置导向支架。

a. Π型布置的旋转补偿器如图 11-50 和图 11-51 所示。

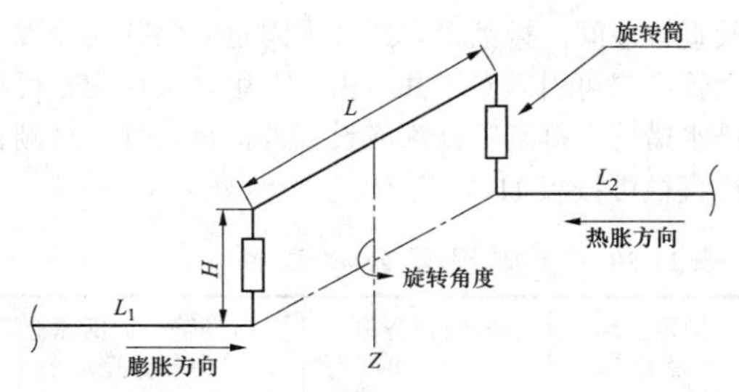

图 11-50 Π型布置图（立体图）

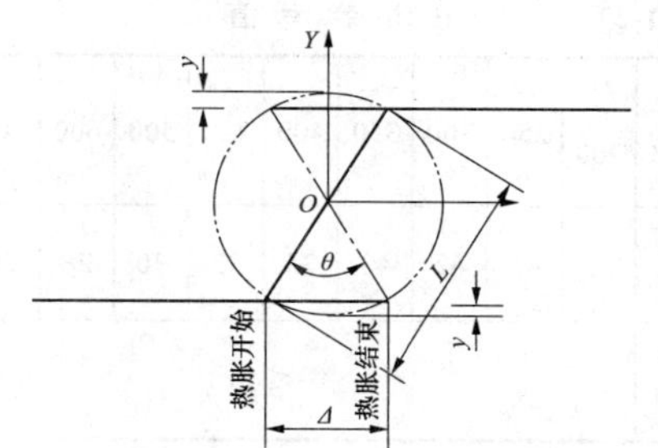

图 11-51 Π型布置图（平面图）

b. Ω型布置的旋转补偿器如图 11-52 和图 11-53 所示。

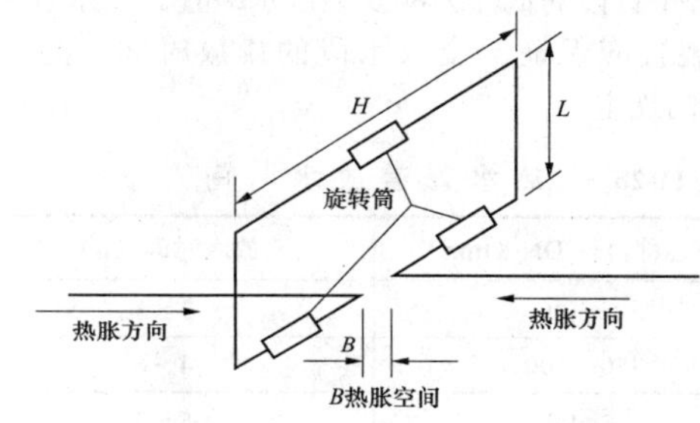

图 11-52 Ω型布置图（立体图）

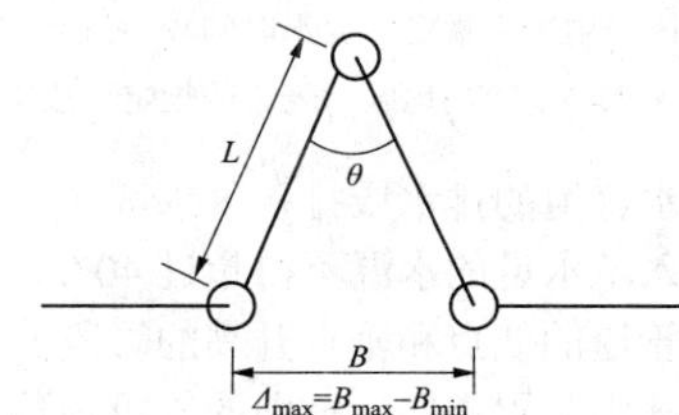

图 11-53 Ω型布置图（平面图）

2）Π型组合式旋转补偿器高 H=旋转筒长+2×1.5DN，特殊情况可采用 1 倍 DN 弯头，Ω型组合式旋转补偿器宽=旋转筒长+2×1.5DN。H 和旋转筒长选用见表 11-26。

表 11-26 *H* 和旋转筒长选用表 （mm）

公称直径 DN		100	150	200	250	300	350	400	450	500	600	700	800
旋转筒长		250	280	300	300	350	350	350	380	380	400	400	400
旋转补偿器高度 H	Π型	550	730	900	1050	1250	1400	1550	1730	1880	2200	2500	2820
	Ω 型	1100	1460	1800	2100	2500	2800	3100	3460	3760	4400	5000	5640

3）θ 角参考值见表 11-27。

表 11-27 θ 角 参 考 值

公称直径 DN（mm）		≤200	250	300	350	400	450	500	600	700	≥800
最大旋转角度 θ_{max}（°）	Π型	55	45	42	40	35	32	30	28	26	23
	Ω型	≤60									

二、管道设施选择

1. 管道的疏放水、放空

（1）热水、凝结水管道的低点（包括分段阀门划分的每个管段的低点）应安装放水装置。热水管道的放水装置应保证一个放水段的排放时间不超过表 11-28 的规定。

表 11-28 热 水 管 道 放 水 时 间

管道公称直径 DN（mm）	放水时间（h）
≤300	2～3
350～500	4～6
≥600	5～7

注 上表摘自 CJJ 34—2010《城镇供热管网设计规范》。严寒地区采用表中规定的放水时间较小值。停热期间供热装置无冻结危险的地区，表中的规定可放宽。

（2）热水管道的排水应排入集水坑（或附近下水井）内，排入下水道的水温不得超过 40℃。

（3）汽管道的低点和垂直升高的管段前应设启动疏水和经常疏水装置。同一坡向的管段，顺坡情况下每隔 400～500m，逆坡时每隔 200～300m 应设启动疏水装置和经常疏水装置。

（4）管道中的蒸汽在任何运行工况下均为过热状态时，可不装经常疏水装置。

（5）经常疏水装置与管道连接处应设聚集凝结水的短管，短管直径为管道直径的 1/3～1/2，短管上部应设孔板（ϕ6 钻孔均匀分布），短管底部设法兰堵板。经常疏水管应连接在短管侧面，并伸到集液短管内，进液口斜切成 45°角以防堵塞，同时增加进液面积。如图 11-54 所示。

（6）经常疏水装置排出的凝结水，宜排入压力相近的凝结水管道中。为防止汽管停用或压力下降时凝结水倒流入蒸汽管，在疏水阀后应安装止回阀。在疏水阀处应装设旁路阀组，在不带过滤装置的疏水阀前应装设过滤器。

（7）在同时敷设几种压力的蒸气管道时，高压蒸汽管道的疏水可经孔板减压排入低压蒸汽管道，疏水经减压扩容后，可产生二次蒸汽。

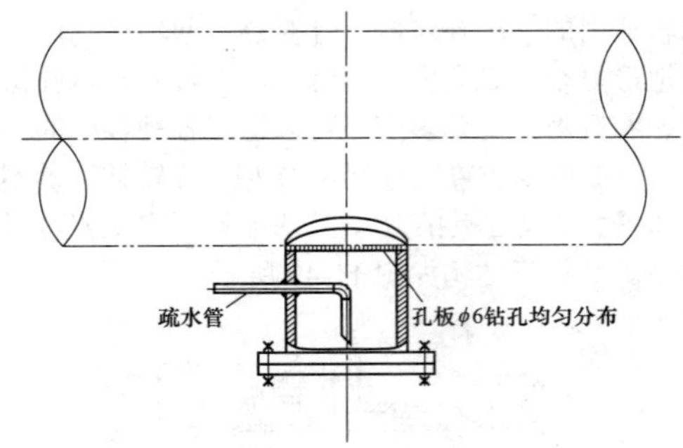

图 11-54 疏水示意图

（8）直埋蒸汽管道疏水装置宜设置在工作管与外护管相对位移较小处。疏水管应采用自然补偿布置。

（9）热水、凝结水管道的最高点，应装设带有关闭阀门的排气阀和连接管，其尺寸见表 11-29。

表 11-29 热水管网排气阀尺寸 （mm）

管网公称直径 DN	≤80	100～150	200～300	350～400	500～700	800～1200	1300～1400
排气阀公称直径 DN	15	20	25	32	40	50	65

（10）蒸汽管道的最高点，应装设试压临时放气装置，放气阀尺寸参见表 11-29。

2. 排潮管

（1）直埋蒸汽管道应设置排潮管。

（2）排潮管应设置在外护管轴向位移量较小处。在长直管段间，排潮管宜结合内固定支座共同设置。排潮管出口可引入专用井室内，专用井室内应有可靠的排水措施。排潮管外部应设置外护钢套管，排潮管公称直径可按表 11-30 选取。

表 11-30 排 潮 管 公 称 直 径 （mm）

外护管公称直径 DN	排潮管公称直径 DN	排潮管外护钢套管外径×壁厚
≤500	40	159×5
600～1000	50	159×5
≥1200	65	159×5

（3）排潮管如引出地面，开口应下弯，且弯顶距地面高度不宜小于 0.5m，并应采取防倒灌措施。排潮管宜设置在不影响交通的地方，且应有明显的标志。排潮管和外护钢套管的地下部分应采取防腐措施，防腐等级不应低于外护管防腐层等级。

3. 检查井、疏水井

直埋蒸汽管道在阀门、疏水处宜设置检查井、疏水井，设计时应符合下列规定：

（1）当地下水位高于井室底面或井室附近有地下

供、排水设施时，井室应采用钢筋混凝土结构，并应采取防水措施。

（2）管道穿越井壁处应采取密封措施，并考虑管道的热位移对密封的影响，密封处不得渗漏。

（3）井室应对角布置两个人孔，阀门宜设远程操作机构，当井室深度大于 4m 时，宜设计为双层井室，两层人孔宜错开布置，远程操作机构应布置在上层井室内。

（4）疏水井室已采取主副井布置方式，关断阀门或阀组、疏水口应分别设置在两个井室内。

4. 操作检修平台

（1）中高支架敷设的管道，安装阀门、疏水、放空等装置的地方应设操作平台。在跨越河流、峡谷等地段，必要时应沿架空管道设检修便桥。

（2）中高支架操作平台的尺寸应保证维修人员操作方便。检修便桥宽度不应小于 0.6m。平台或便桥周围应设防护栏杆。

第五节　管道应力计算和作用力计算

一、管道热伸长量计算

热力网管道安装投运后，管道被热媒加热引起管道受热伸长。管道的热伸长量可按式（11-21）计算：

$$\Delta L = \alpha_t L(t_2 - t_1) \tag{11-21}$$

式中　ΔL——管段的热伸长量，mm；

α_t——管道在介质温度 t 时的线膨胀系数，mm/（m·℃）；

L——计算管段的长度，m；

t_1——管道安装时的温度，可取 20℃；

t_2——管段内介质温度，℃。

二、管道补偿

热力网管道在设计过程中，应充分利用管道本身的自然弯曲（柔性）来补偿管道的热伸长。当管道本身的自然弯曲无法来补偿管道的热伸长时，应采用合适的补偿器，以降低管道在运行过程中所产生的应力，保证管道的稳定和安全运行。管道补偿可以分为自然补偿和补偿器补偿。

1. 自然补偿

常用的自然补偿方式有 L 形和 Z 形两种，弯管转角不能大于 150°，管道臂长不宜超过 25m。

（1）L 形自然补偿。L 形自然补偿管段如图 11-55 所示，其短臂长度 L_2 可按式（11-22）计算

$$L_2 = 1.1\sqrt{\frac{\Delta L_1 D_w}{300}} \tag{11-22}$$

式中　L_2——L 形管段的短臂长度，m；

ΔL_1——长臂 L_1 的热伸长量，mm；

D_w——管道外径，mm。

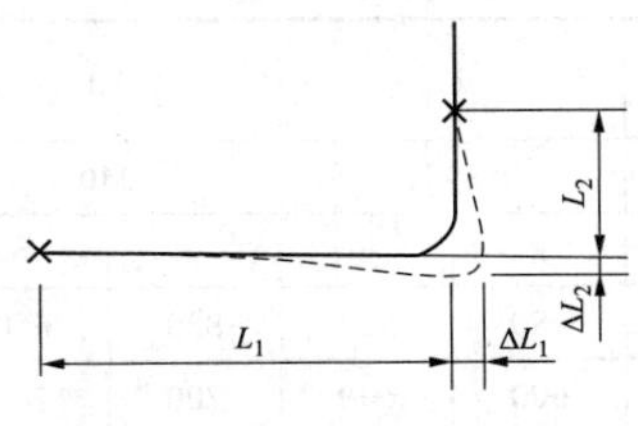

图 11-55　L 形自然补偿管段

（2）Z 形自然补偿。Z 形自然补偿管段如图 11-56 所示，其短臂长度 L_3 可按式（11-23）计算：

$$h = \left[\frac{6\Delta L E D_w}{10^7[\sigma](1+1.2\eta)}\right]^{\frac{1}{2}} \tag{11-23}$$

式中　h——Z 形管道的短臂长度，m；

ΔL——（L_1+L_2）的总热伸长量，mm；

E——管道材料的弹性模量，MPa；

［σ］——弯曲允许应力，可取［σ］≤80MPa；

D_w——管道外径，mm；

η——系数，等于 $\dfrac{L_1 + L_2}{L_1}$ 且 $L_1 < L_2$。

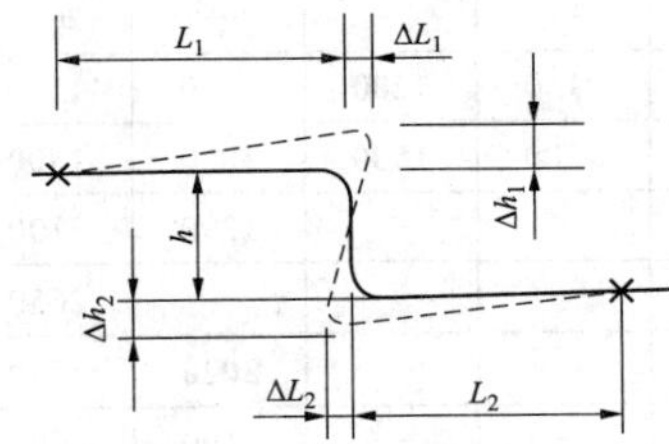

图 11-56　Z 形自然补偿管段

（3）空间自然补偿管段的近似验算。

检验空间自然补偿管段补偿能力是否满足要求，可按式（11-24）估算，即

$$\frac{\mathrm{DN}\Delta L}{(L-x)^2} \leqslant 208.3 \tag{11-24}$$

式中　DN——管道公称直径，mm；

ΔL——管道三个方向热伸长量的向量和，mm；

L——管道展开总长度，m；

x——管道两端固定点之间的直线距离，m。

2. 补偿器补偿

（1）方形补偿器。方形补偿器的弹性力可按式（11-25）近似地估算，即

$$F_e = \frac{[\sigma]W}{H} \tag{11-25}$$

式中　F_e——补偿器的弹性力，N；

[σ]——弯曲允许应力，MPa；

W——管道断面抗弯矩，cm^3；

H——方形补偿器外伸臂长度，m。

方形补偿器的外形尺寸及其补偿能力见表 11-31。

表 11-31　　方形补偿器的外形尺寸及其补偿能力　　(mm)

公称直径 DN		25		50		80		100		150		200	
半径 R		134		240		356		432		636		876	
Δx	型号	a	b	a	b	a	b	a	b	a	b	a	b
25	Ⅰ	780	520	820	650	—	—	—	—	—	—	—	—
	Ⅱ	600	600	700	700	—	—	—	—	—	—	—	—
	Ⅲ	470	660	620	750	—	—	—	—	—	—	—	—
	Ⅳ	—	800		840	—	—	—	—	—	—	—	—
50	Ⅰ	1200	720	1280	880	1290	1000	1400	1130	1550	1400	—	—
	Ⅱ	840	840	980	980	1050	1050	1200	1200	1400	1400	—	—
	Ⅲ	650	980	780	1080	930	1150	1060	1250	1350	1400	—	—
	Ⅳ	—	1250	—	1300	—	1200	—	1300	—	1400	—	—
75	Ⅰ	1500	880	1720	1100	1730	1220	1800	1350	2080	1680	2450	2100
	Ⅱ	1050	1050	1300	1300	1350	1350	1450	1450	1750	1750	2100	2100
	Ⅲ	750	1250	970	1450	1110	1500	1260	1650	1550	1800	1950	2100
	Ⅳ	—	1550	—	1750	—	1600	—	1700	—	1900	—	2100
100	Ⅰ	1750	1000	2020	1250	2130	1420	2350	1600	2650	1950	2850	2300
	Ⅱ	1200	1200	1500	1500	1600	1600	1700	1700	2050	2050	2380	2380
	Ⅲ	860	1400	1070	1650	1280	1850	1460	2050	1750	2200	2080	2400
	Ⅳ	—	—	—	2050	—	1950	—	2100	—	2300	—	2550
150	Ⅰ	2150	1200	2520	1500	2790	1750	2950	1900	3550	2400	3750	2750
	Ⅱ	1500	1500	1800	1800	2000	2000	2150	2150	2600	2600	2950	2950
	Ⅲ	—	—	1290	2100	1580	2450	1760	2650	2080	2880	2480	3200
	Ⅳ	—	—	—	2650	—	2550	—	2750	—	3000	—	3250
200	Ⅰ	—	—	3020	1750	3390	2050	3550	2200	4350	2800	4550	3150
	Ⅱ	—	—	2100	2100	2350	2350	2550	2550	3050	3050	3500	3500
	Ⅲ	—	—	1480	2400	1860	3000	2060	3250	2400	3500	2850	3900
	Ⅳ	—	—	—	—	—	3100	—	3300	—	3600	—	4000
250	Ⅰ	—	—	—	—	3900	2300	4050	2450	4950	3100	5250	3500
	Ⅱ	—	—	—	—	2700	2700	2850	2850	3500	3500	4000	4000
	Ⅲ	—	—	—	—	2110	3500	2350	3800	2750	4200	3180	4600
	Ⅳ	—	—	—	—	—	3600	—	3850	—	4250	—	4700

方形补偿器形式如图 11-57 所示，图中 $c=a-2R$，$h=b-2R$。

（2）套筒式补偿器。套筒式补偿器的补偿量见表 11-32。

表 11-32　　套筒式补偿器的补偿量

公称直径 DN（mm）		50	65	80	100	125	150	200	250	300	350
补偿量 Δx（mm）	单向	150	150	150	150	150	250	250	250	250	250
	双向	300	300	300	300	300	500	500	500	500	500
公称直径 DN（mm）		400	450	500	600	700	800	900	1000	1100	1200
补偿量 Δx（mm）	单向	300	300	300	300	400	400	400	500	500	500
	双向	600	600	600	600	800	800	800	1000	1000	1000

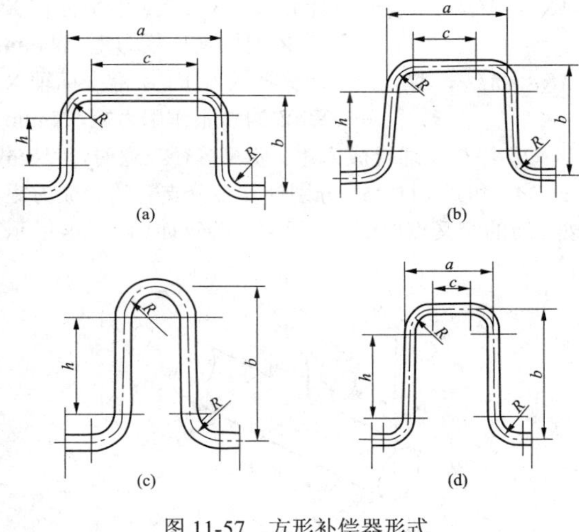

图 11-57 方形补偿器形式

（3）波纹管补偿器。最大导向间距 L_{max} 按式（11-26）计算，即

$$L_{max}=0.157\sqrt{\frac{EJ}{pA+K\delta}} \tag{11-26}$$

式中 E——管道弹性模量，MPa；

L_{max}——最大导向间距，m；

J——管道断面惯性矩，cm^4；

p——工作压力，MPa；

A——补偿器刚度，N/mm；

δ——最大补偿量，mm；

K——安全系数，一般取 K=1.2～1.3。

波纹管补偿器常规补偿量及轴向刚度见表 11-33。

（4）球形补偿器。球形补偿器的补偿距离较大，一般在管道上距离 400～500m 设置一组，为了避免管段挠曲，应在适当位置增设导向支架。

表 11-33　　波纹管补偿器常规补偿量及轴向刚度

公称直径 DN（mm）	100	150	200	250	300	350	400
轴向补偿量（mm）	76/110	93/144	96/180	120/270	150/300	180/300	180/300
轴向刚度（N/mm）	120/90	180/118	209/140	260/150	320/170	350/180	470/260
公称直径 DN（mm）	500	600	700	800	900	1000	
轴向补偿量（mm）	180/300	180/330	180/330	180/330	180/330	180/330	
轴向刚度（N/mm）	560/305	680/405	705/380	750/405	810/440	906/495	

（5）旋转补偿器。Π型组合旋转补偿器安装于两固定支架中间，其中任一端的补偿量 ΔL 可按式（11-27）进行计算。两固定支架之间总补偿量为 $2\Delta L$。

$$\Delta L=0.71L\sqrt{1-\cos\theta} \tag{11-27}$$

式中 ΔL——固定支架任一端的补偿量，m；

L——旋转补偿器的力偶臂长度，m；

θ——旋转补偿器的旋转角度，(°)。

三、管道应力计算

热力网管道的应力计算的任务是：验算管道在内压、自重、持续外载作用下的一次应力和由于热胀冷缩及其他位移约束产生的二次应力以判明所计算的管道是否安全、经济、合理；计算管道由于热胀冷缩及其他位移受约束和持续外载作用产生的对设备和支吊架的推力和力矩，以判明是否在设备和支吊架所能承受的安全范围内。

用经过实际工程验证的并经过鉴定的计算软件进行应力分析计算不仅速度快，而且准确，例如，美国 COADE 公司研发的 CAESARⅡ管道应力分析软件。如不使用程序，采用手算时，管道应力计算应采用应力分类法。管道由内压、持续外载引起的一次应力计算采用弹性分析和极限分析；管道由热胀冷缩及其他位移约束产生的二次应力采用满足必要疲劳次数的许用应力范围进行计算。

1. 管道应力验算

（1）管道在内压下的应力验算。管道在工作状态下，由内压产生的折算应力不得大于钢材在设计温度下的许用应力，即满足式（11-28）的要求。

$$\sigma_{eq}=\frac{p[0.5D_w-Y(\delta-\alpha)]}{\delta-\alpha}\leqslant[\sigma]^t \tag{11-28}$$

式中 σ_{eq}——内压折算压力，MPa；

p——设计压力，MPa；

D_w——管道外径，mm；

δ——管道实测最小壁厚，mm；

Y——温度对计算管道壁厚公式的修正系数；

α——考虑腐蚀、磨损和机械强度的附加厚度，mm；

$[\sigma]^t$——钢材在设计温度下的许用应力，MPa。

（2）管道在持续荷载下的应力验算。管道在工作状态下，由持续荷载即内压、自重和其他持续外载产生的轴向应力之和，必须满足式（11-29）的要求。

$$\sigma_L=\frac{p(D_w-\delta)}{4s}+\sigma_{ax}+\sigma_A\leqslant[\sigma]^t \quad (11\text{-}29)$$

式中 σ_L ——由于内压、自重和其他持续外载所产生的轴向应力之和，MPa；

σ_{ax} ——持续外载轴向应力，MPa；

σ_A ——持续外载当量应力，MPa。

持续外载产生的轴向应力和当量应力，是管道自重（管道及附件重力、保温结构重力，对水管道还应包括水重）和支吊架反力产生的应力。

（3）管系热胀应力验算。管道由热胀、冷缩和其他位移受约束而产生的热胀应力，不得大于按式（11-30）计算的许用应力范围，即

$$\sigma_E\leqslant f(1.2[\sigma]^{20}+0.2[\sigma]^t) \quad (11\text{-}30)$$

式中 $[\sigma]^{20}$ ——钢材在20℃时的许用应力，MPa；

σ_E ——热胀应力范围，MPa；

f ——管道位移应力范围减小系数。

热胀应力范围可按式（11-31）计算，即

$$\sigma_E=\frac{iM_C}{W\varphi} \quad (11\text{-}31)$$

式中 M_C ——热胀作用合成力矩，N·mm；

φ——环向焊缝系数；

W——管道截面抗弯矩；

i——应力增强系数。

（4）管系持续外载、热胀应力范围的验算。如所计算的热胀应力不能满足式（11-30）的要求，但内压和持续外载的一次应力低于$[\sigma]^t$时，允许将未用足的这部分许用应力加在二次应力验算的许用应力范围内，以扩大二次应力的许用应力范围。此时，应准确地计算持续外载产生的应力。

由内压、持续外载和热胀产生的最大合成应力，不得大于钢材在20℃时与设计温度下许用应力之和的1.2倍，即

$$\sigma_{co}\leqslant 1.2f([\sigma]^{20}+[\sigma]^t) \quad (11\text{-}32)$$

$$\sigma_{co}=\frac{p(D_w-\delta)}{4s}+\sigma_{ax}+\sigma_A+\sigma_E \quad (11\text{-}33)$$

式中 σ_{co} ——内压、持续外载和热胀产生的合成应力，MPa。

（5）力矩计算。

1）直管、弯管（弯头）合成力矩。

验算直管、弯管（弯头）时，用式（11-34）和式（11-35）计算合成力矩，即

$$M_A=\sqrt{M_{XA}^2+M_{YA}^2+M_{ZA}^2} \quad (11\text{-}34)$$

$$M_C=\sqrt{M_{XC}^2+M_{YC}^2+M_{ZC}^2} \quad (11\text{-}35)$$

式中 M_A ——持续外载合成力矩，N·mm；

M_{XA}，M_{YA}，M_{ZA}——计算管系（分支）沿坐标轴X、Y、Z的持续外载力矩，N·mm；

M_{XC}，M_{YC}，M_{ZC}——计算管系（分支）沿坐标轴X、Y、Z的热胀作用力矩，N·mm。

2）等径三通合成力矩。验算等径三通时，应按式（11-34）和式（11-35）分别计算各分支管的合成力矩，按三通的交叉点取值，三通应力验算如图11-58所示。

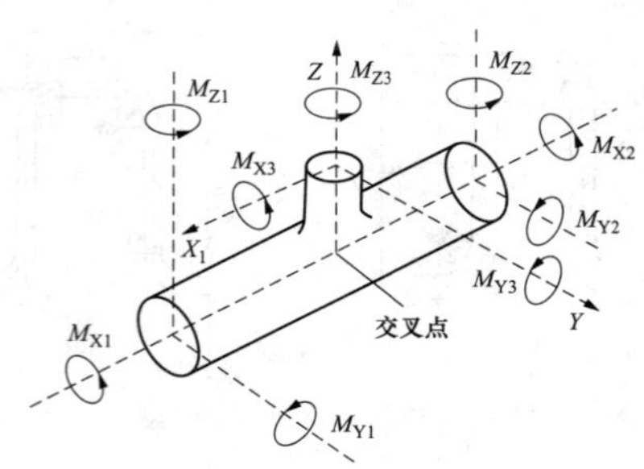

图11-58 三通应力验算

3）不等径三通合成力矩。验算不等径三通时，应分别计算主管两侧和支管的合成力矩。

a．计算不等径三通支管的合成力矩。

$$\left.\begin{aligned}M_{A3}&=\sqrt{M_{XA3}^2+M_{YA3}^2+M_{ZA3}^2}\\M_{C3}&=\sqrt{M_{XC3}^2+M_{YC3}^2+M_{ZC3}^2}\end{aligned}\right\} \quad (11\text{-}36)$$

支管当量抗弯矩为

$$W=\pi(r_{mb})^2\delta_{b3} \quad (11\text{-}37)$$

式中 W——支管当量抗弯矩，mm³；

r_{mb} ——支管平均半径，mm；

δ_{b3} ——支管当量壁厚，取用主管公称壁厚δ_{nh}和i倍支管公称壁厚δ_{nh}二者中的较小值，mm。

b．计算主管的合成力矩。

$$\left.\begin{aligned}M_{A1}&=\sqrt{M_{XA1}^2+M_{YA1}^2+M_{ZA1}^2}\\M_{C1}&=\sqrt{M_{XC1}^2+M_{YC1}^2+M_{ZC1}^2}\end{aligned}\right\} \quad (11\text{-}38)$$

$$\left.\begin{aligned}M_{AZ}&=\sqrt{M_{XA2}^2+M_{YA2}^2+M_{ZA2}^2}\\M_{A2}&=\sqrt{M_{XA2}^2+M_{YA2}^2+M_{ZA2}^2}\end{aligned}\right\} \quad (11\text{-}39)$$

（6）支管接管座的合成力矩。

$$\left.\begin{aligned}M_{A2}&=\sqrt{M_{XA2}^2+M_{YA2}^2+M_{ZA2}^2}\\M_{C2}&=\sqrt{M_{XC2}^2+M_{YC2}^2+M_{ZC2}^2}\end{aligned}\right\} \quad (11\text{-}40)$$

接管座（如图11-59所示）的截面抗弯矩为

$$W=\pi(r'_{mb})^2\delta_b \quad (11\text{-}41)$$

若图11-59（a）、（b）、（c）、（e）中$L_1\geqslant 0.5\sqrt{r_1\delta_b}$，那么计算接管座的截面抗率矩和应力增强系数时，$r'_{mb}$应计算到$\delta_b$值的一半。验算点取接管中心线与主管外

表面的交点。

2. 管道对固定点的作用力计算

（1）自然补偿及方形补偿器。可采用弹性中心法，在此介绍已经简化的弹性中心法计算公式，参见《实用集中供热手册（2014 年版）》（李善化 康慧等编著）。

（2）套筒式补偿器。

1）由内压产生的摩擦力。

对 DN=150～400 的管道，

$$F_{f1}=2\pi pD_2\mu l_2 \tag{11-42}$$

对 DN=400～800 的管道，

$$F_{f1}=1.75\pi pD_2\mu l_2 \tag{11-43}$$

2）由于拉紧螺栓产生的摩擦力。

$$F_{f2}=\frac{400n\pi D_2\mu l_2}{A} \tag{11-44}$$

$$A=0.785(D_2^2-D_3^2) \tag{11-45}$$

式（11-42）～式（11-45）中

F_{f1}、F_{f2}——摩擦力，N；

p——工作压力，MPa；

l_2——套筒补偿器沿轴线方向的填料长度，cm；

D_2——套筒补偿器的套管外径，cm；

μ——填料对金属的摩擦系数，μ=0.15；

n——补偿器螺栓个数；

A——填料横截面积，cm^2；

D_3——套筒补偿器的壳体内径，cm。

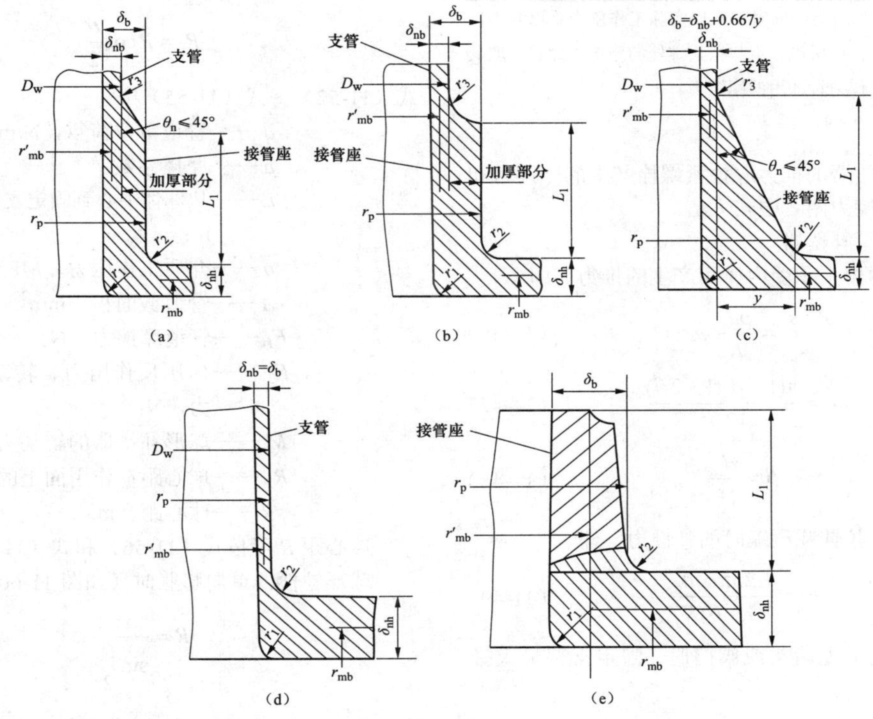

图 11-59 接管座的尺寸

r'_{mb}—支管平均半径，mm；δ_{nb}—支管公称壁厚，mm；δ_b—接管座加强有效厚度，mm；r_1、r_2、r_3—接管座加强部分外半径，mm；r_{mb}—主管平均半径，mm；δ_{nh}—主管公称壁厚，mm；D_w—支座外径，mm；r_p—接管座加强部分外半径，mm；θ—接管座加强部分过渡段角度，（°）；L_1—接管座高度，mm

套筒补偿器的摩擦力值可参见表 11-34。

表 11-34 套筒补偿器的摩擦力值

公称直径 DN（mm）	摩擦力（kN）	
	由拉紧螺栓产生的	工作压力为 0.1MPa（1kgf/cm²）产生的
100	9.85	0.59
125	9.90	0.80

续表

公称直径 DN（mm）	摩擦力（kN）	
	由拉紧螺栓产生的	工作压力为 0.1MPa（1kgf/cm²）产生的
150	13.20	1.22
200	13.00	2.84
250	19.90	3.36

续表

公称直径 DN（mm）	摩擦力（kN）	
	由拉紧螺栓产生的	工作压力为 0.1MPa（$1kgf/cm^2$）产生的
300	20.30	3.60
350	20.60	3.67
400	27.60	4.50
450	27.80	4.65
500	36.80	7.30
600	44.00	8.80
700	50.00	10.00

注　1. 当工作压力不同时，应以实际工作压力乘以表中数值，再将所得结果与拉紧螺栓的摩擦力比较，取其大者作为设计用的摩擦力。

2. 1kgf=9.8N。

套筒式补偿器的推力取拉紧螺栓产生的摩擦力和内压产生的摩擦力两者中较大值。

（3）波纹管补偿器。

1）波形内壁上承受内压而产生的推力，即

$$F_1 = \frac{pd_i^2}{K}\varphi_b \tag{11-46}$$

$$\varphi_b = \frac{\pi(1-\beta)(1+2\beta)}{12\beta^2} \tag{11-47}$$

$$\beta = \frac{d_i}{D_i} \tag{11-48}$$

2）单波在拉伸或压缩时的弹性力，即

$$F_2 = \frac{1.25\pi\delta^2\sigma_s}{(1-\beta)K} \tag{11-49}$$

3）当管段上无堵头或阀门时，固定支架最大推力，即

$$F_{max} = F_1 + F_2 \tag{11-50}$$

4）当管段上有堵头或阀门时，固定支架最大推力，即

$$F'_{max} = F_{max} + 0.785d_i^2 p \tag{11-51}$$

式（11-46）～式（11-51）中

p——介质工作压力，MPa；

d_i——管道内径，cm；

φ_b——系数；

β——系数；

K——修正系数，K=1.2～1.3；

δ——波纹补偿器壁厚，cm；

F_1——波形内壁上承受内压而产生的推力，N；

F_2——级波在拉伸或压缩时的弹性力，N；

σ_s——波纹管补偿器波纹材料的屈服极限应力，MPa；

D_i——波纹管外圆内径，cm。

（4）球形补偿器。

1）管道摩擦力，即

$$F_f = q\mu L \tag{11-52}$$

2）作用在弯管、阀门关闭时，内压反作用力（直管段不用考虑），即

$$F_2 = pA \tag{11-53}$$

3）补偿器的转动力矩引起的反作用力，即

$$F_3 = \frac{2M}{R_1} \tag{11-54}$$

$$R_1 = R\cos\frac{\theta}{2} \tag{11-55}$$

式（11-52）～式（11-55）中

q——管道单位荷重，N/m；

μ——摩擦系数；

L——从球体中心到固定支架间总距离，m；

p——介质工作压力，MPa；

A——管道截面积，mm^2；

F_f——管道摩擦力，N；

F_2、F_3——内压反作用力、转动力矩反作用力，N；

M——球形补偿器的转动力矩，N·m；

R_1——球心距在作用面上的投影，m；

R——球心距，m。

球心距 R 可按式（11-56）和式（11-57）计算。

球形补偿器单向膨胀时（如图 11-60 所示）

$$R = \frac{\Delta L}{\sin\frac{\theta}{2}} \tag{11-56}$$

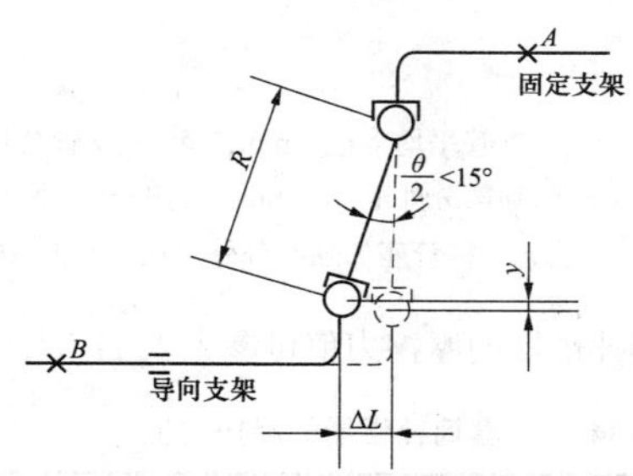

图 11-60　球形补偿器单向膨胀示意图

球形补偿器双向膨胀时（如图 11-61 所示）

$$R = \frac{\Delta L}{2\sin\frac{\theta}{2}} \tag{11-57}$$

球形补偿器的转动力矩见表 11-35。

表 11-35　　球形补偿器转动力矩

公称直径 DN（mm）	40	50	65	80	100	125	150	200	250	300	350	400	450	500	600	700
转动力矩 *M*（N·m）	200	250	500	570	1020	1800	2480	5370	9440	16020	24240	25680	52940	66450	115240	210000

注　1. 介质工作压力为 1.6MPa。

2. 工程设计时应乘以安全系数 1.3～1.5。

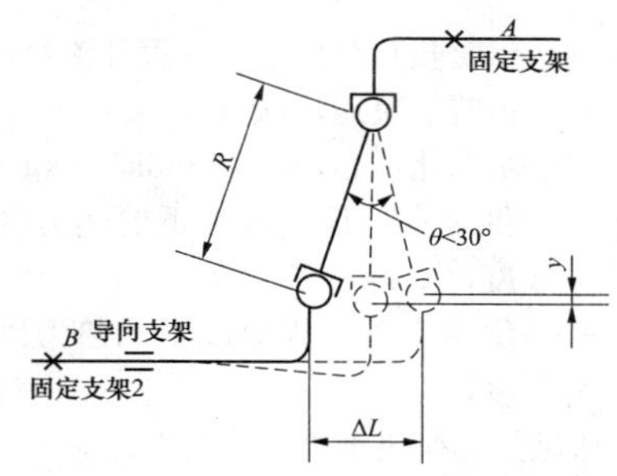

图 11-61　球形补偿器双向膨胀示意图

（5）旋转补偿器。

1)推动力偶的转动必须克服一对旋转筒的摩擦力矩。合金密封填料箱内摩擦力矩 M_{k1}，抗盲板力的摩擦力矩 M_{k2}，热力管道在运行情况下的一对旋转筒的总摩擦力矩为

$$M_k = 1.2\times(M_{k1}+M_{k2}) \quad (11\text{-}58)$$

式中　M_k——一对旋转筒的总摩擦力矩，N·cm；

M_{k1}——合金密封填料箱内摩擦力矩，N·cm；

M_{k2}——抗盲板力的摩擦力，N·cm。

2）在热膨胀过程中，使力偶旋转的力 F_x 由式（11-59）确定：

Π型布置旋转补偿器

$$F_x = \frac{M_k}{L\cos\dfrac{\theta}{2}} \quad (11\text{-}59)$$

Ω 型布置旋转补偿器

$$F_x = \frac{0.67M_k}{L\cos\dfrac{\theta}{2}} \quad (11\text{-}60)$$

（6）作用在支架上的轴向推力计算。

1）作用在固定支架上的轴向推力。

$$F_{ax} = F_{ax1} - \alpha_e F_{ax2} \quad (11\text{-}61)$$

$$F_{ax1} = F_{ex1} + F_{in1} + F_{f1} \quad (11\text{-}62)$$

$$F_{ax2} = F_{ex2} + F_{in2} + F_{f2} \quad (11\text{-}63)$$

式中　F_{ax}——作用在固定支架上的轴向推力，N；

F_{ax1}——作用在固定支架较大侧的轴向推力，N；

F_{ax2}——作用在固定支架较小侧的轴向推力，N；

F_{ex1}，F_{in1}，F_{f1}——较大侧的补偿器的弹性力、内压反作用力、摩擦力，N；

F_{ex2}，F_{in2}，F_{f2}——较小侧的补偿器的弹性力、内压反作用力、摩擦力，N；

α_e——不平衡系数，对套筒式补偿器 α_e=0.5，其他补偿器 α_e=0.7～0.8。

2）作用在滑动支架上的轴向推力。

$$F_{ax} = F_f = \mu qL \quad (11\text{-}64)$$

式中　F_{ax}——滑动支架的轴向水平推力，N。

第六节　水 力 计 算

一、水力计算的内容和要点

1. 水力计算的内容

（1）按设计流量和允许压降选择管径。

（2）按设计流量和所选择的管径计算压力损失，确定和分配各用户的入口压力。

（3）按已确定的管径和管道始终点压力校核管道计算流量是否合适。

（4）当输送过热蒸汽时，尚应校核计算热用户入口管道的蒸汽温度是否符合设计要求。

（5）当输送饱和蒸汽时，尚应校核计算热用户入口管道的蒸汽压力是否符合设计要求。

2. 水力计算的要点

（1）管网水力计算时，应绘制管道平面布置图、简易计算系统图，在图中注明各热用户和管段的几何展开长度以及计算参数、管道附件、补偿器、流量孔板、阀门等。热水管网还应注明各管段的始、终点标高。

（2）在进行热水管网的水力计算时，应注意提高整个供热系统的水力稳定性，为防止水力失调可以采取如下措施：

1）减小管网干管的压力损失，在计算时宜选取较小的比压降，适当加大管径。

2）增大热用户系统的压力损失，一般在热用户入口处安装手动调节阀（或平衡阀）、调压孔板，控制和调节入口压力。

3）高温水供暖系统的热源内部压力损失，对管网的水力稳定性也有影响，一般在热源内部留有一定的富裕压头，在正常工况下，富裕压头消耗在循环水泵的出口阀门上，当管网流量发生变化引起热源出口的压力变化时，可调整循环水泵出口阀门的开度，使出口压力保持稳定。

（3）供热管网的管径 DN，不论热负荷多少，均不应小于 50mm，而通往各单体建筑物（热用户）的管径：蒸汽管网的管径宜不小于 25mm，热水管网的管径宜不小于 32mm。

（4）在供热管网计算中，有的点出现静压超过允许极限值时，一般从此点与其他系统分开，设置独立的供热系统。

（5）热水供暖管网，宜采用双管闭式系统，其供回水管道应采取相同的管径。

二、水力计算的常用数据

1．设计流速及粗糙度

蒸汽、热水及凝结水等常用供热管道中的热介质允许最大流速和表面粗糙度按表 11-36 选取。当计算管径时，若考虑将来发展需增加流量的可能性，则宜选取较低流速；如管道的允许压力损失较大时，宜选用较高流速。但流速过大时，不仅会导致压力损失增大，而且有可能出现管道振动现象。

表 11-36 常用管道允许最大流速及粗糙度

介质	公称直径 DN（mm）	推荐最大流速（m/s）	表面粗糙度 *Ra*（m）
过热蒸汽	32～40	30	0.0002～0.0001
	50～100	35	
	100～150	40	
	≥200	50	
饱和蒸汽	32～40	20	0.0002
	50～80	25	
	100～150	30	
	≥200	35	
热水	32～40	1.0	0.0005
	50～100	2.0	
	≥150	3.0	
凝结水热水供应	有压	2.0	0.001
	自流	0.5	
给水	水泵进口管	1.5	0.0005
	水泵出口管	2.5	

2．设计流量

（1）工业热负荷蒸汽管网设计流量。工业热负荷蒸汽管网设计流量：经核实后的各热用户最大热负荷之和乘以同时使用系数。同时使用系数可按 0.6～0.9 取值。

（2）供暖热负荷热水供热管网设计流量。供暖热负荷热水供热管网设计流量可按式（11-65）计算，即

$$G_{\mathrm{h}}=\frac{Q_{\mathrm{h}}\times10^{3}}{c(t_{\mathrm{s}}-t_{\mathrm{r}})} \tag{11-65}$$

式中 G_{h}——供暖热负荷供热管网设计流量，t/h；

Q_{h}——供暖热负荷，GJ/h；

c——水的比热容，c=4.1868kJ/（kg·℃）；

t_{s}——供暖室外计算温度下的热力网供水温度，℃；

t_{r}——供暖室外计算温度下的热力网回水温度，℃。

（3）通风热负荷热水供热管网设计流量。通风热负荷热水供热管网设计流量可按式（11-66）计算，即

$$G_{\mathrm{v}}=\frac{Q_{\mathrm{v}}\times10^{3}}{c(t_{\mathrm{sv}}-t_{\mathrm{rv}})} \tag{11-66}$$

式中 G_{v}——通风热负荷供热管网设计流量，t/h；

Q_{v}——通风热负荷，GJ/h；

t_{sv}——冬季通风室外温度下的热力网供水温度，℃；

t_{rv}——冬季通风室外温度下的热力网回水温度，℃。

（4）闭式热水供热系统生活用热水负荷的热力网设计流量。闭式热水供热系统中，生活用热水负荷的热力网设计流量应根据用户热水加热设备的连接方式按以下方法计算。

1）与供暖系统并联。

a．平均流量：

$$G_{\mathrm{av}}=\frac{Q_{\mathrm{av}}\times10^{3}}{c(t_{\mathrm{s}}'-t_{\mathrm{hwr}})} \tag{11-67}$$

式中 G_{av}——生活热水热负荷热力网平均流量，t/h；

Q_{av}——供暖季节生活热水平均热负荷，GJ/h；

t_{s}'——闭式热力网供暖季节开始时的供水温度，℃；

t_{hwr}——生活热水加热器的回水温度，t_{hwr} 可取 30～40℃。

b．最大流量：

$$G_{\max}=\frac{Q_{\max}\times10^{3}}{c(t_{\mathrm{s}}'-t_{\mathrm{hwr}})} \tag{11-68}$$

式中 $G_{\max}$——生活热水热负荷热力网最大流量，t/h；

$Q_{\max}$——供暖季节生活热水最大热负荷，GJ/h。

2）与供暖系统两级串联或两级混合连接。

a．平均流量：

$$G_{av}=\frac{Q_{av}\times 10^3}{c(t'_s-t'_r)}\cdot\frac{t_{hw}-t_{hw1}}{t_{hw}-t_{cw}} \tag{11-69}$$

式中　t'_r——供暖季节开始时供暖系统回水温度，对于间接连接的供暖系统为供暖加热器热力网侧出口水温，℃；

t_{hw}——生活热水温度，应按设计水温取用，℃；

t_{hw1}——供暖季节开始时，生活热水加热器生活热水出口水温，$t_{hw1}=t'_r-\Delta t$，Δt 可取5～10℃；

t_{cw}——冷水计算温度，℃。

b．最大流量：

$$G_{max}=\frac{Q_{max}\times 10^3}{c(t'_s-t'_r)}\cdot\frac{t_{hw}-t_{hw1}}{t_{hw}-t_{cw}} \tag{11-70}$$

（5）开式热水供热系统生活热水热负荷热力网流量。

开式热水供热系统生活热水热负荷热力网流量，应按式（11-71）、式（11-72）计算，即

1）平均流量：

$$G_{av}=\frac{Q_{av}\times 10^3}{c(t''_s-t_{cw})} \tag{11-71}$$

式中　t''_s——开式热力网供暖季节开始时供水温度，℃。

2）最大流量：

$$G_{max}=\frac{Q_{max}\times 10^3}{c(t''_s-t_{cw})} \tag{11-72}$$

（6）蒸汽供热系统热力网设计流量。

$$G_s=\frac{\sum Q_{smax}K\times 10^3}{r} \tag{11-73}$$

式中　G_s——蒸汽供热系统热力网设计流量，t/h；

$\sum Q_{smax}$——供暖季节生活热水最大热负荷，GJ/h；

K——各热用户同时使用系数；

r——汽化压力下的汽化潜热，kJ/kg。

当供热介质为饱和蒸汽时，设计流量应包括补偿管道热损失产生的凝结水的蒸汽量。

（7）凝结水干线设计流量。

$$G_c=G_s\varphi \tag{11-74}$$

式中　G_c——凝结水干线设计流量，t/h；

φ——蒸汽供热系统凝结水平均回收率，%。

凝结水支线设计流量，应按各热用户实际最大回收量的1.5～2.0倍计算，最小不小于1.2倍。

（8）闭式热力网采用中央质调节时干线设计流量。

闭式热力网，当采用中央质调节时，干线设计流量应按式（11-75）计算，即

$$G_{c1}=G_h+G_v+G_{hw} \tag{11-75}$$

式中　G_{c1}——闭式热力网干线设计流量，t/h；

G_{hw}——生活热水热负荷供热管网平均流量，t/h。

（9）双管开式热力网采用中央质调节时干线设计流量。

双管开式热力网，当采用中央质调节时，干线设计流量应按式（11-76）计算，即

$$G_{op}=G_h+G_v+0.6G_{hw} \tag{11-76}$$

式中　G_{op}——双管开式热力网干线设计流量，t/h。

（10）热水热力网采用中央质-量调节时热力网主干线设计流量。

热水热力网当采用中央质-量调节时，应采用各种热负荷的热力网流量曲线相叠加得出的最大流量值，作为主干线设计流量。

（11）热水热力网支线设计流量。

热水热力网支线设计流量的计算方法与主干线设计流量计算方法相同，但生活热水热负荷的热力网流量应按如下规定取用：

1）当生活热水用户有储水箱时，取生活热水热负荷平均流量。

2）当生活热水用户无储水箱时，取生活热水热负荷最大流量。

3．水力计算基本公式

（1）管道内径：

$$d_i=594.5\sqrt{\frac{G}{v\rho}} \tag{11-77}$$

式中　d_i——管道内径，mm；

G——热介质质量流量，t/h；

v——管内介质流速，m/s；

ρ——热介质密度，kg/m^3。

（2）管道总压力损失：

$$\Delta p=\Delta p_f+\Delta p_1 \tag{11-78}$$

式中　Δp——管道总压力损失，Pa；

Δp_f——管道直管段摩擦阻力受损，Pa；

Δp_1——管道局部阻力损失，Pa。

（3）管道直管段摩擦阻力受损：

$$\Delta p_f=R_mL \tag{11-79}$$

$$R_m=6.25\times 10^{-2}\frac{G^2\lambda}{d_i^5\rho} \tag{11-80}$$

$$\lambda=0.11\left(\frac{Ra}{d_i}\right)^{0.25} \tag{11-81}$$

式中　R_m——直管段平均比摩阻，Pa/m；

L——直管段长度，m；

λ——管道摩擦阻力系数；

Ra——表面粗糙度，mm。

（4）管道局部阻力损失：

$$\Delta p_1=\sum\xi\frac{v^2\rho}{2} \tag{11-82}$$

式中　$\sum\xi$——管件局部阻力系数之和。

（5）管道当量长度。为了简化计算，引进所谓当量长度概念。计算局部阻力损失时，把局部阻力损失化成管道长度损失的形式来计算，所以将式（11-82）改写为

$$\Delta p_1=\sum\xi\frac{v^2\rho}{2}=R_{\rm m}L_{\rm el} \tag{11-83}$$

式中　$L_{\rm e1}$——局部阻力当量长度（可查表附录 G、附录 H），m。

在进行估算时，局部阻力当量长度 $L_{\rm e1}$ 可按管道实际长度百分比计算，即

$$L_{\rm e1}=\alpha L \tag{11-84}$$

式中　α——局部阻力与沿程阻力的比值可查表 11-37。

表 11-37　管道局部阻力与沿程阻力比值

补偿器类型		公称直径 DN（mm）	局部阻力与沿程阻力的比值 α	
			蒸汽管道	热水及凝结水管道
输送干线	套筒或波纹管补偿器（带内衬筒）	≤1200	0.2	0.2
	方形补偿器	200～350	0.7	0.5
	方形补偿器	400～500	0.9	0.7
	方形补偿器	600～1200	1.2	1.0
输配管线	套筒或波纹管补偿器（带内衬筒）	≤400	0.4	0.3
	套筒或波纹管补偿器（带内衬筒）	450～1200	0.5	0.4
	方形补偿器	150～250	0.8	0.6
	方形补偿器	300～350	1.0	0.8
	方形补偿器	400～500	1.0	0.9
	方形补偿器	600～1200	1.2	1.0

将当量长度概念引入式（11-78）中，即

$$\Delta p=R_{\rm m}L(1+\alpha)=R_{\rm m}L_{\rm e} \tag{11-85}$$

式中　$L_{\rm e}$——计算管段总当量长度，m。

（6）热水管道附件局部阻力当量长度（附录 G）。

（7）蒸汽管道附件局部阻力当量长度（附录 H）。

三、水力计算的方法及步骤

1. 蒸汽管道水力计算

蒸汽管道水力计算的特点是在计算压力损失时应考虑蒸汽密度的变化。在设计中，为了简化计算，蒸汽密度采用平均密度，即以管段的起点和终点密度的平均值作为该管段的计算密度。

（1）沿程摩擦阻力计算。

编制蒸汽管道水力计算表时，取蒸汽密度 ρ=1kg/m^3。当计算管段的平均密度不等于 1kg/m^3 时，可按式（11-86）和式（11-87），对比摩阻及流速进行换算，即

$$R_{\rm m,re}=\left(\frac{\rho}{\rho_{\rm re}}\right)R_{\rm m} \tag{11-86}$$

$$v_{\rm re}=\left(\frac{\rho}{\rho_{\rm re}}\right)v \tag{11-87}$$

式中　ρ、$R_{\rm m}$、v——制表时蒸汽密度、在附录 I 中查出的比摩阻及流速值；

$\rho_{\rm re}$、$R_{\rm m,re}$、$v_{\rm re}$——水力计算中蒸汽的实际密度、比摩阻及流速值。

（2）局部阻力损失计算。局部阻力损失按当量长度法计算，高压蒸汽还应限制蒸汽速度。

（3）计算步骤。

1）首先确定各管段的流量。

2）绘制蒸汽管网平面图，并在图中标注所有管道附件——补偿器、阀门的个数、其型号及管道长度等。

3）确定主干线的平均比摩阻。

$$R_{\rm m,av}=\frac{\Delta p}{\sum L(1+\alpha)} \tag{11-88}$$

式中　Δp——管网始端和终端的蒸汽压力差，Pa；

$\sum L$——主干线总长，m；

α——局部阻力当量长度百分比，查表 11-37。

4）按主干线上压力损失均匀分布来假定管段末端压力。

$$p_{\rm en}=p_{\rm st}-\frac{\Delta p}{\sum L}L_{\rm c} \tag{11-89}$$

式中　$p_{\rm en}$、$p_{\rm st}$——该管段的终端、始端蒸汽压力，Pa；

$L_{\rm c}$——该计算管段的长度，m。

5）计算管段中蒸汽的平均密度。

$$\rho_{\rm av}=\frac{\rho_{\rm st}+\rho_{\rm en}}{2} \tag{11-90}$$

式中　$\rho_{\rm av}$——管段中蒸汽的平均密度，kg/m^3；

$\rho_{\rm st}$、$\rho_{\rm en}$——管段中蒸汽的始端、终端密度，kg/m^3。

6）将平均比摩阻换算成查表用比摩阻。

$$R'_{m}=\frac{\rho_{av}}{\rho}R_{m,av}=\rho_{av}R_{m,av} \tag{11-91}$$

式中 R'_{m}——查表用比摩阻，Pa/m；

ρ——制表时的蒸汽密度，ρ=1kg/m³。

7）根据各管段的流量和用比摩阻查表选定合适的管径，从而得出对应于选定管径情况下的比摩阻及流速。

8）将表中查出的比摩阻、流速再换算成实际条件下的比摩阻及流速。

9）检查管内流速是否超过限定流速。

10）根据已选定的管径，查附录 H 得出局部阻力当量长度 L_{el}，再确定管段的当量长度 L_e

$$L_e=L+L_{el} \tag{11-92}$$

11）计算管段阻力损失及主干线总阻力损失。各管段阻力损失为$\Delta h_{re}L_e$，主干线总阻力损失应为各管段阻力损失总和，即

$$\Delta p=\sum R_{m,re}L_e \tag{11-93}$$

12）校验计算：求出管段实际的末端压力与蒸汽密度，与假定值对比

$$\rho_{en}=\rho_{st}-R_{m,re}L_e \tag{11-94}$$

13）根据分支节点压力选择并联支管的管径。方法同前。

14）蒸汽管道水力计算见附录 I，计算例题见本章第十节。

2. 热水管道水力计算

（1）计算条件及资料。

1）地形图。

2）管网平面图。

3）用户和热源点的标高。

4）热源近期和远期供热能力、供热范围、供热方式、供热介质参数。

5）热用户近、远期热负荷及其性质。

（2）计算步骤。

1）根据设计流量和经济比压降，在水力计算表上初步选定各计算管段的管径和比压降。

2）根据已选定的管径及各管道附件的类别和数量，查局部阻力当量长度，并计算其总和。

3）以各管段的实际长度和局部阻力当量长度之和，乘以比压降，得出该计算管段的总压力损失。

4）从热源至某一热用户的各计算管段的压力损失之和，得出从热源到该用户的总压力损失。

5）计算分支管的方法同以上计算方法，但为了保证各用户的运行工况与设计一致，仍须进行并联环路间的压力平衡。平衡时，注意管内流速最好不要超过限定流速。当并联环路的压力损失相差太大而无法平衡时，可在阻力损失小的分支管上设置调节阀、平衡阀及调压板。

6）热水管道水力计算表见附录 J。

（3）热水管道水力计算例题。

例题：热水管网系统平面布置如图 11-62 所示。管网供水温度 t_s=110℃，回水温度 t_r=70℃，用户 1、2、3 的流量为 100、150、200t/h，各用户内部系统均为 100kPa。试进行水力计算。

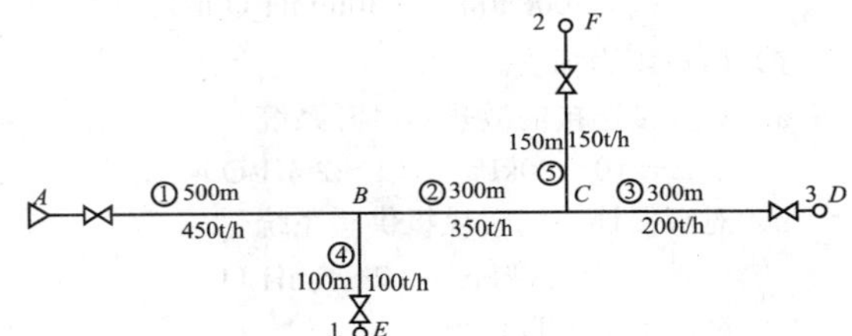

图 11-62 热水管道水力计算简图

1）主干线计算。

AB 的流量 *G*=450t/h，根据流量及比摩阻 R_m=40Pa/m 查水力计算表（见附录 J），暂定管径 DN=350mm，R_m=44.6Pa/m，*v*=1.26m/s。

局部阻力当量长度为

$$L_{el}=4.3+8\times40=324.3(\text{m})$$

则 *AB* 段当量长度为

$$L_{el}=500+324.3=824.3(\text{m})$$

则 *AB* 段的压力损失为

$$\Delta p_{AB}=44.6\times824.3=36764\text{（Pa）}=36.8\text{（kPa）}$$

利用同样的方法计算 BC、CD 管段的压力损失，并将结果列于表 11-38 中。

表 11-38 热水管网水力计算表

管段编号		流量 *G*（t/h）	管段长度 *L*（m）	局部阻力当量长度 L_{el}（m）	总当量长度 L_e（m）	公称直径 DN	流速 *v*（m/s）	比摩阻 R_m（Pa/m）	管段压力损失Δ*p*（kPa）
主干线	*AB*	450	500	324.3	824.3	350	1.26	44.6	36.8
	BC	350	300	170	470	300	1.34	60.8	28.6
	CD	200	300	143.83	443.83	250	1.08	49.9	22.2
	∑Δ*p*								87.6
支干线	*BE*	100	100	79.24	179.24	150	1.64	231.6	41.5
	CF	150	150	73.56	223.56	200	1.29	95.2	21.3

2）分支干管计算。

根据比摩阻 R_m=200Pa/m 和流量 G=100t/h，可查表得管径 DN 为 150mm

$$R_m=231.6\text{（Pa/m）}，v=1.64\text{（m/s）}$$

局部阻力当量长度 L_{el}=79.24m，总当量长度 L_e=179.24m，BE 管段总压力损失为

$$\Delta p = 231.6 \times 179.24 = 41.5\text{（kPa）}$$

利用同样的方法计算支管 CF，并将结果列入表 11-38 中。

（4）计算热水管网比摩阻及估算压力损失。

1）比摩阻。

①对干管、支干管。

DN≥250，R_m=30～60Pa/m （3～6mmH_2O/m）

DN＜250，R_m=60～100Pa/m（6～10mmH_2O/m）

②对支管。

$$R_m \leqslant 300\text{Pa/m} \quad (30\text{mmH}_2\text{O/m})$$

2）用户压力损失。

a．对直接连接的散热器供暖系统

$$\Delta p=10\sim20\text{kPa} \quad (1\sim2\text{mH}_2\text{O})$$

b．对直接连接的暖风机供暖系统

$$\Delta p=20\sim50\text{kPa} \quad (2\sim5\text{mH}_2\text{O})$$

c．对混水器供暖系统

$$\Delta p=80\sim120\text{kPa} \quad (8\sim12\text{mH}_2\text{O})$$

d．对水水热交换器连接的供暖系统

$$\Delta p=30\sim100\text{kPa} \quad (3\sim10\text{mH}_2\text{O})$$

3）热力网水泵出口和热源内部的压力损失

$$\Delta p=80\sim150\text{kPa} \quad (8\sim15\text{mH}_2\text{O})$$

4)热源内部的除污器及由除污器至热力网水泵入口的压力损失

$$\Delta p=20\sim50\text{kPa} \quad (2\sim15\text{mH}_2\text{O})$$

3．凝结水管道水力计算

（1）高压凝结水管的分类。

1）满管流动管。这种管中的流动是纯凝结水的单相满管流动，流动状态和规律与热水管道完全一样，可按热水管路的有关公式和图表计算管径。

2）非满管流管。这种管道的管道断面不完全充满水或均匀分布的汽水混合物，而是汽与水分层或汽与水分段（或汽水充塞）流动的两相非满管流动。其管径与室内高压蒸汽供暖系统凝结水管径确定方法相同，即根据热负荷查表。

3）两相满管流管。在这种管中的流动是被乳状汽水混合物充满的两相满管流动。这类管路要求根据水力计算结果确定管径。流体在管内流动规律认为与热水管路相同，但流体密度应为汽水混合物的密度。

凝结水系统如图 11-63 所示。

图 11-62 中 AB 段按两相非满管考虑，BC 段按乳状汽水混合物的满管流考虑，亦称余压凝结水管路。在水力计算前应首先确定汽水混合物的密度，即

$$\rho_{cm} = \frac{1}{v_{cm}} = \frac{1}{x(v_s - v_w) + v_w} \qquad (11\text{-}95)$$

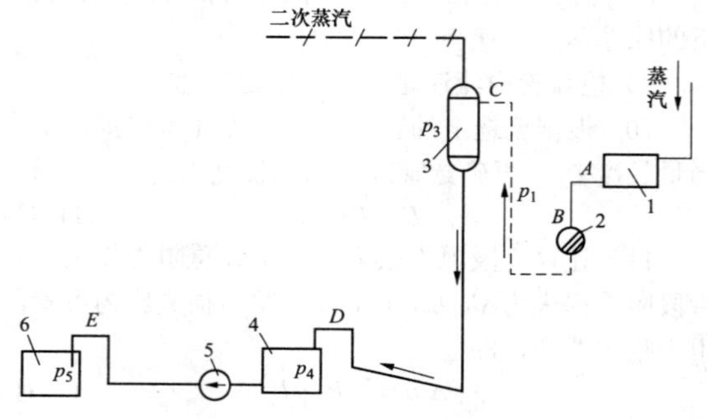

图 11-63 凝结水系统示意图

1—用热设备；2—疏水器；3—二次蒸发箱

4—凝结水箱；5—凝结水泵；6—总凝水箱

其中

$$x = x_1 + x_2 \qquad (11\text{-}96)$$

$$x_2 = \frac{h_1 - h_3}{r_3} \qquad (11\text{-}97)$$

式中 ρ_{cm}——乳状汽水混合物的密度，kg/m³；

v_{cm}——乳状汽水混合物的比体积，m³/kg；

v_s——二次蒸发箱或凝结水箱压力的饱和蒸汽比体积，m³/kg；

v_w——二次蒸发箱压力的饱和水的比体积，m³/kg；

x——1kg 汽水混合物中含有的蒸汽质量百分数，即湿蒸汽的干度，%；

x_1——疏水器的漏汽量因疏水器的种类和工作条件而异，一般采用 0～5%；

x_2——凝结水通过疏水器和管道时由于压力下降而产生的二次蒸汽量，%；

h_1——疏水器前压力 p_1 下饱和凝结水的焓，kJ/kg；

h_2——二次蒸发箱压力 p_3 下饱和凝结水的焓，kJ/kg；

r_3——二次蒸发箱压力 p_3 下蒸汽的汽化潜热，kJ/kg。

当疏水前压力 p_1 和二次蒸发箱压力 p_3 已知时，x_2 可通过表 11-39 查得，ρ_{cm} 通过表 11-40 查得。

表 11-39 二次蒸汽量 x_2 (%)

始端压力 p_{st}（10^5Pa）（绝对压力）	末端压力 p_{en}（10^5Pa）（绝对压力）										
	1	1.2	1.4	1.6	1.8	2.0	3.0	4.0	5.0	6.0	7.0
1.2	0.01										
1.5	0.022	0.012	0.004								
2	0.039	0.029	0.021	0.013	0.006						
2.5	0.052	0.043	0.034	0.027	0.02	0.014					
3	0.064	0.054	0.046	0.039	0.032	0.026					
3.5	0.074	0.064	0.056	0.049	0.042	0.036	0.01				
4	0.083	0.073	0.065	0.058	0.051	0.045	0.02				
5	0.093	0.089	0.081	0.074	0.067	0.061	0.036	0.017			
8	0.134	0.125	0.117	0.11	0.104	0.098	0.073	0.054	0.038	0.024	0.012
10	0.152	0.143	0.136	0.129	0.122	0.117	0.093	0.074	0.058	0.044	0.032
15	0.188	0.18	0.172	0.165	0.161	0.154	0.13	0.112	0.096	0.083	0.071

表 11-40 汽水混合物密度 ρ_{cm} （kg/m^3）

凝水管末端压力 p_{en}（10^5Pa）（绝对压力）	汽水混合物中所含蒸汽的质量百分数 x						
	0.01	0.02	0.05	0.10	0.15	0.20	0.25
1.0	54.8	28.2	11.5	5.8	3.9	2.9	2.3
1.2	64	33.2	13.6	6.8	4.6	3.4	2.7
1.4	73.3	38.1	15.6	7.9	5.3	4.0	3.2
1.6	82.3	43.0	17.6	8.9	5.97	4.5	3.6
1.8	91	47.8	19.3	10	6.7	5	4.9
2.0	99.3	52.4	21.7	11	7.4	5.5	4.4
7.0	258	151	66.9	34.8	23.5	17.7	14.2

（2）凝结水管道流量计算。在进行凝结水管道水力计算，确定管径时，不同的凝结水回水管段流量的计算可按如下方法进行。

1）余压凝结水管道。

$$G = G_{max} \tag{11-98}$$

式中 G——余压凝结水管道计算流量，t/h；

G_{max}——最大凝结水量，t/h。

2）开式高位水箱重力自流凝结水管道。

$$G = 1.5G_{max} \tag{11-99}$$

3）压力凝结水管道。

$$G = KG_{max} \tag{11-100}$$

式中 K——凝结水泵运行间歇系数，一般取 2。

4）低压自流凝结水管道。

低压自流凝结水的设计流量按凝结水量的 1.5 倍选取。

（3）凝结水管道水力计算方法。

1）凝结水管网的水力计算方法与热水管网相同，但起始点为各用户，终点为热源。其终点热源处应有 50～100kPa 余压，以此反算至各用户，确定其起始点压力。

2）对概略计算的压力凝结水管道，可查凝结水管道通过能力（见表 11-41）。

3）当进行详细计算时，可利用单位摩阻 R_m，单位摩阻与热水管道摩阻相同。

表 11-41 凝结水管道通过能力 （t/h）

公称直径 DN（mm）	单位摩擦阻力损失 R_m（Pa/m）			
	50	100	150	200
25	0.41	0.58	0.72	0.83
32	0.71	1.02	1.24	1.42
40	1.2	1.7	2.07	2.4
50	2.2	3.1	3.8	4.4
65	4.7	0.66	8.1	9.4
80	8.2	11.5	14	16.5
100	14	20	24	28
125	25	36	44	51
150	41	58	72	82
175	72	100	125	140
200	98	135	165	195
250	180	250	310	350
300	280	400	500	560
350	420	590	720	840
400	610	860	1050	1220
450	820	1180	1450	1650
500	1100	1550	1900	2200

第七节 保 温 设 计

一、热力网管道保温要求

1. 基本要求

（1）保温设计应符合减少散热损失、节约能源、满足工艺要求、保持生产能力、提高经济效益、改善工作环境、防止烫伤等基本原则。

（2）供热介质设计温度高于50℃的热力管道、设备、阀门应保温。在不通行管沟敷设或直埋敷设条件下，热水热力网的回水管道、与蒸汽管道并行的凝结水管道以及其他温度较低的热水管道，在技术经济合理的情况下可不保温。

（3）工艺不要求保温的设备及管道，当其表面温度超过60℃，对需要操作维护，又无法采取其他措施防止人身烫伤的部位，在距地面或工作台面2.1m高度以下及工作台面边缘与热表面间的距离小于0.75m的范围内，必须设置防烫伤保温设施。

2. 保温材料的性能要求

（1）保温层材料的性能要求。保温材料及其制品的主要技术性能应符合下列规定：

1）保温材料不应对管道及管路附件产生腐蚀，用于与奥氏体不锈钢表面接触的保温材料，其氯化物、氟化物、硅酸根、钠离子的含量，应符合现行国家标准GB/T 17393《覆盖奥氏体不锈钢用绝热材料规范》的有关规定，其浸出液的pH在25℃时应为7.0～11.0。

2）平均温度为70℃时，导热系数值不应大于0.08W/（m·℃），并应有明确的随温度变化的导热系数方程式或图表；对于松散或可压缩的保温材料及其制品，应具有在使用密度下的导热系数方程式或图表。

3）硬质保温材料的密度不应大于220kg/m^3；半硬质保温材料的密度不应大于200kg/m^3；软质保温材料的密度不应大于150kg/m^3。

4）硬质保温材料的抗压强度不应小于0.3MPa；半硬质的保温材料压缩10%时的抗压强度不应小于0.2MPa。

5)保温材料应选择能提供具有最高或最低使用温度、燃烧性能、腐蚀性及耐蚀性、防潮性能、抗压强度、抗折强度、化学稳定性、热稳定性指标的产品。对硬质保温材料还应提供材料的线膨胀系数或线收缩率数据。

6）保温层材料按被保温的工艺设备和管道外表面温度不同，应符合下列规定：

a．被保温的设备与管道外表面温度大于100℃时，保温层材料应选择GB 8624—2012《建筑材料及制品燃烧性能分级》中规定的A2级材料。

b．被保温的设备与管道外表面温度不大于100℃时，保温层材料应选择不低于GB 8624—2012《建筑材料及制品燃烧性能分级》中规定的C级材料。当选择其中的B级和C级材料时，氧指数不应小于30%。

（2）防潮层材料的性能要求。

1）防潮层材料应具有良好的抗蒸汽渗透性能、防水性能和防潮性能，且其吸水率不大于1%。

2）防潮层材料应选用化学性能稳定、无毒且耐腐蚀的材料，并不得对绝热层材料和保护层材料产生腐蚀或溶解作用。

3)防潮层材料必须阻燃,其氧指数不得小于30%。

4）防潮层材料应在夏季不起软化、不起泡和不流淌，且在低温使用时不脆化、不开裂、不脱落。

5）涂抹型防潮层，其软化温度不应低于65℃，20℃黏结强度不应小于0.15MPa；挥发物不得大于30%。

6）包捆型防潮层，其拉伸强度不应低于10MPa，断裂伸长率不应低于10%。

（3）保护层材料的性能要求。

1）保护层材料应具有防水、防潮、抗大气腐蚀、化学稳定性好等性能，同时不能对防潮层材料或绝热层材料产生腐蚀或溶解作用。

2）保护层材料应强度高，在使用的环境温度下不得软化、脆裂，使用寿命不得小于设计使用年限。

3）保护层材料应为不燃性材料或难燃性材料，不低于GB 8624—2012《建筑材料及制品燃烧性能分级》中规定的C级材料。

4）当热力网管道靠近储存或输送易燃、易爆物料的设备及管道敷设时，其保护层必须采用不低于GB 8624—2012《建筑材料及制品燃烧性能分级》中规定的A2级材料。

（4）黏结剂、密封剂和耐磨剂的性能要求。

1）黏结剂、密封剂和耐磨剂不应对金属产生腐蚀及引起保温材料溶解，在伸缩、膨胀、振动情况下，耐磨剂应能防止泡沫玻璃因自身或与金属互相摩擦而受损。

2）黏结剂、密封剂应具备固化时间短，密封性能好等特性，在设计使用年限内不得开裂。

二、常用保温材料

1. 矿（岩）棉

矿（岩）棉即矿渣棉和岩棉。矿渣棉是以工业矿渣如高炉矿渣、粉煤灰等为主原料，经过重熔、纤维化而制成的一种无机纤维。岩棉则是以天然岩石如玄武岩、辉绿岩等为主原料，经熔化、纤维化制成的一种无机纤维。它们用同一种生产方法，有相同的产品性能和产品标准。差异在岩棉的使用温度可高出矿渣棉 100～150℃，岩棉纤维长，化学耐久性和耐水性能较好。近年来，各厂家均采用了天然岩石与矿渣的混合原料，其产品性能遂趋于一致。矿（岩）棉的主要性能见表 11-42。

表 11-42 矿（岩）棉的主要性能

产品性能	岩棉	矿棉
渣球含量（颗粒直径＞0.25mm）（%）	≤6	≤8
纤维平均直径（μm）	≤5.5	≤6.5
有机物含量（%）	≤4	≤4
吸湿率（%）	≤1	≤4
憎水率（%）	≥98	≥98
酸度系数	≥1.6	—
导热系数 70℃ [W/（m·K）]	0.044	
最高使用温度（℃）	650	

2. 硅酸铝棉

硅酸铝棉是以硬质黏土熟料或工业氧化铝粉与硅石粉合成料为原料，采用电弧炉或电阻炉熔融，经压缩空气喷吹（或甩丝法）成纤。其制品分为湿法和干法两类。硅酸铝棉湿法制品，是将硅酸铝棉经水洗除去部分渣球，并施加黏结剂，经压制或真空等方法成型，干燥后成为制品；硅酸铝棉干法制品，是在成棉过程中加入热固性黏结剂，经加热固化而成的制品，或将不加黏结剂的硅酸铝棉采用针刺等方法制得的制品。

（1）硅酸铝棉粉类，硅酸铝棉按使用温度分为 4 类，其分类与化学成分见表 11-43。

硅酸铝棉制品的形态可分为棉、板、毡、毯。按生产方法可分为湿法（用 a 表示）和干法（用 b 表示）。

表 11-43 硅酸铝棉分类与化学成分

种类	使用温度（℃）	化学成分（%）				
		Al_2O_3	$Al_2O_3+SiO_2$	Na_2O+K_2O	Fe_2O_3	$Na_2O+K_2O+Fe_2O_3$
1 号硅酸铝棉	800	≥40	≥95	≤2.0	≤1.5	≤3
2 号硅酸铝棉	1000	≥45	≥96	≤0.7	≤1.2	—
3 号硅酸铝棉	1100	≥47	≥96	≤0.7	≤0.8	—
4 号硅酸铝棉	1200	≥52	≥96	≤0.7	≤0.8	—

（2）板、毡的规格与物理性能见表 11-44。

表 11-44 硅酸铝板、毡的规格与物理性能

种类	密度（kg/m^3）	导热系数（平均温度 500℃±20℃）[W/（m·K）]	渣球含量（%）	加热线收缩率（%）
1a、2a 号	96	≤0.161	≤18	≤4
	128	≤0.156		
	192	≤0.153		
3a、4a、2b 号	96	≤0.161	≤15	≤4
	128	≤0.156		
	192	≤0.153		

（3）毯的规格与物理性能见表 11-45。

表 11-45 硅酸铝毯的规格与物理性能

种类	密度（kg/m^3）	导热系数（平均温度 500℃±20℃）[W/（m·K）]	渣球含量（%）	加热线收缩率（%）
1b、4b 号	64	≤0.176	≤15	≤4
	96	≤0.161		
	128	≤0.156		

3. 玻璃棉

玻璃棉是采用天然矿石如石英砂、石灰石等，配以其他化工原料如纯碱、硼酸等粉状玻璃原料，在熔炉内经高温熔化，然后借助离心力及火焰喷吹的双重作用，使熔融玻璃液纤维化，形成棉状材料，即所谓离心玻璃棉。

玻璃棉的化学成分属于玻璃类，是一种无机质纤维。具有体积密度小，热导率低，保温绝热和吸声性能好，不燃、耐热、抗冻、耐腐蚀、化学稳定性好等良好的特性。玻璃棉制品的物理性能见表 11-46。

表 11-46 玻璃棉制品的物理性能

性能		指标
纤维平均直径（μm）		≤7.0
渣球含量（颗粒直径＞0.25mm）（%）		≤0.2
导热系数（平均温度 70℃±5℃）	数值 [W/（m·K）]	0.042
	对应密度（kg/m^3）	40～50
吸湿率（%）		≤3
憎水率（%）		≥98
最高使用温度（℃）		400

4. 气凝胶纳米保温材料

气凝胶通常是指以纳米量级超微颗粒相互聚集构成纳米多孔网络结构，并在网络空隙中充满气态分散介质的轻质纳米固态材料。气凝胶是一种固体，但是

99%都是由气体构成，外观看起来像云一样。气凝胶因其半透明的色彩和超轻重量，有时也被称为“固态烟”或“冻住的烟”。

最常见的气凝胶为二氧化硅气凝胶，它是一种隔热性能优异的轻质纳米多孔非晶固体材料，其孔隙率高达 80%～99.8%，孔洞的典型尺寸为 1～100nm，比表面积为 200～1000m²/g，而密度可低达 3kg/m³，室温导热系数可低达 0.012W/（m·K）。

气凝胶纳米保温材料是目前已知导热系数最低的隔热材料，它是把二氧化硅气凝胶复合于纤维中，具有柔软、已裁剪、无机防火、整体疏水等特性。气凝胶纳米保温材料主要性能见表 11-47。

表 11-47 气凝胶纳米保温材料主要性能

技术性能	指　标
密度（kg/m³）	150～250
燃烧等级	A1
最高使用温度（℃）	650
憎水率（%）	98
拉伸强度（kPa）	80
抗压强度（10%变形下）（kPa）	60
抗压强度（25%变形下）（kPa）	120
常温导热系数［W/（m·K）］	0.018～0.025

5. 硅酸钙

硅酸钙绝热制品是以石英砂粉、硅藻土、氧化硅、消石灰、电石渣、氧化钙以及石棉、玻璃纤维等增强纤维为主要原料，经过搅拌、加热、凝胶、成型、蒸压硬化、干燥等工序制成的一种高强、轻质的硬质绝热材料。硅酸钙最高使用温度为 650℃。硅酸钙主要性能见表 11-48。

表 11-48 硅酸钙物理性能

品种	密度（kg/m³）	导热系数（平均温度343K±5K）［W/（m·K）］	抗压强度（MPa）	抗折强度（MPa）	线收缩率（%）	质量含水率（%）
170号	170	≤0.055	≥0.4	≥0.2	≤2	≤7.5
220号	220	≤0.062	≥0.5	≥0.3		
240号	240	≤0.064	≥0.5	≥0.3		

6. 膨胀珍珠岩

膨胀珍珠岩是一种多孔的粒状物料，是以珍珠岩矿石为原料，经过破碎、分级、预热、高温焙烧、瞬时急剧加热膨胀而成的一种轻质、多功能绝热材料。

膨胀珍珠岩产品按堆积密度分为 5 个标号，按物理性能分成 3 个等级，其标号和各项性能指标见表 11-49。产品标记顺序为：产品名称、标号、体积、标准号。

表 11-49 膨胀珍珠岩标号和各项性能指标

标号	堆积密度（kg/m³）	质量含水率（%）	粒度（%）				导热系数（平均温度 25℃±5℃）［W/（m·K）］		
			5mm孔筛余量	0.15mm孔通过					
				优等	一等	合格	优等	一等	合格
70号	≤70						≤0.047	≤0.049	≤0.051
100号	≤100						≤0.052	≤0.054	≤0.056
150号	≤150	≤2	≤2	≤2	≤4	≤6	≤0.058	≤0.060	≤0.062
200号	≤200						≤0.064	≤0.066	≤0.068
250号	≤250						≤0.070	≤0.072	≤0.074

（1）水玻璃膨胀珍珠岩制品，水玻璃膨胀珍珠岩制品，是以水玻璃为黏结剂，与膨胀珍珠岩混合、成型、烧制而成的一种膨胀珍珠岩绝热制品，其一般性能见表11-50。为保证表中密度和导热系数，配制用膨胀珍珠岩密度应低于 120kg/m³。

表 11-50 水玻璃膨胀珍珠岩制品的一般性能

密度（kg/m3）	导热系数(平均温度 25℃±5℃)［W/（m·K)］	抗压强度（MPa）	最高使用温度（℃）	吸水率（96h）（质量%）	吸湿率（95%～100%相对湿度，20d）（%）
200～300	0.0557～0.066	0.5～1.2	650	120～180	17～23
160	0.0557～0.066	0.4～0.8	650	120～180	17～23

（2）水泥膨胀珍珠岩制品，是采用密度为 80～120kg/m³ 的膨胀珍珠岩为骨料，400～500 号硅酸盐水泥为胶结剂，按 10:1 的体积配比混合，加水搅拌，再加压成型后，自然养护或蒸汽养护而成，其性能见表 11-51。

表 11-51 水泥膨胀珍珠岩制品性能

密度（kg/m³）	常温导热系数［W/（m·K）］	抗压强度（MPa）	抗折强度（MPa）	使用温度（℃）	吸湿率（24h）（%）	吸水率（24h）（%）	软化系数
300～400	0.058～0.087	0.5～1.0	＞0.3	≤600	0.87～1.55	110～130	0.7～0.74

（3）沥青膨胀珍珠岩制品，是采用密度小于120kg/m³的珍珠膨胀岩与石油沥青加热混拌均匀后热浇注制成。该产品既隔热又隔气、防水，其性能见表11-52。

表 11-52 沥青膨胀珍珠岩制品性能

密度（kg/m³）	导热系数（平均温度25℃±5℃）［W/（m·K）］	抗压强度（MPa）	使用温度（℃）	吸湿率（24h）（%）	吸水率（24h）（%）
280～320	0.07～0.081	0.3～0.5	−50～70	—	2～5

（4）憎水膨胀珍珠岩制品，憎水膨胀珍珠岩，是选用密度在 50～80kg/m³ 的优质膨胀珍珠岩为骨料，普通水玻璃做黏结剂，选用 Na_2SiF_6 作促凝剂，加改进有机硅类憎水剂及微量表面活性剂等原材料混合配制。其制品质量配合比：膨胀珍珠岩为 120，水玻璃为 70～100，促凝剂 Na_2SiF_6 为 8～12，憎水剂为 3～4，表面活性剂为 0.5～1，水适量，其性能见表 11-53。

表 11-53 憎水膨胀珍珠岩制品性能

密度（kg/m³）	导热系数（平均温度25℃±5℃）［W/（m·K）］	抗压强度（MPa）	抗折强度（MPa）	憎水率（%）
160～200	0.056～0.065	＞0.5	0.25～0.035	＞98

7. 膨胀蛭石

蛭石是一种复杂的铁、镁含水硅酸铝矿物，是水铝云母类矿物中的一种矿石，其矿物组成及化学成分均极其复杂，而且很不固定。蛭石在膨胀时很像水蛭蠕动，故名蛭石。膨胀蛭石是由蛭石经过晾干、破碎、筛选、煅烧、膨胀而成，并可用水泥、水玻璃、沥青等做黏结剂，制成板、砖、管等产品。

（1）膨胀蛭石分类与性能。

1）膨胀蛭石按颗粒剂分配为 5 类，见表 11-54。

2）产品标记，按产品名称、类别、密度及标准号表示。

表 11-54 膨胀蛭石分类

类别	累计筛余（%）						
	筛孔直径10mm	筛孔直径5mm	筛孔直径2.5mm	筛孔直径1.25mm	筛孔直径0.63mm	筛孔直径0.25mm	筛孔直径0.16mm
1号	30～80	—	80～100	—	—	—	—
2号	0～10	—	—	90～100	—	—	—
3号	—	0～10	40～90	—	90～100	—	—
4号	—	—	0～10	—	—	90～100	—
5号	—	—	—	0～5	—	60～98	90～100

3）膨胀蛭石物理性能，见表 11-55。

表 11-55 膨胀蛭石物理性能

性能	1号	2a号	3号
	优等品	一等品	合格品
密度（kg/m³）	≤100	≤200	≤300
导热系数（平均温度25℃±5℃）［W/（m·K）］	≤0.062	≤0.078	≤0.095
含水率（%）	≤3	≤3	≤3

（2）膨胀蛭石制品。

1）产品分类，按黏结剂分为水泥膨胀蛭石制品、水玻璃膨胀蛭石制品、沥青膨胀蛭石制品等，依次用 S、B、L 表示。按制品外形分为板与砖、管壳等，依次用 P、G 表示。

2）产品标记，按品种、形式、长×宽（内径）×厚及标准号表示。

3）产品物理性能，见表 11-56。

表 11-56 膨胀蛭石物理性能

性能	1号	2a号	3号
	优等品	一等品	合格品
抗压强度（MPa）	≥0.4	≥0.4	≥0.4
密度（kg/m³）	350	480	550
导热系数（平均温度25℃±5℃）［W/（m·K）］	≤0.090	≤0.112	≤0.142
含水率（%）	≤4	≤5	≤6

8. 泡沫玻璃

泡沫玻璃是一种以磨细玻璃粉为主要原料，通过添加发泡剂，经烧熔、发泡、退货冷却、加工处理而制成。具有均匀、独立密闭的气隙结构；具有绝热、防潮、防水、防腐、抗老化等性能，因此在深冷、地下、露天、易燃、易潮及有化学腐蚀等环境的保温工程中具有明显优势。泡沫玻璃保温制品的适用温度范围–200～400℃，其分裂与物理性能指标见表 11-57。

表 11-57 泡沫玻璃制品分类与物理性能指标

性能		分类及等级				
		150			180	
		优等	一等	合格	一等	合格
密度（kg/m^3）		≤150	≤150	≤150	≤180	≤180
抗压强度（MPa）		≥0.8				
抗折强度（MPa）		≥0.4	≥0.4	≥0.4	≥0.5	≥0.5
吸水率（%）		≤0.5				
透湿系数［$\times10^{-11}$g/（Pa·m·s）］		≤5				
导热系数［W/（m·K）］	35℃	≤0.058	≤0.062	≤0.066	≤0.062	≤0.066
	–40℃	≤0.046	≤0.050	≤0.054	≤0.050	≤0.054

9. 硬质聚氨酯泡沫塑料

硬质聚氨酯泡沫塑料，使用聚醚或聚酯多元醇与多异氰酸酯为主要原料，再加胺类和有机锡催化剂、有机硅油类泡沫稳定剂、低沸点氟烃类发泡剂等，经混合、搅拌产生化学反应而形成。硬质聚氨酯泡沫塑料主要性能见表 11-58。

表 11-58 硬质聚氨酯泡沫塑料主要性能

密度（kg/m^3）	常温导热系数［W/（m·K）］	抗压强度（MPa）	抗拉强度（MPa）	伸长率（%）	吸水率（%）	使用温度（℃）
45～52	0.016～0.03	≥0.2	≥0.15	7～15	≤5	–100～90

硬质聚氨酯泡沫塑料 A、B 两大类组分的主要成分见表 11-59。

表 11-59 硬质聚氨酯泡沫塑料的主要成分

组分	作用	原料名称	规格	配比（%）
A（俗称白料）	主组分之一	含磷聚醚树脂	羟值 350mgKOH/g 酸值低于 5mgKOH/g	40～43
A（俗称白料）	主组分之一	甘油聚醚树脂	羟值（600±30）mgKOH/g 含水量低于 0.1%	12～13
		乙二醇聚醚树脂	羟值（780±50）mgKOH/g 含水量低于 0.2%	9～10
A（俗称白料）	阻燃剂	β-三氯乙基磷酸酯	工业级	6～7
	稳泡剂	水溶性硅油		1.2～2
	发泡剂	三氯氟甲烷（F-11）	沸点 23.8℃	20～28
	催化剂	三乙烯二胺	纯度不小于 98%	1～3
	催化剂	二月桂酸二丁基锡	含锡量 17%～19%	0.05～0.6
B（俗称黑料）	主组分之二	多苯基多异氰酸酯	纯度 85%～90%	

10. 聚氨乙烯泡沫塑料

聚氨乙烯泡沫塑料是以 PVC 树脂为主体，添加适量的高分子改性剂、热稳定剂、发泡剂和增塑剂，经过低速或高速均匀混合机混匀，经预塑造粒或压片，在采用模压发泡、挤出发泡或注射发泡而制成的一种泡沫塑料。

PVC 泡沫塑料的化学性质与普通 PVC 塑料相同，耐酸、碱、盐类腐蚀，耐油，耐溶剂，耐气候老化，阻燃性好。PVC 树脂的理论氯含量为 56.7%，氧指数可达 52。按 ASTM 标准，它的燃烧速度为零，属于自熄性树脂。它的物理学性质和泡沫的密度、有无实皮层紧密相关，机械强度一般随密度的提高而增大。硬质 PVC 泡沫的闪点为 391℃，比木材的闪点 260℃高得多。软质 PVC 泡沫由于加入了邻苯二甲酸酯类增塑剂，致使氧指数下降而不能自熄。用氯化石蜡、磷酸酯类增塑剂替代部分邻苯二甲酸酯类，或者再添加阻燃剂，可提高氧指数并达到自熄。PVC 泡沫塑料一般物理性能见表 11-60。

表 11-60 PVC 泡沫塑料一般物理性能

项目	技术性能		测试方法
	硬质	软质	
密度（kg/m^3）	32	56	ASTM
抗压强度（10%变形下）（MPa）	0.35		D1621
抗弯强度（MPa）	0.59		D790

续表

项　目	技术性能		测试方法
	硬质	软质	
抗拉强度（MPa）	0.55	0.01	D1623
断裂伸长率（%）	6	210	
抗剪强度（MPa）	0.24		C273
弹性模量（MPa）	13.1		D1621
导热系数［W/（m·K）］	0.023	0.035	C177

11. 聚乙烯泡沫塑料

聚乙烯泡沫塑料是以低密度高压聚乙烯树脂（LDPE）为主要原料，加入偶氮二甲胺发泡剂、过氧化二甲丙苯交联剂、氧化锌催化剂以及十溴二苯醚等阻燃剂配制而成，经混炼、精炼，在压力机中成形，在进入发泡机内发泡、冷却，并经后处理机处理后，加工成制品。

聚乙烯泡沫塑料密度小、柔韧性好、富有弹性、耐老化，且化学稳定性好，能耐一般酸、碱和溶剂侵蚀，仅对汽油、甲苯、庚烷类有轻微溶胀。作为绝热材料，具有很低的吸水性和蒸汽渗透率。聚乙烯泡沫塑料根据其发泡倍率不同，其表现密度、抗压强度及物理性能也有所不同，聚乙烯泡沫塑料物理性能见表 11-61。

表 11-61　聚乙烯泡沫塑料物理性能

性能	试验方法	发泡倍率		
		45 倍	30 倍	20 倍
密度（g/cm^3）	JIS K6767《泡沫塑料聚乙烯试验方法》	0.022	0.030	0.045
抗拉强度（kPa）	GB 1040—1979《塑料拉伸性能的测定》	196	362.6	558.6
延伸率（%）	GB 1040—1979《塑料拉伸性能的测定》	170	190	230
撕裂强度（N/m）	JIS K6767《泡沫塑料聚乙烯试验方法》	600	900	1500
压缩强度（25%）（kPa）	JIS K6767《泡沫塑料聚乙烯试验方法》	33.32	54.88	78.4
压缩永久变形（25%）（%）	JIS K6767《泡沫塑料聚乙烯试验方法》	7.0	3.1	1.8
加热尺寸变化（70℃）（%）	JIS K6767《泡沫塑料聚乙烯试验方法》	−2.5	−1.9	−0.8
导热系数［W/（m·K）］	GB 3394—1982《工业用乙烯、丙烯中微量一氧化碳、二氧化碳和乙炔的测定气相色谱法》	0.034	0.036	0.038
吸水率（g/cm^3）	JIS K6767《泡沫塑料聚乙烯试验方法》	≤0.002	≤0.002	≤0.002

12. 泡沫橡胶

泡沫橡胶通常指具有多孔状结构的橡胶，也称为微孔橡胶、海绵橡胶或多孔橡胶。泡沫橡胶大多数以天然橡胶（NR）、合成橡胶为主要原料，加入发泡剂、硫化剂、促进剂、填充剂等辅料。对于胶乳类，经胶乳去氨，配合胶乳熟成，起泡、匀泡和胶凝，注模和硫化，水洗和干燥而成。对于干胶类，经塑炼、混炼、热炼、硫化发泡、停放收缩而成。胶乳大多采用天然胶孔、丁苯胶乳、氯丁胶乳或丁腈胶乳，而干胶可选择天然橡胶（NR）、丁苯橡胶（SBR）、顺丁橡胶（BR）或上述橡胶并用。

泡沫橡胶的性能与所用胶种、橡胶形态、孔泡结构、发泡倍率等因素相关。它具有良好的隔热、隔音、缓冲和减震性能、耐疲劳、耐候性好，相对密度小，特殊情况下根据需要也可制得满足阻燃、耐油要求的制品。其物理性能见表 11-62。

表 11-62　泡沫橡胶物理性能

性　能	指标
密度（kg/m^3）	50～220
抗压强度（kPa）	20～150
老化系数（70℃×96h，按硬度变化）	1.1～1.4
永久变形（25 万次压缩 50%）（%）	<7.5
压缩变形（−40℃）（%）	0～20
体积比热容［kJ/（m^3·K）］	670
导热系数（发泡 3 倍）［W/（m·K）］	0.039
回弹性（%）	75～95

三、保温材料选择

1. 保温材料的选用原则

（1）保温材料的允许使用温度应高于正常操作时的介质最高温度。

（2）相同温度范围内有不同保温材料可供选择时，应选用导热系数小、密度小、造价低、易于施工的保温材料，同时应进行综合比较，其经济效益高者应优先选用。

（3）在高温条件下经综合经济比较后可选用复合材料。

2. 蒸汽管道保温材料选择

蒸汽管道因介质温度较高，一般可采用矿（岩）棉、硅酸铝棉、玻璃棉、气凝胶纳米保温材料等，蒸汽管道一般采用复合保温结构，根据各种保温材料的特性进行选择。

3. 热水、冷凝水管道保温材料选择

热水、冷凝水管道介质温度相对较低，一般可采用玻璃棉、矿（岩）棉、聚氨酯泡沫塑料，直埋管道一般采用聚氨酯泡沫塑料。

四、保温热力计算

1. 计算原则

（1）保温计算应根据工艺要求和技术经济分析选择保温计算公式，当无特殊工艺要求时，保温的厚度应采用“经济厚度”计算，但若经济厚度偏小以致散热损失超过最大允许散热损失量标准时，应采用最大允许热损失量下的厚度。

（2）防止人身遭受烫伤的部位，其保温层厚度应按表面温度法计算，且保温外表面的温度不得大于50℃。

（3）当需要延迟冻结、凝固和结晶的时间及控制物料温降速度时，其保温厚度应按热平衡方法计算。

2. 保温热力计算参数

（1）管道外表面温度 t_o 的取值应符合下列规定：

1）金属设备和管道的外表面温度 t_o，当无衬里时，应取介质的正常运行温度。

2）当有衬里时，金属设备和管道的外表面温度 t_o，应按由外保温层存在的条件下进行传热计算而确定。

（2）环境温度 t_a 的取值应符合下列规定：

1）室外保温结构在经济厚度 δ 和热损失 Q 的计算中，当长年运行时，环境温度 t_a 应取历年的年平均温度的平均值；供暖季节运行时，应取历年运行七日平均温度的平均值。

2）室内保温经济厚度计算和热损失计算中，环境温度 t_a 可取为 20℃。

3）在地沟内保温经济厚度计算中，环境温度 t_a 取值应符合下列规定：当外表面温度 t_o 为 80℃时，t_a 取为 20℃；当 t_o 为 81～110℃之间时，t_a 取为 30℃；当 t_o 不小于 110℃时，t_a 取为 40℃。

4）计算防止人身烫伤的厚度时，环境温度 t_a 应取历年最热月份平均温度值。

5）计算防止设备管道内介质冻结厚度时，应取历年冬季最低平均温度。

（3）界面温度的取值应符合下列规定：

对于异材复合保温结构在内外两种不同材料界面处以摄氏度（℃）级的温度，不得高于外层保温材料安全使用温度的 0.8 倍。

（4）保温结构表面放热系数 α_s 的取值应符合下列规定：

1）在进行经济厚度、最大允许热损失下的厚度、表面放热损失量和保温结构外表面温度的计算中，室外 α_s 应按式（11-101）计算，即

$$\alpha_s = 1.163 \times (10 + 6\sqrt{v}) \tag{11-101}$$

式中 v——年平均风速，m/s。

2）保温结构表面温度现场校核计算中，α_s 用式（11-101）计算，v 取现场实际平均风速。

3）防烫伤计算中 α_s 可取为 8.141［W/（m²·℃）］。

4）在保温效果检测研究中的保温计算，外表面放热系数 α_s 应为表面材料的辐射放热系数 α_r 与对流放热系数 α_c 之和。

a. 辐射放热系数 α_r 应按式（11-102）计算，即

$$\alpha_r = \frac{5.669\varepsilon}{t_s - t_a}\left[\left(\frac{273 + t_s}{100}\right)^4 - \left(\frac{273 + t_a}{100}\right)^4\right] \tag{11-102}$$

式中 α_r——绝热结构外表面材料辐射放热系数，［W/（m²·℃）］；

ε——绝热结构外表面材料的黑度；

t_s——保温层外表面温度，℃。

b. 无风时，对流放热系数 α_c 应按式（11-103）计算，即

$$\alpha_c = \frac{26.4}{\sqrt{397 + 0.5(t_s + t_a)}}\left(\frac{t_s - t_a}{D_1}\right)^{0.25} \tag{11-103}$$

式中 α_c——对流放热系数，［W/（m²·℃）］；

D_1——绝热层外径。当为双层时，应代入外层绝热层外径 D_2 的值（下同）。

c. 有风时，对流放热系数 α_c 应按式（11-104）和式（11-105）计算，即

当 vD_1 不大于 0.8m²/s 时，

$$\alpha_c = 4.04\frac{v^{0.613}}{D_1^{0.382}} \tag{11-104}$$

当 vD_1 大于 0.8m²/s 时，

$$\alpha_c = 4.24\frac{v^{0.805}}{D_1^{0.15}} \tag{11-105}$$

（5）导热系数 λ 应取保温材料在平均设计温度下的导热系数，对软质材料应取安装密度下的导热系数。

（6）热价 P_H 应按建设单位所在地实际价格取值，在无实际热价时，可用公式计算。

（7）保温结构的单位造价 P_T 应包括主材费、防潮层和保护层费、包装费、运输费、损耗、安装（包括

辅助材料）费在一起的综合实际价格。当无综合实际价格时，可用公式计算。

（8）年运行时间 t 对长年运行的应按 8000h 计算，对非长年运行的应按实际运行时间计算。

（9）保温结构外表面材料的 ε 黑度值，随材料光洁度越高而越低。常用材料的黑度应按表 11-63 取值。

表 11-63　　常用材料的黑度

材料		黑度 ε
铝皮		0.15～0.30
不锈钢		0.20～0.40
氧化铁皮		0.80～0.90
有光泽的镀锌铁皮		0.23～0.27
已氧化的镀锌铁皮		0.28～0.32
纤维织物		0.70～0.80
位铁改和染色的灰浆粉		0.92
石棉板		0.97
水泥砂浆		0.69
铝粉漆		0.41
黑漆	有光泽	0.88
	无光泽	0.96
油漆		0.80～0.90

3. 保温层厚度的计算

（1）圆筒保温层厚度：

$$\delta=\frac{1}{2}(D_1-D_0) \tag{11-106}$$

$$\delta=\frac{1}{2}(D_2-D_0) \tag{11-107}$$

$$\delta_1=\frac{1}{2}(D_1-D_0) \tag{11-108}$$

$$\delta_2=\frac{1}{2}(D_2-D_1) \tag{11-109}$$

式中　D_0——管道或设备外径，m；

D_1——内层保温层外径，当为单层时，即 D_1 保温层外径，m；

D_2——外层保温层外径，m；

δ——保温层厚度，当保温层为不同材料组合的双层保温层结构时，δ 为双层总厚度，m；

δ_1——内层保温层厚度，m；

δ_2——外层保温层厚度，m。

（2）圆筒保温层经济厚度的计算：

$$D_1\ln\frac{D_1}{D_0}=3.795\times10^{-3}\sqrt{\frac{P_H\lambda t(t_o-t_a)}{P_TS}}-\frac{2\lambda}{\alpha_s} \tag{11-110}$$

式中　P_H——热价，元/GJ；

P_T——保温结构单位造价，元/m^3；

λ——保温材料平均温度下的导热系数，W/（m·℃）；

α_s——保温层外表面向周围环境的放热系数，W/（m^2·℃）；

t——运行时间，h；

t_o——管道设备外表面的温度，℃；

t_a——环境温度，即运行期间的平均温度，℃；

$|t_o-t_a|$——（t_o-t_a）的绝对值；

S——保温工程投资年摊销率，宜设计使用年限内按复利率计算，%。

（3）平面型保温层经济厚度计算：

$$\delta=1.8975\times10^{-3}\sqrt{\frac{P_H\lambda t(t_o-t_a)}{P_TS}}-\frac{2\lambda}{\alpha_s} \tag{11-111}$$

（4）圆筒形单层最大允许热损失下保温层厚度：

1）最大允许热损失量下保温层厚度。

$$D_1\ln\frac{D_1}{D_0}=2\lambda\left[\frac{t_o-t_a}{[Q]}-\frac{1}{\alpha_s}\right] \tag{11-112}$$

式中　[Q]——以每平方米为单位保温层的最大允许热损失，W/m^2，可按表 11-64 采用。

2）当工艺要求最大允许热损失下保温层厚度。

$$\ln\frac{D_1}{D_0}=\frac{2\pi(t_o-t_a)}{[q]}-\frac{2\lambda}{\alpha_s} \tag{11-113}$$

式中　[q]——以每米为单位保温层的最大允许热损失，W/m。

（5）圆筒形双层最大允许热损失下的保温层厚度：

1）最大允许热损失量下的保温层厚度：

a. 双层保温层厚度 δ 计算中，应使外层保温层外径 D_2 满足式（11-114）要求。

$$D_1\ln\frac{D_2}{D_0}=2\left[\frac{\lambda_1(t_o-t_a)+\lambda_2(t_1-t_2)}{[Q]}-\frac{1}{\alpha_s}\right] \tag{11-114}$$

式中　t_1——内层保温层外表面绝对温度，℃；

t_2——外层保温层外表面绝对温度，℃；

λ_1——内层保温材料导热系数，W/（m·℃）；

λ_2——外层保温材料导热系数，W/（m·℃）。

b. 内层厚度 δ 计算中，应使内层保温层外径 D_1 满足式（11-115）要求。

$$\ln\frac{D_1}{D_2}=\frac{2\lambda(t_o-t_1)}{[Q]} \tag{11-115}$$

c. 外层厚度 δ_2 可按公式（11-114）计算。

2）当工艺要求最大允许热损失下保温层厚度：

a. 双层保温层厚度 δ 计算中，应使外层保温层外径 D_2 满足式（11-116）的要求。

$$\ln\frac{D_2}{D_0}=\frac{2\pi[\lambda_1(t_2-t_1)+\lambda_2(t_1-t_2)]}{[q]}-\frac{2\lambda_2}{D_2\alpha_s} \quad (11\text{-}116)$$

b．内层厚度 δ_1 计算中，应使内层保温层外径 D_1 满足式（11-117）的要求。

$$\ln\frac{D_1}{D_0}=2\pi\frac{(T_2-T_1)}{[q]} \quad (11\text{-}117)$$

c．外层厚度 δ_2 可按公式（11-116）计算。

（6）平面型单层最大允许热损失下保温层厚度应按式（11-118）计算，即

$$\delta=\lambda\left[\frac{t_o-t_a}{[Q]}-\frac{1}{\alpha_s}\right] \quad (11\text{-}118)$$

（7）平面型异材双层最大允许热损失下保温层厚度应按式（11-119）和式（11-120）计算：内层厚度 δ_1 应按式（11-119）计算，即

$$\delta_1=\frac{\lambda_l(t_o-t_1)}{[Q]} \quad (11\text{-}119)$$

外层厚度 δ_2 应按式（11-120）计算，即

$$\delta_1=\lambda_2\left(\frac{t_o-t_a}{Q}-\frac{1}{\alpha_s}\right) \quad (11\text{-}120)$$

（8）圆形单层防止保温层外表面结露的保温层厚度的计算。应使保温层外径 D_1 满足式（11-121）要求。

$$D_1\ln\frac{D_1}{D_0}=\frac{2\lambda}{\alpha_s}\cdot\frac{t_d-t_o}{t_a-t_d} \quad (11\text{-}121)$$

（9）圆筒形异材双层防止保温层外表面结露的保温层厚度计算。

1）双层保温层总厚度 δ 的计算中，应使外层保温层外径 D_2 满足式（11-122）的要求。

$$D_2\ln\frac{D_2}{D_0}=\frac{2}{\alpha_s}\frac{\lambda_1(t_1-t_o)+\lambda_2(t_d-t_1)}{(t_a-t_d)} \quad (11\text{-}122)$$

2）内层厚度 δ_1 计算中，应使内层保温层外径 D_1 满足式（11-123）的要求。

$$\ln\frac{D_1}{D_0}=\frac{2\lambda_1}{D_2\alpha_s}\cdot\frac{t_1-t_o}{t_a-t_d} \quad (11\text{-}123)$$

3）外层厚度 δ_2 的计算中，应使外层保温层外径 D_2 满足式（11-124）的要求。

$$\ln\frac{D_2}{D_1}=\frac{2\lambda_2}{D_2\alpha_s}\cdot\frac{t_d-t_1}{t_a-t_d} \quad (11\text{-}124)$$

式中 t_d——当地气象条件下最热月份的露点温度，℃。

（10）圆筒形保温层外径 D 厚度计算时应满足式（11-125）的要求。

$$\ln\frac{D_1}{D_0}=\frac{2\lambda}{\alpha_s}\cdot\frac{t_o-t_s}{t_s-t_a} \quad (11\text{-}125)$$

式中 t_s——保温层外表面温度，℃，T_s=60℃。

（11）平面型防止人身烫伤的保温层厚度应按式（11-126）计算，即

$$\delta=\frac{\lambda}{\alpha_s}\cdot\frac{t_o-t_s}{t_s-t_a} \quad (11\text{-}126)$$

（12）延迟管道内介质冻结的保温厚度计算。延迟管道内介质冻结、凝固、结晶的保温厚度计算中，应使绝热层外径 D_1 满足式（11-127）的要求，即

$$\ln\frac{D_1}{D_0}=\frac{7200K_r\pi\lambda\left(\frac{t_o-t_{ft}}{2}-t_a\right)t_{fr}}{(t_o-t_{ft})(V\rho c+V_p\rho_p c_p)}-\frac{2\lambda}{D_1\alpha_s} \quad (11\text{-}127)$$

式中 K_r——管件及管道支吊架附加热损失系数，K_r=1.1～1.2（大管取值应靠下限，反之应靠上限）；

t_{ft}——介质凝固点，℃；

t_{fr}——介质在管道内不出现冻结的停留时间，h；

α_s——冬季最多风向平均风速下的放热系数，$\alpha_s=1.163\times10+6\sqrt{v}$，$v$ 为当地平均风速（m/s）；

V、V_p——分别为介质体积和管壁体积，m^3；

ρ、ρ_p——分别为介质密度和管壁密度，kg/m^3；

c、c_p——分别为介质比热容和管壁比热容，J/(kg·℃)。

（13）给定液体管道允许温度降时保温厚度计算。

1）对于无分支（无节点）液体管道在给定允许温度降条件下的保温厚度计算中，应使绝热层外径 D_1 满足式（11-128）要求，即

$$\ln\frac{D_1}{D_0}=\frac{8\lambda L_{AB}K_r}{D^2v\rho C\ln\frac{t_A-t_a}{t_B-t_a}}-\frac{2\lambda}{D_1\alpha_s} \quad (11\text{-}128)$$

式中 L_{AB}——A、B 之间管道实际长度，m；

D——管道内径，m；

v——介质流速，m/s；

t_A——介质在（上游）A 点处的温度，℃；

t_B——介质在（下游）B 点处的温度，℃。

2）对于有分支（有结点）管道，在干管管径及干管首末绝热层厚度相等的情况下，应先按下式计算出干管各结点处的介质温度：

干管各结点处温度应按式（11-129）和式（11-130）计算，即

$$t_C=t_{(C-1)}-(t_i-t_n)\frac{\frac{L_{(C-1)\to C}}{q_{m(C-1)\to C}}}{\sum_{i=2}^{n}\frac{L_{(i-1)\to i}}{q_{m(i-1)\to i}}} \quad (11\text{-}129)$$

$$q_{mi}=2827.4D_i^2v_i\rho \quad (11\text{-}130)$$

式中 t_C、$t_{(C-1)}$——分别为结点 C 与前一结点 C–1 处的温度，℃；

t_i——管道起点的温度，℃；

t_n——管道终点的温度，℃；

$L_{(C-1)\to C}$——结点 C 与前一结点 $C-1$ 之间的管段长度，m；

$q_{m(C-1)\to C}$——$C-1$ 与 C 两点之间管道介质质量流量，kg/h；

$L_{(i-1)\to i}$——任意点 i 与前一结点 $i-1$ 之间的管段长度，m；

$q_{m(i-1)\to i}$——任意点 i 与前一结点 $i-1$ 之间介质质量流量，kg/h；

q_{mi}——任意点 i 处管内介质质量流量，kg/h。

4. 保温热损失计算

（1）最大允许热损失量应符合表 11-64 中数值。

表 11-64　最大允许热损失量

设备管道外表面温度 T_0（℃）	保温层外表面最大允许热损失量［Q］（W/m²）	
	常年运行	季节运行
50	58	116
100	93	163
150	116	203
200	140	244
250	163	279
300	186	308
350	209	
400	227	
450	244	
500	262	
600	296	
700	330	
800	360	

（2）保温层的热损失量计算。

1）圆筒形单层保温热损失量，可按式（11-131）计算，即

$$Q=\frac{t_o-t_a}{\frac{D_1}{2\lambda}\ln\frac{D_1}{D_0}+\frac{1}{\alpha_s}} \tag{11-131}$$

两种不同热损失单位之间的数值转换，应采用式（11-132）进行计算，即

$$q=\pi D_1 Q \tag{11-132}$$

式中 Q——以每平方米保温层外表面积表示的热损失量，W/m²；

q——以每米长度表示的热损失量，W/m。

2）圆筒型异材双层保温结构热损失量，可按式（11-133）计算，即

$$Q=\frac{t_o-t_a}{\frac{D_2}{2\lambda_1}\ln\frac{D_1}{D_0}-\frac{D_2}{2\lambda_2}\ln\frac{D_2}{D_1}+\frac{1}{\alpha_s}} \tag{11-133}$$

两种不同热损失单位之间的数值转换，应采用式（11-134）计算，即

$$q=\pi D_2 Q \tag{11-134}$$

3）平面型单层保温结构热损失量，可按式（11-135）计算，即

$$Q=\frac{t_o-t_a}{\frac{\delta}{\lambda}+\frac{1}{\alpha_s}} \tag{11-135}$$

4）平面型双层保温结构热损失量，可按式（11-136）计算，即

$$Q=\frac{t_o-t_a}{\frac{\delta_1}{\lambda_1}+\frac{\delta_2}{\lambda_2}+\frac{1}{\alpha_s}} \tag{11-136}$$

5. 保温层外表面温度计算

（1）对 Q 以 W/m² 计算的圆筒、平面，其单、双层保温结构的外表面温度应按式（11-137）计算，即

$$t_s=\frac{Q}{\alpha_s}+t_a \tag{11-137}$$

（2）对 q 以 W/m 计算的圆筒、平面，其单、双层保温结构的外表面温度应按式（11-138）计算，即

$$t_s=\frac{q}{\pi D_2\alpha_s}+t_a \tag{11-138}$$

6. 双层保温内外层界面处温度计算

（1）圆筒型异材双层保温结构层间界面处温度 t_1 应按式（11-139）进行校核，即

$$t_1=\frac{\lambda_1 t_o\ln\frac{D_2}{D_1}+\lambda_2 t_s\ln\frac{D_1}{D_0}}{\lambda_1\frac{D_2}{D_1}+\lambda_2\ln\frac{D_1}{D_0}} \tag{11-139}$$

（2）平面型异材双层保温结构层间界面处温度 t_1 应按式（11-140）进行校核，即

$$t_1=\frac{\lambda_1 t_o\delta_2+\lambda_2 t_s\delta_1}{\lambda_1\delta_2+\lambda_2\delta_1} \tag{11-140}$$

（3）对于双层保温结构内外层界面处的温度 t_1，应校核其外层保温材料对温度的承受能力。当 t_1 超出外层保温材料的安全使用温度［t_2］的 0.8 倍时，必须重新调整内外层厚度比。

7. 直埋管道保温热力计算

直埋管道应按照 CJJ/T 104—2014《城镇供热直埋蒸汽管道技术规程》的规定进行保温热力计算。

8. 能量价格、保温结构单位造价计算

（1）热价 P 应按实际购置价或生产成本取值，或按式（11-141）计算，即

$$P_H=1000\frac{C_1 C2P_F}{q_F\eta_p} \tag{11-141}$$

式中 P_H——热价，元/GJ；

C_1——工况系数，C_1=1.2～1.4；

C_2——㶲值系数；

P_F——燃料到厂价，元/t；

q_F——燃料收到基低位发热量，kJ/kg；

η_p——锅炉热效率，%。

（2）㶲值系数 C_2（见表 11-65）。

表 11-65 㶲 值 系 数 C_2

设备及管道种类	㶲值系数 C_2
利用锅炉出㶲新蒸汽的设备及管道	1
抽汽管道、辅助蒸汽管道	0.75
疏水管道、连续排污及扩容器	0.5
通大气的放空管道	0

（3）保温结构单位造价 P_T。

1）管道保温绝热结构单位造价 P_T 应按式（11-142）计算，即

$$P_T=(1-D_x)\,[F_iP_i+F_{ia}+\frac{4\times F_1D_1}{D_1^2-D_0^2}\times(F_9\times P_9+F_{91})] \tag{11-142}$$

2）热备保温绝热结构单位造价 P_T 应按式（11-143）计算，即

$$P_T=(1+D_x)[F_iP_i+F_{ia}+\frac{F_1}{\delta}\times(F_9\times P_9+F_{92})] \tag{11-143}$$

3）管道保冷绝热结构单位造价 P_T 应按式（11-144）计算，即

$$P_T=(1+D_x)\{F_iP_i+F_{ia}+\frac{4\times F_1D_1}{D_1^2-D_0^2}\times[F_9\times(P_5+P_9)+F_{94}]\} \tag{11-144}$$

4）设备保冷绝热单位造价 P_T 应按式（11-145）计算，即

$$P_T=(1+D_x)\{F_iP_i+F_{ia}+\frac{F_1}{\delta}\times[F_9\times(P_5+P_9)+F_{94}]\} \tag{11-145}$$

式中 P_T——绝热结构单位造价，元/m³；

D_x——固定资产投资方向调节税（以下简称“定向税”）税率，%；

F_i——绝热层材料损耗及费税系数，F_i=1.10～1.18；

P_i——绝热层材料到厂单价，元/m³；

F_{ia}——绝热层每立方米人工、管理等附加费；

F_1——保护层费税系数，F_1=1.08；

F_9——保护层材料损耗、重叠系数，F_9=1.20～1.30；

P_9——保护层材料单价，元/m²；

F_{91}——管道保护层每平方米人工、管理等附加费，F_{91}=4～7 元/m²；

F_{92}——设备保护层每平方米人工、管理等附加费，F_{92}=4～6 元/m²（钉口），F_{92}=9～13 元/m²（咬口）；

P_5——防潮层材料单价，元/m²；

F_{93}——管道保冷防潮层及保护层每平方米人工、管理等附加费，F_{93}=6～10 元/m²；

F_{94}——管道保冷防潮层及保护层每平方米人工、管理等附加费，F_{94}=6～10 元/m²（钉口），F_{94}=13～18 元/m²（咬口）。

五、保温结构设计

1. 保温结构组成

保温结构一般由保温层和保护层组成，管道保温结构图如图 11-64 所示，对于直埋管道的保温结构还应设防潮层，对于管沟内的管道保温结构也宜设防潮层。

2. 保温层设计要求

（1）保温层厚度应以 10mm 为单位进行分档，保温层总厚度大于 50mm 时，应进行分层布置。

（2）当内外层采用同种保温材料时，内外层保温厚度近似相等。

（3）当内外层采用不同种保温材料时，内外层厚度的比例应保证内外层界面处温度绝对值不超过外层保温材料安全使用温度绝对值的 0.8 倍（按摄氏度计算）。

（4）采用同层错缝，内外层压缝方式布置，内外层接缝应错开 100～150mm，水平安装的管道和设备外层的纵向拼缝位置应尽量远离垂直中心线上方，纵向接缝的缝口朝下。

（5）管道立管保温应设支撑件，且支撑件的设计，应符合下列规定：

1）支撑件的支承面宽度应小于保温层厚度 10～20mm。

2）支撑件的间距一般在 2～3m。

3）不锈钢与合金钢管道上的支撑件，宜采用抱箍型结构。

（6）保温层捆扎结构应符合下列规定：

1）保温层结构中一般采用镀锌钢丝、镀锌钢带作为保温结构的捆扎材料。

a．DN≤100 的管道，宜采用 0.8mm 双股镀锌钢丝捆扎。

b．100＜DN≤600 的管道，宜用 1～1.2mm 双股镀锌钢丝捆扎。

c．600＜DN≤1000 的管道，宜采用 20×0.5mm 镀锌钢带或 1.6～2.5mm 镀锌钢丝捆扎。

d．DN＞1000 的管道，宜采用 20×0.5mm 镀锌钢带捆扎。

2）捆扎间距一般不大于 200mm，每块保温材料

至少要捆扎两道。

3）管道采用双层、多层保温时应逐层捆扎，内层可采用镀锌钢带或镀锌铁丝捆扎，大管道外层宜用镀锌钢带捆扎。

4）严禁用螺旋缠绕法进行捆扎。

（7）保温层的伸缩缝设置应符合下列规定：

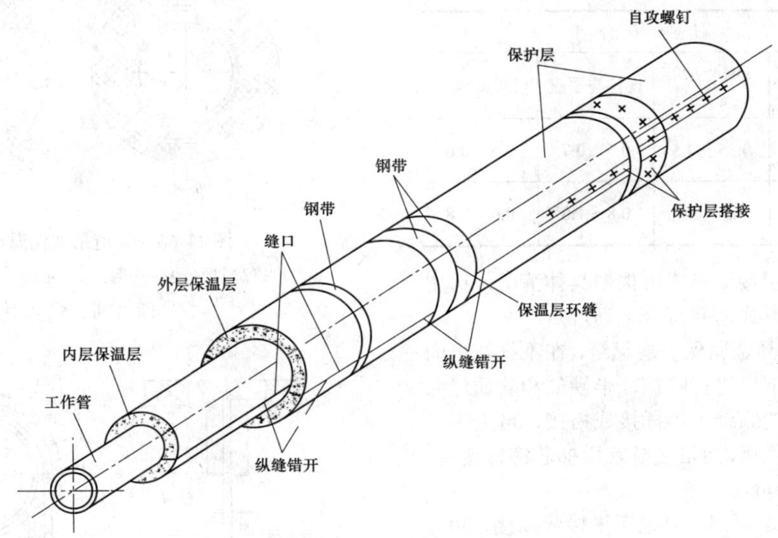

图 11-64 管道保温结构图

1）保温层为硬质制品时，应留设伸缩缝。伸缩缝的扩展或压缩量可以计算，但伸缩缝的宽度不小于20mm，并采用软质保温材料将缝隙填平，填充材料的性能应满足介质的温度要求。

2）伸缩缝间距，直管每隔 3.5～5m 应设一个伸缩缝（中低温宜靠上限，高温宜靠下限）。

3）伸缩缝宜设置在支吊架下列位置：

a．立管的支撑件或法兰下。

b．水平管道、卧式设备的法兰、支吊架、加强筋板和固定患处或距封头 100～150mm 处。

c．管束分支部位。

4）多层保温层伸缩的留设，应符合下列规定：高温保温层各层伸缩缝必须错开，错缝间距不宜大于100mm，且在外层伸缩缝外进行再保温。

5）保温层伸缩缝计算：

a．管道的伸长（或缩小）量计算，即

$$\Delta L_0=1000\alpha_{10}L(t_o-t_a) \tag{11-146}$$

式中 ΔL_0——管道或设备的伸长（或缩小）量，mm；

α_{10}——管道或设备的线膨胀系数，1/℃；

L——伸缩缝间距，m。

b．保温材料的伸长（或缩小）量计算，即

单层：

$$\Delta L_1=1000\alpha_{L1}L\left(\frac{t_o+t_s}{2}-t_a\right) \tag{11-147}$$

双层：

$$\Delta L_2=1000\alpha_{L2}L\left(\frac{t_1+t_2}{2}-t_a\right) \tag{11-148}$$

式中 ΔL_1——保温材料的伸长（或缩小）量，mm；

ΔL_2——外层保温材料的伸长（或缩小）量，mm；

α_{L1}——内层保温材料的线膨胀系数，1/℃；

α_{L2}——外层保温材料的线膨胀系数，1/℃。

c．保温层在使用中伸缩缝的扩展或压缩量的计算，即

保温层相对于管道：

$$\Delta L=\Delta L_0-\Delta L_1 \tag{11-149}$$

保温层相对于内保温层：

$$\Delta L=\Delta L_1-\Delta L_2 \tag{11-150}$$

式中 ΔL——保温层伸缩缝的扩展或压缩量，mm。

3. 防潮层设计要求

（1）在环境变化和有振动的情况下，防潮层应保持其结构的完整性和密封性。

（2）沥青胶、防水冷水浇料玻璃布防潮层的组成，应符合 GBJ 126—1989《工业设备及管道绝热施工及验收规范》的规定。

（3）防潮层不得设置铁丝、钢带等硬质绑扎件。

4. 保护层设计要求

（1）保温结构外层应设置保护层，保护层结构应严密和牢固，在环境变化和有振动的情况下，不渗水、无裂纹、不散缝、不坠落。

（2）保护层宜选用金属材料作为保护层，腐蚀性

环境下宜采用耐腐蚀材料作为保护层。

（3）金属保护厚度应符合表 11-66 的规定。

表 11-66　常用金属保护层厚度

材料	使用场合			
	DN≤100 管道	DN＞100 管道	设备与平壁	可拆卸结构
镀锌薄钢板	0.3～0.35	0.35～0.5	0.5～0.7	0.5～0.6
铝合金薄板	0.4～0.5	0.5～0.6	0.8～1.0	0.6～0.8

（4）金属保护层接缝形式可根据具体情况，选用搭接，插接或咬接形式，并符合下列规定：

1）硬质保温制品金属保护层纵缝，在不损坏里面制品及防潮层前提下可进行咬接，半硬质和软质保温制品的金属保护层的纵缝可用插接或搭接，可采用自攻螺钉或抽芯铆钉连接，而搭接缝宜用抽芯铆钉连接，钉与钉间距为 200mm。

2）金属保护层的环缝，可采用搭接或插接，30～50mm。除有防坠落要求的垂直安装的保护层外，在保护层搭接或插接的环缝上，水平管道不宜使用自攻螺钉或抽芯铆钉固定。

3）金属保护层应有整体防（雨）水功能。对水易渗进保温层的部位应用马蹄脂或胶泥严缝。

管道弯头、三通保温结构如图 11-65 所示。管道吊架保温结构如图 11-66 所示。管道托架保温结构如图 11-67 所示。阀门保温结构如图 11-68 所示。法兰保温结构如图 11-69 所示。

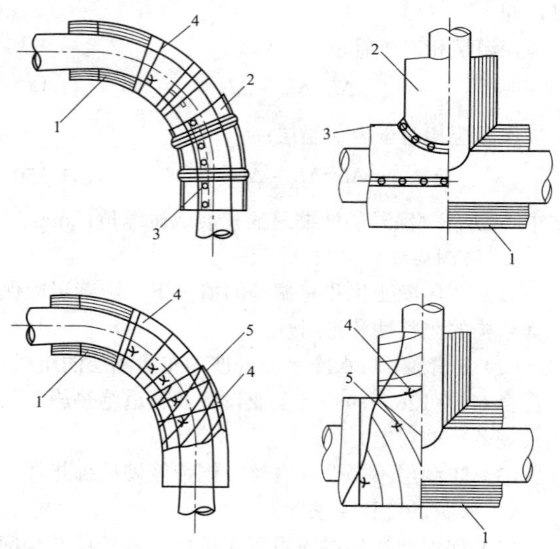

图 11-65　管道弯头、三通保温结构
1—保温层；2—保护层；3—自攻螺钉；4—镀锌铁丝；5—玻璃布

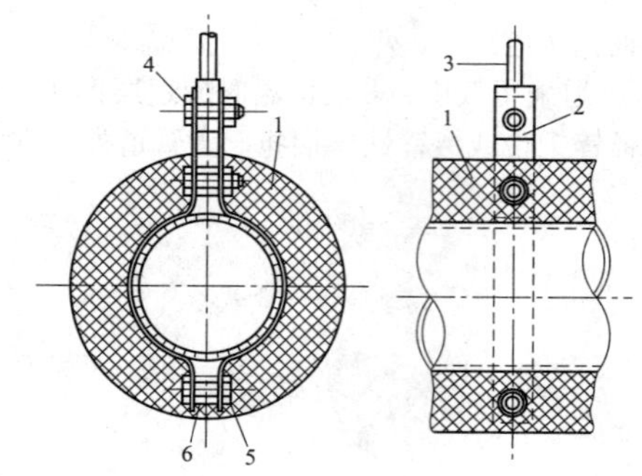

图 11-66　管道吊架保温结构
1—保温层；2—管箍；3—吊环；4—螺栓；5—锁紧螺母；6—垫块

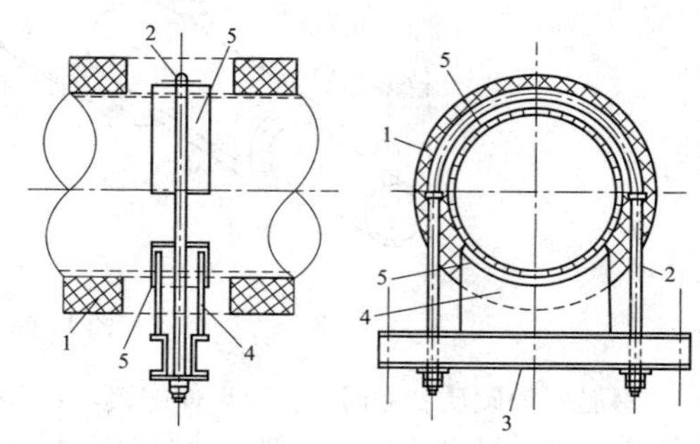

图 11-67　管道托架保温结构
1—保温层；2—U 形卡箍；3—托架；4—支撑板；5—托板

5. 直埋管道保温结构设计要求

（1）直埋蒸汽管道。

1）直埋管道保温结构一般由保温层、防潮层、空气层以及外护管组成。

2）保温结构可采用单一绝热材料层或多种绝热材料的复合层，也可设置辐射隔热层和空气层或抽真空。

3）真空层（空气层）厚度不宜大于 25mm。

（2）直埋热水管道。直埋敷设热水管道应采用钢管、保温层、外护管紧密结合成一体的预制管。其技术要求应符合现行行业标准 CJ/T 114《高密度聚乙烯外护管聚氨酯泡沫塑料预制直埋保温管》和 CJ/T 129《玻璃纤维增强塑料外护层聚氨酯泡沫塑料预制直埋保温管》的规定。

6. 管道附件保温结构设计要求

（1）管道附件可采用与管道相同的保温材料进行保温。

（2）采用隔热型管托时，应在管托底座及坐腔内填充保温棉。

（3）阀门、法兰等部位应采用可拆卸式保温结构。

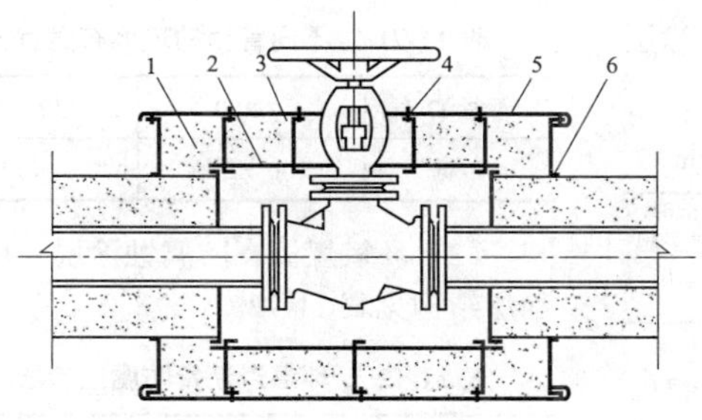

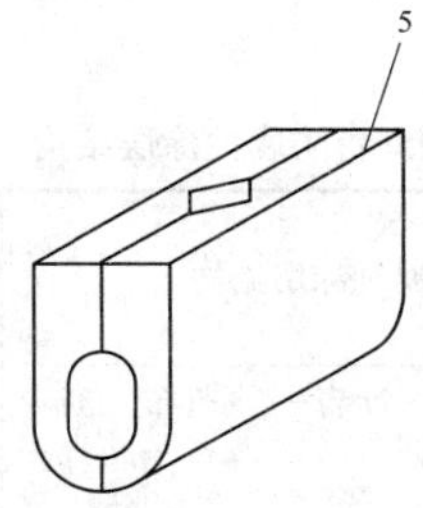

图 11-68　阀门保温结构

1—保温层；2—铁丝网；3—钩钉；4—铆钉；5—镀锌铁皮或彩钢板保护罩；6—密封剂

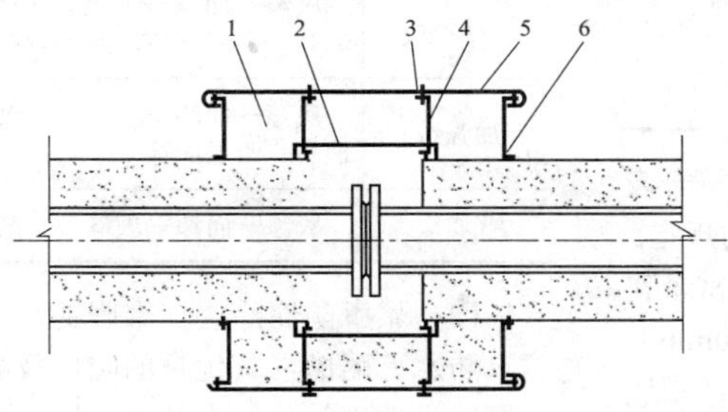

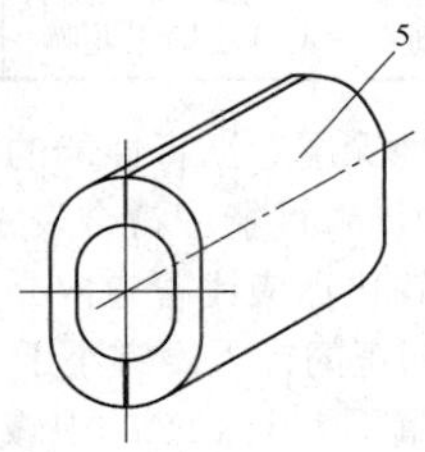

图 11-69　法兰保温结构

1—保温层；2—铁丝网；3—钩钉；4—铆钉；5—镀锌铁皮或彩钢板保护罩；6—密封剂

第八节　防腐设计

一、一般规定

（1）地上敷设和管沟敷设的热水（或凝结水）管道、季节运行的蒸汽管道及附件，应刷耐热、耐湿、防腐性能良好的涂料。

（2）常年运行的蒸汽管道及附件，可不涂刷防腐涂料。常年运行的室外蒸汽管道及附件，可涂刷耐常温的防腐涂料。

（3）当保护层采用普通薄钢板作保护层时，钢板内外表面均应涂刷防腐涂料，施工后外表面应刷面漆。

（4）蒸汽直埋管道外护管应进行防腐，且应按重腐蚀环境考虑。

1）防腐层与钢管表面应有良好的黏附性、电绝缘性、低吸水性和低水蒸气穿透性，并应便于现场施工。防腐设计应符合现行行业标准 SY/T 0061《埋地钢质管道外壁有机防腐层技术规范》的有关规定。

2）防腐层的长期耐温不应小于 70℃。

3）外护管的防腐材料应符合现行行业标准 CJ/T 200《城镇供热预制直埋蒸汽保温管技术条件》和 CJ/T 246《城镇供热预制直埋蒸汽保温管管路附件技术条件》的有关规定。

4）防腐层应进行电火花检漏，并应符合现行行业标准 SY/T 0063《管道防腐层检漏试验方法》的有关规定。检测电压应根据防腐层种类和防腐等级确定，以不打火花为合格。

5）外护管采用外防腐的同时，应采取阴极保护措施。

二、防腐设计

1. 架空管道

架空敷设的管道如进行防腐，一般应先对管道表面进行除锈处理，除锈等级不低于 Sa2.5 级，然后根据管道使用温度刷两道耐热型防腐漆。

2. 地埋管道

地埋管道的外套管需进行防腐处理，管道表面进行除锈等级不低于 Sa2.5 级。防腐涂层一般分为普通级、加强级和特加强级，根据土壤腐蚀性等级而定，土壤腐蚀性等级及防腐蚀等级见表 11-67。

表 11-67　土壤腐蚀性等级及防腐蚀等级

土壤腐蚀性等级	土壤腐蚀性质					防腐蚀等级
	电阻率（Ωm）	含盐量（质量比%）	含水量（质量比%）	电流密度（mA/cm^2）	pH 值	
强	<50	>0.75	>12	>0.3	<3.5	特加强级
中	50～100	0.75～0.05	5～12	0.3～0.025	3.5～4.5	加强级
弱	>100	<0.05	<5	<0.025	4.5～5.5	普通级

注　其中任何一项超过表列指标者，防腐蚀等级应提高一级。

（1）石油沥青防腐蚀涂层。石油沥青防腐蚀涂层结构见表 11-68。

表 11-68 石油沥青防腐蚀涂层结构 （mm）

防腐蚀等级	防腐蚀涂层结构	每层沥青厚度	涂层总厚度
特加强级	沥青底漆—沥青—玻璃布—沥青—玻璃布—沥青—玻璃布—沥青—玻璃布—沥青—聚氯乙烯工业膜	≈1.5	≥7.0
加强级	沥青底漆—沥青—玻璃布—沥青—玻璃布—沥青—玻璃布—沥青—玻璃布—沥青—聚氯乙烯工业膜	≈1.5	≥5.5
普通级	沥青底漆—沥青—玻璃布—沥青—玻璃布—沥青—聚氯乙烯工业膜	≈1.5	≥4.0

石油沥青防腐蚀涂层对沥青性能的要求应符合表 11-69 的规定。石油沥青性能应符合表 11-70 的规定。防腐蚀涂层的沥青软化点应比管道内介质的正常操作温度高 45℃以上，沥青的针入度宜小于 20（1/10mm）。玻璃布宜采用含碱量不大于 12%的中碱布，经纬密度为 10×10 根/cm^2，厚度为 0.10～0.12mm，无捻、平纹、两边封边、带芯轴的玻璃布卷。不同管径适宜的玻璃布宽度见表 11-71。聚氯乙烯工业膜应采用防腐蚀专用聚氯乙烯薄膜，耐热 70℃，耐寒–30℃，拉伸强度（纵、横）不小于 14.7MPa，断裂伸长率（纵、横）不小于 200%，宽 400～800mm，厚 0.2±0.03mm。

表 11-69 石油沥青防腐蚀涂层对沥青性能的要求

介质温度（℃）	性能要求			说明
	软化法（环球法）（℃）	针入度（25℃）（1/10mm）	延度（25℃）（cm）	
常温	≥75	15～30	>2	可用 30 号沥青或 30 号与 10 号沥青调配
25～50	≥95	5～20	>1	可用 10 号沥青或 10 号沥青与 2、3 号专用沥青调配
51～70	≥120	5～15	>1	可用专用 2 号或专用 3 号沥青
71～75	≥115	<25	>2	专用改性沥青

表 11-70 石 油 沥 青 性 能

牌号	软化法（环球法）（℃）	针入度（25℃）（1/10mm）	延度（25℃）（cm）
专用 2 号	135±5	17	1.0
专用 3 号	125～140	7～10	1.0
10 号	≥95	10～25	1.5
30 号	≥70	25～40	3.0
专用改性	≥115	<25	>2

表 11-71 不同管径的玻璃布适宜宽度 （mm）

管径 DN	<250	250～500	>500
布宽	100～250	400	500

（2）环氧煤沥青防腐蚀涂层。环氧煤沥青防腐蚀涂层结构见表 11-72。

表 11-72 环氧煤沥青防腐蚀涂层结构 （mm）

防腐蚀等级	防腐蚀涂层结构	涂层总厚度
特加强级	底漆—面漆—玻璃布—面漆—玻璃布—面漆—玻璃布—两层面漆	≥0.8
加强级	底漆—面漆—玻璃布—面漆—玻璃布—两层面漆	≥0.6
普通级	底漆—面漆—玻璃布—两层面漆	≥0.4

（3）聚脲防腐涂层。聚脲的最基本的特性就是防腐、防水、耐磨，其优越的防腐及耐候性能使其在热力网管道地埋管防腐中得以运用。聚脲防腐具有以下特点：

1）对水分、湿气不敏感，施工时不受环境温度、湿度的影响。涂层致密、连续、无接缝，防护性能十分突出；具有优异的物理性能，如抗张强度、柔韧性、耐老化、耐介质、耐磨性等。户外使用寿命可达 10～20 年。

2）具有良好的热稳定性，可在 150℃下长期使用，可承受 350℃的短时间热冲击。

3）不含催化剂，固化迅速，可在任意曲面、斜面及垂直面上喷涂成型，不产生流淌现象，5s 凝胶，1min 即可达到步行强度。

4）一次施工即可达到厚度的要求，克服了其他防腐工艺多层施工的弊病。使用成套喷涂、浇注设备，施工方便，效率高。施工速度快，一台设备每天可施工 1000m^2 以上，是传统工艺的 15～20 倍，最大限度地减少了天气对施工进度的影响。

5）可加入各种颜、填料，制成不同颜色的制品。

6）在施工和使用过程中，无毒、无污染，被誉为“绿色材料、绿色技术”。

喷涂型聚脲防腐的具体要求、性能见 HG/T 20273—2011《喷涂型聚脲防护材料涂装工程技术规范》。

（4）阴极保护。蒸汽管道外套钢管为直埋式敷设，土壤对管线的腐蚀问题不可避免。为延长管道使用寿命，保障安全生产，管道防腐采用了防腐蚀涂层。然而，完全理想的涂覆层是不存在的，由于施工过程中的运输、安装及补口，热应力及土壤应力、涂层的老化及涂层微小针孔的存在，金属结构物的外涂层总会存在一些缺陷，而这些缺陷最终将导致金属的局部腐蚀产生。阴极保护技术和涂层联合应用则可以有效解决这一问题。一方面阴极保护可有效地防止涂层破损处产生的腐蚀，延长涂层使用寿命，另一方面涂层又可大大减少保护电流的需要量，改善保护电流分布，增大保护半径，使阴极保护变得更为经济有效，对于裸露或防腐涂层很差的地下或水下金属构筑物，阴极保护甚至是腐蚀防护的唯一可选择的手段。

阴极保护技术可分为两种，牺牲阳极阴极保护和外加电流阴极保护。

1）牺牲阳极阴极保护就是在欲保护的金属构筑物上连接更活泼的金属，如铝、锌、镁等。从而构成一个腐蚀电池，随着电流的不断流动，活泼金属（阳极）不断消耗，释放出的电流供给金属构筑物（阴极）使构筑物阴极极化，从而实现保护。例如，在海水中，可以用锌和钢结构电连接来保护钢结构。牺牲阳极保护免维护，只需定期更换消耗完的阳极。镁阳极：驱动电位 1.8V，保护范围大，一般运用于土壤介质。铝阳极：低电阻率，驱动率较差，一般运用于油库、石化或者海水介质。

锌阳极：介于镁阳极与铝阳极之间。

2）外加电流阴极保护是将长寿命的辅助阳极连接到整流器的“阳极”，欲保护构筑物连接到整流器的“阴极”，通过向被保护金属构筑物通以阴极电流，使之阴极极化，从而达到保护的阴极保护方法。外加电流阴极保护可以通过调节整流器的输出以使构筑物达到最佳保护状态，但是需要经常对系统运行情况进行监测和维护。

3）牺牲阳极法和外加电流法优缺点的比较见表 11-73。

表 11-73　牺牲阳极法和外加电流法优缺点的比较

优缺点	外加电流法	牺牲阳极法
优点	输出电流可调	不需外部电源
	有效保护范围大	维护管理简单
	适应性强	对邻近金属构筑物干扰影响小
	大规模工程投资省	小规模工程投资省
	保护装置使用寿命长	保护电流利用率高
缺点	初次建造费用高	有效保护范围小
	需外部电源	保护电流几乎不可调
	维护管理费用高	大型工程成本费用高
	对邻近金属构筑物可能产生干扰影响	受土壤电阻率的限制

对于外加电流法和牺牲阳极保护法并没有绝对的好与坏，应该根据项目的具体情况进行分析，决定采用哪种方式进行保护。

第九节　热力网监测与控制设计

一、热力网监测与控制的内容与要求

（1）热源为热水系统的检测、控制。热水系统的供、回水压力、温度以及循环水流量。二次系统补水流量、热水系统的耗水量，有条件时应检测总耗热量等参数。

（2）热源为蒸汽系统的检测、控制。蒸汽热力系统的流量、压力、温度和凝结水回收量等参数。

（3）城镇和工业园区热力网应具备必要的热力网系统的参数检测和控制，建立完善的计算机监控系统和热力网计量、运行管理系统，为热力网系统安全可靠运行提供必要的依据。

（4）热力网系统的控制。自控系统采用的控制器应具备自我保护和自我诊断功能，当系统断电，将参数自动保存，来电后可自动安全运行。

（5）热力网系统采用的计算机监控系统和热力网计量、运行管理系统，系统中的仪表硬件、设备、元件等，在设计中均应采用品牌、成功运行业绩的元器件产品。安装在管道上的检测元器件，宜选用不停供热能进行检修、维护的产品。

二、热源参数监测与控制

热源系统供热蒸汽主要为厂内供热蒸汽控制系统。厂内供热控制主要完成对汽轮机抽汽口蒸汽参数的控制，减温减压系统、压力匹配系统、供热分器联箱参数以及厂内主要管网参数的检测、联锁、控制、报警等参数。

1. 抽汽口管道参数监控

（1）各抽汽管道均安装流量计，同时考虑温压补偿。抽汽量必须满足各抽汽管道的允许最大抽汽量，超限供汽可能对机组运行造成危害，在 DCS 系统设置各抽汽管道流量上限报警，由操作人员对报警工况进行处理。流量超限一般不进入联锁系统，由于供热方式是以热定电，首先应保证热用户的蒸汽使用，同时考虑到流量计量的误差，故抽汽流量控制由操作人员手动控制完成。

（2）为保证汽轮机本体安全运行，需设置联锁切除抽汽控制。中排抽汽切除由液动/气动快关门完成，切除条件包括①汽轮机跳闸；②发变组跳闸；③OPC 动作；④机组负荷低于供热最低允许负荷；⑤抽汽管道超温、超压。

（3）考虑到汽轮机运行安全的重要性，现场采用了两个或三个检测仪表，检测信号一般采用二取一或者三取二功能，大大地降低由于检测仪表本身发生故

障造成误动作的可能性，保证汽轮机的安全运行。

2. 减温减压系统监控

汽轮机抽汽口蒸汽参数不能满足热力网系统要求，一般采用减温减压系统完成对蒸汽温度、压力双减的控制，在供热改造设计中，汽轮机抽汽口蒸汽一般都需要进行减温减压控制，根据供热用户不同的参数要求进行减温减压配置，以达到对外供热满足热用户的条件。减温减压系统控制图如图 11-70 所示。

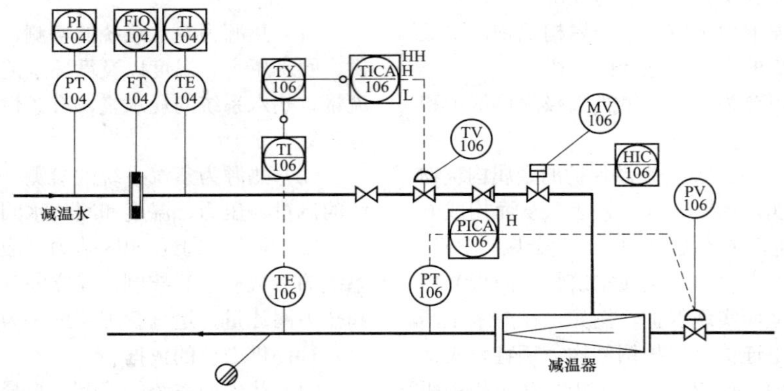

图 11-70 减温减压系统控制图

在减温器出口蒸汽管道上设置温度、压力检测仪表，温度、压力参数进入控制系统，减温水管道设置调节阀根据蒸汽管道上设置温度调节减温水。压力调节阀设置在进口蒸汽管道上根据蒸汽管道上设置压力完成 PID 调节回路，对出口蒸汽温度、压力进行调节以满足热用户的要求。

有的供热站对蒸汽温度要求稳定、波动小，所以温度控制采用了串级控制系统。蒸汽管道上设置温度检测仪表，温度信号进主调节器；在减温器出口设置温度检测仪表，温度信号进副调节器，主调节器的输出作为副调节器的给定值。串级控制系统的显示、报警、调节功能在 DCS 系统中完成。在串级控制系统中，由于主、副两个调节器串联在一起，再加上一个闭合的副回路，因而不仅能迅速克服由于减温水温度、压力等参数变化引起的副回路的干扰，而且对由于温降等蒸汽参数变化引起的主回路干扰也有加快调节的过程。主、副回路互相配合，与单回路简单控制系统相比，大大改善了调节过程的品质。

3. 压力匹配器系统监控

为了充分利用汽轮机排出低压蒸汽，满足热用户蒸汽压力的需求，采用了高压蒸汽与低压蒸汽匹配，压力匹配器完善高低压蒸汽匹配。匹配器工作原理是蒸汽喷射的原理，采用高参数的蒸汽作为驱动蒸汽，通过蒸汽喷射原理把吸入的低参数蒸汽压力提升到供热所需要的压力，提高了经济效益。压力匹配系统控制图如图 11-71 所示。

压力匹配器出口蒸汽管道上设置压力检测仪表，压力参数进入控制系统，通过设备配套的压力调节阀控制高压蒸汽的压力，利用蒸汽喷射原理，对出口蒸汽压力进行调节，达到热力网需要的蒸汽压力。

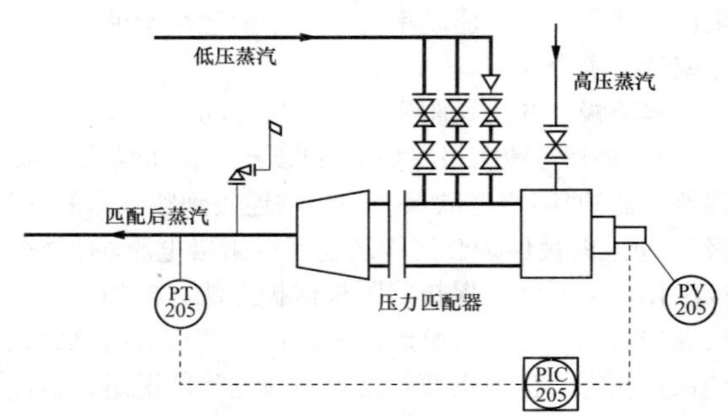

图 11-71 压力匹配器系统控制图

目前在压力匹配器调节方案中，尚未引入其他调节复杂控制系统，供热改造受限于供出蒸汽参数恒定，机组负荷不定，同时高压蒸汽抽吸低压蒸汽的抽吸比由设备决定，故根据压力匹配器出口蒸汽压力调节高压蒸汽量，能够达到调节要求。

三、热力网参数监测与控制

（1）为了监测长输蒸汽管道的压降以及温降，可以根据需求在厂外蒸汽管道上设置压力、温度测量仪表对蒸汽进行压力、温度测量，并且设置无线采集器，采集压力、温度实时数据，对蒸汽管网管损进行监控。

（2）因为厂外蒸汽用户用汽量贸易结算，可在用户端蒸汽管道上设置流量测量仪表，同时设置压力、温度测量仪表对蒸汽流量进行压力、温度补偿，并且设置流量演算器，采集流量、压力、温度实时数据，并进行补偿、累积等运算，同时将各种测量参数如瞬时流量、累计流量、压力、温度等循环显示。流量演算器设置无线通信收发器，采用 GPRS 通信方式将数据传输给热力网远程监测管理中心的热力网服务器。

（3）供热介质流量的检测应考虑压力、温度补偿。流量检测仪表应适应不同季节流量的变化，必要时应安装适应不同季节负荷的两套仪表。

（4）用于供热企业与热源企业进行贸易结算的流量仪表的系统精度，热水流量仪表不应低于 1%；蒸汽流量仪表不应低于 2%。

四、中继泵站参数监测与控制

（1）中继泵站的参数应符合下列规定：

1）检测、记录泵站进、出口母管的压力。

2）检测除污器前后的压力。

3）检测每台水泵吸入口及出口的压力。

4）检测泵站进口或出口母管的水温。

5）在条件许可时，宜检测水泵轴侧温度和水泵电机的定子温度，并应设置报警装置。

（2）大型供热系统输送干线的中继泵宜采用工作泵与备用泵自动切换的控制方式，工作泵一旦发生故障，联锁装置应保证启动备用泵。上述控制与连锁动作应有相应的声光信号传至泵站值班室。

（3）中继泵宜采用维持其供热范围内热力网最不利资用压头为给定值的自动或手动控制泵转速的方式运行。

中继水泵的入口和出口应设有超压保护装置。

五、热力站参数监测与控制

换热站控制基本原理就是随着热用户温度和回水压力的变化。自动化控制调节阀开度和循环泵、补水泵转速。达到恒温恒压的控制要求，同时对系统进行联锁保护。

1. 二次供水温度调节

根据当地的气候条件以及供热对象的特性，给出一条室外温度及自然时间与二次供水温度之间的对应曲线，按此曲线自动设定供水温度，按照设定好的供水温度设定值进行恒温控制。控制策略如图 11-72 所示，其主要功能是通过对二次供热系统的温度检测、分析，算出最佳的供水温度，通过调节一次管网流量，使二次供水温度接近于它的设定值，这样在供热系统满足用户需求量的前提下，保证最佳工况。

2. 循环泵控制

循环泵开启的多少和大小由回水温度设定值与二次回水温度的差值来决定。当二次回水温度低于回水温度设定值时，需要增大循环泵的开启量；反之，则相反。回水温度设定值是根据室外天气来确定，当天气冷时，回水温度设定值应该小些，这样可以使大量热量充分留在用户里。循环水泵控制示意图如图 11-73 所示。

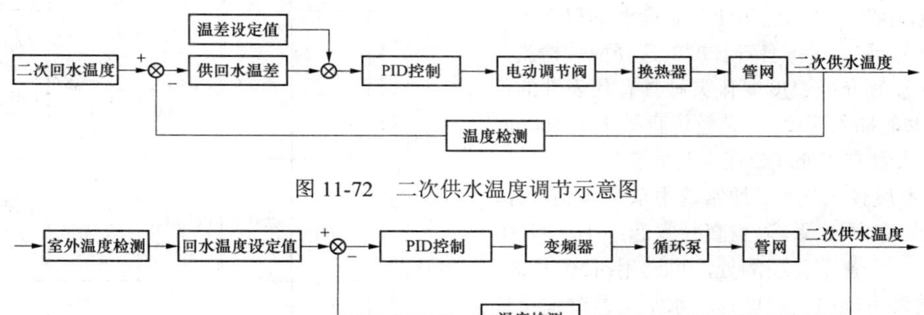

图 11-72　二次供水温度调节示意图

图 11-73　循环泵控制示意图

3. 补水定压控制

通过回水管网上压变器反馈值与内部设定值比较，使输出到补水泵电动机的频率相应变化，而出水压力则始终维持在设定值附近，避免了管网因出水压力过大而破裂的危险。降低器件损耗，延长使用寿命，降低因故障停机的频率。补水定压控制示意图如图 11-74 所示。

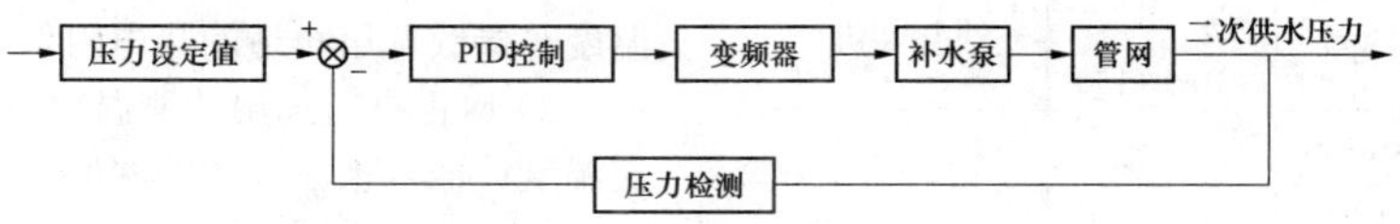

图 11-74　补水定压控制示意图

自动控制完成对换热机组的自动检测、控制、顺序控制、自动保护、有计划地调控热工参数，使热力站机组供热过程在给定工况下稳定运行。

六、智能热力网管理系统

城市热力网宜建立包括控制中心和本地监控站的

智能热力网管理系统。智能热力网管理系统利用GPRS网络平台，将热力网中的热工参数，包括温度、压力、流量等，通过热力网测控终端无线发往热力网服务器上的数据库上。并通过监控软件，对数据实现监控、计量、报警、统计分析等多项功能。

（1）控制中心应具备显示、存储及打印热源、热力网、热力站的站、点的参数检测信息和显示各本地监控站的运行状态图形、报警信息等功能，并应具备向下级控制装置发送控制指令的能力。控制中心还应具备分析计算和优化调度的功能。

（2）本地监控装置应具备检测参数的显示、储存、打印功能，参数超限、设备事故的报警功能，并将以上信息向上级控制中心传送。本地监控装置还应具备供热参数的调节控制功能和执行上级控制指令的功能。大城市热力网计算机监控系统的通信网络，宜优先选用有线网络，有条件时宜利用公共通信网络。

七、检测仪表选型

1．温度仪表选型

（1）一般原则。温度工程单位选用摄氏度（℃），最大指示值不应超过量程的90%，正常指示值宜为满量程的50%～70%，多点温度指示、记录可取20%～90%。温度检测元件保护套管的材质应不低于所在管道或设备的材质，中低压蒸汽管道上保护套管的材质一般采用碳钢（20号钢）。保护套管长度的选择应使检测元件基本上是在被测介质温度变化灵敏具有代表性的位置，并保证足够的插入深度。工艺管道直径小于100mm时，应采用扩大管方式处理或在弯头处安装。

（2）就地温度仪表选型。通常选用双金属温度计，刻度清晰，耐振动，不含汞。表盘直径宜选不小于ϕ100，若照明条件差，位置不易观测处，可选用ϕ150表盘。垂直工艺管道采用轴向式温度计，水平工艺管道上选径向式，必要时可选用万向式结构。

（3）远传温度仪表选型，远传温度仪表选型见表11-74。

表11-74　　远传温度仪表选型

检出（测）元件名称		分度号	测量范围（℃）	备注
铜热电阻	R0=50Ω	Cu50	−50～+150	（R100/R0）=1.425
	R0=100Ω	Cu100		～1.480
铂热电阻	R0=10Ω	Pt10	−200～+420	
	R0=50Ω	Pt50		（R100/R0）=1.385
	R0=100Ω	Pt100		～1.391
热敏电阻			−40～+150	
镍铬—镍硅热电偶		K	−200～+1200	
镍铬—康铜热电偶		E	−200～+900	
铁—康铜热电偶		J	−200～+750	
铜—康铜热电偶		T	−200～+350	

满足设计要求情况下通常选用Pt100铂电阻或E型、K型热电偶，一般场合均可选用热电偶。被测温度不高、精度要求较高、无剧烈振动的场合宜用热电阻。被测温度不高、要求测量快速反应的场合宜用热敏电阻。

（4）常用温度检测仪表性能见表11-75。

表11-75　　常用温度检测仪表性能

类型、名称		测量范围（℃）	精确度（℃）	形式	优点	缺点	备注
双金属温度计		0～300	±1～2.5	轴向，径向，135°角形	刻度清，耐振性好，无汞	精确度低	就地读数，在可满足精确度时应优先选用
热电阻温度计	铜热电阻	−50～150	±0.5	分度号Cu50，Cu100	精确度高，可远距离传输，价格低	仅用于150℃以下	远方读数
	铂热电阻	−200～500	±0.5	分度号Pt100，Pt10	稳定性好，精确度高	抗振性差	远方读数
	热敏电阻	−20～40、30～110	±0.25		一致性较好，配温度变送器	线性较差	适用于计算机控制系统中

在选择温度检测仪表时，应注意以下事项：

1）热电阻温度计生产厂一般把热电阻装在保护套中一同供货，为了适用不同使用场合，配有多种不同材料的保护套管，设计中应根据被测介质的压力、温度等参数选用合适的热电阻保护套管。

2）应根据所选用的测温仪表类型、被测管径，确定温度计插入被测介质的深度。

3）应根据被测管径大小（DN80以下的管径），配套扩大管。

2．压力仪表选型

（1）一般原则。压力（压强）的工程单位应采用帕（Pa）、千帕（kPa）和兆帕（MPa）。仪表刻度宜用直读式，必要时也可用 0～100%的线性刻度。

（2）选择要点。

1）量程选择。在测量稳定压力时，压力表的最大量程应为额定压力值的 1.5 倍；在测量交变压力时，最大量程应为额定值的 2 倍；真空压力表的量程不受限制。

2）精确度选择。热力网的供、回水压差一般仅有 0.1～0.3MPa，压差小的热用户仅有几个千帕。因此，测量热力网供水、回水压力和热力网最不利点供水、回水压力的仪表，通常选用 1 级精度，其他可选用 1.5 级精度。

3）仪表结构选择。压力测量仪表一般有两种取压接口，即轴向和径向接口；有三种表壳形式，即前面带边、后面带边和不带边。就地安装的仪表应选用径向接口的仪表，盘上安装的仪表应选用轴向接口前面带边的仪表。

4）表壳直径选择。盘装仪表一般选用ϕ150mm 的仪表；就地安装仪表一般选用ϕ100mm 的仪表；对于较重要处的压力表，为了提高仪表清晰度，可以选用ϕ200mm 的仪表。

5）压力变送器选择。热力网调度和控制需要比较准确的压力值，因此需要精确度较高的压力变送器。一般为控制系统配用的压力变送器宜选用 0.5 级精度；为调度设置的压力变送器宜选用 1 级精度。目前国内生产的适用于热力网检测的压力变送器有 DBY 系列、电容系列和扩散硅系列。

3. 流量仪表选型

（1）一般原则。流量仪表选型，应根据流体种类、状况、流量范围、测量精度要求以及各类仪表适用范围、价格等因素综合考虑。累积流量的工程单位应采用千克（kg）、吨（t）、立方米或米^3（m^3）、升（L）。瞬时流量（简称流量）的工程单位应采用千克/小时（kg/h）、吨/小时（t/h）、立方米/小时、米^3/小时（m^3/h）。

气态介质的体积流量应说明介质状态。标准状态一般是指温度为 0℃，绝对压力为 0.1013MPa 的状态。

仪表刻度可用直读式、0～100%线性刻度，也可用 0～10 方根刻度，在同一装置区、同一控制室，流量刻度类型宜适当统一。对于线性刻度，最大流量不超过测量范围上限值的 90%，正常流量为该上限值的 50%～70%，最小流量不小于该上限值的 10%。对于方根刻度，最大流量不超过刻度 9.5，正常流量为刻度 7.0～8.5，最小流量不小于刻度 3.0。

（2）差压式流量仪表选型。一般的流体流量检测，应优先选用平衡差压节流装置，即平衡流量计。平衡差压节流装置相比于标准节流装置，有着精度高，量程比宽，压力损失小等优点，管径范围从 DN15～DN3000 均可使用。

差压变送器的差压范围选择应在节流装置的计算中进行，应考虑允许压力损失，与孔径比选择的协调等因数，孔径比值宜适中。一般情况下差压上限值宜规范为下述值。

低差压　6kPa，10kPa；

中差压　16kPa，25kPa；

高差压　40kPa，60kPa。

（3）电磁流量计选型。使用电磁流量计时应满足以下条件：被测液体具有导电性；液体充满管道；液体成分均匀；若液体导磁，必须对流量计进行修正。

因电磁流量计具有良好的耐腐蚀性和耐磨性，无压力损失，电磁流量计特别适用于酸、碱、盐溶液、氨水、泥浆、矿浆等的流量测量。

大管径水流量测量，也可选用电磁流量计。

（4）涡街流量计选型。涡街流量计主要用于工业管道介质流体的流量测量，如气体、液体、蒸汽等多种介质。涡街流量计采用压电应力式传感器，可靠性高，有模拟标准信号，也有数字脉冲信号输出，容易与计算机等数字系统配套使用，是一种比较先进、理想的测量仪器。

涡街式流量计的特点是：压损小；精度较高；一般可达±1%（读数）；测量范围较宽，一般为 10:1；输出与流量成正比，可选 4～20mA 或脉冲输出；在一定雷诺数范围内，输出信号不受流体物性及组分的影响；已发展众多类型的旋涡发生体和旋涡检测技术；可适应不同需要；不适于低雷诺数测量（$Re_D \leqslant 2\times 10^4$），选用涡街流量计时应进行测量下限的验算；对管道振动敏感，安装应注意；一般适用于 DN25～DN300 的管道。

当流体温度高于 450℃时，不宜使用涡街流量计。

（5）超声波流量计。超声波流量计是通过检测流体流动对超声束（或超声脉冲）的作用来测量流量的仪表。超声波流量计为非接触式仪表，有检测件中无阻碍物、压损小等特点。

超声波流量计特点：对放射性、强腐蚀性、易燃易爆、含固体颗粒等恶劣条件下，密封要求苛刻的场合，需采用非接触式测量时，可选用超声波流量计。大口径管道的一般介质的流量测量，也可选用超声波流量计；比较洁净的液体，可选用速度差法的超声波流量计；含悬浮固体颗粒或气泡的液体（废水、污水、泥浆等），可选用多普勒法的超声波流量计。

（6）热力网常用流量仪表主要技术性能。在选择流量仪表时应注意以下两点。

1）刻度选择。对于线性刻度流量计，最大流量不超过满刻度的 90%；正常流量为满刻度的 50%～70%；最小流量不小于满刻度量程的 10%（方根特性经开方变成直线特性时不小于满刻度的 20%）。对于方根刻度的流量计，最大流量不超过满刻度的 95%；正常流量为满刻度的 70%～80%；最小流量不小于满刻度的 30%。

表 11-76 热力网常用流量仪表主要技术性能

名称	测量范围	精度等级	应用场合	主要特点
差压式流量计	0.6～250kPa	1、0.5	（1）适用于管道安装； （2）被测介质可以是液体、气体和蒸汽； （3）热力网中多用于蒸汽流量的测量	（1）结构简单，用途广； （2）不必个别标定，即可使用（对变准节流装置）； （3）精确度受介质参数的影响较大； （4）压损较大； （5）输出信号 0～10mA 或 4～20mA； （6）价格较便宜
电磁流量计	2～15000m³/h	1、0.5	（1）适用于电导率大于 20μS/cm 的导电液体； （2）适用于 DN10～DN3000 的管道安装； （3）热力网应用中，多用来测量循环水量或供回水流量	（1）测量精确度不受介质黏度、密度、温度、电导率变化的影响； （2）压损小、测量范围广，可测量脉动量； （3）输出信号 0～10mA 或 4～20mA 或脉冲信号； （4）易受电磁干扰； （5）价格较贵
涡街流量计	2～2300m³/h （水） 6～15000m³/h （气体）	1	（1）适用于 DN25～DN300 的管道安装； （2）被测介质为液体、气体或蒸汽	（1）结构简单，维修容易； （2）压损较小； （3）计量精度不受流体压力、黏度、密度等影响； （4）输出信号 4～20mA 或脉冲信号； （5）价格适中
超声波流量计	2～23000m³/h	1	（1）管径的适用范围从 DN300~DN4000，从几米宽的明渠、暗渠到 500m 宽的河流都可适用； （2）被测介质为 200℃以下的流体	（1）擅用于大管道大流量测量； （2）可任意选择位置，移动安装； （3）维修更换方便，无需断流进行； （4）价格偏高
热水表	1～50m³/h	2	（1）适用于不需要远传只需要就地测量的场合； （2）一般用于热力站的流量测量	（1）结构简单； （2）安装使用方便； （3）精确度较低； （4）价格便宜

2）节流装置的选择。用差压流量计测量流量时，必须使用与之配套的流量装置。节流装置有标准和非标准两种，热力网中常用的变准节流装置是标准孔板。一般采用角接取压法；当被测介质管道直径 DN＜400 时，采用环室取压；DN≥400 时，采用单独钻孔取压。

4. 液位仪表选型

（1）一般原则。热力网系统液位测量主要应用于水箱水位测量，一般情况下宜选用差压式仪表、浮筒式仪表和浮子式仪表。

仪表测量范围应根据测量对象需要显示的范围或物位变化的范围确定。除容积计量用的物位仪表外，宜使正常物位处于仪表量程的 50%左右。

仪表精度应根据工艺要求来选择。用于容积计量的物位仪表，其精确度应不劣于±1mm。

（2）液面仪表选型。测量范围较大、液体密度基本不变的场合，液位（界面）的连续测量，宜选用差压式仪表，其中包括投入式液位变送器；界面测量时，其中轻质液体液位应始终高于上部取压口。在正常工况下液体密度有明显变化导致系统精度不满足要求时，则不宜选用差压式仪表。

液体操作压力有较大变化，但测量范围不大、介质清洁的液位、界面的测量与调节，宜选用浮筒式仪表。低温、负压或易汽化的液体的液位、界面，也宜选浮筒式仪表。

测量范围较大、液体密度/操作压力有较大变化的液位的测量与调节，宜选用浮子式仪表。

磁浮子翻板（翻球）式液位计在一般就地指示或带上下限报警的液位测量中得到了较广泛的应用。此类仪表可以是侧法兰安装或顶部法兰安装。

5. 传感器、调节阀、执行器选择

（1）传感器。

1）根据调节器的特性来决定传感器的输出方式。通常温度传感器采用电阻输出，湿度传感器采用标准电信号输出。

2）要充分注意传感器的适用范围和使用条件。

3）并要注意传感器的测量范围和测量精度。

4）在供热系统中传感器类型及在电脑系统中的输出方式见表 11-77。

表 11-77　传感器类型及输出方式

序号	传感器名称	电源	输出信号	
			电阻（Ω）	电流
1	温度传感器	24VAC	100，1000	0～10VDC（4～20mA）
2	相对湿度传感器	24VAC	100，1000	0～10VDC（4～20mA）
3	压力传感器	24VAC	100，1000	0～10VDC（4～20mA）
4	压差传感器	24VAC	100，1000	0～10VDC（4～20mA）
5	焓值传感器	24VAC	100，1000	0～10VDC（4～20mA）
6	流量传感器	24VAC	100，1000	0～10VDC（4～20mA）
7	流态传感器	24VAC	100，1000	0～10VDC（4～20mA）

（2）调节阀。

1）调节阀选择原则。调节阀应根据介质、管系布置、使用目的、调解方式和调节范围及调节阀的流量特性（等百分比、线性、平方根、抛物线等）来选用，并应满足在任何工况下对流量、压降及噪声的要求。同时还应考虑下列情况：

a. 在调节系统稳定后，应考虑调节阀前后管件对调节阀节流参数的影响。

b. 根据需要对流量系数值进行低雷诺数修正或管件形状修正。

c. 调节阀应进行噪声、闪蒸、气蚀控制，并应在设计中予以考虑。

2）调节阀形式。调节阀有三通式和两通式，通常两通阀适用于变水量系统，三通阀适用于定水量系统。选择三通阀时，应注意分流三通阀与合流三通阀的应用条件。

3）调节阀种类。调节阀有单座阀和双座阀。通常双座阀具有较大的允许开阀（或关闭）压差，但双座阀关闭不严密，而单座阀则关闭更为严密。

4）控制阀流量特性。在水—水系统上的两通阀应采用等百分比特性的阀门；若采用三通阀时，则应采用直流支管路为等百分比特性。旁路支路采用直线特性的非对称型阀门；在蒸汽系统上的两通阀应采用直线特性阀门；其他的可采用等百分比阀或抛物线阀。

5）调节阀选择注意事项。

a. 必须注意到阀门的工作压力和阀门最大允许压差（即保证正常开启和关闭时所允许的阀门两端最大压降）。通常，最大允许关闭压差会随着选配不同的执行器而有所不同，也和阀本身的结构有关。

b. 根据阀门介质种类的要求，选择不同的阀门部件材料，同时，阀门的介质温度范围应符合要求。

6）调节阀安装注意事项。在一般的情况下，调节阀应安装在水平管道上，且执行机构应高于阀体以防止水进入执行器。

（3）执行器。执行器是一个提供动力或驱动去打开或关闭阀门的气动、液动或电动装置。

在控制系统中采用电动式、气动式执行器。对于控制要求不高时可采用自力式执行器。采用自力式执行器时，宜配用压力平衡式调节阀。

选择执行器时，首先根据阀门的驱动力矩，按制造厂提供的数据进行选型，但有时还需要考虑阀门的操作速度和频率。流体驱动的执行机构可调节行程速度，但使用三相电源的电动执行机构只有固定的行程速度，部分小型直流电动单回转执行机构可调节行程速度。

第十节　案例分析

某热电厂拟向约 2km 处的一家热用户进行供热，热电厂出口蒸汽参数为：1.2MPa（表压）、300℃，热用户要求参数为：0.8MPa（表压）、250℃，用汽量 70t/h。

一、管道走向及敷设方式设计

1. 确定管道走向

设计分界线：起点——热电厂围墙外 1m；终点——热用户围墙外 1m。管道走向确定的依据：设计规范的要求、相关规划部门的要求、现场实际勘察情况及业主方的相关要求、意见。

管道从热电厂围墙外 1m 处接出后，穿过护坡、农田，直接至省道东侧。跨越省道后，沿企业围墙南侧、纬一路北侧的绿化带向西至经一路东侧。然后沿企业围墙西侧、经一路东侧绿化带向北接至热用户围墙外 1m 处。管道走向示意图如图 11-75 所示。

2. 确定管道敷设方式

通过估算，初步确定管道规格为 DN400。

（1）围墙与农田的高差较大，管道在护坡上采用高、中、低支架相结合、分级下降的方式架空敷设。

（2）管道穿越农田时，考虑行人及农用机械的通行，采用 4m 中支架的方式架空敷设。

（3）管道穿越省道时，规划部门不允许破路，且道路两端没有顶管或拖拉管的空间，故采用架空敷设的方式。因其跨度为 36m，远远超过了管道允许的最大跨距，故采用桁架跨越的方式。按照规范的要求，其与公路路面的最小垂直距离为 4.5m，考虑安全性和规划部门的要求，本设计垂直距离为 5.5m。

（4）绿化带宽度为 5m，管中心与公路边的间距定为 3m，沿绿化带敷设时采用 0.3m 的低支墩形式。

（5）过啤酒厂、服装厂南门，因厂方每天有车辆进入，不允许破路开挖，管道跨度为 40m，采用桁架跨越的方式。

（6）过服装厂西门，管道跨度为 30m，跟厂方沟通后，采用开挖直埋敷设。

二、水力计算

1. 蒸汽平均摩阻和密度

管道采用自然补偿与旋转补偿器补偿相结合的补偿方式，管段展开长度约 2500m，局部阻力与沿程阻力的比值选 0.3。

平均摩阻：

$$R_{\mathrm{m,av}}=\frac{\Delta p}{\sum L(1+\alpha)}=\frac{(1.2-0.8)\times10^{6}}{2500\times(1+0.3)}=123.1(\mathrm{Pa/m})$$

查水蒸气表：起点 p_1=1.2MPa（表压）、t_1=300℃的蒸汽比体积 v_1=0.200891m^3/kg；

终点 p_2=0.8MPa（表压）、t_2=250℃的蒸汽比体积 v_2=0.264925m^3/kg；

平均密度：

$$\rho_{\mathrm{av}}=\frac{\dfrac{1}{v_1}+\dfrac{1}{v_2}}{2}=\frac{\dfrac{1}{0.200891}+\dfrac{1}{0.264925}}{2}=4.38(\mathrm{kg/m^3})$$

平均摩阻换算：

$$R_{\mathrm{m,av}}=R_{\mathrm{m,av}}\cdot\frac{\rho_{\mathrm{av}}}{\rho}=123.1\times\frac{4.38}{1}=539.2(\mathrm{Pa/m})$$

式中 ρ——蒸汽管道水力计算表制表时的蒸汽密度，kg/m^3。

2. 实际比摩阻和流速

根据平均比摩阻 539.2Pa/m、流量 70t/h 查蒸汽管道水力计算表得出：

管径 DN=400（ϕ426×7）；Δh=427.3Pa/m；v=146m/s。

实际比摩阻和流速：

$$R_{\mathrm{m,re}}=R_{\mathrm{m}}\cdot\frac{\rho}{\rho_{\mathrm{av}}}=427.3\times\frac{1}{4.38}=97.6(\mathrm{Pa/m})$$

$$v_{\mathrm{re}}=v\cdot\frac{\rho}{\rho_{\mathrm{av}}}=146\times\frac{1}{4.38}=33.33(\mathrm{Pa/m})$$

蒸汽流速没有超出极限流速。

3. 管段计算当量长度

估算 1.5D 热压弯头 78 个，闸阀两个，直管长度约：2500–0.61×78=2452.42(m)

查表，管段计算当量长度：

$$L_{\mathrm{e}}=2452.42+4.5\times2+10\times78$$
$$=3241.42(\mathrm{m})\approx3241(\mathrm{m})$$

4. 管段总压力损失

$$\Delta p_1=\Delta h_{\mathrm{re}}\cdot L_{\mathrm{e}}=97.6\times3241$$
$$=316321.6\mathrm{Pa}=0.316\mathrm{MPa}$$

5. 管段末端压力

$$p_{\mathrm{en}}=p_1-\Delta p_1=1.2-0.316=0.884\mathrm{MPa}$$

6. 管段实际平均密度 0.884MPa，250℃的蒸汽比热容 v_2'=0.24153

$$\rho_{\mathrm{re}}=\frac{\dfrac{1}{v_1'}+\dfrac{1}{v_2'}}{2}=\frac{4.98+4.14}{2}=4.56\mathrm{kg/m^3}$$

假定值与实际值偏差小于 5%，计算结果列入表 11-78：

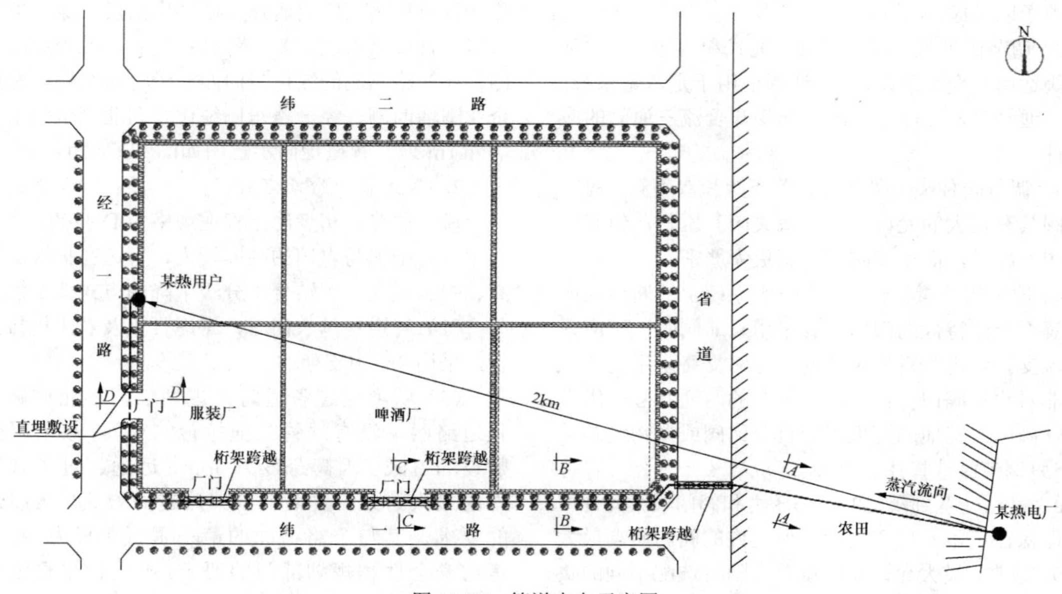

图 11-75　管道走向示意图

表 11-78　水力计算结果汇总表

蒸汽流量（t/h）	管段长度（m）	管径$\phi\times\delta$（mm×mm）	蒸汽始端压力（MPa）	蒸汽末端压力（MPa）	比摩阻（Pa/m）	流速（m/s）	蒸汽平均密度（kg/m^3）
70	2500	426×7	1.2	0.884	97.6	33.33	4.56

三、保温、防腐设计

1. 保温设计

根据介质温度，选用高温玻璃棉作为保温材料，根据经济厚度与最大允许散热损失量相结合的方式，进行保温热力计算（具体计算过程省略），确定保温厚度 150mm（共三层保温，每层保温厚度 50mm），地埋外套管规格为ϕ 820×10，保温结构同架空管道（空气层 37mm）。

2. 防腐设计

架空管道常年运行，不进行防腐。地埋管道外套管防腐采用环氧煤沥青特加强级防腐层，特加强级总厚度不小于 1.0mm。防腐结构为一底三布五油（底漆-面漆-玻璃布-面漆-玻璃布-面漆-玻璃布-两层面漆），电火花检漏要求电压值是 8000V（CJ/T 200《城镇供热预制直埋蒸汽保温管技术条件》）。此外，为保证管道 20 年不发生腐蚀，采用牺牲阳极阴极保护。

四、管道材料及连接方式设计

1. 管道材料

该蒸汽管道出口参数为 1.2MPa（表压）、300℃，工作管道、地埋外套钢管选用 Q235B 螺旋缝焊接钢管，疏水管道、地埋排潮管选用 20 号钢。

2. 管道连接方式

管道连接采用焊接的形式，阀门、疏水器采用法兰连接的形式。

五、管道附件与设施设计

管件包括弯头、大小头、三通等，压力等级选用 PN16；阀门、法兰、补偿器、疏水器压力等级选用 PN25。其中：弯头选用 1.5DN 无缝冲压弯头；大小头、三通选用无缝管件；阀门选用楔式闸阀 Z41H-25；法兰选用平焊法兰，垫片选用金属石墨缠绕垫片，双头螺栓 35 号钢、螺母 25 号钢；补偿器选用无推力旋转补偿器；疏水器选用浮球式。在管线低点设置启动疏水或连续疏水，疏放水管道根据现场情况设支撑，就近排放至雨水口。

六、管道支吊架及跨距设计

1. 管道支吊架形式

管道支吊架采用低、中、高支架相结合的方式，采用单层 T 形，钢筋混凝土形式，管道断面图如图 11-76 所示。

旋转补偿器补偿段：两端设置固定支架，中间合理设置导向支架，防止管道发生纵向弯曲，其他部位设置滑动支架。

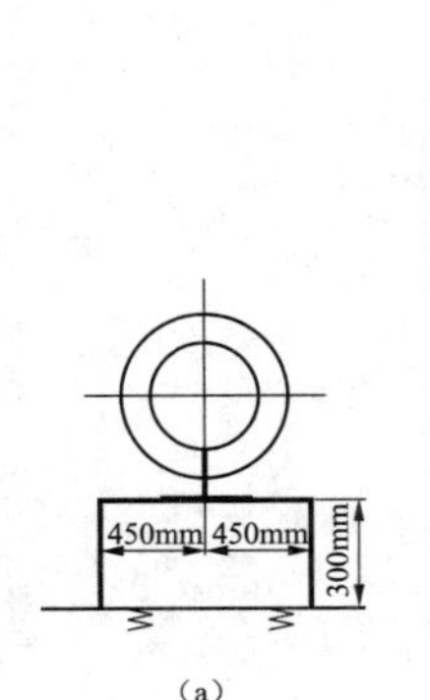

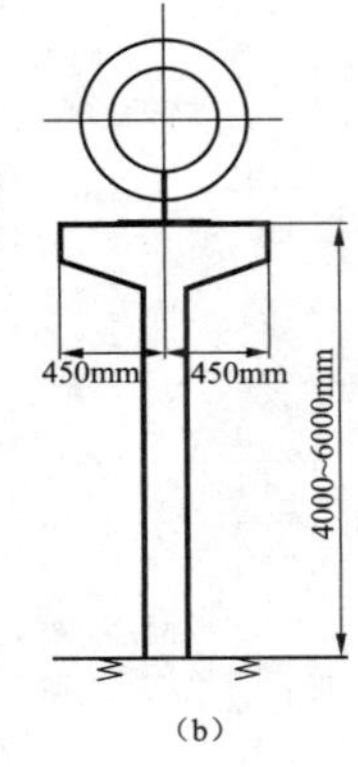

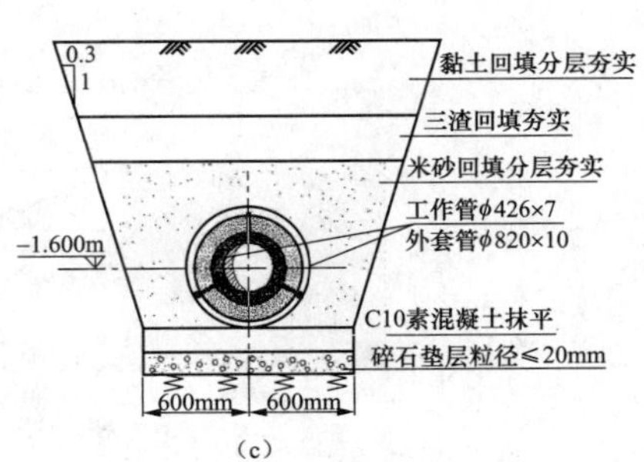

图 11-76　管道断面图

（a）架空管道低支墩；（b）架空管道高支架；（c）地埋管道

自然补偿段：两端设置固定支架，中间一般设置滑动支架，根据实际情况考虑是否需要增设导向支架或弹簧支吊架等。

架空管道采用隔热型管托，地埋管道采用隔热型支架。

2. 管道跨距

（1）按强度条件。

$$L_{max} = 2.24\sqrt{\frac{1}{q}W\varphi[\sigma]^t}$$

管道荷重 q（包括管道自重、保温结构及水重）：2225N/m；

管道断面抗弯矩 W：957cm³；

管道强度焊缝系数 φ：0.6；

Q235B 钢材在 300℃下的许用应力 $[\sigma]^t$：86MPa。

$$L_{max} = 2.24\sqrt{\frac{1}{q}W\varphi[\sigma]^t}$$

$$= 2.24\sqrt{\frac{1}{1049}\times 957\times 0.6\times 86} = 15.37(\text{m})$$

（2）按刚度条件。

$$L_{max} = 0.112\sqrt[3]{\frac{1}{q}E_t I}$$

Q235B 钢材在 300℃下的弹性模量 E_t：184200MPa；

管道断面惯性矩 I：20227cm⁴。

$$L_{max} = 0.112\sqrt[3]{\frac{1}{q}E_t I}$$

$$= 0.112\sqrt[3]{\frac{1}{1049}\times 184200\times 20227}$$

$$= 17.09(\text{m})$$

（3）管道最大跨距设计为 15m。

七、管道补偿及应力计算

1. 管道补偿

一组旋转补偿器，旋转臂长设置为 2.5m，旋转臂旋转角度 30°，可以补偿的热膨胀量为 1294mm。每米管道在运行时的膨胀量。

$$\Delta L = \alpha_t L(t_2 - t_1) = 13.45\times 10^{-3}\times 1\times(300-20)$$

$$= 3.8(\text{mm})$$

则一组旋转补偿器可以补偿的管道长度 L_{max}=1294/3.8≈340（m），设计最大补偿距离 320m。

自然补偿段可根据具体形式按本章第五节的公式进行计算，也可用 CAESARⅡ软件进行计算。

2. 管道应力计算

可根据具体形式按本章第五节的公式进行计算，也可用 CAESARⅡ软件进行计算。验算各补偿段的一次应力、二次应力都在许用范围内，查看各支架所受推力是否过大，并进行适当调整，使得整个管系布置较为安全、经济、合理。

第十二章

热力站、用户入口及中继泵站设计

第一节　热　力　站

所谓热力站，是指用来转换热介质种类，改变供热介质参数，分配、控制及计量供给热用户热量的设施。集中供热系统的热力站是供热力网路与热用户的连接场所。

一般从热源向外供热有两种基本方式：第一种方式为热媒由热源经过热力网直接（连接）进入热用户，如图 12-1（a）所示；第二种方式为热媒由热源经过一级热力网进入热力站（也叫热力点），在热力站的换热设备内与二级热力网的热媒经二级热力网进入各热用户，如图 12-1（b）所示。

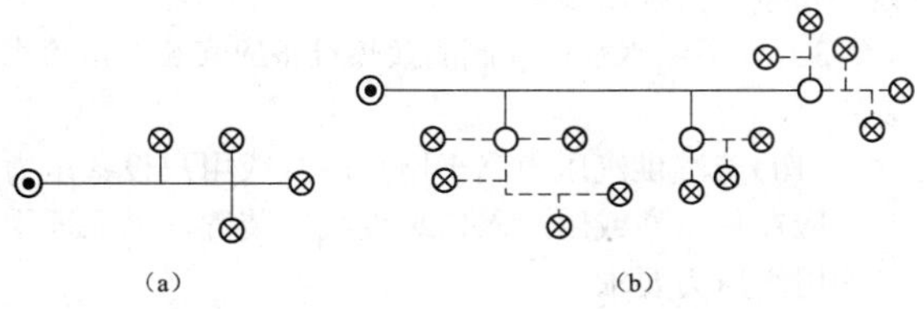

图 12-1　热力站、热用户示意图

（a）热源与热用户；（b）热源、热力站、热用户

⊙热源　○热力站　⊗热用户

——— 一级热网　- - - - - 二级热网

热力网与热用户采取间接连接方式时，宜设置热力站。热力站有自己的二级网路。热力站可以是单独的建筑，也可以设在某栋建筑物内。

一、热力站的布置原则

1. 数量与规模

根据热力网输送热媒的不同，热力站可分为热水供热热力站和蒸汽供热热力站；根据热力站的位置和功能的不同，可分为用户热力站、小区热力站（通常简称热力站）、区域性热力站（用于特大型供热力网）。

热力站最佳供热规模，应通过技术经济比较确定。并应考虑以下因素：

（1）供热半径为 0.5～3.0km，热力站供热区域内的建筑高度差不宜过大，以便于选择同一种连接方式。

（2）热水管网热力站最佳供热规模应按各地具体条件经技术经济比较确定。一般热力站的合理规模为 10 万～30 万 m^2/座。新建热力站供热范围以不超过所在地块范围为最大规模。

（3）居住区热力站应在供热范围中心区域独立设置，其目的是提高居住环境质量，减少热力站运行时产生的噪声对周边居住的影响。公共建筑热力站可与建筑结合设置。

（4）工业热力站，通常一个单位或数个邻近单位共用一个。

2. 热力站的布置

热力站的平面布置中，一般应包括换热器间、泵房、仪表间、值班间和生活附属间。对于汽水热力站，当有热水供应系统时，换热面积较大，可布置双层。水水式热力站，一般布置在单层建筑中。热力站的平面布置如图 12-2、图 12-3 所示，此布置图仅供设计参考。

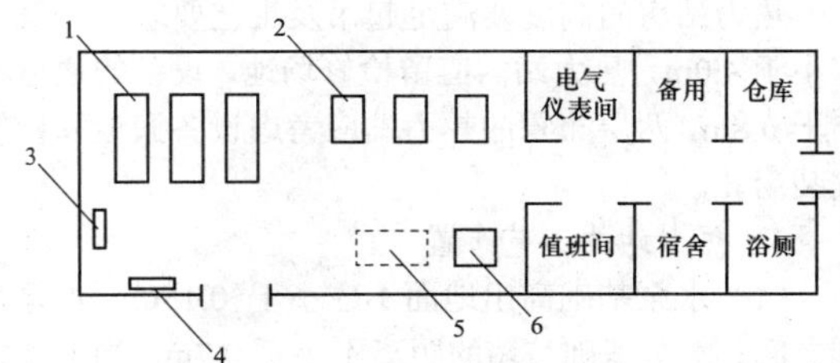

图 12-2　水水式热力站平面布置图

1—水水热交换器；2—热力网循环水泵；3—集水器；4—分水器；5—补水定压装置；6—储水箱

不同规模热力站的设计估算指标见表 12-1，此表中数据仅供设计参考。

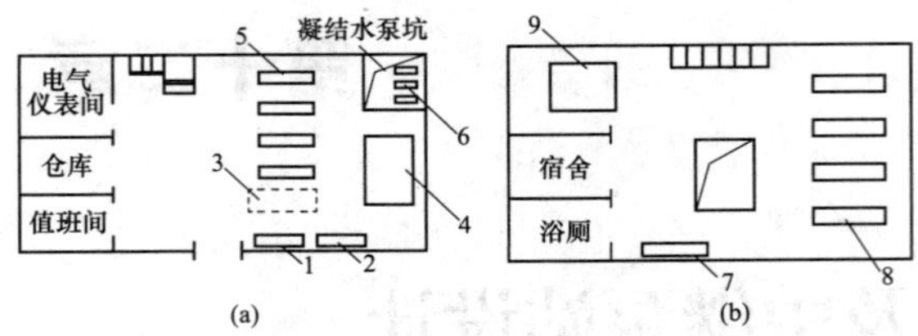

图 12-3 汽水式热力站平面布置示意

（a）一层平面布置；（b）二层平面布置

1—分水器；2—集水器；3—补水定压装置；4—凝结水箱；5—热力网循环水泵；6—凝结水泵；7—分汽缸；8—汽水交换器；9—贮软水箱

表 12-1 热力站设计估算指标

序号	项目 热力站供热面积（万 m^2）	5	8	12	15	20	30	40
1	供热负荷（GJ/h）	13	20	30	39	50	75	100
2	热力站面积（m^2）	350	400	450	500	600	820	1000
3	循环水量（t/h，$\Delta t=25℃$）	125	190	286	380	476	715	952
4	补给水量（t/h）	3	4	6	8	10	15	20
5	耗电量（kW）	40	65	100	130	160	200	250

热力站一般为混凝土地面，墙面粉刷或油漆，要有照明及上下水设施。较大的热力站宜考虑设备安装及检修的起吊装置，起重量小于 0.5t 时，设移动吊架或固定吊钩；起重量在 0.5～2.0t 时，设手动单轨吊车；起重量大于 2.0t 时，宜设手动或电动桥式起重机。

热力站房间高度要满足起吊及工艺要求，一般不宜小于 4.0m，热力站内应留检修场地，设备的通道不小于 0.8m，两层布置的热力站应考虑设备搬运和检修安装用孔。

3. 热力站的工艺布置

（1）水泵基础高出地面不应小于 0.15m；水泵基础之间、水泵基础与墙的距离不小于 0.7m；当地方狭窄，且电动机功率不大于 20kW 或进水管径不大于 100mm 时，两台水泵可做联合基础，机组之间突出部分的净距不应小于 0.3m，但两台以上水泵不得做联合基础。

（2）换热器布置时，应考虑清除水垢、抽管检修的场地。管壳式换热器的前端应留有检修抽管所需的空地，只能设一个固定支座，并布置在抽管段端部。板式换热器要留出足够的加片位置。

（3）并联工作的换热器宜按同程连接设计。

（4）并联工作的换热器，每台换热器一、二次侧进、出口宜设阀门。

（5）热力网供、回水总管上应设阀门。当供热系统采用质调节时宜在热力网供水或回水总管上装设自动流量调节阀；当供热系统采用变流量调节时宜装设自力式压差调节阀。热力站内各分支管路的供、回水管道上应设阀门。在各分支管路没有自动调节装置时，宜装设手动调节阀。

（6）在有条件的情况下，热力站应采用全自动组合换热机组。其具有传热效率高、占地小、现场安装简便、能够实现自动调节、节约能源等特点。

（7）对于高度大于 3m 需要操作的设备，宜设置操作平台、扶手和防护栏杆。

（8）蒸汽热力站应根据生产工艺、供暖、通风、空调及生活热负荷的需要设置分汽缸，蒸汽主管和分支管上应装设阀门。当各种负荷需要不同的参数时，应分别设置分支管、减压减温装置和独立安全阀。

（9）蒸汽系统应按以下规定设疏水装置：

1）蒸汽管路的最低点、流量测量孔板前和分汽缸底部应设启动疏水装置。

2）分汽缸底部和饱和蒸汽管路安装启动疏水装置处应安装经常疏水装置。

3）无凝结水水位控制的换热设备应安装经常疏水装置。

（10）蒸汽供汽压力高于用户用汽或用户设备压力时，应在热力站或用户入口装设减压装置，以保证用户的用汽压力要求。

（11）有条件时应采用具备无人值守功能的设备。无人值守热力站一般具备以下基本功能：系统水流量的调节及限制，系统温度、压力的监测与控制，热量的计算及累计，系统的安全保护，系统自动启、停功能等。另外还应具备各运行参数的远程监测、主要动力设备的运行状态及事故诊断、报警等远传通信功能。

二、热力站与管网的连接形式

（一）热水网与热力站连接

热水网与热力站的连接方式取决于一级热水网路热媒的压力、温度，以及二级热水网路和热用户对热媒压力温度的要求。下面将介绍一级热水网路与热力站的主要连接方式。

1. 间接连接方式

有下列情况之一时，用户供暖系统应采用间接连接：

（1）大型集中供热热力网。

（2）建筑物供暖系统高度高于热力网水压图供水压力线或静水压力线。

（3）供暖系统承压能力低于热力网回水压力或静水压力。

（4）热力网资用压头低于用户供暖系统阻力，且不宜采用加压泵。

（5）由于直接连接，而使管网运行调节不便、管网失水率过大及安全可靠性不能有效保证。

水水板式换热器间接连接的热力站如图 12-4 所示，一级热力网的高温水（温度可为 110/70℃、120/70℃、130/70℃、130/80℃、150/80℃…），通过热交换器加热二级热力网的低温水（温度可为 65/50℃、80/60℃、90/70℃、95/70℃…），一级热力网水与二级热力网水互相隔绝。热力站内设置二级热力网的补水定压装置，补水源可用经过简单软化处理的生活水，也可从一级热力网回水管上接管作为二级热力网的补水备用水源。

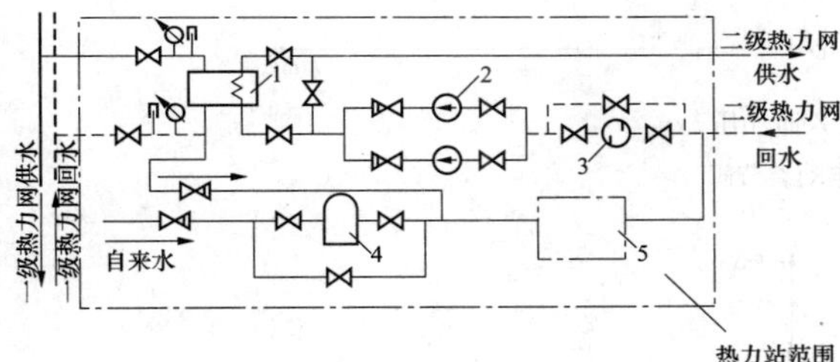

图 12-4　水水板式换热器间接连接的热力站

1—热交换器；2—二级热力网循环水泵；3—滤水器（除污器）；4—简易水处理装置；5—补水定压装置

采用这种间接连接的方式，一级热力网的水不进入热用户，失水量很小。而二级热力网供水温度低，对补水水质要求低，不必进行除氧处理。因此，这是以热电厂为热源的大中型供热系统中经常采用的一种连接方式。

2. 直接连接方式

当热力网水力工况能保证用户内部系统不汽化、不超过用户内部系统的允许压力、热力网资用压头大于用户系统阻力时，用户系统可采用直接连接。采用直接连接，且用户供暖系统涉及供回水温度等于热力网设计供水温度时，应采用不降温的直接连接。

采用分、集水直流连接的热力站如图 12-5 所示，在这个热力系统中，一级热力网的热水进入热力站并经过分水器进入各个热用户，回水流经热力站的集水器并回到一级热力网回水干管。

在分水器的 a、b、c 三个分支管上皆有对压力要求不同的三个分支网络，a、b 分支网路上的压力工况与一级热力网相符，安装调节阀门；c 分支管上装有减压装置（减压阀或节流孔板），因为 c 分支网路上的压力工况需要对一级热力网供水减压。

在这种连接方式中，一级热力网的水直接进入热用户，失水量较大，因此适用于热源供水温度不高的中小型供热系统。

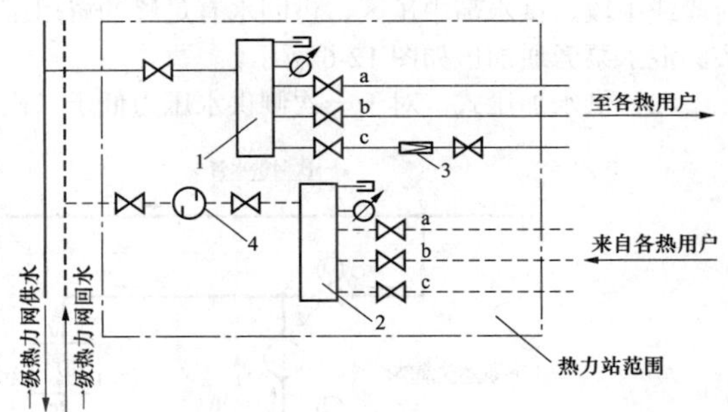

图 12-5　采用分、集水器直接连接的热力站

1—分水器；2—集水器；3—减压装置；4—滤水器（除污器）

3. 加混水装置的热力站

当用户供暖系统设计供水温度低于热力网设计供水温度时，应采用有混水装置的直接连接。即为一种将一次网的供水直接输入到二次网，使其提高二次网的供水温度，同时将二次网的部分回水输入到一次网的回水中的供热方式。

加混水装置的热力站与采用换热器的热力站相比，省去了换热器和热力站内的补水系统，具有占地面积小、工程造价低、热损失小的优点；与直接连接系统相比，可以降低一次管网的管径，减少循环水量，节省投资和节省水泵的电耗。

混水装置的设计流量应按下列公式

$$G_h' = uG_h \tag{12-1}$$

$$u = \frac{t_{su} - t_{su}'}{t_{su}' - t_{re}} \tag{12-2}$$

式中　G_h'——混水装置设计流量，t/h；

G_h——供暖热负荷热力网设计流量，t/h；

u——混水装置设计混合比；

t_{su}——热力网设计供水温度，℃；

t_{su}'——用户供暖系统设计供水温度，℃；

t_{re}——供暖系统设计回水温度，℃。

混水装置的扬程不应小于混水点以后用户系统的总阻力。如采用混合水泵时，台数不应少于两台，其中一台备用。

加混水装置的热力站，根据系统的运行特点和供热要求，对混水方式主要分三种：

（1）旁通管加压式。对于一次网供水压力高于二次网的供水压力时，将一次网的供水管接入二次网循环水泵的出口。混水泵设置在混水旁通管上，利用水泵将二级网的部分回水加压打入到一级网供水中混合加热，形成二级网供水，二级网的另一部分回水作为一级网的回水返回一级网回水管中，并分别在一次网的供、回水管上设置电动调节阀。混水泵宜采用变频式，便于调节混水量。此种形式适用于一次热力网的前段或中段、供水高中压区，供回水有足够的资用压头。混水泵旁通加压如图 12-6 所示。

（2）供水加压式。对于一次侧供水压力低于二次网的供水压力时，需要将一次网的供水管接入二次网循环水泵的入口处。混水泵设置在二级网供水管上，一级网回水调节阀将二级网回水压力调节到满足二级网系统静压，利用混水泵将二级网的部分回水和一级网供水同时吸入混合加热，形成二级供水，二级网的另一部分回水作为一级网的回水返回一级网回水管中。一级网供回水管上设置电动调节阀，混水泵宜采用变频式。这种形式多用于处于一级热力网尾端的热力站，一次热力网的供水低压区。混水泵供水加压如图 12-7 所示。

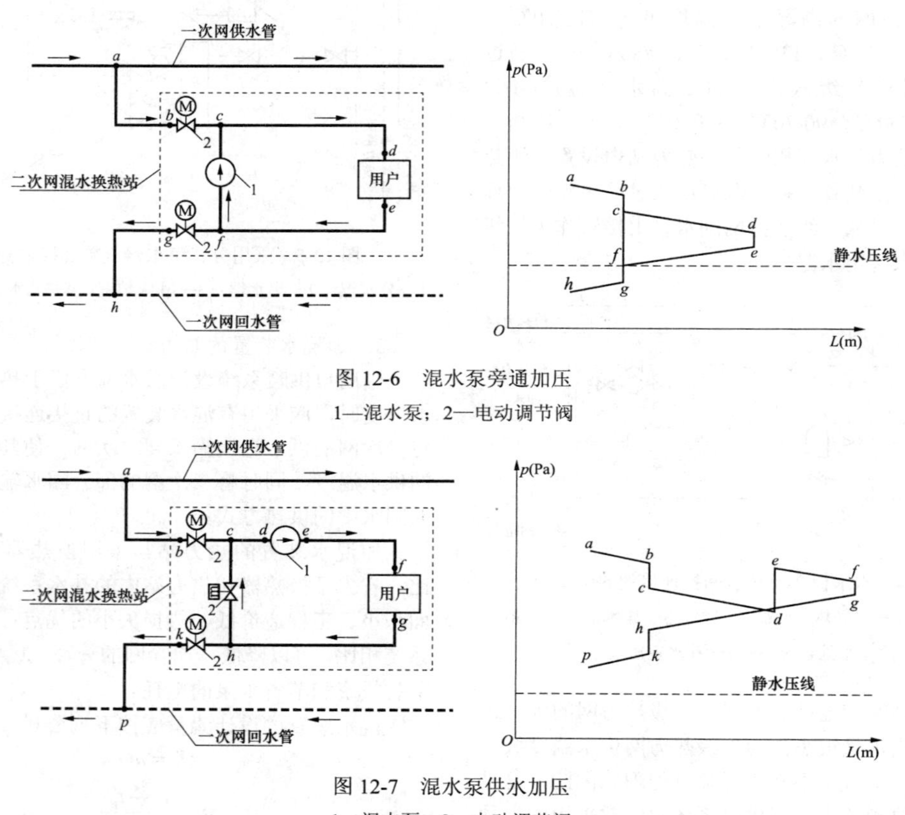

图 12-6 混水泵旁通加压

1—混水泵；2—电动调节阀

图 12-7 混水泵供水加压

1—混水泵；2—电动调节阀

（3）回水加压式。对于二次侧回水压力不足的，需要将二次网循环水泵安装在二次网的回水管道上，用于提高二次回水压力。混水泵设置在二级网回水管上，利用混水泵将二级网回水加压，一部分回水受混水旁通管上的调节阀或一级网回水管路上调节阀支配流入一级网供水混合加热，形成二级供水，另一部分回水直接返回一级网回水管中。一次供、回水管道安装电动调节阀，混水泵采用变频水泵。此种方式适用于一级热力网的供水高压区并且地势低洼处。连接形式及水压图如图 12-8 所示。

随着供热技术水平的不断发展，供热调控设备的进步，目前带有混水装置的热力站可完成智能化控制全自动运行，实现无人值守，安全可靠。总控制室将控制程序（混水压力及混水温度值）传送给计算机，计算机通过远程控制室内采集的一次网、二次网的压力及温度参数自动比对，跟踪调节相关设备、阀门开启度，从而达到控制要求。在 PLC 上取二次网的供水温度信号，来调节一次网的电动调节阀门，来保证二次网的供水温度；根据二次网的供水压力信号，来调节循环泵的转速，保持二次网的供水压力；根据二次回水压力信号调节一次回水电动调节阀门，来保证回水压力不变。

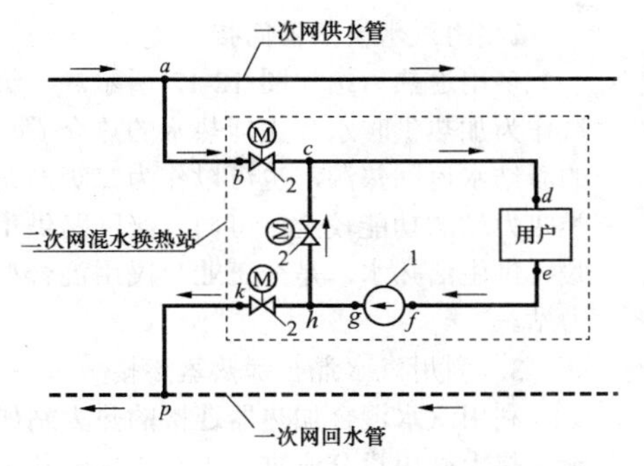

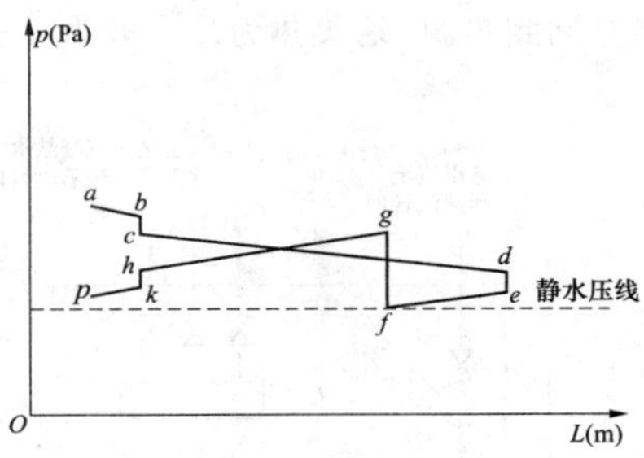

图 12-8　混水泵回水加压

1—混水泵；2—电动调节阀

4. 加压泵连接方式

当热力站入口处热力网资用压头不满足用户需要时，可设置加压泵；加压泵宜布置于热力站回水管道上。加压泵连接的热力站如图 12-9 所示。

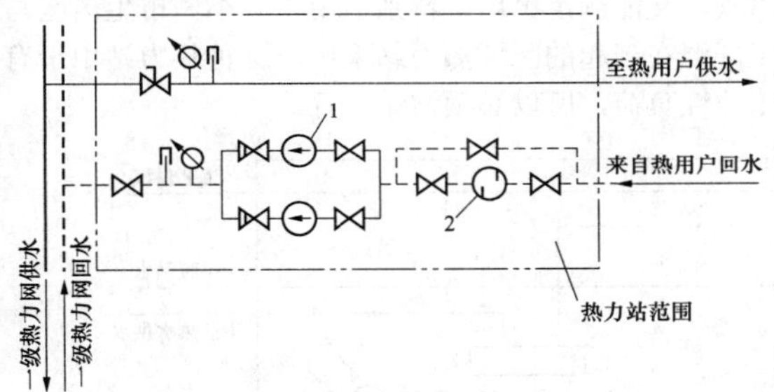

图 12-9　加压泵连接的热力站

1—升压泵；2—滤水器（除污器）

升压泵的使用及选择需要经过详细计算，并对整个供热系统的水压图进行详细分析，其流量、扬程不可过分富余，否则会影响邻近热力站。当热力网末端需设加压泵的热力站较多，且热力站自动化水平较低，没有自动调节装置时，各加压泵不能协调工作，易造成水力工况紊乱，此时应设热力网中继泵站（详见本章第三节相关内容），取代分散的加压泵。集中设置中继泵站对于热力网水力工况的稳定和节能都是较合理的措施。当热用户自动化水平较高，开动加压泵能自动维持设计流量时，采用分散加压泵可以节能。

5. 有生活热水供应的热力站

兼具供暖和生活热水供应的热力站，当生活热水热负荷较小时，生活热水换热器与供暖系统可采用并联连接。如图 12-10 所示，生活热水加热用的换热器一般应为容积式，可省去热水储水罐。

当生活热水热负荷较大时，生活热水换热器与供暖系统宜采用两级串联或两级混合连接。例如，130/60℃闭式热水热力网，当生活热水热负荷为供暖热负荷的 20%，采用质调节时，其热力网流量已达到

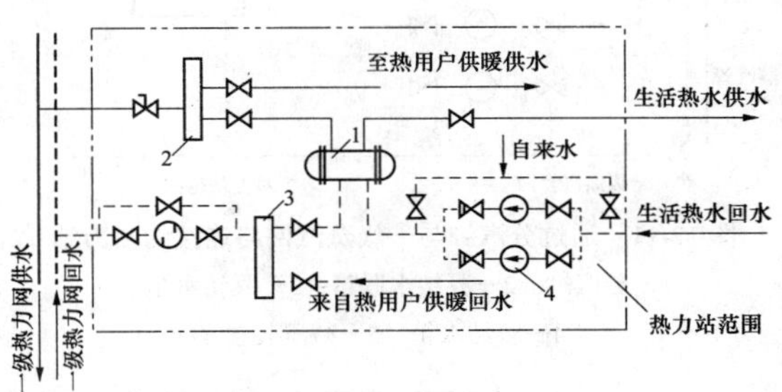

图 12-10　有生活热水供应设备的热力站

1—容积式生活热水加热器；2—分水器；3—集水器；4—生活供热水循环泵

供暖热负荷热力网流量的 50%；若生活热水热负荷为供暖热负荷的 40%，两种负荷的热力网流量基本相等。为减少热力网流量，降低热力网造价，应采用两级加热系统，即第一级首先用供暖回水加热。采取这一措施可减少生活热水热负荷的热力网流量约 50%，但这要增加热力站设备的投资。

（二）蒸汽网与热力站连接

蒸汽网与热力站的连接方式取决于一级蒸汽网的压力、二级蒸汽网的压力、热力站的功能等因素。蒸汽热力站是蒸汽分配站，通过分汽缸对各分支进行控制、分配，并提供了分支计量的条件。蒸汽热力站也是转换站，根据热负荷的不同需要，通过减温减压可满足不同参数的需要，通过换热系统可满足不同介质的需要。

1. 通过分气缸直接连接

通过分汽缸与一级蒸汽网路连接的热力站如图 12-11 所示。由一级蒸汽网路引入热力站的蒸汽经分汽缸再由各分支管（二级蒸汽网路）送入各热用户，分汽缸上各个分支环路上均加流量调节阀，图中假定 *a* 环路上的二级汽网上的连接用户所需压力比一级汽网供汽压力低，故在 *a* 环路供汽分支管上设置减压阀。

由各个蒸汽用户返回的凝结水经二级蒸汽网

路回到热力站的凝结水箱内，再用加压凝结水泵经一级蒸汽网路打回到热源，这类热力站大多为工业热力站。

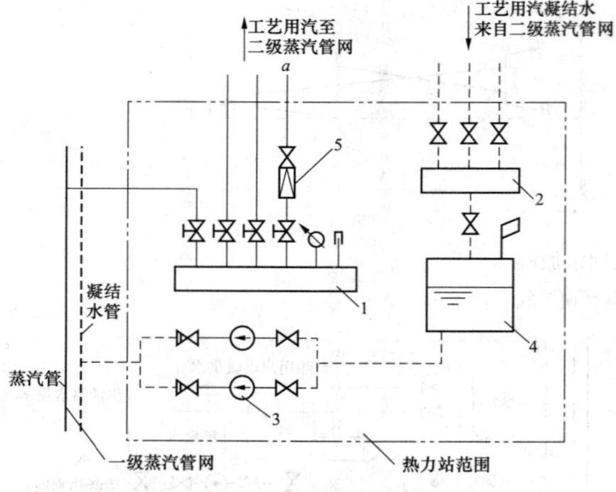

图 12-11 通过分汽缸与一级蒸汽网路连接的热力站

1—分汽缸；2—凝结水联箱；3—凝结水泵；4—凝结水箱；5—减压装置

2. 用汽水换热器间接连接

多用途热力站如图 12-12 所示。一级蒸汽网路来汽作为加热供暖水和生活热水的热介质，蒸汽加热后的凝结水返回热源，也可以作为二级网路的补水。这类热力站的功能较全，可向二级网路供工艺用汽、供暖、供生活热水，是个工业、民用混合型的多用途热力站。

3. 利用汽水混合加热器连接

利用汽水混合加热器连接的热力站如图 12-13 所示。热力站内设分汽缸，工艺用蒸汽从分汽缸上直接引出。热力站热水供暖系统采用开式膨胀水箱定压，其加热装置为汽水混合加热器。蒸汽放热后的凝结水与供暖回水混合进入供暖系统，由于系统水量增加，多余的水经膨胀水箱的溢流管流入一级热力网的凝结水管，靠重力作用返回热源。

此类热力站是工业、民用合用的，既可满足工业用汽，又能满足民用，特别适用于中小城市生活区与工厂混在一起的区域热力站采用。这种热力站由于有工业性负荷，所以必须常年运行。

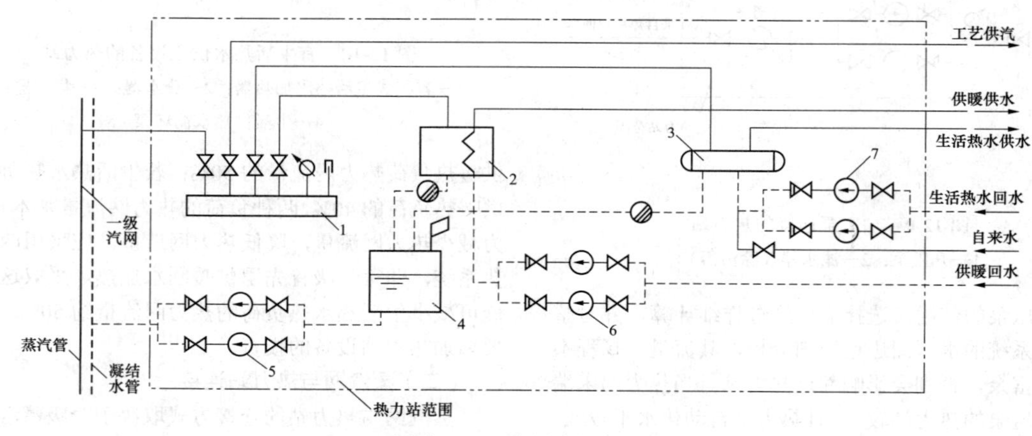

图 12-12 多用途热力站

1—分汽缸；2—汽水换热器；3—容积式换热器；4—凝结水箱；5—凝结水泵；6—二级热力网供暖循环泵；7—生活热水循环泵

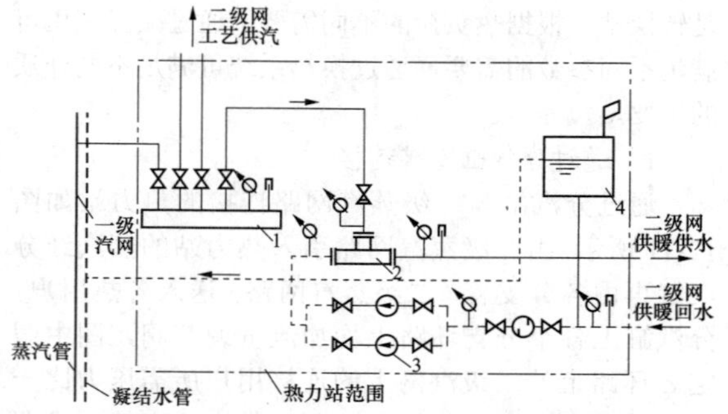

图 12-13 利用汽水混合加热器连接的热力站

1—分汽缸；2—汽水混合加热器；3—供暖循环水泵；4—膨胀水箱

此种热力站的使用是有条件的。首先，距热源不能太远，一般在 3～4km 以内；热源出口端供汽的饱和压力以 0.8～1.0MPa 为宜。其次，热力站（或附近建筑）内要有适于安装膨胀水箱的位置，且供热区域内有这类热力站的膨胀水箱高度均应高于热源处的总凝结水箱，以保证凝结水靠重力自流回水。因此，这类热力站适用于地势较平坦的区域。

以上所介绍的均为单一种类的连接类型，在实际工程中所遇见的热力站可能是多种连接类型的组合，例如，既有热水又有蒸汽的热力站，或既有间接连接又有带升压泵的热力站，或既有供暖用户又有生活热水供应的热力站等，但不管如何复杂，其连接方式都不外乎如上所述类型，只不过是根据工程实际情况，把各单一类型组合在热力站里。

（三）一级热水网与冷热交换站的连接

在城市集中供热供冷系统中，冷热交换站内设置供暖水水加热器、热水型吸收式冷水机组和生活热水的水水加热器。这种系统常见的连接方案有三种。

1. 方案一

一级热力网与冷热交换站的连接（方案一）如图12-14 所示。一级热力网冬夏季供水温度为 130～150℃，回水温度为 70℃，一级热力网为双管。二级热力网冬季供暖回水温度为 80～60℃；夏季空调冷水供回水温度为 8～15℃；热水供应供水温度为 65℃。二级热力网为四管制，冷热水供回水管两根，生活热水管两根。应注意，由于二级热力网的空调用冷水和供暖用热水的供回水温差不同，冷水量大，所以在选择管径时，建议按较大的夏季流量选择。

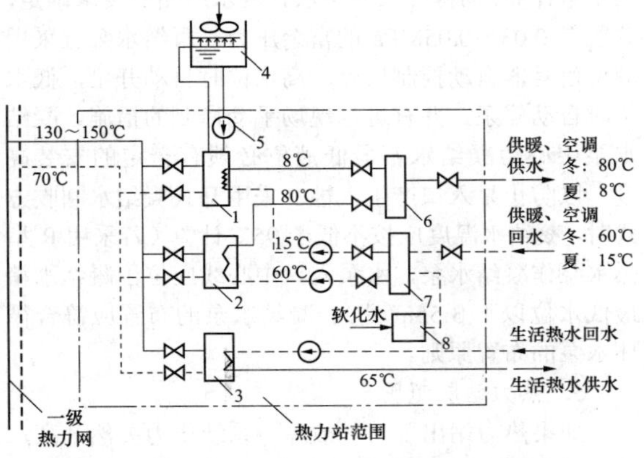

图 12-14　一级热力网与冷热交换站的连接（方案一）
1—吸收式冷水机组；2—水水式加热器（供暖用）；
3—水水式加热器（生活热水用）；
4—冷却塔；5—冷却水泵；6—分水器；7—集水器；
8—补水定压装置

2. 方案二

一级热力网与冷热交换站的连接（方案二）如图12-15 所示。此方案与方案一基本一致，不同之处是在于夏季一级热力网供水流经吸收式制冷机，进入热水供应加热器后再回入一级热力网回水干管，以尽量降低一级热力网的回水温度，更好地利用热能。一级热力网是双管制，二级热力网是四管制。

3. 方案三

一级热力网与冷热交换站的连接（方案三）如图12-16 所示。在热力站内设有水水加热器，一级热力网高温水和二级热力网低温热水进行热交换，把二级热力网热水送到各建筑物，若建筑物需要空调和热供应，则可在该建筑物内设低温热水型吸收式冷水机组、

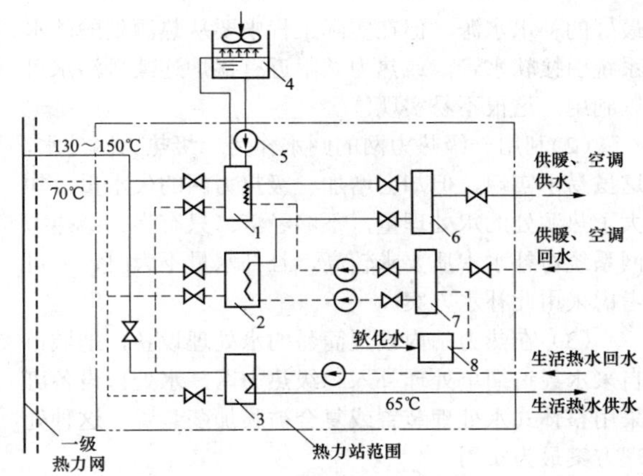

图 12-15　一级热力网与冷热交换站的连接（方案二）
1—吸收式冷水机组；2—水水式加热器（供暖用）；3—水水式加热器（生活热水用）；4—冷却塔；5—冷却水泵；
6—分水器；7—集水器；8—补水定压装置

热水供应水水加热器，利用二级热力网热水制备冷水和热水。这种方案大大减小了二级热力网的热水管道直径，同时对各建筑物而言使用和调节方便，但制冷效率较低。

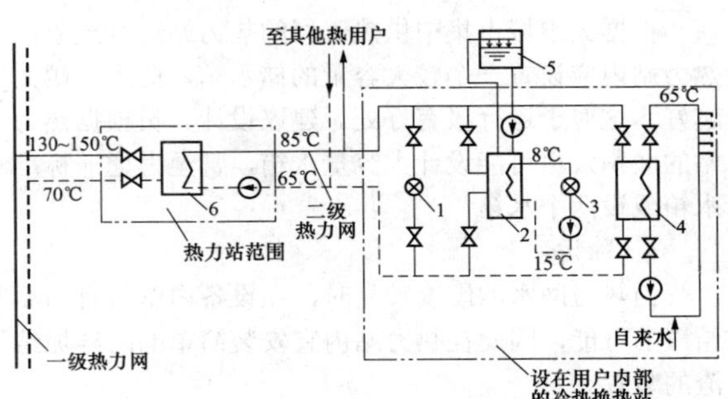

图 12-16　一级热力网与冷热交换站的连接（方案三）
1—用户供暖系统；2—用户吸收式冷水机组；
3—用户空调冷水系统；4—热水供应加热器；
5—冷却塔；6—热力站内水水加热器

三、热力站设计要点

1. 定压系统

二级热力网的定压系统设计是十分重要的，此定压系统是为该热力站负担的整个供热区域的供热系统定压的。可根据热力站的规模、二级热力网供水温度、最高用户充水高度、所需的定压点压力等因素选择。

2. 补水的处理

为了保证热力站换热设备的正常运行，二级热力网系统的补给水应进行处理。补水来源可考虑如下途径：

（1）除过氧的软化水（或锅炉连续排污水），这是

最好的补水水源，但在实际工程中要从热源处的软水系统引接软水管，或热力站附近有锅炉连续排污水可以利用。这很不易实现。

(2)利用一级热力网的回水作为二级热力网补水，这虽易于实现，但却会增加一级热力网的失水量，加大了热源处的水处理量，不够经济。只有当二级热力网系统对补水水质要求较高，且补水量不大时，方可考虑采用此补水方案。

(3) 在热力站内设置简易的水处理设备，把城市自来水经过简单处理补入二级热力网，水处理设备可采用整体式水处理装置或复合被膜加药装置。这种处理方案最为实用。

现在，在许多中小城市的集中供热工程中，其热力站采用复合被膜加药装置处理补水，操作运行简单可靠，效果较好，易于被运行单位接收。

补水可利用城市自来水压力直接补入二级热力网(但自来水压力应满足补水压力要求)，或采用定压装置补入二级热力网。

由于二级热力网供水温度不高，一般不会超过90℃，所以不必进行除氧处理，采用简单的水处理即可满足补水要求。

根据大中城市集中供热工程的热力站运行经验，热力站内应设置一个较大容量的储水箱，此水箱越大越好，这对于运行极有好处。建议设计人员根据热力站的面积，尽可能设计大容量水箱，甚至考虑非标准水箱或设两个水箱。

3. 除污

当热力网水的硬度较高时，在设备内壁将有结垢结渣的可能，因此在热力站内宜安装简单的防结垢结渣的装置。

这里有必要特别讲一下热力站的除污问题。在热力网初启动期间，热力网内的杂物（如砖头、钢屑、焊渣、碎石）很多，这些杂物进入板式换热器将会击坏传热片，因此，热力站的除污器是个十分重要的设备。这里只讲几点设计上应该注意的事项：

(1) 除污器应布置安装于较空旷、便于检修的地方，切不要放在高处或不便于接近的角落。这是热力站里检修管理量最大的设备。

(2) 应选择在运行中可连续排污的除污器。尤其是对于较大的热力网，除污器又大又重，拆卸一次很费时间，如果选择需拆下排污清洗的除污器，在热力网初启动时3～5天就要拆下排污，会增加运行管理的工作量。对大型热力网，以旋流式的除污器为好。

(3)设计中要充分考虑除污器运行时的排污问题，如果是侧下方有排污口，应在安装高度上充分预留出排污所需距离，并宜在除污器附近留冲洗用的水龙头。

总之，以上细节问题应事先考虑到，以方便运行管理。

4. 热力站的凝结水回收

为了达到节能目的，在以蒸汽作为加热热媒的热力站中，蒸汽加热后的凝结水一般应返回热源（但距热源过远或凝结水量很少，回收不经济的情况可例外)。热力站的凝结水回收一般是采用开式加压回收方式，这里简单介绍热力站凝结水回收设备的选择布置原则。

(1) 凝结水箱的设置原则。其容积按 20～30min 的最大凝结水量计算，单个不小于 2m³。一般可设两个，对单纯供暖用凝结水箱且凝水量在 10t/h 以下时，可只设一个。开式凝结水箱上应设排汽管，排汽管上不设阀门，水箱内应有冷水降温装置和防止冒汽的措施。

(2) 凝结水泵的设置原则。凝结水泵不应少于两台，其中一台备用。流量按进入凝结水箱的最大小时回水量计算；扬程应按凝结水管网水压图的要求确定，并留有 0.03～0.05MPa 的富余压力。凝结水泵宜采用液位信号器自动控制启停，高水位时自动开泵，低水位时自动停泵，并有进行现场手动控制的措施。凝结水泵中心距凝结水箱最低液位必须有一定的安装高度，以防止泵入口产生汽蚀。采用开式凝结水回收方式时，凝结水温度应按不低于 95℃计算（若采用 R 型热水泵作凝结水泵，水泵入口中心线应位于凝结水箱最低水位以下 3.55m 处)。凝结水泵的布置应符合循环水泵的布置原则。

5. 热力站防超压

如果热力站出现某些故障，系统压力突然升高，将导致整个二级热力网系统超压，并会影响到热用户的室内供暖系统。特别是在有些城市集中供热工程中，把原有的小区锅炉房供热改造为热电厂集中供热，原有供暖系统散热器承受压力为 0.4MPa，在运行中时常发生二级热力网超压导致用户散热器炸裂，因此，在热力站的设计中应考虑超压问题。一般的做法是在循环水泵出口管（或分水器）上设置一个弹簧微启式安全阀，安全阀开启压力为安装处正常工作压力加 0.03～0.05MPa。

为了更为安全起见，可在微启式安全阀旁再加一个全启式安全阀，其开阀压力比微启式安全阀高 0.03～0.05MPa。

6. 热力站安全和环保要求

(1) 热力站应降低噪声，不应对环境产生干扰。当热力站设备噪声较高时，应加大与周围建筑物的距离，或采取降低噪声的措施，使受影响建筑物处的噪声符合 GB 3096—2008《声环境质量标准》的规定。当热力站所在场所有隔震要求时，水泵基础和连接水泵的管道应采取隔震措施。

（2）热力站的站内应有良好的照明和通风。

（3）站内设备间的门应向外开。当热水热力站的长度大于 12m 时，应设两个出口；热力网设计水温小于 100℃时可只设一个出口。蒸汽热力站不论空间尺寸如何，均应设置两个出口。安装孔或门的大小应保证站内检修、更换的最大设备出入。多层热力站应考虑用于设备垂直搬运的安装孔。

（4）站内地面应有坡度或采取措施保证管道和设备排出的水引向排水系统。当站内排水不能直接排入市政排水网时，应设置集水坑和排水泵。

（5）位置较高而且需经常操作的设备处应设计操作平台、附体和防护栏杆等设施。

四、热力站主要设备选型

1. 循环水泵

（1）循环水泵总流量。

循环水泵总流量为二级热力网循环水量的105%～110%。

二级热力网循环水量的计算式为

$$G=\frac{Qk}{c(t_{su}-t_{re})}\times10^{-3} \tag{12-3}$$

式中　G——二级热力网循环水流量，t/h；

Q——供暖通风总计算热负荷，kJ/h；

k——系数，一般取 k=1.05～1.10；

c——水的比热容，c=4.1868kJ/（kg·℃）；

t_{su},t_{re}——供、回水温度，℃。

（2）循环水泵的计算扬程。

$$H=K(H_1+H_2+H_3+H_4) \tag{12-4}$$

式中　H——循环水泵扬程，mH$_2$O（1mH$_2$O=9806.65Pa）；

K——安全系数，K=1.10～1.20；

H_1——热力站内部的循环泵出水段的压力损失，一般取 H_1=8～15mH$_2$O；

H_2——热力站内部除污器至循环水泵入口段压力损失，一般取 H_2=2～5mH$_2$O；

H_3——最不利环路供回水干管压力损失，mH$_2$O；

H_4——最不利环路末端用户的压力损失，mH$_2$O。

（3）循环水泵常用的泵型。有 R、S、Sh、HPK、IS 型。工程中可选用的二次热力网循环水泵泵型见表 12-2。

表 12-2　　循 环 水 泵 泵 型

泵型	介质温度（℃）	流量范围（t/h）	扬程范围（mH^{2}O）	电功率（kW）	生产厂家
R 型	<230	7.2～450	20.5～72	1.5～90	上海水泵厂
S·Sh 型	<80	140～12500	10～125	18.5～1250	沈阳、上海水泵厂
HPK 型	<230	7.4～660	29～201	～400	上海水泵厂
IS 型	<80	3.75～460	5.4～125	0.75～110	全国各泵厂

（4）循环水泵安全保护措施。

1）为防止突然停电时产生水击损坏循环水泵，在系统设计中应考虑如下措施：

a．在泵前后进出水母管之间设带止回阀的旁通管，其管径可比进口管小一号。

b. 在水泵进口管上安装重锤式安全阀，安全阀排出管接至开式水箱。

2）当循环水泵布置在热交换器的出水管侧时，因水温较高，可采取以下措施：

a．在水泵前加冷水混水装置。

b．加大吸水管管径，减小入口压力损失。

c．限制水泵转速，宜选用 1450r/min 以下的泵。

d. 加大锅筒（或热交换器）和水泵轴线间高度差。

e．必要时把水泵设在地下室，以防止汽蚀。

2. 补给水泵

补给水泵的流量根据补给水量和事故补水量等因素确定，一般可取系统正常补给水量的 4～5 倍。补给水泵的扬程为补水定压点压力加上 0.03～0.05MPa（3～5mH$_2$O）。补水泵一般选两台，其中一台备用。

3. 热交换器

（1）热交换器的容量和台数应根据热负荷选择，一般不设备用。但当任何一台热交换器停运时，其余的应满足 60%～75%的热负荷需要。

（2）热交换器应满足一次热媒、二次热媒的工作压力、温度等参数的要求，以保证热力网系统安全可靠运行。

（3）常用的热交换器形式为壳管式、板式、螺旋板式三种。汽水式热交换器一般采用壳管式；水水式热交换器采用板式、螺旋板式、壳管式。

（4）当采用板式换热器时，单台的半片数不宜太多或太少，从造价和维修角度看，控制在 50～100 片较适宜。板式加热器的加热介质温度不能高于 200℃。

（5）非连续运行的供热系统不宜采用板式换热器，因换热器启动频繁会影响垫片寿命。

（6）是否需设两级换热器，应根据该热力站供热半径、热用户性质、当地气象条件等因素综合比较确定。

（7）热交换器的选择计算任务是根据已知条件确定传热系数，计算所需的传热面积。热交换器计算中的已知条件及带温体温度变化如图 12-17 所示。

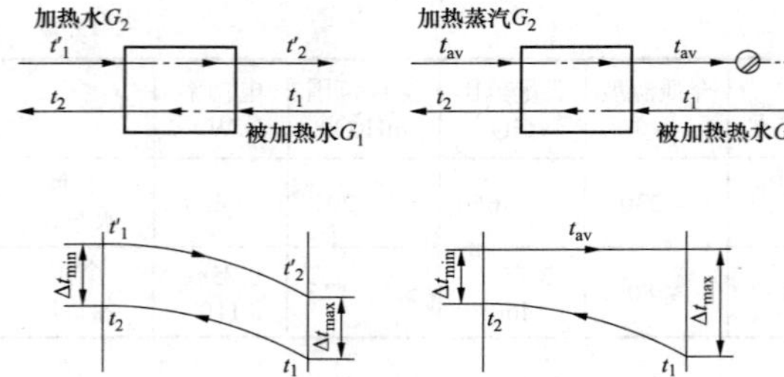

图 12-17 热交换器计算中的已知条件及带温体温度变化
（a）汽水热交换；（b）水水热交换

根据传热学原理，热交换器所需要的传热面积按下式计算：

$$A=\frac{Q}{3.6\eta\beta K\Delta t_{av}} \tag{12-5}$$

$$\Delta t_{av}=\frac{\Delta t_{max}-\Delta t_{min}}{\ln\frac{\Delta t_{max}}{\Delta t_{min}}} \tag{12-6}$$

式中 A——热交换器所需传热面积，m^2；

Q——热交换器的换热负荷，kJ/h；

η——热交换器效率，取η=0.96～0.99；

β——热交换器内壁污垢的修正系数，见表12-3；

K——热交换器的传热系数，在初级阶段进行粗略估算时，可采用厂家样本给出的数据，或采用表 12-4 中的数据；如需详细计算 K 值，则应参考有关设计手册或教材给出的计算方法，W/（m^2·K）；

Δt_{av}——加热介质和被加热介质的对数平均温差，℃。

表 12-3 热交换器内壁污垢的修正系数β

热交换表面特性及其工作状况	修正系数β
新的黄铜管	1.0
直流热水供应（清洁水）时的黄铜管	0.85
具有循环管的热水供应或化学水处理时的黄铜管	0.8
水较脏，有可能形成有机及无机沉淀物的黄铜管	0.7
有薄水垢层的碳钢管	0.85

表 12-4 热交换器传热系数估算值 K

热交换类型	传热系数 K[W/(m^2·K)]
汽水	2000～3500
板式水水	1000～3000
螺旋板式水水	1000～2400
分段式水水	1000～2000

4. 生活热水加热器

（1）生活热水加热器台数及容量应根据供暖期生活热水平均负荷选择，一般不设备用。

（2）优先选用容积式热交换器。水容积按以下原则确定：对于住宅、集体宿舍、旅馆、医院和公共浴室，热水储水量不应小于 45min 的设计小时热水用量；对于工业企业淋浴室，热水储水量应不小于 30min 的设计小时热水用水量。

（3）按所需的加热面积 A，从样本上选用，公式为

$$A=\frac{1.15Q}{k\beta\Delta t} \tag{12-7}$$

$$\Delta t=\frac{1}{2}(\Delta t_{max}+\Delta t_{min}) \tag{12-8}$$

式中 Q——供暖期生活热水平均热负荷，W；

k——传热系数，可按表 12-5 进行估算，W/（m^2·℃）；

β——考虑结垢而引入的修正系数，详见表 12-3；

Δt——热媒与被加热水的算术平均温差，℃；

Δt_{max}，Δt_{min}——热媒入口及出口出的最大、最小温差，℃。

表 12-5 容积式热交换器的传热系数估算值

［W/（m^2·℃）］

换热器类型	传热系数
汽水式（p=0.07～0.2MPa）	700～760
水水式	220～290

5. 整体组合式热力机组

生产厂家把换热器、循环水泵、除污器、定压泵、电气控制系统、必要的阀门表计、控制系统等组装为成套，整机出厂，可用于供暖、热水供应和空气调节，这种热交换机组统称组合式热力站。

这类机组传热效率高、节能、结构紧凑、运行可靠，目前已广泛应用于城市集中供热之中。单台机组可供供暖面积为 2000～100000m^2，供热半径 1～3km，服务于新建、改建、扩建的建筑物供热。如图 12-18 所示为整体组合式热力站的原理图。

整体组合式热力机组设计选择需要注意以下几点：

（1）根据用途（供暖供热、加热生活供水、空调）及一、二级热媒温度和热负荷直接从厂家样本上选择合适的机组。

（2）机组允许的工作温度（加热介质侧）为 60、75、120、150、170、200℃，允许工作压力为 0.8、1.0、1.6MPa。

（3）当介质流流速不大于 0.7m/s 时，加热侧阻力为 0.05～0.10MPa，被加热侧阻力为 0.04～0.10MPa。

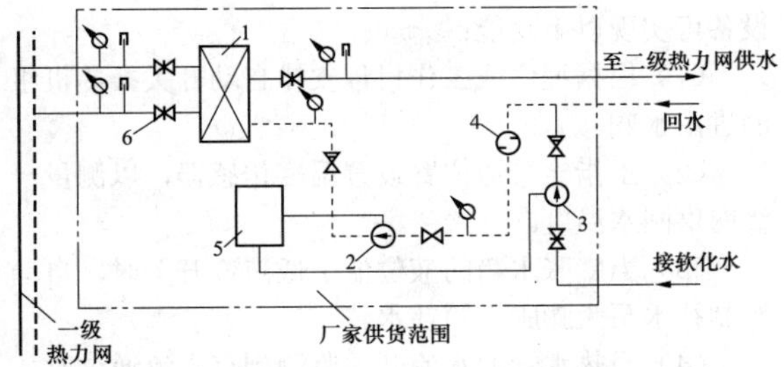

图 12-18 整体组合式热力站原理图（用于供暖）
1—板式换热器；2—循环水泵；3—补水定压泵；4—滤水器（除污器）；5—控制柜；6—蝶阀

（4）机组可直接固定在高出地面 100mm 的混凝土基础上。

（5）机组的位置应考虑便于接管和运行操作。

（6）当两台或两台以上机组并联时，每台机组的出水管上应加止回阀。

（7）与机组连接的管道最高点应装排气阀，最低点应设泄水阀。

（8）由于热力机组上已考虑了定压装置，故不必设膨胀水箱，如果在已有的建筑物上已经安装了膨胀水箱且欲利用，可取消机组的补水泵，把水箱膨胀管与机组的补水管相连。

五、热力站设计实例

某一城市热力网需要增设一座热力站，一级网供回水温度为 110/70℃，要求承担对外供热 10.8×10^6kJ/h，二级网供回水温度为 75/50℃。供热区域内最高层建筑为 12m。计算热力站内设备参数及设备选型。

本热力站设计考虑到供热区域内并无超高层建筑，因此热力站内不设分区供热，采用一套二次网循环泵供热，配置循环泵 2×100%运行；本热力站选用水水板式换热器，按照 2×75%选取；配置补水泵 2×100%运行；并配置相应附属设备及附件，详细选型计算如下：

1. 换热器的选择与计算

热力站选用水水板式换热器，由式（12-6）得出纯逆流情况对数平均温差：

$$\Delta t_{av}=\frac{\Delta t_{max}-\Delta t_{min}}{\ln\dfrac{\Delta t_{max}}{\Delta t_{min}}}=\frac{(110-75)-(70-50)}{\ln\dfrac{110-75}{70-50}}=26.80\ (℃)$$

由式（12-5）得出板式换热器所需传热面积：

$$A=\frac{Q}{3.6\eta\beta K\Delta t_{av}}$$

$$=\frac{10.8\times10^6}{3.6\times0.96\times0.8\times3000\times26.8}=48.6(\mathrm{m^2})$$

选取 2×75%的板式换热器，一台停止运行时，另一台满足供热区域 75%的热负荷需求。因此一台换热器的换热面积为 0.75×48.6=36.5（m^2）。

每台换热器的热端水流量为

$$G=\frac{Q\times0.75}{c(t_{su}-t_{re})}\times10^{-3}$$

$$=\frac{10.8\times10^6\times0.75}{4.1868\times(110-70)}\times10^{-3}=48.4(\mathrm{t/h})$$

每台换热器的冷端水流量为

$$G=\frac{Q\times0.75}{c(t_{su}-t_{re})}\times10^{-3}$$

$$=\frac{10.8\times10^6\times0.75}{4.1868\times(75-50)}\times10^{-3}=77.38(\mathrm{t/h})$$

2. 循环水泵总流量

二级网循环水泵总流量，按照式（12-3）计算：

$$G=\frac{Qk}{c(t_{su}-t_{re})}\times10^{-3}$$

$$=\frac{10.8\times10^6\times1.1}{4.1868\times(75-50)}\times10^{-3}=113.5(\mathrm{t/h})$$

3. 循环水泵扬程

由式（12-4）计算：

$$H=K(H_1+H_2+H_3+H_4)$$

$$=1.1\times(13+2+14+2)=34.1(\mathrm{mH_2O})$$

4. 补水泵流量

二级网补给率按 3%计算，二级网的补水量为

$$G_m=0.03\times\frac{10.8\times10^6}{4.1868\times(75-50)}\times10^{-3}=3(\mathrm{t/h})$$

补水泵流量为

$$G=4G_m=4\times3=12(\mathrm{t/h})$$

补水泵选择 2×100%，一台运行，另一台备用。

5. 补水泵扬程

$$H=H_0+3$$

式中 H——补水泵扬程，$\mathrm{mH_2O}$；

H_0——补水点压力，一般取静水压力即为循环泵轴线与建筑物最高点的高差，$\mathrm{mH_2O}$。

因此，本热力站补给水泵扬程为

$$H=H_0+3=21+3=24(\mathrm{mH_2O})$$

6. 软化器及补水箱

补给水采用的是软化水，其消耗量按热力网系统补给水量确定，即为 3t/h，故选用全自动软水装置。

本热力站设补水箱一个，其体积按 40min 的补水量计算为 $0.67\times3=2(\mathrm{t/h})$，选择方形水箱，容积为 $3\mathrm{m^3}$。

7. 除污器

二级网循环水量为 103.2t/h，控制流速不大于 3m/s 选用卧式除污器一台。

8. 热力站运行调节

本热力站包括两台板式换热器，两台循环水泵，两台补水泵、软化器及软化水箱、除污器和一个补水水箱。

该热交换站主要监测内容有一级网热媒侧供回水温度、二级网热水流量、二级网供回水温度、供回水压差、室内外温度、供热水泵工作故障及手动/自动转换状态等，具体介绍如下：

（1）监测一级网热水的供回水温度并显示，低温报警。

（2）监测二级网热水的供回水温度并显示，主要用于热量计量。

（3）监测室外温度的变化并显示，作为节能变频调节的依据。

（4）监测水管压力。

（5）热水供水的水流状态。

（6）一级网热水供水电动调节阀开关控制。

（7）二级网热水供水电动调节阀（电动三通）开关控制（或水泵变频控制）。

通过安装在热力站内的直接数字控制器按内部预先编写的软件程序来控制水泵的启停和相关设备的群控，直观显示不同设备的运行状态和报警信号。监控设备可实现以下功能：

（1）根据程序或工作日程安排自动开关换热机组的进出水阀。

（2）于指定管道位置设置温度传感器，以测量一级网供回水温度。

（3）当膨胀水箱的液位低于低液位开关时，自动控制补水泵为膨胀水箱补水。

（4）当热水管的水流开关监测到有水流通过时，循环泵才允许启动，防止其空负荷运转。

（5）各联动设备的启停程序包括一个可调整的延迟时间功能，以配合热站系统内各装置的特性。

9. 小结

本热力站选取 2×75%板式换热器，换热面积为 36.5m^2。循环水泵 2×100%，单台流量 115t/h，扬程 35mH$_2$O。补水泵 2×100%，流量 12t/h，扬程 24mH$_2$O。全自动软水装置 1 个，流量 3t/h。软化水箱 1 个，3m^3。热力站系统流程图如 12-19 所示。

本热力站配备自动监控系统一套。

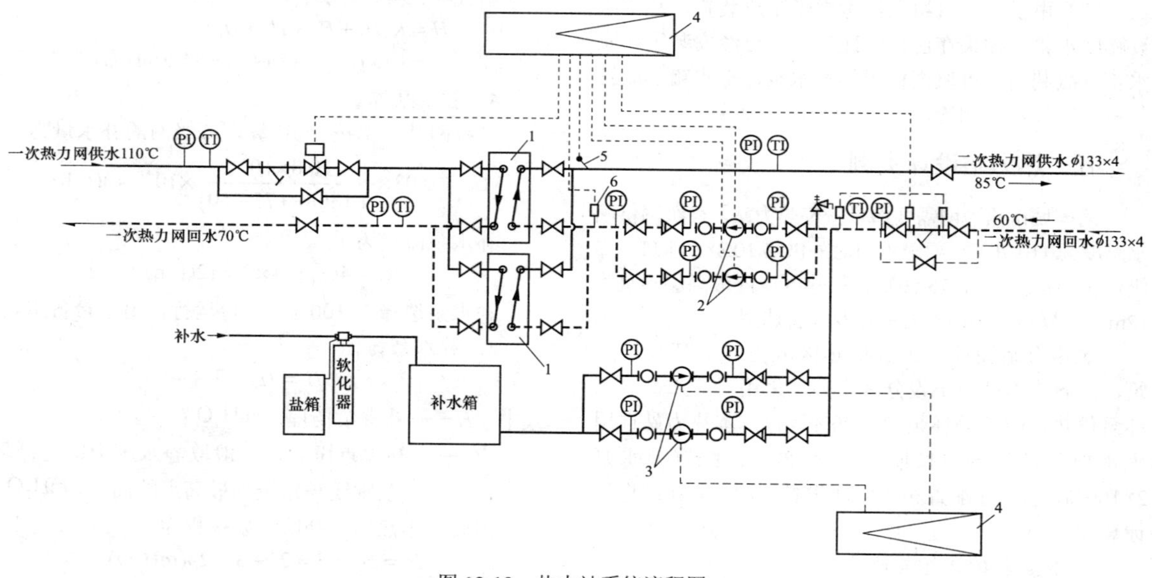

图 12-19 热力站系统流程图

1—板式换热器；2—热力网循环水泵；3—补水泵；4—控制器；5—温度传感器；6—压力变送器

第二节 热用户入口设计

热用户是指从供热系统获得热能的用热装置，它是供热系统中最后的用热单位，热力网通过热用户入口与热用户连接。热用户入口布置在单栋建筑物的地沟入口处或地下室(或底层)。有的热用户入口较简单，仅有调节关断阀门、温度计、压力表，只起调配热用户流量的作用；有的热用户建筑入口有加压泵、混水泵、换热器等设备。本节将专门介绍热用户与热力网的连接、各种热用户入口、它们的使用条件以及热用户入口的常用设备部件。

一、热力网与热用户连接的基本原则

在小型供热系统中，热用户建筑高度相差不大时，热力网与热用户连接方式可统一，热源可在既定的参数下运行。

但是在大型集中供热或区域性热力网中，用户系

统多种多样，地形高差大，建筑物高度不一，用户内设备承压能力不同，热用户对热媒温度要求不一样。以某一既定的热媒参数（温度、压力）运行的热力网，显然不可能满足各种不同热用户室内供热系统的设计要求，而应根据不同热用户系统的要求选择合适的连接方式以满足热用户的要求。

在集中供热系统中，热力网的热力、水力工况只能与一部分用户内部系统的要求相吻合，而另一部分热用户则不能直接满足要求，还需要在热用户处对介质参数进行改变和调节。热媒参数的调节可借助于各种专用设备和自动调节器，或采用不同的与外网连接方式来实现。热用户与供热管网连接时必须遵循以下原则：

（1）用户系统内部的压力不应超过其设备允许工作压力。

（2）用户系统中的压力不应低于系统的静水压力，不允许用户中任何部分出现倒空现象。

（3）进入用户系统的热媒参数应满足用户的设计要求。

（4）在满足上述要求的前提下，尽量采用较为简单的连接形式，以降低初投资和方便运行管理。

用户系统与外网连接方式虽然很多，但就其原理讲可归为直接式连接和间接连接两类：

（1）直接式连接。室外热力网与用户系统中循环的是同一热媒，水力工况的改变依靠入口处的水泵或压力、流量调节器来实现，温度工况的调节则需借助各种混水装置（混水器、三通调节阀）等来实现。由于热用户从热力网直接取水，所以热力网失水率稍高些。

（2）间接连接。用户系统热媒的温度、压力、流量与室外热力网不一样，而且有自身独立的水力工况，用户系统热媒的温度是借助调节装置通过控制进入热交换器的室外热力网的热媒参数进行调节的。热力网水不进入热用户，热力网不失水。

近些年来，高层建筑如何与热力网连接成为暖通专业的热点问题，由于高层建筑静水压力高，其连接方式较为复杂。

二、用户入口设计要点

（一）热水热力网与热用户系统的连接

1. 单纯的直接连接

单纯的直接连接用户入口如图 12-20 所示。这种方式适用于热用户所需的热媒温度、压力与热力网完全相同的情况，这种连接方式的热力入口最为简单。

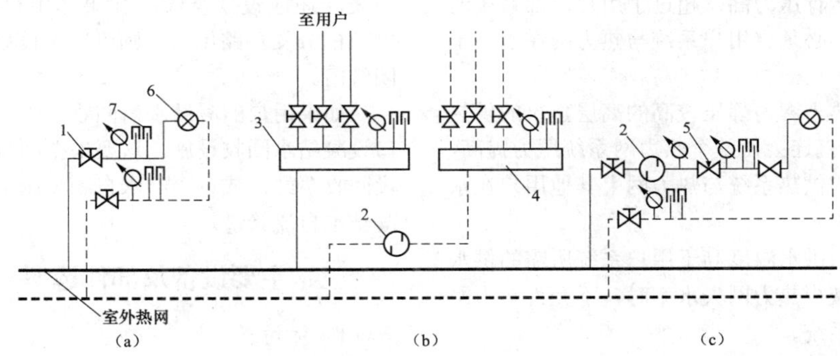

图 12-20　单纯的直接连接用户入口

1—流量调节阀；2—滤水器（除污器）；3—分水器；4—集水器；5—节流装置；6—供暖用户；7—热计量表

图 12-20 中给出了适用于不用情况的三种直连方式。图 12-20（a）适用于较小的热用户，且用户的流量、压力不必在入口作较多的调节，因此仅需在用户入口加手动流量调节阀（或截止阀）做少量调节。图 12-20（b）适用于较大的热用户，且热用户内部分支环路较多，在入口处加分水器、集水器，在分水器、集水器的分支管上加流量调节阀以调节热用户内不同分支管的流量。图 12-20（c）适用于加大的且位置距热源较近的热用户，需要在入口设节流装置消耗部分多余的压力。

2. 加水泵的用户入口

加水泵的用户入口如图 12-21 所示中的三种类型各适用于下列情形：

（1）图 12-21（a）入口加混水泵，利用跨接在入口供回水管之间的水泵把供回水混合后供向用户，这也属于直接连接的一种类型。用户供暖系统的供水温度低于热力网供水温度，来自热力网的较高温度的水与经混水泵的系统回水混合后达到需要的温度，通过用户散热后，除一部分经混水泵外，直接回到热力网回水干管。两种水的混合比例靠混水泵出口阀门来调节。为避免水泵扬程高时导致回水进入热力网供水干管，在入口的供水干管上应安装止回阀。

（2）图 12-21（b）入口供水管加升压泵，这种入口适用于入口供水管压力不足（低于用户系统的静压力）的系统，用升压泵补足其入口压力。

（3）图 12-21（c）入口回水管上加升压泵，此方式用在热力网干管超载的情况下，一般在热力网尾端用户使用得比较多。热用户回水管上的升压泵还起混水作用。

图 12-21 中，用户入口处水泵的选择应特别注意，其流量、扬程均应仔细计算，并在热力网水压图上加以分析。

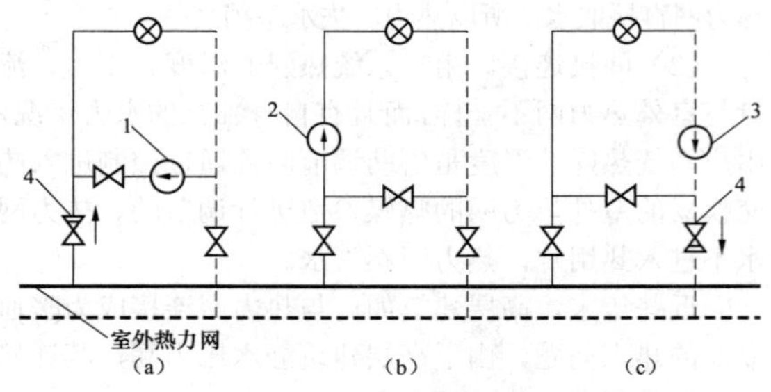

图 12-21 加水泵的用户入口

(a) 入口加混水泵；(b) 入口供水管加升压泵；(c) 入口回水管上加升压泵

1—混水泵；2—供水管升压泵；3—回水管升压泵；4—止回阀

3. 独立连接

间接独立式连接的用户入口如图 12-22 所示。这种连接方式用于以下几种情况：

(1) 热力网运行压力高，超过了用户内部系统的允许压力限制时，必须将用户系统与热力网在水力工况上分隔开。

(2) 当室外热力网与静压较高的高层建筑的供热系统连接时，采用直连会使整个热力网系统压力提高，必须将高层建筑的供热系统与热力网上其他用户在水力工况上分隔开。

(3) 当热力网供水温度高于用户系统所需的供水温度，而且为了减少热力网失水率时，不允许热力网水直接进入用户系统。

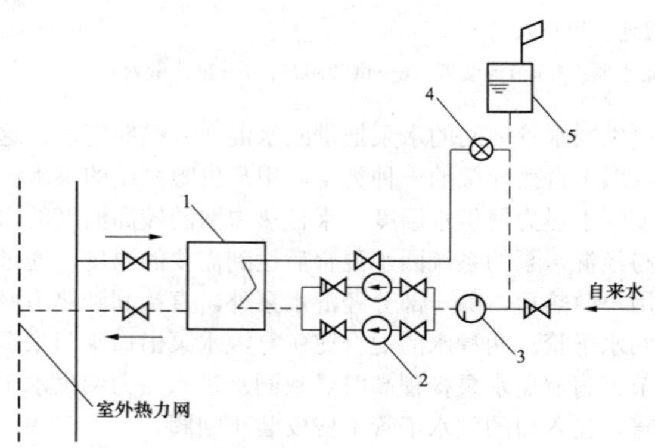

图 12-22 间接独立式连接的用户入口

1—换热器；2—用户循环水泵；3—滤水器（除污器）；4—供暖用户系统；5—膨胀水箱

这种间接独立式连接的用户入口需有一定的位置布置热交换器、水泵，一般宜设在建筑物底层或地下室内，并应选取独立的补水定压装置，为了节省占地和提高热交换效率，一般选用板式换热器。这类用户入口相当于一个小型热力站。

(二) 蒸汽热力网与蒸汽用户的系统连接

通常每个蒸汽用户设置一套入口装置，但对于较大的热用户，尤其是当建筑物占地面积较大时，也可采用多个热力入口。如图 12-23 所示为典型的蒸汽用户入口装置。

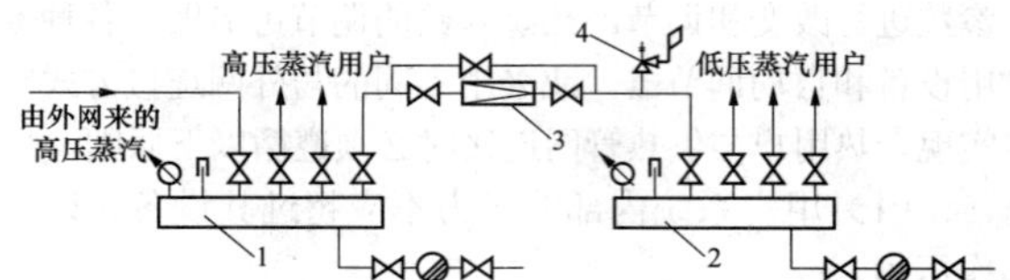

图 12-23 蒸汽用户与热力网的连接

1—高压分汽缸；2—低压分汽缸；3—减压阀；4—安全阀

从室外蒸汽管网引入的蒸汽进入高压分汽缸，需要低压蒸汽的用户，需经过减压阀减压而后进入低压分汽缸。当热用户有流量记录要求时，还应在入口立管上设置蒸汽流量计。分汽缸上应设温度计压力表，还应设安全阀。如果热用户较小，仅有两个以下的分支环路用汽，则可以不设分汽缸，仅设置启闭阀门。

如果用户的凝结水需回收，则还应在蒸汽用户入口设凝结水回收设施。这要根据回收方式来确定，或设回收泵站，或设凝结水自动加压泵，或者仅设一根凝结水自流管道。

三、主要设备及部件选型

1. 除污器

除污器用于清除热力网系统中的杂质和污垢，保证系统内水质清洁，减少阻力，防止堵塞和保护热力网、设备，是供热系统中一个十分重要的部件。

除污器一般放在热用户入口调压和计量装置之前，集水器总回水管上或水泵入口处。

目前常用的除污器分类：按国家标准图集在现场加工制作的，有立式直通、卧式直通和卧式角通三种，DN 为 40～450mm；按介质分为 SG 型（水）、QG 型（汽），DN15～DN450；采用离心原理除污方式的旋流式除污器，DN40～DN500。

除污器选择要点介绍如下：

(1) 除污器接管直径可与干管直径相同。

(2) 除污器的工作压力和最高允许介质温度应与热力网条件相符。

(3) 除污器横截面水流速宜取 0.05m/s。

(4) 安装在需经常检修处的除污器，宜选择连续排污型的除污器，否则应设旁通管。

（5）除污器旁应有检修位置，对于较大的除污器，应设起吊设施。

（6）订货时应注明管径、连接方式（法兰或丝扣）、工作压力、介质最高温度。对于旋流型的还应注明方向。

除污器的压力损失按式（12-9）计算，即

$$\Delta p=\xi\frac{v^2\rho}{2} \tag{12-9}$$

式中　Δp——除污器阻力，Pa；

v——除污器接管的水（汽）流速度，m/s；

ρ——水（汽）的密度，kg/m^3；

ξ——局部阻力系数，国标除污器ξ=4～6，SG、QG型除污器了ξ=2.2，旋流式除污器ξ=3.0。

2. 手动流量调节阀

在供热系统的初调节和运行调节中，流量调节是十分重要的。这主要依靠安装在热用户入口的流量调节装置完成。手动流量调节阀是一种简单、可靠、易行的调节装置。这种调节阀比闸阀、截止阀的调节性能好，价格一般比同口径截止阀高30%左右，因此，各个热用户引入口的供回水管上均应安装手动流量调节阀进行流量调节。

流量调节阀口径的选择计算公式如下（用于水），即

$$G=k_v 0.316\sqrt{\Delta p} \tag{12-10}$$

式中　G——通过调节阀的设计流量，由供热系统设计条件给定，m^3/h；

Δp——调节阀前后压力降，即调节阀应耗去的压力，由供热系统的水压图确定，Δp一般在 $0.5mH_2O$（尾端用户）～$30mH_2O$（近端用户）之间；

k_v——调节阀的流量系数，无因次，可根据管径从产品样本上查出。

手动流量调节阀选择程序：在样本上查出欲选择的调节阀的流量系数k_v，其口径一般与接管管径相等或小1～2号，用调节阀需耗去的压力（由水压图确定）代入口径选择公式，计算出在该口径下调节阀全开时通过流量，若其等于或大于设计流量，则此阀口径合适。

在选择阀门时应注意以下几点：

（1）每个调节阀消耗的压力应控制在整个供热系统总阻力的10%～30%范围内为宜。

（2）设计时，不能采用放大调节阀口径的方法。

（3）尾端热力入口调节阀口径宜比接管口径小一号或同径，近端热力入口的调节阀口径宜比接管口径小1～2号，一般可以满足设计流量和压降的要求。

手动流量调节阀的生产厂家较多，产品型号为T40H-16 型（法兰接口）、T10H-16 型（丝接口）；直杆升降式结构，工作压力为 1.6MPa；T40H-16 型的DN 为 25～300mm，T10H-16 型的 DN 为 15～50mm；阀杆、阀芯为不锈钢制成，阀上有开关度指示装置；此阀兼有关断作用。汽或水管道上均可使用此阀。

3. 平衡阀

液体平衡阀可以安装在用户引入口的供回水管道上，也可以安装在热力网分支环路上。

平衡阀有调节流量、直观地测定压力差和关断三项功能。

采用平衡阀的水管路系统可以按设计工况进行流量调节，平衡阀的调节性能比手动流量调节阀好，具有等百分比调节性能，阀门进出口侧设有供测压力差的接头旋塞阀。

第三节　中继泵站设计

所谓中继泵站，是指当供热区域地形复杂、供热距离很长或原有热水网路扩建等原因，如只在热源处设置网路循环水泵和补给水泵，往往难以满足网路和大多数用户压力工况的要求时，就需要在网路供水或回水管上设置中继泵站，即升压泵站。中继泵站的位置、数量、水泵扬程，应在管网水力计算和绘制水压图的基础上，经技术经济比较后确定。

本节将简单介绍中继泵站的基本概念和设计要点。

一、中继泵站的安装位置

中继泵站的安装位置是方案性问题，这涉及供热区域内的地形高度差、热用户的分布位置、热用户系统承压等多种因素，下面用图所示的几个实例加以介绍。

1. 热力网供回水干管上设中继泵（泵前后有热用户）

如图 12-24 所示，热水网路供回水干管上设置了中继泵，但中继泵前后的热力网干管上都有热用户，中继泵的流量为热用户 C、D 的流量之和。当热用户B、C之间距离较长时，或热用户 A、B 的流量远大于热用户 C、D 的流量时，适用于此种类型。对于原有热水网路扩建，即在管径不改变的情况下，接入许多新的热用户，此种类型同样适用。

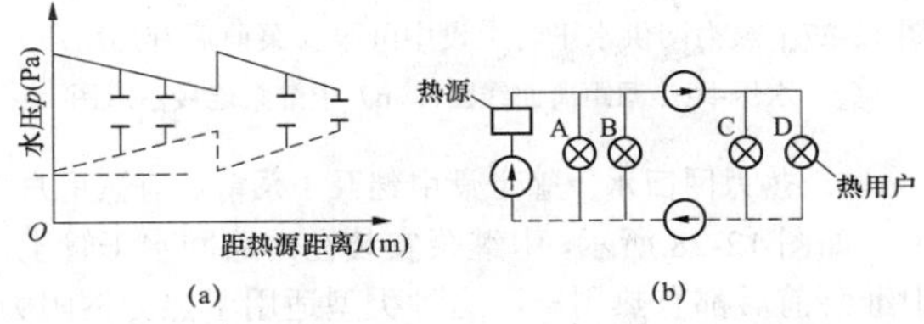

图 12-24　热力网供回水干管上设中继泵（泵前后有热用户）

（a）水压-距热源距离曲线图；（b）中继泵连接示意图

2. 热力网供回水干管上设中继泵（泵后有热用户）

如图 12-25 所示，热水网路供回水干管上设置了中继泵，但热用户全部在中继泵之后。此种类型适用于热用户距离热源较远的情况。此时，仅靠主循环泵的扬程克服主干管的管网阻力，会使热源处的压力升高，整个管网的运行压力均升高，不利于网路的安全运行。

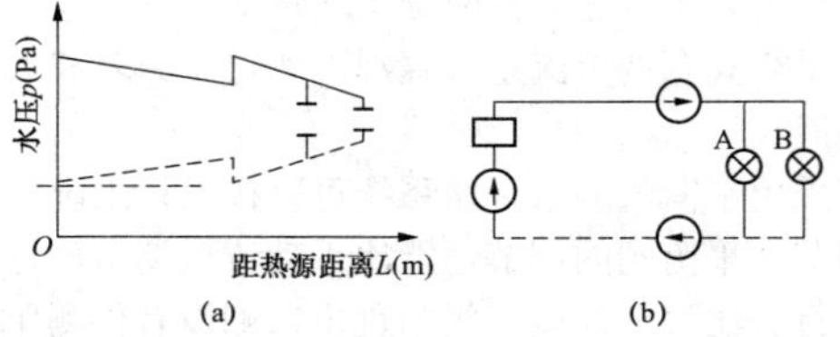

图 12-25 热力网供回水干管上设中继泵（泵后有热用户）
（a）水压-距热源距离曲线图；（b）中继泵连接示意图

3. 热力网供水干管上设中继泵（泵后有热用户）

如图 12-26 所示，热水网路供水干管上设置了中继泵，中继泵前无热用户。此种类型多用于输送距离较长，高差悬殊，热源在低处时，供水干管上设置加压泵，可降低热源出口供水干管的压力。

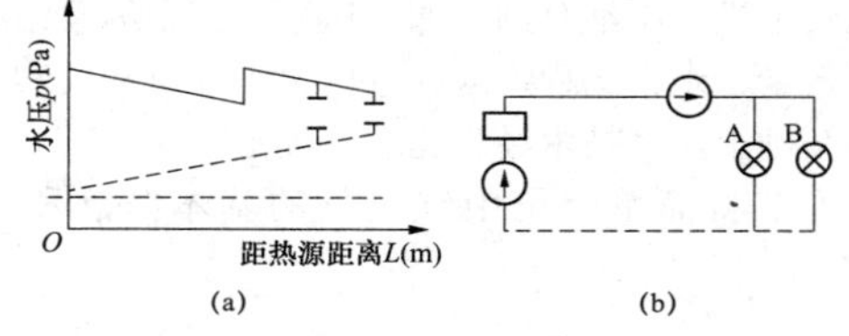

图 12-26 热力网供水干管上设中继泵（泵后有热用户）
（a）水压-距热源距离曲线图；（b）中继泵连接示意图

4. 热力网供水干管上设中继泵（泵前后有热用户）

如图 12-27 所示，热水网路供水干管上设置了中继泵，当远端热用户 C、D 的地形较高，而又不允许提高热力网静水压线时，适于采用此种类型。

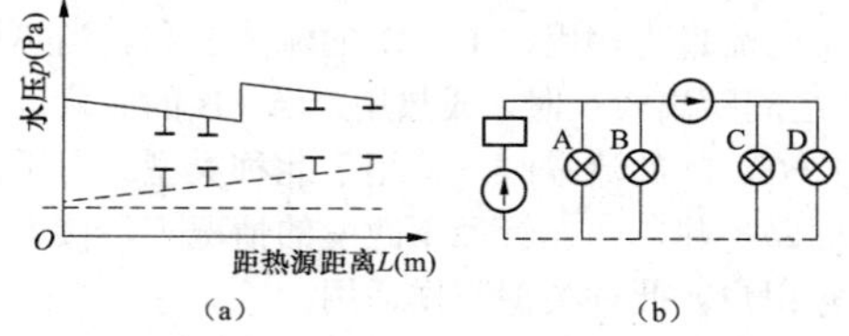

图 12-27 热力网供水干管上设中继泵（泵前后有热用户）
（a）水压-距热源距离曲线图；（b）中继泵连接示意图

5. 热力网回水干管上设中继泵（泵前后有热用户）

如图 12-28 所示，中继泵安装在网路回水干管上，中继泵前后都有热用户，这种类型适用于热力网阻力较大，需提高热力网回水干管压力，以满足输送距离的热水网路上。

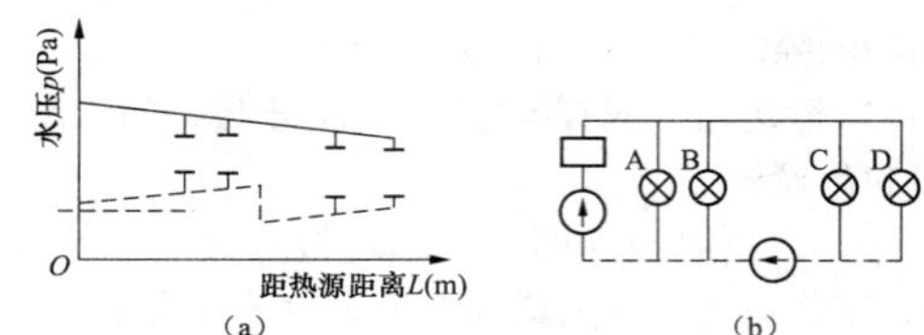

图 12-28 热力网回水干管上设中继泵（泵前后有热用户）
（a）水压-距热源距离曲线图；（b）中继泵连接示意图

6. 热力网回水干管上设中继泵（泵后有热用户）

热力网回水干管上设中继泵（泵后有热用户）如图 12-29 所示，它与图 12-28 的区别在于，中继泵后没有热用户，此种类型较多适用于热用户所处地形低于热源地形，又不允许提高热力网运行压力的情况下。

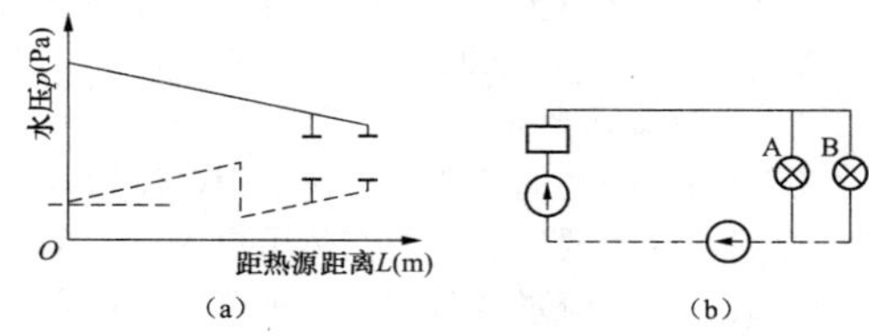

图 12-29 热力网回水干管上设中继泵（泵后有热用户）
（a）水压-距热源距离曲线图；（b）中继泵连接示意图

以上介绍的六种类型基本上包括了可能遇到的各种情况，但给出的水压图仅为示意性的，没有度量的概念。

在实际工程中，由于所选择的中继泵扬程差别较大，其水压图形状将有差别。但利用上述六种类型，可以经济而合理的解决许多复杂的、利用热力网主循环泵无法解决的输送问题。

二、设置中继泵站的条件

中继泵站的位置、泵站数量及中继水泵的扬程，应在管网水力计算和管网水压图详细分析的基础上，通过技术经济比较确定。简单讲，在以下几种情况下可设中继泵站：

（1）在较大的供热系统中，虽然仅在热源处设主循环泵也可满足输送的要求，但会导致主循环泵扬程过高，运行电耗过大，或难以选择到适宜的泵型时。

（2）热力网长度过长，为满足远端用户需求要提高整个供热系统运行压力以至超过近端用户的承压能力时。

（3）为了降低供热系统静水压力线时。

（4）供热区域内地形较复杂，为满足某些特殊用户的连接要求时。

（5）为了满足其他特殊要求时。

在确定是否采用中继泵或其安装位置时，还应注意以下问题：

（1）初投资和运行费用。

（2）系统的安全性、可靠性，是否运行方便。

（3）要利用水压图进行定性、定量的分析，优化方案，以求得最佳的综合经济效益。

（4）中继泵站不应建在环状管网的环线上，否则，只能造成管网的环流，不能提升管网的自用压头。

（5）中继泵站应优先考虑采用回水加压方式。由于回水温度较低（一般不超过 80℃），可不用耐高温的水泵，降低建设投资。

（6）对于大型城市热水供热管网设置中继泵站，是为了不用加大管径就可以增大供热距离，节省管网建设投资，但相应增加了泵站投资及运行费用，因此是否设置中继泵站，应根据具体情况经技术经济比较后确定。

三、中继泵站与管网的连接形式

中继泵站一般设置在单独的建筑物内，其与主管网的连接可直接建在主管网上，或建于主管网附近。如图 12-30 所示，中继泵站与热力网连接宜简化设置。

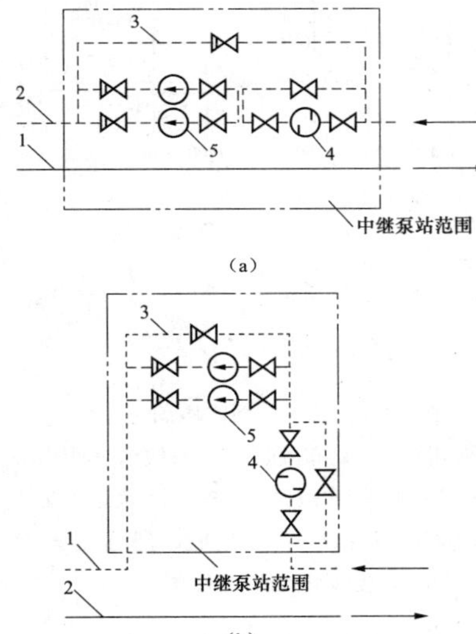

图 12-30　中继泵与管网连接

（a）泵站在主管网上；（b）泵站在主管网附近

1—供水主干管；2—回水主干管；3—旁通管；4—除水器（除污器）；5—中继泵

四、中继泵站的设计要点及选型

中继泵站的设计要点和选型遵循以下原则：

（1）根据中继泵所安装位置选择合适的泵型，设在供水管上泵的工作温度应大于热力网供水温度。我国常用泵的耐温情况为 S、IS、Sh 型泵低于 80℃；R、HPK 型低于 230℃。

（2）中继泵应采用调速泵且应减少中继泵的台数。设置 3 台或 3 台以下中继泵并联运行时应设备用泵，设置 4 台或 4 台以上中继泵并联时可不设备用泵。

（3）水泵出入口的阀门应根据运行压力选择，宜选择蝶阀，以节省安装操作位置。

（4）水泵入口应装除污器，宜安装流量计。在水泵出口侧设安全阀。中继泵进出口母管之间应设旁通管，管径宜与母管等径；旁通管上应设止回阀，但不应是关断阀，以防止水击事故造成的损害。

（5）输送高温介质（100℃以上）的中继泵应设冷却水管道。

（6）泵站的门窗应向外开，门的大小应保证泵站内最大设备的出入。泵站内地平应该有坡度，并应保证管道和设备排出的水引向室内排水系统并排至室外管网，当不能排向室外管网时，应设集水坑和排水泵。

（7）中继泵站的站内净高，除应考虑通风、采光等因素之外，还应满足设备安装起吊及操作要求，一般不宜低于 3～4m。

（8）站内一般要留检修场地，其面积应根据设备外形尺寸和检修需要确定，并在周围留有不小于 0.7m 的通道。当考虑设备就地检修时，可不设检修场地。

（9）较大的泵站要考虑起吊设施，并应符合下列规定：

1）当需起重的设备数量较少且起重量小于 2t 时，应采用固定吊钩或移动吊架。

2）当需起重的设备数量较多或需要移动且起重重量小于 2t 时，应采用手动单轨或单梁吊车。

3）当起重重量大于 2t 时，宜采用电动起重设备。

（10）水泵机组的布置应符合下列要求：

1）电动机功率小于 55kW 时，相邻两个机组基础间的净距不小于 0.8m；电动机功率等于或大于 55kW 时，相邻两个机组基础间的净距不小于 1.2m。

2）当考虑就地检修时，至少在每个机组一侧留有大于水泵机组宽度加 0.5m 的通道。

3）相邻两个机组突出部分的净距以及突出部分与墙壁间的净距，应保证泵轴和电动机转子在检修时能拆卸，并不得小于 0.7m；如电动机功率大于 55kW 时，则不小于 1.0m。

4）中继泵站的主要通道宽度不应小于 1.2m。

5）水泵基础应高出站内地面 0.15m 以上。

（11）中继泵吸入口侧压力，不应低于入口可能达到的最高水温下的饱和蒸汽压力加 50kPa。

第十三章

热力网设计技术应用

第一节　水压图绘制

对热水系统和热水网路水力计算时，只能确定热水管路中各段的压力损失（压差）值，但不能确定热水管道上各点的压力（压头）值，通过绘制水压图，可以清晰地表示热水管路各点压力，可以防止建筑物底层的散热器不超压（例如，当采用铸铁散热器室承压值不应高于 0.4MPa），建筑物顶层热水保持一定压头，不汽化、倒空。

一、水压图绘制的步骤和方法

（1）计算网路压力损失。根据所选管道规格、管道长度、输送流量、热水温度，通过对管道水力计算，计算供回水干管、支管各段压头损失。

（2）确定各用户建筑物标高。以循环水泵吸入口水平中心线为基准标高±0.000。

（3）确定热水温度汽化压力。不同水温下的汽化压力见表 13-1。

表 13-1　不同水温下的汽化压力

水温（℃）	100	110	120	130	140	150
汽化压力（表压）（kPa）	0	46	103	176	269	386

（4）确定静水压力线。校核最高用户汽化压力、最低承压。

二、水压图绘制实例

现以一个连接着四个供暖用户的热水管网水压图为例，介绍水压图的绘制过程，热水管网水压图如图 13-1 所示。

在图 13-1 中，下部为热源出口至各用户的管网布置图，上部为管线纵剖面图。水压图绘制是以网路循环水泵中心线高度为基准高度。纵坐标上按一定的比例尺做出标高刻度；沿基准面在横坐标上，按一定比例尺做出距离刻度。

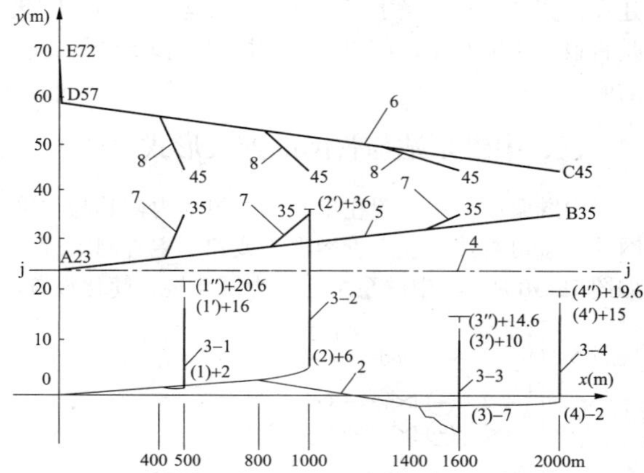

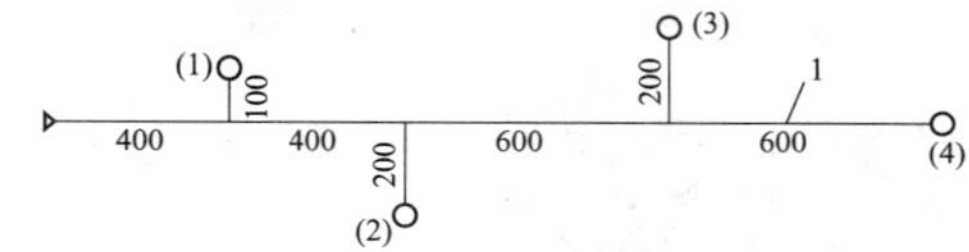

图 13-1　热水管网水压图

1—热源出口至各用户的管网布置图；2—管线纵剖面图；3—各用户建筑物标高；4—静水压曲线；5—回水动水压曲线；6—供水动水压曲线；7—各支线回水动水压曲线；8—各支线供水动水压曲线

1. 静水压曲线位置确定

静水压曲线是网路循环水泵停止工作时，网路上各点的测压管水头的连接线。它是一条水平的直线。静水压曲线的高度必须满足下列技术要求。

（1）与热水网路直接连接的供暖用户系统内，底层散热器所承受的静水压力应不超过散热器的承压能力。

（2）热水网路及与它直接连接的用户系统内，不会出现汽化或倒空。

如图 13-1 为例，设网路设计供、回水温度为 110/70℃。用户 1 楼高为 14m，用户 2 为一高层建筑，楼高为 30m，用户 3、4 楼高为 17m。如欲全部采用直接连接，并保证所有用户都不会出现汽化或倒空，静水压曲线的高度需要定在不低于 43m 处（用户 2 标高 36m+110℃热水汽化压力 4.6m+2.4m 的安全裕度）。由图可见，静水压线定得这样高，将使用户 1、3、4 底层散热器承压能力都超过一般铸铁散热器的承压能力 0.4MPa（40mH_2O）。这样使大多数用户必须采用间接连接方式，增加了基建投资费用。

如在设计中采用直接连接方案，可对用户 2 采用间接连接方式，按保证其他用户不汽化、不倒空和不超压的技术要求，按用户 4 选定静水压线为 23mH_2O。

2. 静水压线高度计算

按用户 4 计算静水压线高度

$$H_{BY}=H_{JB}+H_{TQ}+3.4 \tag{13-1}$$

式中 H_{BY}——补水点压力即为静水压力线高度，m；

H_{JB}——用户 4 建筑物标高（15m）；

H_{TQ}——110℃热水汽化压力（4.6mH_2O）；

3.4 ——富余值（防止压力被动），m。

H_{BY}=15+4.6+3.4=23 mH_2O（230kPa）

静水压线高度定为 23m，无论热水网路在运行工况，还是网路循环水泵在停止运行工况，各用户建筑物最高点热水压力均大于热水汽化压力，热水不会汽化。各用户建筑物低层暖气片压力均小于 0.4MPa。

第二节 蒸汽低耗长距离设计技术应用

一、概述

随着节能减排、关停区域中小燃煤锅炉政策的大力推行，距离城市中心较远的大型火电厂纷纷改造成为热电厂，对城市进行集中供热。这些蒸汽管网工程输送距离一般在 10～20km，有的甚至在 20km 以上。突破了规范推荐的蒸汽管网 5～8km 输送距离的限制，需要大幅降低管网的压降、温降和管损才能提高蒸汽管网运行的经济性和安全性。蒸汽低耗长距离设计技术有效解决了以上难题，目前国内蒸汽管网工程单线长度最远已达到 43km。

二、蒸汽低能耗长距离输送的特点及设计要点

1. 特点

（1）输送距离长。可由常规的单线 5～8km 延伸至单线 40km。

（2）输送温降小。可由常规的每千米 15℃降为每千米 3～8℃（设计负荷 40%以上）。

（3）输送压降小。可由常规的每千米 0.06～0.1MPa 降为每千米 0.01～0.03MPa。

（4）输送能耗少。蒸汽管道每公里输送能耗仅为常规设计的 1/4～1/5（总质量损耗小于 1%～3%）。

（5）超低负荷安全运行。蒸汽管道安全运行的负荷由常规的设计负荷的 30%以上降为设计负荷的 10%以上。

2. 设计要点

（1）保温材料的选择。选择保温材料的原则：耐温必须满足管道输送介质参数的要求，导热系数应较低，有较高的强度和圆整性，容重小，有较好的性价比等；采用多种保温材料的复合结构。

（2）合理确定保温层厚度。保温厚度先按经济厚度计算确定，再和流体计算同时作温降校核，使之在最小流量时蒸汽送至各用户仍能满足用户处的蒸汽介质压力、温度要求。根据介质温度，在不同温度范围内的管段上采用不同的保温厚度。

（3）尽可能降低管道热损。

1）采用低摩擦高效隔热节能型管托。

为了减少热损，确保蒸汽管网终端供热参数，同时也为减小管道对固定管架的推力，长输低能耗热力网管道设计时，管托应采用低摩擦高效隔热节能型管托。该管托与普通管托相比，热损失可减少 90%～95%。

2）采用高效隔热节能型地埋管支架。

（4）采用超大补偿量的补偿器。长输低能耗热力网管道设计时，供热管道热补偿应采用大补偿量的外压轴向补偿器、旋转补偿器或球形补偿器补偿。全线弯头少，压降小。

（5）精细化设计。合理布置管道，精细化设计，采用美国 COAD 公司 CAESAR Ⅱ 管道应力分析软件，在满足管道补偿条件的情况下，最大限度地减少管道长度、减少管道弯头，以降低压损。

三、案例介绍

1. 案例一

某热力网工程，A 发电厂：现有 2×300MW 纯凝机组、2×660MW 纯凝机组进行供热改造，最大供热能力超过 1000t/h。新建管线：从 A 发电厂引出 2 路蒸汽管道沿铁路敷设至 B 热电厂，管道全线采用双管并排敷设，分别为 1 号线 DN800 管送至市区，管道长度为 18km，采用地埋和架空相结合的敷设方式，其中架空约 70%；2 号线送至新区，管道长度为 15km，其中前 10km 为 DN900 管，后 5km 变径为 DN600 管，采用地埋和架空相结合的敷设方式，其中架空约 65%。

项目设计时经过反复勘察、比选，确定了最优的管道路径方案。管道布置时，采用各种大补偿量补偿器相结合的方式，尽可能减少弯头，降低管网压损。保温厚度、结构进行详细的计算、设计，架空管托、地埋支架采用高效隔热型，将整体管网的热损降到最

低。运行情况：1 号线 DN800 管道负荷在 173t/h（设计负荷 180t/h）时，起点参数 350.4℃，1.13MPa（表压），在经过中途减温 52℃，配汽站减压 0.01MPa 后，到达天山路（新建管线末端）参数为 258.8℃，0.821MPa（表压）（过热蒸汽），管道温降为 2.72℃/km，压降为 0.0199MPa/km；2 号线 DN900 管道在 52%设计负荷时，管道运行温降为 3.57℃/km，压降为 0.0017MPa/km。

2. 案例二

某热力网工程，根据《某市总体规划（2011～2030）》《某热电联产规划（2011～2020）》，该市将关停原有的 20 多家小热电，最终由四家热电厂进行供热，其中 A 热电有限公司负责城区东南线热力网整合，替代原 B 热电、C 热电、D 热电，并向 E、F 等城镇供热。从 A 热电有限公司接出 DN1000 蒸汽主干线至 B 热电已建蒸汽管网，主干线长度 20km，原 B 热电最远用户达 30km。本管线设计负荷为 450t/h，设计参数为 1.8MPa、350℃，2015 年 10 月 28 日并网运行，同时 B 热电关停。主干管除起端 1.5km 为架空敷设，其余全部为地埋敷设，顶管总长度达到了 2.3km。

该项目在地埋管设计中采用了精细化设计，充分考虑了影响其压损、热损的各个环节，采用合适的保温材料，计算最佳保温厚度，设计独特的复合型保温结构，并采用高效隔热型埋地支架，特加强级防腐措施与阴极保护装置联合使用。该热力网工程运行流量约 180t/h（设计负荷 450t/h，约占总负荷的 40%），电厂出口压力 0.98MPa，温度 314℃，主管 DN1000，从电厂出口至 10km 处测点压力 0.86MPa，温度 286℃，前 10km 平均温降约 2.8℃/km，压降 0.012MPa/km。至 B 热电蒸汽主管网接管处（即电厂出口 18km 处）参数压力 0.775MPa，温度 249.3℃，全线平均温降 3.6℃/km，压降 0.011MPa/km。

第三节 热水低耗长距离设计应用

一、概述

集中供热具有能源利用率高、便于控制污染等显著优点。集中供热热水管网适合于长距离和供热量大的热力网，是现代化城市供应生活和生产用热的发展方向。

热水长距离输送管道具有以下几个特点：水流量大；多采用埋地方式，占地少；密闭安全；便于管理、易于实现远程集中控制，自动化程度高。

二、设计注意要点

在进行长距离输送热水管道工程的设计时，应注意以下几点。

1. 选取合理的经济比摩阻和管径

减少管道阻力损失的一个方法是加大管道的直径，但是，加大管径又会导致管道建设投资增加，以及工程建设收益率下降。因此，如何在管道建设费用和运行费用上取得平衡点，是热水管道长距离输送设计的关键之处。

热水网设计中，比摩阻对热力网的投资费和运行费都有显著的影响。在利用水力计算表或图进行设计计算时，为了确定各管段的管径，在已知其热负荷大小的条件下，还必须知道管段上平均比摩阻的大小。通常情况下，管段的压降值是未知的，这就要求在计算时预先选定一个平均比摩阻，根据各管段的热负荷，参考预选的平均比摩阻，查计算表或图，确定管径等各设计参数。这一预定的平均比摩阻的大小直接关系到管网的造价及运行费用的高低，所以也称之为“经济比摩阻”。

传统的比摩阻推荐值 30～70Pa/m 或 40～80Pa/m，但是，这一数值并非是一个最佳经济值，采用该值进行的热力网水力计算所选的管径将偏大，热力网的建设费用增加，当管网的基本条件确定后，其主干管的经济比摩阻与主干管起始流量成反比。管道的经济比摩阻随着供暖规模的增大而减小，反之增大。

2. 考虑电价、管道材料价格对经济比摩阻的影响

管道材料价格直接决定的管网的初投资，而管道中各管段管径的选取同样对管网的初投资有直接影响，因此，管道材料价格间接决定了管径的选取。而电价则决定了管网的运行成本，也会影响到管径的大小。

通过对经济比摩阻进行敏感性分析，发现电价、材料价格是影响经济比摩阻的主要因素，供回水温差影响次之，热价对经济比摩阻的影响较小，在工程计算中可以忽略其价格变化引起的影响。

3. 合理设置中继泵站

随着输送距离的增加，管道内介质的摩擦阻力也随之增加，为了将热水输送到更远的距离，就必须要增加起点的压力，这将导致水泵扬程的增加，相应的，耗电量也会增加，增加管道运行费用。因此，通常情况下，在热水管道输送距离超过 10km 时，就应该在中间段设置中继泵站。

在实际热力网中，为满足机械强度要求、防止热水沸腾以及不允许出现真空等条件，特别是当热力网输送管道很长时的水力工况往往会受到最高允许压力或最低允许压力的限制。为了满足这样的要求，必须在很长的输送管道处设中继泵站。在供水管上设置中继泵站的集中供热系统，主要解决近端供热管道设备的超压问题，在回水管上设置中继泵站的集中供热系统，可以降低整个供水压线和远端回水压线。中继泵

站适用于远距离输送，地势高差显著的热力网工程，并且随着供热管道规模的增加，设置中继泵站的节能效果将会越来越明显，而且中继泵站的初投资的份额会越来越小。

通过对热力网主干线增设中继泵站和无中继泵站时的经济比摩阻分别做计算，发现在热力网主干线增设中继泵站时，经济比摩阻值有所增加，并且随着中继泵站数量无限增加，经济比摩阻值的增加具有一定极限值。

4. 确定管道经济保温厚度

为使热水满足用户的使用参数和保温管道的安全等，也为了进一步挖掘供热系统中存在的节能潜力，保温管道及设备必须正确地选择保温结构和保温材料，进行正确的热力计算。目前我国确定保温层厚度的方法主要有：按照热经济学分析法计算的热经济厚度；按照国家标准或企业规定计算的最小厚度。常用的保温层厚度计算方法一般有经济厚度计算法；允许最大散热损失计算法；允许或指定管道表面温度法三种。

在经济厚度计算法中，以管网运行中保温结构的总投资的年折算额和管道年散热损失费用总和最小为费用模型，研究不同管径下的经济保温层厚度，同时也可看出管网埋深深度、土壤导热系数、保温材料导热系数等因素对经济保温层厚度的影响。

通过分析可知，经济保温层厚度随着管径的增大而增大，但是经济保温层厚度并不是随着管径的增大而无限增大，当管径大于 500mm 时增大的幅度比管径小于 500mm 时增大的幅度有所减小。当管径较小时，散热损失较小，保温层厚度可以小些；当管径增大，散热损失增大，保温层厚度应相应增加，此时增加的保温层厚度的费用低于因管径增大而增大的散热损失费用，因而保温层厚度增加的幅度变小，更不会无限制地随管径的增大而增大。

在相同条件下，两条管道并列时的经济保温层厚度均小于单管敷设时保温层的经济厚度。

埋深也是影响经济保温层厚度的一个主要因素，一般埋深越深的管道，总的传热系数越小，管道的热损失也越小，但是，埋深过大会导致工程量的增加，因此我们在注重经济保温层厚度的同时，也不能忽视因土方量增大而引起的工程施工费用的增加。

土壤导热系数增大，经济保温层厚度也增大。这是因为土壤导热系数越大，其传热热阻越小，通过土层的热量增多，热量从土壤层散失的越多。

保温材料导热系数对保温层厚度的影响比较大，随着保温材料导热系数的增大，经济保温层厚度逐渐增加。当保温材料导热系数较小时，管道的散热量逐渐降低，理论上当保温材料的导热系数为零时，管道的散热量为零，但这是理想状态。因而从上面的分析可知，在其他条件相似时，应尽量选用导热系数较小的保温材料，但是一般来说，材料的导热系数越小，其材料价格越贵，因此选择保温材料应综合考虑。

5. 适度减少补偿器的使用

为吸收管道的热膨胀，在高温热水管网中常使用各种形式的补偿器，但是，因为补偿器自身的结构特点，目前可用于直埋管道的补偿器的可靠性不高，导致了热力网运行中补偿器损坏、管道漏水等现象时有发生。同时，补偿器也增加了管道的阻力。

因此，在经过应力计算确保管道安全的前提下，在供水管道上可适度取消补偿器，在回水管道上一般可不设补偿器。这样，既增加了管道的安全性，又减少了管道的水阻力，有利于热水的长距离输送。

6. 采用球阀代替其他形式的关断阀门

球阀是近年来发展起来的新型阀门，它具有以下优点：

（1）具有最低的流阻（实际上为零）。

（2）因在工作时不会卡住（在无润滑剂时），故能可靠地应用于腐蚀性介质和低沸点液体中。

（3）在较大的压力和温度范围内，能实现完全密封。

（4）可实现快速启闭，某些结构的启闭时间仅为 0.05～0.1s，以保证能用于试验台的自动化系统中。快速启闭阀门时，操作无冲击。

（5）球型关闭件能在位置上自动定位。

（6）工作介质在双面上密封可靠。

（7）在全开和全闭时，球体和阀座的密封面与介质隔离，因此高速通过阀门的介质不会引起密封面的侵蚀。

（8）结构紧凑、重量轻，可以认为它是用于低温介质系统的最合理的阀门结构。

（9）阀体对称，尤其是焊接阀体结构，能很好地承受来自管道的应力。

（10）关闭件能承受关闭时的高压差。

（11）全焊接阀体的球阀，可以直埋于地下，使阀门内件不受侵蚀，最高使用寿命可达 30 年，是石油、天然气管线最理想的阀门。

由于球阀有上述优点，所以适用范围很广，球阀可适用于以下情况：

（1）公称直径 8～1200mm。

（2）公称压力从真空到 42MPa。

（3）工作温度－204～815℃

正因为球阀工作可靠，流通面积大，水阻力小，用在长距离热水管道上，可降低管道起始端的资用压头，使管道敷设的距离更长。

7. 使用大曲率半径的弯头

在直埋敷设管道中，采用无补偿形式的冷安装或预热安装时，为减少弯头上的应力集中，常使用大曲率半径的弯头，通常弯曲半径 $R \geqslant$DN2.5，这种弯头的水阻力小于普通弯头，有利于减少管网阻力，使管网输送距离更长。

三、案例介绍

1. 案例一

某热电厂热电联产集中供热管网工程主干线长14km，热源比末端地势高30m。热力网设计供回水温度为120/60℃，首站出口管径为DN1200，设计流量8700t/h，首站循环泵扬程为135mH_2O，热力网出口供水压力1.3MPa，首站入口回水压力0.18MPa。

根据管网水力计算和电厂首站内热力网循环水泵的扬程，本设计在管线距电厂出口8.7km处设置一处中继泵站。站内设置回水升压泵三台（两运一备），补给水泵两台（一运一备），事故状态时同时启动。为满足热力网水质要求设置水处理设备。泵站的工艺流程：升压泵将热力网末端回水升压后送入热力网回水干管。为保证热力网的安全运行，中继泵站设置双路电源。水泵进出口间设置止回阀，以备突然事故时缓解水击对热力网造成破坏。主要设备规格介绍如下：

（1）回水升压泵共三台（两运一备），参数：流量为2300m^3/h，扬程为34mH_2O，电动机功率为315kW。

（2）热力网补给水泵共两台（一运一备），参数：流量为100m^3/h，扬程为32mH_2O，电动机功率15kW。

2. 案例二

某热电厂热电联产集中供热管网工程主干线长20km，热源比末端地势高68m。热力网设计供回水温度为120/60℃，首站出口管径为DN1200，设计流量8256t/h，首站循环泵扬程为115mH_2O。首站供水压力1.35MPa，回水压力0.28MPa。

中继泵站设在距离首站7km处，中继泵站厂区占地面积约2500m^2，建筑面积1725m^2，厂区内配置变电站，中继泵站建筑尺寸为42m×13.2m，三层建筑，顶棚高约16m。一层为中继泵站，二层为热力网控制中心，三层为办公室。

中继泵站内设置4台升压泵，2台采用高压变频调速，2台采用高压直接启动。热力网总水流量为8256t/h，升压泵提升压力为0.33MPa，因此，每台泵参数：流量为2520t/h，扬程为33mH_2O，功率为355kW。一级网回水除污器选用旋流除污器，并配套旁通袋式过滤器，旁通袋式过滤器的过滤量按总流量的1/10考虑。

中继泵站进出口管道采用电动控制阀门，控制系统达到无人值守要求。当回水管道的压力满足0.5MPa时，关闭主管道进站及出站阀门，热力网通过旁通管回到热源。当回水管道压力小于0.5MPa时，开始进出口主管阀门，并启动升压泵，使回水通过升压后回到热源。

第四节 集中供热预制直埋保温管技术应用

一、概述

随着我国国民经济的发展，人民生活水平不断提高，人们对环境和城市景观要求也越来越高。供热管道直埋敷设具有基建工程少、建设周期短、热损失小、对建筑物及交通影响小等诸多优点，在我国热力网工程中已经得到了广泛的运用。集中供热预制直埋保温管根据供热介质不同，可以分为热水预制直埋保温管、蒸汽预制直埋保温管。

二、热水预制直埋保温管

1. 常规热水预制直埋保温管

对于输送温度120℃以下的常规热水预制直埋保温管，其结构一般采用工作钢管与外护管通过保温层紧密地黏结在一起的一体式的保温管结构。其技术性能满足GB/T 29047—2012《高密度聚乙烯外护管硬质聚氨酯泡沫塑料预制直埋保温管及管件》的要求。

（1）产品结构。常规热水预制直埋保温管的产品结构包括工作管、聚氨酯保温层、高密度聚乙烯外护管及报警线，如图13-2所示。

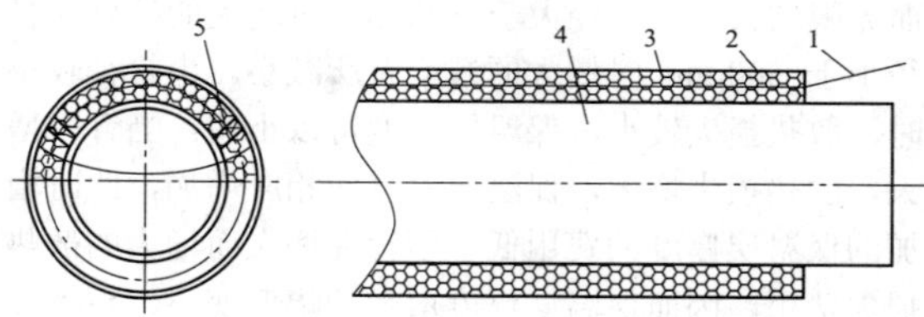

图13-2 常规热水预制直埋保温管产品结构图
1—报警线；2—高密度聚乙烯外护管；3—聚氨酯保温层；4—工作管；5—支架

（2）报警线。

1）报警线采用裸铜线和镀锡铜线，导线表面应光洁，镀锡铜线的镀层表面应光滑连续，用多硫化钠溶液试验后的式样表面不应变黑。

2）裸铜线的技术参数。

a. 裸铜线规格：标称直径1.38mm。

b. 横截面积：1.5mm^2。

c. 电阻率：≤0.017241Ω·mm^2/m。

d. 伸长率：≥25%。

e. 抗拉强度：≥407MPa。

f. 密度：8900kg/m^2。

g．线胀系数：0.000017℃$^{-1}$。

h．电阻温度系数：0.00393℃$^{-1}$。

3）镀锡铜线技术参数。

a．镀锡铜线规格：标称直径 1.38mm。

b．横截面积：1.5mm^2。

c．电阻率：≤0.01760Ω·mm^2/m。

d．伸长率：≥20%。

4）报警线配置数量要求。

a．工作管规格≤DN700 的直埋热水供热管道，在保温层中配置 2 根报警线。

b．工作管规格＞DN700 以上的直埋热水供热管道，在保温层中配置 4 根报警线。

5）保温管中报警线布置要求。

a．安装 2 根报警线时，如图 13-3（a）所示。分别位于管道横截面保温层中的时钟 10 点和 2 点位置。报警线与工作管间距离不小于 15mm，两报警线间距不小于 50mm。

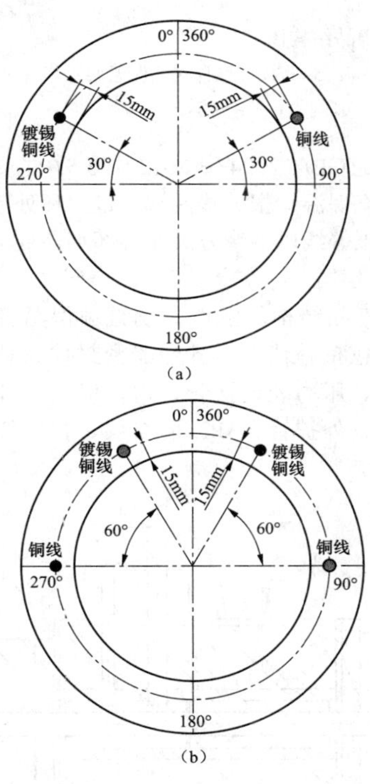

图 13-3　报警线布置图

（a）2 根报警线；（b）4 根报警线

b．安装 4 根报警线时，如图 13-3（b）所示。裸铜线与镀锡铜线交替排布，分别位于时钟 9 点、11 点、1 点、3 点位置。报警线距离工作管不小于 15mm，相邻报警线间距不小于 50mm。

c．报警线两端部做防水标签，标明①号线、②号线等。

d．保温管中报警线不得有交叉。

e．保温管中报警线不得有接头。

f．报警线与报警线、报警线与工作管之间绝缘电阻值应满足标准 GB/T 29047—2012《高密度聚乙烯外护管硬质聚氨酯泡沫塑料预制直埋保温管及管件》的要求。

g．对于高水位安装施工的保温管道，保温管两端应进行永久性密封处理，报警线以绝缘方式在端部密封中引出。

2．高温热水预制直埋保温管

对于输送温度 120℃以上的高温热水预制直埋保温管，其结构一般可设计为：在工作管外部先包裹数层耐高温保温层，在通过聚氨酯保温层与高密度聚乙烯外护管黏结成为一个整体。其技术性能可参照 GB/T 29047—2012《高密度聚乙烯外护管硬质聚氨酯泡沫塑料预制直埋保温管及管件》的要求。

（1）产品结构。高温热水预制直埋保温管的产品结构包括工作管、支撑网、耐高温保温层、反射铝箔、聚氨酯保温层、报警线、高密度聚乙烯外护管，如图 13-4 所示。

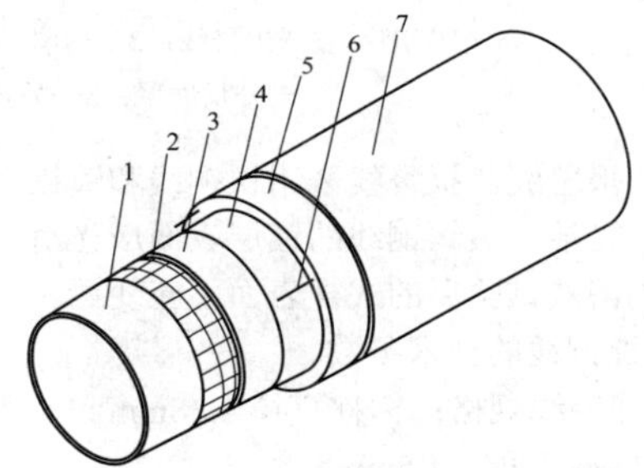

图 13-4　高温热水预制直埋保温管产品结构图

1—工作管；2—支撑网；3—耐高温保温层；4—反射铝箔；5—聚氨酯保温层；6—报警线；7—高密度聚乙烯外护管

（2）报警线。技术要求同常规热水预制直埋保温管。

3．热水预制直埋保温管补偿器

（1）产品结构。热水预制直埋保温管补偿器的产品结构包括保温补偿器、压紧盖、密封填料、密封套筒、柔性保温层、报警线等，如图 13-5 所示。

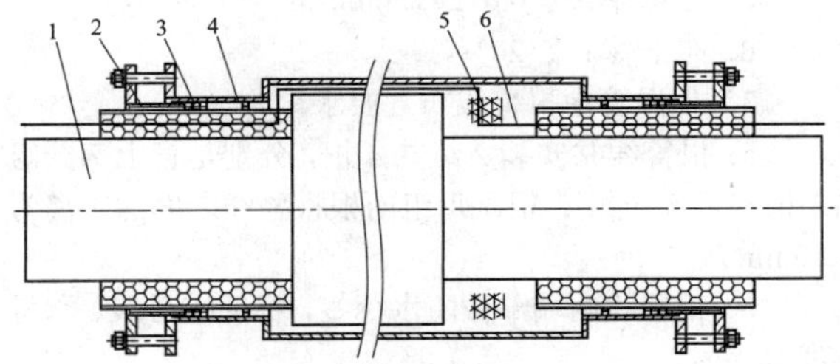

图 13-5　热水预制直埋保温管补偿器产品结构图

1—保温补偿器；2—压紧盖；3—密封填料；4—密封套筒；5—柔性保温层；6—报警线

（2）执行标准。补偿器执行 GB/T 12777《金属波纹管膨胀节通用技术条件》的规定。

（3）报警线布置。报警线安装数量为 4 根，技术要求同常规热水预制直埋保温管。

三、蒸汽预制直埋保温管

蒸汽预制直埋保温管的产品结构包括工作管、保温层、反射层、空气层、支架和外护管，其工作管（包裹保温层）相对外护管应能沿轴向自由移动。对于输送蒸汽温度不大于 350℃、压力不大于 1.6MPa 的蒸汽预制直埋保温管，其设计要求与技术性能应满足 CJJ/T 104—2014《城镇供热直埋蒸汽管道技术规程》及 CJ/T 200—2004《城镇供热预制直埋蒸汽保温管技术条件》的规定。超过以上介质范围的可参照使用。

1. 直管段

（1）产品结构。蒸汽预制直埋保温管直管段的产品结构包括工作管、报警线、内滑动导向支架、内滑动支撑架、内反射层、保温层、外反射层、空气层、外护管、3PE 防腐层、水环，如图 13-6 所示。

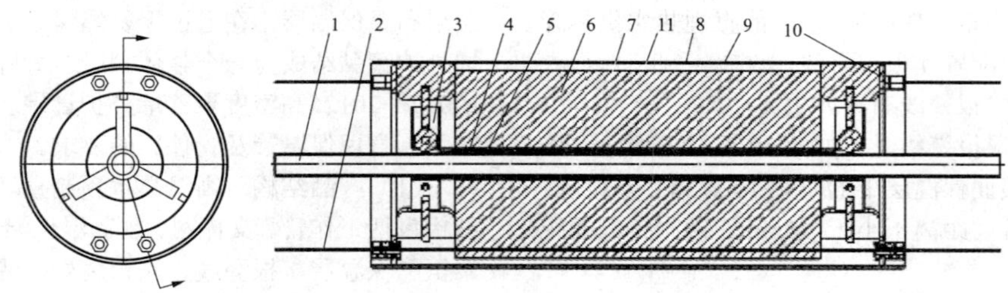

图 13-6 蒸汽预制直埋保温管直管段产品结构图

1—工作管；2—报警线；3—内滑动导向支架；4—内滑动支撑架；5—内反射层；6—保温层；7—外反射层；8—外护管；9—3PE 防腐层；10—水环；11—空气层

（2）报警线。报警线采用裸铜线和镀锡铜线，导线表面应光洁，镀锡铜线的镀层表面应光滑连续，用多硫化钠溶液试验后的式样表面不应变黑。

1）裸铜线的技术参数。

a．裸铜线规格：标称直径 1.38mm。

b．横截面积：1.5mm^2。

c．电阻率：≤0.0127Ω·mm^2/m。

d．伸长率：≥25%。

e．抗拉强度：≥407MPa。

f．密度：8900kg/m^2。

g．线胀系数：0.000017℃$^{-1}$。

h．电阻温度系数：0.00393℃$^{-1}$。

2）镀锡铜线技术参数。

a．镀锡铜线规格：标称直径 1.38mm。

b．横截面积：1.5mm^2。

c．电阻率：≤0.0127Ω·mm^2/m。

d．伸长率：≥20%。

3）保温管中报警线布置要求。

a．报警线共安装 2 组共 4 根，分别是管上部一组 2 根和下部一组 2 根。每组两根报警线之间的距离为 50mm。

b．报警线两端部做防水标签，标明①号线、②号线等序号。

c．保温管中报警线不得有交叉。

d．保温管中报警线不得有接头。

e．报警线与报警线、报警线与工作管之间绝缘电阻值应满足 GB/T 29047—2012 中 5.5.9 的要求。

f．蒸汽保温管报警线两端穿过水环处应进行密封处理，使报警线以绝缘方式在端部水环处引出。

2. 补偿器

（1）产品结构。蒸汽预制直埋保温管补偿器的产品结构包括补偿器、补偿器密封件、补偿器密封腔、水环、压力表连接管、内反射层、外保温层、内保温层、外护管、3PE 防腐层、报警线等，如图 13-7 所示。

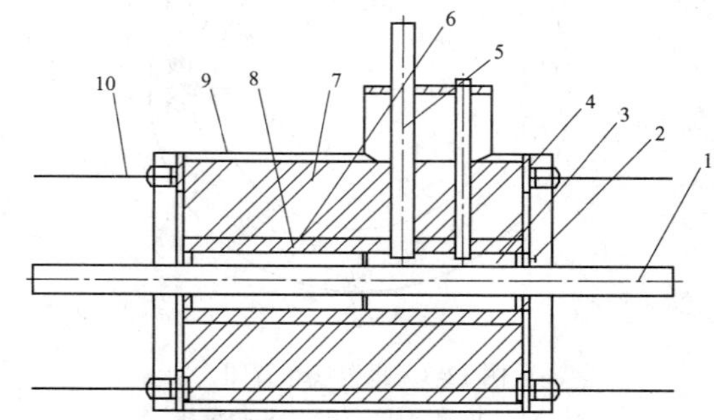

图 13-7 蒸汽预制直埋保温管补偿器产品结构图

1—补偿器；2—补偿器密封件；3—补偿器密封腔；4—水环；5—压力表连接管；6—内反射层；7—外保温层；8—内保温层；9—外护管及 3PE 防腐层；10—报警线

（2）执行标准。保温层执行 CJ/T 200—2004《城镇供热预制直埋蒸汽保温管技术条件》的规定。补偿器执行 GB/T 12777《金属波纹管膨胀节通用技术条件》的规定。

（3）报警线。技术要求同蒸汽预制直埋保温管直管段。

四、抽真空直埋蒸汽管道

抽真空直埋预制蒸汽保温管道由工作管道（内管）、保温层、不锈钢带、空气层、反射层、外护管、支架等组成，见图 13-8。

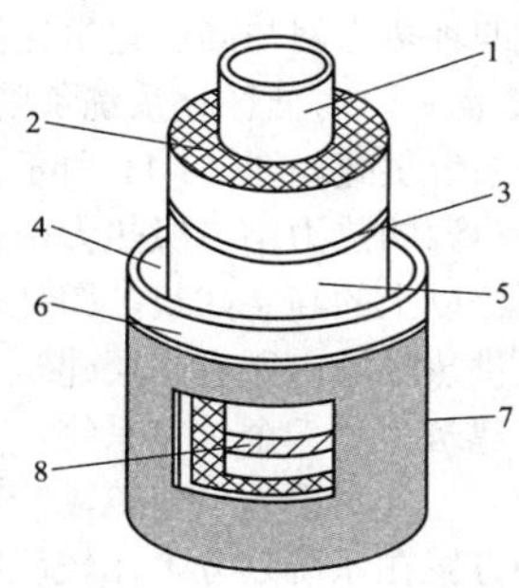

图 13-8 保温管结构图

1—工作管道；2—保温层；3—不锈钢带；4—空气层；5—反射层；6—外护管；7—防腐层；8—支架

（1）工作管道（供热管道）。应根据介质的种类、温度、压力等满足介质的要求，并且符合寿命能达到 30 年以上。

（2）保温层。保温层材料有泡沫玻璃、岩棉、硅酸钙、硅酸铝、珍珠岩、离心玻璃面等。根据热介质温度等因素采用不同材料。

（3）不锈钢带。在保温层外面用不锈钢带子捆扎保温层。

（4）空气层。在外保护管和保温层之间有空气层，并且空气层应保持真空度 100～1000Pa，这样不仅能防止水分的浸袭，而且可大大减少热损失，一般能减少 30%～50%的热损失。

（5）反射层。反射层一般采用铝箔，可大大减少对流传热和辐射传热，从而提高保温性能，并起着保护保温层的作用。

（6）外护管。外护管受到土壤压力，并处于潮湿环境容易受腐蚀，所以外护管应具有一定的厚度和防腐能力。防腐蚀方式也很多，一般防腐层采用聚乙烯膜、环氧煤沥青、玻璃钢外层等。聚乙烯膜防腐层底层为环氧涂料，中间层为胶黏合剂，面层为聚乙烯膜。

（7）滑动支架。在外护管内支撑内工作管，并在外护管内滑动。这不仅有利于吸收变形，而且可自由地在管内轴向滑动，大大减少了管道应力。DN≤150 时可以采用普通滑动支架，而 DN≥200 时，可采用滚动滑动支架，摩擦系数小于 0.2～0.3，根据管道尺寸及现场情况，一般每隔 2～6m 设一个支架。滑动支架图如图 13-9 所示。

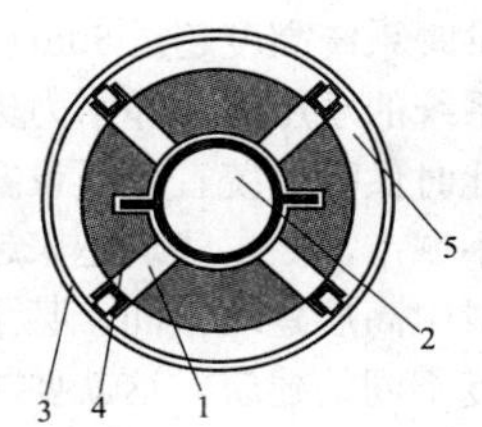

图 13-9 滑动支架图

1—滚动支架；2—内工作管；3—外护管；4—保温层；5—空气层

（8）固定支架。固定支架一般采用内固定支架。内固定支架如图 13-10 所示。内固定支架不像外固定支架那样需要很大的混凝土结构，同时大大减轻了推力。固定支架主要用于有弯头、三通等管件处。固定支架诱导管道向所要求的方向伸缩和膨胀。平衡应力，阻止管道中应力的传递，保护弯头、三通等管件。有些场合仍需使用外固定支架，但管道热应力相当大，支墩很大。

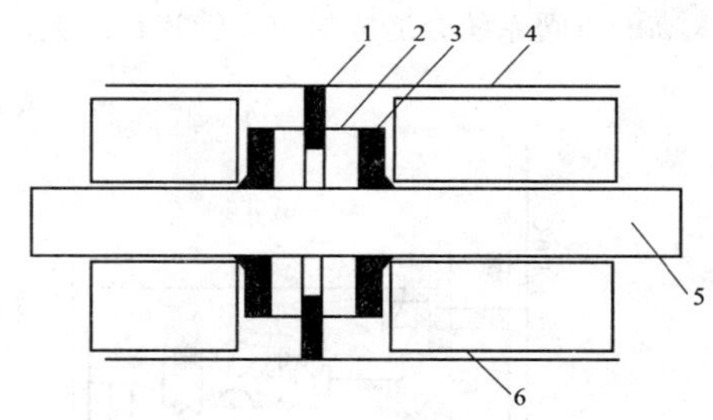

图 13-10 内固定支架图

1—外环；2—高强隔热材料；3—内环；4—外护管；5—内工作管；6—保温材料

（9）端头密封装置。它是室内管和外护管之间保持密封的装置，包括真空泵等真空有关装置、气压试验装置、安全阀等。真空抽气工作在每个检查井里一段一段进行，真空度应保持在 100～2000Pa。

第五节 热力网与高层建筑分区连接设计

高层建筑供热系统竖向是否分区、分区高度、室内供暖形式、热用户与集中供热管网的连接形式是设计人员经常遇到的问题，本节将分析热用户与集中供热管网可能的连接方案。

一、设计注意要点

供暖系统的承压能力是指为保证供暖系统正常运行而要求系统内的各个设备及部件能在一定压力下正常工作的压力限值。失调是指热水供暖系统中各热用户的实际流量与要求流量之间产生的不一致性。

热力网与供暖系统高度超过50m以上的高层建筑相连时，供暖系统的承压能力和水力失调是不能忽略的两个问题，此时供暖系统宜分区设置。

在一些中小城市，高层建筑越来越多地出现在原有的多层建筑或中高层建筑中间，甚至同一新建小区中也会出现高度不同的建筑。这就要求供热设计单位必须根据建筑分布、高层分区情况、供暖形式、系统材料等因素综合考虑，选择安全、经济、合理的热用户与集中供热管网连接方案。

二、方案分析

供暖系统中承压能力较差的地方往往是在散热器设备环节，一般铸铁散热器的最大承压在 0.4～0.5MPa，钢制散热器的最大承压在 0.8～1.0MPa。当供暖系统的高度超过50m时，高层建筑物底部散热器的运行压力在 0.5MPa 左右，很容易超过散热器承压能力，导致散热器爆裂。供暖系统也不宜太高，这是因为太高的供暖系统会造成系统立管管径过大，容易出现供暖系统的垂直失调。

解决这两个问题的方法一般是通过竖向分区来实现。设置竖向分区可以减小设备、管道及部件所承受的压力，减少供暖系统规模、有利于系统压力平衡、安全运行和方便运行管理。GB 50736—2012《民用建筑供暖通风与空气调节设计规范》和 GB 50019—2015《工业建筑供暖通风与空气调节设计规范》中都对当供暖系统高度超过50m时给出宜设竖向分区设置的要求。

下面介绍四种热力网与高层建筑连接的方案。

1. 连接方案一：高低区分系统供暖

高低区分系统供暖如图 13-11 所示，该方案是一个以热电厂为热源的热力站二级热力网供热系统，供热区域内有两栋以上的高层建筑，图把热用户分为两个供热系统，供热区域内所有高层建筑为一个供热系统，一般高度建筑为另一个供热系统，在热力站内设两套加热系统，一套用于高层建筑，一套用于一般高度建筑。这种方案在系统划分上比较明朗，高层与一般高度系统自成独立的水力工况，互不干扰；缺点是二级热力网有四根管道，造价提高。

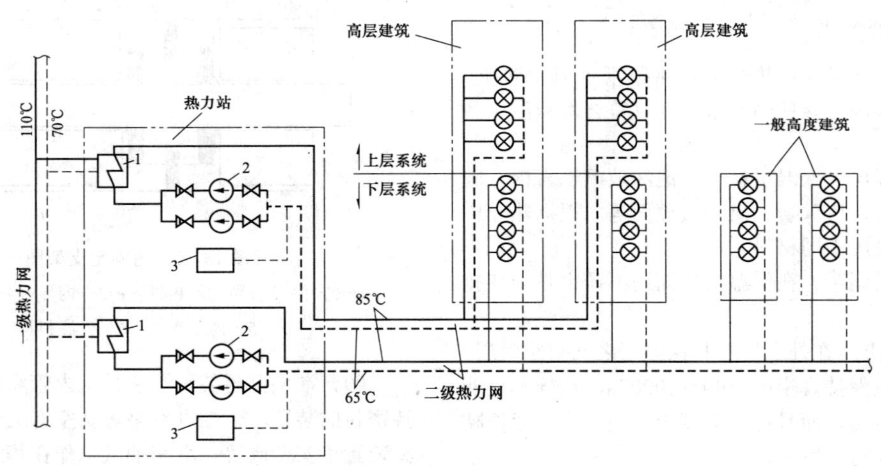

图 13-11 高低区分系统供暖

1—热力站的热交换器；2—循环水泵；3—补水定压装置

2. 连接方案二：高低区间连供暖

高低区间连供暖如图 13-12 所示，这也是一个以热电厂为热源的热力站二级热力网供热系统，热力站供热区域内有一片一般高度建筑，并有一栋高层建筑。热力站热交换加热热媒温度为 70～110℃，二级热力网供回水温度 60～80℃。为了避免高层建筑供热系统对一般建筑供热系统产生不良影响，把高层建筑供热系统分上下两个系统，上层系统采用换热器与二级热力网间接连接，水力上相互隔绝，互不干扰。安装在高层建筑物内的换热器已是三级加热了，其出口水温可到 65～75℃，理论上可以满足上层系统的要求。但由于设计保守，安全余量往往过大，整个二级网实际的运行参数比设计值要低很多。由于换热端差的存在，上层系统的实际供暖温度会更低，供热质量难以保证。同时这种布置方案会使上层系统散热器的布置数量增加。

应予说明的是：上层系统的板式换热器安装位置是灵活的，它可放在热力站内（条件是高层建筑距热力站较近），可放在高层建筑用户入口底层（或地下室），也可放在建筑内下层系统的上部。

如果此供热区域内还有其他高层建筑，也可仿照此方式同样处理，其原理是一样的。

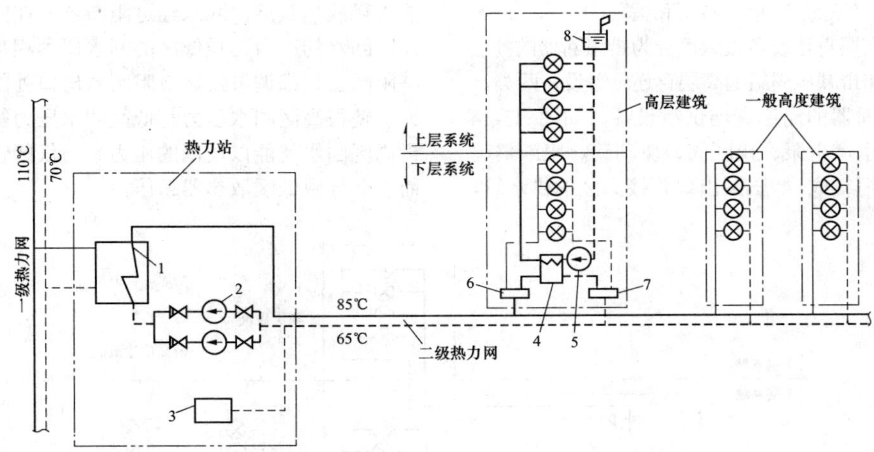

图 13-12　高低区间连供暖

1—热力站的热交换器；2—二级网循环水泵；3—下层系统补水定压装置；4—上层系统的板式换热器；5—上层系统的循环水泵；6—用户分水器；7—用户集水器；8—上层系统的膨胀水箱

3. 连接方案三：双水箱分层供暖

双水箱分层供暖如图 13-13 所示，上层系统与外网直接连接。当外网供水压力低于高层建筑静水压力时，在用户供水管上设加压泵。利用进、出水箱各自的静水压线高差作为上层系统水循环的动力。上层系统通过非满管流的溢流管 6 与外网回水管连接，溢流管 6 下部的满管高度取决于网回水管的压力。这种系统由于利用了两个水箱替代了用热交换所引起的隔绝压力作用，简化了入口设备，降低了系统造价。但由于水箱是开式的，空气容易进入到供暖系统中，造成系统的腐蚀，且高层建筑中要为水箱预留一定的布置空间。由于水箱质量一般在几吨到十几吨，双水箱布置方案同时增加了建筑物顶部的大荷载。

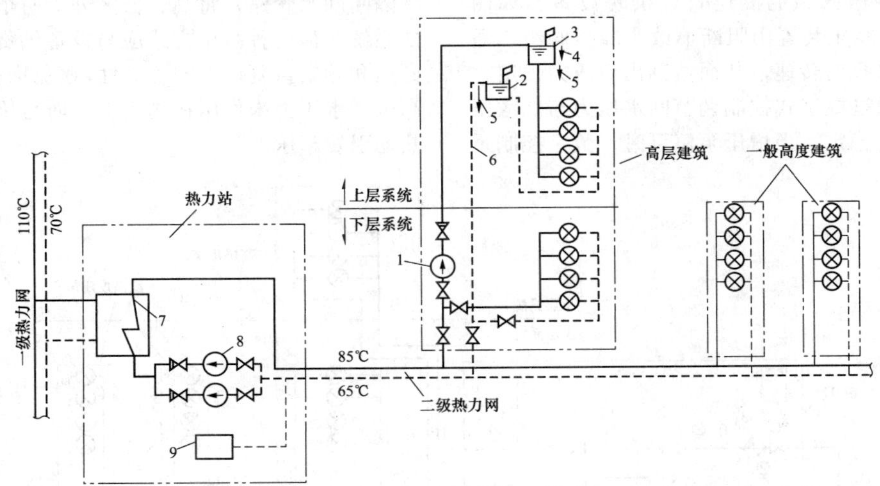

图 13-13　双水箱分层供暖

1—加压水泵；2—回水箱；3—进水箱；4—进水箱溢流管；5—信号管；6—回水箱溢流管；7—热力站的热交换器；8—二级网循环水泵；9—下层系统补水定压装置

4. 连接方案四：高层直连供暖

高层直连供暖如图 13-14 所示，高层直连供暖方法是热源系统仍按低区定压，高区与低区系统直接连接前，高区系统供水经水泵加压进入，回水则减压至接回低区系统。减压的目的是避免增压后高区的压力比低区的高，其回水并入低区管网时，会影响低区的运行，甚至出现倒流的现象。因此，当减压后的压力达到与低区回水压力向接近时，高区系统就能正常回水，同时也不会出现超压的问题。当系统停止运行时，高区回水系统关闭，避免压力传递到低区上。高层直连技术核心点在于“减压”和“关断”。根据减压和关断的技术手段不同，市场上的高层直连设备大致可分为带阻断器的高层直连供暖设备和带减压阀组的高层直连供暖设备两类。

（1）带阻断器的高层直连供暖设备。如图 13-14 所示，该装置由增压泵、止回阀、驱动管、阻断器、排气阀及控制柜组成，增压泵出口管接高区的供水管，热水释放热量后，回水经过阻断器，在阻断器内释放高区回水的压力，与低区的回水压力相平衡，通过调整阻断器顶部调节器调节阻断器出口处的高区回水压力，使得高区回水压力与低区回水压力等级接近，这样高区回水就能以较低的压力参与低区管网的回水，而不会导致低区散热器超压。

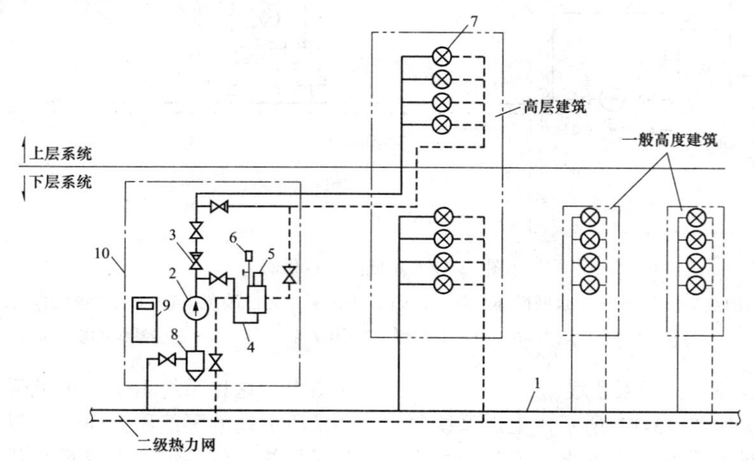

图 13-14 带阻断器的高层直连供暖

1—低区管网；2—加压泵；3—止回阀；4—驱动管；5—阻断器；6—排气阀；7—散热器；8—除污器；9—控制箱；10—高层直连机组

（2）带减压阀组的高层直连供暖设备。如图 13-15 所示，减压装置由阻断器改为减压阀组，通过调整变频水泵的转速，从而达到出口压力恒定、流量恒定，通过数字式控制调节回水压力与低区压力相同且保持稳定。当增压泵停泵时，数字控制系统隔断回水管路，将高、低区分为两个不相通的独立系统。但这种减压方式应与设备供货方确定关闭延迟和频繁重复动作的可靠性，避免增压泵停泵时，高区回水压力未作用在阀组上，而是传递给低区散热器引发超压。

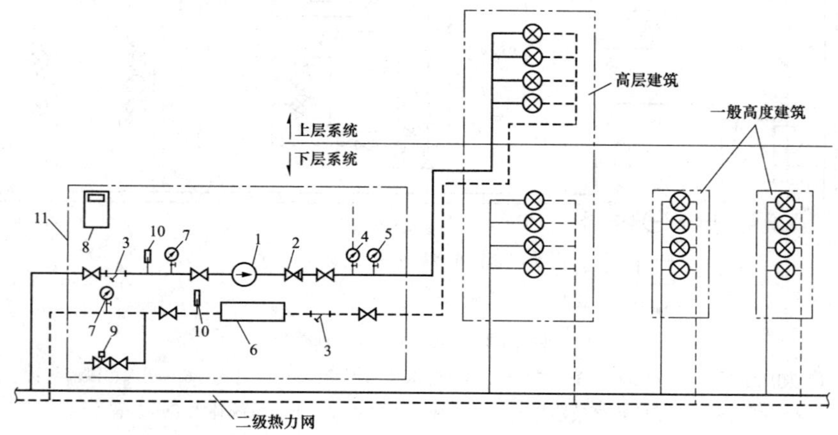

图 13-15 带减压阀组的高层直连供暖

1—水泵；2—止回阀；3—过滤器；4—压力传感器；5—压力表；6—减压阀组；7—电接点压力表；8—控制柜；9—电磁阀；10—温度计；11—高层直连机组

第六节 热力站循环水泵与管网特性的匹配

设置在热力站的二级热力网循环水泵是热力站最主要的设备之一，其选择的是否合适，对供热系统的正常运行至关重要。本节将介绍循环水泵的工作性能曲线与管网特性曲线匹配问题。

一、管网特性曲线

在室外热水网路中，水的流动状态大多处于阻力平方区。因此，流体的压降与流量关系服从二次幂规律，

$$\Delta p = sL^2 \tag{13-2}$$

式中 Δp ——管网计算管段的压降，Pa；

L ——管网计算管段的水流量，m^3/h；

s ——管网计算管段的阻力数，即管网的阻抗，Pa/（m^3/h）^{2}。

在串联管段中，管网的总阻抗 s_{ch} 为各串联管段阻力之和：

$$s_{ch} = s_1 + s_2 + s_3 + \cdots \tag{13-3}$$

在并联管段中，并联管段的总阻抗 s_b 如式（13-4）所示：

$$\frac{1}{\sqrt{s_b}} = \frac{1}{\sqrt{s_1}} + \frac{1}{\sqrt{s_2}} + \frac{1}{\sqrt{s_3}} + \cdots \tag{13-4}$$

$$L_1 : L_2 : L_3 = \frac{1}{\sqrt{s_1}} : \frac{1}{\sqrt{s_2}} : \frac{1}{\sqrt{s_3}} \tag{13-5}$$

由式（13-5）可以看出，并联管路中的流量与管网阻抗的开方成反比。

对于枝状管网，按照管段之间的串并联关系，可将管网简化为一个管路。管网的总阻抗，与管网的几何尺寸、摩擦阻力系数、局部阻力系数、流体密度有关。当这些因素不变时，总阻抗为常数。

二、循环水泵工作性能曲线

在实际工程中，有时需将两台或多台的水泵并联或串联在同一个热水管网系统中联合工作，目的在于增加系统中的流量或压头。

联合工作的方式，可分为并联或串联，联合运行的工况需根据练车运行的水泵总性能曲线与管网的性能曲线确定。

（一）并联运行

当系统中要求的流量很大，用一台水泵流量不够时，或需靠增开或停开并联台数以实现大幅度调节流量时，宜采用并联运行。

如图 13-16 所示两台水泵（型号、转数相同，也可不同）并联的性能曲线，Ⅰ、Ⅱ对应两台水泵各自的性能曲线。这时两台水泵吸入口与压出口均处于在相同的压头下运行，而且在总管中的流量，则为两台水泵的流量之和。于是并联水泵的总性能曲线，是由同一压力下的各水泵流量叠加而得。具体做法是：在性能图上先绘出一系列水平虚线，这就是一系列等压线，然后在每根水平线（如 D_1D_2 线）上，将与各水泵性能曲线交点所对应的流量相加（如 Q_1+Q_2）便找到了两台水泵并联的总性能曲线上的一点 A。以此类推，便可绘制出两台并联水泵的总性能曲线，如图 13-16 中的 GA 线。这条曲线的左端终点位于 G 点的原因是，第一台水泵所能提供的最大压头不能大于 H_G，如需压头再高水泵就无法起作用了。

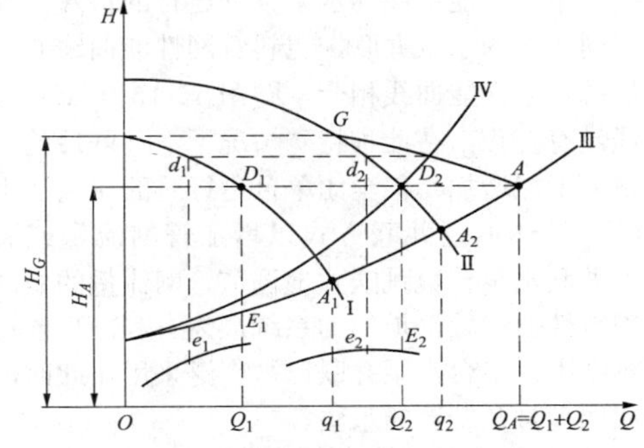

图 13-16 水泵的并联 Q-H 曲线与工况分析

由图 13-16 可以看出：Ⅲ为管网的特性曲线，它与水泵的并联性能曲线的交点 A，就是并联运行的工作点，其流量为 Q_A，压头为 H_A，它代表联合运行的最终效果；过 A 点做水平虚线与各水泵性能曲线交于 D_1 和 D_2，它们代表参加联合运行时的每台水泵所“贡献”的工况，各自所提供的流量是 Q_1 与 Q_2，各自所供压头皆为 H_A。

如果对此管网系统关掉其余各台水泵只以单台运行，例如，只开Ⅰ水泵运行，则与管网性能曲线Ⅲ交点 A_1 即为此工作点，正是由于单台水泵的工作点 A_1 所提供的流量 q_1 与压头 H_1 均不能满足系统的要求（点 A 所对应的）流量，才需要另一台水泵Ⅱ加入并联运行。

通过对此三种工况点（并联运行总效果点 A；参加联合运行时每台水泵的“贡献”点 D_1 和 D_2；只开单台水泵的 A_1 或 A_2）的分析，便可得出以下结论：

（1）由图 13-16 可以看出，$A_1 > Q_1$，$A_2 > Q_2$，而 $Q_1+Q_2=Q_A$，也就是 $Q_A < q_1+q_2$。所以两台水泵并联运行时均未发挥出单台的能力，并联总流量小于两单台水泵运行的流量之和。说明两台水泵并联都受到了“需共同压头”的制约。一般说来，两台水泵并联增加流量的效果，只有在管网压头损失小的系统才明显。

（2）由图 13-16 可以看出，两台水泵分别单独运行时压头低于联合运行的压力值 H_A，这种压头差值是由于并联运行的流量增大后，增加了流动损失所引起的。

（3）并联运行是否经济合理，要通过研究各台水泵的效率而定。例如，图 13-16 中绘有两台水泵的效率曲线。当管网性能曲线为Ⅲ时，两台水泵并联运行下各工作点 D_1 与 D_2 所对应的效率为 E_1 与 E_2。这时水泵Ⅰ处于最高效率 E_1 下工作，而另一台水泵Ⅱ则不在最高效率下运行。如管网性能曲线改为Ⅳ时，水泵Ⅰ的工作点 d_1 所对应的效率 e_1 低于其最高效率，而水泵Ⅱ则在最高效率 e_2 下工作。

（4）不同性能曲线的水泵并联运行的特殊情况。两台不同型号的水泵并联，岂料管网性能曲线并不与并联后的水泵性能曲线相交，即图 13-16 中 GA 线与Ⅲ曲线没有交点，在此种特殊情况下，并联后的水泵总流量并不能增加，甚至比单台运行时的流量还小。

综上所述通过并联方式以增加管网流量或通过开、停并联水泵台数跳跃式地调节管网流量的做法，对管网特性曲线较平坦的的系统最为有利。目前在热力网系统中，多台水泵并联已被广泛采用，此时，宜采用相同型号及转数的水泵。

（二）串联运行

串联运行时，第一台设备的出口与第二台设备的吸入口连接。其工作特点是通过各台水泵的流量相同，而总压头为各台水泵的压头之和。串联运行常用于以下情况：

（1）一台高压的水泵制造困难或造价太高时。

（2）在管网改建或扩建时，管道阻力加大，需要压头提高时。

水泵的串联 Q-H 曲线与工况分析如图 13-17 所示。图中曲线Ⅰ是一台水泵的性能曲线。根据相同流量下压头相加的原理，得到曲线Ⅱ为两台水泵串联工作的性能曲线。曲线Ⅲ为管网特性曲线，与串联水泵性能曲线交于 A 点。A 点就是串联工作的工况点，流量为 Q_A，压头为 H_A。

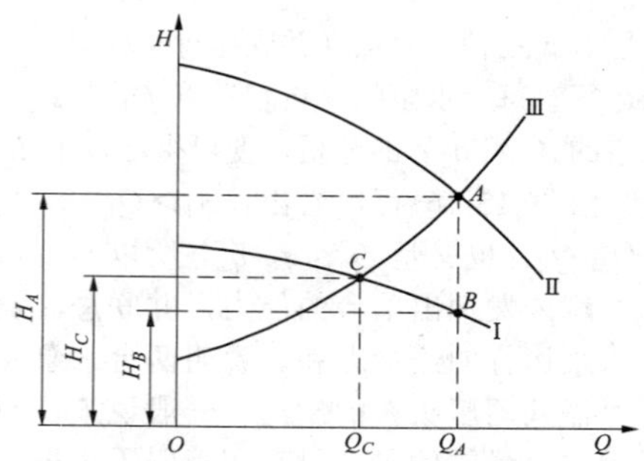

图 13-17 水泵的串联 Q-H 曲线与工况分析

由 A 点作垂直线与单机性能曲线交于 B 点。B 点就是串联水泵中一台工作时的工况点，流量 $Q_B=Q_A$，压头 $H_B=\dfrac{H_A}{2}$。

单台水泵性能曲线Ⅰ与管网特性曲线Ⅲ的交点就是串联水泵中一台设备的工作工况点。由图可见：

$$Q_A > Q_C$$

$$H_A > H_C > H_B$$

以上表明，两台水泵串联工作时压头增加了，但是没有增加到两倍。增加的压头为 $\Delta H = H_A - H_C$。同时串联后的流量也增加了，这是因为总压头加大，是管网中水流速度加大，流量随之增加。水泵的性能曲线愈平坦，串联后增加的压头和流量愈大，愈加适于串联工作。

性能不同的水泵串联工作，其分析方法同上，就不在多加论述了。应指出的是，两台水泵串联时，后一台水泵承受的压力较高，选择水泵时要注意结构强度。

三、实例分析

在一些实际工程中，由于多种原因，常出现循环水泵的工作性能曲线与热力网特性曲线不匹配的问题（即水泵工作点偏移设计期望点），以致影响供热效果，浪费电能。下面，以一个工程实例来分析引起这一问题的原因、出现的后果及几种可采取的补救措施和经验教训。

1. 供热系统概况

某小区热力站供热系统图及水压图，如图 13-18 所示。热源为热电厂，城市集中供热一级网与该热力站间接连接，一级网供回水温度为 100/80℃，热力站内设板式换热器，二级网设计供回水温度为 80/60℃。供热系统计算所需循环水量 420m^3/h，二级网为利用原有的区域锅炉房供热系统，管径较大，最远用户距热力站 600m，二级热力网的循环水泵为两台，一台运行一台备用，型号为 250S-65A，其主要特性：流量 420m^3/h，扬程 0.48MPa （48mH_2O），转速 1450r/min，叶轮直径 400mm，配用电动机 Y280M-4，电动机功率 90kW，额定电流 164A。

从水泵选择看，流量基本符合设计流量，扬程较富余，且两台水泵（一运一备），应该是没有问题的，具体可看实际运行效果。

2. 实际运行情况

此供热系统运行一段时间后，发现最远用户 C 和最大用户 D 的室内温度明显低于其他用户，虽经反复调整也没有好转。实测热力站入口总回水管上的压力 p_1=0.25MPa，出口总供水管上的压力 p_2=0.31MPa，作用压差 Δp=0.06MPa，此时热力网循环水泵流量为

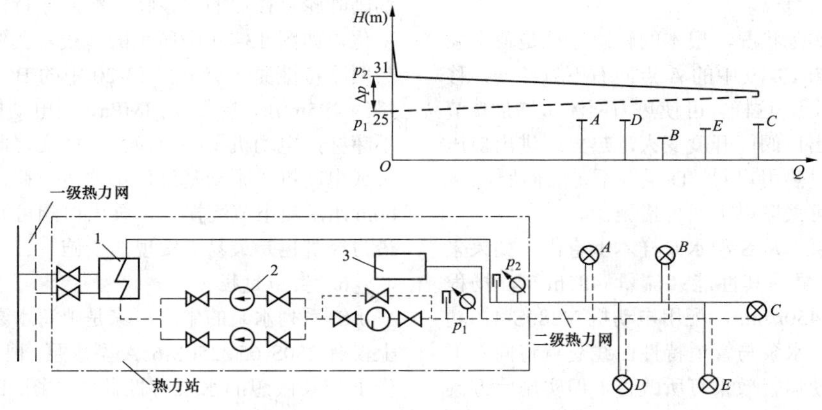

图 13-18　某小区热力站供热系统图及水压图

1—板式换热器；2—二级热力网循环水泵；3—补水定压装置；

A、B、E——一般热用户；C—最远热用户；D—最大热用户

437m³/h，二级网供回水温度正常（即符合质调节曲线）。另有一个反常的情况：热力网循环水泵出口管上的蝶阀仅能打开全开度的 1/4 左右，而此时电动机的电流为 171A，已超过了额定电流 164A，如果再开大出口阀，电动机就会过热。于是，只能在热力网循环水泵出口阀仅开 1/4 的状态下运行。

3. 存在的问题和可能引发的后果

由于二级热力网循环水泵提供的扬程消耗在水泵出口阀门的节流损失上，致使热力站出入口压力差很小，如图 13-18 中上半部位水压图所示，虽然热力网中循环水量能满足设计要求，但由于热力网获得的作用压力差过小，必将影响这个供热系统中的最大用户 *D* 和最远用户 *C* 使这两个用户的实际流量少于设计流量，室温低于其他用户。在这种水压图形下运行的热力网，网端作用压力仅 0.06MPa，用一般的调节用户入口阀门的办法是很难有效果的。这一分析与实际运行情况是一致的。

由于水泵在其出口管阀门关 3/4 的状况下长期工作，水流时刻冲刷阀芯（水泵出口管的流速是系统中流速最大的），将潜伏隐患：因为水泵出口阀的主要作用是关闭，不允许长期大关度作节流阀使用，一旦阀芯在水流冲刷下变形，轻者是失去关断功能，重者还会失去节流作用，致使电动机过热而烧坏。

4. 原因分析

造成这种状况的根源在于循环水泵特性曲线与网路实际特性曲线无交点，水泵与热力网的特性曲线如图 13-19 所示。左上部分 *G-H* 线为 250S-65A 的流量-扬程曲线。中部的虚线为供热管网特性曲线，它与 *G-H* 曲线无交点，在此虚线上方的实线为水泵出口阀门节流后的网路特性曲线，它与 *G-H* 曲线的交点 *A* 即为水泵现在的实际工作点，对应流量为 437m³/h，扬程为 0.46MPa。图的下方为轴功率曲线和效率曲线，水泵工作点对应轴功率 P=75kW。图中ΔH 为节流损失。

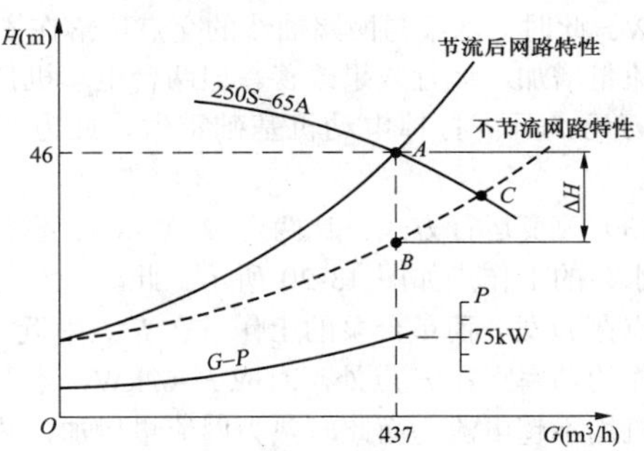

图 13-19　水泵与热力网的特性曲线

A—水泵节流后的工作点；*B*、*C*—理想的水泵工作点

循环水泵与管网不匹配的原因如下：

（1）由于是利用原有的小区热力网，设计时缺少原有管网的阻力计算资料，无法做出管网特性曲线，只能根据经验数据估算管网阻力，这往往会使估算的阻力大于实际值。

（2）原有管网是锅炉房供热，多年来一直是大流量、小温差运行，管径已比正常值偏大。

（3）250S-65A 型泵配用的电动机功率偏小，从厂家提供的 250S-65A 泵曲线看，水泵最大流量可达 560m³/h，配用电动机功率应为 108kW 方可满足此流量要求。但该泵实际所配电动机的功率为 90kW，此功率对应流量约为 430m³/h，也就是说，用 250S-65A 型泵和厂家配的电动机只能在小于 430m³/h 的流量下运行（即 *G-H* 曲线最高效率点的左半部分）。请注意这一情况：水泵生产厂配用电动机功率并不是按 *G-H* 曲线上最大流量考虑的，有时是按比最高效率点流量稍大的值来配用电动机容量的。

5. 可以采取的措施

针对现在的实际状况，根本的解决途径是使水泵实际工作点能从图 13-19 中的 A 点向右下方移动，移到 B 点或 C 点附近，这样，可使热力网流量增加，节流损失减少，泵出口阀门开度变大，热力站进出口压差提高，从而解决热用户 C、D 温度不足的问题。

为达此目的可采取以下四种措施：

（1）更换水泵。从 S 型水泵样本上查出，如果采用 250S-39 型水泵，其性能：流量 485m^3/h，扬程 0.39MPa，转速 1450r/min，配用电动机 Y280S-4，功率 75kW。此时，水泵与管道特性曲线交点将向右下方移动，肯定会使运行效果有所改善。但实施此方案将有一定难度：需重新购买两台泵（电动机可以不更换），需二万多元，因 250S-39 与 250S-65A 型泵的泵体不同，地脚螺栓位置不同，故需打掉原来的泵基础重新制作，显然，此措施不够经济。

（2）更换电动机。把 250S-65A 配用的电动机 Y280M-4 型改为 JR115-4 型，配用功率由 90kW 增至 135kW。此时，水泵与网路曲线的交点可落在 *C* 点附近，流量增加，运行效果改善。但两台电动机价格超过三万元，且需打掉电动机基础重做，此方案也不经济。

（3）改变运行方式。让两台 250S-65A 泵并联运行，水泵的工作点如图 13-20 所示。此时，泵与网路的交点在 *D* 处，而单台泵的工作点在 *E* 点附近，单台泵工作的功率点在 *F* 点处，对应 *P*=62kW，水泵配用电动机均不超电流。而此时热力网流量增加，热力站进出口压差提高，不必对水泵出口节流，供热效果改善。但双泵并联运行，没有了备用泵，不安全，且总的耗电量增加，超过热力站的电负荷，热力公司一般不允许。

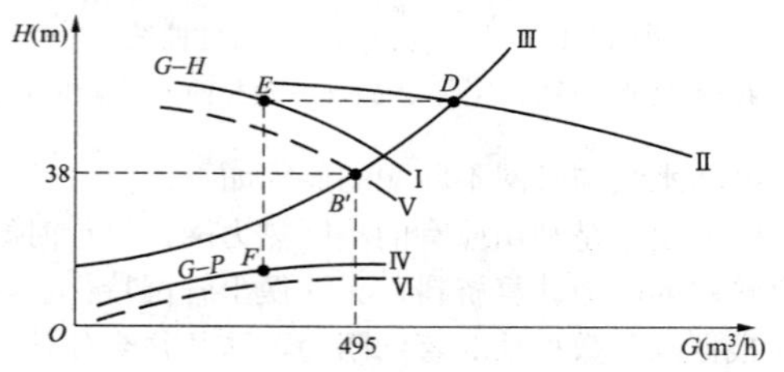

图 13-20 水泵的工作点

Ⅰ—单台泵 250S-65A 的 *G-H* 特性曲线；Ⅱ—并联双泵 250S-65A 的 *G-H* 特性曲线；Ⅲ—管网特性曲线；Ⅳ—水泵 250S-65A 的 *G-P* 特性曲线；Ⅴ—切削后的 250S-65A 的 *G-H* 特性曲线；Ⅵ—切削后的 250S-65A 的 *G-P* 特性曲线；*D*—双泵并联的工作点；*E*—单泵的工作点；*F*—并联工作时单台泵的功率点；*B'*—切削后的 250S-65A 泵的期望工作点

（4）切削 250S-65A 型泵的叶轮。根据水泵特性，切削叶轮直径后的水泵特性将向原特性曲线的左下方变化，如图 13-20 中所示的虚线，我们期望其工作点与网路特性曲线交于图 13-20 中的 B'点，此点对应流量约 495m^3/h，扬程 0.38MPa，则电动机功率、电流均不超标，电动机不必更换。如能实现此方案，不用换泵或电动机，不动基础，不增电负荷，可净增流量约 60m^3/h，减小节流损失，泵出口阀可开大。显然这是最为经济也是最易于实现的措施。

6. 实施过程

S 系列水泵的生产厂家是上海水泵厂，厂家样本上仅有 250S-65、250S-65A 型水泵。根据上述措施（4）作出一条假想的水泵特性曲线如图 13-20 所示的虚线，并在此虚线上标出一期望工作点 *B'*，把此曲线定为 250S-65B 型水泵（非标产品）的工作特性曲线，经上海水泵厂技术人员计算，250S-65B 型水泵的叶轮直径应为 375mm，于是把 250S-65A 型水泵的标准定型叶轮的直径由 400mm 切削成 380mm（考虑安全因素，把 375 改作 380），于是非标产品水泵 250S-65B 的叶轮就制成了。当时每个叶轮切削后的价格约为 1325 元。

把切削过的叶轮换到 250S-65A 型泵壳体后，经试运行，结果与预想的基本一致，经实测水泵流量 498m^3/h，热力站供回水压力差Δp=0.11MPa，泵出口管道上的阀门可以全部打开，电动机轴功率 *P*=67kW，实际电流 149A，小于额定值 164A。最远用户 *C* 和最大用户 *D* 的室温有明显提高。

7. 经验

通过对这个实例的分析，可得出以下经验：

（1）对于这类利用原有小区管网的集中供热工程的设计，应了解原有热力网的基本情况，虽然不必非要作出网路特性曲线，但应对原有热力网的阻力有个基本准确的估值。像这个例子，如当初设计时选用 250S-39 型水泵（流量 485m^3/h，扬程 39mH$_2$O，电动机功率 75kW），流量扬程均可满足要求，电功率小，是很理想的。

（2）对于选定的泵型，应画出其 *G-H* 曲线，并与假想的网路特性曲线分析一下，使所选择的泵与网路具有可匹配性。

（3）注意泵所配用电动机的功率是否可满足水泵最大流量的要求。有的厂家对泵配用的电动机功率没有按最大流量考虑，只是按比水泵最高效率点稍大的流量配电动机功率，这种泵的工作点在特性曲线图中就不能过分向右偏。例如此例中，250S-65A 泵的最高效率点流量为 420m^3/h，但其配用电动机的功率为 90kW，仅能满足最大流量 430m^3/h。如果所选择的水泵有可能在最高效率点的右边运行，就一定要认真核算一下厂家配用的电动机功率是否满足供热系统可能出现的最大流量。

（4）注意在选水泵时，应使水泵的最高效率点流量比系统设计流量稍大些。例如，系统设计流量为 320m^3/h，选水泵时宜选 350m^3/h 的泵较理想。这样做在运行调节上较灵活，而且不会使配用电动机超过额定电流。

第七节 集中供热系统的标识

电厂标识系统是国际上普遍使用的编码体系，也是我国发电企业使用最多的编码体系，应用于供热企业，可实现对供热设施在建设、运行、维修过程中的有效监控，能使供热设备处于良好的工作和备用状态，并可保证供热系统的安全、稳定运行。

本节将介绍以热电厂为主要热源的集中供热项目（含：分布式冷热电联供系统）标识工作的要点。本节的内容可用于为新建、供热改造的集中供热项目进行标识，也可用于为已建成运行的集中供热项目增补标识。

一、对集中供热项目标识工作的总体要求

1. 标识依据、参考资料、应用案例

（1）标识依据：国家工程建设标准 GB/T 50549—2010《电厂标识系统编码标准》。

（2）参考资料：《电厂标识系统编码应用手册》（中国电力出版社，2011 年 6 月）。

（3）应用案例：北京上庄燃气热电供热系统（区域供热 2014 年第 6 期）。

2. 标识阶段

应在可行性研究设计阶段、初步设计阶段和施工图设计阶段开展标识工作。

3. 标识的范围

（1）厂内热网（制冷、蒸汽）首站：进行工艺相关标识、安装点标识和位置标识。

（2）一级管网：进行工艺相关标识。

（3）厂外换热站（含：制冷站、蒸汽调压站）：进行工艺相关标识和位置标识。

（4）二级管网：进行工艺相关标识。

（5）厂外热（含：冷、汽）用户：进行工艺相关标识和位置标识。

4. 对标识工作的管理

（1）标识工作范围：电力设计院标识热电厂内的系统和建、构筑物，市政设计院标识热电厂外的系统和建、构筑物，项目建设管理方负责纳总。

（2）应按 GB/T 50549—2010 中第 3.1 节中的有关规定组建标识工作机构。

（3）可行性研究设计阶段、初步设计阶段和施工图设计阶段标识的管理应按 GB/T 50549—2010 中第 3.2 节中的有关规定执行。

（4）应按 GB/T 50549—2010 中第 10 章中的有关规定编制《工程约定与编码索引》的集中供热部分。

（5）对编码标注的管理应按 GB/T 50549—2010 中第 11 章中的有关规定执行。

（6）是否采用联合标识由工程建设方决定。

二、对集中供热项目标识的约定

根据 GB/T50549—2010 中第 10 章中的有关规定，对集中供热项目的标识统一约定如下：

1. 全厂码

（1）在同一工程中，全厂码对工艺相关标识、安装点标识和位置标识等三种标识应具有相同的含义和功能。

（2）热电厂内专用供热设施的全厂码应符合 GB/T 50549—2010 中第 3.3 节中的有关规定。

（3）对于集中供热项目，全厂码 G 取值见表 13-2。

表 13-2 集中供热项目全厂码 G 的取值

G 的取值	涉及范围
Y	按最终规划容量考虑，热电厂内的专用供热（冷、汽）设施，例如，热网（制冷、蒸汽）首站
H	热电厂外的其他热源，例如，供热厂、调峰热源、备用热源
W	热电厂外的专用供热（冷、汽）设施，例如，换热（制冷、蒸汽）站、一级管网、二级管网、热（冷）用户
X	热电厂外的专用供热（冷、汽）设施（备用）。当 W 不够用时，才可采用 X

2. 集中供热项目的厂外区块码

根据集中供热项目的特点，在集中供热项目中引入厂外区块码和厂外热源码的概念。

（1）厂外区块码。厂外区块码由全厂码 G 和厂外区块编号 F0 组成，用于标识热电厂外的专用供热设施。厂外区块编号 F0 由一位阿拉伯数字（0、1、2、…、9）构成，集中供热项目的厂外区块码见表 13-3 和集中供热项目的厂外区块划分图如图 13-21 所示。

表 13-3 集中供热项目的厂外区块码

厂外区块码	说明
Y0	按最终规划容量考虑，热电厂内的专用供热（冷）设施
W1	热电厂外第一区块的专用供热（冷）设施
W2	热电厂外第二区块的专用供热（冷）设施
W3	热电厂外第三区块的专用供热（冷）设施
W4～8	热电厂外第四～八区块的专用供热（冷）设施

续表

厂外区块码	说 明
W9	热电厂外第九区块的专用供热（冷）设施
W0	热电厂外虚拟区块的专用供热（冷）设施

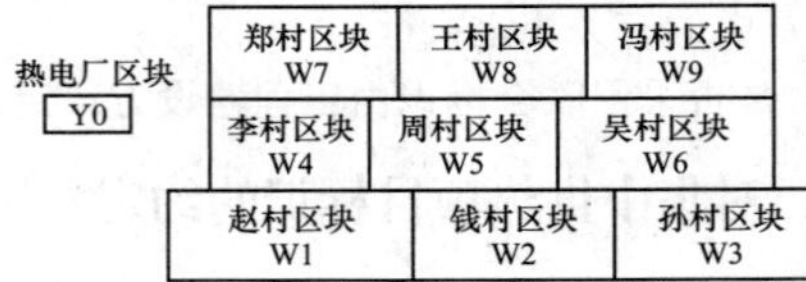

图 13-21 集中供热项目的厂外区块划分图

1）热电厂内专用供热设施的区块码为 Y0。

2)热电厂外最多 9 个区块码，分别为 W1、W2、…、W9，可根据具体情况选择。

3）在热电厂外设立一个虚拟厂外区块码 W0，用于标识厂外跨区块的供热设施（或不易确定归属区块的供热设施），例如，热电厂外的一级管网（含：热水、蒸汽、冷水）的厂外区块码一律采用 W0。

4)厂外区块划分原则是由设计单位与热力网建设方共同确定，并考虑以下因素：行政区划；历史原因；管理方便；每一厂外区块不超 95 个换热站。

（2）厂外热源码。厂外热源码由全厂码 G 和厂外热源编号 F0 组成，用于标识热电厂外的其他热源点。厂外热源编号 F0 由一位阿拉伯数字（0、1、2、…、9）构成。热电厂外最多 10 个厂外热源码，分别为 H0、H1、H2、…、H9，可根据具体情况选择其中几个。厂外热源的标识与热电厂标识相同，应符合 GB/T 50549 的有关规定。

3. 工艺相关标识

（1）在初设、施工图设计阶段，工艺相关标识采用三级编码，应按 GB/T 50549—2010 中第 4.1 节中的有关规定执行。

（2）热电厂内外的所有工艺系统均应采用工艺相关标识。

（3）工艺相关标识格式应符合图 13-22 的要求。

1）系统码。由区块编号（系统码前缀号）F0、系统分类码 F1F2F3 和系统编号 FN 三部分组成，并应符合下列规定：

a. 系统码前缀号 F0。对于集中供热项目，G 与 F0 表示区块编号，F0 由一位阿拉伯数字构成。对于热电厂内，F0=0。对于热电厂外，可以是 1、2、…、9。厂外的一级管网（热水、蒸汽、冷水）不需标注区块编号。

b. 系统分类码 F1 为系统分类码的主组，F2 和 F3 分别是系统分类码的组和子组，用于对主组码 F1 标识范围的进一步细分；其编码字符和标识范围应符合相关标准的规定。

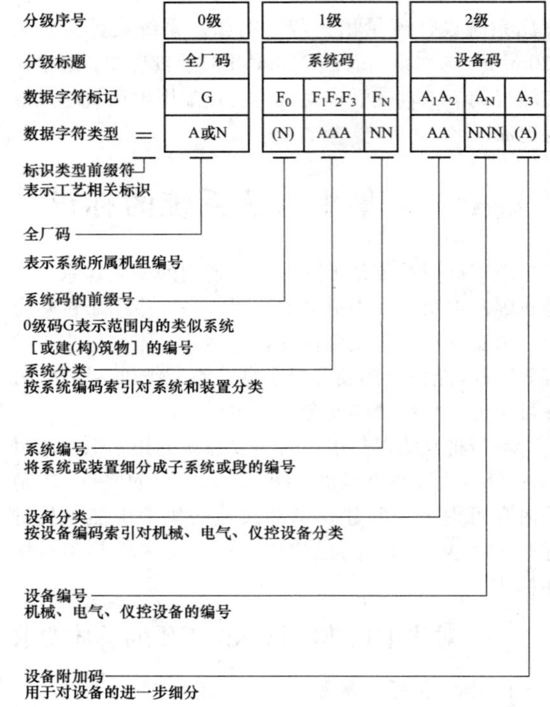

图 13-22 工艺相关标识的格式

c. 系统编号 FN 用于将 F1F2F3 标识的系统或装置进一步细分，即细分成子系统或子装置；FN 由两位阿拉伯数字构成，可以是 00、01、02、03、…、99；编号可以采用流水顺序，也可以按照十位递进。

2）设备码。由设备分类码 A1A2、设备编号 AN 和附加码 A3 组成，应符合下列规定：

a. 设备分类码 A1 为设备分类码的主组，A2 是设备分类码的子组，用于对主组码 A1 标识范围的进一步细分；其编码字符和标识范围应符合相关标准的规定。

b. 设备编号 AN 由三位数字构成，可以是 001、002、…、999，一般采用流水顺序，可以跳号，每位上的“0”必须写出。

c. 设备附加码 A3 用于对设备特殊细节的进一步细分，集中供热系统不标识附加码。

4. 安装点标识

（1）安装点标识采用三级编码，应按 GB/T 50549—2010 中第 4.2 节中的有关规定执行。

（2）热电厂内热力网首站的电气和仪控系统（属于厂用电）应采用安装点标识。

（3）热电厂外的电气和仪控系统（非厂用电）不采用安装点标识。

5. 位置标识

（1）热电厂内、外的供热专用建、构筑物（不含换热站和热用户）应采用位置标识，应按 GB/T 50549—2010 中第 4.3 节中的有关规定执行。

（2）热电厂外的各换热站采用其工艺相关标识代替其位置标识，不编房间码。

（3）热电厂外的各热用户采用其引入口供水阀门的工艺相关标识代替其位置标识，不编房间码。

6. 系统分类码

集中供热项目常用的系统分类码见表 13-4。

表 13-4 集中供热项目常用的系统分类码

系统分类码	中文名称
NAA—NAY	蒸汽外供系统
NB	给未来发展预留，不可使用
NC	给未来发展预留，不可使用
NDA—NDY	热水外供系统
NEA—NEY	冷水外供系统
NG	压缩空气外供系统
NK	燃气外供系统
NL—NZ	给未来发展预留，不可使用
Y0SBA—Y0SBU	热电厂内专用的供热管网系统
Y0QKA—Y0QKU	热电厂内专用的空调冷水系统（制冷站、管网）

注 用厂外区块码划分供热（冷、汽）设施所在的区域。

7. 设备分类码

集中供热项目常用的设备分类码见表 13-5。

表 13-5 集中供热项目常用的设备分类码

设备分类码		中文名称
工艺类专业	AA	阀门
	AC	换热器、传热面
	AE	转动、驱动、起吊设备
	AF	传送设备、给料机、升降机
	AH	供暖、制冷、空调设备
	AN	空压机组、风机
	AP	泵组
	AT	清洗、干燥、分离、过滤、分离设备
	AW	固定工具、消防设备
	BB	储存设备（箱、槽、罐、池、联箱等）
	BF	基础
	BP	节流孔板、限流器
	BR	管道、烟风道、沟槽、弯头、大小头等管道附件
	BS	消声器
	BQ	吊架、支架、托架（注：双向管道支架归属到热力网供水系统）
	BU	保温层、护套
	BZ	管道补偿器
电、控类专业	GH	根据工艺系统所划分的电气和仪控安装设备
	GP	照明配电箱、接线盒
	GQ	检修配电箱、接线盒、插座
	GR	蓄电池、直流电源设备
	GS	没有采用工艺设备码标识的开关设备
	GT	变压器、电压互感器、电流互感器
	GU	不停电电源、逆变器、整流器
	GV	防雷保护、接地、避雷器
	GW	箱式供电设备

注 如果工程中出现表 13-6 中未含的设备，可以采用上表中类似的设备分类码替代。

三、标识方案

以下根据 GB/T 50549—2010 的有关内容和以上所做的标识约定，对一个完整的集中供热项目（以热电厂为主要热源）细化编码索引、并提出标识方案。

1. 热网（制冷、蒸汽）首站的工艺相关标识方案

（1）热网（制冷、蒸汽）首站需标识的设备包括热网加热器、制冷机、循环泵、除氧器、补水泵、除污器、管道、阀门、伸缩器、管道附件等。

（2）电气专业应采用安装点标识，并根据厂用电接线图确定编码。

（3）热网（制冷、蒸汽）首站的厂外区块码应为 Y0。

热网（制冷、蒸汽）首站的工艺相关标识方案分别见表 13-6 和图 13-23。

表 13-6 热网（制冷、蒸汽）首站的系统标识方案

系统分类码		中文名称	备 注
热网首站	Y0NDC01	热力网循环泵系统	系统不够，可以用 NDC02～99
	Y0NDE01	热网首站储热水系统	系统不够，可以用 NDE02～99
	Y0NDD01～99	热网首站热交换工艺系统	含：热网加热器、首站内部工艺管道、附属设施

续表

系统分类码		中文名称	备 注
热网首站	Y0NDV01	热网首站的润滑剂供应系统	
	Y0NDX01	热网首站控制保护设备的流体供应系统	
	Y0NDY01	热网首站的控制保护设备（只用于电气二次和仪控专业）	系统不够，可用 NDY02～99
	Y0LBD	热力网（含：制冷、蒸汽）首站加热用蒸汽系统	系统编码号由汽机专业确定
	Y0LBL	热力网（含：制冷、蒸汽）首站加热用蒸汽凝水系统	系统编码号由汽机专业确定
制冷首站	Y0NEC01～99	制冷首站工艺系统	含：制冷机、冷却塔、首站内部工艺管道（冷水、冷却水）、附属设施
	Y0NEY01	制冷首站的控制保护设备（只用于电气二次和仪控专业）	系统不够，可用NEY02～99
蒸汽首站	Y0NAD01～99	蒸汽首站工艺系统	含：蒸汽首站内部工艺管道、附属设施
	Y0NAY01	蒸汽首站的控制保护设备（只用于电气二次和仪控专业）	系统不够，可用 NAY02～99

2. 一级管网（热水、蒸汽、冷水）的工艺相关标识方案

（1）一级管网的定义：从热电厂热网首站到厂外换热站（制冷站、蒸汽调压站）的管网。

（2）热电厂内的（外供）一级管网（热水、蒸汽、冷水）的区块码一律采用 Y0。

（3）热电厂外的一级管网（热水、蒸汽、冷水）的区块码一律采用 W0。

（4）一级管网需标识的设备：管道、阀门、伸缩器、吊架、支架、托架、管道附件等。

一级管网（热水、蒸汽、冷水）的工艺相关标识方案分别见表 13-7～表 13-9。一级管网（热水）和厂外换热站的工艺相关标识如图 13-24 所示。

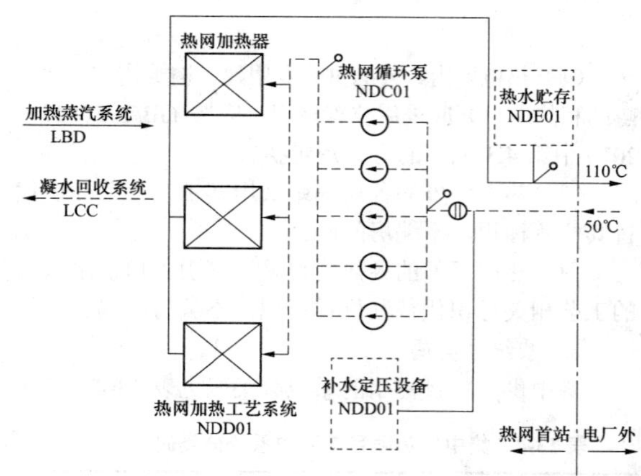

图 13-23 热网首站的工艺相关标识方案

表 13-7 一级管网的工艺相关标识（热水）

工艺相关标识	说明	备注
Y0NDA01～05	一级管网（供水系统）	热网首站出口至热电厂围墙
W0NDA06～99	一级管网（供水系统）	热电厂外
Y0ND B 01～05	一级管网（回水系统）	热网首站出口至热电厂围墙
W0ND B 06～99	一级管网（回水系统）	热电厂外

表 13-8 一级管网的工艺相关标识（蒸汽、凝水）

工艺相关标识		说明	备注
蒸汽系统	Y0NAA01～05	一级管网	热电厂内、根据不同压力使用
	W0NAA06～99	一级管网	热电厂外、根据不同压力使用
	Y0NAE01～05	一级管网	热电厂内、根据不同压力使用
	W0NAE06～99	一级管网	热电厂外、根据不同压力使用
	Y0NAF01～05	一级管网	热电厂内、根据不同压力使用
	W0NAF06～99	一级管网	热电厂外、根据不同压力使用
	Y0NAG01～05	一级管网	热电厂内、根据不同压力使用
	W0NAG06～99	一级管网	热电厂外、根据不同压力使用
	NAH01～99	一级管网	热电厂内、外，根据不同压力使用
	NAJ01～99	一级管网	热电厂内、外，根据不同压力使用
凝水系统	Y0NAB01～05	一级管网	热电厂内、根据不同压力使用

续表

工艺相关标识		说明	备注
凝水系统	W0NAB06～99	一级管网	热电厂外、根据不同压力使用
	Y0NAK01～05	一级管网	热电厂内、根据不同压力使用
	W0NAK06～99	一级管网	热电厂外、根据不同压力使用
	NAL01～99	一级管网	热电厂内、外，根据不同压力使用
	NAM01～99	一级管网	热电厂内、外，根据不同压力使用

表 13-9　一级管网的工艺相关标识（冷水）

工艺相关标识	说明	备注
Y0NEA01～05	一级管网(供水系统)	热电厂内、根据不同温度使用
W0NEA06～99	一级管网(供水系统)	热电厂外、根据不同温度使用
Y0NEB01～05	一级管网(回水系统)	热电厂内、根据不同温度使用
W0NEB06～99	一级管网(回水系统)	热电厂外、根据不同温度使用

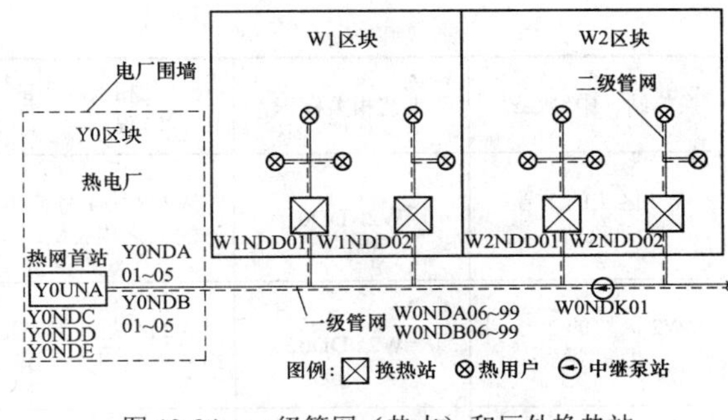

图 13-24　一级管网（热水）和厂外换热站的工艺相关标识

3．厂外换热站（含：制冷站、蒸汽调压站）、中继泵站的工艺相关标识和位置标识方案

一个 2×300MW 级的热电厂可能有 100～300 个厂外换热站（含：制冷站、蒸汽调压站），为了进行温度和压力测量、流量控制，应对各换热站（含：制冷站、蒸汽调压站）的工艺系统进行标识（在系统级），也需对各换热站（含：制冷站、蒸汽调压站）进行位置标识。

厂外换热站（含：制冷站、蒸汽调压站）的工艺相关标识和位置标识见表 13-10、表 13-11 和图 13-25。

表 13-10　厂外换热站（含：制冷站、蒸汽调压站）、中继泵站的工艺相关标识方案

系统码方案	标识的范围	说　明	备　注
NDD01～95	各换热站的工艺相关标识	每区块可有 95 个换热站	
NDD96～99	备用		
NDY01	各换热站的控制保护设备	（只用于电气二次和仪控专业）	系统不够，可用 NDY02～99
NDK01～05	中继泵站、加压泵站的工艺相关标识		
NEC01～95	各制冷站的工艺相关标识	每区块可有 95 个制冷站	
NEC96～99	备用		
NEY01	各制冷站的控制保护设备	（只用于电气二次和仪控专业）	系统不够，可用 NEY02～99
NAD01～95	各蒸汽调压站的工艺相关标识	每区块可有 95 个蒸汽调压站	
NAD96～99	备用		
NAY01	各蒸汽调压站的控制保护设备	（只用于电气二次和仪控专业）	系统不够，可用 NAY02～99

表 13-11　厂外换热站、中继泵站的工艺相关标识和位置标识

换热站、中继泵站	工艺相关标识	对工艺相关标识的说明	位置标识	对位置标识的说明	备注
W1 区块的 1 号换热站	=W1NDD01	W1 区块 1 号换热站的工艺相关标识	+W1NDD01	W1 区块 1 号换热站的位置标识	用该换热站的工艺相关标识代替其位置标识
W1 区块的 2 号换热站	=W1NDD02	W1 区块 2 号换热站的工艺相关标识	+W1NDD02	W1 区块 2 号换热站的位置标识	用该换热站的工艺相关标识代替其位置标识

续表

换热站、中继泵站	工艺相关标识	对工艺相关标识的说明	位置标识	对位置标识的说明	备注
W2 区块的 1 号换热站	=W2NDD01	W2 区块 1 号换热站的工艺相关标识	+W2NDD01	W2 区块 1 号换热站的位置标识	用该换热站的工艺相关标识代替其位置标识
W2 区块的 2 号换热站	=W2NDD02	W2 区块 2 号换热站的工艺相关标识	+W2NDD02	W2 区块 2 号换热站的位置标识	用该换热站的工艺相关标识代替其位置标识
W2 区块的中继泵站	=W2NDK01	W2 区块中继泵站的工艺相关标识	+W2UNB	W2 区块中继泵站的位置标识	

注 1. 厂外制冷站和蒸汽调压站的位置标识可参考表 13-11。

2. 当换热站与制冷站合并布置时，其工艺相关标识和位置标识应以换热站为主。

3. =是工艺相关标识的前缀符号，+是位置标识的前缀符号。

（1）每个换热站（含：制冷站、蒸汽调压站）只有一个工艺相关标识（系统分类码），换热（制冷）工艺、电气、仪控等专业在同一系统分类码下进行设备级的标识。

（2）每个换热站（含：制冷站、蒸汽调压站）还应在该工艺相关标识（系统级）下，标识消防、检修起吊等辅助设备。

（3）用每个换热站（含：制冷站、蒸汽调压站）的工艺相关标识代替其位置标识。

（4）厂外换热站、制冷站和蒸汽调压站的厂外区块码为 W1～9。

4. 二级管网的工艺相关标识方案

（1）二级管网的定义：换热站（或：制冷站）后至热（冷）用户的管网。

（2）二级管网需标识的设备：管道、阀门、伸缩器、吊架、支架、托架、管道附件等。

（3）蒸汽系统无二级管网。

二级管网的工艺相关标识见表 13-12、表 13-13 和图 13-25。

表 13-12 二级管网的工艺相关标识（热水）

工艺相关标识	说明	备注
NDF01～99	二级管网（供水系统）	根据不同温度使用
NDH01～99	二级管网（供水系统）	根据不同温度使用
NDG01～99	二级管网（回水系统）	根据不同温度使用
NDJ01～99	二级管网（回水系统）	根据不同温度使用

表 13-13 二级管网的工艺相关标识（冷水）

工艺相关标识	说明	备注
NEF01～99	二级管网（供水系统）	根据不同温度使用
NEH01～99	二级管网（供水系统）	根据不同温度使用
NEG01～99	二级管网（回水系统）	根据不同温度使用
NEJ01～99	二级管网（回水系统）	根据不同温度使用

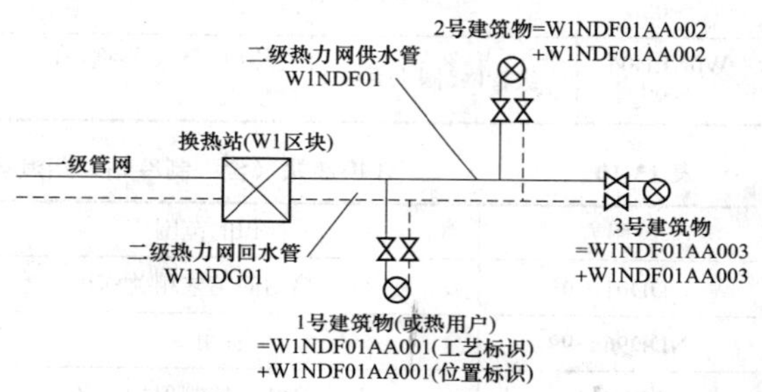

图 13-25 二级管网和热用户的工艺相关标识

5. 厂外热用户的工艺相关标识和位置标识方案

一个 2×300MW 级的热电厂可能有超过 1000 个厂外热用户（供暖建筑），为了进行温度和压力测量、流量控制，必须对各热用户的供、回水阀门进行工艺相关标识（在设备级），对各热用户进行位置标识。

（1）各热用户的区块码采用其所属换热站的厂外区块码。

（2）各热用户引入口的供、回水阀门（具有调节功能的）进行工艺相关标识。

（3）用入口供水阀门的工艺相关标识代替该供暖建筑的位置标识。

（4）各热用户内部的温度、压力、流量计量设施是否需标识由建设方确定。

（5）各热用户内部的供暖系统不需标识。

各热用户的工艺相关标识和位置标识见表 13-14 和图 13-25。

表 13-14 各热用户的工艺相关标识和位置标识

热用户	入口阀门的工艺相关标识	对入口阀门的说明	位置标识	对位置标识的说明	备注
1号供暖建筑	=W1NDF01AA001	W1 区块 1 号建筑的供暖入口供水阀门	+W1NDF01AA001	W1 区块 1 号建筑的位置标识	用入口供水阀门的工艺相关标识代替 1 号建筑的位置标识
	=W1NDG01AA001	W1 区块 1 号建筑的供暖入口回水阀门			
2号供暖建筑	=W1NDF01AA002	W1 区块 2 号建筑的供暖入口供水阀门	+W1NDF01AA002	W1 区块 2 号建筑的位置标识	用入口供水阀门的工艺相关标识代替 2 号建筑的位置标识
	=W1NDG01AA002	W1 区块 2 号建筑的供暖入口回水阀门			
3号供暖建筑	=W1NDF01AA003	W1 区块 3 号建筑的供暖入口供水阀门	+W3NDF01AA003	W1 区块 3 号建筑的位置标识	用入口供水阀门的工艺相关标识代替 3 号建筑的位置标识
	=W1NDG01AA003	W1 区块 3 号建筑的供暖入口回水阀门			

注 蒸汽、冷水用户的工艺相关标识和位置标识可参考表 13-15。

6. 热电厂内、外供热专用建、构筑物的位置标识方案

热电厂内、外供热专用建、构筑物（含：控制建筑、收费建筑、中继泵站、分布泵站、修理车间、阀门间等）的位置标识见表 13-15。

表 13-15 供热专用建、构筑物的位置标识

位置标识	说 明	备 注
热电厂内		
Y0UNA	热网首站	
Y0UNB	热电厂内的供热专用建、构筑物	
Y0UNC	热电厂内的供热专用建、构筑物	
Y0UND	热电厂内的供热专用建、构筑物	
Y0UNE	热电厂内的供热专用建、构筑物	
热电厂外		
W1UNA～W1UNW	热电厂外 W1 区块的供热专用建、构筑物	不含：换热站、热用户
W2UNA～W2UNW	热电厂外 W2 区块的供热专用建、构筑物	不含：换热站、热用户
W3UNA～W3UNW	热电厂外 W3 区块的供热专用建、构筑物	不含：换热站、热用户
W4～W8（UNA～UNW）	热电厂外 W4 至 W8 区块的供热专用建、构筑物	不含：换热站、热用户
W9UNA～W9UNW	热电厂外 W9 区块的供热专用建、构筑物	不含：换热站、热用户

7. 工艺标识补充方案

当以上所述的工艺编码不满足标识时，可以按表 13-16 的工艺标识补充方案执行。

表 13-16 工艺标识补充方案

系统分类码	说 明	备 注
NAL～NAU（01～99）	热电厂内、外专用供热设施的工艺标识	只用于蒸汽、凝水系统
NDL～NDU（01～99）	热电厂内、外专用供热设施的工艺标识	只用于热水系统
NEL～NEU（01～99）	热电厂内、外专用供热设施的工艺标识	只用于冷水系统

注 应采用厂外区块码来区分热电厂内、外的供热设施。

8. 补充说明

GB/T 50549《电厂标识系统编码标准》目前正在修订中，同时将对《电厂标识系统编码应用手册》进行修订，集中供热系统的标识是这次修订中增写的内容之一，请以修订后的标准和手册为准。

第十四章

多热源联合供热系统

多热源联合供热是在一个供热系统中同时存在多个热源共用一个管网的供热形式。随着城市供热规模的不断扩大，热电联产的发展，变频技术和自动化控制水平的提高，计算机、网络、通信技术的进步，供热系统向大型化、多热源方向发展，多热源联合供热已经成为集中供热系统发展的趋势。

第一节　多热源系统构成和技术优势

一、多热源系统构成及运行方式

（一）多热源系统构成

1. 热源

多热源联合供热系统的热源可以分为基本热源和调峰热源。

基本热源或称为主热源，通常是以环境污染少，能源利用率高，运行成本低，规模较大的热源为基本热源，负担基本负荷，常见的基本热源主要有一个或多个热电厂和大型区域锅炉房。

调峰热源或称为尖峰热源、峰荷热源，调峰热源负担供热负荷中基本热源供热能力不足的差额热负荷，即尖峰负荷。调峰热源可以是供热锅炉房、蓄热罐、尖峰热网加热器等。调峰热源的位置可以设置在热电厂内和设置在热电厂外。设置在热电厂外又可分为设置在一级热力网上和设置在热力站内。

多热源联合供热系统，目前主要有三种热源组合方式：

（1）热电厂与区域锅炉房联合供热。

（2）几个热电厂联合供热。

（3）几个区域锅炉房联合供热。

在城市集中供热系统中通常采用热电厂与外置一个乃至多个区域锅炉房联合供热方案，形成多热源联合供热系统。

热电厂适合作为基本热源，其经济性好，可靠性高，为使热电厂取得最佳经济效益，应对热电厂的供热能力进行综合分析，正确地选择供热机组的形式及容量，确定供热方案。

热化系数是衡量热电厂经济性的宏观指标，最佳热化系数有两层含义：一是确定节约燃料最大值，二是确定经济效益最好的临界值。

对热电联产的热化系数有明确规定，《中华人民共和国节约能源法》和原国家计划委员会、国家经济贸易委员会、电力工业部、建设部《关于发展热电联产的若干规定》都要求：“在热电联产建设中应根据供热范围内的热负荷特性，选择合理的热化系数。以工业热负荷为主的热化系数宜控制在0.7～0.8之间；以供暖供热负荷为主的热化系数宜控制在0.5～0.6之间”。热电联产供热直接促进了多热源联合供热的发展。

这也说明了建立热电厂之后仍有20%～50%的供热负荷不依靠热电厂，直接由调峰热源供给。调峰热源可以在建设热电厂时统筹考虑，也可以适当保留一些容量较大、锅炉效率较高、布局合理的现有锅炉房作为供热系统的调峰锅炉。

通常，城市供热在规划阶段，以符合当地环境保护目标，以地区能源资源条件、能源结构要求以及投资等为约束条件，以各种供热方式的技术经济性和节能效益为基本依据，并统筹供热系统的安全性和社会效益，按照成本最小化、效益最大化的原则进行优化选择，最终确定供热能源结构和合理的供热方式，确定城市大型集中热源的规模、数量、位置以及供热范围。

2. 热力网

多热源联合供热系统的热力网可以设计成枝状管网或环状管网。其显著特征是管网中存在水力交汇点，即压力平衡点。该水力交汇点两侧流体压力相等，处于静止状态。在整个供热系统运行期间，随着热源投运的数目不同，系统水力交汇点的个数和位置也随着变动。

在多热源联网供热系统中，水力交汇点相当于一个虚拟的阀门将系统分为几部分，水力交汇点位置的控制直接影响热源的供热范围的划分，相当于把一个多热源联网供热系统变成了若干个单热源的枝状供热分系统。

无论是枝状管网还是环状管网都应尽可能提高供热可靠性，事故时至少应保证最低的供热保证率，在经济条件允许的情况下，可以提高供热保证率。

热力网供热可靠性要求如下：

（1）对于供热建筑面积大于 1000 万 m^2 的供热系统应采用多热源供热，各热源热力干线应连通。在技术经济合理时，热力网干线宜连接成环状管网。

（2）供热系统的主环线或多热源供热系统中热源间的连通干线设计时，各种事故工况下的最低供热量保证率应符合表 14-1 的规定，并应考虑不同事故工况下的切换手段。

表 14-1　事故工况下的最低供热量保证率

供暖室外计算温度（℃）	最低供热量保证率（%）
$t_{out}>-10$	40
$-10\leqslant t_{out}\leqslant-20$	55
$t_{out}<-20$	65

（3）自热源向同一方向引出的干线之间宜设连通管线。连通管线应结合分段阀门设置。连通管线可作为输配干线使用。连通管线设计时，应使故障段切除后其余热用户的最低供热量保证率符合表 14-1 的规定。

3. 热力站

多热源联合供热系统的热力站可以看作是热力网上的热用户，热负荷根据所供热用户需求确定，可以设置调峰热源或部分热力站设置调峰热源。

（二）运行方式

多热源联合供热系统有多热源分别运行、多热源解列运行、多热源联网运行三种运行方式。

1. 多热源分别运行

在整个供暖期将热力网用阀门分隔成多个部分，不管气温如何变化，各热源始终独立向所辖区域供热，水力工况互不相关，这种方式实质是多个单热源的供热系统分别运行。这种多热源并网仅在某热源出现故障时提供最低的供热保证率。

2. 多热源解列运行

供暖期基本热源首先投入运行，随着气温变化基本热源满负荷后，分隔出部分管网划归调峰热源供热，并随气温变化，逐步扩大或缩小分隔出的管网范围，使基本热源在运行期间接近满负荷的运行方式。这种方式实质还是多个单热源的供热系统分别运行，各热源的供热区域可通过改变隔断阀的位置进行调整，水力工况互不相干。因此热源的解列运行管理简单，但不能最大限度地发挥并网运行的优势。

3. 多热源联网运行

供暖期基本热源首先投入运行，随着气温变化基本热源满负荷后，调峰热源投入与基本热源共同在供热管网中供热的运行方式。基本热源在运行期间保持满负荷，调峰热源承担随气温变化而增减的负荷。各热源的热媒统一送入管网，统一调度、统一分配到各热用户。联网运行，整个网路的水力工况与热力工况比较复杂，需要配以自动监测和自动控制系统。

二、多热源系统技术优势

多热源联网供热系统的技术优势主要体现在多热源联网供热，特别是多热源环状管网。

1. 经济节能

多热源联网供热系统，由主热源负担基本热负荷，调峰热源负担尖峰热负荷，这种供热形式降低了主热源的供热容量，可以减少主热源初投资，热源之间可互为备用，也可以降低调峰热源初投资；热效率高、燃料价格低的主热源（如热电厂）先期投运，在整个供暖期基本达到满负荷运行，压缩了高耗能、高热价热源的供热量，实现了整体节能；多热源联网运行，系统实现自平衡，每个热源的供热半径都不大，循环水泵的扬程会降低，因此其运行电耗就相对降低。

2. 系统稳定性

多热源联网运行中的环状管网的比摩阻较小，各热力站的自用压头较大，增强了系统的稳定性。

3. 安全可靠性

多热源联网供热，增大了供热系统热源的备用系数，当某一热源发生事故，其他热源可以增加供热量来维持事故期的供热，承担全部热负荷的 60%～75%，并能将这部分热量均衡地分配给热用户；当热力网某处发生故障时，可以关闭这一段管网进行抢修，其他部分仍可正常供热，实现了各热源间相互替代、相互协调、相互补充，提高了供热可靠性。

4. 可扩展性

多热源系统有利于供热系统近远期结合，城市管网可以一次设计分步实施，在供热初期，由于热电厂建设周期较长，供热量较大，先行建设区域锅炉房进行供热，当供热面积具有一定规模时，实现热电厂与区域锅炉房联合供热，热电厂负担基本负荷，锅炉房进行调峰供热。

多热源系统有利于供热系统的升级改造，城市建设过程中，经常会出现按照原有的市政规划建成的供热系统，无法满足城市继续发展的需要，也就是说一个供热系统的热源和热力网都达到了满负荷运行的情况下，又需要在原有的供热区域内进一步扩大供热面积，此时应用多热源联网供热技术，选择一个合适的地点，在原有的供热系统中再建设一个新的调峰热源，并对现有管网进行少量必要的改造，就会快速有效地解决问题。同时，随着技术的成熟，更多的新型能源将会被利用，如水源热泵、太阳能以及垃圾燃烧电站等，增设调峰热源，并通过热源间供热量的调配，可以方便地实现联网供热。

第二节 热源优化调度和系统调节方案

一、热源优化调度

热源的优化调度是按照各个热源的热负荷分配比例调度各热源的供热量，同时按照运行工况，调整整个供需关系。

热源优化调度包括各热源启运次序、热负荷的分配、供暖期供热量、调峰热源投运天数和投入时的室外温度。

热源启运次序，首先应对各热源进行分析，从能源利用的综合效益、热源投入和撤出的灵活性、各热源的具体位置等方面进行综合评价，再结合热力网的热平衡确定各热源供热量分配的优先次序。

热源承担热负荷的能力受热源本身装机容量的限制，同时受热力网输配是否可及的制约。同时还应考虑热源制热成本和输送成本。

多热源联网运行，从经济角度讲是降低供热成本，提高集中供热的经济效益；从技术角度上讲，也解决了能量平衡的问题。配备相当数量的调峰锅炉房对取得热电厂集中供热的最大效益极为重要。

当供热系统由多个热源供热，对各热源的负荷分配进行技术经济分析时，应绘制热负荷延续时间图，热负荷延续时间图的绘制可以应用无因次综合公式法，无因次综合公式法是由几个分段函数组成的数学模型，该模型定量地描述热负荷、室外计算温度、延续时间、耗热量之间的对应关系，使用时只需知道供暖室外计算温度t'_{av}，供暖期室外日平均温度 t_{av}，供暖期天数 N_{zh}，供暖设计热负荷 Q'_n，则可根据该方法绘制年供暖热负荷延续曲线。该方法的适用条件为开始进行供暖的室外温度为+5℃，平均每年不保证时间为5 天，调峰期间基本热源满负荷运行。有关计算公式及符号含义详见第二章第六节。

二、各热源调度参数的确定

某市某区供热系统，设计供暖热负荷 1106MW，基本热源为 2×350MW 热电厂，供热能力 640MW，外置三座燃煤调峰锅炉房，供热能力分别为 4×70MW、2×58MW、2×35MW，确定各热源调度参数。

已知条件为该市供暖室外计算温度 t'_{av}=–21.1℃，供暖期室外日平均温度 t_{av}=–7.6℃，供暖期天数 N_{zh}=169 天。各热源调度参数表见表 14-2。

表 14-2 各热源调度参数表

项目	供热能力（MW）	运行天数（天）	热源开启运行室外温度（℃）	相对热负荷	供暖期供热量（GJ）	热源优先次序（按运行经济型）
基本热源	640	169	5	0.58	8606028	1
调峰热源 1	280	107	−4.6	0.83	1829955	2
调峰热源 2	116	45	−14.5	0.94	321123	3
调峰热源 3	70	20	−18.6	1	74231	4
汇总	1106				10831337	

三、系统调节方案

为了保证供热系统的经济性和可靠性，必须对供热系统进行供热调节。供热系统通常以供暖热负荷随室外温度的变化规律作为调节的依据，主要目的是使供暖用户的散热设备与用户的热负荷变化规律相适应。

由于多热源联合供热，对供热量的调节和热力网水力工况的调节比单热源系统复杂，因此必须根据各地区的特点、供热系统的方式、各热源运行时间长短及系统设备配置等具体情况，选择最经济可行的方案投入运行，多热源联合供热的调节可以分为两个运行阶段。

第一个阶段，供热初期和末期，在基本热源未满负荷前，调峰热源不投入运行，基本热源单独供热，负担全网热负荷。这个阶段，为单热源供热，当基本热源为热电厂时，一般采用集中质调节方式运行。这种调节方式的优点是供暖期大部分时间运行水温较低，可以充分利用汽轮机的低压抽汽，提高热电联产的经济性，对热电厂抽汽机组供热较合理。同时，集中质调节在局部调节自动化水平不高的条件下可使供暖供热效果基本满意，缺点是供暖期水泵耗电量较大，也可采用分阶段改变流量的质调节。

第二个阶段，供热高峰期，在基本热源满负荷后，调峰热源投入运行，与基本热源联网运行或解列运行。解列运行可采用分阶段改变流量的质调节曲线运行。联网运行时，基本热源达到满负荷状态，其运行供水温度应达到或接近设计供水温度。保持供水温度不变，进行量调节，流量随热负荷的增加而加大，增加的流量由调峰热源承担，基本热源满负荷运行，二级网一般仍按质调节（或质-量调节）运行。

基本热源单独运行阶段和调峰热源投入联网运行阶段也可采用统一的“质-量”调节曲线，但“质-量”调节的温度变化范围应较小，流量变化范围应较大，以保证基本热源单独运行至满负荷时，热力网循环流量不应于超过其循环水泵设备的能力。

两个阶段可以采用不同的调节方案，但不论何种方案，都是由质调、量调、质-量调相结合的方式组成不同的运行方案，适应供热量随用户热负荷的变化规律，防止供暖热用户出现室温过高或过低的情况。

第三节　水力计算

一、多热源联网一般原则

（1）多热源联网运行的热水供热系统，各热源应采用统一的集中调节方式，供回水参数一致，并应执行统一的温度调节曲线。调节方式的确定应以基本热源为准。

（2）多热源联网运行的热水供热系统，全网水力连通是一个整体，全系统应仅有一个定压点起作用，但可以多点补水。定压点一般在主热源。

（3）多热源联网的供热系统，在采用质-量调节的供热系统中，热源的循环泵、补水泵应采用变速泵。

（4）多热源联网的供热系统，对自控要求很高，应采用热力网监控系统。

二、运行工况分类

（1）在供热初寒期和末寒期，系统只有主热源供热运行工况。

（2）严寒期，调峰热源依次运行工况。

（3）热源事故工况，某个热源发生故障，特别是主热源故障，全系统由其他热源在事故状态下供热；最大的热源发生故障，其他热源应能满足供热负荷的60%～75%，严寒地区取上限。

（4）管段事故工况，考虑最不利情况，比如在热源附近管段发生事故。热力网的最低供热量保证率见表14-1。

三、循环水泵的选取

（1）基本热源的循环水泵应能满足供热初寒期、严寒期、供热末寒期整个系统对循环水量和扬程的要求。

（2）各调峰热源的循环水泵除了能满足调峰热源全部启运时的循环水量和扬程外，还应满足在主热源事故状态下，热力网所需最低循环水量和扬程的要求。

（3）循环水泵应具有工作点附近较平缓的“流量—扬程”特性曲线，并联运行水泵的特性曲线宜相同。

（4）循环水泵的承压、耐温能力应与供热管网设计参数相适应。

（5）设置3台或3台以下循环水泵并联运行时，应设备用泵；当4台或4台以上泵并联运行时，可不设备用泵。

四、水力计算基本原理

热力网的流体流动满足基尔霍夫第一、第二定律。

（1）节点流量满足基尔霍夫第一定律，任一节点的流量代数和为零。

（2）对于环状管网满足基尔霍夫第二定律；任一闭合环路的水头损失的代数和为零。

五、水力计算过程

1. 水力计算的目的

（1）确定供热系统的管径及热源循环水泵的流量和扬程。

（2）分析供热系统正常运行的压力工况，确保热用户有足够的资用压头且系统不超压、不汽化、不倒空。

（3）进行事故工况分析。

（4）进行运行工况的模拟优化。

2. 水力计算过程

（1）原始数据收集，确定供热整体方案。原始数据包括：

1）供热区域、供热规模，用户的热负荷分布、性质与位置。

2）各热源的分布情况、供热能力、供热范围、供热方式、介质参数等。

3）地形图，包括各热力站（用户）、各热源点的地形标高。

（2）确定管网拓扑图。

1）布置热源、管网管线，管段排号，热力站编号，画出管网平面布置图。

2）确定各管段长度，局部阻力系数。

（3）选定各管段比摩阻。对于枝状管网，各管段的流量可以直接由下游管段的流量叠加得到；对环状管网进行初始流量分配，尽量使主要干管线的流量均匀分配。环状管网的流量分配方法很多，常用的有节点累加法、均分法、截面法、最小平方和法等。

（4）根据流量和比摩阻计算管径和阻力数。

（5）调整管径和比摩阻，求出实际的流量分配值，压降和流速。如果是环状管网，算出各管段的压力损失及每环各管段的压力损失，使闭合差$\Delta p=0$，求出校正流量，按校正的流量重新计算压降和流速。

（6）进行可及性分析，重复以上步骤，选择循环水泵。

（7）进行各种工况校核计算，校核原参数的选择是否合理，进行局部调整，使管径的选取和循环水泵流量和扬程满足不同工况的要求。

多热源联网供热水力计算常借助水力计算软件实现。

第四节 直接连接联合供热系统方案分析

一、主要公式

对小型联合供热系统，供热负荷及供热半径都较小，调峰锅炉房也少，热力网系统简单，水力工况及热力工况容易进行统一调节，可采用直接连接联合供热方案。它具有投资少、建设速度快的优点，适用于城市集中供热的初级阶段。

多热源联合供热直接连接系统如图 14-1 所示。

按图 14-1 所示系统进行各种调节方案设计及工况分析时，所采用的主要公式：

$$Q_{m}^{p}=Q_{su} \tag{14-1}$$

$$Q_{d}=Q_{m}^{p}+Q_{m}^{b}=Q_{su}+Q_{m}^{b} \tag{14-2}$$

$$G_{d}=\frac{Q_{d}\times10^{3}}{c(t_{su}'-t_{re}')} \tag{14-3}$$

$$\beta=\frac{Q_{m}^{P}}{Q_{d}} \tag{14-4}$$

$$Q_{rel}=\frac{Q}{Q_{d}}=\frac{t_{in}'-t_{out}}{t_{in}'-t_{out}'} \tag{14-5}$$

$$G_{rel}=\frac{G}{G_{d}} \tag{14-6}$$

式中 Q_{m}^{p}——热电厂的最大供热能力，GJ/h；

Q_{su}——整个供暖期都由热电厂供热的区域设计热负荷，GJ/h；

Q_{d}——整个供热区域的总设计热负荷，GJ/h；

Q_{m}^{b}——调峰锅炉的最大供热能力，GJ/h；

Q_{rel}——相对热负荷；

Q——供暖期某一实际热负荷，GJ/h；

t_{in}'，t_{out}'——供暖室内、外计算温度，℃；

t_{out}——供暖期内某一实际室外温度，℃；

G_{d}——整个供热区域设计供暖循环水量，t/h；

c——热水的比热容，c=4.1868kJ/（kg·℃）；

β——基本热负荷比，即基本热源承担设计热负荷比；

t_{su}'——供水温度，℃；

t_{re}'——回水温度，℃；

G_{rel}——相对流量；

G——调节运行工况时实际循环水量，t/h。

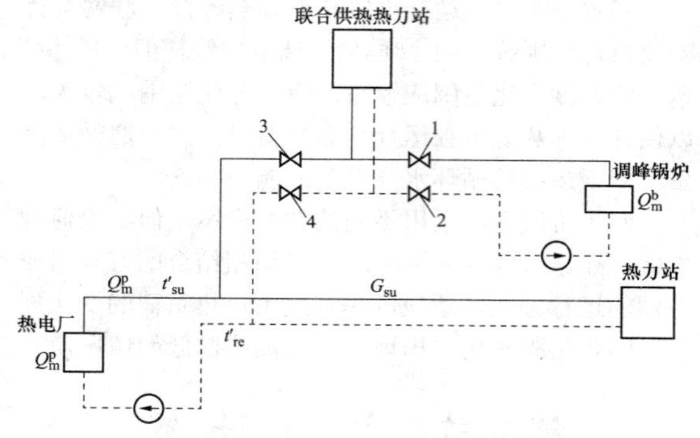

图 14-1 直接连接供热系统

二、方案分析

（一）方案一：质调、并联方案

本方案的设计原则：整个供暖期内，热电厂均按质调节曲线供热。在调峰期间，热电厂与调峰锅炉并联运行。热电厂出口的循环水量按整个供热区域总设计热负荷确定。$Q_{rel}\leqslant\beta$ 时，由热电厂向整个区域供热；$Q_{rel}>\beta$ 时，即调峰期间，逐渐减低热电厂出口的循环水量，以满足质调节曲线供热温度的要求。进入联合供热热力站的水量，随室外温度的减低而减少，所减少部分由调峰锅炉房补充。

1. 运行调节工况及设计计算

（1）当 $Q_{rel}\leqslant\beta$ 时，热电厂单独向全区供热，图 14-1 中的 1、2 号阀门关闭。各管段的循环水量按下列公式计算，即

$$G_{m}^{p}=\frac{Q_{d}\times10^{3}}{c(t_{su}'-t_{re}')}=G_{d} \tag{14-7}$$

$$G_{su}=\beta G_{m}^{p}=\beta G_{d} \tag{14-8}$$

$$G_{m}^{b}=(1-\beta)G_{m}^{p}=(1-\beta)G_{d} \tag{14-9}$$

式中 G_{m}^{p}——热电厂循环水量，t/h；

G_{su}——热力站循环水量，t/h；

G_{m}^{b}——调峰锅炉循环水量，t/h。

（2）当 $Q_{rel}>\beta$ 时，图 14-1 中的 1、2 号阀门开启，相应于 Q_{rel} 变化下的各管段循环水量为

$$G_{m}^{p}=\frac{\beta}{Q}G_{d} \tag{14-10}$$

$$G_{su}=\beta G_{d} \tag{14-11}$$

$$G_{m}^{b}=\left(\frac{1}{Q}-1\right)\beta G_{d} \tag{14-12}$$

2. 供热调节曲线及各管段循环水量变化

供热调节曲线及各管段循环水量变化供热调节曲

线如图 14-2 所示中的曲线 abc 及 def，各管段循环水量变化如图 14-3 所示。

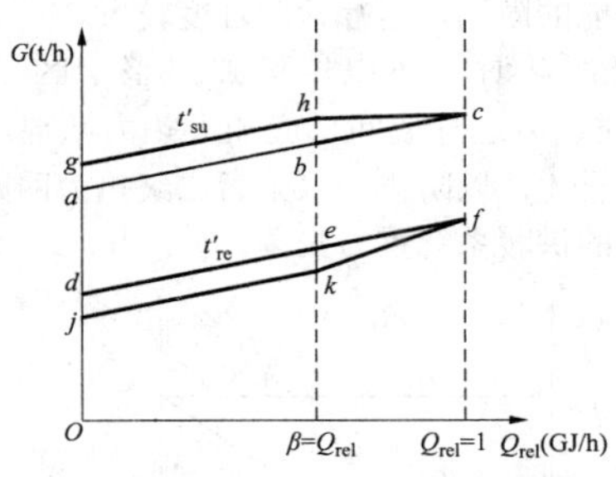

图 14-2　直连各方案供热调节曲线

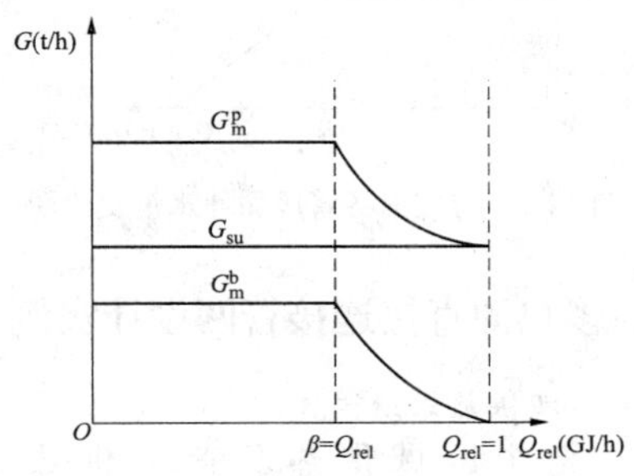

图 14-3　方案一个管段循环水量变化

3. 方案特点

（1）由于热电厂出口供热管道的管径是按整个区域供热总负荷、总流量确定的，流量大、管径大、管网投资高、运行耗电量亦大。

（2）整个供暖期按质调节曲线供热，供水温度低、热力网热损失小、热电厂热效率高。

（3）调峰期间，热电厂抽汽满负荷运行，热电厂的年供热量达到最大值。热电厂与调峰锅炉的年供热量如图 14-4 所示，图中曲线 $abcdOa$ 所包含的面积为热电厂年供热量。

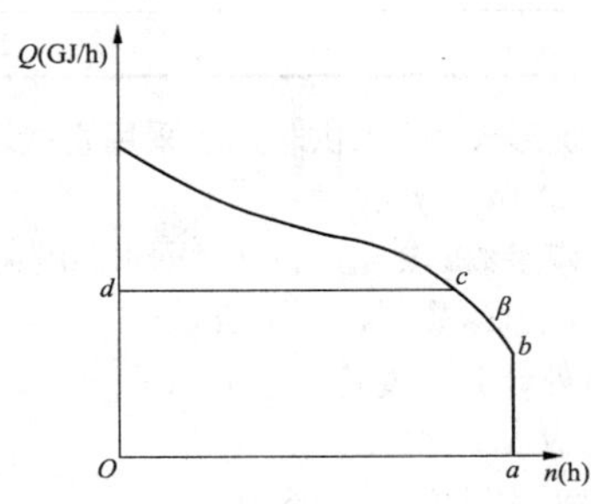

图 14-4　方案一热负荷延续图

应该说明：在 $\beta < Q_{rel} \leqslant 1$ 的调峰运行区间，图 14-3 所表示的各管段循环水量按连续可调绘制。实际上，受供热设备性能规范及自控设备性能的限制，运行中难度较大。

（二）方案二：分阶段质调、截断方案

本方案的设计原则：按热电厂最大供热能力 $Q_m^p = \beta Q_d$ 确定热电厂出口循环水量。当 $Q_{rel} \leqslant \beta$ 时，热电厂向整个区域供热；当 $Q_{rel} > \beta$ 时，即调峰期间，热电厂单独向热力站供热，调峰锅炉房单独向联合供热热力站供热，图 14-1 中的 3、4 号阀门关闭，1、2 号阀门开启。整个供暖期以 $Q_{rel} = \beta$ 为界。按分阶段改变流量的质调节曲线调节运行。

1. 运行调节工况及设计计算

（1）当 $Q_{rel} \leqslant \beta$ 时，热电厂单独向整个区域供热。各管段循环水量按下列公式计算，即

$$G_m^p = \frac{\beta Q_d \times 10^3}{c(t'_{su} - t'_{re})} \tag{14-13}$$

$$G_{su} = \beta G_m^p \tag{14-14}$$

$$G_m^b = (1-\beta) G_m^p \tag{14-15}$$

（2）当 $Q_{rel} > \beta$ 时，各热源独立向本区域供热。热电厂供向各管段的循环水量为

$$G_m^p = \frac{\beta Q_d \times 10^3}{c(t'_{su} - t'_{re})} \tag{14-16}$$

$$G_{su} = G_m^p \tag{14-17}$$

$$G_m^b = 0 \tag{14-18}$$

2. 供热调节曲线及各管段循环水量变化

供热调节曲线见图 14-2 中的曲线 $ghbc$ 及 $jkef$，各管段循环水量变化如图 14-5 所示。

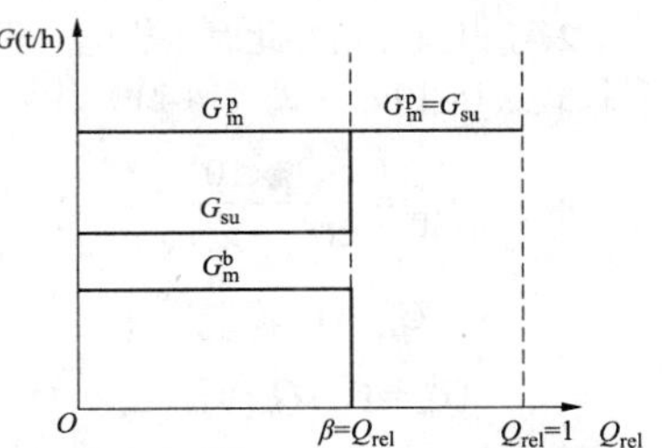

图 14-5　方案二各管段循环水量变化

3. 方案特点

（1）按照电厂最大供热能力确定热电厂出口管径，设计流量 $G_m = \beta G_d$，与方案一相比，管网投资低，运行耗电少。

（2）调峰期间，各热源截断运行，水力工况稳定，便于运行调节。

（3）在分阶段改变流量的 $G_{rel} = \beta$ 质调节期间，为了防止热力站混水泵后的二级热力网水量减少过多而引起的供暖系统重力失调，应加大混合水泵的混合比。

（4）由于提高了供水温度，热电厂的热能综合利用率降低。又因截断运行，热电厂全年供热量降低。热电厂与调峰锅炉的年供热量如图 14-6 所示，图中曲

线 $abcedOa$ 所包围的面积为热电厂年供热量。

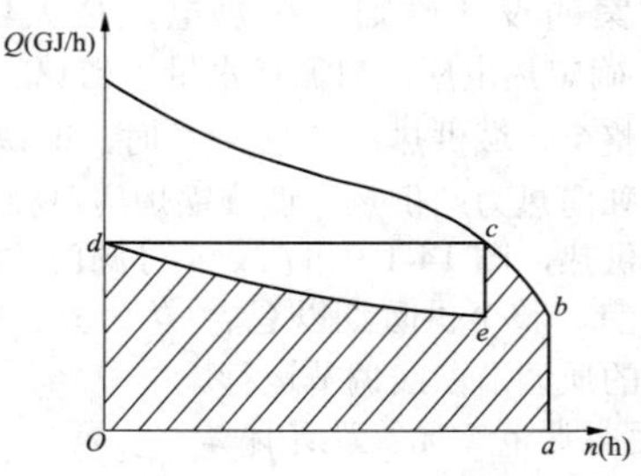

图 14-6 方案二热负荷延续图

(三)方案三：综合调节、并联方案

本方案的设计原则：热电厂出口循环水量按最大供热能力 $Q_m^p = \beta Q_d$ 确定。当 $Q_{rel} \leqslant \beta$ 时，热电厂单独向整个区域供热，按方案二 $Q_{rel} = \beta$ 进行各管段流量分配及相应的质调节曲线运行调节；在 $Q_{rel} > \beta$ 时，热电厂与调峰锅炉房并联供热，按质量—流量综合曲线运行调节，进入热电厂供热热力站的循环水量随室外温度的降低而增加，而进入联合供热热力站的循环水量相应减少，差额部分由调峰锅炉房供应。

1. 运行调节工况及设计计算

当 $Q_{rel} \leqslant \beta$ 时，热电厂单独向整个区域供热，各管段循环水量同方案二，根据式（14-13）～式（14-15）计算。

当 $Q_{rel} > \beta$ 时，热电厂与调峰锅炉房并联供热，图 14-1 中的 1、2 号阀门开启。此时，热电厂供向各管段的循环水量按式（14-19）～式（14-21）计算，即

$$G_m^p = \frac{\beta Q_d \times 10^3}{c(t'_{su} - t'_{re})} \qquad (14\text{-}19)$$

$$G_{su} = Q_{rel} G_m^p \qquad (14\text{-}20)$$

$$G_m^b = (1 - Q_{rel}) G_m^p \qquad (14\text{-}21)$$

2. 供热调节曲线及各管段循环水量变化

供热调节曲线及各管段循环水量变化供热调节曲线如图 14-2 所示的曲线 ghc 及 jkf，各管段循环水量变化如图 14-7 所示。

3. 方案特点

（1）按照热电厂最大供热能力确定热电厂出口管径，设计流量 $G_m^p = \beta G_d$，与方案一相比，管网投资低，运行耗电少。

（2）可充分利用热电厂的年供热量，调峰期间，热电厂抽汽满负荷运行，年供热量达到最大值。热电厂与调峰锅炉的年供热量和热负荷延续图于图 14-4 相同，图中曲线 $abcdOa$ 所包围的面积代表热电厂年供热量。由于提高了供水温度，热电厂的热能综合利用率会降低。

（3）在 $\beta < Q_{reL} \leqslant 1$ 的调峰运行期间，图 14-7 中，G_{su} 和 G_m^b 为连续变化调节，网路水力工况变化大，需要有良好的自动控制设备。受供热设备性能规范及自控设备性能的限制，运行管理难度较大。

在 $Q_{rel} < \beta$ 时，热电厂单独向整个区域供热的 $G_{rel} = \beta$ 质调节运行期间，应加大热力站混水泵连接系统的混合比，以防止混水泵后二级热力网因水量减少而造成的供暖系统重力失调。

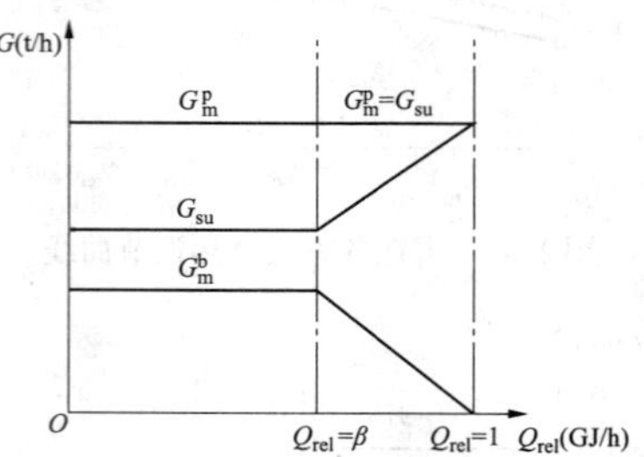

图 14-7 方案三各管段循环水量变化图

三、多热源直接连接管网设计实例

1. 某区域供热系统简介

（1）整个区域供热负荷。供热总负荷 $\sum A = 100 \times 10^4 m^2$；估算供热负荷 $Q_d = 210GJ/h$（该负荷为供暖负荷，不包含生产热负荷）；热电厂热化系数 $\alpha = 0.60$。

（2）热源。主热源（热电厂）和区域调峰锅炉房的各热源最大供热能力见表 14-3。

表 14-3 热源及供热能力

热源名称	热 源	最大供热能力（GJ/h）
热电厂	2×25MW 双抽供热机组	126
调峰锅炉	2×42GJ/h（1 座）调峰锅炉房	84
总计		210

（3）系统形式。热水供暖系统采用直接连接方式，系统示意图如 14-1 所示。

（4）热媒参数。热电厂设计供回水温度为 85/60℃。

（5）地区气象资料。

供暖室外计算温度 $t'_0 = -21℃$；

供暖天数 $N = 160$ 天；

供暖期平均温度 $t_{av} = -6.5℃$。

2. 确定各管段流量

热电厂供热系数 β 为

$$\beta = \frac{Q_m^p}{Q_d} = \frac{126}{210} = 0.60$$

1）在 $Q_{rel} = 0.33$～0.6 时，热电厂单独供热。

各管段计算流量为

方案一：

$$G_{m}^{p}=\frac{Q_{d}\times10^{3}}{c(t'_{su}-t'_{re})}=\frac{210\times10^{3}}{4.1868\times(85-60)}=2000(t/h)$$

$$G_{su}=\beta G_{m}^{p}=0.6\times2000=1200(t/h)$$

$$G_{m}^{b}=(1-\beta)G_{m}^{p}=(1-0.6)\times2000=800(t/h)$$

方案二、三：

$$G_{m}^{p}=\frac{\beta Q_{d}\times10^{3}}{c(t'_{su}-t'_{re})}=\frac{0.6\times210\times10^{3}}{4.1868\times(85-60)}=1200(t/h)$$

$$G_{su}=\beta G_{m}^{p}=0.6\times1200=720(t/h)$$

$$G_{m}^{b}=(1-\beta)G_{m}^{p}=(1-0.6)\times1200=480(t/h)$$

2）在 $Q_{rel}>\beta$ 时，热电厂与调峰锅炉房联合供热。设 $Q_{rel}=0.8$，各管段计算流量为

方案一：

$$G_{m}^{p}=\frac{\beta G_{d}}{Q}=\frac{0.6\times2000}{0.8}=1500(t/h)$$

$$G_{su}=\beta G_{d}=0.6\times2000=1200(t/h)$$

$$G_{m}^{p}=\beta\left(\frac{1}{Q}-1\right)G_{d}$$

$$=0.6\times\left(\frac{1}{0.8}-1\right)\times2000=300(t/h)$$

方案二：

$$G_{m}^{p}=\frac{\beta Q_{d}\times10^{3}}{c(t'_{su}-t'_{re})}=\frac{0.6\times210\times10^{3}}{4.1868\times(85-60)}=1200(t/h)$$

$$G_{su}=G_{m}^{p}=1200(t/h)$$

$$G_{m}^{b}=0$$

方案三：

$$G_{m}^{p}=\frac{\beta Q_{d}\times10^{3}}{c(t'_{su}-t'_{re})}=\frac{0.6\times210\times10^{3}}{4.1868\times(85-60)}=1200(t/h)$$

$$G_{su}=Q_{rel}G_{m}^{p}=0.8\times1200=960(t/h)$$

$$G_{m}^{b}=(1-Q_{rel})G_{m}^{p}=(1-0.8)\times1200=240(t/h)$$

3）当 $Q_{rel}=1.0$ 时，所有各方案工况流量一致，均为 $G_{m}^{p}=1200t/h$，$G_{su}=1200t/h$，$G_{m}^{b}=0$。根据上述计算结果，各管段工况流量值汇总见表 14-4。

表 14-4　实例一各管段流量汇总表

管段	方案	供暖相对热负荷 Q_{rel}				
		0.33	0.45	0.6	0.8	1.0
G_{m}^{p} (t/h)	一	2000	2000	2000	1500	1200
	二	1200	1200	1200	1200	1200
	三	1200	1200	1200	1200	1200
G_{su} (t/h)	一	1200	1200	1200	1200	1200
	二	720	720	720	720	1200
	三	720	720	720	960	1200
G_{m}^{b} (t/h)	一	800	800	800	300	0
	二	480	480	480	0	0
	三	480	480	480	240	0

通过以上实例，具体阐明了一个多热源联合供热系统管网设计的原则、步骤、方法和运行方案。它可应用于大中城市多热源联合供热系统设计和可行性研究工作中。

在设计中，必须对几个典型的不同工况进行水力计算，才能合理确定热网循环水泵的流量和扬程。即使在管网走向相同的情况下，如采用不同的联合供热方式、供热调节方案、调峰锅炉的位置和投入顺序，则不同工况下的水力计算结果是不一样的。

第五节　间接连接联合供热系统方案分析

一、多热源间接连接联合供热方案

多热源联合供热间接连接系统如图 14-8 所示。按照图 14-8 中系统，进行各种调节方案设计及工况分析时所采用的主要公式同本章“直接连接联合供热系统”中的叙述，同时增加如下参数：

t_1——间接连接时，二级热力网设计供水温度，℃；

t_2——间接连接时，二级热力网设计回水温度，℃。

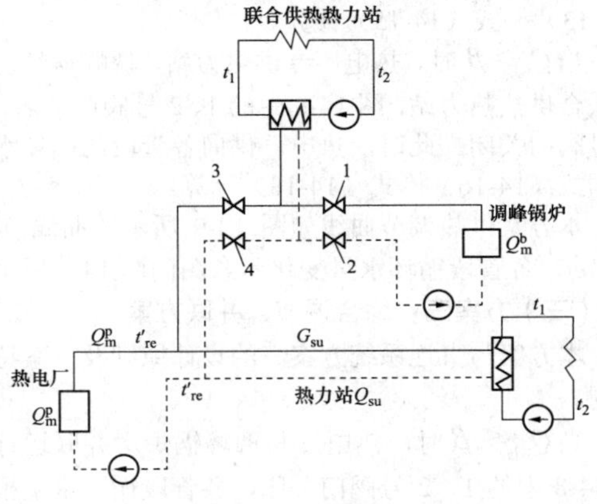

图 14-8　多热源联合供热间接连接系统

在间接连接供热系统中，二级热力网的循环水量

一般保持不变，应按照质调节方式计算确定供暖期内二级网供暖供回水温度，绘制相应的供热调节曲线。一级热力网供热调节曲线与供热调节方案有关，应根据相应的调节方案进行供热调节。各种调节方案介绍如下。

（一）方案一：质调、并联方案

本方案与直连系统方案一的设计原则及方案特点相同。

当$Q_{rel} \leqslant \beta$时，图 14-8 中的 1、2 号阀门关闭，热电厂单独向整个区域供热，各管段循环水量根据式（14-7）～式（14-9）计算。

当$Q_{rel} > \beta$时，调峰锅炉房投入运行，图 14-8 中的 1、2 号阀门开启，上述各管段循环水量根据式（14-10）～式（14-12）计算。

本方案供热调节曲线如图 14-9 所示的曲线 *abc* 和 *def*，各管段循环水量变化示意图同图 14-3 所示。

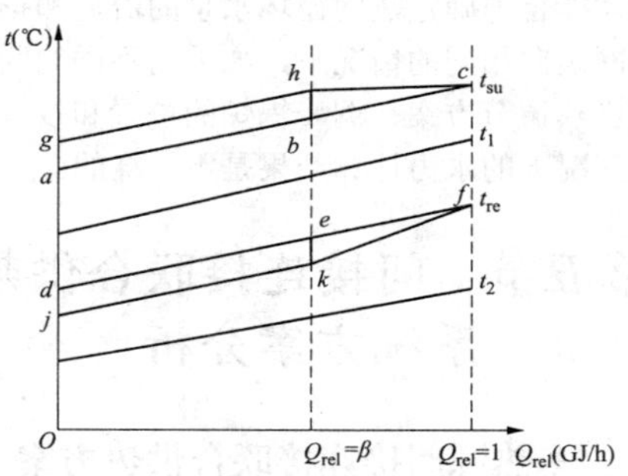

图 14-9　方案一、二、三供热调节曲线

（二）方案二：分阶质调、截断方案

本方案与直接连接系统方案二的设计原则及方案特点相同。

当$Q_{rel} \leqslant \beta$时，热电厂单独向整个区域供热，图 14-8 中的 1、2 号阀门关闭，各管段循环水量根据式（14-13）～式（14-15）计算。

当$Q_{rel} > \beta$时，热电厂专供热力站，调峰锅炉房专供联合供热热力站，图 14-8 中的 1、2 号阀门开启，3、4 号阀门关闭。此时，热电厂供向各管段的循环水量根据式（14-16）～式（14-18）计算。

本方案供热调节曲线如图 14-9 所示的曲线 *ghbc* 和 *jkef*，各管段循环水量变化示意图同图 14-5 所示。

（三）方案三：综合调节、并联方案

本方案与直连系统方案三的设计原则及方案特点相同。

当$Q_{rel} \leqslant \beta$时，热电厂与调峰锅炉房并联运行，图 14-8 中的 1、2 号阀门关闭，各管段循环水量根据式（14-13）～式（14-15）计算。

当$Q_{rel} > \beta$时，热电厂与调峰锅炉房并联运行，图 14-8 中的 1、2 号阀门开启。此时，热电厂供向各管段的循环水量根据式（14-19）～式（14-21）计算。

本方案供热调节曲线如图 14-9 所示的曲线 *ghc* 和 *jkf*，各管段循环水量变化示意图同图 14-7 所示。

（四）方案四：质—量调、并联方案

本方案的设计原则：热电厂出口循环水量按其最大供热能力 $Q_m^p = \beta Q_d$ 确定。整个供暖期内，一级热力网采用质量—流量调节曲线供热。这一方案要求热电厂采用变速循环水泵，在$Q_{rel} > \beta$的调峰运行期间，热电厂出口循环水量保持不变；在$Q_{rel} \leqslant \beta$期间，随着热负荷的减少，一级热力网的相对流量比也相应减小。在整个供暖期内，一级热力网的供回水温度为恒定值。

当$Q_{rel} \leqslant \beta$时，热电厂单独向全区供热，如 14-8 中的 1、2 号阀门关闭，各管段循环水量根据式（14-13）～式（14-15）计算。

当$Q_{rel} > \beta$时，热电厂与调峰锅炉并联运行，图 14-8 中的 1、2 号阀门开启，热电厂供向各管段的循环水量根据式（14-19）～式（14-21）计算。

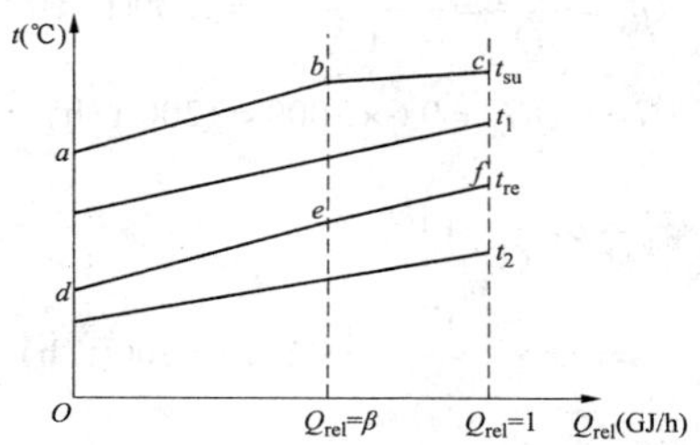

图 14-10　方案四供热调节曲线

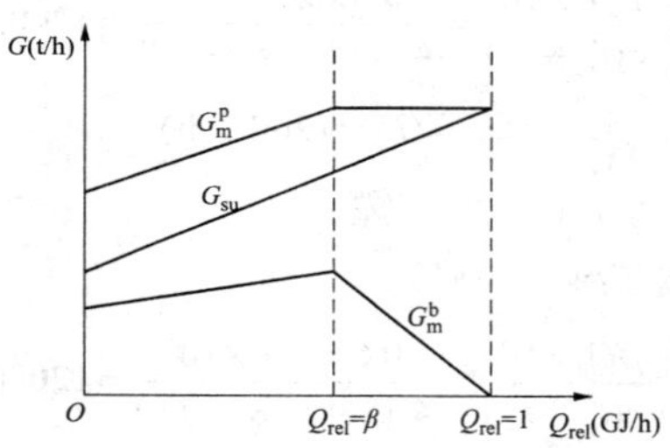

图 14-11　方案四各管段水量变化图

本方案的特点除与直接、间接连接系统方案三相同外，还因采用变速水泵，能更多地节省电能，适用于大型供热系统。其供热调节曲线如图 14-10 所示的曲线 *abc* 和 *def*，各管段循环水量变化如图 14-11 所示。

（五）方案五：分阶段质—量调、并联方案

当采用这种方案时，在整个供暖期内进行分阶段综合质—量调节，且主热源与调峰锅炉并联运行。即在供暖期间按室外温度高低分成几个阶段，在每个阶段内水量保持不变，只改变热媒温度。

本方案不仅省电，而且能提高供水温度，网路水力稳定性好。该方案的供热调节曲线及水量变化如图 14-12 和图 14-13 所示。

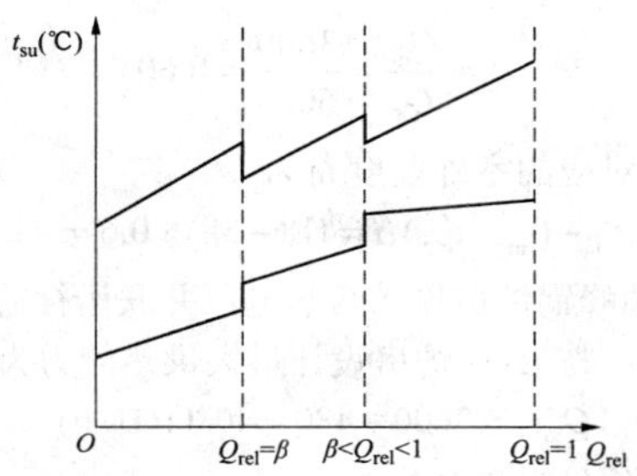

图 14-12　方案五供热调节曲线

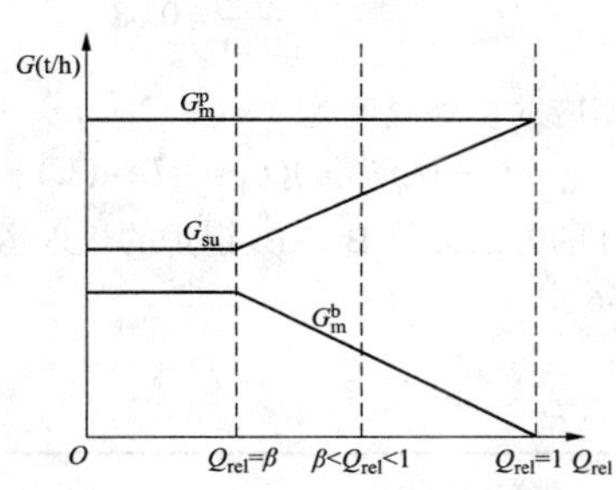

图 14-13　方案五水量变化图

二、多热源枝状管网计算实例

1. 某市新区供热系统简介

（1）整个区域供热负荷。整个区域供热面积 $\sum A = 3000\times10^4 \mathrm{m}^2$ 。整个区域估算热负荷 $Q=$ 6000GJ/h（无生产热负荷）。热电厂热化系数 $\alpha=0.60$ 。

（2）热源。主热源（热电厂）和五座调峰锅炉房的各热源最大供热能力见表 14-5。

表 14-5　　热源及其供热能力

热源名称	热源	最大供热能力（GJ/h）
热电厂	1×50MW+3×200MW 单抽供热机组	3600
调峰锅炉	B_1～B_5，4×120GJ/h（5 座）调峰锅炉房	2400
总计		6000

（3）系统形式。热水供热系统采用间接连接方式，系统如图 14-8 所示。

（4）热媒参数。热电厂一级热力网的设计供回水温度为 150/80℃，而二级热力网的设计供回水温度为 80/60℃。

（5）热力站。热力站由新建 95 个热力站和 B_1～B_5 锅炉房附设的热力站组成。总计为 100 个热力站，每个热力站平均热负荷为 60GJ/h。

（6）供热方式。全区的供热管网如图 14-14 所示。热力网主干线 1～4 段和支干线 10～13 段在整个供暖期均由热电厂供热，而主干线 5～9 段和支干线 14～17 段由热电厂和调峰锅炉房联合供热。

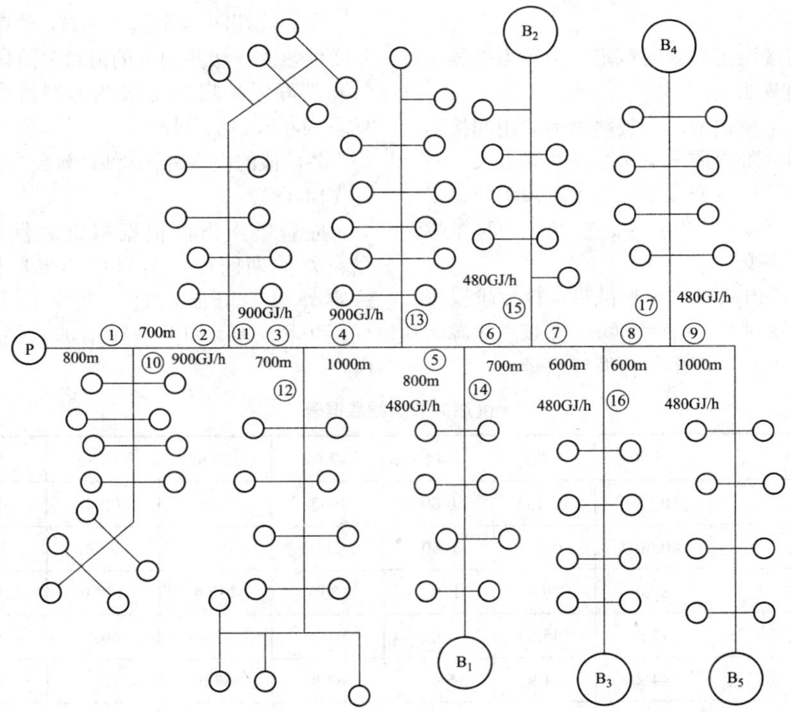

图 14-14　供热系统示意图

（7）地区气象资料。供暖室外计算温度 $t'_{out}=-21℃$ 。供暖天数 $N=160$ 天。供暖期平均温度 $t_{av}=-6.5℃$ 。

2．供热方案

（1）热电厂和调峰锅炉房可采用并联运行，或采用阶段运行方案，考虑到采用并联运行方案，热电厂的年总供热量多，因此确定采用主热源与调峰热源并联联合供热的方案。

（2）确定各调峰锅炉房的投入顺序和运行时间。调峰锅炉房投入运行的时间取决于系统主热源的供热系数 β 值。对有多个调峰锅炉房的联合供热系统，锅炉房投入顺序的基本原则：首先投入效率高或离热电厂最远的调峰锅炉房。因为本区锅炉房效率差不多，所以从最远处开始投入运行，即顺序为 B_5～B_1。

1）由热电厂单独供热的工况。系统的主热源供热系数 β 值为

$$\beta=\frac{Q_m^p}{Q_d}=\frac{3600}{6000}=0.60$$

这时对应的室外温度 t_0 为

$$t_{out}=t_{in}-(t_{in}-t'_{out})\beta=(18-38)\times0.6=-4.8(℃)$$

2）调峰锅炉房投入与热电厂并联运行的工况。热电厂与 B_5 锅炉房设计最大供热能力为

$$Q_{com1}=3600+480=4080(GJ/h)$$

系统的供暖相对热负荷为

$$Q_{rel}=\frac{Q_{com1}}{Q_d}=\frac{4080}{6000}=0.68$$

此时相应的室外温度为

$$t_{out}=t_{in}-(t_{in}-t'_{out})Q_{rel}=-7.84(℃)$$

用同样的方法计算 B_4～B_1 锅炉的投入运行工况，列于表 14-6 中。

表 14-6　各热源运行工况

项目＼热源	供热系统总工况	热电厂单独供热	调峰锅炉房				
			B5	B4	B3	B2	B1
室外温度（℃）	+5～−21	+5～−4.8	−4.8～−21	−7.84～−21	−10.88～−21	−13.92～−21	−16.92～−21
相对热负荷 Q_{rel}	0.33～1.0	0.33～0.60	0.60～0.68	0.68～0.76	0.76～0.84	0.84～0.92	0.92～1.00
运行天数	160	88	72	68	50	32	17

3．供热调节

本系统采用间接连接，则需拟定一级热力网和二级热力网的供热调节曲线。

二级热力网采用质调节，一级热力网采用间接连接系统方案五，即分阶段质—量调节、并联方案。对整个供暖期分三个阶段改变流量，每个阶段流量比采用 $G_{rel}=\beta=0.60$ ，$G_{rel}=0.80$ ，$G_{rel}=1.0$ ，而每个阶段采用质调，流量不变。

当 $Q_{rel}\leqslant\beta$ 时，由热电厂单独供热，按分阶段改变流量的质调节，这时 $G_{rel}=\beta=0.60$ 。即按主热源的最大供热能力来确定热电厂出口总循环水量。

在调峰期间，当 $Q_{rel}>\beta$ 时，热电厂与调峰锅炉房并联供热。一级热力网的流量分阶段改变（包括热电厂和调峰锅炉房的一级热力网流量），流量比采用 $G_{rel}=0.80$ ，$G_{rel}=1.0$ 。

各阶段的供热调节曲线计算公式参见式（14-13）～式（14-18）。

应着重指出，根据拟定的供热调节方法，在 $Q_{rel}>\beta$ 的期间内，对只由热电厂供热的热力站，随室外温度降低，进入热交换器的外网流量按 $G_{rel}=0.8$ ，$G_{rel}=1.0$ 规律增加，供热调节数据见表 14-7。

表 14-7　供热调节曲线数据表

室外温度（℃）		+5.00	0.00	−4.8	−7.84	−10.88	−13.92	−16.92	−21.00
相对热负荷 Q_{rel}		0.33	0.46	0.60	0.68	0.76	0.84	0.92	1.00
相对流量 G_{rel}		0.60	0.60	0.60	0.80	0.80	0.80	1.00	1.00
一级热力网	供水温度（℃）	80.0	99.4	119.5	120.7	130.4	140.0	141.4	150.0
	回水温度（℃）	41.5	45.8	49.5	61.2	63.4	66.5	77.0	80.0
二级热力网	供水温度（℃）	44.2	51.9	59.6	63.9	68.0	72.1	76.1	80.0
	回水温度（℃）	37.6	42.7	47.6	50.3	52.8	55.3	57.7	60.0

对由热电厂和调峰锅炉房联合供热的热力站，随着室外温度降低，热电厂外网供入热力站流量减小到零。调峰锅炉房加热介质水流量达到设计工况最大值。

4. 供热管网的水力计算和水力工况分析

（1）网路水力工况分析。

1）采用并联运行的多热源热水供热管网，当调峰锅炉房逐个投入运行时，不同室外温度下的供热工况的网路主干线及各分支干线外网流量会有很大的变化。为此需要对几个典型工况进行水力计算，取管网损失最大的工况作为设计依据。

2）按照所拟定的调节方式，热电站出口总热力网循环水流量按热电厂最大供热能力确定，以减少管径，降低管网初投资。

热电厂出口的总热力网循环水量为

$$G_{\mathrm{m}}^{\mathrm{p}}=\frac{Q_{\mathrm{m}}^{\mathrm{p}}\times 10^{3}}{c(t_{\mathrm{su}}-t_{\mathrm{re}})}=12245(\mathrm{t/h})$$

3）热水管网的粗糙度 K=0.5mm。

4）局部阻力损失按占沿程损失的 20%计算。

5）热力站选用的水—水换热器及站内其他设备、管道的总阻力损失按 0.1MPa 计算，热电厂内管路及设备的总阻力损失按 0.15MPa 计算。

（2）供热管网各管段设计流量的确定。根据调峰锅炉房的投入顺序和拟定的供热调节方案，应着重分析下述几个不同供热工况下的水力工况。

1）热电厂单独供热达到最大值，B_5 锅炉房开始投入运行时的工况，此时 $t_0=-4.8℃$，$Q_{\mathrm{rel}}=0.60$。

2）热电厂与 B_5 锅炉房并联运行，都达到最大供热能力，B_4 锅炉房也开始投入运行是的工况，此时 $t_0=-7.84℃$，$Q_{\mathrm{rel}}=0.68$。

3）整个供暖系统达到设计热负荷时的工况，此时 $t_0=t_0'=-21℃$，$Q_{\mathrm{rel}}=1.0$。

不同工况下，各管段的通过流量有较大的变化，需要逐个进行分析计算。在不同工况下通过各管段的流量见表 14-8。

表 14-8　　**不同工况下通过各管段的流量**

管段号 \ 工况		$Q_{\mathrm{rel}}=0.60$ $G_{\mathrm{rel}}=0.60$	$Q_{\mathrm{rel}}=0.68$ $G_{\mathrm{rel}}=0.8$	$Q_{\mathrm{rel}}=0.76$ $G_{\mathrm{rel}}=0.8$	$Q_{\mathrm{rel}}=0.84$ $G_{\mathrm{rel}}=0.8$	$Q_{\mathrm{rel}}=0.92$ $G_{\mathrm{rel}}=1.0$	$Q_{\mathrm{rel}}=1.0$ $G_{\mathrm{rel}}=1.0$	计算流量 t/h	选择管径 DN（mm）
主干线	①	6428	8571	8571	8571	9643	12245	12245	1200
	②	5510	7374	7374	7374	9184	9184	9184	1000
	③	3673	4898	4898	4898	6122	6122	6122	800
	④	1837	2449	2449	2449	3061	3061	3061	800
	⑤	4898	5225	3918	3266	1633	0	5225	800
	⑥	3918	3918	2612	1306	0	0	3918	700
	⑦	2939	2612	1306	0	0	0	2939	700
	⑧	1959	1306	0	0	0	0	1959	600
	⑨	980	0	0	0	0	0	980	450
分支干线	⑩～⑬	1837	2449	2449	2449	3061	3061	3061	700
	⑭	980	1306	1306	1306	0	0	1306	500
	⑮	980	1306	1306	0	0	0	1306	500
	⑯	980	1306	0	0	0	0	1306	500
	⑰	980	0	0	0	0	0	980	450

（3）主干线总阻力计算。主干线单程总阻力如下：

$Q_{\mathrm{rel}}=1.00$ 时，$\Delta p=38\mathrm{mH_2O}$（0.38MPa）；

$Q_{\mathrm{rel}}=0.80$ 时，$\Delta p=32\mathrm{mH_2O}$（0.32MPa）；

$Q_{\mathrm{rel}}=0.60$ 时，$\Delta p=35\mathrm{mH_2O}$（0.35MPa）。

（4）热力网系统循环水泵选择。根据计算，管网最不利工况出现在 $Q_{\mathrm{rel}}=1.00$ 时，则热网水泵流量为 1225t/h，而水泵扬程为 $H=1.1\times(2\times38+15+10)=111.1\mathrm{mH_2O}$（1.1MPa）。

根据热力网系统流量、扬程、调节和运行方式，热力网水泵可以选 4 台：4 台扬程相同，流量为 50%循环水量的 2 台，流量为 30%循环水量的 2 台。

热力网水泵运行方式：相对流量为 0.60 时，可运行 1 台 50%流量的泵；相对流量为 0.80 时，可运行 2 台 30%流量的泵；相对流量为 1.00 时，可运行 2 台 50%流量的泵。

三、多热源间接连接环状管网计算实例

某城市两热源联网供热，如图 14-15 所示，热电厂 D 为主热源，供热能力 200MW；调峰热源 T_1 为热水锅炉，供热能力为 300MW；调峰热源 T_0 为蒸汽锅炉，供热能力为 50MW。

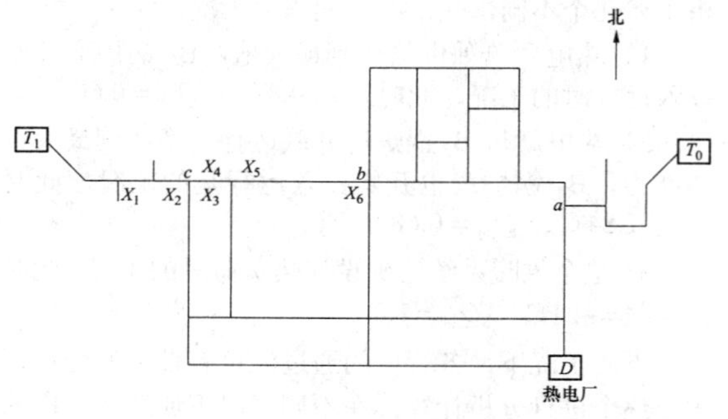

图 14-15 某城市热力网示意图

1. 对置二热源联网供热

如图 14-15 所示，管网的水从热电厂 D 流到调峰锅炉 T_1 有多条路线，现以 D-a-b-c-T_1 为例来说明。因热电厂的热成本最低，所以在运行过程中尽力使用该热源的能力，不足的部分由调峰锅炉房来补充。刚进入供暖季初期供暖时，由热电厂按一次网调温曲线承担城市全部热负荷，如图 14-16 所示。此工况以及以下工况的所有工况应该保证：

（1）最不利点热力站入口压差要达到其最低的需要压差，此时即网上所有热力站入口给、回水压差均大于最小许用压差。

（2）各个热力站均能按室外温度从城市管网（一次网）上获得所需要的热量。不能多取热量，多取了用户室温过高；也不能少取，少取用户室温达不到要求。这就要求各个热力站设在一次网上的调节装置把流量调节到所需要的数量。

（3）热源的供热量和泵的开度（即泵的扬程、流量）都要做相应的调整，以保证一次网满足供热需求。

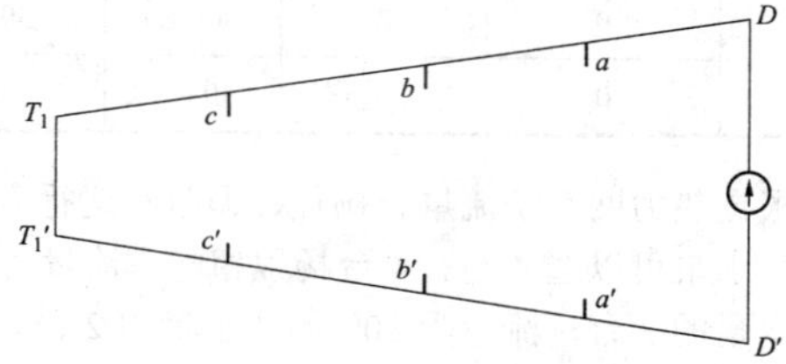

图 14-16 热电厂承担全部热负荷供热时 D-a-b-c-T_1 线路水压图

随着室外温度的降低，当低于某一室外温度时，一次网供水温度达不到温度调节曲线的规定值，此时仅用热电厂热源已经满足不了城市供热需求，所以要求调峰锅炉随着室外温度继续降低而依次投入锅炉运行。热电厂 D 和调峰锅炉房 T_1 两个热源供热范围的分界点 X_1，X_2，…，X_n 渐渐地向东移动（如图 14-15 所示），图 14-17 中对应的 X_1X_1'，X_1X_2，…，$2X_n$（n=1，2，…）也逐渐向右移动。在图 14-15 中 D-a-b-c-T_1 线路上 X_n（n=1，2，…）的西部 T_1 热源一侧区域的供热由 T_1 调峰锅炉热源供给。X_n 东部热源 D 一侧区域的供热由热电厂 D 供给。由热电厂 D 到调峰锅炉 T_1 的其他线路都存在 X_n 点。当 T_1 供热量从小到大时，X_n 点逐渐远离 T_1 热源，而向 D 热源靠拢。就这样使 T_1 热源的供热面积随其供热能力的增加而增加。只要保证进行及时调节，两热源的分界线 X_n 就能自动地形成。X_n 即为水力交汇点，犹如一个虚拟的阀门将系统分为两部分，X_n 右侧为热电厂供热范围，X_n 左侧为调峰锅炉供热范围，相当于把热源联网供热系统变成了两个单热源的枝状供热分系统。

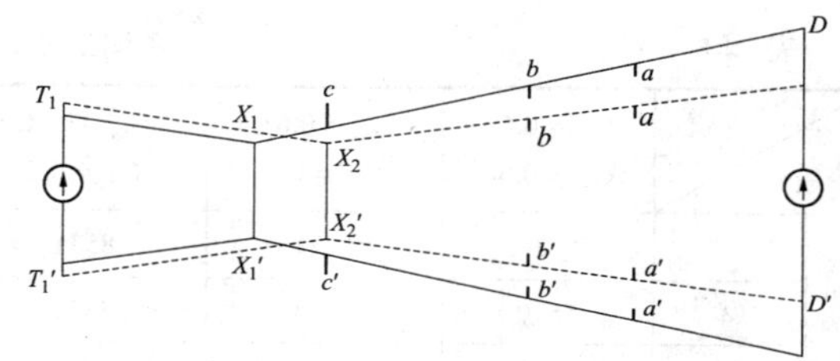

图 14-17 热电厂 D 和调峰锅炉 T_1 联网供热 D-a-b-c-T_1 线路水压图

多热源联网运行的热力网，各热源供热范围的汇合点随热负荷的变化而变动，若各热源的调节方式不同，水温差异过大，则在各汇合点附近的用户处水温波动很大，影响用户正常用热。所以各热源应该采用统一的调节方式，执行同一温度调节曲线，方便运行调节。因为担负基本负荷的热源在供热期内始终投入运行，供热量大，从它的运行经济性考虑，一般以它为准来确定调节方式。

2. 两个对置热源联网供热常见问题

（1）当对置两热源联网供热，最不利点的供回水压差不能保证时（这种最不利点一般应在分极线 X_n 附近），虽然一次网供水温度均按运行温度调节曲线运行，但是此时一次网的总流量不够，上游的热力站按需要适量取热。当一次网供水到最不利点附近的热力站时，虽然供水温度没有太大的下降，但是余下的水量不够了。其表现为此热力站供回水压差很小，小于热力站所需要的最小压差，此热力站供热区域会出现室温偏低的缺热现象。运行人员发现此情况后，应增加调峰锅炉处循环泵的开度，即增加其流量和扬程，同时应适当地增加调峰锅炉的供热量，使最不利点

热力站的供回水压差达到许用压差，欠热的现象即可改变。

（2）二对置热源联网供热时，二热源供热区域的交界处，即上述 X_n 处的管段是否会出现零流量，这段管子会不会冻坏？下面研究这个问题。

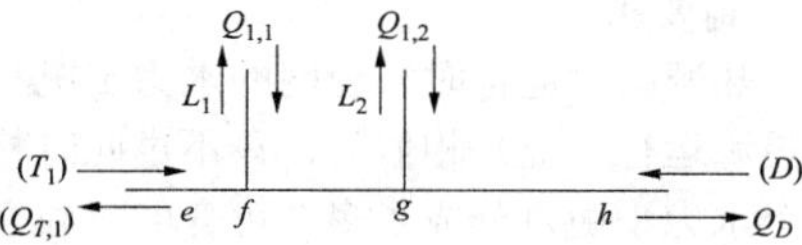

图 14-18　二对置热源联网供热 X_n 交界处分流分配图

如图 14-18 所示，右侧流量 Q_D 从热电厂 D 流来进入 hg 管段。左侧流量 $Q_{T,1}$ 由调峰锅炉 T_1 流来进入 ef 管段。在一般情况下分界点 X_n 应该在管线节点处。例如在节点 f 处，此时进入 fL_1 管段的流量为

$$Q_{1,1}=Q_{T,1}+(Q_D-Q_{1,2}) \tag{14-22}$$

式中　$Q_{1,1}$ ——流进（出）fL_1 管段的流量；

$Q_{1,2}$ ——流进（出）fL_2 管段的流量。

随着室外温度的下降调峰锅炉的供热能力逐渐加大，此时 $Q_{T,1}$ 随之加大。由于 gh 管段上游用户用热量的增加，Q_D 随之减少。在某一时刻有

$$Q_{1,1}=Q_{T,1}\text{，}\quad Q_{1,2}=Q_D \tag{14-23}$$

此时，图 14-18 中 fg 管段的流量为零。此工况是不稳定工况，首先 f 点和 g 点一般情况有高差，可以再热压力的作用下使管内有水流动。其次，$Q_{T,1}$ 或 Q_D 略有变化就会变成上述或下面将要叙述的工况。

随着室外温度的进一步降低，调峰锅炉的供热能力进一步加大。$Q_{T,2}$ 随之加大，Q_D 随之减少，此时有

$$Q_{1,2}=(Q_{T,1}-Q_{1,1})+Q_D \tag{14-24}$$

对置联网供热的两热源供热区域的分界线 X_n 就是这样随室外空气温度而降低逐渐地从调峰锅炉房的一侧向热电厂方向运动的。

（3）对置二热源联网供热时，当二热源供水温度不同时的供热情况。在这种情况下，只要能保证：

1）最不利点热力站的供回水压差可以满足要求。

2）任意一个热源的供水温度不能低于热力站取热所需要的最低温度。

3）各个热力站都能按自己的需要适量取热。

4）热源的总供热量等于用户全部用热量和热损失的总和。

即可保证各个用户室内温度达到要求。因为在这种情况下，可以通过调节热力站内一次网上的调节装置来保证用户所需要的二级管网的供水温度。在一定范围内对置二热源联网供热供水温度不同时，仍能保证用热需要。

在运行过程中亦有这样的情况，热电厂已经达到最大供热能力，调峰锅炉的水泵开度达到最大，最不利点供回水压差仍达不到要求。为了解决这一问题，可以适当增加热电厂循环水泵的开度和适当加大调峰锅炉的供热量，虽然二热源供水温度有所变化，但问题可以得到解决。

3. 热力网同侧的二热源联网供热

在图 14-15 中热电厂 D 和调峰锅炉 T_0 的联网供热在热力网同侧供热。在天气刚刚转冷，供热系统开始运行时，仅由热量成本最低的热电厂 D 向城市热力网供热，此工况的水压图如图 14-16 所示。随着室外温度的降低，城市管网需要的用热量不断增加，当达到热电厂 D 的供热能力满负荷运行时，开始启动 T_0 调峰热源，其水压图如图 14-19 所示。

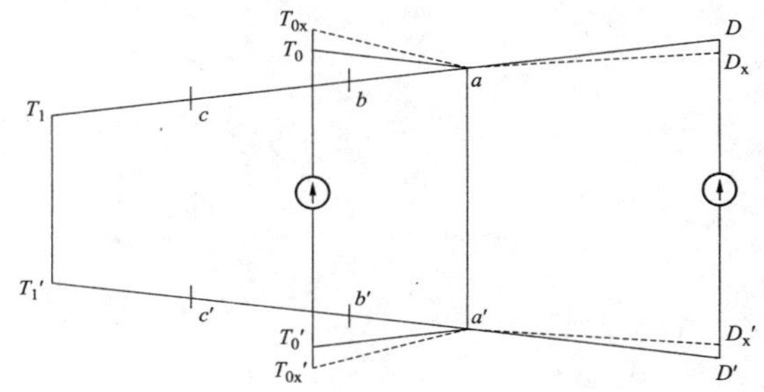

图 14-19　热电厂 D 和调峰 T_0 联网供热

D（T_0）-a-b-c-T_1 线路水压图

二热源刚开始联网供热时，热电厂 D 出口供、回水压差为 DD'。调峰换热站出口的供、回水压差为 T_0T_0'，此时 Da 管段供水压力线和回水压力线的坡度均比较陡，即此时该管段水流量较大；而 T_0a 管段供、回水压力线坡度比较缓，即此时该管段水流量较小。随着天气转冷，热电厂热源 D 仍满负荷运行，为了保证供热调峰站的供热能力不断加大，由于需求，此期间城市供、回水温度不断地提高，供、回水温差不断地加大。根据公式，即

$$Q_g=cG(t_{su}-t_{re}) \tag{14-25}$$

式中　Q_g ——供热量，W；

c ——水的比热容，J/（kg·K）；

G ——循环水流量，kg/s；

t_{su}，t_{re} ——管网供、回水温度，℃。

对于热电厂 D 热源来说，当供热能力达到最大能力以后，供、回水温差加大，Da 管段的流量减少，如图 14-19 所示 Da 管段的压力线变缓。而对于 T_0a 管段，随着天气转冷，调峰热源 T_0 供热强度不断加大，此时必然要加大其循环水泵的开度，使 T_0a 管段的流量也逐渐增加，如图 14-19 所示 T_0a 的压力线逐渐变陡。就这样调峰热源供热量不断增加，直至管网系统达到最大供热负荷。

在系统运行时，图 14-19 中的 aa' 压差也会有变化，但是对于运行人员来说无实际意义，在运行工程中只要始终保证最不利点 T_1T_1' 所需要的最小压差即可保证全网供热。这时网上所有热力站都能按照自己的需要获取热量。

在管网运行过程中，如果出现最不利点 T_1T_1' 的供、回水压差小于或大于所需要的最小压差时，把 D、T_0 二热源循环泵的开度适当加大或减少，同时适量地增加或减少 T_0 热源的供热量，直到最不利点供、回水压差达到所需要的最小压差和网上供、回水温度负荷调温曲线为止。虽然从 a 点到二热源的两管段上供、回水温度会有些差别，但是只要及时调节也可以满足热源附近用户的要求。另一个解决该问题的方法是适当地加大或减小调峰热源的供热量和热力站及时调节相配合，也可以保证最不利点热力站达到要求。

多个热源同时运行时，管网的水力工况与上面分析的双热源运行工况是相似的，只不过此时整个热力网被多个水力平衡点分成了多个可变的，独立的供热系统。

第十五章

热力网调节运行和管理

供热事业是直接关系公众利益的基础性公共事业，热力网的调节运行和管理是保障居民冬季供暖，规范供热行为，合理利用资源，推动节能减排，促进供热事业可持续发展的技术措施，应遵循统一规划、属地管理、保障安全、规范服务、促进节能环保和优化资源配置的原则。运行管理人员应当具有一定的专业技术水平，负责内部管理文档和规章制度的建立健全，监督各项规章制度和岗位责任的执行。

热力网系统运行维护应符合现行的标准 CJJ 88—2014《城镇供热系统运行维护技术规程》、CJJ 31—2010《城镇热力网设计规范》、GB/T 50893—2013《供热系统节能改造技术规范》、CJJ/T 185—2012《城镇供热系统节能技术规范》等规范的要求。

第一节　热力网运行

一、热力网

1. 一般规定

（1）热力网运行管理部门应设有：热力网平面图、热力网运行水压图、供热调节曲线图表。

（2）热力网的运行、调节应严格按调度指令进行。

（3）热力网运行管理人员应熟悉管辖范围内管道的分布情况及主要设备和附件的现场位置，掌握各种管道、设备及附件等的作用、性能、构造及操作方法。

（4）热力网运行人员必须经安全技术培训，并经考核合格，方可独立上岗。

（5）热力网检查井及地沟的临时照明用电电压不得超过 36V；严禁使用明火照明。当人在检查井内作业时，严禁使用潜水泵。

（6）热力网设备及附件保温应完好。

（7）对操作人员较长时间未进入的热力网地沟、井室或发现热力网地沟、井室有异味时，应进行通风，严禁明火，必要时可进行检测，确认安全后方可进入。

2. 热力网运行前的准备

（1）热力网投入运行前，应编制运行方案。

（2）热力网投入运行前应对系统进行全面检查，并应符合下列规定。

1）阀门应灵活、可靠，泄水及排空气阀门应严密，系统阀门状态应符合运行方案要求。

2）热力网系统仪表应齐全、准确，安全装置必须可靠、有效。

3）热力网水处理及补水设备应具备运行条件。

4）新建、改建固定支架、卡板、滑动支架、井室爬梯应牢固、可靠。

（3）新建、改建热水热力网运行前，应进行试压和冲洗。

（4）蒸汽热力网运行前，应经暖管，并开启疏水阀门，排净凝结水。新投入运行的蒸汽热力网应经吹扫，吹扫所需排汽口断面不应小于被吹扫管道断面的50%，吹扫压力应为热力网工作压力的75%。

3. 热力网的运行

（1）热水热力网正式供热前应经冷态试运行。

（2）热力网投入运行后，应对系统的下列各项进行全面检查。

1）热力网介质无泄漏。

2）补偿器运行状态正常。

3）活动支架无失稳、失垮，固定支架无变形。

4）解列阀门无漏水、漏汽。

5）疏水器、喷射泵排水正常。

6）法兰连接部位应热拧紧。

（3）运行的热力网每周应至少检查一次。新投入的热力网或当运行参数发生较大变化及汛情时，应增加检查次数。

（4）热力网运行检查时不得少于两人，一人检查、一人监护，严禁在检查井及地沟内休息。当有人员在检查井内作业时，应在井口设安全围栏及标志；夜间进行操作检查时，应设警示灯；在高支架检修维护时应系安全带。

（5）当被检查的井室环境温度超过 40℃时，应采取安全降温措施。

4. 热力网的调节

（1）根据当地气象条件和供热系统的实际情况，应制定热力网运行调节方案。

（2）初调节的方法可根据热力网的实际情况进行选择；初调节宜在冷态运行条件下进行。

（3）供暖负荷的调节可采用中央质调节、分阶段变流量质调节或中央质、量并调，必要时可采用兼顾其他热负荷的调节方法。

（4）蒸汽热力网中，当蒸汽用于动力装置热负荷或供热温度不一致时，宜采用中央质调节；当蒸汽用于换热方式运行时，宜采用中央量调节或局部调节。

5. 热水热力网的补水及定压

（1）热水热力网的补水点应视具体情况而设定，当系统设两处及两处以上补水点时，其每处补水水量必须满足系统运行的需要，每处补水点的补水压力应符合水压图的要求。

（2）热水热力网系统必须保持恒压点恒压，恒压点的压力波动范围应控制在±0.02MPa 以内。

（3）热水热力网的定压可采用膨胀水箱、水泵、气体定压罐、蒸汽定压等方式。闭式补水系统应设安全泄压装置。热水热力网的定压应采用自动控制。

6. 热力网的停止运行

（1）热力网停运前，应编制停运方案。

（2）热力网停运的各项操作应严格按停运方案或调度指令进行。

（3）热力网停运应沿介质流动方向依次关闭阀门，先关闭供水、供汽阀门，后关闭回水阀门。

（4）停运后的蒸汽热力网应将疏水阀门保持开启状态；再次送汽前，严禁关闭。

（5）冬季停运的架空热水热力网应将管内水放净；再次注水前，应将泄水阀门关闭。

（6）事故停运热力网的架空管道、设备及附件应做防冻保护。

（7）热水热力网在停运期间，应进行养护和检查。

（8）停运热力网应进行湿保护，并每周检查一次。

二、泵站与热力站

1. 一般规定

（1）供热系统的泵站、热力站应设下列图表。

1）泵站、热力站设备布置平面图。

2）泵站、热力站系统图。

3）热力站供热平面图。

4）泵站、热力站供电系统图。

5）温度调节曲线图表。

（2）泵站、热力站的运行、调节应严格按调度指令进行。

（3）泵站、热力站运行人员应掌握管辖范围的供热参数，热力站供热系统设备及附件的作用、性能、构造及其操作方法，并经技术培训考核合格，方可独立上岗。

（4）供热系统的泵站、热力站内的管道应涂符合规定的颜色和标志，并标明供热介质流动方向。

（5）泵站、热力站内的供热设备管道及附件应保温。

（6）供热系统中继泵站的安全保护装置必须灵敏、可靠。

2. 泵站与热力站运行前的准备

（1）供热系统的泵站与热力站运行前的检查应符合以下规定：

1）泵站、热力站内所有阀门应开、关灵活、无泄漏，附件齐全、可靠，换热器、除污器经清洗无堵塞。

2）泵站、热力站电气系统安全、可靠。

3）泵站、热力站仪表齐全、准确。

4）热力站水处理及补水设备正常。

（2）水泵投入运行前，其出口阀门应处于关闭状态，并检查是否注满水；启动前必须先盘车，空负荷运行应正常。

3. 泵站的运行与调节

（1）水泵的参数控制应根据系统调节方案及其水压图要求进行。

（2）水泵吸入口压力应高于运行介质汽化压力0.05MPa。

4. 热力站的运行与调节

（1）热力站的启动应符合下列规定。

1）直接连接供热系统。①热水系统：系统充水完毕，应先开回水阀门，后开供水阀门，并开始仪表监测；②蒸汽系统：蒸汽应先送至热力站分汽缸，分汽缸压力稳定后，方可向各用汽点逐个送汽。

2）混水系统。系统充水完毕，并网运行，启动混水装置，按系统要求调整混合比，达到正常运行参数。

3）间接连接供热系统。①水水交换系统：系统充水完毕，调整定压参数，投入换热设备，启动二级循环水泵；②汽水交换系统：汽水交换设备启动前，应先将二级管网水系统充满水，启动循环水泵后，再开启蒸汽阀门进行汽水交换。

4）生活水系统。启动生活用水循环泵，并一级管网投入换热器，控制一级管网供水阀门，调整生活用水水温。

5）软化水系统。开启间接取水水箱出口阀门，软化水系统充满水后，进行软水制备，启动补水泵对二级管网进行补水。

（2）热力站的调节应符合下列规定：

1）对二级供热系统，当热用户未安装温控阀时宜采用质调节；当热用户安装温控阀或当热负荷为生活热水时，宜采用量调节，生活热水温度应控制在（55±5）℃。

2）在热力站进行局部调节时，对间接连接方式，被调参数应为二级系统的供水温度或供回水平均温度，调节参数应为一级系统的介质流量；对于混水装置连接方式，被调参数应为二级系统的供水温度、供水流量，调节参数应为流量混合比。

3）水水交换系统不应采用一级系统向二级系统补水方式，当必须由一级系统向二级系统补水时，应按调度指令进行，并严格控制补水量。

4）蒸汽供热系统宜通过节流进行量调节；必要时，可采用减温减压装置，改变蒸汽温度，实现质调节。

5. 泵站与热力站的停止运行及保护

（1）泵站与热力站的停止运行应符合下列规定：

1）直供系统应随一级管网同时停运。

2）对混水系统，应在停止混水泵运行后随一级管网停运。

3）对间接连接系统，应在与一级管网解列后再停止二级管网系统循环水泵。

4）对生活水系统，应与一级管网解列后停止生活水系统水泵。

5）对软化水系统，应停止补水泵运行，并关闭软化水系统进水阀门。

（2）热力站停运后，宜采用充水保护的供热系统，其保护压力宜控制在供热系统静水压力±0.02MPa 以内。

（3）泵站与热力站停运后，应对站内的设备、阀门及附件进行检查和维护。

三、热用户

1. 一般规定

（1）用热单位应向供热单位提供下列资料：

1）供热负荷、用热性质、用热方式及用热参数。

2）供热平面图。

3）供热系统图。

4）热用户供热平面位置图。

（2）供热单位应根据热用户的不同用热需求，适时进行调节，以满足热用户的不同需要。

（3）用热单位应按供热单位的运行方案、调节方案、事故处理方案、停运方案及管辖范围进行管理和局部调节。

（4）未经供热单位同意，热用户不得改变原运行方式、用热方式、系统布置以及散热器数量等。

（5）未经供热单位同意，热用户不得私接供热管道和私自扩大供热负荷。

（6）热水供暖热用户严禁从供热系统中取用热水，热用户不得擅自停热。

2. 运行前的准备及故障处理

（1）用热单位应根据供热系统安全运行的需要，在系统运行前对系统进行检修、清堵、清洗、试压，经供热单位验收合格，并提供相应技术文件后方可并网。

（2）热用户发生故障时应及时处理，并通知供热单位；故障处理不宜减少停热负荷，缩短停热时间；恢复供热应经供热单位同意。

第二节　初　调　节

初调节就是在热力网正式运行前，将各用户的运行流量调配至理想流量（即满足用户实际热负荷需求的流量）解决热力工况水平失调问题。初调节利用各热用户入口安装的流量调节装置进行，如手动流量调节阀、平衡阀、调配阀及节流孔板等。初调节也称流量调节或均匀调节。

一、初调节原理

在一般的供热管网中，由于多种原因，各用户的实际流量很难与设计流量（理想流量）相符。据多年实测资料表明：供热系统流量失调的大致规律是距热源近端热用户实际流量大于设计流量（一般可达设计流量的 2～3 倍），距热源远端热用户的流量小于设计流量（一般是设计流量的 0.2～0.5 倍），中端用户的实际流量大体接近设计流量。在这种情况下，近端用户室温高于设计温度，远端用户室温低于设计温度。当近端用户热的需开窗户时，其实际流量一定超过设计流量的 2～3 倍；而当远端用户室温连 10℃都不够时，其实际流量可能还不够设计流量的一半。

由此可见，供热系统的远近用户热力失调是由于近端用户流量过大、远端用户流量过少而造成的。而初调节的目的就是要在供热系统运行前，把各用户的实际流量调得与设计流量基本相符。

下面首先介绍散热器的散热特性，这是研究热力工况与水力工况关系的基础，也是掌握供热系统初调节和运行调节的基础。如图 15-1 所示为散热器的散热量与流量的关系曲线。图中横坐标为相对流量 G_{rel}（即实际流量 G_{re} 与设计流量 G_d 的比值），纵坐标为相对散热量 Q_{rel}（即实际散热量 Q_{re} 与设计散热量 Q_d 的比值）。绘制条件如下：供水温度 90℃，曲线 1、2 的设计供回水温度差分别为 10℃和 20℃。

对于曲线 1，当实际流量为设计流量的 20%，即 G_{rel}=0.2 时。散热量下降 30%；当 G_{rel} =0.5 时，散热量下降 10%；当 G_{rel}=2.0 时，散热量增加 8%；当 G_{rel}=3.0 时，散热量仅增加 10%。

对于曲线 2，当 G_{rel}=0.2 时，散热量减少 50%；

当 G_{rel}=0.5 时，散热量减少 18%。

通过对图 15-1 曲线的分析，可以得出以下结论。

（1）设计供回水温差越大（亦即流量越小），流量的变化对散热器散热量的影响越大。因此，对于供回水温度分别为 110～70℃和 95～70℃的两个系统，当流量发生变化时，供回水温差较大的 110～70℃系统的室温变化将大于 95～70℃的系统。

（2）当系统供回水温度一定。散热器的散热量随流量的增加而增加，但增加的幅度有一定限度，当 G_{rel}=1.0～3.0 时，散热量仅增加 0～10%；当 G_{rel}＞3.0 后，散热量基本上不再增加了。

（3）当散热器流量减少时，散热量亦会减少。但在 G_{rel}=0.5～1.0 这一范围内，流量减少的不多（不超过 20%的限度），而当流量变化再大，G_{rel}＜0.5 时，散热量将会急剧减少。

利用上述三个结论，我们可以获得初调节中一个十分重要的原则：我们只要使供热系统远端的大多数用户的实际流量不少于设计流量的 50%，而近端用户实际流量不超过设计流量的 300%，就可以认为其水平热力失调程度可以接受，即最远用户室温不致过低，近端用户室温不致过高。

这一简单的原则在初调节工作中很有实际意义。因为在供热系统设计中，即使设计得再周到，调节得再细致，也不可能使整个供热系统的所有用户均在设计流量下运行，近端用户过热、远端用户过冷的现象是不可避免的，如果用上述原则去指导调节，就可以做到使近端用户虽热但不过热，远端用户虽稍冷但不致过冷，过冷、过热的程度都在可接受的范围内。

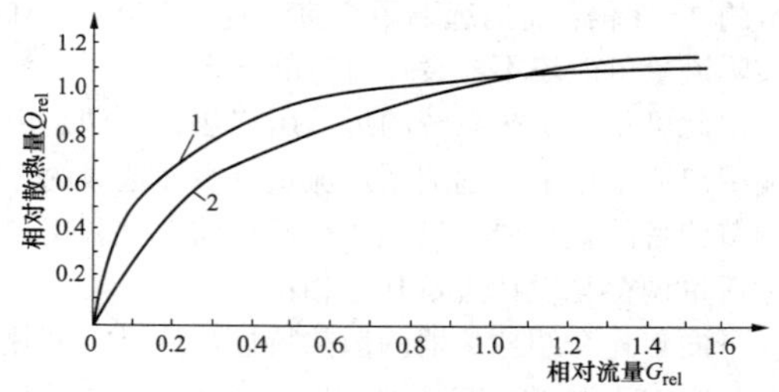

图 15-1　散热器的散热量与流量的关系曲线

1—供回水温差 10℃；2—供回水温差 20℃

二、初调节的方法

目前可以用的初调节方法较多，各有其优劣，并各有一定适用条件，下面简单介绍六种方法。

1. 预定计划法

调节前，将热力网上各用户入口阀门全部关死，然后按一定次序逐个开启各用户阀门，在每一个热用户阀门开启投入运行时，其流量应调整到预先计算出的数值，由于这个流量不等于设计流量或理想流量，因而可称启动流量。此法看似简单，实则较复杂。首先启动流量难以计算，管网规模稍大些，便不可能用人工计算出。其次要利用测量流量的仪器，在系统运行时不能进行调节，由于实用性差，此法现在使用不多。

2. 比例法

比例法的基本原理是当各热用户系统阻力特性系数的比值一定时，其流量的变化也将成比例地变化。也就是说，当采用用户阀门来调节时，它们之间流量的变化遵循一致等比失调的规律。调节的基本方法：利用平衡阀测出各热用户流量，计算其失调度，然后从失调度最大的区段调节起。在调节区段里，先从最末端用户开始，将其流量调至该区段失调度最小值，以其为参考环路，逐一调节其他热用户，使各用户环路中的流量失调度分别为参考环路的失调度（每调一个用户，其值皆不同）。此时，调节区段总阀门使总流量等于理想流量，则该区段已调各用户流量皆达到理想流量。

这种调节方法计算工作量不大，但现场调节较繁琐，需两套智能仪表（与平衡阀联用），且调节环路与参考环路随时要相互联络，核对数据，工作量较大。

3. 补偿法

补偿方法是靠调节总阀门使各热用户阀门调节过程中的水力失调得以补偿，进而在理想工况下（即设计工况），把各用户流量直接调到理想值。基本步骤：首先确定最末端热用户的实际阻力系数，进而确定其平衡阀在理想流量下的阻力系数（或流量系数）和阀门开度，将平衡阀调整到要求开度；调整被调区段的总阀门，使最末端用户的流量为理想流量，由远而近，调整第二个末端用户阀门，使其流量为理想流量。在调整过程中，随时调节该区段总阀门，使最末端用户（即参考用户）始终保持理想流量，依此类推，逐一调节完各用户阀门，则供热系统各用户流量皆可调节至理想流量或接近理想流量。该方法原理简明，计算工作量较小。缺点是调节较繁琐，需要两套智能仪表，同时，需要有三组人员互相联络协调。

4. 计算机法

计算机方法是中国建筑科学院空调所提出的初调节方法。该方法的特点是借助平衡阀和配套智能仪表测定用户局部系统的实际阻力特性系数。操作方法：将用户平衡阀任意改变两个开度，分别测试两种工况下的用户流量、压降以及平衡阀前后压降，进而求出用户阻力特性系数，算出在理想工况下用户平衡阀的理想阻力值及平衡阀开度，在现场直接把平衡阀调到要求的开度。该方法计算工作量较小，现场调节无次序要求，操作方法也比较简便。但由于计算出的用户阻力特性系数与实际值有一定误差，因此，在用户流量调节中会有些误差。

5. 快速简易调节法

这是一种简单易行而实用的初调节方法。调节步骤：首先由近至远依次调节各热用户，使近热源端的用户实际流量为理想流量的 80%～85%；中端用户的实际流量为理想流量的 85%～95%；远端为 95%～100%。如果在调节过程中，有个别用户未达到预定的调节流量，可以暂时跳过去，等待最后再单独处理。这种方法可靠易行，流量误差在±20%，对用户的室温影响不大，可以用在供热面积在 20 万 m^2 以下的热力网上。

在初调节时，需经常测用户的实际流量，一般采用两种方法：如果用户入口安装的是平衡阀（可以测流量），则可以采用智能仪表测量；如果用户入口安装的是手动流量调节阀或节流孔板（不可测流量），则可以采用能够绑在被测管道外壁上的超声波流量计来测流量。

6. 模拟分析法

模拟分析法是在热力网水力工况模拟分析理论的基础上，利用计算机快速而准确地预测用户阻力特性系数 S 值改变后各管段的相互影响和制约，然后根据计算结果进行调节的方法。其主要步骤简述如下。

（1）确定实际工况。如图 15-2 所示为一个简单的热力网系统，图中圆圈内数字为节点编号。首先实测出用户 1～3 的实际流量，各节点上的压力值，并利用公式

$$S=\Delta p/G^2$$

式中　S——管段的阻力特性系数，Pa/（m^3/h）^{2}；

Δp——管段的压降，Pa；

G——管段流量，m^3/h；

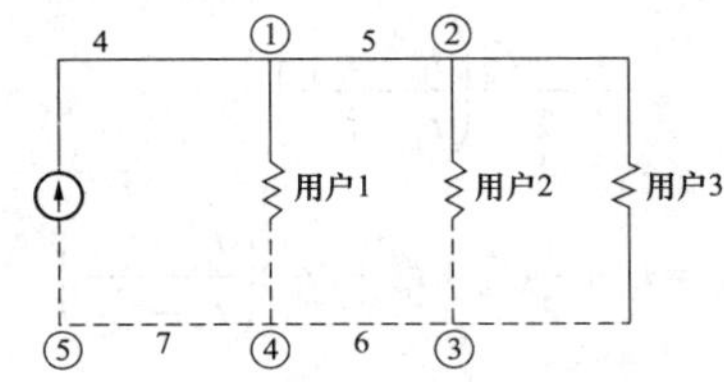

图 15-2　热力网系统网络图

求出各管段上的阻力系数 S。若系统循环水泵的特性方程未知时，可利用实测值确定。

（2）计算理想工况。给定设计工况下各用户的设计流量，从而在已知用户流量，管网的实际阻力特性系数 S，循环水泵特性方程和管网拓扑结构 A（B_f）的前提下，利用“水力工况模拟分析”程序便可计算出满足用户流量要求的水力工况，即确定了理想工况时的管段阻力特性系数。

（3）制定调节方案。利用基荷夫定律，对图 15-2 中的各节点建立节点方程，流入节点的流量应等于流出的流量，把管网阻力数值代入联立方程组，利用计算程序计算，直到全部用户的阻力数值调整为设计工况下的值。此时的流量即为各用户对应的设计流量。

（4）执行调节方案。按照调节方案时的顺序和调节方案的数值，逐个调节各用户的阀门，使调节阀门后的水力工况与调节方案相吻合。当管网中所有用户的实际阻力数值全部调整为设计值时，整个管网的水力工况就会成为设计工况。

从以上所介绍的六种初调节方法，可以看出初调节是比较复杂的技术，需要借助热用户入口安装的调节装置、测量工具、计算程序。当热力网规模较大时，可以采用 1、2、3、4、6 的方法进行初调节；当热力网规模较小、热用户较少时，可采用第 5 种方法（即快速简易法）。而对于一般的较小型热力网，根据初调节知识，进行简单的手工调节也可满足要求。

为了热力网初调节的方便，在热力网设计过程中，设计人员应注意以下几点：

（1）要画出热力网的水压图，这是指导选择管网管径和用户入口应消耗压头的重要依据资料。

（2）要通过计算，把各管段各用户多余的压力用流量调节装置（手动流量调节阀、平衡阀、节流孔板）消耗掉，而且必须在图上画明节流装置的位置、型号、口径，并做出详细的耗压计算。

（3）在所有的热用户入口供回水管上采用可调节流量的阀门，在需要消耗多余压头的热力网分支管与主干管连接处安装调节装置，设检查井，以便于运行调节。

如果在设计阶段，设计人员能为初调节工作着想，按照上述三点去做，会极大方便初调节工作。

第三节　热力网运行调节

初调节可使管网上的各热用户流量按热负荷的大小实现均匀分配，进而使各用户平均室温基本一致。但初调节只能解决各用户平均室温实现均匀的目的，还不能保证各用户室温在整个供暖季节都满足设计室内温度的要求。用户室温与流量、室外气温、建筑物耗热量、供暖供回水温度等因素有关。室外气温越高，用户的室温越高；中午有日照时，建筑物耗热量小，用户室温高；供水温度越高，室温也越高。因此，为使用户室温达到设计要求，实现按需供热，除在系统运行前需要进行初调节之外，还应在整个供暖季节随室外气温的变化，随时对供水温度、流量等进行调节，这就称作供热系统的运行调节。

一、供热系统调节的基本原则

（1）热水供热系统应采用热源处集中调节、热力站及建筑引入口的局部调节和用热设备单独调节三者相结合的联合调节方式，并宜采用自动化调节。

（2）对于只有单一供暖热负荷且只有单一热源（包括串联调峰锅炉的热源），或调峰热源与基本热源分别运行、解列运行的热水供热系统，在热源处应根据室外温度的变化进行集中质调节或集中“质—量”调节。

（3）对于只有单一供暖热负荷，且尖峰热源与基本热源联网运行的热水供热系统，在基本热源未满负荷阶段，应采用集中质调节或集中“质—量”调节；在基本热源满负荷以后与尖峰热源联网运行阶段，所有热源应采用量调节或“质—量”调节。

（4）当热水供热系统有供暖、通风、空调、生活热水等多种热负荷时，应按供暖热负荷采用（2）、（3）的规定在热源处进行集中调节，并保证运行水温能满足不同热负荷的需要，同时应根据各种热负荷的用热要求在用户处进行辅助局部调节。

（5）对于有生活热水热负荷的热水供热系统，当按供暖热负荷进行集中调节时，应保证闭式供热系统供水温度不低于 70℃，开式供热系统供水温度不低于 60℃；另有规定的生活热水温度可低于 60℃。

（6）对于有生产工艺热负荷的热水供热系统，应采用局部调节。

（7）多热源联网运行的热水供热系统，各热源应采用统一的集中调节方式，并应执行统一的温度调节曲线。调节方式的确定应以基本热源为准。

（8）对于非供暖期有生活热水负荷、空调制冷负荷的热水供热系统，在非供暖期应恒定供水温度运行，并应在热力站进行局部调节。

二、运行调节的基本公式

当热水网路在稳定状态下运行时，如不考虑管网沿途热损失，则网路的供热量等于供暖用户系统散热设备的放热量，同时也应等于供暖热用户的热负荷。假设供暖热负荷与室内外温差的变化成正比，由此可以得到运行调节的基本公式，即

$$Q_{rel}=\frac{t_{in}-t_{out}}{t_{in}-t'_{out}}=\frac{(t_{su}+t_{re}-2t_{in})^{1+b}}{(t'_{su}+t'_{re}-2t_{in})^{1+b}}=G_{rel}\frac{t_{su}-t_{re}}{t'_{su}-t'_{re}} \quad (15\text{-}1)$$

或写成供回水温度的计算公式：

$$t_{su}=t_{in}+\Delta t'_{s}Q_{rel}^{\frac{1}{1+b}}+0.5\Delta t'_{j}Q_{rel} \quad (15\text{-}2)$$

$$t_{re}=t_{in}+\Delta t'_{s}Q_{rel}^{\frac{1}{1+b}}-0.5\Delta t'_{j}Q_{rel} \quad (15\text{-}3)$$

$$\Delta t'_{s}=0.5(t'_{su}+t'_{re}-2t_{in})$$

$$\Delta t'_{j}=t'_{su}-t'_{re}$$

$$Q_{rel}=\frac{G}{G'}$$

式中　$\Delta t'_{s}$ ——用户散热器的设计平均计算温差，℃；

$\Delta t'_{j}$ ——二次网设计供、回水温差，℃；

G_{rel} ——相对流量比；

t_{su} ——供水温度，℃；

t_{re} ——回水温度，℃；

t'_{su} ——设计供水温度，℃；

t'_{re} ——设计回水温度，℃；

t_{in} ——室内供暖设计温度，取 18℃；

t_{out} ——某一室外温度，℃；

t'_{out} ——室外供暖计算温度，℃；

b ——散热器传热系数 K 的公式中的指数值，对于常用散热器取 b=0.14～0.37。

公式中凡带有上角标“′”的参数为设计工况下的，不带上角标的为任意室外温度 t_{w} 下的参数。

三、集中调节方法

在热源处（热电厂或供热锅炉房）对供回水温度、流量进行随室外气温变化的调节，称为集中运行调节，共分为质调节、量调节、分阶段改变流量的质调节和间歇调节四种。

1. 质调节

在整个供暖季节，系统流量维持设计流量不变，即 $G_{rel}=1.0$，随着室外温度 t_{out} 的变化，只调节供水温度 t_{su} 的高低，称作集中质调节。

把 $G_{rel}=1.0$ 代入调节基本公式，即得到集中质调节公式：

$$t_{su}=t_{in}+\frac{1}{2}(t'_{su}+t'_{re}+2t'_{in})\left(\frac{t_{in}-t_{out}}{t_{in}-t'_{out}}\right)^{\frac{1}{1+b}}+\frac{t'_{su}-t'_{re}}{2}\left(\frac{t_{in}-t_{out}}{t_{in}-t'_{out}}\right) \quad (15\text{-}4)$$

$$t_{re}=t_{in}+\frac{1}{2}(t'_{su}+t'_{re}+2t'_{in})\left(\frac{t_{in}-t_{out}}{t_{in}-t'_{out}}\right)^{\frac{1}{1+b}}-\frac{t'_{su}-t'_{re}}{2}\left(\frac{t_{in}-t_{out}}{t_{in}-t'_{out}}\right) \quad (15\text{-}5)$$

在式（15-4）、式（15-5）中，设计供回水温度为已知值，当地室外供暖计算温度也为已知值，可利用此公式计算出某一地区在任一室外计算温度下所需的供回水温度，并画出质调节的供回水温度曲线图，如图 15-3 所示。图 15-3 的绘制条件：一级热力网供回水温度 55～95℃，供暖室外计算温度 $t_{out}=-20$ ℃。

集中质调节的优点是操作简单，只调节水温，不必调节流量，热力工况较稳定；主要缺点是运行电耗较大。

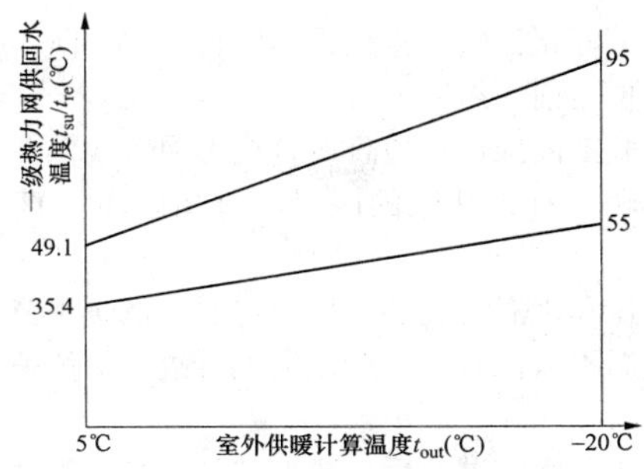

图 15-3　质调节的供回水温度曲线图

2. 量调节

在整个供暖季节供水温度始终维持设计值不变，即$t_{su}=t'_{su}$，调节供热系统流量 G 和回水温度 t_{re}，以适应热负荷的变化，这种调节称为集中量调节，其调节公式为

$$G=\frac{0.5(t'_{su}-t'_{re})\left(\dfrac{t_{in}-t_{out}}{t_{in}-t'_{out}}\right)}{t'_{su}-t'_{re}-0.5(t'_{su}+t'_{re}-2t'_{re})\left(\dfrac{t_{in}-t_{out}}{t_{in}-t_{out}}\right)^{\frac{1}{1+b}}}\tag{15-6}$$

$$t_{re}=2t_{in}-t'_{su}+(t'_{su}+t'_{re}-2t'_{in})\left(\frac{t_{in}-t_{out}}{t_{in}-t'_{out}}\right)^{\frac{1}{1+b}}\tag{15-7}$$

集中量调节的优点是省电，缺点是操作较复杂，需要采用无级调速的热网循环水泵，目前这种类型的水泵价格较高；其次是热力网流量过小时，会对用户的流量分配产生一定影响，容易造成用户的垂直热力失调。

3. 分阶段改变流量的质调节

由于流量的连续变化难以控制，因此一般不采用单纯的集中量调节，而采用分阶段改变流量的质调节。即把整个供暖期按室外温度的高低分为几个阶段，在室外温度较低的阶段采用较大的流量，而在室外温度较高的阶段采用较小的流量，但在每一阶段内则维持流量固定不变而采用改变供水温度的质调节。

令相对流量 $G_{rel}=\varphi=$常数，并将其代入运行调节基本公式，就可以得到分阶段变流量调节的公式，即

$$t_{su}=t_{in}+\frac{1}{2}(t'_{su}+t'_{re}+2t'_{in})\left(\frac{t_{in}-t_{out}}{t_{in}-t'_{out}}\right)^{\frac{1}{1+b}}+\frac{(t'_{su}-t'_{re})}{2\varphi}\left(\frac{t_{in}-t_{out}}{t_{in}-t'_{out}}\right)\tag{15-8}$$

$$t_{in}=t_{in}+\frac{1}{2}(t'_{su}+t'_{re}+2t'_{in})\left(\frac{t_{in}-t_{out}}{t_{in}-t'_{out}}\right)^{\frac{1}{1+b}}-\frac{(t'_{su}-t'_{re})}{2\varphi}\left(\frac{t_{in}-t_{out}}{t_{in}-t'_{out}}\right)\tag{15-9}$$

式（15-8）、式（15-9）中凡带有上角标“′”的参数为设计工况下，不带上角标的为任意室外温度下的参数。由于在任意室外温度 t_{out} 下，我们都希望室内温度 $t_{in}=t'_{in}=18℃$，所以在运行调节中都以 t'_{in} 代替 t_{in}。

式（15-8）、式（15-9）对于供热专业人员来讲属于基本知识，在理解上没有什么大的困难，但在利用公式绘制曲线图时应注意以下几点。

（1）相对流量 φ 的取值。φ 值是不能任意取的，φ 与具体工程所选择循环水泵的流量有关，水泵选定了，φ 值也就定了。

在中小型供热系统中，一般可选用两档不同容量的水泵。其中一档的流量和扬程按计算值的 100%选择，而另一档的流量可按计算值的 75%，压头按 56%选择，用在室外温度较高时，这样可使循环水泵的运行电耗减小到原来的 42%左右。在大型供热系统中，可分为三档，流量分别为计算流量的 100%、80%、60%，扬程分别为 100%、64%、36%，这样循环水泵的耗电量分别为 100%、51%、22%。

因为各种容量的循环水泵在一定程度上可以互为备用，因此采用分阶段变流量的质调节时，可以不设置备用循环水泵。

在实际工程中，由于所选择水泵规格的限制，不可能刚好选到要求流量的水泵，因此，应是根据已定泵的流量反算相对流量值。

（2）室外供暖温度高低分段点的选择。到目前为止，还未见到有关这一选择的理论叙述。这种分段选择完全是由设计人员根据经验选定的，但这一选择却决定了绘制曲线图形的形状以及变流量点的确定。根据经验和节能原则，应尽可能让小流量泵运行区段大些。

（3）应正确地分阶段套用 φ 值和 t_{out} 值。在利用计算公式计算时，应注意第一流量阶段要代入该阶段对应的 φ 值和 t_{out} 值；第二流量阶段要代入该阶段对应的 φ 值和 t_{out} 值。

分阶段改变流量的质调节方法，综合了质调节、量调节的优点，既能省电，又能避免热力工况失调。

4. 间歇调节

当室外温度升高时，不改变系统的循环流量和供水温度，只减少每天的供暖时间，这种调节方式称为间歇调节。

间歇调节和目前国内广泛采用的间歇供暖制度有着根本的区别，间歇调节指的是在设计室外温度下应连续供暖，只有当室外温度升高时才减少供暖时间。而间歇供暖指的是不论室外温度高低，每天只供暖 12～16h，间歇供暖的先决条件是必须增大热源系统的供热能力。

间歇调节的供暖时数 n 随室外温度变化，用式

（15-9）计算，即

$$n = 24\frac{t_{in} - t_{out}}{t_{in} - t'_{out}} \tag{15-10}$$

式中 n——供暖时数，h/d；

t_{in}——室内供暖计算温度，℃；

t_{out}——运行时的室外温度，℃；

t'_{out}——与间歇供暖时采用的给水温度相应的，从质调节水温曲线上查到的室外温度，℃；当 $t_{out} = t'_{out}$ 时，间歇供暖时数 n=24h/d，即为连续供暖。

间歇调节一般在供暖季节的初期和末期，可作为一种辅助性的调节措施。

第四节 热力网管理

在大中城市和集中工业区内的供热系统，一般设置专门的管理机构——热力公司来进行运行管理，较小的供热系统，可由热源部门（热电厂或锅炉房）兼管。

运行部门的主要任务是保证热力网的可靠运行，不间断地向用户供应所需的热量，采用最有效的供热，不断改进供热系统的运行技术经济指标。

运行部门的具体任务是维护、检修热力网设备，调整供热系统；编制供热系统运行计划，监督热量的合理利用，协助热用户调整用热系统；计算各热用户的用热量，参与城市供热远景发展规划工作，参加新建热力网的设计工作并配合实现与原有热力网的连接工作；进行热力网施工的技术检查。

一、运行准备工作

1．对热力网进行技术检验

在热力网正式运行前，要对系统进行水压和水温试验。

（1）水压试验的目的是检查整个热力网系统的设备、管网及附件是否有泄漏，是否满足强度要求。水压试验压力为工作压力的 1.5 倍，水压试验时间应持续 6h。水压试验可采用泵站的固定泵或专为水压试验而设的移动式水泵来进行。

（2）水温试验的目的是为了检查补偿器的补偿能力和管道支架支座在热变形条件下的强度。水温试验前，要对填料式补偿器、连接法兰、支架和其他连接件做仔细检查，消除全部隐患和缺陷。试验时的水温、供水管应保持在计算温度值，回水管水温不应高于 90℃，水温保持时间约为 4h。水温试验时，热力网各点的压力不应超过工作压力，且应保证各点不发生汽化。

在进行水压、水温试验期间，如发现补给水急剧增加，应停止试验，查找损坏的管段并切断，在修好损坏部位之前应组织值班。

试验期间应逐段检查所有热力网管线，并重点检查有车辆、行人往来的区段、过街区段、直埋敷设区段。

水压和水温试验的时机一定要在供暖季节以前或室外气温不太低时，以避免发生事故，冻坏整个供热系统。

水压、水温试验后，要把试验记录作为原始技术档案保存好。

2．获取供热系统的全部技术资料

在接收供热系统时，运行部门应从有关单位获取以下技术资料：

（1）与供热系统有关的设计资料（包括可行性研究、初步设计和施工的图纸及文字资料）。

（2）与设计有关的重要文件。如上级部门对可行性研究、初步设计的审查意见，热用户用热负荷调查表，重要设备的技术协议，重要的施工图修改通知单。

（3）供热设备的技术资料（设备使用说明书、样本、鉴定书、设备订货单）。

（4）热源系统、热力网系统、热力站的竣工图。这里有必要说明一下：在施工过程中，由于种种原因，设计部门绘制的施工图与施工后绘制的竣工图是有区别的。在施工过程中，施工图会有一定的改动，所以，只有施工后绘制的竣工图才是真实反映工程实际的准确技术文件。

（5）技术检查、验收、水温与水压试验的原始记录资料。

上述技术档案资料对热力网的运行管理十分重要，运行单位要有专门机构负责保管。它们是制订供热系统调度计划、检修计划，制订远景供热规划和处理技术经济纠纷的书面依据。

3．建立必要的规章制度

集中供热系统的可靠经济运行，离不开现代化、正规化、规范化、制度化的管理工作。因此，运行部门一定要预先制订一些必要的规章制度。例如，运行管理规程，换热站、热力站调度计划，换热站、热力站的标准运行记录表格，技术管理人员职责范围，各类紧急事故处理措施，设备完好标准，定期巡检制度，隐患报告制度等。详细内容可参考北京市、沈阳市、唐山市的三个热力公司共同编写的《热力网运行规程》。

二、运行及维护

1．调度室的运行调度

调度室是对热力网运行进行控制管理的指挥监督性机构，一般包括：

（1）制订和优化调节工况和供热工况，并监督热源的运行情况。

（2）制订和优化供热系统的水力工况和热力工况，并监督其执行情况。

（3）对分泵站、中继泵站、干线阀门和分支管阀门进行远距离监测和远距离控制。

（4）制订排除热力网、热力站运行事故的行动计划。

2. 防止供水管道的腐蚀

目前，供热系统最薄弱的环节是热水供水管道，据有关部门统计：其损坏量约占所有热力网损坏量的80%以上，主要原因是地下热力管道的外部腐蚀。因此，防止供水管道腐蚀是运行维护重要工作之一。

供水管表面温度高，当供水管道的保温层、保护层被破坏后，并与湿度高的空气接触时，会发生腐蚀；而当管道表面干燥时，腐蚀减缓。因此，在地下水位较高的地沟内，非供暖季节最好将地下热力管道保温层经常加以干燥，其方法是将热力网供水管不定期地升温，并保持 30～40h。实践证明：运行管理部门事先查明有可能腐蚀的管段并采取措施，是延长热力网寿命和提高供热可靠性的有效方法之一。

管理人员要对外腐蚀进行预防，对管道的保温层和保护层、补偿器、阀件、接头等处经常进行严密监视。及时抽走地沟积存的雨水，管底部要清理干净，经常疏通排水设施。绝对避免管沟中积水浸泡管道的保护层、保温层。

3. 防止热力网失水

集中供热系统的补给水采用的是经过软化和脱氧处理的水，这需要在热源处设置水处理系统，并在运行中消耗热量、电能。因此，保证供热热力网的严密性和减少补水量是运行管理人员经常性和最为重要的任务。供热系统的补水率是代表热力网运行管理水平的重要经济指标。一般认为，较大型一级网（间接连接用户）的补水量应少于系统总循环水量的 1%，二级网（与用户直连）的补水量可以稍大些。

热力网失水原因检测有如下几种：

（1）热力网管路破裂和不严密。当热力网定压点压力降低很多，补水量很大时，运行人员可判断是热力网漏水，应立即采取措施寻找漏水点。首先对热力网的外表进行检查，即通过地表面融化雪、地面冒水、热力管道路线和检查井大量冒汽以及从检查井中听到的漏水时的特有声音等方法来发现漏水处。其次是重点检查新投入运行的管线或最老、最易于腐蚀的管段。为了保证能尽快找到漏水点，运管人员应事先制订寻漏行动计划，对管区内的地下管网状况了如指掌，并备有寻漏仪器。

（2）换热装置泄漏。即使热网加热器中有一根管道破裂，漏水量也相当可观。有三种方法可进行查漏：①用化学分析法检查热网加热器凝结水的硬度、碱度，如果硬度、碱度升高，则表明热力网水漏入了热网加热器的凝结水中；②把蒸汽量与凝结水量进行比较，两流量差别大时，证明热力网水漏入了凝结水中；③观察热网加热器中的凝结水水位，凝结水水位比正常水位高时，证明热力网漏水。

（3）热用户偷水。这是我国城市集中供热系统（与用户直接连接）中普遍存在的现象。用户偷水不会使热源处定压点压力下降很明显，失水量虽不很大，但具有时间周期性，一般集中在下午下班至睡前，延续时间较长，会导致供热系统补水量长期超过设计标准。如果失水量持续超过补水系统的设计补水能力，需向热力网大量补入未经处理的自来水，会降低加热设备和管网的使用寿命，产生严重后果。

热力网运行管理部门可使用以下几种方法制止热用户偷水：①制定严厉的规章制度处罚偷水的用户，反复检查用户系统，取消用户系统中的水嘴、手动放气阀、手动集气罐及无用的放水阀门；②在二级热力网的水中（进入住户供暖系统）放入色素、异味剂等，但这仅是权宜之策，不宜长期采用；③在各用热单位管理的热力站的补水管上加水表，采取补水收费制度，并采用累进收费法，即补水率超过标准后，提高收费等级。对于多个单位合用一个热力站的，可按各单位供暖面积均摊；④利用社会行政力量和新闻媒介的影响力宣传供热系统失水的严重性。

可以预言，防止用户偷水是大中城市供热系统运行管理人员的一项长期而艰巨的任务。

4. 不断对热力网进行水力工况调节

在大中城市供热网中，每年都会有新的用户陆续接到网路上，将致使热力网的水力工况发生变化，使一部分用户水力工况变坏。为了使供热系统运行经济、可靠，每年都应调整一次水力工况。运行管理部门通常要为此建立专门的调整小组，由热力公司和相关人员组成。

在工况调整前，要弄清热力网的技术现状、实际水力工况，并核准将与热力网连接的用户的计算热负荷、连接方式、用户系统特点等因素，在此基础上进行水力计算并制定新的调整工况。对实际工况与调整工况比较后，制定出排除水力失调的措施。例如，加装节流装置，消除热力管道的堵塞，更换管径，让管道改线，改变用户与网路的连接方式，更换用户热力设备等。

运行管理部门应有一个对本热力网供热区域供热规划负责的常设技术机构，由此机构负责对新接用户的供暖系统、连接方式等与热力网连网有关的重大技术问题进行指导和咨询。凡是想新接入热力网的用户，在自己的系统设计之前，一定要与设计部门的供热专业人员共同去热力网管理部门讨论接入热力网的方案。这样做可以使设计方案更为合理，并可避免许多技术误差，为新用户顺利进网创造有利条件。

三、检修与抢修

1. 检修

为了热力网运行的可靠安全，应对热力网及附属设备进行经常性的检修。为此应编制日常性的修理计划，使检修工作制度化，这是保证热力网安全、可靠的重要措施。

日常检修的工作由热力网管理所负责。对于更换个别区段的热力网管道，对泵站的大型设备和干线分段阀门以及检测热工仪表的检修这类工作，属于大修的范围，由热力公司所属的修配车间担负。

2. 抢修

在热力网运行过程中，难免会由于多种原因而发生管网、阀件或设备损坏的故障，在多数情况下，关断并检修有故障的区段都会影响对用户的供热，这种检修必须抓紧时间、争分夺秒，具有抢救性质。因此，必须合理地组织抢修工作，从发现热力网事故，判定事故性质，寻找出事点，防止事故扩大，直到最后排除事故，尽量压缩时间，以尽快恢复对用户的正常供热。

这一系列抢修工作是由事故抢修队在中心调度室的统一指挥下进行的。下面对主干管网事故抢修程序进行简单介绍，以供参考。

（1）查出损坏管段并防止其扩大。当热力网值班调度发现补水量突然不正常地剧烈增大时，可初步判定是热力网干管发生损坏，装设在补给水管道和干管上的流量表会记录下这些情况。此时可立即派出事故抢修队去检查干管，查出管路损坏的大致部位，立即用分段阀将其关断，同时关闭与损坏段引出的各个分支管上的全部阀门。在这里，热力网主干线上分段阀的作用很重要。

（2）使干管中未损坏的管段恢复运行。打开热力网主干管始端的阀门，使水流在被关闭的分段阀门前开始循环，再打开损坏管段相邻的备用跨接管上的阀门，以便向位于损坏管段后部的管段供热。

（3）排除故障。通过对损坏管段的外部检查或借助管道故障探测仪确定损坏白的具体部位，排出损坏管道区段的存水，用消防车或潜水泵抽出地沟和检查井的积水（如果是直埋管道，则应挖开损坏段），判定管道损坏程度。如轻微裂纹，可以补焊，如损坏严重，应割掉更换新管。

（4）开通管路并恢复对关断用户的供热。抢修完后可立即充水，打开抢修部位的分段阀和各分支管道上的阀门，关闭备用跨接管上的阀门，恢复向关断用户的正常供热。抢修所需的时间取决于损坏管段所在位置及管径，一般应限在7～40h内抢修完，否则在寒冷地区，中断供热部位的管段和热用户有冰冻的可能，甚至会造成大的事故。

为了迅速完成抢修工作，事故抢修队要配备一定数量的工作人员、机械设备、车辆和材料储备。抢修队的技术负责人要有抢修经验，对热力网的情况十分熟悉。系统正常运行时，抢修队成员在修配车间从事热力网的其他修理工作，只是在事故时才动员去从事抢修工作。

抢修队应配备：运输车辆、挖土机、推土机、起重车、电焊机、移动式空气压缩机、水泵、通风机、探漏仪等设备。在热力公司中，抢修工作十分重要，人员、物资、器具必须充分保证。

我国一些城市的热力网运行部门是近几年组建的，由于热力网系统是新建的，所以可能还未发生事故，但随着运行年限的增加，管网逐渐老化，迟早会发生事故。如果平时不做好预防工作，一旦发生较大事故，处理不当，造成大面积冻坏供热系统，不但经济损失巨大，甚至会影响当地社会生活秩序。由此可见，热力网运行管理部门的领导一定要重视抢修工作。热力网运行控制指标表见表15-1。

表15-1 热力网运行控制指标表

指标名称	分类	单位	指标
供热单位供热量	寒冷地区	GJ/m^2	0.23～0.35
	严寒地区	GJ/m^2	0.37～0.50
供热单位面积耗电量	寒冷地区	$kW\cdot h/m^2$	2.0～3.0
	严寒地区	$kW\cdot h/m^2$	2.5～3.7
供热系统补水比	一级网	%	<1
	二级网	%	<3
单位面积耗水量	一级网	kg/m^2	15～18
	二级网	kg/m^2	30～35
供热管网温降	地下敷设	℃/km	0.1
	地上敷设	℃/km	0.2
	蒸汽管网	℃/km	10
燃料耗量（热电厂）	寒冷地区	kg/m^2	10～15.2
	严寒地区	kg/m^2	16～22
燃料耗量（锅炉房）	寒冷地区	kg/m^2	12～18
	严寒地区	kg/m^2	19～26
管网损失	地上敷设	%	15～20
	管沟敷设	%	15～20
	直埋敷设	%	10～15
锅炉房耗电指标	循环流化床	kW/GJ	8.3～13.9
	链条炉	kW/GJ	4.2～6.9
锅炉房用水指标	循环流化床	t/GJ	0.11～0.28
	链条炉	t/GJ	0.11～0.28

第五节 监控与调度

一、一般规定

（1）对供热系统的运行参数，应进行检测、记录和控制。

（2）运行参数的检测、控制可手动，也可自动；对常规自动监控仪表，宜以电动单元组合仪表和基地式仪表为主；条件具备时，宜采用计算机自动检测、控制。

（3）运行参数的监控系统运行前应进行调试。

（4）供热系统运行期间，当热用户无特殊要求时，民用住宅室温不应低于16℃；热用户室温合格率应为97%以上。

（5）供热系统运行期间，设备完好率应为98%以上。

（6）供热系统运行期间的事故率应低于2‰。

（7）供热系统运行期间，用热户报修处理及时率应为100%。

二、参数检测

（1）供热系统应检测的参数主要有压力、温度、流量及热量等。参数检测的重点是热源、热泵、热力站、热用户以及主干线的重要节点。

（2）以热水为供热介质的供热系统，热源出口处应检测、记录：供水温度、回水温度、供水压力、回水压力、供水流量、回水流量、补水流量，有条件的宜检测、记录供热量。

（3）以蒸汽为供热介质的供热系统，热源出口处应检测、记录：供汽压力、供汽温度、供汽流量，必要时应检测、记录供热量和凝结水流量。

（4）热源出口处应建立运行参数计量站，热量计精度应按国家有关标准确定。

（5）供热系统中继泵站，应主要检测、记录：总进、出口压力，每台水泵进、出口压力，总流量，除污器进、出口压力，总进、出口水温，水泵电动机的电流、温升，必要时宜检测系统供热量。

（6）热力站参数检测应符合下列规定：

1）对于简单直接连接方式，应检测供、回水温度，供、回水压力，并宜检测供、回水流量，供热量。

2）对于混水连接方式，应分别检测一、二级系统的供、回水温度，供、回水压力，供、回水流量以及混水泵的进口压力、温度和流量，并宜检测供热量。

3）对于有供暖负荷、生活热水负荷的间接连接系统，应分别检测供暖、生活热水的一、二级系统的供、回水温度，供、回水压力和换热器的进、出口压力、温度，并宜检测供、回水流量和供热量。

4）对于蒸汽系统，应检测供汽流量、压力、温度；当有冷凝水回收装置、汽水换热器时，应分别检测一、二级系统的压力、温度、流量和汽水换热器的进出口压力、温度及水位，并宜检测凝结水回水流量。

（7）当采用计算机监控时，在热源、调度中心及热力站应检测室外温度。

三、参数的调节与控制

（1）供热系统实际运行流量应接近设计流量。

（2）当系统出现实际运行工况与设计水温调节曲线不符时，应根据修正后的水温调节曲线进行调节；当采用计算机监控时，宜根据动态特性辨识，指导系统运行。

（3）当室内供暖系统未采用热计量、未安装温控阀时，二级网系统宜采用定流量（质调）调节；当室内系统采用热计量且安装有温控阀时，二级网系统宜采用变流量（量调）调节。系统变流量时，宜采用不同特性泵组或改变水泵并联台数，或采用变速泵控制流量。为适应调频变速流量控制，系统宜采用双泵系统。

（4）在热力站热用户入口或分支管道上应安装调节控制装置以便进行流量调节。

（5）系统末端供、回水压差不应小于0.05MPa。

四、计算机自动监控

（1）供热系统从热源、泵站、热力网、热力站至热用户宜采用在线实时计算机控制。

（2）根据需要和技术条件，应选择不同级别的计算机监控系统，分别实现下列功能。

1）检测系统参数。

2）调配运行流量。

3）指导运行调节。

4）诊断系统故障。

5）健全运行档案。

（3）计算机监控宜采用分布式系统。

（4）计算机运行管理人员应经专业培训，考核合格后方能上岗。

（5）计算机监控系统在停运期间，应实行断电保护。

五、最佳运行工况的选择

（1）根据供热规划，应对直接连接、混水连接、间接连接等供热系统的运行方式制定阶段性的运行方案。

（2）对于多热源、多泵站供热系统，应根据节约能源、保护环境及室外温湿度变化，进行供热量、供水量平衡计算，以及关键部位供、回水压差计算，制定基本热源、调峰热源、中继泵、混水泵等设备的最佳运行方案。

（3）多种类型热负荷供热系统应根据不同形式的连接方式，制定不同的运行调节方案。

（4）地形高差变化大的供热系统，当需要建立不同静压区时，其仪表、设备必须可靠，确保安全运行。

（5）大型供热系统应进行可靠性分析，可靠度85%～90%；应制定故障及事故运行方案，当供热系统发生故障时，应按预先制定的故障及事故运行方案进行。

六、供热系统的运行调度

（1）供热系统（热源、热力网、热用户）必须实行统一调度管理，以保证供热系统的安全、稳定、经济、连续运行。

（2）供热系统调度中心应配备供热平面图、系统图、水压图、全年热负荷延续图及流量、水温调节曲线表；条件具备时供热系统主要运行参数宜采用电子屏幕瞬时显示。

（3）供热系统的运行调度指挥人员应具有较强的供热理论基础知识及较丰富的运行实践经验，并能够判断、处理供热系统可能出现的各种问题。

（4）供热系统调度应符合下列规定：

1）充分发挥供热系统各供热设备的能力，实行正常供热。

2）保证系统安全、稳定运行和连续供热。

3）保证各用热单位的供热质量符合规定。

4）结合系统实际情况，合理使用和分配热量。

（5）供热系统调度管理的主要工作应包括下列各项：

1）编制供热系统的运行方案、事故处理方案、负荷调整方案和停运方案。

2）批准供热系统的运行和停止。

3）组织供热系统的调整。

4）指挥供热系统事故的处理，组织分析事故发生的原因，制定提高供热系统安全运行的措施。

5)参加拟定供热计划和供热系统热负荷增减的审定工作。

6）参加编制热量分配计划，监视用热计划的执行情况，严格控制按计划指标用热。

7）对供热系统的远景规划和发展设计提出意见，并参加审核工作，参加系统的监测，通信设备的规划及审核工作。

第六节 热 力 网 维 修

所谓热力网维修，是热力网的维护和检修的统称。热力网维护是指在供热运行期间，在不停止供热的条件下对热力网进行的维护工作；热力网检修是指在停止供热的情况下对热力网进行的检修工作。

一、主要设备的维修

（一）一般规定

（1）在供热管网中安装的设备及附件应符合国家现行标准有关规定，其工作参数应符合供热管网的要求。

（2）更换设备和附件时，易磨损、老化、变形、腐蚀的设备附件应选用新产品。

（3）在蒸汽热力网中严禁使用普通铸铁制品，冷凝水管的附件应比规定的工作压力高一级。热力站一次热力网的总进、出口阀门必须符合供热管网的参数要求。

（4）管道与设备间的连接可采用法兰连接。除公称直径不大于20mm的管件可采用螺纹连接外，管道之间的接口均应采用焊接。螺纹连接的管件应采用铜制品，不得使用铸铁异形管件。

（5）供热管网中的所有热力设备、管道均应有良好的保温结构。

（二）壳管式换热器的维护

1. 壳管式换热器（包括浮头式、波纹管式、列管式换热器）的维护

（1）管束与管板的胀接应无腐蚀。

（2）挡板与管束接触应紧密，壳侧流体无短路现象。

（3）换热管内、外应无严重结垢现象。

（4）水室与管板应封闭严密、无泄漏，管束不得有穿孔或破裂。

（5）管程与壳程的阻力损失不应超过设计值的10%。

（6）一、二次水不得有穿水现象。

（7）应有的安全装置必须完好。

（8）温度和压力指示表应完好。

2. 壳管式换热器的检修

壳管式换热器运行中一般只需维护，不必维修，但结垢严重或换热管泄漏时须停运维修。壳管式换热器的化学除垢操作应符合下列程序。

（1）酸洗前的检查。

1）水垢经试验证明可用酸洗清除。

2）水垢的厚度平均在0.5mm以上，水垢覆盖面积超过80%。

3）换热器焊接缝严密、牢固，各部分无严重的腐蚀和渗漏。

4）换热器两年内未进行酸洗操作。

5）对不宜酸洗或不能与酸接触的部件应拆除或隔离。

6）对大型换热设备可采用分组、分段清洗的方法，暂不清洗的管路应加盲板堵塞。

（2）确定用酸种类和浓度。

1）根据水垢确定酸种类，不锈钢酸洗用 H_2SO_4，一般钢材用 HCl。

2）酸浓度宜在 8%内选择，可根据水垢的平均厚度确定，当采用酸浓度 8%仍不够时，可在酸洗过程中适当补充新鲜的酸液，而不再提高酸液的起始浓度。

（3）酸洗过程。

1）基本过程为水冲洗→酸洗→水洗→纯化。

2）水冲洗换热器内的污垢。

3）酸洗过程应在 0.5h 内把酸注完。

4）酸洗终点确定后，应尽快排酸。

5）应在排酸后尽快水洗，水洗至出水的 pH 值在 5～6 时为止。

6）水洗后，向换热器的循环水中加入氢氧化钠、磷酸三钠等碱液，循环 30min 再浸泡 1～2h 后排除碱液。

3. 换热管泄漏的维修应符合下列规定

（1）换热管泄漏的数量不大于总量的 5%时可进行维修，否则应更换换热管。

（2）更换换热管的操作程序。

1）卸下一侧法兰，采用在壳程中灌水加压的方法确定泄漏的换热管。

2）用气焊切下泄漏的换热管，更换新管。

3）当泄漏的换热管数目较多或集中时，更换新换热器。

（3）堵塞换热管的操作程序。

1）卸下一侧法兰/采用在壳程中灌水加压的方法确定泄漏的换热管。

2）在泄漏的换热管两侧塞入同等口径的钢管短节，并焊死。

3）堵塞的换热管不应超过总量的 5%。

4）当泄漏的换热管数目较多或较集中时，则应更换新换热管。

（三）板式换热器维修

1. 维护板式换热器

（1）维护检修之后应进行 1.5 倍工作压力持续 30min 的水压试验，压力降不得超过 0.05MPa。

（2）压紧尺寸不得小于设计给定的极限尺寸。

（3）密封垫圈应满足流体介质参数的要求。

（4）应按工艺要求组装，不得有穿流现象。

2. 检修板式换热器

（1）板式换热器在运行中泄漏时，不得带压夹紧，必须泄压至零后方可进行夹紧、补漏，但夹紧尺寸不得超过装配图中给定的最小尺寸。

（2）板式换热器打开时，如温度较高，应待降至室温后再拆开设备，拆开时应防止密封垫片松弛脱落。

（3）板式换热器板片应逐块进行检查与清理，一般的洗刷可不把板片从悬挂轴上拆下。水刷时，严禁使用钢丝、铜丝等金属刷，不得损伤垫片和密封垫片。

（4）严禁使用含 Cl^- 的酸或溶剂清洗板片；板片洗刷完毕后必须用清水洗干净。

（5）板式换热器更换密封垫时，应用丙酮或其他酮类溶剂溶化垫片槽里的残胶，并用棉纱擦洗干净垫片槽。

（6）贴好密封垫片的板片应放在平坦、阴凉和通风处，上面用板片或其他平板压住垫片，自然干固 4h 后方可安装使用。

（7）板式换热器夹紧时，夹紧螺栓板内侧上下、左右偏差不应大于 10mm，当压紧至给定尺寸（一般为最大加紧尺寸）时，两夹紧板内侧的上下偏差不应大于 2mm。

（四）水泵的维修

（1）水泵的叶轮、导叶表面应光泽、无缺陷，轮轴与叶轮、轴套、轴承等的配合表面应无缺陷，配合应符合设计要求。

（2）泵轴的径向跳动值不应大于 0. 05mm。

（3）装配好的水泵应手动盘车，其转子转动应灵活，不得有偏中、卡涩、摩擦等现象。

（五）水处理设备的维修

1. 固定床水处理设备

（1）离子交换器本体内壁的防腐涂料、衬胶或衬玻璃钢不得破损或脱落。

（2）进水装置水流分布均匀，水流应不直接冲刷交换剂层。

（3）进出孔眼应通畅。

（4）应确保再生液均匀地分布在交换剂中。

（5）底部排水装置应出水均匀，无偏流和水流死区，不得使交换剂流失。

（6）观察孔、人孔应严密封闭，无泄漏。

2. 浮动床水处理设备

（1）上部装置中的滤网不得被破碎的树脂堵塞。

（2）下部装置在运行时布水均匀，当再生与反洗排出废液时树脂不得漏出。

（3）空气管上的水帽或滤网无破损。

（4）窥视孔应能清楚地观察交换器内部树脂的数量与活动情况。

（六）除污器的维修

（1）通过除污器后的水应不含杂质和污垢。

（2）除污器的位置应按介质进出口流向正确安装，排污口朝向位置应便于检修。

（3）立式直通式除污器的出水管不得堵塞；卧式除污器的过滤网应清洁。

（4）出水管滤网不得有腐蚀或脱落现象。

（5）除污器的承压能力应与管道的承压能力相同。

（6）立式除污器的排气阀应操作灵活，手孔密封，不得有漏水现象。

（7）卧式除污器滤网应能自由取放，不得强行取放。

（8）滤网孔眼应保持85%以上畅通，流通面积低于设计的80%时应及时清洗。

（9）自制的除污器应有计算文件备查。

（七）管道与钢支架的维修

（1）供热管道上所用的管材，应采用无缝钢管或螺旋卷焊钢管。管道钢材应符合设计要求及“热力网施工规范”的规定。

（2）更换后的管道，其标高、坡度、坡向、折角、垂直度应符合原设计及CJJ 34—2010《城镇供热管网设计规范》的要求。

（3）管道翻修完毕维修段应进行水压试验。当不具备水压试验条件时，必须进行100%射线探伤检测。水压试验应按CJJ 28—2014《城镇供热管网工程施工及验收规程》的有关规定进行。

（4）管道外观检查应达到CJJ 28—2014《城镇供热管网工程施工及验收规程》的有关规定。

（5）管壁腐蚀深度超过原壁厚的1/3时，必须更换管道。

（6）管道的保温层及保护层应完整，保温性能应符合设计要求。

（7）直埋供热管道应满足下列要求：

1）直埋管道应采用由长度相等的钢管预制成的保温管。保温管的防腐层、保温层及渗漏警报系统应符合设计要求及“预制直埋保温管”的规定。

2）直埋管道的埋深不得小于设计规定，管道中心距、管底土质及填土土质应符合设计要求。

3）直埋管道的保温、防水外壳应符合设计要求及CJJ/T 81—2013《城镇供热直埋热水管道技术规程》、CJJ/T 104—2014《城镇供热直埋蒸汽管道技术规程》的规定。

（8）钢支架的维修应符合下列要求：

1）固定支架应安装牢固、无变形，应能阻止管道在任何方向与固定支架的相对位移，且能承受管道自重、推力和扭矩。钢支架基础与地板结合应稳固，外观无腐蚀、无变形。

2）滑动支架的基础应牢固，外观无变形和位移。滑动支架不得妨碍管道冷热伸缩引起的位移，应能承受管道的自重和摩擦力。

3）导向支架的导向结合面应平滑，不得有歪斜、卡涩现象，并应保证管道只沿轴线方向滑动。

（八）阀门的维修

（1）阀门更换安装前，应按“热力网施工规范”的规定进行解体检查（除免维护球阀），更换密封材料，并经检验合格后方可使用。

（2）阀门维修应达到下列要求：

1）阀门阀杆应能灵活转动，无卡涩、歪斜，铸造或锻造部件应无裂纹、沙眼或其他缺陷。

2）应填料饱满，压紧完整，有压紧的余量。法兰螺栓的直径、长度应符合国家现行有关标准的规定，螺栓受力均匀，无松动现象。

3）法兰面应无径向沟纹，水线完好。

4）阀门传动部分应灵活、无卡涩、油脂充足。液压或电动部分应反应灵活。

（3）阀门公称压力等级不得小于1.6MPa，蒸汽阀门公称压力等级应符合设计要求。

（九）补偿器的维修

1. 套筒补偿器

（1）更换套筒补偿器时，安装长度和补偿量必须符合设计要求。

（2）套筒组装应符合工艺要求，盘根规格与填料涵间隙一致。

（3）套筒前压紧圈与芯管间隙应均匀，盘根填量应充足，满足压紧圈的压紧要求，不出现明显偏差，无卡涩现象。

（4）螺栓应无锈蚀，并涂有油脂保护。

（5）柔性填料式套筒的填料量应充足。

（6）芯管应有金属光泽，并涂有油脂保护。

2. 波纹管补偿器

（1）波纹管补偿器进行预拉伸试验时，不得有不均匀变形现象。

（2）波纹管补偿器安装前的冷拉长度必须符合设计要求。

（3）波纹管补偿器安装后，与管道的同轴度应保持在自由公差范围内，内套有焊缝的一端宜在水平管道上迎介质流向安装，在垂直管道上应将焊缝置于上部。

（4）波纹管补偿器安装后，去掉涂黄漆的紧固螺栓后方可投入运行，复式拉杆波纹管补偿器松开紧固螺栓后方可投入运行。

（5）对有排水装置的波纹管应保证排水丝堵无渗漏。

3. 球型补偿器

（1）球型补偿器水平安装时应设平台。

（2）球型补偿器垂直安装时，球体的外露部分必须向下安装。

（3）球型补偿器安装时，应尽量向弯头部位靠近，球心距长度宜大于理论计算值。

（4）球型补偿器两垂直臂的倾斜角应与管道系统相同，外伸缩部分应与管道坡度保持一致，应转动灵活、密封良好。

（十）法兰与螺栓的维修

（1）法兰连接应符合“热力网施工规范”的规定。

（2）法兰密封面的光洁度应达到设计要求，严禁碰撞或敲击，结合面部有损伤，在安装前必须对密封面进行检查，当接触不好时，必须进行研磨。

（3）选法兰时宜选用标准法兰，不宜选用非标准法兰和使用拼焊成型的法兰。

（4）法兰的型号应按管网设计公称压力选用。

（5）法兰盘上螺栓孔的中心偏差不宜超过孔径的 4%。

（6）凸、凹法兰应自然嵌合；连接法兰的螺栓的螺纹部分应无损伤。

（7）法兰垫片的内径应大于法兰内径 2～3mm；外径应同法兰密封面的外缘相齐。垫片不宜出现接口，必须接口时，应用嵌接。

（8）法兰螺栓紧固后，每个螺栓都应与法兰紧贴，不得有缝隙。

（9）连接法兰的螺栓应露出螺母长度 2～3 扣，且不应超过螺栓直径的 1/2。所有螺帽应在法兰同一侧上，应采用同一规格螺栓。

（10）法兰接口应安装在检查室或管沟内，不得埋在土中。

（11）法兰垫片的选择应满足管道输送介质的温度压力要求。

（12）法兰连接严禁使用双层垫片，垫片厚度与材质应符合国家现行标准的规定。

（13）螺栓和螺母的螺纹应完整；丝口不得有毛刺或划痕，不得有裂口。

（14）螺栓和螺母应拧动灵活，螺母不得锈蚀在螺栓上。

（15）螺母材料的硬度宜小于螺栓的硬度；螺栓和螺母应配合良好，无松动、咬扣现象。

（十一）蒸汽疏水阀的维修

（1）蒸汽疏水阀应能准确无误地排放凝结水。

（2）热静力型蒸汽疏水阀应在规定温度范围内开启，当凝结水排完时应能完全关闭。

（3）圆盘式蒸汽疏水阀的紧扣完全处于蒸汽状态时，阀片扰动频率不得大于 3 次/min。

（4）疏水阀应无明显的漏汽现象。

二、供热管网的维护与检修

（一）供热管网的运行维护

1. 一般规定

（1）蒸汽管线应每周运行检查两次，热水管线在供暖期应每周检查一次。节假日、雨季和新投入运行的管道，应加强巡逻、维护、检查，并将巡视、维护情况及时填报运行日志。

（2）管道维护检查不得少于两人，必须有一人在井口监护。

（3）运行人员在执行维护任务时，应按任务单操作，不得碰动管道上的其他设备和附件。

（4）运行检查主要包括下列要求。

1）供热管道设备及其附件不得有泄漏。

2）供热管网设施不得有异常现象。

3）小室不得有积水、杂物。

4）外界施工不应妨碍供热管网正常运行及检修。

（5）较长时期停止运行的管道，必须采取防冻、防水浸泡等措施，对管道设备及其附件应进行除锈、防腐处理。对季节性运行的管道及蒸汽管线，在冬季停止运行后，应将管内积水放出，泄水阀门保持开启状态。热水管线停止运行后，应充水养护，充水量以保证最高点不倒空为宜。

（6）必须进行夏季防汛及冬季防冻的检查。

2. 维护质量要求

（1）套筒伸缩节法兰盘、螺栓、阀门丝杠、传动齿轮等裸露的可动管道附件，应保持一定的油量，拆装、伸缩自如，操作灵活。

（2）阀体表面、泄水管、钢支架、弹簧支架及爬梯等管道裸露的不可动部分，应无锈、无垢、整洁，涂有符合国家有关标准的防护漆。

（3）螺栓、阀门牙包齿轮等处应保持一定的油量，拆装、伸缩自如，操作灵活。

（4）温度表、压力表应灵敏、无缺损。

（5）蒸汽管道喷射泵应保持通畅，无锈蚀、堵塞现象。

（6）带锁井盖应保持井盖开启自如，封闭严密。

（7）小室应保持清洁、无积水。

（二）供热管道检修

1. 一般规定

（1）担任运行管理、检修工作的各级管理人员、检修人员，应熟悉所检修项目的现行有关国家标准的规定，并在工作中贯彻执行。

（2）检修人员必须根据检修任务，提出切实可行的检修方案。

（3）检修中要严格执行检修质量标准。

（4）检修时应注意下列安全要求。

1）在开始工作前，必须检查与供热管段是否切断，确保安全。

2）在检查室内操作时，井口必须有专人看守并设置围栏，进入小室和上下架空管管道时，应注意安全，防止发生坠落事故。

3）使用检修工具时，应把牢，用力均匀，并有安全起吊措施，防止脱手伤人。

4）使用起重设备安装与拆卸管道时，起重设备经检查合格后方能使用，起吊时应有安全措施，严禁将荷重加在管道上，也不得把千斤顶架设在其他管线上。

5）高空检修时，应采取必要的保护措施，不得从高空向地面扔工具。

6）在小室作业时，照明用电压必须在24V以下，电源、供电线路及用电设备必须经检查合格后方能使用，且使用时必须有专人监管。

7）蒸汽管网须有通风、降温措施。

（5）检修分类。

1）中修：小于DN150以下设备与附件的更换和检修。

2）大修：不小于DN150设备与附件的更换和检修。

2. 检修前后的停运和启动

（1）供热管网因检修而发生的停运和启动操作，必须按批准的方案进行。

（2）当停止运行需关闭几个阀门时，应成对操作，热水管线先关供水阀门，后关回水阀门。关闭热水管线阀门时，关断时间应满足表15-2规定。

表15-2　　热水管线阀门关断时间表

阀门尺寸DN（mm）	关断时间（min）
200～500以下	≥3
500以上	≥5

（3）被检修的供热管线停止运行后，应观察正在运行的相连管道是否有串水、串汽的现象，运行管段末端是否有积水，以及管道上各种附件和支架的变化情况，如发现异常应及时报告。

（4）管道启动前。应仔细检查有关维护、检修的质量，经检查符合启动要求后方能动。

（5）停热检修完成后，热水管线应根据热源厂补水能力充水，严格控制阀门开度。管线充水应由热源厂向回水管内充水，回水管充满后，通过连通管向供水管充水，充水过程中应检查有无漏水现象。

（6）蒸汽管网检修完毕，在投入运行前，必须先进行暖管，暖管的恒温时间不应少1h。

（7）蒸汽或热水管线投入运行后，应对阀门、套筒补偿器、法兰等连接螺栓进行热拧紧。

（8）供热管网压力接近运行压力时，应冷运行2h，无异常现象后再开启热力站进出口阀门。

（9）在充水过程中应随时观察排气情况，待空气排净后，将排气阀门关闭，并随时检查供热管网有无泄漏。

（10）热水供热管网升温，每小时不应超过20℃。在升温过程中，应检查供热管网及补偿器、固定支架等附件的情况。

（11）蒸汽管网启动应根据季节、管道敷设方式及保温状况，用阀门开度大小严格控制暖管温升速度。暖管时应及时排除管内冷凝水，冷凝水排净后，应及时关闭防水阀及喷射泵。当管内充满蒸汽且未发生异常现象后，再逐渐开大阀门。

（12）热水管线在所有干、支线充满水后，由生产调度联系热源厂启动循环水泵，开始升压。

（13）每次升压不得超过0.3MPa，每升压一次应对供热管网检查一次，重点检查新检修、维护的管段及设备，经检查无异常后方可继续升压。

3. 法兰连接时阀门的更换

（1）安装的阀门应有出厂合格证或检修单位试验合格证。新阀门安装前应进行解体检查，清扫并加足盘根，进行严密试验合格后方可能安装使用。

（2）阀门安装前应进行下列检查。

1）零件应无缺损、裂纹、沙眼，通道应干净。

2）阀门法兰孔与管道法兰孔应一致。

3）阀门法兰面应无径向沟纹，水线应完好。

（3）阀门安装前应核对型号，并根据介质流向确定其安装方向。

（4）法兰或螺栓连接的阀门应在关闭状态下安装。

4. 焊接时阀门的更换

（1）在切除旧的焊接阀门时，应确保阀体完整，阀门两端应留有150～200mm的管段。

（2）焊接时应符合下列要求。

1）焊接前，蝶阀应关闭，球阀应处于开启状态，焊接时电焊机接地线必须搭接在同一侧焊口的钢管上，防止电流穿过阀体灼伤密封面。

2）焊接后阀门的边缘应与管道的边缘连成一圆周。

3）焊接过程中应采取相应的措施减少焊接应力。

4）阀门安装在立管时，应向已关闭的阀板上方注入不少于10mm的水。

5）焊接方式及焊条应根据阀体材料选择，或由厂家推荐（一般采用电焊，焊条采用J506或J507）。

6）完成焊接后，所有飞溅物应清理干净，并进行2～3次完全的开启以检查阀门是否正常运行。

5. 套筒补偿其盘根的增加或更换

（1）使用盘根应符合有关标准的规定，且必须保持清洁。蒸汽管道宜使用浸油铜丝石棉盘根，热水管道宜使用浸油橡胶石棉盘根。

（2）加盘根前，套筒内最后一圈盘根应淘净且无碎渣，盆根加满后，最外圈应平整、无损伤。

（3）盘根应切成45°斜面，且斜面与芯管表面垂直，接头必须平整，无空隙、突起，加盘根适应一圈一圈依次填入，各圈接头如图15-4所示依次错开。

（4）盘根在加入套筒前应施加适当的外力，使其在套筒径向变薄。

（5）压紧盘根时，法兰螺栓必须同时上紧，螺栓松紧应一致，法兰与芯管之间的缝隙应均匀。

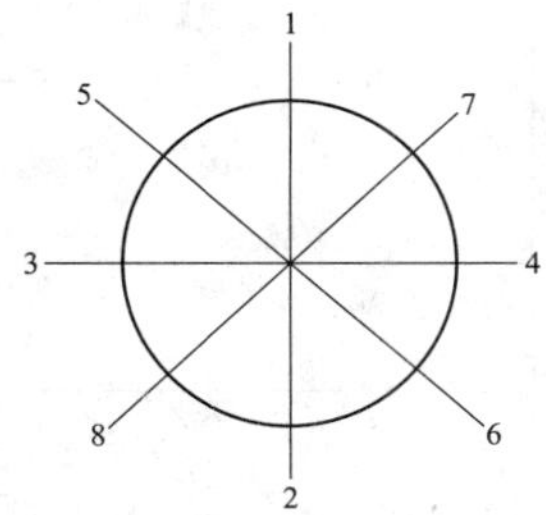

图 15-4　加盘根一圈一圈依次填入错开图

（6）填料涵应加足盘根；套筒压兰压入填料箱以10～20mm 为宜，且不得与填料箱啃住。

（7）每圈盘根应只有一个接头，最后两圈可加短头，长度不应小于 150mm。

（8）压兰下面的芯管部分与芯管外露部分应除锈，后涂油。

（9）螺栓安装前应除锈，涂机油和石墨粉。

（10）安装操作时不得划伤芯管。

（11）阀门添加或更换盘根时，应按套筒补偿器添加或更换盘根的要求进行。在拆卸螺栓、蝶母前，可用煤油浸透。用手锤敲打螺栓及螺母周围时，不得损坏螺纹。对难于拆卸的螺母，可用氧炔焰加热螺母将其拧出。

第七节　信 息 化 建 设

随着供热产业的发展，供热企业迅速发展壮大，逐步向规模化、集团化发展，随之而来的生产运行管理问题；广布在各地的下属企业的生产运行信息受地域或时间的限制，不能及时反馈给机关管理层，不能及时有效地监管问题；企业生产运行如何进行规范化、标准化、精细化管理问题；企业如何提高供热质量和保证供热设备安全的问题；企业如何实现降低运营成本、提高经济效益的问题，逐步成为制约企业快速发展，提高竞争优势，巩固行业地位的拦路虎。

传统供热企业的模式已经难以适应多变的供热需求。然而生产运行信息化平台建设为供热企业的发展提供了一个很好的方向，生产运行信息化平台借助大数据、物联网、移动互联、云计算等技术能够从生产、运行、管理、服务等方面为供热企业提供全面的支撑，是供热行业发展的必经之路。

一、热力网监控系统的网络架构

热力网远程监控系统由监控中心和远程终端站两大部分组成。其网络架构如图 15-5 所示，主要由感知层、网络层、平台层和应用层四层结构组成。

感知层包括一体化的数据采集和实时控制系统，主要组成为仪器仪表设备和现场 PLC 控制器。数据采集实现热源、热力网、换热站的温度、压力、流量、热量、电动阀门开度的数据采集。实时控制系统能够根据换热站或热用户的用热特点进行自动化的控制，具有多种控制策略，可以满足不同用热特性的控制要求，提高换热站及建筑的供热质量，降低能源消耗。

网络层能够通过各种网络系统（ADSL、GPRS、3G、4G、光纤等），将换热站及热用户的实时数据传输到热力网监控中心，监控中心也可以通过网络系统将控制指令下达到现场控制器，执行控制调节指令。为了实现运行数据的集中监测、控制、调度，必须建立连接所有监控点的通信网络。

平台层负责接收各现场监控设备发来的数据，将实时运行参数存储在数据中，为后续的管理、分析、控制提供基础数据，并对数据进行存储、分析、报警、报表打印，向各现场设备发出调度控制指令，为供热过程如热源负荷分配、热力网平衡与分析等提供决策依据。

应用层为运行人员的直接使用层面，实时对上传数据进行连续动态分析，并可以依据分析结果下达调节指令。

二、换热站无人值守系统

换热站无人值守系统以 PLC 可编程控制器为核心，PLC 控制系统对各种现场仪表进行物理量的测量，实现现场的数据采集和监控，同时对一次网的电动调节阀、二次网的循环系统、补水系统等控制对象进行自动控制，确保其运行在设定范围内。巡检人员可通过人机界面进行站内参数监视、控制及操作。

1. 换热站数据采集

为满足运行监视、监控和技术进步要求，应对换热站相应运行和状态参数予以采集。采集的参数包括室外温度；一次网的供/回水温度、压力；二次网的供/回水温度、压力；一次网循环流量；二次网循环流量；二次补水流量、温度；二次补水泵频率、电流；二次循环水泵频率、电流；一次网电动调节阀开度；二次补水调节阀开度；补水箱液位；室内温度；循环水泵和补水泵的启停及运行状态；运行参数的越限报警。

2. 换热站系统控制

系统控制是根据换热站工艺流程原理，结合现场仪器仪表设备进行控制，是实现无人值守的必备功能，完善的控制策略不仅能够增加运行人员调节热力网的手段，而且还能在保证优质供热的同时使系统达到节能的目的。

（1）手动控制。通过现场控制器直接输入控制参数，控制电动阀门开度、循环泵和补水泵的启停等。

（2）气候补偿控制。系统能够自动采集室外温度，根据预设的气候补偿曲线自修正温度控制曲线。

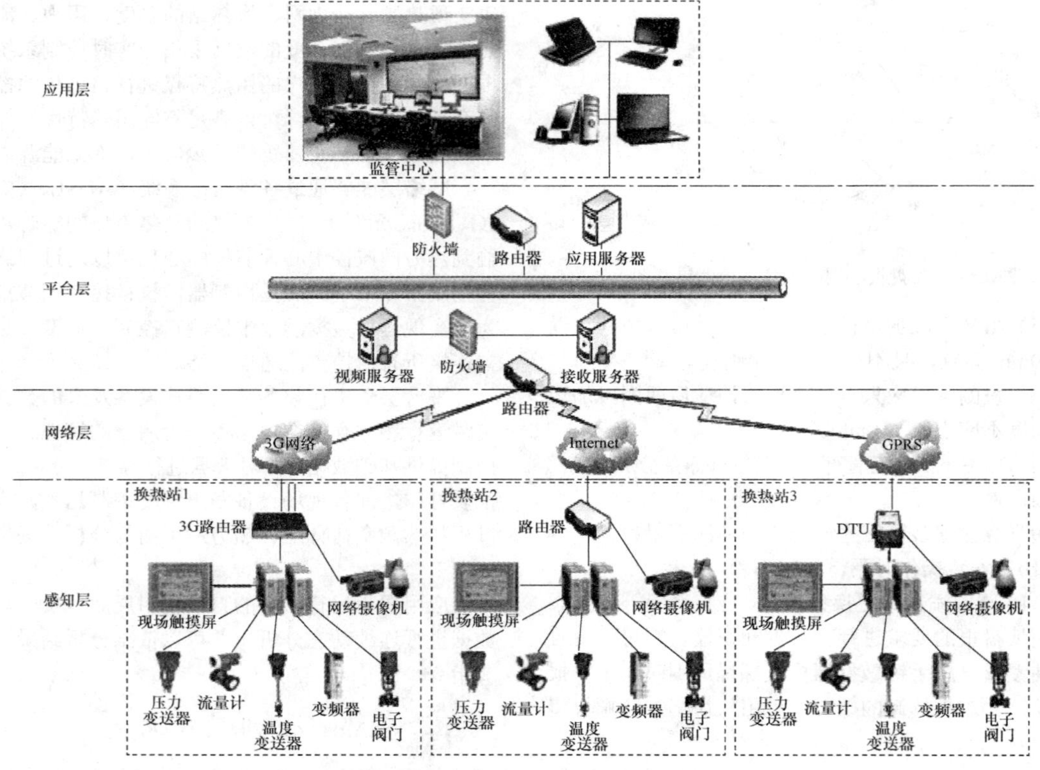

图 15-5　热力网监控系统网络架构

（3）室温控制。系统能够依据采集的建筑室内温度，根据设定的室内温度曲线调整电动阀门开度。

（4）分时控制。系统根据用热特性制定建筑用热控制模式。对于公共建筑，白天保证室内温度，夜间保持值班温度，节约热量，降低运行成本。按照设定的时间曲线运行，到达某个时间点时将阀门开到相应的参数，直到下一个时间点来临。时间曲线可以按照一定的周期循环，以一天、一周为一个周期。

（5）全网平衡控制。系统能够根据各站负载情况、热源输出情况，经过计算，得出各站电动阀门或分布式变频泵的目标参数，统一控制，达到全网工况平衡运行的效果。通过对采集上来的热力站、管网关键节点的实时运行数据进行运算处理、趋势分析，采用一定的控制算法，得出一次网电动阀门的目标参数，下传至所有电动调节阀并进行全网平衡控制。最大程度上避免管网的水力振荡、温度飘移，保证系统的稳定、高效、节能运行。

（6）循环泵控制。二次网循环泵控制是以控制循环泵频率为基础，通过控制循环泵频率来控制二次网流量，当频率增大时，二次网流量增加；当频率减小时，二次网流量减小，通过控制二次网流量间接地控制二次网供水压力。在实际运行中，随着热负荷变化，循环泵变流量控制参与供热调节也可节约大量电能，主要有定循环泵频率控制、定二次网流量控制和定二次网供压控制。

（7）补水泵控制。补水系统的作用是防止二次网倒空，保证系统在规定压力下运行。该功能通过调节补水泵频率进行控制。系统压力信号来自二次网回水压力变送器的反馈，分为人工定频控制、限压控制、定压控制三种方式。

三、智能热力网调度系统

热力网调度是为了保证热力网安全稳定运行、对外可靠供热而采用的一种有效的管理手段。通过该系统可实现从热源到管网再到换热站的实时生产数据的监控管理，直观、高效地调整各种参数，准确、及时的处置供热事故，科学分析各种历史数据，制定最佳的调度方案和生产运行计划，从而达到科学调度、节能增效、减少事故的效果。可为企业管理部门提供实际用能数据，量化管理，掌握各类负荷的实际耗能量，从而将原有的经验式宏观管理模式转变为精细式数字管理模式。通过该系统，管理部门可以做到“掌握情况、摸清规律、系统诊断、合理用能”，大大提升管理水平。

（一）系统定位

智能热力网调度以换热站自控调节为基础，热力网调度中心监控为辅，智能热力网调度系统软件综合分析为指导，实现供热企业对热力网运行的集控管理、对标分析等，达到安全供热、优化节能、降低经济投入、提高热力企业整体管理水平的目的。

智能热力网调度系统是通过计算机软件、硬件、网络、自动化仪器仪表等组成的一套集企业运营管理、换热站远程控制、数据综合分析为一体的智能化供热企业管控平台，实现热力网的运行状态监测、负荷预测、运行参数设定、调度指挥、统计分析等多重功能。

（二）主要内容

运行工况完成运行管理人员对热源、热力网和换热站的供热运行状态的了解，显示整个供热系统运行状态，包括当前换热站的主要运行参数、经济参数指标及目标值与偏差值、安全性参数指标等生产运行管理人员需要关注的参数；同时对系统的压力报警、断电报警、温度报警等报警状态进行分析。根据运行操作、生产管理及设备管理人员的要求，提供完善、灵活的显示方式，对生产过程进行有效的监控，指导相关人员完成生产过程、系统或设备分析，更好地进行操作调整与管理决策。其主要内容包括：

（1）实时获得热力网运行的成本、利润、消耗数据。

（2）水、电、煤、气、热等日、周、月、年详细统计。

（3）换热站热耗、水耗、电耗、管损、户用热量一目了然。

（4）今日运行状况，便于运行人员实时调度。

（5）昨日运行情况，便于运行人员总结，进行运行调度。

（6）换热站运行优差 Top10 排行榜。

（7）事故处理报告。

（8）热源、换热站运行报警。

（9）多种直观的饼图、曲线，使数据易于理解。

（10）全面掌握热源、管网、换热站、热用户运行情况。

（三）系统功能

1. 负荷预测

负荷预测是以历史数据、算法公式以及气象预测为基础，进行能耗的预测。以预测为依据，制定运行方案，指导生产运行。然后将实际的运行数据同预测值比较，进行反复的修正和改进，进而提高供应时间的有效性和供应量的准确度，以达到供应量和用户需求量准确匹配的目的。

系统通过对气象、生产负荷、热源基本信息、换热站运行参数以及用户室内温度等生产运行相关的各类历史信息的分析、挖掘，按照科学的计算方法，进行多种方式的负荷预测，建立热源、站以及用户各级包括水电热等各类能源消耗的指标，为科学核算供热成本及节能降耗工作提供依据。

根据历史气象对新的供暖期进行运行方案的制定，同时对负荷、能源消耗量、能源成本做出预测，作为新供暖期调度运行的参考依据。

根据气象预报以及实际负荷等信息，可以制定未来三天或者一周的供暖经济运行方案，进行科学的调度运行。

2. 热力网平衡

热力网平衡基于电动式流量调节阀，根据各换热站的热负荷大小将热源提供的热量按比例分配，根据换热站热量表采集的实时数据和换热站的热负荷等基础资料，自动计算供热系统的热量平衡分配量，从而弥补了单靠平衡换热站水力工况来消除热力网冷热不均带来的不足。通过采集各换热站一次管网的压力和流量，设定每个换热站的电动式流量调节阀开度，达到热力网平衡运行的目的。

（1）平衡效果。通过对采集上来的热力站、管网关键节点的实时运行数据进行运算处理、趋势分析，经数据处理后，计算得出全网电动调节阀的目标参数，下传至所有电动调节阀并进行全网平衡控制，最大程度上避免管网的水力振荡、温度飘移，保证系统的稳定、高效、节能运行。根据取得的运行参数信息，采用一定的控制算法，得出一次网电动阀门的目标参数，并回传给热力网控制系统。从而控制一次网电动阀门的动作，降低热力网运行的热力失调，达到平衡、均匀供热的目的。

（2）分析计算。根据实时数据，对全网进行动态的水力平衡分析，计算全网最不利点及其参数。可以对全网所有站进行综合分析；可以查询全网热源、换热站、公共建筑、管道的运行数据，包括压力、温度、流量、热量、压降、管网热损失等数据。找到全网供热参数最高的站，找出全网不符合供热参数条件的站，为管网自动调节、控制提供基础数据。

（3）全网动态平衡控制。系统能够根据动态水力平衡分析计算结果，确定全网综合调节控制方案。分析计算出在当前热源输出条件下全网最佳的平衡控制方案，确定每个换热站参数，自动将控制数据下达到每个控制器中，实现全网自动平衡控制。

3. 初调节控制

在供暖准备期，系统能够根据全网负荷、管网特性、热源参数等，自动进行全网初调节计算，计算出每个换热站阀门初始开度，自动将阀门初调节参数下达到控制器中，在较短的时间内建立起管网初始水力工况，保证所有用户都能够得到及时准确地供热服务。

4. 调度指挥

调度指挥主要实现生产调度指令的下达、追踪、反馈过程。通过与实时监控系统的紧密耦合，实时采集公司所有换热站（包括水水站、汽水站）的全部技术数据，包括压力、温度、流量、热量、水电消耗及水泵状态等各种基础数据，公司调度可以在调度室了解到各个换热站的各项运行参数，监测整个供热系统运行工况、分析系统运行工况的合理性，发出供热系统的调度指令，完成各种调度功能，实现热力站的按需供热和热源能力不足时实现热量均摊。

5. 应急指挥

应急指挥，指针对突发性事件进行调度指挥，指导热力网事故处理，增强事故反应能力，方便领导快速准确地做出决策，减少事故损失。

可以对救援现场进行实时监控，便于指挥中心领导从全局掌握救援进度、现场救援状况，便于领导下达决策指令、统一协调指挥，从而使整个救援过程快速、高效的进行。

（1）系统根据采集到的实时数据，对热力网热量、流量进行分析，热力网出现异常状态时迅速辨别故障类型，并进行多层次报警。

（2）在热力网管网发生爆管泄漏事故时迅速找出事故发生位置，确定爆管的管段号、管径、管材以及相关信息。

（3）自动给出最优阀门关闭方案及事故处理意见。

（4）迅速绘制出事故发生地点的管网图及须关闭阀门的栓点图，结合地理信息系统，准确显示事故影响的范围。

（5）显示停止供热区域图，自动搜索停热用户、需关阀门，自动选择最优关阀方案，列出需关阀门，显示停热区域及停热用户名单。

（6）对事故进行实时文字和视频、图像播报。

（7）事故报告的归档与整理。

（8）事故发生原因的统计与分析。

（9）事故处理结果的统计与分析。

（10）事故损失的深层次统计与分析。

6. 调度值班

调度值班提供调度人员日常工作的记录平台，不但提高了工作效率，管理人员还可以随时查看当前或历史值班工作详细内容，及时发现问题解决问题，高效准确地保证热力网安全运行。值班日志以生产班组和排班管理为基础，完成班组的交接班管理，在当班时进行事件登记和事件处理。

7. 能耗分析

能耗分析是将采集的数据进行归纳、分析和整理，计算热用户的能耗和能耗平衡，计算换热站的热耗、水耗、电耗及各项的单耗，实现热力数据的统计和分析。

能耗分析主要统计换热站热、水、电的耗用情况，找出能耗、单耗最高、最低的换热站、建筑。同时可以通过连续分析曲线，找到供热异常的换热站和建筑，及时发现供热问题，及时解决问题，为热力公司节约能源，减低运行费用。

（1）热源供出热耗的日、周、月、年统计。

（2）热源供出能耗趋势分析。

（3）换热站热耗、水耗、电耗及各项单耗的统计日、周、月、年的统计。

（4）换热站热耗、水耗、电耗及各项单耗的对比分析。

（5）换热站热耗、水耗、电耗及各项单耗的同比分析。

8. 节能分析

锅炉房的能耗主要包括煤耗、水耗和电耗，电厂购热的主要能耗为热耗。换热站的能耗主要包括热耗、水耗和电耗。进行节能分析就是从热源和换热站两个主体出发，进行年度的对比，进而得出节能的效果分析。

（1）热源的煤耗、水耗、电耗及各项单耗统计和对比。

（2）热源的煤耗、水耗、电耗及各项单耗与去年的对比和差额分析。

（3）换热站的热耗、水耗、电耗及各项单耗统计和对比。

（4）换热站的热耗、水耗、电耗及各项单耗与去年的对比和差额分析。

9. 成本分析

成本分析是指现使用的燃料的成本分析，包括燃料的采购及使用，汇总价格即为燃料成本；在相同的热能情况下，采用其他的燃料，所需的数量、单价，进行成本对比。

（1）入场煤数据，指每日煤采购进场数据记录。

（2）入炉煤数据，指每日煤入炉消耗的数据记录。

（3）煤量调整数据，指每日煤场调整数据。

（4）热能统计，指每日每热源产生的热量数据。

（5）成本对比，指采用其他燃料需要的成本。

（6）热源效率分析，通过燃料消耗量和实际供热量，计算热源供热效率，既可以横向对比又可以纵向分析热源效率走向，全面掌握供热效率状况。

（7）日、月、年贸易结算报表。

（8）生产经营用热预测报表。

（9）生产经营日、月、年成本分析。

（10）能源指标考核统计分析。

（11）水、电、煤、气、热能耗的日、周、月报。

（12）供热潜力分析。

四、无线室温采集系统

无线室温采集系统主要由无线移动终端测温设

备、数据安全传输网络和中心平台数据接收、统计与分析软件组成。在需要对温度监控和测量的地方放置无线移动终端测温设备，然后采集到的温度信息数据通过 GPRS 网络上传监控中心数据服务器，代替过去完全由人工来完成的温度数据采集任务，同时监控中心实时对无线移动终端测温设备传输来的温度数据进行存储、分析和查询统计，从而能有效地监控监测点的温度。

本系统软件集成于供热管控系统软件平台上，提供技术数据显示、设备状态查询、历史数据搜索、报表统计、供热质量统计分析等功能。基于实际数据，以及专业性极强的智能分析结果，政府部门能够合理调整政策，提高供热服务质量，同时为供热企业减少能源浪费、制订科学的生产计划，提供有效的事实依据。

五、地理信息系统

城市供热系统是由热源、热力网、热用户组成的庞大、封闭、复杂的循环系统，具有十分复杂的空间和非空间属性。传统工作方式中，这些信息一般经图纸图表描述（例如，施工和竣工资料图表），采用人工管理，长期以来，我们在管网资料的管理方面一直沿用这种做法。

各种图档资料的不齐全，使我们在管理这样一个庞大的管网时感到力不从心。供热运行调度缺乏依据，遇到紧急情况无法及时得知有关信息采取相应措施。有关资料只存在一些有经验的技术人员的头脑里，因大规模市政建设而日益变化的参考建筑，使有些管网资料失去了其原有的价值，设备管理相当困难，管网设计也很难优化。为了彻底改变这一现状，必须引入计算机技术-地理信息系统（GIS）来管理我们的管网资料。

利用 GIS 技术存储、管理和更新供热管道网络的空间数据库，辅助供热管网线路规划、管理；通过与 GPS、无线通信、Internet、虚拟现实等高新技术的有机结合，在 GIS 的数据操作及空间分析技术的辅助下，建立广泛的实时数字供热管网信息用户服务体系，实现全数字化供热管网信息的实时发布、存储与检索，为热力网规划设计、工程施工、管网管理以及供热综合业务、生产实时监控和优化调度等提供有效的技术支持；加强供热生产调度和突发事件处置能力；辅助使用者更加方便、有效、节约的管理热力设施及组织生产。

六、供热 3D 可视化运维系统

3D 可视化是一种利用计算机技术，再现三维世界中的物体，并能够表示三维物体的复杂信息，使其具有实时交互能力的一种可视化技术，是对现实世界的真实再现。

供热 3D 可视化运维系统以供热地形、管网勘察设计数字化成果为基础，将热源厂、换热站、管网等进行可视化模拟，融合供热管网运行监测数据，利用三维精确建模和虚拟漫游技术实现对现实世界的高度还原，从而实现培训教学、工程建设、系统巡检、生产指挥等全方位服务。

1. 工况查看

结合供热生产调度系统，与真实设备的数据进行对接，实时取得生产运行的工况数据。系统通过 3D 虚拟地图，可查看所属各换热站实时供热情况以及数据分析。

地图总览：总览整个试点区域，展现整体的地理位置、地形地貌等特征。从总览地图上可以进入热源厂、热力站以及管网沿线的小室等供热系统。

热源站工况查看：实时展示热源站锅炉采集来的数据。

换热站工况查看：实时展示换热站各个设备上采集来的数据。

供热范围工况查看：实时展示换热站供热范围内的各个楼宇住户上采集来的数据。

2. 场景巡演

通过场景漫游的操作，进一步加深对供热范围区域内的小室、换热站、热源总站以及供热管网位置坐标信息的了解。

热源厂漫游：在虚拟的热源厂厂区中漫游，浏览厂区环境、热源厂建筑物以及内部设备。

热力站漫游：在虚拟的热力站中漫游，浏览热力站建筑以及内部设备。

居民楼漫游：在虚拟的热力站供热的小区和居民楼中漫游，浏览楼房的整体结构、户型结构、楼梯、走廊通道、管线和热计量仪表。

3. 设备定位

应用三维可视化技术可以准确地定位供热系统中设备在空间中的位置，使用者的印象也更加直观、深刻。在对供热系统中的设备进行查询时，会按照真实的比例显示设备的三维信息，包括设备的属性和设备所在的空间位置信息。从而使设备显示的信息准确、直观、全面。在三维可视化场景下，通过单击某一设备，可显示该设备的相关信息及进行信息的录入。

4. 教学演示

针对热源厂生产运行及热力站热能输配过程中的主要安全点、安全工具、安全生产常识、安全生产流程、重大安全事故的处理及预防、事故案例和防控措施，以及其他相关的安全生产保障措施进行培训教学，从文字规章的讲解到在三维环境中进行直观演练。另外，真实的三维立体装置模型可以让受训员工不到现场就能直观、快捷地了解掌握供热系统的工艺流程、设备的属性参数等，从而提高培训的针对性和实效性。

5. 模拟演练

在构建出整个供热系统结构后，可以假定出火灾、爆管、故障等突发事件。然后相关人员利用系统的第一视觉，控制角色在系统内进行模拟演练和对问题的处理，在调度系统的统一支配下，模拟解决突发事件，增强对突发事故的处理能力。

6. 人员定位

人员携带 RFID 读卡设备，通过带有 RFID 卡的设备处，地图显示相应人员的地图位置信息以及所在具体位置信息（某楼、某房间、某设备旁）。同时在界面中显示人物所在位置的 3D 虚拟场景。

七、供热能源在线分析系统

供热能源在线分析系统是一套基于 Windows 环境运行的多用户网络版软件系统，所有数据存储在网络服务器中，服务器数据库采用大型数据库，可以有多个客户端同时访问服务器做数据运算，系统运算结果可以通过网络发布，网络上所有用户可以查询其运算方案和数据。

供热能源在线分析系统作为一款水力计算软件系统，以传统水力计算理论为基础，通过对大数据的反向水力计算，以及热力工况和水力工况的数学建模，解决理论计算和实际运行数据偏差过大的问题。区别于传统水力计算软件，供热能源在线分析系统充分利用物联网、大数据技术，通过采集企业生产数据，进行负荷预测、水力计算、系统优化模拟计算等，用实实在在的数据计算结果为供热企业提供解决方案。

1. 规划设计

当新建管网、老旧管网改造，增加热用户、新供热区域，新建热源时，操作人员提供新敷设管道管径、水泵扬程、调节阀等参数，系统将自动水力计算，生成管网图、水力计算书、水压图。

2. 模拟分析

当供热处于初寒、中寒、严寒期，或气温发生剧烈变化时，实际热负荷与设计热负荷发生较大变化，本系统可以对供热管网重新进行水力计算，提供热源流量，循环水泵扬程，供回水温度，换热站调节阀开度或分布泵流量、扬程等参数，给出最优运行调度方案。

3. 参数修正

针对计算值与实际运行数据的偏差问题，系统在后台提供参数修正功能。系统根据生产控制系统上传的实际运行数据，运用数据分析的方法，精确模拟出系统热力工况参数和水力工况参数，作为基础数据，并在系统后台更改热力网工况参数，用于动态优化计算，保证计算数据与实际运行数据吻合。

4. 动态优化

动态优化功能主要为供热单位运行技术人员服务，系统可以与供热生产运行监控系统实时连接，与供热生产运行监控系统同步运行。系统能够自动连续的对采集数据进行仿真分析计算，通过分析运算，系统可以结合参数修正后的管网热力工况参数和水力工况参数，给出管网优化调节方案并对管网运行存在的问题进行连续动态分析，在系统发生故障或运行参数不合理时，找到最优运行调度方案。

供热能源在线分析系统通过对实际生产运行大数据的分析计算，实现供热全网平衡和运行方案优化。针对不同的新老设备条件，系统给出的方案均可在保证用户室温的前提下，使供热企业达到相对最优的节能效果，实现精准供热。

八、管道监控系统

供热管网系统超期运行，老化腐蚀严重，供热事故频发，造成管网保温脱落、阀门锈蚀渗漏、补偿器及支架腐蚀失效等，管网输送效率低下，平均热损失超过 20%，不仅造成能源大量浪费，而且严重影响供暖质量。管道监控系统采用在集中供热管道的保温层内放置两根报警线（两根直径 1.38mm 的裸铜线），通过这两根报警线，系统能够测试到泄漏和渗漏的位置，实时通过云端服务器将泄漏数据传送到管理者的手机、平板电脑、固定 PC 上，更快更便捷地掌握管道运行状态。

系统发生泄漏后，数据采集和报警模块将泄漏信息通过无线网络发送到控制中心的软件进行分析和报警，每个模块可以监测到 4km 的管网，然后使用位置测试仪找出渗漏点的准确位置（0.5m 范围内），在泄漏现场工作人员通过蓝牙连接模块把泄漏状态的域反射计算曲线图发到位置测试系统软件。软件将正常状态的曲线和泄漏状态的曲线进行分析、比较，然后诊断出准确泄漏的位置。

附　　录

附录A　城市热电联产规划编制要求

城市热电联产规划编制要求

（试行）

前　　言

简述任务来源，规划编制目的、意义；说明规划编制范围、相关背景情况、参编单位等。

第一章　总　　则

1.1　城市概况

简述城市的地理位置、行政区划、人口结构、气候条件（含供暖天数等）、地形地貌、地质特征、能源资源（煤炭、石油、天然气等）、水资源（海洋或河流）、基础设施（铁路、公路、航空及码头）、经济结构与发展、能源消费及环境状况等。

1.2　城市发展总体规划

简述城市总体规划编制及批准情况；城市发展的方针、目标、性质、规模；城区规划情况等。

1.3　规划编制原则

1.3.1　指导思想

规划编制的指导思想，应按照近、中、远期热负荷需求，贯彻"以热定电"的原则，科学预测、合理布局、优先改造、分步实施，实现环保、节能、效益统一的目标。

1.3.2　编制依据

说明规划编制的主要依据，应将国家有关热电联产政策规定、相关行业标准，及××城市发展总体规划、××城市环境保护规划作为规划编制依据，同时参考××城市供热规划、××城市能源发展规划、电力发展规划及当地政府部门提供的相关资料等（如果有，应写出文号）。

1.3.3　规划原则

说明规划编制原则。热电联产规划应以××城市发展总体规划和××城市供热规划为基础，本着与城市各规划协调统一；热源建设与城市发展同步或适度超前；热电联产供热与区域锅炉房协调建设；积极利用可再生能源及清洁能源的原则。

1.3.4　规划范围

简述本规划地域具体覆盖范围、界限、面积等。

1.3.5　规划年限

热电联产规划应按照近期、中期、远期编制，近期年限按规划编制年后三年，中期、远期应与城市总体规划和城市供热规划协调一致。

第二章　供热及电源现状

简述规划范围内供热现状（供暖、工业分述），热力网情况等。

2.1　热负荷现状

2.1.1　供暖热负荷现状

调研规划范围内供暖热负荷现状及常住人口，以及各供热分区现状供暖建筑面积、集中供热范围及面积；填写"××市规划范围现状供暖热负荷统计表"。

2.1.2　生活热水及空调热负荷现状

调研规划范围内生活热水和空调热负荷现状；填写"××市规划范围现状生活热水及空调热负荷统计表"。

2.1.3　工业热负荷现状

调研规划范围内热用户现状工业热负荷；填写"××市现状工业热负荷统计表"。

2.2　热源现状

2.2.1　热电联产集中供热现状

对规划范围内现有热电联产项目的厂址、装机台数、容量、供热能力、能耗、污染物排放及实际供热范围、供暖面积（如有工业负荷亦应简单描述）等按项目分别说明；填写"××市规划范围现有热电联产项目统计表"。

2.2.2　区域锅炉房集中供热现状

调研规划范围内现状锅炉房及集中供热面积；按容量统计锅炉台数并说明能耗及污染物排放情况；填写"××市规划范围现状区域锅炉房统计表"。

2.2.3　分散锅炉供热现状

调研规划范围内现状分散锅炉及供热面积；按供热分区及锅炉燃料型式分别统计现有锅炉并说明能耗及污染物排放情况；填写"××市规划范围现有分散锅炉统计表"。

2.2.4　可再生能源及清洁能源供热现状

简述规划范围内可再生能源、清洁能源及余热利用供热情况。

2.2.5　规划范围不同热源类型所占份额

计算不同热源类型供热占总供暖建筑面积的比例；

填写“××市规划范围不同热源类型所占比例统计表”。

2.3　热力网现状

按蒸汽管网和热水管网，简述城市热力网覆盖范围、区域、管径、设计参数、主管布置走向、敷设方式、管网长度、建成投产时间、运行情况、换热站布局等。

2.4　供热管理

简述规划范围内供热管理模式和原则、热价确定原则或方式、热价、供热计量及收费情况等。

2.5　电源及电网现状

简述规划范围内现有电厂及周边电厂的总装机容量、变电站及电网等情况。

第三章　存　在　问　题

3.1　供热设施

分析论述本规划城市能源结构、热源及热力网等方面存在的问题。

3.2　环境状况

分析论述供暖期污染环境的主要成分（烟尘、SO_2、NO_x、PM_{10}）形成的主要原因及其对本地区环境容量空间的影响。

3.3　供热管理体制

简述规划范围内热力网、供热管理体制及热价等方面存在的问题。

3.4　电源及供电设施

简述规划范围内现有电厂及供电设施存在的问题。

第四章　热负荷与电负荷发展预测

4.1　供热分区划分

对有供热规划的城市，应根据政府主管部门审批的《××城市供热规划》划分供热分区，拟定××市供热分区表（区域名称及范围应与供热规划协调一致）；对无供热规划的城市，应结合城市实际供热现状及管理情况，科学划分供热分区，并说明供热分区划分的依据及理由。填写“××市规划范围供热分区表”。

4.2　供热面积发展预测

根据《××城市发展总体规划》及《××城市供热规划》，按供热分区分近期、中期、远期分别叙述城市的功能，和分别预测人口、建筑供暖面积和集中供热普及率。填写“××市规划范围供热面积发展预测表”。

4.3　供暖热负荷

4.3.1　建筑物构成

根据政府主管部门审批的《××城市发展总体规划》及《××城市供热规划》，按供热分区分期限分别统计住宅、公共建筑及工业建筑的面积，计算各分类供暖建筑占总供暖建筑面积的比例。填写“××市规划范围各供热分区建筑物构成表”。

4.3.2　供暖热负荷

4.3.2.1　供暖热指标

根据CJJ 34—2010《城市热力网设计规范》及政府主管部门审批的《××城市供热规划》，确定规划范围内近期、中期和远期各类建筑物供暖热指标值及综合供暖热指标值。填写“××市各类建筑物供暖热指标值汇总表”。

4.3.2.2　供暖热负荷

根据供热面积发展预测、分类建筑物面积、各类建筑物供暖热指标值，计算各供热分区近期、中期和远期供暖热负荷。填写“××市各供热分区供暖热负荷汇总表”。

4.3.3　供暖热负荷核实

供暖热负荷的核实应包括核实现状常住人口、供暖建筑面积、计算人均供暖建筑面积等内容，根据核实后的现状常住人口数量、供暖建筑面积、供暖热指标核算出现状供暖热负荷，以此现状热负荷为基础，按集中供热面积年合理增长率测算出近期、中期、远期热负荷，并与国家统计局公布的现状各省、直辖市人均实有房屋建筑面积及人均集中供热建筑面积统计数据相对比，误差控制在合理的范围内。

4.3.4　集中供暖热负荷

结合规划城市实际情况，确定集中供热普及率，计算集中供热面积及集中供热热负荷。填写“××市规划范围各供热分区集中供热情况汇总表”。

4.4　生活热水及空调负荷

4.4.1　生活热水热指标（无生活热水时，无此节）

根据《××城市供热规划》及CJJ 34—2010《城市热力网设计规范》，结合规划城市的具体情况，确定规划城市近期、中期和远期居住区供暖期生活热水热指标值。填写“××市居住区生活热水热指标汇总表”。

4.4.2　生活热水热负荷（无生活热水时，无此节）

根据政府主管部门审批的《××城市发展总体规划》《××城市供热规划》，结合规划城市的具体情况，简述各供热分区在近期、中期和远期住宅及公共建筑可实现集中供生活热水面积的确定原则，计算生活热水热负荷。填写“××市规划范围各供热分区生活热水热负荷汇总表”。

4.4.3　空调负荷（无空调负荷时，无此节）

根据政府主管部门审批的《××城市发展总体规划》《××城市供热规划》，结合规划城市的具体情况，简述各供热分区夏季制冷负荷预测原则。填写“××城市规划范围各供热分区夏季制冷负荷汇总表”。

4.5　集中供暖、生活热水及空调热负荷汇总

按近期、中期、远期汇总集中供暖热负荷、生活热水及空调热负荷；填写“××城市规划范围各供热分区近期、中期、远期总热负荷表”。

4.6　工业热负荷

根据政府主管部门审批的《××城市发展总体规划》及《××城市供热规划》，按供热分区分近期、中期、远期分别叙述城市功能、工业结构、现有及新增工业热用户用汽及发展情况。调研填写“××市规划范围工业热负荷统计表”及“××市规划范围工业热负荷增长情况表”，重点负荷应有相应支持性材料。

4.7　电力发展空间

根据电力发展规划及电源现状，简述规划城市所在省近期、中期和远期电力负荷平衡情况。

第五章　热源规划及热力网规划

5.1　热源规划

根据政府主管部门审批的城市总体规划、城市供热规划、电力发展规划及各期限所需热负荷，按照先改后建，充分利用现有环保热源的原则，论述现有小机组、小锅炉及城市周边现役大容量纯凝机组实施拆除或供热改造后、可再生能源及清洁能源供热总的供热面积，按4.5确定的近期、中期和远期总的热负荷，合理分配各期限热电联产、区域锅炉房、现役大容量纯凝机组实施拆除或改造、可再生能源及清洁能源所占供热负荷，确定各期限新增热电联产项目总的热负荷，规划新增热电联产项目，确定每个项目近期装机台数及总装机容量。

5.1.1　小锅炉拆除

明确××市近期、中期和远期拆除小锅炉的原则，如：容量范围、台数和拆除时间要求等；根据热源、热力网的建设进度，结合城市居民经济承受能力，制定拆除现有分散锅炉的容量范围、台数、燃料种类和拆除时间等计划。

5.1.2　现役机组改造

5.1.2.1　小机组拆除和改造

列出规划区域内现有小机组的拆除、改造和保留计划；论述小机组供热改造后供热能力。

5.1.2.2　城市周边大容量纯凝机组供热改造（如果有现役纯凝机组）

对规划城市周边距离15km范围内的现役大容量纯凝机组均需逐个分析其供热改造的可行性，明确改造后每台机组可供供暖面积及热负荷（如供热参数、供热量、供热距离等），改造完成时间等。

5.1.3　可再生能源及清洁能源利用

列出规划区域内利用可再生能源及清洁能源供热项目计划。

5.1.4　热负荷分配

根据政府主管部门审批的城市总体规划、城市供热规划、电力发展规划、小锅炉拆除计划、小机组拆除改造计划、城市周边现役大容量纯凝机组实施供热改造的可行性分析及4.5确定的规划城市总热负荷，结合城市实际情况，尽可能多的采用可再生能源及清洁能源供热，合理分配各种供热方式的热负荷值。填写表“××市规划范围各供热分区分类供热方式热负荷分配表”。

5.1.5　新增热电联产项目

5.1.5.1　热电联产机组选型原则要求：

1）城区现有人口40万以下的中、小城市，应采用大型集中供热锅炉、非煤热源、背压机组的集中供热方案。

2）城区现有人口40万及以上的城市或规模相当的供热区域，热电联产机组与大型集中供热锅炉共同承担供暖热负荷并联网运行；近期集中供热面积达到1800万m^2及以上，可以建设2台300MW等级的大型抽凝两用机组；供热能力不满足要求时，优先建设背压机组。

3）城区现有人口40万以上而近期集中供热面积不足1800万m^2，应根据省、市具体情况并通过多方案比较，推荐集中供热方案。

4）大型抽凝两用机组优先选择300MW亚临界或350MW超临界机组，单台机组保证连续供汽能力不小于500t/h或550t/h。

5.1.5.2　根据5.1.4热负荷分配中确定的热电联产项目新增热负荷，结合机组选型原则要求，明确城市近期、中期和远期新建热电联产热源及其厂址规划位置（尽可能选择扩建厂址、减少新增项目数量、扩大单个项目规模）；对各新增项目分别简述其拟装机容量、台数、具体供热范围（以热源点为中心，按合理供热半径确定供热范围）及供热负荷。填写“新增热电联产项目规划表”。

5.1.6　新增热电联产项目电负荷空间核实（背压机不用核实）

根据4.7.2预测的各期限省电力负荷缺口容量，核实新增热电联产项目各期限总装机容量是否小于同期限电力负荷缺口容量，如果大于缺口容量，需减少5.1.5中总装机容量。

5.2　热力网规划

根据政府主管部门审批的《××城市发展总体规划》和《××城市供热规划》、新增热源项目的供热能力、热负荷分布情况等，结合现有热力网实际状况，提出热力网增容规划及实施方案，明确新增管网管径、设计参数、主管布置走向、敷设方式、管网长度及热力站布局等；为保障供热安全，应要求当热力网内单台最大热电联产机组故障停机后，其余热源仍能保证热力网60%～75%（严寒地区取上限）的热负荷要求，同时要求各供热分区主干管网考虑互相连接，并要求配套供热管网工程须与热电联产工程同步规划、同步建设、同步实施；鼓励采用网源一体化模式建设运行。

第六章　机　组　选　型

对近期新增热电联产项目进行机组选型，每个新建热电联产项目均需按6.1～6.6所规定的内容进行论述，具备条件的优先考虑背压机组方案；中期和远期不要求对每个项目进行机组选型。

6.1　拟定机组选型方案

按照5.1.5拟定近期新增热电联产项目的机组选型原则，如果机型不符合5.1.5机组选型原则要求，需对拟定机组选型方案与5.1.5机组选型原则中要求的机组选型方案进行6.3～6.6对比，说明拟定机组选型方案的优越性。对近期新增热电联产项目进行主机选型，填写“近期新增热电联产项目主机选型参数表”。

6.2　汽量平衡

对近期每个新增项目拟定的主机选型按压力进行汽量平衡，填写“近期新增热电联产项目汽量平衡表”；绘出热负荷延时曲线图。

6.3　热经济指标计算

对拟定的机组选型按项目分供暖期及非供暖期分别计算其热经济指标，并填写“近期新增热电联产项目热经济指标计算结果表”。

6.4　污染物排放

针对近期每个新增项目拟订的装机方案，对烟尘、SO_2、NO_x、CO_2污染物排放量与排放总量限额标准进行对比分析；填写“近期新增热电联产项目污染物排放对比表”。

6.5　建厂条件

对近期每个新增热电联产项目分别从燃料、交通运输、电厂水源、贮灰场等方面条件进行论述。

6.6　投资估算与经济评价

6.6.1　投资估算

对近期每个新增热电联产项目拟定的机组选型方案及新增配套热力网分别进行投资初步估算及综合比较；填写“近期新增项目工程静态总投资汇总表”。

6.6.2　经济评价

根据近期每个新增热电联产项目拟定的机组选型方案所需投资和运行成本，以该地区的热价和上网电价为输入条件，对各方案热电联产电源项目的财务内部收益率、电源项目盈利能力、清偿能力进行综合评价。

6.7　推荐方案

通过6.1～6.6对近期新增热电联产项目拟定的不同装机选型的热经济指标、环保指标、投资估算及经济评价等分析，提出近期新建热电联产项目机组选型方案推荐意见。

6.8　新建热电联产项目能源利用效率评价

对近期每个新建热电联产项目推荐的机组选型方案，分别计算热电联产与分产时年耗煤量及能源利用效率，以项目为单位进行对比评价；填写“近期新增热电联产项目能源利用对比表”。

第七章　环　境　影　响

7.1　分析、预测和评估

分析、预测和评估规划实施对环境可能造成的影响，应主要包括资源环境承载能力分析、不良环境影响的分析和预测以及与相关规划的环境协调性分析。

7.2　对策和措施

简述预防或者减轻不良环境影响的对策和措施，主要包括预防或者减轻不良环境影响的政策、管理或者技术等措施。

第八章　社　会　效　益　分　析

8.1　节能环保效益

简述近期热电联产规划实施后，集中供热取代小锅炉，在节能、减少占地、减少污染物排放、灰渣生成等方面带来的效益。并填写“××城市近期热电联产规划实施后年节能环保效益预测表”。

8.2　社会效益

简述热电联产规划实施后，对城市基础设施、城市美化、居民生活环境、促进区域经济发展等社会效益。

第九章　结　论　与　建　议

9.1　新增热电联产项目

根据第四～六章有关内容，汇总近期新建热源项目装机方案、主要技术经济指标及中期、远期新建热电联产项目装机规模。填写“××城市规划范围热负荷现状汇总表”“××城市规划范围近期新增热电联产项目汇总表”和“中期、远期新增热电联产项目规划表”。

9.2　新增热电联产项目建设进度安排

提出对各新建热电联产项目建设进度的总体安排意见。

9.3　建议

提出对热源、热力网工程及其他方面的建议。

附录B　城市热电联产规划编制要求条文说明

城市热电联产规划编制要求条文说明

前　　言

热电联产规划的编制工作应由地市级及以上政府主管部门负责组织；由具有电力甲级咨询资质机构负责编制，规划报告应为编制单位各级审核签字的正式文本，并应附编制单位企业法人营业执照（彩色）及工程咨询资格证书（彩色）；省级发展改革部门会同省级城建、环保、国土等部门，以及国家认可的热电行业知名专家（不少于5人）进行审定。

第一章　总　　则

1.1　城市概况

编制热电联产规划的城市，是指按国家行政建制设立的市、镇等，具体是指以非农业产业和非农业人口集聚形成的人口较稠密的地区，并且具备行政管辖功能。

1.3.5　规划年限

热电联产规划应动态修订，一般每三年滚动修订一次。

第二章　供热及电源现状

2.1　热负荷现状

现状：是指截止规划编制年的前一年底。

2.1.1　供暖热负荷现状

依据供热规划，调研落实各供热分区现状总供暖建筑面积、集中供热面积和分类供暖建筑面积。按供热分区分别统计现状总的供暖建筑面积、分类供暖建筑面积（住宅、公共建筑、工业建筑）、集中供热面积，计算集中供热普及率，填写表2.1.1。

表2.1.1　　××市规划范围现状供暖热负荷统计表

供热区域	总供暖建筑面积（$\times10^4m^2$）	分类供暖建筑面积			集中供热面积（$\times10^4m^2$）	集中供热普及率（%）
		类别	面积（$\times10^4m^2$）	占总供暖建筑面积的比例（%）		
××供热分区		住宅				
		公共建筑				
		工业建筑				
××供热分区		住宅				
		公共建筑				
		工业建筑				
合计		住宅				
		公共建筑				
		工业建筑				

注　供热分区按供热规划中分区。

2.1.2　生活热水及空调热负荷现状

依据供热规划，调研落实城市供暖期及非供暖期现状生活热水及空调热负荷；按供热分区分别统计现状生活热水（分供暖期及非供暖期）及夏季制冷负荷，填写表2.1.2。

2.1.3　工业热负荷现状

按供热分区分别统计现状各热源所供不同热用户的用汽参数及用汽量，并统计每个热用户与热源的供汽距离；填写表2.1.3。

表2.1.2　××市规划范围现状生活热水及空调热负荷统计表　　（MW）

供热区域	生活热水负荷		夏季制冷负荷	备注
	供暖期	非供暖期		
××供热分区				
××供热分区				
合计				

注　供热分区按供热规划中分区。

表 2.1.3　　××市现状工业热负荷统计表

供热区域	热源名称	热用户名称	用汽量（t/h）			用汽参数		供汽管线距离（km）	年用汽量（t/a）
			最大	平均	最小	压力（MPa）	温度（℃）		
××供热分区									
××供热分区									
合计									

注　1．“热源名称”为现状供汽单位名称。
2．“供热分区”按供热规划中分区。

2.2　热源现状

2.2.1　热电联产集中供热现状

填写表 2.2.1。

2.2.2　区域锅炉房集中供热现状

1）区域锅炉房集中供热统计规模，大中城市（20 万～100 万人口）原则上按单台锅炉容量不小于 7MW（10t/h），特大城市（100 万人口以上）原则上按单台锅炉容量不小于 14MW（20t/h）统计。

2）有条件的地区可采用单台容量更大、热效率更高的锅炉。

3）按供热分区分别统计规划范围内区域锅炉房座数、集中供暖面积、7MW 锅炉（14MW 锅炉[1]）及以上容量的锅炉台数及容量。

4）填写表 2.2.2。

表 2.2.1　　××市规划范围现有热电联产项目统计表

热电厂名称	锅炉					汽轮机			供热抽汽参数		
	厂内编号	型式	主汽压力（MPa）	主汽温度（℃）	单台出力（t/h）	厂内编号	型式	单台容量（MW）	压力（MPa）	温度（℃）	平均汽量（t/h）
××电厂											
××电厂											

表 2.2.2　　××市规划范围现状区域锅炉房统计表

供热区域	锅炉房座数（座）	集中供暖面积（$\times 10^4 m^2$）	7MW 锅炉（14MW 锅炉[1]）		7MW 以上锅炉（14MW 以上锅炉[1]）	
			台数（台）	容量（t/h）	台数（台）	容量（t/h）
××供热分区						
××供热分区						
合计						

2.2.3　分散锅炉供热现状

按供热分区及燃煤锅炉，燃油、燃气锅炉，电加热锅炉分别统计规划范围内现状分散锅炉台数、容量及锅炉房座数。填写表 2.2.3。

表 2.2.3　　××市规划范围现有分散锅炉统计表

供热区域	燃煤锅炉			燃油、燃气锅炉			电加热锅炉		
	台数（台）	容量（t/h）	锅炉房座数	台数（台）	容量（t/h）	锅炉房座数	台数（台）	容量（t/h）	锅炉房座数
××供热分区									

[1] 为特大城市统计用项。

续表

供热区域	燃煤锅炉			燃油、燃气锅炉			电加热锅炉		
	台数（台）	容量（t/h）	锅炉房座数	台数（台）	容量（t/h）	锅炉房座数	台数（台）	容量（t/h）	锅炉房座数
××供热分区									
合计									

2.2.4　可再生能源及清洁能源供热现状

论述规划范围内燃油、燃气、太阳能、地热、水源热泵、电能、生物质能等可再生能源及清洁能源供热现状。

2.2.5　规划范围不同热源类型所占份额

统计汇总规划范围内不同热源类型所供供暖面积，如热电联产集中供热、区域锅炉房集中供热、分散锅炉供热、可再生能源及清洁能源供热及其他（火炕、火炉、电暖器）供热方式总的供暖建筑面积、分类供暖建筑面积，计算分类供暖建筑面积占总供暖建筑面积的比例；填写表2.2.5。

2.4　供热管理模式中应说明热力网投资和管理模式。

表2.2.5　××市规划范围不同热源类型所占比例统计表

热源类型	总供暖建筑面积（$\times10^4m^2$）	分类供暖建筑面积（$\times10^4m^2$）	所占比例（%）
热电联产集中供热			
区域锅炉房集中供热			
分散锅炉供热			
可再生能源及清洁能源供热			
其他（火炕、火炉、电暖器）			

第三章　存　在　问　题

3.1　供热设施

对于能源结构方面存在的问题可从热电联产、区域锅炉房、可再生能源及清洁能源现状热源比例进行分析。

3.2　环境状况

对于环境状况可从燃煤锅炉运行台数多，绝大部分锅炉无脱硫及除尘设施，排放物中含有大量的 SO_2 污染环境等方面进行说明。

第四章　热负荷与电负荷发展预测

4.1　供热分区划分

填写表4.1。

表4.1　××市规划范围供热分区表

供热区域	各供热分区范围（以公路、河流、铁路分界）				覆盖的主要行政辖区
	东界	西界	南界	北界	
××供热分区					
××供热分区					

4.2　供热面积发展预测

填写表4.2。

4.3　供暖热负荷

4.3.1　建筑物构成

填写表4.3.1。

表4.2　××市规划范围供热面积发展预测表

供热区域	近期				中期				远期			
	人口（万人）	总供暖建筑面积（$\times10^4m^2$）	集中供热普及率（%）	集中供热面积（$\times10^4m^2$）	人口（万人）	总供暖建筑面积（$\times10^4m^2$）	集中供热普及率（%）	集中供热面积（$\times10^4m^2$）	人口（万人）	总供暖建筑面积（$\times10^4m^2$）	集中供热普及率（%）	集中供热面积（$\times10^4m^2$）
××供热分区												
××供热分区												
合计												

注　人口是指规划范围内常住人口。

表 4.3.1　　××市规划范围各供热分区建筑物构成表

期限	供热区域	总供暖建筑面积（$\times10^4m^2$）	分类供暖建筑面积			备注
			类别	面积（$\times10^4m^2$）	占总供暖建筑面积的比例（%）	
近期	××供热分区		住宅			
			公共建筑			
			工业建筑			
	××供热分区		住宅			
			公共建筑			
			工业建筑			
中期	××供热分区		住宅			
			公共建筑			
			工业建筑			
	××供热分区		住宅			
			公共建筑			
			工业建筑			
远期	××供热分区		住宅			
			公共建筑			
			工业建筑			
	××供热分区		住宅			
			公共建筑			
			工业建筑			

4.3.2　供暖热负荷

4.3.2.1　供暖热指标

1）对于严寒地区，主要依靠建筑物结构节能来降低供暖热指标值，其现状综合供暖热指标不宜超过$60W/m^2$，其他地区现状综合供暖热指标不宜超过$55W/m^2$，近期、中期和远期综合供暖热指标值应逐年降低。

2）填写表 4.3.2.1。

4.3.2.2　供暖热负荷

1）根据 4.2 供热面积发展预测、4.3.1 建筑物构成及 4.3.2.1 供暖热指标值，计算各期限分类建筑分项热负荷、各供热分区总的热负荷。

2）填写表 4.3 2.2。

表 4.3.2.1　　××市各类建筑物供暖热指标值汇总表

期限	供暖热指标值（W/m^2）				备注
	住宅	公共建筑	工业建筑	综合	
近期					
中期					
远期					

表 4.3.2.2　　××市各供热分区供暖热负荷汇总表

期限	供热区域	总建筑面积（$\times10^4m^2$）	分类建筑面积		供暖热指标（W/m^2）	分类热负荷（MW）	热负荷合计（MW）
			类别	面积（$\times10^4m^2$）			
近期	××供热分区		住宅				
			公共建筑				
			工业建筑				
	××供热分区		住宅				
			公共建筑				
			工业建筑				

续表

期限	供热区域	总建筑面积（$\times10^4m^2$）	分类建筑面积		供暖热指标（W/m^2）	分类热负荷（MW）	热负荷合计（MW）
			类别	面积（$\times10^4m^2$）			
中期	××供热分区		住宅				
			公共建筑				
			工业建筑				
	××供热分区		住宅				
			公共建筑				
			工业建筑				
远期	××供热分区		住宅				
			公共建筑				
			工业建筑				
	××供热分区		住宅				
			公共建筑				
			工业建筑				

4.3.3 供暖热负荷核实

1）现状常住人口是指按照当地户籍管理或统计部门提供的户籍人口；供暖建筑面积，按照当地城建或规划部门提供的现状数据；综合供暖热指标按照现状建筑新旧和房屋建筑构成比例进行核算。如当地有关部门未能提供上述数据，则根据政府主管部门审批的《××城市总体规划》及《××城市供热规划》，参考国家统计局公布的现状各省、直辖市实有房屋建筑面积及集中供热建筑面积统计数据。

2)现状供暖热负荷（MW）=常住人口数量（人）×人均建筑面积（m^2/人）×供暖热指标（W/m^2）/106。

3）按统计数据，供热面积年增长率一般在5%以内，超过5%的，规划中应进行专门论述。

4）如按上述测算出的近期、中期、远期热负荷，与经当地主管部门审批的《××城市供热规划》对应热负荷相比，近期供暖热负荷误差在±10%以内，中、远期供暖热负荷在±5%以内，则以此核算值为准；如测算出的近期热负荷超出±10%，中、远期热负荷超出5%，则应与本规划政府委托部门协商确定。

4.3.4 集中供暖热负荷

1）集中供热普及率最高不宜超过65%～70%，新城区除外。

2）填写表4.3.4。

表4.3.4　××市规划范围各供热分区集中供热情况汇总表

期限	供热区域	总热负荷（MW）	集中供热普及率（%）	集中供热热负荷（MW）	备注
近期	××供热分区				
	××供热分区				
中期	××供热分区				
	××供热分区				
远期	××供热分区				
	××供热分区				

4.4 生活热水及空调负荷

4.4.1 生活热水热指标（无生活热水时，无此节）填写表4.4.1。

表4.4.1　××市居住区生活热水热指标汇总表

期限	居住区生活热水热指标值（W/m^2）		备注
	住宅	公共建筑	
近期			
中期			
远期			

4.4.2 生活热水热负荷（无生活热水时，无此节）填写表4.4.2。

表 4.4.2　　××市规划范围各供热分区生活热水热负荷汇总表

期限	供热区域	分类建筑面积（$\times 10^4 m^2$）		生活热水热指标（W/m^2）	分类热负荷（MW）	热负荷合计（MW）	备注
		类 别	供热水面积				
近期	××供热分区	住宅					
		公共建筑					
	××供热分区	住宅					
		公共建筑					
中期	××供热分区	住宅					
		公共建筑					
	××供热分区	住宅					
		公共建筑					
远期	××供热分区	住宅					
		公共建筑					
	××供热分区	住宅					
		公共建筑					

4.4.3　空调负荷（无空调负荷时，无此节）　　　　填写表 4.4.3。

表 4.4.3　　××城市规划范围各供热分区夏季制冷负荷汇总表

期限	供热区域	分类空调建筑面积		夏季制冷负荷（MW）		
		类别	面积（$\times 10^4 m^2$）	冷指标（W/m^2）	分类热负荷	热负荷合计
近期	××供热分区	住宅				
		公共建筑				
		工业建筑				
	××供热分区	住宅				
		公共建筑				
		工业建筑				
中期	××供热分区	住宅				
		公共建筑				
		工业建筑				
	××供热分区	住宅				
		公共建筑				
		工业建筑				
远期	××供热分区	住宅				
		公共建筑				
		工业建筑				
	××供热分区	住宅				
		公共建筑				
		工业建筑				

4.5 集中供暖、生活热水及空调汇总热负荷

1）汇总 4.3.4 集中供暖热负荷和 4.4 生活热水及空调负荷，如果生活热水及空调热负荷不由集中供热系统供给，可不汇总。

2）生活热水负荷属于常年性热负荷，利用小时数低，如果生活热水与供暖系统公用，当生活热水需求量较大时，宜与供暖负荷合并，当生活热水需求量较小，可利用清洁能源及可再生能源供给或在白天供暖热负荷较低时储备热水，能满足生活热水需求时，生活热水负荷不宜与供暖热负荷合并。

3）填写表 4.5。

表 4.5　××城市规划范围各供热分区近期、中期、远期总热负荷表

期限	供热区域	供暖热负荷（MW）				生活热水、空调制冷热负荷（MW）			备注
		住宅	公共建筑	工业建筑	合计	生活热水	空调制冷	合计	
近期	××供热分区								
	××供热分区								
中期	××供热分区								
	××供热分区								
远期	××供热分区								
	××供热分区								

4.6 工业热负荷

1）各供热分区总汽量汇总时应按压力等级分类，并考虑同时率；

2）近期热负荷包括现有、在建和已核准项目的热负荷。填写表 4.6.1 和表 4.6.2。

表 4.6.1　××市规划范围工业热负荷统计表

期限	供热区域	热源名称	热用户名称	用汽量（t/h）			用汽参数		供热管线距离（km）	同时率（%）	总汽量（t/h）
				最大	最小	平均	压力（MPa）	温度（℃）			
近期	××供热分区	$p=$　MPa									
		$p=$　MPa									
	××供热分区	$p=$　MPa									
		$p=$　MPa									
中期	××供热分区	$p=$　MPa									
		$p=$　MPa									
	××供热分区	$p=$　MPa									
		$p=$　MPa									
远期	××供热分区	$p=$　MPa									
		$p=$　MPa									

续表

期限	供热区域	热源名称	热用户名称	用汽量（t/h）			用汽参数		供热管线距离（km）	同时率（%）	总汽量（t/h）
				最大	最小	平均	压力（MPa）	温度（℃）			
远期	××供热分区	$p=$　MPa									
		$p=$　MPa									

表 4.6.2　　××市规划范围工业热负荷增长情况表

供热区域	近期工业热负荷（t/h）	中期工业热负荷（t/h）		远期工业热负荷（t/h）	
		比现状增长量	中期工业热负荷	比中期增长量	远期工业热负荷
用汽压力 $p=$　MPa					
××供热分区					
××供热分区					

注　工业热负荷增长预测表应按不同压力等级的热用户分类统计。

3）重点负荷是指单个企业30t/h及以上的工业热负荷；支持性材料是指能说明热负荷达到相应水平的批复文件等。

第五章　热源规划及热力网规划

5.1　热源规划

5.1.1　小锅炉拆除

集中供热锅炉房（包括在建项目）应保留一定的数量作为调峰与备用。

5.1.2　现役机组改造

5.1.2.1　小机组拆除和改造

小型抽汽和凝汽机组应按照国家有关政策的要求拆除和改造，小型背压机（含抽背机）经论证后可以保留；小型抽汽和凝汽机组可继续保留现有锅炉及发电机，将汽轮机改造为背压机。

5.1.3　可再生能源及清洁能源利用

应积极开发利用可再生能源、清洁燃料及余热供热，使其能占到一定的份额。

5.1.4　热负荷分配

1）分配原则：现有及新建热电联产机组、可实施供热改造的凝汽发电机组、可改造为背压机组运行的抽汽机组以及清洁燃料、可再生能源、余热利用等供热设备承担城市供暖的基本热负荷（占总热负荷的65%左右）；集中供热锅炉房承担城市供暖调峰热负荷（占总热负荷的35%左右），并且当热力网内单台最大热电联产机组故障停机后，集中供热锅炉房与其余热源仍能保证热力网60%～75%（严寒地区取上限）的热负荷要求；

2）填写表5.1.4。

表 5.1.4　　××市规划范围各供热分区分类供热方式热负荷分配表

期限	供热区域	集中供热总热负荷（MW）	热负荷分配				
			热电联产项目（MW）			可再生能源及清洁能源（MW）	集中供热锅炉房（MW）
			现役机组改造		新增热电联产机组		
			大容量纯凝机组改造	小型抽汽和凝汽机组改造			
近期	××供热分区						
	××供热分区						
中期	××供热分区						
	××供热分区						
远期	××供热分区						
	××供热分区						

注　热电联产大容量纯凝机组改造是指对现役大容量纯凝机组实施供热改造后可供热负荷；新增热电联产机组是指新建机组规划供热负荷。

5.1.5　新增热电联产项目　　填写表 5.1.5。

表 5.1.5　**新增热电联产项目规划表**

期限	新增热电联产项目总的热负荷（MW）	拟定新增热电联产项目				拟定机组可供热负荷占总的热负荷比例（%）	备注
		热源	机组台数（台）	机组容量（MW）	可供热负荷（MW）		
近期							
中期							
远期							

第六章　机　组　选　型

6.1　拟定机组选型方案

填写表 6.1。

表 6.1　**近期新增热电联产项目主机选型参数表**

名　　称	单位	热源 1	热源 2	热源 3
一、锅炉				
台数	台			
最大连续蒸发量	t/h			
过热蒸汽压力	MPa			
过热蒸汽温度	℃			
再热蒸汽进口压力	MPa			
再热蒸汽进口温度	℃			
再热蒸汽出口压力	MPa			
再热蒸汽出口温度	℃			
再热蒸汽流量	t/h			
锅炉效率	%			
二、汽轮机				
台数	台			
汽轮机型式				
TRL 纯凝工况功率	MW			
VWO 纯凝工况进汽量	t/h			

续表

名　　称	单位	热源 1	热源 2	热源 3
额定抽汽工况功率	MW			
额定抽汽工况进汽量	t/h			
主蒸汽进汽压力	MPa			
主蒸汽进汽温度	℃			
回热加热器级数	级			
供暖抽汽压力	MPa			
供暖抽汽温度	℃			
额定供暖抽汽量	t/h			
最大供暖抽汽量	t/h			
三、发电机				
发电机型号				
冷却方式				
额定容量	MVA			
额定功率	MW			
最大连续出力	MW			
额定功率因数				
额定电压	kV			
额定氢压（非氢冷不填）	MPa			
效率	%			

注　额度氢压数值为表压。

6.2　汽量平衡

填写表6.2。

表6.2　　近期新增热电联产项目汽量平衡表

类别	项目	热源1		热源2		热源3	
		供暖期	非供暖期	供暖期	非供暖期	供暖期	非供暖期
主蒸汽	锅炉蒸发量						
	汽机进汽量						
	汽量平衡比较						
供暖用汽 （压力=　　Pa）	汽轮机抽汽量						
	厂用汽量						
	供暖供汽量						
	汽量平衡比较						

注　根据新增项目数量确定表格宽度。

6.3　热经济指标计算

填写表6.3。

表6.3　　近期新增热电联产项目热经济指标计算结果表

序号	项目名称	单位	热源1		热源2		热源3	
			供暖期	非供暖期	供暖期	非供暖期	供暖期	非供暖期
1	锅炉蒸发量	t/h						
2	汽轮机进汽量	t/h						
3	供暖供汽量	t/h						
4	供暖供热量	GJ/h						
5	工业供汽量	t/h						
6	工业供热量	GJ/h						
7	发电功率	MW						
8	发电年均标准煤耗	g/（kW·h）						
9	综合厂用电率	%						
10	供热厂用电率	（kW·h）/GJ						
11	发电厂用电率	%						
12	供电年均标准煤耗	g/（kW·h）						
13	供热年均标准煤耗	kg/GJ						
14	年发电量	（kW·h）/a						
15	年供电量	（kW·h）/a						
16	年供热总量	GJ/a						
17	发电年利用小时数	h						
18	年均全厂热效率	%						

6.4　污染物排放

填写表6.4。

表6.4　　近期新增热电联产项目污染物排放对比表

污染物排放量												排放总量限额标准（具体项目需注明标准名称）			
热源1				热源2				热源3							
烟尘	SO_2	NO_x	CO_2	烟尘	SO_2	NO_x	CO_2	烟尘	SO_2	NO_x	CO_2	烟尘	SO_2	NO_x	CO_2

注　根据新增项目数量确定表格宽度。

6.6 投资估算与经济评价

6.6.1 投资估算

填写表6.6。

表 6.6　　近期新增项目工程静态总投资汇总表

热源1			热源2			热源3		
装机规模（MW）	工程静态总投资（万元）	新增配套热力网静态总投资（万元）	装机规模（MW）	工程静态总投资（万元）	新增配套热力网静态总投资（万元）	装机规模（MW）	工程静态总投资（万元）	新增配套热力网静态总投资（万元）

注　根据新增项目数量确定表格宽度。

6.6.2 经济评价

热电联产电源项目的财务内部收益率应超过公布的行业基准收益率。

6.8 新建热电联产项目能源利用效率评价

1）计算公式：

公式1：热电联产年耗煤量计算公式如下：

年耗煤量（t/a）=年发电煤耗量（t/a）+年供热煤耗量（t/a）；

年发电煤耗量（t/a）=发电年均标准煤耗［g/（kW·h）］× 年发电量［（kW·h）/a］/10^6；

年供热煤耗量（t/a）=供热年均标准煤耗（kg/GJ）× 年供热总量（GJ/a）/10^3。

公式2：热电分产年耗煤量计算公式如下：

热电分产年耗煤量（t/a）=热电分产年发电耗煤量（t/a）+热电分产年供热煤耗量（t/a）；

热电分产年发电耗煤量（t/a）=当地同容量机组发电年均标准煤耗［g/（kW·h）］×热电分产年发电量［（kW·h）/a］/10^6；

其中热电分产年发电总量按与热电联产年发电总量相等计算。

热电分产年供热煤耗量（t/a）=集中供热锅炉标准煤耗率（kg/GJ）×热电分产年供热总量（GJ/a）；

其中集中供热锅炉标准煤耗率（kg/GJ）=34.12/（集中供热锅炉效率×管道效率）+（供热厂用电率（kW·h）/GJ×发电标准煤耗率 g/（kW·h）；热电分产年供热总量（GJ/a）按与热电联产年供热总量（GJ/a）相等计算。

公式3：热电联产能源效率计算公式如下：

热电联产能源利用效率={年供热量+年发电量×3600［kJ/（kW·h）］}/（年燃料消耗量×燃料的低位热值）；

公式4：热电分产能源利用效率如下：

热电分产能源利用效率={年供热量+年发电量×3600［（kJ/（kW·h）］}/（集中供热锅炉房年燃料消耗量×燃料的低位热值+替代机组年燃料消耗量×燃料的低位热值）。

2）填写表6.8。

表 6.8　　近期新增热电联产项目能源利用对比表

热源名称	热电联产				热电分产			
	年耗煤量（t/a）			能源利用效率（%）	年耗煤量（t/a）			能源利用效率（%）
	年发电	年供热	年发电+年供热		年发电	年供热	年发电+年供热	
热源1								
热源2								
热源3								

注　1．热电分产时发电煤耗按当地主力纯凝发电机组设计发电标煤耗计算；
　　2．供热锅炉煤耗按当地新建集中锅炉效率计算。

第七章　环　境　影　响

本章无条文说明。

第八章　社　会　效　益　分　析

8.1 节能环保效益

填写表8.1。

表 8.1　××城市近期热电联产规划实施后年节能环保效益预测表

名　　称	数量	备注
年节约标煤量（万 t/a）		
减少 SO_2 排放量（t/a）		
减少 CO_2 排放量（t/a）		

续表

名　　称	数量	备注
减少灰渣排放量（万 t/a）		
减少小锅炉台数（台）		
拆除烟囱数（座）		

第九章　结 论 与 建 议

9.1　新增热电联产项目

填写表 9.1.1、表 9.1.2、表 9.1.3。

表 9.1.1　××城市规划范围热负荷现状汇总表

供热区域	城区人口（万人）	供暖期（d）	供暖建筑面积（$\times10^4m^2$）		集中供热普及率（%）	工业用汽量（t/h）	热源
			供暖建筑供暖面积	集中供热面积			
××供热分区							
××供热分区							
合计							

注　1．供热分区：需列出共分几个区及分区名称。

2．热源：需列出规划范围内所有现状热源。

表 9.1.2　××城市规划范围近期新增热电联产项目汇总表

项目名称	机组台数	单机容量（MW）	机组供热能力		供热分区名称	近期热负荷增量						
								其中：拆除锅炉		关停小机组		
			供暖面积（$\times10^4m^2$）	工业用汽（t/h）		集中供热面积（$\times10^4m^2$）	工业用汽（t/h）	台数	供热能力	容量（MW）	台数	供热能力

表 9.1.3　中期、远期新增热电联产项目规划表

期限	新增热电联产项目总的热负荷（MW）	拟定新增热电联产项目				备注
		热源	机组台数（台）	机组容量（MW）	可供热负荷（MW）	
中期						
远期						

附录C 热电联产项目可行性研究深度规定（节录）

1 概述

1.1 项目概况及编制依据

说明本项目的委托单位、批复项目建议书的单位、文件名称、文号、时间及热电厂本期建设规模和规划容量等。扩（改）建工程项目，尚应简述先期工程的简况。

1.2 研究范围

说明本阶段的工作范围以及有关专题研究项目或要求委托其他单位专门研究的项目（如：接入系统设计、环境评价报告、水源地工程、铁路专用线等）。

1.3 城市概况

简述城市地理位置、城市性质、交通、人口、工农业生产、燃料供应现状及远景、气象、水源、电力供应、供热现状及当地环境的基本现状。特别阐明本市主要优势及其发展方向，制约本市发展的问题。

根据城市供热规划及热电联产规划，说明本工程在当地供热规划中的位置，承担的供热范围，与其他热源的关系。

1.4 建设必要性

从热负荷发展，改善本地区环境状况及改善地区供电质量等方面论述本热电厂建设的必要性。

1.5 主要技术设计原则

说明各工艺系统设计为达到节约能源、改善环境、减少占地、合理控制工程造价、提高经济效益所采取的措施。

1.6 工作简要过程

简述工作时间、地点和过程，参加人员及单位。

2 热负荷

2.1 供热现状

主要论述本地区供热热源分布及概况，供热方式及热力网概况。

说明按供热规划确定的本热源点供热范围及供热现状；说明本供热范围内现有供热和供暖锅炉的台数、年耗煤量、对环境污染的情况。

2.2 热负荷

2.2.1 现状热负荷

（1）工业热负荷。列出经调查整理获得的供热范围内的现有用汽企业的热负荷、样表如表 A-1 所示。

表 A-1 现有用汽企业的热负荷 (t/h)

序号	单位名称	产品名称及产量	现有锅炉容量台数	蒸汽温度（℃）	蒸汽压力（MPa）	生产班制	年生产天数	供暖期			制冷期			非供暖非制冷期		
								最大	平均	最小	最大	平均	最小	最大	平均	最小

注 各单位不同时期的热负荷应按用于生产、供暖通风、制冷、生活热水的热负荷分别统计后汇总。

（2）民用热负荷。阐述本热电厂供热范围内，按不同建筑物类型统计的现有建筑面积，列出现有供热锅炉台数及容量。`

按当地供暖室外计算温度和供暖期平均温度、供暖期持续时间、供暖热指标、现供热面积，计算现供暖最大、平均、最小热负荷。

按现有空调制冷面积、制期持续时间、制冷热指标，计算制冷最大、平均、最小热负荷。

按现有供应生活热水的建筑面积和热指标，计算生活热水热负荷。

2.2.2 近期热负荷

（1）近期工业热负荷。近期工业热负荷是现有工业热负荷和近期新增的工业热负荷之和。近期新增的工业热负荷是近期新增加的工业用户或现有用户经过改、扩建工程需要增加的供热量。

（2）近期民用热负荷。近期民用热负荷是现有民用热负荷和近期新增加的民用热负荷之和。近期新增加的民用热负荷，应根据城建部门规划的近期新增加建筑物类型的面积、按相应的热指标计算供暖、制冷、生活热水的热负荷之和。

2.2.3 规划热负荷

按工业和民用分别叙述本热电厂供热范围内，规划中拟建设项目情况和城市建设发展建筑面积的情况。

2.3 热负荷调查与核实

评述对现有用汽工业企业的现有供暖面积调查情况及核实方法，并举例说明。

2.4 设计热负荷

2.4.1 工业热负荷汇总表

调查核实后的工业热负荷经焓值折算后列于表中：

2.4.2 供暖热负荷汇总表

地区	面积（m^2）	热指标［kJ/（$h·m^2$）］	热负荷（GJ/h）
合计			

2.4.3 空调制冷热负荷汇总表

地区	面积（m^2）	热指标［kJ/（$h·m^2$）］	热负荷（GJ/h）
合　计			

2.4.4 生活热水热负荷汇总表

地区	面积（m^2）	热指标［kJ/（$h·m^2$）］	热负荷（GJ/h）
合计			

2.4.5 论述供热凝结水回水的情况（水质、回水率、回收方法）

工业热负荷汇总表　　　　(t/h)

序号	单位名称	用汽压力（MPa）	生产班制	现状热负荷									近期热负荷									生产天数
				供暖期			非供暖期			非供暖、非制冷期			供暖期			非供暖期			非供暖、非制冷期			
				最大	平均	最小	最大	平均	最小	最大	平均	最小	最大	平均	最小	最大	平均	最小	最大	平均	最小	

2.4.6 考虑热力网损失和工业企业最大用汽同时使用系数后，核定的设计热负荷。如下表：

设计热负荷表　　　　(t/h)

负荷＼时间	供暖期			制冷期			非供暖、非制冷期		
	最大	平均	最小	最大	平均	最小	最大	平均	最小
工业									
供暖									
空调制冷									
生活热水									
合计									

2.5 年持续热负荷曲线绘制

2.5.1 工业热负荷曲线绘制

按“工业热负荷汇总表”中各企业用汽量，按不同生产班制、年生产天数进行绘制，形成工业热负荷年持续曲线。

2.5.2 供暖负荷持续曲线绘制

（1）供暖小时负荷曲线。

（2）供暖负荷持续曲线。

3 电力和系统（略）

4 燃料供应（略）

5 机组选型及供热方案

5.1 装机方案应进行多方案比较。列出不少于两个优化方案的热经济指标和汽平衡表。

5.2 当工业用热参数为两种以上或工业与民用供暖热负荷均有时，应结合热力网部分进行全供热系统的供热方案优化。

5.3 依据煤质及煤种变化情况，热负荷特性，灰渣综合利用、环保要求等条件论证锅炉选型。

热经济指标比较表

序号	项目		单位	第一方案			第二方案		
				供暖期	制冷期	非供暖非制冷期	供暖期	制冷期	非供暖非制冷期
1	热负荷	热量	GJ/h						
		汽量	t/h						
2	汽机进汽量		t/h						
3	抽排汽量		t/h						
4	发电功率		kW						
5	对外供热量		t/h						
6	锅炉减温器供汽量		t/h						
7	锅炉蒸发量		t/h						
8	发电年均标准煤耗		g/（kW·h）						
9	综合厂用电率		%						
10	供热厂用电率		（kW·h）/GJ						
11	发电厂用电率		%						
12	供电年均标准煤耗		g/（kW·h）						
13	供热年均标准煤耗		kg/GJ						
14	汽机年供热量		GJ/a						
15	年发电量		（kW·h）/a						
16	年供电量		（kW·h）/a						
17	发电设备利用小时		h						
18	年供热量		GJ/a						
19	全年耗标煤量		kg/a						
20	热化系数		%						
21	年均全厂热效率		%						
22	年均热电比		%						
23	全年节约标煤量		t/a						

汽平衡表　（MPa）

类别	项目		单位	数值					
				供暖期		制冷期		非供暖、非制冷期	
				最大	平均	平均	最小	平均	最小
锅炉新蒸汽	锅炉蒸发量		t/h						
	汽轮机进汽量	1号	t/h						
		2号							
	减压减温用汽量		t/h						
	汽水损失		t/h						
	比较		t/h	±		±		±	
工业用汽	汽轮机抽（排）汽量	1号	t/h						
		2号							
	减压减温汽量		t/h						
	供汽量		t/h						
	补给水加热		t/h						
	厂内杂用		t/h						
	比较		t/h	±		±		±	
工业（供暖）用汽	汽轮机抽（排）汽量	1号	t/h						
		2号							
	减压减温汽量		t/h						
	供汽量或热力网加热用汽		t/h						
	补给水加热用汽		t/h						
	厂内供暖及生活		t/h						
	比较		t/h	±		±		±	

5.4　根据比较结果，提出推荐的机、炉型号及规范、供热介质和参数。

5.5　叙述调峰措施、备用锅炉及供热的可靠性。

6　厂址条件（略）

7　工程设想（略）

8　环境保护（略）

9　劳动安全与工业卫生（略）

10　节约和合理利用能源（略）

11　热力网

当热力网投资超过1500万元时，按建设部颁布的

《热力工程（热力网）可行性研究报告组成规定》编制单独的“热力网可行性研究报告”。

当投资小于1500万元时，按下述内容作为一章编写。

11.1　供热介质参数的确定

11.1.1　说明各热用户对供热介质及参数的要求；供热介质及参数的选择

11.1.2　供工业热负荷的供热参数及方式

11.1.3　供暖热负荷的供热方式

11.1.4　生活热水负荷的供应方式

11.1.5　空调制冷热负荷的供应方式

11.2　管网布置及敷设方式

（1）管网路径、布置应符合供热规划。

（2）说明主要干线、支线走向和敷设方式并应征得城市建设规划部门的同意。

（3）依据热力网近期、远期规划和其他热源点的工程情况，提出多热源联网的建设。

11.2.1　说明本期最大供热半径和最远用户的距离

11.2.2　进行各种敷设方式的比较

11.2.3　说明热力网跨越河流、铁路、公路的方案

11.3　连接方式

11.3.1　热力网与热用户的连接方式

11.3.2　新建或改建热力站的数量、供热规模、连接方式

11.4　调节、调度及控制方式

说明热水网静压线确定的依据。静压线数值、定压补水方式。

11.4.1　说明蒸汽网的调节

11.4.2　说明热水网的调节、调度及控制方式

11.5　水力计算

列出汽网、热力网水力计算的基本数据；列出计算结果表及计算图。

11.5.1　对汽网进行最大、最小热负荷的验算

11.5.2　说明各管段计算结果是否已满足用户要求

11.6　凝结水回收

11.6.1　说明各用户凝结水回收的数量和质量；进行水压图计算和凝结水泵设备选择论述。

11.6.2　说明某些用户暂时不能回收及其理由。

11.7　保温防腐

11.7.1　说明各种敷设方式下的保温材料、保温结构

11.7.2　说明管道防腐措施

11.8　土建

11.8.1　说明各种敷设方式的土建结构

11.8.2　说明跨越河流、铁路、公路等的土建结构方案及存在问题

11.9　生产组织和定员

11.9.1　阐述本工程热力网运行管理的体制

11.9.2　生产组织和定员

11.10　工程实施计划

热力网应与热电厂同步建设，施工建设与投产进度应相协调，应说明投产时间。

11.11　投资估算

11.12　结论与存在问题

11.12.1　列出主要技术经济指标

指　　标	单位	数值
热力用户总数（工业）	户	
最大供热量 （供暖期与非供暖期）	t/h	
平均供热量 （供暖期与非供暖期）	t/h	
最小供热量 （供暖期与非供暖期）	t/h	
最大供热半径	km	
民用供暖面积	$\times10^4m^2$	
供（回）水温度	℃/℃	
最大供热距离	km	
总投资	万元	
平均单位投资	万元/km	
最大管径	mm	

11.12.2　结论及存在问题

12　劳动组织及定员（略）

13　工程项目实施的条件和轮廓进度(略）

14　投资估算及财务评价（略）

15　结论

15.1　主要结论

15.2　主要技术经济指标

（1）总投资：	万元	单位造价
其中：热电厂	万元	元/kW
热力网	万元	万元/km
送变电工程	万元	万元/km
（2）年供电量	kW·h	
（3）年供热量	GJ	
（4）年均热效率	%	
（5）年平均热电比	%	
（6）占地面积		

续表

其中：热电厂厂区占地面积	m^2	
施工用地	m^2	
灰场及输送管道用地	m^2	
水源地用地	m^2	
铁路、公路用地	m^2	
码头用地	m^2	
其他用地	m^2	
（7）总土石方量	m^3	
（8）标准煤耗率		
年均供热标准煤耗率	kg/GJ	
年均发电标准煤耗率	g/（kW·h）	
年均供电标准煤耗率	g/（kW·h）	
（9）厂用电率		
热电厂综合厂用电率	%	
发电厂用电率	%	
供热厂用电率	（kW·h）/GJ	
（10）全厂定员人数	人	
（11）单位成本		
发电	元/（kW·h）	
供热	元/GJ	
（12）销售价格		
电	元/（kW·h）	
热	元/GJ	
（13）内部收益率	%	
（14）投资利润率	%	
（15）资本金利润率	%	
（16）年节约标煤量	t	
（17）环保效益		
减排粉尘量	t/a	
减排 SO_2 量	t/a	
减排 NOx 量	t/a	
减排 CO_2 量	t/a	

15.3 存在问题及建议

可行性研究报告的附件：

（1）技术部分所需附件：

1）国家投资主管部门、省（区）市投资主管部门对项目建议书的批复文件；

2）省（区）市投资主管部门对项目建议书的审查意见或上报文件；

3）当地电力公司对热电厂接入系统的意见；

4）当地规划局对热电厂厂址、灰场和水源设施位置的同意文件；

5）当地国土局对热电厂占地的同意文件；

6）供煤协议：应包括供煤时间、供煤量和煤价；

7）燃煤运输协议：燃煤运输通路应取得铁路、航运主管部门同意运输的文件铁路专用线接轨应取得相关铁路部门同意接轨的文件，汽车运输煤的热电厂，应取得承运单位的同意文件；

8）供水协议：水资源管理部门对热电厂取用地下水与地表水的同意文件；

9）环境保护有关文件、国家环保局对环境影响报告书的批复文件、省（区）级环保局对热电厂建议的同意文件；

10）当在江、河、海岸边修建码头、取排水等建（构）筑物时，应取得所属管辖的水利、航道、港政等部门同意的文件；

11）当厂址位于机场、军事设施、通信电台、文化保护区等附近或位于无开采价值的矿藏上时，应取得相应主管部门同意的文件；

12）其他建材企业与热电厂签署的灰、渣使用协议；

13）城建部门对热电厂排水（生活污水、雨水、工业废水）的排放出路的意见。

（2）经济评价部分必须附的文件：

1）各投资方合营（合作）协议书复印件；

2）合营各方资质、资信证明文件复印件；

3）合营各方资本金来源证明复印件（含资金平衡及分利水平）；

4)融资部分贷款条件的说明材料，包括融资成本、还贷方式及还贷年限；

5）网（省）电力公司同意并网文件或并网协议，购售电协议；

6）物价部门核定的热价、电价文件。

（3）热力网部分必须附的文件：

1）城市供热规划批复文件；

2）城市热电联产规划批复文件；

3）当地规划局（或城建部门）对热力网走向、敷设方式的同意文件；

4）主要热用户新增热负荷的依据（立项文件）；

5）与热用户签订的供热协议；

6）当热力主管道跨铁路、江河时应取得铁路和水利部门同意的文件；

7）备用、调峰锅炉的协议文件。

（4）可行性研究报告的附图：

1）城市供热规划图；

2）厂址地理位置图；

3）地区电力系统地理结线图；

4）设计水平年电力系统地理接线图（推荐方案）；

5）各厂址总体规划图；

6）厂区总平面规划图；

7）厂区竖向规划布置图；

8）厂区主要管沟规划布置图（当厂区地形平坦时可与厂区总平面布置合并出图）；

9）原则性热力系统图；

10）原则性燃烧系统图；

11）原则性化学水系统图；

12）电气主接线图；

13）水工建筑物总布置图；

14）厂区水工建筑物布置图；

15）供水系统图；

16）取水建筑平剖面图；

17）排水口平剖面图；

18）地下水源地开采布置图；

19）灰场平面布置图；

20）灰场围地纵横剖面图；

21）除灰系统图；

22）运煤系统方案图；

23）主厂房平剖面布置图；

24）脱硫工艺原则性系统图；

25）脱硫工艺总平面布置图；

26）热力网管线布置图；

27）热力网水压图；

28）施工组织设计总布置图；

29）其他必要的方案布置图。

其中1）～3）、9）～12）、15）、21）～23）、26）、27）为必出图，其他可视具体工程情况而定。

附录D　热电联产项目可行性研究技术规定（节录）

国家发展计划委员会
国家经济贸易委员会　　文件
建设部

计基础（2001）26号

1　总则

1.1　热电联产项目具有节约能源、改善环境。提高供热质量，增加电力供应等综合效益，是城市治理大气污染和提高能源综合利用率的必要手段之一，是提高人民生活质量的公益性基础设施，符合国家可持续发展战略。

为规范热电联产项目可行性研究的文件编制，使热电联产项目贯彻国家的产业政策和技术政策，做到节约能源，保护环境，技术可行，经济合理，安全可靠，特制定本规定。

1.2　本技术规定主要适用于以煤为燃料的区域性热电厂和企业的自备热电站，以及凝汽式发电机组改造为供热式机组的工程项目。燃气热电厂以及利用余热、余气、城市垃圾等综合利用热电厂可参照本技术规定。

1.3　热电厂的设计应遵守现行的国家标准、规程、规范和有关的技术规定。

1.4　各类热电厂应符合下列指标：

1.4.1　常规燃煤热电厂：

1.4.1.1　全厂年平均总热效率大于45%；

1.4.1.2　全厂年平均热电比应符合下列要求：

（1）单机容量为1.5～25MW的供热机组，其年平均热电比应大于100%；

（2）单机容量为50、100、125MW的供热机组，其年平均热电比应大于50%；

（3）单机容量为200、300MW的供热机组，其在供暖期的平均热电比应大于50%。

1.4.2　常规燃气轮机热电厂：

1.4.2.1　全厂年平均总热效率应大于55%；

1.4.2.2　各容量等级燃气轮机热电联产的热电比年平均应大于30%。

1.5　热电联产项目可行性研究报告的编制应依据上级批复的城市区域供热规划和热电联产规划。

1.6　热电联产项目的建设一般应遵循以下原则：

1.6.1　应优先利用工业余热和将现有的中、小凝汽式机组中，在预期寿命内的改造为供热机组；单台锅炉额定蒸发量≥20t/h，参数为次中压及以上，热负荷年利用小时≥4000h的较大型集中供热锅炉房，经技术经济比较具有明显经济效益的，应改造成为热电厂。

1.6.2　对大、中城市，特别是历代古都、重点旅游地区和沿海城市，在条件允许时，可适当考虑建设燃气-蒸汽联合循环热电厂和其他清洁能源的热电厂。

1.6.2.1　建设燃气-蒸汽联合循环热电厂应坚持适度规模，要根据当地热力市场和电力市场的实际情况，提高资源的综合利用率和季节的适应性，可采用余热锅炉补燃等措施调节供热，不宜片面扩大燃机容量。

1.6.2.2　以管道天然气为燃料的燃气-蒸汽联合循环热电厂，宜采用气体燃料和液体燃料的双燃料系统，扩大天然气管网的调峰能力，并保证连续供热。

1.6.2.3　燃气-蒸汽联合循环热电厂可采用燃气轮机-余热锅-供热的供热系统。

1.6.2.4　在天然气供应量充足的城市，可考虑采用适用于厂矿企业、办公楼、宾馆、商场、医院、银行、学校等较分散公用建筑的小型燃气轮机、余热锅炉、背压式供热汽轮机和溴化锂等设备组成的小型全能量系统，统一供应热、电、冷和生活用热水。

1.6.3　在有条件的地区，为平衡冬、夏季热负荷的差异，宜积极推广热、电、冷三联产，并开拓城市热水供应。

1.6.4　在有条件的地区和工程项目中，当热、电、煤气三联产技术成熟时，可逐步推广使用。

1.6.5　在规划城市垃圾处理时，可考虑建设垃圾处理热电厂。

1.6.6　在有条件时，为利用废渣、余热，可把热电厂建成兼营建材、养殖等的多功能热电厂。

1.6.7　在有条件的地区，在供暖期可考虑抽凝机组低真空运行，循环水供热供暖的方案，在非供暖期恢复常规运行。

1.7　热电厂的建设要因地制宜，建设规模要依据热力市场和电力市场的发展需求，大、中、小型并举。

1.8　热电厂的建设要合理控制工程造价，合理利用土地，优化工艺系统，尽量压缩辅助生产设施。

1.9　为提高热电厂的效率，机、炉设备尽量选用较高的初参数。

1.10　热电厂厂址的选择，要进行多方案比较后确定。热电厂的厂址宜布置在城市主导风向的下风侧，尽可能接近热负荷中心，要考虑燃料和灰渣的运输，供水和排水，对环境的影响等诸多因素。

1.11　热电厂的建设要提高机械化、自动化水平，以减少运行和管理人员。

1.12　提倡检修工作社会化，热电厂可不设专职的检修人员，建议一个城市或地区建立一个专门的检修公司，亦可将热电厂的检修工作委托给其他有能力的发电厂承担。如热电厂必须建立自己的检修队伍时，应尽量减少专职的检修人员，可将运行人员作为专职检修人员的助手。

1.13　灰、渣的综合利用可由当地的水泥厂、灰渣砖厂及加气混凝土砌块厂，以及道路修建等予以利用，亦可由热电厂自建灰渣综合利用厂。

1.14　区域热电厂的供热范围要适中、合理。蒸汽管网的供热半径一般以不小于 3～5km 为宜；热水管网的供热半径对中、小城市而言，宜控制在 10km 以内。在已建成或计划建设的区域热电厂供热范围内，原则上不再建新的燃煤热电厂、自备热电站和供热锅炉房。

1.15　新建热电厂（站）的最终装机规模宜控制在六炉四机的水平。

1.16　单机容量大于 100MW，主要用于城市供热的供热机组，根据城市的发展，其热化系数可暂大于 1.0；对兼供工业和民用热用户，单机容量小于等于 100MW 的热电厂，其热化系数宜小于 1.0。当热化系数小于 1.0 时，在其供热范围内应适当设置尖峰锅炉及其他措施满足调峰要求。

1.17　省级及国家级经济技术开发区建设的初期，在热负荷不多时，可先建集中供热锅炉房，待有较大较稳定的热负荷时再建热电厂，已建的集中供热锅炉房可作调峰或备用。

1.18　为使能源得到充分利用，在有多个热源的地区，可实行垃圾热电厂、沼气热电厂以及其他利用余热、余气的热电厂带基本热负荷，燃煤热电厂带中间热负荷，燃油、燃气热电厂带尖峰热负荷。

1.19　热电厂既是节能企业，又是耗能大户，要认真采取节能措施。在可行性研究阶段要计算节煤量和各类污染物的减排量。

1.20　热电厂与热力网的建设应做到设计、施工、投产三同时。

1.21　热电联产项目的建设周期为自土建开工至机炉投产、并网发电，向热用户供热的时间。建设周期可按原电力工业部 1997 年 4 月 30 日颁发的《电力工程建设工期定额》（电建〔1997〕253 号）和《供热机组工程项目建设工期定额》执行。

1.22　承担热电联产项目可行性研究工作的单位，应是具有一定技术力量的设计单位或工程咨询单位，具有相应的设计资格证书或咨询资格证书。

2　热负荷

2.1　热负荷是热电联产项目建设的基础，筹建单位及其主管部门、热用户和设计单位都应重视热负荷的调查和核实工作，筹建单位及热用户应尽可能提供可靠的、切合实际的热负荷数据，设计单位应负责对热负荷进行核实。

当热电厂和热力网可行性研究不是由同一单位编制时，热负荷的调查和核实一般由热力网的可行性研究单位负责，但热电厂的可行性研究单位应积极配合、协调，并进行校核。核实后的设计热负荷同时作为热电厂和热力网可行性研究的编制依据。

2.2　在热负荷的调查和核实过程中，应按工业热负荷和民用热负荷的现状和近期发展，以及规划热负荷分别予以调查和核实。

2.2.1　工业热负荷

2.2.1.1　现状热负荷

工业热用户在非供暖期平均蒸汽用量不小于 1.0t/h 的，应逐个进行调查核实，在对工业热用户调查的基础上进行复核计算，分析研究，以确定比较可靠落实的热负荷，此热负荷即为现状热负荷。

2.2.1.2　近期热负荷

近期热负荷是指热电厂建成投产后能正常供热时各工业热用户的热负荷，即现有热负荷加近期增加的热负荷。以下情况可作为近期增加的热负荷：

（1）企业正在扩建，其产品在市场上是有销路的；

（2）新建企业已经立项，可行性研究报告已经上级有关主管部门批复或经企业董事会批准，且资金落实的。

近期增加的热负荷不考虑自然增长率。

企业拟扩建或新建，但仅在项目建议书阶段或设想阶段，只能作为规划热负荷，不能作为本期工程热负荷增加的依据。

2.2.1.3　设计热负荷

经核实后的工业热负荷，应分别列出现状和近期，供暖期和非供暖期（当有夏季制冷热负荷时，应分别列出供暖期、制冷期，非供暖非制冷的过渡期）的最大、平均、最小热负荷值。

2.2.2　供暖、制冷、热水供应热负荷

2.2.2.1　在有条件的地区，可发展溴 7 化锂制冷和生活热水供应。

2.2.2.2　应在当地城建部门和规划部门的协助下，分别统计现有和近期拟建的各类需供暖、制冷和热水供应的建筑面积，并进行必要的筛选，选择建筑密度较大，适宜于集中供热、制冷和热水供应的建筑物予以优先安排，并确定拟供热、制冷和热水供应的建筑面积。

2.2.2.3 供暖、制冷、热水供应热负荷的确定应按现行的《城市热力网设计规范》中所列的各类建筑物的热指标选取，在热指标选取时要考虑热电厂连续供热、建筑物建设时间和建筑节能，热力网保温以及我国目前生活水平现状等因素。

2.3 供热机组选择用的设计热负荷应为工业和民用热负荷之和，并计及热焓值折算，工业热负荷最大时的同时率，热力网热损失后折算至热电厂出口的热负荷值。根据不同情况同时率一般取用 0.7～0.9。

2.4 应绘制生产、供暖、生活热水供应和空调制冷的年热负荷曲线。

2.5 应绘制年热负荷的持续曲线。

3 机炉选择及供热方案

3.1 应以核实后的近期热负荷作为设计热负荷，并以此热负荷特性作为选择机、炉等主要设备的依据。机、炉的选择应进行多方案的计算和比较，选择最佳装机方案。

3.2 供热机组的选择应遵循以下原则：

3.2.1 对于热负荷比较稳定，一天内波动较小（10%～20%）的热电厂，可全部采用背压式或抽汽背压式供热机组。

3.2.2 对于热负荷不太稳定的热电厂，可酌情采用抽凝式供热机组与背压式或抽汽背压式供热机组搭配设置。

3.2.3 对于热负荷波动较大的热电厂，也可全部采用抽凝式供热机组，但必须满足 1.4 条所规定的年平均全厂热效率和年平均热电比的要求。

3.2.4 对新建工程供热机组的初参数应按下列要求选用：

（1）单机容量 1.5MW：采用次中压或中压参数；

（2）单机容量 3MW：采用中压参数；

（3）单机容量 6、12MW：采用次高压参数；

（4）单机容量 25～100MW：采用高压参数；

（5）单机容量 100MW 以上：采用超高压或亚临界参数。

3.2.5 对扩建工程供热机组的初参数，经论证后可采用与原有供热机组一致或采用新建工程供热机组的初参数。

3.2.6 供热机组单机容量要考虑热负荷的增长和今后的扩建。

3.2.7 供热机组抽、排汽参数按如下要求确定：

（1）工业用抽、排汽的参数要根据工业热用户对用汽参数的要求，热力网的压降和输送距离等因素确定。

（2）供暖、空调制冷和热水供应要根据供热介质和参数，输送距离，热力网的压降和温降等因素确定。

3.3 锅炉的选择应遵循以下原则：

3.3.1 热电厂的锅炉，在条件合适及单台锅炉额定蒸发量为 410t/h 以下时，宜优先采用循环流化床锅炉，以及根据环保和城市垃圾处理要求，考虑采用燃煤掺烧垃圾焚烧的锅炉。

3.3.2 热电厂内的锅炉，应尽量选择同一型式、同一容量、同一参数的锅炉，以便于运行、管理和检修。

3.3.3 热电厂的机、炉容量应匹配，并适应不同热负荷工况的要求。应核算在最小热负荷工况下，汽机的进汽量不低于锅炉不投油时最小稳定燃烧负荷，以保证锅炉的安全稳定经济运行。抽凝机的进汽量还应保证在最小凝汽工况下安全稳定运行。

3.3.4 热电厂应尽量避免单炉长期运行，以确保供热的可靠性。

3.3.5 在确定热电厂内安装的锅炉容量和台数时，应考虑当一台容量最大的锅炉停用时，其余锅炉（含热用户中已确定作为尖峰和备用的锅炉）应承担：

3.3.5.1 工业热用户连续生产所需的用汽量。

3.3.5.2 冬季供暖、通风和生活用热水用热量的 60%～75%，严寒地区取上限。

3.3.6 当在现有的热电厂内扩建供热机组，应连同原有的机炉一并考虑。

3.4 燃气—蒸汽联合循环机组的选择应满足供热的要求，并应有保证连续供热的措施。

3.5 热电厂兼供工业和民用供暖时，对供热范围、供热介质、供热参数、供热方式等应结合机炉选型和热力网设计进行全面的技术经济比较后优化确定。

4 建厂条件（略）

5 工程设想（略）

6 热力网

6.1 热力网的设计应执行中华人民共和国现行行业标准 CJJ 34《城镇供热管网设计规范》的要求。

6.2 热力网投资超过 1500 万元的工程应单独编制可行性研究报告，较小的工程可作为一章列入热电厂的可行性研究报告中。

6.3 热力网的设计热负荷应是热电厂投产时的近期热负荷。热力网在设计时可留有一定的富裕能力，但其裕量应以热电厂本期工程的最大供热能力为限。热力网设计时一般不考虑规划热负荷，以减少热力网的初期投资。

6.4 热力网的供热介质，供热参数及运行方式是由热电厂、热力网、热用户的条件、特性和要求所决定的，应经全面的技术经济比较后确定。

6.5 供暖期与非供暖期热负荷差别较大的蒸汽管网，宜以两根蒸汽管供热，以保证热力网运行的安全、可靠和经济。

6.6 对有夏季制冷热负荷的工程项目，对制冷热介质及其参数的选用，应经技术经济比较后确定。

6.7 热水管网在供热初期，其供水温度不宜过高，以留有一定的裕度，当外部热负荷增加时，可提高供水温度，扩大供热能力；其供回水的温差，直接连接时一般选用25℃，间接连接时不宜小于45℃。

为节约能源，提高热电厂的经济效益，应降低抽排汽参数，尽可能降低热电厂的供水温度。

6.8 热水管网的首站，一般设在热电厂的主厂房内，如在主厂房外设置首站，或在厂外设置首站，应进行技术经济比较，并予以说明。

6.9 热水管网与热用户的连接，对于小型热水管网，在地形和建筑物高度允许的条件下，尽可能采用直接连接；对于大型热水管网，可采用间接连接。

6.10 热水管网的调节，对于单一的供暖负荷，可根据室外温度的变化进行中央质调节或采用质和量的综合调节。

当热水管网具有供暖、通风空调和生活热水等多种热负荷时，应按供暖热负荷进行中央调节；为保证不同热负荷水温的需要，在用户处进行局部的量的调节。

6.11 在装有厂外调峰锅炉的热水管网中，应根据拟定的热电厂与调峰锅炉联合运行的方式来确定干线的设计流量。

6.12 对较大的热水管网宜采用调速泵。热力网（站）采用计算机控制，系统的配置和功能需根据热力网（站）的建设规模、控制方式及与热电厂的管理体制关系等，经技术经济分析后确定。在有条件时，热力站应采用无人值班。

6.13 热水管道宜按 CJJ/T 81—1998《城镇直埋供热管道工程技术规程》，采用直埋敷设。

蒸汽管道的直埋敷设，宜在对保温材料性能、保温结构及施工、运行方式等进行调查研究的基础上，结合当地地下水位、冻土深度、土壤地耐力、土壤结构等情况，在确保供汽安全、经济合理的前提下积极予以采用。

6.14 蒸汽管网的热力站，应尽可能利用原有的锅炉房，并利用原有的厂区热力网。

热水管网的热力站，应尽可能利用原有的供暖锅炉房作热力站，并尽可能利用原有的热水管网。对新建的热力站，其供热范围不宜太小，一般以 5×10^4～$10\times10^4m^2$ 为宜。

6.15 热力网应根据设计热负荷进行水力计算和热工计算，蒸汽管网应按最小热负荷进行校核计算；在可行性研究报告书上应列出计算结果表，对热水管网还应绘制水压图，并决定是否设置、何地设置中继泵站。

6.16 热力网管道的保温材料应是导热系数低、容重小、强度大、无腐蚀性、易于成型且对人体健康无害的材料。

6.17 应尽可能回收外供蒸汽的凝结水，以节约能源和水资源。

6.18 在可行性研究阶段，要尽可能确定热力网的管理体制。一般对供热量、供热范围不大的热力网，宜由热电厂自行管理；对大、中城市的热力网，宜由专门成立的热力公司进行管理。

6.19 当在一个城市中有若干个热源点时，应尽量采取措施联网运行。

7 投资估算（略）

8 财务评价（略）

附录E　各地现行的建筑节能标准

区域	当前公共建筑标准	当前居住建筑标准
北京	《北京市公共建筑节能设计标准》DB/11 687—2009	《北京市居住建筑节能设计标准》DB 11/891—2012
河北	《公共建筑节能设计标准》DB 13（J）81—2009	《河北省居住建筑节能设计标准》DB 13（J）63—2011
天津	《天津市公共建筑节能设计标准》DB 29-153—2010	《天津市居住建筑节能设计标准》DB 29-1—2013
山西	《山西公共建筑节能设计标准》DBJ 04-241—2006	《山西省居住建筑节能设计标准》DBJ 0-242—2012
河南	《河南省公共建筑节能设计标准》DBJ 41/075—2006	《河南居住建筑节能设计标准（寒冷地区）》DBJ 41/062—2012、《河南居住建筑节能设计标准（夏热冬冷地区）》DBJ 41/071—2012
山东	《山东省公共建筑节能设计标准》J 10786—2006	《山东省居住建筑节能设计标准》DBJ 14-037—2012
内蒙古	《内蒙古公共建筑节能设计标准》DBJ 03-27—2011	《内蒙古居住建筑节能设计标准》DBJ 03-35—2011
吉林	《吉林省公共建筑节能设计标准》DB 22/436—2007	《节能设计标准（节能65%）》（2009年版）DBJ 22/T 450—2007
黑龙江	《公共建筑节能设计标准黑龙江省实施细则》DB 23/1269—2008	《严寒和寒冷地区居住建筑节能设计标准》JGJ 26—2010
辽宁	《辽宁省公共建筑节能设计标准》DB 21/T 1899—2011	《辽宁省居住建筑节能设计标准》DB 21/T 1476—2011
江苏	《江苏省公共建筑节能设计标准》DGJ 32/J96—2010	《江苏省民用建筑工程施工图设计文件（节能专篇）编制深度规定》（2009年版）
福建	《公共建筑节能设计标准》GB 50189—2005	《居住建筑节能设计标准福建省实施细则》DBJ 13-62—2004
浙江	《浙江省公共建筑节能设计标准》DB 33/1036—2007	《夏热冬冷地区居住建筑节能设计标准》JGJ 134—2010
安徽	《安徽省公共建筑节能设计标准》DB 34/1467—2011	《安徽省居住建筑节能设计标准》DB 34/1466—2011、《合肥市居住建筑节能设计标准实施细则》
上海	《上海公共建筑节能设计标准》 DBJ 08-107—2012	《上海居住建筑节能设计标准》DGJ 08-205—2011
甘肃	《公共建筑节能设计标准》GB 50189—2005	《严寒和寒冷地区居住建筑节能设计标准》JGJ 26—2010
青海	《公共建筑节能设计标准》GB 50189—2005	《严寒和寒冷地区居住建筑节能设计标准》JGJ 26—2010
新疆	《新疆公共建筑节能设计标准》XJJ 034—2006	《严寒和寒冷地区居住建筑节能设计标准新疆维吾尔自治区实施细则》XJJ 001—2011
陕西	《陕西省建筑节能设计导则》（2005-10-15颁布） 《西安市公共建筑节能设计标准》DBJ/T 60—2011	《陕西省居住建筑节能设计标准》DBJ 61-65—2011
宁夏	《公共建筑节能设计标准》GB 50189—2005	《民用建筑节能设计标准宁夏地区实施细则》DB 047—1999
四川	《公共建筑节能设计标准》GB 50189—2005	《四川省居住建筑节能设计标准 》DB 51/5027—2012
贵州	《公共建筑节能设计标准》GB 50189—2005	《贵州省居住建筑节能设计标准》DBJ 52-49—2008
重庆	《重庆市公共建筑节能设计标准》GBJ 50-052—2006	《居住建筑节能65%设计标准》DBJ 50-071—2010
云南	《云南省民用建筑节能设计标准》DBJ 53/T-39—2011	《云南省民用建筑节能设计标准》DBJ 53/T-39—2011
广西	《公共建筑节能设计规范》DB 45/T392—2012	《广西居住建筑节能设计标准》DB 45/221—2007
湖北	《公共建筑节能设计标准》GB 50189—2005	《湖北省居住建筑节能设计标准》DB 42/301—2005
江西	《公共建筑节能设计标准》GB 50189—2005	《夏热冬冷地区居住建筑节能设计标准》JGJ 134—2010
湖南	《湖南省公共建筑节能设计标准》DBJ 43/003—2010	《夏热冬冷地区居住建筑节能设计标准》JGJ 134—2010

续表

区域	当前公共建筑标准	当前居住建筑标准
海南	《海南省公共建筑节能设计标准》DBJ 03—2006	《海南居住建筑节能设计标准》JGJ 01—2005
深圳	《公共建筑节能设计标准深圳市实施细则》SZJG 29—2009	《夏热冬暖地区居住建筑节能设计标准》DBJ 75—2012
广州	《公共建筑节能设计标准广东省实施细则》DBJ 15-51—2007	《夏热冬暖地区居住建筑节能设计标准》DBJ 75—2012

附录F　国内各汽轮机厂家供热汽轮机技术规格

使用本附录各表时需注意：

（1）机组抽汽仅作供热使用时，对应蒸汽参数为二次抽汽蒸汽参数，即表中对应的二次抽汽压力、额定二次抽汽量和最大二次抽汽量。

（2）级数中以罗马数字Ⅰ或Ⅱ表示的分别含有一个单列调节级或双列调节级，阿拉伯数字表示压力级数量。若是调整抽汽的机组，其抽汽口后面的级也属于调节级时该级号也用罗马数字表示。

（3）加热器级数的3个数字分别对应高压加热器级数、除氧器级数和低压加热器级数。

（4）“抽”表示抽汽工况下对应参数，“凝”表示凝汽工况下对应参数。

表1　　北京北重汽轮电机有限责任公司（简称“北重”）背压机技术规格

序号	项目 \ 机组名称	单位	12MW背压式汽轮机	12MW背压式汽轮机	12MW背压式汽轮机	12MW背压式汽轮机	12MW背压式汽轮机	12MW背压式汽轮机	12MW背压式汽轮机
1	产品型号		CB12-4.9/1.27/0.49	B12-8.83/4.02	B12-5.88/0.69	B12-3.43/0.5	B12-8.83/4.22	CB12-4.9/1.177/0.17	CB12-4.9/0.98/0.294
2	产品型式		冲动、单缸、单抽汽	冲动、单缸、纯背压	冲动、单缸、纯背压	冲动、单缸、纯背压	冲动、单缸、纯背压	冲动、单缸、单抽汽	冲动、单缸、单抽汽
3	额定功率	MW	12	12	12	12	12	12	12
4	最大功率	MW	12	14	12	15	13.5	13.5	15
5	转　　速	r/min	3000	3000	3000	3000	3000	3000	3000
6	主蒸汽压力	MPa	4.9	8.83	5.88	3.43	8.83	4.9	4.9
7	主蒸汽温度	℃	470	535	470	435	535	470	435
8	额定进汽量	t/h	133	254	113.5	123	288.3	96	125.5
9	最大进汽量	t/h	145	287	134.5	149	298.5	116	142.5
10	再热蒸汽压力	MPa							
11	再热蒸汽温度	℃							
12	一次抽汽压力	MPa	1.27					1.177	0.98
13	额定一次抽汽量	t/h	50					30	64
14	最大一次抽汽量	t/h	70					50	100
15	二次抽汽压力	MPa							
16	额定二次抽汽量	t/h							
17	最大二次抽汽量	t/h							
18	排汽压力	MPa	0.49	4.02	0.69	0.5	4.22	0.17	0.294
19	额定排汽量	t/h	81.1	249.9	106.3	122.35	276.2	65	59.78
20	纯背压时排汽量	t/h	106.28	249.9	106.3	122.35	276.2	80	96.79
21	级　　数		Ⅰ+4	Ⅰ+3	Ⅰ+8	Ⅰ+6	Ⅰ+3	Ⅰ+6	Ⅰ+5
22	加热器级数		1+0+0						
23	给水温度	℃	145						
24	纯背压工况下汽耗率	kg/（kW·h）	8.997	21.05	9.185	10.231	22.85	6.469	8.045
25	备　　注								

续表

序号	项目 \ 机组名称	单位	12MW 背压式汽轮机	12MW 背压式汽轮机	25MW 背压式汽轮机	25MW 背压式汽轮机	25MW 背压式汽轮机	25MW 背压式汽轮机	25MW 背压式汽轮机
1	产品型号		CB12-4.9/0.7845/0.196	CB12-4.9/1.177/0.59	B25-8.83/0.981	B25-8.83/1.275	B25-8.83/1.5	CB25-8.83/4.1/1.25	CB25-8.83/3.82/0.98
2	产品型式		冲动、单缸、单抽汽	冲动、单缸、单抽汽	冲动、单缸、纯背压	冲动、单缸、纯背压	冲动、单缸、纯背压	冲动、单缸、单抽汽	冲动、单缸、单抽汽
3	额定功率	MW	12	12	25	25	25	25	25
4	最大功率	MW	13	13	30	31.6	29.4	30	29.8
5	转　速	r/min	3000	3000	3000	3000	3000	3000	3000
6	主蒸汽压力	MPa	4.9	4.9	8.83	8.83	8.83	8.83	8.83
7	主蒸汽温度	℃	435	470	535	535	535	535	535
8	额定进汽量	t/h	136	121	208	230	244	329	311
9	最大进汽量	t/h	141	141	245	280	280	379	330
10	再热蒸汽压力	MPa							
11	再热蒸汽温度	℃							
12	一次抽汽压力	MPa	0.784	0.118				4.1	3.82
13	额定一次抽汽量	t/h	115	30				100	150
14	最大一次抽汽量	t/h	120	50				145	200
15	二次抽汽压力	MPa							
16	额定二次抽汽量	t/h							
17	最大二次抽汽量	t/h							
18	排汽压力	MPa	0.196	0.59	0.981	1.275	1.5	1.25	0.98
19	额定排汽量	t/h	20	90	167.61	187.26	156.23	140.83	81.6
20	纯背压时排汽量	t/h		104.8	167.61	187.26	156.23	182.57	185.85
21	级　数		Ⅰ+3	Ⅰ+4	Ⅰ+10	Ⅰ+9	Ⅰ+8	Ⅰ+7	Ⅰ+7
22	加热器级数				2+1+0	2+1+0	2+2+0	2+1+1	2+1+1
23	给水温度	℃			214.2	220.1	221.8	220.1	202.1
24	纯背压工况下汽耗率	kg/(kW·h)		9.839	8.271	9.158	9.737	9.964	8.728
25	备　注								

序号	项目 \ 机组名称	单位	25MW 背压式汽轮机	25MW 背压式汽轮机	25MW 背压式汽轮机	25MW 背压式汽轮机	25MW 背压式汽轮机	50MW 背压式汽轮机
1	产品型号		CB25-8.83/4.1/1.0	CB25-8.83/4.4/1.4	CB25-8.83/4.12/1.2	CB25-8.83/4.1/1.0	CB25-8.83/0.981/0.25	CB50-8.83/4.12/0.90
2	产品型式		冲动、单缸、单抽汽	冲动、单缸、单抽汽	冲动、单缸、单抽汽	冲动、单缸、单抽汽	冲动、单缸、单抽汽	冲动、单缸、单抽
3	额定功率	MW	25	25	25	25	25	50
4	最大功率	MW	30	28.8	33	30	33	53
5	转　速	r/min	3000	3000	3000	3000	3000	3000
6	主蒸汽压力	MPa	8.83	8.83	8.83	8.83	8.83	8.83
7	主蒸汽温度	℃	535	535	535	535	535	535
8	额定进汽量	t/h	248	312	354	241	176	395
9	最大进汽量	t/h	327	368	480	316	240	477

续表

序号	项目 \ 机组名称	单位	25MW 背压式汽轮机	25MW 背压式汽轮机	25MW 背压式汽轮机	25MW 背压式汽轮机	25MW 背压式汽轮机	50MW 背压式汽轮机
10	再热蒸汽压力	MPa						
11	再热蒸汽温度	℃						
12	一次抽汽压力	MPa	4.1	4.4	4.12	4.1	0.981	4.12
13	额定一次抽汽量	t/h	60	120	180	60	60	137
14	最大一次抽汽量	t/h	180	160	300	180	140	168
15	二次抽汽压力	MPa						
16	额定二次抽汽量	t/h						
17	最大二次抽汽量	t/h						
18	排汽压力	MPa	1.0	1.40	1.20	1.00	0.25	0.90
19	额定排汽量	t/h	121.98	186.21	89.11	127.76	78.66	123.38
20	纯背压时排汽量	t/h	153.94	200.27	157.34	155.2	125.73	168.55
21	级　数		Ⅰ+7	Ⅰ+7	Ⅰ+7	Ⅰ+7	Ⅰ+16	Ⅰ+8
22	加热器级数		2+1+0		2+1+1	0+0+1	2+1+1	2+1+1
23	给水温度	℃	213.3		214.55	160.19	217.48	214.6
24	纯背压工况下汽耗率	kg/（kW·h）	8.489	10.16	9.963	7.891	5.829	7.874
25	备　注			无回热系统		无高压加热器		

表 2　　杭州汽轮机股份有限公司（简称“杭汽”）背压机技术规格

序号	项目 \ 机组名称	单位	12MW 背压式汽轮机	25MW 背压式汽轮机	50MW 背压式汽轮机	70MW 背压式汽轮机	105MW 背压式汽轮机
1	产品型号		B12-8.83/0.98	B25-8.83/0.98	B50-8.83/0.98	B70-8.83/0.98	B100-8.83/0.98
2	产品型式		反动、单缸	反动、单缸	反动、单缸	反动、单缸	反动、单缸
3	额定功率	MW	12	25	50	70	105
4	最大功率	MW	13.5	28	55	75	110
5	转　速	r/min	6500	4500	3000	3000	3000
6	主蒸汽压力	MPa	8.83	8.83	8.83	8.83	8.83
7	主蒸汽温度	℃	535	535	535	535	535
8	额定进汽量	t/h	91.0	186.0	360	530	731
9	最大进汽量	t/h	102.5	205	395	560	765
10	再热蒸汽压力	MPa					
11	再热蒸汽温度	℃					
12	一次抽汽压力	MPa					
13	额定一次抽汽量	t/h					
14	最大一次抽汽量	t/h					
15	二次抽汽压力	MPa					
16	额定二次抽汽量	t/h					
17	最大二次抽汽量	t/h					

续表

序号	项目 \ 机组名称	单位	12MW 背压式汽轮机	25MW 背压式汽轮机	50MW 背压式汽轮机	70MW 背压式汽轮机	105MW 背压式汽轮机
18	排汽压力	MPa	0.98	0.98	0.98	0.98	0.98
19	额定排汽量	t/h	84.0	172.0	335	490.0	676
20	纯背压时排汽量	t/h	92.0	195.0	370	520.0	720
21	级　数		1+24	1+26	1+29	1+24	1+25
22	加热器级数		2+1+0	2+1+0	2+1+0	2+1+0	2+1+0
23	给水温度	℃	215	215	215	215	215
24	纯背压工况下汽耗率	kg/（kW·h）	7.58	7.44	7.20	7.07	6.96
25	备　注						

表 3　南京汽轮电机（集团）有限责任公司（简称“南汽”）背压机技术规格

序号	项目 \ 机组名称	单位	12MW 背压式汽轮机	12MW 背压式汽轮机	12MW 背压式汽轮机	12MW 背压式汽轮机	12MW 背压式汽轮机	12MW 背压式汽轮机
1	产品型号		B12-3.43/0.49	B12-3.43/0.981	B12-4.9/0.981	B12-4.9/0.49	B12-8.83/2.5	B12-8.83/4.5
2	产品型式		冲动、单缸、纯背压	冲动、单缸、纯背压	冲动、单缸、纯背压	冲动、单缸、纯背压	冲动、单缸、纯背压	冲动、单缸、纯背压
3	额定功率	MW	12	12	12	12	12	13
4	最大功率	MW	15.03	12.18	13.31	12.05	15.05	16.18
5	转　速	r/min	3000	3000	3000	3000	3000	3000
6	主蒸汽压力	MPa	3.43	3.43	4.9	4.9	8.83	8.83
7	主蒸汽温度	℃	435	435	470	470	535	535
8	额定进汽量	t/h	118	168	133	93	172.5	340
9	最大进汽量	t/h	142	204	143	113	202.5	390
10	再热蒸汽压力	MPa						
11	再热蒸汽温度	℃						
12	一次抽汽压力	MPa						
13	额定一次抽汽量	t/h						
14	最大一次抽汽量	t/h						
15	二次抽汽压力	MPa						
16	额定二次抽汽量	t/h						
17	最大二次抽汽量	t/h						
18	排汽压力	MPa	0.49	0.981	0.981	0.49	2.5	4.5
19	额定排汽量	t/h	107.76	166.98	129.54	92.30	166.0	331.50
20	纯背压时排汽量	t/h	107.76	166.98	129.54	92.30	166.0	331.50
21	级　数		Ⅰ+5	Ⅰ+4	Ⅰ+5	Ⅰ+5	Ⅰ+7	Ⅰ+4
22	加热器级数							
23	给水温度	℃						
24	纯背压工况下汽耗率	kg/（kW·h）						
25	备　注							

续表

序号	项目 \ 机组名称	单位	12MW 抽汽背压式汽轮机	12MW 抽汽背压式汽轮机	12MW 抽汽背压式汽轮机	12MW 抽汽背压式汽轮机	12MW 抽汽背压式汽轮机	12MW 抽汽背压式汽轮机
1	产品型号		CB12-3.43/0.981/0.49	CB12-3.43/1.37/0.883	CB12-3.43/1.6/0.6	CB12-4.9/0.981/0.196	CB12-4.9/1.27/0.392	CB12-4.9/1.57/0.981
2	产品型式		冲动、单缸、单抽	冲动、单缸、单抽	冲动、单缸、单抽	冲动、单缸、单抽	冲动、单缸、单抽	冲动、单缸、单抽
3	额定功率	MW	12	12	12.6	12	12	12
4	最大功率	MW	14.03	12.023	15.25	14.303	15.21	15.2
5	转　速	r/min	3000	3000	3000	3000	3000	3000
6	主蒸汽压力	MPa	3.43	3.43	3.43	4.9	4.9	4.9
7	主蒸汽温度	℃	435	435	435	435	470	435
8	额定进汽量	t/h	128	184.5	220	98	117	157
9	最大进汽量	t/h	150	195	240	123.40	146	191
10	再热蒸汽压力	MPa						
11	再热蒸汽温度	℃						
12	一次抽汽压力	MPa	0.981	1.37	1.6	0.981	1.27	1.57
13	额定一次抽汽量	t/h	30	60	140	40	40	20
14	最大一次抽汽量	t/h	50	80	160	80	70	40
15	二次抽汽压力	MPa						
16	额定二次抽汽量	t/h						
17	最大二次抽汽量	t/h						
18	排汽压力	MPa	0.49	0.883	0.6	0.196	0.392	0.981
19	额定排汽量	t/h	97.765	123.59	79.121	57.37	66.065	135.9
20	纯背压时排汽量	t/h	119.767	162.65	99.113	79.8	88.857	138.53
21	级　数		Ⅰ+3+Ⅰ+2	Ⅰ+3+Ⅰ+1	Ⅰ+3+Ⅰ+3	Ⅰ+3+Ⅰ+4	Ⅰ+3+Ⅰ+3	Ⅰ+3+Ⅰ+1
22	加热器级数			1+0+0			1+0+0	
23	给水温度	℃					153.1	
24	纯背压工况下汽耗率	kg/(kW·h)						
25	备　注							

序号	项目 \ 机组名称	单位	12MW 抽汽背压式汽轮机	12MW 抽汽背压式汽轮机	12MW 抽汽背压式汽轮机	25MW 背压式汽轮机	25MW 背压式汽轮机	25MW 抽汽背压式汽轮机
1	产品型号		CB12-4.9/1.96/0.981	CB12-4.9/2.5/0.981	CB12-6.12/1.27/0.785	B25-8.83/3.92	B25-8.83/0.981	CB25-8.83/6.5/0.981
2	产品型式		冲动、单缸、单抽	冲动、单缸、单抽	冲动、单缸、单抽	冲动、单缸、纯背压	冲动、单缸、纯背压	冲动、单缸、单抽
3	额定功率	MW	12	12	12	25	25	25
4	最大功率	MW	12.33	12.05	13.31	27.53	30.52	30.23
5	转　速	r/min	3000	3000	3000	3000	3000	3000
6	主蒸汽压力	MPa	4.9	4.9	6.12	8.83	8.83	8.83
7	主蒸汽温度	℃	470	470	470	535	535	535

续表

序号	项目	单位	12MW 抽汽背压式汽轮机	12MW 抽汽背压式汽轮机	12MW 抽汽背压式汽轮机	25MW 背压式汽轮机	25MW 背压式汽轮机	25MW 抽汽背压式汽轮机
8	额定进汽量	t/h	140	119	125	490	198	346
9	最大进汽量	t/h	162	150	135	519	234	385
10	再热蒸汽压力	MPa						
11	再热蒸汽温度	℃						
12	一次抽汽压力	MPa	1.96	2.5	1.27			6.5
13	额定一次抽汽量	t/h	30	25	60			150
14	最大一次抽汽量	t/h	40	60	75			180
15	二次抽汽压力	MPa						
16	额定二次抽汽量	t/h						
17	最大二次抽汽量	t/h						
18	排汽压力	MPa	0.981	0.981	0.785	3.92	0.981	0.981
19	额定排汽量	t/h	122.7	76.86	64.26	484.00	174.72	132.91
20	纯背压时排汽量	t/h	138.7	116.13	112.20	484.00	174.72	168.41
21	级　　数		Ⅰ+1+Ⅰ+3	Ⅰ+1+Ⅰ+4	Ⅰ+5+Ⅰ+2	Ⅰ+4	Ⅰ+11	Ⅰ+1+Ⅰ+9
22	加热器级数			1+0+0			2+1+0	2+1+0
23	给水温度	℃		150			215.9	211.5
24	纯背压工况下汽耗率	kg/(kW·h)						
25	备　　注							

序号	项目	单位	25MW 抽汽背压式汽轮机	25MW 抽汽背压式汽轮机	25MW 抽汽背压式汽轮机	25MW 抽汽背压式汽轮机	25MW 抽汽背压式汽轮机	25MW 抽汽背压式汽轮机	30MW 抽汽背压式汽轮机
1	产品型号		B25-8.83/0.588	CB25-9.40/2.7/1.7	CB25-8.83/0.883/0.147	CB25-8.83/0.981/0.294	CB25-8.83/1.5/0.981	CB25-8.83/4.0/1.3	CB30-8.83/(2.5)/0.294
2	产品型式		冲动、单缸、单抽	冲动、单缸、单抽	冲动、单缸、单抽	冲动、单缸、单抽	冲动、单缸、单抽	冲动、单缸、单抽	冲动、单缸、单抽
3	额定功率	MW	25	25	25	25	25	25	30
4	最大功率	MW	25.09	28.37	30.23	30.17	30.36	30.06	33.14
5	转　　速	r/min	3000	3000	3000	3000	3000	3000	3000
6	主蒸汽压力	MPa	8.83	9.4	8.83	8.83	8.83	8.83	8.83
7	主蒸汽温度	℃	535	535	535	535	535	535	535
8	额定进汽量	t/h	174.5	291	160	179	223	287	162
9	最大进汽量	t/h	191	320	234	210	260	320	209
10	再热蒸汽压力	MPa							
11	再热蒸汽温度	℃							
12	一次抽汽压力	MPa	非调整抽汽	2.7	0.883	0.981	1.5	4	非调整抽汽
13	额定一次抽汽量	t/h	15	120	62.5	80	56.7	24	44
14	最大一次抽汽量	t/h	15	150	100	100	63	72	50
15	二次抽汽压力	MPa							

续表

序号	项目 \ 机组名称	单位	25MW 抽汽背压式汽轮机	25MW 抽汽背压式汽轮机	25MW 抽汽背压式汽轮机	25MW 抽汽背压式汽轮机	25MW 抽汽背压式汽轮机	25MW 抽汽背压式汽轮机	30MW 抽汽背压式汽轮机
16	额定二次抽汽量	t/h							
17	最大二次抽汽量	t/h							
18	排汽压力	MPa	0.588	1.7	0.147	0.294	0.981	1.275	0.294
19	额定排汽量	t/h	130.04	169.99	57.14	45.49	106.40	201.61	131.79
20	纯背压时排汽量	t/h	142.7	258.47	105.32	106.2	153.33	211.35	151.84
21	级　数		Ⅰ+9+Ⅰ+3	Ⅰ+5+Ⅰ+2	Ⅰ+11+Ⅰ+5	Ⅰ+11+Ⅰ+4	Ⅰ+9+Ⅰ+2	Ⅰ+4+Ⅰ+4	Ⅰ+9+Ⅰ+7
22	加热器级数		2+1+0		2+1+1	2+1+0	2+1+0	2+1+0	0+1+0
23	给水温度	℃	208.1		209.8	218.4	215	216.9	158.1
24	纯背压工况下汽耗率	kg/（kW·h）							
25	备　注								

序号	项目 \ 机组名称	单位	50MW 背压式汽轮机	50MW 抽汽背压式汽轮机	50MW 抽汽背压式汽轮机	50MW 抽汽背压式汽轮机	50MW 抽汽背压式汽轮机	50MW 抽汽背压式汽轮机	60MW 背压式汽轮机
1	产品型号		B50-8.83/0.981	CB50-8.83/1.5/0.981	CB50-8.83/（2.5）/0.294	CB50-8.83/（4.5）/1.6/0.981	CB50-8.83/4.02/0.75	CB50-8.83/4.2/1.27	B60-8.83/0.981
2	产品型式		冲动、单缸、纯背压	冲动、单缸、单抽	冲动、单缸、双抽	冲动、单缸、双抽	冲动、单缸、单抽	冲动、单缸、单抽	冲动、单缸、纯背压
3	额定功率	MW	50	50	50	50	50	50	62
4	最大功率	MW	60.14	58.14	55.22	60.261	55.581	60.10	64.6
5	转　速	r/min	3000	3000	3000	3000	3000	3000	3000
6	主蒸汽压力	MPa	8.83	8.83	8.83	8.83	8.83	8.83	8.83
7	主蒸汽温度	℃	535	535	535	535	535	535	535
8	额定进汽量	t/h	380	400	287	468	460	524	466
9	最大进汽量	t/h	470	450	318	550	520	559	480
10	再热蒸汽压力	MPa							
11	再热蒸汽温度	℃							
12	一次抽汽压力	MPa		1.5	非调整抽汽	非调整抽汽	4.02	4.2	
13	额定一次抽汽量	t/h		75	44	60	128	160	
14	最大一次抽汽量	t/h		100	50	60	316	220	
15	二次抽汽压力	MPa			非调整抽汽	1.6			
16	额定二次抽汽量	t/h			6.1	110			
17	最大二次抽汽量	t/h			6.1	222			
18	排汽压力	MPa	0.981	0.981	0.294	0.981	0.75	1.27	0.981
19	额定排汽量	t/h	298.66	275.3	227.04	241.3	233.97	287.4	359.39
20	纯背压时排汽量	t/h	298.66	337.97	269.99	335.7	299.83	307.8	359.39
21	级　数		11	Ⅰ+9+Ⅰ+2	Ⅰ+5+Ⅰ+6+Ⅰ+4	Ⅰ+1+Ⅰ+8+Ⅰ+2	Ⅰ+5+Ⅰ+6	Ⅰ+4+Ⅰ+6	11
22	加热器级数		2+1+0	2+1+0	0+1+0	2+1+0	1+1+0	2+1+0	2+1+0
23	给水温度	℃	223.5	223.55	158.1	222.56	216.5	215.68	232.8
24	纯背压工况下汽耗率	kg/（kW·h）							
25	备　注								

表 4　　武汉汽轮机厂（简称“武汽”）背压机技术规格

序号	项目＼机组名称	单位	12MW 背压式汽轮机	12MW 背压式汽轮机	12MW 背压式汽轮机	12MW 背压式汽轮机	12MW 背压式汽轮机	12MW 背压式汽轮机
1	产品型号		B12-3.43/0.4	B12-3.43/0.785	B12-4.9/0.98	B12-8.83/0.98	B12-8.83/3.5	B12-8.83/4.12
2	产品型式		冲动、单缸、背压	冲动、单缸、背压	冲动、单缸、背压	冲动、单缸、背压	冲动、单缸、背压	冲动、单缸、背压
3	额定功率	MW	12	12	12	12	12	12
4	最大功率	MW	13	12	13	12	13.2	13.5
5	转　速	r/min	3000	3000	3000	3000	3000	3000
6	主蒸汽压力	MPa	3.43	3.43	4.9	8.83	8.83	8.83
7	主蒸汽温度	℃	435	435	470	535	535	535
8	额定进汽量	t/h	110	160	142	104	222	248
9	最大进汽量	t/h	118	183	152.5	115	240	266
10	再热蒸汽压力	MPa						
11	再热蒸汽温度	℃						
12	一次抽汽压力	MPa						
13	额定一次抽汽量	t/h						
14	最大一次抽汽量	t/h						
15	二次抽汽压力	MPa						
16	额定二次抽汽量	t/h						
17	最大二次抽汽量	t/h						
18	排汽压力	MPa	0.4	0.785	0.98	0.98	3.5	4.12
19	额定排汽量	t/h	109.15	158.755	128.63	85.98	220.28	242.97
20	纯背压时排汽量	t/h	109.15	158.755	128.63	85.98	220.28	242.97
21	级　数		Ⅱ+4	Ⅱ+3	Ⅱ+3	Ⅱ+8	Ⅰ+3	Ⅰ+3
22	加热器级数				1+0+0			
23	给水温度	℃			150			
24	纯背压工况下汽耗率	kg/（kW·h）						
25	备　注							

序号	项目＼机组名称	单位	12MW 抽汽背压式汽轮机	12MW 抽汽背压式汽轮机	12MW 抽汽背压式汽轮机	15MW 抽汽背压式汽轮机	15MW 抽汽背压式汽轮机	15MW 抽汽背压式汽轮机
1	产品型号		CB12-3.43/1.5/0.8	CB12-4.9/0.98/0.172	CB12-8.83/1.9/0.981	CB15-3.43/1.08/0.49	CB15-8.83/4.02/1.47	CB15-9.0/2.45/0.294
2	产品型式		冲动、单缸、抽背	冲动、单缸、抽背	冲动、单缸、抽背	冲动、单缸、抽背	冲动、单缸、抽背	冲动、单缸、抽背
3	额定功率	MW	12	12	12	15	15	15
4	最大功率	MW	12	15	15	16.5	18	15.5
5	转　速	r/min	3000	3000	3000	3000	3000	3000
6	主蒸汽压力	MPa	3.43	4.9	8.83	3.43	8.83	9
7	主蒸汽温度	℃	435	435	535	435	535	535

续表

序号	项目 \ 机组名称	单位	12MW 抽汽背压式汽轮机	12MW 抽汽背压式汽轮机	12MW 抽汽背压式汽轮机	15MW 抽汽背压式汽轮机	15MW 抽汽背压式汽轮机	15MW 抽汽背压式汽轮机
8	额定进汽量	t/h	180	110	120	157	174.5	118.5
9	最大进汽量	t/h	189	142	155	170	218	130
10	再热蒸汽压力	MPa						
11	再热蒸汽温度	℃						
12	一次抽汽压力	MPa	1.5	0.98	1.9	1.08	4.02	2.45
13	额定一次抽汽量	t/h	35	50	25	24	14.22	35
14	最大一次抽汽量	t/h	35	80	40	30	41.17	50
15	二次抽汽压力	MPa	无	无	无	无	无	无
16	额定二次抽汽量	t/h	无	无	无	无	无	无
17	最大二次抽汽量	t/h	无	无	无	无	无	无
18	排汽压力	MPa	0.8	0.172	0.981	0.49	1.47	0.294
19	额定排汽量	t/h	144.017	59.353	58.31	131.83	104.468	66.608
20	纯背压时排汽量	t/h	164.017	82.352	90.057	143.17	110.136	88.605
21	级　数		Ⅱ+3	Ⅱ+6	Ⅱ+8	Ⅱ+4	Ⅰ+7	Ⅱ+11
22	加热器级数				2+1+0		2+1+0	
23	给水温度	℃			215		215	
24	纯背压工况下汽耗率	kg/(kW·h)						
25	备　注							

序号	项目 \ 机组名称	单位	15MW 背压式汽轮机	15MW 背压式汽轮机	15MW 背压式汽轮机	15MW 背压式汽轮机	15MW 背压式汽轮机	15MW 背压式汽轮机
1	产品型号		B13-0.83/0.15	B15-3.43/0.7	B15-8.33/3.63	B15-8.83/0.784	B15-8.83/2.1	B15-8.83/4.12
2	产品型式		冲动、单缸、背压	冲动、单缸、背压	冲动、单缸、抽背	冲动、单缸、抽背	冲动、单缸、抽背	冲动、单缸、抽背
3	额定功率	MW	13	15	12	15	15	15
4	最大功率	MW	15	16	15	17.45	15	15
5	转　速	r/min	3000	3000	3000	3000	3000	3000
6	主蒸汽压力	MPa	0.8209	3.43	8.33	8.83	8.83	8.83
7	主蒸汽温度	℃	360	435	532	535	535	535
8	额定进汽量	t/h	150	178	248	127	171.5	318
9	最大进汽量	t/h	150	190	291	145	185	332
10	再热蒸汽压力	MPa						
11	再热蒸汽温度	℃						
12	一次抽汽压力	MPa						
13	额定一次抽汽量	t/h						
14	最大一次抽汽量	t/h						
15	二次抽汽压力	MPa						

续表

序号	项目 ＼ 机组名称	单位	15MW 背压式汽轮机	15MW 背压式汽轮机	15MW 背压式汽轮机	15MW 背压式汽轮机	15MW 背压式汽轮机	15MW 背压式汽轮机
16	额定二次抽汽量	t/h						
17	最大二次抽汽量	t/h						
18	排汽压力	MPa	0.15	0.7	3.63	0.784	2.1	4.12
19	额定排汽量	t/h	99.26	177.03	285.3	102.69	166.76	312.97
20	纯背压时排汽量	t/h	99.26	177.03	285.3	102.69	166.76	312.97
21	级　　数		6	Ⅱ+4	Ⅰ+3	Ⅰ+9	Ⅰ+6	Ⅰ+3
22	加热器级数					2+1+1		
23	给水温度	℃				215		
24	纯背压工况下汽耗率	kg/(kW·h)						
25	备　　注							

序号	项目 ＼ 机组名称	单位	25MW 背压式汽轮机	25MW 背压式汽轮机	25MW 背压式汽轮机	25MW 背压式汽轮机	25MW 背压式汽轮机	25MW 背压式汽轮机
1	产品型号		B25-4.9/0.785	B25-8.83/0.294	B25-8.83/0.4	B25-8.83/0.785	B25-8.83/0.981	B25-8.83/1.28
2	产品型式		冲动、单缸、背压	冲动、单缸、背压	冲动、单缸、背压	冲动、单缸、背压	冲动、单缸、背压	冲动、单缸、背压
3	额定功率	MW	25	25	25	25	25	25
4	最大功率	MW	25	28	30	28.4	30	32.8
5	转　　速	r/min	3000	3000	3000	3000	3001	3000
6	主蒸汽压力	MPa	4.9	8.83	8.83	8.83	8.83	8.83
7	主蒸汽温度	℃	470	535	535	535	535	535
8	额定进汽量	t/h	249	151	157	190	201	218
9	最大进汽量	t/h	249	170	187.5	214	236	280
10	再热蒸汽压力	MPa						
11	再热蒸汽温度	℃						
12	一次抽汽压力	MPa						
13	额定一次抽汽量	t/h						
14	最大一次抽汽量	t/h						
15	二次抽汽压力	MPa						
16	额定二次抽汽量	t/h						
17	最大二次抽汽量	t/h						
18	排汽压力	MPa	0.785	0.294	0.4	0.785	0.981	1.28
19	额定排汽量	t/h	247.72	120.59	125.45	152.72	163.17	180.43
20	纯背压时排汽量	t/h	247.72	120.59	125.45	152.72	163.17	180.43
21	级　　数		Ⅱ+4	Ⅱ+13	Ⅱ+13	Ⅰ+10	Ⅰ+9	Ⅰ+9
22	加热器级数			2+1+1	2+1+1	2+1+0	2+1+0	1+1+0
23	给水温度	℃		218.7	221	215	201	209
24	纯背压工况下汽耗率	kg/(kW·h)						
25	备　　注							

续表

序号	项目 \ 机组名称	单位	25MW 背压式汽轮机	25MW 背压式汽轮机	25MW 抽汽背压式汽轮机	25MW 抽汽背压式汽轮机	25MW 抽汽背压式汽轮机	25MW 抽汽背压式汽轮机	25MW 抽汽背压式汽轮机
1	产品型号		B25-8.83/3.92	B25-8.83/4.02	CB25-5/1.6/0.49	CB25-8.83/1.27/0.69	CB25-8.83/1.69/0.981	CB25-8.83/3.82/0.6	CB25-8.83/3.82/0.981
2	产品型式		冲动、单缸、背压	冲动、单缸、背压	冲动、单缸、抽背	冲动、单缸、抽背	冲动、单缸、抽背	冲动、单缸、抽背	冲动、单缸、抽背
3	额定功率	MW	25	25	25	25	25	25	25
4	最大功率	MW	25	25.7	25	30	30	30	30
5	转　速	r/min	3000	3000	3000	3000	3000	3000	3000
6	主蒸汽压力	MPa	8.83	8.83	5	8.83	8.83	8.83	8.83
7	主蒸汽温度	℃	535	535	435	535	535	535	535
8	额定进汽量	t/h	494	503	241.4	202	222	240	275
9	最大进汽量	t/h	518	516	251.5	239	262	260	311.5
10	再热蒸汽压力	MPa							
11	再热蒸汽温度	℃							
12	一次抽汽压力	MPa			1.6	1.27	1.69	3.82	3.82
13	额定一次抽汽量	t/h			36	100	50	70	100
14	最大一次抽汽量	t/h			60	130	75	90	140
15	二次抽汽压力	MPa							
16	额定二次抽汽量	t/h							
17	最大二次抽汽量	t/h							
18	排汽压力	MPa	3.92	4.02	0.49	0.69	0.981	0.6	0.981
19	额定排汽量	t/h	486.19	495.24	195.70	75.58	111.28	130.31	96.88
20	纯背压时排汽量	t/h	486.19	495.24	210.00	156.70	152.89	158.86	147.46
21	级　数		Ⅰ+3	Ⅰ+3	Ⅱ+4	Ⅰ+9	Ⅰ+8	Ⅱ+8	Ⅱ+7
22	加热器级数				0+1+0	0+1+0	2+1+0	0+2+0	2+1+0
23	给水温度	℃			104.2	158.1	214	104.2	215
24	纯背压工况下汽耗率	kg/(kW·h)							
25	备　注								

序号	项目 \ 机组名称	单位	25MW 抽汽背压式汽轮机	25MW 抽汽背压式汽轮机	25MW 抽汽背压式汽轮机	25MW 抽汽背压式汽轮机	25MW 抽汽背压式汽轮机	25MW 抽汽背压式汽轮机	25MW 抽汽背压式汽轮机
1	产品型号		CB25-8.83/3.92/1.18	CB25-8.83/4.0/0.7	CB25-8.83/4.0/0.784	CB25-8.83/4.5/1.7	CB25-8.83/5.2/1.1	CB25-8.83/6.4/0.784	CB25-9.0/1.4/0.8
2	产品型式		冲动、单缸、抽背	冲动、单缸、抽背	冲动、单缸、抽背	冲动、单缸、抽背	冲动、单缸、抽背	冲动、单缸、抽背	冲动、单缸、抽背
3	额定功率	MW	25	25	25	25	25	25	25
4	最大功率	MW	30	30	30	25	30	30	25
5	转　速	r/min	3000	3000	3000	3000	3000	3000	3000
6	主蒸汽压力	MPa	8.83	8.83	8.83	8.83	8.83	8.83	9
7	主蒸汽温度	℃	535	535	535	535	535	535	535
8	额定进汽量	t/h	288	260	300.5	378	260.5	277	190
9	最大进汽量	t/h	327	308.5	320	422	281	310	211
10	再热蒸汽压力	MPa							
11	再热蒸汽温度	℃							
12	一次抽汽压力	MPa	3.92	4	4	4.5	5.2	6.4	1.4

续表

序号	项目 \ 机组名称	单位	25MW 抽汽背压式汽轮机	25MW 抽汽背压式汽轮机	25MW 抽汽背压式汽轮机	25MW 抽汽背压式汽轮机	25MW 抽汽背压式汽轮机	25MW 抽汽背压式汽轮机	25MW 抽汽背压式汽轮机
13	额定一次抽汽量	t/h	100	80	160	175	52	80	61
14	最大一次抽汽量	t/h	120	100	170	250	110	110	100
15	二次抽汽压力	MPa							
16	额定二次抽汽量	t/h							
17	最大二次抽汽量	t/h							
18	排汽压力	MPa	1.18	0.7	0.785	1.7	1.1	0.784	0.8
19	额定排汽量	t/h	130.72	110.14	112.38	147.86	155.28	141.7193	104.146
20	纯背压时排汽量	t/h	175.71	141.58	164.41	174.76	174.21	151.6939	187.145
21	级 数		Ⅱ+7	Ⅰ+9	Ⅱ+8	Ⅱ+6	Ⅱ+6	Ⅰ+9	Ⅰ+9
22	加热器级数		2+1+0	2+1+0	2+0+0	0+1+0	2+1+0	2+1+0	/
23	给水温度	℃	215	215	200	158.1	224.5	221.7	/
24	纯背压工况下汽耗率	kg/(kW·h)							
25	备 注								

序号	项目 \ 机组名称	单位	25MW 抽汽背压式汽轮机	40MW 背压式汽轮机	40MW 抽汽背压式汽轮机	44MW 背压式汽轮机	60MW 抽汽背压式汽轮机	60MW 抽汽背压式汽轮机	60MW 背压式汽轮机
1	产品型号		CB25-9/4.5/0.8	B40-8.83/0.981	CB40-11.8/5.8/0.8	B44-13.24/1.0	CB60-8.83/1.57/0.785	CB60-8.83/2.5/1.27	B60-8.83/0.75
2	产品型式		冲动、单缸、抽背	冲动、单缸	冲动、单缸、单抽	冲动、单缸	冲动、单缸单抽	冲动、单缸单抽	冲动、单缸
3	额定功率	MW	25	40	40	44	60	60	60
4	最大功率	MW	30	44	51	44.18	65	60	63
5	转 速	r/min	3000	3000	3000	3000	3000	3000	3000
6	主蒸汽压力	MPa	8.83	8.83	11.8	13.24	8.83	8.83	8.83
7	主蒸汽温度	℃	535	535	535	535	535	535	535
8	额定进汽量	t/h	234	313	314	311	467	487.5	426
9	最大进汽量	t/h	290	339	408	311	482	487.5	454
10	再热蒸汽压力	MPa							
11	再热蒸汽温度	℃							
12	一次抽汽压力	MPa	4.5		5.8		1.57	2.5	
13	额定一次抽汽量	t/h	35		110		150	50	
14	最大一次抽汽量	t/h	90		150		200	80	
15	二次抽汽压力	MPa							
16	额定二次抽汽量	t/h							
17	最大二次抽汽量	t/h							
18	排汽压力	MPa	0.8	0.981	0.8	1.0	0.785	1.27	0.75
19	额定排汽量	t/h	164.144	228.97	232.34	302.5	228.72	348.59	248.28
20	纯背压时排汽量	t/h	176.924	228.97	260.7	302.5	345.13	348.59	248.28
21	级 数		Ⅱ+8	Ⅰ+9	Ⅰ+12	Ⅰ+11	Ⅰ+9	Ⅰ+8	Ⅰ+10
22	加热器级数		2+0+0	2+1+0			2+1+0	2+2+0	2+1+0
23	给水温度	℃	7.998	215					
24	纯背压工况下汽耗率	kg/(kW·h)							
25	备 注								

表 5　　　　东方汽轮机有限公司（简称“东汽”）背压机技术规格

序号	项目＼机组名称	单位	12MW 背压式	12MW 背压式	12MW 背压式	12MW 背压式	12MW 背压式	20MW 背压式
1	产品型号		B12-8.83/5.0	B12-8.83/0.981	B12-8.83/0.588	B12-4.91/1.2	B12-3.6/1.37	B20-11/4.4
2	产品型式		冲动、单缸、纯背	冲动、单缸、纯背	冲动、单缸、纯背	次高压、冲动、单缸、纯背	中温、冲动、单缸、纯背	冲动、单缸、纯背
3	额定功率	MW	12	12	12	12	12	20
4	最大功率	MW	15	15	15	15	15	25
5	转　速	r/min	3000	3000	3000	3000	3000	3000
6	主蒸汽压力	MPa	8.83	8.83	8.83	4.91	3.6	11.0
7	主蒸汽温度	℃	535	535	535	475	390	535
8	额定进汽量	t/h	372.5	103.5	99	161.6	227.67	400
9	最大进汽量	t/h	440.5	126	123	177	281	450
10	再热蒸汽压力	MPa						
11	再热蒸汽温度	℃						
12	一次抽汽压力	MPa			0.981			5.9
13	额定一次抽汽量	t/h			11.56			12
14	最大一次抽汽量	t/h			14			12
15	二次抽汽压力	MPa						
16	额定二次抽汽量	t/h						
17	最大二次抽汽量	t/h						
18	排汽压力	MPa	5.0	0.981	0.588	1.2	1.37	4.4
19	额定排汽量	t/h	361.1	82.7	62.5			377.7
20	纯背压时排汽量	t/h	361.1	82.7	72.7			377.7
21	级　数		Ⅰ+2	Ⅱ+9	Ⅱ+10	Ⅱ+3	Ⅰ+4	Ⅰ+4
22	加热器级数			2+1+0	2+1+0			
23	给水温度	℃		224.5	208.9			
24	纯背压工况下汽耗率	kg/（kW·h）	31.035	8.617	8.103			18.30
25	备　注				抽汽为非调整抽汽			抽汽为非调整抽汽

序号	项目＼机组名称	单位	25MW 背压式	25MW 抽背式	25MW 抽背式	28MW 背压机	30MW 背压机	30MW 抽背式
1	产品型号		B25-8.83/0.7	CB25-8.83/1.4/0.8	CB25-9.32/2.7/1.2	B28-10.0/0.981	B30-8.83/0.785	CB30-12.3/4.7/1.8
2	产品型式		冲动、单缸、纯背	冲动、单缸、单抽	冲动、单缸、单抽	冲动、单缸、纯背	冲动、单缸、纯背	冲动、单缸、单抽
3	额定功率	MW	25	25	25	28.9	30	30
4	最大功率	MW	26.9	29	30	31.9	32	35
5	转　速	r/min	3000	3000	3000	3000	3000	3000
6	主蒸汽压力	MPa	8.83	8.83	9.32	10.0	8.83	12.3

续表

序号	项目 \ 机组名称	单位	25MW 背压式	25MW 抽背式	25MW 抽背式	28MW 背压机	30MW 背压机	30MW 抽背式
7	主蒸汽温度	℃	535	535	535	565	535	535
8	额定进汽量	t/h	177	214.8	229.3	200	236.6	341
9	最大进汽量	t/h	190	246	269.3	220	254.5	430
10	再热蒸汽压力	MPa						
11	再热蒸汽温度	℃						
12	一次抽汽压力	MPa		1.4	2.7			4.7
13	额定一次抽汽量	t/h		100	50			147
14	最大一次抽汽量	t/h		118	70			227
15	二次抽汽压力	MPa						
16	额定二次抽汽量	t/h						
17	最大二次抽汽量	t/h						
18	排汽压力	MPa	0.7	0.8	1.2	0.981	0.785	1.8
19	额定排汽量	t/h	126.2	64.1	176.1	144.0	141.6	151.9
20	纯背压时排汽量	t/h	126.2	147.8	203.5	144.0	141.6	269.8
21	级　数		Ⅰ+12	Ⅰ+10	Ⅰ+9	Ⅰ+17	Ⅰ+12	Ⅰ+10
22	加热器级数		2+1+0	2+1+0		2+1+0	2+1+0	
23	给水温度	℃	216.1	215		215.8	237.6	215.5
24	纯背压工况下汽耗率	kg/(kW·h)	7.069	7.86	8.272	6.91	7.882	9.113
25	备　注						回热系统加热外部给水98.33t/h	

序号	项目 \ 机组名称	单位	30MW 抽背式	30MW 抽背式	40MW 抽背式	46MW 背压式	49MW 抽背式	50MW 抽背式
1	产品型号		CB30-8.83/4.8/1.8	CB30-8.83/3.53/1.37	CB40-8.83/2.8/1.275	B46-8.83/1.5	CB49-12.2/4.3/1.1	CB50-8.83/1.275/0.245
2	产品型式		冲动、单缸、单抽	冲动、单缸、单抽	冲动、单缸、单抽	冲动、单缸、纯背	冲动、单缸、单抽	冲动、单缸、单抽
3	额定功率	MW	30	28	41	46	49	50
4	最大功率	MW	33	30.2	43.6	48.6	53.2	58.9
5	转　速	r/min	3000	3000	3000	3000	3000	3000
6	主蒸汽压力	MPa	8.83	8.83	8.83	8.83	12.2	8.83
7	主蒸汽温度	℃	535	535	535	535	535	535
8	额定进汽量	t/h	400	280	417.6	418.8	410	327
9	最大进汽量	t/h	432	300	450	440	410	350
10	再热蒸汽压力	MPa						
11	再热蒸汽温度	℃						
12	一次抽汽压力	MPa	4.8	3.53	2.8		4.3	1.275
13	额定一次抽汽量	t/h	182	50	140		90	100
14	最大一次抽汽量	t/h	191.9	118	180		180	110
15	二次抽汽压力	MPa						

续表

序号	项目 \ 机组名称	单位	30MW 抽背式	30MW 抽背式	40MW 抽背式	46MW 背压式	49MW 抽背式	50MW 抽背式
16	额定二次抽汽量	t/h						
17	最大二次抽汽量	t/h						
18	排汽压力	MPa	1.8	1.37	1.275	1.5	1.1	0.245
19	额定排汽量	t/h	169.9	152.1	198.2	335.5	266.3	165.3
20	纯背压时排汽量	t/h	264.4	210.9	295	335.5	306.9	262.2
21	级　数		Ⅰ+5	Ⅰ+9	Ⅰ+7	Ⅰ+8	Ⅰ+10	Ⅰ+12
22	加热器级数		2+0+0	2+1+0	2+1+0	2+1+0	2+0+0	2+1+0
23	给水温度	℃	218.5	215	221.6	215	224.7	219.9
24	纯背压工况下汽耗率	kg/(kW·h)	10.329		8.353	9.078	7.17	5.406
25	备　注							

序号	项目 \ 机组名称	单位	50MW 抽背式	50MW 抽背式	50MW 抽背式	58MW 抽背式	60MW 纯背机
1	产品型号		CB50-8.83/4.25/1.27	CB50-8.83/2.5/0.981	CB50-10.0/4.1/1.4	CB50-10.5/3.8/1.2	B60-8.83/0.981
2	产品型式		冲动、单缸、单抽	冲动、单缸、单抽	冲动、单缸、纯背	冲动、单缸、单抽	冲动、单缸、纯背
3	额定功率	MW	50	50	52	58	60
4	最大功率	MW	64	55	59.7	68.8	63
5	转　速	r/min	3000	3000	3000	3000	3000
6	主蒸汽压力	MPa	8.83	8.83	10.0	10.0	8.83
7	主蒸汽温度	℃	535	535	565	565	535
8	额定进汽量	t/h	590.3	377	475	470	448
9	最大进汽量	t/h	690	426	490	495	470
10	再热蒸汽压力	MPa					
11	再热蒸汽温度	℃					
12	一次抽汽压力	MPa	4.25	2.5	4.1	3.8	
13	额定一次抽汽量	t/h	200	100	100	82	
14	最大一次抽汽量	t/h	300	100	120	100	
15	二次抽汽压力	MPa					
16	额定二次抽汽量	t/h					
17	最大二次抽汽量	t/h					
18	排汽压力	MPa	1.27	0.981	1.4	1.3	0.981
19	额定排汽量	t/h	230.5	217.8	240.3	255.9	355.5
20	纯背压时排汽量	t/h	318.7	267.3	344.6	333.7	355.5
21	级　数		Ⅰ+8	Ⅰ+10	Ⅰ+14	Ⅰ+14	Ⅰ+10
22	加热器级数		2+2+0	2+1+0	2+1+0	2+1+0	2+1+0
23	给水温度	℃	215.9	216.2	217.9	212.1	218.1
24	纯背压工况下汽耗率	kg/(kW·h)	8.857	7.539	8.128	7.179	7.457
25	备　注						

表 6　　哈尔滨汽轮机厂有限责任公司（简称“哈汽”）背压机技术规格

序号	项目 \ 机组名称	单位	12MW 背压式汽轮机	12MW 背压式汽轮机	12MW 背压式汽轮机	12MW 背压式汽轮机	12MW 背压式汽轮机	25MW 抽背式汽轮机
1	产品型号		B12-4.9/ 0.686	B12-8.83/ 4.022	B15-9.22/4.1	B12-8.83/ 3.82	B12-8.83/ 3.04	CB25-8.83/ 0.98/0.118
2	产品型式		冲动、单缸、纯背压	冲动、单缸、纯背压	冲动、单缸、纯背压	冲动、单缸、纯背压	冲动、单缸、纯背压	冲动、单缸、抽背
3	额定功率	MW	12	12	15	9.17	12	25
4	最大功率	MW	13	13	18.46	11.92	13.5	30
5	转　　速	r/min	3000	3000	3000	3000	3000	3000
6	主蒸汽压力	MPa	4.9	8.83	9.22	8.83	8.83	8.83
7	主蒸汽温度	℃	435	535	535	535	535	535
8	额定进汽量	t/h	123	254	318.74	200	200	156
9	最大进汽量	t/h	132	280	360	240	230	210
10	再热蒸汽压力	MPa						
11	再热蒸汽温度	℃						
12	一次抽汽压力	MPa						0.98
13	额定一次抽汽量	t/h						60
14	最大一次抽汽量	t/h						120
15	二次抽汽压力	MPa						
16	额定二次抽汽量	t/h						
17	最大二次抽汽量	t/h						
18	排汽压力	MPa	0.686	4.02	4.1	3.82	3.04	0.118
19	额定排汽量	t/h	120	249	309.4	191	196	
20	纯背压时排汽量	t/h	120	249	309.4	191	196	
21	级　　数		Ⅱ+5	Ⅰ+3	Ⅰ+3	Ⅰ+4	Ⅰ+4	Ⅰ+10+Ⅰ+4
22	加热器级数							1+1+1
23	给水温度	℃						213
24	纯背压工况下汽耗率	kg/(kW·h)	10.25	21.17	21.25	21.81	16.67	5.59
25	备　　注							

序号	项目 \ 机组名称	单位	25MW 抽背式汽轮机	25MW 背压式汽轮机	25MW 抽背式汽轮机	30MW 抽背式汽轮机	40MW 抽汽背压式汽轮机	50MW 背压式汽轮机
1	产品型号		B25-8.83/ 0.981	CB25-8.83/ 0.98/0.245	CB25-8.83/ 4.21/1.27	CB30-9.12/ 3.82/1.1	CB40-9.5/ 4.0/1.27	B50-8.83/ 1.28
2	产品型式		冲动、单缸、纯背压	冲动、单缸、抽背	冲动、单缸、抽背	冲动、单缸、抽背	冲动、单缸、抽背	冲动、单缸、纯背
3	额定功率	MW	25	25	25	30	40	50
4	最大功率	MW	30	30	30	33	40	55
5	转　　速	r/min	3000	3000	3000	3000	3000	3000
6	主蒸汽压力	MPa	8.83	8.83	8.83	9.12	9.5	8.83

续表

序号	项目 \ 机组名称	单位	25MW 抽背式汽轮机	25MW 背压式汽轮机	25MW 抽背式汽轮机	30MW 抽背式汽轮机	40MW 抽汽背压式汽轮机	50MW 背压式汽轮机
7	主蒸汽温度	℃	535	535	535	535	535	535
8	额定进汽量	t/h	200	158	261.36/335.3	266/382	450	425
9	最大进汽量	t/h	260	220	400	426	450	440
10	再热蒸汽压力	MPa						
11	再热蒸汽温度	℃						
12	一次抽汽压力	MPa		0.98	4.21	3.82	4.0	
13	额定一次抽汽量	t/h		60	150	200	133	
14	最大一次抽汽量	t/h		160	180	220	200	
15	二次抽汽压力	MPa						
16	额定二次抽汽量	t/h						
17	最大二次抽汽量	t/h						
18	排汽压力	MPa	0.981	0.245	1.27	1.1	1.27	1.28
19	额定排汽量	t/h			90	172	269	
20	纯背压时排汽量	t/h			182	261	316	
21	级　　数		Ⅰ+10	Ⅰ+10+　Ⅰ+3	Ⅰ+2+Ⅰ+3	Ⅰ+3+　Ⅰ+3	Ⅰ+2+Ⅰ+3	Ⅰ+9
22	加热器级数		2+1+0	0+1+1+1（除氧器）			2+1（外来汽源）+0	2+1+0
23	给水温度	℃	220	160			215	214
24	纯背压工况下汽耗率	kg/（kW·h）	5.5	6.32	10.454	8.838	8.899	8.511
25	备　　注							

序号	项目 \ 机组名称	单位	50MW 抽汽背压式汽轮机	50MW 抽汽背压式汽轮机	60MW 背压式汽轮机	80MW 背压式汽轮机	140MW 背压式汽轮机	255MW 背压式汽轮机
1	产品型号		CB50-9.1/4.5/1.3	CB50-8.83/4.25/1.27	B60-8.83/0.294	B80-8.83/0.294	B140-12.75/535/535	B255-24.2/0.40
2	产品型式		冲动、单缸、抽背	冲动、单缸、抽背	冲动、单缸、纯背	冲动、单缸、纯背	超高压、一次中间再热、双缸单排汽、纯背压	超临界、一次再热、双缸单排汽纯背压
3	额定功率	MW	50	50	60	80	140	256
4	最大功率	MW	60	60	65	83	153	270
5	转　　速	r/min	3000	3000	3000	3000	3000	300
6	主蒸汽压力	MPa	9.1	8.83	8.83	8.83	12.75	24.2
7	主蒸汽温度	℃	535	535	535	535	535	566
8	额定进汽量	t/h	437.17	435.2	326	420	610	1080
9	最大进汽量	t/h	600	680	360	440	670	1140
10	再热蒸汽压力	MPa					2.098	4.15
11	再热蒸汽温度	℃					535	566
12	一次抽汽压力	MPa	4.5	4.25				

续表

序号	项目＼机组名称	单位	50MW抽汽背压式汽轮机	50MW抽汽背压式汽轮机	60MW背压式汽轮机	80MW背压式汽轮机	140MW背压式汽轮机	255MW背压式汽轮机
13	额定一次抽汽量	t/h	260	200				
14	最大一次抽汽量	t/h	280	300				
15	二次抽汽压力	MPa						
16	额定二次抽汽量	t/h						
17	最大二次抽汽量	t/h						
18	排汽压力	MPa	1.3	1.27	0.294	0.294	0.245	0.40
19	额定排汽量	t/h	233	203	269	370	424	743.0
20	纯背压时排汽量	t/h	333	307	269	370	424	743.0
21	级　数		Ⅰ+3+Ⅰ+5	Ⅰ+3+Ⅰ+5	Ⅰ+15	Ⅰ+15	Ⅰ+11+10	Ⅰ+13+12
22	加热器级数		2+1+0	2+1+0+1（低温除氧器）	2+1	2+1+0	3+1+2	3+1+1
23	给水温度	℃	218	215	206	219	243	283.0
24	纯背压工况下汽耗率	kg/（kW·h）	8.743	8.7	5.441	5.25	4.345	4.21
25	备　注							

表 7　上海汽轮机厂（简称“上汽”）背压机技术规格

序号	项目＼机组名称	单位	25MW抽背式汽轮机	30MW抽背式汽轮机	25MW背压式汽轮机	25MW背压式汽轮机	25MW抽背式汽轮机	40MW抽背式汽轮机
1	产品型号		CB25-90/41/13	CB30-8.83/4.6/1.1	B25-95/16	B25-90/15	CB25/8.83/0.981	CB40-8.83/1.7/0.8
2	产品型式		单缸、冲动、单抽	单缸、冲动、单抽	单缸、冲动、背压式	单缸、冲动、背压式	反动、单缸、单抽	反动、单缸、单抽
3	额定功率	MW	25	30	25	25	25	40
4	最大功率	MW	30	30	25	25	25	45
5	转　速	r/min	3000	3000	3000	3000	5500	3000
6	主蒸汽压力	MPa	8.83	8.83	9.32	8.83	8.83	8.83
7	主蒸汽温度	℃	535	535	535	535	535	535
8	额定进汽量	t/h	300	390	220	210	268.48	300
9	最大进汽量	t/h	340	410	257		300	350
10	再热蒸汽压力	MPa						
11	再热蒸汽温度	℃						
12	一次抽汽压力	MPa	4.02	4.6			4	1.7
13	额定一次抽汽量	t/h	100	240			100	60
14	最大一次抽汽量	t/h	140	275			120	100
15	二次抽汽压力	MPa						
16	额定二次抽汽量	t/h						
17	最大二次抽汽量	t/h						
18	排汽压力	MPa	1.27	1.1	1.47	1.47	0.981	0.8

续表

序号	项目＼机组名称	单位	25MW 抽背式汽轮机	30MW 抽背式汽轮机	25MW 背压式汽轮机	25MW 背压式汽轮机	25MW 抽背式汽轮机	40MW 抽背式汽轮机
19	额定排汽量	t/h	160	63.9			150	141
20	纯背压时排汽量	t/h	230	205.1			200	207
21	级　　数		Ⅰ+3+Ⅰ+3	Ⅰ+2+Ⅰ+4	Ⅰ+9	Ⅰ+9	Ⅰ+3+Ⅰ+8	Ⅰ+10+Ⅰ+5
22	加热器级数		2+1+0	2+1+0	2+1+0	2+1+0	2+1+0	1+1+0
23	给水温度	℃	216.24	210.2			225	200
24	纯背压工况下汽耗率	kg/(kW·h)	9.72		9.77	9.443	9.5	6.905
25	备　　注							

序号	项目＼机组名称	单位	45MW 背压式汽轮机	50MW 抽背式汽轮机	50MW 抽背式汽轮机	抽背式汽轮机	抽背式汽轮机	抽背式汽轮机
1	产品型号		B45-10.5/0.35	CB50-8.83/4.05/1.3	CB50-10/26/1.6			
2	产品型式		反动、单缸、背压式	高压、单抽、单缸、冲动	反动、单缸、单抽	单轴、反动、单抽汽	单轴、反动、单抽汽	单轴、反动、单抽汽
3	额定功率	MW	45	50	50			
4	最大功率	MW	50	52.9	60			
5	转　　速	r/min	3000	3000	3000	3000	3000	3000
6	主蒸汽压力	MPa	10.5	8.83	10.5	8.83	8.83	8.83
7	主蒸汽温度	℃	535	535	565	535	535	535
8	额定进汽量	t/h	231	625.8	480	630.7	571.3	573.4
9	最大进汽量	t/h	266	670	520	650	620	588.9
10	再热蒸汽压力	MPa						
11	再热蒸汽温度	℃						
12	一次抽汽压力	MPa		4.05	2.6	4.12	3.8	4.12
13	额定一次抽汽量	t/h		317	80	200	100	120
14	最大一次抽汽量	t/h		358	120	288	130	210
15	二次抽汽压力	MPa						
16	额定二次抽汽量	t/h						
17	最大二次抽汽量	t/h						
18	排汽压力	MPa	0.35	1.3	1.6	1.47	1.47	0.196
19	额定排汽量	t/h	240	313.2	320	300	138.5	90.03
20	纯背压时排汽量	t/h	240	156.1	300		250.0	248.4
21	级　　数		Ⅰ+18	Ⅰ+6+Ⅰ+5	Ⅰ+13+Ⅰ+2	Ⅰ+6+Ⅰ+6	Ⅰ+6+Ⅰ+6	Ⅰ+6+Ⅰ+16
22	加热器级数			2+1+0	2+1+0	2+1+0	2+1+0	2+1+0
23	给水温度	℃		213.1	220			
24	纯背压工况下汽耗率	kg/(kW·h)	5.19	8.696	7.95			
25	备　　注							

续表

序号	项目 \ 机组名称	单位	抽背式汽轮机	抽背式汽轮机	抽背式汽轮机	抽背式汽轮机	背压式汽轮机
1	产品型号						
2	产品型式		单轴、反动、单抽汽	单轴、反动、双抽汽	单轴、反动、单抽汽	单轴、反动、双抽汽	高压、单轴、背压式
3	额定功率	MW					
4	最大功率	MW					
5	转　　速	r/min	3000	3000	3000	3000	3000
6	主蒸汽压力	MPa	8.83	8.83	8.83	8.83	9.32
7	主蒸汽温度	℃	535	535	535	535	537
8	额定进汽量	t/h	450	464	571.13	581	409.43
9	最大进汽量	t/h	460			630	422.3
10	再热蒸汽压力	MPa					
11	再热蒸汽温度	℃					
12	一次抽汽压力	MPa	0.981	0.981	1.27	4.2	
13	额定一次抽汽量	t/h	170	98	200	143	
14	最大一次抽汽量	t/h	270	173	270	168	
15	二次抽汽压力	MPa		0.294		1.3	
16	额定二次抽汽量	t/h		70		100	
17	最大二次抽汽量	t/h		238		150	
18	排汽压力	MPa	0.196	0.25	0.196	0.133	0.231
19	额定排汽量	t/h			87.7	178	
20	纯背压时排汽量	t/h			310.9	276	290
21	级　　数		Ⅰ+20+Ⅰ+7	Ⅰ+28	Ⅰ+23	Ⅰ+6+Ⅰ+6+Ⅰ+9	Ⅰ+30
22	加热器级数		2+1+0	2+1+0	2+1+0	2+1+0	2+1+0
23	给水温度	℃					
24	纯背压工况下汽耗率	kg/(kW·h)					
25	备　　注						

表 8　　　　**北重抽凝机组技术规格**

序号	项目 \ 机组名称	单位	25MW 抽凝式汽轮机	25MW 抽凝式汽轮机	25MW 抽凝式汽轮机	25MW 抽凝式汽轮机	25MW 抽凝式汽轮机	25MW 抽凝式汽轮机
1	产品型号		C25-8.83/0.981	C25-8.83/1.275	CC25-8.83/4.1/1.25	CC25-8.83/3.92/1.27	CC25-8.9/0.981/0.118	CC25-8.83/4.2/1.2
2	产品型式		冲动、单缸、单抽	冲动、单缸、单抽	冲动、单缸、双抽	冲动、单缸、双抽	冲动、单缸、双抽	冲动、单缸、双抽
3	额定功率	MW	25	25	25	25	25	25
4	最大功率	MW	30	32	30	30	30	33

续表

序号	项目 \ 机组名称	单位	25MW 抽凝式汽轮机	25MW 抽凝式汽轮机	25MW 抽凝式汽轮机	25MW 抽凝式汽轮机	25MW 抽凝式汽轮机	25MW 抽凝式汽轮机
5	转　速	r/min	3000	3000	3000	3000	3000	3000
6	主蒸汽压力	MPa	8.83	8.83	8.83	8.83	8.83	8.83
7	主蒸汽温度	℃	535	535	535	535	535	535
8	额定进汽量	t/h	152	172	245	215	163	205
9	最大进汽量	t/h	203	220	248	237	200	220
10	再热蒸汽压力	MPa						
11	再热蒸汽温度	℃						
12	一次抽汽压力	MPa	0.981	1.275	4.1	3.92	0.981	4.2
13	额定一次抽汽量	t/h	80	100	62	70	72	44
14	最大一次抽汽量	t/h	130	130	100	120	130	130
15	二次抽汽压力	MPa			1.25	1.27	0.118	1.2
16	额定二次抽汽量	t/h			95	50	54	75
17	最大二次抽汽量	t/h			120	120	54	90
18	排汽压力	kPa	3.6	3.6	3.4	3.7	3.4	3.4
19	级　数		Ⅰ+20	Ⅰ+19	Ⅰ+16	Ⅰ+16	Ⅰ+19	Ⅰ+16
20	加热器级数		2+1+3	2+1+2	2+2+2	2+2+2	2+1+3	2+2+2
21	给水温度	℃	221.4	222.3	220.9	212.4	227.6	215.7
22	末级叶片长度	mm	432	399	399	432	432	432
23	纯凝工况下汽耗率	kg/(kW·h)	3.832	3.995	4.041	3.941	3.913	3.894
24	纯凝工况下热耗率	kJ/(kW·h)	9964.1	10379	10515.8	10350.3	10184.1	10186.5
25	备　注							

序号	项目 \ 机组名称	单位	50MW 抽凝式汽轮机	50MW 抽凝式汽轮机	50MW 抽凝式汽轮机	50MW 抽凝式汽轮机	50MW 抽凝式汽轮机	50MW 抽凝式汽轮机
1	产品型号		C50-8.83/0.981	C50-8.83/0.981	C50-8.83/4.12	C50-8.83/0.99	CC50-8.83/0.981/0.196	CC50-8.83/0.981/0.245
2	产品型式		冲动、单缸、单抽	冲动、单缸、单抽	冲动、单缸、单抽	冲动、单缸、单抽	冲动、单缸、双抽	冲动、单缸、双抽
3	额定功率	MW	50	50	50	50	50	50
4	最大功率	MW	60	60.95	60	60	60	60
5	转　速	r/min	3000	3000	3000	3000	3000	3000
6	主蒸汽压力	MPa	8.83	8.83	8.83	8.83	8.83	8.83
7	主蒸汽温度	℃	535	535	535	535	535	535
8	额定进汽量	t/h	249	220	351	185	240	330
9	最大进汽量	t/h	340	220	480	220	375	375
10	再热蒸汽压力	MPa						
11	再热蒸汽温度	℃						

续表

序号	项目＼机组名称	单位	50MW 抽凝式汽轮机	50MW 抽凝式汽轮机	50MW 抽凝式汽轮机	50MW 抽凝式汽轮机	50MW 抽凝式汽轮机	50MW 抽凝式汽轮机
12	一次抽汽压力	MPa	0.981	0.981	4.12	0.99	0.981	0.981
13	额定一次抽汽量	t/h	80	70	160	6	45	120
14	最大一次抽汽量	t/h	160	130	300	10	230	230
15	二次抽汽压力	MPa					0.196	0.245
16	额定二次抽汽量	t/h					80	100
17	最大二次抽汽量	t/h					160	200
18	排汽压力	kPa	5.0	3.8	3.8	4.9	3.5	3.4
19	级　数		Ⅰ+18	Ⅰ+18	Ⅰ+18	Ⅰ+22	Ⅰ+18	Ⅰ+18
20	加热器级数		2+1+3	2+1+3	2+1+3	2+1+3	2+1+3	2+1+3
21	给水温度	℃	207.9	219.4	210.1	219.5	222.8	218.3
22	末级叶片长度	mm	665	665	665	665	610	610
23	纯凝工况下汽耗率	kg/（kW·h）	3.664	3.609	3.792	3.606	3.650	3.800
24	纯凝工况下热耗率	kJ/（kW·h）	9628.1	9120	9620.4	9130.9	9603.4	9964.2
25	备　注							

序号	项目＼机组名称	单位	100MW 抽凝式汽轮机	100MW 抽凝式汽轮机	100MW 抽凝式汽轮机	100MW 抽凝式汽轮机	100MW 抽凝式汽轮机	100MW 抽凝式汽轮机
1	产品型号		N100-8.83/535	C（C）100-8.83（3.0）-0.9807	N（C）100-8.83/535	N100-8.83/535	N（C）100-8.83/535	N100-8.83/535
2	产品型式		冲动、双缸、单抽	冲动、双缸、双抽	冲动、双缸、单抽	冲动、双缸、单抽	冲动、双缸、单抽	冲动、双缸、单抽
3	额定功率	MW	104	68	39	104	76	100
4	最大功率	MW	114	115	115	115	115	114
5	转　速	r/min	3000	3000	3000	3000	3000	3000
6	主蒸汽压力	MPa	8.83	8.83	8.83	8.83	8.83	8.83
7	主蒸汽温度	℃	535	535	535	535	535	535
8	额定进汽量	t/h	392	359	392	390	370	365
9	最大进汽量	t/h	410	420	410	410	417	410
10	再热蒸汽压力	MPa						
11	再热蒸汽温度	℃						
12	一次抽汽压力	MPa	1.07	3.17	0.2	0.1961	0.1961	0.2
13	额定一次抽汽量	t/h	30	50	100	100	230	130
14	最大一次抽汽量	t/h	30	50	260	260	260	245
15	二次抽汽压力	MPa		0.9807				
16	额定二次抽汽量	t/h		150				
17	最大二次抽汽量	t/h		200				
18	排汽压力	kPa	5.1	4.9	5.0	4.9	4.9	4.9

续表

序号	机组名称 / 项目	单位	100MW 抽凝式汽轮机	100MW 抽凝式汽轮机	100MW 抽凝式汽轮机	100MW 抽凝式汽轮机	100MW 抽凝式汽轮机	100MW 抽凝式汽轮机
19	级　数		Ⅰ+16+Ⅰ+2×5	Ⅰ+14+Ⅰ+2×5	Ⅰ+16+Ⅰ+2×5	Ⅰ+16+Ⅰ+2×5	Ⅰ+15+Ⅰ+2×5	Ⅰ+16+Ⅰ+2×5
20	加热器级数		2+1+4	2+1+4	2+1+4	2+1+4	2+1+4	2+1+4
21	给水温度	℃	231	232	231	231	225	227
22	末级叶片长度	mm	665	665	665	665	665	665
23	纯凝工况下汽耗率	kg/（kW·h）	3.56	3.58	3.54	3.53	3.58	3.54
24	纯凝工况下热耗率	kJ/（kW·h）	8800.9	8853.7	8764.7	8755.5	8968.9	8835.5
25	备　注		非调整抽汽	一次非调整抽汽				

序号	机组名称 / 项目	单位	135MW 抽凝式汽轮机	135MW 抽凝式汽轮机	200MW 抽凝式汽轮机	200MW 抽凝式汽轮机	200MW 抽凝式汽轮机	210MW 抽凝式汽轮机
1	产品型号		NC150/135-13.24/1.275/535/535	NC135-13.2/0.7845/535/535	C（Z）200/160-12.7/0.294/535/535	KC200-13.24/0.9807/535/535	NC200-12.75/0.39/535/535	N（C）210-12.75/535/535（0.29）
2	产品型式		冲动、双缸、单抽	冲动、双缸、单抽	冲动、三缸、单抽	冲动、三缸、单抽	冲动、三缸、单抽	冲动、三缸、单抽
3	额定功率	MW	135	94	202	200	182	187
4	最大功率	MW	157	135	214	227	227	226
5	转　速	r/min	3000	3000	3000	3000	3000	3000
6	主蒸汽压力	MPa	13.24	13.2	12.75	13.24	12.75	12.75
7	主蒸汽温度	℃	535	535	535	535	535	535
8	额定进汽量	t/h	443	390	635	623	576	610
9	最大进汽量	t/h	487	410	670	710	670	670
10	再热蒸汽压力	MPa	2.73	2.4	2.48	2.15	2.02	2.14
11	再热蒸汽温度	℃	535	535	535	535	535	535
12	一次抽汽压力	MPa	1.27	0.7845	0.2942	2.2	0.39	0.294
13	额定一次抽汽量	t/h	100	180	100	90	120	260
14	最大一次抽汽量	t/h	160	190	410	150	410	260
15	二次抽汽压力	MPa						
16	额定二次抽汽量	t/h						
17	最大二次抽汽量	t/h						
18	排汽压力	kPa	4.9	5.2	16	11	4.9	4.9
19	级　数		Ⅰ+9+10+2×6	Ⅰ+9+10+2×6	Ⅰ+12+10+2×5	Ⅰ+12+8+2×5	Ⅰ+12+10+2×5	Ⅰ+12+10+2×5
20	加热器级数		2+1+3	2+1+3	2+1+4	2+1+4	3+1+4	3+1+4
21	给水温度	℃	243.6	244.1	249	246	243	246
22	末级叶片长度	mm	710	610	550	648	765	765
23	纯凝工况下汽耗率	kg/（kW·h）	2.94	2.99	3.13	3.05	2.88	2.91
24	纯凝工况下热耗率	kJ/（kW·h）	8104.9	8270.0	8723.4	8573.1	8144.0	8144.7
25	备　注					间接空冷		

续表

序号	项目 ＼ 机组名称	单位	223MW 抽凝式汽轮机	220MW 抽凝式汽轮机	310MW 抽凝式汽轮机	330MW 抽凝式汽轮机	330MW 抽凝式汽轮机	330MW 抽凝式汽轮机
1	产品型号		N223/C188-12.75/0.25/540/540	N220-12.75/535/535	CZK310-17.75/1.0/540/540	N330/C300-17.75/1.2749/540/540	JKC330-17.3/1.3/540/540	NCZK330-17.75/0.4/540/540
2	产品型式		冲动、三缸、单抽	冲动、三缸、单抽	冲动、三缸、双抽	冲动、三缸、单抽	冲动、三缸、三段抽汽	冲动、三缸、单抽
3	额定功率	MW	188	200	310	330	330	330
4	最大功率	MW	232	230	343	371	369	357
5	转　速	r/min	3000	3000	3000	3000	3000	3000
6	主蒸汽压力	MPa	12.75	12.75	17.75	17.75	17.3	17.75
7	主蒸汽温度	℃	540	535	540	540	540	540
8	额定进汽量	t/h	646	635	924	996	1047	1064
9	最大进汽量	t/h	670	670	1038	1145	1210	1171
10	再热蒸汽压力	MPa	2.37	2.24	3.45	3.42	3.59	3.74
11	再热蒸汽温度	℃	540	535	540	540	540	540
12	一次抽汽压力	MPa	0.25	2.2	1.0	1.2749	4.17	0.4
13	额定一次抽汽量	t/h	250	65	105	220	10	500
14	最大一次抽汽量	t/h	340	90	210	400	70	600
15	二次抽汽压力	MPa			0.45		1.3	
16	额定二次抽汽量	t/h			275		60	
17	最大二次抽汽量	t/h			390		200	
18	三次抽汽压力	MPa					0.43	
19	额定三次抽汽量	t/h					50	
20	最大三次抽汽量	t/h					50	
21	排汽压力	kPa	5.0	5.3	15	7.2	11	13
22	级　数		Ⅰ+12+11+2×4	Ⅰ+12+15+2×5	Ⅰ+11+10+2×5	Ⅰ+11+10+2×5	Ⅰ+11+10+2×5	Ⅰ+11+12+2×5
23	加热器级数		3+1+3	3+1+4	2+1+4	3+1+4	3+1+3	3+1+3
24	给水温度	℃	250	243	246	275	273	280
25	末级叶片长度	mm		665	648	1072.5		648
26	纯凝工况下汽耗率	kg/(kW·h)	2.88	2.88	2.98	3.01	3.17	3.22
27	纯凝工况下热耗率	kJ/(kW·h)	8020.9	8116.9	8284.2	7881.0	8323.9	8310.9
28	备　注			非调整抽汽	直接空冷		间接空冷	直接空冷

续表

序号	项目＼机组名称	单位	330MW 抽凝式汽轮机	330MW 抽凝式汽轮机	350MW 抽凝式汽轮机	350MW 抽凝式汽轮机	360MW 抽凝式汽轮机	360MW 抽凝式汽轮机
1	产品型号		NC330-17.75/0.4/540/540	NC330-17.75/0.291/540/540	JKC350-24.2/0.4/566/566	NC350-24.2/0.4/566/566	N360-17.75/540/540	N（C）360-17.75/0.98/540/540
2	产品型式		冲动、三缸、单抽	冲动、三缸、单抽	冲动、双缸、三段抽汽	冲动、双缸、双抽	冲动、三缸、双抽	冲动、三缸、单抽
3	额定功率	MW	330	330	350	350	360	360
4	最大功率	MW	357	357	388	385	390	390
5	转　速	r/min	3000	3000	3000	3000	3000	3000
6	主蒸汽压力	MPa	17.75	17.75	24.2	24.2	17.75	17.75
7	主蒸汽温度	℃	540	540	566	566	540	540
8	额定进汽量	t/h	968	929	1048	1006	1024	1026
9	最大进汽量	t/h	1065	1025	1190	1125	1130	1130
10	再热蒸汽压力	MPa	3.78	3.76	3.79	3.73	3.86	3.87
11	再热蒸汽温度	℃	540	540	566	566	540	540
12	一次抽汽压力	MPa	0.4	0.291	4.13	0.79	0.99	0.97
13	额定一次抽汽量	t/h	550	550	40	100	80	80
14	最大一次抽汽量	t/h	600	600	80	100	120	120
15	二次抽汽压力	MPa			1.53	0.4	0.46	
16	额定二次抽汽量	t/h			75	430	60	
17	最大二次抽汽量	t/h			150	470	80	
18	三次抽汽压力	MPa			0.4			
19	额定三次抽汽量	t/h			100			
20	最大三次抽汽量	t/h			150			
21	排汽压力	kPa	5.2	4.9	11	4.9	4.9	5.4
22	级　数		Ⅰ+11+12+2×5	Ⅰ+11+12+2×5	Ⅰ+8+7+2×5	Ⅰ+8+7+2×5	Ⅰ+11+12+2×5	Ⅰ+11+12+2×5
23	加热器级数		2+1+4	2+1+4	3+1+3	3+1+4	2+1+4	2+1+4
24	给水温度	℃	258	253	281	280	255	255
25	末级叶片长度	mm	895.2	1072.5	712	1072.5	1072.5	1072.5
26	纯凝工况下汽耗率	kg/（kW·h）	2.93	2.81	2.99	2.87	2.84	2.85
27	纯凝工况下热耗率	kJ/（kW·h）	7935.4	7873.5	7928.4	7652.7	7742.1	7757.4
28	备　注				间接空冷、一二段非调整抽汽	一段非调整抽汽	非调整抽汽	非调整抽汽

表 9　　杭汽抽凝机组技术规格

序号	项目＼机组名称	单位	12MW 凝汽式汽轮机	25MW 凝汽式汽轮机	50MW 凝汽式汽轮机	100MW 凝汽式汽轮机	150MW 凝汽式汽轮机
1	产品型号		N12-8.83	N25-8.83	N50-8.83	N100-13.5/537/537	N150-13.5/537/537
2	产品型式		反动、单缸、空冷	反动、单缸、空冷	反动、单缸、空冷	反动、单缸	反动、单缸、空冷
3	额定功率	MW	12	25	50	100	150
4	最大功率	MW	13.2	27.5	55	110	165
5	转　速	r/min	8512	5700	3000	3000	3000
6	主蒸汽压力	MPa	8.83	8.83	8.83	13.5	13.5
7	主蒸汽温度	℃	535	535	535	537	537
8	额定进汽量	t/h	49.5	99.2	189.3	297	468.2
9	最大进汽量	t/h	54.5	109.5	208.5	330	515
10	再热蒸汽压力	MPa				2.92	2.98
11	再热蒸汽温度	℃				537	537
12	一次抽汽压力	MPa					
13	额定一次抽汽量	t/h					
14	最大一次抽汽量	t/h					
15	二次抽汽压力	MPa					
16	额定二次抽汽量	t/h					
17	最大二次抽汽量	t/h					
18	排汽压力	kPa	15.0	15.0	15	7.0	17.6
19	级　数		1+24+3	1+24+3	1+44+3	1+10+20	1+10+20
20	加热器级数		1+1+1	2+1+1	2+1+2	2+1+3	2+1+3
21	给水温度	℃	210	215	215	241.2	241.0
22	末级叶片长度	mm	190.6	303.1	573.8	687	687
23	纯凝工况下汽耗率	kg/(kW·h)	4.125	3.968	3.786	2.97	3.121
24	纯凝工况下热耗率	kJ/(kW·h)	10615	10120	9658	8287	8715
25	备　注						

表 10　　南汽抽凝机组技术规格

序号	项目＼机组名称	单位	25MW 抽凝汽轮机	25MW 抽凝汽轮机	25MW 抽凝汽轮机	25MW 抽凝汽轮机	25MW 抽凝汽轮机	25MW 抽凝汽轮机
1	产品型号		C25-3.43/0.49	C25-3.43/0.981	C25-4.9/0.49	C25-4.9/0.981	C25-8.83/0.294	C25-8.83/0.49
2	产品型式		冲动、单缸、单抽	冲动、单缸、单抽	冲动、单缸、单抽	冲动、单缸、单抽	冲动、单缸、单抽	冲动、单缸、单抽
3	额定抽汽时功率	MW	25	25	25	25	25	25
4	最大功率	MW	30.41	30.19	30.02	30.17	33.74	30.0

续表

序号	项目＼机组名称＼单位		25MW抽凝汽轮机	25MW抽凝汽轮机	25MW抽凝汽轮机	25MW抽凝汽轮机	25MW抽凝汽轮机	25MW抽凝汽轮机
5	转　速	r/min	3000	3000	3000	3000	3000	3000
6	主蒸汽压力	MPa	3.43	3.43	4.9	4.9	8.83	8.83
7	主蒸汽温度	℃	435	435	435	470	535	535
8	额定进汽量	t/h	138	141	161	152	122	135.7
9	最大进汽量	t/h	180	170	196	210	130	180
10	再热蒸汽压力	MPa						
11	再热蒸汽温度	℃						
12	一次抽汽压力	MPa	0.49	0.981	0.49	0.981	0.294	0.49
13	额定一次抽汽量	t/h	70	60	70	70	50	70
14	最大一次抽汽量	t/h	110	100	130	130	75	120
15	二次抽汽压力	MPa						
16	额定二次抽汽量	t/h						
17	最大二次抽汽量	t/h						
18	排汽压力	kPa	74.59	5.01	4.54	4.23	3.49	3.44
19	级　数		Ⅰ+4+Ⅰ+8	Ⅰ+4+Ⅰ+8	Ⅰ+4+Ⅰ+8	Ⅰ+2+Ⅰ+10	Ⅰ+15+Ⅰ+6	Ⅰ+13+Ⅰ+7
20	加热器级数				1+1+2	1+1+2	2+1+3	2+1+3
21	给水温度	℃			143.46	155.1	219	214.3
22	末级叶片长度	mm	485	485	485	485	450	420
23	纯凝工况下汽耗率	kg/(kW·h)						
24	纯凝工况下热耗率	kJ/(kW·h)						
25	备　注							

序号	项目＼机组名称＼单位		25MW抽凝汽轮机	25MW抽凝汽轮机	25MW抽凝汽轮机	25MW抽凝汽轮机	25MW抽凝汽轮机	25MW抽凝汽轮机
1	产品型号		C25-8.83/0.981	C25-8.83/1.57	C25-8.83/6.5	CC25-4.9/1.96/0.981	CC25-8.83/0.981/0.196	CC25-8.83/0.981/0.294
2	产品型式		冲动、单缸、单抽	冲动、单缸、单抽	冲动、单缸、单抽	冲动、单缸、双抽	冲动、单缸、双抽	冲动、单缸、双抽
3	额定抽汽时功率	MW	25	25	25	25	25	25
4	最大功率	MW	30.17	29.98	30.01	30.11	30	30
5	转　速	r/min	3000	3000	3000	3000	3000	3000
6	主蒸汽压力	MPa	8.83	8.83	8.83	4.9	8.83	8.83
7	主蒸汽温度	℃	535	535	535	470	535	535
8	额定进汽量	t/h	179	197.76	254	169	156.4	146.5
9	最大进汽量	t/h	213	253.85	255	199.3	193.44	195.2
10	再热蒸汽压力	MPa						
11	再热蒸汽温度	℃						

续表

序号	项目 \ 机组名称	单位	25MW 抽凝汽轮机	25MW 抽凝汽轮机	25MW 抽凝汽轮机	25MW 抽凝汽轮机	25MW 抽凝汽轮机	25MW 抽凝汽轮机
12	一次抽汽压力	MPa	0.981	1.57	6.5	1.96	0.981	0.981
13	额定一次抽汽量	t/h	110	130	144	20	60	30
14	最大一次抽汽量	t/h	130	170	160	30	100	60
15	二次抽汽压力	MPa				0.981	0.196	0.294
16	额定二次抽汽量	t/h				70	46	60
17	最大二次抽汽量	t/h				130	90	100
18	排汽压力	kPa	3.5	3.5	4.45	4.08	3.1	3.3
19	级　数		Ⅰ+11+Ⅰ+9	Ⅰ+9+Ⅰ+11	Ⅰ+1+Ⅰ+19	Ⅰ+1+Ⅰ+4+Ⅰ+7	Ⅰ+11+Ⅰ+5+Ⅰ+4	Ⅰ+11+Ⅰ+5+Ⅰ+4
20	加热器级数			2+1+3	2+1+3	1+1+2	2+1+3	2+1+3
21	给水温度	℃	232.4	214.8	217.9	153.1	213.49	210.9
22	末级叶片长度	mm	450	420	420	485	420	420
23	纯凝工况下汽耗率	kg/(kW·h)						
24	纯凝工况下热耗率	kJ/(kW·h)						
25	备　注							

序号	项目 \ 机组名称	单位	25MW 抽凝汽轮机	25MW 抽凝汽轮机	25MW 抽凝汽轮机	25MW 抽凝汽轮机	25MW 抽凝汽轮机	25MW 抽凝汽轮机
1	产品型号		CC25-8.83/0.981/0.49	CC25-8.83/1.57/0.196	CC25-8.83/2.35/0.981	CC25-8.83/3.92/0.981	CC25-9.22/4.4/0.8	CC25-9.3/4.2/1.3
2	产品型式		冲动、单缸、双抽	冲动、单缸、双抽	冲动、单缸、双抽	冲动、单缸、双抽	冲动、单缸、双抽	冲动、单缸、双抽
3	额定抽汽时功率	MW	25	25	25	25	25	25
4	最大功率	MW	30.211	30.014	30.22	30.094	30.17	30.109
5	转　速	r/min	3000	3000	3000	3000	3000	3000
6	主蒸汽压力	MPa	8.83	8.83	8.83	8.83	9.22	9.3
7	主蒸汽温度	℃	535	535	535	535	535	535
8	额定进汽量	t/h	175	190.46	205	199.5	168	175
9	最大进汽量	t/h	203	235.4	240	243.5	180	180
10	再热蒸汽压力	MPa						
11	再热蒸汽温度	℃						
12	一次抽汽压力	MPa	0.981	1.57	2.35	3.92	4.4	4.2
13	额定一次抽汽量	t/h	70	100	50	70	47	40
14	最大一次抽汽量	t/h	70	150	80	130	57	60
15	二次抽汽压力	MPa	0.49	0.196	0.981	0.981	0.8	1.3
16	额定二次抽汽量	t/h	50	30	80	50	64	28
17	最大二次抽汽量	t/h	50	90	130	80	100	68
18	排汽压力	kPa	3.11	3.1	3.24	3.58	7.2	4

续表

序号	项目 \ 机组名称	单位	25MW 抽凝汽轮机	25MW 抽凝汽轮机	25MW 抽凝汽轮机	25MW 抽凝汽轮机	25MW 抽凝汽轮机	25MW 抽凝汽轮机
19	级　数		Ⅰ+11+Ⅰ+1+Ⅰ+7	Ⅰ+9+Ⅰ+6+Ⅰ+4	Ⅰ+7+Ⅰ+3+Ⅰ+9	Ⅰ+4+Ⅰ+5+Ⅰ+9	Ⅰ+4+Ⅰ+5+Ⅰ+9	Ⅰ+4+Ⅰ+5+Ⅰ+9
20	加热器级数		2+1+2	2+1+3	2+1+2	2+1+2	—	2+1+0
21	给水温度	℃	217.8	213.77	211.4	211.4		219.7
22	末级叶片长度	mm	420	420	420	420	450	450
23	纯凝工况下汽耗率	kg/（kW·h）						
24	纯凝工况下热耗率	kJ/（kW·h）						
25	备　注							

序号	项目 \ 机组名称	单位	25MW 抽凝汽轮机	25MW 抽凝汽轮机	25MW 抽凝汽轮机	30MW 抽凝汽轮机	25MW 抽凝汽轮机	25MW 抽凝汽轮机
1	产品型号		CC25-9.8/4.1/0.8	CZK25-3.43/0.981	CZK25-8.83/0.9	CCZK30-8.83/4.2	CCZK25-8.83/（4.0）/1.27	CCZK25-8.83/2.55/（0.981）
2	产品型式		冲动、单缸、双抽	冲动、单缸、单抽	冲动、单缸、单抽	冲动、单缸、单抽	冲动、单缸、双抽	冲动、单缸、双抽
3	额定抽汽时功率	MW	25	25	25	30	25	25
4	最大功率	MW	30.27	30.04	30.17	33.393	30.31	30.02
5	转　速	r/min	3000	3000	3000	3000	3000	3000
6	主蒸汽压力	MPa	9.8	3.43	8.83	8.83	8.83	8.83
7	主蒸汽温度	℃	535	435	535	535	535	535
8	额定进汽量	t/h	253	158	153	177	156	142
9	最大进汽量	t/h	300	184	195	204	216	156
10	再热蒸汽压力	MPa						
11	再热蒸汽温度	℃						
12	一次抽汽压力	MPa	4.1	0.981	0.9	4.2	非调整抽汽	2.55
13	额定一次抽汽量	t/h	150	50	70	80	13.3	32.94
14	最大一次抽汽量	t/h	200	110	100	100	26.7	55.12
15	二次抽汽压力	MPa	0.8				1.27	非调整抽汽
16	额定二次抽汽量	t/h	25				70	5.7
17	最大二次抽汽量	t/h	75				120	6.8
18	排汽压力	kPa	3.43	15	30	15	15	28
19	级　数		Ⅰ+4+Ⅰ+5+Ⅰ+6	Ⅰ+2+Ⅰ+9	Ⅰ+10+Ⅰ+10	Ⅰ+4+Ⅰ+13	Ⅰ+3+Ⅰ+6+Ⅰ+8	Ⅰ+7+Ⅰ+3+Ⅰ+9
20	加热器级数		2+1+2	1+1+1	2+1+2		2+1+2	
21	给水温度	℃	200.3	150	211.2		215	
22	末级叶片长度	mm	420	238	238	238	238	238
23	纯凝工况下汽耗率	kg/（kW·h）						
24	纯凝工况下热耗率	kJ/（kW·h）						
25	备　注							

续表

序号	项目 \ 机组名称	单位	25MW抽凝汽轮机	25MW抽凝汽轮机	30MW抽凝汽轮机	50MW抽凝汽轮机	50MW抽凝汽轮机	50MW抽凝汽轮机
1	产品型号		CCZK25-8.83/2.8/1.47	CCZK25-8.83/4.1/1.47	CCZK30-8.83/2.1/0.6	C50-12.2/1.02	C50-8.83/1.27	C50-8.83/0.648
2	产品型式		冲动、单缸、双抽	冲动、单缸、双抽	冲动、单缸、双抽	冲动、单杠、超高压、单抽	冲动、单缸、单抽	冲动、单缸、单抽
3	额定抽汽时功率	MW	25	25	30	50	50	50
4	最大功率	MW	26.21	29.78	35.14	60.264	60.094	60.618
5	转　速	r/min	3000	3000	3000	3000	3000	3000
6	主蒸汽压力	MPa	8.83	8.83	8.83	12.2	8.83	8.826
7	主蒸汽温度	℃	535	535	535	535	535	535
8	额定进汽量	t/h	145	182.5	155	287	270	277
9	最大进汽量	t/h	218.6	238.8	170	340	365	345
10	再热蒸汽压力	MPa						
11	再热蒸汽温度	℃						
12	一次抽汽压力	MPa	2.8	4.1	2.1	1.02	1.27	0.648
13	额定一次抽汽量	t/h	45	83.21	21.5	150	100	150
14	最大一次抽汽量	t/h	93.82	97.87	30	200	150	200
15	二次抽汽压力	MPa	1.47	1.47	0.6			
16	额定二次抽汽量	t/h	17.6	17.6	58.4			
17	最大二次抽汽量	t/h	43.2	60	70			
18	排汽压力	kPa	20	20	15	5.2	4.45	3.65
19	级　数		Ⅰ+7+Ⅰ+3+Ⅰ+9	Ⅰ+3+Ⅰ+4+Ⅰ+9	Ⅰ+7+Ⅰ+5+Ⅰ+6	Ⅰ+9+Ⅰ+8	Ⅰ+9+Ⅰ+8	Ⅰ+10+Ⅰ+6
20	加热器级数					2+1+2	2+1+3	2+1+3
21	给水温度	℃				234.3	220.3	219.4
22	末级叶片长度	mm	238	238	238	665	580	580
23	纯凝工况下汽耗率	kg/(kW·h)						
24	纯凝工况下热耗率	kJ/(kW·h)						
25	备　注							

序号	项目 \ 机组名称	单位	50MW抽凝汽轮机	50MW抽凝汽轮机	50MW抽凝汽轮机	50MW抽凝汽轮机	50MW抽凝汽轮机	50MW抽凝汽轮机
1	产品型号		CC50-12.3/4.7/1.9	CC50-8.83/2.5/0.981	CC50-8.83/4.0/1.27	CC50-9.5/4.0/1.27	CC50-9.8/3.6/1.7	CZK50-8.83/0.8
2	产品型式		冲动、单缸、超高压、双抽	冲动、单缸、双抽	冲动、单缸、双抽	冲动、单缸、双抽	冲动、单缸、双抽	冲动、单缸、单抽
3	额定抽汽时功率	MW	50	50	50	50	50	50
4	最大功率	MW	60.05	60.92	60.91	60.09	60.04	60.89
5	转　速	r/min	3000	3000	3000	3000	3000	3000
6	主蒸汽压力	MPa	12.3	8.83	8.83	9.5	9.8	8.83

续表

序号	项目 \ 机组名称	单位	50MW 抽凝汽轮机	50MW 抽凝汽轮机	50MW 抽凝汽轮机	50MW 抽凝汽轮机	50MW 抽凝汽轮机	50MW 抽凝汽轮机
7	主蒸汽温度	℃	535	535	535	535	535	535
8	额定进汽量	t/h	326	286	402	342	277	215
9	最大进汽量	t/h	385	410	460	455	361	273
10	再热蒸汽压力	MPa						
11	再热蒸汽温度	℃						
12	一次抽汽压力	MPa	4.7	2.5	4.0	4.0	3.6	0.8
13	额定一次抽汽量	t/h	70	50	65	110	65	80
14	最大一次抽汽量	t/h	100	100	120	190	120	110
15	二次抽汽压力	MPa	1.9	0.981	1.27	1.27	1.7	
16	额定二次抽汽量	t/h	45	70	180	52	80	
17	最大二次抽汽量	t/h	60	180	230	136	150	
18	排汽压力	kPa	5.00	5.50	4.90	5.90	9.80	15.0
19	级　　数		Ⅰ+3+Ⅰ+2+Ⅰ+10	Ⅰ+4+Ⅰ+2+Ⅰ+8	Ⅰ+2+Ⅰ+3+Ⅰ+9	Ⅰ+2+Ⅰ+3+Ⅰ+9	Ⅰ+3+Ⅰ+2+Ⅰ+10	Ⅰ+11+Ⅰ+8
20	加热器级数		2+1+2	2+1+3	2+1+3	2+1+3		
21	给水温度	℃	231.6	218.5	210.5	211		
22	末级叶片长度	mm	665	665	665	665	580	450
23	纯凝工况下汽耗率	kg/（kW·h）						
24	纯凝工况下热耗率	kJ/（kW·h）						
25	备　　注							

序号	项目 \ 机组名称	单位	50MW 抽凝汽轮机	50MW 抽凝汽轮机	50MW 抽凝汽轮机	60MW 抽凝汽轮机	110MW 抽凝汽轮机	100MW 抽凝汽轮机
1	产品型号		CZK50-93/1.27	CZK60-8.83/0.981	CCZK50-8.83/1.27/0.294	CCZK60-8.83/0.981/0.4	C100-8.83/1.0	C100-8.83/1.3
2	产品型式		冲动、单缸、单抽	冲动、单缸、单抽	冲动、单缸、双抽	冲动、单缸、双抽	冲动、单缸、单抽	冲动、双缸、单抽
3	额定抽汽时功率	MW	50	60	50	60	100	100
4	最大功率	MW	60.367	64.08	60.388	63.27	110.67	125.22
5	转　　速	r/min	3000	3000	3000	3000	3000	3000
6	主蒸汽压力	MPa	9.3	8.83	8.83	8.83	8.83	8.83
7	主蒸汽温度	℃	535	535	535	535	535	535
8	额定进汽量	t/h	264	268	312	325	421	431
9	最大进汽量	t/h	307	280	360	351	456	480
10	再热蒸汽压力	MPa						
11	再热蒸汽温度	℃						
12	一次抽汽压力	MPa	1.27	0.981	1.27	0.981	1.0	1.3
13	额定一次抽汽量	t/h	50	40	90	80	90	100

续表

序号	项目 ＼ 机组名称 / 单位		50MW抽凝汽轮机	50MW抽凝汽轮机	50MW抽凝汽轮机	60MW抽凝汽轮机	110MW抽凝汽轮机	100MW抽凝汽轮机
14	最大一次抽汽量	t/h	50	55	140	100	140	150
15	二次抽汽压力	MPa			0.294	0.4		
16	额定二次抽汽量	t/h			100	80		
17	最大二次抽汽量	t/h			140	100		
18	排汽压力	kPa	15	18	16	15	6	4.9
19	级　数		Ⅰ+9+Ⅰ+9	Ⅰ+10+Ⅰ+9	Ⅰ+8+Ⅰ+4+Ⅰ+5	Ⅰ+9+Ⅰ+3+Ⅰ+5	Ⅰ+9+Ⅰ+8	Ⅰ+8+Ⅰ+4+2×6
20	加热器级数		2+1+0	2+1+2	2+1+3	2+1+2	2+1+3	3+1+2
21	给水温度	℃	217	231.8	219.7	221.6	224.29	229.5
22	末级叶片长度	mm	450	450	450	464	820	665
23	纯凝工况下汽耗率	kg/(kW·h)						
24	纯凝工况下热耗率	kJ/(kW·h)						
25	备　注							

序号	项目 ＼ 机组名称 / 单位		135MW抽凝汽轮机	150MW抽凝汽轮机	150MW抽凝汽轮机	150MW抽凝汽轮机	150MW抽凝汽轮机	150MW抽凝汽轮机
1	产品型号		C135-13.24/0.981	C150-12.5/4.3	C150-13.24/0.981	C150-13.24/1.34	CC150-12.2/1.7/0.58	CC150-13.24/0.981/0.3
2	产品型式		冲动、双缸、单抽	冲动、双缸、单抽	冲动、双缸、单抽	冲动、双缸、单抽	冲动、双缸、双抽	冲动、双缸、双抽
3	额定抽汽时功率	MW	135	150	150	150	150	150
4	最大功率	MW	140.769	165.803	157.941	163.39	160.965	163.118
5	转　速	r/min	3000	3000	3000	3000	3000	3000
6	主蒸汽压力	MPa	13.24	12.5	13.24	13.24	12.2	13.24
7	主蒸汽温度	℃	535	535	535	535	535	535
8	额定进汽量	t/h	418	833	463	465	560	445
9	最大进汽量	t/h	440	833	490	515	670	490
10	再热蒸汽压力	MPa	3.77		3.76	3.80		2.38
11	再热蒸汽温度	℃	535		535	535		535
12	一次抽汽压力	MPa	0.981	4.3	0.981	1.34	1.7	0.98
13	额定一次抽汽量	t/h	120	282	150	40	140	100
14	最大一次抽汽量	t/h		310	180	60	200	150
15	二次抽汽压力	MPa					0.58	0.3
16	额定二次抽汽量	t/h					140	120
17	最大二次抽汽量	t/h					200	150
18	排汽压力	kPa	6.20	7.5	4.9	5.4	10.0	5.4
19	级　数		Ⅰ+5+6+Ⅰ+3+2×6	Ⅰ+6+8+2×6	Ⅰ+5+6+Ⅰ+3+2×6	Ⅰ+5+5+Ⅰ+4+2×6	Ⅰ+11+4+2×6	Ⅰ+8+4+Ⅰ+3+2×6
20	加热器级数		4+1+2	2+1+3	4+1+2	4+1+2	2+2+0	4+1+2

续表

序号	项目	单位	135MW 抽凝汽轮机	150MW 抽凝汽轮机	150MW 抽凝汽轮机	150MW 抽凝汽轮机	150MW 抽凝汽轮机	150MW 抽凝汽轮机
21	给水温度	℃	253.1	225.66	252.9	252.4	225.7	246.5
22	末级叶片长度	mm	725	665	725	725	665	725
23	纯凝工况下汽耗率	kg/(kW·h)						
24	纯凝工况下热耗率	kJ/(kW·h)						
25	备　注							

序号	项目	单位	210MW 抽凝汽轮机	250MW 抽凝汽轮机	270MW 抽凝汽轮机	330MW 抽凝汽轮机
1	产品型号		C210-12.75/0.245/540/540	C250-16.67/0.8/537/537	C270-16.67/0.4/537/537	C330-17.75/0.981/540/540
2	产品型式		冲动、三缸、单抽	冲动、双缸、单抽	冲动、双缸、单抽	冲动、双缸、单抽
3	额定抽汽时功率	MW	212	250	270	330
4	最大功率	MW	235.624	346.123	346.392	367.889
5	转　速	r/min	3000	3000	3000	3000
6	主蒸汽压力	MPa	12.75	16.67	16.67	17.75
7	主蒸汽温度	℃	540	537	537	540
8	额定进汽量	t/h	670	999	998	1182
9	最大进汽量	t/h	670	1055.6	1060	1190
10	再热蒸汽压力	MPa	2.318	3.29	3.438	3.747
11	再热蒸汽温度	℃	540	537	537	540
12	一次抽汽压力	MPa	0.245	0.8	0.4	0.981
13	额定一次抽汽量	t/h	100	360	330	200
14	最大一次抽汽量	t/h	340	360	450	550
15	二次抽汽压力	MPa				
16	额定二次抽汽量	t/h				
17	最大二次抽汽量	t/h				
18	排汽压力	kPa	5	4.9	5.4	5.1
19	级　数		Ⅰ+12+9+2×4	Ⅰ+14+10+2×7	Ⅰ+10+8+2×5	Ⅰ+9+6+2×6
20	加热器级数		3+1+3	3+1+4	3+1+4	3+2+4
21	给水温度	℃	249.02	275.72	272.05	285.58
22	末级叶片长度	mm		902	958	1068
23	纯凝工况下汽耗率	kg/(kW·h)				
24	纯凝工况下热耗率	kJ/(kW·h)				
25	备　注					

表 11

武汽抽凝机组技术规格

序号	项目＼机组名称	单位	25MW 抽汽式汽轮机	25MW 抽汽式汽轮机	25MW 抽汽式汽轮式	25MW 抽汽式汽轮机	25MW 抽汽式汽轮机	25MW 抽汽式汽轮机
1	产品型号		C25-3.43/0.49	C25-3.43/0.8	C25-4.9/0.49	C25-4.9/0.981	C25-8.83/0.5	C25-8.83/0.98（空冷）
2	产品型式		冲动、单缸、单抽	冲动、单缸、单抽	冲动、单缸、单抽	冲动、单缸、单抽	冲动、单缸、单抽	冲动、单缸、单抽
3	额定功率	MW	25	25	25	25	25	25
4	最大功率	MW	30	30	30	30	30	30
5	转　　速	r/min	3000	3000	3000	3000	3000	3000
6	主蒸汽压力	MPa	3.43	3.43	4.9	4.9	8.83	8.83
7	主蒸汽温度	℃	435	435	435	475	535	535
8	额定进汽量	t/h	158	167	136	162	142	156
9	最大进汽量	t/h	198	205.5	174	198	168	208
10	再热蒸汽压力	MPa						
11	再热蒸汽温度	℃						
12	一次抽汽压力	MPa	0.49	0.8	0.49	0.98	0.5	0.98
13	额定一次抽汽量	t/h	75	80	50	80	80	80
14	最大一次抽汽量	t/h	120	105	80	130	120	130
15	二次抽汽压力	MPa						
16	额定二次抽汽量	t/h						
17	最大二次抽汽量	t/h						
18	排汽压力	kPa	3.8	4.2	6.3	4.5	4.2	15.0
19	级　　数		Ⅱ+11	Ⅱ+11	Ⅱ+12	Ⅱ+11	Ⅱ+8	Ⅱ+17
20	加热器级数		2+1+2	1+1+2	1+1+2	1+1+2	2+1+3	2+1+2
21	给水温度	℃	170	150	150	153	220.5	215
22	末级叶片长度	mm	485	485	485	485	450	300
23	纯凝工况下汽耗率	kg/（kW·h）						
24	纯凝工况下热耗率	kJ/（kW·h）						
25	备　　注							

序号	项目＼机组名称	单位	25MW 抽汽式汽轮机	25MW 抽汽式汽轮机	25MW 抽汽式汽轮机	25MW 抽汽式汽轮机	25MW 抽汽式汽轮机	25MW 双抽式汽轮机
1	产品型号		C25-8.83/0.981	C25-8.83/4.2	C25-8.83/6.5	C25-9.32/4.3（空冷）	C25-9.7/3.92	CC25-3.43/0.981/0.245
2	产品型式		冲动、单缸、单抽	冲动、单缸、单抽	冲动、单缸、单抽	冲动、单缸、单抽	冲动、单缸、单抽	冲动、单缸、双抽
3	额定功率	MW	25	25	25	25	25	25
4	最大功率	MW	30	30	30	30	30	30
5	转　　速	r/min	3000	3000	3000	3000	3000	3000
6	主蒸汽压力	MPa	8.83	8.83	8.83	9.32	9.7	3.43

续表

序号	项目	单位	25MW 抽汽式汽轮机	25MW 抽汽式汽轮机	25MW 抽汽式汽轮机	25MW 抽汽式汽轮机	25MW 抽汽式汽轮机	25MW 双抽式汽轮机
7	主蒸汽温度	℃	535	535	535	535	535	435
8	额定进汽量	t/h	151	126.5	183	140	127	176
9	最大进汽量	t/h	206	203	200	165	221.5	198
10	再热蒸汽压力	MPa						
11	再热蒸汽温度	℃						
12	一次抽汽压力	MPa	0.981	4.55	6.5	4.3	3.92	0.981
13	额定一次抽汽量	t/h	80	50	80	60	35	50
14	最大一次抽汽量	t/h	130	120	90	90	120	80
15	二次抽汽压力	MPa						0.245
16	额定二次抽汽量	t/h						40
17	最大二次抽汽量	t/h						60
18	排汽压力	kPa	3.3	6.2	4.4	15.0	0.0096	0.0041
19	级　　数		Ⅱ+18	Ⅱ+18	Ⅱ+17	Ⅰ+17	Ⅱ+18	Ⅱ+10
20	加热器级数		2+1+3		2+1+3		2+0+0	1+1+1
21	给水温度	℃	216.6		215		206.5	150
22	末级叶片长度	mm	450	450	450	300	450	485
23	纯凝工况下汽耗率	kg/（kW·h）						
24	纯凝工况下热耗率	kJ/（kW·h）						
25	备　　注							

序号	项目	单位	25MW 凝汽式汽轮机	25MW 凝汽式汽轮机	25MW 凝汽式汽轮机	25MW 凝汽式汽轮机	50MW 抽凝汽轮机	50MW 抽凝汽轮机
1	产品型号		N25-3.43/435	N25-3.43/435	N25-35-1	N25-8.83/535	C50-8.83/0.981	C50-8.83/0.294
2	产品型式		冲动、单缸、凝汽	冲动、单缸、凝汽	冲动、单缸、凝汽	冲动、单缸、凝汽	冲动、单缸、单抽	冲动、单缸、单抽
3	额定功率	MW	25	25	25	25	50	50
4	最大功率	MW	27	30	25	30	60	60
5	转　　速	r/min	3000	3000	3000	3000	3000	3000
6	主蒸汽压力	MPa	3.43	3.43	3.43	8.83	8.83	8.83
7	主蒸汽温度	℃	435	435	435	535	535	535
8	额定进汽量	t/h	110.5	102	111	94.5	223	254
9	最大进汽量	t/h	120	122	122	113	260	285
10	再热蒸汽压力	MPa						
11	再热蒸汽温度	℃						
12	一次抽汽压力	MPa					0.981	0.294

续表

序号	项目 \ 机组名称	单位	25MW 凝汽式汽轮机	25MW 凝汽式汽轮机	25MW 凝汽式汽轮机	25MW 凝汽式汽轮机	50MW 抽凝汽轮机	50MW 抽凝汽轮机
13	额定一次抽汽量	t/h					60	160
14	最大一次抽汽量	t/h					105	184
15	二次抽汽压力	MPa						
16	额定二次抽汽量	t/h						
17	最大二次抽汽量	t/h						
18	排汽压力	kPa	6.8	6.7	5.96	4.4	5.502	3.3
19	级　数		Ⅱ+12	Ⅱ+12	Ⅱ+12	Ⅱ+18	Ⅰ+18	Ⅰ+19
20	加热器级数		2+1+2	0+1+1	2+1+2	2+1+3	2+1+3	2+1+3
21	给水温度	℃	170	104.2	169.53	214.3	215	220
22	末级叶片长度	mm	485	510	485	450	665	665
23	纯凝工况下汽耗率	kg/(kW·h)						
24	纯凝工况下热耗率	kJ/(kW·h)						
25	备　注							

序号	项目 \ 机组名称	单位	50MW 抽凝汽轮机	50MW 抽凝汽轮机	50MW 双抽式抽凝汽轮机	50MW 双抽式抽凝汽轮机	50MW 双抽式抽凝汽轮机	100MW 抽凝汽轮机
1	产品型号		C50-8.83/3.82	C55-8.83/2.3	CC50-8.83/4.3/1.5	CC50-8.83/1.57/0.98	CC50-8.83/0.98/0.294	C100-8.83/0.883
2	产品型式		冲动、单缸、单抽	冲动、单缸、单抽	冲动、单缸、双抽	冲动、单缸、双抽	冲动、单缸、双抽	冲动、双缸、单抽
3	额定功率	MW	50	55	50	50	50	100
4	最大功率	MW	60	60	60	60	60	125
5	转　速	r/min	3000	3000	3000	3000	3000	3000
6	主蒸汽压力	MPa	8.83	8.83	8.83	8.83	8.83	8.83
7	主蒸汽温度	℃	535	535	535	535	535	535
8	额定进汽量	t/h	301	212	358	305	292	424
9	最大进汽量	t/h	343.5	231	435	340	360	511
10	再热蒸汽压力	MPa						
11	再热蒸汽温度	℃						
12	一次抽汽压力	MPa	3.82	2.3	4.3	1.57	0.98	0.883
13	额定一次抽汽量	t/h	120	10	75	80	80	100
14	最大一次抽汽量	t/h	150	20	100	100	180	200
15	二次抽汽压力	MPa			1.5	0.98	0.294	
16	额定二次抽汽量	t/h			100	80	100	
17	最大二次抽汽量	t/h			150	100	150	
18	排汽压力	kPa	4.3	7.5	4.9	3.5	3.43	4.3
19	级　数		Ⅰ+17	Ⅰ+17	Ⅱ +16	Ⅱ +16	Ⅱ+16	Ⅰ+15+2×5

续表

序号	项目＼机组名称	单位	50MW 抽凝汽轮机	50MW 抽凝汽轮机	50MW 双抽式抽凝汽轮机	50MW 双抽式抽凝汽轮机	50MW 双抽式抽凝汽轮机	100MW 抽凝汽轮机
20	加热器级数		2+1+3	2+1+3	2+2+3	2+1+3	2+1+3	2+1+4
21	给水温度	℃	215	210	215	212	215	215
22	末级叶片长度	mm	665	665	665	665	665	665
23	纯凝工况下汽耗率	kg/(kW·h)						
24	纯凝工况下热耗率	kJ/(kW·h)						
25	备　　注							

序号	项目＼机组名称	单位	125MW 抽凝汽轮机	125MW 抽凝汽轮机	125MW 抽凝汽轮机	140MW 抽凝汽轮机	150MW 抽凝汽轮机	150MW 抽凝汽轮机
1	产品型号		C125-8.83/0.785	C125-8.83/1.0	C125-8.83/1.0	C140-8.83/0.883	C150-13.24/0.245/535/535	C150-13.24/0.3/535/535
2	产品型式		冲动、双缸、单抽	冲动、双缸、单抽	冲动、双缸、单抽	冲动、双缸、单抽	冲动、双缸、单抽	冲动、双缸、单抽
3	额定功率	MW	125	125	125	140	150	150
4	最大功率	MW	135	125	125	155	161	167
5	转　　速	r/min	3000	3000	3000	3000	3000	3000
6	主蒸汽压力	MPa	8.83	8.83	8.83	8.83	13.24	13.24
7	主蒸汽温度	℃	535	535	535	535	535	535
8	额定进汽量	t/h	594	558	560	604	434	476
9	最大进汽量	t/h	656	588	589	660	495	530.3
10	再热蒸汽压力	MPa					2.0～2.5	2.5～3.0
11	再热蒸汽温度	℃					535	535
12	一次抽汽压力	MPa	0.785	1	1	0.883	0.245	0.3
13	额定一次抽汽量	t/h	250	100	100	80	200	100
14	最大一次抽汽量	t/h	300	130	140	200	200	150
15	二次抽汽压力	MPa						
16	额定二次抽汽量	t/h						
17	最大二次抽汽量	t/h						
18	排汽压力	kPa	5.4	15	15	5.2	5.3	15
19	级　　数		Ⅰ+15＋2×6	Ⅰ+13＋2×5	Ⅰ+13＋2×5	Ⅰ+15＋2×5	Ⅰ+18＋2×6	Ⅰ+17＋2×5
20	加热器级数		2+1+4	2+1+3	2+1+3	2+1+4	2+1+4	2+1+3
21	给水温度	℃	215	238	238	220	240	250
22	末级叶片长度	mm	710	410	410	710	710	460
23	纯凝工况下汽耗率	kg/(kW·h)						
24	纯凝工况下热耗率	kJ/(kW·h)						
25	备　　注			空冷	空冷			

续表

序号	项目＼机组名称	单位	135MW 抽凝汽轮机	110MW 纯凝汽轮机	150MW 纯凝汽轮机	300MW 纯凝汽轮机
1	产品型号		CC135-8.83/0.981/0.294	N110-8.83/535	N150-13.24/535/535	N300-16.7/537/537
2	产品型式		冲动、双缸、双抽	冲动、双缸	冲动、双缸	冲动、双缸
3	额定功率	MW	135	110	150	300
4	最大功率	MW	156	118	158	333
5	转　速	r/min	3000	3000	3000	3000
6	主蒸汽压力	MPa	8.83	8.83	13.24	16.7
7	主蒸汽温度	℃	535	535	535	537
8	额定进汽量	t/h	660	403	453.969	899
9	最大进汽量	t/h	660	436	464	1025
10	再热蒸汽压力	MPa			2.2	3.18
11	再热蒸汽温度	℃			535	537
12	一次抽汽压力	MPa	0.981			
13	额定一次抽汽量	t/h	200			
14	最大一次抽汽量	t/h	350			
15	二次抽汽压力	MPa	0.294			
16	额定二次抽汽量	t/h	150			
17	最大二次抽汽量	t/h	200			
18	排汽压力	kPa	4.9	8	4.9	5.8
19	级　数		Ⅰ+15+2×6	Ⅰ+15+2×5	Ⅰ+18+2×5	Ⅰ+14+2×6
20	加热器级数		2+1+4	2+1+3	2+1+4	3+1+4
21	给水温度	℃	220	228.2	239.1	268
22	末级叶片长度	mm	710	665	660.4	851
23	纯凝工况下汽耗率	kg/(kW·h)				
24	纯凝工况下热耗率	kJ/(kW·h)				
25	备　注					

表 12　　东汽抽凝机组技术规格

序号	项目＼机组名称	单位	12MW 单抽凝汽式汽轮机	17MW 单抽凝汽式汽轮机	20MW 单抽凝汽式汽轮机	25MW 双抽凝汽式汽轮机	28MW 单抽凝汽式汽轮机	40MW 单抽凝汽式汽轮机
1	产品型号		C12-8.83/0.981	CZK17-3.43/1.27	C20-3.43/0.981	CC25-8.83/4.1/1.28	C28-3.43/0.8	C40-8.83/1.27
2	产品型式		冲动、单缸、单抽	冲动、单缸、单抽	冲动、单缸、单抽	冲动、单缸、双抽	冲动、单缸、单抽	冲动、单缸、单抽
3	额定功率	MW	12	17	20	25	28	40
4	最大功率	MW	15	18.7	25	30	30	45
5	转　速	r/min	3000	3000	3000	3000	3000	3000

续表

序号	项目	单位	12MW单抽凝汽式汽轮机	17MW单抽凝汽式汽轮机	20MW单抽凝汽式汽轮机	25MW双抽凝汽式汽轮机	28MW单抽凝汽式汽轮机	40MW单抽凝汽式汽轮机
6	主蒸汽压力	MPa	8.83	3.43	3.43	8.83	3.43	8.83
7	主蒸汽温度	℃	535	435	435	535	435	535
8	额定进汽量	t/h	83.8	75	84.7（纯凝）	216.9	176.9	147.1（纯凝）
9	最大进汽量	t/h	99	82.5	118	262.3	185.2	196.1
10	再热蒸汽压力	MPa						
11	再热蒸汽温度	℃						
12	一次抽汽压力	MPa	0.981	1.27	0.981	4.1	0.8	1.27
13	额定一次抽汽量	t/h	50	30	50	60	80	40
14	最大一次抽汽量	t/h	70	50	50	70	100	60
15	二次抽汽压力	MPa				1.28		
16	额定二次抽汽量	t/h				80		
17	最大二次抽汽量	t/h				100		
18	排汽压力	kPa	4	15	9.1	6.6	9.6	5.8
19	级　数		Ⅱ+18	Ⅱ+11	Ⅱ+10	Ⅰ+17	Ⅱ+10	Ⅰ+17
20	加热器级数		2+1+3			2+1+3	0+1+1	2+1+3
21	给水温度	℃	190			188.6	105.1	213.1
22	末级叶片长度	mm	317	265	420	420	420	525
23	纯凝工况下汽耗率	kg/(kW·h)	4.058	4.391	4.231	3.715	4.314	3.661
24	纯凝工况下热耗率	kJ/(kW·h)	10837	13768	13225	9914	12338	9373
25	备　注			直接空冷				

序号	项目	单位	50MW双抽凝汽式汽轮机	50MW单抽凝汽式汽轮机	50MW双抽凝汽式汽轮机	50MW双抽凝汽式汽轮机	50MW单抽凝汽式汽轮机	50MW双抽凝汽式汽轮机
1	产品型号		C50-8.83/1.67	CZK50-8.83/0.98	CCZK50-8.83/2.6/1.1	CCZK50-11.9/4.6/1.4	C50-8.83/0.785	CC50-8.83/5.1/0.67
2	产品型式		冲动、单缸、单抽	冲动、单缸、单抽	冲动、单缸、双抽	冲动、单缸、双抽	冲动、单缸、单抽	冲动、单缸、双抽
3	额定功率	MW	50	50	50	50	50	50
4	最大功率	MW	60	60	60	60	60	60
5	转　速	r/min	3000	3000	3000	3000	3000	3000
6	主蒸汽压力	MPa	8.83	8.83	8.83	11.9	8.83	8.83
7	主蒸汽温度	℃	535	535	535	535	535	535
8	额定进汽量	t/h	169（纯凝）	169.2（纯凝）	239	169.6（纯凝）	260.7	394.4
9	最大进汽量	t/h	354.7	291.8	300	355	320	444
10	再热蒸汽压力	MPa						
11	再热蒸汽温度	℃						
12	一次抽汽压力	MPa	1.67	0.98	2.6	4.6	0.785	5.1

续表

序号	项目	单位	50MW 双抽凝汽式汽轮机	50MW 单抽凝汽式汽轮机	50MW 双抽凝汽式汽轮机	50MW 双抽凝汽式汽轮机	50MW 单抽凝汽式汽轮机	50MW 双抽凝汽式汽轮机
13	额定一次抽汽量	t/h	215	90	27	150	80	180
14	最大一次抽汽量	t/h	236	138	70	200	150	220
15	二次抽汽压力	MPa			1.1	1.4		0.67
16	额定二次抽汽量	t/h			42.1	50		62
17	最大二次抽汽量	t/h			135	100		68
18	排汽压力	kPa	7.1	15	15	14	6.6	7.1
19	级　数		Ⅰ+19	Ⅰ+18	Ⅰ+18	Ⅰ+18	Ⅰ+19	Ⅰ+18
20	加热器级数		1+1+0	2+1+3	0+0+2		2+1+3	1+0+0
21	给水温度	℃	190.0			200	201.1	190
22	末级叶片长度	mm	660	410	410	410	525	660
23	纯凝工况下汽耗率	kg/(kW·h)	3.425		3.552	3.329	4.006	3.468
24	纯凝工况下热耗率	kJ/(kW·h)		10027	10602			
25	备　注			直接空冷	直接空冷	直接空冷		

序号	项目	单位	60MW 双抽凝汽式汽轮机	60MW 单抽凝汽式汽轮机	60MW 双抽凝汽式汽轮机	75MW 双抽凝汽式汽轮机	80MW 双抽凝汽式汽轮机	90MW 单抽凝汽式汽轮机
1	产品型号		CC60-6.2/1.5/0.5	CZK60-8.83/0.75	CC60-8.83/1.27/0.49	CC75-12/1.2/0.52	CC80-12.2/1.6/0.588	CC90-9.31/0.88
2	产品型式		冲动、单缸、双抽	冲动、单缸、单抽	冲动、单缸、双抽	冲动、单缸、双抽	冲动、单缸、双抽	冲动、双缸、单轴
3	额定功率	MW	60	60	60	75	80	90
4	最大功率	MW	60	63	63	75	85	90
5	转　速	r/min	3000	3000	3000	3000	3000	3000
6	主蒸汽压力	MPa	6.2	8.83	8.83	12.0	12.2	9.31
7	主蒸汽温度	℃	445	535	535	535	535	535
8	额定进汽量	t/h	331	322	217.9	350	418	410
9	最大进汽量	t/h	354	350	350	400	458	430
10	再热蒸汽压力	MPa						
11	再热蒸汽温度	℃						
12	一次抽汽压力	MPa	1.5	0.75	1.27	1.2	1.6	0.88
13	额定一次抽汽量	t/h	50	150	73	20	20	120
14	最大一次抽汽量	t/h	60	170	100	40	30	200
15	二次抽汽压力	MPa	0.5		0.49	0.52	0.588	
16	额定二次抽汽量	t/h	100		120	125	200	
17	最大二次抽汽量	t/h	150		140	200	250	
18	排汽压力	kPa	9.6	15	7	6.5	6.3	9.1
19	级　数		Ⅰ+14	Ⅰ+19	Ⅰ+18	20	Ⅰ+19	Ⅰ+15+2×5

续表

序号	机组名称 项目	单位	60MW 双抽凝汽式汽轮机	60MW 单抽凝汽式汽轮机	60MW 双抽凝汽式汽轮机	75MW 双抽凝汽式汽轮机	80MW 双抽凝汽式汽轮机	90MW 单抽凝汽式汽轮机
20	加热器级数			2+1+3	2+1+3	2+1+3	1+1+3	2+1+3
21	给水温度	℃		203.9	203	214.1	197.6	208.9
22	末级叶片长度	mm	525	410	660	660	660	420
23	纯凝工况下汽耗率	kg/（kW·h）	3.82	3.864	3.635	3.598	3.653	3.646
24	纯凝工况下热耗率	kJ/（kW·h）	9955	10049	9445	9068	9471	9384
25	备　注			直接空冷		一级非可调抽汽	一级非可调抽汽	

序号	机组名称 项目	单位	100MW 双抽凝汽式汽轮机	100MW 双抽凝汽式汽轮机	100MW 双抽凝汽式汽轮机	125MW 双抽凝汽式汽轮机	125MW 双抽凝汽式汽轮机	克什克腾
1	产品型号		CCZK100-8.83/0.8/0.25	CC100-7.7/1.4/0.6	CC100-8.83/1.8/0.8	CC125-8.83/4.12/0.196	CC125-8.83/4.8/1.1	CCZK100-8.83/0.8/0.25/535
2	产品型式		冲动、双缸、双抽	冲动、双缸、双抽	冲动、双缸、双抽	冲动、双缸、双抽	冲动、双缸、双抽	冲动、单轴、两缸两排汽
3	额定功率	MW	100	100	71	125	125	100
4	最大功率	MW	112	105	100	131	130	112
5	转　速	r/min	3000	3000	3000	3000	3000	3000
6	主蒸汽压力	MPa	8.83	7.7	8.83	8.83	8.83	8.83
7	主蒸汽温度	℃	535	457	535	535	535	535
8	额定进汽量	t/h	372（纯凝）	372.5（纯凝）	242（纯凝）	447.1（纯凝）	446.4（纯凝）	373
9	最大进汽量	t/h	510	430	525	470	550	422
10	再热蒸汽压力	MPa						
11	再热蒸汽温度	℃						
12	一次抽汽压力	MPa	0.8	1.4	1.8	4.12	4.8	0.8
13	额定一次抽汽量	t/h	98	36	77	80	82.4	87
14	最大一次抽汽量	t/h	150	36	140	160	110	122.5
15	二次抽汽压力	MPa	0.25	0.6	0.8	0.196	1.1	0.25
16	额定二次抽汽量	t/h	26	202	120	100	160	26
17	最大二次抽汽量	t/h	50		200	180	200	37.5
18	排汽压力	kPa	13	9.1	10	4.9	6.3	13
19	级　数		Ⅰ+15+2×4	Ⅰ+14+2×4	Ⅰ+14+2×5	Ⅰ+15+2×5	Ⅰ+15+2×5	Ⅰ+15+2×4
20	加热器级数		2+1+3	0+1+2		2+1+3	2+1+3	2+1+3
21	给水温度	℃	213.4	116.1	160	228.0	215.6	213.4
22	末级叶片长度	mm	710	660	420	660	660	410
23	纯凝工况下汽耗率	kg/（kW·h）	3.730	3.725	3.392	3.577	3.571	3.73
24	纯凝工况下热耗率	kJ/（kW·h）	9542	10435	11074.5	8914	9100	9542
25	备　注		直接空冷	一级非可调抽汽				空冷

续表

序号	项目 ＼ 机组名称 ＼ 单位		135MW 单抽凝汽式	150MW 单抽凝汽式	150MW 单抽凝汽式	210MW 单抽凝汽式	200MW 双抽凝汽式	330MW 双抽凝汽式
1	产品型号		CZK135-8.83/0.75/535	C150/135-13.2/1.0/535/535	CZK150/142-13.2/1.27/535/535	CZK210/180-12.75/0.3/535/535	CC200/169-12.7/1.0/0.35/535/535	CC330/201.7-16.67/1.5/0.4/537/537
2	产品型式		冲动、单轴、两缸两排汽、单抽	冲动、单轴、两缸两排汽、单抽	冲动、单轴、两缸两排汽、单抽	冲动、单轴、两缸两排汽、单抽	冲动、单轴、两缸两排汽	冲动、单轴、三缸两排汽
3	额定功率	MW	135	135	142	180	169	201.7
4	最大功率	MW	141.9	159.1	165.5	228	225	356
5	转　速	r/min	3000	3000	3000	3000	3000	3000
6	主蒸汽压力	MPa	8.83	13.24	13.24	12.75	12.75	16.67
7	主蒸汽温度	℃	535	535	535	535	535	537
8	额定进汽量	t/h	504	447.1	480.3	657.3	582.7	1003.9
9	最大进汽量	t/h	550	480	540	725	670	1100
10	再热蒸汽压力	MPa		2.494	2.716	2.565	2.366	3.37
11	再热蒸汽温度	℃		535	535	535	535	537
12	一次抽汽压力	MPa	0.75	1.0	1.27	0.3	1.0	1.5
13	额定一次抽汽量	t/h	100	100	80	200	50	200
14	最大一次抽汽量	t/h		120	120	430	100	280
15	二次抽汽压力	MPa					0.35	0.4
16	额定二次抽汽量	t/h					140	360
17	最大二次抽汽量	t/h					400	500
18	排汽压力	kPa	15	4.9	14.3	15	4.9	4.9
19	级　数		Ⅰ+15+2×4	Ⅰ+8+10+2×6	Ⅰ+8+10+2×4	Ⅰ+8+8+2×4	Ⅰ+9+7+2×5	Ⅰ+9+9+2×5
20	加热器级数		1+1+3	2+1+4	2+1+3	3+1+2	2+1+4	3+1+4
21	给水温度	℃	211.1	245.5	249.2	255.2	238.2	276.6
22	末级叶片长度	mm	360	660	410	510	800	909
23	纯凝工况下汽耗率	kg/(kW·h)	3.733	2.981	2.716	3.130	2.913	3.042
24	纯凝工况下热耗率	kJ/(kW·h)	9589	8226	8738	8546	8207	7919
25	备　注		空冷		空冷	空冷		

序号	项目 ＼ 机组名称 ＼ 单位		330MW 双抽凝汽式	350MW 双抽凝汽式	350MW 双抽凝汽式	660MW 双抽凝汽式	660MW 双抽凝汽式	660MW 单抽凝汽式	1000MW 单抽凝汽式
1	产品型号		CC330/292-16.67/1.4/0.4/538/538	CCZK350/289.6-24.6/1.5/0.4/569/569	CC350/273-24.2/1.1/0.4/566/566	CC660/605-25/1.0/0.375/600/600	CC660/556-28/1.6/0.4/600/620	CZK660/570-26.3/0.4/600/600	C1000/908-26.25/1.0/600/600
2	产品型式		冲动、单轴、两缸两排汽	冲动、单轴、三缸两排汽	冲动、单轴、三缸两排汽	冲动、单轴、四缸四排汽	冲动、单轴、四缸四排汽	冲动、单轴、四缸四排汽	冲动、单轴、四缸四排汽
3	额定功率	MW	292	289.6	273.2	609.6	555.7	551.1	908.5
4	最大功率	MW	345.6	366.3	387.7	740	722.6	713	1105

续表

序号	项目＼机组名称	单位	330MW 双抽凝汽式	350MW 双抽凝汽式	350MW 双抽凝汽式	660MW 双抽凝汽式	660MW 双抽凝汽式	660MW 单抽凝汽式	1000MW 单抽凝汽式
5	转　速	r/min	3000	3000	3000	3000	3000	3000	3000
6	主蒸汽压力	MPa	16.67	24.6	24.2	25	28	26.25	26.25
7	主蒸汽温度	℃	538	569	566	600	600	600	600
8	额定进汽量	t/h	1054.8	1115.1	1027	1800	1756.3	1901.7	2760.7
9	最大进汽量	t/h	1116.3	1173	1163	2039	2004.6	2122	3130
10	再热蒸汽压力	MPa	3.594	5.094	4.743	4.96	5.34	5.43	4.25
11	再热蒸汽温度	℃	538	569	566	600	620	600	600
12	一次抽汽压力	MPa	1.4	1.5	1.1	1.0	2.8		1.0
13	额定一次抽汽量	t/h	100	172.3	122	300	80		600
14	最大一次抽汽量	t/h	200	344.6	244	300	100		900
15	二次抽汽压力	MPa	0.4	0.4	0.4	0.37	0.4	0.5	
16	额定二次抽汽量	t/h	100	117	350	200	600	700	
17	最大二次抽汽量	t/h	200	585	439	200	750	900	
18	排汽压力	kPa	12.5	15.4	4.9	4.9	4.9	10.5	4.9
19	级　数		Ⅰ+8+7+2×4	Ⅰ+10+9+2×4	Ⅰ+10+9+2×5	12+9+2×2×5	14+10+2×2×5	14+10+2×2×5	Ⅰ+8+2×5+2×2×5
20	加热器级数		3+1+3	3+1+3	3+1+4	3+1+4	3+1+5	3+1+4	3+1+4
21	给水温度	℃	284.1	292.6	291.3	292.1	300.4	304.4	300.9
22	末级叶片长度	mm	661	661	1016	1016	1016	863	1092
23	纯凝工况下汽耗率	kg/（kW·h）	3.196	3.175	2.93	2.73	2.661	2.881	2.76
24	纯凝工况下热耗率	kJ/（kW·h）	8146	8140	7630	7357	7248	7629	7432
25	备　注		空冷	空冷，带省煤器			一次非调整抽汽	空冷、单抽	单抽

表 13　　哈汽抽凝机组技术规格

序号	项目＼机组名称	单位	3MW 单抽式汽轮机	3MW 单抽式汽轮机	4.5MW 工业汽轮机	6MW 单抽式汽轮机	7MW 单抽式汽轮机	12MW 双抽式汽轮机
1	产品型号		C3-3.43/0.49	C3-3.43/0.98	CNZ88/85/09	C6-3.43/0.49	C7/N14.5-3.43/0.883	CC12-3.43/1.27/0.686
2	产品型式		冲动、单轴、单缸	冲动、单轴、单缸	冲动、单缸、单轴、单抽、凝汽式	冲动、单轴、单缸	冲动、单轴、单缸	冲动、单轴、单缸
3	额定功率	MW	3	3	4.2	6	7.1（抽）/14.5（凝）	12
4	最大功率	MW	3.6	3.6	6.0	7.0	15	12
5	转　速	r/min	3000	3000	5090	3000	3000	3000
6	主蒸汽压力	MPa	3.43	3.43	3.43	3.43	3.43	3.43
7	主蒸汽温度	℃	435	435	435	435	435	435

续表

序号	项目	单位	3MW 单抽式汽轮机	3MW 单抽式汽轮机	4.5MW 工业汽轮机	6MW 单抽式汽轮机	7MW 单抽式汽轮机	12MW 双抽式汽轮机
8	额定进汽量	t/h	17（凝）30（抽）	26	35	60	75/65.84	121
9	最大进汽量	t/h		30	40	64	75	126
10	再热蒸汽压力	MPa						
11	再热蒸汽温度	℃						
12	一次抽汽压力	MPa	0.49	0.98	0.6±0.1	0.49	0.883（0.785～0.981）	1.27（1.27～1.47）
13	额定一次抽汽量	t/h	20	15	24	40	50	20
14	最大一次抽汽量	t/h		19	31.5	45	60	40
15	二次抽汽压力	MPa						0.686
16	额定二次抽汽量	t/h						60
17	最大二次抽汽量	t/h						90
18	排汽压力	kPa	7.8	7.7	8.4	7.3	8.6	6.8
19	级　数		Ⅰ+8	Ⅰ+1+Ⅰ+6	Ⅰ+8	Ⅱ+2+Ⅰ+4	Ⅱ+1+ Ⅰ +6	Ⅱ+1+Ⅰ+1+Ⅰ+6
20	加热器级数		1+1+1	1+1+1		3	1+1+1	2+1+1
21	给水温度	℃	145	140	150	170	150/143	182
22	末级叶片长度	mm	110	110				260
23	纯凝工况下汽耗率	kg/（kW·h）	5.54	5.09	4.335	5.05	4.545	5.08
24	纯凝工况下热耗率	kJ/（kW·h）	13454	13845		13268	12266	13015
25	备　注							

序号	项目	单位	12MW 双抽式汽轮机	12MW 双抽式汽轮机	12MW 双抽式汽轮机	12MW 单抽式汽轮机	12MW 单抽式汽轮机	12MW 双抽式汽轮机
1	产品型号		CC12-4.9/0.98/0.245	CC12-3.43/0.98/0.118	CC12-3.43/1.47/0.294	C12-3.43/0.981	C12-3.43/0.981	CC12-4.9/0.981/0.49
2	产品型式		冲动、单轴、单缸、双抽	冲动、单轴、单缸、双抽	冲动、单轴、单缸、双抽	冲动、单轴、单缸	冲动、单轴、单缸	冲动、单缸、双抽
3	额定功率	MW	12	12	12	12	12	12
4	最大功率	MW	15	14	14	15	15	15
5	转　速	r/min	3000	3000	3000	3000	3000	3000
6	主蒸汽压力	MPa	4.9	3.43	3.43	3.43	3.43	4.9
7	主蒸汽温度	℃	435	450	435	435	435	470
8	额定进汽量	t/h	95	114	130	73	101.48/58.42	
9	最大进汽量	t/h	106	128	150	75	140	
10	再热蒸汽压力	MPa						
11	再热蒸汽温度	℃						
12	一次抽汽压力	MPa	0.98	0.98	1.47	0.981	0.981	0.981
13	额定一次抽汽量	t/h	30	50	50	20	50	30

续表

序号	机组名称 项目	单位	12MW 双抽式汽轮机	12MW 双抽式汽轮机	12MW 双抽式汽轮机	12MW 单抽式汽轮机	12MW 单抽式汽轮机	12MW 双抽式汽轮机
14	最大一次抽汽量	t/h	65	80	70	40	80	70
15	二次抽汽压力	MPa	0.245	0.118	0.294			0.49
16	额定二次抽汽量	t/h	40	40	40			40
17	最大二次抽汽量	t/h	70	60	70			70
18	排汽压力	kPa	7.0	8.0	7.3	6.9	5.2	
19	级　　数		Ⅱ+3+Ⅰ+3+Ⅰ+4	Ⅱ+1+Ⅰ+3+Ⅰ+3	Ⅰ+1+Ⅰ+3+Ⅰ+4	Ⅱ+1+Ⅰ+8	Ⅱ+1+Ⅰ+8	Ⅰ+2+Ⅰ+2+Ⅰ+5
20	加热器级数		1+1+1	2+1+1	2+1+1	1+1+1	1+1+1	2+1+1
21	给水温度	℃	150	170	189	150	170.5/166.4	170/150
22	末级叶片长度	mm	260	260	260	260	266	260
23	纯凝工况下汽耗率	kg/（kW·h）	4.46	4.7	4.8	4.6696	4.868	
24	纯凝工况下热耗率	kJ/（kW·h）	11815	12617	12856	12457.2	12653	
25	备　　注							

序号	机组名称 项目	单位	14MW 单抽式汽轮机	20MW 双抽式汽轮机	25MW 单抽式汽轮机	25MW 单抽式汽轮机	25MW 单抽式汽轮机	25MW 单抽式汽轮机
1	产品型号		C14/N25-3.43/1.37	CC20-6.3/1.3/0.5	C25-8.83/1.275	C25-8.83/0.98	C25-3.43/0.49	C25-3.43/0.981
2	产品型式		冲动、单轴、单缸	冲动、单轴、单缸、冷凝式	冲动、单轴、单缸、单抽	冲动、单轴、单缸、单抽	冲动、单轴、单缸	冲动、单轴、单缸
3	额定功率	MW	14（抽）/25（凝）	20	25	25	25	25
4	最大功率	MW		22	30	30	30	30
5	转　　速	r/min	3000（逆时针）	3000	3000	3000	3000	3000（逆时针）
6	主蒸汽压力	MPa	3.43	6.3±0.2	8.83	8.83	3.43	3.43
7	主蒸汽温度	℃	435	470	535	535	435	435
8	额定进汽量	t/h	112.32	136.16	128	169	166.8	171.33/109.75
9	最大进汽量	t/h	120	145	200	220	191	210
10	再热蒸汽压力	MPa						
11	再热蒸汽温度	℃						
12	一次抽汽压力	MPa	1.37	1.3	1.275	0.98		0.981
13	额定一次抽汽量	t/h	50	25	40	100		70
14	最大一次抽汽量	t/h	70	30	100	130		90
15	二次抽汽压力	MPa		0.5±0.1			0.49	
16	额定二次抽汽量	t/h		80			85	
17	最大二次抽汽量	t/h		95				
18	排汽压力	kPa	6.2	6.0	6.1	5.4	5.7	5.5
19	级　　数		Ⅱ+Ⅰ+7	Ⅰ+4+Ⅰ+1+Ⅰ+7	Ⅰ+10+Ⅰ+9	Ⅰ+10+Ⅰ+8	Ⅱ+4+Ⅰ+6	Ⅱ+1+Ⅰ+6

续表

序号	项目 \ 机组名称	单位	14MW 单抽式汽轮机	20MW 双抽式汽轮机	25MW 单抽式汽轮机	25MW 单抽式汽轮机	25MW 单抽式汽轮机	25MW 单抽式汽轮机
20	加热器级数		2+1+2		2+1+3	2+1+3	2+1+1	1+1+2
21	给水温度	℃	172.5		210	218	170	156
22	末级叶片长度	mm	432		432	432	432	435
23	纯凝工况下汽耗率	kg/（kW·h）	4.5222	6.808	3.926	3.81	4.530	4.390
24	纯凝工况下热耗率	kJ/（kW·h）	11633		10301	9948	12062	11604
25	备　注							

序号	项目 \ 机组名称	单位	25MW 单抽式汽轮机	25MW 单抽式汽轮机	25MW 双抽式汽轮机	25MW 双抽式汽轮机	25MW 双抽式汽轮机	25MW 双抽式汽轮机
1	产品型号		C25-3.43/0.981	C25-3.04/0.981	CC25-10/4.02/0.7	CC25-8.83/0.98/0.118	CC25-8.83/0.98/0.294	CC25-8.83/1.28/0.118
2	产品型式		C25-3.43/0.981	单轴、单缸、单抽、低真空供热、凝汽式	冲动、单轴、双缸	冲动、单轴、单缸	冲动、单轴、单缸	冲动、单轴、单缸
3	额定功率	MW	25	25	25	25	25	25
4	最大功率	MW	30	30	30	30	30	30
5	转　速	r/min	3000	3000	3000	3000	3000	3000
6	主蒸汽压力	MPa	3.43	3.04	10	8.83	8.83	8.83
7	主蒸汽温度	℃	435	400	535	535	535	535
8	额定进汽量	t/h	170/112	187	197	155	175	158.4
9	最大进汽量	t/h	210	187	220	210	210	200
10	再热蒸汽压力	MPa						
11	再热蒸汽温度	℃						
12	一次抽汽压力	MPa	0.981	0.981	4.02	0.981	0.981	1.275
13	额定一次抽汽量	t/h	70	80	65	72	65	60
14	最大一次抽汽量	t/h	90	120	75	130	110	100
15	二次抽汽压力	MPa			0.7	0.118	0.294	0.118
16	额定二次抽汽量	t/h			65	40	50	46
17	最大二次抽汽量	t/h			80	90	90	70
18	排汽压力	kPa	5.4	7.0 20～30 （低真空供热）	5.3	5.1	4.9	4.8
19	级　数		Ⅱ+1+Ⅰ+8	13	Ⅰ+3+Ⅰ+5+Ⅰ+8	Ⅰ+9+Ⅰ+4+Ⅰ+3	Ⅰ+10+Ⅰ+4+Ⅰ+3	Ⅰ+10+Ⅰ+4+Ⅰ+3
20	加热器级数		1+1+2	1+1+1	2+1+2	2+1+3	2+1+0	2+1+3
21	给水温度	℃	156		204	214	217	217.5
22	末级叶片长度	mm	435		432	433	432	432
23	纯凝工况下汽耗率	kg/（kW·h）	4.473		3.93	3.69	3.908	3.912

续表

序号	项目 \ 机组名称	单位	25MW 单抽式汽轮机	25MW 单抽式汽轮机	25MW 双抽式汽轮机	25MW 双抽式汽轮机	25MW 双抽式汽轮机	25MW 双抽式汽轮机
24	纯凝工况下热耗率	kJ/(kW·h)	11822		10329	10153	10519	10326
25	备　注							

序号	项目 \ 机组名称	单位	25MW 双抽式汽轮机	25MW 双抽式汽轮机	25MW 双抽式汽轮机	25MW 双抽式汽轮机	25MW 双抽式汽轮机	25MW 双抽式汽轮机
1	产品型号		CC25-8.83/4.02/0.98	CC25-8.83/4.02/0.98	CC25-8.83/4.02/1.28	CC25-3.43/0.98/0.196	CC25-8.83/0.98/0.118	CC25-8.83/1.28/0.118
2	产品型式		冲动、单轴、双缸	冲动、单轴、双缸	冲动、单轴、双缸	冲动、单轴、单缸	冲动、单轴、单缸	冲动、单轴、单缸
3	额定功率	MW	25	25	25	25	25	25
4	最大功率	MW	30	30	30	30	30	30
5	转　速	r/min	3000	3000	3000	3000	3000	3000
6	主蒸汽压力	MPa	8.83	8.83	8.83	3.43	8.83	8.83
7	主蒸汽温度	℃	535	535	535	435	535	535
8	额定进汽量	t/h	256	198.6	231	195	153/96.95	155
9	最大进汽量	t/h	280	220	272	215	210	197
10	再热蒸汽压力	MPa						
11	再热蒸汽温度	℃						
12	一次抽汽压力	MPa	4.02	4.02	4.02	0.98	0.98（0.785～1.275）	1.28
13	额定一次抽汽量	t/h	120	60	60	60	60	60
14	最大一次抽汽量	t/h	140	140	80	100	100	100
15	二次抽汽压力	MPa	0.98	0.98	1.28	0.196	0.118（0.07～0.245）	0.118
16	额定二次抽汽量	t/h	60	60	100	60	46	40
17	最大二次抽汽量	t/h	70	140	130	100	90	90
18	排汽压力	kPa	10.2	6.2	4.8	4.9	4.8	4.7
19	级　数		Ⅰ+3+Ⅰ+5+Ⅰ+9	Ⅰ+3+Ⅰ+5+Ⅰ+9	Ⅰ+3+Ⅰ+4+Ⅰ+9	Ⅱ+1+Ⅰ+4+Ⅰ+3	Ⅰ+10+Ⅰ+4+Ⅰ+3	Ⅰ+10+Ⅰ+5+Ⅰ+3
20	加热器级数		2+1+2	2+1+2	2+1+2	2+1+1	2+1+3	2+1+3
21	给水温度	℃	214	206	215	170	213/194	217
22	末级叶片长度	mm	432	432	432	432	432	432
23	纯凝工况下汽耗率	kg/(kW·h)	4.13	3.96	3.94	4.64	3.88	3.91
24	纯凝工况下热耗率	kJ/(kW·h)	10709	10472	10449	12008	10248	10272
25	备　注							

续表

序号	项目 \ 机组名称	单位	25MW 双抽式汽轮机	40MW 单抽式汽轮机	40MW 单抽式汽轮机	50MW 单抽式汽轮机	50MW 单抽式汽轮机	50MW 抽汽背压式汽轮机
1	产品型号		CC25-9.32/ 1.28/0.118	C40/N50- 8.83/0.981	C40/N50- 8.83/0.3923	C40/N50- 8.83/0.98	C50-12.7/ 535/535	N110/C68- 8.83/0.981
2	产品型式		冲动、单轴、单缸	冲动、单轴、单缸、单排汽	高压、单缸、单抽	冲动、单轴、单缸	冲动、单轴、三缸、双排汽	高压、双缸双排汽、单轴、抽汽凝汽式
3	额定功率	MW	25	50（凝）	40（抽）/ 50（凝）	40（抽） 50（凝）		110
4	最大功率	MW	30	32.7（抽） 54.8（凝）	50	50		113
5	转　　速	r/min	3000	3000	3000	3000		3000
6	主蒸汽压力	MPa	9.32	8.83	8.83	8.83		8.83
7	主蒸汽温度	℃	535	535	535	535		535
8	额定进汽量	t/h		210（抽） 190（凝）	210/192	210		406.68
9	最大进汽量	t/h	210	210	210	220		420
10	再热蒸汽压力	MPa						
11	再热蒸汽温度	℃						
12	一次抽汽压力	MPa	1.28（0.981～1.58）	0.981（0.785～1.275）	0.39（0.29～0.49）	0.981		0.981（0.785～1.275）
13	额定一次抽汽量	t/h	60	120	100	90		200
14	最大一次抽汽量	t/h	100	130	120	120		225
15	二次抽汽压力	MPa	0.118（0.07～0.245）					
16	额定二次抽汽量	t/h	40					
17	最大二次抽汽量	t/h	90					
18	排汽压力	kPa	4.8	4.9		5.2	4.9	6.8
19	级　　数		Ⅰ+10+Ⅰ+5+Ⅰ+3	Ⅰ+11+Ⅰ+6	Ⅰ+14+Ⅰ+4	Ⅰ+9+Ⅰ+8	Ⅰ+11+10+5×2	Ⅰ+13+2×5
20	加热器级数		2+1+3	4+1+4	2+1+4	2+1+4	3+1+4	2+1+4
21	给水温度	℃	221.6	229/223	223	225		234.6
22	末级叶片长度	mm	432	665		668		668
23	纯凝工况下汽耗率	kg/（kW·h）	3.9241	3.791	3.835	3.60		3.697
24	纯凝工况下热耗率	kJ/（kW·h）	10279	9534	9646.1	9155		9100.0
25	备　　注							

序号	项目 \ 机组名称	单位	50MW 单抽式汽轮机	55MW 单抽式汽轮机	50MW 单抽式汽轮机	50MW 单抽式汽轮机	50MW 单抽式汽轮机	50MW 单抽式汽轮机
1	产品型号		C50-8.83/ 1.275	C55-8.83/1.57	C50-8.83/ 0.981	C50-8.83/ 0.118	C50-8.83/0.98	C50-8.83/ 1.275
2	产品型式		冲动、单轴、单缸	冲动、单轴、单缸	冲动、单轴、单缸	冲动、单轴、单缸	冲动、单轴、单缸	冲动、单轴、单缸

续表

序号	项目＼机组名称	单位	50MW 单抽式汽轮机	55MW 单抽式汽轮机	50MW 单抽式汽轮机	50MW 单抽式汽轮机	50MW 单抽式汽轮机	50MW 单抽式汽轮机
3	额定功率	MW	50	50	50	50	50	50（抽/凝）
4	最大功率	MW	60	55	60	60	60	60（抽/凝）
5	转　速	r/min	3000	3000	3000	3000	3000	3000
6	主蒸汽压力	MPa	8.83	8.83	8.83	8.83	8.83	8.83
7	主蒸汽温度	℃	535	535	535	535	535	535
8	额定进汽量	t/h	341	284	189.94	235	330	305.28/186
9	最大进汽量	t/h	396.8	350	361	288	390	400
10	再热蒸汽压力	MPa						
11	再热蒸汽温度	℃						
12	一次抽汽压力	MPa	1.275	1.57（0.981～1.57）	0.981（0.78～1.275）		0.98	1.275（0.981～1.57）
13	额定一次抽汽量	t/h	200	120	100		200	160
14	最大一次抽汽量	t/h	230	180	160		230	230
15	二次抽汽压力	MPa				0.118（0.08～0.245）		
16	额定二次抽汽量	t/h				160		
17	最大二次抽汽量	t/h				200		
18	排汽压力	kPa	5.4	5.3	7.9	5.4	5.5	6.9
19	级　数		Ⅰ+7+Ⅰ+10	Ⅰ+7+Ⅰ+9	Ⅰ+8+Ⅰ+8	Ⅰ+14+Ⅰ+3	Ⅰ+7+Ⅰ+9	Ⅰ+7+Ⅰ+9
20	加热器级数		2+1+3	2+1+3	2+1+3	2+1+3	2+1+3	2+1+3+1（鼓泡除氧器）
21	给水温度	℃	223	220	211	200	215	216.9/200
22	末级叶片长度	mm	665	668	668	665	665	668
23	纯凝工况下汽耗率	kg/（kW·h）	3.86	3.65	3.709	3.66	3.82	3.732
24	纯凝工况下热耗率	kJ/（kW·h）	10092	9593	9941	9510	9860	9775
25	备　注							

序号	项目＼机组名称	单位	50MW 单抽式汽轮机	50MW 双抽式汽轮机	50W 双抽式汽轮机	50MW 双抽式汽轮机	50MW 双抽式汽轮机	50MW 双抽式汽轮机
1	产品型号		C50-8.83/0.981	CC50/N60-8.83/1.27/0.245	CC50-8.83/1.33）/0.294	CC50-8.83/1.57/0.17	CC50-8.83/1.28/0.118	CC50-8.83/0.98/0.118
2	产品型式		冲动、单轴、单缸	高压、冲动、双缸、双抽、凝汽式	高温、高压、冲动、单缸、双抽、凝汽式	冲动、单轴、双缸	冲动、单轴、双缸	冲动、单轴、双缸
3	额定功率	MW	50	49（抽）/60（凝）	50	50	50	50
4	最大功率	MW	60	63	55	60	60	60
5	转　速	r/min	3000	3000	3000	3600	3000	3000

续表

序号	项目 \ 机组名称	单位	50MW 单抽式汽轮机	50MW 双抽式汽轮机	50W 双抽式汽轮机	50MW 双抽式汽轮机	50MW 双抽式汽轮机	50MW 双抽式汽轮机
6	主蒸汽压力	MPa	8.83	8.83	8.83	8.83	8.83	8.83
7	主蒸汽温度	℃	535	535	535	535	535	535
8	额定进汽量	t/h	286.56/188.10	320（抽）223.68（凝）	183/181	298	322	299
9	最大进汽量	t/h	361	320	240	360	338	358
10	再热蒸汽压力	MPa						
11	再热蒸汽温度	℃						
12	一次抽汽压力	MPa	0.981	1.275	1.33	1.57	1.28（0.981～1.57）	0.98（0.785～1.275）
13	额定一次抽汽量	t/h	150	150	35	113	120	120
14	最大一次抽汽量	t/h	200	180		140	230	200
15	二次抽汽压力	MPa		0.245	0.294	0.17	0.118	0.118
16	额定二次抽汽量	t/h		40	70	60	80	90
17	最大二次抽汽量	t/h		200	100	85	160	150
18	排汽压力	kPa	4.9	6.0	4.9	5.5	4.9	5.4
19	级　数		Ⅰ+8+Ⅰ+8	Ⅰ+8+5+4	Ⅰ+11+Ⅰ+4	Ⅰ+9+Ⅰ+6+Ⅰ+3	Ⅰ+10+Ⅰ+7+Ⅰ+3	Ⅰ+10+Ⅰ+6+Ⅰ+3
20	加热器级数		2+1+3+1（鼓泡除氧器）	2+1+3	2+1+3	2+1+3	2+1+3	2+1+3
21	给水温度	℃	213/199	214.1	209	217	221	221
22	末级叶片长度	mm	668	668		610	665	668
23	纯凝工况下汽耗率	kg/（kW·h）	3.762	3.728	3.61		3.83	3.86
24	纯凝工况下热耗率	kJ/（kW·h）	9872	9523	9247	10044	9960	9927
25	备　注				非调整抽汽			

序号	项目 \ 机组名称	单位	50MW 双抽式汽轮机	50MW 双抽式汽轮机	50MW 双抽式汽轮机	50MW 双抽式汽轮机	56MW 凝汽式汽轮机	58MW 双抽式汽轮机
1	产品型号		CC50-8.83/4.02/1.27	CC50-8.83/4.22/1.57	CC50-8.83/4.12/1.275	CC50-8.83/0.98/0.147	N56/C35-5.4/0.60/0.245/501/245	CC58-8.83/1.27/0.294
2	产品型式		冲动、单轴、双缸	冲动、单轴、双缸	冲动、单轴、双缸	冲动、单轴、单缸	双压、单缸、单轴、单抽、单排凝汽式	冲动、单轴、双缸
3	额定功率	MW	50	50	50	50	56（凝）35（抽）	58
4	最大功率	MW	60	60	60	60	61.98	60
5	转　速	r/min	3000	3000	3000	3000	3000	3000
6	主蒸汽压力	MPa	8.83	8.83	8.83	8.83	5.4	8.83
7	主蒸汽温度	℃	535	535	535	535	501	535
8	额定进汽量	t/h	394	354	322	314	175.6	260
9	最大进汽量	t/h	410	420	381	370	186.8	328

续表

序号	项目 \ 机组名称	单位	50MW 双抽式汽轮机	50MW 双抽式汽轮机	50MW 双抽式汽轮机	50MW 双抽式汽轮机	56MW 凝汽式汽轮机	58MW 双抽式汽轮机
10	再热蒸汽压力	MPa						
11	再热蒸汽温度	℃						
12	一次抽汽压力	MPa	4.02	4.22	4.12	0.98（0.785～1.275）	0.6	1.275
13	额定一次抽汽量	t/h	50	75	90	120	245	36
14	最大一次抽汽量	t/h	70	100	120	210	34.4	60
15	二次抽汽压力	MPa	1.27	1.57	1.275	0.147		0.294
16	额定二次抽汽量	t/h	220	120	80	70		28
17	最大二次抽汽量	t/h	240	180	120	160		60
18	排汽压力	kPa	5.3	5.3	5.2	5.4	4.9	5.4
19	级　数		Ⅰ+4+Ⅰ+5+Ⅰ+9	Ⅰ+4+Ⅰ+5+Ⅰ+9	Ⅰ+4+Ⅰ+5+Ⅰ+9	Ⅰ+8+Ⅰ+4+Ⅰ+3	12+Ⅰ+4	Ⅰ+10+Ⅰ+6+Ⅰ+3
20	加热器级数		2+1+3	2+1+3	2+1+3	2+1+3+1（鼓泡除氧器）	0+1+1	2+1+3
21	给水温度	℃	212	210	197	216		218
22	末级叶片长度	mm	520	668	668	668	800	668
23	纯凝工况下汽耗率	kg/（kW·h）	3.78	3.770	3.65	3.82	3.717	3.767
24	纯凝工况下热耗率	kJ/（kW·h）	9855	9869	9655	9670	10559	9753
25	备　注							

序号	项目 \ 机组名称	单位	60MW 单抽式汽轮机	60MW 单抽式汽轮机	60MW 双抽式汽轮机	60MW 单抽式汽轮机	82MW 单抽式汽轮机	100MW 单抽式汽轮机
1	产品型号		C60-8.38/1.27	C60-8.83/1.27	CC60-8.83/4.12/1.47	C60-8.83/1.27	C82/N100-8.83/535/0.196	C100-8.83/0.98/0.245
2	产品型式		冲动、单轴、单缸	冲动、单轴、单缸、单排汽	冲动、单轴、单缸	冲动、单轴、单缸	冲动、单轴、双缸、双排汽	高压、冲动、单轴、双缸、双排汽
3	额定功率	MW	50/60	60（抽、凝）	60	60	82（抽）100（凝）	100
4	最大功率	MW	60	63（抽、凝）	63	63	112	125
5	转　速	r/min	3000	3000	3000	3000	3000	3000
6	主蒸汽压力	MPa	8.83	8.83	8.83	8.83	8.83	8.83
7	主蒸汽温度	℃	535	535	535	535	535	535
8	额定进汽量	t/h	312	373（抽）222.5（凝）	408	372	370	587/372
9	最大进汽量	t/h	402	420	420	410	417	775
10	再热蒸汽压力	MPa						
11	再热蒸汽温度	℃						
12	一次抽汽压力	MPa	1.275	1.27（0.981～1.56）	4.12	1.27		0.981（0.785～1.275）

续表

序号	项目＼机组名称	单位	60MW 单抽式汽轮机	60MW 单抽式汽轮机	60MW 双抽式汽轮机	60MW 单抽式汽轮机	82MW 单抽式汽轮机	100MW 单抽式汽轮机
13	额定一次抽汽量	t/h	160	200	75	200		280
14	最大一次抽汽量	t/h	230	230	180	230		450
15	二次抽汽压力	MPa			1.47		0.196	0.245（0.196～0.294）
16	额定二次抽汽量	t/h			120		150	100
17	最大二次抽汽量	t/h			210		220	100
18	排汽压力	kPa	7.631	6.1	5.9	5.3	4.9	4.9
19	级　数		Ⅰ+7+ Ⅰ+8	Ⅰ+7+Ⅰ+9	Ⅰ+2+Ⅰ+3+Ⅰ+8	Ⅰ+6+Ⅰ+9	Ⅰ+14+5×2	Ⅰ+10+Ⅰ+2+5×2
20	加热器级数		2+1+3	2+1+3+1（鼓泡除氧器）	2+1+3	2+1+3	2+1+4	2+1+4
21	给水温度	℃	218/208	220/199	220	220	227	211
22	末级叶片长度	mm	540	668	540	540	668	668
23	纯凝工况下汽耗率	kg/（kW·h）	3.742	3.709	3.896	3.770	3.96	3.718
24	纯凝工况下热耗率	kJ/（kW·h）	9657.76	9724	10017	9860	9253	9802
25	备　注							

序号	项目＼机组名称	单位	100MW 双抽式汽轮机	100MW 三抽空冷凝汽式汽轮机	100MW 空冷抽汽凝汽式汽轮机	100MW 双抽凝汽式汽轮机	100MW 双抽凝汽式汽轮机	100MW 双抽凝汽式汽轮机
1	产品型号		CC100-8.83/0.981 /0.245	CCZK100-8.83/1.2/0.7/0.25	CZK100-8.83/4.3	CC100-13.24/4.3/2.5	CC100/N70-12.2/1.7/0.7	CC140/N150-12.3/1.7/0.8
2	产品型式		高压、冲动、单轴、双缸、双排汽	高温、高压、冲动、单轴、双缸双排汽、空冷抽汽凝汽式	高温、高压、冲动、单轴、双缸双排汽、空冷抽汽凝汽式	超高压、非再热、冲动、单轴、双缸单排汽、双抽凝汽式	超高压、冲动、单轴、双缸双排汽、双抽凝汽式	超高压、冲动、单轴、双缸双排汽、双抽凝汽式
3	额定功率	MW	100	100	100	100	100	150
4	最大功率	MW	112.18	115	115	115	100	150
5	转　速	r/min	3000	3000	3000	3000	3000	3000
6	主蒸汽压力	MPa	8.83	8.83	8.83	13.24	12.2	12.3
7	主蒸汽温度	℃	535	535	535	535	535	535
8	额定进汽量	t/h	362.25	347.69	389.29	375.51	242.84	551.16
9	最大进汽量	t/h	410	420	500	425.96（最大 690）	440	670
10	再热蒸汽压力	MPa						
11	再热蒸汽温度	℃						
12	一次抽汽压力	MPa	0.981	0.7	4.3	4.3	1.7	1.7
13	额定一次抽汽量	t/h	180	110	65	250	80	40
14	最大一次抽汽量	t/h	240	220	130	250	108	80

续表

序号	项目 \ 机组名称	单位	100MW 双抽式汽轮机	100MW 三抽空冷凝汽式汽轮机	100MW 空冷抽汽凝汽式汽轮机	100MW 双抽凝汽式汽轮机	100MW 双抽凝汽式汽轮机	100MW 双抽凝汽式汽轮机
15	二次抽汽压力	MPa	0.245	0.25		2.5	0.7	0.8
16	额定二次抽汽量	t/h	60	80		60	255	190
17	最大二次抽汽量	t/h	240	125		60	300	380
18	排汽压力	kPa	4.9	13	15	7.5	10	8.0
19	级　　数		Ⅰ+10+Ⅰ+2+5×2	Ⅰ+11+Ⅰ+1+2×5	Ⅰ+12+2×5	Ⅰ+5+Ⅰ+2+7+5	Ⅰ+9+Ⅰ+2+Ⅰ+2+2×5	Ⅰ+11+Ⅰ+1+Ⅰ+1+2×6
20	加热器级数		2+1+4	1+2	2+1+3	2+1+4	1+1+1	2+1+4
21	给水温度	℃	235.3		218.6	220.8		221.1
22	末级叶片长度	mm	668	450	450	855	450	710
23	纯凝工况下汽耗率	kg/（kW·h）	3.622	3.477		3.755		3.674
24	纯凝工况下热耗率	kJ/（kW·h）	9022	10289.0		9298.0		9130
25	备　　注			高压 1.2MPa 为打孔抽汽				

序号	项目 \ 机组名称	单位	100MW 双抽凝汽式汽轮机	110MW 抽汽凝汽式汽轮机	110MW 抽汽凝汽式汽轮机	125MW 抽汽凝汽式汽轮机	135MW 单抽式汽轮机	135MW 单抽式汽轮机
1	产品型号		CC100-8.83/4.02/1.1	N110/C68-8.83/0.981	C110-12.7/555/0.23	C125-8.83/0.981	C135/N150-13.24/535/535/0.981	C135/N135-13.24/535/535/1.0
2	产品型式		高温、高压、冲动、单轴、双缸双排汽、双抽凝汽式	高压、双缸双排汽、单轴、抽汽凝汽式	超高压、冲动、单轴、双缸双排汽、供热凝汽式	高温、高压、冲动、单轴、双缸双排汽、抽汽凝汽式	超高压、冲动、中间再热、双缸、双排汽	超高压、冲动、中间再热、双缸、双排汽
3	额定功率	MW	100	110	110	125	135（抽）150（凝）	135（抽）135（凝）
4	最大功率	MW	115	113	115	135	155	150
5	转　　速	r/min	3000	3000	3000	3000	3000	3000
6	主蒸汽压力	MPa	8.83	8.83	12.7	8.83	13.24	13.24
7	主蒸汽温度	℃	535	535	555	535	535	535
8	额定进汽量	t/h	350.05	406.68	388.75	463.32	478.69/455.54	437.37/395.48
9	最大进汽量	t/h	403.25（最大 600）	420	520	560	480	465
10	再热蒸汽压力	MPa						
11	再热蒸汽温度	℃				535	535	535
12	一次抽汽压力	MPa	4.02	0.981		0.981	0.981	1.0±0.2
13	额定一次抽汽量	t/h	150	200		100	100	50
14	最大一次抽汽量	t/h	200	225		200	160	180
15	二次抽汽压力	MPa	1.1		0.23			
16	额定二次抽汽量	t/h	50		260			
17	最大二次抽汽量	t/h	100		320			

续表

序号	项目＼机组名称	单位	100MW 双抽凝汽式汽轮机	110MW 抽汽凝汽式汽轮机	110MW 抽汽凝汽式汽轮机	125MW 抽汽凝汽式汽轮机	135MW 单抽式汽轮机	135MW 单抽式汽轮机
18	排汽压力	kPa	7.1	6.8	5.4	4.9	4.9	4.9
19	级　数		Ⅰ+3+Ⅰ+5+Ⅰ+2+2×5	Ⅰ+13+2×5	Ⅰ+17+2×5	Ⅰ+10+Ⅻ+2+2×6	Ⅰ+5+6+Ⅰ+3+6×2	Ⅰ+5+6+Ⅰ+3+6×2
20	加热器级数		2+1+4	2+1+4	2+1+4	2+1+4	2+1+4	2+1+4
21	给水温度	℃	213.0	234.6	226.2	214.7	245.5	240.4/234.4
22	末级叶片长度	mm	668	668	668	710	710	710
23	纯凝工况下汽耗率	kg/(kW·h)	3.494	3.697	3.496	3.707	3.037	2.929
24	纯凝工况下热耗率	kJ/(kW·h)	8944.3	9100.0	8781.7	9460.0	8211.9	8117.7
25	备　注							

序号	项目＼机组名称	单位	135MW 单抽式汽轮机	135MW 单抽式汽轮机	135MW 单抽式汽轮机	135MW 单抽式汽轮机	135MW 双抽式汽轮机	135MW 双抽式汽轮机
1	产品型号		C135/N145-13.24/535/535/1.1	C135/N150-13.24/535/535/0.981	C135/N150-13.24/535/535/0.981	CK135-13.24/535/535/0.981	CC135/N135-13.24/535/535/0.98/0.25	CC135/N150-13.24/535/535/0.981/0.23
2	产品型式		超高压、冲动、中间再热、双缸、双排汽	超高压、中间再热、双缸、双排汽、单抽	超高压、中间再热、双缸、双排汽、单抽	冲动、单轴、双缸、双排汽	超高压、中间再热、双抽、双缸、双排汽	超高压、中间再热、双缸、双排汽、双抽
3	额定功率	MW		135（抽）150（凝）	135（抽）150（凝）	135	121.97（抽）135（凝）	135（抽）150（凝）
4	最大功率	MW	150	155（凝）	153	149	143	
5	转　速	r/min	3000	3000	3000	3000	3000	3000
6	主蒸汽压力	MPa	13.24	13.24	13.24	13.24	13.24	13.24
7	主蒸汽温度	℃	535	535	535	535	535	535
8	额定进汽量	t/h	454.96/429.24	478.89/456.21	456.04	428.26	431.72/409.4	
9	最大进汽量	t/h	465	480	465	480	440	
10	再热蒸汽压力	MPa						
11	再热蒸汽温度	℃	535	535	535	535	535	535
12	一次抽汽压力	MPa	1.1±0.2	0.981	0.981	0.981	0.981	0.981
13	额定一次抽汽量	t/h	39	100	85		50	60
14	最大一次抽汽量	t/h	150		180		80	100
15	二次抽汽压力	MPa					0.25	0.23
16	额定二次抽汽量	t/h					80	210
17	最大二次抽汽量	t/h					120	240
18	排汽压力	kPa	11.8	4.9	11.8	12	5.4	11.8
19	级　数		Ⅰ+5+6+Ⅰ+3+6×2	Ⅰ+5+6+Ⅰ+3+6×2	Ⅰ+5+6+Ⅰ+3+6×2	Ⅰ+5+10+5×2	Ⅰ+5+6+Ⅰ+3+6×2	Ⅰ+5+6+Ⅰ+3+6×2
20	加热器级数		2+1+4	2+1+4	2+1+4	3+1+3	2+1+4	2+1+4

续表

序号	项目 \ 机组名称	单位	135MW 单抽式汽轮机	135MW 单抽式汽轮机	135MW 单抽式汽轮机	135MW 单抽式汽轮机	135MW 双抽式汽轮机	135MW 双抽式汽轮机
21	给水温度	℃	243.2	247.3（抽） 244.9（凝）	245.1	243.2	248.5（抽） 245（凝）	
22	末级叶片长度	mm	710	710	710	520	668	
23	纯凝工况下汽耗率	kg/（kW·h）	2.961	3.044		3.172	3.033	
24	纯凝工况下热耗率	kJ/（kW·h）	8109.4	8202		8578.2	8229.7	
25	备　注					间接空冷机组		

序号	项目 \ 机组名称	单位	135MW 双抽凝汽式汽轮机	135MW 空冷供热凝汽式汽轮机	135MW 空冷供热凝汽式汽轮机	135MW 空冷供热凝汽式汽轮机	150MW 空冷供热凝汽式汽轮机	150MW 抽汽凝汽式汽轮机
1	产品型号		CC100/N135-13.24/535/535	CKZ135-13.24/535/535/0.245	CKZ135-13.24/535/535/0.3	CKZ135-13.24/535/535/0.3	CKZ150-13.24/535/535/0.32	C135/N150-13.24/535/535/0.6865
2	产品型式		超高压、一次中间再热、单轴、两缸两排汽、双抽凝汽式	超高压、一次中间再热、双缸双排汽、单轴、直接空冷、供热凝汽式	超高压、一次中间再热、双缸双排汽、单轴、直接空冷、供热凝汽式	超高压、一次中间再热、双缸双排汽、单轴、直接空冷、供热凝汽式	超高压、一次中间再热、双缸双排汽、单轴、直接空冷、供热凝汽式	超高压、一次中间再热、单轴、两缸两排汽、抽汽凝汽式
3	额定功率	MW	135	135	135	135	150	150
4	最大功率	MW	146	152.6	153	148.67	165	165.77
5	转　速	r/min	3000	3000	3000	3000	3000	3000
6	主蒸汽压力	MPa	13.24	13.24	13.24	13.24	13.24	13.24
7	主蒸汽温度	℃	535	535	535	535	535	535
8	额定进汽量	t/h	398.71	420.56	419.41	429.73	465.78	446.95
9	最大进汽量	t/h	440	480	480	480	520	500
10	再热蒸汽压力	MPa						
11	再热蒸汽温度	℃	535	535	535	535	535	535
12	一次抽汽压力	MPa	1.305				0.929	0.6865
13	额定一次抽汽量	t/h	36				30	75
14	最大一次抽汽量	t/h	44				30	150
15	二次抽汽压力	MPa	0.30	0.245	0.3	0.3	0.32	
16	额定二次抽汽量	t/h	210	80	150	160	156	
17	最大二次抽汽量	t/h	240	200	200	230	200	
18	排汽压力	kPa	4.9	15	15	15	15	8.5
19	级　数		Ⅰ+8+10+2×6	Ⅰ+8+9+2×5	Ⅰ+8+9+2×5	Ⅰ+8+9+2×5	Ⅰ+8+9+2×5	Ⅰ+8+8+2×6
20	加热器级数		2+1+4	2+1+3	2+1+3	2+1+3	2+1+3	2+1+4
21	给水温度	℃	244.5	240.4	240.4	243.1	241.1	236.8
22	末级叶片长度	mm	668	450	450	450	450	668

续表

序号	项目＼机组名称	单位	135MW 双抽凝汽式汽轮机	135MW 空冷供热凝汽式汽轮机	135MW 空冷供热凝汽式汽轮机	135MW 空冷供热凝汽式汽轮机	150MW 空冷供热凝汽式汽轮机	150MW 抽汽凝汽式汽轮机
23	纯凝工况下汽耗率	kg/（kW·h）	2.953	3.115	3.107	3.183	3.105	2.980
24	纯凝工况下热耗率	kJ/（kW·h）	8162.7	8805.0	8770.6	8862.2	8714.7	8418.2
25	备　　注							

序号	项目＼机组名称	单位	150MW 抽汽凝汽式汽轮机	150MW 空冷供热凝汽式汽轮机	150MW 双抽凝汽式汽轮机	200MW 单抽式汽轮机	200MW 单抽式汽轮机	200MW 单抽式汽轮机
1	产品型号		C115/N150-13.24/535/535/0.5884	CKZ150-13.24/535/535/0.6	CC150/N105-12.3/1.57/0.89	C145/N200-12.75/535/535/0.245	C145/N200-12.75/535/535/0.245	C135/N200-12.75/535/535/0.5
2	产品型式		超高压、一次中间再热、单轴、两缸两排汽、抽汽凝汽式	超高压、一次中间再热、双缸双排汽、单轴、直接空冷、供热凝汽式	超高压、冲动、单轴、双缸双排汽、双抽凝汽式	超高压、一次再热、冲动、单轴、三缸、双排汽	超高压、一次再热、冲动、单轴、三缸、双排汽	超高压、一次再热、冲动、单轴、三缸、双排汽
3	额定功率	MW	150	150	105（抽汽 150）	145/200	145/210	135/200
4	最大功率	MW	158.99	164.43（最大 177.43）	150	219	222.5	230
5	转　　速	r/min	3000	3000	3000	3000	3000	3000
6	主蒸汽压力	MPa	13.24	13.24	12.3	12.75	12.75	12.75
7	主蒸汽温度	℃	535	535	535	535	535	535
8	额定进汽量	t/h	464	489.90	385.21	610	627	572.03
9	最大进汽量	t/h	488	615	670	670	670	670
10	再热蒸汽压力	MPa						
11	再热蒸汽温度	℃	535	535		535	535	535
12	一次抽汽压力	MPa	0.5884		1.57			
13	额定一次抽汽量	t/h	90		18			
14	最大一次抽汽量	t/h	150		95			
15	二次抽汽压力	MPa		0.6	0.89	0.245	0.245	0.5～0.6
16	额定二次抽汽量	t/h		100	198	405	400	360
17	最大二次抽汽量	t/h		200	349	450	430	420
18	排汽压力	kPa	9.6	15	9	4.9	5.5	5.4
19	级　　数		Ⅰ+8+8+2×6	Ⅰ+8+8+2×6	Ⅰ+15+2×6	Ⅰ+11+10+5×2	Ⅰ+11+10+5×2	Ⅰ+11+10+5×2
20	加热器级数		2+1+4	2+1+3	1+1+0	2+1+4	2+1+4	2+1+4
21	给水温度	℃	243.8	238.2	175.1	244	239.3/240.2	238.04
22	末级叶片长度	mm	668	450	668	710	710	710
23	纯凝工况下汽耗率	kg/（kW·h）	3.060	3.266	3.669	3.00	2.9862	2.8606

续表

序号	项目 \ 机组名称	单位	150MW 抽汽凝汽式汽轮机	150MW 空冷供热凝汽式汽轮机	150MW 双抽凝汽式汽轮机	200MW 单抽式汽轮机	200MW 单抽式汽轮机	200MW 单抽式汽轮机
24	纯凝工况下热耗率	kJ/(kW·h)	8499	9169.0	9858.0	8447	8339.7	8191
25	备　注							

序号	项目 \ 机组名称	单位	200MW 双抽式汽轮机	200MW 双抽式汽轮机	200MW 三抽式汽轮机（非调整抽汽）	200MW 双抽式汽轮机	200MW 双抽凝汽式汽轮机	200MW 空冷抽汽凝汽式汽轮机
1	产品型号		CC140/N200-12.75/535/535/1.08/0.245	CC135/N200-12.75/535/535/0.967/0.245	C140/N200-12.75/535/535/0.245	CC159/N200-12.75/535/535/4.56/1.53	CC140/N200-12.75/1.08/0.245	CZK200-12.75/535/535
2	产品型式		超高压、一次再热、冲动、单轴、三缸、双排汽	超高压、一次再热、冲动、单轴、三缸、双排汽	超高压、一次再热、冲动、三抽、三缸、双排汽	超高压、一次再热、冲动、双抽、三缸、双排汽	超高压、一次中间再热、单轴、两缸两排汽、双抽、凝汽式	超高压、一次再热、单轴、双缸双排汽、抽汽凝汽式
3	额定功率	MW	140/200	135/200	145/207	160.95/204.5	200	200
4	最大功率	MW	154/218	1498.6/217.4	223	224.85	220.30	223.55
5	转　速	r/min	3000	3000	3000	3000	3000	3000
6	主蒸汽压力	MPa	12.75	12.75	12.75	12.75	12.75	12.75
7	主蒸汽温度	℃	535	535	535	535	535	535
8	额定进汽量	t/h	610	610	610	610	599.33	638.04
9	最大进汽量	t/h	670	670	670	670	670	720
10	再热蒸汽压力	MPa						
11	再热蒸汽温度	℃	535	535	535	535		535
12	一次抽汽压力	MPa	1.08	0.889	0.9998	4.56	1.08	0.981
13	额定一次抽汽量	t/h	50	50	50	100	100	60
14	最大一次抽汽量	t/h	50	50		100	300	60
15	二次抽汽压力	MPa	0.245	0.245	0.245	1.53	0.245	
16	额定二次抽汽量	t/h	350	290	220	60	300	
17	最大二次抽汽量	t/h	390	450	280	60	360	
18	排汽压力	kPa	5.4	5.4	5.4	6.9	5.2	15
19	级　数		Ⅰ+11+10+5×2	Ⅰ+11+10+5×2	Ⅰ+11+10+5×2	Ⅰ+11+10+5×2	Ⅰ+6+8+2×5	Ⅰ+8+8+2×5
20	加热器级数		2+1+4	2+1+4	3+1+4	3+1+4	2+1+4	2+1+3
21	给水温度	℃	246	242/246	236	227/242	248.2	250.3
22	末级叶片长度	mm	710	710	710	710	855	600
23	纯凝工况下汽耗率	kg/(kW·h)	3.02	2.994	2.95	2.983	2.997	3.190
24	纯凝工况下热耗率	kJ/(kW·h)	8441	8482.9	8289.7	8352.4	8265.3	8756.8
25	备　注				非调整供暖抽汽 0.5991MPa，90t/h			

续表

序号	项目＼机组名称	单位	200MW空冷供热凝汽式汽轮机	210MW抽汽凝汽式汽轮机	210MW供热凝汽式汽轮机	220MW双抽凝汽式汽轮机	300MW供暖抽汽式汽轮机	300MW双抽供热式汽轮机
1	产品型号		CZK200-12.75/535/535/0.245	C140/N210-12.75/535/535/0.981	C160/N210-12.75/535/535/0.325	CC150/N220-12.75/0.981/0.245	C300/250-16.7/0.4/537/537	CC300/220-16.7/0.981/0.39
2	产品型式		超高压、一次再热、单轴、三缸两排汽、供热凝汽式	超高压、一次中间再热、单轴、两缸两排汽、单抽、凝汽式	超高压、一次中间再热、单轴、两缸两排汽、供热凝汽式	超高压、一次中间再热、单轴、两缸两排汽、双抽、凝汽式	亚临界、一次中间再热、单轴、双缸、双排汽、单抽凝汽式	亚临界、一次中间再热、单轴、双缸双排汽、两级可调整抽汽凝汽式
3	额定功率	MW	200	210	210	220	250	220
4	最大功率	MW	215.66	224.41	225.70	235.52	342.25	335.3
5	转　速	r/min	3000	3000	3000	3000	3000	3000
6	主蒸汽压力	MPa	12.75	12.75	12.75	12.75	16.7	16.7
7	主蒸汽温度	℃	535	535	535	535	537	537
8	额定进汽量	t/h	615.05	622.11	617.50	655.61	874.45	903.78
9	最大进汽量	t/h	670	670	670	745（冷凝 710）	1025	1035
10	再热蒸汽压力	MPa						
11	再热蒸汽温度	℃	535	535	535		537	537
12	一次抽汽压力	MPa		0.981（0.785～1.275）		0.981（0.785～1.275）	0.4	0.981
13	额定一次抽汽量	t/h		340		56	480	60
14	最大一次抽汽量	t/h		370		370	550	300
15	二次抽汽压力	MPa	0.245		0.325	0.245		0.39
16	额定二次抽汽量	t/h	100		360	290		500
17	最大二次抽汽量	t/h	300		400	420		560
18	排汽压力	kPa	13	5.4	5.4	4.9	5.39	4.9
19	级　数		Ⅰ+11+10+2×5	Ⅰ+6+8+2×5	Ⅰ+8+8+2×5	Ⅰ+6+8+2×5	Ⅰ+12+11+2×6	Ⅰ+7+7+2×6
20	加热器级数		3+1+3	2+1+4	2+1+4	2+1+4	3+1+4	3+1+4
21	给水温度	℃	243.9	249.8	243.3	248.7	273.1	274.2
22	末级叶片长度	mm	600	855	855	855	900	900
23	纯凝工况下汽耗率	kg/（kW·h）	3.075	2.962	2.940	2.980	2.915	3.013
24	纯凝工况下热耗率	kJ/（kW·h）	8646.05	8151.3	8214.2	8235.0	7862.4	7865.2
25	备　注							

序号	项目＼机组名称	单位	300MW空冷工业抽汽式汽轮机	330MW双抽供热式汽轮机	330MW工业抽汽式汽轮机	330MW空冷供暖抽汽式汽轮机	330MW双抽间接空冷凝汽式汽轮机	330MW供暖抽汽式汽轮机
1	产品型号		CZK300/273-16.7/1.2/537/537	CC330/275-16.7/0.981/0.39	C330/300-16.7/0.9/538/538	CZK330/287-16.7/538/538	CCK330/300-16.7/538/538/1.5/0.4	C330/250-16.7/0.49/538/538

续表

序号	项目＼机组名称	单位	300MW空冷工业抽汽式汽轮机	330MW双抽供热式汽轮机	330MW工业抽汽式汽轮机	330MW空冷供暖抽汽式汽轮机	330MW双抽间接空冷凝汽式汽轮机	330MW供暖抽汽式汽轮机
2	产品型式		亚临界、一次中间再热、单轴、双缸双排汽、直接空冷、单抽凝汽式	亚临界、一次中间再热、单轴、双缸双排汽、两级可调整抽汽凝汽式	亚临界、一次中间再热、单轴、双缸、双排汽、单抽凝汽式	亚临界、中间再热、双缸双排汽、单轴、直接空冷、单抽供热凝汽式	亚临界、中间再热、双缸双排汽、单轴、间接空冷、双抽凝汽式	亚临界、一次中间再热、单轴、双缸、双排汽、单抽凝汽式
3	额定功率	MW	273	275	300	287	300	250
4	最大功率	MW	330.63	365	358	371	368.02	356.48
5	转　速	r/min	3000	3000	3000	3000	3000	3000
6	主蒸汽压力	MPa	16.7	16.7	16.7	16.7	16.7	16.7
7	主蒸汽温度	℃	537	537	538	538	538	538
8	额定进汽量	t/h	944.85	994.95	997.53	1015.91	1028.68	997.56
9	最大进汽量	t/h	1060	1125	1100	1176	1176	1100
10	再热蒸汽压力	MPa						
11	再热蒸汽温度	℃	537	537	538	538	538	538
12	一次抽汽压力	MPa	1.2（0.8～1.3）	0.981	0.9	0.4	1.5	0.49
13	额定一次抽汽量	t/h	240	100	100	550	79	500
14	最大一次抽汽量	t/h	240	300	200	600	110	550
15	二次抽汽压力	MPa		0.294（0.245～0.55）			0.8	
16	额定二次抽汽量	t/h		340			105	
17	最大二次抽汽量	t/h		550			260	
18	排汽压力	kPa	14.0	4.9	7.0	15.0	12.0	4.9
19	级　数		Ⅰ+12+9+2×6	Ⅰ+7+7+2×6	Ⅰ+12+9+2×7	Ⅰ+12+11+2×5	Ⅰ+7+6+2×6	Ⅰ+12+11+2×6
20	加热器级数		3+1+4	3+1+4	3+1+4	3+1+4	3+1+4	3+1+4
21	给水温度	℃	273.8	274.5	275.9	272.7	276.0	277.8
22	末级叶片长度	mm	680	900	1000	620	680	900
23	纯凝工况下汽耗率	kg/（kW·h）	3.149	3.015	3.023	3.079	3.117	3.023
24	纯凝工况下热耗率	kJ/（kW·h）	8225.4	7868.8	7895.4	8118.9	8098.3	7828.2
25	备　注		直接空冷			直接空冷	间接空冷	

序号	项目＼机组名称	单位	350MW工业抽汽式汽轮机	350MW双抽凝汽式汽轮机	350MW双抽凝汽式汽轮机	350MW双抽凝汽式汽轮机	350MW双抽凝汽式汽轮机	350MW供热凝汽式汽轮机
1	产品型号		C350/330-16.7/0.8/538/538	C350/266-24.6/0.4/569/569	CC350/271-24.2/1.1/0.3	CC350/300-24.2/1.0/0.4	CC350/230-24.2/1.6/0.4	C350/275-24.2/1.6/566/566
2	产品型式		亚临界、一次中间再热、单轴、双缸、双排汽、单抽凝汽式	超临界、一次中间再热、湿冷、三缸两排汽、八级回热、抽汽凝汽反动式汽轮机	超临界、一次中间再热、两缸两排汽、单轴、双抽凝汽式	超临界、一次中间再热、单轴、三缸两排汽、双抽汽、湿冷凝汽式	超临界、一次中间再热、单轴、三缸两排汽、双抽汽、湿冷凝汽式	超临界、一次再热、单轴、两缸两排汽、抽汽凝汽式

续表

序号	项目	单位	350MW 工业抽汽式汽轮机	350MW 双抽凝汽式汽轮机	350MW 双抽凝汽式汽轮机	350MW 双抽凝汽式汽轮机	350MW 双抽凝汽式汽轮机	350MW 供热凝汽式汽轮机
3	额定功率	MW	330	266	271	300	230	275
4	最大功率	MW	383	379.1	381.3	387.38	384.6	384.65
5	转　速	r/min	3000	3000	3000	3000	3000	3000
6	主蒸汽压力	MPa	16.7	24.6	24.2	24.2	24.2	24.2
7	主蒸汽温度	℃	538	569	566	566	566	566
8	额定进汽量	t/h	1045.43	1026.04	1030.75	1018.68	1026.30	1020.90
9	最大进汽量	t/h	1165	1130.00	1150	1150	1150	1150
10	再热蒸汽压力	MPa						
11	再热蒸汽温度	℃	538	569	566	566	566	566
12	一次抽汽压力	MPa	0.8	2.09（非调整抽汽）	1.1	1.3	1.6	1.6
13	额定一次抽汽量	t/h	240	80	200	100	100	233
14	最大一次抽汽量	t/h	270	160	400	200	200	300
15	二次抽汽压力	MPa		0.4	0.3	0.4	0.4	
16	额定二次抽汽量	t/h		420	270	350	400	
17	最大二次抽汽量	t/h		550	530	550	500	
18	排汽压力	kPa	4.9	5.2	4.9	4.9	4.9	6.8
19	级　数		Ⅰ+12+9+2×7	Ⅰ+18+16+2×6	Ⅰ+7+7+2×6	Ⅰ+7+8+2×6	Ⅰ+7+8+2×6	Ⅰ+7+7+2×6
20	加热器级数		3+1+4	3+1+4	3+1+4	3+1+4	3+1+4	3+1+4
21	给水温度	℃	275.5	286.7	282.7	282.4	282	278.6
22	末级叶片长度	mm	1000	900	1029	1029	1029	1029
23	纯凝工况下汽耗率	kg/（kW·h）	2.987	2.932	2.945	2.911	2.932	2.917
24	纯凝工况下热耗率	kJ/（kW·h）	7818.1	7679.8	7739.5	7680.1	7688.7	7771.8
25	备　注							

序号	项目	单位	350MW 空冷供热凝汽式汽轮机	350MW 空冷供热凝汽式汽轮机	350MW 抽汽凝汽式汽轮机	350MW 双抽凝汽式汽轮机	350MW 双抽凝汽式汽轮机	350MW 空冷供热凝汽式汽轮机	600MW 空冷凝汽式汽轮机
1	产品型号		CZK350/290-24.2/0.4/566/566	CZK350/279-24.2/1.3/566/566	CC350/N300-24.2/566/566	CC350/261-24.2/2.1/0.6/566/566	C350/270-24.2/0.4/566/566	C350/278-24.6/0.4/569/569	NZK600-16.7/537/537
2	产品型式		超临界、一次中间再热、两缸两排汽、直接空冷、单抽供热凝汽式	超临界、一次中间再热、两缸两排汽、单抽、间接空冷凝汽式	超临界、一次中间再热、三缸两排汽、抽汽凝汽式	超临界、一次中间再热、三缸两排汽、双抽凝汽式	超临界、单轴、双排汽、中间再热、双抽凝汽式	超临界、单轴、双缸双排汽、中间再热、间接空冷、单抽凝汽式汽轮机	亚临界、一次中间再热、三缸四排汽、单轴、空冷凝汽式
3	额定功率	MW	290	279	300	261	270	278.8	587
4	最大功率	MW	382.54	389.86	383	384.6	383.2	368.11	668.48

续表

序号	机组名称 / 项目	单位	350MW 空冷供热凝汽式汽轮机	350MW 空冷供热凝汽式汽轮机	350MW 抽汽凝汽式汽轮机	350MW 双抽凝汽式汽轮机	350MW 双抽凝汽式汽轮机	350MW 空冷供热凝汽式汽轮机	600MW 空冷凝汽式汽轮机
5	转　　速	r/min	3000	3000	3000	3000	3000	3000	3000
6	主蒸汽压力	MPa	24.2	24.2	24.2	24.2	24.2	24.6	16.7
7	主蒸汽温度	℃	566	566	566	566	566	569	537
8	额定进汽量	t/h	1021.12	1026.14	1015.68	1020.86	990.82	1048.49	1828.64
9	最大进汽量	t/h	1140	1176	1132	1150	1110	1120	2080
10	再热蒸汽压力	MPa							
11	再热蒸汽温度	℃	566	566	566	566	566	569	537
12	一次抽汽压力	MPa	0.4	1.3	1.0（非调整抽汽）	2.1	1.97（非调整抽汽）	0.4	0.85
13	额定一次抽汽量	t/h	400	200	<100	150	50	470	341
14	最大一次抽汽量	t/h	600	400	100	225	80	510	400
15	二次抽汽压力	MPa			0.4	0.6	0.4		
16	额定二次抽汽量	t/h			550	180	340		
17	最大二次抽汽量	t/h			600	270	550		
18	排汽压力	kPa	12.4	14.0	5.2	5.4	4.9	10.5	11.0
19	级　　数		Ⅰ+12+11+2×5	Ⅰ+7+7+2×5	Ⅰ+7+8+2×6	Ⅰ+7+8+2×6	Ⅰ+14+12+2×6	Ⅰ+14+12+2×5	Ⅰ+9+6+4×6
20	加热器级数		3+1+4	3+1+4	3+1+4	3+1+4	3+1+4	3+1+3	3+1+3
21	给水温度	℃	275.1	276.4	281.4	282.1	279.9	280.9	272.2
22	末级叶片长度	mm	680	680	1029	1029	1040	680	680
23	纯凝工况下汽耗率	kg/（kW·h）	2.917	7854.3	7688.4	7691.1	7626.8	8075.4	3.048
24	纯凝工况下热耗率	kJ/（kW·h）	7891.1	2.953	2.902	2.917	2.831	2.996	8032.0
25	备　　注		直接空冷	直接空冷				间接空冷	直接空冷供热改造

序号	机组名称 / 项目	单位	600MW 凝汽式汽轮机 CCH01	600MW 凝汽式汽轮机 Ch01	660MW 抽汽凝汽式汽轮机	660MW 抽汽凝汽式汽轮机	660MW 凝汽式汽轮机 CHK01-2	660MW 凝汽式汽轮机	670MW 凝汽式汽轮机
1	产品型号		CCLN600-25/600/600	CLN600-24.2/566/566	CC615/N660-25/600/600	C660/516-24.2/1.2/566/566	NZK660-24.2/566/566	CLN660-24.2/566/566	CLN670-24.2/566/566
2	产品型式		超超临界、一次中间再热、二缸二排汽、单轴、凝汽式	超临界、一次中间再热、单抽、三缸四排汽、湿冷凝汽式	超超临界、一次中间再热、单轴、两缸两排汽、单抽凝汽式	超临界、一次中间再热、两缸两排汽、单轴、抽汽凝汽式	超临界、中间再热、直接空冷凝汽式	超临界、中间再热、三缸四排汽、单轴、凝汽式	超临界、一次中间再热、三缸四排汽、单轴、凝汽式
3	额定功率	MW	585		615	516		653	565
4	最大功率	MW	646.9	675.5	721.2	713.18	748.7	660	739.9
5	转　　速	r/min	3000	3000	3000	3000	3000	3000	3000
6	主蒸汽压力	MPa	25	24.2	25	24.2	24.2	24.2	24.2

续表

序号	项目 \ 机组名称 单位		600MW 凝汽式汽轮机 CCH01	600MW 凝汽式汽轮机 Ch01	660MW 抽汽凝汽式汽轮机	660MW 抽汽凝汽式汽轮机	660MW 凝汽式汽轮机 CHK01-2	660MW 凝汽式汽轮机	670MW 凝汽式汽轮机
7	主蒸汽温度	℃	600	566	600	566	566	566	566
8	额定进汽量	t/h	1622.49	1649.56	1871.0	1894.58	1900.70	1830.67	1866.90
9	最大进汽量	t/h	1795	1990.0	2100	2090	2209.99	2080	2115
10	再热蒸汽压力	MPa							
11	再热蒸汽温度	℃	600	566	600	566	566	566	566
12	一次抽汽压力	MPa	1.00	4.0 非调整抽汽	5.432	2.29（非调整抽汽）	1.10	0.95	4.00
13	额定一次抽汽量	t/h	200		60	41.2		200	103
14	最大一次抽汽量	t/h	400	130	145	50	450	400	206
15	二次抽汽压力	MPa				1.2			1.00
16	额定二次抽汽量	t/h				694			300
17	最大二次抽汽量	t/h				800			300
18	排汽压力	kPa	4.9	4.9	6.1	7.0	13.5	4.9	5.2
19	级　　数		Ⅰ+10+7+2×5	Ⅰ+9+6+2×2×7	Ⅰ+9+8+2×5	Ⅰ+9+6+2×5	Ⅰ+9+6+2×2×6	Ⅰ+9+6+2×2×7	Ⅰ+9+6+4×7
20	加热器级数		3+1+4	3+1+4	3+1+4	3+1+4	3+1+3	3+1+4	3+1+4
21	给水温度	℃	275.5	273.9	299.6	278.0	273.3	275.1	276.8
22	末级叶片长度	mm	1220	1059	1220	1219.2	680	1029	1029
23	纯凝工况下汽耗率	kg/（kW·h）	2.704	7808.7	3.252	2.871	2.880	7508.3	2.786
24	纯凝工况下热耗率	kJ/（kW·h）	7428	2.749	7427.2	7722.6	7853.8	2.762	7524.2
25	备　　注		供热改造	供热改造			供热改造 直接空冷	供热改造	供热改造

表 14　　上汽抽凝机组技术规格

序号	项目 \ 机组名称 单位		25MW 凝汽式汽轮机	25MW 凝汽式汽轮机	25MW 抽凝式汽轮机	25MW 凝汽式汽轮机	25MW 凝汽式汽轮机	30MW 凝汽式汽轮机
1	产品型号		N25-1.2	N25-8.83	C25-3.43/0.49	N25-35	N25-1.08-1	N30-35
2	产品型式		单缸、冲动、凝汽式	单缸、冲动、凝汽式	单缸、冲动、单抽	中压、单缸、冲动式、凝汽式	低压、单缸、冲动式、凝汽式	中压、单缸、冲动式、凝汽式
3	额定功率	MW	25	25	25	25	25	30
4	最大功率	MW	28	25	25	25	28	35
5	转　　速	r/min	3000	3000	3000	3000	3000	3000
6	主蒸汽压力	MPa	1.2	8.83	3.43	3.43	1.08	3.43
7	主蒸汽温度	℃	310	535	435	435	280	435
8	额定进汽量	t/h	162	106.5	154	112.4	178	130
9	最大进汽量	t/h		115	181	140	200	170

续表

序号	项目 \ 机组名称	单位	25MW 凝汽式汽轮机	25MW 凝汽式汽轮机	25MW 抽凝式汽轮机	25MW 凝汽式汽轮机	25MW 凝汽式汽轮机	30MW 凝汽式汽轮机
10	再热蒸汽压力	MPa						
11	再热蒸汽温度	℃						
12	一次抽汽压力	MPa			0.49			
13	额定一次抽汽量	t/h			70			
14	最大一次抽汽量	t/h			110			
15	二次抽汽压力	MPa						
16	额定二次抽汽量	t/h						
17	最大二次抽汽量	t/h						
18	排汽压力	kPa	8	8	4.06	4.9	6.47	7
19	级 数		Ⅰ+7	Ⅰ+21	Ⅱ+11	Ⅰ+10	Ⅰ+7	Ⅰ+7
20	加热器级数		0+0+3	2+1+3	2+1+3	2+1+2	0+0+3	2+1+2
21	给水温度	℃	143.1	221.7	169.8	172	146.33	172
22	末级叶片长度	mm	540	435	540	456	540	276
23	纯凝工况下汽耗率	kg/(kW·h)	6.365	4.006	4.349	4.14	6.718	4.41
24	纯凝工况下热耗率	kJ/(kW·h)	15699	9727.9	11393.1	11882.6	16055	11338.6
25	备 注							

序号	项目 \ 机组名称	单位	9.9MW 凝汽式汽轮机	15MW 抽凝式汽轮机	25MW 抽凝式汽轮机	50MW 凝汽式汽轮机	50MW 凝汽式汽轮机	60MW 凝汽式汽轮机
1	产品型号		N9.9-5.3/450	C15-8.83/1.27	CC25-8.83/1.3/0.5	N50-42	N50-60	N60-35
2	产品型式		单缸、反动式、凝汽式	单缸、反动式、单抽	单缸、反动式、双抽汽	次高压、单缸、冲动	次高压、单缸、冲动	中压、单缸、冲动
3	额定功率	MW	9.9	15	15	50	50	60
4	最大功率	MW	10.5	18	18	55	53.55	70
5	转 速	r/min	6000	6300	6300	3000	3000	3000
6	主蒸汽压力	MPa	5.3	8.83	8.83	4.12	5.88	3.43
7	主蒸汽温度	℃	450	535	535	460	480	435
8	额定进汽量	t/h	41.8	75	97	180	208.1	260
9	最大进汽量	t/h	43.88	80	154	190	229.8	300
10	再热蒸汽压力	MPa						
11	再热蒸汽温度	℃						
12	一次抽汽压力	MPa		1.27	1.3			
13	额定一次抽汽量	t/h		15	30			
14	最大一次抽汽量	t/h		30	50			
15	二次抽汽压力	MPa			0.5			
16	额定二次抽汽量	t/h			30			

续表

序号	项目＼机组名称／单位		9.9MW凝汽式汽轮机	15MW抽凝式汽轮机	25MW抽凝式汽轮机	50MW凝汽式汽轮机	50MW凝汽式汽轮机	60MW凝汽式汽轮机
17	最大二次抽汽量	t/h			50			
18	排汽压力	kPa	8.9	4.9	7.2	7.8	7.4	4.9
19	级　数		Ⅰ+18	Ⅰ+14+Ⅰ+9	Ⅰ+10+Ⅰ+4+Ⅰ+7	Ⅰ+11	Ⅰ+11	Ⅰ+9
20	加热器级数		0+1+1	2+1+2	2+1+2	2+1+2	2+1+2	2+1+1
21	给水温度	℃	131.7	215	220	192.4		174
22	末级叶片长度	mm	204	435	420	535	535	665
23	纯凝工况下汽耗率	kg/(kW·h)	4.269	3.783	3.868	4.48	4.19	4.19
24	纯凝工况下热耗率	kJ/(kW·h)	11783.1	9669	9864.5	1137.7	10732.0	10752.8
25	备　注							

序号	项目＼机组名称／单位		50MW凝汽式汽轮机	50MW抽凝式汽轮机	50MW抽凝式汽轮机	50MW抽凝式汽轮机	50MW抽凝式汽轮机	50MW抽凝式汽轮机
1	产品型号		N50-8.83	C50-8.83/0.49	C50-8.83/1.27	C50-8.83/0.118	C50-8.83/0.245	C50-8.83/0.981
2	产品型式		单缸、冲动凝汽式	单缸、冲动单抽汽、凝汽式	高压、单抽、单缸、冲动	高压、单抽、单缸、冲动	高压、单抽、单缸、冲动	高压、单抽、单缸、冲动
3	额定功率	MW	50	50	50	50	50	50
4	最大功率	MW	50	60	60	60	60	60
5	转　速	r/min	3000	3000	3000	3000	3000	3000
6	主蒸汽压力	MPa	8.83	8.83	8.83	8.83	8.83	8.83
7	主蒸汽温度	℃	535	535	535	535	535	535
8	额定进汽量	t/h	195	202	310	265	273	305
9	最大进汽量	t/h	220	220	370	306	317	340
10	再热蒸汽压力	MPa						
11	再热蒸汽温度	℃						
12	一次抽汽压力	MPa		0.485	1.27			0.981
13	额定一次抽汽量	t/h		20	160			160
14	最大一次抽汽量	t/h			230			200
15	二次抽汽压力	MPa				0.118	0.245	
16	额定二次抽汽量	t/h				180	180	
17	最大二次抽汽量	t/h				200	200	
18	排汽压力	kPa	4.9	4.56	3.92	2.8	2.93	3.83
19	级　数		Ⅰ+21	Ⅰ+13+Ⅰ+7	Ⅰ+7+Ⅰ+8	Ⅰ+15+Ⅰ+3	Ⅰ+15+Ⅰ+3	Ⅰ+16
20	加热器级数		2+1+3	2+1+3	2+1+3	2+1+3	2+1+3	2+1+3
21	给水温度	℃	229.1	231.8	216.84	229.4	231.4	214.36
22	末级叶片长度	mm	665		540	685	685	540
23	纯凝工况下汽耗率	kg/(kW·h)	3.759		3.861	3.73	3.832	3.89

续表

序号	项目 \ 机组名称	单位	50MW 凝汽式汽轮机	50MW 抽凝式汽轮机	50MW 抽凝式汽轮机	50MW 抽凝式汽轮机	50MW 抽凝式汽轮机	50MW 抽凝式汽轮机
24	纯凝工况下热耗率	kJ/（kW·h）	10522.8		10054.2	9539.5	9764	10125.3
25	备　注							

序号	项目 \ 机组名称	单位	50MW 抽凝式汽轮机	50MW 抽凝式汽轮机	50MW 抽凝式汽轮机	50MW 抽凝式汽轮机	50MW 双抽凝汽式汽轮机	50MW 双抽凝汽式汽轮机
1	产品型号		C50-8.83/0.785	C50-8.83/0.49	C50-9.31/1.47	C50-10.2/4.41	CC50-8.83/1.67/0.981	CC50-8.83/4.12/1.47
2	产品型式		高压、单抽、单缸、冲动	高压、单抽、单缸、冲动	高压、单抽、单缸、冲动	高压、单抽、单缸、冲动	高压、双抽、单缸、冲动	高压、双抽、单缸、冲动
3	额定功率	MW	50	50	50	50	50	50
4	最大功率	MW	60		56	60	60	60
5	转　速	r/min	3000	3000	3000	3000	3000	3000
6	主蒸汽压力	MPa	8.83	8.83	9.31	10.2	8.83	8.83
7	主蒸汽温度	℃	535	535	535	535	535	535
8	额定进汽量	t/h	239	212.34	220	252.1	359	375
9	最大进汽量	t/h	297	220	250	410	385	410
10	再热蒸汽压力	MPa						
11	再热蒸汽温度	℃						
12	一次抽汽压力	MPa	0.785	0.49	1.47	4.41	1.67	4.12
13	额定一次抽汽量	t/h	70	38	30	70	90	75
14	最大一次抽汽量	t/h	100	50	85	218	120	220
15	二次抽汽压力	MPa					0.981	1.47
16	额定二次抽汽量	t/h					120	120
17	最大二次抽汽量	t/h					180	200
18	排汽压力	kPa	4.51	5	4.9	6.65	4.23	3.68
19	级　数		Ⅰ+9+Ⅰ+6	Ⅰ+11+Ⅰ+4	Ⅰ+9+Ⅰ+10	Ⅰ+2+Ⅰ+12	Ⅰ+7+Ⅰ+Ⅰ+7	Ⅰ+2+Ⅰ+3+Ⅰ+8
20	加热器级数		1+1+3	2+1+3	2+1+2	0+1+2	2+1+3	2+1+3
21	给水温度	℃	216.6	211.6	217.76	160.8	218	219.1
22	末级叶片长度	mm	540	540	485	540	540	540
23	纯凝工况下汽耗率	kg/（kW·h）	3.904	3.785	4.4	3.699	3.873	4.0
24	纯凝工况下热耗率	kJ/（kW·h）	9917.9	9818		10261.5	10085	10439.1
25	备　注							

续表

序号	项目	单位	50MW双抽凝汽式汽轮机	50MW双抽凝汽式汽轮机	60MW双抽凝汽式汽轮机	50MW双抽凝汽式汽轮机	50MW双抽凝汽式汽轮机	60MW双抽凝汽式汽轮机
1	产品型号		CC50-8.83/4.12/1.27	C50-8.83/4.12、C50-8.83/0.44	CC60-8.83/4.12/1.47	CC50-8.83/4.02/0.981	CC50-8.83/0.981/0.118	CC60-8.83/1.47/0.245
2	产品型式		高压、双抽、单缸、冲动	高压、双抽、单缸、冲动	高压、双抽、单缸、冲动	高压、双抽、单缸、冲动	高压、双抽、单缸、冲动	高压、双抽、单缸、冲动
3	额定功率	MW	50	50	60	50	50	60
4	最大功率	MW	60	60	60	60	60	60
5	转　速	r/min	3000	3000	3000	3000	3000	3000
6	主蒸汽压力	MPa	8.83	8.83	8.83	8.83	8.83	8.83
7	主蒸汽温度	℃	535	535	535	535	535	535
8	额定进汽量	t/h	366	220	345.8	381.4	307.3	345
9	最大进汽量	t/h	410		410	420	400	400
10	再热蒸汽压力	MPa						
11	再热蒸汽温度	℃						
12	一次抽汽压力	MPa	4.12	4.12	4.12	4.02	0.981	1.47
13	额定一次抽汽量	t/h	75	22.6	50	70	130	130
14	最大一次抽汽量	t/h	220	40	180	105	240	220
15	二次抽汽压力	MPa	1.27	0.44	1.47	0.981	0.118	0.245
16	额定二次抽汽量	t/h	120	38	90	160	70	70
17	最大二次抽汽量	t/h	200		200	220	160	160
18	排汽压力	kPa	3.97	5.66	4.05	4.9	2.82	3.05
19	级　数		Ⅰ+2+Ⅰ+3+Ⅰ+8	Ⅰ+2+Ⅰ+12	Ⅰ+2+Ⅰ+3+Ⅰ+8	Ⅰ+2+Ⅰ+4+Ⅰ+7	Ⅰ+8+Ⅰ+4+Ⅰ+3	Ⅰ+8+Ⅰ+4+Ⅰ+3
20	加热器级数		2+1+3	2+1+3	2+1+3	2+1+3	2+1+3	2+1+1
21	给水温度	℃	215.2	215.2	218.8	216.5	215.6	226.8
22	末级叶片长度	mm	540	540	540	540	540	540
23	纯凝工况下汽耗率	kg/(kW·h)	3.913	3.892	3.871	3.889	3.738	3.796
24	纯凝工况下热耗率	kJ/(kW·h)	10199	9919.2	9954.2	10028	9908	10052
25	备　注							

序号	项目	单位	50MW双抽凝汽式汽轮机	50MW双抽凝汽式汽轮机	55MW凝汽式汽轮机	55MW抽凝式汽轮机	55MW抽凝式汽轮机	60MW凝汽式汽轮机
1	产品型号		CC50-8.83/0.981/0.196	CC50-8.83/0.981/0.245	N55-8.83	C55-8.83/1.27	C55-8.83/0.118	N60-8.83
2	产品型式		高压、双抽、单缸、冲动	高压、双抽、单缸、冲动	单缸、冲动、凝汽式	高压、单抽、单缸、冲动	高压、单抽、单缸、冲动	单缸、冲动、凝汽式
3	额定功率	MW	50	50	55	55	50	60
4	最大功率	MW	60	60	55	60	60	60
5	转　速	r/min	3000	3000	3000	3000	3000	3000

续表

序号	项目	单位	50MW 双抽凝汽式汽轮机	50MW 双抽凝汽式汽轮机	55MW 凝汽式汽轮机	55MW 抽凝式汽轮机	55MW 抽凝式汽轮机	60MW 凝汽式汽轮机
6	主蒸汽压力	MPa	8.83	8.83	8.83	8.83	8.83	8.83
7	主蒸汽温度	℃	535	535	535	535	535	535
8	额定进汽量	t/h	330	311.85	210	220	272	234
9	最大进汽量	t/h	392	330	220		300	
10	再热蒸汽压力	MPa						
11	再热蒸汽温度	℃						
12	一次抽汽压力	MPa	0.981	0.981		1.27		
13	额定一次抽汽量	t/h	140	120		24		
14	最大一次抽汽量	t/h	230	230		64		
15	二次抽汽压力	MPa	0.196	0.245			0.118	
16	额定二次抽汽量	t/h	100	100			180	
17	最大二次抽汽量	t/h	160	200				
18	排汽压力	kPa	2.88	2.93	5.04	4.88	2.88	7.5
19	级　数		Ⅰ+8+Ⅰ+4+Ⅰ+3	Ⅰ+8+Ⅰ+4+Ⅰ+3	Ⅰ+21	Ⅰ+8+Ⅰ+8	Ⅰ+15+Ⅰ+3	Ⅰ+18
20	加热器级数		2+1+3	2+1+3	2+1+3	2+1+4	2+1+3	1+1+3
21	给水温度	℃	219.2	216.5	234.2	226.2	231.7	217.4
22	末级叶片长度	mm	540	540	685	685	685	685
23	纯凝工况下汽耗率	kg/(kW·h)	3.745	3.744	3.81	3.657	3.871	3.772
24	纯凝工况下热耗率	kJ/(kW·h)	9921.5	9780.3	9384	9206.7	9889	9127.5
25	备　注							

序号	项目	单位	52MW 抽凝式汽轮机	50MW 抽凝式汽轮机	60MW 抽凝式汽轮机	50MW 抽凝式汽轮机	50MW 抽凝式汽轮机	60MW 抽凝式汽轮机
1	产品型号		C52-8.83/0.49	C50-8.83/1.27	C60-8.83/1.27	C50-8.83/0.118	C50-8.83/0.981	C60-8.83/0.981
2	产品型式		高压、单抽、单缸、冲动	高压、单抽、单缸、冲动	高压、单抽、单缸、冲动	高压、单抽、单缸、冲动	高压、单抽、单缸、冲动	高压、单抽、单缸、冲动
3	额定功率	MW	52	50	60	50	50	60
4	最大功率	MW		60			60	
5	转　速	r/min	3000	3000	3000	3000	3000	3000
6	主蒸汽压力	MPa	8.83	8.83	8.83	8.83	8.83	8.83
7	主蒸汽温度	℃	535	535	535	535	535	535
8	额定进汽量	t/h	210	200	231.8	200	200	221.6
9	最大进汽量	t/h	220	370	368.5	310	350	350
10	再热蒸汽压力	MPa						
11	再热蒸汽温度	℃						
12	一次抽汽压力	MPa	0.49	1.27	1.27		0.981	0.981

续表

序号	项目 \ 机组名称	单位	52MW 抽凝式汽轮机	50MW 抽凝式汽轮机	60MW 抽凝式汽轮机	50MW 抽凝式汽轮机	50MW 抽凝式汽轮机	60MW 抽凝式汽轮机
13	额定一次抽汽量	t/h	20	160	160		160	110
14	最大一次抽汽量	t/h		230	230		200	180
15	二次抽汽压力	MPa				0.118		
16	额定二次抽汽量	t/h				180		
17	最大二次抽汽量	t/h				200		
18	排汽压力	kPa	4.67	6.9	7.36	5.2	6.86	6.32
19	级　数		Ⅰ+13+Ⅰ+7	Ⅰ+7+Ⅰ+8	Ⅰ+7+Ⅰ+8	Ⅰ+15+Ⅰ+3	Ⅰ+8+Ⅰ+9	Ⅰ+8+Ⅰ+7
20	加热器级数		2+1+3	2+1+3	2+1+4	2+1+3	2+1+3	2+1+3
21	给水温度	℃	233.8	203.8	209.8	214.1	200.9	205.4
22	末级叶片长度	mm	685	540	540	685	540	540
23	纯凝工况下汽耗率	kg/(kW·h)	3.81	3.883	3.861	3.87	3.908	3.877
24	纯凝工况下热耗率	kJ/(kW·h)	9384	10119	9937.9	9899	9915.7	10134
25	备　注							

序号	项目 \ 机组名称	单位	50MW 抽凝式汽轮机	50MW 直接空冷抽凝式汽轮机	50MW 双抽凝汽式汽轮机	50MW 双抽凝汽式汽轮机	50MW 双抽凝汽式汽轮机	50MW 双抽凝汽式汽轮机
1	产品型号		C50-8.83/4.41	CZK50-8.83/0.294	CC50-8.83/4.12/1.47	CC50-8.83/0.981/0.13	CC50-8.83/1.27/0.118	CC50-8.83/3.73/1.47
2	产品型式		高压、单抽、单缸、冲动	高压、单抽、单缸、冲动	高压、双抽、单缸、冲动	高压、双抽、单缸、冲动	高压、双抽、单缸、冲动	高压、双抽、单缸、冲动
3	额定功率	MW	50	50	50	50	50	50
4	最大功率	MW				60	60	60
5	转　速	r/min	3000	3000	3000	3000	3000	3000
6	主蒸汽压力	MPa	8.83	8.83	8.83	8.83	8.83	8.83
7	主蒸汽温度	℃	535	535	535	535	535	535
8	额定进汽量	t/h	345	205.6	200	190.5	330	360
9	最大进汽量	t/h	410	295	410	374	400	410
10	再热蒸汽压力	MPa						
11	再热蒸汽温度	℃						
12	一次抽汽压力	MPa	4.41		4.12	0.981	1.27	3.73
13	额定一次抽汽量	t/h	150		75	60	135	75
14	最大一次抽汽量	t/h	200		220	200	220	220
15	二次抽汽压力	MPa		0.294	1.47	0.13	0.118	1.47
16	额定二次抽汽量	t/h		160	120	90	70	120
17	最大二次抽汽量	t/h		185	200	160	160	200
18	排汽压力	kPa	5.08	16	6.11	5.93	5.93	4.16
19	级　数		Ⅰ+2+Ⅰ+12	Ⅰ+14+Ⅰ+3	Ⅰ+2+Ⅰ+3+Ⅰ+7	Ⅰ+8+Ⅰ+4+Ⅰ+3	Ⅰ+8+Ⅰ+4+Ⅰ+3	Ⅰ+2+Ⅰ+3+Ⅰ+8

续表

序号	项目 \ 机组名称	单位	50MW 抽凝式汽轮机	50MW 直接空冷抽凝式汽轮机	50MW 双抽凝汽式汽轮机	50MW 双抽凝汽式汽轮机	50MW 双抽凝汽式汽轮机	50MW 双抽凝汽式汽轮机
20	加热器级数		2+1+3+1（鼓泡除氧器）	2+1+2	2+1+3	2+1+3+1（鼓泡除氧器）	2+1+3+1（鼓泡除氧器）	2+1+3
21	给水温度	℃	214.6	216.2	202.9	193.7	193.7	217.46
22	末级叶片长度	mm	540	435	540	540	540	540
23	纯凝工况下汽耗率	kg/（kW·h）	4.067	4.110	3.899	3.801	3.801	3.9
24	纯凝工况下热耗率	kJ/（kW·h）	10058.4	10291.3	10156.2	10056	10056	10175
25	备　注							

序号	项目 \ 机组名称	单位	60MW 抽凝式汽轮机	60MW 抽凝式汽轮机	125MW 中间再热凝汽式汽轮机	125MW 双抽凝汽式汽轮机	135MW 中间再热凝汽式汽轮机	135MW 中间再热凝汽式汽轮机
1	产品型号		C60-8.83/1.27	C60-8.83/0.118	C125-13.2/550/550	CC125-9.5/1.3/0.259	C135-13.2/535/535	C135-13.2/535/535
2	产品型式		高压、单抽、单缸、冲动	高压、单抽、单缸、冲动	超高压、中间再热、双排汽、单抽、冲动	单轴、双缸双排汽、反动式、双抽汽、抽凝式	超高压、中间再热、双缸、双排汽、反动、单抽、抽凝式	双缸、串联、双排汽、中间再热、单抽、抽凝式
3	额定功率	MW	60	60	125	125	135	135
4	最大功率	MW	60	60				
5	转　速	r/min	3000	3000	3000	3000	3000	3000
6	主蒸汽压力	MPa	8.83	8.83	13.24	9.5	13.24	13.24
7	主蒸汽温度	℃	535	535	550	537	535	535
8	额定进汽量	t/h	312	284.5	386	452	420	391
9	最大进汽量	t/h			420	490	447	418
10	再热蒸汽压力	MPa			2.55		2.296	2.48
11	再热蒸汽温度	℃			550		535	535
12	一次抽汽压力	MPa	1.27			1.3		
13	额定一次抽汽量	t/h	120			50		
14	最大一次抽汽量	t/h	199					
15	二次抽汽压力	MPa		0.118	0.25	0.259	0.25	0.25
16	额定二次抽汽量	t/h		180	200	171.5	200	200
17	最大二次抽汽量	t/h		200				
18	排汽压力	kPa	3.85	3.24	4.9	5.2	4.9	4.9
19	级　数		Ⅰ+7+Ⅰ+8	Ⅰ+15+Ⅰ+3	Ⅰ+8+10+2×6	Ⅰ+20+9+2×6	Ⅰ+13+13+2×6	Ⅰ+8+10+2×6
20	加热器级数		2+1+3	2+1+3	2+1+4	2+1+3	2+1+4	2+1+4
21	给水温度	℃	217.9	234.4	241.8	225.3	240.4	241.3
22	末级叶片长度	mm	540	685	700	700	690	690

续表

序号	项目	单位	60MW 抽凝式汽轮机	60MW 抽凝式汽轮机	125MW 中间再热凝汽式汽轮机	125MW 双抽凝汽式汽轮机	135MW 中间再热凝汽式汽轮机	135MW 中间再热凝汽式汽轮机
23	纯凝工况下汽耗率	kg/(kW·h)	3.810	3.742	2.93		3.022	2.930
24	纯凝工况下热耗率	kJ/(kW·h)	9813.8	9599.5	8326.2	8730.2	7987.8	8260.3
25	备　注							

序号	项目	单位	135MW 中间再热凝汽式汽轮机	135MW 中间再热直接空冷凝汽式汽轮机	135MW 中间再热凝汽式汽轮机	135MW 中间再热抽凝式汽轮机	135MW 中间再热抽凝式汽轮机	135MW 中间再热抽凝式汽轮机
1	产品型号		C135-13.2/535/535	CZK135/535/535	C135/535/535	C135-13.2/0.25/535/535	C135-13.2/0.981/535/535	C135-13.2/0.981/535/535
2	产品型式		超高压、中间再热、双缸、双排汽、冲动、单抽、抽凝式	超高压、中间再热、双缸、双排汽、反动、单抽、抽凝式	双缸、串联、双排汽、中间再热、单抽、抽凝式	超高压、中间再热、双缸、双排汽、单抽、抽凝式	超高压、中间再热、高中压合缸、双缸、双排汽、单抽、抽凝式	超高压、中间再热、高中压合缸、双缸、双排汽、单抽、抽凝式
3	额定功率	MW	135	135	135	135	135	135
4	最大功率	MW	147		148	148	150.7	147
5	转　速	r/min	3000	3000	3000	3000	3000	3000
6	主蒸汽压力	MPa	13.24	13.24	13.24	13.24	13.24	13.24
7	主蒸汽温度	℃	535	535	535	535	535	535
8	额定进汽量	t/h	396.4	422.66	402	396	466	398.06
9	最大进汽量	t/h		479	445	440	490	440
10	再热蒸汽压力	MPa	2.46	2.433	3.153	2.272	3.209	3.128
11	再热蒸汽温度	℃	535	535	535	535	535	535
12	一次抽汽压力	MPa			1.0		0.981	0.981
13	额定一次抽汽量	t/h			100		34	50
14	最大一次抽汽量	t/h					100	80
15	二次抽汽压力	MPa	0.25	0.25		0.25		
16	额定二次抽汽量	t/h	200	200		160		
17	最大二次抽汽量	t/h	200					
18	排汽压力	kPa	4.9	15	4.9	4.9	4.9	4.9
19	级　数		Ⅰ+8+10+2×6	Ⅰ+12+13+2×5	Ⅰ+13+12+2×8	Ⅰ+13+13+2×6	Ⅰ+13+9+2×8	Ⅰ+13+10+2×8
20	加热器级数		2+1+4	2+1+3	2+1+3	2+1+4	2+1+3	2+1+3
21	给水温度	℃	243.5	242.7	240.5	244.8	241.9	240.4
22	末级叶片长度	mm	690	435	710	690	710	710
23	纯凝工况下汽耗率	kg/(kW·h)	2.934	3.126	2.952	2.957	2.971	2.947
24	纯凝工况下热耗率	kJ/(kW·h)	8155.9	8706.5	8130.8	8207.5	8142.5	8132
25	备　注							

续表

序号	项目（机组名称）	单位	135MW 中间再热抽凝式汽轮机	135MW 超高压双抽汽空冷式汽轮机	150MW 中间再热凝汽式汽轮机	150MW 中间再热凝汽式汽轮机	150MW 中间再热凝汽式汽轮机	200MW 中间再热直接空冷抽凝式汽轮机
1	产品型号		CZK135-13.24/0.6/535/535	CCK135-11.8/1.8/0.9	C150-13.24/535/535	C150-13.24/535/535	C150-13.24/535/535	CZK200-13.24/535/535
2	产品型式		超高压、中间再热、双缸双排汽、单抽、反动式、直接空冷、抽凝式	超高压、无再热，双缸双排汽、单轴、反动式、双抽、直接空冷	超高压、中间再热、双缸双排汽、单抽、凝汽式	超高压、中间再热、双缸双排汽、单抽、凝汽式	超高压、中间再热、双缸双排汽、单抽、凝汽式	超高压、中间再热、双缸双排汽、单抽、直接空冷、抽凝式
3	额定功率	MW	135	135	150	150	150	200
4	最大功率	MW			164.45	164.827	164.827	222.9
5	转　速	r/min	3000	3000	3000	3000	3000	3000
6	主蒸汽压力	MPa	13.24	11.8	13.24	13.24	16.7	13.24
7	主蒸汽温度	℃	535	535	535	535	535	535
8	额定进汽量	t/h	429.6	590.1	438.147	440	490	627
9	最大进汽量	t/h	490	650	487	490	540	706.8
10	再热蒸汽压力	MPa	2.4		2.388	3.132	3.5	3.16
11	再热蒸汽温度	℃	535		535	535	535	535
12	一次抽汽压力	MPa	0.6	1.8		0.9	1.0	
13	额定一次抽汽量	t/h	150	60		180	240	
14	最大一次抽汽量	t/h	210	120				
15	二次抽汽压力	MPa		0.9	0.25			0.392
16	额定二次抽汽量	t/h		240	200			160
17	最大二次抽汽量	t/h		300				400
18	排汽压力	kPa	15	13.5	4.9	4.9	8.6	16
19	级　数			Ⅰ+16+2×9	Ⅰ+12+13+2×6	Ⅰ+13+9+2×8	Ⅰ+15+13+2×8	Ⅰ+13+13+2×6
20	加热器级数		2+1+3		2+1+4	2+1+3	2+1+3	2+1+3
21	给水温度	℃	242.8	177	241.3	240.5	270	239.8
22	末级叶片长度	mm	435	435	690	710	710	520
23	纯凝工况下汽耗率	kg/（kW·h）	3.126	3.31	2.91	2.935	3.105	
24	纯凝工况下热耗率	kJ/（kW·h）	8690	10663.1	8162.9	8116.7	8136.5	8650
25	备　注							

序号	项目（机组名称）	单位	亚临界330MW 抽凝汽轮机	亚临界300MW 抽凝汽轮机	亚临界330MW 抽凝汽轮机	亚临界330MW 抽凝汽轮机	亚临界350MW 抽凝汽轮机	超临界350MW 抽凝汽轮机
1	产品型号		CCZK330-16.7/1.0/0.4/538/538	C300-16.67/1.2/538/538	CJK330-16.7/0.4/538/538	CZK330-16.7/1.2/538/538	CC350-16.7/0.98/0.5/538/538	CCJK350-24.2/1.5/0.4/566/566
2	产品型式		亚临界、一次中间再热、三缸两排汽（高中压分缸）、双抽汽凝汽式	亚临界、一次中间再热、两缸两排汽（高中压合缸）、抽汽凝汽式	亚临界、一次中间再热、两缸两排汽（高中压合缸）、抽汽凝汽式	亚临界、一次中间再热、两缸两排汽（高中压合缸）、抽汽凝汽式	亚临界、一次中间再热、三缸两排汽（高中压分缸）、双抽汽凝汽式	超临界、一次中间再热、三缸两排汽（高中压分缸）、双抽汽凝汽式

续表

序号	项目＼机组名称	单位	亚临界330MW抽凝汽轮机	亚临界300MW抽凝汽轮机	亚临界330MW抽凝汽轮机	亚临界330MW抽凝汽轮机	亚临界350MW抽凝汽轮机	超临界350MW抽凝汽轮机
3	额定功率	MW	330	300	330	330	350	350
4	最大功率	MW	370	334.8	367	364	384	387
5	转　速	r/min	3000	3000	3000	3000	3000	3000
6	主蒸汽压力	MPa	16.7	16.67	16.7	16.7	16.7	24.2
7	主蒸汽温度	℃	538	538	538	538	538	566
8	额定进汽量	t/h	1057	897	1045.5	1043.8	1056	1047
9	最大进汽量	t/h	1215	1025	1192	1180	1180	1181
10	再热蒸汽压力	MPa	3.256	3.103	3.499	3.616	3.255	4.077
11	再热蒸汽温度	℃	538	538	538	538	538	566
12	一次抽汽压力	MPa	1.0	1.2		1.2	0.98	1.5
13	额定一次抽汽量	t/h	50	100		380	100	140
14	最大一次抽汽量	t/h	150	180		500	150	300
15	二次抽汽压力	MPa	0.4		0.4		0.5	0.4
16	额定二次抽汽量	t/h	350		230		260	120
17	最大二次抽汽量	t/h	450		550		370	320
18	排汽压力	kPa	15	5.15	12	14	5.2	11.5
19	级　数		Ⅰ+8+7+2×6	Ⅰ+14+8+2×7	Ⅰ+14+13+2×6	Ⅰ+14+10+2×7	Ⅰ+8+7+2×6	Ⅰ+14+10+2×6
20	加热器级数		3+1+3	3+1+4	3+1+3	3+1+3	3+1+4	3+1+3
21	给水温度	℃	272.4	274.5	272.2	274.3	274	278.1
22	末级叶片长度	mm	665/740	905/1050	665/740	665/740	905/1050	665/740
23	纯凝工况下汽耗率	kg/(kW·h)	3.20	2.987	3.17	3.16	3.01	2.99
24	纯凝工况下热耗率	kJ/(kW·h)						
25	备　注		空冷		空冷	空冷		空冷

序号	项目＼机组名称	单位	超临界350MW抽凝汽轮机	超临界350MW抽凝汽轮机	超临界350MW抽凝汽轮机	超临界350MW抽凝汽轮机	超临界350MW抽凝汽轮机	超临界350MW抽凝汽轮机
1	产品型号		CC350-24.2/4.05/1.3/566/566	C350-24.2/0.343/566/566	CJK350-24.2/0.4/566/566	C350-24.2/0.9/566/566	CJK350-24.2/0.4/569/569	CJK350-24.6/0.4/569/569
2	产品型式		超临界、一次中间再热、三缸两排汽（高中压分缸）、双抽汽凝汽式	超临界、一次中间再热、两缸两排汽（高中压合缸）、抽汽凝汽式	超临界、一次中间再热、两缸两排汽（高中压合缸）、抽汽凝汽式	超临界、一次中间再热、两缸两排汽（高中压合缸）、抽汽凝汽式	超临界、一次中间再热、两缸两排汽（高中压合缸）、抽汽凝汽式	超临界、一次中间再热、两缸两排汽（高中压合缸）、抽汽凝汽式
3	额定功率	MW	350	350	350	350	350	350
4	最大功率	MW	384	385	386	389	392.5	383
5	转　速	r/min	3000	3000	3000	3000	3000	3000
6	主蒸汽压力	MPa	24.2	24.2	24.2	24.2	24.2	24.6

续表

序号	项目 \ 机组名称	单位	超临界350MW抽凝汽轮机	超临界350MW抽凝汽轮机	超临界 350MW抽凝汽轮机	超临界350MW抽凝汽轮机	超临界350MW抽凝汽轮机	超临界350MW抽凝汽轮机
7	主蒸汽温度	℃	566	566	566	566	569	569
8	额定进汽量	t/h	1012	1007	1051	1005	1057	1069
9	最大进汽量	t/h	1130	1130	1185	1143	1215	1198
10	再热蒸汽压力	MPa	4.017	3.884	4.002	3.934	3.989	4.537
11	再热蒸汽温度	℃	566	566	566	566	569	569
12	一次抽汽压力	MPa	4.05			0.9		
13	额定一次抽汽量	t/h	0			180		
14	最大一次抽汽量	t/h	285			260		
15	二次抽汽压力	MPa	1.3	0.4	0.4		0.4	0.4
16	额定二次抽汽量	t/h	180	390	450		168	400
17	最大二次抽汽量	t/h	265	500	500		415	500
18	排汽压力	kPa	6.1	4.9	10.5	5.1	10	9.5
19	级　数		Ⅰ+14+10+2×6	Ⅰ+14+11+2×6	Ⅰ+14+11+2×6	Ⅰ+14+9+2×7	Ⅰ+14+11+2×7	Ⅰ+14+14+2×7
20	加热器级数		3+1+4	3+1+4	3+1+3	3+1+4	3+1+3	3+1+4
21	给水温度	℃	278.4	277.7	278.5	277.8	283.3	288
22	末级叶片长度	mm	905/1050	905/1050	665/740	905/1050	665/740	665/740
23	纯凝工况下汽耗率	kg/(kW·h)	2.89	2.88	3.0	2.87	3.02	3.05
24	纯凝工况下热耗率	kJ/(kW·h)						
25	备　注				空冷		空冷	空冷

序号	项目 \ 机组名称	单位	超临界350MW抽凝汽轮机	超临界600MW抽凝汽轮机	超超临界670MW抽凝汽轮机	超超临界1039MW 抽凝汽轮机	超超临界1000MW 抽凝汽轮机
1	产品型号		C350-24.2/0.4/566/566	C600-24.2/1.1/566/566	C670-28/0.5/600/620	CZK1039-28/0.5/600/620	C1000-28/0.5/600/620
2	产品型式		超临界、一次中间再热、两缸两排汽(高中压合缸)、抽汽凝汽式	超临界、一次中间再热、三缸四排汽(高中压合缸)、抽汽凝汽式	超超临界、一次中间再热、四缸四排汽(高中压分缸)、抽汽凝汽式	超超临界、一次中间再热、四缸四排汽(高中压分缸)、抽汽凝汽式	超超临界、一次中间再热、四缸四排汽（高中压分缸)、抽汽凝汽式
3	额定功率	MW	350	600	670	1039	1000
4	最大功率	MW	389	672.8	711	1078	1086
5	转　速	r/min	3000	3000	3000	3000	3000
6	主蒸汽压力	MPa	24.2	24.2	28	28	28
7	主蒸汽温度	℃	566	566	600	600	600
8	额定进汽量	t/h	1021	1674	1799	2984	2706
9	最大进汽量	t/h	1162	1910	1910	3150	3002.6
10	再热蒸汽压力	MPa	4.49	3.677	5.037	5.82	5.328
11	再热蒸汽温度	℃	566	566	620	620	620

续表

序号	项目	单位	超临界 350MW 抽凝汽轮机	超临界 600MW 抽凝汽轮机	超超临界 670MW 抽凝汽轮机	超超临界 1039MW 抽凝汽轮机	超超临界 1000MW 抽凝汽轮机
12	一次抽汽压力	MPa		1.1			
13	额定一次抽汽量	t/h		365			
14	最大一次抽汽量	t/h		440			
15	二次抽汽压力	MPa	0.4		0.5	0.5	0.5
16	额定二次抽汽量	t/h	345		580	250	700
17	最大二次抽汽量	t/h	480		620	350	1200
18	排汽压力	kPa	4.9	5.2	4.6	11	4.8
19	级　数		Ⅰ+14+14+2×6	Ⅰ+11+8+2×2×7	20+2×16+2×2×7	14+2×13+2×2×6	14+2×13+2×2×7
20	加热器级数		3+1+4	3+1+4	3+1+4	3+1+5	3+1+5
21	给水温度	℃	286.5	275	292.8	299.8	299.2
22	末级叶片长度	mm	905/1050	905/1050	914	820/910	1146/1220
23	纯凝工况下汽耗率	kg/(kW·h)	2.92	2.79	2.68	2.87	2.71
24	纯凝工况下热耗率	kJ/(kW·h)					
25	备　注					空冷	

附录G　热水管道附件局部阻力当量长度（K=0.5mm）

名称		管子公称直径DN（mm）																							阻力系数ξ
		25	32	40	50	65	80	100	125	150	165	200	250	300	350	400	450	500	600	700	800	900	1000	1200	
		局部阻力当量长度（m）																							
闸阀		—	—	—	0.65	1	1.28	1.65	2.2	2.24	2.9	3.36	3.83	4.17	4.3	4.5	4.7	5.3	5.7	6	6.4	6.8	7.1	7.5	0.5
截止阀	直杆	5.1	6	7.8	8.4	9	10.2	13.5	18.5	24.6	33.4	39.5	—	—	—	—	—	—	—	—	—	—	—	—	7
	斜杆	0.57	0.64	0.73	0.92	1.3	1.5	1.6	—	—	—	—	—	—	—	—	—	—	—	—	—	—	—	—	2
止回阀	旋启式	0.74	0.98	1.26	1.7	2.8	3.6	4.96	7	9.52	13	16	22.2	29.2	33.9	46	56	66	89.5	112	133	158	180	226	3
	升降式	4	5.25	6.8	9.16	14	17.9	23	30.8	39.2	50.6	58.8	—	—	—	—	—	—	—	—	—	—	—	—	7
套筒补偿器	单向	—	—	—	—	—	—	0.66	0.88	1.68	2.17	2.52	3.33	4.17	5	10	11.7	13.1	16.5	19.4	22.8	26.3	30.1	37.6	0.4
	双向	—	—	—	—	—	—	1.98	2.64	3.36	4.34	5.04	6.66	8.34	10.1	12	14	15.8	19.9	23.3	27.4	31.6	36.1	45.1	0.6
除污器		—	—	—	—	—	—	—	—	56	72.4	84	111	139	168	200	233	262	331	388	456	526	602	752	8
单缝焊接弯头	30°	—	—	—	—	—	—	—	—	1.12	1.45	1.68	2.22	2.78	3.36	4	4.7	5.3	6.6	7.8	9.2	10.5	12	15	0.2
	45°	—	—	—	—	—	—	—	—	1.68	2.17	2.52	3.33	4.17	5	6	7	7.9	9.9	11.7	13.7	15.8	18	22.6	0.3
	60°	—	—	—	—	—	—	—	—	3.92	5.06	5.9	7.8	9.7	11.8	14	16.3	18.4	23.2	27.2	32	36.8	42.1	52.6	0.7
	90°	—	—	—	—	—	—	—	—	7.28	9.4	10.9	14.4	18.1	21.8	26	30.3	34.2	43.1	50.4	59.4	68.3	78.2	97.8	1.8
焊接弯头	双缝 R=1D	—	—	—	—	—	—	—	—	3.92	5.06	5.9	7.8	9.7	11.8	14	16.3	18.4	23.2	27.2	32	36.8	42.1	52.6	0.7
	三缝 R=1.5D	—	—	—	—	—	—	—	—	3.36	4.34	5.04	6.7	8.34	10.1	12	14	15.8	19.9	23.3	27.4	31.6	36.1	45.1	0.5
	四缝 R=1D	—	—	—	—	—	—	—	—	3.36	4.34	5.04	5.55	8.34	10.1	12	14	15.8	19.9	23.3	27.4	31.6	36.1	45.1	0.5
热压弯头 R=1.5～2D		0.29	0.38	0.48	0.65	1	1.28	1.65	2.2	2.8	3.62	4.2	4.4	6.95	8.4	10	11.7	13.1	16.5	19.4	22.8	26.3	30.1	37.6	0.5
煨弯	R=3D	0.23	0.3	0.39	0.52	0.8	1.02	1.32	1.76	2.24	2.9	3.36	3.3	5.56	6.7	8	—	—	—	—	—	—	—	—	0.4
	R=4D	0.17	0.22	0.29	0.4	0.6	0.76	0.98	1.32	1.68	2.17	2.52	3.3	4.17	5.0	6	—	—	—	—	—	—	—	—	0.3
方形补偿器	三缝焊弯 R=1D	—	—	—	—	—	—	—	—	—	—	—	—	—	—	—	78	89	110	126	147	166	188	230	3
	三缝焊弯 R=1.5D	—	—	—	—	—	—	—	—	17.6	22.1	24.8	33	40	47	55	67	76	94	110	128	145	164	200	2.5
	热压弯头 R=1.5～2D	3.1	3.5	4	5.2	6.8	7.9	9.8	12.5	15.4	19	23.4	28	34	40	47	60	68	83	95	110	124	140	170	3
	煨弯 R=3D	2.1	2.4	2.7	3.5	4.9	5.4	6.5	8.4	10	12.6	14.4	18	22	26	31	—	—	—	—	—	—	—	—	1.7
	煨弯 R=4D	1.7	1.8	2	2.4	2.9	3.5	3.8	5.6	6.5	8.4	9.3	11.2	11.5	16	20	—	—	—	—	—	—	—	—	2.0

续表

名称		管子公称直径DN（mm）																							阻力系数ξ
		25	32	40	50	65	80	100	125	150	165	200	250	300	350	400	450	500	600	700	800	900	1000	1200	
		局部阻力当量长度（m）																							
波形补偿器	无内套	—	—	—	—	—	—	5.57	7.5	8.4	10.1	10.9	13.3	13.9	15.1	16	16.3	17.1	19.9	22.5	24.7	26.3	30.1	37.6	2
	有内套	—	—	—	—	—	—	0.33	0.44	0.56	0.72	0.84	1.1	1.4	1.68	2	2.4	2.6	3.3	3.9	4.6	5.3	6	7.5	0.2
分流三通	直通	0.57	0.75	0.97	1.3	2	2.55	3.3	4.4	5.6	7.24	8.4	11.1	13.9	16.8	20	23.3	26.3	33.1	38.8	45.7	52.6	60.2	75.2	1.0
	分支	0.86	1.13	1.45	1.96	3	3.82	4.95	6.6	8.4	10.9	12.6	16.7	20.8	25.2	30	35	39.4	49.6	58.2	68.6	78.8	90.2	113	1.5
汇流三通	直通	0.86	1.13	1.45	1.96	3	3.82	4.95	6.6	8.4	10.9	12.6	16.7	20.8	25.2	30	35	39.4	49.6	58.2	68.6	78.8	90.2	113	1.5
	分支	1.14	1.5	1.94	2.62	4	5.1	6.6	8.8	11.2	14.5	16.8	22.2	27.8	33.6	40	46.6	52.5	66.2	77.6	91.5	105	120	150	2
背向分流三通		1.14	1.5	1.94	2.62	4	5.1	6.6	8.8	11.2	14.5	16.8	22.2	27.8	33.6	40	46.6	52.5	66.2	77.6	91.5	105	120	150	2
对面汇流三通		1.71	2.25	2.91	3.93	6	7.65	9.8	13.2	16.8	21.7	25.2	33.3	41.7	50.4	60	69.9	78.7	99.3	116	137	158	181	226	3
异径管	$F_1/F_0=2$	—	—	0.1	0.13	0.2	0.26	0.33	0.44	0.56	0.72	0.84	1.1	1.4	1.68	2	2.4	2.6	3.3	3.9	4.6	5.26	6	7.5	0.1
	$F_1/F_0=3$	—	—	0.14	0.2	0.3	0.38	0.98	1.32	1.68	2.17	2.52	3.3	4.17	5	6	4.7	5.3	6.6	7.8	9.2	10.5	12	15	0.3
	$F_1/F_0=4$	—	—	0.19	0.26	0.4	0.51	1.6	2.2	2.8	3.62	4.2	5.55	6.95	8.4	10	7	7.9	9.9	11.6	13.7	15.8	18	22.6	0.5

注　1. 闸阀带收缩口和导向筋的乘以系数2。

2. 对无内套的波形补偿器，两波乘以2，三波乘以3。

3. 三通管的当量长度一律算在总管上。

4. 异径管的当量长度一律算在直径小的一面。

附录H　蒸汽管道附件局部阻力当量长度（K=0.2mm）

名称		管子公称直径DN（mm）																							阻力系数ξ
		25	32	40	50	65	80	100	125	150	165	200	250	300	350	400	450	500	600	700	800	900	1000	1200	
		局部阻力当量长度（m）																							
闸阀		—	—	—	0.88	1.33	1.67	2.12	2.32	2.76	3.66	4.2	4.8	5.2	5.4	5.6	5.8	6.5	6.9	7.4	7.8	8.3	8.7	9.2	0.5
截止阀	直杆	7.1	8.2	10.5	11.4	12	13.3	17.4	23.8	30.4	42	49.3	—	—	—	—	—	—	—	—	—	—	—	—	7
	斜杆	0.79	0.87	1.02	1.23	1.73	2	2.12	—	—	—	—	—	—	—	—	—	—	—	—	—	—	—	—	2
止回阀	旋启式	1.03	1.33	1.7	2.29	3.72	4.64	6.36	9.05	11.7	16.5	20	28	36.5	4.6	57.2	69.6	8.17	110	138.5	162	194	219	274.3	3
	升降式	5.5	7.1	9.2	12.3	18.6	23.3	29.7	39.8	48.3	64	73.5	—	—	—	—	—	—	—	—	—	—	—	—	7
套筒补偿器	单向	—	—	—	—	—	—	0.85	1.13	2.07	2.74	3.15	4.2	5.2	6.3	12.5	14.5	16.4	20.3	23.9	28	32.2	36.5	45.6	0.4
	双向	—	—	—	—	—	—	2.55	3.4	4.14	5.5	6.3	8.4	10.4	12.6	15	17.4	19.6	24.4	28.6	33.5	38.7	43.8	54.9	0.6
除污器		—	—	—	—	—	—	—	—	69	91.5	105	140	174	209	249	290	327	406	477	558	645	730	915	8
单缝焊接弯头	30°	—	—	—	—	—	—	—	—	1.38	1.83	2.1	2.8	3.48	4.2	5	5.8	6.5	8.1	9.5	11.2	12.9	14.6	18.3	0.2
	45°	—	—	—	—	—	—	—	—	2.07	2.74	3.15	4.2	5.2	6.3	7.46	8.7	9.3	12.2	14.3	16.8	19.4	21.9	27.4	0.3
	60°	—	—	—	—	—	—	—	—	4.83	6.4	7.35	9.8	12.2	14.6	17.5	20.3	22.9	28.4	33.4	39.1	45.2	51.1	64	0.7
	90°	—	—	—	—	—	—	—	—	9	11.9	13.7	18.2	22.6	27.2	32.4	37.7	42.5	52.7	62	72.5	83.8	95	119	1.8
波形补偿器	无内套	—	—	—	—	—	—	7.2	9.6	10.4	12.8	13.7	16.8	17.4	18.8	19.9	20.3	21.2	24.4	27.7	30.2	32.3	36.5	45.6	2
	有内套	—	—	—	—	—	—	0.42	0.56	0.69	0.92	1.05	1.4	1.74	2.09	2.49	2.9	3.3	4.1	4.8	5.6	6.5	7.3	9.2	0.2
分流三通	直通	0.79	1.02	1.31	1.76	2.66	3.33	4.24	5.65	6.9	9.15	10.5	14	17.4	20	24.9	29	32.7	40.6	47.7	55.8	64.5	73	91.5	1.0
	分支	1.19	1.53	1.97	2.64	4	5	6.36	8.5	10.4	13.7	15.8	21	26.1	3	37.3	43.5	49	60.9	71.6	83.7	96.7	109.5	137	1.5
汇流三通	直通	1.19	1.53	1.97	2.64	4	5	6.36	8.5	10.4	13.7	15.8	21	26.1	31.4	37.3	43.5	49	60.9	71.6	83.7	96.7	110	137	1.5
	分支	1.58	2.04	2.62	3.52	5.32	6.66	8.5	11.3	13.8	18.3	21	28	34.8	41.8	49.8	58	65.4	8.1	95.5	112	129	146	183	2
背向分流三通		1.58	2.04	2.62	3.52	5.32	6.65	8.5	11.3	13.8	18.3	21	28	34.8	41.8	49.8	58	65.4	81	95.5	112	129	146	183	2
对面汇流三通		2.37	3.06	3.93	5.28	8	10	12.7	17	20.7	27.4	31.5	42	52	62.7	74.6	87	98	122	143	168	194	219	274	3
异径管	F_1/F_0=2	—	—	0.13	0.18	0.27	0.33	0.42	0.56	0.69	0.92	1.05	1.4	1.74	2.09	2.49	2.9	3.3	4.1	4.8	5.6	6.5	7.3	9.2	0.1
	F_1/F_0=3	—	—	0.2	0.26	0.4	0.5	1.27	1.7	2.07	2.74	3.15	4.2	5.2	6.3	7.46	5.8	6.5	8.1	9.5	11.2	12.9	14.6	18.3	0.3
	F_1/F_0=4	—	—	0.26	0.35	0.53	0.67	2.12	2.82	3.45	4.6	5.25	7	8.7	10.5	12.5	8.7	9.8	12.2	14.3	16.8	19.4	21.9	27.4	0.5

续表

名称		管子公称直径 DN（mm）																							阻力系数 ξ
		25	32	40	50	65	80	100	125	150	165	200	250	300	350	400	450	500	600	700	800	900	1000	1200	
		局部阻力当量长度（m）																							
焊接弯头	双缝 $R=1D$	—	—	—	—	—	—	—	—	4.83	6.4	7.35	9.8	12.2	14.6	17.5	20.3	22.9	28.4	33.4	39.1	45.2	51.1	64	0.7
	三缝 $R=1.5D$	—	—	—	—	—	—	—	—	4.14	5.5	6.3	8.4	10.4	12.6	15	17.4	19.6	24.4	28.6	33.5	38.7	43.8	54.9	0.5
	四缝 $R=1D$	—	—	—	—	—	—	—	—	4.14	5.5	6.3	8.4	10.4	12.6	15	17.4	19.6	24.4	28.6	33.5	38.7	43.8	54.9	0.5
热压弯头 $R=1.5\sim2D$		0.4	0.51	0.66	0.88	1.33	1.67	2.12	2.82	3.45	4.6	5.25	7	8.7	10.5	12.5	14.5	16.4	20.3	23.9	28	32.3	36.5	45.6	0.5
煨弯	$R=3D$	0.32	0.41	0.52	0.7	1.06	1.33	1.7	2.26	2.76	3.66	4.2	5.6	6.95	8.4	9.95	—	—	—	—	—	—	—	—	0.9
	$R=4D$	0.24	0.31	0.39	0.53	0.8	1	1.27	1.7	2.07	2.74	3.15	4.2	5.2	6.3	7.46	—	—	—	—	—	—	—	—	0.3
方形补偿器	三缝焊弯 $R=1D$	—	—	—	—	—	—	—	—	—	—	—	—	—	—	—	105	119	142	164	209	214	238	290	3
	三缝焊弯 $R=1.5D$	—	—	—	—	—	—	—	—	24	30.8	34.6	44.6	53.2	63.4	74.2	92	103	124	142	162	194	205	250	2.5
	热压弯头 $R=1.5\sim2D$	5.1	5.6	6.6	8.1	10.5	12.9	14.9	19.4	21.2	27.2	30.4	40	46.2	55	64.2	86	93	110	126	144	162	180	216	3
	煨弯 $R=3D$	3.9	4.2	4.7	6	7.9	9.4	10.8	13.2	15.6	20	22	28	33	39	45.2	—	—	—	—	—	—	—	—	1.7
	煨弯 $R=4D$	3.4	3.6	3.9	4.9	6	7.4	8.3	10	11.7	15	16.2	20.4	24	28	32	—	—	—	—	—	—	—	—	2.0

注　1. 闸阀带收缩口和导向筋的乘以系数 2。

2. 对无内套的波形补偿器，两波乘以 2，三波乘以 3。

3. 三通管的当量长度一律算在总管上。

4. 异径管的当量长度一律算在直径小的一面。

附录Ⅰ　蒸汽管道水力计算表

DN（mm）	50		65		80		100		125		150		200	
$D_w\times\delta$（mm×mm）	57×3.5		76×3.5		89×3.5		108×4		133×4		159×4.5		219×6	
D（t/h）	v	R_m	v	R_m	v	R_m	v	R_m	v	R_m	v	R_m	v	R_m
0.5	70.8	1421												
0.6	84.9	2048.2												
0.7	99.1	2783.2												
0.8	113	3635.8												
0.9	127	4596.2												
1.0	142	5674.2	74.3	1038.8										
1.1	156	6869.8	81.8	1254.4										
1.2	170	8173.2	89.2	1489.6										
1.3	184	9594.2	96.9	1744.4										
1.4			104	2028.6										
1.5			111	2332.4										
1.6			119	2646	84.2	1068.2								
1.7			126	2989	89.5	1205.4								
1.8			134	3351.6	94.7	1352.4								
1.9			141	3733.8	100	1499.4	67.2	528.2						
2.0			149	4135.6	105	1666.0	70.8	585.1						
2.1			156	4566.8	111	1832.6	74.3	644.8						
2.2			164	5007.8	116	2018.8	77.9	707.6						
2.3			171	5478.2	121	2205	81.4	774.2						
2.4			178	5958.4	126	2401	84.9	842.8						
2.5			186	6468.0	132	2597	88.5	914.3						
2.6			193	6997.2	137	2812.6	92	989.8	58.9	305.8				
2.7			201	7546	142	2949.8	95.5	1068.2	61.2	329.3				
2.8			208	8114.4	147	3263.4	99.1	1146.6	63.4	354.8				
2.9			216	8702.4	153	3498.6	103	1234.8	65.7	380.2				
3.0			223	9310.0	158	3743.6	106	1313.2	67.9	406.7	47.2	161.7		
3.1			230	9947.0	163	3998.4	110	1401.4	70.2	434.1	48.8	172.5		
3.2			238	10593.8	168	4263.0	113	1499.4	72.5	462.6	50.3	183.3		
3.3			245	11270	174	4527.6	117	1597.4	74.7	492.0	51.9	195.0		
3.4			253	11956	179	4811.8	120	1695.4	77.0	522.3	53.5	206.8		
3.5			260	12671.4	184	5096	124	1793.4	79.3	553.7	55.1	218.5		
3.6					189	5390	127	1891.4	81.5	586.0	56.6	224.4		
3.7					195	5693.8	131	1999.2	83.8	619.4	58.2	237.2		
3.8					200	6007.4	134	2116.8	86.1	652.7	59.8	250.9		
3.9					205	6330.8	138	2224.6	88.3	688	61.3	263.6	32.2	51.0

续表

DN（mm）	100		125		150		200		250		300		350	
$D_w\times\delta$（mm×mm）	108×4		133×4		159×4.5		219×6		273×6		325×7		377×7	
D（t/h）	v	R_m	v	R_m	v	R_m	v	R_m	v	R_m	v	R_m	v	R_m
4.0	142	2342.2	90.6	723.2	62.9	277.3	33	53.9						
4.2	149	2577.4	95.1	979.7	66.1	305.8	34.7	58.8						
4.4	156	2832.2	100	875.1	69.2	336.1	36.4	64.7						
4.6	163	3096.8	104	956.5	72.3	366.5	38	70.6						
4.8	170	3371.2	109	1038.8	75.5	399.8	39.7	76.4						
5.0	177	3655.4	113	1127	78.6	433.2	41.3	83.3						
5.2	184	3959.2	118	1225	81.8	469.4	43	89.2						
5.4	191	4263	122	1323	84.9	505.7	44.6	97	28.5	29.4				
5.6	198	4586.4	127	1421	88.1	543.9	46.3	103.9	29.6	31.4				
5.8	205	4919.6	131	1519	91.2	583.1	47.9	110.7	30.6	33.3				
6.0	212	5262.6	136	1626.8	94.4	624.3	49.6	118.6	31.7	36.3				
6.2	219	5625.2	140	1734.6	97.5	666.4	51.2	126.4	32.7	38.2				
6.4	226	5987.8	145	1852.2	101	701.5	52.9	135.2	33.8	41.2				
6.6	234	6370	149	1969.8	104	755.6	54.5	143.1	34.8	43.1				
6.8	241	6762	154	2087.4	107	801.6	56.2	151.9	35.9	46.1				
7.0	248	7163.8	159	2214.8	110	849.7	57.8	156.8	36.9	49	26	19.6		
7.5	265	8310.4	170	2538.2	118	975.1	61.9	180.3	39.6	55.9	27.9	22.5		
8.0			181	2891	126	1107.4	66.1	204.8	42.2	62.7	29.7	25.5		
8.5			193	3263.4	134	1254.4	70.2	231.3	44.9	70.6	31.5	28.4		
9.0			204	3665.2	142	1401.4	74.3	259.7	47.5	79.4	33.4	32.3		
9.5			215	4076.8	149	1568	78.5	289.1	50.1	88.2	35.2	35.3		
10			226	4517.8	157	1734.6	82.6	320.5	52.8	98	37.1	39.2		
10.5			238	4988.2	165	1911	86.7	352.8	55.4	107.8	38.9	43.1	28.8	19.6
11.0			249	5468.4	173	2097.2	90.8	387.1	57.1	114.7	40.8	48	30.2	21.6
11.5			260	5978	181	2293.2	95	423.4	59.7	125.4	42.6	51.9	31.6	23.5
12.0			272	6507.2	189	2499	99.1	460.6	62.3	137.2	44.5	56.8	33	25.5
12.5			283	6868.8	197	2714.6	103	499.8	64.9	149	46.3	61.7	34.3	27.4
13.0			294	7644	204	2930.2	107	541	67.5	160.7	48.2	66.6	35.7	29.4
13.5			306	8241.8	212	3165.4	111	583.1	70.1	173.5	50.1	71.5	37.1	32.3
14.0			317	8859.2	220	3400.6	116	627.2	72.7	186.2	51.9	76.4	38.5	34.3
14.5			328	9506	228	3645.6	120	673.3	75.3	199.9	53.8	82.3	39.8	37.2
15			340	10123.4	236	3900.4	124	720.3	77.9	213.6	55.6	88.2	41.2	39.2
16			362	11573.8	252	4439.4	132	819.3	83.1	243	58.5	97	43.8	45.1
17			385	13063.4	267	5507.8	140	925.1	88.3	274.4	62.2	109.8	46.7	51
18			408	14651	283	5615.4	149	1038.8	93.5	307.7	65.9	123.5	49.4	56.8

续表

DN（mm）	200		250		300		350		400		450		500	
$D_w\times\delta$（mm×mm）	219×6		273×6		325×7		377×7		426×7		478×7		529×7	
D（t/h）	v	R_m	v	R_m	v	R_m	v	R_m	v	R_m	v	R_m	v	R_m
19	157	1156.4	98.7	343	69.5	137.2	52.2	62.7						
20	165	1283.8	104	380.2	73.2	151.9	54.9	69.6						
21	173	1411.2	109	419.4	76.8	167.6	56.4	74.5						
22	182	1548.4	114	459.6	80.5	184.2	59.1	82.3						
23	190	1695.4	119	502.7	84.2	200.9	61.8	89.2						
24	198	1842.4	125	546.8	87.8	218.5	64.5	97						
25	206	1999.2	130	590.9	91.8	237.2	67.1	105.8						
26	215	2165.8	135	641.9	95.1	256.8	69.8	114.7	54.2	60.8	42.8	33.3		
27	223	2332.4	140	692.9	98.8	276.4	72.5	123.5	56.3	65.7	44.4	35.3	36	20.6
28	231	2508.8	145	744.8	102	297.9	75.2	132.3	58.4	68.6	46	38.2	37.4	22.5
29	239	2695	151	798.7	106	319.5	77.9	142.1	60.5	73.5	47.7	41.2	38.7	23.5
30	248	2881.2	156	855.5	110	342	80.6	151.9	62.5	78.4	49.3	43.1	40	25.5
31	256	3077.2	161	973.4	113	364.6	83.3	162.9	64.6	84.3	51	46.1	41.4	27.4
32	264	3273.2	166	973.1	117	389.1	85.9	173.5	66.7	89.2	52.6	49	42.7	28.4
33	273	3488.8	171	1038.8	121	413.6	88.6	184.2	68.8	95.1	54.3	52.9	44	30.4
34	281	3694.6	177	1097.6	124	439	91.3	196	70.9	100.9	55.9	55.9	45.7	32.3
35	289	3920	182	1166.2	128	465.5	94	206.8	73	106.8	57.5	57.8	46.7	34.3
36	297	4145.4	187	1234.8	132	492	96.7	219.5	75.1	112.7	59.2	60.8	48	36.3
37	306	4380.6	192	1303.4	135	519.4	99.4	231.3	77.1	119.6	60.8	64.7	49.4	38.2
38	314	4625.6	197	1372	139	547.8	102	244	79.2	126.4	62.5	67.6	50.7	40.2
39	322	4870.6	203	1440.6	143	577.2	105	257.7	81.3	133.3	64.1	71.5	52.1	43.1
40	330	5115.6	208	1519	146	607.6	107	270.5	83.4	140.1	65.7	75.5	53.4	45.1
41	339	5380.2	213	1597.4	150	638	110	284.2	85.5	147	67.4	79.4	54.7	47
42	347	5644.8	218	1675.8	154	669.3	113	298.9	87.6	153.9	69	83.3	56.1	49
43	355	5919.2	223	1754.2	157	701.7	115	312.6	89.6	161.7	70.7	87.2	57.4	50
44	363	6193.6	229	1842.4	161	735	118	327.3	91.7	168.6	72.3	91.1	58.7	52.9
45	372	6477.8	234	1920.8	165	769.3	121	343	93.8	176.4	74	95.1	60	54.9
46	380	6771.8	239	2009	168	803.6	124	357.7	95.9	185.2	75.6	99	61.4	57.8
47	388	7065.8	244	2097.2	172	838.9	126	373.4	98	193.1	77.3	103.9	62.7	59.8
48	396	7369.6	249	2185.4	176	875.1	129	390	100	200.9	78.9	107.8	64	62.7
49	405	7683.2	255	2283.4	179	911.4	132	405.7	102	209.7	80.5	112.7	65.4	65.7
50	413	7996.8	260	2371.6	183	949.6	134	423.4	104	218.5	82.2	117.6	66.7	68.6
52			270	2567.6	190	1029	140	457.7	108	236.2	85.5	127.4	69.4	73.5
54			281	2773.4	198	1107.4	145	492.9	113	254.8	88.8	137.2	72.1	79.4
56			291	2979.2	205	1185.8	150	530.2	117	273.4	92	147	74.7	82.3

续表

DN（mm）	300		350		400		450		500		600		700	
$D_w\times\delta$（mm×mm）	325×7		377×7		426×7		478×7		529×7		630×7		720×8	
D（t/h）	v	R_m	v	R_m	v	R_m	v	R_m	v	R_m	v	R_m	v	R_m
58	212	1274	156	569.4	121	294	95.3	99	77.4	92.1	54.1	37.2		
60	220	1362.2	161	608.6	125	314.6	98.6	168.6	80.1	98	56	39.2		
62	227	1460.2	167	650.7	129	335.2	102	180.3	82.7	104.9	57.8	41.2		
64	234	1558.2	172	692.9	133	357.7	105	192.1	85.4	111.7	59.7	44.1		
66	241	1656.2	177	737	138	380.2	108	204.8	88.1	118.6	61.6	47		
68	249	1754.2	183	782.0	142	403.8	112	216.6	90.7	126.4	63.4	50		
70	256	1862	188	829.1	146	427.3	115	230.3	93.4	133.3	65.3	53		
72	263	1969.8	193	877.1	150	452.8	118	243.0	96.1	141.1	67.1	55.9		
74	271	2077.6	199	926.1	154	478.2	122	266.8	98.7	149	69	58.8		
76	278	2195.2	204	977.1	158	504.7	125	271.5	101	157.8	70.9	61.7		
78	285	2312.8	209	1029	163	531.2	128	285.2	104	165.6	72.7	64.7		
80	293	2430.4	215	1078	167	558.6	131	300	107	174.4	74.6	68.6		
85	311	2744	228	1225	177	631.1	140	339.1	113	197	79.3	77.4		
90	329	3077.2	242	1372	188	706.6	148	380.2	120	220.5	83.9	86.2		
95	348	3430	255	1528.8	198	787.9	156	423.4	127	246	88.6	97		
100			269	1695.4	208	873.4	164	469.4	133	272.4	93.3	106.8		
105			282	1862	219	962.4	173	517.4	140	300	97.6	117.6		
110			295	2048.2	229	1058.4	181	567.4	147	324.4	103	129.4		
115			309	2234.4	240	1156.4	189	620.3	153	359.7	107	141.1	82.1	70.6
120			322	2440.2	250	1254.4	197	676.2	160	392	112	153.9	85.7	76.4
125			336	2646	261	1362.2	205	733	167	425.3	117	167.6	89.3	83.3
130			349	2861.6	271	1479.8	214	792.8	173	460.6	121	181.3	92.8	90.2
135			363	3087	281	1587.6	222	855.5	180	495.9	126	195	96.4	97
140			376	3312.4	292	1715	230	919.2	187	534.1	131	209.7	100	104.9
145			389	3557.4	302	1832.6	238	989.8	193	572.3	135	225.4	104	111.7
150			403	3802.4	313	1960	247	1058.4	200	612.5	140	241.1	107	120.5
155			416	4067	323	2097.2	255	1127	207	654.6	145	256.8	111	128.4
160			430	4331.6	334	2234.4	263	1205.4	213	696.8	149	274.4	114	139.2
165			443	4606	344	2371.6	271	1274	220	740.9	154	291.1	118	145
170			457	4890.2	354	2518.6	279	1352.4	227	786.9	159	309.7	121	153.9
175			470	5184.2	365	2675.4	288	1440.6	233	834	163	327.3	125	163.7
180			483	5478.2	375	2832.2	296	1519	240	882	168	346.9	129	172.5
190			510	6595.4	396	3155.6	312	1695.4	253	980	177	386.1	136	193.1
200			537	6762	417	3488.8	329	1881.6	267	1087.8	187	428.3	143	213.6
210			564	6869.8	438	3851.4	345	2067.8	280	1205.4	196	471.4	150	235.2

续表

DN（mm）	350		400		450		500		600		700		800	
$D_w\times\delta$（mm×mm）	377×7		426×7		478×7		529×7		630×7		720×8		820×8	
D（t/h）	v	R_m	v	R_m	v	R_m	v	R_m	v	R_m	v	R_m	v	R_m
220	591	8183	459	4223.8	362	2273.6	294	1313.2	205	517.4	157	257.7	120	129.4
230	618	8947.4	479	4615.8	378	2479.4	307	1440.6	214	566.4	164	282.2	126	141.1
240	645	9741.2	500	5027.4	394	2704.8	320	1568	224	616.4	171	307.7	131	153.9
250	671	10574.2	521	5458.6	411	2930.2	334	1705.4	233	668.4	178	333.2	137	166.6
260	698	11436.6	542	5899.6	427	3175.2	347	1842.4	242	723.2	186	360.6	142	180.3
270	725	12328.4	563	6360.2	444	3420.2	360	1989.4	252	780.1	193	389.1	148	195
280	752	13259.4	584	6840.4	460	3675	374	2136.4	261	838.9	200	418.5	153	209.7
290	779	14229.6	605	7340.2	477	3949.4	387	2293.4	270	899.6	207	448.8	159	224.4
300	805	15129.4	625	7859.6	493	4223.8	400	2450	280	963.3	214	480.2	164	240.1
310			646	8388.8	510	4508	414	2616.6	289	1029	221	512.5	170	256.8
320			667	8937.6	520	4802	421	2783.2	298	1097.6	228	545.9	175	273.4
330			688	9506	542	5105.8	440	2969.4	308	1166.2	236	581.1	181	291.1
340			709	10094	554	5419.4	454	3145.8	317	1234.8	243	616.4	186	308.7
350			730	10691.8	575	5752.6	467	3332	326	1313.2	250	653.7	192	327.3
360			750	10819.2	592	6085.8	480	3528	336	1381.8	257	690.9	197	345.9
370			771	11946.2	608	6419	494	3724	345	1460.2	264	703.1	203	365.5
380			792	12602.8	625	6771.8	507	3929.8	354	1548.4	271	770.3	208	385.1
390			813	13279	641	7134.4	520	4145.4	364	1626.8	278	811.4	213	405.7
400					657	7506.8	534	4361	373	1715	286	853.6	219	427.3
410					674	7889	547	4576.6	382	1803.2	293	896.7	224	448.8
420					692	8281	560	4802	392	1891.4	300	940.8	230	471.4
430					707	8673	574	5037.2	401	1979.6	307	989.8	235	493.9
440							587	5272.4	410	2067.8	314	1029	241	517.4
450							600	5517.4	420	2165.8	321	1078	246	541
460							614	5762.4	429	2263.8	328	1127	252	565.5
470							627	6017.2	438	2361.8	336	1176	257	590
480							640	6272	448	2469.6	343	1225	263	615.4
490							654	6536.6	457	2567.6	350	1283.8	268	640.9
500							667	6811	466	2675.4	357	1332.8	274	667.4
520							694	7359.8	485	2891	371	1440.6	285	722.3
540							720	7938	504	3116.4	386	1558.2	296	779.1
560							747	8538.8	522	3351.6	400	1675.8	307	836.9
580							774	9163	541	3596.6	414	1793.4	318	898.7
600							801	9800	560	3851.4	428	1920.8	328	861.4
620							827	10466.4	578	4116	443	2048.2	339	1029

续表

DN（mm）	450		500		600		700		800		900		1000	
$D_w\times\delta$（mm×mm）	478×7		529×7		630×7		720×8		820×8		920×8		1020×10	
D（t/h）	v	R_m	v	R_m	v	R_m	v	R_m	v	R_m	v	R_m	v	R_m
640			854	11152.4	597	4380.6	457	2185.4	350	1097.6	277	593.9	226	351.8
660					615	4664.8	471	2322.6	361	1166.2	286	632.1	234	373.4
680					634	4949	486	2469.6	372	1234.8	294	670.3	241	396.9
700					653	5243	500	2616.6	383	1313.2	303	710.5	248	420.4
720					671	5546.8	514	2763.6	394	1381.8	312	753.6	255	444.9
740					690	5860.4	528	2920.4	405	1460.2	320	793.8	262	469.4
760					709	6183.8	543	3077.2	416	1538.6	329	837.9	269	491.0
780					727	6507.2	557	3243.8	427	1626.8	338	882	276	522.0
800					746	6850.2	571	3410.4	438	1705.2	346	922.2	283	548.8
820					765	7193.2	585	3586.8	449	1793.4	355	975.1	290	577.3
840					783	7546	600	3763.2	460	1881.6	364	1019.2	297	605.6
860					802	7908.6	614	3949.4	471	1979.6	372	1068.2	304	634.1
880					821	8281	628	4125.8	482	2067.8	381	1127	311	664.4
900					839	8663.2	643	4321.8	493	2165.8	390	1176	318	694.8
920					858	9055.2	657	4517.8	504	2263.8	398	1225	326	726.2
940					877	9457	671	4713.8	515	2316.8	407	1283.8	333	757.5
960					895	9858.8	685	4919.6	520	2459.8	416	1332.8	340	790.9
980							700	5125.4	536	2567.6	424	1391.6	347	824.2
1000							714	5331.2	547	2665.6	433	1450.4	354	857.5
1020							728	5546.8	558	2773.4	442	1509.2	361	892.8
1040							743	5772.2	569	2891	450	1568	368	928.1
1050							757	5997.6	580	2998.8	459	1626.8	375	963.3
1080							771	6223	591	3116.4	468	1695.4	382	999.6
1100							785	6458.2	602	3234	476	1754.2	389	1038
1150											498	1920.8	407	1136.8
1200											520	2087.4	425	1234.8
1250											541	2263.8	442	1342.6
1300											563	2450	460	1450.4
1350											585	2646	478	1568
1400											606	2842	495	1685.6
1450											628	3047.8	513	1803.2
1500											650	3263.4	531	1930.6
1550											671	3488.4	548	2058
1600											693	3714.2	566	2195.2
1650											714	3949.4	584	2332.4

注　ρ=1kg/m^3，K=0.2mm，t=300℃。

v 单位为 m/s，Δh 单位为 Pa/m。

附录J　热水管道水力计算表

DN（mm）	25		32		40		50		65		80	
$D_w\times\delta$（mm×mm）	32×2.5		38×2.5		45×2.5		57×3.5		76×3.5		89×3.5	
G（t/h）	v	R_m	v	R_m	v	R_m	v	R_m	v	R_m	v	R_m
0.5	0.25	55.7	0.17	19.2								
0.6	0.30	79.7	0.2	27.5	0.14	9.99						
0.7	0.35	105.2	0.24	37.1	0.16	13.5						
0.8	0.41	137.4	0.27	48.4	0.18	17.5						
0.9	0.46	173.9	0.31	61.0	0.21	22.1						
1.0	0.51	214.6	0.34	73.1	0.23	27.1						
1.1	0.56	259.7	0.37	89.4	0.25	37.6	0.16	10.1				
1.2	0.61	309.1	0.41	105.3	0.28	38.8	0.18	12.0				
1.3	0.66	362.8	0.44	123.5	0.30	45.4	0.19	14				
1.4	0.71	420.7	0.47	143.2	0.32	52.6	0.21	16.2				
1.5	0.76	482.9	0.51	164.4	0.35	58.7	0.22	18.5				
1.6	0.81	549.5	0.54	187.1	0.37	66.7	0.24	21.1				
1.7	0.86	620.3	0.58	211.2	0.39	75.4	0.25	23.7				
1.8	0.91	695.5	0.61	236.8	0.42	84.5	0.27	26.5				
1.9	0.96	774.9	0.64	263.8	0.44	94.1	0.28	29.5				
2.0	1.01	858.7	0.68	292.2	0.46	104.3	0.30	32.6				
2.1	1.06	946.7	0.71	332.2	0.48	115.0	0.31	36.0				
2.2			0.75	353.7	0.51	126.2	0.32	38.3				
2.3			0.78	386.5	0.53	137.9	0.34	41.8				
2.4			0.81	420.9	0.55	150.1	0.35	45.6				
2.5			0.85	456.7	0.58	163.0	0.37	49.5	0.19	9.3		
2.6			0.88	493.9	0.60	176.2	0.38	53.5	0.20	10.1		
2.7			0.92	523.6	0.62	190.0	0.40	57.6	0.21	10.8		
2.8			0.95	572.8	0.65	204.4	0.41	62.0	0.22	11.6		
2.9			0.98	614.5	0.67	219.2	0.43	66.5	0.22	12.4		
3.0			1.02	657.6	0.69	234.6	0.44	71.1	0.23	13.3		
3.1			1.05	702.2	0.72	250.6	0.46	70.0	0.24	14.2		
3.2			1.08	748.2	0.74	267	0.47	81.0	0.25	15.1		
3.3			1.12	795.8	0.76	283.9	0.49	86.1	0.26	16.0		
3.4			1.15	844.7	0.78	301.4	0.50	91.4	0.26	17.1		
3.5					0.81	319.4	0.52	96.9	0.27	18.0	0.19	7.3
3.6					0.83	337.9	0.53	102.5	0.28	19.0	0.20	7.6
3.7					0.85	356.9	0.55	108.3	0.29	20.1	0.20	8.1
3.8					0.88	376.4	0.56	114.3	0.29	21.2	0.21	8.5
3.9					0.90	396.5	0.58	120.3	0.30	22.2	0.21	9.0

续表

DN（mm）	40		50		65		80		100		125	
$D_w\times\delta$（mm×mm）	45×2.5		57×3.5		76×3.5		89×3.5		108×4		133×4	
G（t/h）	v	R_m	v	R_m	v	R_m	v	R_m	v	R_m	v	R_m
4.0	0.92	417.1	0.59	126.6	0.31	23.4						
4.2	0.97	459.9	0.62	139.6	0.33	25.1						
4.4	1.02	504.7	0.65	153.2	0.34	27.5						
4.6	1.06	551.6	0.68	167.4	0.36	30.2						
4.8	1.11	600.6	0.71	182.3	0.37	32.7						
5.0	1.15	651.8	0.74	197.8	0.39	35.6						
5.2	1.20	704.9	0.77	213.9	0.40	38.4						
5.4	1.25	760.2	0.80	230.7	0.42	41.5	0.30	17.1				
5.6	1.29	817.6	0.83	248.0	0.43	44.6	0.31	18.3				
5.8	1.34	877	0.86	266.1	0.45	47.8	0.32	19.7				
6.0	1.38	938	0.89	284.8	0.47	51.2	0.33	20.5				
6.2	1.43	1002.1	0.92	304.1	0.48	54.7	0.34	21.9				
6.4			0.95	324.0	0.50	58.2	0.35	23.2				
6.6			0.97	344.6	0.51	61.9	0.36	24.7				
6.8			1.00	365.8	0.52	65.8	0.37	26.3				
7.0			1.03	387.6	0.54	69.7	0.38	27.8				
7.5			1.11	445.0	0.58	80.0	0.41	31.9				
8.0			1.18	506.3	0.62	90.9	0.44	36.4	0.3	13.0		
8.5			1.26	571.5	0.66	102.7	0.47	41.1	0.31	14.7		
9.0			1.33	640.7	0.70	115.2	0.49	46.0	0.33	16.1		
9.5			1.40	713.9	0.74	128.3	0.52	51.3	0.35	17.8		
10.0			1.48	791.1	0.78	142.2	0.55	56.7	0.37	19.8		
10.5			1.55	872.2	0.81	156.7	0.58	62.6	0.39	21.9		
11.0			1.62	957.2	0.85	172.0	0.60	68.7	0.41	24.0		
11.5			1.70	1046.2	0.89	188.1	0.63	75.1	0.42	26.2		
12.0					0.93	204.7	0.66	81.7	0.44	28.5		
12.5					0.97	222.2	0.69	88.7	0.46	31.0	0.3	9.8
13.0					1.01	240.3	0.71	95.9	0.48	33.5	0.31	10.6
13.5					1.05	259.1	0.74	102.9	0.50	36.1	0.32	11.5
14.0					1.09	278.6	0.77	111.3	0.52	38.8	0.33	11.9
14.5					1.12	298.9	0.80	119.4	0.54	41.7	0.34	12.7
15.0					1.16	319.9	0.82	127.8	0.55	44.6	0.35	13.6
16					1.24	364.0	0.88	145.3	0.59	50.7	0.38	15.6
17					1.32	410.8	0.93	164.2	0.63	57.2	0.40	17.5
18					1.40	460.6	0.99	184.0	0.66	64.2	0.43	19.7

续表

DN（mm）	65		80		100		125		150		200	
$D_w\times\delta$（mm×mm）	76×3.5		89×3.5		108×4		133×4		159×4.5		219×6	
G（t/h）	v	R_m	v	R_m	v	R_m	v	R_m	v	R_m	v	R_m
19	1.47	513.2	1.04	205	0.70	71.5	0.45	22.0				
20	1.55	568.7	1.1	227.2	0.74	79.3	0.47	24.3				
21	1.63	626.9	1.15	250.5	0.78	87.3	0.50	26.8				
22	1.71	688.1	1.21	274.9	0.81	95.8	0.52	29.4				
23	1.78	752.1	1.26	300.4	0.85	104.8	0.54	32.1				
24	1.86	818.9	1.32	327.1	0.89	114.1	0.57	35.0				
25	1.94	888.6	1.37	355.0	0.92	123.8	0.59	37.9				
26			1.43	383.9	0.96	133.9	0.61	41.1				
27			1.48	414.0	1.00	144.5	0.64	44.3				
28			1.54	445.2	1.03	155.3	0.66	47.6				
29			1.59	447.6	1.07	166.6	0.69	51.1				
30			1.65	511.1	1.11	178.3	0.71	54.7				
31			1.70	545.8	1.14	190.4	0.73	58.4				
32			1.76	581.5	1.18	202.9	0.76	62.2				
33			1.81	618.5	1.22	215.7	0.78	66.2				
34			1.87	656.5	1.26	229.0	0.80	70.3				
35			1.92	659.7	1.29	242.6	0.83	74.4				
36			1.98	736.0	1.33	256.8	0.85	78.7				
37					1.37	271.2	0.87	83.2	0.61	31.75		
38					1.40	286.1	0.90	87.7	0.62	33.4		
39					1.44	301.3	0.92	92.4	0.64	35.2		
40					1.48	316.9	0.95	97.2	0.66	37.0	0.35	6.8
41					1.51	333.0	0.97	102.1	0.67	38.9	0.35	7.1
42					1.55	349.5	0.99	107.1	0.68	40.9	0.36	7.4
43					1.59	366.2	1.02	112.3	0.71	42.8	0.37	7.8
44					1.62	383.5	1.04	117.6	0.72	44.9	0.38	8.1
45					1.66	401.1	1.06	113.0	0.74	46.9	0.39	8.5
46					1.70	419.1	1.09	128.6	0.75	49.0	0.40	8.9
47					1.74	437.6	1.11	134.2	0.77	51.2	0.41	9.3
48					1.77	456.4	1.13	140.0	0.79	53.3	0.41	9.7
49					1.81	475.6	1.16	145.8	0.80	55.6	0.42	10.2
50					1.85	495.2	1.18	151.9	0.82	57.9	0.43	10.6
52					1.92	535.7	1.23	164.2	0.85	62.6	0.45	11.5
54							1.28	177.1	0.89	67.5	0.47	12.3
56							1.32	190.5	0.92	72.6	0.48	13.2

续表

DN（mm）	125		150		200		250		300		350	
$D_w\times\delta$（mm×mm）	133×4		159×4.5		219×6		273×6		325×7		377×7	
G（t/h）	v	R_m	v	R_m	v	R_m	v	R_m	v	R_m	v	R_m
58	1.37	204.3	0.95	77.9								
60	1.42	218.6	0.98	83.4	0.52	15.2						
62	1.47	233.5	1.02	89.0	0.53	16.3						
64	1.51	248.8	1.05	94.9	0.55	17.4						
66	1.56	264.6	1.08	100.8	0.57	18.4						
68	1.61	280.9	1.12	107.1	0.59	19.6						
70	1.65	297.6	1.15	113.5	0.60	20.7						
72	1.70	314.9	1.18	120.1	0.62	22.0						
74	1.75	332.6	1.21	126.8	0.64	23.1						
76	1.80	350.8	1.25	133.8	0.65	24.4						
78	1.84	369.5	1.28	142.9	0.67	25.8						
80	1.89	388.8	1.31	148.2	0.69	27.0						
85			1.39	167.3	0.73	30.6						
90			1.48	187.6	0.78	34.3						
95			1.56	209.0	0.82	38.2						
100			1.64	231.6	0.86	42.3						
105			1.72	255.3	0.90	46.4						
110			1.81	280.2	0.95	51.2	0.60	15.1				
115			1.89	306.3	0.99	56.0	0.62	16.5				
120			1.97	333.5	1.03	61.0	0.65	17.9				
125			2.05	361.8	1.08	66.1	0.68	19.5				
130			2.13	391.4	1.12	71.4	0.70	21.1				
135			2.22	422.1	1.16	77.1	0.73	22.7				
140			2.30	453.9	1.21	80.9	0.76	24.4				
145			2.38	486.9	1.25	88.9	0.79	26.3				
150			2.46	521.1	1.29	95.2	0.81	28.0				
155					1.34	101.6	0.84	30.0				
160					1.38	108.3	0.87	31.9	0.61	12.7		
165					1.42	115.2	0.89	34.0	0.63	13.5		
170					1.46	122.2	0.92	36.1	0.65	14.3		
175					1.51	129.6	0.95	38.2	0.67	15.2		
180					1.55	137.0	0.98	40.4	0.69	16.1		
190					1.64	152.7	1.03	45.0	0.73	17.9		
200					1.72	169.2	1.08	49.9	0.76	19.8		
210					1.81	186.5	1.14	55.0	0.80	21.9	0.59	9.7

续表

DN（mm）	200		250		300		350		400		450	
$D_w\times\delta$（mm×mm）	219×6		273×6		325×7		377×7		426×7		478×7	
G（t/h）	v	R_m	v	R_m	v	R_m	v	R_m	v	R_m	v	R_m
220	1.90	204.7	1.19	60.4								
230	1.98	223.7	1.25	66.0								
240	2.07	243.6	1.30	71.8								
250	2.15	264.4	1.36	77.9								
260	2.24	286.0	1.41	84.3								
270	2.33	308.4	1.46	90.9	1.03	36.2						
280	2.41	331.6	1.52	97.8	1.07	38.9						
290	2.50	355.7	1.57	104.9	1.11	41.7						
300			1.63	112.2	1.15	44.7						
310			1.68	119.9	1.18	47.6						
320			1.73	127.7	1.22	50.8						
330			1.79	135.8	1.26	54.0						
340			1.84	144.2	1.30	57.3						
350			1.90	152.8	1.34	60.8						
360			1.95	161.7	1.37	64.3	1.01	28.5				
370			2.01	170.6	1.41	67.9	1.04	30.1				
380			2.06	180.1	1.45	71.6	1.06	31.8				
390			2.11	189.7	1.49	75.5	1.09	33.5				
400			2.17	199.5	1.53	79.4	1.12	35.2				
410			2.22	209.7	1.57	83.4	1.15	37.0				
420			2.28	220.0	1.60	87.5	1.18	38.8				
430			2.33	230.6	1.64	91.7	1.20	40.7				
440			2.38	241.5	1.68	96.0	1.23	42.6				
450			2.44	252.5	1.72	100.5	1.26	44.6				
460			2.49	263.9	1.76	105.0	1.29	46.6				
470			2.55	275.6	1.79	109.6	1.32	48.6	1.02	25.0		
480			2.60	287.3	1.83	114.3	1.34	50.7	1.04	26.1		
490			2.66	299.5	1.87	119.1	1.37	52.8	1.07	27.1		
500			2.71	311.8	1.91	124.0	1.40	55.0	1.09	28.3		
520			2.82	337.3	1.99	134.2	1.46	59.5	1.13	30.6		
540			2.93	363.7	2.06	144.6	1.51	64.2	1.17	33.0		
560					2.14	155.5	1.57	69.0	1.22	35.5		
580					2.21	166.9	1.63	74.0	1.26	38.1		
600					2.29	178.6	1.68	79.2	1.31	40.8	1.03	21.9
620					2.37	190.7	1.74	84.6	1.35	43.5	1.06	23.3

续表

DN（mm）	350		400		450		500		600		700	
$D_w\times\delta$（mm×mm）	377×7		426×7		478×7		529×7		630×7		720×8	
G（t/h）	v	R_m	v	R_m	v	R_m	v	R_m	v	R_m	v	R_m
640	1.79	90.2	1.39	46.4	1.10	24.9						
660	1.85	95.8	1.44	49.3	1.13	26.5						
680	1.91	101.7	1.48	52.3	1.17	28.0						
700	1.96	107.8	1.52	55.5	1.20	29.7						
720	2.02	114.1	1.57	58.7	1.23	31.5	1.00	18.2				
740	2.07	120.5	1.61	62.0	1.27	33.2	1.03	19.2				
760	2.13	127.1	1.65	65.4	1.30	35.1	1.06	20.3				
780	2.19	133.9	1.70	68.9	1.34	36.9	1.09	21.4				
800	2.24	140.8	1.74	72.4	1.37	38.8	1.11	22.4				
820	2.30	148.0	1.78	76.1	1.41	40.8	1.14	23.6				
840	2.35	155.3	1.83	79.9	1.44	42.8	1.17	24.8				
860	2.41	162.8	1.87	83.7	1.47	44.9	1.20	26.0				
880	2.47	170.4	1.91	87.6	1.51	46.9	1.23	27.1				
900	2.52	178.3	1.96	91.7	1.54	49.1	1.25	28.4				
920	2.58	186.3	2.00	95.8	1.58	51.4	1.28	29.7				
940	2.63	194.4	2.04	100.1	1.61	53.6	1.31	31.1				
960	2.69	202.9	2.09	104.4	1.65	56.0	1.34	32.3				
980	2.75	211.4	2.13	108.7	1.68	58.3	1.36	33.7				
1000	2.80	220.1	2.18	113.2	1.71	60.7	1.39	35.1				
1020	2.86	229.0	2.22	117.8	1.75	63.1	1.42	36.6				
1040	2.91	238.0	2.26	122.4	1.78	65.7	1.45	38.0	1.01	14.9		
1060	2.97	247.3	2.31	127.2	1.82	68.2	1.48	39.5	1.03	15.5		
1080			2.35	132.0	1.85	70.8	1.50	41.0	1.05	16.1		
1100			2.39	137.0	1.89	73.4	1.53	42.5	1.07	16.7		
1150			2.50	149.7	1.97	80.3	1.60	46.5	1.12	18.1		
1200			2.61	163.0	2.06	87.3	1.67	50.6	1.17	19.8		
1250			2.72	176.9	2.14	94.8	1.74	54.9	1.22	21.5		
1300			2.83	191.3	2.23	102.5	1.81	59.4	1.26	23.2		
1350			2.94	206.3	2.32	110.5	1.88	64.0	1.31	25.1	1.01	12.4
1400					2.40	118.9	1.95	68.8	1.36	27.0	1.04	13.4
1450					2.49	127.6	2.02	73.8	1.41	28.9	1.08	14.4
1500					2.57	136.5	2.09	80.0	1.46	30.9	1.12	15.4
1550					2.66	145.7	2.16	84.4	1.51	33.0	1.15	16.4
1600					2.74	155.3	2.23	89.9	1.56	35.2	1.19	17.4
1650					2.83	165.1	2.30	95.6	1.61	37.6	1.23	18.6

续表

DN（mm）	450		500		600		700		800		900	
$D_w\times\delta$（mm×mm）	478×7		529×7		630×7		720×8		820×8		920×8	
G（t/h）	v	R_m	v	R_m	v	R_m	v	R_m	v	R_m	v	R_m
1700	2.92	175.3	2.37	101.4	1.65	39.7	1.27	19.7				
1750	3.00	185.8	2.44	107.5	1.70	42.0	1.30	20.9	1.00	10.5		
1800			2.51	113.8	1.75	44.5	1.34	22.1	1.03	11.1		
1850			2.58	120.1	1.80	47.0	1.38	23.3	1.06	11.7		
1900			2.64	126.7	1.85	49.6	1.42	24.7	1.09	12.3		
1950			2.71	133.5	1.90	52.2	1.45	26.9	1.11	12.9		
2000			2.78	140.4	1.95	55.0	1.49	27.3	1.14	13.6		
2100			2.92	154.8	2.04	60.6	1.56	30.1	1.20	15.0		
2200					2.14	66.5	1.64	33.0	1.26	16.5		
2300					2.24	72.7	1.71	36.2	1.31	18.0	1.04	9.8
2400					2.34	79.2	1.79	39.3	1.37	19.6	1.08	10.7
2500					2.43	85.8	1.86	42.7	1.43	21.3	1.13	11.6
2600					2.53	92.9	1.94	46.2	1.49	23.0	1.17	12.4
2700					2.63	100.2	2.01	50.0	1.54	24.9	1.22	13.4
2800					2.72	107.7	2.09	53.5	1.60	26.8	1.27	14.5
2900					2.82	115.5	2.16	57.4	1.66	28.6	1.31	15.5
3000					2.92	123.7	2.23	61.4	1.71	32.4	1.36	16.7
3100					3.02	132.0	2.31	65.7	1.77	32.7	1.40	17.7
3200					3.11	140.7	2.38	70.0	1.83	34.9	1.45	18.9
3300					3.21	149.6	2.46	74.4	1.88	36.3	1.49	20.1
3400					3.31	158.9	2.53	79.0	1.94	39.4	1.54	21.4
3500					3.41	168.3	2.61	83.7	2.00	41.7	1.58	22.6
3600					3.50	178.1	2.68	88.5	2.06	44.2	1.63	23.9
3700					3.60	188.1	2.76	93.5	2.11	46.6	1.67	25.3
3800					3.70	198.4	2.83	98.6	2.17	49.2	1.72	26.7
3900					3.79	208.9	2.91	103.9	2.23	51.8	1.76	28.1
4000					3.89	219.8	2.98	109.3	2.28	54.5	1.81	29.5
4200					4.09	243.4	3.13	120.4	2.40	60.2	1.90	32.5
4400					4.28	266.0	3.28	132.2	2.51	66.0	1.99	35.8
4600					4.48	290.7	3.43	144.5	2.63	71.0	2.08	39.1
4800					4.67	316.5	3.58	157.3	2.74	78.5	2.17	42.5
5000					4.87	343.5	3.72	170.7	2.86	85.2	2.26	46.2
5200					5.06	371.5	3.87	184.6	2.97	92.1	2.35	49.9
5400					5.25	400.6	4.02	199.1	3.08	99.4	2.44	53.8
5600							4.17	214.0	3.20	106.9	2.53	57.9

续表

DN（mm）	600		700		800		900		1000		1200	
$D_w\times\delta$（mm×mm）	630×7		720×8		820×8		920×8		1020×10		1220×12	
G（t/h）	v	R_m	v	R_m	v	R_m	v	R_m	v	R_m	v	R_m
5800			4.32	227.3	3.31	114.7	2.62	62.1	2.14	36.7	1.5	14.4
6000			4.47	245.9	3.43	122.7	2.71	66.4	2.22	39.2	1.55	15.4
6200			4.62	262.5	3.52	131.0	2.80	71.0	2.29	41.8	1.60	16.5
6400			4.77	280.0	3.66	139.7	2.89	75.7	2.36	44.6	1.65	17.5
6600			4.92	297.4	3.77	148.5	2.98	80.5	2.44	47.4	1.7	18.6
6800			5.07	315.8	3.88	157.6	3.07	85.4	2.51	50.4	1.76	19.8
7000			5.21	334.6	4.00	167.0	3.16	90.5	2.58	53.4	1.81	21.0
7200			5.36	354.0	4.11	176.7	3.25	95.7	2.66	56.4	1.86	22.1
7400			5.51	374.2	4.23	186.7	3.34	101.1	2.73	59.7	1.91	23.4
7600			5.66	394.5	4.34	196.9	3.43	106.6	2.81	62.9	1.96	24.7
7800			5.81	415.4	4.46	207.4	3.52	112.3	2.88	66.3	2.01	26.0
8000			5.96	437.1	4.57	218.1	3.61	118.2	2.95	69.8	2.07	27.3
8200					4.68	229.2	3.70	124.2	3.03	73.3	2.12	28.7
8400					4.80	240.5	3.80	130.3	3.10	76.9	2.17	30.2
8600					4.91	252.1	3.89	136.6	3.18	80.6	2.22	31.7
8800					5.03	263.9	3.98	146.5	3.25	84.3	2.27	33.1
9000					5.14	276.1	4.07	149.5	3.32	88.2	2.33	34.7
9200					5.25	288.5	4.16	156.3	3.40	92.1	2.38	36.2
9400					5.37	301.2	4.25	163.2	3.47	96.1	2.42	37.7
9600					5.48	314.1	4.34	170.2	3.55	100.0	2.48	39.4
9800					5.60	327.3	4.43	177.4	3.62	104.9	2.53	41.1
10000					5.71	340.8	4.52	184.6	3.69	108.8	2.58	42.7
10500									3.88	119.6	2.71	47.1
11000									4.06	131.3	2.84	51.7
11500									4.25	144.1	2.97	56.5

注　ρ=958.4kg/m^3，K=0.5mm，t=100℃。

v 单位为 m/s，Δh 单位为 Pa/m。

主要量的符号及其计量单位

量 的 名 称	符号	计量单位	量 的 名 称	符号	计量单位
长度	L（l）	m	热（冷）指标	q	W/m^2
高度	H（h）	m	热耗率	q	kJ/（kW·h）
半径	$R(r)$	m	导热系数	λ	W/（m·K）
直径	D（d）	m	换热系数	k	W/（m^2·K）
公称直径	DN	mm	热化系数	α	%
厚度（壁厚）	δ	m	比热容	c	kJ/（kg·℃）
面积	A	m^2	比熵	s	kJ/（kg·K）
体积、容积	V	m^3	比焓	h	kJ/kg
速度	v	m/s	煤耗量	B	t
密度	ρ	kg/m^3	单位发电、供热煤耗	b	kg/（kW·h）、kg/GJ
比体积	v	m^3/kg	蒸汽流量	D	t/h
力	F	N	水流量	G	t/h
力矩	M	N·m	比㶲	e	kJ/kg
压力	p	Pa	功率	P	W
热力学温度	T	K	电量	W	kW·h
摄氏温度	t	℃	设备利用小时数	n	h
温升（温差）	Δt	℃	厂用电率	ξ	%
热量	Q	J	比摩阻	R_m	Pa/m
热负荷	Q	kW	效率	η	%

参 考 文 献

[1] 杨旭中，郭晓克，康慧．热电联产规划设计手册［M］．北京：中国电力出版社，2009．

[2] 杨旭中，武一琦，刘庆．火电工程可行性研究指南［M］．北京：中国电力出版社，2013．

[3] 徐雨濛，韩世喆，王天鹏．KKS编码在供热信息化建设中的创新与应用［J］．区域供热，2014（6）：40-46．

[4] 王聪生，康慧，傅耀宗，等．电厂标识系统编码应用手册［M］．北京：中国电力出版社，2011．

[5] 电力工程造价与定额管理总站．电力工程造价专业执业资格考试与继续教育培训教材：综合知识［M］．北京：中国电力出版社，2014．

[6] 国家能源局．火力发电工程建设预算编制与计算规定：2013年版［M］．北京：中国电力出版社，2013．

[7] 陈燕，张健，杨旭中．电力工程经济评价和电价［M］．2版．北京：中国电力出版社，2009．

[8] 上海市政工程设计研究院．市政工程投资估算编制办法［M］．北京：中国计划出版社，2007．

[9] 住房城乡建设部标准定额研究所．市政公用设施建设项目经济评价方法与参数．北京：中国计划出版社，2008．

[10]《投资项目可行性研究指南》编写组．投资项目可行性研究指南［M］．北京：中国电力出版社，2002．

[11] 贺平，孙刚，王飞，等．供热工程［M］．4版．北京：中国建筑工业出版社，2009．

[12] 陆耀庆．实用供热空调设计手册［M］．2版．北京：中国建筑工业出版社，2008．

[13] 石兆玉．供热技术研究［M］．北京：中国建筑工业出版社，2015．

[14] 李善化，康慧，等．实用集中供热手册［M］．北京：中国电力出版社，2014．

[15] 李善化，康慧，等．集中供热设计手册［M］．北京：中国电力出版社，1996．

[16] 国家发展改革委建设部．建设项目经济评价方法与参数［M］．3版．北京：中国计划出版社，2006．